機械力学
ハンドブック

動力学・振動・制御・解析

金子成彦・大熊政明 編集

朝倉書店

まえがき

21世紀も15年が経過するところであるが，世界では環境破壊，自然災害や先進国の少子高齢化対応など社会で実際に起きている諸問題の解決が強く求められている．日本では，2014年にこのような諸問題の解決に不可欠な革新的技術を生み出すための産官学・分野横断的な取組みとして，「戦略的イノベーション創造プログラム：SIP（Cross-ministerial Strategic Innovative Promotion Program）」が創設された．この中で取り上げられているのは，「革新的燃焼技術」，「次世代パワーエレクトロニクス」，「革新的構造材料」，「エネルギーキャリア」，「次世代海洋資源調査技術」，「自動走行システム」，「インフラ維持管理・更新・マネジメント技術」，「レジリエントな防災・減災機能の強化」，「次世代農林水産業創造技術」，「革新的設計生産技術」，「重要インフラ等におけるサイバーセキュリティの確保」の11テーマである．このような複雑なテーマに取り組むあたり，設計段階での論理構築やシステム成立性の過程での機械力学の果たす役割は非常に大きく，本書を通じて，機械力学の基礎から具体的な問題を対象とした解析方法や解釈の仕方までを学ぶことによって，今の時代に強く求められているセンスが身に付けられるものと期待している．

さて，これまでに出版された機械力学に関係したハンドブック形式の書籍は，大半が振動，騒音，制振を取り扱ったもので，なかには運動・振動・制御の混然一体とした体系をダイナミクスと称して，その時代の知識と情報を集約したものもあった．それに対して本書は，機械力学を実用に供することを意識しつつ，理論から応用までを集大成し，動力学，振動，制御，解析を中心に詳しく述べたものである．なお，内容の理解に必要な歴史的背景，基礎的な用語，手法，概念については第1章に纏められている．また，今回新しい試みとして，第6章は本分野で世界的に著名なRaouf Ibrahim教授（Wayne State University, USA）に執筆をお願いし，青木繁教授（東京都立産業技術高等専門学校）に翻訳を行っていただき，英語，日本語併記とした．大学の国際化が叫ばれている昨今，専門分野の講義においても日本語と英語の両方で詳しく内容を理解する必要が高まっていると考え，本書の特徴の一つとしてこのような形式を採用した.

本書は，

・大学教員の学部，大学院の講義の教科書・参考書
・本研究分野および関連の大学研究室の備え付け図書
・大学院生向けの教科書・参考書
・研究所・企業の専門関連の部署，および技術者・研究者個人のための図書
・大学図書館の備え付け図書

を意図して編纂されている.

各章を執筆して頂いた方々は，学界や業界で第一人者として活躍中の著名な方々であり，内容も目下の研究動向，産業界からのニーズを反映したものである．しかしながら，内容の不統一，用語や記号の不統一など不備な点があれば，この点を読者にお詫び申し上げるとともに，ご指摘を頂いたものについては次回改訂時に反映させたいと考えている.

最後に，本書を完成させることができたのは，朝倉書店編集部の方々のご協力の賜物であり，心から感謝申し上げる.

2015 年 10 月

編集者
金 子 成 彦
大 熊 政 明

編集者

金子 成彦（かねこ しげひこ）	東京大学大学院工学系研究科機械工学専攻 教授
大熊 政明（おおくま まさあき）	東京工業大学大学院理工学研究科機械宇宙システム専攻 教授

執筆者

（五十音順）

Raouf A. Ibrahim	Professor of Mechanical Engineering, College of Engineering, Wayne State University, USA
青木 繁（あおき しげる）	東京都立産業技術高等専門学校ものづくり工学科機械システム工学コース 教授
今泉 八郎（いまいずみ はちろう）	(株)小野測器
岩本 宏之（いわもと ひろゆき）	成蹊大学理工学部システムデザイン学科 准教授
遠藤 満（えんどう みつる）	東京工業大学名誉教授
大熊 政明（おおくま まさあき）	東京工業大学大学院理工学研究科機械宇宙システム専攻 教授
岡田 昌史（おかだ まさふみ）	東京工業大学大学院理工学研究科機械物理工学専攻 准教授
金子 成彦（かねこ しげひこ）	東京大学大学院工学系研究科機械工学専攻 教授
川合 忠雄（かわい ただお）	大阪市立大学大学院工学研究科機械物理系専攻 教授
栗田 裕（くりた ゆたか）	滋賀県立大学工学部機械システム工学科 教授
近藤 孝広（こんどう たかひろ）	九州大学大学院工学研究院機械工学部門 教授
佐藤 勇一（さとう ゆういち）	埼玉大学 理事・副学長
猿渡 洋（さるわたり ひろし）	東京大学大学院情報理工学系研究科システム情報学専攻 教授
白井 正明（しらい まさあき）	東京工業大学ソリューション研究機構先進エネルギー国際研究センター 特任教授
杉山 博之（すぎやま ひろゆき）	Associate Proffessor, Department of Mechanical and Industrial Engineering, University of Iowa, USA
鈴木 成一郎（すずき せいいちろう）	(株)サムスン日本研究所大阪研究所 理事
田川 泰敬（たがわ やすたか）	東京農工大学大学院工学研究院先端機械システム部門 教授
武田 行生（たけだ ゆきお）	東京工業大学大学院理工学研究科機械物理工学専攻 教授
田島 洋（たじま ひろし）	東京大学生産技術研究所 シニア協力研究員
田中 信雄（たなか のぶお）	首都大学東京名誉教授

中川紀壽（なかがわ のりとし）	広島国際学院大学工学部生産工学科 教授／広島大学名誉教授
中野公彦（なかの きみひこ）	東京大学大学院情報学環 准教授
長嶺拓夫（ながみね たくお）	埼玉大学大学院理工学研究科 教授
中村健太郎（なかむら けんたろう）	東京工業大学精密工学研究所極微デバイス部門 教授
中村友道（なかむら ともみち）	大阪産業大学工学部機械工学科 教授
成田吉弘（なりた よしひろ）	北海道大学工学研究院人間機械システムデザイン部門 特任教授／名誉教授
西成活裕（にしなり かつひろ）	東京大学先端科学技術研究センター 教授
西原修（にしはら おさむ）	京都大学大学院情報学研究科システム科学専攻 准教授
保坂寛（ほさか ひろし）	東京大学大学院新領域創成科学研究科人間環境学専攻 教授
松下修己（まつした おさみ）	防衛大学校名誉教授
松久寛（まつひさ ひろし）	京都大学名誉教授
森博輝（もり ひろき）	九州大学大学院工学研究院機械工学部門 准教授
森下信（もりした しん）	横浜国立大学 理事・副学長
吉村卓也（よしむら たくや）	首都大学東京大学院理工学研究科機械工学専攻 教授
割澤伸一（わりさわ しんいち）	東京大学大学院新領域創成科学研究科人間環境学専攻 教授

目　　次

1章　基 礎 知 識…………………………………………………………………………1
1.1　機械力学の歴史概観……………………………〔金子成彦・大熊政明〕…1
1.1.1　歴史的変遷…………………………………………………………………1
1.1.2　今後の展望…………………………………………………………………5
1.2　機械力学の用語……………………………………〔森　博輝・佐藤勇一〕…7
1.2.1　機械振動……………………………………………………………………7
1.2.2　計測・信号処理……………………………………………………………9
1.2.3　振動制御……………………………………………………………………9
1.2.4　その他………………………………………………………………………9
1.3　機械力学のための数学基礎………………………………………〔森下　信〕…10
1.3.1　線形代数学…………………………………………………………………10
1.3.2　複素関数……………………………………………………………………15
1.3.3　フーリエ変換とラプラス変換……………………………………………17
1.4　機械力学のための物理基礎……………………………………………………21
1.4.1　波動論……………………………………………………………〔中川紀壽〕…21
1.4.2　音　響……………………………………………………………〔中川紀壽〕…26
1.4.3　構　造……………………………………………………………〔岩本宏之〕…34
1.5　モデル化の方法……………………………………………………〔中村友道〕…37
1.5.1　モデル化の重要性…………………………………………………………37
1.5.2　モデルの分類………………………………………………………………38
1.5.3　モデル化の手順……………………………………………………………39
1.5.4　解析的アプローチ…………………………………………………………40
1.5.5　実験的アプローチ…………………………………………………………41

2章　剛体多体系の動力学…………………………………………〔田島　洋〕…44
2.1　運動学の基礎……………………………………………………………………44
2.1.1　幾何ベクトルと代数ベクトル……………………………………………45
2.1.2　三次元回転姿勢……………………………………………………………47
2.1.3　位　置………………………………………………………………………51
2.1.4　角速度………………………………………………………………………51
2.1.5　速　度………………………………………………………………………53
2.1.6　角加速度と加速度…………………………………………………………55

2.2　動力学の基礎……………………………………………………………………56
2.2.1　力とトルク……………………………………………………………………56
2.2.2　質点の運動方程式……………………………………………………………58
2.2.3　剛体の運動方程式……………………………………………………………59
2.2.4　自由度，拘束，一般化座標と一般化速度…………………………………60
2.2.5　運動量，角運動量……………………………………………………………64
2.2.6　力学原理………………………………………………………………………68
2.3　拘束された系の運動方程式……………………………………………………74
2.3.1　拘束条件追加法（速度変換法）……………………………………………74
2.3.2　微分代数型運動方程式………………………………………………………76
2.3.3　木構造を対象とした漸化型の順動力学解析定式化………………………77

3章　線形振動系のモデル化と挙動……………………………〔松下修己〕…83
3.1　1自由度系モデル………………………………………………………………83
3.1.1　モデル化………………………………………………………………………83
3.1.2　自由振動………………………………………………………………………85
3.2　多自由度系モデル………………………………………………………………90
3.2.1　モデル化………………………………………………………………………90
3.2.2　モーダルモデル………………………………………………………………91
3.3　はり分布系モデル………………………………………………………………93
3.3.1　一様はりのモーダルモデル…………………………………………………93
3.3.2　一様はりのモード合成法モデル……………………………………………94
3.4　分布系モデルと自由振動………………………………………………………100
3.4.1　弦の振動………………………………………………………………………100
3.4.2　膜の振動………………………………………………………………………101
3.4.3　まっすぐな棒の振動…………………………………………………………102
3.4.4　平板の振動……………………………………………………………………102
3.4.5　薄肉円筒の振動………………………………………………………………103

4章　非線形振動系のモデル化と挙動………………………………………106
4.1　機構的非線形要素………………………………………………〔成田吉弘〕…106
4.2　幾何学的非線形要素……………………………………………〔成田吉弘〕…109
4.3　材料的非線形要素………………………………………………〔成田吉弘〕…114
4.4　環境的非線形要素………………………………………………〔成田吉弘〕…118
4.5　非線形振動系の挙動……………………………………………〔西成活裕〕…119
4.5.1　カオス…………………………………………………………………………119
4.5.2　フラクタル……………………………………………………………………125

4.5.3　ソリトン……127

5章　自励振動系および係数励振振動系のモデル化と挙動……〔金子成彦〕…135
5.1　自励振動の発生機構……135
5.1.1　1自由度振動系の場合……135
5.1.2　2自由度振動系の場合……136
5.1.3　多自由度振動系の場合……138
5.2　流体力に起因する自励振動……140
5.2.1　ギャロッピング……140
5.2.2　フラッタ……144
5.2.3　流体の圧縮性による遅れに起因する自励振動……146
5.2.4　時間遅れ振動……147
5.3　係数励振振動系のモデル化……147
5.3.1　密閉された円筒容器内の界面波動現象……148
5.3.2　U字管内の液体の振動……149
5.3.3　支点が上下に振動する振り子……150
5.3.4　ブランコ……151
5.4　係数励振振動系の発振原理……152
5.5　リミットサイクルと安定性……153
5.5.1　リミットサイクルとは……153
5.5.2　ファンデルポール方程式への誘導……154

6章　Modeling and Analysis of Stochastic Vibration of Structures／構造物の不規則振動のモデル化と解析……〔Raouf A. Ibrahim 著・青木　繁訳〕……158／159
6.1　Analytical Modeling／解析モデル化……160／161
6.2　Methods of Analysis／解析法……164／163
6.2.1　Exact Solution of the Fokker-Planck-Kolmogorov Equation／フォッカー・プランク・コルモゴロフの式の厳密解……168／167
6.2.2　Closure Schemes／打切り法……170／171
6.3　Applications／応　用……172／173
6.3.1　Single Mode Random Excitation／シングルモード不規則入力‥172／173
6.3.2　Multi-Mode Random Excitation／多モード不規則入力……180／181
6.4　Design of Mechanical Systems with Parameter Uncertainties／パラメータの不確定性をもつ機械系の設計……182／181
6.4.1　Material Variability／材料特性の変動……186／187
6.4.2　Design Optimization／設計の最適化……196／197

6.4.3　Sensitivity Analysis／感度解析 …………………………… 198／199
6.4.4　Structural Safety／構造物の安全性 ………………………… 202／201
6.5　Conclusions／まとめ …………………………………………… 212／211

7章　各種振動と応答解析 ……………………………………………… 232
7.1　自由振動（残留振動）……………………〔森　博輝・佐藤勇一〕… 232
7.1.1　方形波外力 ……………………………………………………… 233
7.1.2　半正弦波外力 …………………………………………………… 234
7.1.3　矩形波外力 ……………………………………………………… 235
7.1.4　正弦波外力 ……………………………………………………… 236
7.2　強制振動 ……………………………………〔森　博輝・佐藤勇一〕… 236
7.2.1　定常応答 ………………………………………………………… 237
7.2.2　過渡応答 ………………………………………………………… 242
7.3　自励振動 ……………………………………〔森　博輝・佐藤勇一〕… 246
7.3.1　負減衰（負性抵抗）による自励振動 ……………………………… 247
7.3.2　係数行列の非対称性による自励振動 ……………………………… 249
7.4　不規則振動とカオス ………………………〔長嶺拓夫・佐藤勇一〕… 251
7.4.1　カオス …………………………………………………………… 252
7.4.2　カオスの特徴 …………………………………………………… 253
7.4.3　不規則振動の応答解析 …………………………………………… 253
7.4.4　確率密度関数 …………………………………………………… 255
7.4.5　正規分布 ………………………………………………………… 256
7.4.6　定常過程とエルゴード過程 ……………………………………… 256
7.4.7　自己相関関数とパワースペクトル密度関数 ……………………… 257
7.4.8　フーリエ級数とフーリエ変換 …………………………………… 257
7.4.9　フーリエ変換 …………………………………………………… 258
7.4.10　自己相関関数 …………………………………………………… 259
7.4.11　パワースペクトル密度関数 ……………………………………… 259
7.5　時刻歴応答解析 ……………………………〔長嶺拓夫・佐藤勇一〕… 261
7.5.1　ラプラス変換法による解析的方法 ………………………………… 261
7.5.2　逐次数値積分法 …………………………………………………… 263

8章　剛体多体系動力学の数値解析法 ……………………………〔杉山博之〕… 267
8.1　剛体多体系の運動方程式 ………………………………………………… 267
8.1.1　ニュートン・オイラー方程式 …………………………………… 267
8.1.2　一般化ニュートン・オイラー方程式 ……………………………… 269
8.1.3　剛体多体系の運動方程式 ………………………………………… 269

8.1.4　独立な一般化座標に関する剛体多体系の運動方程式……………………273
8.2　微分代数型運動方程式の数値解法……………………………………………274
8.2.1　インデックス低減による運動方程式…………………………………274
8.2.2　バウムガルテの拘束安定化法……………………………………………275
8.2.3　幾何学的射影法………………………………………………………………276
8.2.4　一般化座標分割法……………………………………………………………278
8.3　微分代数型運動方程式の直接数値積分…………………………………………279
8.3.1　BDF 法による直接数値積分法………………………………………………279
8.3.2　GGL 法による安定化 DAE の直接数値積分法………………………………280
8.3.3　HHT 法による直接数値積分法………………………………………………281
8.4　ペナルティ法……………………………………………………………………282
8.4.1　定式化…………………………………………………………………………282
8.4.2　拡大ラグランジアン法………………………………………………………284

9章　複雑な振動系の数値解析法……………………………〔遠藤　満〕…287
9.1　理論モード解析…………………………………………………………………287
9.1.1　固有振動数と固有モード……………………………………………………287
9.1.2　固有値計算法…………………………………………………………………289
9.1.3　モード座標による運動方程式の非連成化…………………………………290
9.2　固有値の近似解法………………………………………………………………293
9.2.1　レイリー・リッツ法…………………………………………………………293
9.2.2　ガラーキン法…………………………………………………………………296
9.2.3　振動数合成法…………………………………………………………………297
9.3　分布定数系の離散化手法と振動解析法…………………………………………300
9.3.1　解析手法の評価と選択………………………………………………………300
9.3.2　数値解析手法…………………………………………………………………303

10章　非線形系の振動解析法………………………………〔近藤孝広〕…314
10.1　弱非線形系に対する解析的手法………………………………………………314
10.1.1　摂動法………………………………………………………………………314
10.1.2　多重尺度法…………………………………………………………………320
10.1.3　平均法………………………………………………………………………324
10.1.4　1 項近似の調和バランス法（記述関数法）……………………………327
10.2　大規模強非線形系に対する数値解析的手法…………………………………329
10.2.1　多項近似の調和バランス法………………………………………………330
10.2.2　シューティング法…………………………………………………………332
10.2.3　低次元化法…………………………………………………………………334

10.3　安定判別……340
10.3.1　基礎式……340
10.3.2　安定性の定義……341
10.3.3　自律系の場合……342
10.3.4　非自律周期系の場合……345
10.3.5　リアプノフの方法……348

11 章　振動計測法……〔今泉八郎〕…352
11.1　振動計測の位置付けと方法……352
11.2　各種加速度センシング……353
11.2.1　種　類……353
11.2.2　性　能……353
11.2.3　特　徴……353
11.2.4　動作原理……355
11.2.5　使用法……355
11.2.6　校正法……356
11.3　各種速度センシング……357
11.3.1　種　類……357
11.3.2　性　能……357
11.3.3　特　徴……357
11.3.4　動作原理……358
11.3.5　使用法……359
11.3.6　校正法……359
11.4　各種変位センシング……360
11.4.1　種　類……360
11.4.2　性　能……360
11.4.3　特　徴……360
11.4.4　動作原理……361
11.4.5　使用法……364
11.4.6　校正法……364
11.5　計測データ処理とシステム化……364
11.5.1　FFT アナライザの基本構成……364
11.5.2　FFT アナライザの基本原理……365
11.5.3　時刻歴波形と周波数スペクトルとの関係……366
11.5.4　信号の大きさとパワースペクトル……368
11.5.5　信号の種類とパワースペクトル……370
11.5.6　時間窓と漏れ誤差（リーケッジ誤差）……371

11.5.7　ウェーブレット変換によるデータ処理……372
11.5.8　フィルタリング……376

12 章　振動試験法……〔白井正明〕…383
12.1　振動試験の目的と方法……383
12.2　高速フーリエ変換による周波数応答関数の算出……383
12.3　各種の加振方法……384
12.3.1　加振方法の種類……384
12.3.2　加振波形の特徴……385
12.3.3　加振波形のまとめ……392
12.4　加振器の選択と取付け方法……392
12.4.1　加振器の種類……392
12.4.2　加振器の取付け方法……393
12.4.3　加振点の選択……395
12.5　打撃加振時の注意点……395
12.5.1　加振スペクトルの調整……396
12.5.2　窓関数……397
12.6　測定系の校正……399

13 章　実験的同定法とそれに基づく振動解析……401
13.1　振動応答の周波数分析……〔吉村卓也〕…401
13.1.1　複素フーリエ変換……401
13.1.2　パワースペクトル……404
13.1.3　オクターブ分析……405
13.2　振動試験データからのモード特性同定……〔吉村卓也〕…405
13.2.1　モード特性同定法の分類……406
13.2.2　多自由度法……410
13.3　振動試験データからの剛体特性同定……〔大熊政明〕…413
13.3.1　台上試験法……414
13.3.2　振り子法……416
13.3.3　実験モード解析の同定慣性項成分を利用する方法……418
13.3.4　精密モデル化した柔軟支持条件での同定法……422
13.4　特性行列同定法による方法……〔大熊政明〕…430
13.5　構造変更予測手法……〔大熊政明〕…435
13.5.1　有限要素エネルギーレイリー商感度……436
13.5.2　SDM……437
13.5.3　固有角振動数感度……437

13.5.4　トポロジー構造変更手法……438

14 章　機構制御技術 ……442
14.1　運動の計画……〔武田行生〕…442
14.1.1　質点の運動……442
14.1.2　剛体の運動……445
14.1.3　運動の生成……450
14.2　機構システム理論……〔武田行生〕…453
14.2.1　機構，対偶および節……453
14.2.2　機構の種類……454
14.2.3　機構の設計（総合）手順……457
14.2.4　機構の構造と自由度……458
14.2.5　機構の変位解析……458
14.2.6　機構の速度・加速度解析とヤコビ行列……461
14.3　運動制御……〔岡田昌史〕…464
14.3.1　ロボットの運動学問題……464
14.3.2　冗長系の逆運動学問題……465
14.3.3　特異姿勢……466
14.4　力制御……〔岡田昌史〕…468
14.4.1　手先発生力と関節トルク……468
14.4.2　コンプライアンス制御……469
14.5　モータの駆動……〔岡田昌史〕…470
14.5.1　H ブリッジによる電圧制御……470
14.5.2　電圧制御と電流制御……470

15 章　制振制御技術 ……472
15.1　受動的制振制御……〔西原　修〕…472
15.1.1　制振と振動絶縁……472
15.1.2　減衰機構要素による制振……474
15.1.3　制振材料による制振……478
15.2　回転体のバランシング……〔松下修己〕…480
15.2.1　剛性ロータの不釣合い……480
15.2.2　フィールドバランスの基礎（モード円 1 面バランス）……482
15.2.3　影響係数法バランス……484
15.2.4　モードバランス法……487
15.2.5　n 面法か，$n+2$ 面法か……489
15.3　準能動的制振制御……491

15.3.1　特性可変機構による制振 ……………………………〔松久　寛〕…492
15.3.2　エネルギー回生による制振…………………………〔中野公彦〕…497
15.4　能動的制振制御……………………………………………〔田川泰敬〕…501
15.4.1　機能による分類……………………………………………………………501
15.4.2　制御形態による分類………………………………………………………502
15.4.3　自由度と能動制御…………………………………………………………504
15.4.4　振動制御の基礎……………………………………………………………505
15.4.5　制御理論の応用……………………………………………………………512
15.4.6　能動振動制御の対象………………………………………………………518
15.4.7　能動振動制御用アクチュエータ …………………………………………518
15.5　音響波動系の制御…………………………………………………………519
15.5.1　構造振動の波動論とデジタルモデル基礎…〔田中信雄・岩本宏之〕…519
15.5.2　音響の波動論とデジタルモデル基礎………………〔猿渡　洋〕…523
15.5.3　アルゴリズムと適応例……………………………………………………528
a.　能動騒音制御（ANC） ………………………………〔鈴木成一郎〕…528
b.　音源分離…………………………………………………………〔猿渡　洋〕…533
c.　構造振動の無反射制御による制振…………〔田中信雄・岩本宏之〕…535

16 章　振動利用技術…………………………………………………………………539
16.1　状態モニタリングと異常診断………………………………〔川合忠雄〕…539
16.1.1　計測技術……………………………………………………………………539
16.1.2　診断技術……………………………………………………………………540
16.2　超音波診断…………………………………………………〔中村健太郎〕…542
16.2.1　超音波による機械診断……………………………………………………542
16.2.2　騒音源探査…………………………………………………………………542
16.2.3　超音波非破壊検査…………………………………………………………543
16.2.4　超音波医用診断……………………………………………………………545
16.3　物体輸送，仕分けと整列処理……………………………〔中村健太郎〕…546
16.3.1　振動による輸送……………………………………………………………546
16.3.2　振動による整列……………………………………………………………547
16.3.3　超音波による微小物体の非接触搬送……………………………………547
16.3.4　超音波による平板物体の非接触搬送……………………………………548
16.4　加工………………………………………………………………〔割澤伸一〕…549
16.5　解体（破壊と粉砕）……………………………………………〔栗田　裕〕…551
16.6　エネルギー変換機器……………………………………………〔保坂　寛〕…553
16.6.1　共振型発電機………………………………………………………………553
16.6.2　回転型発電機………………………………………………………………555

索　　引 ………………………………………………………………… 557

資料編広告 ……………………………………………………………… 567

1. 基　礎　知　識

1.1　機械力学の歴史概観

機械力学は運動する機械の力と運動および構造体の振動に関する学問であり，高速，高精度に運転する各種機械を設計する際に必要不可欠である．当初は，機構・運動・力の関係を扱う学問領域であったが，コンピュータが日常的に使えるようになった 1980 年代からは，力学・制御・計測を一体として扱う領域へと変貌してきた．ここでは，過去を概観するとともに，現状と将来についてまとめることとする．

1.1.1　歴史的変遷

a.　概　　観[1)]

機械力学の基礎は，Galileo Galilei（1564～1642），Huygens（1629～1695）や Newton（1642～1727）などが発展させた古典力学である．数学的取り扱いは音響学と共通のものが多く，音響学は，Gassendi（1592～1655）や Mersene（1588～1648）による音速の測定から始まり，Laplace（1749～1827）による音の伝播速度の理論的導出に続く．振動学は，Newton と Euler（1707～1783）による力学系の体系化に始まる．その後，Lagrange（1736～1813）による一般座標の導入とエネルギーを使った運動方程式の解法，さらに Maxwell（1831～1879）の電気音響学への拡張と続く．音響学と弾性振動学の基礎をつくったのは，Rayleigh（1842～1919）で，著書 *Theory of Sound* は，1877 年に出版されて以来，今日まで版を重ねている．また，Helmholtz（1821～1894）は生理音響や心理音響も取り込んでいる．

機械を構成する要素に関係した振動の基礎としては，弦やはり，板，棒を対象に 18 世紀初頭に，まず弦の振動解析の取り組みが開始され，Bernoulli（1700～1782），Euler，D'Alembert（1717～1783）らが振動形状を明らかにした．特に，Euler は線形振動系における重ね合わせの原理を提案しており，それは今日でも重要な考え方である，また，板の振動の研究が Chladni（1756～1872）により，細長い棒のねじり振動の研究が Coulomb（1736～1806）などによって行われた．

振動学がものづくりのなかで実用的な学問として登場するのは 1800 年代の終わり頃である．当時英国では鉄道の高速化に伴って脱線事故が頻発したが，その原因は，機関車の動輪系の不釣合い振動であった．また，工場に蒸気機関が導入されたことから，大型蒸気機関によって駆動された伝動軸系に発生する振動が問題となり，Rankine（1820～1872）は初めて危険速度について言及した．また，回転軸やタービン翼の振動の計算法に関しては，Stodola（1859～1942）が大きく貢献している．特に，第一次，第二次世界大戦中に，高速化，回転数の上昇，軽量化を目指した結果，事故につながる振動が多発し，従来の静力学的な検討に基づく強度計算だけでは不十分となり，振動学の重要性が高まった．振動学を現在の形で定着させるのに大きく貢献したのは，ロシアに生まれ米国で活躍したTimoshenko（1878～1972）の *Vibration Problems in Engineering*（『工業振動学』）と，その弟子でMITの教授を務めたDen Hartog（1901～1989）の *Mechanical Vibrations*（『機械振動論』）の2冊の機械振動に関する意欲的な教科書である．

機械系の運動の安定性に関しては，蒸気機関車の調速機に使われた遠心ガバナの安定性がMaxwell，Routh（1831～1907），Hurwitz（1859～1919）らによって研究され，メカトロニクスを含んだ今日の機械力学に大きく貢献する制御工学の基礎をつくった．

b. 対象範囲の変遷

機械力学の対象は，19世紀後半に始まる往復機械の力学，回転機械の力学などのエネルギー変換機械に関係した振動や安定性の問題に始まり，流体関連振動とよばれる原子力発電プラントなどが登場した時期に始まる熱・流体現象と構造系・音響系との連成振動，電気機器や情報機器に関係した電磁力と構造系の連成振動，自動車や鉄道車両の乗り心地や操縦性・安定性に関係した振動制御，自動車の車室内騒音の静粛化に関係した波動・音響設計，ロボットアームや宇宙構造物の運動に関係した運動力学と構成要素の制振，クレーンなどの各種大型機械および建物・橋梁などの建築構造物の制振，耐震設計にまで広がってきた．さらに，最近では，その対象は，工学分野のみならず，人間・社会活動までに及び，幅広く動的現象の解析と設計までを対象としている．

c. 技術的シーズからみた変遷[2)]

20世紀中頃のコンピュータの発明とその貢献は大きく，それまでは静力学，質点系の力学，剛体の力学，摩擦，衝突，線形系の振動，過渡応答・衝撃，非線形振動，自励振動，不規則振動，連続体の振動などのように古典力学と連続体力学中心の体系であったところに，1950年代にNASAを中心に開発された有限要素法（FEM）は，すぐに振動工学にも取り入れられた．当初は，大自由度の固有値計算ができなかったため，少数自由度の振動問題に適用範囲が限定されていた．しかし，コンピュータが手近で使えるようになる時期とほぼ同時期の1970年代に大規模固有値問題の解法が可能になってからは，航空機や自動車などの複雑な構造物の振動解析が行えるようになった．一方，振動の計測法については，1965年に登場した高速フーリエ変換（FFT）によって短時間に時間波形を周波数領域のデータへと変換が可能なデータ処理が可能となった．このような背景を受けてモード解析が登場した．

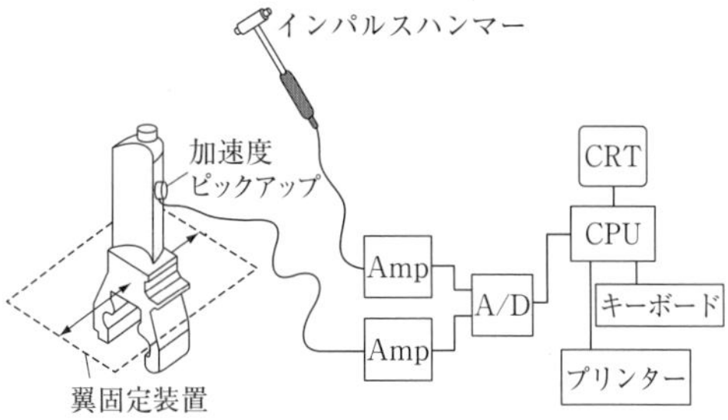

図 1.1　実験モード解析のシステム構成例

モード解析は，理論モード解析と実験モード解析に分けられる．FEM などによって多自由度系振動問題に直して，その後，振動モードの直交性を利用して 1 自由度振動系の集合体として取り扱うのが理論モード解析である．一方，実験データから得られた周波数応答関数の結果から固有モード・固有振動数・モード減衰比を抽出する方法は，実験モード解析（図 1.1）とよばれ，FFT が登場した頃から活発に研究されるようになった．その後，1970 年代には，感度解析手法が研究され，これによって所望の固有振動数をもつ構造形状に変更することが可能となった．

1980 年代には，遺伝的アルゴリズムやニューラルネットワークの研究を構造変更や制御系設計に適用する試みが盛んに行われるようになり，最適化手法のアイデアが出揃った．1990 年代には，コンピュータの大容量化，低価格化とあいまって，使い勝手のよいソフトウェアが登場し，振動解析は CAE ツールを使うことが多くなった．

一方では，産業からの動的問題に起因するトラブルシューティングの要請は高く，それらに対応するためには，市販の CAE をツールとして適用するだけでは不十分で，振動問題を数式に置き換えるまでのモデル化の重要性が関心を呼ぶようになった．モデル化の研究は，企業と大学において流体関連振動から機構制御に至るまで今でも盛んに行われている．また，最近では，分岐現象とカオスなどのように複雑系理論を基礎としたものや，マルチボディダイナミクスのように拘束のある多体系の運動の解析法など，強い非線形性をもつ系や拘束条件下での運動と振動の連成解析が関心を集めている．

振動を抑制するための技術である振動制御の分野は，古くは，1 自由度振動系の共振を抑えるためにもうひとつ 1 自由度振動系を加えて 2 自由度振動系にすることによって共振点の位置をずらして，反共振点に変えるという動吸振器のアイデアから始まる．その後，動吸振器のダンピング要素を可変にしたセミアクティブダンパ，ばね要素とダンピング要素を油圧や電動のアクチュエータで置き換え，可動物体に作用する力をコンピュータで制御するアクティブダンパなどへと発展してきた．特に，高層建築構造物での耐風，耐震（図 1.2），半導体製造工場などでの微振動対策には，さまざまな形式のダンパが使われている．

図 1.2　高層建築構造物用ダンパの例（晴海アイランドトリトンスクエア）

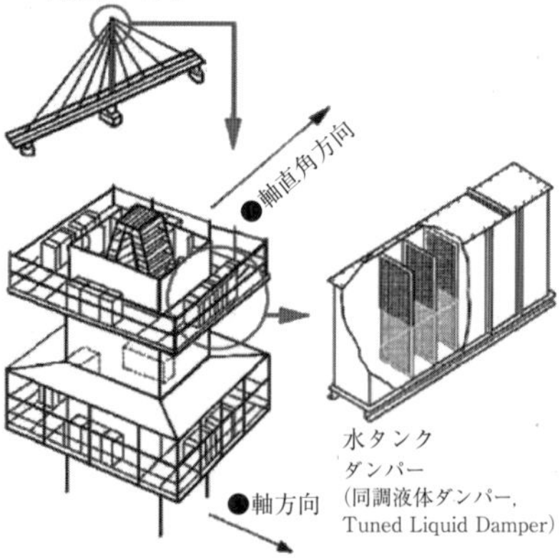

図 1.3　斜張橋主塔に設置された同調液体ダンパ[3)]

図 1.4　斜張橋ケーブルに取り付けられた磁石ダンパ[4)]

また，モデル化の知見を利用して，力学的特性を変更することで制振効果を発揮することが可能なパッシブ制振装置を提案した例もある．このような装置は，エネルギー供給を必要とせず，エネルギー供給が困難な場所で使われるものとしては適当なものである．例として，斜張橋主塔の頂部に設置された液面の動揺を利用した同調液体ダンパ（図 1.3）と斜張橋ケーブルが台風のような強風にさらされた場合にケーブルに発生する振動を永久磁石を用いて抑制することに成功したもの（図 1.4）を示す．後者の例では，ケーブルの一次モードで発生する空力振動を，高次モードに変換することにより，正の符号をもつ空力減衰へ変換させることで，安定化を図るものである．

d.　産業からのニーズの変遷[5)]

産業界からのニーズは，高度成長時代には，大型化，軽量化，高速化に伴う振動トラブルの原因解明と動的設計手法の構築がその中心であった．1980 年代には，メカトロニクスが登場して制御と力学の融合が始まり，制御技術と構造設計技術が融合する時代が到来し産業界では応用分野が開け，今日に至っている．

また，最近では，設置後長い年月が経過した産業プラントが多いことから，経年劣化を予測するための振動診断が注目されている．特に，マスコミをにぎわす機械の保全にまつわる事故が最近多発しており，その原因のひとつとして，会社における設備管理部門の経費・人件費の削減があげられている．現在，より信頼性の高い診断・メンテナンス技術が求められており，機械系の学会では，機械の状態監視と診断に関しての検討や規格化が進められるとともに，診断技術の開発もネットワークやデータ処理技術の進歩と歩調を合わせて，活発に行われている．その流れは，個別診断から集中管理型診断システムへ，多変量解析・FFT 解析による従来技術からニューラルネットワーク（NN），独立成分分析，ウェーブレット解析などの最新データ処理技術を利用したものへと変化してきている．また，メンテナンスにおいては，トラブルが発生してからメンテナンスを行う事故保全や一定期間ごとにメンテナンスを実施するタイムベースドメンテナンス（TMB）から機械の稼働状態を常時監視し，その結果をもとに必要に応じてメンテナンスを行うコンディションベースドメンテナンス（CBM）へと移行してきた．また,発生したトラブルが与える影響の度合いが大きい分野では,リスクベースドメンテナンス（RBM）やリスクベースドインスペクション（RBI）が行われるようになっている．また,プラントアセットマネジメント（PAM）のように,機械やプラントの稼働コストをトータルで管理する考え方が導入され，メンテナンス分野にもコスト意識が取り入れられるようになり，諸条件を加味して評価する方法に関する研究が必要となっている．

計算手法に関しては，日本はやや出遅れた感があるが，最近，マルチボディダイナミクスの研究が産学で盛んに行われている．従来から，主として車両への応用を目的として個別の機関で特徴あるソフトが試作されてきたが，現在，解析時間が短く，数値的にも安定な汎用ソフトの開発が盛んに行われている．その理由は，産業界から，制御系を含む機械，摩擦・接触を伴う機械，柔軟な構造部材を含む機械の動的設計への要求が高まっているからである．

1.1.2　今後の展望

今後，機械力学の分野で対象とされると思われるテーマは，以下のとおりである[6)]．

(1)　連成力学の展開

(2)　ヒューマンインタフェース

(3)　マイクロ・ナノ領域でのダイナミクス（図 1.5）

(4)　強非線形現象の解明と利用

図 1.5　世界最小の 0.85 インチ HDD（東芝提供）

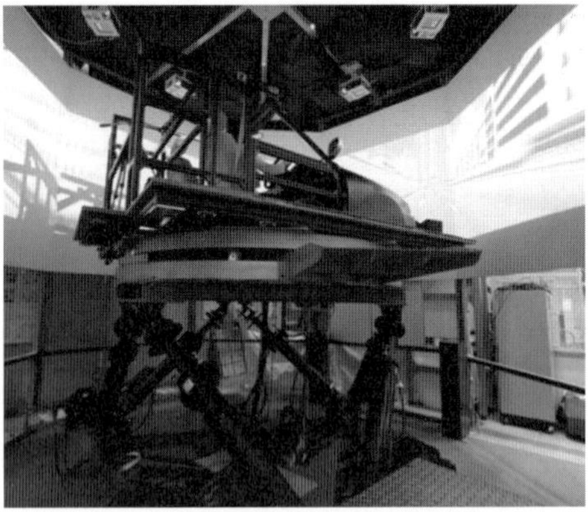

図 1.6　バーチャル設計を可能とするドライビングシミュレータ（東京大学生産技術研究所須田研究室提供）

(5)　定量化が困難な事象の計測手法の開発

(6)　人工現実感による設計（図 1.6）

連成力学は，複雑にからむ問題を取り扱う研究領域で，CAE ツールを上手に適用して，力学現象の本質を失うことなく CAE ソフトによって計算された結果をもとににモデル化し，設計に有用な情報を引き出す分野である．従来の技術では対処が困難な高度なエネルギー問題，例えば，ハイブリッドエンジンや燃料電池を搭載した自動車では，従来の運動，構造，流体，熱，電気，化学など以外に，高い効率で運転するためのエネルギーのリアルタイム管理の問題がからんでくる．最近では，分散型エネルギーネットワークの最適化も対象となってきている．したがって，複雑なさまざまな現象が関与する現象の理解と対策の提案にむけて，各現象のつながりを重視した連成力学への展開は望まれるところである．

ヒューマンインタフェースは，クオリティオブライフの向上に寄与するため，医学や心理学などの分野と融合を図り，安心安全な環境を構築するための音環境の創出や使い勝手のよい医療器械や福祉機器のデザインに貢献できるものと予想される．

マイクロ・ナノ領域でのダイナミクスでは，これまで主として実験に頼ってきたダンピングの定量的予測を可能とするために，ダンピングの発生原理をミクロスケールの立場から理論的に予測する手法の研究を行うべきであろう．

強非線形性の関係する力学研究への期待のひとつは，生体などのように構造も複雑で，構成する要素の構成方程式が単純でない要素からなる系内に発生する運動を明確にすることによって，新しい治療法，診断法の発案につながる可能性である．

定量化が困難な事象の計測手法の開発に関して，その測りにくいものの代表例は，人間の感覚であろう．シミュレータのみによってバーチャル設計を可能とするための測定技術の開発が望まれる．

最後に，特に強調しておきたいことは，この分野で使われるソフトウェアは国産のものがほとんどなく，暗黙知を形式知に置き換える文化がわが国では育っていないことである．経験豊富な世代から受け継いだ，動的なものの計測や制御の技術をさらに発展させるためには，理論に対する深い理解，ユーザーインタフェースの向上，現象のデータベース化など，残された課題は多い．　〔**金子成彦・大熊政明**〕

文　献

1) 三輪修三：機械振動学の歴史，日本舶用機関学会誌，**25**(9) (1990)，567-575.
2) 長松昭男：日本機械学会機械力学・計測制御部門ニュース，No. 40 (2007)，5-6.
3) Kaneko, S. and Yoshida, O.: Modeling of deep water-type rectangular tuned liquid damper with submerged nets, *J. Pressure Vessel Technol.*, **121**(4) (1999), 413-422.
4) 中野龍児ほか：振動モードの切替えによる斜張橋斜材ケーブルの制振方法に関する研究（第 4 報），日本機械学会論文集 C 編，**68**(672) (2002)，2233-2240.
5) 日本機械学会編：機械工学・機械工業関連分野の 10 年，pp. 103-109，2007.
6) 石田幸男：昨日・今日・明日（日本機械学会ニュースレター部門大集合）日本機械学会誌付録，**109**(1048) (2006)，2.

1.2　機械力学の用語

1.2.1　機 械 振 動

自由振動（free vibration）：外力が作用しない系の振動．自由振動の振動数は系の固有振動数となる．特に，減衰が作用しない自由振動を不減衰自由振動，減衰が作用する自由振動を減衰自由振動という．

強制振動（forced vibration）：系に外力が作用することによって発生する振動．

自励振動（self-excited vibration）：非振動的なエネルギーが，系自身の特性によって励振エネルギーに変換されて成長する振動．

固有振動数（natural frequency）：自由振動の振動数．特に，不減衰自由振動における固有振動数を不減衰固有振動数，減衰自由振動における固有振動数を減衰固有振動数という．

減衰比（damping ratio）：粘性減衰係数と臨界粘性減衰係数の比．系は減衰比が正で 1 より小さい場合には振動しながら減衰し（不足減衰），減衰比が 1 より大きい場合には振動せずに減衰する（過減衰）．特に，減衰比が 1 である状態を臨界減衰という．また，減衰比が負である状態を負減衰あるいは負性抵抗といい，このとき自励振動が発生する．

共振（resonance）：外力の振動数が系の固有振動数に近い場合に起こる大きな振動．

調和振動，単振動（harmonic vibration, simple harmonic motion）：正弦関数で表される振動．

定常振動（steady-state vibration）：時間に関して周期的な振動．複数の振動数成分が存在する場合には，それらが重ね合わされた振動となる．

過渡振動（transient vibration）：一時的に励起されている成分を含む振動．

うなり（beat）：振動数がわずかに異なる振動を組み合わせたときに生じる振動．

共振曲線（resonance curve）：横軸に外力の振動数，縦軸に系の応答をプロットした図．

不釣合い（unbalance）：ロータの慣性主軸が軸受中心線と一致しておらず，回転によって振動的な力や運動が軸受に生じる状態．また，軸受中心線から重心までの距離 ε（偏重心）とロータ質量 m との積 $m\varepsilon$ のこと（静不釣合い）．

釣合せ（balancing）：不釣合いに起因するロータのたわみや軸受の振動の大きさが許容範囲内に納まるように，ロータ上に所要の質量を取り付けて不釣合いを小さくすること．

危険速度（critical speed）：回転数が回転体の固有振動数と一致するときの回転速度．このとき，共振が起こるため振幅が非常に大きくなり，系を破壊するなどの危険がある．

ふれまわり（whirling）：軸中心線が旋回運動すること．特に，回転体において軸中心線の自転と同じ向きの旋回運動を前向きふれまわり，逆向きの旋回運動を後向きふれまわりという．

固有モード（natural mode）：系が自由振動をしているときにとりうる振動形状．多自由度系における複数の固有モードがエネルギー的に互いに独立している性質を固有モードの直交性という．

モード解析（modal analysis）：固有モードを用いた変数変換により，多自由度系をモードごとの運動を記述する複数の 1 自由度系に変換して解析する方法．変換後の座標系をモード座標という．モード座標で表現された 1 自由度系は独立に解くことができるため，多自由度系の振動解析が容易となる．系の低次元化（自由度の縮小）において有用な手段となる．

概周期振動（quasi-periodic vibration）：完全に周期的ではないが，ほぼ周期的である振動．

分岐現象（bifurcation phenomena）：制御パラメータの変化に伴って解の特性が激的に変化する現象．

跳躍現象（jump phenomena）：外力の振動数などのパラメータが連続的に変化するときに，応答が不連続的に変化する現象．

係数励振，パラメータ励振（parametric excitation）：振動系を構成する要素の係数が周期的に変化する場合に起こる自励振動．通常，係数が固有振動数の 2 倍の振動数で変化するときに最も大きな振動が生じるため，これを係数励振における主共振という．

1.2.2　計測・信号処理

変換器（transducer）：物理量や信号を，他形態の物理量あるいは信号に変換して出力する機器．

感度（sensitivity）：変換器における出力量と入力量との比を示す量．

ナイキスト周波数（Nyquist frequency）：正しく周波数分析をするための信号の上限周波数．信号にナイキスト周波数よりも高い周波数成分が含まれているとエイリアシングが生じる．

エイリアシング（aliasing）：周波数分析において，解析対象の信号にナイキスト周波数よりも高い周波数成分が含まれているとき，ナイキスト周波数に関して対称に折り返された低周波数成分が見かけ上現れる現象．

打撃試験（impact testing）：系に衝撃力を加えることで振動特性を調べる試験．

実験モード解析（experimental modal analysis）：振動試験を行い，入力および出力の測定データから系のモーダルパラメータ（モード剛性，モード減衰比，固有角振動数）を同定する一連の作業．

rms 値（root-mean-square value）：二乗平均値の平方根．

1.2.3　振 動 制 御

制振（vibration control）：振動を抑制，低減すること．

防振（vibration isolation）：振動を防止すること．

受動振動制御（passive vibration control）：振動低減対象の系に外部からのエネルギー供給を必要としない機械要素を取り付けることで防振あるいは制振を行う方法．

能動振動制御（active vibration control）：制御理論とエネルギー供給を必要とする防振あるいは制振の方法．特に，構造物の振動を計測して計測値に応じた制御力を作用させる制御方法をフィードバック制御，加振源から作用する力と反対向きの力を加えて励振力を打ち消す制御方法をフィードフォワード制御という．

セミアクティブ振動制御（semi-active vibration control）：受動振動制御と能動振動制御の両方の機能を備えた制御．受動振動制御に用いられる機械要素の特性を系の状態に応じて最適値に設定する方法などがある．

動吸振器（dynamic absorber）：構造物に，適当な固有振動数や減衰比をもつ質量，ばね，減衰器などを付加し，構造物の振動を低減させる装置．受動型制振器のひとつ．

1.2.4　そ　の　他

自由度（degree of freedom）：物体の運動を定めるために必要な独立変数の最小の個数．

ダランベールの原理（d'Alembert's principle）：物体の運動を考える際に，物体に作用する力として慣性力まで含めることで動力学の問題を静力学の問題に変換して扱う考え方．しばしば，解析において仮想仕事の原理とともに用いられる．

仮想仕事の原理（principle of virtual work）：静的平衡状態にある物体に拘束条件を満たすような仮想的な微小変位（仮想変位）が与えられるとき，拘束力のなす仕事の総和が0になるものを滑らかな拘束という．滑らかな拘束のもとでは，任意の仮想変位に対して拘束力以外の力がなす仕事（仮想仕事）が0になる．これを仮想仕事の原理という．

一般化座標（generalized coordinate）：一義的に系の位置と姿勢を表すことのできる変数．通常は系の自由度と等しい数の一般化座標を用いる．

回転半径（radius of gyration）：剛体のある軸まわりの慣性モーメントをI，質量をMとするとき，$I=M\kappa^2$で定義される量κをその軸に関する剛体の回転半径という．κは長さの次元をもち，剛体を軸からκの距離に集中した質量Mに置き換えることを意味する．

慣性モーメント（moment of inertia）：物体をある軸まわりに単位量の角加速度で回転させる際，慣性力によってその軸まわりにつくられるモーメント．回転運動の変化の生じにくさを表す．

ジャイロモーメント（gyroscopic moment）：軸対称の回転体の軸を傾けるとき，軸の支持部に対して軸が傾く方向と直角方向にモーメントが作用する．これをジャイロモーメントという．

反発係数（coefficient of restitution）：物体の衝突におけるはねかえりの程度を表す係数．2つの物体の衝突において，相対速度が接触面に垂直であり衝撃力の作用線が両物体の重心を通る場合に，衝突前の相対速度と衝突後の相対速度の比の大きさで定義される．

完全弾性衝突（completely elastic collision）：反発係数が1である衝突．このとき，衝突の前後で力学的エネルギーは保存される．

完全非弾性衝突（completely inelastic collision）：反発係数が0である衝突．2つの物体の相対速度は衝突後に0となる．　　　　　　　　　　　　〔**森　博輝・佐藤勇一**〕

1.3　機械力学のための数学基礎

1.3.1　線形代数学

a.　行　　列

m, n個の数a_{ij}（$i=1, 2, \cdots, m$；$j=1, 2, \cdots, n$）を式（1.3.1）のように方形に配列したものを行列という．

$$\begin{bmatrix} a_{11} & a_{12} & \cdots\cdots & a_{1n} \\ a_{21} & a_{22} & \cdots\cdots & a_{2n} \\ \vdots & \vdots & & \vdots \\ a_{m1} & a_{m2} & \cdots\cdots & a_{mn} \end{bmatrix} \tag{1.3.1}$$

この行列を $[a_{ij}]$ と表したり，一文字（太字）で $\boldsymbol{A}$ と表すこともある．行列 $\boldsymbol{A}$ を構成する数 a_{ij} を要素という．また行列の横列を「行」，縦列を「列」とよぶ．行列 $\boldsymbol{A}$ において上から i 番目の行を第 i 行，左から j 番目の列を第 j 列とよぶ．行と列の数が等しい行列を正方行列，その数をもって正方行列の次数という．

行または列の数が1である行列をベクトルという．ベクトルの要素は成分とよばれる．1行 n 列からなる行列を n 次行ベクトル，m 行1列からなる行列を m 次列ベクトルとよぶ．ベクトルは小文字(太字)で $\boldsymbol{x}$ と表したり，$\{x\}$ のように表すこともある．

2つの（m, n）の行列

$$\boldsymbol{A}=\begin{bmatrix} a_{11} & a_{12} \cdots\cdots & a_{1n} \\ a_{21} & a_{22} \cdots\cdots & a_{2n} \\ \vdots & \vdots & \vdots \\ a_{m1} & a_{m2} \cdots\cdots & a_{mn} \end{bmatrix}, \qquad \boldsymbol{B}=\begin{bmatrix} b_{11} & b_{12} \cdots\cdots & b_{1n} \\ b_{21} & b_{22} \cdots\cdots & b_{2n} \\ \vdots & \vdots & \vdots \\ b_{m1} & b_{m2} \cdots\cdots & b_{mn} \end{bmatrix}$$

に対して次の（m, n）行列

$$\begin{bmatrix} a_{11}+b_{11} & a_{12}+b_{12} \cdots\cdots & a_{1n}+b_{1n} \\ a_{21}+b_{21} & a_{22}+b_{22} \cdots\cdots & a_{2n}+b_{2n} \\ \vdots & \vdots & \vdots \\ a_{m1}+b_{m1} & a_{m2}+b_{m2} \cdots\cdots & a_{mn}+b_{mn} \end{bmatrix}$$

を $\boldsymbol{A}$ と $\boldsymbol{B}$ の和といい，$\boldsymbol{A}+\boldsymbol{B}$ と書く．また行列の和の定義から下記の式が成立する．

$$\boldsymbol{A}+\boldsymbol{B}=\boldsymbol{B}+\boldsymbol{A}$$

$$(\boldsymbol{A}+\boldsymbol{B})+\boldsymbol{C}=\boldsymbol{A}+(\boldsymbol{B}+\boldsymbol{C})$$

行列 $\boldsymbol{A}$ の要素 a_{ij} をすべて a 倍したものを要素とする行列を a と $\boldsymbol{A}$ のスカラー積といい $a\boldsymbol{A}$ と書く．スカラー積については次の式が成立する．

$$(a+b)\boldsymbol{A}=a\boldsymbol{A}+a\boldsymbol{B}$$

$$(ab)\boldsymbol{A}=a(b\boldsymbol{A})$$

$$a(\boldsymbol{A}+\boldsymbol{B})=a\boldsymbol{A}+a\boldsymbol{B}$$

行列の積を次のように定義する．

（m, l）行列 $\boldsymbol{A}$ と（l, n）行列 $\boldsymbol{B}$

$$\boldsymbol{A}=\begin{bmatrix} a_{11} & a_{12} \cdots\cdots & a_{1l} \\ a_{21} & a_{22} \cdots\cdots & a_{2l} \\ \vdots & \vdots & \vdots \\ a_{m1} & a_{m2} \cdots\cdots & a_{ml} \end{bmatrix}, \qquad \boldsymbol{B}=\begin{bmatrix} b_{11} & b_{12} \cdots\cdots & b_{1n} \\ b_{21} & b_{22} \cdots\cdots & b_{2n} \\ \vdots & \vdots & \vdots \\ b_{l1} & b_{l2} \cdots\cdots & b_{ln} \end{bmatrix}$$

に対して，次の（m, n）行列

$$\boldsymbol{C}=\begin{bmatrix} c_{11} & c_{12} & \cdots\cdots & c_{1n} \\ c_{21} & c_{22} & \cdots\cdots & c_{2n} \\ \vdots & \vdots & & \vdots \\ c_{m1} & c_{m2} & \cdots\cdots & c_{mn} \end{bmatrix} \quad \left(\begin{aligned} c_{ik} &= \sum_{j=1}^{l} a_{ij} b_{jk} \\ &= a_{i1}b_{1k} + a_{i2}b_{2k} + \cdots + a_{il}b_{lk} \end{aligned} \right)$$

を $\boldsymbol{A}$ と $\boldsymbol{B}$ の積といい，$\boldsymbol{AB}$ と書く．特に注意すべきことは，一般的に $\boldsymbol{AB}$ と $\boldsymbol{BA}$ は異なることである．

n 個の変数の一組 $x_1, x_2, x_3, \cdots, x_n$ と m 個の変数の一組 $y_1, y_2, y_3, \cdots, y_m$ との間に次の式（1.3.2）のような関係があるとき，

$$\left. \begin{aligned} y_1 &= a_{11}x_1 + a_{12}x_2 + \cdots\cdots + a_{1n}x_n \\ y_2 &= a_{21}x_1 + a_{22}x_2 + \cdots\cdots + a_{2n}x_n \\ &\vdots \\ y_m &= a_{m1}x_1 + a_{m2}x_2 + \cdots\cdots + a_{mn}x_n \end{aligned} \right\} \tag{1.3.2}$$

$y_1, y_2, y_3, \cdots, y_m$ は $x_1, x_2, x_3, \cdots, x_n$ の一次変換であるという．これを行列の記法に従って表現すると，式（1.3.3）のようになる．

$$\boldsymbol{A}=\begin{bmatrix} a_{11} & a_{12} & \cdots\cdots & a_{1n} \\ a_{21} & a_{22} & \cdots\cdots & a_{2n} \\ \vdots & \vdots & & \vdots \\ a_{m1} & a_{m2} & \cdots\cdots & a_{mn} \end{bmatrix}, \quad \boldsymbol{x}=\begin{bmatrix} x_1 \\ x_2 \\ \vdots \\ x_m \end{bmatrix}, \quad \boldsymbol{y}=\begin{bmatrix} y_1 \\ y_2 \\ \vdots \\ y_m \end{bmatrix} \tag{1.3.3}$$

すると，一次変換は式（1.3.4）のように表される．

$$\boldsymbol{y}=\boldsymbol{Ax} \tag{1.3.4}$$

n 次行列

$$\begin{bmatrix} a_{11} & a_{12} & \cdots\cdots & a_{1n} \\ a_{21} & a_{22} & \cdots\cdots & a_{2n} \\ \vdots & \vdots & & \vdots \\ a_{n1} & a_{n2} & \cdots\cdots & a_{nm} \end{bmatrix}$$

の左上から右下への対角線上にある要素を対角要素という．対角要素以外の要素がすべて0である行列を対角行列という．対角要素がすべて1の対角行列を単位行列といい，$\boldsymbol{E}$ で表すことが多い．

$$\boldsymbol{E}=\begin{bmatrix} 1 & 0 & \cdots\cdots & 0 \\ 0 & 1 & \cdots\cdots & 0 \\ \vdots & \vdots & \ddots & \vdots \\ 0 & 0 & \cdots\cdots & 1 \end{bmatrix}=[\delta_{ik}]$$

ここで δ はクロネッカーの記号とよばれる．

(m, n) 行列 $\boldsymbol{A}$ の行と列を入れ換えてできる (n, m) 行列を $\boldsymbol{A}$ の転置行列といい，$\boldsymbol{A}^{\mathrm{T}}$ で表す．

$$\boldsymbol{A}=\begin{bmatrix} a_{11} & a_{12} & \cdots\cdots & a_{1n} \\ a_{21} & a_{22} & \cdots\cdots & a_{2n} \\ \vdots & \vdots & & \vdots \\ a_{m1} & a_{m2} & \cdots\cdots & a_{mn} \end{bmatrix} \quad \text{のとき} \quad \boldsymbol{A}^{\mathrm{T}}=\begin{bmatrix} a_{11} & a_{21} & \cdots\cdots & a_{m1} \\ a_{12} & a_{22} & \cdots\cdots & a_{m2} \\ \vdots & \vdots & & \vdots \\ a_{1n} & a_{2n} & \cdots\cdots & a_{mn} \end{bmatrix}$$

転置行列に関しては $\boldsymbol{A}, \boldsymbol{B}$ をそれぞれ (m, l)，(l, n) 行列とすれば式 (1.3.5) の関係が成立することに注意されたい．

$$(\boldsymbol{AB})^{\mathrm{T}}=\boldsymbol{B}^{\mathrm{T}}\boldsymbol{A}^{\mathrm{T}} \tag{1.3.5}$$

$\boldsymbol{A}=\boldsymbol{A}^{\mathrm{T}}$ である行列を対称行列という．ベクトル $\boldsymbol{x}$ が一次変換行列によりベクトル $\boldsymbol{y}$ に写像されるとき，$\boldsymbol{A}$ は影響係数を表している．材料の特性を行列で表すと影響係数は対称行列になることが多く，これは材料力学でいうマックスウェルの相反定理として知られている．

正方行列 $\boldsymbol{A}=[a_{ij}]$ において，$i>j$ のとき $a_{ij}=0$，または $i<j$ のとき $a_{ij}=0$ の場合，$\boldsymbol{A}$ を三角行列という．特に下記のように左側の行列は上三角行列，右側の行列は下三角行列とよばれる．

$$\begin{bmatrix} a_{11} & a_{12} & \cdots\cdots & a_{1n} \\ 0 & a_{22} & \cdots\cdots & a_{2n} \\ \vdots & \vdots & \ddots & \vdots \\ 0 & 0 & \cdots\cdots & a_{nn} \end{bmatrix} \quad \text{または} \quad \begin{bmatrix} a_{11} & 0 & \cdots\cdots & 0 \\ a_{21} & a_{22} & \cdots\cdots & 0 \\ \vdots & \vdots & \ddots & \vdots \\ a_{n1} & a_{n2} & \cdots\cdots & a_{nn} \end{bmatrix}$$

b. 行　列　式

n 個の相異なる数 $a_1, a_2, \cdots, a_n$ を任意の順に並べたものを順列という．$1, 2, \cdots, n$ に偶数個の互換を施して得られる順列を偶順列といい，同じく奇数個の互換を施して得られた順列を奇順列という．順列 $p_1, p_2, \cdots, p_n$ が $1, 2, \cdots, n$ に k 個の互換を施して得られるとして，

$$\varepsilon(p_1, p_2, \cdots, p_n)=(-1)^k$$

とおけば，

$$\text{偶順列の場合：}\varepsilon(p_1, p_2, \cdots, p_n)=+1$$
$$\text{奇順列の場合：}\varepsilon(p_1, p_2, \cdots, p_n)=-1$$

となる．この順列を用いて行列式を定義する．n 次行列 $\boldsymbol{A}=[a_{ij}]$ の行列式は次のようになる．

$$\Sigma\varepsilon(p_1\, p_2 \cdots p_n)\, a_{1p_1}a_{2p_2}\cdots a_{np_n}$$

ここで，Σ は $1, 2, \cdots, n$ のすべての順列についての和を表すものとする．これを式 (1.3.6) のように表す．

$$|\boldsymbol{A}| \quad \text{または} \quad |a_{ij}| \quad \text{または} \quad \begin{vmatrix} a_{11} & a_{12} \cdots\cdots & a_{1n} \\ a_{21} & a_{22} \cdots\cdots & a_{2n} \\ \vdots & \vdots & \vdots \\ a_{n1} & a_{n2} \cdots\cdots & a_{nn} \end{vmatrix} \tag{1.3.6}$$

特に $|\boldsymbol{A}|=0$ となる行列を特異行列という.

たとえば，三次の正方行列の場合は行列式は以下のように計算される.

$$\begin{vmatrix} a_{11} & a_{12} & a_{13} \\ a_{21} & a_{22} & a_{23} \\ a_{31} & a_{32} & a_{33} \end{vmatrix} = a_{11}a_{22}a_{33} - a_{11}a_{23}a_{32} + a_{13}a_{21}a_{32} - a_{12}a_{21}a_{33} + a_{12}a_{23}a_{31} - a_{13}a_{22}a_{31}$$

行列式の主な性質を下記に示す.

(1) 行と列を入れ替えても行列式の値は変わらない.

(2) 任意の 2 つの行または列を入れ替えれば，行列式は符号だけ変わる.

(3) 2 つの行または列の等しい行列式は 0 となる.

(4) 行列式の 1 つの行または列の各要素を a 倍すれば，行列式も a 倍となる.

(5) 行列式の 1 つの行または列の各要素が 2 つの数の和であれば，行列式は和の各項をその行または列においてできる 2 つの行列式の和に等しい.

(6) 行列式の 1 つの行に a を乗じてこれを外の 1 つの行に加えても行列式の値は変わらない. 列についても同様である.

(7) 行列 $\boldsymbol{A}, \boldsymbol{B}$ に対して

$$|\boldsymbol{AB}| = |\boldsymbol{A}||\boldsymbol{B}|$$

$$|\boldsymbol{AB}^{\mathrm{T}}| = |\boldsymbol{B}^{\mathrm{T}}\boldsymbol{A}| = |\boldsymbol{A}^{\mathrm{T}}\boldsymbol{B}| = |\boldsymbol{BA}^{\mathrm{T}}| = |\boldsymbol{A}||\boldsymbol{B}|$$

(8) 次の性質は行列式の次数を下げるときに利用される.

$$\begin{vmatrix} a_{11} & 0 \cdots\cdots & 0 \\ a_{21} & a_{22} \cdots\cdots & a_{2n} \\ \vdots & \vdots & \vdots \\ a_{n1} & a_{n2} \cdots\cdots & a_{nn} \end{vmatrix} = a_{11} \begin{vmatrix} a_{22} \cdots\cdots & a_{2n} \\ \vdots & \vdots \\ a_{n2} \cdots\cdots & a_{nn} \end{vmatrix}$$

(9) 下記の性質も知られている.

$$\boldsymbol{A}_1 = \begin{bmatrix} a_{11} \cdots\cdots & a_{1r} \\ \vdots & \vdots \\ a_{r1} \cdots\cdots & a_{rr} \end{bmatrix}, \quad \boldsymbol{A}_2 = \begin{bmatrix} a_{r+1\,r+1} \cdots\cdots & a_{r+1\,n} \\ \vdots & \vdots \\ a_{n\,r+1} \cdots\cdots & a_{nn} \end{bmatrix}, \quad \boldsymbol{A}_3 = \begin{bmatrix} a_{1\,r+1} \cdots\cdots & a_{1n} \\ \vdots & \vdots \\ a_{r\,r+1} \cdots\cdots & a_{rn} \end{bmatrix}$$

とするとき

$$\begin{vmatrix} \boldsymbol{A}_1 & \boldsymbol{A}_3 \\ 0 & \boldsymbol{A}_2 \end{vmatrix} = |\boldsymbol{A}_1||\boldsymbol{A}_2|$$

c. 逆 行 列

与えられた行列 $\boldsymbol{A}$ に対して

$$\boldsymbol{AX}=\boldsymbol{E} \tag{1.3.7}$$

を満足する行列 $\boldsymbol{X}$ が存在するとき，この $\boldsymbol{X}$ を $\boldsymbol{A}$ の逆行列と定義する．$\boldsymbol{A}$ の逆行列が存在するための必要十分条件は $|\boldsymbol{A}|\neq 0$ である．このとき逆行列はただ1つ存在し，これを $\boldsymbol{A}^{-1}$ と書く．逆行列が存在する行列を正則行列という．

d. 二次形式と固有値，固有ベクトル

n 個の変数 $x_1, x_2, \cdots, x_n$ に関する二次同次多項式

$$a_{11}x_1^2+\cdots+a_{nn}x_n^2+2a_{12}x_1x_2+\cdots+2a_{ik}x_ix_k+\cdots+2a_{n-1n}x_{n-1}x_n$$

を二次形式という．これは $a_{ik}=a_{ki}$ として

$$\sum_{i,k=1}^{n} a_{ik}x_ix_k \tag{1.3.8}$$

と書くことができる．これを行列で表すと，対称行列 $\boldsymbol{A}$ および n 次列ベクトル $\boldsymbol{x}$ を用いて次のように書かれる．

$$\boldsymbol{x}^{\mathrm{T}}\boldsymbol{Ax} \tag{1.3.9}$$

行列 $\boldsymbol{A}=[a_{ij}]$ に対して

$$\boldsymbol{Ax}=\lambda\boldsymbol{x} \tag{1.3.10}$$

を満足する数 λ および列ベクトル $\boldsymbol{x}\neq\{0\}$ が存在するとき，λ を $\boldsymbol{A}$ の固有値，$\boldsymbol{x}$ を固有値 λ に対する固有ベクトルという．この式は単位行列を $\boldsymbol{E}$ として次の形に書くことができる．

$$(\boldsymbol{A}-\lambda\boldsymbol{E})\boldsymbol{x}=\{0\}$$

これは同次方程式であるから，この式を満足する $\boldsymbol{x}\neq\{0\}$ が存在するための必要十分条件は

$$|\boldsymbol{A}-\lambda\boldsymbol{E}|=0 \tag{1.3.11}$$

である．これは λ に関する n 次代数方程式であるので，n 個の根をもつ．この根が固有値であるから，行列 $\boldsymbol{A}$ は次数だけの固有値をもつことになる．この式は行列 $\boldsymbol{A}$ の特性を表現するので特性方程式とよばれる．また，行列 $\boldsymbol{A}$ が振動系の特性を表現している場合には振動数方程式とよばれる．

1.3.2 複素関数

a. 複素数と複素平面

2つの実数を a, b，さらに $i=\sqrt{-1}$ としたとき，

$$a+ib \tag{1.3.12}$$

の形の数を複素数という．i を虚数単位といい，特に $a=0$，すなわち ib の形の数を純虚数という．

複素数の計算では，$\alpha=a+ib$, $\beta=c+id$（a, b, c, d は実数）とすれば下記のように相等関係が成立し，また和，差，積，商を求めることができる．

（i） 相等：$\alpha=\beta$ ならば，$a=c$ かつ $b=d$ （$\alpha=0$ ならば $a=b=0$）

（ii） 和　：$\alpha-\beta-(a+c)+i(b+d)$

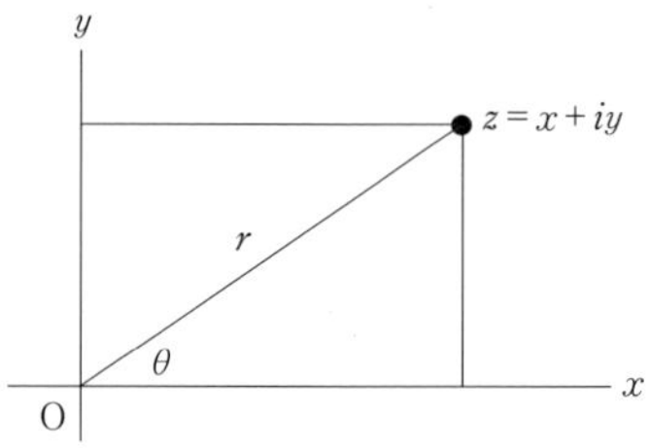

図 1.7 複素平面（ガウス平面）

（iii） 差　：$\alpha-\beta=(a-c)+i(b-d)$

（iv） 積　：$\alpha\beta=(ac-bd)+i(bc+ad)$

（v） 商　：$\dfrac{\alpha}{\beta}=\dfrac{ac+bd}{c^2+d^2}+i\dfrac{bc-ad}{c^2+d^2}$

$(c^2+d^2\neq 0)$

複素数 $z=x+iy$ は実数の組から定まるので，(x, y) 平面上の点として表すことができる．このように複素数を表すと考えた平面を複素平面またはガウス平面という．x 軸を実軸，y 軸を虚軸という（図 1.7）．

複素数 z を表す点を極座標 (r, θ) で表すと $z=re^{i\theta}$ と書ける．これを極形式といい，このとき r を複素数 z の絶対値，θ を偏角という．r と θ は以下のように与えられる．

$$r=\sqrt{x^2+y^2}, \qquad \theta=\tan^{-1}\frac{y}{x} \tag{1.3.13}$$

また，複素数 z の共役複素数を以下の式で定義する．

$$\bar{z}=x-iy \tag{1.3.14}$$

さらに，一般的に下記の関係式が成立する．

（i） $z=re^{i\theta}=r(\cos\theta+i\sin\theta)$

（ii） $e^{n\pi i}=(-1)^n, \qquad e^{(2n+1)\pi i/2}=(-1)^n i$ （n：整数）

（iii） $e^{\pm(\pi/4)i}=\dfrac{1\pm i}{\sqrt{2}}, \qquad e^{\pm(3\pi/4)i}=\dfrac{-1\pm i}{\sqrt{2}}$ （複号同順）

（iv） $z_k=r_k e^{i\theta_k}$ $(k=1, 2)$ ならば，

$$z_1\cdot z_2=r_1\cdot r_2 e^{i(\theta_1-\theta_2)}$$
$$=r_1\cdot r_2\{\cos(\theta_1+\theta_2)+i\sin(\theta_1+\theta_2)\}$$

$$\frac{z_1}{z_2}=\frac{r_1}{r_2}e^{i(\theta_1-\theta_2)}=\frac{r_1}{r_2}\{\cos(\theta_1-\theta_2)+i\sin(\theta_1-\theta_2)\}$$

（v） $z^n=r^n e^{in\theta}=r^n(\cos n\theta+i\sin n\theta)$ （n：整数）

$(\cos\theta+i\sin\theta)^n=\cos n\theta+i\sin n\theta$ （ド・モアブルの定理）

（vi） $z^{1/n}=r^{1/n}\left(\cos\dfrac{\theta+2k\pi}{n}+i\sin\dfrac{\theta-2k\pi}{n}\right)$

b. 複 素 関 数

複素数 $z=x+iy$ に対して，他の複素数 w が定まるとき，z を複素変数，w を z の複素関数といい，$w=f(z)$ で表す．$w=f(z)$ は z 平面上の点を w 平面上の点に写す写像として捉えることができる．以下に初等関数の代表的なものを列記する．

1） 指数関数

$$e^z=1+\frac{z}{1!}+\frac{z^2}{2!}+\cdots+\frac{z^n}{n!}+\cdots$$

$$e^{iz}=\left(1-\frac{z^2}{2!}+\frac{z^4}{4!}-\cdots\right)+i\left(z-\frac{z^3}{3!}+\frac{z^5}{5!}-\cdots\right)$$

$$e^{iz}=\cos z-i\sin z \quad \text{（オイラーの公式）}$$

2）　三角関数

$$\cos z=\frac{e^{iz}+e^{-iz}}{2}$$

$$\sin z=\frac{e^{iz}-e^{-iz}}{2i}$$

$$\tan z=\frac{\sin z}{\cos z}$$

3）　双曲線関数

$$\cosh z=\frac{e^{z}+e^{-z}}{2}$$

$$\sinh z=\frac{e^{z}-e^{-z}}{2}$$

$$\tanh z=\frac{\sinh z}{\cosh z}$$

4）　対数関数

$\log z$　（e^z の逆関数）

$z=re^{i\theta}$ のとき，$\log z=\log r+i(\theta+2n\pi)$　（n：整数）

1.3.3　フーリエ変換とラプラス変換

a.　フーリエ級数

$x(t)$ が時間 t の周期関数で，ある周期 T を有していれば，$x(t)$ は次の無限三角級数で表現できる．

$$x(t)=a_0+a_1\cos\frac{2\pi t}{T}+a_2\cos\frac{4\pi t}{T}+\cdots+b_1\sin\frac{2\pi t}{T}+b_2\sin\frac{4\pi t}{T}+\cdots$$

または，もっと簡潔な形式

$$x(t)=a_0+\sum_{k=1}^{\infty}\left(a_k\cos\frac{2\pi kt}{T}+b_k\sin\frac{2\pi kt}{T}\right) \tag{1.3.15}$$

により表現できる．これをフーリエ級数とよぶ．ここで，a_0, a_k, b_k は一定値をとり，フーリエ係数とよばれる．

$$\left.\begin{aligned}a_0&=\frac{1}{T}\int_{-T/2}^{T/2}x(t)\,\mathrm{d}t\\ a_k&=\frac{2}{T}\int_{-T/2}^{T/2}x(t)\cos\frac{2\pi kt}{T}\,\mathrm{d}t\\ b_k&=\frac{2}{T}\int_{-T/2}^{T/2}x(t)\sin\frac{2\pi kt}{T}\,\mathrm{d}t\end{aligned}\right\}\quad k\geqq 1\ \ (k=1,2,\cdots) \tag{1.3.16}$$

b. 連続フーリエ変換

式（1.3.16）を式（1.3.15）に代入して，$a_0=0$ のときには

$$x(t)=\sum_{k=1}^{\infty}\left\{\frac{2}{T}\int_{-T/2}^{T/2}x(t)\cos\frac{2\pi kt}{T}\mathrm{d}t\right\}\cos\frac{2\pi kt}{T}+\sum_{k=1}^{\infty}\left\{\frac{2}{T}\int_{-T/2}^{T/2}x(t)\sin\frac{2\pi kt}{T}\mathrm{d}t\right\}\sin\frac{2\pi kt}{T}$$

$\omega k=2\pi k/T$ とおきかえ，また $\Delta\omega=2\pi/T$ と書くと，

$$x(t)=\sum_{k=1}^{\infty}\left\{\frac{\Delta\omega}{\pi}\int_{-T/2}^{T/2}x(t)\cos\omega_k t\mathrm{d}t\right\}\cos\omega_k t+\sum_{k=1}^{\infty}\left\{\frac{\Delta\omega}{\pi}\int_{-T/2}^{T/2}x(t)\sin\omega_k t\mathrm{d}t\right\}\sin\omega_k t$$

となる．周期 $T=\infty$，$\Delta\omega\to\mathrm{d}\omega$ を考えると Σ を $\omega=0$ から $\omega=\infty$ までの積分に置き換えて

$$x(t)=\int_{\omega=0}^{\infty}\frac{\mathrm{d}\omega}{\pi}\left\{\int_{-\infty}^{\infty}x(t)\cos\omega t\mathrm{d}t\right\}\cos\omega t+\int_{\omega=0}^{\infty}\frac{\mathrm{d}\omega}{\pi}\left\{\int_{-\infty}^{\infty}x(t)\sin\omega t\mathrm{d}t\right\}\sin\omega t$$

または

$$\left.\begin{aligned}A(\omega)&=\frac{1}{2\pi}\int_{-\infty}^{\infty}x(t)\cos\omega t\mathrm{d}t\\B(\omega)&=\frac{1}{2\pi}\int_{-\infty}^{\infty}x(t)\sin\omega t\mathrm{d}t\end{aligned}\right\}\qquad(1.3.17)$$

とおくと，

$$x(t)=2\int_0^{\infty}A(\omega)\cos\omega t\mathrm{d}\omega+2\int_0^{\infty}B(\omega)\sin\omega t\mathrm{d}\omega\qquad(1.3.18)$$

式（1.3.17）がフーリエ変換の成分であり，式（1.3.18）が逆フーリエ変換である．

$$e^{i\theta}=\cos\theta+i\sin\theta$$

を利用して，さらに

$$X(\omega)=A(\omega)-iB(\omega)$$

とおけば，式（1.3.17）は次式のようになる．

$$\begin{aligned}X(\omega)&=\frac{1}{2\pi}\int_{-\infty}^{\infty}x(t)(\cos\omega t-i\sin\omega t)\mathrm{d}t\\&=\frac{1}{2\pi}\int_{-\infty}^{\infty}x(t)e^{-i\omega t}\mathrm{d}t\end{aligned}\qquad(1.3.19)$$

これがフーリエ変換として知られている．同様にフーリエ逆変換は

$$x(t)=\int_{-\infty}^{\infty}X(\omega)e^{i\omega t}\mathrm{d}\omega\qquad(1.3.20)$$

のようになる．

c. 離散フーリエ変換・高速フーリエ変換

現在，多くの信号処理はデジタル的に行われることを考えると，$x(t)$ は離散値 x_r で表現するほうが一般的である．そこで離散時系列 $\{x_r\}$ を考えると，離散フーリエ変換と逆離散フーリエ変換が式（1.3.21）および式（1.3.22）で定義される．

$$X_k = \frac{1}{N}\sum_{r=0}^{N-1} x_r e^{i(2\pi kr/N)}, \qquad k=0, 1, 2, \cdots, (N-1) \tag{1.3.21}$$

$$x_r = \sum_{k=0}^{N-1} X_k e^{i(2\pi kr/N)}, \qquad r=0, 1, 2, \cdots, (N-1) \tag{1.3.22}$$

これらの変換をある信号（例えば振動応答や励振力）に適用すれば，その信号に含まれる周波数成分の強さを得ることができる.例えば励振力のフーリエ変換を求めて，系の周波数応答関数との積をとれば，応答のフーリエ変換を算出できる．さらにそれを逆変換すれば応答の時系列が得られることになる．

これらの離散フーリエ変換は,実際の計算をする際に手間と時間がかかる．そこで，1965 年に J. Cooley と J. Tukey により，離散フーリエ変換を高速に演算する手法が提案された．これを高速フーリエ変換（FFT）とよんでいる．基本的にはサンプリングしたデータの並びを変更して簡単な演算を行うことでフーリエ変換が可能となる．

d. ラプラス変換

励振力のフーリエ変換が存在すれば上記のように応答が求まるが，励振力を $f(t)$ としてそのフーリエ変換は式（1.3.23）で与えられる．

$$F(\omega) = \int_{-\infty}^{\infty} f(t)\, e^{-i\omega t}\,\mathrm{d}t \tag{1.3.23}$$

しかし，このフーリエ変換が値をもつためには次の収束条件を満足する必要がある．

$$\int_{-\infty}^{\infty} |f(t)|\,\mathrm{d}t < \infty$$

そこで，フーリエ変換より収束条件が緩和されたラプラス変換を導入する．ラプラス変換は $s=\sigma+i\omega$（$\sigma>0$）として，次の式（1.3.24）で定義される．

$$F(s) = \int_{0}^{\infty} f(t)\, e^{-st}\,\mathrm{d}t \tag{1.3.24}$$

ラプラス変換とフーリエ変換の違いは,積分範囲と,フーリエ変換では純虚数であった指数関数が負の実数部を複素数になったことである．ラプラス変換を表現するために $\mathcal{L}\{\ \}$ が用いられる．

ラプラス変換の基本的性質として以下のようなものがある．関数 $f(t)$，$g(t)$ をラプラス変換した結果をそれぞれ $F(s)$，$G(s)$ で表す．また,おもなラプラス変換を表 1.1 に示す．

1) 関数の和と定数倍　任意の定数を a, b としたとき，

$$\mathcal{L}\{af(t)+bg(t)\} = aF(s)+bG(s)$$

表 1.1 おもな関数のラプラス変換

$f(t)$	$F(s)$	$f(t)$	$F(s)$
$\delta(t)$	1	$\dfrac{1}{a}e^{bt}\sin at$	$\dfrac{1}{(s+b)^2+a^2}$
$u(t)$	$\dfrac{1}{s}$	$e^{bt}\cos at$	$\dfrac{s-b}{(s+b)^2+a^2}$
t	$\dfrac{1}{s^2}$	$\dfrac{1}{a}e^{bt}\sinh at$	$\dfrac{1}{(s-b)^2-a^2}$
$\dfrac{1}{a}\sin at$	$\dfrac{1}{s^2+a^2}$	$e^{bt}\cosh at$	$\dfrac{s-b}{(s-b)^2-a^2}$
$\cos at$	$\dfrac{s}{s^2+a^2}$	$\dfrac{t}{2a}\sin at$	$\dfrac{s}{(s^2+b^2)^2}$
$\dfrac{1}{a}\sinh at$	$\dfrac{1}{s^2-a^2}$	$t\cos at$	$\dfrac{s^2-b^2}{(s^2+b^2)^2}$
$\cosh at$	$\dfrac{s}{s^2-a^2}$		

2)　関数の微分

$$
\begin{aligned}
\mathcal{L}\left\{\frac{\mathrm{d}f}{\mathrm{d}t}\right\} &= \int_0^\infty \frac{\mathrm{d}f}{\mathrm{d}t}e^{-st}\mathrm{d}t = [f(t)e^{-st}]_0^\infty - \int_0^\infty f(t)(-s)e^{-st}\mathrm{d}t \\
&= f(0) + s\int_0^\infty f(t)e^{-st}\mathrm{d}t \\
&= f(0) + sF(s)
\end{aligned}
$$

3)　関数の積分

$$
\begin{aligned}
\mathcal{L}\left\{\int f(t)\,\mathrm{d}t\right\} &= \int_0^\infty \int f(t)\,\mathrm{d}t e^{-st}\mathrm{d}t \\
&= \left[\int f(t)\,\mathrm{d}t\frac{1}{-s}e^{-st}\right]_0^\infty - \int_0^\infty f(t)\frac{1}{-s}e^{-st}\mathrm{d}t \\
&= \left[\int f(t)\,\mathrm{d}t\right]_0 + \frac{1}{s}\int_0^\infty f(t)e^{-st}\mathrm{d}t \\
&= \left[\int f(t)\,\mathrm{d}t\right]_0 + \frac{1}{s}F(s)
\end{aligned}
$$

4)　時間遅れ

$$
\begin{aligned}
\mathcal{L}\{f(t-T)\} &= \int_0^\infty f(t-T)e^{-st}\mathrm{d}t = \int_T^\infty f(\tau)e^{-s(\tau+T)}\mathrm{d}\tau \\
&= e^{-sT}\int_0^\infty f(\tau)e^{-s\tau}\mathrm{d}\tau \\
&= F(s)e^{-sT}
\end{aligned}
$$

〔森下　信〕

1.4　機械力学のための物理基礎

1.4.1　波　動　論

a.　一次元弾性波動[1),2)]

断面積 A，長さ l の棒の一端に静的な荷重 F が作用するときには，棒中に均一な応力 σ が発生し，このときの応力は $\sigma=F/A$ で与えられる．しかし，同じ棒の一端に，衝撃力（時間的に立ち上がり速度の高い荷重）が作用する場合には，事情が異なってくる．

すなわち，図 1.8 に示す断面積 A で均一な丸棒において，原点から x の距離にある面 PQ の変位を u とすると，同様に最初，原点より $x+\mathrm{d}x$ にあった面 RS の変位は $u+(\partial u/\partial x)\mathrm{d}x$ で表される．このとき，図 1.9 に示す微小な要素 PQRS の運動方程式は

$$\left(\frac{\partial\sigma}{\partial x}\right)\mathrm{d}xA=A\rho_0\mathrm{d}x\left(\frac{\partial^2 u}{\partial t^2}\right)$$

より

$$\frac{\partial\sigma}{\partial x}=\rho_0\frac{\partial^2 u}{\partial t^2} \tag{1.4.1}$$

で与えられる．ただし，ρ_0 は変形前の棒の密度である．

長さ $\mathrm{d}x$ の要素の歪みは $\partial u/\partial x$ で与えられ，E_0 を丸棒のヤング率として，式（1.4.1）に代入すると

$$E_0\frac{\partial^2 u}{\partial x^2}=\rho_0\frac{\partial^2 u}{\partial t^2} \tag{1.4.2}$$

が得られ，変形すると，次の波動方程式

$$\frac{\partial^2 u}{\partial t^2}=\frac{E_0}{\rho_0}\frac{\partial^2 u}{\partial x^2}=c_0^2\frac{\partial^2 u}{\partial x^2} \tag{1.4.3}$$

を得る．ここで c_0 は次式で与えられ，弾性波（縦波）の伝播速度を表す．

$$c_0=\sqrt{\frac{E_0}{\rho_0}} \tag{1.4.4}$$

式（1.4.3）の一般解は，よく知られているように，f および g を任意関数として

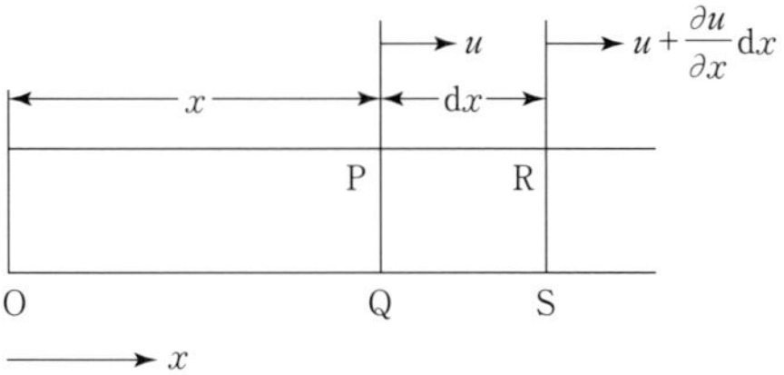

図 1.8　縦波が伝わる棒中の変位

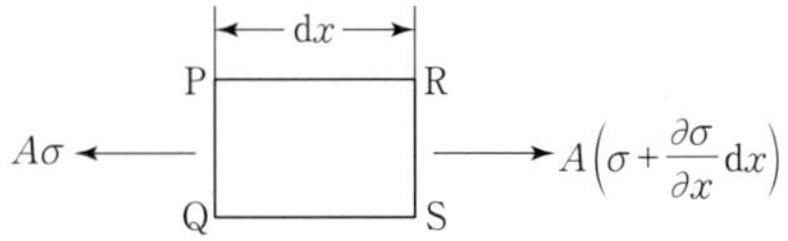

図 1.9　微小要素に作用する力

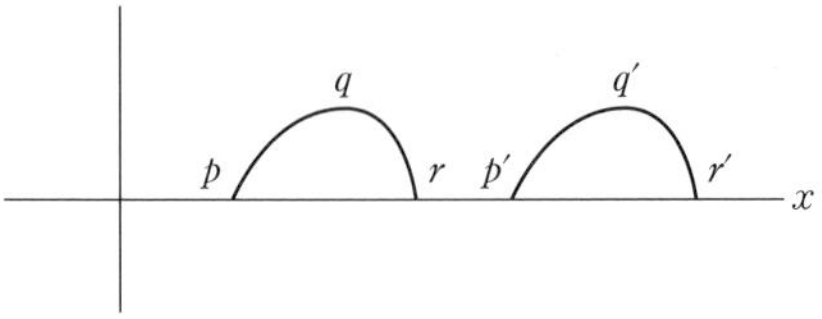

図 1.10　波の伝搬

$$u=f(x-c_0t)+g(x+c_0t) \tag{1.4.5}$$

とおける．このことは式（1.4.5）が式（1.4.3）を満足することから理解できる．なお，式（1.4.5）の右辺第1項の $f(x-c_0t)$ は x の正の方向に伝播する波を表し，また同第2項の $g(x+c_0t)$ は x の負の方向に伝播する波を表す．これについては次のように考えれば理解できる．図 1.10 において，例えば波 $f(x-c_0t)$ が，時間 Δt のあとに，x の方向に Δx だけ移動するとき，関数 f の引数は $x+\Delta x-c_0(t+\Delta t)$ となり，$\Delta x=c_0\Delta t$ であれば，引数は $x-c_0t$ となって時間 t の場合の引数と変わらず，関数 f も変化しない．このことは，時刻 t における波形 pqr が，時間 Δt の間に $c_0\Delta t$ だけ x の正の方向に移動して $p'q'r'$ になることを示し，c_0 が波の伝播速度を示すことを意味する．同様にして関数 $g(x+c_0t)$ は $f(x-c_0t)$ と反対の方向に進む波を表すことになる．

棒の歪みは $\partial u/\partial x$ で与えられ，いま，u として，式（1.4.5）の第2項を考え，また，粒子速度 $\partial u/\partial t$ を v_0 で表すと

$$\sigma_0=\frac{E_0}{c_0}v_0=\rho_0c_0v_0 \tag{1.4.6}$$

の関係を得る．

b.　一次元粘弾性波動（フォークトモデルの場合）[3),4)]

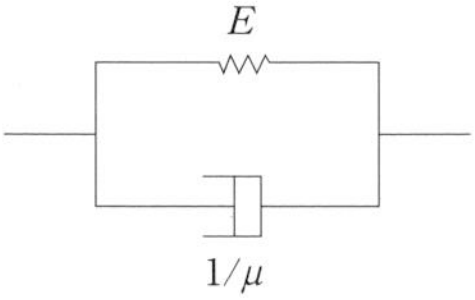

図 1.11　フォークトモデル

次に，粘弾性棒として図 1.11 に示すような，固体の特性をもつ2要素のフォークトモデルを考える．この場合の構成方程式

$$\sigma=E\varepsilon+\frac{1}{\mu}\frac{\partial\varepsilon}{\partial t} \tag{1.4.7}$$

より，応力に関する微分方程式

$$\frac{\partial^2\sigma}{\partial t^2}=\frac{E}{\rho}\left(\frac{\partial^2\sigma}{\partial x^2}+\frac{1}{\mu\rho}\right)\frac{\partial^3\sigma}{\partial x^2\partial t} \tag{1.4.8}$$

を得る．無次元量

$$\xi=\mu\sqrt{\langle\rho E\rangle x},\qquad \tau=\mu Et,$$

$$\Sigma=\frac{\sigma}{\sigma I_0},\qquad V=\sqrt{\frac{\langle\rho E\rangle v}{\sigma I_0}},\qquad Z_{\mathrm{e}}=\sqrt{\frac{\rho E}{\rho_0E_0}} \tag{1.4.9}$$

を導入して，式（1.4.8）を無次元化し，ラプラス変換を行って，境界条件

$$\Sigma(\infty,\tau)=0,\qquad V=Z(\Sigma_R-1)\quad(\xi=0),\qquad \Sigma=1+\Sigma_R\quad(\xi=0) \tag{1.4.10}$$

を用いると応力 Σ のラプラス変換 $\mathcal{L}\{\Sigma\}$ は

$$\mathcal{L}\{\Sigma\}=\frac{2}{s}\frac{[Z_{\mathrm{e}}(s+1)]^{1/2}}{[1+Z_{\mathrm{e}}(s+1)]^{1/2}}\exp\left\{-\frac{\xi s}{(s+1)^{1/2}}\right\} \tag{1.4.11}$$

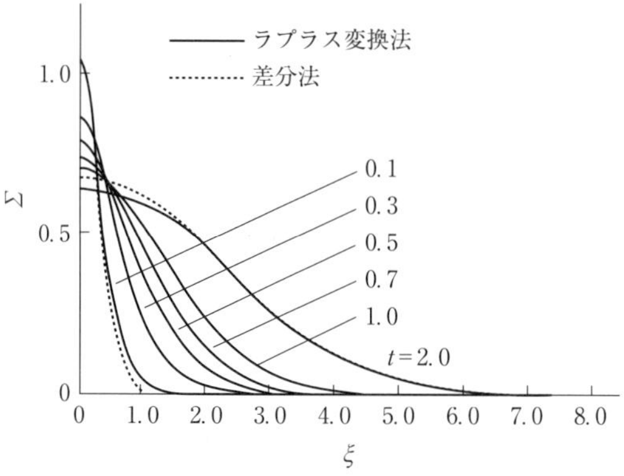

図 1.12 粘弾性棒中の応力分布（$Z_e=0.5$）

で表すことができる．式（1.4.11）のラプラス逆変換を行うと

$$\Sigma=2\exp(a\xi-\tau)\exp(a^2+2)\tau\,\mathrm{erfc}\left\{\frac{a\sqrt{\tau+\xi}}{2\sqrt{\tau}}\right\}-2\exp(a\xi-\tau)$$

$$\times\int_0^{\tau}[\sqrt{s}J_1(2\{s(\tau-s)\}^{1/2})+\frac{Z_e}{\pi}\cos(2\{s(\tau-s)\}^{1/2})]\times\frac{1}{(\tau-s)^{1/2}}$$

$$\times\exp(2+a^2)^2\,\mathrm{erfc}\left\{-\frac{as^{1/2}+\xi}{2s^{1/2}}\right\}\mathrm{d}s \qquad (1.4.12)$$

が求まる．ただし，$a=(1-Z_e^2)/Z_e$，$\mathrm{erfc}(\xi)$：余誤差関数である．

図 1.12 はフォークト型粘弾性棒と弾性棒についての密度とヤング率の積の比の平方根（Z_e）が 0.5 のときの計算結果を示す．応力分布形はマックスウェル型粘弾性棒のときと異なり，粘弾性棒の内部に伸びた形となる．図中の波線は，差分法による計算結果を示し，両棒の接触面近傍では，ラプラス変換法による結果と少し差がみられるが，波の前方にいくにつれて，ラプラス変換法による結果とよく一致する．なお，フォークトモデルの場合，棒の 1 点に加えた衝撃力は，瞬時に粘弾性棒の無限遠点まで到達し，このときの粘弾性波の伝播速度は無限大になってしまう．そのため，このままでは特性曲線を用いた差分法は適用できなくなるが，図 1.13 に示すように，フォークトモデルに直列にばね E_g を取りつけた 3 要素モデルについて，差分法を適用する．このとき，波の伝播速度は $\sqrt{E_g/\rho}$ で表されるが，フォークトモデル内のばね E_d と，これに直列に取り付けたばね E_g との比を小さくすることにより，フォークトモデルに近づけることができる．図 1.14 は密度と縦弾性係数との積の比を 1 としたときの結果を示す．同図中に Lee と Morrison[5] が，一定応力，一定速度の境界条件で求めた結果も示す．当解

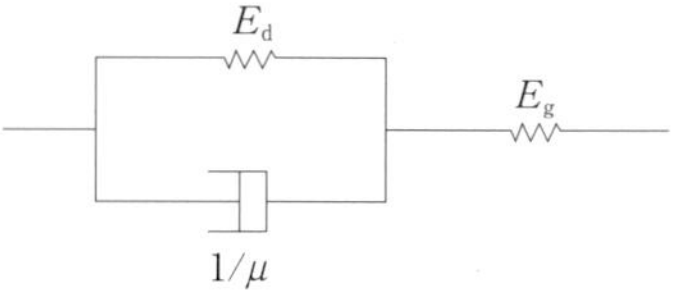

図 1.13 3 要素モデル

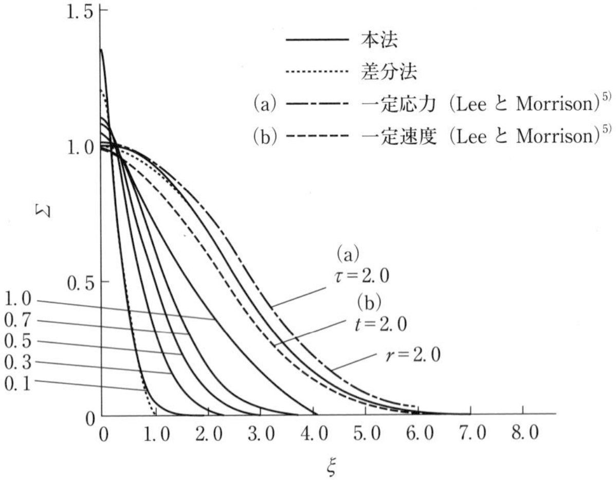

図 1.14 応力分布（$Z_e=1.0$）

析結果は，これらの結果に挟まれた値となる．フォークト粘弾性棒では衝撃直後，接触面近傍で大きな応力を示すが，時間とともに減少し，応力波は時間とともに粘弾性棒内部に伝搬する．

c. 三次元弾性体中の応力波

三次元弾性体中の波動の伝搬を考えるため，図 1.15 に示すような，弾性体中の微小直方体における力の釣り合いを考えると次式を得る．

$$\left.\begin{aligned}\frac{\partial\sigma_x}{\partial x}+\frac{\partial\tau_{xy}}{\partial y}+\frac{\partial\tau_{xz}}{\partial z+F_x}=0\\ \frac{\partial\tau_{yx}}{\partial x}+\frac{\partial\sigma_y}{\partial y}+\frac{\partial\tau_{yz}}{\partial z+F_y}=0\\ \frac{\partial\tau_{zx}}{\partial x}+\frac{\partial\tau_{zy}}{\partial y}+\frac{\partial\sigma_z}{\partial z+F_y}=0\end{aligned}\right\} \qquad (1.4.13)$$

ただし，$\sigma_x(=\sigma_{xx})$，τ_{xy}，τ_{xz}，τ_{yx}，$\sigma_y(=\sigma_{yy})$，τ_{yz}，τ_{zx}，τ_{zy}，$\tau_z(=\sigma_{zz})$ は応力であり，添え字の第 1 番目は力の作用する面の法線方向を示し，第 2 番目はその方向の成分であることを示す．F_x，F_y，F_z はこの部分に作用する単位体積あたりの外力の x，y，z 成分である．P 点を通る z 軸，x 軸，y 軸まわりの力のモーメントの釣り合いより

$$\tau_{xy}=\tau_{yx}, \qquad \tau_{yz}=\tau_{zy}, \qquad \tau_{zx}=\tau_{xz} \qquad (1.4.14)$$

を得る．外力は作用せず，動的変形のみ行う場合には，F_x，F_y，F_z は慣性力となり

$$F_x=-\frac{\rho\partial^2 u}{\partial t^2}, \qquad F_y=-\frac{\rho\partial^2 v}{\partial t^2}, \qquad F_z=-\frac{\rho\partial^2 w}{\partial t^2} \qquad (1.4.15)$$

となる．ここで ρ は単位体積あたりの質量であり，u，v，w はそれぞれ，変位の x，y，z 方向成分である．

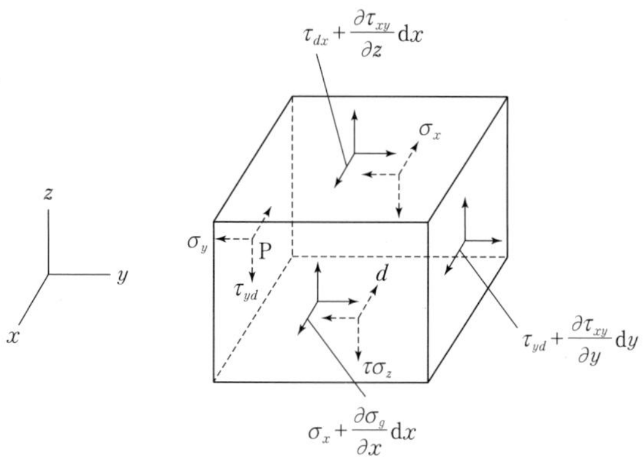

図 1.15　微小直方体に作用する応力成分

変形が微小であるとき，物体中の任意の点 P の近傍の歪みと軸まわりの回転成分は，点 P の変位成分 u, v, w を用いて次のように示される．

$$\left.\begin{aligned} &\varepsilon_x=\frac{\partial u}{\partial x}, \qquad \varepsilon_y=\frac{\partial v}{\partial y}, \qquad \varepsilon_z=\frac{\partial w}{\partial x} \\ &\gamma_{yz}=\frac{\partial w}{\partial y}+\frac{\partial v}{\partial z}, \qquad \gamma_{zx}=\frac{\partial u}{\partial z}+\frac{\partial w}{\partial x}, \qquad \gamma_{xy}=\frac{\partial v}{\partial x}+\frac{\partial u}{\partial y} \\ &2\omega_x=\frac{\partial w}{\partial y}-\frac{\partial v}{\partial z}, \qquad 2\omega_y=\frac{\partial u}{\partial z}-\frac{\partial w}{\partial x}, \qquad 2\omega_z=\frac{\partial v}{\partial x}-\frac{\partial u}{\partial y} \end{aligned}\right\} \tag{1.4.16}$$

等方性弾性体の微小変形の場合，応力と歪みの関係は，次のようになる．

$$\begin{aligned} &\sigma_x=\lambda_0\theta+2\mu_0\varepsilon_x, \qquad \sigma_x=\lambda_0\theta+2\mu_0\varepsilon_y, \qquad \sigma_z=\lambda_0\theta+2\mu_0\varepsilon_z, \\ &\tau_{yz}=\mu_0\gamma_{yz}, \qquad \tau_{zx}=\mu_0\gamma_{zx}, \qquad \tau_{xy}=\mu_0\gamma_{xy} \end{aligned} \tag{1.4.17}$$

ただし，λ_0, μ_0 はラーメの定数であり，ヤング率 E，ポアソン比 ν を用いて次のように与えられる．また，以降は簡単化のため λ_0, μ_0 を λ, μ で表す．

$$\lambda=\frac{\nu E}{(1+\nu)(1-2\nu)}, \qquad \mu=\frac{E}{2(1+\nu)} \tag{1.4.18}$$

また，θ は体積歪みであり，

$$\theta=\varepsilon_x+\varepsilon_y+\varepsilon_z \tag{1.4.19}$$

で与えられる．式（1.4.14），式（1.4.15），式（1.4.17）を式（1.4.13）に代入すると，等方性弾性体の x, y, z 方向の運動方程式を得る．

$$\left.\begin{aligned} \frac{\rho\partial^2 u}{\partial t^2}&=\frac{(\lambda+\mu)\partial\theta}{\partial x}+\mu\nabla^2 u \\ \frac{\rho\partial^2 v}{\partial t^2}&=\frac{(\lambda+\mu)\partial\theta}{\partial y}+\mu\nabla^2 v \\ \frac{\rho\partial^2 w}{\partial t^2}&=\frac{(\lambda+\mu)\partial\theta}{\partial z}+\mu\nabla^2 w \end{aligned}\right\} \tag{1.4.20}$$

ただし，$\nabla^2=\partial^2/\partial x^2+\partial^2/\partial y^2+\partial^2/\partial z^2$ である．式（1.4.20）は，波動の伝搬を考えるときの基礎方程式となる．式（1.4.20）から，速度 $c_1=\sqrt{(\lambda+2\mu)/\rho}$ で伝播する非回転波の式

$$\frac{\rho\partial^2\theta}{\partial t^2}=(\lambda+2\mu)\nabla^2\theta \tag{1.4.21}$$

さらに，速度 $c_2=\sqrt{\mu/\rho}$ で伝播する等体積波の次式が得られる．

$$\frac{\rho\partial^2\omega_x}{\partial t^2}=\mu\nabla^2\omega_x,\qquad \frac{\rho\partial^2\omega_y}{\partial t^2}=\mu\nabla^2\omega_y,\qquad \frac{\rho\partial^2\omega_z}{\partial t^2}=\mu\nabla^2\omega_z \tag{1.4.22}$$

また，式（1.4.21）および式（1.4.22）で表される波を，それぞれ膨張波，変形波という．

〔**中川紀壽**〕

文 献

1) 長松昭男ほか編：ダイナミクスハンドブック―運動・振動・制御―，pp. 437-451，朝倉書店，1993.
2) Kolsky, H.：*Stress Waves in Solid*, Dover Publications, 1963.
3) 中川紀壽ほか：粘弾性棒-弾性棒の接触面におけるパルス波の反射と透過，日本機械学会論文集，**43**（367）(1977)，889-896.
4) 中川紀壽，川井良次：衝撃を受ける棒中の波の伝ぱと衝撃破壊，材料，**34**（387）(1985)，1406.
5) Lee, E. H. and Morrison, J. A.：*J. Poly. Sci.*, **19**（1956），93.

1.4.2 音 響

a. 音響一般

音響とは音に関する幅広い領域のことを示している．人が聞くことのできる音の周波数範囲は 20 Hz（ヘルツ）〜20000 Hz（20 kHz）であり，20 kHz 以上の音は超音波といわれ，正常な聴覚をもつ人間には聞こえない音波をいい，媒質としては弾性を有する気体，固体，液体を対象とする．

また，音声や音楽などの聴取を妨害したり，生活に障害，苦痛を与えたりする音である騒音は聞く者にとって好ましくない音であって，主観的な要素や，その場の状況に左右される．騒音計は騒音レベルの測定器で，人間の聴覚特性に基づいた周波数補正を施した計器であり，周波数補正回路には A，C または平たん特性がある．A 特性を用いた計測数値にはデシベル dB(A) と表示する．A 特性は 40 フォンの聴覚曲線に相当し，B 特性は一般に用いられない．

オクターブは，振動数が 1：2 となる 2 つの音の振動数の差または間隔のことで，1 オクターブの間隔に含まれる周波数帯をオクターブバンドという．振動数比が $1:2^n$ となる場合の間隔を n オクターブといい，その中の最小，最大周波数を f_1, f_2 とするとき，$\sqrt{f_1f_2}$ をバンドの中心周波数という．騒音の周波数特性をみるのに使う分析方法として，周波数軸方向に決まった幅の帯域ごとに区切り，その間の音のレベルを表示する．帯域の区切り方をオクターブごとに等比的に区切ったものをオクターブ分析

という．帯域の中心周波数をみると，50 Hz，100 Hz，200 Hz などのように等比的になっている．

先のように，望ましくない音を騒音といい，生活に障害や苦痛を与える音など邪魔になる音を低減させるのが騒音制御である．騒音制御の方法には，制御用に外部からエネルギーを加えずに，吸音材料，制振材や防音壁などを用いて騒音を低下させる受動的騒音制御と，初期に存在する音源の一次音源とは別に，制御用音源として二次音源を用いて，音波の干渉により制御する能動的騒音制御があり，この場合には外部エネルギーの供給が必要である．

b.　円板から発生する衝突音

円板から放射される音について考えるに際し，円板が無限大の剛体バッフルにはめ込まれているとし，球の衝撃荷重を受ける円板から発生する衝突音の遷移挙動について考える[1)]．

まず，板の運動の解析においては，板は等方材料で，板の変形はその形状寸法に比して微小であり，回転慣性，せん断変形は無視できるものとする．これらの仮定のもとで，集中荷重 $f(t)$ が作用する弾性円板の運動方程式は

$$\left.\begin{aligned} & D\nabla^4 w + \frac{\rho h \partial^2 w}{\partial t^2} = \delta(r) f(t) \\ & D = \frac{E_1 h^3}{12(1-\nu_1^2)}, \qquad \nabla^4 = \left(\frac{\partial^2}{\partial r^2} + \frac{\partial}{r\partial r}\right)^2 \end{aligned}\right\} \tag{1.4.23}$$

ここで，w, ρ, h, E_1 および ν_1 はそれぞれ板のたわみ，密度，厚さ，ヤング率およびポアソン比であり，さらに，$\delta(r)$ はディラックのデルタ関数である．外力が円板の中央に作用するとき，板の中心に対して対称なモードのみが励起される．そのため，このときの固有関数は

$$\phi_m(r) = J_0(\alpha_m r/a) - \frac{J_0(\alpha_m) I_0(\alpha_m r/a)}{I_0(\alpha_m)} \tag{1.4.24}$$

となる．ただし，J_0, I_0, α_m はそれぞれ第 1 種ベッセル関数，第 1 種変形ベッセル関数，固有値であり，a は板の半径を表す．変数分離形の解を仮定して式 (1.4.23) に代入し，固有関数の直交性を使用すると変位の衝撃応答関数は

$$h_p(r,t) = \frac{1}{\rho h} \sum_{m=1}^{\infty} \phi_m(0) \frac{\phi_m(r)}{2\pi a^2 J_0^2(\alpha_m)} \times \frac{\sin \omega_n t}{\omega_n} \tag{1.4.25}$$

で表される．任意の外力 $f(t)$ に対する板の変位は，たたみ込み積分により，次式

$$w = \frac{1}{\rho h} \sum_{m=1}^{\infty} \phi_m(0) \frac{\phi_m(r)}{2\pi a^2 J_0^2(\alpha_m)\omega_n} \times \int_0^t f(\tau) \sin \omega_n (t-\tau)\, \mathrm{d}\tau \tag{1.4.26}$$

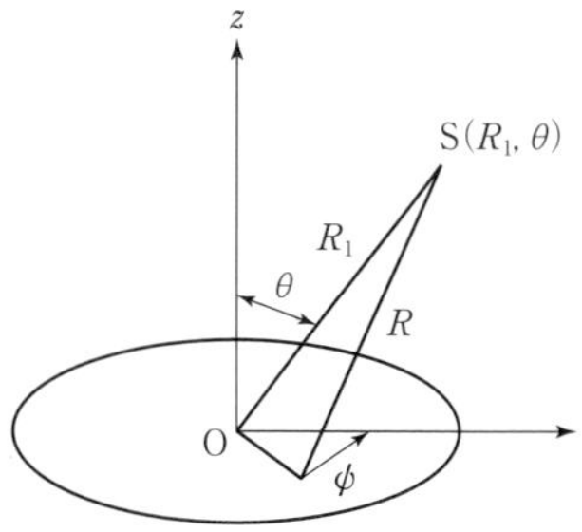

図 1.16　座標系

で与えられる.

次に，円板から放射される音については，前述のように，無限大の剛体バッフルにはめ込まれた円板が，球の衝撃荷重を受けることにより生じる衝突音の遷移挙動を取り扱う．その板上に分布している加速度 $w(r, \phi, t)$ の音源による放射音を求める．したがって，ここでは板の裏側からの放射音の影響はないものとする．図 1.16 に示すように，測定点 S の位置を（R_1, θ）で表すと，S 点における音圧は次式で得ることが

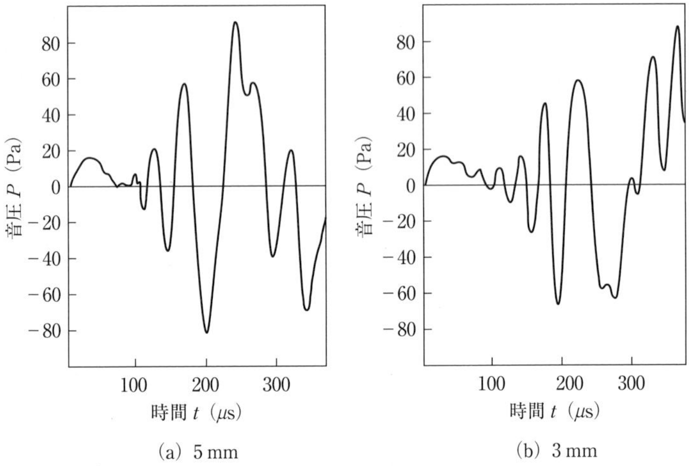

図 1.17　音圧履歴

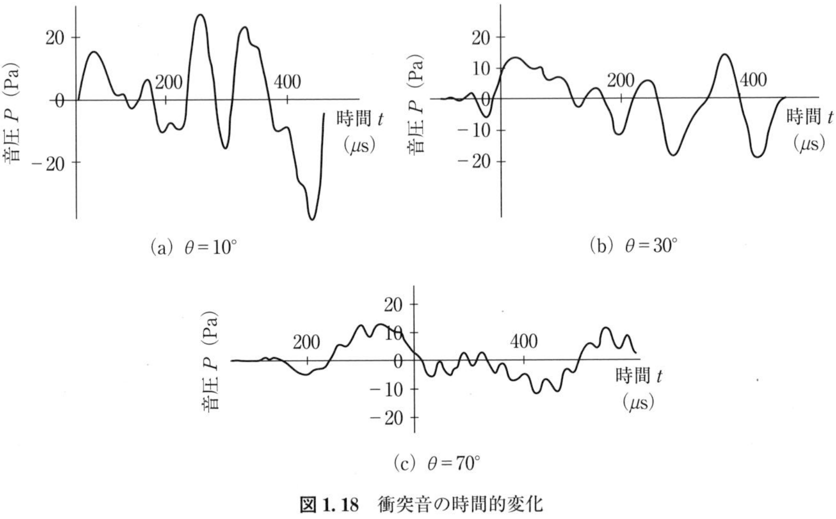

図 1.18　衝突音の時間的変化

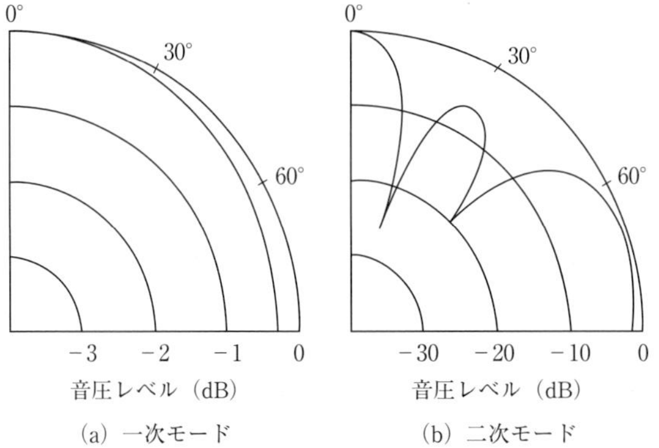

図 1.19 各モード音圧の指向特性

できる[1),2)].

$$P(t)=\int_0^{2\pi}\int_0^{a}\frac{\rho_0}{2\pi R}\partial^2\left\{\frac{w(r,\phi,t')}{\partial t^2}\right\}r\mathrm{d}r\mathrm{d}\theta \qquad (1.4.27)$$

$$R=(R_1^2+r_2-2R_1 r\sin\theta\cos\theta)^{1/2} \qquad (1.4.28)$$

ここで $t'=t-R/c$，c：空気中の音速，ρ_0：空気の密度である．

円板の中心から，中心軸上 300 mm 離れた点における音圧の時間的変化を図 1.17 に示す．実験結果と計算結果を比較すると，両者の形状は，音圧が生じた後 200 μs まで比較的よく一致している．図 1.18 は θ の代表例として，$\theta=10°$，30°，70° における音圧の時間的変化を示す．これらの図において時刻 $t=0$ は，球の衝突後，円板の中心上 300 mm の観測点に初めて放射音が達する時刻である．θ が小さいとき，初期ピーク値は顕著に表れているが，θ が大きくなると測定点と板との垂直距離が小さくなり，板の衝撃によるピークと自由振動による音圧とが混在し，初期ピークなどの衝突音の有する特徴がなくなってしまう．

放射音中の自由振動による各モードの音圧の指向特性を図 1.19 に示す．一次モードではほとんど指向性は認められないが，高次モードになると指向性がみられる．

c. 衝突音の実験

実験装置の概略図を図 1.20 に示す．円板から放射される音について考えるに際し，円板が無限大の剛体バッフルにはめ込まれているとし，球の衝撃荷重を受ける円板から発生する衝突音の遷移挙動について考える[1)]．直径 274 mm，厚さ 2 mm または 3 mm の鋼製円板を肉厚 25.4 mm の鋼製円筒にボルトで締め付けて実験を行う．衝突用の球は直径 20 mm の鋼製球であり，上方から吊り下げて，球を離す角度を変えることにより衝突速度を変化させる．円盤の変位と加速度は，試料裏面中央軸方向に設けた非接触変位計および加速度ピックアップで測定する．また，放射音はインパルス精密騒音計，1/4 インチコンデンサマイクロホンで測定し，さらに，音圧波形およ

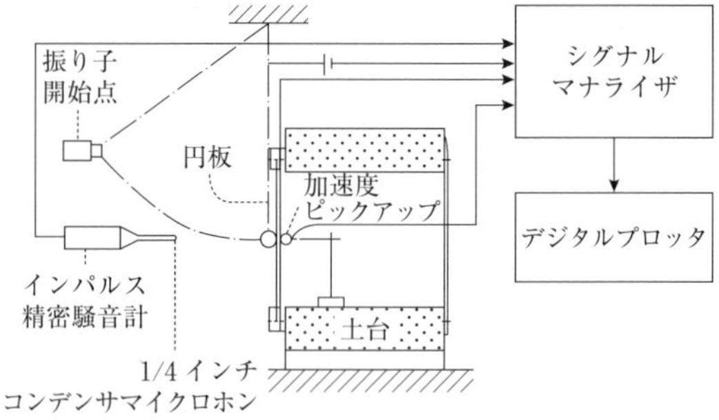

図 1.20 衝突音の実験装置概略

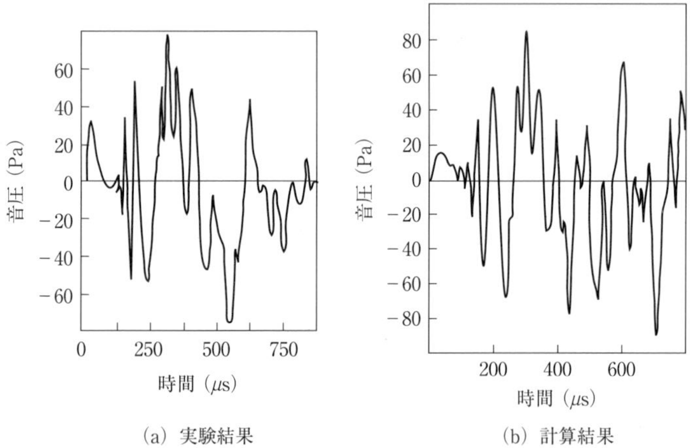

図 1.21 放射音圧

び周波数分析はシグナルアナライザを使用する[1)].

図 1.21 は，板厚 3.2 mm の鋼板に直径 20 mm の球を 1 m/s の速度で衝突させたときの，円板中心軸上 300 mm の位置における放射音圧を示す．図 1.21(a) が実験結果であり，図 1.21(b) が数値計算結果であり，ほぼよい一致を示している．また，同円板について，衝突速度を 0.4 m/s から 1 m/s まで変化させたとき，初期ピーク値および最大音圧と衝突速度との関係は，図 1.22 のようにほぼ比例関係になることがわかる．

円板中心と測定位置を結ぶ線と円板中心軸とのなす角度 θ による放射音圧の特性をみるため板厚 3.3 mm の円板について θ を 10° ずつ変えて測定した．そのうち $\theta=10°$, 30°, 70° について測定した結果を図 1.23 に示す．$0°<\theta<40°$ における波形は高周波成分もあって，かなり複雑であるが，$\theta>50°$ になると波形がそれほど複雑でなく単純な波形となった．これは，この波形のスペクトルにも現れており $\theta=70°$ においては

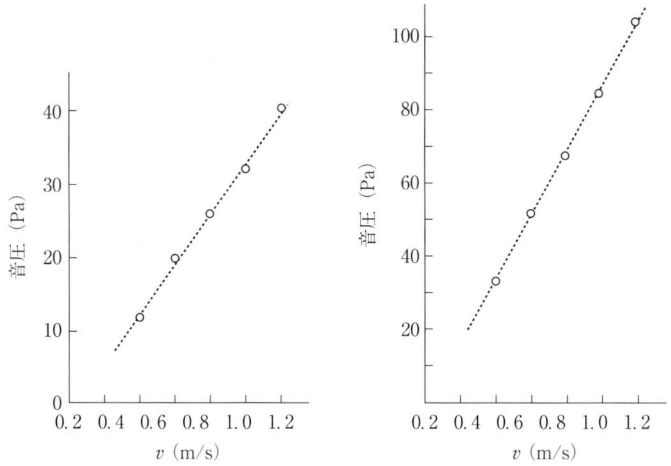

(a) 初期ピーク音圧と速度の関係　　(b) 最大音圧と速度の関係

図 1.22　初期ピーク音圧および最大音圧と衝突速度

高周波成分が少ないことと一致している．

音圧成分の各モードについての指向性を調べるため板厚 3.2 mm の円板を用い θ を 2.5° ずつ変えて測定した結果の例を図 1.24 に示す．モードごとに中心軸上の音圧を 0 dB にしている．一次モードでは指向性はほとんどないが，高次の三次では指向性が現われ $\theta = 0°$, 30°, 60° においてピークが現われている．また，衝突音の最大値の指向特性を図 1.25 に示す．円板と球の衝突により生じる放射音のエネルギーは板の真正面が最大であり，θ の増大とともに徐々に減少する傾向があるものの，円板の中心を頂点とし，半円錐角 65° の円錐体の内部にエネルギーのほとんどが放射されることがわかる．

以上では，球の衝撃荷重を受ける円板は鋼であったが，円板がプラスチックの PMMA（ポリメチルメタクリレート）である場合について考える．実験，解析方法は上述の場合とほぼ同じであるが，解析における材料のモデルは図 1.26 の三要素固体モデルとする．

厚さ 5 mm の PMMA 板に衝撃速度 0.6 m/s で直径 20 mm の鋼球を衝突させるときの球の加速度応答と円板中心軸上 0.3 m での音圧の時間的変化をそれぞれ図 1.27，図 1.28 に示す．加速度応答波形の特徴は，衝突後鋭く立ち上がりピークに達した後，いくつかの極値を経て緩やかに減少し，すぐにまた立ち上がり，パルス状波形を呈することである．その後，球と板が離れ，約 1.5 ms 後に再び衝突がみられる．図 1.28 に示す中心軸上の音圧波形は，最初鋭く立ち上がりプラトー状の波形を示したのち，正の最大音圧値に達し，自由振動音に移っていく様子がわかる．周波数分析により，

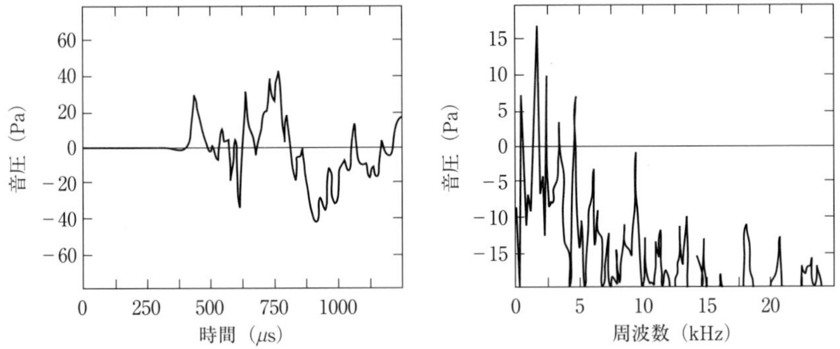

(a) $\theta=10°$

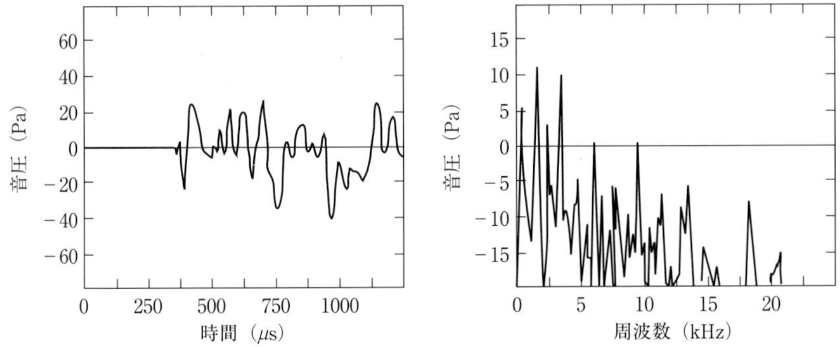

(b) $\theta=30°$

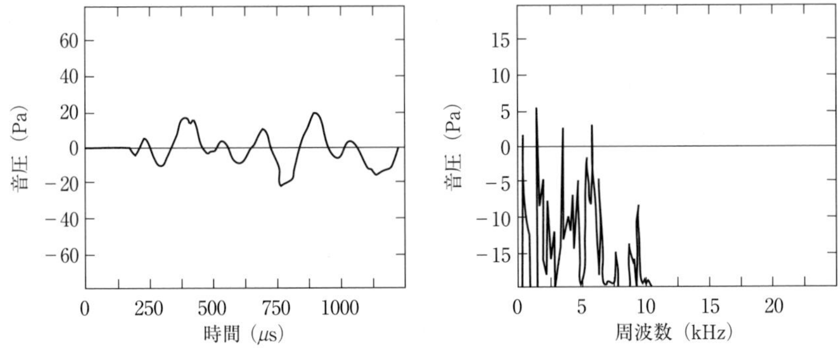

(c) $\theta=70°$

図 1.23 放射音圧の θ による変化

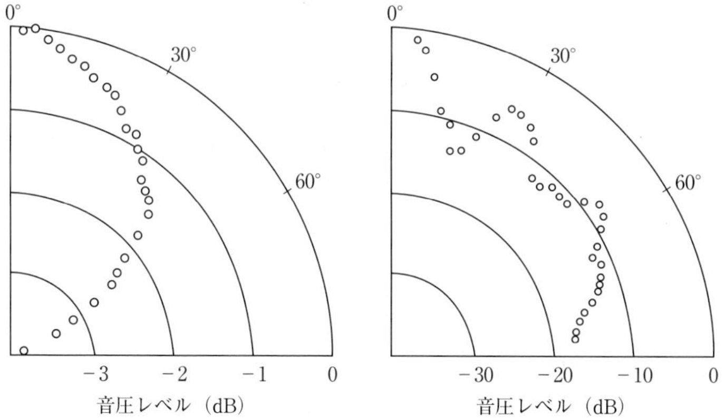

（a）一次モード　　（b）三次モード

図 1.24　各モードの方向特性

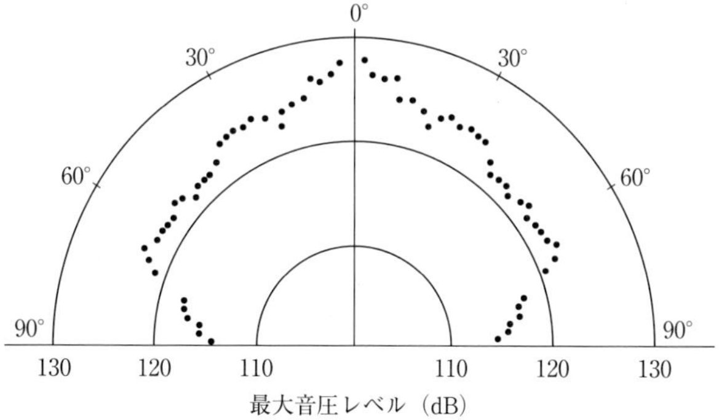

図 1.25　最大音圧の方向特性

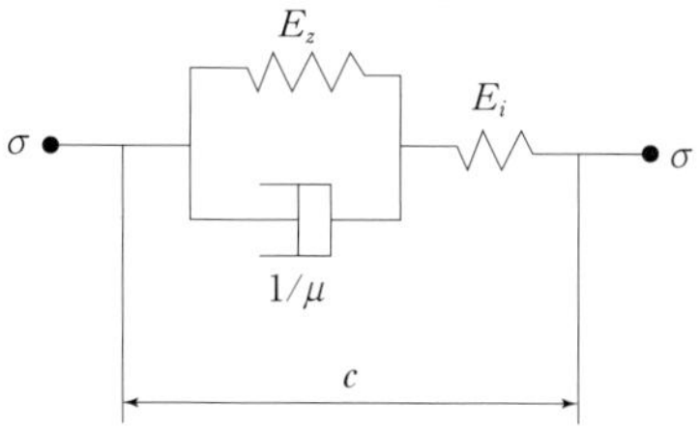

図 1.26　三要素固体モデル

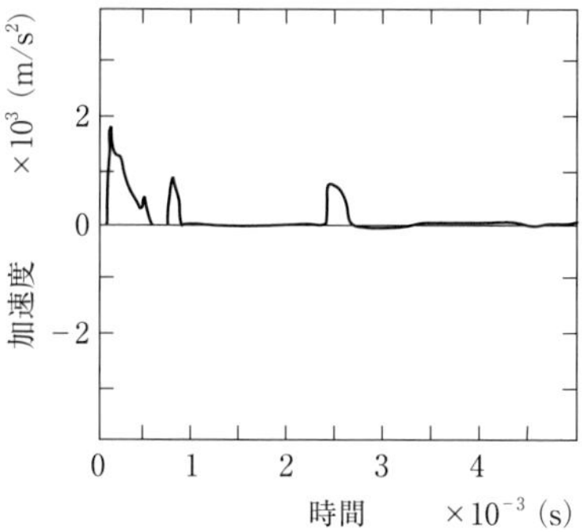

図 1.27　衝突球が受ける加速度応答

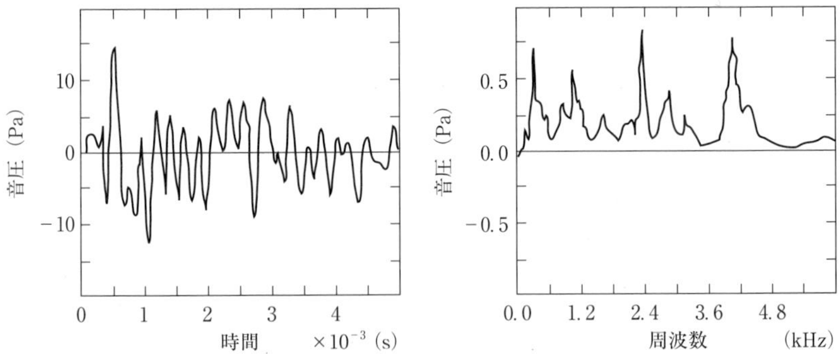

図 1.28 円板中心軸上の音圧

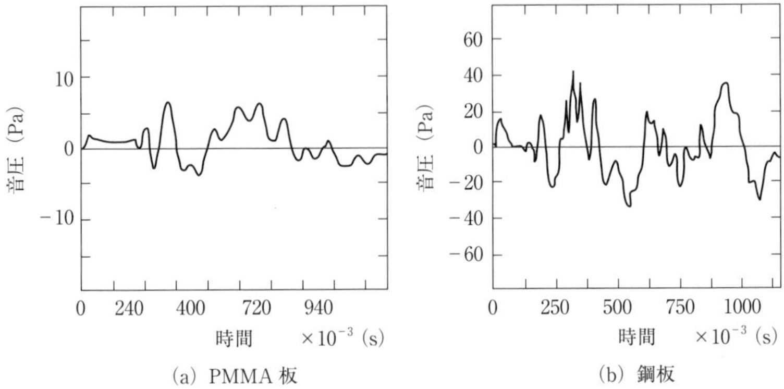

図 1.29 円板材料による放射音圧の違い

一次，三次，四次の成分の大きいことがわかる．

円板材料による放射音圧の違いを図 1.29 に示す．PMMA 板およびと鋼板と鋼球の衝突による放射音で，円板直径はいずれも 274 mm で，厚さは PMMA が 3 mm，円板軸上 0.3 m における音圧で，自由振動音へ遷移する前の特徴として，立ち上がり波形が異なり，鋼板の場合プラトー状の波形は現れない． 〔**中川紀壽**〕

文　献

1）中川紀壽ほか：機械の衝突音の研究ー第 1 報，円板から発生する衝突音ー，日本機械学会論文集 C 編，**51**(467)(1985)，1786-1792.

2）中川紀壽ほか：機械の衝突音の研究ー第 2 報，音圧波形の形成過程ー，日本機械学会論文集 C 編，**52**(483)(1986)，2850-2856.

1.4.3　構　　造

最も簡単な構造振動のモデルは図 1.30(a) に示すような，ばね・マス・ダッシュポッド系で表現される．ダッシュポッドとは，速度に比例する反力を発生する要素である．ここで，外乱力 $f_d(t)$ が入力された場合，物体に働く力は同図（b）のように示される．すると，ばねの反力はフックの法則より次式で表される．

$$f_k(t) = -kx(t) \tag{1.4.29}$$

ただし，k はばね定数，x は物体の変位である．また，ダッシュポッドから受ける反力は次式となる．

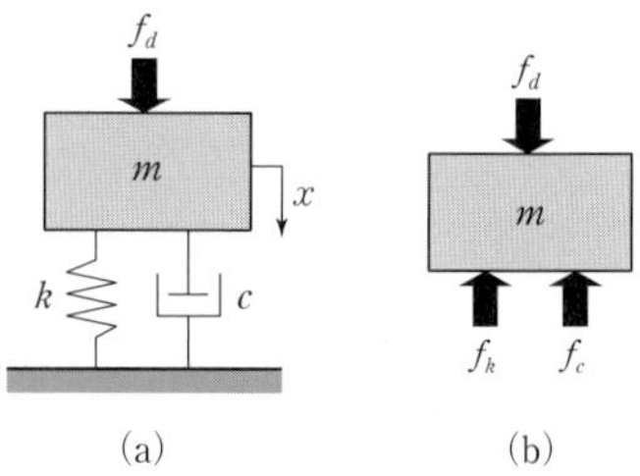

図 1.30　ばね・マス・ダッシュポッド系（a）と自由物体図（b）

$$f_c(t) = -c\frac{\mathrm{d}x(t)}{\mathrm{d}t} \tag{1.4.30}$$

ただし，c は減衰係数を表す．式（1.4.29），（1.4.30）とニュートンの第二法則より，次式が導かれる．

$$\left.\begin{aligned} f_d(t)+f_k(t)+f_c(t) &= m\frac{\mathrm{d}^2x(t)}{\mathrm{d}t^2} \\ m\frac{\mathrm{d}^2x(t)}{\mathrm{d}t^2}+c\frac{\mathrm{d}x(t)}{\mathrm{d}t}+kx(t) &= f_d(t) \end{aligned}\right\} \tag{1.4.31}$$

ただし，m は物体の質量である．式（1.4.30）が構造振動の基礎となる 1 自由度振動系の運動方程式である．次に，周波数特性を得るために，伝達関数を導出する．ここでは，変位/力を考える．このような伝達関数を（動的）コンプライアンスという．初期状態を 0 と仮定し，運動方程式をラプラス変換すると，伝達関数 $G(s)$ が次のように導出される．

$$G(s) = \frac{1}{ms^2+cs+k} \tag{1.4.32}$$

ただし，s はラプラス変数を表す．上式に $s = j\omega$ を代入することで，周波数特性が複素数形式で以下のように得られる．

$$G(s) = \frac{1}{-\omega^2 m + j\omega c + k}$$

次に，式（1.4.32）における特性方程式の解，すなわち伝達関数の極は次式で表される．

$$\lambda = \frac{-c \pm \sqrt{c^2-4mk}}{2m} \tag{1.4.33}$$

上式より明らかなように，減衰係数の値によって極は複素数から実数に変化する．そのいき値となる減衰係数は臨界減衰係数とよばれ，以下のように表される．

$$c_{cr} = 2\sqrt{mk} \tag{1.4.34}$$

さらに，減衰係数と臨界減衰係数の比は減衰比とよばれ，次のように定義される．

$$\zeta = \frac{c}{2\sqrt{mk}} \tag{1.4.35}$$

一方，非減衰の場合（$c=0$），極は次のようになる．

$$\lambda=\pm j\sqrt{\frac{k}{m}} \tag{1.4.36}$$

ここで，$\sqrt{k/m}$ は非減衰固有振動数を表す．これを $\omega_n=\sqrt{k/m}$ と定義すると，式（1.4.33）は次式のように表される．

$$\lambda=-\zeta\omega_n\pm\omega_n\sqrt{\zeta^2-1} \tag{1.4.37}$$

一般に，減衰比の値によって系の状態は3種類に分類される．すなわち，$\zeta<1$ の場合を不足減衰，$\zeta=1$ の場合を臨界減衰，$\zeta>1$ の場合を過減衰という．それぞれの場合の自由振動波形については本書の3章あるいは文献1などを参照されたい．

次に，不足減衰の場合の系の周波数特性について考える．この場合，系の固有振動数は式（1.4.37）より以下のように表される．

$$\omega_0=\omega_n\sqrt{1-\zeta^2} \tag{1.4.38}$$

$m=1$，$k=1$ とし，c を変化させた場合の系のボード線図を図1.31に示す．$c=0$ の場合，固有振動数（$\omega_0=\omega_n=1$）でゲインが非常に大きくなっているのがわかる．これを共振といい，理論的には振動振幅は無限大となる．これに対し，c が大きくなると，共振ピークは抑制される．すなわち，固有振動数近傍における応答は減衰係数に支配される．次に，m あるいは k が変化した場合を考える．

図1.32は $k=1$，$c=0.01$ とし，m を変化させた場合のボード線図を示している．

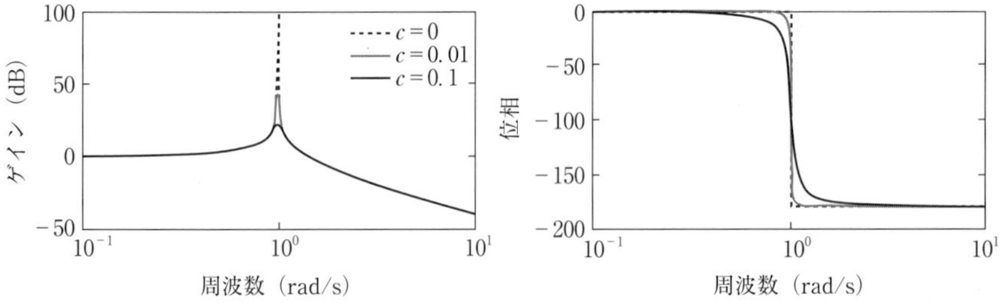

図1.31 $m=1$，$k=1$ で，減衰係数を変化させた場合の1自由度系のボード線図

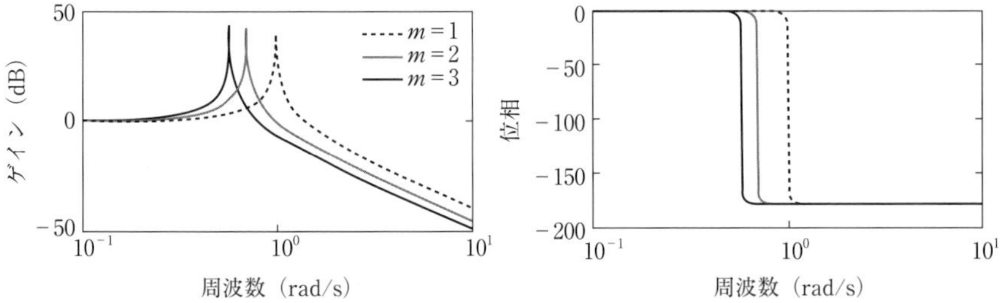

図1.32 $k=1$，$c=0.01$ で，質量を変化させた場合の1自由度系のボード線図

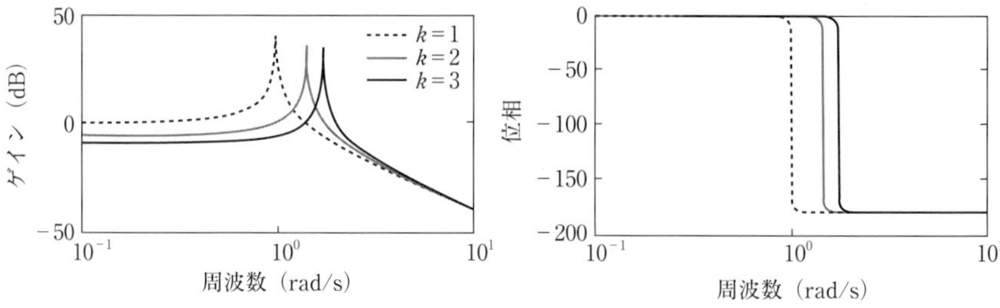

図 1.33 $m=1$, $c=0.01$ でばね定数を変化させた場合の 1 自由度系のボード線図

図より明らかなように，m の増加とともに，共振ピークが低い周波数にシフトしていくのがわかる．これは式（1.4.38）に示されるように，固有振動数が $\sqrt{m}$ に反比例するためである．さらに，高い周波数においてゲインが比較的大きく変化しているが，これは当該領域において慣性項の影響が大きいことに起因する．したがって，高周波領域における応答は質量に支配される．

一方，$m=1$, $c=0.01$ とし，k を大きく変化させた場合（図 1.33），共振ピークが高い周波数にシフトしていくとともに，低い周波数でゲインが小さくなっているのがわかる．これはばね定数が大きくなったことによって，（準）静的な外力による変位が小さくなったことを示している．したがって，低周波領域における応答はばね定数に支配される．

〔岩本宏之〕

文　献

1）近藤恭平：振動論，培風館，1993.

1.5 モデル化の方法

1.5.1 モデル化の重要性

モデル化は，設計の妥当性の確認や設計方針を検討するうえで，また不幸にして発生した事象の原因究明・解決の道筋において，最も重要な作業である．

例えば，技術が十分進歩していなかった時代にボイラなどの熱交換器を設計する場合に採用されていたルールは，英語で Rule of thumb と称して伝熱管の支持間隔を一定以下の長さに保つようにすることで過度に柔軟になることを防止し，振動や摩耗減肉の発生を回避していた[1]．しかし，流れにさらされる管群で生じる各種の現象（例えば渦励起振動や流力弾性振動）とその評価方法がしだいに確立されてくると，当初の経験則よりも合理的な理屈に基づく経済設計が採用されるようになっている[2]．

ところが，例えば温度計保護管で生じたトラブルのように，設計で考慮されていなかった流れ方向の対称な渦による励起振動が現実的に存在し，それを考慮しない設計をすると一定の運転条件下で思いがけない事象が生じてしまったこともあるし，ギャロッピングとよばれる断面形状に依存する自励振動現象であるのに単なる渦励起振動として対策を施しても何の効果もない事実に直面して愕然とする結果に終わることもある．さらに，阪神大震災で生じた鉄骨構造物の脆性破壊などのように，起こりうる現象を十分把握して対処すべき問題も多々存在するのが「工学」の世界である．

「工学におけるモデル化」は，設計や実験あるいは解析を行ううえでメカニズムを見定めることであり，支配する物理量を特定していく作業でもある．本書で示すように多くの現象はすでに分類分けされていて，メカニズムも明らかになっているものが多い．直面する問題は，これらの分類に包括されるものが多いと考えられるが，対策が功を奏さない場合にはモデル化が適切でないことが考えられるし，従来はほとんど知られていない現象である可能性もあるので，これらすべての事象に対応できる柔軟な心構えをもった「モデル化」が必要である．

1.5.2　モデルの分類

機械力学全般に対する現象を想定すると，「構造系の挙動」とそれを「励振する力」という 2 つのカテゴリーがあり，それらがお互いに連成して生じる現象もあれば，独立に考えてよい場合も存在する．モデル化できるのはその振る舞いがわかっている部分であり，わからない部分は解析モデルであれ実験モデルであれ，わからない部分を忠実に模擬するモデルでシミュレーションするしかない．

その観点で，モデル化を実施しようとする人間は，これまでにわかっている現象を理解して考えの基盤にしておく必要があり，本書の 2 章から 10 章の内容はモデル化の前提条件として知っておくべき知識が説明されている．これらを「構造系の挙動」と「励振力」の 2 つのカテゴリーで分類すると表 1.2 のようにまとめることができるが，本書で説明されている内容はほとんどが構造系の挙動に関連するため，励振力に関する現象については対象に応じてそれぞれの専門書を参照してほしい[3]．

表 1.2　現象の分類

構造系	励振力と構造系の連成
2, 8 章：剛体多体系 3, 9 章：線形振動系 4, 10 章：非線形振動系 6 章：不確定系	5 章：自励振動系 7 章：応答解析

例えば，流動励起振動のメカニズムと振動モデルの一例を図 1.34 に示すが，図中 (a) は流れあるいは圧力の乱れによる強制振動系における励振メカニズムを示しており，(b) は流れの不安定性に起因する振動である．(c) は構造物や音場の変動によって境界条件と流れの時間的変動に起因した連成振動である．実際には，これらの要因が絡み合って現象が複雑化していることが多い．

	モデル	概説	流速と振動振幅の関係
外部流れによる強制振動	(a) 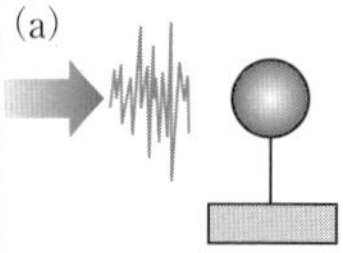 乱れ誘起振動	流れ・圧力場の乱れによる強制振動系	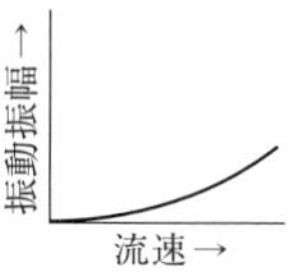
不安定流れによる渦励振	(b) 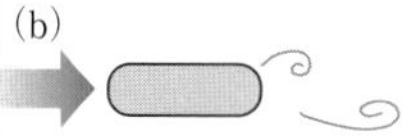 渦励起振動	流れの不安定性に起因する強制振動系あるいは連成振動系	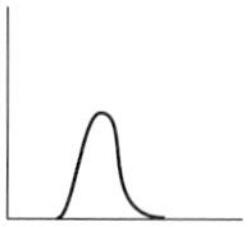
構造物の運動による連成振動	(c) 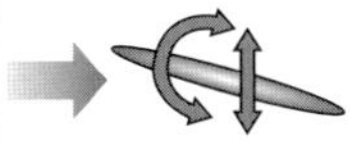 自励振動	構造物の運動によって境界条件と流れの時間的変動に起因した連成振動系	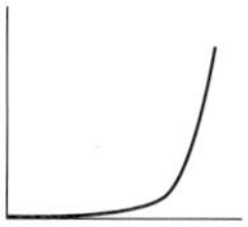

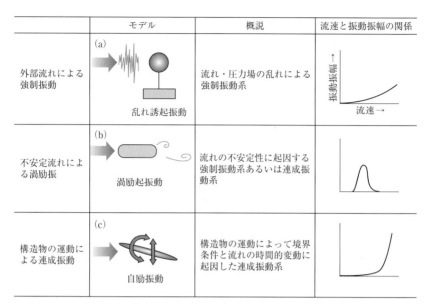

図 1.34　流れによる振動のメカニズムと振動モデルの一例

1.5.3　モデル化の手順

工学とは，複雑な実現象をその時点の科学が回答可能な程度に近似して評価した結果を利用する技術といっても過言ではない．実現象の近似とは，実現象をいかにモデル化するかという技術にほかならず，工学の核心といってよい．しかしながらモデル化技術は，古くからの徒弟制度のように実地訓練の賜物として身に付ける技術と思われている部分も多い．実際に，モデル化を間違えると結論も間違った方向に走ってしまう危険性を秘めているため，なるべく経験者に相談をもちかけながら議論して煮詰めていくほうが危険は少ない．具体的にはモデル化は次の２段階の手順で実施する．

［第１段階］　現象の同定

［第２段階］　評価方法の選択

現象の同定に際して，本質的に２つの異なる立場のアプローチがある．ひとつは極力問題を簡単化して解釈しようという立場（「簡易検討」とよぶことにする）であり，もうひとつは可能な限り厳密なモデル化を実施して解釈しようという立場（「詳細検討」とよぶことにする）である．このどちらの立場をとるかは対象とする問題の重要性などから決められるので，モデル化問題の上流側には重要度分類が位置づけられることになる．

つまり，図 1.35 に示すような問いかけを繰り返してどちらの立場をとるかを決定するが，以下ではこのプロセスが終了したとして２つの立場でどのような検討を行うのかについて解説する．

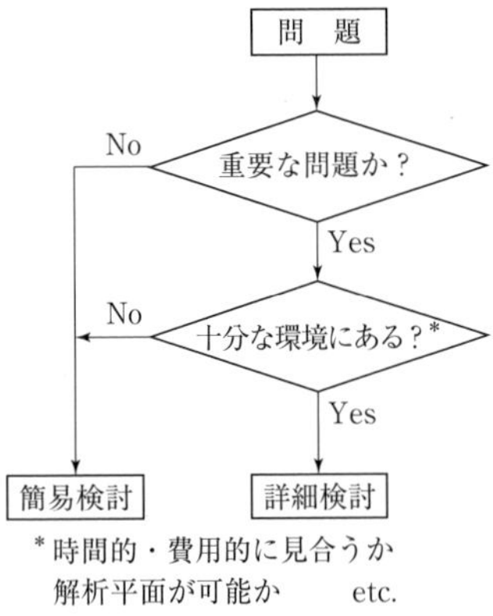

図 1.35　重要度による区別

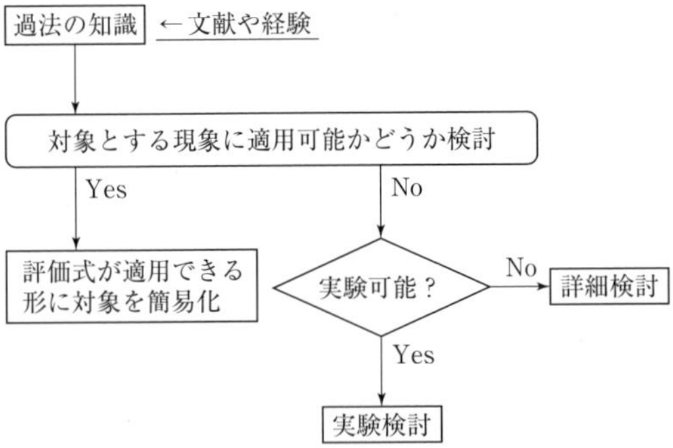

図 1.36　簡易検討の手順

a. 簡 易 検 討

簡易検討では問題をさまざまな理由で簡略化するため，現象の本質を極力正確に把握していないとまったく事実に反する結果が得られ，それが新設計であればさまざまな問題を引き起こすし，トラブル対応であれば方向違いの対策となって問題が解決しない．問題を簡易化するということは，一般には複雑な形状・剛性をもつ構造物とそれに作用する励振力の双方の本質的な部分のみを洗い出すことであるから，現象をある程度は理解していないとモデル化はできず結果は悲惨なものになる．したがって，簡易検討を正しく実施するためには，対象とする現象に対して過去の知識をもとにした知識とその有機的な適用，さらには解析的に検討できる範囲とそれが不可能な部分に関しての区別ができることが必要である．

具体的には，図 1.36 に示す要領で評価可能かどうかを判断し，無理であれば次の「詳細検討」段階で解析シミュレーションか何らかの実験的検討に移行する．

b. 詳 細 検 討

非常に重要な問題である場合や従来の知見からは簡易検討が不可能な場合には詳細検討が必要になる．詳細検討に入るには 2 種類の異なる動機が存在するが，具体的な内容に差異があるわけではなく「解析的アプローチ」と「実験的アプローチ」の 2 種類の手法のいずれか（重要な問題の場合は両方）で実施する．一般的には前者をとることが多いが，解析手段そのものの信頼性が薄い場合には後者をとる．

1.5.4　解析的アプローチ

本書の多くのページ（2 章から 10 章）は解析手法の解説であるが，これらの解析手法は重要であるものの実際の問題に完全に適合するとは限らない．その理由は次の 2 つの事項による．まず，実際の製品は複雑多岐にわたっており，構造系が線形である可能性はほとんどなく，非線形性のタイプと非線形性の大小の見極めが必ずしも簡

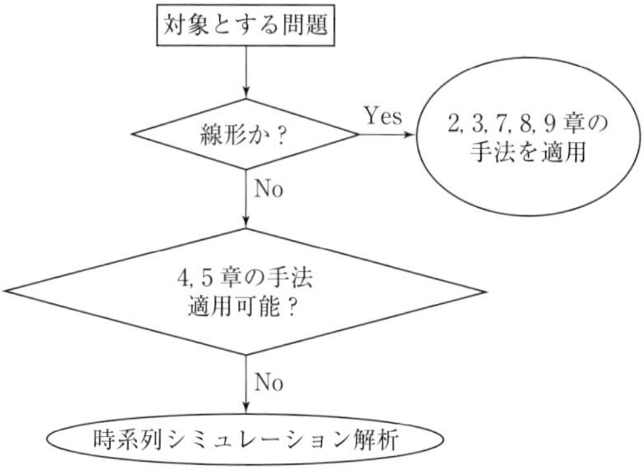

図 1.37　解析アプローチの流れ

単ではない．さらに，非線形系の解析手法は 4, 5, 10 章に述べられているが，実は解ける問題のパターンがすべての現実問題をカバーしてはおらず，むしろ限られた解の知られている問題パターンと実際に直面している問題が似通っているかどうかを検討して，近似的にでも使える方法があれば適用してみることになる．またさらに，励振力に関しては明確な場合とそうでない場合があり，流れによる振動問題に代表される後者の場合は励振力そのものの解析も含める必要があるし，励振力が構造系の運動と密接に関連する連成系の場合もあるので，単純に解析可能な問題はさらに限定されてくる．

図 1.37 に示す検討の流れで，ほかに手段がないことがわかった場合の最後の手段として，シミュレーション手法が登場する．流動励起振動を例にすると，流体力学の世界では近年は数値流体力学（Computational Fluid Dynamics：CFD）が盛んであり，時系列解析によって得られた結果を実験の代わりに使用することも多いが，地震時の応答のような問題でも構造系に強い非線形性（例えば，弾塑性系やガタを含む系など）が含まれる場合は時系列解析することが多い．

しかし，時系列解析の場合は各種のパラメータをいろいろ変えて影響を検討するなどの手段がとりにくい場合が多く，一般的な知見は得られにくいので，机上で数値実験をやっているだけと思うべきである．もし設計やトラブル対応の現場で見通しをもった評価をするのであれば，多少の非線形性には目をつぶって線形解析で見込みを検討するほうが得策である．

1.5.5　実験的アプローチ

現象の同定ができない，解析プログラムが利用できない，もしくは信頼性ある解析が可能かどうか疑わしい場合には実験してみるしか方法はない．ところが，実験を実施するならば実物そのもので実施することが望ましいが，現実的には無理な場合が多い．そこで利用できる実験装置を使って可能な程度のモデルを組み立てて現象を再現する工夫をする．

a. 加 振 装 置

励振力がわかっている場合には，最も先に考える必要があるのは加振装置をどうするかである．よほどの規模のプロジェクトでない限り新たに加振装置から製作することは想定せず，既存の加振装置を利用することを考える．所属している会社（もしくは学校など）に適当な設備がない場合はレンタルの方法も考え，大学（工学系であれば大小の差異はあってもいくつかの加振装置はあるはず）や公的研究機関の装置を調査し，借用可能かどうか（共同研究の可能性を含めて）問い合わせをして計画を煮詰める．

b. 相 似 則

試験装置は実際の状況をすべて再現できる場合はむしろまれであり，一般にはさまざまな条件が合わないということが多い．そこで対象としている現象を支配する無次元量（例えばレイノルズ数やフルード数, ストローハル数など）を合わせて実験する．この考え方が「相似則」とよばれる方法論であり，相似則を考えるためには対象とする現象に関係するすべてパラメータのモデル相似則も合わせて検討する必要がある．

1） 構造モデル　加振装置もしくは実験装置の規模を決めると，次には検討対象物をその装置で試験可能な大きさのモデルに落とし込んで装置内に設置できるようにする．ここで下記のポイントに気をつけておく必要がある．

① 構造物の形は可能な限り実際の構造物に近づける．ただし，構造物や励振力の発生にかかわるすべての部分をモデル化するのではなく，現象に関係すると思われる必要な部分のみを取り出してモデル化することになる．

② 振動現象を支配する独立した物理量は，熱的な問題が関係しない限り実は3種類しか存在しない．つまり，長さL・時間T・力Fであり，すべての物理量はこの3つの物理量の従属変数になっており，現象を支配すると想定される物理量を最初に3種類（おのおの独立である必要がある）決定すると，ほかの物理量は一義的に相似比率が決まってしまうので，無理にでも合わせる努力をするか無視するか（これはその物理量が重要でないと考えたことになる）しかない．

後者は, 一般にはバッキンガムのπ定理とよばれる方法論が提案されている[4]ので, それに従えば間違いが少ないが，相似則の適用はかなり慎重にしないと間違いが起こりやすいので，同種の問題に対する過去の事例を論文などから検索して検討の参考にすることを推奨する．

2） 励振力モデル　励振力にかかわる物理量（例えば流れ場であれば，流速，動圧など）と構造系の物理量（振動数，応力など）の両者の相似比率を完全に満足させる相似則は現実には不可能であり，「工学的方法」としては重要とみなす物理量のみを満足させるモデルになることを念頭に置いておく．この物理量として現象を支配す

表 1.3 代表的無次元数とその物理的意味

無次元数	定　義	物理的意味	対応する主な事象
オイラー数	$Eu=\dfrac{p}{\rho\cdot V^2}$	$\dfrac{\text{慣性力}}{\text{圧力による力}}$	・キャビテーション ・流体機械の性能
レイノルズ数	$Re=\dfrac{V\cdot D}{\nu}$	$\dfrac{\text{慣性力}}{\text{粘性力}}$	・流体の運動
フルード数	$Fr=\dfrac{V^2}{g\cdot D}$	$\dfrac{\text{慣性力}}{\text{重力}}$	・重力場を受ける運動
ストローハル数	$St=\dfrac{f_u\cdot D}{V}$	$\dfrac{\text{局所流速（移流速度）}}{\text{平均流速}}$	・周期的な渦発生 （カルマン渦）
スクルートン数 （質量減衰パラメータともいわれる）	$\dfrac{m\delta}{\rho D^2}$	$\dfrac{\text{物体質量}}{\text{流体質量}}\cdot\text{減衰}$	・自励振動発生限界

る無次元数をとるのが一般的であり，表 1.3 に代表的な無次元数の例を示す．

〔中村友道〕

文　献

1) J. T. Thorngren : Predict exchanger tube damage, *Hydrocarbon Processing*, April, 1970, 129-131.
2) 例えば，1995 ASME Boiler & Pressure Vessel Code Section-III Division 1-Appendices, 1995.
3) 例えば，日本機械学会編：事例に学ぶ流体関連振動，技報堂，2008.
4) 本間　仁，春日屋伸昌：次元解析・最小 2 乗法と実験式，コロナ社，1956.

2. 剛体多体系の動力学

1つ以上の質点，剛体，弾性体などによって構成された系を多体系またはマルチボディシステムとよび，その動力学がマルチボディダイナミクス[1)-9)]である．本章では運動学と動力学の基本から運動方程式の構築までを解説し，マルチボディダイナミクスの方法へ発展させる．なお，本章では質点と剛体までのマルチボディシステムを扱うこととし，三次元問題を中心に考える．三次元がわかれば平面問題は容易である．ただし，マルチボディダイナミクス全体にかかわる引用文献には，最近の発展を踏まえて，弾性体などを扱ったものも含めておいた．

マルチボディダイナミクスの対象は運動学や動力学の対象のすべてが含まれる．典型的に，ロボットやさまざまな車両を考えるとわかりやすいが，可動部分をもつあらゆる機械がその対象である．リハビリ，介護，スポーツなど，人体モデルを考える場合にも適用できる．マルチボディダイナミクスは，計算機の利用を前提に規模の大きな複雑なものを扱うことができ，また，汎用的な方法論を追及していて，高い実用性を生み出している．

2.1 運動学の基礎

運動方程式は，力，トルクと運動の関係を表したものである．このことからもわかるように，動力学を考える場合の重要な基礎のひとつは運動学（Kinematics）[1)-9)]である．点の位置と速度，剛体の回転姿勢と角速度，それらを時間微分して導かれる量を運動学的物理量とよぶことにして，運動学は運動学的物理量間の関係を論じる学問である．運動学では，力やトルク，質量や慣性などの概念を用いることはない．慣性座標系，剛体に固定されていない補助的な座標系も，剛体と同等な要素と考えることができる．

運動学的物理量はすべて相対的な量であり，参照枠（frame of reference）[3)-6),8)-11)]の概念を伴う．参照枠とは，運動学的物理量を把握する目的で質点や剛体を観察する場所である．参照枠は大きさがあり，変形しないものでなければならず，点は参照枠にはなれない．事実上，剛体と座標系が参照枠の役割を果たす．参照枠を相対的な基準物と解釈してもよい．

最初の項で説明する幾何ベクトルも，質点や剛体や座標系と同様な幾何学的存在である．そのため，幾何ベクトルを微分する場合などには，その幾何ベクトルを観察する場，あるいは，相対的基準物が必要になる．これを，幾何ベクトル微分時の参照枠などと呼ぶことができる．

なお，参照枠という用語は古くはオブザーバーと呼ばれていた．最近は，このような用語を用いずに説明している書籍もあり，また，特段の説明のない技術書も多いが，この概念は重要である．

2.1.1　幾何ベクトルと代数ベクトル[1),2),6)]

本章では，おもに，三次元空間中の剛体の運動を扱う．三次元の場合，回転姿勢以外の量，すなわち位置，速度，角速度および，これらを時間微分して導かれる量は，空間に描かれた矢印で表現できる．そのような矢印を幾何ベクトル（geometric vector）とよぶ．なお，三次元の速度と角速度とその時間微分はベクトル量であるが，回転姿勢はベクトル量ではなく，位置もベクトル量とはいいがたい（2.1.3 項参照）．

運動学や動力学の実際問題では，右手直交座標系による幾何ベクトルの 3 成分がしばしば計算に利用される．この 3 成分を順に縦に並べた 3×1 列行列を代数ベクトル（algebraic vector）とよぶ．また，3 成分をつくるために用いられた座標系を表現座標系とよぶことにする．なお，本章に出てくる座標系は，すべて右手直交座標系である．

a.　2 点で定まる幾何ベクトル[6)]

空間中の点 P から Q にいたる幾何ベクトルを $\vec{r}_{\mathrm{PQ}}$ と表すことにする（図 2.1）．同様に点 P と Q から点 R にいたる幾何ベクトルを考えると，次のような，基本的な関係が成立する．

$$\vec{r}_{\mathrm{PR}} = \vec{r}_{\mathrm{PQ}} + \vec{r}_{\mathrm{QR}} \qquad (2.1.1)$$

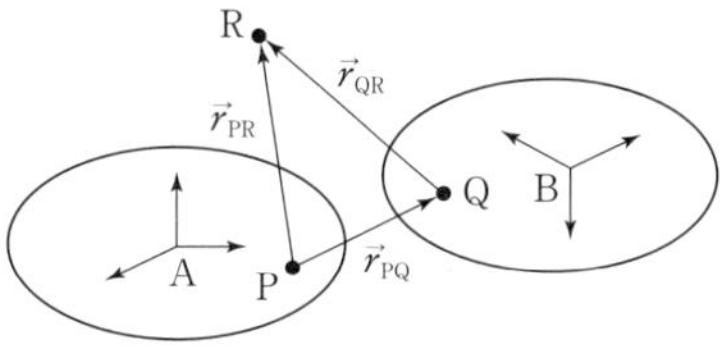

図 2.1　点 P, Q, R からつくられる 3 つの幾何ベクトル

これは運動学で最も頻繁に用いられる関係である．運動学の基礎的関係の中に，同種の 3 つ量の関係がさまざまな形ででてくるが，これらを「3 者の関係」と括るとわかりやすい．式（2.1.1）は 2 点で定まる幾何ベクトルの 3 者の関係である．

点 P が剛体 A 上の点で，剛体 A には座標系 A が固定されているとする（図 2.1）．あるいは，点 P が座標系 A 上の点であると表現してもよい．このとき，幾何ベクトル $\vec{r}_{\mathrm{PQ}}$ の座標系 A による 3 成分を $r_{\mathrm{PQX}}, r_{\mathrm{PQY}}, r_{\mathrm{PQZ}}$ とし，これらを縦に並べて代数ベクトル $\boldsymbol{r}_{\mathrm{PQ}}$ とする．

$$\boldsymbol{r}_{\mathrm{PQ}} = [r_{\mathrm{PQX}} \quad r_{\mathrm{PQY}} \quad r_{\mathrm{PQZ}}]^{\mathrm{T}} \qquad (2.1.2)$$

右辺の ^{T} は行列の転置記号である．次に，点 Q が剛体 B 上の点で，剛体 B には座標系 B が固定されているとする．あるいは，点 Q が座標系 B 上の点であると表現してもよい．このとき，幾何ベクトル $\vec{r}_{\mathrm{PQ}}$ の座標系 B による 3 成分を $r'_{\mathrm{PQX}}, r'_{\mathrm{PQY}}, r'_{\mathrm{PQZ}}$ とし，これらを縦に並べて代数ベクトル $\boldsymbol{r}'_{\mathrm{PQ}}$ とする（本章では，ダッシュは微分と無関係である）．

$$\boldsymbol{r}'_{\mathrm{PQ}}=[r'_{\mathrm{PQX}}\quad r'_{\mathrm{PQY}}\quad r'_{\mathrm{PQZ}}]^{\mathrm{T}} \tag{2.1.3}$$

ダッシュが付かない $\boldsymbol{r}_{\mathrm{PQ}}$ は，2 つの添え字のうち左側の点 P がのっている座標系によって表現された代数ベクトルであり，ダッシュが付く $\boldsymbol{r}'_{\mathrm{PQ}}$ は，2 つの添え字のうち右側の点 Q がのっている座標系によって表現された代数ベクトルである．このダッシュに関するルールは，速度，角速度や力，トルクなど，ほかの代数ベクトルでも，また，慣性行列でも共通である．

同様の考え方で，代数ベクトル $\boldsymbol{r}_{\mathrm{PR}}$, $\boldsymbol{r}_{\mathrm{QR}}$, $\boldsymbol{r}'_{\mathrm{PR}}$, $\boldsymbol{r}'_{\mathrm{QR}}$ をつくることができる．$\boldsymbol{r}'_{\mathrm{PR}}$, $\boldsymbol{r}'_{\mathrm{QR}}$ の場合は，点 R がのっている座標系を明確にする必要があり，今後のために，それを座標系 C としておく．

b.　座標変換行列[2)-6)]

座標系 B で表現された代数ベクトルを，座標系 A による表現に変換する座標変換行列を $\boldsymbol{C}_{\mathrm{AB}}$ とする．座標系の 3 つの座標軸に沿った単位長さの幾何ベクトルを基底とよび，座標系 A の基底を $\vec{e}_{\mathrm{AX}}$, $\vec{e}_{\mathrm{AY}}$, $\vec{e}_{\mathrm{AZ}}$ と表すことにする．そして，これらを順に縦に並べた 3×1 列行列を $\boldsymbol{e}_{\mathrm{A}}$ とする．

$$\boldsymbol{e}_{\mathrm{A}}=[\vec{e}_{\mathrm{AX}}\quad \vec{e}_{\mathrm{AY}}\quad \vec{e}_{\mathrm{AZ}}]^{\mathrm{T}} \tag{2.1.4}$$

これは幾何ベクトルを要素とする行列で，幾何ベクトルは実数などと同様の単独の要素（1×1 行列に対応する要素）とする．座標系 B についても同様な $\boldsymbol{e}_{\mathrm{B}}$ を考えると，$\boldsymbol{C}_{\mathrm{AB}}$ は次式を満たす 3×3 実数行列である．

$$\boldsymbol{e}_{\mathrm{A}}=\boldsymbol{C}_{\mathrm{AB}}\boldsymbol{e}_{\mathrm{B}} \tag{2.1.5}$$

この式に，右から $\cdot\boldsymbol{e}_{\mathrm{B}}^{\mathrm{T}}$ を掛け，$\boldsymbol{e}_{\mathrm{B}}\cdot\boldsymbol{e}_{\mathrm{B}}^{\mathrm{T}}=\boldsymbol{I}_3$（$\boldsymbol{I}_3$ は 3×3 単位行列）を利用すると，次の式を得る．

$$\boldsymbol{C}_{\mathrm{AB}}=\boldsymbol{e}_{\mathrm{A}}\cdot\boldsymbol{e}_{\mathrm{B}}^{\mathrm{T}} \tag{2.1.6}$$

座標変換行列は正規直交行列で，次のような性質がある．

$$\boldsymbol{C}_{\mathrm{BA}}=\boldsymbol{C}_{\mathrm{AB}}^{\mathrm{T}}=\boldsymbol{C}_{\mathrm{AB}}^{-1},\qquad \boldsymbol{C}_{\mathrm{AA}}=\boldsymbol{I}_3 \tag{2.1.7}$$

$\boldsymbol{r}_{\mathrm{QR}}$ は B 座標系表現であるが，A 座標系表現に直すには，$\boldsymbol{C}_{\mathrm{AB}}\boldsymbol{r}_{\mathrm{QR}}$ とすればよい．$\boldsymbol{r}_{\mathrm{PQ}}$ と $\boldsymbol{r}'_{\mathrm{PQ}}$ は，次のような座標変換関係にある．

$$\boldsymbol{r}_{\mathrm{PQ}}=\boldsymbol{C}_{\mathrm{AB}}\boldsymbol{r}'_{\mathrm{PQ}} \tag{2.1.8}$$

$\boldsymbol{r}_{\mathrm{PQ}}$, $\boldsymbol{r}'_{\mathrm{PQ}}$ と $\vec{r}_{\mathrm{PQ}}$ の変換には基底が用いられる．

$$\boldsymbol{r}_{\mathrm{PQ}}=\boldsymbol{e}_{\mathrm{A}}\cdot\vec{r}_{\mathrm{PQ}} \tag{2.1.9}$$

$$\boldsymbol{r}'_{\mathrm{PQ}}=\boldsymbol{e}_{\mathrm{B}}\cdot\vec{r}_{\mathrm{PQ}} \tag{2.1.10}$$

$$\vec{r}_{\mathrm{PQ}}=\boldsymbol{e}_{\mathrm{A}}^{\mathrm{T}}\boldsymbol{r}_{\mathrm{PQ}}=\boldsymbol{r}_{\mathrm{PQ}}^{\mathrm{T}}\boldsymbol{e}_{\mathrm{A}}=\boldsymbol{e}_{\mathrm{B}}^{\mathrm{T}}\boldsymbol{r}'_{\mathrm{PQ}}=\boldsymbol{r}'^{\mathrm{T}}_{\mathrm{PQ}}\boldsymbol{e}_{\mathrm{B}} \tag{2.1.11}$$

このような方法で，幾何ベクトル表現と代数ベクトル表現間の変換を行うことができる．この方法は，すべてのベクトル量に共通の方法である．事例として，式（2.1.1）に $\boldsymbol{e}_{\mathrm{A}}\cdot$ を左から掛けて式（2.1.5）を用いると，2 点で定まる幾何ベクトルの 3 者の関係の，A 座標系による代数ベクトル表現が得られる．

$$\boldsymbol{r}_{\mathrm{PR}}=\boldsymbol{r}_{\mathrm{PQ}}+\boldsymbol{C}_{\mathrm{AB}}\boldsymbol{r}_{\mathrm{QR}} \tag{2.1.12}$$

なお，式（2.1.5），（2.1.6），（2.1.9）～（2.1.10）などの式の操作にあたっては，行列と幾何ベクトルの両方の演算ルールを考慮する必要がある．また，同様な方法により，ダッシュの付く $\boldsymbol{r}'_{PR}$, $\boldsymbol{r}'_{PQ}$, $\boldsymbol{r}'_{QR}$ を用いた3者の関係をつくることもできる．

2.1.2 三次元回転姿勢

三次元問題における剛体の回転姿勢は，剛体に固定した右手直交座標系の回転姿勢で考える．回転姿勢は相対的な平行移動には影響されないので，座標原点を一致させて考えるとわかりやすい（図2.2）．回転姿勢も参照枠の概念を伴う量である．

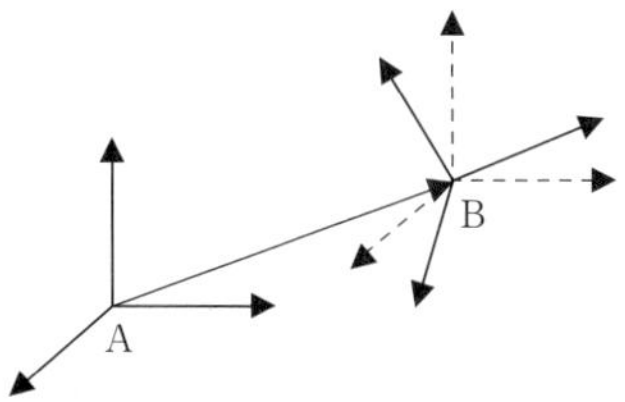

図 2.2 座標系の相対的な配置関係（平行移動＋回転変位）

本章では，4通りの回転姿勢表現を説明する．

a. シンプルローテーション[6),11)]

座標系Aに対して任意の回転姿勢の座標系Bが与えられたとする．そのとき，座標系Aを $\vec{\lambda}_{AB}$ 軸まわりに ϕ_{AB} 回転して座標系Bの向きに一致させることができるような，$\vec{\lambda}_{AB}$ 軸と角度 ϕ_{AB} が必ず存在する(図2.3)．これをオイラーの定理という．この回転軸 $\vec{\lambda}_{AB}$ と角度 ϕ_{AB} は，座標系Aからみた座標系Bの回転姿勢を表現している．$\vec{\lambda}_{AB}$ を座標系Aと座標系Bで代数ベクトルに直すと両者は一致するが，これを $\boldsymbol{\lambda}_{AB}$ と書くことにして，$\boldsymbol{\lambda}_{AB}$ と ϕ_{AB} で回転姿勢を表すとしてもよい．$\{\vec{\lambda}_{AB}, \phi_{AB}\}$ または $\{\boldsymbol{\lambda}_{AB}, \phi_{AB}\}$ の回転姿勢表現をシンプルローテーション（simple rotation）とよぶ．なお，$\vec{\lambda}_{AB}$ は単位長さの幾何ベクトルであり，$\boldsymbol{\lambda}_{AB}$ の3成分を l_{AB}, m_{AB}, n_{AB} と書くことにする．

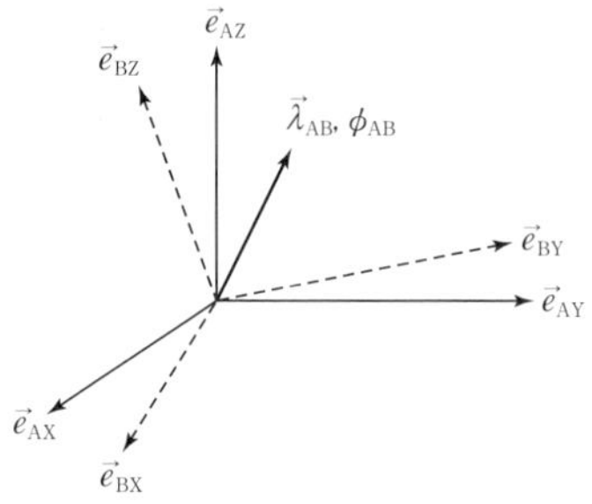

図 2.3 座標系のシンプルローテーション

$$\boldsymbol{\lambda}_{AB} = [l \quad m \quad n]^{T}_{AB} \tag{2.1.13}$$
$$\boldsymbol{\lambda}^{T}_{AB}\boldsymbol{\lambda}_{AB} = l^2_{AB} + m^2_{AB} + n^2_{AB} = 1$$

シンプルローテーションは，わかりやすく，基礎概念として重要であるが，3者の関係や角速度との関係は単純ではなく，回転姿勢の基本的な量（一般化座標）として用いられることはない．データ入力などには利用できる．

b. 回転行列

三次元の座標変換行列は，2つの座標系の相対回転姿勢の情報を完全に含んでいるので，回転姿勢を表現している．そのような観点から座標変換行列を回転行列とよぶ．$\boldsymbol{C}_{AB}$ は，座標系Bで表現された量を座標系Aの表現に変換する座標変換行列であるが，座標系Aからみた座標系Bの回転姿勢を表していると考えることにする．すなわち，参照枠は，左側の添え字が示している座標系Aである．

シンプルローテーション $\{\boldsymbol{\lambda}_{AB}$ と $\phi_{AB}\}$ から回転行列 $\boldsymbol{C}_{AB}$ を求める式は，回転公式[6),10)]

表 2.1 外積オペレータの基本的な公式

$\boldsymbol{a}$, $\boldsymbol{b}$ は 3×1 列行列．a, b 要素間の積の可換性が前提

1	$\tilde{\boldsymbol{a}}^{\mathrm{T}} = -\tilde{\boldsymbol{a}}$
2	$\widetilde{\boldsymbol{a}+\boldsymbol{b}} = \tilde{\boldsymbol{a}} + \tilde{\boldsymbol{b}}$
3	$\tilde{\boldsymbol{a}}\boldsymbol{a} = \boldsymbol{0}$
4	$\tilde{\boldsymbol{a}}\boldsymbol{b} = -\tilde{\boldsymbol{b}}\boldsymbol{a}$
5	$\tilde{\boldsymbol{a}}\tilde{\boldsymbol{b}} = \boldsymbol{b}a^{\mathrm{T}} - (\boldsymbol{a}^{\mathrm{T}}\boldsymbol{b})\boldsymbol{I}_3$
6	$\widetilde{\tilde{\boldsymbol{a}}\boldsymbol{b}} = \boldsymbol{b}\boldsymbol{a}^{\mathrm{T}} - \boldsymbol{a}\boldsymbol{b}^{\mathrm{T}} = \tilde{\boldsymbol{a}}\tilde{\boldsymbol{b}} - \tilde{\boldsymbol{b}}\tilde{\boldsymbol{a}}$
7	$\tilde{\boldsymbol{a}}\tilde{\boldsymbol{b}}\tilde{\boldsymbol{a}}\boldsymbol{b} = \tilde{\boldsymbol{b}}\tilde{\boldsymbol{a}}\tilde{\boldsymbol{a}}\boldsymbol{b}$

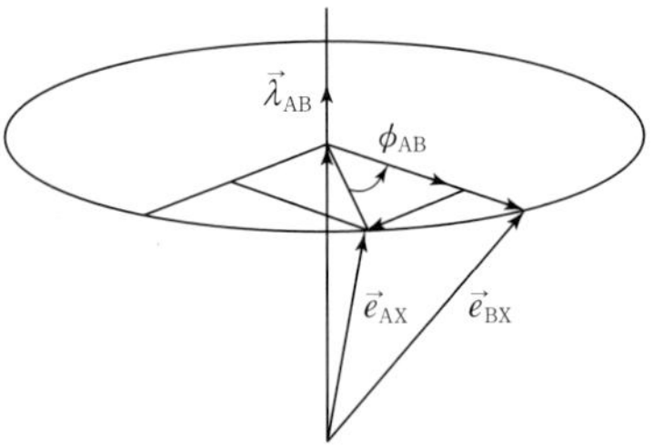

図 2.4 $\vec{e}_{\mathrm{AX}}$ を $\vec{\lambda}_{\mathrm{AB}}$ まわりに ϕ_{AB} まわすと $\vec{e}_{\mathrm{BX}}$ になる関係

などとよばれ，次のように書くことができる．

$$\boldsymbol{C}_{\mathrm{AB}} = \boldsymbol{I}_3 \cos\phi_{\mathrm{AB}} + \tilde{\boldsymbol{\lambda}}_{\mathrm{AB}} \sin\phi_{\mathrm{AB}} + \boldsymbol{\lambda}_{\mathrm{AB}}\boldsymbol{\lambda}_{\mathrm{AB}}^{\mathrm{T}}(1-\cos\phi_{\mathrm{AB}}) \tag{2.1.14}$$

式(2.1.14)の中の $\tilde{\boldsymbol{\lambda}}_{\mathrm{AB}}$ は，$\boldsymbol{\lambda}_{\mathrm{AB}}$ の 3 つの成分を次のように並べ直した交代行列である．

$$\tilde{\boldsymbol{\lambda}}_{\mathrm{AB}} = \begin{bmatrix} 0 & -n & m \\ n & 0 & -l \\ -m & l & 0 \end{bmatrix}_{\mathrm{AB}} \tag{2.1.15}$$

$\boldsymbol{\lambda}$ の上の～(チルダ) は，幾何ベクトルの外積を代数ベクトルで実現するための記号で，この式のような成分の並べ替えを行うオペレータである．この記号を外積オペレータ[1),2),6)] とよぶ．また，このオペレータを作用させた $\tilde{\boldsymbol{\lambda}}_{\mathrm{AB}}$ のような行列は，チルダ行列とよばれる．なお，外積オペレータに関する基本的な公式を表 2.1 にまとめた．

シンプルローテーションにより，$\vec{e}_{\mathrm{AX}}$ は $\vec{e}_{\mathrm{BX}}$ になる．その幾何学的関係から，$\vec{e}_{\mathrm{AX}}$ を $\vec{\lambda}_{\mathrm{AB}}$ と ϕ_{AB} と $\vec{e}_{\mathrm{BX}}$ で表現できる（図 2.4）．その関係と，Y 軸と Z 軸についての同様の関係をまとめ，簡単な操作を加えて式（2.1.14）を導くことができる．

さて，座標変換行列または回転行列に関して，次の重要な関係が成立する．

$$\boldsymbol{C}_{\mathrm{AC}} = \boldsymbol{C}_{\mathrm{AB}}\boldsymbol{C}_{\mathrm{BC}} \tag{2.1.16}$$

この式は，座標変換行列または回転行列の 3 者の関係である．

回転行列には 9 つの実数が含まれていて，3 自由度の回転姿勢表現には多すぎる．そのため，回転行列が回転姿勢表現のためのベースになる量（一般化座標）として用いられることは少なく，ほかの回転姿勢表現の仲介的な役割などに使われる．一方，座標変換行列としての役割は重要である．ただし，どちらの役割かを区別して考えるようなことは不要である．

c. オイラー角[3)-6)]

最初に，座標軸まわりの回転行列を表す行列関数 $\boldsymbol{C}_{\mathrm{X}}(\theta)$，$\boldsymbol{C}_{\mathrm{Y}}(\theta)$，$\boldsymbol{C}_{\mathrm{Z}}(\theta)$ を準備する．

$$\boldsymbol{C}_{\mathrm{X}}(\theta) = \boldsymbol{I}_3 \cos\theta + \tilde{\boldsymbol{D}}_{\mathrm{X}} \sin\theta + \boldsymbol{D}_{\mathrm{X}}\boldsymbol{D}_{\mathrm{X}}^{\mathrm{T}}(1-\cos\theta) \tag{2.1.17}$$

$$\boldsymbol{C}_{\mathrm{Y}}(\theta) = \boldsymbol{I}_3 \cos\theta + \tilde{\boldsymbol{D}}_{\mathrm{Y}} \sin\theta + \boldsymbol{D}_{\mathrm{Y}}\boldsymbol{D}_{\mathrm{Y}}^{\mathrm{T}}(1-\cos\theta) \tag{2.1.18}$$

$$\boldsymbol{C}_{\mathrm{Z}}(\theta) = \boldsymbol{I}_3 \cos\theta + \tilde{\boldsymbol{D}}_{\mathrm{Z}} \sin\theta + \boldsymbol{D}_{\mathrm{Z}}\boldsymbol{D}_{\mathrm{Z}}^{\mathrm{T}}(1-\cos\theta) \tag{2.1.19}$$

ただし，$\boldsymbol{D}_{\mathrm{X}}=[1\ 0\ 0]^{\mathrm{T}}$，$\boldsymbol{D}_{\mathrm{Y}}=[0\ 1\ 0]^{\mathrm{T}}$，$\boldsymbol{D}_{\mathrm{Z}}=[0\ 0\ 1]^{\mathrm{T}}$ で，これらの行列関数は式(2.1.14)の $\boldsymbol{\lambda}_{\mathrm{AB}}$ を $\boldsymbol{D}_{\mathrm{X}}$，$\boldsymbol{D}_{\mathrm{Y}}$，$\boldsymbol{D}_{\mathrm{Z}}$ とし，ϕ_{AB} を θ としたものである．

さて，座標系Aからみた座標系Bの回転姿勢が与えられているとして，最初に座標系Aと同じ向きになっている状態の座標系Bから始め，順序を定めた3つの座標軸まわりの回転で，与えられた姿勢を実現することを考える．3つの回転の座標軸は，座標系Aか回転途中の座標系Bの軸を選択し，その軸まわりの回転角を順に $\theta_{1\mathrm{AB}}$，$\theta_{2\mathrm{AB}}$，$\theta_{3\mathrm{AB}}$ とする．

例えば，座標系BのZ軸，X軸，Z軸をこの順番に選ぶことができる．この軸選択による3つの角を，Z′X′Z′ 型のオイラー角とよぶことにする．この3つの回転の結果，回転行列 $\boldsymbol{C}_{\mathrm{AB}}$ は，座標軸まわりの回転行列を利用して，次のように表すことができる．

$$\boldsymbol{C}_{\mathrm{AB}}=\boldsymbol{C}_{\mathrm{Z}}(\theta_1)\boldsymbol{C}_{\mathrm{X}}(\theta_2)\boldsymbol{C}_{\mathrm{Z}}(\theta_3)_{\mathrm{AB}} \tag{2.1.20}$$

次の軸選択の事例として，座標系BのZ軸，X軸，Y軸をこの順番に選ぶこともできる（Z′X′Y′ 型）．この場合の $\boldsymbol{C}_{\mathrm{AB}}$ は次のようになる．

$$\boldsymbol{C}_{\mathrm{AB}}=\boldsymbol{C}_{\mathrm{Z}}(\theta_1)\boldsymbol{C}_{\mathrm{X}}(\theta_2)\boldsymbol{C}_{\mathrm{Y}}(\theta_3)_{\mathrm{AB}} \tag{2.1.21}$$

今度は，座標系AのZ軸，X軸，Z軸をこの順に選ぶものとする（ZXZ型）．

$$\boldsymbol{C}_{\mathrm{AB}}=\boldsymbol{C}_{\mathrm{Z}}(\theta_3)\boldsymbol{C}_{\mathrm{X}}(\theta_2)\boldsymbol{C}_{\mathrm{Z}}(\theta_1)_{\mathrm{AB}} \tag{2.1.22}$$

さらに，座標系AのZ軸，X軸，Y軸をこの順に選んだ場合は次のようになる（ZXY型）．

$$\boldsymbol{C}_{\mathrm{AB}}=\boldsymbol{C}_{\mathrm{Y}}(\theta_3)\boldsymbol{C}_{\mathrm{X}}(\theta_2)\boldsymbol{C}_{\mathrm{Z}}(\theta_1)_{\mathrm{AB}} \tag{2.1.23}$$

以上の軸選択の事例から，座標系Bの軸を選択すると各軸まわりの回転行列を順に左から右へ並べ，座標系Aの軸を選択すると右から左へ並べて $\boldsymbol{C}_{\mathrm{AB}}$ を構成していることがわかる．この並べ方は，式(2.1.16)の関係を使って説明できるが，座標系Aの軸を選択する場合の説明には少し工夫が必要である．

Z′X′Z′ 型のオイラー角の場合，$c_1=\cos\theta_1$，$s_2=\sin\theta_2$ などの略号を用いて，式(2.1.20)は次のようになる．

$$\boldsymbol{C}_{\mathrm{AB}}=\begin{bmatrix} c_1c_3-s_1c_1s_3 & -c_1s_3-s_1c_2c_3 & s_1s_2 \\ s_1c_3-c_1c_2s_3 & -s_1s_3-c_1c_2c_3 & -c_1s_2 \\ s_2s_3 & s_2c_3 & c_2 \end{bmatrix}_{\mathrm{AB}} \tag{2.1.24}$$

この式は，Z′X′Z′ 型のオイラー角 $\boldsymbol{\Theta}_{\mathrm{AB}}^{\mathrm{Z'X'Z'}}=[\theta_1\ \theta_2\ \theta_3]_{\mathrm{AB}}^{\mathrm{T}}$ から回転行列をつくる式である．

オイラー角は，3自由度の回転姿勢を3つの実数で表現している点で理想的であるが，基礎的な関係式が複雑であり，また，特異姿勢の存在が弱点である（2.1.4項bの式(2.1.44)参照）．ただし，伝統的に最もよく用いられてきた方法である．

d. オイラーパラメータ[1)-6), 9)-11)]

オイラーパラメータは，4つの実数 $\varepsilon_{0\mathrm{AB}}$，$\varepsilon_{1\mathrm{AB}}$，$\varepsilon_{2\mathrm{AB}}$，$\varepsilon_{3\mathrm{AB}}$ で座標系Aからみた座標系Bの回転姿勢を表現するものである．$\boldsymbol{\varepsilon}_{\mathrm{AB}}=[\varepsilon_1\ \varepsilon_2\ \varepsilon_3]_{\mathrm{AB}}^{\mathrm{T}}$ と3つだけまとめた変数を準備して，シンプルローテーションでオイラーパラメータを定義すると次のとおりで

ある.

$$\left.\begin{aligned} \varepsilon_{0\mathrm{AB}} &= \cos\frac{\phi_{\mathrm{AB}}}{2} \\ \boldsymbol{\varepsilon}_{\mathrm{AB}} &= \boldsymbol{\lambda}_{\mathrm{AB}}\sin\frac{\phi_{\mathrm{AB}}}{2} \end{aligned}\right\} \tag{2.1.25}$$

オイラーパラメータは，自由度3の回転姿勢を4つの実数で表すもので，二乗和が1になる．この拘束は，$\boldsymbol{E}_{\mathrm{AB}}=[\varepsilon_{0\mathrm{AB}}\ \boldsymbol{\varepsilon}_{\mathrm{AB}}^{\mathrm{T}}]^{\mathrm{T}}=[\varepsilon_{0\mathrm{AB}}\ \ \varepsilon_{1\mathrm{AB}}\ \ \varepsilon_{2\mathrm{AB}}\ \ \varepsilon_{3\mathrm{AB}}]^{\mathrm{T}}$ などの記号を利用して次のように表現することができる．

$$\boldsymbol{E}_{\mathrm{AB}}^{\mathrm{T}}\boldsymbol{E}_{\mathrm{AB}}=\varepsilon_{0\mathrm{AB}}^2+\boldsymbol{\varepsilon}_{\mathrm{AB}}^{\mathrm{T}}\boldsymbol{\varepsilon}_{\mathrm{AB}}=\varepsilon_{0\mathrm{AB}}^2+\varepsilon_{1\mathrm{AB}}^2+\varepsilon_{2\mathrm{AB}}^2+\varepsilon_{3\mathrm{AB}}^2=1 \tag{2.1.26}$$

オイラーパラメータから回転行列をつくる式は，次のような形など，複数の表現方法がある．

$$\boldsymbol{C}_{\mathrm{AB}}=\boldsymbol{I}_3+2\tilde{\boldsymbol{\varepsilon}}_{\mathrm{AB}}(\boldsymbol{I}_3\varepsilon_{0\mathrm{AB}}+\tilde{\boldsymbol{\varepsilon}}_{\mathrm{AB}}) \tag{2.1.27}$$

$$\boldsymbol{C}_{\mathrm{AB}}=\boldsymbol{I}_3(\varepsilon_{0\mathrm{AB}}^2-\boldsymbol{\varepsilon}_{\mathrm{AB}}^{\mathrm{T}}\boldsymbol{\varepsilon}_{\mathrm{AB}})+2\tilde{\boldsymbol{\varepsilon}}_{\mathrm{AB}}\varepsilon_{0\mathrm{AB}}+2\boldsymbol{\varepsilon}_{\mathrm{AB}}\boldsymbol{\varepsilon}_{\mathrm{AB}}^{\mathrm{T}} \tag{2.1.28}$$

これらの式は，式（2.1.14）の回転公式と式（2.1.25）のオイラーパラメータの定義と表2.1の外積オペレータの公式を利用して導くことができる．

オイラーパラメータの3者の関係は次のようになる．

$$\boldsymbol{E}_{\mathrm{AC}}=\boldsymbol{Z}_{\mathrm{AB}}\boldsymbol{E}_{\mathrm{BC}} \tag{2.1.29}$$

$\boldsymbol{Z}_{\mathrm{AB}}$ は，$\boldsymbol{E}_{\mathrm{AB}}$ の4つの成分を次のように並べ直して4×4行列にしたものである．

$$\boldsymbol{Z}_{\mathrm{AB}}=\begin{bmatrix} \varepsilon_0 & -\varepsilon_1 & -\varepsilon_2 & -\varepsilon_3 \\ \varepsilon_1 & \varepsilon_0 & -\varepsilon_3 & \varepsilon_2 \\ \varepsilon_2 & \varepsilon_3 & \varepsilon_0 & -\varepsilon_1 \\ \varepsilon_3 & -\varepsilon_2 & \varepsilon_1 & \varepsilon_0 \end{bmatrix}_{\mathrm{AB}} \tag{2.1.30}$$

また，$\boldsymbol{Z}_{\mathrm{AB}}=[\boldsymbol{E}_{\mathrm{AB}}\ \boldsymbol{L}_{\mathrm{AB}}^{\mathrm{T}}]$ と書くことができ，3×4行列 $\boldsymbol{L}_{\mathrm{AB}}$ は，のちにオイラーパラメータの時間微分と角速度の関係に用いられる．

$$\boldsymbol{L}_{\mathrm{AB}}=[-\boldsymbol{\varepsilon}_{\mathrm{AB}}\quad -\tilde{\boldsymbol{\varepsilon}}_{\mathrm{AB}}+\varepsilon_{0\mathrm{AB}}\boldsymbol{I}_3] \tag{2.1.31}$$

式（2.1.29）の導出は簡単ではないが，妥当性の確認方法に次のような考え方がある．まず，$\boldsymbol{E}_{\mathrm{AB}}$ と $\boldsymbol{E}_{\mathrm{BC}}$ の要素で $\boldsymbol{C}_{\mathrm{AB}}$ と $\boldsymbol{C}_{\mathrm{BC}}$ を表し，その積 $\boldsymbol{C}_{\mathrm{AC}}$ をつくる．次に，式（2.1.29）によって，$\boldsymbol{E}_{\mathrm{AB}}$ と $\boldsymbol{E}_{\mathrm{BC}}$ の要素で $\boldsymbol{E}_{\mathrm{AC}}$ を表し，その $\boldsymbol{E}_{\mathrm{AC}}$ から $\boldsymbol{C}_{\mathrm{AC}}$ をつくる．2つの方法でつくった C_{AC} が同一であることを確認する．この確認方法を実行するとき，数式処理ソフトなどが助けになる．また，いくつかの特定な回転姿勢に限定して，式（2.1.29）を確認することも有意義であろう．

オイラーパラメータの4つの変数は幾何学的イメージを描きにくい．また，3自由度に対する4変数の冗長性が弱点である．そのため，数値計算の安定性を監視したり，安定性を確保する手段が必要である．しかし，基礎的な関係式が簡潔で，特異姿勢がないため，オイラーパラメータは，優れた回転姿勢の表現方法であり，十分な実用性がある．

2.1.3 位　　置[6),12)]

2点で定まる幾何ベクトル $\vec{r}_{PQ}$ とその代数ベクトル $\boldsymbol{r}_{PQ}$ と $\boldsymbol{r}'_{PQ}$ は，しばしば，位置を表す変数として利用される．$\vec{r}_{PQ}$ などを位置とするために，点Pを剛体Aまたは座標系A上の固定点に限定する．そのうえで，$\vec{r}_{PQ}$ などを「剛体Aまたは座標系Aからみた点Qの位置」と解釈するのが自然であり，汎用的で便利である．すなわち，位置 $\vec{r}_{PQ}$ の参照枠は，左側の添え字の点Pがのっている剛体Aまたは座標系Aとする．なお，剛体A上に別の固定点Sがあるとき，$\vec{r}_{SQ}$ と $\vec{r}_{PQ}$ は異なる幾何ベクトルであるが，位置としては同じ解釈になる．このため，位置はベクトル量とはいい難いのである．

代数ベクトル $\boldsymbol{r}_{PQ}$ の左側の添え字Pは，2つの意味をもっている．ひとつは，$\vec{r}_{PQ}$ のPを踏襲して，参照枠を暗示している．もうひとつは表現座標系である．$\boldsymbol{r}'_{PQ}$ の場合は，右側の添え字Qが表現座標系を暗示しているので，Qが2つの意味をもっていることになる．

式（2.1.1）や式（2.1.12）を，式中の各項が位置と解釈できる場合，位置の3者の関係とよぶことにする．ただし，この関係は，本来，2点で定まる幾何ベクトルの性質である．

2.1.4 角　速　度[1)-6),10),11),13)]

剛体A(座標系A)からみた剛体B(座標系B)の角速度の幾何ベクトル表現を $\vec{\Omega}_{AB}$ と書くことにする（図2.5）．回転姿勢の場合と同様に左側の添え字が参照枠であるが，回転姿勢と角速度の場合の添え字は剛体または座標系の名前であり，位置の場合と違って参照枠は明示的である．

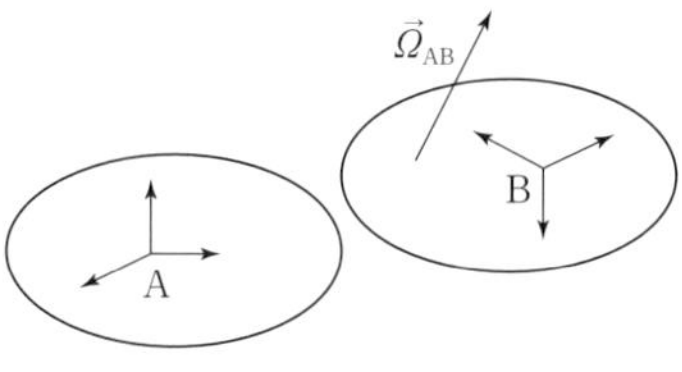

図2.5 剛体A（座標系A）からみた剛体B（座標系B）の角速度

$\vec{\Omega}_{AB}$ の座標系Aによる代数ベクトル表現は，$\boldsymbol{\Omega}_{AB}$ である．また，$\vec{\Omega}_{AB}$ の座標系Bによる代数ベクトル表現を $\boldsymbol{\Omega}'_{AB}$ と表す．$\boldsymbol{\Omega}'_{AB}$ のX, Y, Z成分はそれぞれ，Ω'_{ABX}，Ω'_{ABY}，Ω'_{ABZ} である．

$$\boldsymbol{\Omega}'_{AB} = [\Omega'_{ABX} \quad \Omega'_{ABY} \quad \Omega'_{ABZ}]^{T} \tag{2.1.32}$$

位置の場合は，実用上，$\boldsymbol{r}'_{PQ}$ に比べてダッシュが付かない $\boldsymbol{r}_{PQ}$ を用いることが多いが，角速度の場合は，ダッシュが付く $\boldsymbol{\Omega}'_{AB}$ を用いることが多い．$\boldsymbol{\Omega}_{AB}$ と $\boldsymbol{\Omega}'_{AB}$ はベクトル量の座標変換関係にある．

$$\boldsymbol{\Omega}_{AB} = \boldsymbol{C}_{AB}\boldsymbol{\Omega}'_{AB} \tag{2.1.33}$$

剛体A（座標系A），剛体B（座標系B）以外に，剛体C（座標系C）も追加して考え，角速度の3者の関係は，幾何ベクトル表現で次のとおりである．

$$\vec{\Omega}_{AC} = \vec{\Omega}_{AB} + \vec{\Omega}_{BC} \tag{2.1.34}$$

この式は，式（2.1.1）と同じ形をしている．代数ベクトル表現は，ダッシュの付く変数を用いると，次のようになる．

$$\boldsymbol{\Omega}'_{\mathrm{AC}} = \boldsymbol{C}^{\mathrm{T}}_{\mathrm{BC}}\boldsymbol{\Omega}'_{\mathrm{AB}} + \boldsymbol{\Omega}'_{\mathrm{BC}} \tag{2.1.35}$$

この式はC座標系表現である．この式は，回転行列の3者の関係（式（2.1.16））を時間微分して，求めることができるが，そのために，次に説明する回転行列の時間微分と角速度の関係が必要になる．

a. 回転行列の時間微分と角速度の関係

回転行列の時間微分と角速度の関係は次のとおりである．

$$\dot{\boldsymbol{C}}_{\mathrm{AB}} = \boldsymbol{C}_{\mathrm{AB}}\tilde{\boldsymbol{\Omega}}'_{\mathrm{AB}} \tag{2.1.36}$$

ダッシュの付かない $\boldsymbol{\Omega}_{\mathrm{AB}}$ を用いると，この式は，$\dot{\boldsymbol{C}}_{\mathrm{AB}} = \tilde{\boldsymbol{\Omega}}_{\mathrm{AB}}\boldsymbol{C}_{\mathrm{AB}}$ となる．さらに，これら2式から，角速度のチルダ行列の座標変換関係が得られる．

$$\tilde{\boldsymbol{\Omega}}_{\mathrm{AB}} = \widetilde{\boldsymbol{C}_{\mathrm{AB}}\boldsymbol{\Omega}'_{\mathrm{AB}}} = \boldsymbol{C}_{\mathrm{AB}}\tilde{\boldsymbol{\Omega}}'_{\mathrm{AB}}\boldsymbol{C}^{\mathrm{T}}_{\mathrm{AB}} \tag{2.1.37}$$

この形は角速度以外のチルダ行列にも適用できる．

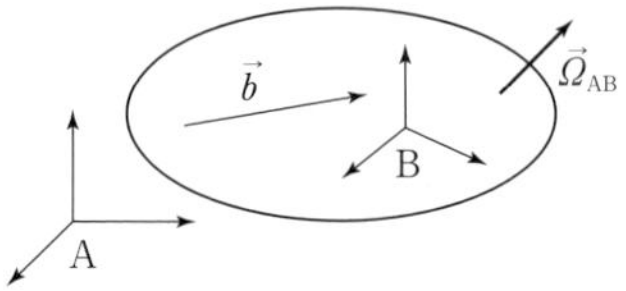

図 2.6 剛体B上に完全に固定された幾何ベクトル

式（2.1.36）を導くには，式（2.1.5）を剛体Aからみて時間微分し，次の関係を利用する．

$$\frac{{}^{\mathrm{A}}\mathrm{d}\boldsymbol{e}_{\mathrm{B}}}{\mathrm{d}t} = -\boldsymbol{e}_{\mathrm{B}} \times \vec{\Omega}_{\mathrm{AB}} \tag{2.1.38}$$

幾何ベクトル $\vec{b}$ が完全に剛体Bに固定されているとき（図2.6），${}^{\mathrm{A}}\mathrm{d}\vec{b}/\mathrm{d}t = \vec{\Omega}_{\mathrm{AB}} \times \vec{b}$ となるが，基底 $\vec{e}_{\mathrm{BX}}, \vec{e}_{\mathrm{BY}}, \vec{e}_{\mathrm{BZ}}$ の場合も同じで，その3つをまとめて，外積の順序を入れ換えた式が式（2.1.38）である．なお，これらの式の時間微分記号左肩のAは，微分対象の幾何ベクトルを観察する参照枠[6),10),13)]である．すなわち，この参照枠が異なると，幾何ベクトルの時間微分結果は異なったものになる．このような参照枠は幾何ベクトルの微積分時に必要になるので，幾何ベクトル微積分の参照枠とよぶことにする．なお，代数ベクトルなど，実数を要素とする行列の微積分は観察する立場には依存しないので，微積分の参照枠は不要である．また，幾何ベクトル時間微分の参照枠変更は次式による．

$$\frac{{}^{\mathrm{A}}\mathrm{d}\vec{c}}{\mathrm{d}t} = \frac{{}^{\mathrm{B}}\mathrm{d}\vec{c}}{\mathrm{d}t} + \vec{\Omega}_{\mathrm{AB}} \times \vec{c} \tag{2.1.39}$$

そして，もうひとつ，式（2.1.36）を導くために必要な基礎的関係が次式である．

$$\tilde{\boldsymbol{e}}_{\mathrm{A}} = -\boldsymbol{e}_{\mathrm{A}} \times \boldsymbol{e}^{\mathrm{T}}_{\mathrm{A}} \tag{2.1.40}$$

外積オペレータは，幾何ベクトルを要素とする3×1列行列にも作用させることができ，式（2.1.15）と同様の並べ換えを行う．

b. オイラー角の時間微分と角速度の関係

座標軸まわりの回転行列を表す行列関数（式（2.1.17）〜(2.1.19)）の，回転角に関する微分は次のようになる．

$$\frac{\mathrm{d}\boldsymbol{C}_{\mathrm{X}}(\theta)}{\mathrm{d}\theta} = \boldsymbol{C}_{\mathrm{X}}(\theta)\tilde{\boldsymbol{D}}_{\mathrm{X}} = \tilde{\boldsymbol{D}}_{\mathrm{X}}\boldsymbol{C}_{\mathrm{X}}(\theta) \tag{2.1.41}$$

$$\frac{\mathrm{d}\boldsymbol{C}_{\mathrm{Y}}(\theta)}{\mathrm{d}\theta}=\boldsymbol{C}_{\mathrm{Y}}(\theta)\tilde{\boldsymbol{D}}_{\mathrm{Y}}=\tilde{\boldsymbol{D}}_{\mathrm{Y}}\boldsymbol{C}_{\mathrm{Y}}(\theta) \tag{2.1.42}$$

$$\frac{\mathrm{d}\boldsymbol{C}_{\mathrm{Z}}(\theta)}{\mathrm{d}\theta}=\boldsymbol{C}_{\mathrm{Z}}(\theta)\tilde{\boldsymbol{D}}_{\mathrm{Z}}=\tilde{\boldsymbol{D}}_{\mathrm{Z}}\boldsymbol{C}_{\mathrm{Z}}(\theta) \tag{2.1.43}$$

これらを用いると，角速度からオイラー角の時間微分を求める式が得られる．Z′X′Z′型オイラー角の場合，$c_2=\cos\theta_2$，$s_3=\sin\theta_3$ などの略号を用いて，次のようになる．

$$\dot{\boldsymbol{\Theta}}_{\mathrm{AB}}^{\mathrm{Z'X'Z'}}=-\frac{1}{s_2}\begin{bmatrix}-s_3 & -c_3 & 0\\ -c_3s_2 & s_3s_2 & 0\\ s_3c_2 & c_3c_2 & -s_2\end{bmatrix}_{\mathrm{AB}}\boldsymbol{\Omega}'_{\mathrm{AB}} \tag{2.1.44}$$

この式から $\sin\theta_2=0$ が，Z′X′Z′ 型オイラー角の特異姿勢になっていることがわかる．特異姿勢は，第 1 軸の回転と第 3 軸の回転が区別できなくなる第 2 軸の回転角である．

この式を導く方法は，式（2.1.20）を時間微分して，角速度 $\boldsymbol{\Omega}'_{\mathrm{AB}}$ をオイラー角の時間微分 $\dot{\boldsymbol{\Theta}}_{\mathrm{AB}}^{\mathrm{Z'X'Z'}}$ で表す．そして，$\dot{\boldsymbol{\Theta}}_{\mathrm{AB}}^{\mathrm{Z'X'Z'}}$ の係数行列の逆行列を求めればよい．この手順を理解しておくことは，別の型のオイラー角を扱うために必要である．

c.　オイラーパラメータの時間微分と角速度の関係

オイラーパラメータの時間微分と角速度の関係は次のとおりである．

$$\dot{\boldsymbol{E}}_{\mathrm{AB}}=\frac{1}{2}\boldsymbol{L}_{\mathrm{AB}}^{\mathrm{T}}\boldsymbol{\Omega}'_{\mathrm{AB}} \tag{2.1.45}$$

$$\boldsymbol{\Omega}'_{\mathrm{AB}}=2\boldsymbol{L}_{\mathrm{AB}}\dot{\boldsymbol{E}}_{\mathrm{AB}} \tag{2.1.46}$$

これら 2 つの式の一方から他方を導くことは，さほど難しいことではないが，どちらかを直接導出することは簡単ではない．そこで，妥当性の確認方法について述べる．まず，$\boldsymbol{E}_{\mathrm{AB}}$ と $\dot{\boldsymbol{E}}_{\mathrm{AB}}$ の 4 つのパラメータを用いて，$\boldsymbol{L}_{\mathrm{AB}}$，$\boldsymbol{C}_{\mathrm{AB}}$，$\dot{\boldsymbol{C}}_{\mathrm{AB}}$ を表す．次に，$\boldsymbol{L}_{\mathrm{AB}}$ と $\dot{\boldsymbol{E}}_{\mathrm{AB}}$ から $\boldsymbol{\Omega}'_{\mathrm{AB}}=2\boldsymbol{L}_{\mathrm{AB}}\dot{\boldsymbol{E}}_{\mathrm{AB}}$ を計算し，$\tilde{\boldsymbol{\Omega}}'_{\mathrm{AB}}$ をつくる．一方，$\boldsymbol{C}_{\mathrm{AB}}$，$\dot{\boldsymbol{C}}_{\mathrm{AB}}$ から $\tilde{\boldsymbol{\Omega}}'_{\mathrm{AB}}=\boldsymbol{C}_{\mathrm{AB}}^{\mathrm{T}}\dot{\boldsymbol{C}}_{\mathrm{AB}}$ を計算し，2 つの結果が等しいことを確認する．この確認作業でも数式処理ソフトなどが助けになる．$\boldsymbol{E}_{\mathrm{AB}}$ と $\dot{\boldsymbol{E}}_{\mathrm{AB}}$ に関する拘束（式（2.1.26）とその時間微分）を利用して式の簡単化を上手く行うことが必要になる．

なお，式（2.1.36），（2.1.44），（2.1.45），（2.1.46）は，回転姿勢の時間微分と角速度の関係である．位置の時間微分と速度，角速度の時間微分と角加速度，速度の時間微分と加速度などとともに一括りにして，「時間微分の関係」とよぶことにすればわかりやすい．運動学の基本的関係は 3 者の関係と時間微分の関係にまとめることができる．

2.1.5　速　　　度[6)]

剛体 A（座標系 A）からみて位置の幾何ベクトル $\vec{r}_{\mathrm{PQ}}$ を時間微分したものが，剛体 A（座標系 A）からみた点 Q の速度の幾何ベクトルである．$\vec{r}_{\mathrm{PQ}}$ と同じ添え字を踏襲して，微分結果を $\vec{v}_{\mathrm{PQ}}$ と表すことにする．

$$\vec{v}_{PQ}=\frac{{}^{A}\mathrm{d}\vec{r}_{PQ}}{\mathrm{d}t} \tag{2.1.47}$$

微分記号の左肩のAが，時間微分の参照枠である．また，この式では，位置 $\vec{r}_{PQ}$ の参照枠と時間微分の参照枠が一致している．この式はそのような場合にだけ成立するのである．一致しない場合は，式 (2.1.39) が役に立つ．$\vec{v}_{PQ}$ の添え字は2つの点の名前であるが，位置の場合と同じように解釈することができて，点Pがのっている剛体A (座標系A) が参照枠である．なお, 剛体A上にP以外の固定点Sがあるとき，$\vec{r}_{SQ}\neq\vec{r}_{PQ}$ であるが，$\vec{v}_{SQ}=\vec{v}_{PQ}$ となる．

$\vec{v}_{PQ}$ を座標系Aで表現した代数ベクトルを $\boldsymbol{v}_{PQ}$ と書くことにする．$\boldsymbol{v}_{PQ}$ の左側の添え字は参照枠と表現座標系の両方を暗示している．また，点Qが座標系B上の点であるとする．そのとき，$\vec{v}_{PQ}$ を座標系Bで表現した代数ベクトルを $\boldsymbol{v}'_{PQ}$ とする．$\boldsymbol{v}'_{PQ}$ の場合は，右側の添え字に関係した座標系が表現座標系である．$\vec{v}_{PQ}$ のA座標系表現が $\boldsymbol{v}_{PQ}$，B座標系表現が $\boldsymbol{v}'_{PQ}$ であるから，$\boldsymbol{v}_{PQ}$ と $\boldsymbol{v}'_{PQ}$ はベクトル量の座標変換の関係にある．

$$\boldsymbol{v}_{PQ}=\boldsymbol{C}_{AB}\boldsymbol{v}'_{PQ} \tag{2.1.48}$$

速度の場合，ダッシュの付かない変数がよく使われるが，ダッシュの付く変数が便利な場合もある．

式 (2.1.47) から，代数ベクトルの位置と速度の関係を求めることができる．

$$\boldsymbol{v}_{PQ}=\dot{\boldsymbol{r}}_{PQ} \tag{2.1.49}$$

位置の場合はダッシュの付く変数を用いることは多くはないが，$\boldsymbol{r}'_{PQ}(=\boldsymbol{C}^{T}_{AB}\boldsymbol{r}_{PQ})$ と $\boldsymbol{v}'_{PQ}(==\boldsymbol{C}^{T}_{AB}\boldsymbol{v}_{PQ})$ の関係は次のようになる．

$$\boldsymbol{v}'_{PQ}=\dot{\boldsymbol{r}}'_{PQ}-\tilde{\boldsymbol{r}}'_{PQ}\boldsymbol{\Omega}'_{AB} \tag{2.1.50}$$

式 (2.1.1) が，位置の3者の関係のとき，この式を，座標系Aを時間微分の参照枠として時間微分すると次の式が得られる．

$$\vec{v}_{PR}=\vec{v}_{PQ}+\vec{\Omega}_{AB}\times\vec{r}_{QR}+\vec{v}_{QR} \tag{2.1.51}$$

これは, 速度の3者の関係であるが, 位置や角速度の場合 (式 (2.1.1) や式 (2.1.34)) と同じ形ではない．また，よく用いられる代数ベクトル表現は，次のようになる．

$$\boldsymbol{v}_{PR}=\boldsymbol{v}_{PQ}+\boldsymbol{C}_{AB}\tilde{\boldsymbol{\Omega}}'_{AB}\boldsymbol{r}_{QR}+\boldsymbol{C}_{AB}\boldsymbol{v}_{QR} \tag{2.1.52}$$

速度もダッシュの付く変数で表す場合は，点Rが剛体C上の点であるとして，次のようになる．

$$\boldsymbol{v}'_{PR}=\boldsymbol{C}^{T}_{BC}\boldsymbol{v}'_{PQ}+\boldsymbol{C}^{T}_{BC}\tilde{\boldsymbol{\Omega}}'_{AB}\boldsymbol{r}_{QR}+\boldsymbol{v}'_{QR} \tag{2.1.53}$$

a. 速度と角速度をまとめた変数[6)]

式 (2.1.53) のP, Q, Rを重心A, B, Cに置き換え，剛体の重心を強調して，位置と速度の記号 $\boldsymbol{v}'$ と $\boldsymbol{r}$ を大文字で表すことにする．剛体Aからみた剛体Bの重心速度のB座標系表現は $\boldsymbol{V}'_{AB}$ となり，これと剛体Aからみた剛体Bの角速度のB座標系表現 $\boldsymbol{\Omega}'_{AB}$ を縦に並べた6×1列行列を, ダブルダッシュ変数 $\boldsymbol{V}''_{AB}$ で表すことにする．

$$\boldsymbol{V}''_{\mathrm{AB}}=\begin{bmatrix}\boldsymbol{V}'_{\mathrm{AB}}\\ \boldsymbol{\Omega}'_{\mathrm{AB}}\end{bmatrix} \tag{2.1.54}$$

同様に，$\boldsymbol{V}''_{\mathrm{AC}}$，$\boldsymbol{V}''_{\mathrm{BC}}$ をつくることができるが，変更後の式（2.1.53）と式（2.1.35）を用いて，ダブルダッシュ変数の3者の関係が次のように得られる．

$$\boldsymbol{V}''_{\mathrm{AC}}=\boldsymbol{C}''^{\mathrm{T}}_{\mathrm{BC}}\boldsymbol{V}''_{\mathrm{AB}}+\boldsymbol{V}''_{\mathrm{BC}} \tag{2.1.55}$$

$\boldsymbol{C}''_{\mathrm{BC}}$ は，次のような 6×6 行列である．

$$\boldsymbol{C}''_{\mathrm{BC}}=\begin{bmatrix}\boldsymbol{C}_{\mathrm{BC}} & \boldsymbol{0}\\ \tilde{\boldsymbol{R}}_{\mathrm{BC}}\boldsymbol{C}_{\mathrm{BC}} & \boldsymbol{C}_{\mathrm{BC}}\end{bmatrix} \tag{2.1.56}$$

$\boldsymbol{C}''_{\mathrm{BC}}$ 自体にも，次のような3者の関係が成り立つ．

$$\boldsymbol{C}''_{\mathrm{AC}}=\boldsymbol{C}''_{\mathrm{AB}}\boldsymbol{C}''_{\mathrm{BC}} \tag{2.1.57}$$

$\boldsymbol{V}''_{\mathrm{AB}}$ は，ここに述べた3者の関係とともに，動力学でも便利な道具である．剛体の並進と回転の運動方程式をひとつの式にまとめるときなどに役立つ．

2.1.6　角加速度と加速度

剛体Aからみた剛体Bの角加速度を $\vec{\Gamma}_{\mathrm{AB}}$ と表すことにする．角速度 $\vec{\Omega}_{\mathrm{AB}}$ の時間微分との関係は次のとおりである．

$$\vec{\Gamma}_{\mathrm{AB}}=\frac{{}^{\mathrm{A}}\mathrm{d}\vec{\Omega}_{\mathrm{AB}}}{\mathrm{d}t} \tag{2.1.58}$$

$\vec{\Omega}_{\mathrm{AB}}$ の参照枠と微積分の参照枠が一致しているとき，$\vec{\Gamma}_{\mathrm{AB}}$ が定まる．

速度 $\vec{v}_{\mathrm{PQ}}$ を剛体Aからみて時間微分すると剛体Aからみた点Qの加速度 $\vec{a}_{\mathrm{PQ}}$ になる．

$$\vec{a}_{\mathrm{PQ}}=\frac{{}^{\mathrm{A}}\mathrm{d}\vec{v}_{\mathrm{PQ}}}{\mathrm{d}t} \tag{2.1.59}$$

$\vec{v}_{\mathrm{PQ}}$ の参照枠と微積分の参照枠が一致しているとき，$\vec{a}_{\mathrm{PQ}}$ が定まる．

式（2.1.58）に対応する代数ベクトルの式は，式（2.1.49），（2.1.50）と対比しておくべきであろう．

$$\boldsymbol{\Gamma}_{\mathrm{AB}}=\dot{\boldsymbol{\Omega}}_{\mathrm{AB}} \tag{2.1.60}$$

$$\boldsymbol{\Gamma}'_{\mathrm{AB}}=\dot{\boldsymbol{\Omega}}'_{\mathrm{AB}} \tag{2.1.61}$$

$\boldsymbol{a}_{\mathrm{PQ}}$ と $\dot{\boldsymbol{v}}_{\mathrm{PQ}}$，$\boldsymbol{a}'_{\mathrm{PQ}}$ と $\dot{\boldsymbol{v}}'_{\mathrm{PQ}}$ の関係は，式（2.1.49），（2.1.50）と同じ形である．

$$\boldsymbol{a}_{\mathrm{PQ}}=\dot{\boldsymbol{v}}_{\mathrm{PQ}} \tag{2.1.62}$$

$$\boldsymbol{a}'_{\mathrm{PQ}}=\dot{\boldsymbol{v}}'_{\mathrm{PQ}}-\tilde{\boldsymbol{v}}'_{\mathrm{PQ}}\boldsymbol{\Omega}'_{\mathrm{AB}} \tag{2.1.63}$$

加速度に関しては，式(2.1.51)の時間微分が興味深い．剛体Aからみて時間微分し，そのうえで剛体Aを慣性系Oに置き換える．点Pも座標系の原点Oとすると，次のようになる．

$$\vec{a}_{\mathrm{OR}}=\vec{a}_{\mathrm{OQ}}+\vec{\Gamma}_{\mathrm{OB}}\times\vec{r}_{\mathrm{QR}}+\vec{\Omega}_{\mathrm{OB}}\times(\vec{\Omega}_{\mathrm{OB}}\times\vec{r}_{\mathrm{QR}})+2\vec{\Omega}_{\mathrm{OB}}\times\vec{v}_{\mathrm{QR}}+\vec{a}_{\mathrm{QR}} \tag{2.1.64}$$

この式の右辺には，慣性系Oからみた剛体Bの角速度，角加速度，B上の点Qの加速度と，剛体Bからみた点Rの位置，速度，加速度があり，右辺全体で慣性系からみた点Rの加速度を表している．慣性系と非慣性系での見え方の違いを読み取ることができる．右辺第３項は，求心加速度であり，第４項はコリオリの加速度とよばれている[6),13)]．

2.2 動力学の基礎

力を加えたときの質点や剛体の運動変化を求めたり，あるいは，質点や剛体の運動変化から加わった力を求めたりする解析が動力学である．前者が順動力学解析であり，後者は逆動力学解析とよばれる．動力学の主役は運動方程式であり，そのなかの何が未知数かによって解析方法が分かれる．本節では，運動方程式を考えるうえで重要な，動力学の基本事項を整理する．

本章で扱う力学はニュートン力学[10),13)]である．時間は絶対的なもので，運動物体の速度は光の速度に比べて十分小さいものとする．質点の運動は，ニュートンの第二法則に支配され，拘束のある系については，ダランベールの原理が適用される．動力学では慣性系が重要な概念であり，本節ではOを慣性座標系やその原点の記号とする．

本節でも，三次元問題を中心に考える．ベクトル量の幾何ベクトル表現は，運動学解析や動力学解析を適用しようとしている系の基本的関係を把握するために役立つ．多くの実用問題を考える最初の段階では幾何ベクトルを利用して考え始めるが，構成要素間の運動学や動力学の関係を系全体にわたってまとめたり，解を求めるためには，代数ベクトル表現（行列表現）が役に立つ．また，三次元の回転姿勢はベクトル量ではないので，はじめから行列表現が便利であり，さらに，慣性テンソルも行列表現が実用的である．そのような背景があるため，本節では代数ベクトル表現による説明が多くなる．

2.2.1 力とトルク

質点に働く力は幾何ベクトルで表現することができる．質点P，あるいは剛体上の点Pに働く力の幾何ベクトルを$\vec{f}_{\mathrm{P}}$と表記する．また，剛体上の点Pにトルクが働くと考えてモデル化することがある．トルクも幾何ベクトルで表現でき，それを$\vec{n}_{\mathrm{P}}$と表すことにする．運動学的物理量と違って，力やトルクには参照枠の概念がない．そのため，幾何ベクトル記号の添え字を１つにしている．

$\vec{f}_{\mathrm{P}}$の慣性座標系Oによる成分をf_{OPX}, f_{OPY}, f_{OPZ}とし，これらを順に縦に並べて3×1列行列をつくって代数ベクトル$\boldsymbol{f}_{\mathrm{OP}}$とする．

$$\boldsymbol{f}_{\mathrm{OP}}=[f_{\mathrm{OPX}} \quad f_{\mathrm{OPY}} \quad f_{\mathrm{OPZ}}]^{\mathrm{T}} \tag{2.2.1}$$

トルクについても同様で，$\vec{n}_{\mathrm{P}}$を慣性座標系Oで表現した代数ベクトルを$\boldsymbol{n}_{\mathrm{OP}}$とする．代数ベクトル表現では添え字を２つ用い，$\boldsymbol{f}_{\mathrm{OP}}$と$\boldsymbol{n}_{\mathrm{OP}}$の場合，左側の添え字で表現座標系を表すことにした．表現座標系に関する添え字の考え方は，運動学的物理量の場合と同じである．

さらに，力やトルクの場合もダッシュを付けた代数ベクトル $\boldsymbol{f}'_{\mathrm{OP}}$ と $\boldsymbol{n}'_{\mathrm{OP}}$ を準備する．まず，点Pは剛体A上の点で剛体Aには座標系Aが固定されているとする．あるいは，点Pは，座標系A上の点としてもよい．そのとき，$\boldsymbol{f}'_{\mathrm{OP}}$ と $\boldsymbol{n}'_{\mathrm{OP}}$ は，$\vec{f}_{\mathrm{P}}$ と $\vec{n}_{\mathrm{P}}$ を座標系Aで表した代数ベクトルとする．したがって，$\boldsymbol{f}'_{\mathrm{OP}}=\boldsymbol{f}_{\mathrm{AP}}$, $\boldsymbol{n}'_{\mathrm{OP}}=\boldsymbol{n}_{\mathrm{AP}}$ と書くことができる．このことからわかるように，力とトルクの場合はダッシュが付かない記号で任意の座標系表現の代数ベクトルをつくることができるが，ダッシュが付く代数ベクトルを用いて運動学的物理量と揃えることにより，運動方程式のなかで記号の意味が把握しやすくなる．ダッシュが付く代数ベクトルの場合は，右側の添え字に関係する座標系が表現座標系である．

力とトルクの場合，ダッシュが付く代数ベクトルの左側の添え字は無意味であるが，ダッシュが付いていない代数ベクトルと形を揃えて慣性座標系のOを形式的に書いておくことにしている．実用上，トルクは回転運動にかかわる量であり，ダッシュが付く変数を用いることが多い．

a. 力とトルクの等価換算[4),6)]

剛体の場合，トルクを表す幾何ベクトルを剛体上の別の点に平行移動しても運動に与える効果は変わらない．一方，力を単純に平行移動すると，一般に，運動に与える効果は変わってしまう．剛体A上の点Pに $\boldsymbol{f}_{\mathrm{OP}}$ と $\boldsymbol{n}'_{\mathrm{OP}}$ が作用しているとし，剛体A上には剛体を代表する点Aがあって，$\boldsymbol{f}_{\mathrm{OP}}$ と $\boldsymbol{n}'_{\mathrm{OP}}$ をその点に等価換算することを考える．等価換算とは，同じ運動効果を与える別の1組の力とトルクに置き換えることである．等価換算の結果を，$\boldsymbol{F}_{\mathrm{OA}}$ と $\boldsymbol{N}'_{\mathrm{OA}}$ とすると，三次元の等価換算は次の式で実現できる．

$$\boldsymbol{F}_{\mathrm{OA}}=\boldsymbol{f}_{\mathrm{OP}} \tag{2.2.2}$$

$$\boldsymbol{N}'_{\mathrm{OA}}=\boldsymbol{n}'_{\mathrm{OP}}+\tilde{\boldsymbol{r}}_{\mathrm{AP}}\boldsymbol{C}_{\mathrm{OA}}^{\mathrm{T}}\boldsymbol{f}_{\mathrm{OP}} \tag{2.2.3}$$

ここでは，代数ベクトル表現で説明し，トルクはダッシュが付く変数を用いている．式（2.2.2）はO座標系表現，式（2.2.3）はA座標系表現である．式（2.2.3）の右辺第2項は，作用している力のA点まわりのモーメントである．

剛体A上に別の点Qがあり，そこにも $\boldsymbol{f}_{\mathrm{OQ}}$ と $\boldsymbol{n}'_{\mathrm{OQ}}$ が作用しているとき，これらも剛体の代表点Aに等価換算して，式（2.2.2），（2.2.3）の結果と足し合わせ，合計したものを $\boldsymbol{F}_{\mathrm{OA}}$, $\boldsymbol{N}'_{\mathrm{OA}}$ とすることがよく行われる．そのような等価換算と合計の結果，剛体上の複数の点に働く力とトルクは，剛体の代表点に働く1組の力とトルクに置き換えられる．

b. 作用力と拘束力[4),6)]

力は，作用力と拘束力に分けて考えることが重要である．順動力学解析では，作用力は既知の力，拘束力は未知の力であり，両者の取り扱い方は異なる．

作用力は，一般に，位置と速度と回転姿勢と角速度と時間の関数として与えられる．作用力として重要な点は，加速度と角加速度に依存しないことである．重力，ばね力，ダンピング力，動摩擦力，加振力，付加力などは作用力である．拘束力は，作用力のような形で与えることはできず，拘束に伴って生じ，拘束を維持するように働くと考えられる力である．

拘束と拘束力については，改めて説明するが，ここでは作用力と拘束力を区別した記号を準備しておく．代数ベクトル表現では，これまで用いてきた$\boldsymbol{f}_{\mathrm{OP}}$, $\boldsymbol{n}'_{\mathrm{OP}}$, $\boldsymbol{F}_{\mathrm{OA}}$, $\boldsymbol{N}'_{\mathrm{OA}}$などを作用力の記号とし，拘束力は文字の上に－（バー）をつけて，$\bar{\boldsymbol{f}}_{\mathrm{OP}}$, $\bar{\boldsymbol{n}}'_{\mathrm{OP}}$, $\bar{\boldsymbol{F}}_{\mathrm{OA}}$, $\bar{\boldsymbol{N}}'_{\mathrm{OA}}$と表すことにする．幾何ベクトル表現の場合は，作用力を$\vec{f}_{\mathrm{P}}$, $\vec{n}_{\mathrm{P}}$, $\vec{F}_{\mathrm{A}}$, $\vec{N}'_{\mathrm{A}}$とし，拘束力を$\vec{\bar{f}}_{\mathrm{P}}$, $\vec{\bar{n}}_{\mathrm{P}}$, $\vec{\bar{F}}_{\mathrm{A}}$, $\vec{\bar{N}}_{\mathrm{A}}$などとする．

なお，式（2.2.2），（2.2.3）の等価換算は，拘束力にも同じように適用できる．

2.2.2 質点の運動方程式

自由な質点Pの運動方程式は，代数ベクトル表現で次のようになる．

$$m_{\mathrm{P}}\dot{\boldsymbol{v}}_{\mathrm{OP}}=\boldsymbol{f}_{\mathrm{OP}} \tag{2.2.4}$$

m_{P}は質点Pの質量，$\boldsymbol{f}_{\mathrm{OP}}$は質点Pに働く作用力である．$\dot{\boldsymbol{v}}_{\mathrm{OP}}$は慣性系Oから観察した質点Pの加速度であり，慣性系とは，逆に，質点の運動がこの式に支配されているようにみえる参照枠である．地球は正確な慣性系ではないが，一般的なロボットや車両の運動解析には慣性系とみなして十分と考えられている．慣性系からのずれの大きな要因は，地球の自転に起因する求心加速度とコリオリの加速度である（2.1.6項の式（2.1.64）の説明を参照）．

a. 拘束された質点

拘束された質点の場合は，作用力のほかに拘束力も質点に働く．

$$m_{\mathrm{P}}\dot{\boldsymbol{v}}_{\mathrm{OP}}=\boldsymbol{f}_{\mathrm{OP}}+\bar{\boldsymbol{f}}_{\mathrm{OP}} \tag{2.2.5}$$

この式を，ニュートンの運動方程式とよぶ．式(2.2.4)は，この式の特別な場合である．この運動方程式は運動（加速度）と作用力と拘束力のうち2つがわからないと解けず，通常，拘束力をいかに処理するかが問われることになる．

式（2.2.4）または（2.2.5）の左辺に負号を付けたもの（$-m_{\mathrm{P}}\dot{\boldsymbol{v}}_{\mathrm{OP}}$）を慣性力とよぶことがあり，それにより，作用力と拘束力と慣性力の和は0と解釈される．

b. 質　点　系

1つ以上の質点からなる系を質点系とよぶ．力学の対象となる系は，すべて質点系であり，あるいは質点系の特別な場合と解釈できる．式（2.2.5）のような個々の質点の運動方程式を，行列を用いて1つにまとめ，次のように表しておくと便利である．

$$\boldsymbol{m}\dot{\boldsymbol{v}}=\boldsymbol{f}+\bar{\boldsymbol{f}} \tag{2.2.6}$$

系を構成する質点に1から順に番号を付け，質点数をnとして，次のような変数を用いた．

$$\boldsymbol{v}=[\boldsymbol{v}_{\mathrm{O1}}^{\mathrm{T}}\quad \boldsymbol{v}_{\mathrm{O2}}^{\mathrm{T}}\ \cdots\ \boldsymbol{v}_{\mathrm{O}n}^{\mathrm{T}}]^{\mathrm{T}} \tag{2.2.7}$$

$$\boldsymbol{f}=[\boldsymbol{f}_{\mathrm{O1}}^{\mathrm{T}}\quad \boldsymbol{f}_{\mathrm{O2}}^{\mathrm{T}}\ \cdots\ \boldsymbol{f}_{\mathrm{O}n}^{\mathrm{T}}]^{\mathrm{T}} \tag{2.2.8}$$

$$\bar{\boldsymbol{f}}=[\bar{\boldsymbol{f}}_{\mathrm{O1}}^{\mathrm{T}}\quad \bar{\boldsymbol{f}}_{\mathrm{O2}}^{\mathrm{T}}\ \cdots\ \bar{\boldsymbol{f}}_{\mathrm{O}n}^{\mathrm{T}}]^{\mathrm{T}} \tag{2.2.9}$$

$$\boldsymbol{m}=\mathrm{diag}({}^{3}\boldsymbol{m}_{1},\ {}^{3}\boldsymbol{m}_{2},\ \cdots,\ {}^{3}\boldsymbol{m}_{n}) \tag{2.2.10}$$

ただし ${}^3\boldsymbol{m}_i$ は，m_i を対角要素とする 3×3 スカラー行列とする（$i=1, 2, \cdots, n$）．

なお，式（2.2.6）の $\boldsymbol{v}$ は，式（2.2.7）のように，慣性系 O を参照枠とした速度を並べたものである．ここで準備した記号は動力学用であり，慣性系が特別な意味をもっている．

2.2.3 剛体の運動方程式[1)-4),6)]

自由な三次元剛体 A の運動方程式は，代数ベクトル表現で，次の 2 つの式である．

$$M_{\rm A}\dot{\boldsymbol{V}}_{\rm OA}=\boldsymbol{F}_{\rm OA} \tag{2.2.11}$$

$$\boldsymbol{J}'_{\rm OA}\dot{\boldsymbol{\Omega}}'_{\rm OA}+\tilde{\boldsymbol{\Omega}}'_{\rm OA}\boldsymbol{J}'_{\rm OA}\boldsymbol{\Omega}'_{\rm OA}=\boldsymbol{N}'_{\rm OA} \tag{2.2.12}$$

剛体 A には，重心 A に原点を一致させて座標系 A が固定されているとしている．このような座標系をボディ座標系とよぶ．剛体の運動は並進運動と回転運動に分けて考えることができるが，並進運動を重心で捉えると，並進運動の運動方程式と回転運動の運動方程式を分離できる．そして，これらの式に出てくる重心加速度と角加速度は，いずれも，慣性系 O から観察したものである．

式（2.2.11）は，剛体重心の並進運動の運動方程式を座標系 O で表現したもので，ニュートンの運動方程式と同じ形になっている．$M_{\rm A}$ は剛体の質量，$\boldsymbol{V}_{\rm OA}$ は $\boldsymbol{v}_{\rm OA}$ と同じ意味であるが，系を代表する重心の速度を強調する目的で大文字を用いている．$\boldsymbol{F}_{\rm OA}$ と式（2.2.12）の $\boldsymbol{N}'_{\rm OA}$ は，剛体上の各点に働く作用力と作用トルクを重心位置に等価換算・合計した力とトルクである．

式（2.2.12）は，回転運動の運動方程式を座標系 A で表したもので，オイラーの運動方程式[6),10),13)]とよばれる．$\boldsymbol{J}'_{\rm OA}$ は重心まわりの慣性行列で，3×3 対称行列である．慣性行列の対角項は座標系 A の XYZ 軸まわり慣性モーメント，非対角項は慣性乗積とよばれている．オイラーの運動方程式にダッシュが付いた変数（A 座標系表現の変数）を用いている理由は，慣性行列 $\boldsymbol{J}'_{\rm OA}$ が定数になり，数値解を求めやすいからである．$\tilde{\boldsymbol{\Omega}}'_{\rm OA}$ は $\boldsymbol{\Omega}'_{\rm OA}$ に外積オペレータ（2.1.2 項の式（2.1.15）前後の説明参照）を作用させた 3×3 交代行列である．

式（2.2.5）や式（2.2.11）を幾何ベクトルで表現することはこれまで説明してきた知識で可能である．しかし，式（2.2.12）は簡単ではない．慣性行列 $\boldsymbol{J}'_{\rm OA}$ は慣性テンソルを座標系 A で表現したものであるが，座標系を利用せずに慣性テンソルを表現するための記号と，そのテンソルと幾何ベクトルの演算に馴染みがないからである．

a. 拘束された剛体

拘束された三次元剛体 A の場合，拘束された点に拘束力や拘束トルクが働く．それらを，重心位置に等価換算・合計して，拘束力 $\bar{\boldsymbol{F}}_{\rm OA}$ と拘束トルク $\bar{\boldsymbol{N}}'_{\rm OA}$ とし，運動方程式は次のようになる．

$$M_{\rm A}\dot{\boldsymbol{V}}_{\rm OA}=\boldsymbol{F}_{\rm OA}+\bar{\boldsymbol{F}}_{\rm OA} \tag{2.2.13}$$

$$\boldsymbol{J}'_{\rm OA}\dot{\boldsymbol{\Omega}}'_{\rm OA}+\tilde{\boldsymbol{\Omega}}'_{\rm OA}\boldsymbol{J}'_{\rm OA}\boldsymbol{\Omega}'_{\rm OA}=\boldsymbol{N}'_{\rm OA}+\bar{\boldsymbol{N}}'_{\rm OA} \tag{2.2.14}$$

剛体の場合も，通常，拘束力と拘束トルクは未知であり，このままでは運動方程式は未完成である．拘束力と拘束トルクを消去するか，これらも同時に求めるような方法が必要になる．なお，式（2.2.13），(2.2.14）などの導出については，後述する（2.2.5 項 e）．

b. 剛　体　系

1つ以上の剛体からなる系を剛体系とよぶ．式（2.2.13），（2.2.14）のような個々の三次元剛体の運動方程式を，行列を用いて，並進と回転を1つずつにまとめ，次のように表しておくと便利である．

$$\boldsymbol{M}\dot{\boldsymbol{V}}=\boldsymbol{F}+\bar{\boldsymbol{F}} \tag{2.2.15}$$

$$\boldsymbol{J}'\dot{\boldsymbol{\Omega}}'+\tilde{\boldsymbol{\Omega}}'\boldsymbol{J}'\boldsymbol{\Omega}'=\boldsymbol{N}'+\bar{\boldsymbol{N}} \tag{2.2.16}$$

剛体に1から順に番号をつけ，剛体数を n とする．この2式に現れる記号は以下のとおりである．

$$\boldsymbol{V}=[\boldsymbol{V}_{O1}^{T}\quad \boldsymbol{V}_{O2}^{T}\ \cdots\ \boldsymbol{V}_{On}^{T}]^{T} \tag{2.2.17}$$

$$\boldsymbol{F}=[\boldsymbol{F}_{O1}^{T}\quad \boldsymbol{F}_{O2}^{T}\ \cdots\ \boldsymbol{F}_{On}^{T}]^{T} \tag{2.2.18}$$

$$\bar{\boldsymbol{F}}=[\bar{\boldsymbol{F}}_{O1}^{T}\quad \bar{\boldsymbol{F}}_{O2}^{T}\ \cdots\ \bar{\boldsymbol{F}}_{On}^{T}]^{T} \tag{2.2.19}$$

$$\boldsymbol{\Omega}'=[\boldsymbol{\Omega}_{O1}'^{T}\quad \boldsymbol{\Omega}_{O2}'^{T}\ \cdots\ \boldsymbol{\Omega}_{On}'^{T}]^{T} \tag{2.2.20}$$

$$\boldsymbol{N}'=[\boldsymbol{N}_{O1}'^{T}\quad \boldsymbol{N}_{O2}'^{T}\ \cdots\ \boldsymbol{N}_{On}'^{T}]^{T} \tag{2.2.21}$$

$$\bar{\boldsymbol{N}}'=[\bar{\boldsymbol{N}}_{O1}'^{T}\quad \bar{\boldsymbol{N}}_{O2}'^{T}\ \cdots\ \bar{\boldsymbol{N}}_{On}'^{T}]^{T} \tag{2.2.22}$$

$$\tilde{\boldsymbol{\Omega}}'=\mathrm{diag}(\tilde{\boldsymbol{\Omega}}_{O1}',\ \tilde{\boldsymbol{\Omega}}_{O2}',\ \cdots,\ \tilde{\boldsymbol{\Omega}}_{On}') \tag{2.2.23}$$

$$\boldsymbol{M}=\mathrm{diag}({}^{3}\boldsymbol{M}_1,\ {}^{3}\boldsymbol{M}_2,\ \cdots,\ {}^{3}\boldsymbol{M}_n) \tag{2.2.24}$$

$$\boldsymbol{J}'=\mathrm{diag}(\boldsymbol{J}_{O1}',\ \boldsymbol{J}_{O2}',\ \cdots,\ \boldsymbol{J}_{On}') \tag{2.2.25}$$

ただし ${}^{3}\boldsymbol{M}_i$ は，M_i を対角要素とする 3×3 スカラー行列である（$i=1, 2, \cdots, n$）．

なお，式（2.2.15）と式（2.2.16）の $\boldsymbol{V}$ と $\boldsymbol{\Omega}'$ は，式（2.2.17）と式（2.2.20）のように，慣性系 O を参照枠とした重心速度と角速度を並べたものである．

2.2.4　自由度[4),6),10),13)]，拘束，一般化座表と一般化速度

本項では，ホロノミックな系とシンプルノンホロノミックな系までを説明する．ホロノミックな系とは最も普通の系であり，通常扱う多くのモデルはホロノミックである．そして，ホロノミック以外で最も単純な系がシンプルノンホロノミックとよばれるものである．この2種類の系とその区別を理解するために，2種類の自由度が便利である．

a. 幾何学的自由度と運動学的自由度[6)]

幾何学的自由度とは，時間が与えられている状況で，系を構成するすべての質点の位置を定めるために必要十分な変数の数である．この数はスカラーレベルで数える．一方，運動学的自由度とは，時間とすべての質点の位置が与えられている状況で，系を構成するすべての質点の速度を定めるために必要十分な変数の数である．

例えば，三次元空間を自由に動く3つの質点からなる系の自由度は9である．単に自由度が9といえば，幾何学的自由度9，運動学的自由度9と理解すればよい．この

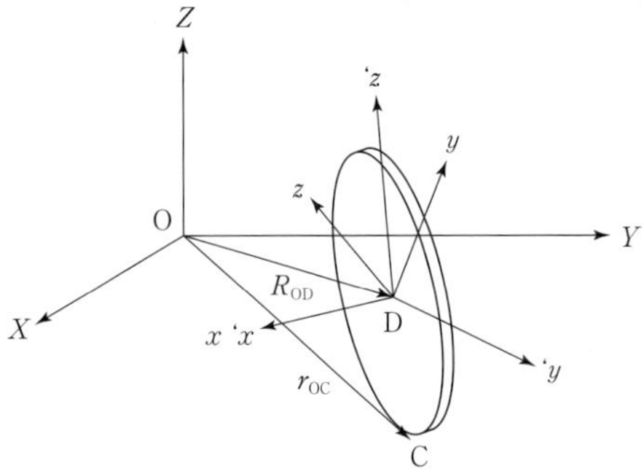

図 2.7 1点で接触し，接触点ですべらない転動円盤

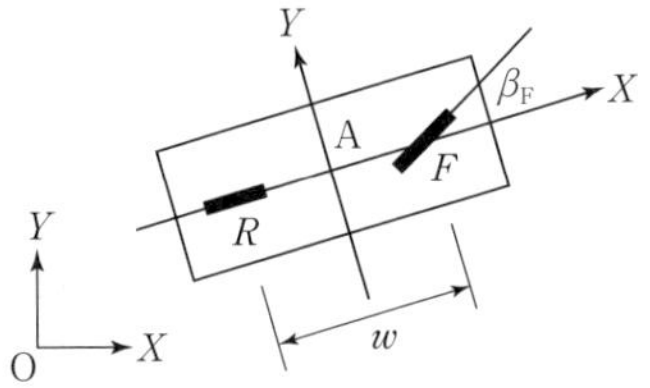

図 2.8 乗用車の2輪車モデル（後輪駆動，車速一定）

3質点で三角形を構成し，相互の距離を一定に拘束すると，3質点剛体になる．自由な剛体の自由度は6である．3質点剛体中の1点の位置が時間の関数で与えられるとする．そのような系の自由度は3になる．時間の関数で与えられる変数は自由度の計算には含めない．

ホロノミックな系は，幾何学的自由度と運動学的自由度が等しい．一方，シンプルノンホロノミックな系は，幾何学的自由度のほうが運動学的自由度より大きい．このことは，次に述べる2種類の拘束を学ぶと理解できる．シンプルノンホロノミックな系の事例は，水平面に1点で接触してすべらない転動円盤（図 2.7）や転動球，乗用車の2輪車モデルとよばれる平面運動する剛体で車速一定（後輪位置における車体の前進方向速度一定）としたモデル（図 2.8）などである．

b. ホロノミックな拘束[4)-6),10),13)]

拘束とは自由度を減少させる働きである．例えば，剛体A上に固定された点Pと質点Q（または，剛体B上の点Q）があり，この2点が一定距離 c に拘束されているとする（図 2.9）．その拘束は，剛体A上に固定された座標系Aによる代数ベクトルを用いて次のように表すことができる．

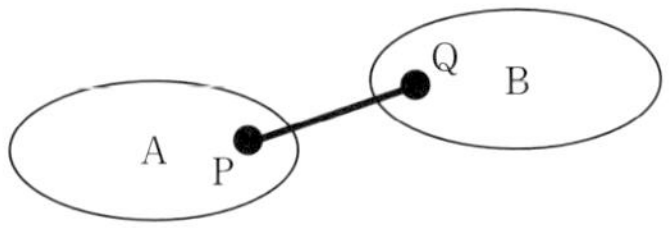

図 2.9 2点間距離一定の拘束

$$\Psi = \boldsymbol{r}_{PQ}^{T}\boldsymbol{r}_{PQ} - c^2 = 0 \tag{2.2.26}$$

これは位置を表す変数の関係式で，位置レベルの拘束条件である．位置レベルの拘束は，一般に，位置レベル変数に関して非線形である．この式は，スカラーレベルで数えて1つの式であり，幾何学的自由度を1つ減少させる．$\boldsymbol{\Psi} = \mathbf{0}$ は位置レベル拘束の一般形である．

式（2.2.26）を時間微分すると，次の式が得られる．

$$\Phi = \dot{\Psi} = 2\boldsymbol{r}_{PQ}^{T}\boldsymbol{v}_{PQ} = 0 \tag{2.2.27}$$

この式は速度レベルの拘束条件で，速度レベル変数に関する線形な式になっている．そして，スカラーレベルで数えて1つの式であり，運動学的自由度を1つ減少させる．$\boldsymbol{\Phi}=\mathbf{0}$ は速度レベル拘束の一般形である．

位置レベル拘束 $\boldsymbol{\Psi}=\mathbf{0}$ は，時間微分すると同数の速度レベル拘束 $\boldsymbol{\Phi}=\mathbf{0}$ になる．はじめに，$\boldsymbol{\Phi}=\mathbf{0}$ と書いても，対応の $\boldsymbol{\Psi}=\mathbf{0}$ が存在する場合がある．そのような拘束はホロノミックな拘束とよばれる．ホロノミックとは積分できるという意味で，速度レベルの拘束を積分して位置レベルの拘束が得られるということである．ホロノミックな拘束は，幾何学的自由度と運動学的自由度を同数だけ減少させる．

機械の各種ジョイントを理想化した拘束は，機械のモデル化によく現れる．ピンジョイント，ボールジョイント，テレスコピックジョイントなどである．これらは拘束として数学的に表現され，マルチボディダイナミクスの汎用ソフトではライブラリーとよばれる形で登録されていて利用できることが多い．ライブラリーに登録されていない特殊な拘束が必要になる場合は，拘束を表す数式表現をつくり，プログラムに組み込む作業などを行う必要がある．運動学解析でも位置と回転姿勢を求めるために拘束表現が用いられる．

c. シンプルノンホロノミックな拘束[5),6)]

慣性座標系OのXY平面上を剛体Aが平面運動しているとする．この剛体上には重心に原点を一致させた座標系Aと点Pが固定されている．このとき，慣性系Oからみた点Pの速度のA座標系Y軸方向成分が常に0になるような拘束は，次のように表される．

$$\Phi=\boldsymbol{d}_{\mathrm{Y}}^{\mathrm{T}}\boldsymbol{C}_{\mathrm{OA}}^{\mathrm{T}}\boldsymbol{v}_{\mathrm{OP}}=\boldsymbol{d}_{\mathrm{Y}}^{\mathrm{T}}\boldsymbol{v}'_{\mathrm{OP}}=v'_{\mathrm{OPY}}=0 \tag{2.2.28}$$

ただし平面問題であるから，代数ベクトル $\boldsymbol{v}_{\mathrm{OP}}$ や $\boldsymbol{v}'_{\mathrm{OP}}$ はXY成分だけを含む2×1列行列であり，$\boldsymbol{C}_{\mathrm{OA}}$ は2×2の座標変換行列，また，$\boldsymbol{d}_{\mathrm{Y}}=[0\ 1]^{\mathrm{T}}$ である．この式は速度レベルの拘束で，スカラーレベルで数えて1つの式であるから，運動学的自由度を1だけ減らしている．そして，対応する位置レベルの拘束が存在しないことを数学的に示すことができる．

このような拘束をシンプルノンホロノミックな拘束とよぶ．速度変数に関して線形な等式で表され，対応する位置レベルの式が存在しないため，幾何学的自由度を減少させることはない．シンプルノンホロノミックな拘束は，運動学的自由度だけを減少させる拘束である．

ホロノミックな系は，ホロノミックな拘束だけを含んでいて，2種類の自由度は同数である．シンプルノンホロノミックな系は，ホロノミック以外にシンプルノンホロノミックな拘束だけを含んでいて，シンプルノンホロノミックな拘束の数だけ運動学的自由度が少ない．系全体の位置レベルの拘束を $\boldsymbol{\Psi}=\mathbf{0}$，速度レベルの拘束を $\boldsymbol{\Phi}=\mathbf{0}$ と表すと，シンプルノンホロノミックな系では，$\boldsymbol{\Psi}$ の数より $\boldsymbol{\Phi}$ の数のほうが多くなる．

d. 拘　束　力[4)–6),10),13)]

系を構成するすべての独立な拘束に1つずつ対応して，独立な拘束力が存在する．

拘束力は拘束を維持するように働く力である．拘束はホロノミック拘束とシンプルノンホロノミック拘束があるから，独立な拘束力の数は独立な速度レベル拘束 $\Phi=0$ の数に等しい．例えば，式（2.2.25），（2.2.26）で表される2点間距離一定の拘束では，2点を結ぶ質量のないリンクの張力か圧縮力が拘束力である．2点間距離一定の拘束を壊そうとする力に対抗して生まれる．また，式（2.2.27）で表される拘束は，慣性系Oからみた点Pの速度のA座標系Y軸方向成分を常に0とするものであるから，点PのA座標系Y軸方向に動かそうとする力に対抗して，その方向の正か負の向きに拘束力が働く．

拘束の相手側には，反作用の拘束力が働く．拘束力を，剛体の重心位置に等価換算することもある．そのような反作用の拘束力も等価換算された拘束力も，独立な拘束力によって表すことができる．

式（2.2.15），（2.2.16）の三次元剛体系の場合，系の独立な速度レベル拘束 $\boldsymbol{\Phi}=0$ は $\boldsymbol{V}$ と $\boldsymbol{\Omega}'$ の線形な関数で次のような形に表すことができる．

$$\boldsymbol{\Phi}=\boldsymbol{\Phi}_V\boldsymbol{V}+\boldsymbol{\Phi}_{\Omega'}\boldsymbol{\Omega}'+\boldsymbol{\Phi}_{\overline{V\Omega'}}=0 \tag{2.2.29}$$

$\boldsymbol{\Phi}_V$ と $\boldsymbol{\Phi}_{\Omega'}$ と $\boldsymbol{\Phi}_{\overline{V\Omega'}}$ は一般に位置と時間の関数で，$\boldsymbol{\Phi}_V$ と $\boldsymbol{\Phi}_{\Omega'}$ は $\boldsymbol{\Phi}$ を $\boldsymbol{V}$ と $\boldsymbol{\Omega}'$ で偏微分した係数行列，$\boldsymbol{\Phi}_{\overline{V\Omega'}}$ は $\boldsymbol{\Phi}$ を $\boldsymbol{V}$ と $\boldsymbol{\Omega}'$ で表したときの残の項（$\boldsymbol{V}$ と $\boldsymbol{\Omega}'$ を含まない項）である．この拘束の数と同数のラグランジュの未定乗数を縦に並べた列行列 $\boldsymbol{\Lambda}=[\lambda_1\ \lambda_2\ \cdots]^{\mathrm{T}}$ を準備し，この拘束を利用して，式（2.2.15）の $\bar{\boldsymbol{F}}$ と式（2.2.16）の $\bar{\boldsymbol{N}}'$ を次のように表すことができる．

$$\bar{\boldsymbol{F}}=-\boldsymbol{\Phi}_V^{\mathrm{T}}\boldsymbol{\Lambda} \tag{2.2.30}$$

$$\bar{\boldsymbol{N}}'=-\boldsymbol{\Phi}_{\Omega'}^{\mathrm{T}}\boldsymbol{\Lambda} \tag{2.2.31}$$

これらの導出は，式（2.2.29）と仮想パワーの原理の裏の表現（仮想速度と拘束力の直交性，2.2.6項bの式(2.2.64)）とラグランジュの未定乗数法で説明できる．そして，この式は，$\bar{\boldsymbol{F}}$ と $\bar{\boldsymbol{N}}'$ がラグランジュの未定乗数で表現でき，ラグランジュの未定乗数が独立な拘束力の役割を果していることを示している．これらの式は，微分代数型運動方程式の構築などに用いられる．

e. 一般化座標と一般化速度[4),6),11)]

運動方程式を立てるためには，通常，系を構成するすべての質点の位置を定めるための変数とすべての質点の速度を定めるための変数が必要である．位置を定めるための変数は一般化座標，速度を定めるための変数は一般化速度とよばれる．必要十分な一般化座標の数は幾何学的自由度であり，必要十分な一般化速度の数は運動学的自由度である．ただし，ときには，オイラーパラメータのように冗長な数の一般化座標を用いる場合もある．

一般化座標と一般化速度は，計算しようとしている運動範囲の位置や速度を適切に表現できるような変数でなければならない．区別すべき位置や速度を明確に区別できることが大切である．ホロノミックな系では，一般化座標の時間微分を一般化速度とすることも多いが，そうしなければならないわけではない．位置と回転姿勢を表すために最も適切な変数を一般化座標に，速度と角速度を表すために最も適切な変数を一般化速度に選択すると考え，そのうえで，一般化座標の時間微分と一般化速度の関係も考慮して決めればよい.

ここで，一般化座標を $\boldsymbol{X}$，一般化速度を $\boldsymbol{H}$ で表すことにする．質点系を構成する全質点の位置 $\boldsymbol{r}=[\boldsymbol{r}_{O1}^{T}\ \boldsymbol{r}_{O2}^{T}\ \cdots\ \boldsymbol{r}_{On}^{T}]^{T}$ は，一般に，一般化座標 $\boldsymbol{X}$ と時間 t の関数であり，次のように書くことができる.

$$\boldsymbol{r}=\boldsymbol{r}(\boldsymbol{X}, t) \tag{2.2.32}$$

この式を時間微分し，$\dot{\boldsymbol{X}}$ を $\boldsymbol{H}$ の線形な式で置き換えると，速度 $\boldsymbol{v}$ を $\boldsymbol{H}$ の線形な式で表すことができる.

$$\boldsymbol{v}=\boldsymbol{v}_{\boldsymbol{H}}\boldsymbol{H}+\boldsymbol{v}_{\bar{\boldsymbol{H}}} \tag{2.2.33}$$

$\boldsymbol{H}$ の係数 $\boldsymbol{v}_{\boldsymbol{H}}$ と残りの項 $\boldsymbol{v}_{\bar{\boldsymbol{H}}}$ は，位置と時間で定まる量であり，$\boldsymbol{X}$ と t の関数である. $\boldsymbol{v}_{\boldsymbol{H}}$ は $\boldsymbol{v}$ を $\boldsymbol{H}$ で偏微分したものであるが，$\boldsymbol{v}_{\bar{\boldsymbol{H}}}$ は $\boldsymbol{v}$ を $\boldsymbol{H}$ で表現したときの $\boldsymbol{H}$ に無関係な項で，残りの項などとよぶ．なお，この式のような速度レベルの関係式の速度レベル変数に関する線形性が，シンプルノンホロノミックまでの系の特徴である.

2.2.5 運動量，角運動量[3),4),6),10),13)]

本項では，運動量，角運動量などを説明する．基本的な物理量の導入であるから，幾何ベクトル表現を中心に説明を進める．しかし，剛体の慣性テンソルが出てくると，幾何ベクトル表現（テンソルの表現）は困難になるので，代数ベクトル表現（行列表現）も利用する.

a. 質点の運動量と角運動量

質点 P の運動方程式は式（2.2.5）に示されているが，幾何ベクトル表現では次のようになる.

$$m_{P}\frac{{}^{O}d\vec{v}_{OP}}{dt}=\vec{f}_{P}+\vec{\vec{f}}_{P} \tag{2.2.34}$$

微分記号の左肩の O は幾何ベクトル時間微分の参照枠を表している（2.1.4 項 a 参照）．質点 P の運動量 $\vec{p}_{OP}$ は，ニュートン力学では次式のような量である.

$$\vec{p}_{OP}=m_{P}\vec{v}_{OP} \tag{2.2.35}$$

$\vec{p}_{OP}$ と $\vec{v}_{OP}$ は，幾何ベクトルとして，同じ方向を向いている．m_{P} は一定であるから，運動量を用いて，運動方程式は次のように書き直すことができる.

$$\frac{{}^{O}d\vec{p}_{OP}}{dt}=\vec{f}_{P}+\vec{\vec{f}}_{P} \tag{2.2.36}$$

質点 P の慣性座標系原点 O まわりの角運動量 ${}^{O}\vec{\pi}_{OP}$ は，次式で与えられる.

$${}^{O}\vec{\pi}_{OP}=\vec{r}_{OP}\times\vec{p}_{OP} \tag{2.2.37}$$

${}^{O}\vec{\pi}_{OP}$ の左肩の O はモーメント中心を示している．$\vec{p}_{OP}$ と $\vec{v}_{OP}$ が同一方向を向いていることから，この式の慣性座標系 O からみた時間微分は，式（2.2.36）の両辺に $\vec{r}_{OP}\times$ を左から乗じたものになる.

$$\frac{{}^{\mathrm{O}}\mathrm{d}\,{}^{\mathrm{O}}\vec{\pi}_{\mathrm{OP}}}{\mathrm{d}t}=\vec{r}_{\mathrm{OP}}\times(\vec{f}_{\mathrm{P}}+\vec{\vec{f}}_{\mathrm{P}}) \tag{2.2.38}$$

${}^{\mathrm{O}}\vec{\pi}_{\mathrm{OP}}$ のモーメント中心を慣性座標系上の O 以外の固定点としても同じであるが，さらに，慣性座標系に対して速度や加速度をもつ点をモーメント中心に選ぶこともできる．次に説明する質点系の角運動量では，質点系の重心や任意の点まわりの角運動量も扱う．

b. 質点系の質量と重心

質点系 A の各質点に 1 から順に番号を付け，全質点数を n とする．まず，系の総質量 M_{A} と重心点 A について，次の式が成り立つ．

$$M_{\mathrm{A}}=\Sigma m_i \tag{2.2.39}$$

$$M_{\mathrm{A}}\vec{R}_{\mathrm{OA}}=\Sigma m_i\vec{r}_{\mathrm{O}i} \tag{2.2.40}$$

$$\Sigma m_i\vec{r}_{\mathrm{A}i}=0 \tag{2.2.41}$$

総和記号 Σ は全質点についての総和を意図している（$i=1, \cdots, n$）．式（2.2.40）の $\vec{R}_{\mathrm{OA}}$ は $\vec{r}_{\mathrm{OA}}$ と同じ意味であるが，系を代表する重心の位置を強調する目的で大文字を用いている．

なお，この質点系は，いまのところ剛体ではなく，座標系 A は定められていない．そのため，各質点 i も重心点 A も座標系 O 上の点と考える．式（2.2.41）の $\vec{r}_{\mathrm{A}i}$ の代数ベクトル表現 $\boldsymbol{r}_{\mathrm{A}i}$ を考える場合，これは O 座標系表現である．また，$\vec{r}_{\mathrm{A}i}$ を時間微分することを考え，時間微分の参照枠を慣性系 O とすると，点 A は慣性系上の固定点ではないので，${}^{\mathrm{O}}\mathrm{d}\vec{r}_{\mathrm{A}i}/\mathrm{d}t=\vec{v}_{\mathrm{A}i}$ とするわけにはいかない．そこで，$\vec{r}_{\mathrm{A}i}=\vec{r}_{\mathrm{O}i}-\vec{R}_{\mathrm{OA}}$ を利用して，${}^{\mathrm{O}}\mathrm{d}\vec{r}_{\mathrm{A}i}/\mathrm{d}t=\vec{v}_{\mathrm{O}i}-\vec{V}_{\mathrm{OA}}$ とする．あるいは，重心 A を原点とし，座標系 O に対して回転していない座標系（非回転座標系）Ao を設定すれば，重心 $\mathrm{A_O}$（＝A）を座標系 $\mathrm{A_O}$ 上の固定点と考えて，${}^{\mathrm{O}}\mathrm{d}\vec{r}_{\mathrm{A}i}/\mathrm{d}t={}^{\mathrm{A_O}}\mathrm{d}\vec{r}_{\mathrm{A_O}i}/\mathrm{d}t=\vec{v}_{\mathrm{A_O}i}$ と書くことができる．後に，この質点系 A を剛体 A とすることがある．そのときは剛体に固定した座標系 A を考えて，${}^{\mathrm{A}}\mathrm{d}\vec{r}_{\mathrm{A}i}/\mathrm{d}t=\vec{v}_{\mathrm{A}i}$ と書くことができるが，この座標系 A は剛体とともに座標系 O に対して回転するので，$\vec{v}_{\mathrm{A}i}$ と $\vec{v}_{\mathrm{A_O}i}$ は異なった速度になる．

c. 質点系の運動量

全質点の運動量のベクトル和が系の運動量 $\vec{P}_{\mathrm{OA}}$ である．

$$\vec{P}_{\mathrm{OA}}=\Sigma\vec{p}_{\mathrm{O}i}=\Sigma m_i\vec{v}_{\mathrm{O}i}=M_{\mathrm{A}}\vec{V}_{\mathrm{OA}} \tag{2.2.42}$$

運動量の場合は，質点の運動量に小文字の p を，系全体の運動量に大文字の P を用いている．この式は，系の運動量が慣性系からみた系の重心速度 $\vec{V}_{\mathrm{OA}}$ と系の総質量 M_{A} の積に等しいことを示している．そして，系の運動量の慣性系からみた時間微分は，系の全質点に働く作用力と拘束力の和である．

$$\frac{{}^{\mathrm{O}}\mathrm{d}\vec{P}_{\mathrm{OA}}}{\mathrm{d}t}=\Sigma\frac{{}^{\mathrm{O}}\mathrm{d}\vec{p}_{\mathrm{O}_i}}{\mathrm{d}t}=\Sigma(\vec{f}_i+\vec{\vec{f}}_i) \tag{2.2.43}$$

$\vec{f}_i$ と $\vec{\vec{f}}_i$ を外力と内力に分け，内力の総和が作用反作用の法則で 0 になることを利用すると，右辺は外力だけの総和になる．

$$\frac{{}^{\mathrm{O}}\mathrm{d}\vec{P}_{\mathrm{OA}}}{\mathrm{d}t}=\Sigma(\vec{f}_i^{\mathrm{EX}}+\vec{\vec{f}}_i^{\mathrm{EX}}) \tag{2.2.44}$$

$\vec{f}_i^{\mathrm{EX}}$ と $\vec{\vec{f}}_i^{\mathrm{EX}}$ は作用力と拘束力の外力である．系の運動量の時間微分は，系の作用外力と拘束外力の総和に等しい．系の作用外力と拘束外力の総和が 0 の場合，系の運動量は保存される（運動量保存の法則）．式（2.2.44）は，解析対象の任意の部分系に対しても成立する．ただし，部分系の外力を考えることが必要である．また，この式はベクトル式であるから，任意方向の成分に対して成立する．

なお，式（2.2.43），（2.2.44）の右辺の力の総和が重心 A を通るとは限らないことを確認しておきたい．

d. 質点系の角運動量

空間中を動くモーメント中心点 P を考え，各質点の運動量の P 点まわりモーメントをつくって，全質点について総和をとる．これを質点系の P 点まわり角運動量 ${}^{\mathrm{P}}\vec{\Pi}_{\mathrm{OA}}$ とよぶ．

$${}^{\mathrm{P}}\vec{\Pi}_{\mathrm{OA}}=\Sigma\vec{r}_{\mathrm{P}i}\times\vec{p}_{\mathrm{O}i}=\Sigma\vec{r}_{\mathrm{P}i}\times m_i\vec{v}_{\mathrm{O}i} \tag{2.2.45}$$

$\vec{r}_{\mathrm{P}i}$ を $\vec{r}_{\mathrm{PA}}+\vec{r}_{\mathrm{A}i}$ に分解して，次の関係が成立する．

$${}^{\mathrm{P}}\vec{\Pi}_{\mathrm{OA}}=\vec{r}_{\mathrm{PA}}\times\vec{P}_{\mathrm{OA}}+{}^{\mathrm{A}}\vec{\Pi}_{\mathrm{OA}} \tag{2.2.46}$$

${}^{\mathrm{A}}\vec{\Pi}_{\mathrm{OA}}$ は，質点系の重心まわり角運動量で，式（2.2.45）でモーメント中心を点 A としたものである．

$${}^{\mathrm{A}}\vec{\Pi}_{\mathrm{OA}}=\Sigma\vec{r}_{\mathrm{A}i}\times\vec{p}_{\mathrm{O}i}=\Sigma\vec{r}_{\mathrm{A}i}\times m_i\vec{v}_{\mathrm{O}i} \tag{2.2.47}$$

この式を慣性系 O からみて時間微分し，${}^{\mathrm{O}}\mathrm{d}\vec{r}_{\mathrm{A}i}/\mathrm{d}t=\vec{v}_{\mathrm{O}i}-\vec{V}_{\mathrm{OA}}$ と式（2.2.42）を利用すると，${}^{\mathrm{O}}\mathrm{d}{}^{\mathrm{A}}\vec{\Pi}_{\mathrm{OA}}/\mathrm{d}t$ は，モーメントの総和（$\Sigma\vec{r}_{\mathrm{A}i}\times(\vec{f}_i+\vec{\vec{f}}_i)$）に等しくなる．さらに，このモーメントの総和も，作用反作用の法則により，外力のモーメントの総和とすることができる．

$$\frac{{}^{\mathrm{O}}\mathrm{d}{}^{\mathrm{A}}\vec{\Pi}_{\mathrm{OA}}}{\mathrm{d}t}=\Sigma\vec{r}_{\mathrm{A}_i}\times(\vec{f}_i^{\mathrm{EX}}+\vec{\vec{f}}_i^{\mathrm{EX}}) \tag{2.2.48}$$

さて，式（2.2.45）に戻り，慣性系 O を参照枠とした時間微分をつくる．右辺は，$\Sigma({}^{\mathrm{O}}\mathrm{d}\vec{r}_{\mathrm{P}i}/\mathrm{d}t)\times\vec{p}_{\mathrm{O}i}$ と $\Sigma\vec{r}_{\mathrm{P}i}\times({}^{\mathrm{O}}\mathrm{d}\vec{p}_{\mathrm{O}i}/\mathrm{d}t)$ の和になり，それぞれ，$-\vec{v}_{\mathrm{OP}}\times\vec{P}_{\mathrm{OA}}$ と $\Sigma\vec{r}_{\mathrm{P}i}\times(\vec{f}_i^{\mathrm{EX}}+\vec{\vec{f}}_i^{\mathrm{EX}})$ になる．

$$\frac{{}^{\mathrm{O}}\mathrm{d}{}^{\mathrm{P}}\vec{\Pi}_{\mathrm{OA}}}{\mathrm{d}t}=-\vec{v}_{\mathrm{OP}}\times\vec{P}_{\mathrm{OA}}+\Sigma\vec{r}_{\mathrm{P}i}\times(\vec{f}_i^{\mathrm{EX}}+\vec{\vec{f}}_i^{\mathrm{EX}}) \tag{2.2.49}$$

この式で，モーメント中心 P を重心 A とすると，式（2.2.48）が確認できる．モーメント中心 P を慣性座標系 O の原点とすると，式（2.2.48）と同じ形の式が得られる．

$$\frac{{}^{\mathrm{O}}\mathrm{d}{}^{\mathrm{O}}\vec{\Pi}_{\mathrm{OA}}}{\mathrm{d}t}=\Sigma\vec{r}_{\mathrm{O}i}\times(\vec{f}_i^{\mathrm{EX}}+\vec{\vec{f}}_i^{\mathrm{EX}}) \tag{2.2.50}$$

モーメント中心が慣性座標系上の O 点以外の固定点でも同じ形になる．また，重心速度とモーメント中心の速度が同じ方向を向いていれば，$\vec{v}_{\mathrm{OP}}\times\vec{P}_{\mathrm{OA}}=0$ となり，P 点まわりの角運動量についても同じ形の式が成り立つ．

モーメント中心が質点系の重心の場合と慣性系に固定された点の場合，以下の性質が成立する．系の角運動量の慣性系からみた時間微分は，系の各質点に働く作用外力モーメントと拘束外力モーメントの総和に等しい．系の作用外力モーメントと拘束外力モーメントの総和が 0 の場合，系の角運動量は保存される（角運動量保存の法則）．式（2.2.48）と式（2.2.50）は，解析対象の任意の部分系に対しても成立する．また，ベクトル式であるから，任意方向の成分に対して成立する．式（2.2.49）で $\vec{v}_{\mathrm{OP}}\times\vec{P}_{\mathrm{OA}}=0$ とならない場合は，角運動量保存の法則などは成立しない．

e. 剛体の運動方程式の導出

剛体 A の重心を A，重心に原点を一致させてこの剛体に固定したボディ座標系も A とよぶことにする．この座標系は剛体とともに回転する．剛体 A 上の質点 i の位置 $\vec{r}_{\mathrm{A}i}$ に対応する代数ベクトル $\boldsymbol{r}_{\mathrm{A}i}$ は A 座標系表現であり，また，$\vec{r}_{\mathrm{A}i}$ を時間微分して速度 $\vec{v}_{\mathrm{A}i}$ をつくるための時間微分の参照枠は剛体 A である．さらに，重心 A と点 i は，剛体上の固定点であるから，$\vec{v}_{\mathrm{A}i}=0$，すなわち，$\vec{r}_{\mathrm{A}i}$ は剛体 A からみれば変化せず，$\boldsymbol{r}_{\mathrm{A}i}$ は定数である．

慣性系 O からみた点 i の位置 $\vec{r}_{\mathrm{O}i}$ は $\vec{R}_{\mathrm{OA}}+\vec{r}_{\mathrm{A}i}$ に等しい．この関係を慣性系 O からみて時間微分すると，点 i の速度が次のように得られる．

$$\vec{v}_{\mathrm{O}i}=\vec{V}_{\mathrm{OA}}+\vec{\Omega}_{\mathrm{OA}}\times\vec{r}_{\mathrm{A}i} \qquad (2.2.51)$$

重心まわりの角運動量の定義（式（2.2.47））と，その時間微分の，剛体上各点に働く作用外力と拘束外力の総和との関係（式（2.2.48））に変更はない．まず，式（2.2.46）に式（2.2.51）を代入し，重心の性質を利用すると次のようになる．

$$^{\mathrm{A}}\vec{\Pi}_{\mathrm{OA}}=\Sigma\{\vec{r}_{\mathrm{A}i}\times m_i(\vec{\Omega}_{\mathrm{OA}}\times\vec{r}_{\mathrm{A}i})\} \qquad (2.2.52)$$

ここで，この式（2.2.52）を A 座標系表現の代数ベクトルに変換し，次のように整理する．

$$^{\mathrm{A}}\boldsymbol{\Pi}'_{\mathrm{OA}}=(\Sigma\tilde{\boldsymbol{r}}_{\mathrm{A}i}^{\mathrm{T}}m_i\tilde{\boldsymbol{r}}_{\mathrm{A}i})\boldsymbol{\Omega}'_{\mathrm{OA}} \qquad (2.2.53)$$

$\boldsymbol{r}_{\mathrm{A}i}$ は定数であるから，右辺の角速度 $\boldsymbol{\Omega}'_{\mathrm{OA}}$ の係数全体が定数である．これは，剛体 A 上に配置された質点の位置と質量から決まってくる 3×3 対称行列で，重心まわりの慣性行列 $^{\mathrm{A}}\boldsymbol{J}'_{\mathrm{OA}}$ とよばれる．

$$^{\mathrm{A}}\boldsymbol{J}'_{\mathrm{OA}}=\Sigma\tilde{\boldsymbol{r}}_{\mathrm{A}i}^{\mathrm{T}}m_i\tilde{\boldsymbol{r}}_{\mathrm{A}i} \qquad (2.2.54)$$

$$^{\mathrm{A}}\boldsymbol{\Pi}'_{\mathrm{OA}}={}^{\mathrm{A}}\boldsymbol{J}'_{\mathrm{OA}}\boldsymbol{\Omega}'_{\mathrm{OA}} \qquad (2.2.55)$$

式（2.2.55）から，角運動量と角速度を表す幾何ベクトルは，一般に，ずれた方向を向いていることがわかる．

角運動量の幾何ベクトルと代数ベクトルの関係は，$^{\mathrm{A}}\vec{\Pi}_{\mathrm{OA}}=\boldsymbol{e}_{\mathrm{A}}^{\mathrm{TA}}\boldsymbol{\Pi}'_{\mathrm{OA}}$ と書くことができるが，この式を慣性系 O からみて時間微分すると次の式が得られる．

$$\frac{^{\mathrm{O}}\mathrm{d}^{\mathrm{A}}\vec{\Pi}_{\mathrm{OA}}}{\mathrm{d}t}=\boldsymbol{e}_{\mathrm{A}}^{\mathrm{T}}(^{\mathrm{A}}\dot{\boldsymbol{\Pi}}'_{\mathrm{OA}}+\tilde{\boldsymbol{\Omega}}'_{\mathrm{OA}}{}^{\mathrm{A}}\boldsymbol{\Pi}'_{\mathrm{OA}}) \qquad (2.2.56)$$

式（2.2.48）の右辺は重心に等価換算し，合計したトルクである．

$$\Sigma\vec{r}_{\mathrm{A}i}\times(\vec{f}_i^{\mathrm{EX}}+\vec{\bar{f}}_i^{\mathrm{EX}})=\boldsymbol{e}_{\mathrm{A}}^{\mathrm{T}}(\boldsymbol{N}'_{\mathrm{OA}}+\bar{\boldsymbol{N}}'_{\mathrm{OA}}) \qquad (2.2.57)$$

式 (2.2.55), (2.2.56), (2.2.57) から，オイラーの運動方程式 (2.2.14) が得られる．式 (2.2.13) は，式 (2.2.44) から容易に求まる．

これまでモーメント中心を明示して角運動量と慣性行列を表記してきた．しかし，モーメント中心と表現座標系の原点が一致している場合は，モーメント中心を省略するほうが簡潔である（$\boldsymbol{\Pi}_{\mathrm{OA}} = {}^{\mathrm{A}}\boldsymbol{\Pi}_{\mathrm{OA}}$, $\boldsymbol{\Pi}'_{\mathrm{OA}} = {}^{\mathrm{A}}\boldsymbol{\Pi}'_{\mathrm{OA}}$, $\boldsymbol{J}'_{\mathrm{OA}} = {}^{\mathrm{A}}\boldsymbol{J}'_{\mathrm{OA}}$）．オイラーの運動方程式 (2.2.14) にはそのようにした記号が用いられている．

f. 剛体の慣性行列の性質[6),10),13)]

剛体Aの重心まわり角運動量 ${}^{\mathrm{A}}\vec{\Pi}_{\mathrm{OA}}$ のA座標系表現は式(2.2.58)のようになったが，O座標系表現 ${}^{\mathrm{A}}\boldsymbol{\Pi}_{\mathrm{OA}}$ も慣性行列 ${}^{\mathrm{A}}\boldsymbol{J}_{\mathrm{OA}}$ と角速度 $\boldsymbol{\Omega}_{\mathrm{OA}}$ の積で表される．ただし，慣性行列 ${}^{\mathrm{A}}\boldsymbol{J}_{\mathrm{OA}}$ は定数ではなく，${}^{\mathrm{A}}\boldsymbol{J}'_{\mathrm{OA}}$ と次のような座標変換の関係がある．

$${}^{\mathrm{A}}\boldsymbol{J}_{\mathrm{OA}} = \boldsymbol{C}_{\mathrm{OA}}\,{}^{\mathrm{A}}\boldsymbol{J}'_{\mathrm{OA}}\boldsymbol{C}_{\mathrm{OA}}^{T} \tag{2.2.58}$$

この座標変換の形は，慣性行列が二階テンソル量の特定座標系による表現になっていることを示している．特定座標系表現の代数ベクトルが示している物理的実体が幾何ベクトルであるように，特定座標系表現の慣性行列が示している物理的実体があり，それを慣性テンソルとよぶ．

向きを変化させた別の固定座標系 A_1 による慣性行列と，座標系Aによる慣性行列の座標変換も式 (2.2.58) と同じような形になる．そのように向きを変えたあらゆる回転姿勢のなかに，慣性行列が対角行列になるような座標系 A_1 が存在し，そのような座標軸の方向を慣性主軸とよぶ．座標系Aの慣性行列を固有値解析することで慣性主軸の方向をみつけることができる．

次に，座標軸の向きを変化させるのではなく，座標系Aを平行移動した新しい軸まわりの慣性行列を考えたい．すなわち，式 (2.2.54) のモーメント中心を重心Aから点Pに移して，P点まわりの慣性行列 ${}^{\mathrm{P}}\boldsymbol{J}'_{\mathrm{OA}}$ をつくることができる．式 (2.2.54) と同じように ${}^{\mathrm{P}}\boldsymbol{J}'_{\mathrm{OA}} = \sum \tilde{\boldsymbol{r}}_{\mathrm{P}i}^{\mathrm{T}} m_i \tilde{\boldsymbol{r}}_{\mathrm{P}i}$ であるが，${}^{\mathrm{P}}\boldsymbol{J}'_{\mathrm{OA}}$ と ${}^{\mathrm{A}}\boldsymbol{J}'_{\mathrm{OA}}$ の関係は次のように表すことができる．

$${}^{\mathrm{P}}\boldsymbol{J}'_{\mathrm{OA}} = {}^{\mathrm{A}}\boldsymbol{J}'_{\mathrm{OA}} + \tilde{\boldsymbol{r}}_{\mathrm{AP}}^{\mathrm{T}} M_{\mathrm{A}} \tilde{\boldsymbol{r}}_{\mathrm{AP}} \tag{2.2.59}$$

${}^{\mathrm{P}}\boldsymbol{J}'_{\mathrm{OA}}$ は，座標系AをA点からP点に平行移動した座標軸まわりの慣性モーメントと慣性乗積からなる対称行列であり，この式を平行軸の定理とよぶ．

2.2.6 力学原理

質点や剛体の運動に拘束が働くと，それぞれの拘束に対応して拘束力が生じる．各質点や剛体には作用力とともに拘束力が働くことになり，それらの力の合力に対応して運動が定まる．合力と運動の関係がニュートンの運動方程式（第二法則）やオイラーの運動方程式である．作用力は運動によって定まるが，拘束力はそのような形では扱えない．拘束されている系に作用力が働いた場合，拘束力と運動はどのように求まるか．力学原理の登場である．

a. ダランベールの原理[3)-6),10),13)]

ダランベールの原理に対する解釈は2通りあると思われるが，そのひとつは，質点系を対象にした次の式に示されている．

$$\delta \boldsymbol{r}^{\mathrm{T}}(\boldsymbol{f}-\boldsymbol{m}\dot{\boldsymbol{v}})=0 \tag{2.2.60}$$

系の運動中に時間を止め，その時点での全質点の位置と速度を凍結する．凍結された全質点の位置 $\boldsymbol{r}$（$=[\boldsymbol{r}_{\mathrm{O1}}^{\mathrm{T}}, \boldsymbol{r}_{\mathrm{O2}}^{\mathrm{T}}, \cdots, \boldsymbol{r}_{\mathrm{O}n}^{\mathrm{T}}]^{\mathrm{T}}$）に，時間を止めたまま，微小な仮想変位 $\delta\boldsymbol{r}$ を加える．ただし，仮想変位 $\delta\boldsymbol{r}$ は全質点に自由に与えるのではなく，すべての拘束を維持する範囲内で自由に与えるものとする．その範囲内でいかなる仮想変位を与えても，式（2.2.60）が成立する．この式の括弧内は，作用力と慣性力の和である．この力を受けて変位するのであるから各質点は仕事をなされることになる．時間を止めて行われるこの仕事は仮想仕事とよばれるが，許される範囲で仮想変位をどのように与えても，そのような仕事を系全体にわたって加え合わせたものは，常に0になる．これがダランベールの原理である．

式（2.2.6）に左から $\delta\boldsymbol{r}^{\mathrm{T}}$ を掛け，式（2.2.60）を用いると，次の式が得られる．

$$\delta \boldsymbol{r}^{\mathrm{T}}\bar{\boldsymbol{f}}=0 \tag{2.2.61}$$

これは，仮想変位によって拘束力がなす仕事は，系全体では0になるということである．式（2.2.60）はダランベールの原理の表の表現であり，式（2.2.61）は裏の表現といえる．表の原理を利用すると拘束力を考慮することなく運動方程式を立てることができる．ただし，この原理を納得しやすいのは裏の表現であろう．

仮想変位は時間を止めて考えなければならない．時間を止めないと時間依存拘束がある場合，そこに仮想仕事が生じてしまう．

仮想変位は拘束を満たす範囲で自由であるが，その拘束はホロノミック拘束だけではなく，シンプルノンホロノミック拘束も含まれる．この意味で，仮想変位 $\delta\boldsymbol{r}$ は速度 $\boldsymbol{v}$ と同じ性質をもっている．

ダランベールの原理は，滑らかな拘束だけに適用できる．接触面に垂直な抗力が拘束力の場合，その力に依存する摩擦力は仮想変位によって仮想仕事を生み出してしまう．そのようなモデルは滑らかではない．実用上は，モデルを変更するか，数値積分時に時間を微小に戻した拘束力を利用するような工夫によって困難を回避する．

ダランベールの原理に対するもうひとつの解釈は，質点系の運動方程式で $-\boldsymbol{m}\dot{\boldsymbol{v}}$ を慣性力とよび，力とみなしたことと説明されている．そのような解釈の発見により，静力学の仮想仕事の原理を適用できるようになり，上記の式（2.2.63）にいたったのである．

b. 仮想パワーの原理（Jourdain の原理）[4),6)]

ダランベールの原理の仮想変位の代わりに仮想速度を考えても，同じような原理をつくれる．仮想変位によって生じるのは仮想仕事であるが，仮想速度の場合は仮想パワーを考えればよい．式（2.2.60）と同様の表現をつくると，次のようになる．

$$\hat{\boldsymbol{v}}^{\mathrm{T}}(\boldsymbol{f}-\boldsymbol{m}\dot{\boldsymbol{v}})=0 \tag{2.2.62}$$

$\hat{\boldsymbol{v}}$ が仮想速度である．仮想変位 $\delta\boldsymbol{r}$ は微小量であったが，シンプルノンホロノミックまでの範囲で，仮想速度は微小量でなくてもよい．速度レベルの関係式が速度レベル変数の線形な関係になっているためである．

仮想速度は，時間と位置を凍結したまま，すべての拘束を満たす範囲で自由に与えられる．仮想速度によって作用力と慣性力の和が仮想パワーを生み出す．その仮想パワーの系全体の合計は，許される範囲のどのような仮想速度に対しても 0 になる．これが，仮想パワーの原理である．

仮想パワーの原理にも，裏の表現がある．

$$\hat{\boldsymbol{v}}^{\mathrm{T}}\bar{\boldsymbol{f}}=0 \tag{2.2.63}$$

三次元剛体系の場合は次のような表現になる．

$$\hat{\boldsymbol{V}}^{\mathrm{T}}\bar{\boldsymbol{F}}+\hat{\boldsymbol{\Omega}}'^{\mathrm{T}}\bar{\boldsymbol{N}}'=0 \tag{2.2.64}$$

これらは仮想速度と拘束力の直交性とよばれる．

仮想速度も時間を止めて考えなければならない．また，仮想速度が満たすべき拘束は，速度と同じでホロノミック拘束とシンプルノンホロノミック拘束の両方であり，この点は仮想変位の場合のようなまぎらわしさがない．滑らかな拘束の範囲にのみ適用できる点は，ダランベールの原理と同じである．

仮想パワーの原理を三次元剛体系に適用すると次のような表現になる．

$$\hat{\boldsymbol{V}}^{\mathrm{T}}(\boldsymbol{F}-\boldsymbol{M}\dot{\boldsymbol{V}})+\hat{\boldsymbol{\Omega}}'^{\mathrm{T}}(\boldsymbol{N}'-\boldsymbol{J}'\dot{\boldsymbol{\Omega}}'-\tilde{\boldsymbol{\Omega}}'\boldsymbol{J}'\boldsymbol{\Omega}')=0 \tag{2.2.65}$$

三次元剛体系のダランベールの原理を対比的に書くと次のようになる．

$$\delta\boldsymbol{R}^{\mathrm{T}}(\boldsymbol{F}-\boldsymbol{M}\dot{\boldsymbol{V}})+\delta\boldsymbol{\Xi}'^{\mathrm{T}}(\boldsymbol{N}'-\boldsymbol{J}'\dot{\boldsymbol{\Omega}}'-\tilde{\boldsymbol{\Omega}}'\boldsymbol{J}'\boldsymbol{\Omega}')=0 \tag{2.2.66}$$

$\boldsymbol{V}$ を積分すると $\boldsymbol{R}$ になるが，$\boldsymbol{\Omega}'$ は積分できない量であり，式（2.2.66）の $\boldsymbol{\Xi}'$ は擬座標とよばれる．$\boldsymbol{\Xi}'$ の代わりにオイラー角やオイラーパラメータを用いることも可能だが，例えばオイラーパラメータの場合，$\delta\boldsymbol{\Xi}'=2\boldsymbol{L}\delta\boldsymbol{E}$ となり，$\delta\boldsymbol{E}$ に係数行列が現れて少し複雑になる（$\boldsymbol{E}=[\boldsymbol{E}_{\mathrm{O}1}^{\mathrm{T}}\ \boldsymbol{E}_{\mathrm{O}2}^{\mathrm{T}}\ \cdots\ \boldsymbol{E}_{\mathrm{O}n}^{\mathrm{T}}]^{\mathrm{T}}$, $\boldsymbol{L}=\mathrm{diag}(\boldsymbol{L}_{\mathrm{O}1},\boldsymbol{L}_{\mathrm{O}2},\cdots,\boldsymbol{L}_{\mathrm{O}n})$, 式（2.1.47）参照）．ダランベールの原理のまぎらわしさやわずらわしさに比べ，仮想パワーの原理は，実用上簡明であるが，ハミルトンの原理との関係を考えれば，ダランベールの原理の重要性が揺らいでいるわけではない．

c. ケイン型の運動方程式[4),6),11)]

質点系の速度 $\boldsymbol{v}$ は独立な一般化速度 $\boldsymbol{H}$ に関する線形な式で表すことができ，式（2.2.33）のようになる．この式で，時間を止めて仮想速度を考えると，$\hat{\boldsymbol{v}}=\boldsymbol{v}_{\boldsymbol{H}}\hat{\boldsymbol{H}}$ が得られる．これを式（2.2.62）の仮想パワーの原理の式に代入し，$\hat{\boldsymbol{H}}$ の独立性を利用すると，拘束力を含まない運動方程式が得られる．

$$\boldsymbol{v}_{\boldsymbol{H}}^{\mathrm{T}}(\boldsymbol{f}-\boldsymbol{m}\dot{\boldsymbol{v}})=\boldsymbol{0} \tag{2.2.67}$$

$\boldsymbol{v}_{\boldsymbol{H}}$ はケインの部分速度とよばれる．$\boldsymbol{v}$ を $\boldsymbol{H}$ で表したときの $\boldsymbol{H}$ の係数行列である．そして，この式は質点系を対象としたケイン型の運動方程式である．

この運動方程式にも裏の表現がある．

$$\boldsymbol{v}_{\boldsymbol{H}}^{\mathrm{T}}\bar{\boldsymbol{f}}=\boldsymbol{0} \tag{2.2.68}$$

個々の一般化速度に対応するケインの部分速度は，いずれも拘束力に直交している．

式（2.2.67）には，もはや仮想という考えは含まれていない．この式はシンプルノンホロノミックな系まで適用可能である．滑らかな拘束の範囲にのみ適用できる点は，ダランベールの原理と同じである．

三次元剛体系に適用できるケイン型の運動方程式は次のようになる．

$$\boldsymbol{V}_H^{\mathrm{T}}(\boldsymbol{F}-\boldsymbol{M}\dot{\boldsymbol{V}})+\boldsymbol{\Omega}_H'^{\mathrm{T}}(\boldsymbol{N}'-\boldsymbol{J}'\dot{\boldsymbol{\Omega}}'-\tilde{\boldsymbol{\Omega}}'\boldsymbol{J}'\boldsymbol{\Omega}')=0 \tag{2.2.69}$$

$\boldsymbol{V}_H$, $\boldsymbol{\Omega}_H'$ はケインの部分速度，部分角速度とよばれる．ケインの方法とは，質点系の $\boldsymbol{v}$，あるいは，三次元剛体系の $\boldsymbol{V}$ や $\boldsymbol{\Omega}'$ などと一般化速度 $\boldsymbol{H}$ の関係を捉えて，部分速度や部分角速度を抽出し，また，その関係の時間微分（$\dot{\boldsymbol{v}}$, $\dot{\boldsymbol{V}}$, $\dot{\boldsymbol{\Omega}}'$）をつくって，式（2.2.67），あるいは式（2.2.69）などを利用する運動方程式構築方法である．

d. ラグランジュの運動方程式[3)-6), 10), 13)]

質点系を構成する各質点の慣性座標系 O に対する速度は $\boldsymbol{v}$，各質点の運動量は $\boldsymbol{p}=\boldsymbol{m}\boldsymbol{v}$ とまとめて表すことができる．この $\boldsymbol{p}$ は，2.2.5 項の式（2.2.42）などに現れる $\vec{p}_{\mathrm{O}i}$ の O 座標系表現代数ベクトル $\boldsymbol{p}_{\mathrm{O}i}$ を順に縦に並べた列行列である．この系の運動エネルギー（kinetic energy）を T とする．このとき，$T^*=\boldsymbol{p}^{\mathrm{T}}\boldsymbol{v}-T$ なる量があり，これを運動補エネルギー（kinetic coenergy）とよぶ．ラグランジュの運動方程式やハミルトンの原理に出てくるラグランジアンは運動補エネルギーからポテンシャルエネルギーを差し引いたものである．

$$L=T^*-U \tag{2.2.70}$$

ただし，ニュートン力学では運動エネルギーと運動補エネルギーは同じ値になる．したがって，運動補エネルギーの代わりに運動エネルギーを用いても，実用上，差し支えない．

さてここでは，ホロノミックな系に限定し，しかも，$\dot{\boldsymbol{X}}=\boldsymbol{H}$ とする．まず，質点系を対象としたケイン型の運動方程式（2.2.67）は次のようになる．

$$\boldsymbol{v}_{\dot{X}}^{\mathrm{T}}(\boldsymbol{f}-\boldsymbol{m}\dot{\boldsymbol{v}})=\boldsymbol{0} \tag{2.2.71}$$

また，式（2.2.32）を時間微分して式（2.2.33）にいたる過程などから，次の 2 つの関係式を示すことができる．

$$\frac{\partial \boldsymbol{r}}{\partial \boldsymbol{X}}=\frac{\partial \boldsymbol{v}}{\partial \dot{\boldsymbol{X}}} \tag{2.2.72}$$

$$\frac{\mathrm{d}}{\mathrm{d}t}\left(\frac{\partial \boldsymbol{r}}{\partial \boldsymbol{X}}\right)=\frac{\mathrm{d}}{\mathrm{d}t}\left(\frac{\partial \boldsymbol{v}}{\partial \dot{\boldsymbol{X}}}\right)=\frac{\partial \boldsymbol{v}}{\partial \boldsymbol{X}} \tag{2.2.73}$$

簡略に書くと $\boldsymbol{r}_X=\boldsymbol{v}_{\dot{X}}$, $\mathrm{d}\boldsymbol{r}_X/\mathrm{d}t=\mathrm{d}\boldsymbol{v}_{\dot{X}}/\mathrm{d}t=\boldsymbol{v}_X$ となるが，これらを以下の式変形に用いる．なお，簡略な偏微分表現の添え字は $\boldsymbol{X}$, $\dot{\boldsymbol{X}}$, $\boldsymbol{H}$ のいずれか 1 つである．2 つの点の名前を添え字に用いた位置や速度の記号とまぎらわしいが混乱しないように注意していただきたい．まず，式（2.2.71）の左辺の括弧をはずして，その第 2 項を次のように変形する．

$$\boldsymbol{v}_{\dot{X}}^{\mathrm{T}}\boldsymbol{m}\dot{\boldsymbol{v}}=\frac{\mathrm{d}(\boldsymbol{v}_{\dot{X}}^{\mathrm{T}}\boldsymbol{m}\boldsymbol{v})}{\mathrm{d}t}-\frac{\mathrm{d}\boldsymbol{v}_{\dot{X}}^{\mathrm{T}}}{\mathrm{d}t}\boldsymbol{m}\boldsymbol{v}=\frac{\mathrm{d}(\boldsymbol{v}^{\mathrm{T}}\boldsymbol{m}\boldsymbol{v}_{\dot{X}})^{\mathrm{T}}}{\mathrm{d}t}-(\boldsymbol{v}^{\mathrm{T}}\boldsymbol{m}\boldsymbol{v}_{X})^{\mathrm{T}}=\frac{\mathrm{d}}{\mathrm{d}t}\left(\frac{\partial T^*}{\partial \dot{\boldsymbol{X}}}\right)^{\mathrm{T}}-\left(\frac{\partial T^*}{\partial \boldsymbol{X}}\right)^{\mathrm{T}} \quad (2.2.74)$$

最後の変形は，運動補エネルギーが $T^*=\boldsymbol{v}^{\mathrm{T}}\boldsymbol{m}\boldsymbol{v}/2$ と表されることを利用している．したがって，式（2.2.71）は次のように書ける．

$$\frac{\mathrm{d}}{\mathrm{d}t}\left(\frac{\partial T^*}{\partial \dot{\boldsymbol{X}}}\right)^{\mathrm{T}}-\left(\frac{\partial T^*}{\partial \boldsymbol{X}}\right)^{\mathrm{T}}=\boldsymbol{v}_{\dot{X}}^{\mathrm{T}}\boldsymbol{f}=\boldsymbol{r}_{X}^{\mathrm{T}}\boldsymbol{f} \quad (2.2.75)$$

作用力 $\boldsymbol{f}$ のなかの保存力の一部または全部を $\boldsymbol{f}^U$ とし，それ以外を $\boldsymbol{f}^{\bar{U}}$ とする．保存力はポテンシャル関数 U を用いて，次のように表されるものとする．

$$\boldsymbol{f}^U=-\left(\frac{\partial U}{\partial \boldsymbol{r}}\right)^{\mathrm{T}} \quad (2.2.76)$$

そのとき，式（2.2.75）を次のように変形することができる．

$$\frac{\mathrm{d}}{\mathrm{d}t}\left(\frac{\partial L}{\partial \dot{\boldsymbol{X}}}\right)^{\mathrm{T}}-\left(\frac{\partial L}{\partial \boldsymbol{X}}\right)^{\mathrm{T}}=\boldsymbol{v}_{\dot{X}}^{\mathrm{T}}\boldsymbol{f}^{\bar{U}}=\boldsymbol{r}_{X}^{\mathrm{T}}\boldsymbol{f}^{\bar{U}} \quad (2.2.77)$$

式（2.2.77）がラグランジュの運動方程式であり，式（2.2.70）のラグランジアンが使われている．式（2.2.75）に特別な呼び名をつけている文献もあるが，これもラグランジュの運動方程式とよぶことにする．式（2.2.77）が見事な解法につながるような特殊な問題もあるが，実際の多くの機械工学の問題では式(2.2.75)で十分であり，$\boldsymbol{f}^U$ を特別扱いするほうが面倒かもしれない．右辺の作用力の係数は，$\boldsymbol{r}_X^{\mathrm{T}}$ と $\boldsymbol{v}_{\dot{X}}^{\mathrm{T}}$ のいずれでもよい．これらの項では作用力と作用トルクが働く点以外は考慮する必要はない．力が働く点の位置か速度とその点に働く力を対応させることに注意し，また，トルクにはそのトルクが作用する剛体の角速度を対応させればよい．なお，この右辺を一般化力とよぶが，最近は別の運動方程式表現で，速度依存の慣性力を含めたものに一般化力という呼び名を与えているような場合もあり，物理的な意味に混乱が生じないように注意が必要である．

ラグランジュの運動方程式の利用方法は，まず，系の運動補エネルギーまたはラグランジアンを一般化座標とその時間微分で表し，式（2.2.75）または式（2.2.77）の左辺の偏微分と時間微分を実施する．そして，右辺を準備すれば目指している系の運動方程式が得られる．ただし，運動補エネルギーなどを一般化座標とその時間微分で偏微分する作業は複雑な系の場合は容易ではなく，実用性に限度がある．

$\dot{\boldsymbol{X}}$ がすべて独立ではなく，ホロノミックまたはシンプルノンホロノミックな拘束を受ける場合，ラグランジュの運動方程式は次のようになる．

$$\frac{\mathrm{d}}{\mathrm{d}t}\left(\frac{\partial L}{\partial \dot{\boldsymbol{X}}}\right)^{\mathrm{T}}-\left(\frac{\partial L}{\partial \boldsymbol{X}}\right)^{\mathrm{T}}=\boldsymbol{v}_{\dot{X}}^{\mathrm{T}}\boldsymbol{f}^{\bar{U}}+\boldsymbol{\Phi}_{\dot{X}}^{\mathrm{T}}\boldsymbol{\Lambda}=\boldsymbol{r}_{X}^{\mathrm{T}}\boldsymbol{f}^{\bar{U}}+\boldsymbol{\Phi}_{\dot{X}}^{\mathrm{T}}\boldsymbol{\Lambda} \quad (2.2.78)$$

ラグランジュの未定乗数 $\boldsymbol{\Lambda}$ は未知数であり，拘束条件 $\boldsymbol{\Phi}=\boldsymbol{0}$ などを利用して解を求めることが必要になる．

e. ハミルトンの原理[3),5),6),10),13)]

ダランベールの原理における仮想変位 $\delta\boldsymbol{r}$ は，時間を止めて，その瞬間における仮

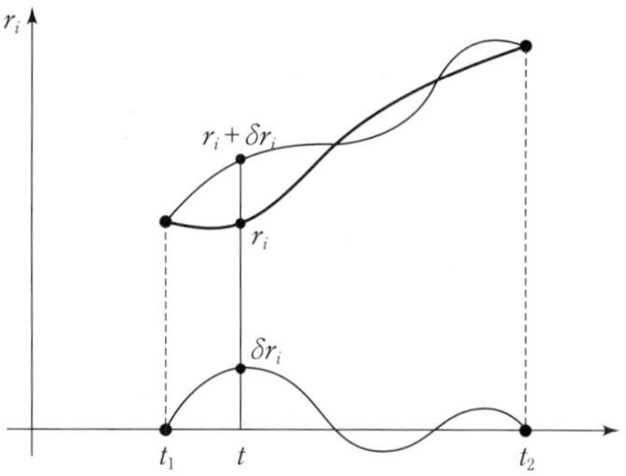

図 2.10 変分

想の微小変位を考えているだけであり，時間の経過とは関係づけていない．ハミルトンの原理における $\delta\boldsymbol{r}$ は時間の関数であり，軌跡 $\boldsymbol{r}(t)$ の変分（variation）[3),5),6),10),13)] とよばれるものである（図 2.10）．ダランベールの原理では仮想的に位置を変化させると考えたが，ハミルトンの原理では仮想的に軌跡（時間に対する位置）を変化させる．$\delta\boldsymbol{r}(t)$ の与え方はすべての拘束条件を満たす範囲で自由であるが，この原理を適用する時間範囲（運動を調べたい時間範囲を包含するように設定）の両端では 0 とする．そのような変分は，時間範囲内の各瞬間を考えればダランベールの原理の仮想変位の条件を満たすものであり，ハミルトンの原理はダランベールの原理を時間積分した形から導かれる．

$$\int_{t_1}^{t_2}\delta\boldsymbol{r}^{\mathrm{T}}(\boldsymbol{f}-\boldsymbol{m}\dot{\boldsymbol{v}})\,\mathrm{d}t=0 \tag{2.2.79}$$

この式の左辺は次のように変形できる．

$$左辺=\int_{t_1}^{t_2}(\delta\boldsymbol{r}^{\mathrm{T}}\boldsymbol{f}-\delta\boldsymbol{r}^{\mathrm{T}}\boldsymbol{m}\dot{\boldsymbol{v}})\,\mathrm{d}t=\int_{t_1}^{t_2}\left\{\delta\boldsymbol{r}^{\mathrm{T}}\boldsymbol{f}-\frac{\mathrm{d}(\delta\boldsymbol{r}^{\mathrm{T}}\boldsymbol{m}\boldsymbol{v})}{\mathrm{d}t}+(\delta\boldsymbol{v}^{\mathrm{T}}\boldsymbol{m}\boldsymbol{v})\right\}\mathrm{d}t \tag{2.2.80}$$

この式の最後の変形で $\delta\boldsymbol{r}$ の時間微分を $\delta\boldsymbol{v}$ とした．$\delta\boldsymbol{r}$ とともに $\delta\boldsymbol{v}$ を考えられるのは変分が時間の関数だからである．この式は，さらに運動補エネルギーを用いて，次のようになる．

$$左辺=\int_{t_1}^{t_2}(\delta\boldsymbol{r}^{\mathrm{T}}\boldsymbol{f}+\delta T^*)\,\mathrm{d}t-\delta\boldsymbol{r}^{\mathrm{T}}\boldsymbol{m}\boldsymbol{v}\Big|_{t_1}^{t_2} \tag{2.2.81}$$

ここで，積分時間の両端での変分を 0 として，ハミルトンの原理に到達する．

$$\int_{t_1}^{t_2}(\delta\boldsymbol{r}^{\mathrm{T}}\boldsymbol{f}+\delta T^*)\,\mathrm{d}t=0 \tag{2.2.82}$$

この表現も，式（2.2.70）のラグランジアンを用いて，次のように書くことができる．

$$\int_{t_1}^{t_2}(\delta\boldsymbol{r}^{\mathrm{T}}\boldsymbol{f}^{\bar{U}}+\delta L)\,\mathrm{d}t=0 \tag{2.2.83}$$

ハミルトンの原理の利用方法は，まず，系の運動補エネルギー，または，ラグランジアンを一般化座標とその時間微分で表す．式（2.2.82）または式（2.2.84）の括弧内の変分を求め，独立な一般化座標の変分 $\delta \boldsymbol{X}$ で表す．そのとき，$\delta \dot{\boldsymbol{X}}$ が残るので，部分積分の方法で $\delta \boldsymbol{X}$ の関係に書き換える．ここで積分外に出した項は時間両端での $\delta \boldsymbol{X}$ が 0 であることを利用して消し去ることができ，積分内では $\delta \boldsymbol{X}$ の任意性を利用して運動方程式を求めることができる．

ハミルトンの原理は，ロボットや車両など集中定数系の運動方程式構築に便利なわけではない．通常，この原理は，連続系への応用，ハミルトンの正準方程式への発展，量子力学への発展などにつながるものと位置づけられている．ハミルトンの原理などをマルチボディダイナミクスにどのように生かせるかは，研究途上である．

2.3 拘束された系の運動方程式

マルチボディダイナミクスの有用性は，汎用性の高い計算ソフトの実現によって注目されるようになってきた．複雑な系の運動方程式構築と求解のための計算プログラム作成は容易なことではないので，系の構成情報を入力するだけで動力学問題を解析できる汎用ソフトの価値は高い．また，最近の市販ソフトは，計算機の GUI 技術の活用により，モデル入力と計算結果の確認が便利に行えるようになっている．今日市販されている主要な汎用ソフトは，運動方程式または定式化の観点から 2 つに分けて考えることができる．ひとつは微分代数型運動方程式（Differential Algebraic Equation：DAE）を基礎にしたものであり，もうひとつは，漸化型の順動力学解析定式化を基礎にしたものである．本節では，これらの運動方程式または定式化を概説する．

汎用ソフトは便利であるが，いまなお発展途上であり，また，ブラックボックス化した技術の利用上の問題点も出てきている．汎用ソフトを活用するうえでも，また，汎用ソフトの機能向上を図るうえでも，あるいは，個別目的の運動力学ソフトを開発するうえでも，力学の知識と運動方程式構築技術などが必要である．前節の最後の項で力学原理とその関連の技術を解説した．これらはすべて運動方程式構築のための技術であり，集中定数系では通常，常微分方程式（Ordinary Differential Equation：ODE）の形の運動方程式を導くものである．本節では，マルチボディダイナミクスの発展に伴って生まれた，常微分方程式を導くもうひとつの方法を，最初に説明する．

2.3.1 拘束条件追加法[6]（速度変換法[5),14),15]）

2.2.4 項の式（2.2.32）を時間微分し，2.2.6 項の式（2.2.70）に代入して整理すると，次のようになる．

$$\boldsymbol{v}_H^{\mathrm{T}} \boldsymbol{m} \boldsymbol{v}_H \dot{\boldsymbol{H}} = \boldsymbol{v}_H^{\mathrm{T}} \left(\boldsymbol{f} - \boldsymbol{m} \left(\frac{\mathrm{d}\boldsymbol{v}_H}{\mathrm{d}t} \boldsymbol{H} + \frac{\mathrm{d}\boldsymbol{v}_{\bar{H}}}{\mathrm{d}t} \right) \right) \tag{2.3.1}$$

この式を，次のように簡明に表現し直しておく．

$$\boldsymbol{m}^{H} = \boldsymbol{v}_H^{\mathrm{T}} \boldsymbol{m} \boldsymbol{v}_H \tag{2.3.2}$$

$$\boldsymbol{f}^{H}=\boldsymbol{v}_{H}^{\mathrm{T}}\left(\boldsymbol{f}-\boldsymbol{m}\left(\frac{\mathrm{d}\boldsymbol{v}_{H}}{\mathrm{d}t}\boldsymbol{H}+\frac{\mathrm{d}\boldsymbol{v}_{\bar{H}}}{\mathrm{d}t}\right)\right) \tag{2.3.3}$$

$$\boldsymbol{m}^{H}\dot{\boldsymbol{H}}=\boldsymbol{f}^{H} \tag{2.3.4}$$

式（2.3.2）～(2.3.4）は，$\boldsymbol{m}$, $\boldsymbol{f}$, $\boldsymbol{v}_H$,（$\mathrm{d}\boldsymbol{v}_H/\mathrm{d}t$)，（$\mathrm{d}\boldsymbol{v}_{\bar{H}}/\mathrm{d}t$）が既知のとき，一般化速度 $\boldsymbol{H}$ の運動方程式を常微分方程式の形で構築する方法になっている．これらは質点系を対象としていて，$\boldsymbol{v}_H$ と $\boldsymbol{v}_{\bar{H}}$ は全質点の位置と時間の関数であり，（$\mathrm{d}\boldsymbol{v}_H/\mathrm{d}t$)，（$\mathrm{d}\boldsymbol{v}_{\bar{H}}/\mathrm{d}t$）は全質点の位置と速度と時間の関数である．また，三次元剛体系の場合も同じような考え方で，$\boldsymbol{m}^H$ と $\boldsymbol{f}^H$ の式をつくることができ，式（2.3.4）を運動方程式とすることができる．

しかし，ここでは少し異なった発想から類似の式をつくり，質点系や三次元剛体系に一様に適用できる方法を考える．まず，独立な一般化速度 $\boldsymbol{S}$ の系があって，その運動方程式を立てたいとする．自由な質点系からつくるなら，式（2.2.32)，(2.3.2）～(2.3.4）と同様な式が成立する．

$$\boldsymbol{v}=\boldsymbol{v}_{S}\boldsymbol{S}+\boldsymbol{v}_{\bar{S}} \tag{2.3.5}$$

$$\boldsymbol{m}^{S}=\boldsymbol{v}_{S}^{\mathrm{T}}\boldsymbol{m}\boldsymbol{v}_{S} \tag{2.3.6}$$

$$\boldsymbol{f}^{S}=\boldsymbol{v}_{S}^{\mathrm{T}}\left(\boldsymbol{f}-\boldsymbol{m}\left(\frac{\mathrm{d}\boldsymbol{v}_{S}}{\mathrm{d}t}\boldsymbol{S}+\frac{\mathrm{d}\boldsymbol{v}_{\bar{S}}}{\mathrm{d}t}\right)\right) \tag{2.3.7}$$

$$\boldsymbol{m}^{S}\dot{\boldsymbol{S}}=\boldsymbol{f}^{S} \tag{2.3.8}$$

この $\boldsymbol{S}$ の系からいくつかの拘束を外して，運動方程式がわかっている系をつくる．例えば剛体系で，剛体間の拘束をすべて外せば自由な剛体の集りになるから，運動方程式既知の系は必ずつくることができる．得られた運動方程式既知の系の独立な一般化速度を $\boldsymbol{H}$ とする．すなわち，$\boldsymbol{m}^H$ と $\boldsymbol{f}^H$ は既知である．次に，$\boldsymbol{H}$ の系にいったん外した拘束を追加して $\boldsymbol{S}$ の系を復元するが，$\boldsymbol{H}$ の系を拘束追加前の系，$\boldsymbol{S}$ の系を拘束追加後の系とよぶことにする．拘束追加後，式（2.3.4）はもはや成立しない．拘束力が生じ，$\boldsymbol{m}^H\dot{\boldsymbol{H}}=\boldsymbol{f}^H+\bar{\boldsymbol{f}}^H$ となる．なお，$\boldsymbol{m}^H$ は式（2.3.2）のようにつくられたものであり，対称行列である．

ここで，$\boldsymbol{H}$ を $\boldsymbol{S}$ の線形な式で表現する．

$$\boldsymbol{H}=\boldsymbol{H}_{S}\boldsymbol{S}+\boldsymbol{H}_{\bar{S}} \tag{2.3.9}$$

$\boldsymbol{H}_S$ と $\boldsymbol{H}_{\bar{S}}$ は一般に位置と時間の関数で，（$\mathrm{d}\boldsymbol{H}_S/\mathrm{d}t$)，（$\mathrm{d}\boldsymbol{H}_{\bar{S}}/\mathrm{d}t$）も位置と速度と時間の関数として求まる．式（2.2.32)，（2.3.5)，（2.3.9）から，$\boldsymbol{v}_S=\boldsymbol{v}_H\boldsymbol{H}_S$, $\boldsymbol{v}_{\bar{S}}=\boldsymbol{v}_H\boldsymbol{H}_{\bar{S}}+\boldsymbol{v}_{\bar{H}}$ が得られ，これらの時間微分も準備しておく．そのうえで，式（2.3.2)，（2.3.3)，(2.3.6)，（2.3.7)，（2.3.9）を利用して，$\boldsymbol{m}^H$, $\boldsymbol{f}^H$, $\boldsymbol{H}_S$,（$\mathrm{d}\boldsymbol{H}_S/\mathrm{d}t$)，（$\mathrm{d}\boldsymbol{H}_{\bar{S}}/\mathrm{d}t$), $\boldsymbol{S}$ から，$\boldsymbol{m}^S$, $\boldsymbol{f}^S$ を求める式が，次のように得られる．

$$\boldsymbol{m}^{S}=\boldsymbol{H}_{S}^{\mathrm{T}}\boldsymbol{m}^{H}\boldsymbol{H}_{S} \tag{2.3.10}$$

$$\boldsymbol{f}^{S}=\boldsymbol{H}_{S}^{\mathrm{T}}\left(\boldsymbol{f}^{H}-\boldsymbol{m}^{H}\left(\frac{\mathrm{d}\boldsymbol{H}_{S}}{\mathrm{d}t}\boldsymbol{S}+\frac{\mathrm{d}\boldsymbol{H}_{\bar{S}}}{\mathrm{d}t}\right)\right) \tag{2.3.11}$$

この $\boldsymbol{m}^S$ と $\boldsymbol{f}^S$ を用いて，式（2.3.8）が求める運動方程式である．なお，拘束追加後

に H の系に生じた拘束力に関して，$\boldsymbol{H}_S^{\mathrm{T}}\bar{\boldsymbol{f}}^{\boldsymbol{H}}=\boldsymbol{0}$ が成立する．

この運動方程式構築法は，既知の運動方程式を利用する方法で，既知の運動方程式は，自由な質点の式でも，自由な剛体の式でも，あるいは，モード座標の時間微分のような抽象的な速度変数によって表現された式でもよい．$\boldsymbol{m}^{\boldsymbol{H}}$ は対称行列のものに限定されるが，このことは大きな制約にはならない．$(\mathrm{d}\boldsymbol{H}_S/\mathrm{d}t)$，$(\mathrm{d}\boldsymbol{H}_{\bar{S}}/\mathrm{d}t)$ の計算までは，通常，数式ベースで行うべきであるが，順動力学解析では，式 (2.3.10)，(2.3.11) の計算と，式 (2.3.8) から $\dot{\boldsymbol{S}}$ を求める作業は，数値計算の計算手順のなかで行うこともできる．式 (2.3.10)，(2.3.11) は，質点系用や剛体系用の区別はない．滑らかな拘束を含むシンプルノンホロノミックな系までを適用対象とする便利な運動方程式作成方法である．

2.3.2 微分代数型運動方程式[1)-9)]

三次元剛体系の速度レベルの拘束 $\boldsymbol{\Phi}$ は，2.2.4 項の式 (2.2.28) に与えられていて，この式を時間微分すると加速度レベルの拘束式になる．

$$\dot{\boldsymbol{\Phi}}=\boldsymbol{\Phi}_{\boldsymbol{V}}\dot{\boldsymbol{V}}+\boldsymbol{\Phi}_{\boldsymbol{\Omega}'}\dot{\boldsymbol{\Omega}}'+\dot{\boldsymbol{\Phi}}^{\mathrm{R}}=\boldsymbol{0} \tag{2.3.12}$$

$$\dot{\boldsymbol{\Phi}}^{\mathrm{R}}=\left(\frac{\mathrm{d}\boldsymbol{\Phi}_{\boldsymbol{V}}}{\mathrm{d}t}\right)\boldsymbol{V}+\left(\frac{\mathrm{d}\boldsymbol{\Phi}_{\boldsymbol{\Omega}'}}{\mathrm{d}t}\right)\boldsymbol{\Omega}'+\left(\frac{\mathrm{d}\boldsymbol{\Phi}_{\overline{\boldsymbol{V}\boldsymbol{\Omega}'}}}{\mathrm{d}t}\right) \tag{2.3.13}$$

拘束力，拘束トルクを含む形で三次元剛体系の運動方程式は，2.2.3 項の式 (2.2.15)，(2.2.16) に与えられており，拘束力と拘束トルクは，ラグランジュの未定乗数 $\boldsymbol{\Lambda}$ を用いて，2.2.4 項の式 (2.2.29)，(2.2.30) のように表現されている．代入して，式 (2.2.15)，(2.2.16) は次のように書き換えることができる．

$$\boldsymbol{M}\dot{\boldsymbol{V}}+\boldsymbol{\Phi}_{\boldsymbol{V}}^{\mathrm{T}}\boldsymbol{\Lambda}=\boldsymbol{F} \tag{2.3.14}$$

$$\boldsymbol{J}'\dot{\boldsymbol{\Omega}}'+\tilde{\boldsymbol{\Omega}}'\boldsymbol{J}'\boldsymbol{\Omega}'+\boldsymbol{\Phi}_{\boldsymbol{\Omega}'}^{\mathrm{T}}\boldsymbol{\Lambda}=\boldsymbol{N}' \tag{2.3.15}$$

これら 2 つの微分方程式は，式 (2.2.28)，あるいは，そのもとになっている位置レベルの拘束式（代数方程式）と連立して，微分代数型運動方程式を構成している．拘束式を時間微分して加速度レベルの式 (2.3.12) にすると，次のようにまとめて解きやすい形の運動方程式表現になる．

$$\begin{bmatrix}\boldsymbol{M} & \boldsymbol{0} & \boldsymbol{\Phi}_{\boldsymbol{V}}^{\mathrm{T}}\\ \boldsymbol{0} & \boldsymbol{J}' & \boldsymbol{\Phi}_{\boldsymbol{\Omega}'}\\ \boldsymbol{\Phi}_{\boldsymbol{V}} & \boldsymbol{\Phi}_{\boldsymbol{\Omega}'} & \boldsymbol{0}\end{bmatrix}\begin{bmatrix}\dot{\boldsymbol{V}}\\ \dot{\boldsymbol{\Omega}}'\\ \boldsymbol{\Lambda}\end{bmatrix}=\begin{bmatrix}\boldsymbol{F}\\ \boldsymbol{N}'-\tilde{\boldsymbol{\Omega}}'\boldsymbol{J}'\boldsymbol{\Omega}'\\ -\dot{\boldsymbol{\Phi}}^{\mathrm{R}}\end{bmatrix} \tag{2.3.16}$$

この式は，三次元剛体系を対象とした微分代数型運動方程式である．質点系用，平面運動する剛体系用の微分代数型運動方程式も，同様につくることができる．

常微分方程式の形の運動方程式が得られる系も，それが困難な場合も，式 (2.3.16) のような微分代数型運動方程式の作成は容易である．系の剛体が決まれば，$\boldsymbol{M}$，$\boldsymbol{J}'$，$\boldsymbol{V}$，$\boldsymbol{\Omega}'$ は，具体的に定まる．作用力 $\boldsymbol{F}$ と作用トルク $\boldsymbol{N}'$ は，位置，回転姿勢，速度，角速度，時間の関数として表現できる．残りの必要な情報は拘束 $\boldsymbol{\Phi}$ だけである．拘束は，運動学的関係であり，接触問題などの複雑なものを除けば，簡単である．ただし，微分代数型運動方程式は数値解を求める作業に複雑さがあることを覚悟しなければならない.

微分代数型運動方程式は，常微分型に比べ，未知数が多いのでそのまま解くと計算時間がかかる．計算時間を少なくするための工夫が必要である．また，式（2.3.16）の微分代数型運動方程式では，拘束条件を加速度レベルにして連立させた．そのため，速度レベルと位置レベルの拘束条件に積分誤差が蓄積され，不安定になる可能性がある．そのための対策も考えておかなければならない.

微分代数型運動方程式では，独立な一般化速度 $\boldsymbol{H}$ を選択する必要がない．この選択を計算機で自動的に行わせることは簡単ではないが，その必要がないため，汎用プログラムがつくりやすい．汎用プログラムを利用する場合，利用者が運動方程式をつくって計算機に入力する必要はなく，単に，系を構成している剛体の情報と，剛体間の相互作用を受ける剛体上の点の情報，そして，相互作用の情報を入力すればよい．相互作用は，力要素と拘束要素に大別でき，これらは，通常，ライブラリーとして登録されたものから選択する形がとられる．そのような入力情報から，自動的に，微分代数方程式とその数値解法に合わせた準備を行うことができる.

式（2.3.16）には，一般化速度として $\boldsymbol{V}$ と $\boldsymbol{\Omega}'$ が用いられている．$\boldsymbol{V}$ に対応する一般化座標には $\boldsymbol{R}$ が用いられるが，$\boldsymbol{\Omega}'$ に対応する回転姿勢としてはオイラー角かオイラーパラメータを用いることになり，それらを求めるためには，2.1.4 項の式（2.1.44）や式（2.1.45）が利用される．一方，オイラー角やオイラーパラメータの時間微分を角速度 $\boldsymbol{\Omega}'$ の代わりに用いた微分代数方程式をつくることも可能である.

最近は，微分代数型運動方程式が，マルチボディダイナミクスの範囲を超えて注目されるようになり，その数値計算上の困難さなどが分析され，計算方法に関する技術的な進展が研究されている．マルチボディダイナミクスの分野においても，多面的な研究が進められているが、微分代数型運動方程式にかかわる研究も盛んである[5),7)-9)].

2.3.3 木構造を対象とした漸化型の順動力学解析定式化[6),16)]

常微分型の運動方程式を用いた順動力学解析では，微小な刻みで時間を進めながら，連立一次方程式を準備して解く作業を繰り返す．規模の大きなモデルでは，この連立一次方程式の求解にかかわる時間が計算時間全体に対して支配的である．連立一次方程式の求解には，ガウスの消去法などが用いられ，基本的には未知数の数の 3 乗の計算時間を要するので，単純に考えればモデル規模の 3 乗の計算時間がかかることになる．モデル規模は，常微分方程式の場合は一般化速度の数であろうが，マクロには剛体数と考えてもよいであろう.

本項で述べる方法は，剛体数に比例する計算時間を実現できるので，画期的である．ただし，木構造とよばれる系に限定された技術である．計算時間が剛体数に比例しているので Order-N Algorithm とよばれることがある．また，この方法は，漸

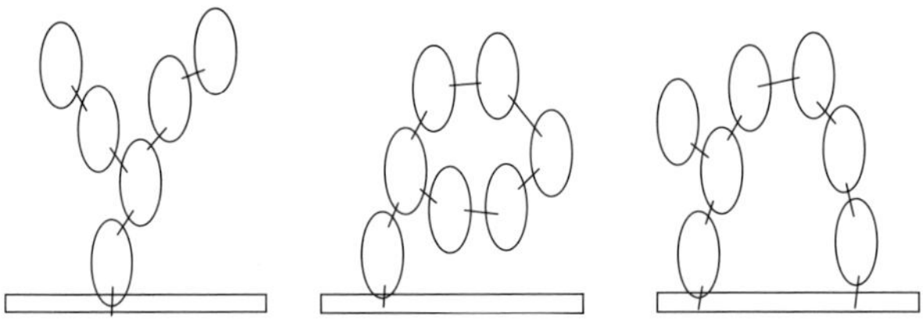

図 2.11 木構造（左側）とループを含む系（中央，右側）

化式による定式化に基づいていて，Recursive-Formulation とよばれることもある．ただし，この定式化は，簡単ではない．本項では，どのような技術であるか，概略の説明にとどめる．

剛体系の場合，慣性座標系および系を構成する剛体が相互に拘束結合されているとみることができる．この拘束結合によるループのない系を木構造という（図 2.11）．慣性座標系との拘束結合のない木が 1 つ以上あるときは，拘束のない拘束結合を適当に補足することで，慣性座標系に根差した 1 本の木に仕上げることができる．n 個の剛体からなる木構造の場合，慣性座標系の番号を 0 として，全剛体に 1 から n まで番号を付け，慣性座標系に近いほうが小さい番号になるような親子関係を与えることができる(図 2.12)．漸化計算は，この番号に沿って，順方向と逆方向に行われる．

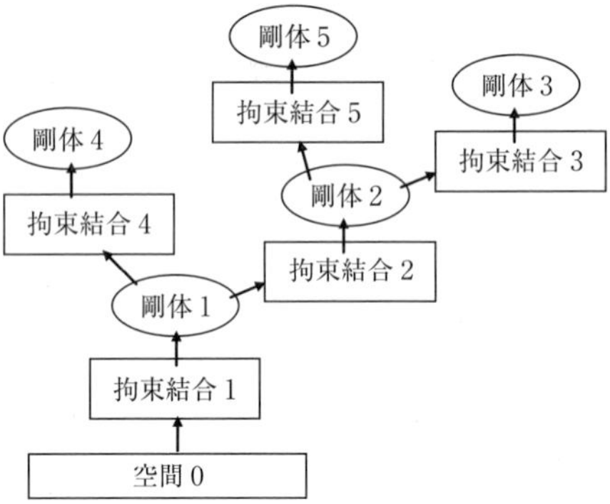

図 2.12 木構造の番号付け（親の番号＜拘束結合の番号＝子の番号）

a. 並進と回転をまとめた運動方程式

2.1.5 項の式（2.1.54）で紹介したものと同じ形のダブルダッシュ変数 $\boldsymbol{V}''_{\mathrm{O}i}$ は，剛体 i の重心速度 $V'_{\mathrm{O}i}$（i 座標系表現）と角速度 $\boldsymbol{\Omega}'_{\mathrm{O}i}$（$i$ 座標系表現）を縦に並べた 6×1 列行列である．この変数を用い，拘束力を含む形で，剛体 i の運動方程式は次のように書くことができる．

$$\boldsymbol{M}''_i \dot{\boldsymbol{V}}''_{\mathrm{O}i} + \tilde{\boldsymbol{\Omega}}''_{\mathrm{O}i} \boldsymbol{M}''_i \boldsymbol{V}''_{\mathrm{O}i} = \boldsymbol{F}''_{\mathrm{O}i} + \bar{\boldsymbol{F}}''_{\mathrm{O}i} \tag{2.3.17}$$

$\boldsymbol{V}''_{\mathrm{O}i}$ 以外の変数は，$\boldsymbol{M}''_i = \mathrm{diag}({}^3\boldsymbol{M}_i, \boldsymbol{J}'_{\mathrm{O}i})$，$\tilde{\boldsymbol{\Omega}}''_{\mathrm{O}i} = \mathrm{diag}(\tilde{\boldsymbol{\Omega}}'_{\mathrm{O}i}, \tilde{\boldsymbol{\Omega}}'_{\mathrm{O}i})$，$\boldsymbol{F}''_{\mathrm{O}i} = [\boldsymbol{F}'^{\mathrm{T}}_{\mathrm{O}i}\ \ \boldsymbol{N}'^{\mathrm{T}}_{\mathrm{O}i}]^{\mathrm{T}}$，$\bar{\boldsymbol{F}}''_{\mathrm{O}i} = [\bar{\boldsymbol{F}}'^{\mathrm{T}}_{\mathrm{O}i}\ \ \bar{\boldsymbol{N}}'^{\mathrm{T}}_{\mathrm{O}i}]^{\mathrm{T}}$ である．diag はブロック対角行列の作成を意図している．このような運動方程式を $i=1, 2, \cdots, n$ の剛体系についてまとめて、系の運動方程式をケイン型で表すと次のようになる．

$$\boldsymbol{V}''^{\mathrm{T}}_{\boldsymbol{H}} \boldsymbol{M}'' \dot{\boldsymbol{V}}'' = \boldsymbol{V}''^{\mathrm{T}}_{\boldsymbol{H}} (\boldsymbol{F}'' - \tilde{\boldsymbol{\Omega}}'' \boldsymbol{M}'' \boldsymbol{V}'') \tag{2.3.18}$$

$\boldsymbol{V}''$ は $\boldsymbol{V}''_{\mathrm{O}i}$（$i=1, 2, \cdots, n$）を順に縦に並べたものである．$\boldsymbol{F}''$ も $\boldsymbol{F}''_{\mathrm{O}i}$ から同様につくら

表 2.2 漸化型定式化 ($i=1,2,\cdots,n$)

式番号	利用する主な計算式	求める変数，漸化計算の方向
(2.3.22)	$\boldsymbol{V}''=\boldsymbol{L}\boldsymbol{V}''+\boldsymbol{D}\boldsymbol{H}+\boldsymbol{U}$	位置レベル変数と $\boldsymbol{V}''_{0i}$，順方向
(2.3.23)	$\boldsymbol{\Sigma}=\dot{\boldsymbol{L}}\boldsymbol{V}''+\dot{\boldsymbol{D}}\boldsymbol{H}+\dot{\boldsymbol{U}}$	$\boldsymbol{\Sigma}_{0i}$，漸化計算ではない．
(2.3.24)	$\boldsymbol{W}=\boldsymbol{M}'+\boldsymbol{L}^{\mathrm{T}}(\boldsymbol{I}-\boldsymbol{W}\boldsymbol{D}(\boldsymbol{D}^{\mathrm{T}}\boldsymbol{W}\boldsymbol{D})^{-1}\boldsymbol{D}^{\mathrm{T}})\boldsymbol{W}\boldsymbol{L}$	6×6 対称行列 $\boldsymbol{W}_i$，逆方向
(2.3.25)	$\boldsymbol{Z}=\widehat{\boldsymbol{F}''}+\boldsymbol{L}^{\mathrm{T}}(\boldsymbol{I}-\boldsymbol{W}\boldsymbol{D}(\boldsymbol{D}^{\mathrm{T}}\boldsymbol{W}\boldsymbol{D})^{-1}\boldsymbol{D}^{\mathrm{T}})(\boldsymbol{Z}-\boldsymbol{W}\boldsymbol{\Sigma})$	6×1 列行列 $\boldsymbol{Z}_{0i}$，逆方向
(2.3.26)	$\dot{\boldsymbol{H}}=-(\boldsymbol{D}^{\mathrm{T}}\boldsymbol{W}\boldsymbol{D})^{-1}\boldsymbol{D}^{\mathrm{T}}(\boldsymbol{W}\boldsymbol{L}\dot{\boldsymbol{V}}''+\boldsymbol{W}\boldsymbol{\Sigma}-\boldsymbol{Z})$	$\dot{\boldsymbol{H}}_i$ と $\dot{\boldsymbol{V}}''_{0i}$，2 式を組み合わせた
(2.3.27)	$\dot{\boldsymbol{V}}''=\boldsymbol{L}\dot{\boldsymbol{V}}''+\boldsymbol{D}\dot{\boldsymbol{H}}+\boldsymbol{\Sigma}$	順方向
	拘束力を含む運動方程式（必要に応じて計算）	拘束力，逆方向

れ，$\boldsymbol{M}''$ と $\tilde{\boldsymbol{\Omega}}''$ は，それぞれ，$\boldsymbol{M}''_i$ と $\tilde{\boldsymbol{\Omega}}''_{0i}$ を対角的に並べてつくられる．$\boldsymbol{H}$ は系の独立な一般化速度である．この式で，$\widehat{\boldsymbol{F}''}=\boldsymbol{F}''-\tilde{\boldsymbol{\Omega}}''\boldsymbol{M}''\boldsymbol{V}''$ とおくと運動方程式は次のように簡潔な形になる．

$$\boldsymbol{V}''^{\mathrm{T}}_{H}\boldsymbol{M}''\dot{\boldsymbol{V}}''=\boldsymbol{V}''^{\mathrm{T}}_{H}\widehat{\boldsymbol{F}''} \qquad (2.3.19)$$

式 (2.3.18)，または，(2.3.19) の運動方程式は，まだ，木構造に限定したものではない．2.3.1 項の拘束条件追加法や 2.2 節のケイン型運動方程式として利用可能である．

式 (2.3.19) が，以下の漸化型定式化のもとになる．この式に出てくる $\boldsymbol{V}''$，$\boldsymbol{H}$，$\boldsymbol{M}''$，$\widehat{\boldsymbol{F}''}$ が以下の説明につながっていて，表 2.2 の漸化型定式化にも表れている．

b. 速度レベル変数を計算するための漸化式

系を構成するすべての剛体は，慣性座標系から木構造に沿ってつながっている．その結合をになう拘束結合は，関節とかジョイントとよばれる．j 番目の剛体の親が i 番目の剛体だとすると，$i<j$ であるが，両者の間の拘束結合は子剛体と同じ j 番目と数えることにする（図 2.12）．全部で n 個の拘束結合があり，j 番目の拘束結合は一般化座標 $\boldsymbol{X}_j$ と一般化速度 $\boldsymbol{H}_j$ をもっている．これらは，スカラーとは限らず，三次元剛体系の場合，要素数が 0 以上 6 以下の列行列である．系全体の一般化座標 $\boldsymbol{X}$ と一般化速度 $\boldsymbol{H}$ は，$\boldsymbol{X}_j$ と $\boldsymbol{H}_j$ それぞれを順に縦に並べた列行列とする．

$\boldsymbol{V}''$ の要素 $\boldsymbol{V}''_{0j}$ は，一般に，親剛体の $\boldsymbol{V}''_{0i}$ と j 番目の拘束結合の $\boldsymbol{H}_j$ で定まり，この 2 つの速度レベル変数の線形な関係で表現できる．

$$\boldsymbol{V}''_{0j}=\boldsymbol{L}_{ji}\boldsymbol{V}''_{0i}+\boldsymbol{D}_j\boldsymbol{H}_j+\boldsymbol{U}_j \qquad (2.3.20)$$

$\boldsymbol{L}_{ji}$，$\boldsymbol{D}_j$，$\boldsymbol{U}_j$ は親子両方の剛体の慣性座標系に対する重心位置と回転姿勢と時間の関数で，具体的な形は拘束結合 j の種類によって定まる．ただし，剛体 j の親が慣性空間の場合は，$\boldsymbol{V}''_{0i}$ は $\boldsymbol{0}$ で，式 (2.3.20) 右辺の最初の項自体がなく，$\boldsymbol{L}_{ji}$ も存在しない．なお，$\boldsymbol{L}_{ji}$ は 6×6，$\boldsymbol{D}_j$ は 6×($\boldsymbol{H}_j$ の数)，$\boldsymbol{U}_j$ は 6×1 の大きさの行列である．

剛体 j の重心位置と回転姿勢も，剛体 i の重心位置と回転姿勢，j 番目の拘束結合の一般化座標 $\boldsymbol{X}_j$，そして時間の関数になるが，この関数は一般に非線形である．その非線形な関数の形は拘束結合 j の種類によって定まる．ホロノミック拘束の場合はその関数を時間微分すると式 (2.3.20) になる．

式 (2.3.20) は，$j=1,2,\cdots,n$ のすべてに対して存在し，この番号順に計算する．

計算されたV''_{0j}は，j番目が木構造の葉（末端の剛体）以外の場合は，子剛体の計算に必要になる．この計算は，順方向の漸化計算とよばれる．別に，$j=n, \cdots, 2, 1$と逆順に計算する場合が出てくるが，それを逆方向の漸化計算とよぶ．

c. 漸化型定式化

すべての拘束結合について式（2.3.20）をつくることができ，それを1つにまとめた式が，表2.2の式（2.3.22）である．式中の$\boldsymbol{L}$は6×6のブロックが$n\times n$個並んでいる正方行列である．この$\boldsymbol{L}$はすべての漸化計算を支配する重要なもので，その中の$\mathbf{0}_{6\times6}$以外のブロックの位置が，木構造と剛体に付けられた番号に密接にかかわっている．図2.11の$n=5$の場合は次のようになる．この事例からLの構造は理解できるであろう．

$$\boldsymbol{L}=\begin{bmatrix}\mathbf{0}_{6\times6} & \mathbf{0}_{6\times6} & \mathbf{0}_{6\times6} & \mathbf{0}_{6\times6} & \mathbf{0}_{6\times6}\\ \boldsymbol{L}_{21} & \mathbf{0}_{6\times6} & \mathbf{0}_{6\times6} & \mathbf{0}_{6\times6} & \mathbf{0}_{6\times6}\\ \mathbf{0}_{6\times6} & \boldsymbol{L}_{32} & \mathbf{0}_{6\times6} & \mathbf{0}_{6\times6} & \mathbf{0}_{6\times6}\\ \boldsymbol{L}_{41} & \mathbf{0}_{6\times6} & \mathbf{0}_{6\times6} & \mathbf{0}_{6\times6} & \mathbf{0}_{6\times6}\\ \mathbf{0}_{6\times6} & \boldsymbol{L}_{52} & \mathbf{0}_{6\times6} & \mathbf{0}_{6\times6} & \mathbf{0}_{6\times6}\end{bmatrix} \tag{2.3.21}$$

なお，$\boldsymbol{L}$の対角ブロックと上三角ブロックは必ず$\mathbf{0}_{6\times6}$であり，第1ブロック行はすべてが$\mathbf{0}_{6\times6}$，そのほかのブロック行では$\mathbf{0}_{6\times6}$以外のブロックは1つだけである．

$\boldsymbol{D}$は$\boldsymbol{D}_j$を番号順にブロック対角的に並べたもので，行列サイズは$6n\times$（$\boldsymbol{H}$の数）である．$\boldsymbol{U}$は$\boldsymbol{U}_j$を番号順に縦に並べたもので，行列サイズは$6n\times1$である．式(2.3.22)は$\boldsymbol{V}''$の要素ブロックを求めるための漸化式で，$\boldsymbol{L}$が順方向の漸化計算を支配している．この式と表2.2のほかの式を用いた計算は，順方向か逆方向かにかかわらず，各式をブロック行に分けて，剛体単位で計算を進めることが必要であり，それにより，Order-Nの計算速度が実現できる．

d. $\boldsymbol{H}$から$\dot{\boldsymbol{H}}$への計算

表2.2には，一般化速度$\boldsymbol{H}$から始めて，一般化速度の時間微分$\dot{\boldsymbol{H}}$を計算するために必要な式がまとめられている．すべての式を，ブロック行に分け，剛体単位に計算を進める必要がある．式（2.3.24）の$\boldsymbol{W}$は，剛体の数だけの6×6対称行列$\boldsymbol{W}_j$が対角ブロックに並んだブロック対角行列であり，式（2.3.25）の$\boldsymbol{Z}$は，剛体の数だけの6×1列行列$\boldsymbol{Z}_j$が縦に並んだ列行列である．

式（2.3.23）以外は漸化式で，$\boldsymbol{L}$か$\boldsymbol{L}^{\mathrm{T}}$が含まれている．式（2.3.22），（2.3.23），（2.3.25），（2.3.27）の解は，n個の6×1列行列，式（2.3.26）の解はn個の（$\boldsymbol{H}_j$の数$\times1$）列行列，式（2.3.24）はn個の6×6行列を計算する．式（2.3.24）以外の漸化式は$\boldsymbol{L}$か$\boldsymbol{L}^{\mathrm{T}}$が各式に1つ入っている．$\boldsymbol{L}$が入っているものは順方向の漸化計算になり，$\boldsymbol{L}^{\mathrm{T}}$が入っている式（2.3.25）は逆方向の漸化計算になる．式（2.3.24）には，$\boldsymbol{L}^{\mathrm{T}}$と$\boldsymbol{L}$で挟まれた部分があるが，$6\times6$ブロック行列を計算するための構造になっていて，これも逆方向の漸化計算である．式（2.3.26），（2.3.27）以外は，この表の順番で各式の計算を進める．式（2.3.26）と式（2.3.27）は，2つを組み合わせて順方

向の漸化計算を行う．

式（2.3.22）の計算に先立って，回転姿勢と位置の順方向漸化計算が必要であるが，この計算も剛体ごとに，式（2.3.22）の $\boldsymbol{V}''$ の計算と合わせて行えばよい．式（2.3.23）は，漸化式ではないので，剛体ごとの計算順序は問わないが，これも式（2.3.22）と合わせて行うことができる．式（2.3.24）と式（2.3.25）の計算にあたって，$\boldsymbol{M}'$ と $\widehat{\boldsymbol{F}''}$ を剛体ごとに事前に $\boldsymbol{W}$ と $\boldsymbol{Z}$ に代入しておく．この代入も式（2.3.22）と合わせて行うことができる．この事前の代入により，式（2.3.24）は $\boldsymbol{M}'$ を $\boldsymbol{W}$ に，式（2.3.25）は $\widehat{\boldsymbol{F}''}$ を $\boldsymbol{Z}$ に置き換えた式に変更し，その式を逆方向に漸化計算する．このような操作で，木構造の枝葉の分岐の有無にかかわらず，一様な処理で漸化計算が実現できる．式（2.3.24）～(2.3.26）には，共通の因子 $(\boldsymbol{D}^{\mathrm{T}}\boldsymbol{W}\boldsymbol{D})^{-1}$ があるが，このような因子の計算は式（2.3.24）で行い，結果を保存しておいて式（2.3.25）と式（2.3.26）で再利用するなどの配慮が計算時間節約に役立つ．式（2.3.26）と式（2.3.27）は，2式を組み合わせた順方向の漸化計算により，剛体ごとの $\dot{\boldsymbol{H}}$ の要素と $\dot{\boldsymbol{V}}''$ の要素が交互に得られる．拘束力を求める必要があれば，逆方向の漸化計算を追加することになる．

以上のOrder-Nの計算方法は，表2.2の各式と，その中に含まれる $\boldsymbol{L}$ と $\boldsymbol{L}^{\mathrm{T}}$ によって，必然的に定まる順序である．これを確認するには式（2.3.21）などの事例を利用すればよい．また，もっと具体的な事例として，平面問題か三次元問題の多重剛体振子を取り上げ，$n=3$～4程度まで，実際の計算式を計算順に書き下してみるとよい．この場合は，表2.2には省略した回転姿勢と位置の漸化計算も加えるほうがよいであろう．ODEの運動方程式をつくり，両者の計算結果を比べてみることも興味深い．剛体数 n を増やすことは難しくないであろうから，計算時間も調べてほしい．

表2.2の漸化式を導くことは簡単ではない．本項の目的は，漸化型の定式化がどのようなものかを感じ取り，思いを巡らせるきっかけを与えることである．そして，この定式化についても，計算速度の向上，木構造の制約の除去など，実用性向上の研究が続けられている[7),17)]．

［田島　洋］

文　献

1) Nikravesh, P. E.：*Computer-Aided Analysis of Mechanical Systems*, Prentice-Hall, 1988.
2) Haug, E. J.：*Computer Aided Kinematics and Dynamics of Mechanical Systems*, Vol. 1 Basic Methods, Ally and Bacon, 1989.
3) Shabana, A. A.：*Computational Dynamics*, 2nd Ed., John Wiley & Sons, 2001.
4) Josephs, H. and Huston, R. L.：*Dynamics of Mechanical Systems*, CRC Press, 2002.
5) Shabana, A. A.：*Dynamics of Multibody Systems*, Cambridge University Press, 2005.
6) 田島洋：マルチボディダイナミクスの基礎，東京電機大学出版局，2006.
7) Featherstone, R.：*Rigid Body Dynamics Algorithm*, Springer, 2007.
8) Bremer, H.：*Elastic Multibody Dynamics*, Springer, 2008.
9) Bauchau, O. A.：*Flexible Multibody Dynamics*, Springer, 2011.
10) Goldstein, H. *et al.* 著，瀬川富士ほか訳：古典力学（上），原著第3版，吉岡書店，2006.

11) Kane, T. R. *et al.*: *Spacecraft Dynamics*, McGraw-Hill, 1983.
12) 原島 鮮，：力学，三訂版，裳華房，1985.
13) Crandall, S. H. *et al.*: *Dynamics of Mechanical and Electromechanical Systems*, McGraw-Hill, 1968.
14) Jerkovsky, W.: The structure of multibody dynamics equations, *J. Guidance Control*, **1**(3) (1978), 173-182.
15) Kim, S. S. and Vanderploeg, M. J.: A general and efficient method for dynamics analysis of mechanical systems using velocity transformations, *ASME J. Mech. Trans. Autom. Des.*, **108**(1986), 176-182.
16) Rosenthal, D. E.: An order n formulation for robotic systems, *J. Astronaut. Sci.*, **38**(4) (1990), 511-529.
17) García de Jalón, J. and Bayo, E.: *Kinematic and Dynamic Simulation of Mutibody Systems The Real-Time Challenge*, Springer-Verlag, 1994.

3.　線形振動系のモデル化と挙動

3.1　1自由度系モデル

3.1.1　モ デ ル 化

a.　保存系の固有振動数

物体の運動エネルギー T と位置エネルギー（歪みエネルギー）V の和 $E=T+V$ が運動中に一定に保たれている系を保存系という．この保存系の振動は，図 3.1 のような 1 自由度（単振動）系で模式される．この質点の振動に対応して運動エネルギーと位置エネルギーは互いに補完し合い．和は一定に納まるさまが読み取れる．よって，運動エネルギーの最大値 $T_{\max}$ と位置エネルギーの最大値 $V_{\max}$ が等しい．

$$T_{\max}=V_{\max} \tag{3.1.1}$$

この関係より固有円（角）振動数 ω_n が次式で決定される．

$$T_{\max}=\frac{m(a\omega_n)^2}{2},\quad V_{\max}=\frac{ka^2}{2} \quad\rightarrow\quad \omega_n=\sqrt{\frac{k}{m}} \tag{3.1.2}$$

ただし，m は質量［kg］，k はばね定数［N/m］である．

振動とは静的平衡点からの変位で，動挙動とよばれる．よって，エネルギー変化も静的平衡点からのずれで計算する．図 3.1 の系では，重力でばねが伸びて釣り合った状態が零基準である．よって，重力が作用しないとしてのエネルギー計算に相当する．

b.　ば ね 定 数

ばね定数とは，単位荷重あたりの変形量の逆数だから，その値は材料力学より決定

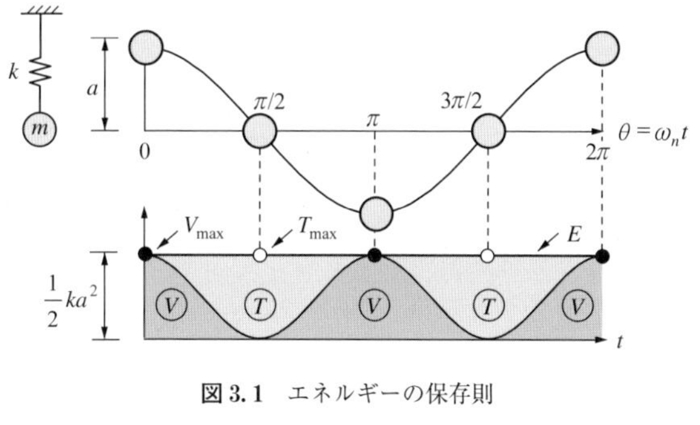

図 3.1　エネルギーの保存則

表 3.1 直線ばね定数

弾性系	弾性系
(1) 片持ばり $k=\dfrac{3EI}{l^3}$ (a) 長方形断面 $I=bh^3/12$ (b) 円形断面 $I=\pi d^4/64$ 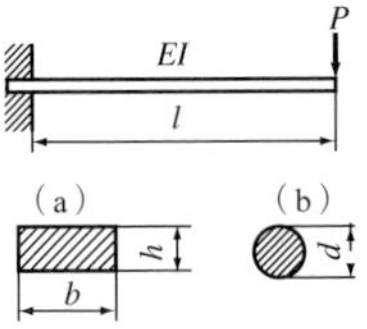 	(3) 両端支持ばり $k=\dfrac{3EIl}{l_1^2 l_2^2}$ $l_1=l_2=l/2$ のときは $k=\dfrac{48EI}{l^3}$ 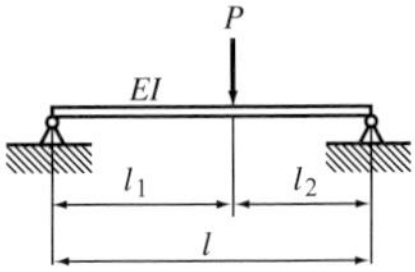
(2) 先細ばり $k=\dfrac{Ebh^3}{6l^3}$ 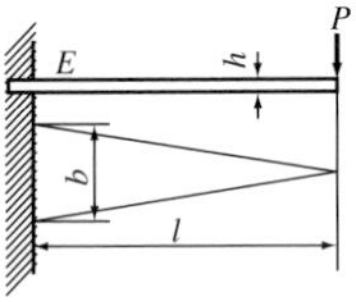 	(4) 両端固定ばり $k=\dfrac{3EIl^3}{l_1^3 l_2^3}$ $l_1=l_2=l/2$ のときは $k=\dfrac{192EI}{l^3}$ 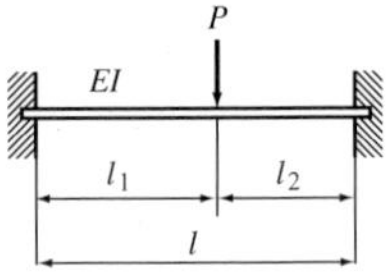

される．求め方の一例を表 3.1 に示す．詳しくは文献 1 を参照されたい．

c. ばね部質量の固有振動数に及ぼす影響

簡易的には，ばね部質量＝0 の理想的な条件のもとで固有振動数が計算される．しかし，実際にはばね部質量の影響で，理想的な場合に比べ必ず低下する．この影響を無視することは楽観的な設計に陥りやすいので，要注意である．

例えば，図 3.2 のばね・質量系でばね部質量を m_s，ばね先端の変位を y とすると，ばね各部の振れは直線的であるから

$$\delta=\left(\frac{x}{l}\right)y\equiv\xi y \tag{3.1.3}$$

と書け，先端質点の運動エネルギーに，線密度 ρ_1 のばね部質量の運動エネルギーを加算し

$$\begin{aligned}T&=\frac{m}{2}\dot{y}^2+\frac{1}{2}\int_0^l\rho_1\dot{\delta}^2\mathrm{d}x\\&=\dot{y}^2\left(\frac{m}{2}+\frac{m_s}{2}\int_0^1\xi^2\mathrm{d}\xi\right)\\&=\frac{1}{2}\left(m+\frac{m_s}{3}\right)\dot{y}^2\end{aligned} \tag{3.1.4}$$

となる．よって，固有角振動数 ω_n を求める公式は次式に変わる．

$$\omega_n=\sqrt{\frac{k}{(m+m_s/3)}} \tag{3.1.5}$$

一様棒のばね剛性とともに質量効果をも考慮したときの付加質量の例を図 3.3 に示す．これは後述のモード合成法モデル（3.3.2

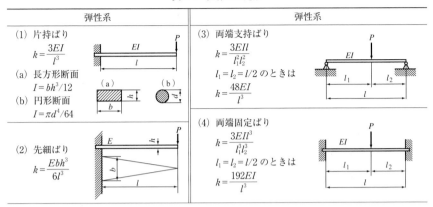

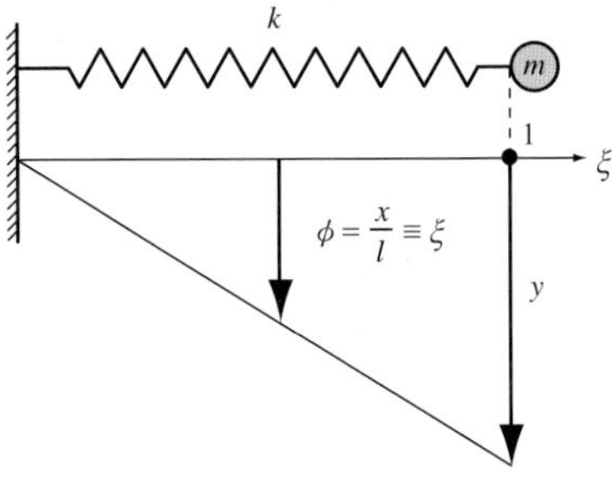

図 3.2 ばね部質量の影響例

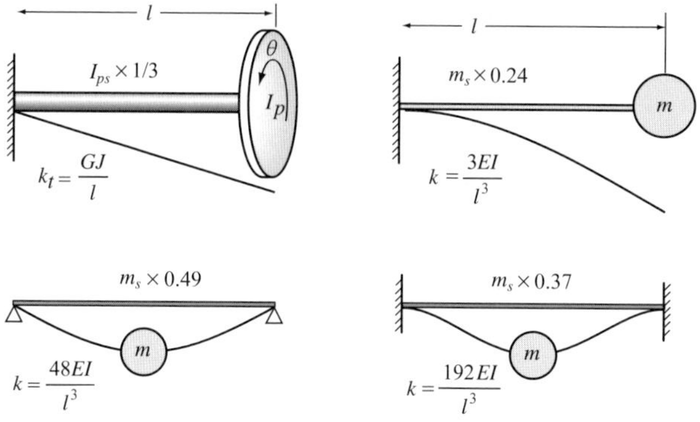

図 3.3　ばね部の等価質量

項参照）の等価質量に相当する．

3.1.2　自 由 振 動

a.　質量，ばね，粘性減衰系

流体減衰力，摩擦力，空気抵抗，渦電流損などが介在する場合，これら力のなす仕事は熱に変換されるので非保存系という．1自由度非保存系は質量，ばねに粘性減衰 c を追加した図 3.4 で模式される．実際の粘性減衰定数 c［N・s/m］を臨界粘性減衰定数 $c_c = 2\sqrt{mk}$［N・s/m］で除したものを減衰比 $\zeta = c/c_c$［無次元］という．このときの自由振動の運動方程式は次式となる．

$$m\ddot{x} + c\dot{x} + kx = 0 \quad \rightarrow \quad \ddot{x} + 2\zeta\omega_n\dot{x} + \omega_n^2 x = 0 \tag{3.1.6}$$

また，速度 $v = \dot{x}$ と変位 x の平面で位相面軌道は次式で規定される．

$$\frac{\mathrm{d}v}{\mathrm{d}x} = \frac{\mathrm{d}v/\mathrm{d}t}{\mathrm{d}x/\mathrm{d}t} = -\frac{2\zeta\omega_n v + \omega_n^2 x}{v} \tag{3.1.7}$$

一方，特性根 λ は

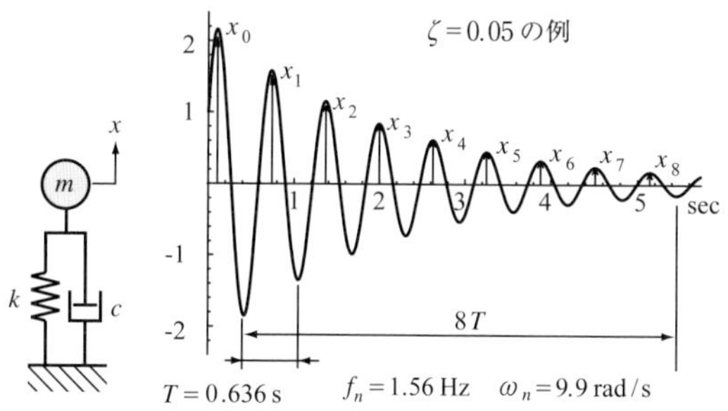

図 3.4　減衰振動系

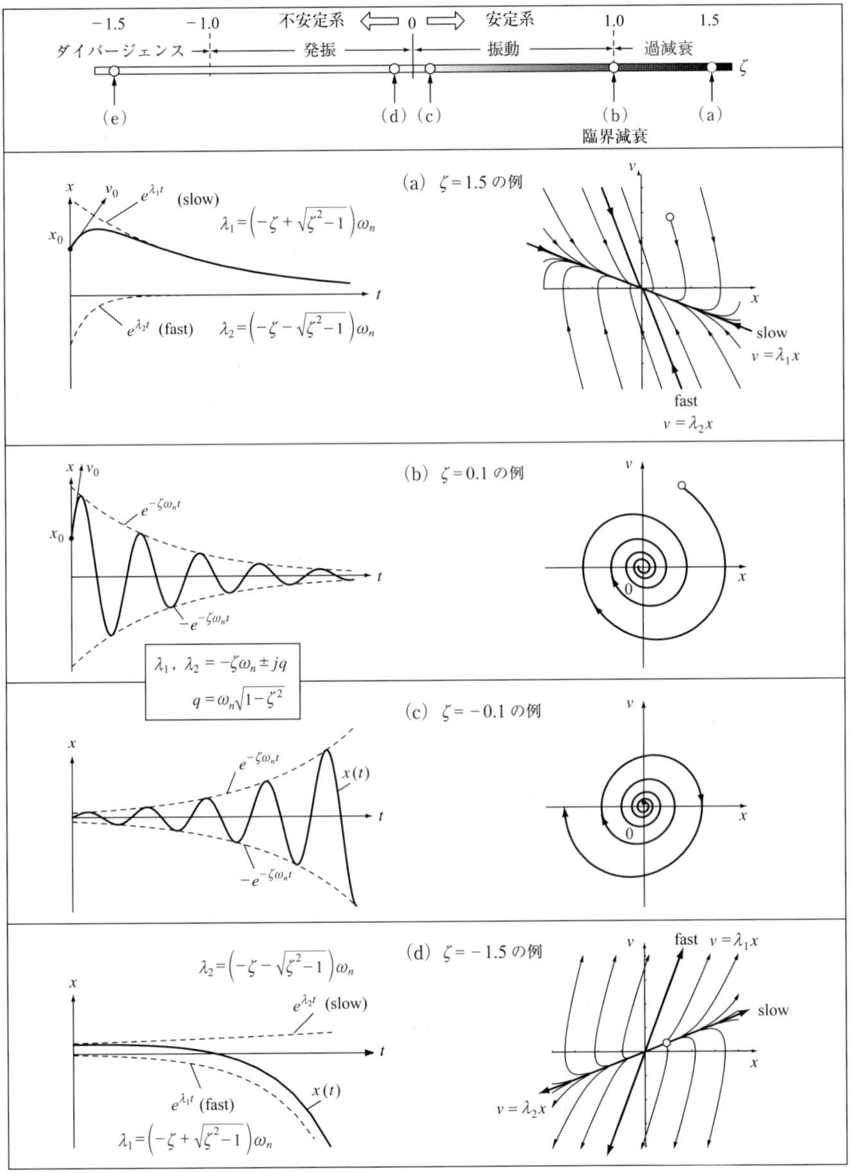

図 3.5 振動波形と位相面軌道

$$\left.\begin{array}{ll}\lambda=-\zeta\omega_n\pm\omega_n\sqrt{\zeta^2-1} & (\text{ただし，}|\zeta|>1\text{ で 2 実根})\\ \lambda=-\zeta\omega_n\pm j\omega_n\sqrt{1-\zeta^2} & (\text{ただし，}|\zeta|<1\text{ で 2 複素根})\end{array}\right\} \tag{3.1.8}$$

特性根の値によって，振動波形および位相面軌道[2)]がどのように変わるかを図 3.5 にて概観している．通常は，振動的に安定な $0<\zeta\ll1$ の範囲の現象をよく観察し，減衰固有振動数は $\omega_n\sqrt{1-\zeta^2}\approx\omega_n$ だから固有振動数にほぼ等しい．

b.　減　衰　比

減衰比 ζ は，振動的見地から機械の良否を決定する最重要パラメータである．その測定の代表的な方法は，図 3.4 に示すようにインパルス振動波形の振幅包絡線に注目する方法である．隣り合う振幅同士の比は一定だから，

$$\text{対数減衰率}：\delta=\ln\left(\frac{a_n}{a_{n+1}}\right) \tag{3.1.9}$$

$$\text{減　衰　比}：\zeta=\frac{\delta}{2\pi}=\frac{1}{2\pi}\ln\left(\frac{a_n}{a_{n+1}}\right) \tag{3.1.10}$$

で推定される．

［**例 3.1**］　図 3.4 の波形に物差しを当てて，減衰比 $\zeta=0.05$ を読み取れ．

［**例 3.2**］　図 3.6 はインパルス波形 A と FFT 分析結果 B である．この減衰比は

$$\zeta=\frac{1}{2\pi n}\ln\left(\frac{a_0}{a_n}\right)\quad \text{ただし，}n=\frac{\omega_n T_{0-n}}{2\pi}\quad\rightarrow\quad\zeta=0.0022$$

c.　位相進み/遅れと減衰比

図 3.7 に示すように，ある質点の変位に対して，制御器などを介して電磁力の発生

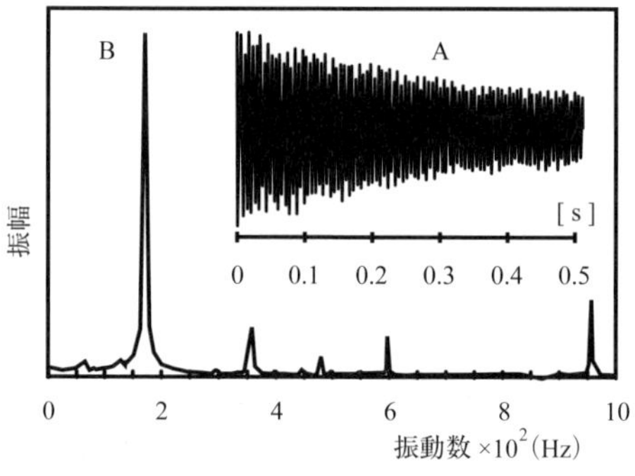

図 3.6　減衰比推定

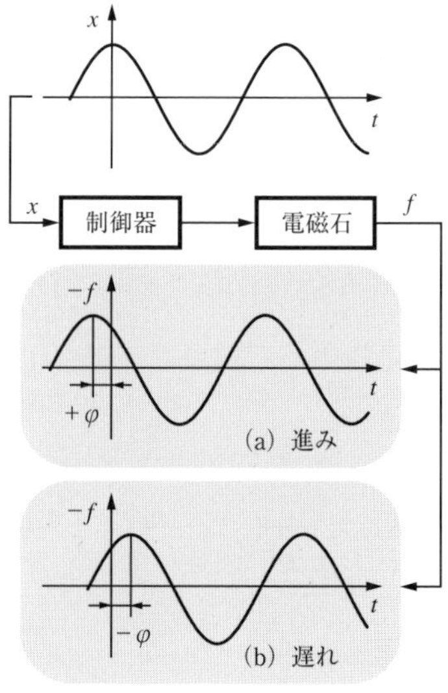

図 3.7　位相の進み遅れ

させる構成がメカトロ機器などによくみられる．$s=j\omega_n$ の固有振動数における位相 φ に注目すると，変位 $x(t)$ を入力，反力 $f(t)$ を出力とした次式

$$\left.\begin{aligned} x(t) &= a\cos\omega_n t \\ -f(t) &= f_0\cos(\omega_n t+\varphi) \end{aligned}\right\} \qquad (3.1.11)$$

で表される．$\varphi>0$ なら位相進み，反対に $\varphi<0$ なら位相遅れ制御である．いま，

$$-f(t)=f_0\cos\omega_n t\cos\varphi-f_0\sin\omega_n t\sin\varphi=\frac{f_0}{a}\cos\varphi x(t)+\frac{f_0}{a\omega_n}\sin\varphi\dot{x}(t)$$

だから

$$\begin{aligned} k&=\frac{f_0}{a}\cos\varphi \\ c&=\frac{f_0}{a\omega_n}\sin\varphi \end{aligned} \quad \rightarrow \quad \zeta=\frac{c}{2\sqrt{mk}}=\frac{c\omega_n}{2k}=\frac{1}{2}\tan\varphi \qquad (3.1.12)$$

よって，位相進み/遅れは正/負減衰に対応し，かつ位相進み量 $\varphi>0$ から直接に減衰比が上式[2] で推定できる．

d. （等価）粘性減衰係数

粘性減衰係数の例を表 3.2 に紹介する．詳しくは文献 1 と 3 を参照されたい．

ところで，系が固有振動を呈しているときに，非保存力が周期 T の 1 サイクルになす仕事を求めてみる．例えば，線形粘性減衰の場合

$$\text{粘性減衰力}: f=-c\dot{x} \qquad (3.1.13)$$

$$\text{固有振動}: \left.\begin{aligned} x&=a\cos\omega_n t \\ \dot{x}&=-a\omega_n\sin\omega_n t \end{aligned}\right\} \qquad (3.1.14)$$

表 3.2　粘性減衰係数の表

No.	減衰器の種類		粘性減衰係数
1	ピストン型（ピストン側面のすき間利用）	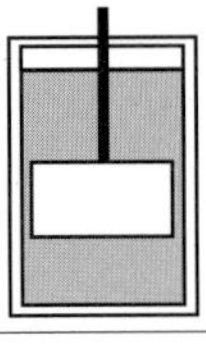	A＝ピストン断面積 R＝ピストン半径 ε＝ピストンとシリンダー壁とのすき間 $c=\dfrac{6\pi lA^2}{\pi R\varepsilon^3}=6\pi\mu l\dfrac{R^3}{\varepsilon^3}$
2	磁気ダンパー（渦電流）	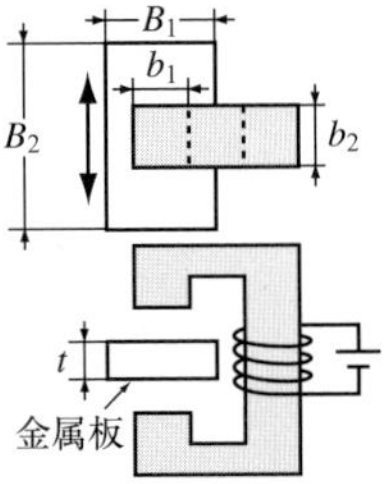	$c=\dfrac{C_0B^2St}{\rho}$ $S=b_1b_2$ 磁束面積［m^2］ B＝空隙磁束密度［T］ t＝厚み［m］ ρ＝金属片の比抵抗［$\times10^{-8}\,\Omega\cdot m$］ （銅　20℃，$\rho=1.69$） （アルミ 20℃，$\rho=2.62$） $C_0=0.2$（$B_1=2b_1$，$B_2=3b_2$ のとき最適値）

μ＝粘性係数［Pa・s］，c＝粘性減衰係数［N・s/m］

粘性減衰が周期 T の1サイクルになす仕事：

$$W=\int_0^T f\mathrm{d}x=-\int_0^T c\dot{x}^2\mathrm{d}t=-c\pi a^2\omega_n \qquad (3.1.15)$$

よって，この仕事の計算から安定性が評価できる．

(1)　$c>0$ 正減衰なら $W<0$，系のエネルギーは消費され系は振動的に安定．

(2)　$c=0$ 不減衰なら $W=0$，系は保存系で，固有振動は持続する．

(3)　$c<0$ 負減衰なら $W>0$，系にエネルギーは供給され系は振動的に不安定．

非線形減衰力の場合には，同様の手順で仕事を計算し，式（3.1.15）と比較して，線形近似の「等価」粘性減衰係数を求めうる．

［例 3.3］　速度二乗型流体抵抗力（図 3.8）　　流体の抵抗力が次式

$$f=-c_2|\dot{x}|\dot{x} \qquad (3.1.16)$$

で表される場合，仕事量の計算を介して等価な粘性減衰係数が求まる．

$$W=-\frac{8}{3}c_2a^3\omega_n^2=-C_{\mathrm{eq}}\pi a^2\omega_n \quad\to\quad C_{\mathrm{eq}}=\frac{8}{3\pi}c_2a\omega_n \quad\to\quad \text{振幅・周波数依存性を有す}$$

［例 3.4］　摩擦減衰　　摩擦力 $f=-\mu f_0\,\mathrm{sign}(\dot{x})$ のとき，

$$C_{\mathrm{eq}}=\frac{4\mu f_0}{\pi a\omega_n}$$

［例 3.5］　ヒステリシス部材（図 3.9）　　ビルや機器の振動絶縁用として敷かれている図 3.9(a) の積層粘弾性部材の応力・歪みの関係は，図 3.9(b) のように往きと

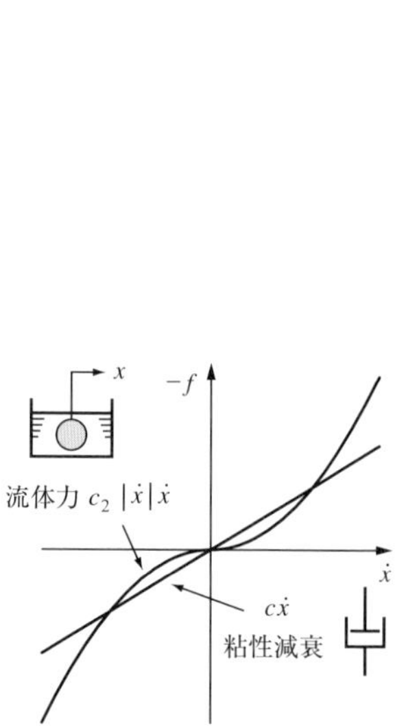

図 3.8　流体抵抗力

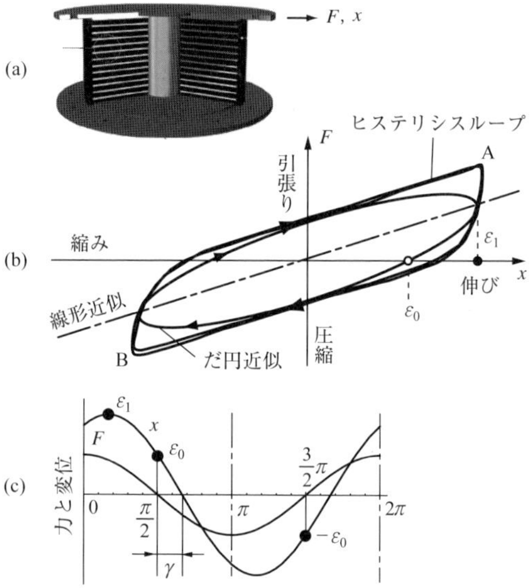

図 3.9　ヒステリシス減衰

戻りの軌跡が異なるヒステリシスループを描くのが特徴である．これをだ円で近似して，応力を正弦波とみたとき，図 3.9(c) に示すように歪み波形の位相は進む．よって，正減衰として作用する．

3.2 多自由度系モデル

3.2.1 モデル化

a. 行列形式の運動方程式

例えば，図 3.10 に示すような超高層ビルの振動を考えたとき，簡単に等価質量に置き換えた単振動系近似を 3.1.1 項に述べた．しかし，実設計では多自由度系でモデル化し，多くの固有振動数と対応する固有モードを検討しなければならない．

有限要素法（FEM）などによる離散・多自由度系は一般に行列形式の運動方程式となり，図 3.11 に示すように外力 $f(t)$ と変位センサー y を設けた状態は次式で記述される．

$$\left.\begin{aligned} &\boldsymbol{M}\ddot{\boldsymbol{X}}+\boldsymbol{D}\dot{\boldsymbol{X}}+\boldsymbol{K}\boldsymbol{X}=\boldsymbol{B}f(t) \\ &y=\boldsymbol{C}\boldsymbol{X} \end{aligned}\right\} \tag{3.2.1}$$

ただし，$\boldsymbol{M}$ は質量行列（n, n），$\boldsymbol{D}$ は減衰行列（n, n），$\boldsymbol{K}$ は剛性行列（n, n），$\boldsymbol{X}$ は変位ベクトル（n, l），$\boldsymbol{B}$ は入力行列（n, l），$\boldsymbol{C}$ は出力行列（l, n）である．

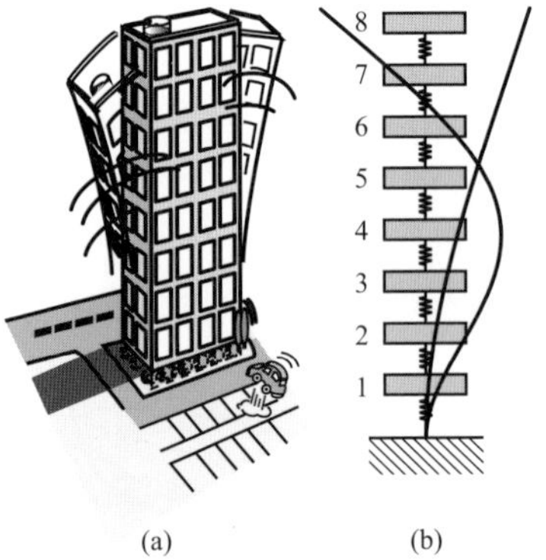

図 3.10 等価 1 自由度系

b. 行列の作り方

図 3.11 に示す 1 節点 1 自由度の多自由度系を例に，実務で使う FEM の処理手順をまねて，運動方程式の定式化を述べる．

① 次元数 n：はじめに節点番号を付す．一般に節点数×6 自由度＝次元数であるが，ここでは n 節点 n 自由度とする．

② 変位ベクトル $\boldsymbol{X}=[x_1, x_2, \cdots, x_n]^{\mathrm{T}}$：各点の変位を節点番号順に並べた列ベクトルで定義．

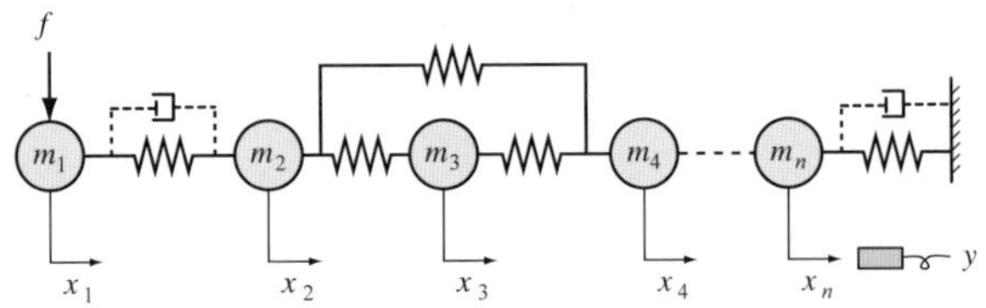

図 3.11 多自由度系の質量，ばね，粘性減衰要素

③　質量行列 $\boldsymbol{M}=\mathrm{diagonal}[m_1, m_2, \cdots, m_n]$：各節点の質量を対角に配置する．

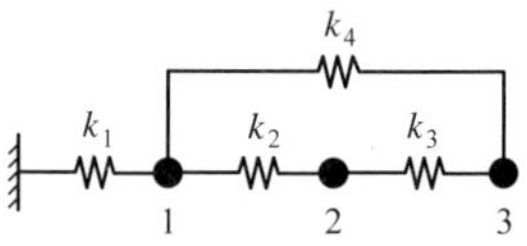

図 3.12　重畳操作

④　剛性行列 $\boldsymbol{K}$：図 3.12 の例で，ばね k_1 のように対地面のばねは $\boldsymbol{K}$ 行列のなかの該節点の「(1,1) 対角要素のみにプラス」で加える．また，ばね k_2 のように連結ばねは該節点の「(1,1) と (2,2) 対角要素にプラス・プラス，(1,2) と (2,1) 非対角要素にはマイナス・マイナス」で加える．この操作を重畳という．はじめに $\boldsymbol{K}$ 行列を 0 クリアしておき，各ばねについてこの重畳操作を繰り返して剛性行列が完成する．同図の例では下記のようになる

$$\boldsymbol{K}=\begin{bmatrix}0&0&0\\0&0&0\\0&0&0\end{bmatrix}+\begin{bmatrix}k_1&0&0\\0&0&0\\0&0&0\end{bmatrix}+\begin{bmatrix}k_2&-k_2&0\\-k_2&k_2&0\\0&0&0\end{bmatrix}+\begin{bmatrix}0&0&0\\0&k_3&-k_3\\0&-k_3&k_3\end{bmatrix}+\begin{bmatrix}k_4&0&-k_4\\0&0&0\\-k_4&0&k_4\end{bmatrix}$$

$$=\begin{bmatrix}k_1+k_2+k_4&-k_2&-k_4\\-k_2&k_2+k_3&-k_3\\-k_4&-k_3&k_3+k_4\end{bmatrix}$$

⑤　入力出力行列 $\boldsymbol{B}, \boldsymbol{C}$：外力，センサーの位置する節点が 1，それ以外は 0 の行列．

3.2.2　モーダルモデル

a.　固有値問題

式 (3.2.1) で不減衰自由振動 ($D=0$, $f(t)=0$) の場合，固有振動数 ω_n と固有モード $\boldsymbol{\phi}$ は

$$\omega_n^2 \boldsymbol{M}\boldsymbol{\phi}=\boldsymbol{K}\boldsymbol{\phi} \tag{3.2.2}$$

なる固有値問題の解として与えられる．この固有ペアを l 個求める．

$$\{\omega_n^2, \boldsymbol{\phi}\} \Rightarrow \{\omega_1^2, \boldsymbol{\phi}_1\}, \{\omega_2^2, \boldsymbol{\phi}_2\}, \cdots, \{\omega_l^2, \boldsymbol{\phi}_l\} \tag{3.2.3}$$

通常，固有値は小さい順に並べる．また，節点の数 n が多いときにはそれより少ない数 l 個で打ち切る．

b.　直　交　性

質量行列 $\boldsymbol{M}$ および剛性行列 $\boldsymbol{K}$ は正定値で実対称行列であるので，固有値 $\omega_n^2>0$ である．と同時に，固有ベクトルは実数で，互いに質量行列および剛性行列を介して直交している．

$$\boldsymbol{\phi}_i^t\boldsymbol{M}\boldsymbol{\phi}_j=\begin{cases}m_i^* & (i=j)\\0 & (i\neq j)\end{cases}, \quad \boldsymbol{\phi}_i^t\boldsymbol{K}\boldsymbol{\phi}_j=\begin{cases}k_i^* & (i=j)\\0 & (i\neq j)\end{cases} \tag{3.2.4}$$

次に，固有ベクトルを横方向に並べてつくったモード行列 $\boldsymbol{\Phi}$ を定義する．

$$\boldsymbol{\Phi}\equiv[\boldsymbol{\phi}_1 \quad \boldsymbol{\phi}_2 \quad \cdots \quad \boldsymbol{\phi}_l] \tag{3.2.5}$$

よって質量行列および剛性行列に対してモード行列による合同変換を施すと，直交条件より非対角項は 0 となり，その結果は対角行列に帰着する．

$$\left.\begin{array}{l}\boldsymbol{\Phi}^{\mathrm{T}}\boldsymbol{M}\boldsymbol{\Phi}=\mathrm{diagonal}\,[m_1^*,\,m_2^*,\,\cdots,\,m_l^*]\equiv\boldsymbol{M}^*\text{：モード質量}\\ \boldsymbol{\Phi}^{\mathrm{T}}\boldsymbol{K}\boldsymbol{\Phi}=\mathrm{diagonal}\,[k_1^*,\,k_2^*,\,\cdots,\,k_l^*]\equiv\boldsymbol{K}^*\text{：モード剛性}\\ \quad\left(\omega_i^2=\dfrac{k_i^*}{m_i^*}\right)\end{array}\right\}\qquad(3.2.6)$$

c. 縮小モーダルモデル

物理座標 x から，各固有モードがいくら振れているかの重み値であるモード座標 $\boldsymbol{\eta}$ への座標変換を次式の線形和で定義する．

$$\boldsymbol{X}\equiv\begin{bmatrix}x_1\\ \vdots\\ x_n\end{bmatrix}=\boldsymbol{\phi}_1\eta_1+\boldsymbol{\phi}_2\eta_2+\cdots+\boldsymbol{\phi}_l\eta_l=[\boldsymbol{\phi}_1\ \cdots\ \boldsymbol{\phi}_l]\begin{bmatrix}\eta_1\\ \vdots\\ \eta_l\end{bmatrix}\equiv\boldsymbol{\phi}\boldsymbol{\eta}\qquad(3.2.7)$$

上式を運動方程式（3.2.1）に代入し，合同変換を施し，モード座標上の運動方程式に変換し，モード座標間の連成を無視する．

$$\begin{array}{l}\boldsymbol{M}^*\ddot{\boldsymbol{\eta}}(t)+\boldsymbol{D}^*\ddot{\boldsymbol{\eta}}(t)+\boldsymbol{K}^*\boldsymbol{\eta}(t)=\boldsymbol{B}^*f(t)\\ y(t)=\boldsymbol{C}^*\boldsymbol{\eta}(t)\end{array}\qquad(3.2.8)$$

ただし，出力係数 $\boldsymbol{C}^*=\boldsymbol{C}\boldsymbol{\Phi}=[\cdots\ C_i^*=\boldsymbol{C}\boldsymbol{\phi}_i\ \cdots]$．

$$\boldsymbol{D}^*=\boldsymbol{\Phi}^{\mathrm{T}}\boldsymbol{D}\boldsymbol{\Phi}\Rightarrow\mathrm{diagonal}\,[\cdots\ d_i^*=\boldsymbol{\phi}_i^{\mathrm{T}}\boldsymbol{D}\boldsymbol{\phi}_i\ \cdots]\equiv\mathrm{diagonal}\,[\cdots\ 2\zeta_i\omega_i m_i^*\ \cdots]$$

減衰が質量や剛性に比例するレイリーダンピング $\boldsymbol{D}=\alpha\boldsymbol{M}+\beta\boldsymbol{K}$ のときは厳密に対角化されるが，一般にはこのように対角化を仮定し，モード減衰比で代表する．小減衰モードの振動が問題となる実務の場合には合理的な仮定である．実測値や経験値からモード減衰比 ζ_i を求め，上記の $\boldsymbol{D}^*$ に代入してもよい．

よって，力学モデルを描くと図 3.13 になる．ここでは，採用モード数 l＜行列次元

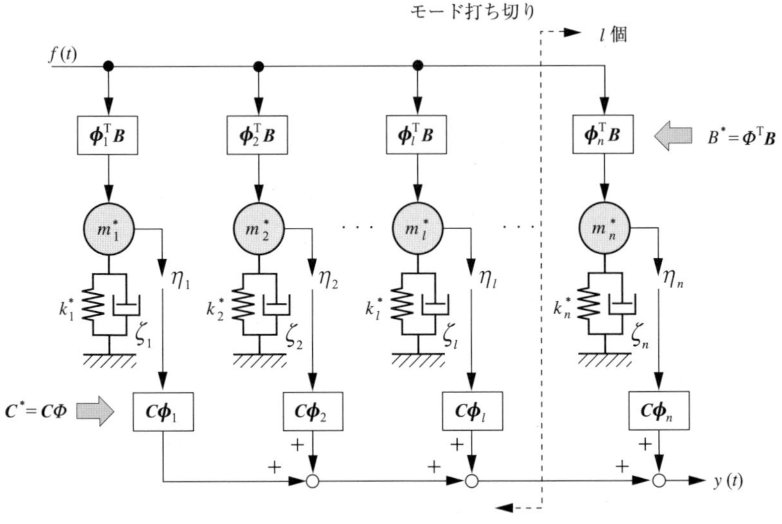

図 3.13　モーダルモデル（規準座標系，モード座標系）

数 n で打ち切られているので，同図をモーダル縮小モデルという．

d.　初期値応答

物理座標で初期値 $\boldsymbol{X}(0)$ が与えられたとき，これをモード座標の初期値 $\boldsymbol{\eta}(0)$ に次式で置き換えなくてはならない．

$$\boldsymbol{X}(0)=\boldsymbol{\Phi\eta}(0) \tag{3.2.9}$$

しかし，$l<n$ の場合，逆行列がとれない．そのような場合には上式に左から，$\boldsymbol{M}$ を掛け，続いて $\boldsymbol{\Phi}^{\mathrm{T}}$ を掛けると直交性より次式を得て，モード座標の初期値が決定される．

$$\boldsymbol{\Phi}^{\mathrm{T}}\boldsymbol{MX}(0)=\boldsymbol{\Phi}^{\mathrm{T}}\boldsymbol{M\Phi\eta}(0)\Rightarrow\boldsymbol{\eta}(0)=(\boldsymbol{M}^*)^{-1}\boldsymbol{\Phi}^{\mathrm{T}}\boldsymbol{MX}(0) \tag{3.2.10}$$

3.3　はり分布系モデル

3.3.1　一様はりのモーダルモデル

a.　固有振動数と固有モード

連続はりの固有振動数は境界条件に左右される．典型的な境界条件ごとに一様はりの固有振動数を表 3.3 に示す．表中の図に最大値＝1 に規格化した固有モード（連続体では規準関数ともいう）形状と規格化前の規準関数式 $\phi(\xi,\lambda)$ そのものを示す．

b.　多質点系モード解析と連続体系のモード解析の対応

多質点系固有ベクトルの内積は，連続体では規準関数どうしの積の積分に相当する．例えば，一次および二次の固有振動に対して λ_1 と λ_2 が決まり，対応する固有モード $\phi_1(\xi,\lambda_1)$ と $\phi_2(\xi,\lambda_2)$ が定義される．直交性は

$$\int_0^1\phi_1^2(\xi,\lambda_1)\,\mathrm{d}\xi=m^*,\qquad\int_0^1\phi_1(\xi,\lambda_1)\phi_2(\xi,\lambda_2)\,\mathrm{d}\xi=0 \tag{3.3.1}$$

の形で成立している．よって，多質点系と連続はりのモード解析は表 3.4 に示すように内積→積分に換えて相似である．この場合のモード質量行列 $\boldsymbol{M}^*$ は

$$\boldsymbol{M}^*=\rho Al\int_0^1\boldsymbol{\Phi}^{\mathrm{T}}\boldsymbol{\Phi}\mathrm{d}\xi=\mathrm{diagonal}\,[\cdots,m_i^*,\cdots]\qquad(\boldsymbol{\Phi}=[\phi_1,\cdots,\phi_l]) \tag{3.3.2}$$

c.　縮小モーダルモデル

規準関数のつくるモード質量 m^* をはり全質量との比で表 3.3 に示す．これと固有振動数ならびにモード図を用いてモーダルモデルが作成される．

［例 3.6］　一様棒（両端単純支持）のインパルステスト模擬した図 3.14 に対して，三次モードまでを保持した縮小モーダルモデル図 3.15 が下記の手順で求まる．

①　モデルの各次数の質量は，表3.3③を参照して，いずれもはり質量の1/2である．

②　ばね定数は

$$(\text{モード質量})\times(\text{固有円振動数})^2$$

　で決まる．

③　入力係数は打点位置のモードの振れの読み値で決まる．

④　出力係数はセンサー位置のモードの振れの読み値で決まる．

表 3.3 棒の横振動

境界条件	自由-自由	$Y''(0)=Y'''(0)$ $=Y''(l)=Y'''(l)=0$		固定-固定	$Y(0)=Y'(0)$ $=Y(l)=Y'(l)=0$	
特性方程式	$1-\cosh\lambda\cos\lambda=0$			$1-\cosh\lambda\cos\lambda=0$		
λ	4.730	7.853	10.996	4.730	7.853	10.996
m^*	0.25	0.25	0.25	0.396	0.439	0.437
振動モード	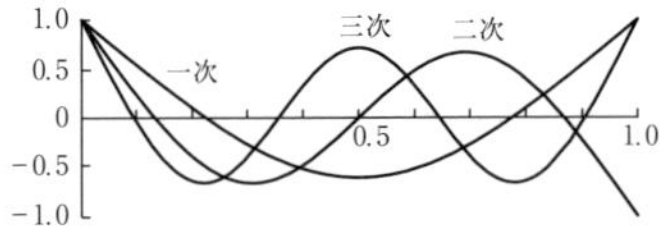			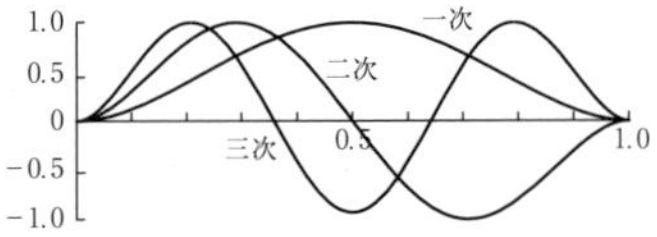		
規準関数	① $\phi=\dfrac{\cosh\lambda\xi+\cos\lambda\xi}{\cosh\lambda-\cos\lambda}-\dfrac{\sinh\lambda\xi+\sin\lambda\xi}{\sinh\lambda-\sin\lambda}$			④ $\phi=\dfrac{\cosh\lambda\xi-\cos\lambda\xi}{\cosh\lambda-\cos\lambda}-\dfrac{\sinh\lambda\xi-\sin\lambda\xi}{\sinh\lambda-\sin\lambda}$		
境界条件	単純支持-自由	$Y(0)=Y''(0)$ $=Y''(l)=Y'''(l)=0$		固定-単純支持	$Y(0)=Y'(0)$ $=Y(l)=Y''(l)=0$	
特性方程式	$\cosh\lambda\sin\lambda-\sinh\lambda\cos\lambda=0$			$\cosh\lambda\sin\lambda-\sinh\lambda\cos\lambda=0$		
λ	3.927	7.069	10.210	3.927	7.069	10.210
m^*	0.25	0.25	0.25	0.439	0.437	0.438
振動モード	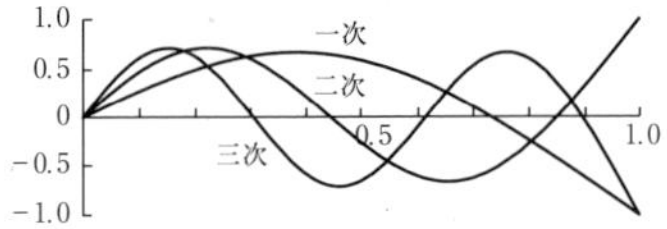			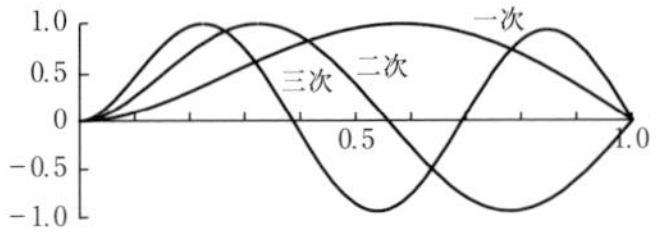		
規準関数	② $\phi=\dfrac{\sinh\lambda\xi}{\sinh\lambda}+\dfrac{\sin\lambda\xi}{\sin\lambda}$			⑤ $\phi=\dfrac{\cosh\lambda\xi-\cos\lambda\xi}{\cosh\lambda}-\dfrac{\sinh\lambda\xi-\sin\lambda\xi}{\sinh\lambda}$		
境界条件	単純支持-単純支持	$Y(0)=Y''(0)$ $=Y(l)=Y''(l)=0$		固定-自由	$Y(0)=Y'(0)$ $=Y''(l)=Y'''(l)=0$	
特性方程式	$\sin\lambda=0$			$1+\cosh\lambda\cos\lambda=0$		
λ	π	2π	3π	1.875	4.694	7.855
m^*	0.5	0.5	0.5	0.25	0.25	0.25
振動モード	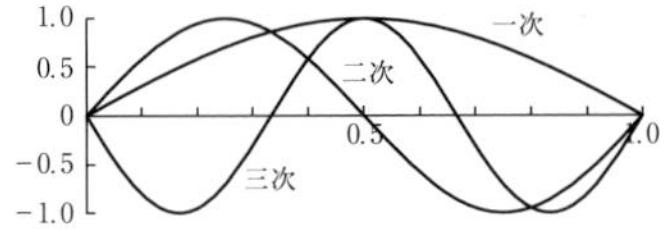			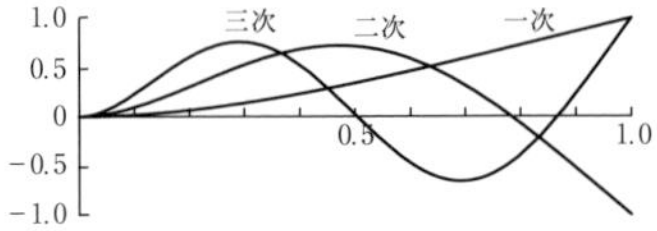		
規準関数	③ $\phi=\sin\lambda\xi$			⑥ $\phi=\dfrac{\cosh\lambda\xi-\cos\lambda\xi}{\cosh\lambda+\cos\lambda}-\dfrac{\sinh\lambda\xi-\sin\lambda\xi}{\sinh\lambda+\sin\lambda}$		

振動数 $f=\dfrac{\lambda^2}{2\pi l^2}\sqrt{\dfrac{EI}{\rho A}}$ [Hz]　l：長さ [m]，E：縦弾性係数 [Pa]，I：断面二次モーメント [m^4]，ρ：単体体積の密度 [kg/m^3]，A：断面積 [m^2]

3.3.2 一様はりのモード合成法モデル

a. なぜモード合成法か

図 3.16 は有限要素法厳密モデルに対する簡略化モデル化の概念を示す．先に説明したモーダルモデルでは，***M-K*** システムの固有モードを用いモード座標への座標変

表 3.4 多自由度系と連続体の相関

	多自由度系：行列表示	連続体：偏微分方程式
運動方程式	$\boldsymbol{M}\ddot{\boldsymbol{X}}+\boldsymbol{K}\boldsymbol{X}=\boldsymbol{B}F(t)$	$\rho A\dfrac{\partial^2 y}{\partial t^2}+EI\dfrac{\partial^4 y}{\partial x^4}=F(x,t)$
固有ペア	ω_n, $\boldsymbol{\phi}_n$：正規モード	ω_n, $\phi_n(x)$：規準関数
直交性	合同変換 $\boldsymbol{\phi}_i^{\mathrm{T}}\boldsymbol{M}\boldsymbol{\phi}_j=\delta_{ij}$ $\boldsymbol{\phi}_i^{\mathrm{T}}\boldsymbol{K}\boldsymbol{\phi}_j=\delta_{ij}$	積分操作 $\int_0^l \rho A\phi_i(x)\phi_j(x)\,\mathrm{d}x=\delta_{ij}$ $\int_0^l EI\phi_i'(x)\phi_j''(x)\,\mathrm{d}x=\delta_{ij}$
モード座標	$\boldsymbol{X}=[\boldsymbol{\phi}_1,\boldsymbol{\phi}_2,\cdots]\begin{bmatrix}\eta_1\\ \eta_2\\ \vdots\end{bmatrix}\equiv\boldsymbol{\Phi\eta}$	$y(x)=\phi_1(x)\eta_1(t)+\phi_2(x)\eta_2(t)+\cdots\equiv\boldsymbol{\Phi\eta}$
モードパラメータ	$m_i^*=\boldsymbol{\phi}_i^T\boldsymbol{M}\boldsymbol{\phi}_i$, $k_i^*=m_i^*\omega_i^2$	$m_i^*=\int_0^l \rho A\phi_i^2(x)\,\mathrm{d}x$, $k_i^*=m_i^*\omega_i^2$
モード解析	$m_i^*(\ddot{\eta}_i+2\zeta_i\omega_i\dot{\eta}_i+\omega_i^2\eta_i)=\boldsymbol{\phi}_i^{\mathrm{T}}\boldsymbol{B}\boldsymbol{F}(t)$	$m_i^*(\ddot{\eta}_i+2\zeta_i\omega_i\dot{\eta}_i+\omega_i^2\eta_i)=\int_0^l \phi_i(x)F(x,t)\,\mathrm{d}x$

換を行い，単振動系の並列和に縮小した．実に簡便なモデルだが不都合も存在する．

① 外力加振，フィードフォワード制御のように系の固有モードが変わらない状況を前提としている．よって，状態フィードバック制御など，固有モードが変わる可能性のある問題に適用するには懸念が残る．

② 物理座標は存在せず，すべてモード座標なので隣接の振動系や制御系との連成がとりにくい．

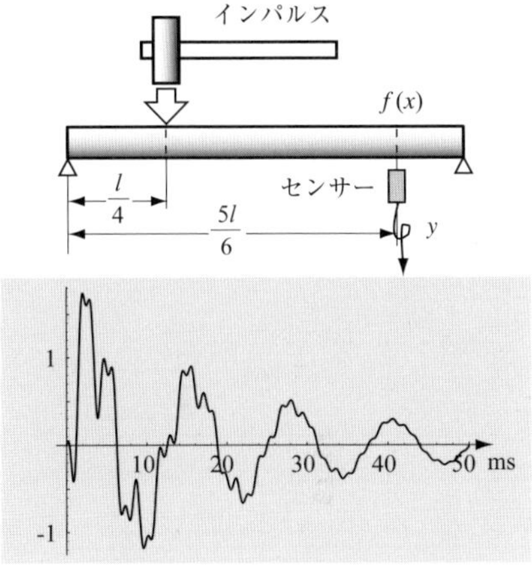

図 3.14 インパルステスト

これに対応するために，文献 4 で「拘束型」モード合成法とよぶ方法が適している．この方法では，境界は物理座標で，境界以外の内部系はモーダルモデルで表す．境界が物理座標で残っているので，境界からフィードバック力が入れやすくなる．

以下，一般性を失わないように図 3.17 の具体的な系で説明する．この系は，左端を既知の単純支持，右端を未知の境界ばね定数とする．具体的には右端の状態フィードバック制御を想定し，制御系との連成を考えている．

b. モード合成変換用モード

この系の右端を境界座標として，それ以外の座標を内部系とする．これに対して図 3.18 に示す 2 種類のモードを準備する．$\xi=x/l$ として

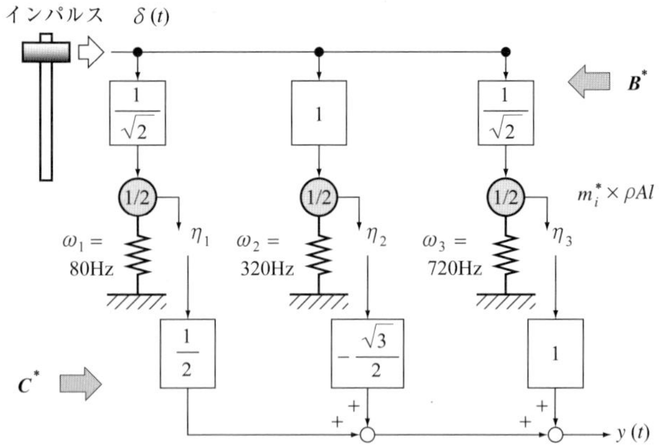

図 3.15　モーダルモデル（インパルス）

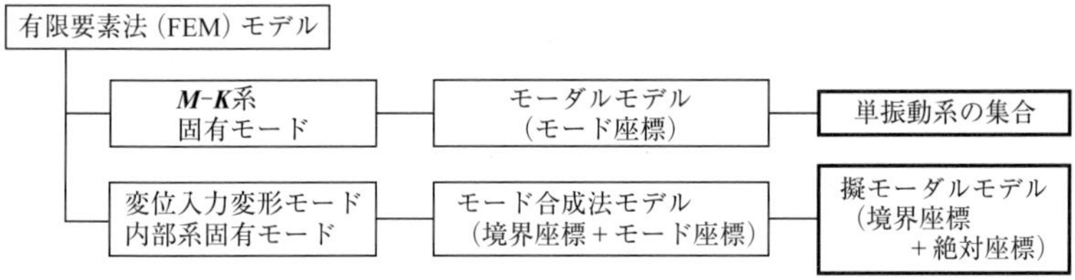

図 3.16　モデリング

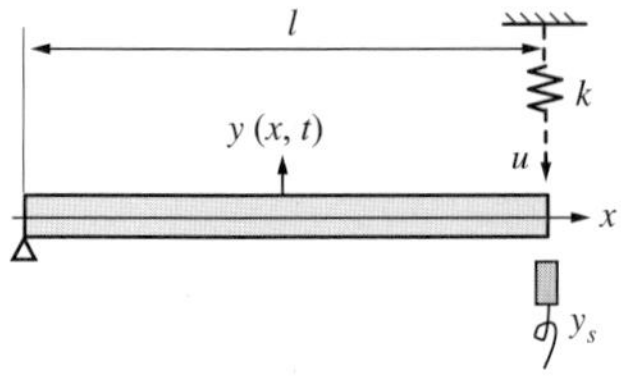

図 3.17　一様はり

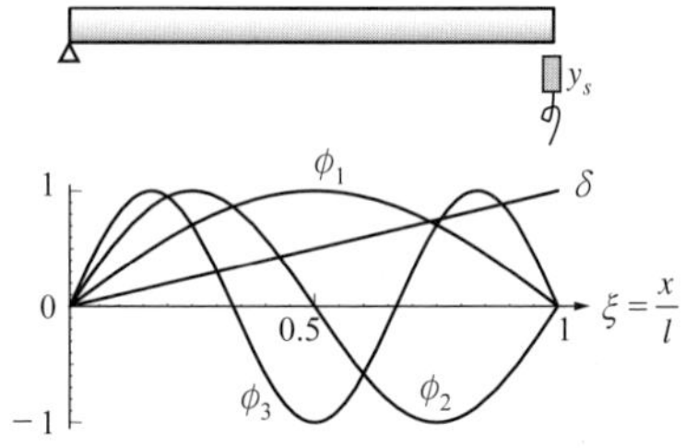

図 3.18　モード合成変換用モード

① 境界座標を単位量だけ強制変位させたときの内部系の静的な変形モード δ

いまの場合，左端変位＝0，右端変位＝1 の直線モード　$\delta=\xi$

強制変位させたときのばね反力を示す等価ばね定数　$K_{\mathrm{eq}}=0$　(3.3.3)

（右端の境界ばね k は当初除いておき，モデル完成後に直接重畳する）

② 境界座標＝0 としたときの内部系の固有モード ϕ

いまの場合，両端単純支持で変位＝0 のときの固有モード

$$\phi_i=\sin(i\pi\xi)\quad(i=1, 2\ 3) \tag{3.3.4}$$

(内部系のモード解析として固有モードを3本採用している)

この2種類のモードを用いてモード合成法の座標変換 $\boldsymbol{\Psi}$ を次式で考える.

$$y(x,t)=\delta(x)y_s(t)+\sum_{i=1}^{n}\eta_i(t)\phi_i(x)$$

$$=[\delta(x)\ \ \phi_1(x)\ \ \phi_2(x)\ \ \phi_3(x)][y_s\ \ \eta_1\ \ \eta_2\ \ \eta_3]^t\equiv[\delta\ \boldsymbol{\Phi}]\begin{bmatrix}y_s\\ \boldsymbol{\eta}\end{bmatrix}\equiv\boldsymbol{\Psi}\begin{bmatrix}y_s\\ \boldsymbol{\eta}\end{bmatrix} \qquad (3.3.5)$$

ただし, $y(x,t)$ ははりの x 位置の振動変位, $y_s(t)$ は右端の振動変位である.

c. モード合成法モデル

変換式 (3.3.5) のもと, モード合成座標 $\{y_s, \boldsymbol{\eta}\}$ 系の運動方程式は次式となる.

$$\begin{bmatrix}M_\delta & \boldsymbol{M}_c\\ \boldsymbol{M}_c^{\mathrm{T}} & \boldsymbol{M}_\eta\end{bmatrix}\begin{bmatrix}\ddot{y}_s\\ \boldsymbol{\eta}\end{bmatrix}+\begin{bmatrix}K_{\mathrm{eq}} & 0\\ 0 & \boldsymbol{K}_\eta\end{bmatrix}\begin{bmatrix}y_s\\ \boldsymbol{\eta}\end{bmatrix}=\begin{bmatrix}1\\ 0\end{bmatrix}u(t) \qquad (3.3.6)$$

ただし,

$$\begin{bmatrix}M_\delta & \boldsymbol{M}_c\\ \boldsymbol{M}_c^{\mathrm{T}} & \boldsymbol{M}_\eta\end{bmatrix}\equiv\rho Al\int_0^1\boldsymbol{\Psi}^{\mathrm{T}}\boldsymbol{\Psi}\mathrm{d}\xi=\rho Al\int_0^1\begin{bmatrix}\delta_2 & \delta\boldsymbol{\Phi}\\ \boldsymbol{\Phi}^{\mathrm{T}}\delta & \boldsymbol{\Phi}^{\mathrm{T}}\boldsymbol{\Phi}\end{bmatrix}\mathrm{d}\xi \qquad (3.3.7)$$

境界座標からみた等価質量　$M_\delta=\rho A\int_0^1\delta^2(x)\,\mathrm{d}x=\rho Al/3$

等価剛性　$K_{\mathrm{eq}}=0\rightarrow$ 強制変位のとき右端がフリーだから0

内部系のモード質量

$$\boldsymbol{M}_\eta\equiv\rho Al\int_0^1\boldsymbol{\Phi}^{\mathrm{T}}\boldsymbol{\Phi}\mathrm{d}\xi=\mathrm{diagonal}\,[\cdots,m_i^*,\cdots]=\rho Al\,\mathrm{diagonal}\left[\frac{1}{2},\ \frac{1}{2},\ \frac{1}{2}\right]$$

連成質量　$\boldsymbol{M}_c\equiv\rho Al\int_0^1\delta\boldsymbol{\Phi}\mathrm{d}\xi=[\cdots,m_{ci}^*,\cdots]=\rho Al\left[\frac{1}{\pi},\ \frac{-1}{2\pi},\ \frac{1}{3\pi}\right]$

内部系のモード剛性　$\boldsymbol{K}_\eta=\mathrm{diagonal}\,[\cdots,k_i^*=m_i^*\omega_{zi}^2,\cdots]$

内部系の固有円振動数　$\omega_{zi}=\dfrac{\lambda_i^2}{l^2}\sqrt{\dfrac{EI}{\rho A}}$　　$(\lambda_i=\{\pi,2\pi,3\pi\})$

よって, はり部に関するモード合成法モデルの質量行列 $\boldsymbol{M}_\psi$, 剛性行列 $\boldsymbol{K}_\psi$ は

$$\boldsymbol{M}_\psi\equiv\begin{bmatrix}M_\delta & \boldsymbol{M}_c\\ \boldsymbol{M}_c^{\mathrm{T}} & \boldsymbol{M}_\eta\end{bmatrix}=\rho Al\begin{bmatrix}1/3 & 1/\pi & -1/2\pi & 1/3\pi\\ 1/\pi & 1/2 & 0 & 0\\ -1/2\pi & 0 & 1/2 & 0\\ 1/3\pi & 0 & 0 & 1/2\end{bmatrix} \qquad (3.3.8)$$

$$\boldsymbol{K}_\psi\equiv\begin{bmatrix}K_{\mathrm{eq}} & 0\\ 0 & \boldsymbol{K}_\eta\end{bmatrix}=\frac{EI}{l^3}\mathrm{diagonal}\left[0,\ \frac{\pi^4}{2},\ \frac{(2\pi)^4}{2},\ \frac{(3\pi)^4}{2}\right] \qquad (3.3.9)$$

となる. ここで, 右端の境界ばね反力は

$$-u=kx \qquad (3.3.10)$$

よって, このはり部分の剛性行列に境界ばね定数 k を重畳して

$$\boldsymbol{K}_\psi^*=\frac{EI}{l^3}\mathrm{diagonal}\left[K,\ \frac{\pi^4}{2},\ \frac{(2\pi)^4}{2},\ \frac{(3\pi)^4}{2}\right]\qquad\left(k=K\frac{EI}{l^3}\right) \qquad (3.3.11)$$

全系のモード合成法モデルの剛性行列 K_ψ^* が完成する.

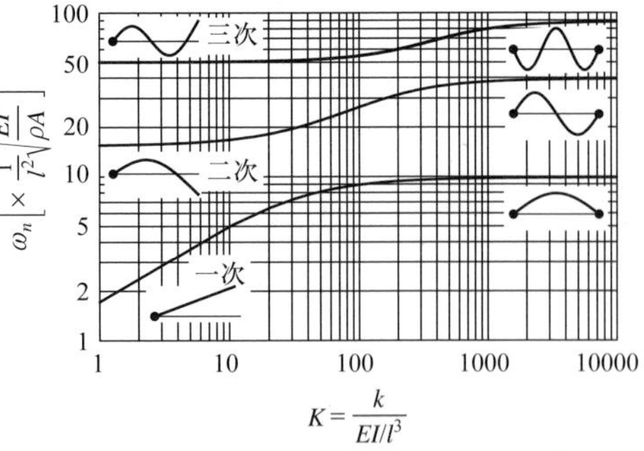

図 3.19 固有振動数マップ

このモード合成法モデルの特徴について,

① 内部系部分はモード解析だから質量行列,剛性行列ともに対角行列となる.

② 変形モード $\boldsymbol{\delta}$ と内部固有モード $\boldsymbol{\Phi}$ の内積結果を示す質量行列の縁部は,両者が直交しないので 0 ではない.縁が汚れる.

③ このように質量行列は縁付き対角行列になる.すべて対角行列となるモード解析と似て非なるところである.

④ M_δ 要素は系の右端が感じる等価質量で,物理的な全質量の 1/3 にあたることを意味している.通常,ここには剛性はりとみたときの質量行列が配置される.

⑤ 境界要素との結合は式(3.3.11)に示したように,剛性行列の重畳で実施される.例えば,境界変位 y_s に反応する伝達関数 $G_r(s)$ の制御反力 $-u(s)=G_r(s)y_s(s)$ が作用してるときには,重畳部分を $k \to G_r(s)$ に書き換えればよい.

[例 3.7] 図 3.17 の系の固有値問題 $\omega_n^2 \boldsymbol{M}_\psi \psi = \boldsymbol{K}_\psi^* \psi$ を解き,境界ばね定数 K をパラメータとしたときの固有振動数変化を求めたものが図 3.19 である.

d. 擬モーダルモデル[2)]

モード合成法モデルでは縁に非零要素の質量連成が存在したために,等価な物理モデル図を描くことができなかった.この連成は,式(3.3.5)の定義式にみるように,内部系モード座標 $\boldsymbol{\eta}$ が相対座標であることによる.

そこで,各モード座標 η_i に対応する絶対座標 ξ_i を設け,相対座標はこの絶対座標と境界座標との差に比例するとする.

$$\eta_i = a_i(\xi_i - y_s) \quad (i=1,\ 2,\ 3) \tag{3.3.12}$$

比例定数 a_i はこの段階では未定である.対応する座標変換行列 $\boldsymbol{T}$ を次式で定義する.

$$\begin{bmatrix} y_s \\ \boldsymbol{\eta} \end{bmatrix} = \boldsymbol{T} \begin{bmatrix} y_s \\ \boldsymbol{\xi} \end{bmatrix} \tag{3.3.13}$$

ただし,

$$\boldsymbol{T}=\begin{bmatrix} 1 & 0 & 0 & 0 \\ -a_1 & a_1 & 0 & 0 \\ -a_2 & 0 & a_2 & 0 \\ -a_3 & 0 & 0 & a_3 \end{bmatrix},\quad \boldsymbol{\eta}\equiv\begin{bmatrix}\eta_1\\ \eta_2\\ \eta_3\end{bmatrix},\quad \boldsymbol{\xi}\equiv\begin{bmatrix}\xi_1\\ \xi_2\\ \xi_3\end{bmatrix}$$

上式を式（3.3.6）に代入して合同変換を施す．このとき，

$$a_i=\frac{\boldsymbol{M}_c\text{ の 1 行 }i\text{ 列要素}}{\boldsymbol{M}_\eta\text{ の 1 行 }i\text{ 列要素}}$$

$$\therefore\ a_i=\left\{\frac{2}{\pi}\quad \frac{-1}{\pi}\quad \frac{2}{3\pi}\right\} \tag{3.3.14}$$

と選んでおけば，合同変換後の質量行列は対角行列に帰着し次式を得る．

$$\boldsymbol{M}_\xi\begin{bmatrix}\ddot{y}_s\\ \ddot{\xi}\end{bmatrix}+\boldsymbol{K}_\xi\begin{bmatrix}y_s\\ \xi\end{bmatrix}=\begin{bmatrix}u\\ 0\end{bmatrix} \tag{3.3.15}$$

ただし，

$$\boldsymbol{M}_\xi\equiv\boldsymbol{T}^{\mathrm{T}}\boldsymbol{M}_\psi\boldsymbol{T}=\rho Al\ \text{diagonal}\left[\frac{1}{3}-\frac{49}{18\pi^2}\quad \frac{2}{\pi^2}\quad \frac{1}{2\pi^2}\quad \frac{2}{9\pi^2}\right]$$

$$=\frac{\rho Al}{3}\ \text{diagonal}\ [0.173\quad 0.608\quad 0.152\quad 0.067]$$

$$\boldsymbol{K}_\xi\equiv\boldsymbol{T}^{\mathrm{T}}\boldsymbol{K}_\psi\boldsymbol{T}=\frac{EI}{l^2}\pi^2\begin{bmatrix} 28 & -2 & -8 & -18 \\ -2 & 2 & 0 & 0 \\ -8 & 0 & 8 & 0 \\ -18 & 0 & 0 & 18 \end{bmatrix}$$

今度は，剛性行列 $\boldsymbol{K}_\xi$ が非対角行列となったが，質量行列 $\boldsymbol{M}_\xi$ は対角化されたので多質点系のモデル図 3.20 が描ける．このように境界質量の上に内部系の単振動系が乗り，モーダルモデルと似ているので「擬」モーダルモデルとここではよんでいる．質量行列 $\boldsymbol{M}_\xi$ の対角要素は，右端の感じる等価質量 $\rho Al/3$ を各 ξ_i 質点へどのように質量配分したかを示す比で，総量は保持される．

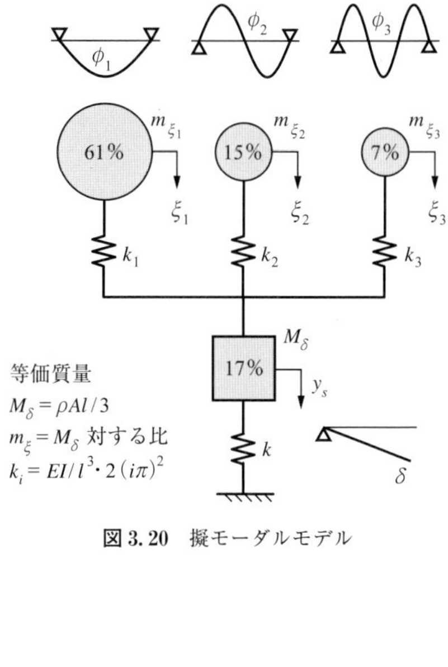

図 3.20　擬モーダルモデル

3.4 分布系モデルと自由振動

本節の共通変数として，E＝縦弾性係数［Pa］，G＝横弾性係数［Pa］，ν＝ポアソン比，ρ＝密度［kg/m^3］，ρ_1＝線密度［kg/m］，ρ_2＝面密度［kg/m^2］とおく．

3.4.1 弦 の 振 動

一定張力 T が復元力となる弦の振動は，表 3.5 に示すように，波動方程式

$$\frac{\partial^2 y}{\partial t^2}=c^2\frac{\partial^2 y}{\partial x^2}\quad (c=\sqrt{T/\rho_1}：速動伝搬速度［m/s］) \tag{3.4.1}$$

で表される．同様な現象に棒の縦振動（$c=\sqrt{E/\rho}$），棒のねじり振動（$c=\sqrt{G/\rho}$），気柱の縦振動（c＝音速）などがある．同表に固有円振動数や固有モードを示す．

表 3.5 棒の縦およびねじり振動，弦の横振動，気柱の振動[3)]

	棒の縦振動	棒のねじり振動	弦の横振動	気柱の振動
振動系	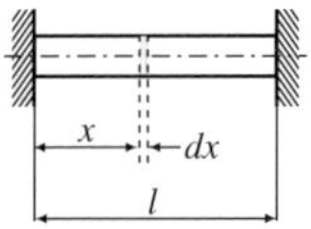	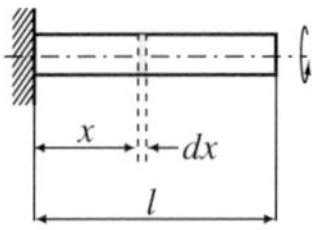	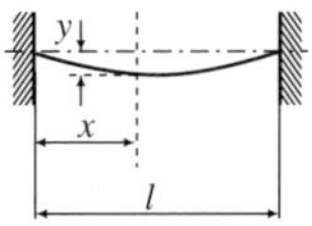	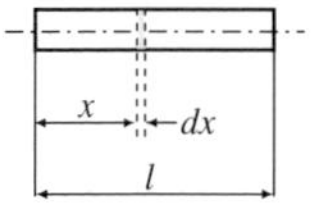
記号	E＝縦弾性係数 A＝断面積 ρ＝密度	G＝横弾性係数 J_p＝極断面二次モーメント ρ＝密度	T＝弦の張力 ρ_1＝弦の線密度	K＝体積弾性係数 A＝断面積 ρ＝密度
x 断面の変位 y	棒の縦変位	棒のねじり角	糸の横変位	気柱の縦変位
波動速度 a	$\sqrt{E/\rho}$	$\sqrt{G/\rho}$	$\sqrt{T/\rho_1}$	$\sqrt{K/\rho}$
運動方程式	$\frac{\partial^2 y}{\partial t^2}=a^2\frac{\partial^4 y}{\partial x^2}$ → モード $Y(x)=C\sin\frac{\omega}{a}x+D\cos\frac{\omega}{a}x$			
境界条件	両端固定	両端自由	1 端固定他端自由	
	$Y(0)=Y(l)=0$	$Y'(0)=Y'(l)=0$	$Y(0)=Y(l)=0$	
固有円振動数	$\omega_i=i\pi\frac{a}{l}$	$\omega_i=i\pi\frac{a}{l}$	$\omega_i=\frac{(2i-1)\pi}{2}\frac{a}{l}$	
規準関数	$Y_i=C_i\sin i\pi\frac{x}{l}$	$Y_i=D_i\cos i\pi\frac{x}{l}$	$Y_i=C_i\sin\frac{(2i-1)\pi}{2}\frac{x}{l}$	
振動様式（モード）	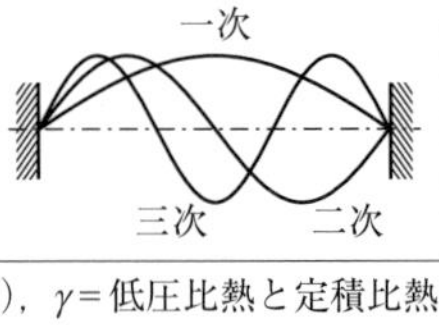	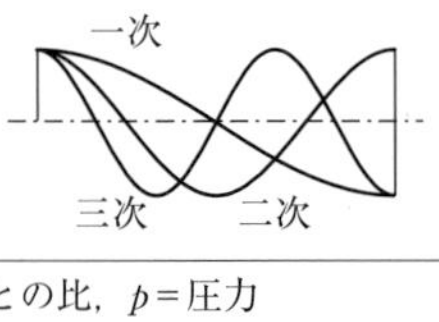	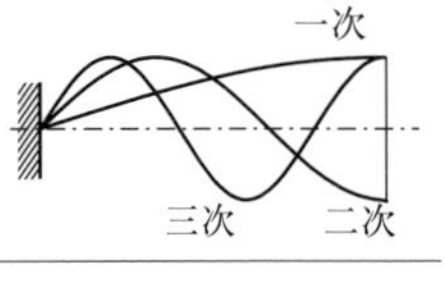	

$K=\gamma p$（断熱変化），γ＝低圧比熱と定積比熱との比，p＝圧力

3.4.2　膜 の 振 動

一様な薄い膜が，単位長さあたり張力 T で一定に張られている場合，直交座標（x, y）において面外振動変位 $w(x, y, t)$ は次式で支配される．

$$\frac{\partial^2 w}{\partial t^2}=c^2\left(\frac{\partial^2 w}{\partial x^2}+\frac{\partial^2 w}{\partial y^2}\right)\quad\left(c=\sqrt{\frac{T}{\rho^2}}\right)\tag{3.4.2}$$

周辺が固定された膜の面外振動の固有円振動数は表 3.6 で与えられる．ここで，矩形膜の両辺を a[m] と b[m] としている．矩形膜の振動モードは

$$w(x, y, t)=w_0\sin\frac{j\pi x}{a}\sin\frac{k\pi y}{b}\sin\omega t\tag{3.4.3}$$

ただし，j と k は a と b 方向振動の次数である．重根の場合のモードについては，例えば，①（$j=1$, $k=2$）と②（$j=2$, $k=1$）の場合には，図 3.21 に示すように①から②へのモード形の推移が考えられ，どれが出るかは初期値（加振場所）による．

円形膜に関しては，極座標（r, θ）において面外振動変位 $w(r, \theta, t)$ は次式で支配される．

$$\frac{\partial^2 w}{\partial t^2}=c^2\left(\frac{\partial^2 w}{\partial r^2}+\frac{1}{r}\frac{\partial w}{\partial r}+\frac{1}{r^2}\frac{\partial^2 w}{\partial \theta^2}\right)\tag{3.4.4}$$

円形膜の半径を R[m] として，固有円振動数を表 3.6 右に示す．円形膜の振動モー

表 3.6　膜の横振動[3)]

	長方形膜	円形膜
円振動数	矩形膜（$a\times b$）では $\omega=\pi c\sqrt{(j/a)^2+(k/b)^2}$ $j=1, 2, 3, \cdots$ $k=1, 2, 3, \cdots$ 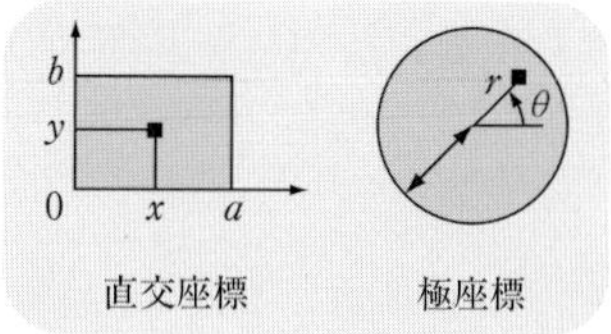	$\omega=\lambda_{ns}c/R$ λ_{ns} は下表による． （ベッセル関数 $J_n(\lambda_{ns})=0$ の根） （下表参照） n は節直径の数，s は節円の数
振動様式	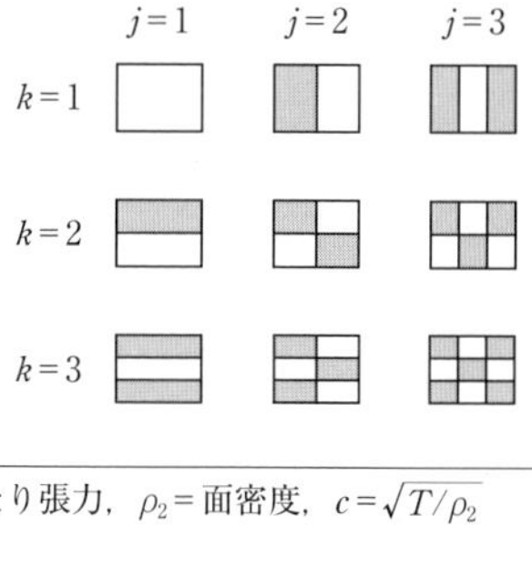	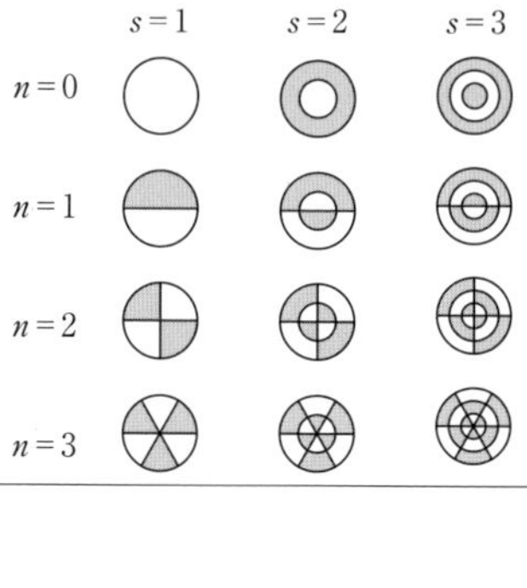

n ＼ s	0	1	2
0	2.404	5.520	8.654
1	3.832	7.016	10.173
2	5.135	8.417	11.620
3	6.379	9.760	13.017

T＝単位長あたり張力，ρ_2＝面密度，$c=\sqrt{T/\rho_2}$

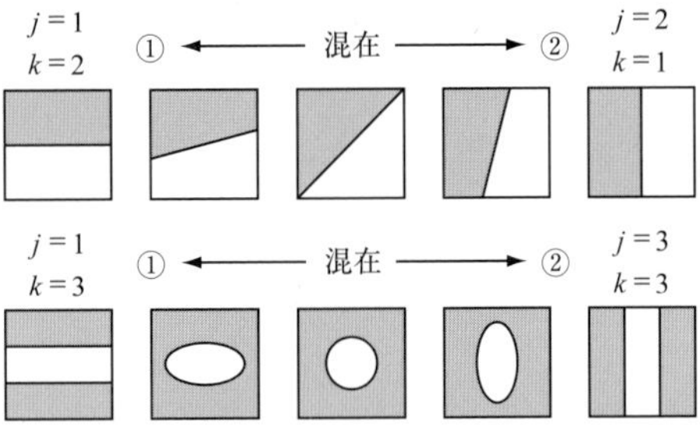

図 3.21 重根の場合

ドは

$$w(r, \theta, t) = w_0 J_n\left(\frac{\omega r}{c}\right)\cos n\theta \sin \omega t \tag{3.4.5}$$

ただし，J_n は第 1 種のベッセル関数，n は周方向振動の次数（θ 方向の波数）である.

3.4.3 まっすぐな棒の振動

まっすぐな棒の横振動は次式で表される.

$$\frac{\partial^2 y}{\partial t^2} = c_2^2 \frac{\partial^4 y}{\partial x^4} \quad \left(c_2 = \sqrt{\frac{EI}{\rho A}}\ [\mathrm{m^2/s}]\right) \tag{3.4.6}$$

種々の境界条件での固有振動数および固有モードが前出の表 3.3 に与えられている.

3.4.4 平板の振動[5),6)]

厚さ h[m] の一様な薄板の面外曲げ振動に関し，直交座標（x, y）において面外変位 $w(x, y, t)$ は次式で支配される.

$$\frac{\partial^2 w}{\partial t^2} = c_2^2 \nabla^4 w = 0 \tag{3.4.7}$$

ただし，

$$\nabla^4 = \nabla^2\nabla^2, \qquad \nabla^2 = \left(\frac{\partial^2}{\partial x^2} + \frac{\partial^2}{\partial y^2}\right), \qquad c_2 = \sqrt{\frac{EI}{\rho A}} \approx \sqrt{\frac{Eh^2}{12\rho(1-\nu^2)}}$$

周辺が単純支持されたときの固有円振動数が表 3.7 に与えられる．振動モードは膜振動の場合と同じ式（3.4.3）である.

円板の振動に関しては，極座標系で横振動変位 $w(r, \theta, t)$ は次式で支配される.

$$\frac{\partial^2 w}{\partial t^2} = c_2^2 \nabla^4 w = 0 \tag{3.4.8}$$

ただし，

$$\nabla^2 = \left(\frac{\partial^2 w}{\partial r^2} + \frac{1}{r}\frac{\partial w}{\partial r} + \frac{1}{r^2}\frac{\partial^2 w}{\partial \theta^2}\right)$$

円板の半径を R[m] として，固有円振動数を表 3.7 に示す．円板外周が単純支持あ

表 3.7　板の横振動

	長方形板	円板：周辺固定（ν の値に無関係）	円板：周辺単純支持（$\nu=0.3$）
固有円振動数	周辺単純支持 表 3.6 に同じ	$\omega=\lambda_{ns}\,c_2/R^2$ ただし，λ_{ns} は下表による．（下表 左） n は節直径の数，s は節円の数	（下表 右）
振動様式		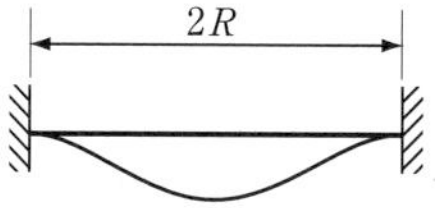 	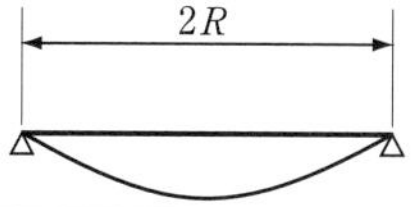

円板：周辺固定

n ＼ s	0	1	2
0	10.21	39.77	89.1
1	21.26	60.82	120.1
2	34.88	84.58	153.8
3	51.02	111.0	190.3

円板：周辺単純支持

n ＼ s	0	1	2
0	4.935	29.72	74.16
1	13.90	48.48	102.8
2	25.61	70.12	134.3
3	39.96	94.55	168.7

h＝板厚，ρ＝密度，E＝縦弾性係数，ν＝ポアソン比，$c_2=h\sqrt{E/12\rho(1-\nu^2)}$

るいは固定のときの振動は

$$w(r,\theta,t)=\left[C_1J_n\left(r\sqrt{\frac{\omega}{c_2}}\right)+C_1I_n\left(r\sqrt{\frac{\omega}{c_2}}\right)\right]\cos n\theta\sin\omega t \tag{3.4.9}$$

ただし，C_1, C_2 は積分定数，I_n は第 2 種のベッセル関数，n は周方向振動の次数（θ 方向の波数）である．

3.4.5　薄肉円筒の振動

円筒の平均半径を R，厚みを $h \ll R$，長さを l とする．

a.　円形リング（円環 $l \ll R$）[6]

円環の振動モードを図 3.22 に示す．$n=0$ は半径方向の一様な伸縮で固有円振動数は

$$\omega_0=\frac{1}{R}\sqrt{\frac{E}{\rho}} \tag{3.4.10}$$

$n=1$ は円環の剛体移動モード，$n=2$ 以上の周方向に波打つモードの固有円振動数は

$$\omega_n=\frac{1}{R^2}\frac{n(n^2-1)}{\sqrt{n^2+1}}\sqrt{\frac{Eh^2}{12\rho(1-\nu^2)}} \tag{3.4.11}$$

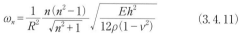

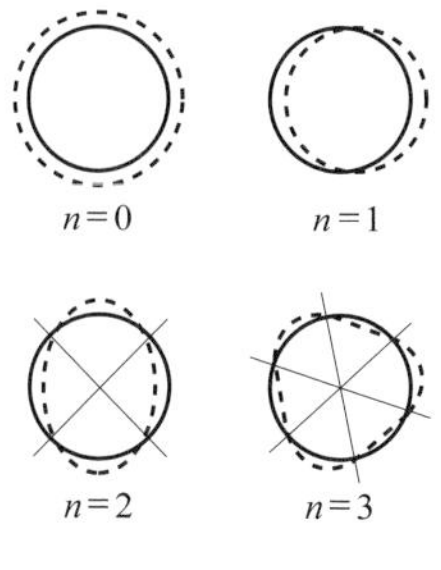

図 3.22　n の値に対応した円環のモード

また，長手方向のねじり振動の固有円振動数は

$$\omega_n=\frac{1}{R}\sqrt{n^2+1+\nu}\sqrt{\frac{G}{\rho}} \tag{3.4.12}$$

b.　円筒殻（シェル）[7]

円筒殻両端で，半径方向および周方向に単純支持で，かつ軸周方向に軸力なしの境

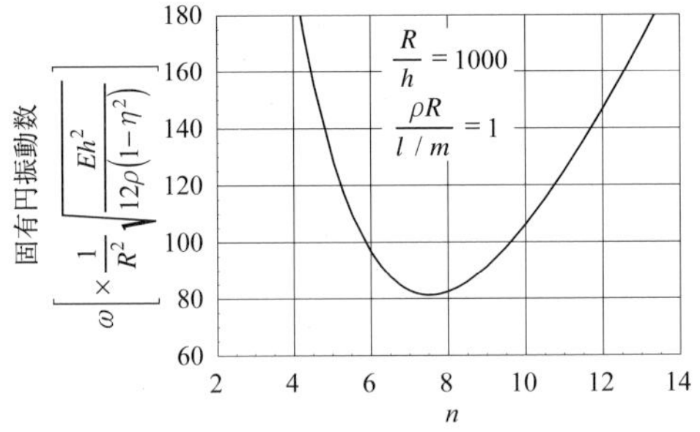

図 3.23 周方向波数 n と固有円振動数

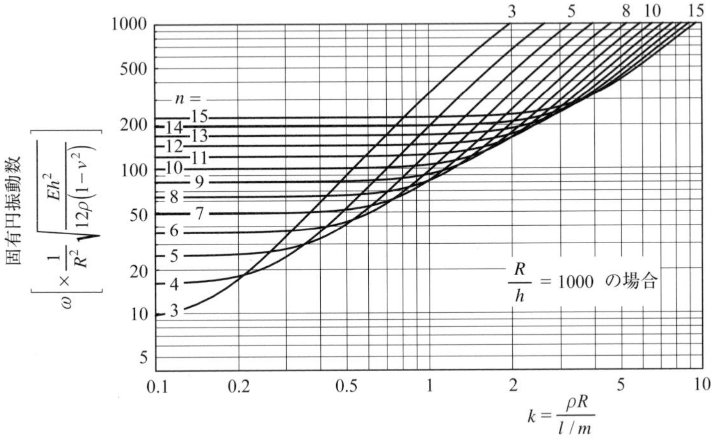

図 3.24 薄肉円筒殻の固有円振動数

界条件の場合，円筒殻の面外振動変位は円筒座標系で，軸方向を x として

$$w(\theta, x, t) = w_0 \sin\left(\frac{m\pi x}{l}\right) \sin n\theta \sin \omega t \tag{3.4.13}$$

で表され，固有円振動数は

$$\omega_n = K \frac{1}{R^2} \sqrt{\frac{Eh^2}{12\rho(1-\nu^2)}} \tag{3.4.14}$$

ただし，

$$K = \left[(n^2+k^2)^2 + \frac{\alpha k^4}{n^2+k^2} \right]^{1/2}, \qquad \alpha = \frac{12(1-\nu^2)R^2}{h^2}, \qquad k = \frac{m\pi R}{l}$$

一例として，図 3.23 に周方向波数 n をパラメータとした固有振動数変化を示している．同図より，波数 n に応じて固有振動数が高くなるわけではないことがわかる．固有円振動数は式（3.4.14）に従い図 3.24 で表される．

［松下修己］

文 献

1) 日本機械学会編：機械工学便覧基礎編，A3 編力学・機械力学，第 7 章，丸善，2001.
2) 井上順吉，松下修己：機械力学 1 ―線形実線振動論―，第 9, 10 章，理工学社，2002.
3) 亘理 厚：機械振動，第 2・2 章，丸善，1996.
4) 長松昭男，大熊政明：部分構造合成法，第 1, 4 章，培風館，1991.
5) 谷口修編：振動工学ハンドブック，第 2, 4 章，養覧堂，1976.
6) 日本機械学会編：機械工学便覧基礎編 α2 機械力学，第 12 章，丸善，2004.
7) 小林繁夫：振動学，第 12, 13 章，丸善，1966.

4. 非線形振動系のモデル化と挙動

4.1 機構的非線形要素

線形振動系では，多自由度系や連続体の分布系など一見して複雑な支配方程式であっても，解の重ね合せが利用できる．このため問題の解は，級数やエネルギー原理を利用した近似解法により求めることができ，系の振動数方程式は線形方程式の固有値（固有振動数）を求める問題となる．そして固有振動数は，振幅の値に無関係な一定値となる．これに対して非線形振動系は異なる特徴をもつ．図 4.1 の 1 自由度系を例にとり説明する．ここで u は静的な釣合い位置からの変位，m は質量，f は質量をもとの位置に回復させる復元力である．f が線形ばね力 $f=kx$（k：ばね定数）により与えられる場合は，運動方程式と固有振動数はそれぞれ

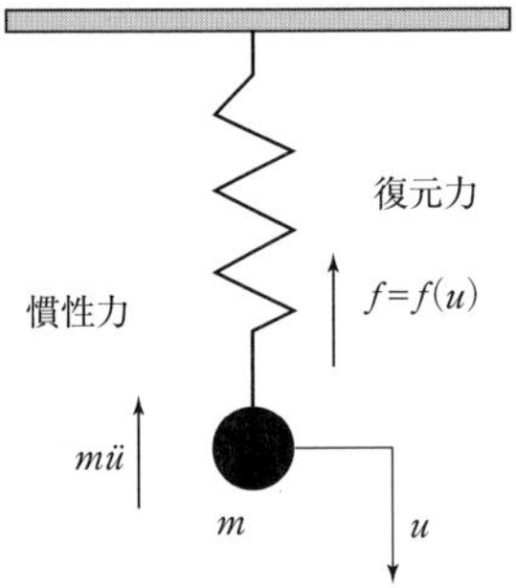

図 4.1 一般的な復元力 f をもつ 1 自由度の非減衰振動系

$$m\ddot{u}+ku=0, \quad \omega_0=\sqrt{\frac{k}{m}} \tag{4.1.1}$$

となる．しかし，f が非線形的な復元力，例えば β を定数として

$$f=ku+\beta u^3 \tag{4.1.2}$$

により表される場合に，その系の挙動は「非線形振動系の自由振動では，固有振動数は振幅依存性をもち，自由振動の振動数は振幅に依存して異なる値を示す」となる．さらに調和外力が作用する粘性減衰系の強制振動

$$m\ddot{u}+c\dot{u}+ku+\beta u^3=F\cos\omega t \tag{4.1.3}$$

では，

(1) 外力振動数が線形系（$\beta=0$）の固有振動数に近づいた場合に，共振が生じるのは線形系と同じである．しかし横軸に外力振動数 ω，縦軸に変位をとると，応答曲線は 1 価関数の山の形ではなく，図 4.2 のように崩れる瞬間の波のような形になる．強制振動数 ω が小さいほうから A 点より B 点に達すると，突然 B′ 点に跳躍現象（jump phenomenon）を示す．逆に，ω が大きいほうから B′ 点から A′ 点に達すると振幅が A 点に飛ぶ跳躍現象を示す．

(2) 線形振動系の強制振動では，式（4.1.1）の固有振動数 ω_0 以外では共振しないが，非線形振動系の強制振動では，$\omega \approx \omega_0(n/m)$（$n$, m：自然数）の関係を満たす外力振動数により共振することがある．さらに多自由度非線形振動系では，複数の固有振動数に関係する共振が発生する可能性がある．

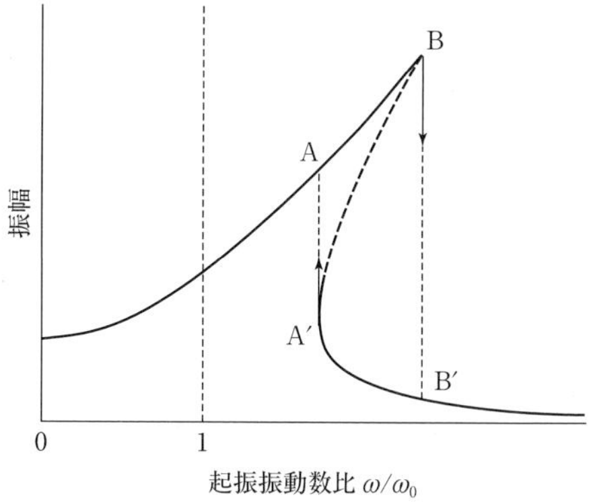

図 4.2 非線形系の曲振曲線モデル

以上の特徴を示す非線形振動系であるが，それらを生じる非線形要素は発生原因から，いくつかの要因に分類される．そのひとつが，機構的な非線形要素である．例えば，歯車やねじなどの機械要素は互いにかみあって運動する．その際に互いの間にまったく隙間がないと運動できず，意図的にわずかの隙間を用意する．これが1方向にのみ動く場合には問題は起きないが，逆方向に回転すると衝撃力を生じて，その程度により機械の寿命を縮めることもある．この隙間をバックラッシ（backlash）という．

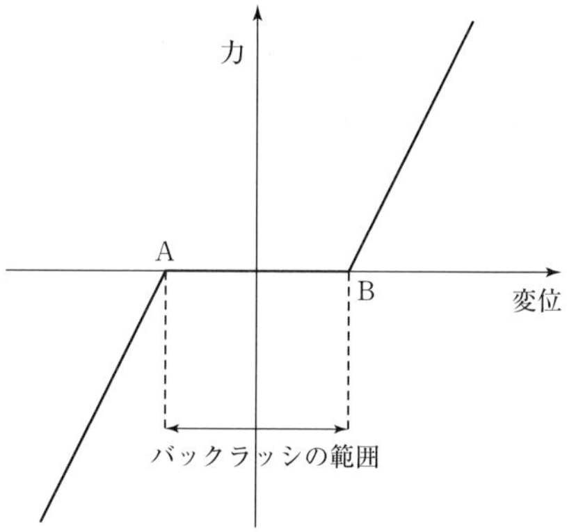

図 4.3 バックラッシを考慮したばねモデル[1]

多くの機械振動系では，歯車のバックラッシやカップリング部分にガタをもつことが多く，ほかにもリミッター，あそびなどがみられる．また要素同士が表面で接触して，完全な結合状態にない場合は，要素間にさまざまな機構的な非線形性が生じる．

ガタは，接触していない時間には力を発生しないので，図 4.3 のような特定区間に力が生じない不感帯を有する断片線形ばねモデルで表される．図の AB 間は非接触のガタの位置に相当して，それ以外では直線的な力-変位関係を示す線形ばねを仮定できる．一般的な粘性減衰振動系のモデルによれば，

$$[M]\{\ddot{u}\}+[C]\{\dot{u}\}+[K]\{u\}=\{f\} \tag{4.1.4}$$

となる．ここで，$\{u\}$，$[M]$，$[C]$，$[K]$，$\{f\}$ はそれぞれ，変位，質量，減衰，剛性，外力を多自由度系に一般化した量である．この式を時間の増分により表すと

$$[M]\{\Delta\ddot{u}\}+[C]\{\Delta\dot{u}\}+[K]\{\Delta u\}=\{\Delta f\} \tag{4.1.5}$$

となる．時間積分法により式（4.1.4），（4.1.5）を解く場合に，短い時間間隔 Δt の

間に線形性があれば，数値積分法により応答計算が可能である．

時刻歴応答に用いる数値積分法は，陽解法と陰解法に大別される．陽解法にはRunge-Kutta-Gill 法があり，自由度が比較的に小さい問題に向いている．陰解法には，Newmark-β 法，Wilson-θ 法，Houbolt 法などがある．陽解法には，数値的不安定の問題が生じることがあり，陰解法では積分の時間刻みごとに連立方程式を解く必要がある．このように問題の性質に応じて，さまざまな解法とその有効な適用範囲がある[2)]．

［例 4.1］ 回転軸系の非線形ねじり振動応答[1)]　図 4.4 に示すように，同期モータを用いて回転軸系を駆動する系に，モータ起動時の回転数上昇に伴って周波数の変化する脈動トルクが発生した．このように増速機やカップリングにガタを含む場合は，共振時の破損を避けるためにねじり振動の固有振動数を通過する場合の解析が必要である．ここで軸のヒステリシス減衰，ギア部分の減衰は，等価な比例減衰により表す．これを式（4.1.5）のように時間増分系により表し，Newmark-β 法により時間積分により応答計算を行った．特にばね定数の不感帯と比例部分の切り替えと Δt の区切りが一致するようにしている．

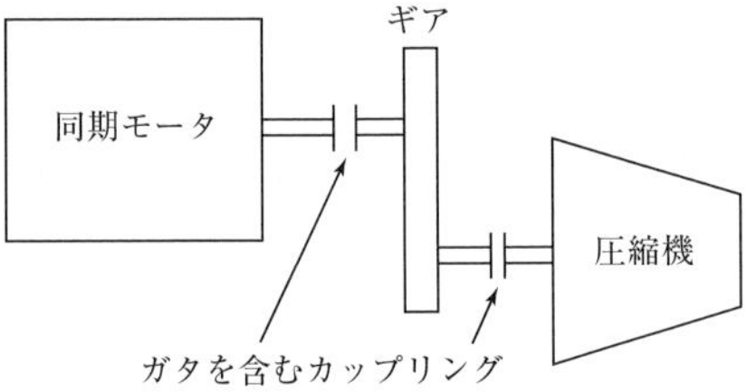

図 4.4 同期モータにより駆動された回転軸系モデル[1)]

［例 4.2］ 電動機の突発的振動[3)]　図 4.5 に示す回転試験装置の駆動用誘導電動機（55 kW，最高回転速度 15000/min，アンギュラ玉軸受け）において，回転速度 12800 付近で突発的な異常振動が発生した．この玉軸受けは，焼き付き防止のために与圧を低く設定していた．このため非線形ばね特性による不釣合い応答の飛躍現象が推定された．すなわち与圧不足のためにガタが生じたと考えられ，重力により釣合い点がガタ系では漸軟ばね特性を示した．対策として，振動が急増する直前の回転速度を対象に，カップリングボルトを用いたバランス修正を行った結果，振幅が小さくなり非線形的な跳躍現象が発生しなくなった．

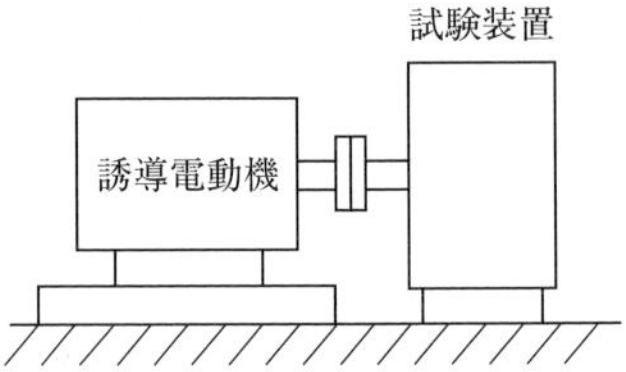

図 4.5 回転試験装置[3)]

［例 4.3］ 縦型水ポンプのクラック発生[4)]　あるプラントにおいて冷却用の縦型ポンプが使用され，非接触センサーにより 2 方向から振動状態を監視していた．この系が定格運転時に振動振幅を漸増させていることが観察されたため，データ解析を行った．その結果，回転数と同期する一次成分が徐々に増加して，振幅と位相の突然の変化が観察され，さらに軸の回転軌道に二重ループがあり回転同期二次成分をもつ振れ回りが生じた．この軸を実際に調査したところ，軸にクラックが発生していた．

軸クラックが発生すると，軸の剛性が低下するために，対応して危険速度も低下する．またクラックが入る場合に，縦クラック，横クラックのいずれの場合も非対称な断面構造になり，回転同期二次成分が発生して，非線形振動の特徴が現れることが明らかになった．

［例 4.4］　箱詰めされた包装品の隙間（ガタ）による非線形振動[5)]　　さまざまな商品は，流通過程において箱詰めにされる．このパッケージングにおいて，被包装物と箱の間には通常は隙間があり，この隙間を埋めるため軽量で衝撃を和らげる作用のある緩衝発泡材（発泡スチロール，紙製発泡体，小さな気泡入緩衝材など）が使われる．しかし緩衝材によってもガタは完全にはなくならない．この研究事例では，DVD レコーダーのダミーを詰めた箱の振動試験と落下試験により，非線形性の特徴が現れるかを研究した．実験では包装物を入れた箱を振動テーブルにのせ，加振台から非包装物への振動伝達特性を測定すると，明らかなガタがみえない状態でも緩衝材による非線形性が現れ，衝撃により生じた隙間が見た目に認められる場合には振動伝達に強い非線形性が現れると結論している．　　　　　　　　　　　　　　　　　　　　　**〔成田吉弘〕**

文　献

1)　井上喜雄ほか：同期モータ駆動回転軸系の非線形ねじり振動応答ー第 1 報，解析手法，モデル実験，および実機での検討ー，日本機械学会論文集 C 編，**47**(415)（1981），263-272.

2)　日本機械学会編：数値積分法の基礎と応用，コロナ社，2003.

3)　振動データベース研究会：電動機の突発的振動，2008 v_BASE フォーラム資料集，日本機械学会講演論文集 No. 08-14，pp. 61-62（2008）.

4)　振動データベース研究会：軸クラッチ検知，2009 v_BASE フォーラム資料集，日本機械学会講演論文集 No. 09-23，pp. 57-58（2009）.

5)　津田和城，中嶋隆勝，斉藤勝彦：包装品の非線形ガタ振動に関する実験的検証，日本包装学会誌，16-1，pp. 53-61（2007）.

4.2　幾何学的非線形要素

機械振動において，「変形（変位）が十分に小さい」という仮定に立つと，変位に関する線形微分方程式により運動が表される．多くの場合に振動問題の定式化では，数学的な困難さを避けるために，釣合い点付近の関係を線形に近似して線形系にモデル化している．この節では，ガタなどの明確な非線形性がない場合でも，変形が微小の範囲を超える場合に生じる「幾何学的非線形要素」を説明する．なお変形中に，弾性率などの材料の性質は変化しないものとする．

はじめに質量と復元力を生じる位置が別の要素により表される離散系（discrete system）モデル，次に質量と復元力を与える弾性部分が一体化した連続系（continuous system）モデルを紹介する．これらを通じて変形の幾何的な関係から，変位と復元力が比例しない場合の幾何学的非線形性が発生するメカニズムをみる．

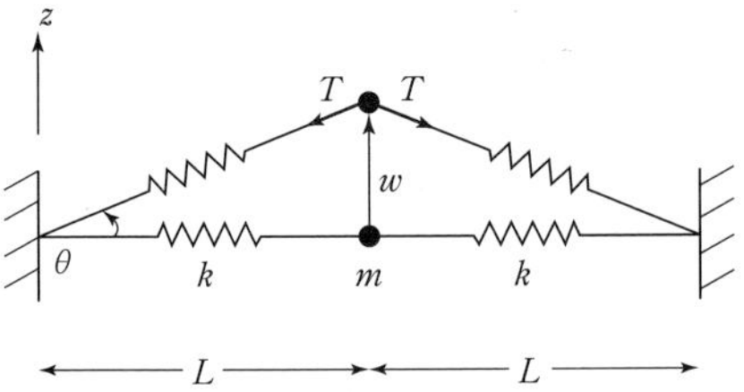

図 4.6 2つの線形ばねで支持された質点が z 方向に振動する系[1)]

図 4.6 は，中央に位置する質量を 2 つの線形のばねで連結して水平面（$z=0$）に置いた系を示す[1)]．この質量を z 方向にずらした後に，ゆっくりと離した後の自由振動を考える．w は質量の変位，k は線形ばねのばね定数であり，変位の大きさによって，k の値は変化しないとする．

その自由振動の方程式は，z 方向の力の釣合いから

$$m\ddot{w}+2T\sin\theta=0 \tag{4.2.1}$$

となる．ここで T は復元力，ばねの初期長さを L_0，接続されたばねの長さを L とおくと，

$$T=k(\sqrt{L^2+w^2}-L_0) \tag{4.2.2}$$

になり，幾何的な関係から

$$\sin\theta=\frac{w}{\sqrt{L^2+w^2}} \tag{4.2.3}$$

である．式（4.2.2）（4.2.3）を式（4.2.1）に代入すると

$$m\ddot{w}+2k\left(\frac{w}{L}\right)\left(L-\frac{L_0}{\sqrt{1+(w/L)^2}}\right)=0 \tag{4.2.4}$$

になる．復元力を与える第 2 項を，(w/L) に関してテイラー展開して，三次の項まで残すと

$$m\ddot{w}+2k(L-L_0)\left(\frac{w}{L}\right)+kL_0\left(\frac{w}{L}\right)^3=0 \tag{4.2.5}$$

を得る．この式は，式（4.1.3）で表された形式の非線形性をもつ．

変位の大きさを表すパラメータは (w/L) であり，微小変位では $(w/L)\ll 1$ と考えて第 3 項を省略すると，

$$m\ddot{w}+2k(L-L_0)\left(\frac{w}{L}\right)=0 \tag{4.2.6}$$

の線形方程式になる．これは式（4.2.4）の第 2 項のカッコ内の分母において，$(w/L)^2\approx 0$ と考えても与えられる．振動の変位を，$w=W\sin\omega t$（W：振幅）とおくことで，式（4.2.6）の固有角振動数 ω [rad/s] は

$$\omega=\sqrt{\frac{2k(L-L_0)}{mL}} \tag{4.2.7}$$

になり，変形前に初期張力を与えない（$L=L_0$）場合は，z 方向の微小振動の範囲内では復元力が生じないため振動現象は生じない．

変位の大きさを無視できない場合は，式（4.2.5）の ω の三次の項が残り，非線形

振動になる．このように，ある限度（例えば板厚）を超える比較的に大きな変形（有限変形という）の振動現象を考える際には，変形後の釣合い状態を考慮して導いた非線形式から出発する必要がある．こうした非線形振動問題の解法として，解析的に近似解を導くための平均法，調和バランス法，摂動法，多重尺度法などがあり[1]，本書の 10 章でも説明されている．

このほかにコンピュータによる数値計算を前提としたマルチボディダイナミクス（Multi-Body Dynamics：MBD）がある[2),3)]．MBD は，剛体の力学から発展した分野で，多くの要素から成り立つ構造物の運動を扱う[2]．このため多体動力学とよばれ，必然的に大きな変位や変形を対象とする非線形力学である．そのアプローチは，機械システムを要素に分割して，要素ごとに運動方程式を立てる．これを拘束条件とよばれる要素間の接続条件を考慮して結合する．そのモデリングの作業では，剛体系と柔軟系の構造特性の識別，解析の目的と内容の確定，さらに座標系の選択，拘束条件の記述方法などを考慮する必要がある．MBD の応用は，建設機械や自動車などの機械システム，ロボティクス，メカトロニクスなど多岐にわたる．MBD は，システムの要素がすべて剛体から構成されることを前提にした剛体 MBD，と一部に柔軟な要素を含めた柔軟 MBD に分類される[2),3)]．

［例 4.5］ 二重振り子　図 4.7 は平面内で振動する簡単な二重振り子である．ここでリンク 1 と 2 の質量を m_1, m_2，長さを l_1, l_2 として，ジョイント部に摩擦はないものとする．この系の運動エネルギーと位置エネルギーからラグランジュ関数をつくり，ラグランジュ方程式に代入すると，支配方程式

$$\frac{m_1+3m_2}{3}l_1^2\ddot{\theta}_1+\frac{m_2l_1l_2}{2}\ddot{\theta}_2\cos(\theta_1-\theta_2)+\frac{m_2l_1l_2}{2}\dot{\theta}_2^2\sin(\theta_1-\theta_2)+\frac{m_1+2m_2}{2}gl_1\sin\theta_1=0 \qquad (4.2.8\text{a})$$

$$\frac{m_2}{3}l_1^2\ddot{\theta}_2+\frac{m_2l_1l_2}{2}\ddot{\theta}_1\cos(\theta_1-\theta_2)-\frac{m_2l_1l_2}{2}\dot{\theta}_1^2\sin(\theta_1-\theta_2)+\frac{m_2}{2}gl_2\sin\theta_2=0 \qquad (4.2.8\text{b})$$

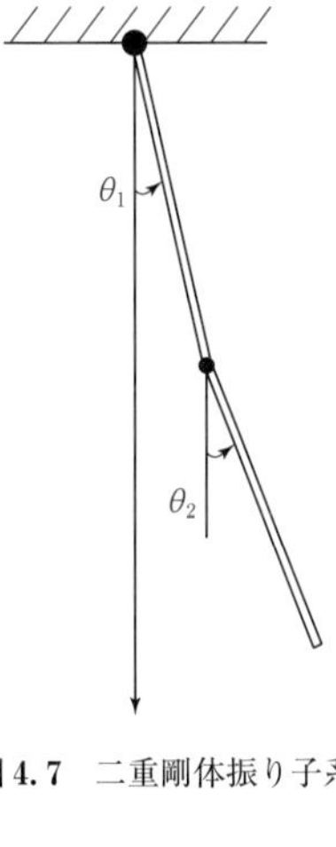

図 4.7　二重剛体振り子系

を得る．ここで角度変位を表す θ_1，θ_2 が運動方程式の未知変数であり，微小変形を仮定すると，$\sin\theta=\theta$，$\cos\theta=1$（$\theta\ll1$）の近似により

$$\begin{bmatrix}\dfrac{m_1+3m_2}{3}l_1^2 & \dfrac{m_2l_1l_2}{2}\\ \dfrac{m_2l_1l_2}{2} & \dfrac{m_2}{3}l_2^2\end{bmatrix}\begin{Bmatrix}\ddot{\theta}_1\\ \ddot{\theta}_2\end{Bmatrix}_1+\begin{bmatrix}\dfrac{m_1+2m_2}{2}gl_1 & 0\\ 0 & \dfrac{m_2}{2}gl_1\end{bmatrix}\begin{Bmatrix}\theta_1\\ \theta_2\end{Bmatrix}=0 \qquad (4.2.9)$$

となる．式（4.2.9）は，実数係数の対称行列であり，正の固有値（固有振動数）が

得られる．しかし角度変位が大きい場合にこの近似は利用できずに式（4.2.8）は，θ_1, θ_2 の微分項の二乗や三角関数が現れることから非線形微分方程式となる．こうした非線形問題に，MBD では拡大法，ペナルティ法，再帰的手法などの解法が用意され，また数値解を得るための数値積分についても各種の手法が用意されている[2),3)]．

次に連続体の振動を考える．離散系モデルでは，質量とばねを別に表現したが，連続体では両者は一体化していて，ニュートンの運動方程式を直接に適用する集中質量がない．そこで図 4.8 に示すように長さ $\mathrm{d}x$ をもつ微小要素の変形後の釣合いを考える．ここで，u と w はそれぞれ x と z 方向の変位である．x 方向の歪みを求めると，変形前に長さ $\mathrm{d}x$ であった要素が，変形後は長さ $\mathrm{d}s$ を有することから，垂直歪みは

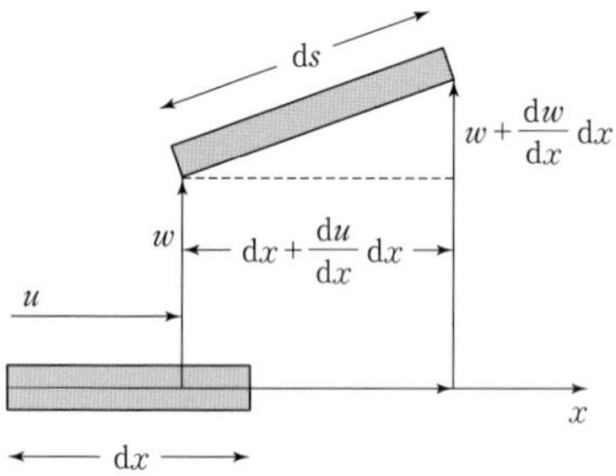

図 4.8 変形後の釣合い

$$\varepsilon_x=\left[\sqrt{\left\{\left(1+\frac{\mathrm{d}u}{\mathrm{d}x}\right)\mathrm{d}x\right\}^2+\left(\frac{\mathrm{d}w}{\mathrm{d}x}\mathrm{d}x\right)^2}-\mathrm{d}x\right]\Big/\mathrm{d}x$$

$$=\sqrt{\left(1+\frac{\mathrm{d}u}{\mathrm{d}x}\right)^2+\left(\frac{\mathrm{d}w}{\mathrm{d}x}\right)^2}-1 \qquad (4.2.10)$$

となる．$\sqrt{\ }$ の項にテイラー展開を適用して，二次の項まで残すと

$$\varepsilon_x \cong \frac{\mathrm{d}u}{\mathrm{d}x}+\frac{1}{2}\left(\frac{\mathrm{d}w}{\mathrm{d}x}\right)^2 \qquad (4.2.11)$$

を得る．復元力を与える応力は，歪みに弾性定数を乗じて得るため，式（4.2.11）の第 2 項からすぐに，「変位 w と復元力（弾性力）は非線形である」ことが見てとれる．

このように幾何学的な非線形性をもつ振動現象は，ゴムや樹脂など大変形する部品の変形，製造工程において大変形する製品，「弦」「梁」「板」などの構造要素が板厚を超えてたわむ場合などに見られる．連続体の大変形問題は，以下のように分類される．

(1) 歪みは微小とみなせるが，その総和である変位が大きくなり線形変位を超える場合（有限変形）～十分長い片持はりの場合，各位置における歪みが微小であっても，はりが長いため，その累積として得られるはり自由端のたわみは（はり厚さを超える）有限変位となる．有限要素法による定式化としては，トータルラグランジュ 法がある．

(2) 歪み自身が微小歪みとみなせない程度に大きい場合～歪み自体がすでに微小とはみなせない場合．有限要素法による定式化としては，更新ラグランジュ法がある．

［例 4.6］ 平板の大たわみ振動　3 章で取り上げられた図 4.9 のような平板の振動は，その微小なたわみ変形を前提としていた．すなわち平面に対して垂直な方向（面外方向，横方向）への振幅（たわみ）は，十分に小さく面内の変位と連成しないとし

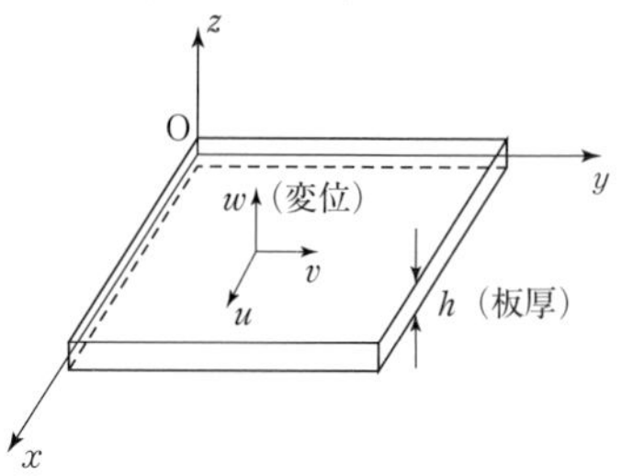

図 4.9　平板の座標系と変位

た．このため振動を与える復元力は，曲げ剛性のみにより与えられた．しかし振幅が板厚を超えて，ある程度以上大きくなると，洗濯ひもが張力により洗濯物の重さを支えるように，面内に発生する張力を無視できなくなる．したがって平板の大たわみ振動は，曲げ剛性に加えて，式（4.2.11）で与えられる関係により，面外変位（w）と面内変位（u）の連成効果を含める．境界条件も面外変位だけでなく，面内変位の境界条件が面内力の値に大きく影響してくる．その平板の面内力は，エアリー応力関数ϕを用いて，

$$\sigma_x=\frac{\partial^2\phi}{\partial y^2},\qquad \sigma_y=\frac{\partial^2\phi}{\partial x^2},\qquad \pi_{xy}=-\frac{\partial^2\phi}{\partial x\partial y} \tag{4.2.12}$$

のように，面内の垂直応力σ_x，σ_yとせん断応力τ_{xy}に関係づけられる．これらを力の釣合い式に代入して，等方性平板の有限たわみ振動の支配方程式

$$\frac{\partial^4\phi}{\partial x^4}+2\frac{\partial^4\phi}{\partial x^2\partial y^2}+\frac{\partial^4\phi}{\partial y^4}=E\left[\left(\frac{\partial^2 w}{\partial x\partial y}\right)^2-\frac{\partial^2 w}{\partial x^2}\frac{\partial^2 w}{\partial y^2}\right] \tag{4.2.13a}$$

$$D\left(\frac{\partial^4 w}{\partial x^4}+2\frac{\partial^4 w}{\partial x^2\partial y^2}+\frac{\partial^4 w}{\partial y^4}\right)+\rho h\frac{\partial^2 w}{\partial t^2}=h\left[\frac{\partial^2 w}{\partial x^2}\frac{\partial^2\phi}{\partial y^2}+\frac{\partial^2\phi}{\partial x^2}\frac{\partial^2 w}{\partial y^2}-2\frac{\partial^2 w}{\partial x\partial y}\frac{\partial^2\phi}{\partial x\partial y}\right] \tag{4.2.13b}$$

が得られる．ここで，Eはヤング率，Dは板の曲げ剛性$D=Eh^3/12(1-\nu^2)$，νはポアソン比，ρは密度，hは板厚である．3 章の平板の微小振動では，固有振動数を求めるためには，式（4.2.13b）の右辺が 0 の同次方程式を解くだけでよかった．しかし，微小変位の範囲を超えると面外変位（w）と面内変位（u, v）の連成により問題が複雑になることが理解される．

［例 4.7］　進展機構をもつトラス構造物の非線形振動　　進展機構をもつトラス構造は，宇宙において大規模構造を実現する有力な方法であるが，打上重量の制約から剛性の低いトラスを組み合わせて大きな高さや幅を達成する必要がある．また進展機構を実現するための接続部分では，剛性の低いジョイント機構を有する．日本の宇宙関係の研究機関では，こうした宇宙トラス構造物の振動試験により加振力，加振変位と加振方向に依存する振動応答を測定して，構造非線形性を考慮した数学モデルの構築とパラメータ同定を行った．実験では，トラス上端に加振器を設置して各部分に加速度センサーを設置して計測を行っている．　　〔**成田吉弘**〕

文　献

1)　日本機械学会編：振動学，pp. 97-111，丸善，2005.
2)　清水信行：マルチボディダイナミクス，機械の研究，**61**(1) (2009)，76-82.
3)　日本機械学会：マルチボディダイナミクス（1)ー基礎理論ー，コロナ社，2006.

4.3 材料的非線形要素

物体が外力を受けると，物体は運動するか，同時に物体自身が変形する．いま全体（剛体）への外力が釣り合って物体全体は静止しているが，物体自身が変形しているとする．そのとき，物体の材料の静的な性質を表現する．図 4.10 は，軟鋼の棒を引張試験した場合の代表的な応力-歪み曲線を表す．引張りを始めた当初は，荷重と伸びが比例して，対応する（公称）応力と（公称）歪みが比例して線形関係 $\sigma=E\varepsilon$ と表される．この比例限度とよばれる範囲内では，直線関係が成り立ち，荷重を除荷しても原型に戻る弾性を示す．しかし図中の P 点を少し過ぎると，除荷しても原寸法には戻らず塑性変形が生じる．軟鋼では，降伏現象が生じて材料内部で結晶がすべり現象を起こす．その後，材料はすべりに対する抵抗が現れ，剛性が増す加工硬化を生じる．その後，曲線は極大値を示した後に，くびれの局部変形を生じて破断にいたる．

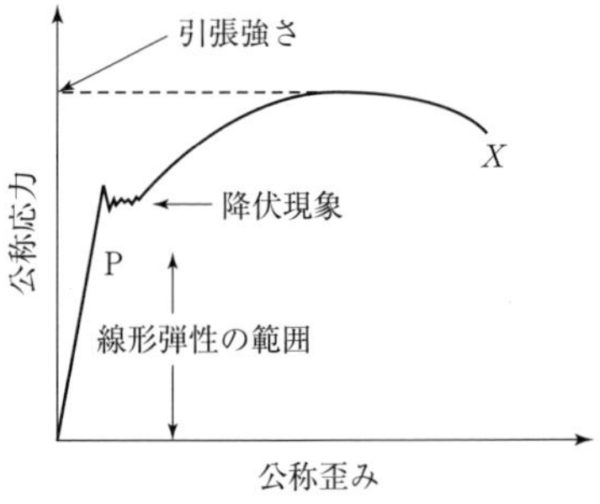

図 4.10 軟鋼の公称応力-公称歪み線図

図 4.10 の機械的特性は，材料によって異なった線図をもち，大きな変形量を与える延性材料から，小さな変形で破断する脆性材料まで異なる．また曲線の形も材料によって大きく異なっている．それをモデル化したのが図 4.11 である．

(a) 図 4.10 の軟鋼に使われた比較的に延性の強いモデル．

(b) 軟鋼などのモデル (a) を，降伏後は完全に塑性化するように簡単化したモデル．

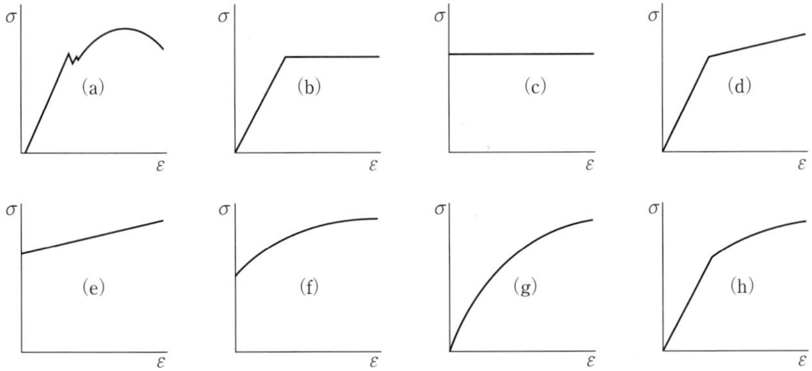

図 4.11 応力-歪み曲線の簡単化モデル[1)]

(c) 弾性歪みが無視できる場合の剛完全塑性材モデル．

(d) 弾性と塑性の範囲がともに直線で表される直線硬化弾塑性材モデル．断片線形により表す，実用的で広く使われるモデル．

(e) 弾性歪みが無視できる場合の直線硬化剛塑性材モデル．

以上の(b)～(e)はいずれも，直線を用いた近似モデルである．これに対して，(f)～(h)は曲線を用いて硬化をさらに精度よく表したモデルである．

(f) 弾性歪みが無視できる場合，モデル(e)を曲線にした曲線硬化剛塑性材モデル．

(g) 曲線硬化弾塑性材モデル．モデル（d）の精度を高めたモデル．

(h) 直線と曲線をつないだランバーグ・オスグッド則．

以上のように，さまざまな応力-歪み関係を近似したモデルがある．これらは応力が変化すると，瞬間的に歪みも変わる時間変動を考慮しない材料モデルである．

［例 4.8］ 汎用 FEM における非線形スプリング要素　汎用有限要素プログラムでは通常，非線形スプリング要素が用意されており，2 つの節点間に非線形のばね特性をモデル化することができる．すなわち図 4.12 のように，縦軸に力と横軸に変位をとり，この座標上に (d_1, f_1)，(d_2, f_2)，…，(d_n, f_n) と点群を指定することで，一般的な材料非線形性を，折れ線近似により表現する．

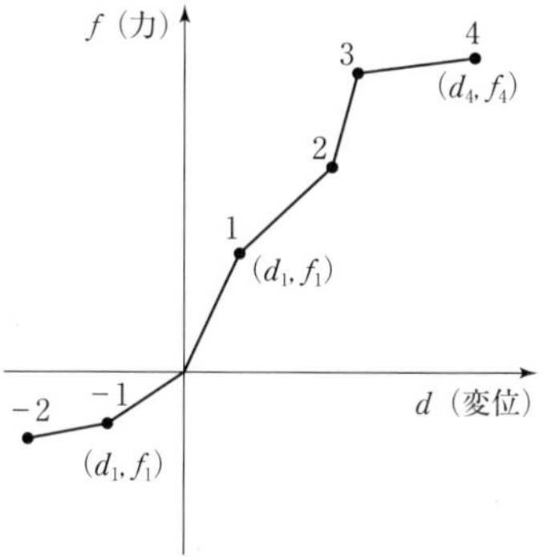

図 4.12 非線形材料特性を指定できるばねモデル

［例 4.9］ 超弾性と形状記憶合金[2)]　超弾性（Super Elasticity：SE）は，通常の弾性変形の限度を超えて大変形をした材料が，変形を生じさせた外力を取り除くと荷重前の原型に復帰する性質である．その例としてシリコーンゴムなどの超弾性ゴム材料があり，荷重履歴に依存しない非常に大きな復元可能な変形を示す．それらゴムの常温での弾性率（ヤング率）は数 MPa で，金属に比較すると数万分の 1 程度である．

この超弾性の性質と，形状記憶効果（Shape Memory Effect：SME）をあわせもつ金属が，形状記憶合金（Shape Memory Alloy：SMA）である．約半世紀の歴史をもつ SMA は，熱を感知して変形前の形状に戻る SME の性質をもつ．応用面から SMA の特徴をみると，

① 可逆的な形状回復と回復力の機能

② 単一形状に繰返し回復する機能

③ 超弾性材料としての機能

の利用が考えられる．SMA は，機械製品から土木関連，最近ではカテーテル，ステント，ガイドワイヤーなど医療器材としての利用が伸びている．またセンサー機能とア

クチュエータ機能をあわせもつため，スマート材料（smart material）または知的構造（intelligent structure）としての利用が知られている．振動に関連しては，SMA は変形エネルギーを相変態として蓄えるため，吸収能が高いダンピング材料として利用が考えられている．

［例 4.10］ 鉛の塑性変形を活用した振動高減衰配管サポート[3)]　原子力関連など重要性の高い配管系や設備は，地震により破壊された場合に大きな悪影響を及ぼす．このため発生頻度の低い大きな地震に対しても備える必要性がある．従来，配管系の支持構造であるオイルスナバやメカニカルスナバはほぼ線形特性を有するとされてきた．しかし，さらに高い減衰サポートを実現させるために，構造の一部に材料非線形をもった塑性変形によるエネルギー吸収機能をもたせることが考えられた．例えば，LED（Lead Extrusion Damper）は，リング状の鉛の中心部に正多角形の断面形状をもつ軸が挿入された構造をもつ．配管系が地震により振動した場合に，配管系からの反力により多角形軸が回転するが，これが周囲の鉛の塑性変形を引き起こして大きなエネルギー吸収を実現する．

図 4.11 の応力-歪み線図は，時間的な特性の変化は考慮していない．これに対して，応力-歪み曲線に時間的な影響が現れる材料がある．粘性（viscosity）は，物体が変形の速さに応じた変形抵抗を示す性質であり，材料の性質が時間の関数となる．粘弾性材料は，その物質が力と変形（応力と歪み）の関係に，弾性と粘性を同時にもつ連続体の材料である．この性質は特に高分子材料にみられ，低い弾性率と大きな減衰をもつ．これが制振効果を与えるが，この効果は高分子鎖の伸縮性と運動性からきている．それに対して，普通の金属は結晶構造をもつ弾性域であれば，一定値のヤング率で表される．

粘弾性は一般に，弾性と減衰性が振動数により変化する．粘弾性材料の振動数ごとに，歪みと同位相の弾性成分を E'（貯蔵弾性率），歪みと 90° 位相が異なる成分を E''（損失弾性率）とすると，粘弾性材料の特性を，

$$\text{複素弾性率}\ \eta = E' + iE'' \quad (i:\text{複素数})$$

と表すことができる．この複素弾性率は，材料の振動減衰の性能を表し，損失係数ともよばれる．図 4.13(a) は横軸に振動数をとり，ある温度における E' と η の変化を

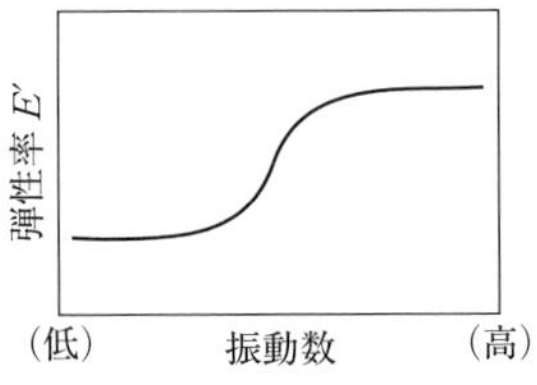

(a) 振動数依存性の概念図

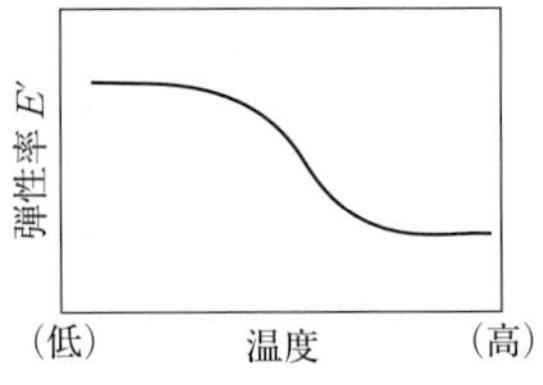

(b) 温度依存性の概念図

図 4.13 粘弾性体

模式的に示した例である．この例では，粘弾性材料を加振する振動数が上昇するにつれて，弾性が上昇している．また減衰性能を表す複素弾性率 η は，ある特定の振動数で極値をもった後に減少して，減衰性能が低下している．

また高分子材料などの粘弾性は，高温下に置かれると弾性が低下する傾向がみられる．図 4.13(b) は，一定の振動数に対する模式例であり，温度の上昇とともに，弾性が低下するが，η は比較的に高い温度にて最大値を示す．結局，粘弾性材料の特性は，振動数や温度に関して単純な一次式で表されないところから，材料的な非線形と理解することができる．以上をまとめると，時間非依存性の非弾性が塑性であるが，粘弾性やクリープ（creep）は時間依存性の非弾性である．後者では，歪み速度依存性が重要である．

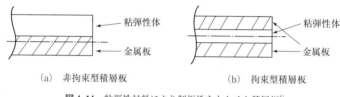

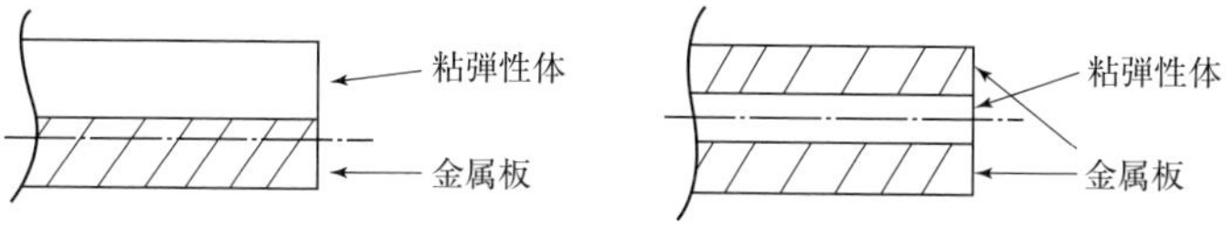

(a) 非拘束型積層板　　(b) 拘束型積層板

図 4.14　粘弾性材料により制振性をもたせた積層板[4)]

［例 4.11］　積層平板[4)]　　平板は，多くの機械や構造物に使われているが，しばしば振動源からの共振や放射音の発生を伴う．これを避けるため板に制振性能をもたせる必要性が生じるが，強度的に金属が必要な場合ある．このときに，金属板と粘弾性材料を積層して強度や剛性と，制振性能の両立を図ることができる．その積層には，大別して図 4.14(a) に示す非拘束型と，図 4.14(b) の拘束型がある．非拘束型は，金属板の片側または両面に粘弾性シートを貼り，減衰シートはあまり拘束されない．これに対して拘束型は，2 枚以上の金属板の間に粘弾性シートを挟み込む積層構成である．

〔**成田吉弘**〕

文　献

1) 石川博将：固体の非線形力学，pp. 4-6，養賢堂，2000.
2) Saadat, S. *et al.*：An overview of vibration and seismic applications of NiTi shape memory alloy, *Smart Mater. Struct.* **11** (2002), 218-229.
3) 伊藤智博，藤田勝久：鉛の塑性変形を利用した高減衰サポートのエネルギー吸収特性と配管の地震応答特性，日本機械学会論文集 C 編，**69**(686)（2003），2602-2609.
4) 井上喜雄：制振材料とその応用技術，機械の研究，**61**（2009），98-104.

4.4 環境的非線形要素

ここでは，上記の 4.1〜4.3 節に分類されない非線形要素を取り上げる．

4.3 節では材料的非線形の例として，粘性材料を取り上げた．減衰力の表現では，粘性の低い流体に起因する減衰力に見られる，速度に比例する（比例）粘性減衰が最も数学的に簡単なモデルである．しかし減衰は，ほかの要因によっても生じる．ほかの非線形減衰要素モデルとして，摩擦力，磁気力，電磁気力，弾塑性力によるものなどがある．これらほかの要因による場合，一般に非線形特性をもつ非線形減衰要素となる．

[例 4.12] 8 気筒エンジン車の振動[1)]　自動車のエンジン起動時は，運転者に走行時より大きな振動を感じさせるため，その振動低減の研究がなされている．このため機構解析を用いて，筒内圧を簡単に予測して，流体封入マウントや車体を連成させる方法が提案された．具体的には，エンジンモデル（クランク機構，吸気モデル，実験式による燃焼モデル），エンジンマウントモデル，スタータモデル（トルク発生モデル），排気管弾性モデル，ボディ剛体モデルからなるフルビークルモデルを作成した．特にエンジンマウントモデルに関して，液体封入マウントの非線形特性をばねと減衰要素に非線形性を仮定した．実験により，マウントの先端部の振動とフロアの振動を測定した結果，数値解析モデルとよい一致をみた．特に線形と非線形のマウントモデルを比較した結果，非線形モデルが精度上非常に重要であると判明した．

振動の支配方程式が線形方程式で表される場合でも，境界条件が非線形をもつ場合は，非線形振動に分類される．線形運動方程式が実際の現象を線形近似したものであると同様に，境界条件もはりの単純支持や固定など，多くの場合は線形関係に近似されている．実際は，境界部では物が接触しており，その復元力や減衰力を無視できない場合に非線形境界条件となる．

摩擦力は，物体をほかの物体の表面に沿ってすべらせるとき，接触している平面に沿って運動を妨げる力である．一般に物体をすべらせる力がある大きさになるまで，物体は移動しないが，一定値を超えるとすべり出す．このときに，最大摩擦力 F の大きさは，接触面に垂直に作用する力 N に比例して，接触面積に関係しない．すなわち，$F=\mu_s N$ の関係があるが，μ_s は材質と接触面の状態により決まる比例定数で，静止摩擦係数である．物体が動き出して相対運動する場合に生じる摩擦を運動摩擦といい，$F=\mu_k N$ の係数を運動摩擦係数という．運動摩擦係数 μ_k は静止摩擦係数 μ_s の値より小さい．

クーロン摩擦も，非線形力である．物体 A が変形する過程で，別の物体 B と接触するような場合，それまでフリーであった物体 A の表面が，物体 B に拘束されることになる．プレス成形において，材料と金型が接触するような場合はこれに相当する．このように接触を伴う現象は，境界条件に現れる非線形である．

[例 4.13] 自動車のブレーキ[2)] 自動車のブレーキはそのメカニズムとして振動源をもっていないが，ブレーキ音など騒音を発生する.「鳴き（squeal)」は，自励振動の一種であるが高周波数の連続的な騒音である．この鳴きについては，従来は摩擦力の発生方向を平均しゅう動方向の負方向としていた．しかし実際の摩擦力は，その大きさが法線力と摩擦係数の積により決定され，その方向は速度の関数となり，強い非線形性を示した．このような摩擦にかかわる振動は，しゅう動の面圧によることが明らかになっている.

このほかにも，流体中の物体は，その変位と相互作用して，複雑な特性をもち非線形になる．こうした流体力に起因した機械や構造物の振動を，流体関連振動というが強い非線形性を示す．また物体が電場，磁場に置かれたときには，非線形な電磁力を受けることが知られている. 〔**成田吉弘**〕

文　献

1) 振動データベース研究会：筒内圧予測手法を用いたエンジン起動時振動予測技術(2008)，v_BASE フォーラム資料集，日本機械学会講演論文集 No. 08-14，pp. 41-42 (2008).
2) 振動データベース研究会:摩擦振動シミュレーションに用いる摩擦モデルの改良(2008)，v_BASE フォーラム資料集，日本機械学会講演論文集 No. 08-14，pp. 33-34 (2008).

4.5 非線形振動系の挙動

4.5.1 カ オ ス

a. カオスとは

カオス(chaos)とは,決定論的規則に支配された不規則な振動のことである.例えば,以下の簡単な写像を考えよう.

$$x_{n+1}=f(x_n) \quad (n=0, 1, 2, \cdots) \tag{4.5.1}$$

ここで，x_n は時刻 n での x の値であり，f はある関数である．写像でも微分方程式でも扱いは同様であるが，以下簡単のため写像の場合について述べる．関数 f の形は既知であり，確率的な要素はないとする．このとき，ある時刻での x の値がわかれば，この式により次の時刻の x の値が一意に決定できることになる．ここで f を単純なものに選べば x の軌道 $x_0 \to x_1 \to x_2 \to \cdots$ も単純な振る舞いしか示さないかといえば，そうではない．例えば，

$$x_{n+1}=4x_n(1-x_n) \tag{4.5.2}$$

という単純な二次関数を選んでみよう．この軌道を図示したものが図 4.15 である．初期値として $x_0=0.1$ と $x_0=0.101$ の場合の 2 つの軌道を描いた．両方とも周期性は見えず，$0 \leq x \leq 1$ という有界の範囲でかなり不規則な変化を示している．これは典型的なカオスの例であり,このような単純な決定論的規則に支配された不規則な振動は,近年，さまざまな自然現象や社会現象で見出されるようになってきた[1)].

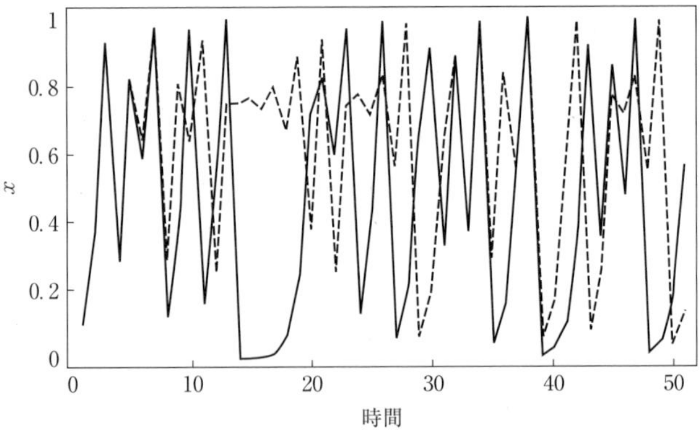

図 4.15 写像 (2) を 50 回繰り返してできた軌道の様子
実線が初期値 $x_0=0.1$ の場合で，破線が $x_0=0.101$ の場合である．両方の軌道ともかなり異なる不規則な振動をしている．

また，この図 4.15 から 2 つの不規則な軌道を比較すると，初期値が 1/1000 しか違わないにもかかわらず，その振る舞いは 10 回写像を繰り返したあたりからすでにまったく異なるものになっているということである．このような現象を初期値敏感性とよんでいる．初期値敏感性がある系では，将来の予測が困難になる．なぜなら，いくら関数 f が決定論的でも，もしも初期値 x_0 が無限の精度でわかっていないと，将来の x の振る舞いはまったく異なるものになってしまうからである．このカオスの特徴である「初期値敏感性があり，予測不可能」ということは，よくバタフライ効果とよばれている．

b. カオス研究小史

19 世紀の終わりに，Bruns と Poincaré が 3 体問題が解けないことを証明．解が複雑な軌道になることを指摘し，カオスをみていた[2]．

1961 年上田晥亮によるジャパニーズアトラクターの発見．電子回路のモデルで不規則に振る舞う解を見出す[3]．

1963 年 Lorenz が気象に関する熱対流のモデルとしてカオスを示す方程式を導出[4]．

1975 年リー・ヨークの定理．3 周期軌道が存在すれば，カオスが存在することを証明[5]．

1976 年 May が生物集団の個体数変動を表すロジスティック写像においてカオスを指摘[6]．

1978 年 Feigenbaum が繰り込み群を用いてカオスを解析[7]．

c. カオスを示すモデル

カオスを示す写像の例を以下に示す．1)～4) において初期値は $0 \leq x_0 \leq 1$ とする．この条件により，$n \geq 1$ においても $0 \leq x_n \leq 1$ という有界な軌道になる．このように軌

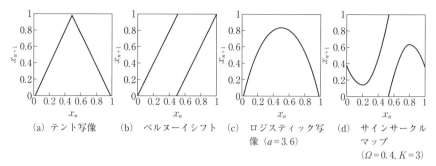

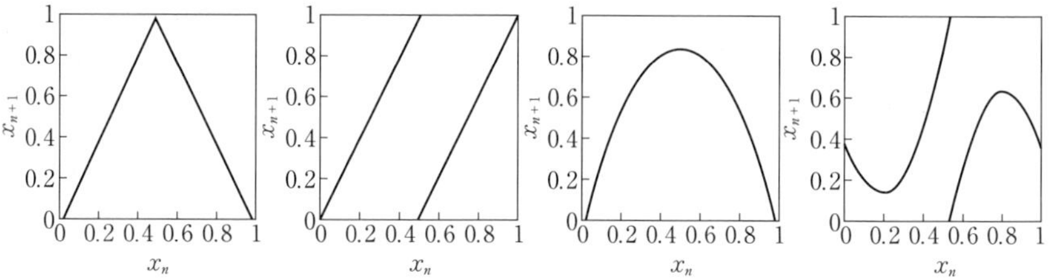

(a) テント写像　(b) ベルヌーイシフト　(c) ロジスティック写像（$a=3.6$）　(d) サインサークルマップ（$\Omega=0.4, K=3$）

図 4.16　カオスを示す写像のリターンマップ（x_{n+1} と x_n のグラフ）

道が有界に留まるという条件もカオスを考える際には必要である.

1)　テント写像（図 4.16(a)）

$$x_{n+1}=\begin{cases}2x_n & (0\leq x_n\leq 1/2)\\ 2-2x_n & (1/2<x_n\leq 1)\end{cases} \tag{4.5.3}$$

パイ生地を引き伸ばして折りたたむという操作をモデル化したもので，パイコネ変換ともいう.

2)　ベルヌーイシフト（図 4.16(b)）

$$x_{n+1}=\begin{cases}2x_n & (0\leq x_n\leq 1/2)\\ 2x_n-1 & (1/2<x_n\leq 1)\end{cases} \tag{4.5.4}$$

これは $x_{n+1}=2x_n \bmod 1$（mod 1 とは，1 で割った余りをとる操作）とも書くことができる．この写像を 2 進数で表すと，数字を左に 1 シフトする操作になっているため，2 進変換ともいわれる.

3)　ロジスティック写像[6]（図 4.16(c)）

$$x_{n+1}=ax_n(1-x_n) \tag{4.5.5}$$

パラメータ a を含み，$3.5699456\cdots<a\leq 4$ のときカオスを示し，不規則な振動をする．$a=4$ のときが式（4.5.2）.

4)　サインサークルマップ（sin 円写像）（図 4.16(d)）

$$x_{n+1}=x_n+\Omega-\frac{K}{2\pi}\sin(2\pi x_n) \bmod 1 \tag{4.5.6}$$

これは 2 つのパラメータ Ω，K を含み，条件によってカオスになる．2 つの異なる振動系が相互作用のため固有振動数を同期させる引き込み現象を説明するモデルである[8].

5)　エノン写像[9]

$$\begin{pmatrix}x_{n+1}\\ y_{n+1}\end{pmatrix}=\begin{pmatrix}1-ax_n^2+by_n\\ x_n\end{pmatrix} \tag{4.5.7}$$

パラメータ a, b を含む二次元写像である．ただし，有界な軌道を考えるため $|b|<$

1とする．$b=0$とすると式（4.5.5）と同等であり，ロジスティック写像の二次元拡張モデルといえる．

d. 散逸系と保存系

N次元ベクトル$x=(x_1, \cdots, x_N)$の時間発展

$$\frac{\mathrm{d}x}{\mathrm{d}t}=F(x) \tag{4.5.8}$$

を考える．ここで$F(x)=(f_1(x), \cdots, f_N(x))$は$x$の関数である．このとき，ヤコビ行列式$|\partial f_i/\partial x_j|$が時間発展とともに不変なときを保存系, 減少するときを散逸系という. 散逸系の場合，$t\to\infty$で軌道は面積0の集合に引き付けられるが，この集合をアトラクターという．アトラクターには固定点やリミットサイクルなどの種類があるが，カオスの場合はストレンジアトラクターという，フラクタル構造をもつ複雑なものが存在する．このような例がレスラーモデル[10]

$$\frac{\mathrm{d}}{\mathrm{d}t}\begin{pmatrix} x \\ y \\ z \end{pmatrix}=\begin{pmatrix} -y-z \\ x+ay \\ b+z(x-c) \end{pmatrix} \tag{4.5.9}$$

やローレンツモデル[4]

$$\frac{\mathrm{d}}{\mathrm{d}t}\begin{pmatrix} x \\ y \\ z \end{pmatrix}=\begin{pmatrix} -a(x-y) \\ -xz+bx-y \\ xy-cz \end{pmatrix} \tag{4.5.10}$$

である. ただし, a, b, cは定数である. 図4.17にストレンジアトラクターの例を示した. ストレンジアトラクターの上を軌道がどのように動くのかを調べるために，そのアト

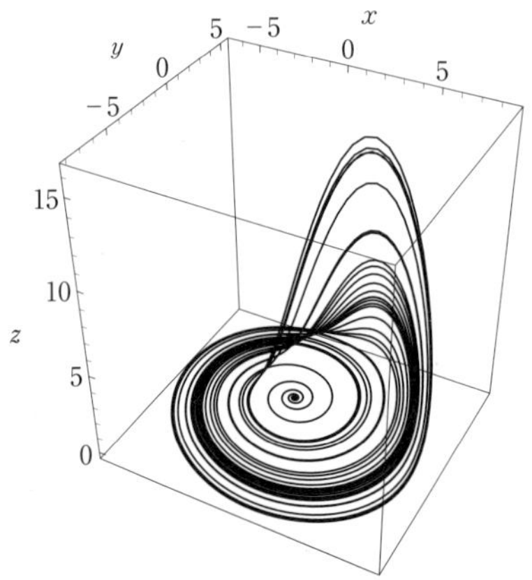

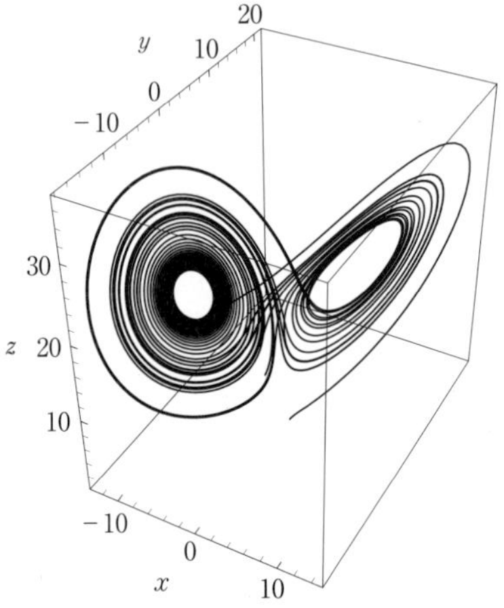

図4.17 レスラーモデル（$a=0.25$, $b=0.25$, $c=4$）とローレンツモデル（$a=7$, $b=22$, $c=2$）のストレンジアトラクター

ラクターに交わるある断面を横切る軌道の点の動きを調べる方法がポアンカレ断面の方法である．これにより次元を下げた写像が得られるため解析が容易になる．

保存系のカオスは，標準写像

$$\begin{pmatrix}\theta_{n+1}\\ J_{n+1}\end{pmatrix}=\begin{pmatrix}\theta_n+J_{n+1}\\ J_n+K\sin\theta_n\end{pmatrix} \tag{4.5.11}$$

を用いて研究されている[8]．ただし，摂動の大きさを表すパラメータ K は正とする．保存系の場合，軌道はエネルギーで決まるあるトーラス上を動く．トーラスは小さな摂動に対しては安定であることを示したのがKAMの定理である[11]．そして摂動が大きくなり，$K=1$ 付近においてこのトーラスの崩壊によってカオスが発生することがわかっている[12]．

e.　カオスの判定

1)　リー・ヨークの定理[5]　式 (4.5.1) の関数 $f(x)$ が，閉区間 $[0, 1]$ 内の点 a, b, c, d を用いて

$$b=f(a), \qquad c=f(b), \qquad d=f(c) \tag{4.5.12}$$

と書けたとする．ただし，$d\leq a<b<c$ とする．このとき，すべての自然数の周期軌道が存在する，という定理である．$d=a$ とすれば，この定理は「3周期の軌道が存在すれば，すべての周期軌道が存在する」ということを示しており，カオスになるための十分条件といえるものである．

2)　リアプノフ数　近接した2点から出発した2つの軌道が，$n\to\infty$ のときにどれだけ離れていくかを測る量として，写像 (1) において

$$\lambda=\lim_{N\to\infty}\frac{1}{N}\sum_{i=0}^{N-1}\log|f'(x_i)| \tag{4.5.13}$$

がリアプノフ数である．$\lambda>0$ ならカオスである．$\lambda=0$ を中立安定，$\lambda<0$ は安定であるという．多次元の写像の場合，次元の数だけリアプノフ数が求められる．そのうち1つでも正のものがあれば系はカオスになるため，カオスの判定は最大のリアプノフ数が正かどうかで行う[13]．

3)　写像が与えられていない時系列データ $\{x_0, x_1, \cdots\}$ の場合　データを，例えば2つずつペアにして $\{(x_0, x_1), (x_1, x_2), (x_2, x_3), \cdots\}$ という系列をつくる．このペアにする要素の数を埋め込み次元という．そして，座標点 $x_n=(x_n, x_{n+1})$ が近い2点 x_{k_i} と x_{l_i} の組み合わせをできるだけ多く選び，その距離を計算する．選んだ2点の次の時刻での距離も求め，その比を計算して

$$\lambda=\frac{1}{M}\sum_{i=0}^{M}\log\frac{|x_{k_i+1}-x_{l_i+1}|}{|x_{k_i}-x_{l_i}|} \tag{4.5.14}$$

として M 個の組み合わせを平均すればリアプノフ数の近似値が得られる．この方法では，適切な埋め込み次元を選ぶことが重要である[14]．

f. 分岐理論

パラメータを含む写像において，そのパラメータのわずかな変化で系の様子が急に変わることがあるが，この現象を分岐という．分岐現象を調べることで，安定な状態がどのような過程を経てカオスになっていくのかということが明らかになる．ここでは，ロジスティック写像 (5) について，a を変化させたときに起こる周期倍化分岐について述べる．0 から 4 まで変化させたとき，十分 n が大きいときの軌道（定常軌道）は図 4.18 のようになる．パラメータ a が，$a_1=3$，$a_2=1+\sqrt{6}$，…という値で周期が 2 倍ずつになっていく．このような分岐を周期倍化分岐とよぶ．周期が倍になる a_n は関係式

$$\lim_{n \to \infty} \frac{a_n - a_{n-1}}{a_{n+1} - a_n} = 4.6692\cdots \tag{4.5.15}$$

を満たす．この定数をファイゲンバウム定数という[7]．これにより，n が大きくなると a_n は等比級数的に並ぶことがわかる．周期が無限大（非周期的）になる a の値は $a_\infty = 3.5699456\cdots$ であり，これより大きい a で系はカオスになる．また，a_∞ より大

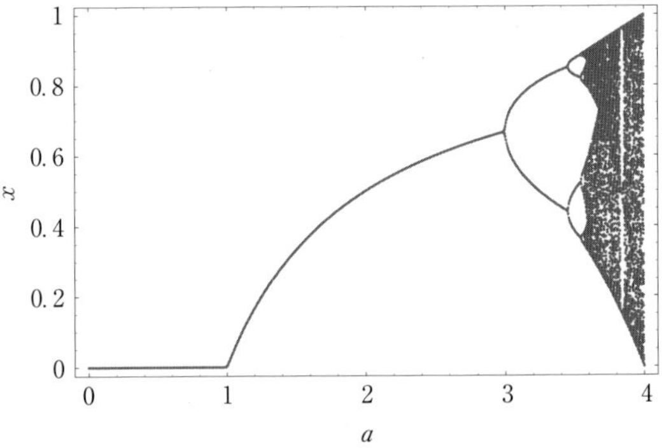

図 4.18 写像 (2) の周期倍化分岐の様子
a を変化させて長時間後の定常軌道をプロットしたもの．$a_\infty = 5.5699456\cdots$以上で濃い点の領域ができて非周期運動（カオス）になっていることがわかる．

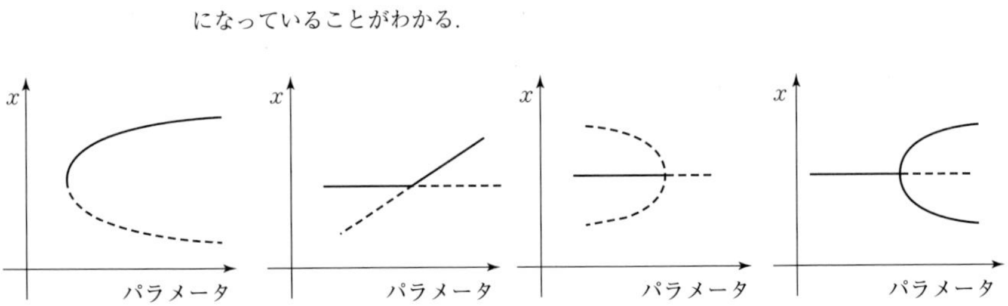

図 4.19 左から順に，サドルノード分岐，トランスクリティカル分岐，亜臨界ピッチフォーク分岐，超臨界ピッチフォーク分岐
実線が安定，点線が不安定な定常軌道を表す．

きい $a=1+\sqrt{8}$ などにおいて，3周期の軌道（窓といわれる）がみられるが，この場合もリー・ヨークの定理よりカオスであると判定される．

そのほか，さまざまな分岐が知られており，方程式の形とパラメータの入り方により図4.19のようなサドルノード分岐，トランスクリティカル分岐，ピッチフォーク分岐などがある[15]．

4.5.2　フラクタル

a.　フラクタルとは

フラクタル（fractal）とは自己相似性をもつ図形を指す言葉で，1982年にMandelbrotがラテン語のfractus（壊れる，不規則）からつくった造語である[16]．フラクタル図形の例は以下のとおりである．

1）　カントール集合　　長さ l の線分から，中央の1/3を切りとる．次に残った両側の2つの1/3の部分から，同様に中央の1/3を切りとる．この操作を無限に続けて残った図形がカントール集合である(図4.20)．これは区間[0, 1]に含まれる点のうち，3進数で表すと1を含まない表示をもつ点すべての集合になっている．また，テント写像（4.5.3）を拡大した

$$x_{n+1}=\begin{cases}3x_n & (0\leq x_n\leq 1/2)\\ 3-3x_n & (1/2\leq x_n\leq 1)\end{cases} \tag{4.5.16}$$

という写像において，無限回この写像を繰り返しても区間［0, 1］に留まっているような初期値の集合もカントール集合になっている．

2）　コッホ曲線　　長さ l の線分の中央1/3を取り除いたところに，1辺1/3の正三角形の底辺を除いたテントを取り付ける．次に4つの長さ1/3線分の線分について，同様に中央の1/3を取り除き，取り除いた長さの正三角形のテントを取り付ける．この操作を無限回繰り返してできる図形（図4.20）．毎回の操作で全体の長さは4/3倍になってゆくので，コッホ曲線の全長は無限大である．

3）　マンデルブロ集合　　ロジスティック写像（4.5.5）において，a, x ともに複素数で考える．この写像は変数変換 $x=1/2-z/a$ によって $z_{n+1}=z_n^2+\mu$（ただし $\mu=a/2-a^2/4$）となるので，この z の複素平面上で考えるのが標準的である．そして，$z=0$（あるいは $x=1/2$）から出発した軌道が発散しないような複素パラメータ μ（あるいは a）を複素平面上に図示したものがマンデルブロ集合である（図4.21）．

このほかにも，ペアノ曲線やシェルピンスキーガスケット，メンガースポンジなど

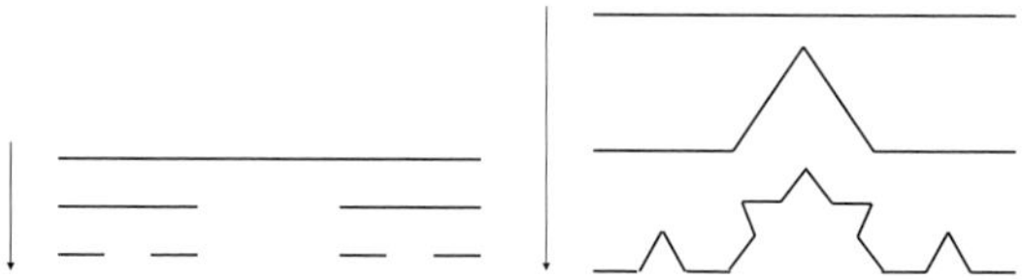

図4.20　カントール集合（左）とコッホ曲線（右）の構成

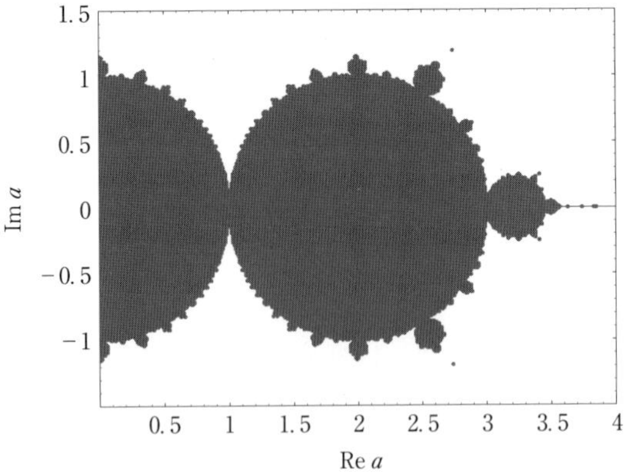

図 4.21 複素 a 平面で図示したマンデルブロ集合
写像は複素数でのロジスティック写像(5)．$a=1, 3$ での図の「くびれ」は，分岐図 4.18 での分岐点に反応している．

がフラクタル図形として知られている[17]．

b. フラクタル次元

一般にフラクタル図形は，非整数の次元をもつ．

1) ハウスドルフ次元[18]　まず，s 次元ハウスドルフ測度を

$$H^s(X)=\lim_{\delta\to 0}\inf_{\{U_i\}}\sum_{i=1}^{\infty}|U_i|^s \tag{4.5.17}$$

で定義する．ただし，s, δ は正とし，$\{U_1, U_2, \cdots\}$ は考えている図形 X の δ 被覆で，U_i $(i=1, 2, \cdots)$ を用いて X を $\cup_{i=1}^{\infty}U_i\supset X$ のように覆えることを意味している．この δ 被覆のうち，できるだけ効率よく X を覆っているものを inf で選び，$\delta\to 0$ の極限を考える．この測度 $H^s(X)$ を s の関数としてみると，ある $s=s_{\mathrm{H}}$ より小さいときに無限大，大きいときには 0 になるという，不連続点をもつ階段関数になっている．この不連続になる s の値

$$s_{\mathrm{H}}=\sup\{s|H^s(X)=\infty\}=\inf\{s|H^s(X)=0\} \tag{4.5.18}$$

をハウスドルフ次元という．数学的には厳密な定義であるが，実際に次元を計算するさいにはこの方法は inf という操作の実行が困難になることが多い．

2) ボックスカウント次元[17]　図形 X の被覆をすべて同じ直径 δ の線分や円，立方体などを用いる．被覆に必要な数を $N(\delta)$ とすると，ボックスカウント次元 s_{B} は

$$s_{\mathrm{B}}=\lim_{\delta\to 0}\frac{\log N(\delta)}{\log(1/\delta)} \tag{4.5.19}$$

で定義される．つまり，$N(\delta)\sim\delta^{-s_B}$ の関係が成り立つ．したがって，δ をいろいろ変えて N を調べれば，両対数プロットの傾きから簡単に図形のフラクタル次元が求め

られる．一般にボックスカウント次元はハウスドルフ次元以上になる．例えば，集合 $\{0, 1, 1/2, 1/3, \cdots\}$ のハウスドルフ次元は 0 だが，ボックスカウント次元は 1/2 である．

3)　マルチフラクタル[19]

$$D(q) = \frac{1}{q-1} \lim_{\delta \to 0} \frac{\log \sum_i (p_\delta(i))^q}{\log \delta} \tag{4.5.20}$$

で定義される次元をマルチフラクタル次元という．ここで，図形は規則的なセルで覆うとし，δ はそのセルの一辺の長さである．また，セルに番号 i を付け，セル i に含まれている図形の部分の全体における割合を $p_\delta(i)$ とする．したがって規格化条件 $\sum_i p_\delta(i) = 1$ が成り立つ．これは図形が空間的に一様に分布していないときの偏りを議論するために考えられた次元である．パラメータ q を大きくしていくと，図形が多くある部分を強調して次元をみていることになっている．また，この定義はさまざまな次元の定義を含んでいる．$q=0$ はボックスカウント次元そのものであり，また $q=1$ は情報次元，$q=2$ は相関次元といわれている．

c.　自己アフィンフラクタル

空間座標軸の方向ごとに異なる自己相似性を有するような，非等方的なフラクタル図形を自己アフィンフラクタルという[19]．例えばブラウン曲線といわれる，横軸がステップ数 n，縦軸が移動距離 x である一次元ランダムウオーク $x_{n+1} = x_n + \eta$ の時空図はこの性質を示す．ここで η は確率 1/2 で 1 または -1 をとる変数である．ブラウン曲線の時空図において，横軸を c 倍したとき，縦軸を $c^{1/2}$ 倍すれば自己相似な図形が得られる．この拡大率の比を表す指数 1/2 をハースト指数という．

4.5.3　ソリトン

a.　ソリトン小史

ソリトンとは，形を崩さずに伝播する非線形の波動である．しかもお互いの衝突に対しても崩壊せずにもとの性質をきちんと保存している．そして，実際にさまざまな分野で観測され，また数学的にも厳密に扱えるのが特徴である．例えば，水の表面波や渦，弾性体の変形，プラズマの波動，電気回路のパルス，磁性体などの研究分野で見出されている．そして非線形方程式が「なぜ解けるのか」という研究が進み，その解ける仕組みをまとめたものがソリトン理論といわれているものである．これは現時点で非線形の世界を最も広く，かつ近似なしで捉えられる理論であり，日本人の貢献がきわめて大きいことも特徴である．その歴史は以下のとおりである．

1844 年 Russell による孤立波の観測[20]．

1895 年 Korteweg と De Vries による KdV 方程式の導出[21]．

1965 年 Zabusky と Kruskal による KdV 方程式の数値計算を用いたソリトンの発見[22]．

1967 年戸田による戸田格子の発見[23]，Gardner らによる逆散活法の発見[24]．

1966 年谷内と矢嶋による逓減摂動法の考案[25]．ソリトン方程式を系統的に物理の基礎式から導出する方法．

1971 年広田の直接法の考案[26]．

1981 年佐藤理論（解ける非線形方程式の統一理論）[27]．

b. ソリトン方程式の例

戸田格子（非線形ばね，電気回路[28]，コンクリートなどのモデル）の指数型ポテンシャル

$$\phi(r)=\frac{a}{b}(e^{-br}-1)+ar \tag{4.5.21}$$

を考える（図 4.22）．これは相体変位 r が小さい近似では，ばね定数が ab となる線形ばねを表す．また，ab を一定に保ったまま $a\to 0$ とすれば，剛体球ポテンシャルを表す．質量 m の質点をこの指数型ポテンシャルでつなげたものを戸田格子といい，その質点の運動方程式は，$r_n=x_n-x_{n-1}$ の関係で変位 x_n で表すと

$$m\frac{\mathrm{d}^2x_n}{\mathrm{d}t^2}=a(e^{-b(x_n-x_{n-1})}-e^{-b(x_{n+1}-x_n)}) \tag{4.5.22}$$

となる．格子を伝わる孤立波解（1 ソリトン解）は

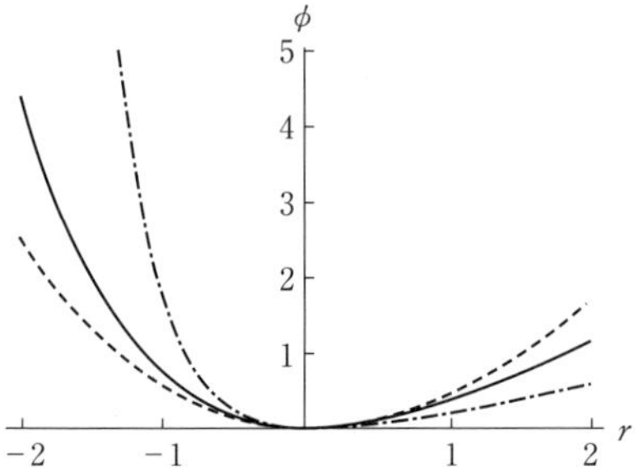

図 4.22 戸田格子の指数型ポテンシャル
$ab=1$ として，実線は $a=1$，1 点破線は $a=1/3$，点線は $a=3$ の場合である．変位 r に対して引張りと圧縮が非称になっている．

$$x_n=\frac{1}{b}\ln\frac{1+e^{2(kn-\omega t)}}{1+e^{2\{k(n+1)-\omega t\}}} \tag{4.5.23}$$

である．ただし ω は分散関係式

$$\omega=\pm\sqrt{\frac{ab}{m}}\sinh k \tag{4.5.24}$$

によって定められる．これより，$k>0$, $b>0$ のときソリトンの位置で格子は縮むため，圧縮波になっていることがわかる．

KdV 方程式（浅水波，イオン音波などのモデル）

$$u_t+6uu_x+u_{xxx}=0 \tag{4.5.25}$$

1 ソリトン解は k, c を定数として

$$u=2k^2\,\mathrm{sech}^2(kx-4k^3t-c) \tag{4.5.26}$$

変形 KdV 方程式（弾性体変形，交通流などのモデル）

$$u_t+6u^2u_x+u_{xxx}=0 \tag{4.5.27}$$

1 ソリトン解は k, c を定数として

$$u=k\,\mathrm{sech}(kx-k^3t-c) \tag{4.5.28}$$

非線形シュレディンガー方程式（渦，光ファイバー内の波動[29] などのモデル）

$$iu_t+u_{xx}+2|u|^2u=0 \tag{4.5.29}$$

1 ソリトン解は k, c, V を定数として

$$u=k\,\mathrm{sech}\,k(x-Vt-c)\exp\left\{i\frac{V}{2}x-i\left(\frac{V^2}{2}-k^2\right)t\right\} \tag{4.5.30}$$

これは sech が包絡線で exp が搬送波を表す包絡ソリトンである．

サイン・ゴルドン方程式（結晶転位などのモデル）

$$u_{tt}-u_{xx}=\sin u \tag{4.5.31}$$

1 ソリトン解は c, V を定数として

$$u=4\tan^{-1}\left\{\exp\left(\pm\frac{x-Vt-c}{\sqrt{1-V^2}}\right)\right\} \tag{4.5.32}$$

プラス符号の解をキンク解，マイナスの方を反キンク解とよぶ．

カドムツェフ・ペトビアシュビリ（KP）方程式[30]（二次元の浅水波，イオン音波などのモデル）

$$(u_t+6uu_x+u_{xxx})_x+u_{yy}=0 \tag{4.5.33}$$

1 ソリトン解は k, r, c を定数として

$$u=2k^2\mathrm{sech}^2\{kx+kry-(4k^3+kr^2)t-c\} \tag{4.5.34}$$

ここで，$r=0$ として y 依存性を無視すれば，KdV 方程式の解になる．

デイビー・スチュワートソン（DS）方程式[31]（二次元短波モードの表面波，イオンサイクロトロン波などのモデル）

$$iu_t+u_{xx}+u_{yy}+(U+V)u=0 \tag{4.5.35}$$

$$U_y=|u|^2_x,\qquad V_x=|u|^2_y \tag{4.5.36}$$

これは二次元に拡張された非線形シュレディンガー方程式で，空間的に局在するドロミオンといわれるソリトン解が存在する（図 4.23）[32]．

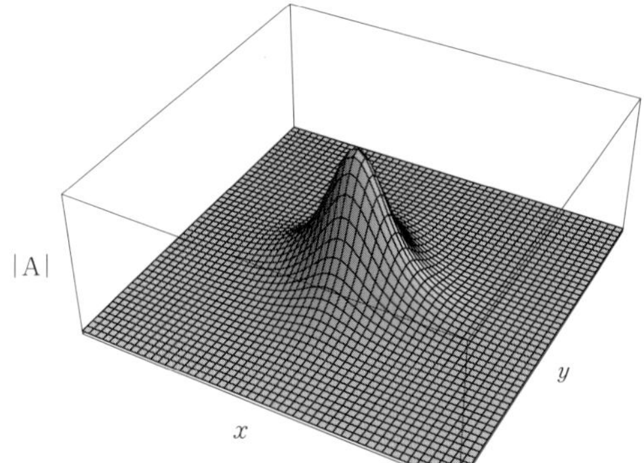

図 4.23 DS 方程式の 1 ドロミオン解
二次元的に局在した構造をもつ．

c. ソリトンの性質

1) バランスによる構造形成　非線形波動の最も単純な式は

$$u_t + uu_x = 0 \tag{4.5.37}$$

である．この形式解は $u=f(x-ut)$ と書ける．これより，非線形波の速度は u に依存し，u が大きいほど速く進むので，いつかは波が突っ立ってしまい解は多価になる．物理的にはこれが波の砕波に関係している．これを抑えるのが高階の微分項の存在である．非線形効果 uu_x と散逸効果 u_{xx} をもった式は

$$u_t + uu_x = u_{xx} \tag{4.5.38}$$

と書くことができる．これはバーガース方程式といわれ，非線形による波の突っ立ちと波の減衰効果がバランスしてできる構造が衝撃波である．次に非線形効果と分散効果 u_{xxx}（波数によって波の速さが異なる効果）をもった式は

$$u_t + uu_x = u_{xxx} \tag{4.5.39}$$

となり，これが KdV 方程式である．この場合，非線形による波の突っ立ちと波の分散効果が逆向きにバランスし，それによってできる構造がソリトンである．

2) 無限個の保存量の存在　ソリトンの方程式は一般に独立な保存量が無限個存在する．例えば KdV 方程式（4.5.25）の場合，無限遠で u とその微分がすべて 0 になるとすると，

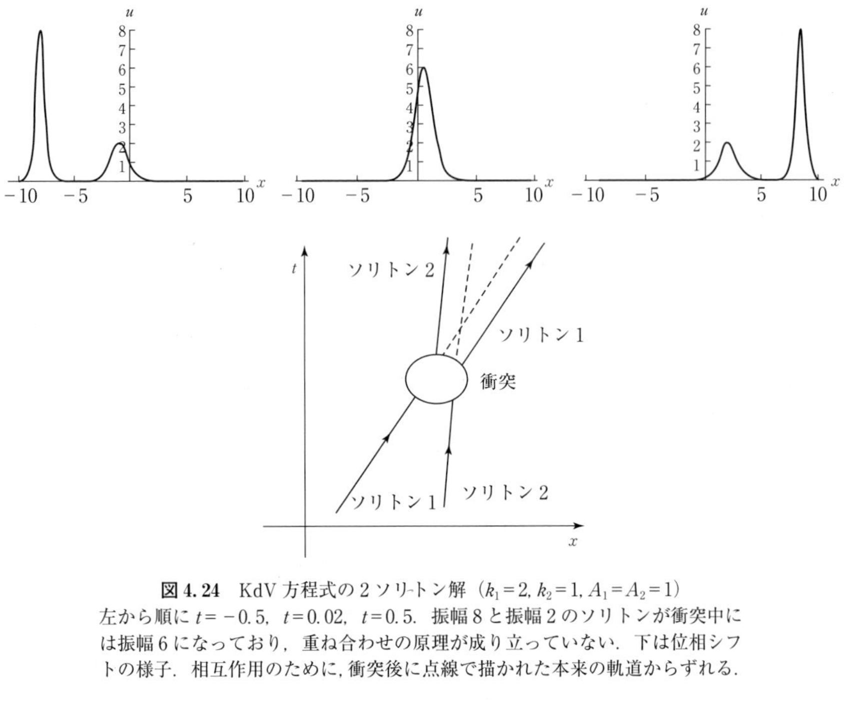

図 4.24　KdV 方程式の 2 ソリトン解（$k_1=2, k_2=1, A_1=A_2=1$）
左から順に $t=-0.5$，$t=0.02$，$t=0.5$．振幅 8 と振幅 2 のソリトンが衝突中には振幅 6 になっており，重ね合わせの原理が成り立っていない．下は位相シフトの様子．相互作用のために，衝突後に点線で描かれた本来の軌道からずれる．

$$I_1=\int_{-\infty}^{\infty} u\mathrm{d}x,\qquad I_2=\int_{-\infty}^{\infty}\frac{u^2}{2}\mathrm{d}x,\qquad I_3=\int_{-\infty}^{\infty}\left(-\frac{u^2}{3}+\frac{u_x^2}{6}\right)\mathrm{d}x,\quad \cdots \tag{4.5.40}$$

が時間とともに変化しない保存量になっている．これらの保存量 I_j（$j=1, 2, \cdots$）は KdV 方程式に $1, u, u^2, \cdots$を掛けて積分することで得られる[33]．

3）　多ソリトン解の存在　　ソリトン方程式はすべて「N ソリトン解」をもつ．これは任意の N 個のソリトンが相互作用しながら動く解である．例えば式（4.5.25）の KdV 方程式の 2 ソリトン解は

$$u=2\frac{\partial^2}{\partial x^2}\ln\left\{1+A_1e^{2(k_1x-4k_1^3t)}+A_2e^{2(k_2x-4k_2^3t)}+\left(\frac{k_1-k_2}{k_1+k_2}\right)^2 A_1A_2e^{2(k_1+k_2)x-8(k_1^3+k_2^3)t}\right\} \tag{4.5.41}$$

と書ける．ここで，A_1, A_2, k_1, k_2 は定数である．この解を図示したものが図 4.24 である．ソリトン解の特徴は[33]

① 非線形現象のため，重ね合わせの原理が成り立たない．例えば図 4.24 の場合，衝突の途中の振幅は，2 つのソリトンの和より小さくなっている．ただし，総面積は保存量 I_1 なので一定のままである．

② 位相シフトが起こる．非線形の相互作用のため，各ソリトンの x-t 平面における軌道は衝突により直線からずれる．

d.　ソリトンの理論

1）　広田の双線形化法[34]　　ソリトンの非線形方程式を変換によって双線形方程式に変換して解く方法である．例えば KdV 方程式（4.5.25）について，変数変換 $u=2(\partial^2/\partial x^2)\ln f$ をして f の式に変形すると

$$D_xD_t f\cdot f+D_x^4 f\cdot f=0 \tag{4.5.42}$$

という双線形形式に書ける．ここで，

$$D_x^n f\cdot g=\left(\frac{\partial}{\partial x}-\frac{\partial}{\partial x'}\right)^n f(x)g(x')\,|_{x'=x} \tag{4.5.43}$$

となる広田の双線形演算子を導入した．N ソリトンの厳密解の求め方は以下のとおりである．まずこの式を用いて f について $f=1+\varepsilon f_1+\varepsilon^2 f_2+\cdots$と摂動展開し，$f_1$ として指数関数の線形結合をとって ε の各べきごとに順に式を解いていけば，この摂動が有限で切れて厳密解が得られる．

2）　佐藤理論[27]　　広田の双線形化法はその後さらに発展し，その数学的枠組みの集大成として佐藤理論が完成した．この理論により，ソリトン方程式は変数変換ですべて双線形方程式になるが，それはすべてグラスマン多様体のプリュッカー座標間の関係式であったということが明らかになった．そして N ソリトン解が一般に行列式を用いて表されることが示され，双線形方程式とはこの立場でみれば行列式の恒等式であるともいえることがわかった．

3）　逆散乱法[24]　　非線形方程式を，ある 2 つの線形方程式の可解条件として表し，逆問題の解を用いて初期値問題を解く方法である．KdV 方程式を例にとれば，まず変数 ϕ に対するシュレディンガー方程式

$$\phi_{xx}+u(x,t)\phi=\lambda\phi \tag{4.5.44}$$

を考える．ここで λ は定数であり，u はポテンシャルを表す関数である．次に ϕ の時間変化を表すものとして

$$\phi_t=-4\phi_{xxx}-3u_x\phi-6u\phi_x+\gamma\phi \tag{4.5.45}$$

という式を考える．ただし γ は定数である．この式（4.5.44）と式（4.5.45）の ϕ に関する2つの線形微分方程式の両立条件は，式（4.5.44）を t で微分したものに式（4.5.45）を代入すると得られる．これを整理すると，u に対する条件式として KdV 方程式（4.5.25）を得る．このような2つの線形方程式系をもとの非線形方程式のラックスペアとよぶ[35]．したがって直接 KdV 方程式を考察するのではなく，線形のラックスペアを解き，逆問題の手法により式（4.5.44）からポテンシャルを求めれば KdV 方程式の解が得られる．この方法は現在では拡張され，行列タイプのラックスペアを考えることでそのほかのソリトン方程式も同様にその初期値問題を解くことができる[36]．

4）パンルベテスト　与えられた非線形方程式が可積分方程式かそうでないかを判定するのに用いられるのがパンルベテストである．これは解の特異点をローラン展開を用いて調べる方法であり，一般的な証明はまだないが「非線形方程式の解の特異点が動きうる極のみになっているとき，その方程式は可積分になっている」と信じられている．つまり，可積分であるためには極以外の分岐点などの特異点を含んではいけないという主張である．パンルベテストは，常微分方程式でも偏微分方程式でも同様に適用できる．非線形方程式の従属変数 u を次のようにローラン展開する[37]．

$$u(x,t)=\phi(x,t)^{-m}\sum_{j=0}^{\infty}u_j(x,t)\phi(x,t)^j \tag{4.5.46}$$

ここで m は展開の主要項の次数，また ϕ を特異多様体とよび，曲線 $\phi(x,t)=0$ が特異点の分布を決める．係数 $u_j(x,t)$（$j=0,1,\cdots$）は $\phi=0$ の近くで正則な関数とする．そして m が整数に選べ，かつ u_j が矛盾なく微分方程式の階数だけ任意関数を含むように決定できるかどうか調べる．これは ϕ のべきごとに得られる漸化式により，順に定めていけばよい．これが可能ならばパンルベテストをパスしたことになり，その方程式は可積分である．

5）超離散法　超離散法とは，ソリトン理論を通して発見された，差分方程式とセルオートマトンをつなぐ新しい方法である[38]．ソリトンの微分方程式を，その厳密解などの性質を受け継ぐセルオートマトンに変換するものである．その変換のキーになる公式が次の超離散公式

$$\lim_{\varepsilon\to+0}\varepsilon\log\left\{\exp\left(\frac{A}{\varepsilon}\right)+\exp\left(\frac{B}{\varepsilon}\right)\right\}=\max(A,B) \tag{4.5.47}$$

である．バーガース方程式などがこれによりセルオートマトンに変換され，交通流モデルとして研究されている[39]．

〔西成活裕〕

文 献

1) 合原一幸編著：カオス－カオス理論の基礎と応用－，サイエンス社，1990.
2) 大貫義郎，吉田春夫著：現代の物理学 力学，岩波書店，1994.
3) Ueda, Y. *et al.*: The Road to Chaos, Aerial Press, 1992.
4) Lorenz, E. N.: Deterministic nonperiodic flow, *J. Atmos. Sci.*, **20** (1963), 130–141.
5) Li, T. Y. and Yorke, J. A.: Period three implies chaos, *Am. Math. Mon.*, **82** (1975), 985–992.
6) May, R. M.: Simple mathematical models with very complicated dynamics, *Nature*, **261** (1976), 459–467.
7) Feigenbaum, M. J.: Quantitative universality for a class of nonlinear transformations, *J. Stat. Phys.*, **19** (1978), 25–52.
8) 井上政義，秦 浩起：カオス科学の基礎と展開，共立出版，1999.
9) Hénon, M.: A two-dimensional mapping with a strange attractor, *Comm. Math. Phys.*, **50** (1976), 69–77.
10) Rössler, O. E.: An equation for continuous chaos, *Phys. Lett.*, **57A** (1976), 397–398.
11) Lichtenberg, A. J. and Lieberman, M. A.: Regular and Stochastic Motion, Springer-Verlag, 1982.
12) Chirikov, B. V.: A universal instability of many-dimensional oscillator systems, *Phys. Rep.*, **52** (1979), 263–379.
13) Otto, A.: Chaos in Dynamical Systems, Cambridge University Press, 1993.
14) Sato, S. *et al.*: Practical methods of measuring the generalized dimension and the largest Lyapunov exponent in high dimensional chaotic systems, *Prog. Theor. Phys.*, **77** (1987), 1–5.
15) ウィギンス, S. 著, 丹羽敏雄監訳：非線形の力学系とカオス，シュプリンガー・フェアラーク東京，1992.
16) Mandelbrot, B. B.: The Fractal Geometry of Nature, W. H. Freeman & Co., 1982.
17) 本田勝也：フラクタル，朝倉書店，2002.
18) 山口昌哉ほか：フラクタルの数理，岩波書店，1998.
19) 釜江哲郎，高橋 智：エルゴード理論とフラクタル，シュプリンガー・フェアラーク東京，1993.
20) Russell, J. S.: Report on waves, *Rep. 14th Meet. Brit. Assoc. Adv. Sci.*, York, (1844), 311–390.
21) Korteweg, D. J. and de Vries, G.: On the change of form of long waves advancing in a rectangular channel, and on a new type of long stationary waves, *Phil. Mag.*, **39** (1895), 422–443.
22) Zabusky, N. J. and Kruskal M. D.: Interaction of "Solitons" in a collisionless Plasma and the recurrence of initial states, *Phys. Rev. Lett.*, **15** (1965), 240–243.
23) Toda, M.: Vibration of a chain with a non-linear interaction, *J. Phys. Soc. Jpn.*, **22** (1967), 431–436.
24) Gardner, C. S. *et al.*: Method for Solving the Korteweg-de Vries Equation, *Phys. Rev. Lett.*, **19** (1967), 1095–1097.
25) Taniuchi, T. and Yajima, N.: Perturbation method for a nonlinear wave modulation. I, *J. Math. Phys.*, **10** (1969), 1369–1372.
26) Hirota, R.: Exact solutions of the Korteweg-de Vries equation for multiple collisions of solitons, *Phys. Rev. Lett.*, **27** (1971), 1192–1194.
27) Sato, M.: Soliton equations as dynamical system on infinite dimensional Grassmann

manifolds, *RIMS Kokyuroku*, **439** (1981), 30-46.

28) Watanabe, S.: Soliton and generation of tail in nonlinear dispersive media with weak dissipation, *J. Phys. Soc. Jpn.*, **45** (1978), 276-282.

29) Hasegawa, A. and Tappert, F. D.: Transmission of stationary nonlinear optical pulses in dispersive dielectric fibers, I. anomalous dispersion, *Appl. Phys. Lett.*, **23** (1973), 142-144.

30) Kadomtsev, B. B. and Petviashvilli, V. I: On stability of solitary waves in weakly dispersive media, *Sov. Phys. Dokl.*, **15** (1970), 539-541.

31) Davey, A. and Stewartson, K.: On three-dimensional packets of surface waves, *Proc. Roy. Soc. Lond.*, **A338** (1974), 101-110.

32) Boiti, M. *et al.*: Scattering of localized solitons in the plane, *Phys. Lett.*, **A132** (1988), 432-439.

33) Drazin, P. G. and Johnson, R. S.: Solitons: an Introduction, Cambridge University Press, 1989.

34) 広田良吾：直接法によるソリトンの数理，岩波書店，1992.

35) Lax, P. D.: Integrals of nonlinear equations of evolution and solitary waves, *Commun. Pure Appl. Math.*, **21** (1968), 467-490.

36) Ablowitz, M. J. *et al.*: Inverse scattering transform-Fourier analysis for nonlinear problems, *Stud. Appl. Math.*, **53** (1974), 249-315.

37) Weiss, J. *et al.*: The Painleve property for partial differential equations, *J. Math. Phys.*, **24** (1983), 522-526.

38) Tokihiro, T. *et al.*: From Soliton Equations to Integrable Cellular Automata through a Limiting Procedure, *Phys. Rev. Lett.*, **76** (1996), 3247-3250.

39) Nishinari, K. and Takahashi, D.: Analytical properties of ultradiscrete Burgers equation in rule-184 cellular automaton, *J. Phys.*, **A31** (1998), 5439-5450.

5. 自励振動系および係数励振振動系のモデル化と挙動

5.1 自励振動の発生機構[1)]

内在する物理的機構によって，大きなエネルギー源から自分自身で振動のエネルギーを作り出して，振動する現象のことを自励振動とよぶ．大きなエネルギー源とは，

(a) 一様流速で流れる流体

(b) 一定速度で回転している回転体

(c) 一定の力が作用している力学系

などである．以下では，一様流速で流れる流体によって引き起こされる 1 自由度振動系，2 自由度振動系，多自由度振動系の自励振動の場合について説明を行うが，ほかの場合も同様な議論が展開できる．

5.1.1 1 自由度振動系の場合

1 自由度振動系の場合には，構造系と流体系を合せた減衰が負になる場合に，振動振幅が指数関数的に増大する自励振動が発生する．まず，運動方程式は，

$$m\ddot{x}+c\dot{x}+kx=f(x,\dot{x},\ddot{x}) \tag{5.1.1}$$

と書けるが，右辺は，励振力（運動を起こす力）で，左辺の第 1～3 項は，慣性力，構造減衰力，復元力を表す．これらは，それぞれ，加速度，速度，変位に比例した力である．仮に，$f(x,\dot{x},\ddot{x})=-c_0\dot{x}$ であるとすれば，励振力は，速度に比例した力であるという．このときには，式（5.1.1）は，

$$m\ddot{x}+(c+c_0)\dot{x}+kx=0 \tag{5.1.2}$$

と書ける．したがって，$c+c_0<0$ となる条件を満たせば，振動は成長する．すなわち，c_0 が負で，その絶対値が c よりも大きな値をとると，発振が始まる．これを「負減衰」による発振とよぶ．

次に，エネルギーからこの現象を考察してみる．式（5.1.2）に対して減衰固有振動周期にわたるエネルギー積分を実行する．すなわち，

$$\int_0^T m\ddot{x}\dot{x}\mathrm{d}t+\int_0^T c\dot{x}^2\mathrm{d}t+\int_0^T kx\dot{x}\mathrm{d}t=\int_0^T f\dot{x}\mathrm{d}t \tag{5.1.3}$$

ただし，

$$T=\frac{2\pi}{\omega}=\frac{2\pi}{\sqrt{k/m}\cdot\sqrt{1-(c/(2\sqrt{km}))^2}} \tag{5.1.4}$$

式 (5.1.3) を纏め直して，

$$\int_0^T\left\{\frac{\mathrm{d}}{\mathrm{d}t}\left(\frac{1}{2}m\dot{x}^2+\frac{1}{2}kx^2\right)\right\}\mathrm{d}t=\int_0^T(f\dot{x}-c\dot{x}^2)\,\mathrm{d}t \tag{5.1.5}$$

左辺は，全エネルギーの1周期にわたる積分である．したがって，右辺が正であれば，周期ごとに全エネルギーは増えていくことになる．$f=-c_0\dot{x}$ の場合について右辺を計算すると，

$$\text{右辺}=-(c_0+c)\int_0^T\dot{x}^2\mathrm{d}t \tag{5.1.6}$$

積分記号内は常に正またはゼロであるから，係数が正であれば，全エネルギーは増大していく．つまり発振条件は $c_0+c<0$ であり，構造系と流体系を合せた減衰が負になる場合に自励振動が発生することになる．

5.1.2 2自由度振動系の場合

2自由度系の場合には，2つの自由度の連成によって生じる自励振動が発生することがある．まず，2自由度系の場合の運動方程式は，式 (5.1.1) に相当する式が次の行列形式となる．

$$[\boldsymbol{M}]\{\ddot{\boldsymbol{x}}\}+[\boldsymbol{C}]\{\dot{\boldsymbol{x}}\}+[\boldsymbol{K}]\{\boldsymbol{x}\}=\{\boldsymbol{f}\} \tag{5.1.7}$$

ただし，

$$[\boldsymbol{M}]=\begin{bmatrix}m_{11} & m_{12}\\ m_{21} & m_{22}\end{bmatrix},\quad [\boldsymbol{C}]=\begin{bmatrix}c_{11} & c_{12}\\ c_{21} & c_{22}\end{bmatrix},\quad [\boldsymbol{K}]=\begin{bmatrix}k_{11} & k_{12}\\ k_{21} & k_{22}\end{bmatrix},$$

$$\{\boldsymbol{x}\}=[x_1\quad x_2]^{\mathrm{T}},\qquad \{\boldsymbol{f}\}=[F_1\quad F_2]^{\mathrm{T}}$$

ここで，励振力は，1自由度振動系の場合と同様，加速度，速度，変位に比例する成分に分けられるものとし，これを左辺に移項し，励振力をも含めたものを改めて $[\boldsymbol{M}]$，$[\boldsymbol{C}]$，$[\boldsymbol{K}]$ と表す．

図5.1に示す系1と系2から構成される振動系において，系1と系2の固有振動数が接近していて，系1と系2の振動の位相が励振力より90°遅れる場合に振動は発生する．以下では，復元力に連成がある場合を例にとって説明する．この場合を，変位連成または，弾性連成とよぶ．対象となる運動方程式は以下のように表せる．

$$\begin{bmatrix}m_{11} & 0\\ 0 & m_{22}\end{bmatrix}\begin{Bmatrix}\ddot{x}_1\\ \ddot{x}_2\end{Bmatrix}+\begin{bmatrix}c_{11} & 0\\ 0 & c_{22}\end{bmatrix}\begin{Bmatrix}\dot{x}_1\\ \dot{x}_2\end{Bmatrix}+\begin{bmatrix}k_{11} & k_{12}\\ k_{21} & k_{22}\end{bmatrix}\begin{Bmatrix}x_1\\ x_2\end{Bmatrix}=0 \tag{5.1.8}$$

図5.1は，この場合に発生する振動の位相と振幅の関係を模式的に表したものである．

図5.1において，系1から系2への伝達力は，$k_{21}x_1$ である．したがって，系2についての運動方程式は，

$$m_{22}\ddot{x}_2+c_{22}\dot{x}_2+k_{22}x_2=-k_{21}x_1 \tag{5.1.9}$$

となり，入力が $-k_{21}x_1$ であることがわかる．いま，この振動系が共振状態に近いと

すると，x_1 に対する x_2 の位相差は，90° 進みである（1 自由度振動系の強制加振の式を思い出してほしい．共振点では，外力に対して変位は 90° の位相遅れをもっている．したがって，この場合は，$-k_{21}x_1$ を外力に見たてると，これに対して x_2 は 90° 位相が遅れるので，x_1 に対しては，x_2 は 90° 位相が進むことになる）．同様に系 1 についての運動方程式は，

$$m_{11}\ddot{x}_1+c_{11}\dot{x}_1+k_{11}x_1=-k_{12}x_2 \qquad (5.1.10)$$

である．同様の考察を行えば，x_2 に対する x_1 の位相差は，90° 進みである．いま，k_{12}, k_{21} の符号が異符号である場合には，この振動系を通過したあとは，0° の位相差となり，振幅がしだいに増大する自励振動となる．すなわち，2 自由度間の弾性連成により自励振動が発生する可能性がある．

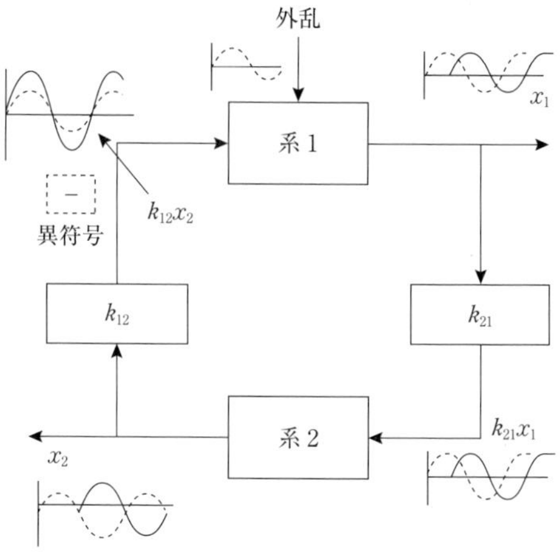

図 5.1　復元力に干渉がある場合の不安定機構

さて，2 自由度振動系の場合についても，以上述べたことをエネルギーについての考察から説明できる．まず，式（5.1.7）に対して周期解を仮定して 1 振動周期にわたるエネルギー積分を実行する．つまり，

$$\int_0^T\{\dot{\boldsymbol{x}}\}^{\mathrm{T}}[\boldsymbol{M}]\{\ddot{\boldsymbol{x}}\}\mathrm{d}t+\int_0^T\{\dot{\boldsymbol{x}}\}^{\mathrm{T}}[\boldsymbol{C}]\{\dot{\boldsymbol{x}}\}\mathrm{d}t+\int_0^T\{\dot{\boldsymbol{x}}\}^{\mathrm{T}}[\boldsymbol{K}]\{\boldsymbol{x}\}\mathrm{d}t=0 \qquad (5.1.11)$$

第 1 項は，運動エネルギー，第 2 項は散逸エネルギー，第 3 項は，ポテンシャルエネルギーである．

ここで，$\begin{bmatrix} m_{11} & 0 \\ 0 & m_{22}\end{bmatrix}$, $\begin{bmatrix} c_{11} & 0 \\ 0 & c_{22}\end{bmatrix}$ は対称対角行列である．

$[\boldsymbol{K}]$ は，一般に，対称行列ではない．しかしながら，線形代数の教えるところにより，対称行列と交替行列の和として記述することが可能である．つまり，

$$[\boldsymbol{K}]=\begin{bmatrix} k_{11} & k_{12} \\ k_{21} & k_{22}\end{bmatrix}=\begin{bmatrix} k_{11} & k_0 \\ k_0 & k_{22}\end{bmatrix}+\begin{bmatrix} 0 & \Delta k \\ -\Delta k & 0\end{bmatrix}=[\boldsymbol{K}_0]+[\Delta\boldsymbol{K}] \qquad (5.1.12)$$

と書くことができる．これより，

$$k_0=\frac{1}{2}(k_{12}+k_{21}), \qquad \Delta k=\frac{1}{2}(k_{12}-k_{21}) \qquad (5.1.13)$$

のように式（5.1.12）中の k_0, Δk を表すことができる．

ところで，対称行列成分からのエネルギー積分への寄与はゼロとなるので，全エネルギーは，復元力項のなかの交替行列の影響のみとなって，この場合には次のように

書き表すことができる.

$$E=\int_0^T\{\dot{\boldsymbol{x}}\}^{\mathrm{T}}[\Delta\boldsymbol{K}]\{\dot{\boldsymbol{x}}\}\mathrm{d}t=\int_0^T\Delta k(\dot{x}_1x_2-x_1\dot{x}_2)\,\mathrm{d}t \tag{5.1.14}$$

ここで，調和振動しているときの全エネルギーを計算すると，

$$\begin{Bmatrix} x_1 \\ x_2 \end{Bmatrix}=\begin{Bmatrix} u_1\sin(\omega t+\phi_1) \\ u_2\sin(\omega t+\phi_2) \end{Bmatrix} \tag{5.1.15}$$

として，計算すれば，

$$E=-(k_{12}-k_{21})u_1u_2\sin(\phi_1-\phi_2) \tag{5.1.16}$$

これは，$k_{12}-k_{21}$ および，$\phi_1-\phi_2$ の符号でエネルギーの正負が決まる，すなわち，安定性が決定されることを意味している.

例えば $\phi_1=\phi_2-\pi/2$ のとき $k_{12}>0$, $k_{21}<0$ の場合には, エネルギーの符号は正となり, 負の散逸エネルギーとなる．このときには，2 自由度の連成による自励振動が発生する．このように，復元力で連成が起こっている場合には，非対角項が異符号となるときに不安定が発生するのである.

同様に，減衰項，質量項に干渉がある場合にも自励振動が発生する可能性があるが，これについては次項で多自由度振動系の場合について，より一般的な形で示す.

5.1.3 多自由度振動系の場合

構造物または流体の振動を表現する物理変数を $\{\boldsymbol{x}\}=(x_1, x_2, \cdots, x_n, \cdots)$ のベクトルで示し，質量，減衰係数および剛性を行列 $[\boldsymbol{M}_{\mathrm{s}}]$, $[\boldsymbol{C}_{\mathrm{s}}]$, $[\boldsymbol{K}_{\mathrm{s}}]$ で示す．またこの振動体に作用する流体力をベクトル $\{\boldsymbol{f}\}$ で示すと，運動方程式は，

$$[\boldsymbol{M}_{\mathrm{s}}]\{\ddot{\boldsymbol{x}}\}+[\boldsymbol{C}_{\mathrm{s}}]\{\dot{\boldsymbol{x}}\}+[\boldsymbol{K}_{\mathrm{s}}]\{\boldsymbol{x}\}=\{\boldsymbol{f}\} \tag{5.1.17}$$

となる．流体力ベクトル $\{\boldsymbol{f}\}$ は線形近似すると，

$$\{\boldsymbol{f}\}=-[\boldsymbol{M}_{\mathrm{f}}]\{\ddot{\boldsymbol{x}}\}-[\boldsymbol{C}_{\mathrm{f}}]\{\dot{\boldsymbol{x}}\}-[\boldsymbol{K}_{\mathrm{f}}]\{\boldsymbol{x}\}+\{\boldsymbol{g}\} \tag{5.1.18}$$

ここで，$[\boldsymbol{M}_{\mathrm{f}}]$ = 付加質量行列，$[\boldsymbol{C}_{\mathrm{f}}]$ = 流体減衰行列，$[\boldsymbol{K}_{\mathrm{f}}]$ = 流力剛性行列である.

式 (5.1.17) と式 (5.1.18) をブロック線図で示すと図 5.2 のようになり, 式 (5.1.18) の右辺の最初の 3 つの項がフィードバック流体力となっている．なお $\{\boldsymbol{g}\}$ は強制外力項である.

式（5.1.17）と式（5.1.18）において，

$$\left.\begin{aligned} [\boldsymbol{M}] &= [\boldsymbol{M}_{\mathrm{s}}]+[\boldsymbol{M}_{\mathrm{f}}]=([\boldsymbol{M}_1]+[\boldsymbol{M}_2]) \\ [\boldsymbol{C}] &= [\boldsymbol{C}_{\mathrm{s}}]+[\boldsymbol{C}_{\mathrm{f}}]=([\boldsymbol{C}_1]+[\boldsymbol{C}_2]) \\ [\boldsymbol{K}] &= [\boldsymbol{K}_{\mathrm{s}}]+[\boldsymbol{K}_{\mathrm{f}}]=([\boldsymbol{K}_1]+[\boldsymbol{K}_2]) \end{aligned}\right\} \tag{5.1.19}$$

とおく．ここで，添字 1 の行列は対称行列であり添字 2 の行列は交替行列である．式（5.1.19）を用いて，式（5.1.17）と式（5.1.18）をまとめると，次式を得る.

$$[\boldsymbol{M}_1]\{\ddot{\boldsymbol{x}}\}+[\boldsymbol{C}_2]\{\dot{\boldsymbol{x}}\}+[\boldsymbol{K}_1]\{\boldsymbol{x}\}=-[\boldsymbol{M}_2]\{\ddot{\boldsymbol{x}}\}-[\boldsymbol{C}_1]\{\dot{\boldsymbol{x}}\}-[\boldsymbol{K}_2]\{\boldsymbol{x}\}+\{\boldsymbol{g}\} \tag{5.1.20}$$

式（5.1.20）に $\{\dot{\boldsymbol{x}}\}^{\mathrm{T}}$ を乗じ，振動周期 T についてエネルギー積分を行う.

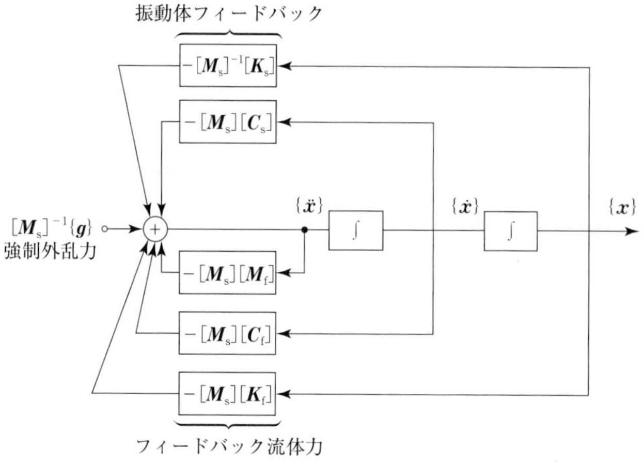

図 5.2 フィードバック力

$$\int_0^T \{\dot{\boldsymbol{x}}\}^{\mathrm{T}}[\boldsymbol{M}_1]\{\ddot{\boldsymbol{x}}\}\mathrm{d}t+\int_0^T \{\dot{\boldsymbol{x}}\}^{\mathrm{T}}[\boldsymbol{C}_2]\{\dot{\boldsymbol{x}}\}\mathrm{d}t+\int_0^T \{\dot{\boldsymbol{x}}\}^{\mathrm{T}}[\boldsymbol{K}_1]\{\boldsymbol{x}\}\mathrm{d}t$$
$$=-\int_0^T \{\dot{\boldsymbol{x}}\}^{\mathrm{T}}[\boldsymbol{M}_2]\{\ddot{\boldsymbol{x}}\}\mathrm{d}t-\int_0^T \{\dot{\boldsymbol{x}}\}^{\mathrm{T}}[\boldsymbol{C}_1]\{\dot{\boldsymbol{x}}\}\mathrm{d}t-\int_0^T \{\dot{\boldsymbol{x}}\}^{\mathrm{T}}[\boldsymbol{K}_2]\{\boldsymbol{x}\}\mathrm{d}t+\int_0^T \{\dot{\boldsymbol{x}}\}^{\mathrm{T}}\{\boldsymbol{g}\}\mathrm{d}t \tag{5.1.21}$$

ここで，式 (5.1.21) の左辺の第 1 項と第 3 項は運動エネルギーとポテンシャルエネルギーの増分であり，この和は力学的エネルギーの増加分 E に相当する．また左辺の第 2 項は $[\boldsymbol{C}_2]$ が交替行列であるのでゼロになる．したがって，式 (5.1.21) の右辺は，E となり，この E は次の各仕事からなるエネルギーの増分の和に等しい．

$$E_M=-\int_0^T \{\dot{\boldsymbol{x}}\}^{\mathrm{T}}[\boldsymbol{M}_2]\{\ddot{\boldsymbol{x}}\}\mathrm{d}t$$
$=$ 質量行列 $[\boldsymbol{M}]$ の交替行列成分 $[\boldsymbol{M}_2]$ からなる仕事 (5.1.22)

$$E_C=-\int_0^T \{\dot{\boldsymbol{x}}\}^{\mathrm{T}}[\boldsymbol{C}_1]\{\dot{\boldsymbol{x}}\}\mathrm{d}t$$
$=$ 減衰行列 $[\boldsymbol{C}]$ の対称行列成分 $[\boldsymbol{C}_1]$ からなる仕事
(負の場合は絶対値が消散エネルギー) (5.1.23)

$$E_K=-\int_0^T \{\dot{\boldsymbol{x}}\}^{\mathrm{T}}[\boldsymbol{K}_2]\{\boldsymbol{x}\}\mathrm{d}t$$
$=$ 剛性行列 $[\boldsymbol{K}]$ の交替行列成分 $[\boldsymbol{K}_2]$ からなる仕事 (5.1.24)

$E_G=-\int_0^T \{\dot{\boldsymbol{x}}\}^{\mathrm{T}}\{\boldsymbol{g}\}\mathrm{d}t=$ 強制外力による仕事 (5.1.25)

すなわち，流体力が振動体を励振するためには，

$$E=E_M+E_C+E_K+E_G \tag{5.1.26}$$

のエネルギー増分 E が正であることが必要である．

ところで，振動系が 1 自由度系の場合は，力学的エネルギーの増分 E は，減衰と

強制外力のなす仕事のみから構成され，

$$E = E_C + E_G \tag{5.1.27}$$

となる．特に，強制外力が作用しない場合は，流体力による減衰項［$\boldsymbol{C}_1$］が負のとき

$$E = E_C > 0 \tag{5.1.28}$$

となり，自励振動が誘起される．この場合を負減衰による励振とよぶ．

一方，振動系の自由度が2自由度以上であると，E_K が力学的エネルギーの増分 E に最も寄与する場合があり，行列［$\boldsymbol{K}_2$］が流体力によって生成される場合には，流力弾性のフィードバックによる励振とよぶ．

また，E_G が力学的エネルギーの増分に最も寄与する場合の振動は，いわゆる強制振動である．このようにしてエネルギーの立場からも振動発生メカニズムを知ることができるのである．

5.2 流体力に起因する自励振動

5.2.1 ギャロッピング[2)]

着氷時に送電線が一定風速を超えると上下方向に動く様子が観察されることが知られている．1自由度並進振動系の自励振動はギャロッピングとよばれる．100 m スパンの送電線では1 Hz 程度の振動が発生する．図5.3のように振動は断面形状が円形断面のときには発生せず，着氷時のように断面形状が特定の非対称形状の場合に発生する．この場合には，運動を助長する方向に流体から物体が受ける力が発生し，その結果発振するのである．

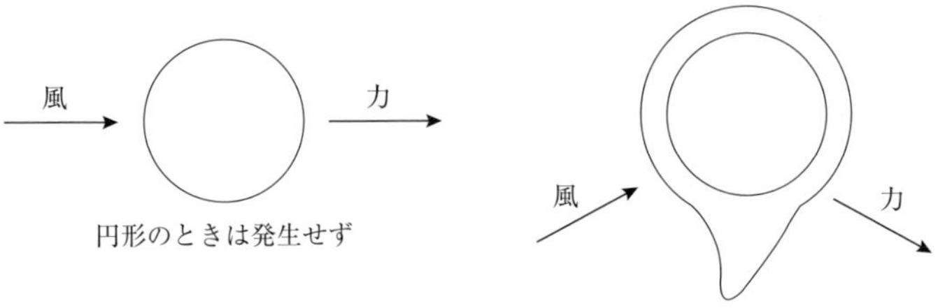

図5.3 送電線跳躍現象

解析は準定常（quasi-steady）を仮定して行われる．準定常とは，本来，さまざまなスケールの渦の影響を受ける複雑な流体力を，風洞実験データに基づく揚力係数や抗力係数のような迎角のみに依存する係数で代用するもので，係数には直接には時間依存性は含まれていないが，時間のファクターは迎角を時間の関数とすることで定式化のなかに組み込まれる．

図5.4の解析モデルにおいて，物体が下方向（y：正）に運動している場合に作用する流体力は

揚力：$F_L = \frac{\rho}{2} U_{rel}^2 D C_L(\alpha)$,

抗力：$F_D = \frac{\rho}{2} U_{rel}^2 D C_D(\alpha)$ (5.2.1)

である．ただし，$C_L(\alpha)$，$C_D(\alpha)$ は揚力係数，抗力係数，ρ は流体の密度，D は代表長さ（通常は，入射流に対し直角に向かい合う断面の長さが選ばれる）である．また，α は迎角，U_{rel}^2 は相対速度を表し，これらは，U，$\dot{y}$ との間に以下の関係がある．

$$\alpha = \arctan\left(\frac{\dot{y}}{U}\right), \qquad U_{rel}^2 = \dot{y}^2 + U^2,$$

$$U_{rel} \cos\alpha = U \qquad (5.2.2)$$

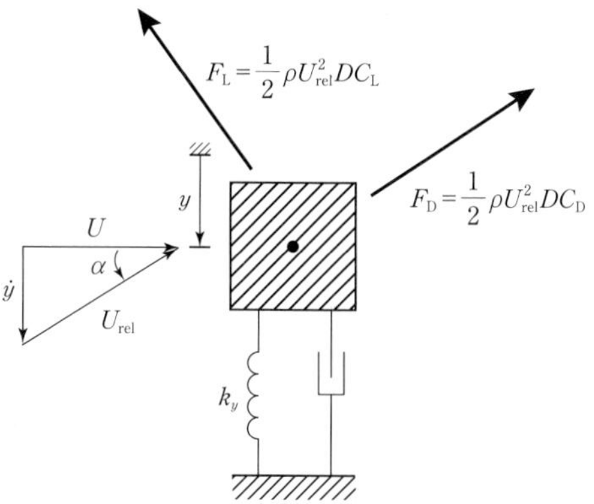

図 5.4　ギャロッピング解析モデル

ここで，y 方向（下向きを正にとる）に作用する流体力を F_y と書くと，

$$\begin{aligned} F_y &= -F_L \cos\alpha - F_D \sin\alpha \\ &= -\frac{\rho}{2} U_{rel}^2 D (C_L \cos\alpha + C_D \sin\alpha) \\ &= \frac{\rho}{2} D U^2 C_y(\alpha) \end{aligned} \qquad (5.2.3)$$

ただし，

$$C_y(\alpha) = -(C_L + C_D \tan\alpha)\sec\alpha \qquad (5.2.4)$$

である．したがって，y 方向に作用する流体力は，$C_y(\alpha)$ で特徴づけられることがわかる．ここで，$\alpha=0$ のまわりに $C_y(\alpha)$ をテイラー展開すると，

$$C_y(\alpha) = C_y(0) + \left.\frac{\mathrm{d}C_y}{\mathrm{d}\alpha}\right|_{\alpha=0} \alpha + \cdots \qquad (5.2.5)$$

となる．一方，$C_y(\alpha)$ の α に関する一次微係数は，式 (5.2.4) から，

$$\frac{\mathrm{d}C_y}{\mathrm{d}\alpha} = -\left(\frac{\mathrm{d}C_L}{\mathrm{d}\alpha} + \frac{\mathrm{d}C_D}{\mathrm{d}\alpha}\tan\alpha + C_D \sec^2\alpha\right)\sec\alpha - (C_L + C_D \tan\alpha)\sec\alpha\tan\alpha \qquad (5.2.6)$$

したがって，$\alpha=0$ のときには，

$$\left.\frac{\mathrm{d}C_y}{\mathrm{d}\alpha}\right|_{\alpha=0} = -\left.\frac{\mathrm{d}C_L}{\mathrm{d}\alpha}\right|_{\alpha=0} - C_D|_{\alpha=0} \qquad (5.2.7)$$

なる関係がある．すなわち，安定性に関係する $C_y(\alpha)$ の α に関する一次微係数の $\alpha=0$ における値は，$C_L(\alpha)$ の α に関する一次微係数と $C_D(\alpha)$ の $\alpha=0$ での値から算出できることがわかる．

以上の準備のもと，y 方向の運動方程式を定式化すれば，

$$m_s\ddot{y}+c_s\dot{y}+k_sy=F_y$$
$$=\frac{\rho}{2}DU^2C_y(\alpha)$$
$$=\frac{\rho}{2}DU^2\left\{C_y(0)+\left.\frac{\mathrm{d}C_y}{\mathrm{d}\alpha}\right|_{\alpha=0}\alpha+\cdots\right\} \quad (5.2.8)$$

となる．ここで，テイラー展開を一次の項で打ち切り，かつ，α を微小として，$\alpha=\dot{y}/U$ という関係を式（5.2.8）に代入し整理すれば，

$$m_s\ddot{y}+\left\{c_s-\frac{\rho}{2}DU\left.\frac{\mathrm{d}C_y}{\mathrm{d}\alpha}\right|_{\alpha=0}\right\}\dot{y}+k_sy=\frac{\rho}{2}DU^2C_y(0) \quad (5.2.9)$$

が得られる．この式は流体力の影響を含んだ運動方程式である．ここで，物体の運動が定常成分 y_0 と変動成分 $y'(t)$ に分離できるものとすれば，

$$y=y_0+y'(t) \quad (5.2.10)$$

と表すことができる．ただし，式（5.2.10）を式（5.2.9）に代入することにより，

$$y_0=\frac{\rho U^2D}{2k_s}C_y(0) \quad (5.2.11)$$

である．したがって，変動成分に関しては，運動方程式は次式となる．

$$m_s\ddot{y}'+\left(c_s-\frac{\rho}{2}DU\left.\frac{\mathrm{d}C_y}{\mathrm{d}\alpha}\right|_{\alpha=0}\right)\dot{y}'+k_sy'=0 \quad (5.2.12)$$

式（5.2.12）より，速度に比例する係数が正であれば安定，負であれば不安定となることがわかる．すなわち，安定となる条件は，

$$c_s-\frac{\rho}{2}DU\left.\frac{\mathrm{d}C_y}{\mathrm{d}\alpha}\right|_{\alpha=0}>0 \quad (5.2.13)$$

と書ける．これを Den Hartog の安定条件とよぶ．したがって，$\mathrm{d}C_y/\mathrm{d}\alpha|_{\alpha=0}<0$ のときにはこの式は常に正となり安定となる．不安定となる場合は $\mathrm{d}C_y/\mathrm{d}\alpha|_{\alpha=0}>0$ の場合である．このときには式（5.2.13）を変形して，

$$U<\frac{2c_s}{\rho D(\mathrm{d}C_y/\mathrm{d}\alpha|_{\alpha=0})} \quad (5.2.14)$$

が得られる．右辺を限界流速とよぶ．つまり，入射流速 U がこの流速よりも小さな流速の場合には，系は安定であることを示している．

さて，ここで，以下の諸量を導入する．

$$\omega_y=\sqrt{\frac{k_s}{m_s}},\qquad f_y=\frac{\omega_y}{2\pi},\qquad \zeta_y=\frac{c_s}{2\sqrt{m_sk_s}}=\frac{c_s}{2}\sqrt{\frac{m_s}{k_s}}\cdot\frac{1}{m_s}=\frac{c_s}{2m_s\omega_y}$$

式（5.2.14）を，さらに変形して，導入した諸量を用いて表すと，

$$\frac{U}{f_yD}<\frac{2C_s}{(\omega_y/2\pi)\cdot D\cdot\rho D(\mathrm{d}C_y/\mathrm{d}\alpha|_{\alpha=0})}=\frac{4\pi C_s}{\omega_y\rho D^2(\mathrm{d}C_y/\mathrm{d}\alpha|_{\alpha=0})} \quad (5.2.15)$$

となる．ところで，

$$\frac{4\pi C_s}{\omega_y}=\frac{C_s}{2m_s\omega_y}\cdot 2m_s\cdot 4\pi=4m_s(2\pi\zeta_y) \quad (5.2.16)$$

表 5.1　定常流中の断面形状梁に関する入射角 0° における C_y の α に関する一次微係数の値[2)]

断　面	$\partial C_y/\partial\alpha^*$		Re 数
	滑らかな流れ	乱　流**	
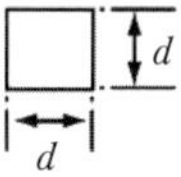	3.0	3.5	10^5
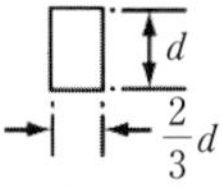	0.	−0.7	10^5
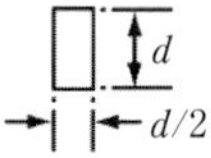	−0.5	0.2	10^5
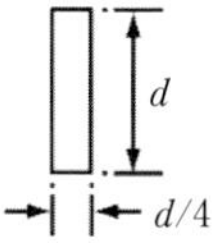	−0.15	0.	10^5
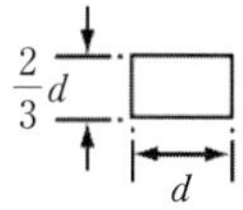	1.3	1.2	66000
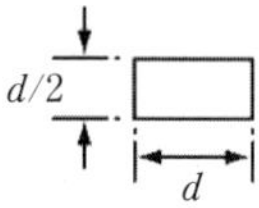	2.8	−2.0	33000
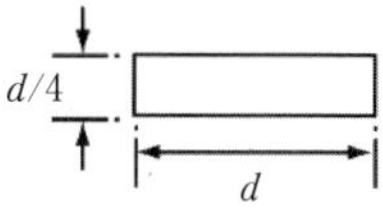	−10.	—	2000-20000
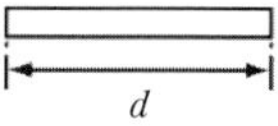	−6.3	−6.3	$>10^3$
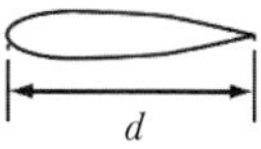	−6.3	−6.3	$>10^3$
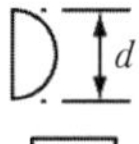	−0.1	0.	66000
	−0.5	2.9	51000
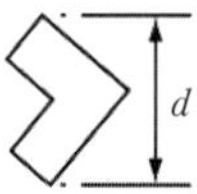	0.66	—	75000

*　α の単位はラジアン．流れは左から右へ．$\partial C_y/\partial\alpha = -\partial C_L/\partial\alpha - C_D$・$C_y$ の単位は直径 d 基準．$\partial C_y/\partial\alpha < 0$ が安定条件．

**　乱れ度は約 10%．

なる関係を利用すれば，式（5.2.15）は，以下のような無次元量のみで表現でき，一般性のある表現が得られる．

$$\frac{U}{f_y D} < \frac{4m_s(2\pi\zeta_y)}{\rho D^2 (\mathrm{d}C_y/\mathrm{d}\alpha|_{\alpha=0})} = \frac{2\delta_r}{\mathrm{d}C_y/\mathrm{d}\alpha|_{\alpha=0}} \tag{5.2.17}$$

ただし，以下の関係を使っている．

$$\delta_r = \frac{2m_s(2\pi\zeta_y)}{\rho D^2} \tag{5.2.18}$$

ここで，式（5.2.17）の左辺は換算流速（reduced velocity），とよばれる無次元化された入射流速である．また，式（5.2.18）の δ_r は質量減衰パラメータ（別名:スクルートン数）とよばれる無次元数で，質量比と減衰比の積で構成されており，流体力を受ける構造物の振動の特性を表す指標として熱交換器管群の安定性評価等にしばしば登場する重要な無次元パラメータである．

さて，先に述べたように安定，不安定は入射角 0° における C_y の α に関する一次微係数に関係する．断面形状と入射流の特性に注目して，この値を一覧表にしたものを表 5.1 に示す．物体断面形状が矩形断面に近い場合には，正の値をとり不安定となることがわかる．

5.2.2 フ ラ ッ タ[1)]

2 つの自由度の連成によって生じる自励振動の代表例は，翼などのたわみやすい弾性構造物で発生する曲げねじりフラッタである．この現象は，図 5.5 に示すように翼に発生する空気力によって，まず，ねじれ振動が発生し，次にこの振動によって曲げ振動が誘発され振動が成長するというのが振動の発生機構である．以下では，図 5.6 のような断面形状が軸方向に一様な二次元翼について曲げとねじりの運動の定式化を

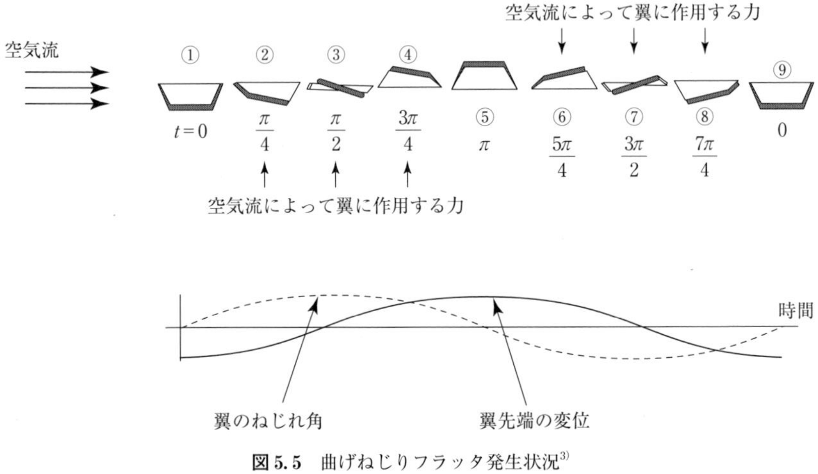

図 5.5 曲げねじりフラッタ発生状況[3)]

行う．

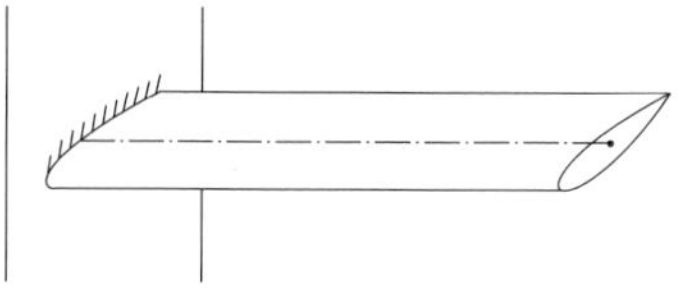

図 5.6 二次元翼

図 5.7 に示す単位幅翼の上下方向の並進運動および曲げ運動は，

$$\left.\begin{aligned} m\ddot{h}+S_\alpha\ddot{\alpha}+K_h(1+jg_h)h&=-L \\ S_\alpha\ddot{h}+I_\alpha\ddot{\alpha}+K_\alpha(1+jg_\alpha)\alpha&=M_\alpha \end{aligned}\right\} \quad (5.2.19)$$

のように記述できる．ただし，

L：非定常揚力
M_α：弾性軸まわりの非定常流体力モーメント
m：翼の質量
I_α：弾性軸周りの慣性モーメント
S_α：mbx_α（弾性軸まわりの静的モーメント）
x_α：静的不釣合い
U：入射流速
α：迎角
K_h：並進ばね定数
K_α：ねじりばね定数
g_h：並進減衰定数
g_α：ねじり減衰定数
b：翼の半弦長
j：虚数単位

である．ここで，並進の固有角振動数を $\omega_h=\sqrt{K_h/m}$，回転の固有角振動数を $\omega_\alpha=\sqrt{K_\alpha/I_\alpha}$ とおき，角振動数 ω の調和振動を仮定すれば，

$$\left.\begin{aligned} -m\omega^2\bar{h}-S_\alpha\omega^2\bar{\alpha}+m\omega_h^2\bar{h}(1+jg_h)&=-\bar{L} \\ -S_\alpha\omega^2\bar{h}+I_\alpha\omega^2\bar{\alpha}+I_\alpha\omega_\alpha^2\bar{\alpha}(1+jg_\alpha)&=\bar{M}_\alpha \end{aligned}\right\} \quad (5.2.20)$$

となる．振動翼理論より，非定常揚力と非定常流体力モーメントは以下のように表すことができることがよく知られている．

$$\left.\begin{aligned} \bar{L}&=-\pi\rho b^3\omega^2\{A_{hh}(\bar{h}/b)+A_{h\alpha}\bar{\alpha}\} \\ \bar{M}_\alpha&=\pi\rho b^4\omega^2\{A_{\alpha h}(\bar{h}/b)+A_{\alpha\alpha}\bar{\alpha}\} \end{aligned}\right\} \quad (5.2.21)$$

ただし，$A_{hh}, A_{h\alpha}, A_{\alpha h}, A_{\alpha\alpha}$ は無次元振動数 $k=\omega b/U$ の関数である．

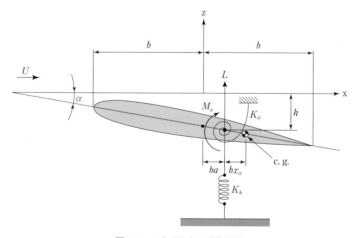

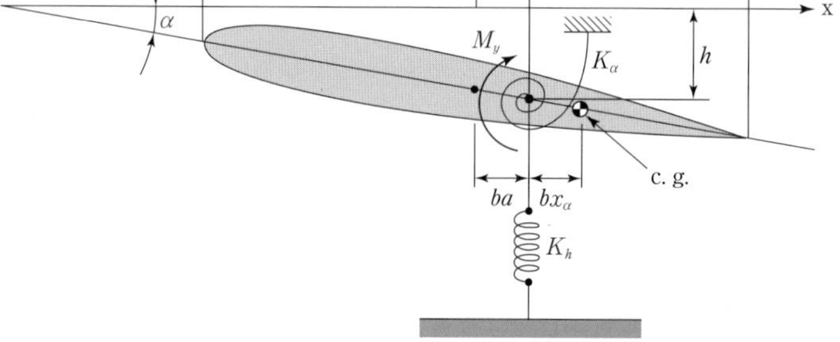

図 5.7 二次元流中の単位幅翼

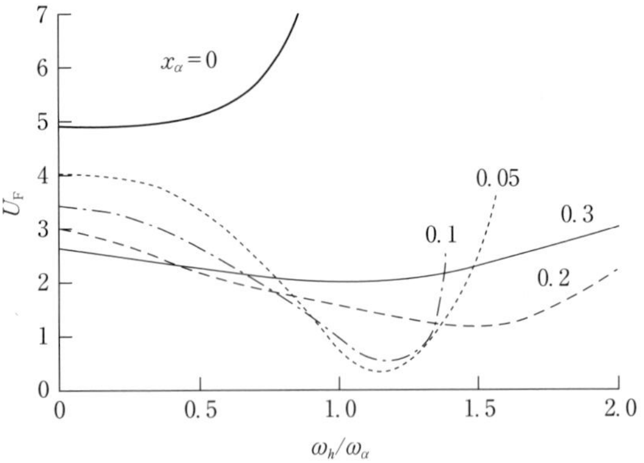

図 5.8 フラッタ速度の計算例

式 (5.2.21) を式 (5.2.20) に代入して，マトリックスで表示すると，

$$\begin{bmatrix} \mu\{1-(\omega_h/\omega)^2(1+jg_h)\}+A_{hh} & \mu x_\alpha + A_{h\alpha} \\ \mu x_\alpha + A_{\alpha h} & \mu r_\alpha^2\{1-(\omega_\alpha/\omega)^2(1+jg_\alpha)\}+A_{\alpha\alpha} \end{bmatrix} \begin{Bmatrix} \bar{h}/b \\ \bar{\alpha} \end{Bmatrix} = \begin{Bmatrix} 0 \\ 0 \end{Bmatrix} \tag{5.2.22}$$

ただし，$\mu=m/\pi\rho b^2$, $x_\alpha=S_\alpha/mb$, $r_\alpha^2=I_\alpha/mb^2$.

これより，以下に示すフラッタ特性行列式が求まり，

$$\begin{vmatrix} \mu\{1-(\omega_h/\omega)^2(1+jg_h)\}+A_{hh} & \mu x_\alpha + A_{h\alpha} \\ \mu x_\alpha + A_{\alpha h} & \mu r_\alpha^2\{1-(\omega_\alpha/\omega)^2(1+jg_\alpha)\}+A_{\alpha\alpha} \end{vmatrix} = 0 \tag{5.2.23}$$

複素固有値解析によって，フラッタ速度 U_F およびフラッタ振動数 ω_F が決定する．図 5.8 に計算例を示す．横軸は，曲げとねじりの固有振動数比，縦軸にフラッタ速度をとると，静的不釣合いが 0.05～0.1 で固有振動数比が 1 に近い場合にはフラッタ速度が極小値をとることがわかる．

5.2.3 流体の圧縮性による遅れに起因する自励振動[1)]

1 自由度系の例としてよく知られているものとして，ディーゼルエンジンの燃料噴射弁などで発生する自励振動がある．図 5.9 に示すように，これは，弁と弁室からなる系としてモデル化できる．

弁室内の圧力は P_s で一定とし，出口圧力 $P_2=0$ とすると，弁の運動方程式と弁室内の流体の連続の式から，以下のような 3 階の連立微分方程式が得られる．

$$\left.\begin{aligned} & ms^2\tilde{X}+cs\tilde{X}+k\tilde{X}=A\tilde{P} \\ & \tilde{P}=\left[\frac{-C_s}{Q_0\sqrt{2\rho(P_s-P_0)}}\frac{1}{P_0}+\frac{V_0}{Q_0K}s\right]^{-1}\frac{\tilde{X}}{x_0} \end{aligned}\right\} \tag{5.2.24}$$

ここで，A は弁体の有効断面積，K は体積弾性率，C_s は流量係数を表し，$\tilde{X}$, $\tilde{P}$ は，ラプラス変換された変位と圧力である．式 (5.2.2) より，弁に作用する圧力の項は，

弁室内の流体の圧縮性により一次遅れの項を含み負減衰力が発生しうることがわかり，Routh-Hurwitz の安定判別条件などを用いて，安定性を評価できる．一般的に弁開度 x_0，減衰 c が小さいときに不安定となるため，弁の開度が小さい状態で使わないか，減衰を付加することにより自励振動を回避することができる．

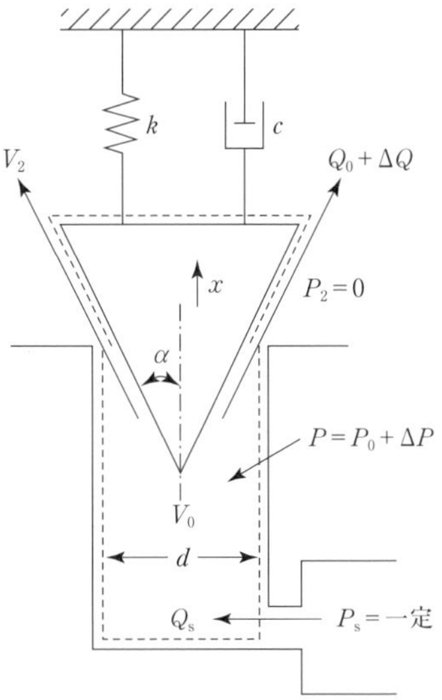

図 5.9　弁の振動モデル

5.2.4　時間遅れ振動[1)]

流体関連振動に関連した時間遅れに起因する自励振動の例として，図 5.10 に示す環状プレナム内流体のスロッシングと越流堰との連成によるシェル振動があげられる．この現象は，フランスの高速増殖炉スーパーフェニックスの炉壁冷却系内の越流堰で自励振動が発生したものである．これは，下端を支持された円筒堰の外面に沿って上昇する流体が上端部で越流し，円筒堰内面側のプレナムに流入する系において，プレナム内流体スロッシングと円筒堰オーバル振動が連成したものである．系の安定性は内側プレナム液面揺動と内側プレナムへの流入量変動の位相差に依存し，位相差を支配するのは越流量変動の堰振動に対する一次遅れと越流流体がプレナムへ落下するまでに要するむだ時間である．

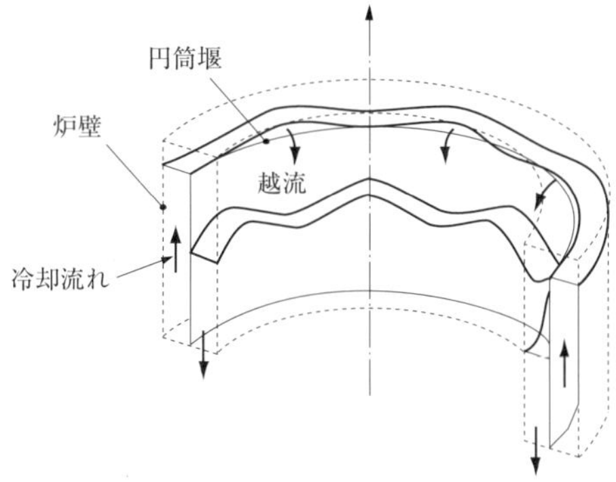

図 5.10　スロッシングと越流堰の連成振動

振動の安定不安定を決定する特性方程式は，以下のように誘導することができる．

$$\sum_{j=1}^{9}(p_j+q_je^{-\tau s})s^{9-j}=0 \tag{5.2.25}$$

ただし，τ はむだ時間である．上式はむだ時間を含む 9 次の特性方程式となっている．

5.3　係数励振振動系のモデル化

振動系を構成する係数が周期的に変化することで発生する振動は係数励振振動とよ

ばれる．ここでは，復元力係数が周期的に変化するいくつかの例のモデル化の過程について解説する．

5.3.1 密閉された円筒容器内の界面波動現象[4)]

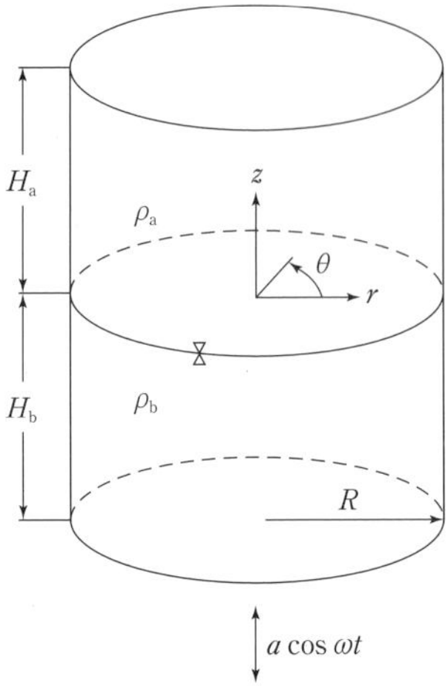

図 5.11 2 液界面振動系モデル

水と油のような混ざり合わない 2 種類の密度の違う流体を円筒容器に入れて上下方向に加振するとき界面波動現象は係数励振振動の典型例である．

図 5.11 において鉛直下向きに重力が作用するものとして，密度 ρ_a, ρ_b の混ざり合わない 2 種類の密度の違う流体の界面の運動を定式化すると以下のようになる．ただし，添字 a, b はそれぞれ，密度の小さい流体（上層）と大きい流体（下層）に対応する．

流体は，非圧縮性非粘性を仮定すると，連続の式は，速度ポテンシャルを Φ として，

$$\frac{\partial^2\Phi}{\partial r^2}+\frac{1}{r}\frac{\partial\Phi}{\partial r}+\frac{1}{r^2}\frac{\partial^2\Phi}{\partial\theta^2}+\frac{\partial^2\Phi}{\partial z^2}=0 \tag{5.3.1}$$

半径方向，周方向速度，軸方向成分は，それぞれ

$$u=\frac{\partial\Phi}{\partial r},\qquad v=\frac{1}{r}\frac{\partial\Phi}{\partial\theta},\qquad w=\frac{\partial\Phi}{\partial z} \tag{5.3.2}$$

と書ける．したがって，境界条件を満足する速度ポテンシャルは，上層については，

$$\Phi_a=\sum_{m=0}^{\infty}\sum_{n=1}^{\infty}J_m(\lambda_{mn}r)\frac{\cosh\lambda_{mn}(z-H_a)}{\cosh\lambda_{mn}H_a}(C_1\sin m\theta+C_2\cos m\theta)\,T(t) \tag{5.3.3}$$

下層については，

$$\Phi_b=\sum_{m=0}^{\infty}\sum_{n=1}^{\infty}J_m(\lambda_{mn}r)\frac{\cosh\lambda_{mn}(z+H_b)}{\cosh\lambda_{mn}H_b}(B_1\sin m\theta+B_2\cos m\theta)\,T(t) \tag{5.3.4}$$

と表すことができる．ただし，J_m は第 1 種 m 階ベッセル関数，$T(t)$ は未知の時間関数である．

境界条件を適用すると

(1) 側壁での境界条件より

$$\left.\frac{\mathrm{d}J_m(\lambda_{mn}r)}{\mathrm{d}r}\right|_{r=R}=0 \tag{5.3.5}$$

(2) 界面（$z=\eta$）での条件より

・力学的条件（圧力の一致）

$$\rho_a\left(\frac{\partial\Phi_a}{\partial t}+(g-a\omega^2\cos\omega t)\,\eta\right)=\rho_b\left(\frac{\partial\Phi_b}{\partial t}+(g-a\omega^2\cos\omega t)\,\eta\right) \tag{5.3.6}$$

・運動学的条件（速度の一致）

$$\frac{\partial \eta}{\partial t}=\frac{\partial \Phi_a}{\partial z}=\frac{\partial \Phi_b}{\partial z} \tag{5.3.7}$$

結局，時間関数成分に関しては，運動方程式は次式となる．

$$\frac{d^2T}{dt^2}+(1-G)(g-a\omega^2\cos\omega t)\frac{\lambda_{mn}\tanh\lambda_{mn}H_a\tanh\lambda_{mn}H_b}{\tanh\lambda_{mn}H_a+G\tanh\lambda_{mn}H_b}T=0 \tag{5.3.8}$$

ただし，$G=\rho_a/\rho_b$ である．

固有角振動数は，式（5.3.8）において $a=0$ とおいた，次式より求められる．

$$\frac{d^2T}{dt^2}+(1-G)g\frac{\lambda_{mn}\tanh\lambda_{mn}H_a\tanh\lambda_{mn}H_b}{\tanh\lambda_{mn}H_a+G\tanh\lambda_{mn}H_b}T=0 \tag{5.3.9}$$

よって，固有角振動数は，

$$\omega_0^2=(1-G)g\frac{\lambda_{mn}\tanh\lambda_{mn}H_a\tanh\lambda_{mn}H_b}{\tanh\lambda_{mn}H_a+G\tanh\lambda_{mn}H_b} \tag{5.3.10}$$

となる．これを式（5.3.8）に代入すると，

$$\frac{d^2T}{dt^2}+\omega_0^2\left(1-\frac{a\omega^2}{g}\cos\omega t\right)T=0 \tag{5.3.11}$$

となり，復元力が時間的に変化する1自由度振動系の運動方程式となる．

5.3.2 U字管内の液体の振動[4]

図5.12のようなU字管内に流体を入れて上下方向に加振するときの流体の運動も係数励振振動の例である．モデル化は，以下のように行うことが可能である．

まず，曲線座標 s を使って管軸に沿った液体の運動を記述する運動方程式を定式化すると，

$$\rho\left(\frac{\partial u}{\partial t}+u\frac{\partial u}{\partial s}\right)=-\rho\frac{\partial \Omega}{\partial s}-\frac{\partial p}{\partial s} \tag{5.3.12}$$

となる．ただし，ρ:液体の密度，s:管軸に沿って測った静水面からの距離，t:時間，u:流速，P：圧力，Ω：重力ポテンシャル（$=gz$）．

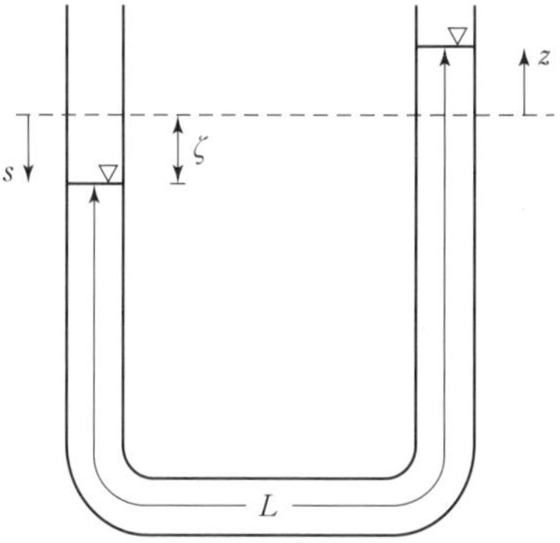

図5.12 U字管内液体振動モデル

ここで，水面変動量を $\zeta(t)$ とすれば，

$$u=\frac{d\zeta}{dt} \tag{5.3.13}$$

である．これを式（5.3.12）に代入し，液柱全体にわたって，体積積分する．ただし，管断面積を A とする．管軸に沿った流速は一定であることから，

$$A\int_{\zeta}^{L+\zeta}\rho\frac{d^2\zeta}{dt^2}ds=-A\rho\int_{\zeta}^{L+\zeta}\frac{\partial \Omega}{\partial s}ds+A\int_{\zeta}^{L+\zeta}\frac{\partial p}{\partial s}ds \tag{5.3.14}$$

これを整理して，

$$AL\rho\frac{d^2\zeta}{dt^2}=-A\rho(\Omega(L+\zeta)-\Omega(\zeta))+Ap(L+\zeta)-Ap(\zeta) \tag{5.3.15}$$

両端での圧力は，大気圧に等しく，両端では重力ポテンシャル関数の符号は逆符号なので，

$$AL\rho\frac{d^2\zeta}{dt^2}=-A\rho(2g\zeta) \tag{5.3.16}$$

したがって，

$$L\frac{d^2\zeta}{dt^2}+2g\zeta=0 \tag{5.3.17}$$

となる．これが加振される前の運動を表す運動方程式である．

これに鉛直上向きの正弦的加速度を加えると，重力の項は，g から $g-a\omega^2\cos\omega t$ となり，運動方程式は，

$$L\frac{d^2\zeta}{dt^2}+2(g-a\omega^2\cos\omega t)\zeta=0 \tag{5.3.18}$$

となる．ここで，固有角振動数を以下のように定義すると，

$$\omega_0^2=\frac{2g}{L} \tag{5.3.19}$$

式（5.3.18）は，以下のような復元力が時間的に変化する式となることがわかる．

$$\frac{d^2\zeta}{dt^2}+\omega_0^2\left(1-\frac{a\omega^2}{g}\cos\omega t\right)\zeta=0 \tag{5.3.20}$$

5.3.3 支点が上下に振動する振り子

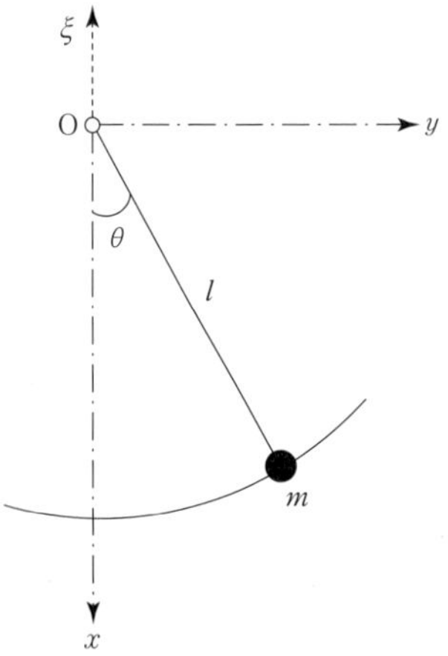

図 5.13 支点が上下に振動する振り子振動モデル

ここで古典的な例を紹介しておきたい．図 5.13 に示す例は支点が上下に振動する振り子振動モデルである．

角運動量保存則を適用すると，

$$ml\frac{d^2\theta}{dt^2}+mg\sin\theta=0 \tag{5.3.21}$$

線形化して

$$\frac{d^2\theta}{dt^2}+\frac{g}{l}\theta=0 \tag{5.3.22}$$

これが振り子の運動方程式である．

支点が上下に加速度 $\ddot{\xi}$ で運動する場合には，$\xi=\alpha\cos\omega t$ とすると，重力項は，g から $g-\alpha\omega^2\cos\omega t$ となり，運動方程式は，

$$\frac{d^2\theta}{dt^2}+\frac{1}{l}(g-\alpha\omega^2\cos\omega t)\theta=0 \tag{5.3.23}$$

となる．ここで，固有角振動数を以下のように定義すると，

$$\omega_0^2=\frac{g}{l} \tag{5.3.24}$$

$$\frac{\mathrm{d}^2\theta}{\mathrm{d}t^2}+\omega_0^2\left(1-\frac{a\omega^2}{g}\cos\omega t\right)\theta=0 \tag{5.3.25}$$

式（5.3.25）は，復元力が時間的に変化する式となることがわかる．

5.3.4　ブランコ[3)]

係数励振振動の例として有名なものにブランコがある．重心の移動を適切なタイミングで行うことによって振幅を大きくできることは誰でも経験から知っていることであるが，その仕組みは運動方程式を使うことで理論的に説明することができる（図 5.14）．

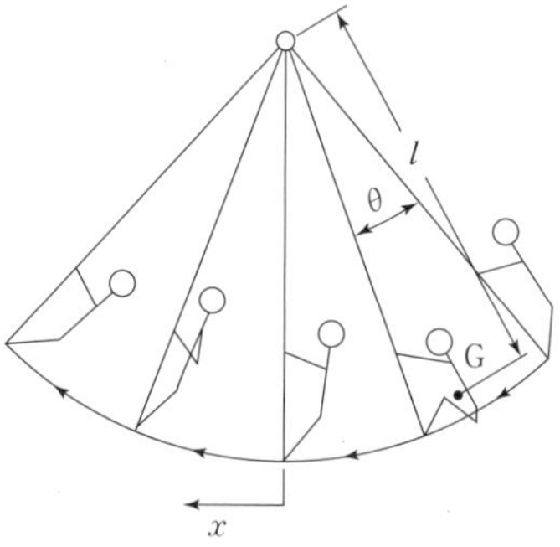

図 5.14　ブランコ振動モデル

ここで，m：ブランコと人体の合計質量，$l(t)$：支点から m の重心までの距離，θ：振れ角のように記号を定義し，角運動量法則を適用すれば，

$$\frac{\mathrm{d}}{\mathrm{d}t}(ml^2\dot{\theta})=-mgl\sin\theta \tag{5.3.26}$$

振れ角は微小であるとして，$\sin\theta=\theta$ と近似すれば，

$$\ddot{\theta}+2\frac{\dot{l}}{l}\dot{\theta}+\frac{g}{l}\theta=0 \tag{5.3.27}$$

ここで，中立位置からの人の変位を x とすれば，

$$x=l\theta \tag{5.3.28}$$

なので，時間に関する 1 階微分を行うと

$$\dot{x}=\dot{l}\theta+l\dot{\theta} \tag{5.3.29}$$

となる．さらに 1 階微分を行えば，

$$\ddot{x}=\ddot{l}\theta+2\dot{l}\dot{\theta}+l\ddot{\theta} \tag{5.3.30}$$

となる．式（5.3.27）に式（5.3.28），（5.3.30）を適用することで，

$$\ddot{x}+\frac{g-\ddot{l}}{l}x=0 \tag{5.3.31}$$

x に関する式が得られる．

ここで，ブランコの取り付け点とブランコを含めた人の重心までの距離を l_0 とし，その長さを $\pm\Delta l$ だけ移動できたとすれば，以下のように表すことができる．

$$l=l_0+\Delta l\sin\omega t \tag{5.3.32}$$

これを式（5.3.31）に代入して，

$$\ddot{x}+\frac{g+\Delta l\omega^2\sin\omega t}{l_0+\Delta l\sin\omega t}x=0 \tag{5.3.33}$$

ここで，$\Delta l/l_0$ は微小量とすれば，以下の近似式を得る．

$$\ddot{x}+\frac{g}{l_0}\left\{1+\frac{\Delta l}{l_0}\left(\frac{l_0}{g}\omega^2-1\right)\sin\omega t\right\}x=0 \tag{5.3.34}$$

これがブランコの運動方程式である．支点が上下に振動する振り子振動モデルと同様に復元力が時間的に変化する系であることがわかる．

5.4 係数励振振動系の発振原理

前節のモデル化の結果，最終的に得られた式から，時間的にバネ定数が変化する振動系の運動方程式には，以下のような共通した形があることがわかる．

$$\ddot{x}+\omega_0^2(1-\delta\sin\omega t)x=0 \tag{5.4.1}$$

この形の方程式をマシュー（Mathieu）方程式とよぶ．

ここで，以下のような変数変換を実行すれば，

$$\omega t=z,\qquad \frac{\omega_0^2}{\omega^2}=\alpha,\qquad -\delta\frac{\omega_0^2}{\omega^2}=\beta \tag{5.4.2}$$

式（5.4.1）は，

$$\frac{\mathrm{d}^2x}{\mathrm{d}z^2}+(\alpha+\beta\sin z)x=0 \tag{5.4.3}$$

と書ける．この方程式の解は，α, β の組み合わせによって安定な解となるか，不安定な解となるかが決まっている（図 5.15）．

ここで，ブランコの例で図 5.15 を利用して安定性について検討してみたい．ブランコの場合は，ブランコを漕ぐ振動数がブランコの固有振動数の 2 倍とすれば，$\alpha=$

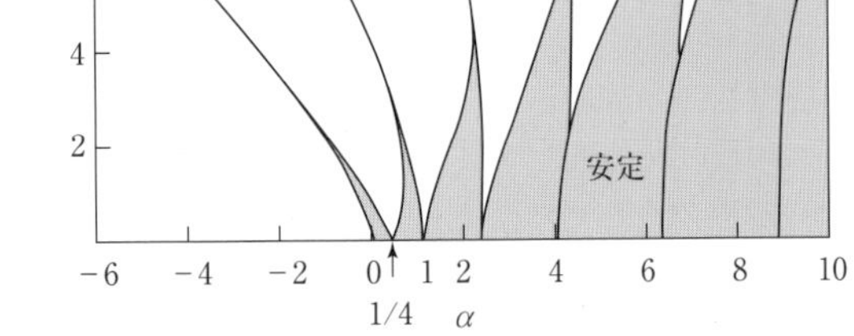

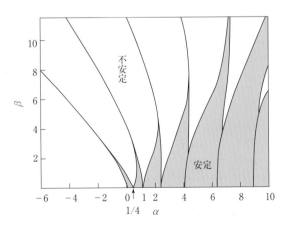

図 5.15 マシュー方程式の安定・不安定領域線図

ω_0^2/ω^2, $\beta = -\delta(\omega_0^2/\omega^2)$ は，それぞれ $\alpha = 1/4$, $\beta = 12(\Delta l/l_0)$ となる．

また，ブランコの支点から重心までの距離 $l_0 = 3m$，重心の移動振幅 $\Delta l = 0.3m$ とすれば，$\alpha = 1/4$, $\beta = 1.2$ となり，図 5.15 より発振が起こることが説明できる．

5.5 リミットサイクルと安定性

5.5.1 リミットサイクルとは

リミットサイクルをもつものとして有名な方程式は，ファンデルポール方程式[5),6)]とよばれる以下の式である．

$$\frac{d^2x}{d\tau^2} - \varepsilon(1 - x^2)\frac{dx}{d\tau} + x = 0 \qquad (\varepsilon > 0) \tag{5.5.1}$$

この方程式は，さまざまな工学問題で登場するものであるが，その特徴は，初期振幅が小さい間は線形的に振幅が指数関数的に増大するが，振幅が大きくなったときには，成長にブレーキがかかり，十分時間が経過した後は一定振幅の周期的振動に落ち

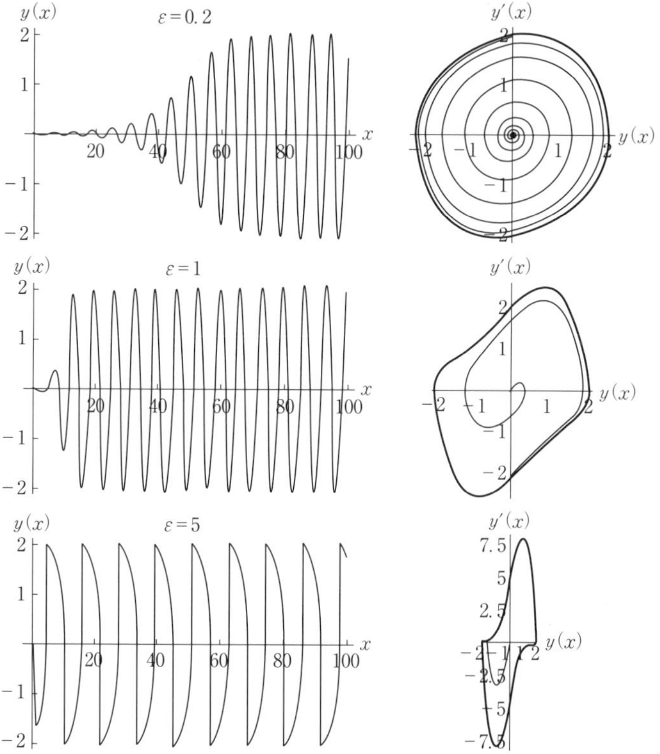

図 5.16 ファンデルポール方程式の時刻歴波形（左）と位相平面プロット（右）

着くというものである．図5.16に，εを変化させて計算した波形を示す．いずれの波形も十分時間が経過すると一定の振幅に収束していく様子がわかる．位相平面上に描かれた収束する閉軌道はリミットサイクルとよばれる．

5.5.2 ファンデルポール方程式への誘導

工学問題をファンデルポール方程式の形に表す例として有名なものに非線形ギャロッピング解析がある．先に，線形の場合のギャロッピングの安定性解析について紹介し，Den Hartogの貢献について述べたがParkinsonは，縦横比が1:1の矩形断面を有する角柱を対象に，速度に比例する項のなかに非線形性を含めてギャロッピングを解析することに成功した．

式（5.2.7）に示すように，流れを受ける物体のy方向の運動は以下のように表される．

$$m_s\ddot{y}+c_s\dot{y}+k_sy=\frac{\rho}{2}D^2UC_y(\alpha) \tag{5.5.2}$$

ここで，右辺の流体力を$\alpha=0$まわりにテイラー展開し，第2項までを採用する

$$C_y(\alpha)=C_y(0)\left.\frac{\mathrm{d}C_y}{\mathrm{d}\alpha}\right|_{\alpha=0}\alpha+\left.\frac{\mathrm{d}^2C_y}{\mathrm{d}\alpha^2}\right|_{\alpha=0}\frac{\alpha^2}{2}+\left.\frac{\mathrm{d}^3C_y}{\mathrm{d}\alpha^3}\right|_{\alpha=0}\frac{\alpha^3}{6} \tag{5.5.3}$$

縦横比が1:1の矩形断面については，2階微係数は0となることが知られており，変動成分に関係する項は，一次と三次の項であることから，以下のように表すことができる．

$$C_y(\alpha)=a_1\alpha-a_3\alpha^3 \tag{5.5.4}$$

ここで，$\alpha=\dot{y}/U$であることから，

$$C_y(\alpha)=a_1\frac{\dot{y}}{U}-a_3\frac{\dot{y}^3}{U^3} \tag{5.5.5}$$

となる．これを式（5.5.2）の右辺に代入し整理すれば，

$$m_s\ddot{y}+\left(C_s-\frac{\rho}{2}DUa_1\right)\dot{y}+\frac{\rho}{2}\cdot\frac{D}{U}a_3\dot{y}^3+k_sy=0 \tag{5.5.6}$$

時間に関する微分をとれば，

$$m_s\dddot{y}-\left\{\left(\frac{1}{2}\rho UDa_1-c_s\right)\ddot{y}-\frac{D}{U}\cdot\frac{3}{2}\rho a_3\dot{y}^2\ddot{y}\right\}+k_s\dot{y}=0 \tag{5.5.7}$$

さらに，$\dot{y}=z$と変数変換すれば，

$$\ddot{z}-\frac{\alpha_1}{m_s}\left(1-3\frac{\alpha_2}{\alpha_1}z^2\right)\dot{z}+\frac{k_s}{m_s}z=0 \tag{5.5.8}$$

ただし，$\alpha_1=(1/2)\rho UDa_1-c_s$，$\alpha_2=(1/2)(D/U)\rho a_3$とおいた．ここで，

$$x=\sqrt{3\frac{\alpha_2}{\alpha_1}}z,\qquad \omega t=\tau,\qquad \omega=\sqrt{\frac{k_s}{m_s}}$$

のように変数変換すると，式（5.5.8）は

$$\frac{\omega^2}{\sqrt{3(\alpha_2/\alpha_1)}}\frac{\mathrm{d}^2x}{\mathrm{d}\tau^2}-\frac{\alpha_1}{m_\mathrm{s}}(1-x^2)\frac{\omega}{\sqrt{3(\alpha_2/\alpha_1)}}\frac{\mathrm{d}x}{\mathrm{d}\tau}+\frac{\omega^2}{\sqrt{3(\alpha_2/\alpha_1)}}x=0 \tag{5.5.9}$$

となる．これより，$\varepsilon=\alpha_1/m_\mathrm{s}$ とおけば，式（5.5.9）は，

$$\frac{\mathrm{d}^2x}{\mathrm{d}\tau^2}-\varepsilon(1-x^2)\frac{\mathrm{d}x}{\mathrm{d}\tau}+x=0 \tag{5.5.10}$$

となる．これはファンデルポール方程式である．次に，リミットサイクルを計算で求める．

式（5.5.10）で記述される振動は，時間とともに成長し，その後，成長は減少し一定振幅に落ち着く．この過程を振動の初生段階と成長段階とに分けて考察する．

a. 振動の初生段階

x が微小のときは，式（5.5.10）は線形化が可能で

$$\frac{\mathrm{d}^2x}{\mathrm{d}\tau^2}-\varepsilon\frac{\mathrm{d}x}{\mathrm{d}\tau}+x=0 \tag{5.5.11}$$

この微分方程式の解は，

$$x=a\exp\left(\frac{\varepsilon t}{2}\right)\cos(t+\alpha) \tag{5.5.12}$$

となる．ただし，a は振幅，α は位相である．

b. 振動の成長段階

振動の周期は $T=2\pi$ であるが，振幅の成長時間を e 倍となるのに必要な時間と考えると，$T'=2/\varepsilon$ という時間も代表時間と考えることができる（注：$T \ll T'$）．

以下では，2 種類以上の代表時間を有する振動問題の解法に用いられる多時間尺度の方法を適用する．t_0, t_1 を以下のように 2 つの time scale にとる．

$$t_0=t, \qquad t_1=\varepsilon t \tag{5.5.13}$$

これを時間で微分して，

$$\frac{\mathrm{d}t_0}{\mathrm{d}t}=1, \qquad \frac{\mathrm{d}t_1}{\mathrm{d}t}=\varepsilon \tag{5.5.14}$$

ここで，x を以下のように ε のべき級数に展開する．

$$x=x_0+\varepsilon x_1+\varepsilon^2x_2+\cdots \tag{5.5.15}$$

ただし x は $x(t_0, t_1)$ であって，導入した時間 t_0, t_1 の関数である．

これより，t に関する 1 階微分と 2 階微分を計算すれば，

$$\frac{\mathrm{d}x}{\mathrm{d}t}=\frac{\mathrm{d}x}{\mathrm{d}t_0}+\varepsilon\frac{\mathrm{d}x}{\mathrm{d}t_1} \tag{5.5.16}$$

$$\frac{\mathrm{d}^2x}{\mathrm{d}t^2}=\frac{\mathrm{d}^2x}{\mathrm{d}t_0^2}+\varepsilon\left(2\frac{\mathrm{d}^2x}{\mathrm{d}t_0\mathrm{d}t_1}\right)+\varepsilon^2\left(\frac{\mathrm{d}^2x}{\mathrm{d}t_1^2}\right) \tag{5.5.17}$$

ファンデルポール方程式（5.5.10）に式（5.5.15）～(5.5.17）を代入して整理すると，

$$\frac{\mathrm{d}^2x_0}{\mathrm{d}t_0^2}+\varepsilon\frac{\mathrm{d}^2x_1}{\mathrm{d}t_0^2}+2\varepsilon\frac{\mathrm{d}^2x_0}{\mathrm{d}t_0\mathrm{d}t_1}-\varepsilon(1-x_0^2)\left(\frac{\mathrm{d}x_0}{\mathrm{d}t_0}+\varepsilon\frac{\mathrm{d}x_0}{\mathrm{d}t_1}\right)+x_0+\varepsilon x_1=0 \tag{5.5.18}$$

これから先は，オーダーごとに整理する．

$$\varepsilon^0 : \frac{\mathrm{d}^2 x_0}{\mathrm{d}t_0^2} + x_0 = 0 \tag{5.5.19}$$

$$\varepsilon^1 : \frac{\mathrm{d}^2 x_1}{\mathrm{d}t_0^2} + 2\frac{\mathrm{d}^2 x_0}{\mathrm{d}t_0 \mathrm{d}t_1} - (1 - x_0^2)\frac{\mathrm{d}x_0}{\mathrm{d}t_0} + x_1 = 0 \tag{5.5.20}$$

これより ε^1 オーダーの方程式は，

$$\frac{\mathrm{d}^2 x_1}{\mathrm{d}t_0^2} + x_1 = -2\frac{\mathrm{d}^2 x_0}{\mathrm{d}t_0 \mathrm{d}t_1} + (1 - x_0^2)\frac{\mathrm{d}x_0}{\mathrm{d}t_0} \tag{5.5.21}$$

解法は摂動法と同様である．ε^0 オーダー解を

$$x_0 = a(t_1)\cos(t_0 + \varphi(t_1)) \tag{5.5.22}$$

とすれば，

$$\frac{\mathrm{d}x_0}{\mathrm{d}t_0} = -a(t_1)\sin(t_0 + \varphi(t_1)) \tag{5.5.23}$$

$$\frac{\mathrm{d}^2 x_0}{\mathrm{d}t_1 \mathrm{d}t_0} = -\frac{\partial a(t_1)}{\partial t_1}\sin(t_0 + \varphi(t_1)) - a(t_1)\cos(t_0 + \varphi(t_1))\frac{\partial \varphi(t_1)}{\partial t_1} \tag{5.5.24}$$

そうすれば，式（5.5.21）の右辺は，

$$\begin{aligned} -2\frac{\mathrm{d}^2 x_0}{\mathrm{d}t_0 \mathrm{d}t_1} + (1 - x_0^2)\frac{\mathrm{d}x_0}{\mathrm{d}t_0} &= 2\frac{\partial a(t_1)}{\partial t_1}\sin(t_0 + \varphi(t_1)) + 2a(t_1)\cos(t_0 + \varphi(t_1))\frac{\partial \varphi(t_1)}{\partial t_1} \\ &\quad -\{1 - a^2(t_1)\cos^2(t_0 + \varphi(t_1))\}a(t_1)\sin(t_0 + \varphi(t_1)) \\ &= \left\{2\frac{\partial a(t_1)}{\partial t_1} - a(t_1)\left(1 - \frac{a^2(t_1)}{4}\right)\right\}\sin(t_0 + \varphi(t_1)) \\ &\quad + 2a(t_1)\cos(t_0 + \varphi(t_1))\frac{\partial \varphi(t_1)}{\partial t_1} + \frac{a^3(t_1)}{4}\sin 3(t_0 + \varphi(t_1)) \end{aligned} \tag{5.5.25}$$

ここで永年項除去の条件から，

$$2\frac{\partial a(t_1)}{\partial t_1} - a(t_1)\left(1 - \frac{a^2(t_1)}{4}\right) = 0 \tag{5.5.26}$$

$$\frac{\partial \varphi(t_1)}{\partial t_1} = 0 \tag{5.5.27}$$

式（5.5.26）の微分方程式を以下のように書き直すと，

$$\frac{\partial a}{a(1 - a^2/4)} = \frac{\partial t_1}{2} \tag{5.5.28}$$

変数分離型の微分方程式であることがわかる．これを解くことで，時間 t_1 に関係する解が以下のように決定できる．

$$a(t_1) = \frac{2}{\sqrt{1 + (4/a_0^2 - 1)e^{-t_1}}} \tag{5.5.29}$$

ただし，a_0 は初期条件から決まる定数である．

したがって，振動の成長過程は，以下のような関数で表される．

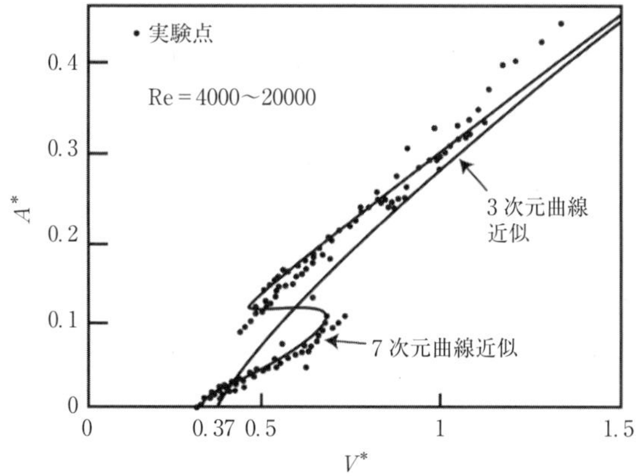

図 5.17 正方形柱のギャロッピング発生時の振動振幅[2)]

$$x(t) = \frac{2}{\sqrt{1+(4/a_0^2-1)e^{-\varepsilon t}}}\cos(t+\varphi) \tag{5.5.30}$$

平均法や摂動法は，リミットサイクル状態の振幅（周期解）を求めることが可能なのに対し，ここで用いた多時間尺度の方法は，振動の初期成長過程から振幅一定の振動に落ち着くまでの過程を表現できる方法であり，リミットサイクルを求めるのに適している．

なお，ここで紹介した縦横比が1:1の矩形断面を有する角柱のギャロッピングの非線形解析事例は3次近似であったが，Parkinson は，7 次近似の計算を実行し，実験結果を説明することに成功している．代表的な結果を図 5.17 に示す．

［**金子成彦**］

文　献

1) 日本機械学会編：事例に学ぶ流体関連振動，第2版，技報堂出版，2008.
2) Blevins, R. D.：*Flow-Induced Vibration*, 2nd ed., Van Nostrand Reinhold, 1990.
3) 井上喜雄ほか：振動の考え方・とらえ方，オーム社，1998.
4) 池田駿介：流体の非線形現象－数理解析とその応用－，朝倉書店，1992.
5) van der Pol, B.：A theory of the amplitude of free and forced triode vibrations, *Radio Review*, **1**(1920), 701-710, 754-762.
6) van der Pol, B.：Forced oscillations in a circuit with non-linear resistance (reception with reactive triode), The London, Edinburgh, and Dublin Philosophical Magazine and Journal of Science Ser. 7, 3, 65-80, 1927.

6. Modeling and Analysis of Stochastic Vibration of Structures

The theory of random vibration of structural systems is a combination of applied dynamics, probability theory, and stochastic calculus. Applied dynamics involves the derivation of the equations of motion using one of the standard techniques such as Newton's second law, Lagrange's equation, or Hamilton's principle. Probability theory provides the means of describing random processes in terms of statistical parameters and probability functions. Stochastic calculus constitutes the rules under which operations such as differentiation and integration of statistical parameters are performed. For some stochastic processes, these rules are different from those used in ordinary calculus (Ibrahim, 1985).

The excitation acting on mechanical systems can be represented by a *random signal* in time (and possibly in space). The response of these systems is another random signal that is mainly governed by the nature of the random excitation and the system mechanical properties. In that sense, the structure is acting as band-limited filter. A random time history is an irregular time waveform that can be characterized in some probabilistic manner. The instantaneous values of the response are *random variables* governed by a probability distribution describing the relative likelihood of their possible value. Each time history record is called a realization and the collection of all possible records is known as the ensemble of the *random process* (the random function). For a chosen value of time the values of the response across the ensemble constitute a set of continuous random variables. If the system properties such as mass, damping, or stiffness are represented by *random variables* the response is a random process even the excitation is periodic. As mentioned earlier, under random excitation, the analytical tools used to describe the response statistics are different from those used in the deterministic vibration theory. The sources of random excitation are numerous and the following is list of possible sources:

- Road roughness, which affect ride comfort and safety of passengers and equipment.
- Random pressure loads from turbulent boundary layers acting on aerospace structures.
- Irregular combustion in rockets and jet airplanes.
- Irregular tool cutting in machining.
- Irregular sea waves acting on ships and off-shore structures.
- Random wind profile and ground motions acting on buildings and structures.
- Random variation of fluid flow in pipes conveying fluid causing dynamic instability.
- Kinetic friction in sliding surfaces varies randomly due to the generation and ploughing surface asperities.

6. 構造物の不規則振動のモデル化と解析

構造物系の不規則振動理論は応用動力学,確率理論と統計計算の組み合わせである.応用動力学にはニュートンの第二法則,ラグランジュの方程式あるいはハミルトンの原理のような標準的な手法のひとつを用いた運動方程式の導出が含まれる.確率理論によって統計パラメータや確率関数に関する不規則過程を記述できる.統計計算は,統計パラメータの微分や積分のような計算をするうえでのルールを構成する.いくつかの確率過程に対して,これらのルールは通常の計算に使われるものと異なる[1)].

機械系に作用する入力は時間に関する(空間でもよい)不規則信号で表される.機械系の応答は,入力とは別の不規則信号であり主に不規則入力の性質と系の機械的特性に支配される.この意味で,構造物は帯域制限フィルターとして作用している.不規則時刻歴は,ある確率論的な法則で特徴づけることができる不規則な波形となる.応答の瞬間的な値は不規則変数であり,それらのとりうる値の相対的な起こりやすさを記述する確率密度に支配される.それぞれの時刻歴はサンプルとよばれ,起こりうるすべての記録は不規則過程(不規則関数)の母集団として知られている.ある時刻に対して,母集団を横切る応答の値は連続不規則変数のひとつの組み合わせを構成する.質量,減衰,剛性のような系の特性が不規則変数で表されるならば,入力が周期的であっても応答は不規則過程となる.はじめに述べたように,不規則入力のもとで,応答の統計量を記述するために用いられる解析ツールは確定論的な振動理論で用いられるものと異なる.不規則入力の発生源は多く,以下に考えられるリストを示す.

① 道路の粗さ:乗り心地や乗客や機器の安全性に影響する
② 航空宇宙構造物に作用する乱流境界層からの不規則圧力荷重
③ ロケットやジェット機の不均一な燃焼
④ 機械加工における不均一な切削
⑤ 船舶や海洋構造物に作用する不均一な波浪
⑥ 建物や構造物に作用する不規則な風の分布や地震動
⑦ 動的不安定による流体輸送配管における流れの不規則変動
⑧ すべり面の動的な摩擦は表面の粗さの発生と消滅のために不規則に変化する

不規則振動が機械要素の設計に及ぼす影響は微小な振動の線形理論の枠組みに入るものと考えられてきた.しかしながら,いくつかの重要な場合においてこの理論は不適当であり,実験で測定されてきた複雑な応答特性を予測することができなかった.これらは非線形解析によってのみ予測することができる.厳しい環境条件にさらされ

The influence of random vibration on the design of mechanical components has been considered within the framework of the linear theory of small oscillations. However, in some important cases this theory is inadequate and fails to predict some complex response characteristics that have been observed experimentally and which can only be predicted by nonlinear analyses. The nonlinear random vibration of mechanical components subjected to severe environmental conditions is one of the serious and difficult problems facing designers and reliability engineers. This problem mainly deals with the stochastic stability/bifurcation, response statistics and reliability of mechanical systems. The stochastic stability analysis of an equilibrium position is usually carried out on the basis of a linearized approximation to the equations of motion. If the equilibrium position is unstable in a stochastic sense, the linearized equations do not provide a unique bounded solution. On the other hand, if the system's inherent nonlinearities are included in the mathematical modeling, the solution trajectories, which emanate from an unstable equilibrium, end up in bounded limit cycles. Moreover, the nonlinear modeling also allows the designer to predict a wide range of complex response characteristics such as multiple solutions, jump phenomenon, internal resonance, on-off intermittency, and chaotic motion. These phenomena have a direct effect on the reliability and safe operation of mechanical equipment. Accordingly, the designer has to estimate the reliability of nonlinear systems subjected to Gaussian/non-Gaussian random excitations.

This Chapter deals with the analytical modeling and response analysis of structural systems subjected to random excitation or structures with parameter uncertainties. The analytical modeling begins with the methodologies used in developing the governing equations of motion and the stochastic description of the random driving forces. Some analytical techniques for solving linear and nonlinear systems are outlined. These include the Fokker-Planck-Kolmogorov (FPK) equation and closure schemes of response statistical moments. Applications of these techniques are demonstrated for systems with stiffness and inertia nonlinearities. The applications are extended to cover multi-mode systems. The design of mechanical systems with parameter uncertainties in mass, stiffness and damping matrices coefficients is introduced with an application to aerospace structures. Other issues related to design include design optimization, sensitivity analysis, and structural safety in the first-passage problem.

6.1 Analytical Modeling

The system nonlinearity can be the result of several factors including the geometry, boundary conditions, and material characteristics. The geometry and boundary conditions can result in inertia and stiffness nonlinearities. For example, in a clamped-clamped beam the nonlinearity is governed by mid-plane stretching, while for a cantilever beam the nonlinearity can include inertia and curvature depending on the mode in question. These structures are usually described by the boundary-value problem which constitutes partial differential equations and the inherent boundary conditions. Hamilton's principle is a poweful tool in developing the boundary value statement in one formulation. Usually the boundary value problem can take the general form

$$L(w(z, \xi_0(t), t)) = U(z, t), \quad + \text{Boundary Conditions} \tag{6.1.1}$$

る機械要素の非線形不規則振動は設計者や信頼性技術者が直面している重要で困難な問題のひとつである．この問題では主に統計的安定性/分岐，応答の統計量や機械系の信頼性を扱う．通常は運動方程式に対する線形化近似を基礎として釣合い位置の統計的安定解析がなされる．釣合い位置が統計的な意味で不安定ならば，線形化された式は一意的で有界である解を与えない．一方，系の固有な非線形性が数学モデル化に含まれれば，不安定な釣合いから発した解軌跡は制限されたリミットサイクルに帰着する．さらに，非線形モデル化にとってまた設計者が多重解，跳躍現象，内部共振，オンオフ間欠性やカオス運動のような広い範囲の複雑な応答特性を予測することができる．これらの現象は機械装置の信頼性や安全操作に直接影響を及ぼす．そのために，設計者は正規，非正規不規則入力を受ける非線形系の信頼性を推定しなければならない．

本章では，解析モデル化および不規則入力を受ける構造系あるいはパラメータの不確定性のある構造物の応答解析を扱う．解析モデル化は支配運動方程式および不規則励振力の統計的な記述を展開することに使われる方法論から始まる．線形系および非線形系を解くための解析法を概説する．解析法には，フォッカー-プランク-コルモゴロフ（FPK）の式および応答の統計的モーメントの打切り法が含まれる．剛性および慣性の非線形性をもつ系に対してこれらの方法の応用を示した．さらに，多モード系に用いるように拡張された．質量，剛性，減衰行列の係数にパラメータの不確定性がある機械系の設計は航空構造物への応用とともに導入された．設計に関するほかの問題には設計最適化，感度解析および初通過問題における構造安全性問題がある．

6.1 解析モデル化

系の非線形性は幾何学形状，境界条件や材料特性を含むいくつかの要因の結果である．幾何学形状と境界条件は慣性と剛性の非線形性となる．例えば，両端固定梁では非線形性は中央部の平面の引張りに支配され，片持梁に対して，非線形性は問題となるモードに依存した慣性と曲率を含んでいる．これらの構造物は通常，偏微分方程式と境界条件によって構成される境界値問題によって記述される．ハミルトンの原理は1つの公式で境界値問題の計算を展開することができる強力なツールである．通常の境界値問題は次のような一般的な形式をとる．

$$L\{w(z, \xi_0(t), t)\} = U(z, t), \quad +\text{境界条件} \tag{6.1.1}$$

ここで，L は線形/非線形演算子，$w(z, t)$ は変形であり，空間座標 z および時間 t の関数である．ξ_0 は系へのパラメトリック入力，$U(z, t)$ は不規則場入力を表す．統計的入力に対する非線形応答の評価のための手法を展開するために，非線形偏微分方程式の近似解は次のように $w(z, t)$ を有限個の固有関数に展開することによって得られる．

where L is a linear/nonlinear operator, $w(z, t)$ is the deflection which is a function of the space coordinate z and the time t, $\xi_0\ (t)$ is a parametric excitation to the system, and $U(z, t)$ is a random field excitation. To develop methods for evaluating the nonlinear response to a stochastic excitation, an approximate solution of the nonlinear partial differential equation can be obtained by expanding $w(z, t)$ in terms of a finite number of eigenfunctions

$$w(z, t) = \sum_{j=1}^{n} \phi_i(z) q_j(t) \tag{6.1.2}$$

where $\phi_j(z)$ are the linear free-vibration mode shapes, and $q_j(t)$ are the corresponding generalized coordinates. The random excitation field $U(z, t)$ can also be expanded in terms of the mode shapes

$$U(z, t) = \sum_{j=1}^{n} \phi_i(z) \xi_j(t) \tag{6.1.3}$$

where $\xi_j(t)$ is the generalized force associated with mode j.
Introducing relations (6.1.2) and (6.1.3) into equation (6.1.1) and applying Galerkin's method (Kantorovich and Krylov, 1958) results in a set of nonlinear ordinary differential equations of the general form

$$\{\ddot{q}\} + [C(t)]\{\dot{q}\} + [[K] + [\xi_0(t)]]\{q\} + \{\Psi(q, \dot{q}, \xi(t))\} = [\bar{K}]\{\xi(t)\} \tag{6.1.4}$$

where $[C(t)]$ and $[K]$ are the linear damping and stiffness matrix coefficients, respectively $[\xi_0(t)]$ represents the parametric random component matrix, and the vector $\{\Psi(q, \dot{q}, \xi(t))\}$ includes all nonlinear terms due to material and structural nonlinearities. $[\bar{K}]$ is a constant matrix coefficient associated with the external random excitation vector $\{\xi(t)\}$.

Note that expansions (6.1.2) and (6.1.3) converge when the number of terms is large enough to represent the dynamic characteristics of the structure. However, for nonlinear modal interaction between few modes, e. g., two or three modes, where the excitation bandwidth is concentrated about one of these modes, the mathematical modeling may be developed only for these few modes. This approximation is only used for predicting and understanding complex nonlinear phenomena. If the excitation is wide band and the nonlinear interaction does not take place in complex structures, then the designer may use one of the commercial finite element codes to estimate response statistics.

In problems concerning structure failure, one of the most important questions is whether the response to a random perturbation remains bounded for all time. In this case, and particularly under parametric random excitation, the question that may arise is whether the equilibrium solutions, if they exist, are asymptotically stable. The method of stochastic Liapunov functions has been proven to be effective for stochastic ordinary differential equations (ODE's). Stochastic stability can be examined in terms of one of the stochastic modes of convergence such as mean-square stability and almost sure stability (see, e. g., Ibrahim, 1985). Mathematicians (Arnold and Wihstutz, 1986) established a measure of the exponential growth of the response known as the Liapunov exponent. Unfortunately, Liapunov exponents are only estimated for linear stochastic differential equations.

$$w(z, t)=\sum_{j=1}^{n}\phi_i(z)q_j(t) \qquad (6.1.2)$$

ここで，$\phi_j(z)$ は線形自由振動モードであり，$q_j(t)$ は対応する一般化座標である．不規則入力場 $U(z, t)$ もモードに関して展開することができる．

$$U(z, t)=\sum_{j=1}^{n}\phi_i(z)\xi_j(t) \qquad (6.1.3)$$

ここで，$\xi_j(t)$ はモード j に関する一般化力である．

式（6.1.2）および式（6.1.3）の関係を式（6.1.1）に導入し，ガラーキン法[2]を適用すると，1組の一般形式の非線形常微分方程式が得られる．

$$\{\ddot{q}\}+[C(t)]\{\dot{q}\}+[[K]+[\xi_0(t)]]\{q\}+\{\Psi(q, \dot{q}, \xi(t))\}=[\bar{K}]\{\xi(t)\} \qquad (6.1.4)$$

ここで，$[C(t)]$ および $[K]$ はそれぞれ線形減衰および剛性行列係数，$[\xi_0(t)]$ はパラメトリック不規則要素行列，ベクトル $\{\Psi(q, \dot{q}, \xi(t))\}$ は材料および構造非線形性によるすべての非線形項を含む．$[\bar{K}]$ は不規則入力 $\{\xi(t)\}$ に関する定数行列係数を表す．

式（6.1.2）および式（6.1.3）は，構造物の動特性を表すために十分な項があれば収束することに注意せよ．しかしながら，数個のモード間（例えば2つか3つのモード）の非線形モード相関に対して，入力の帯域幅がこれらのモードのひとつに集中している場合は，数学モデル化においてこれらの数項に対してのみ展開すればよい．この近似は複雑な非線形現象を予測し，理解するためにのみ用いられる．入力が広帯域で複雑な構造物で非線形相関が生じなければ，設計者は応答の統計量を推定するために市販の有限要素コードのひとつを使うことができる．

構造物の損傷に関する問題で，不規則変動がすべての時間に対して制限されているかどうかが最も重要な問題である．この場合および特にパラメトリック不規則入力のもとで起こりうる問題は，釣合い解（存在すれば）が漸近安定かどうかということである．統計的リアプノフ関数は確率常微分方程式に有効であることが証明されている．統計的安定性は二乗平均の安定性およびほぼ確実な安定性（例えば文献1）のような統計的モードのひとつの収束に関して検討することができる．数学者たち[3]はリアプノフ指数として知られている応答の指数関数的成長の測定を確立した．リアプノフ指数は線形確率微分方程式に対してのみ推定することができる．

6.2 解　　析　　法

過去50年間に非線形系の応答特性を把握するための多くの方法が開発されてきた．それらを以下に示す．

① FPK の式[4]または伊藤型[5]の統計計算を基にしたマルコフ法
② 正規および非正規打切り法[1]
③ 統計的平均法[6),7]
④ Caughey[8]やほかの研究者によって開発された等価線形化法[9]

6.2 Methods of Analysis

During the past fifty years a number of techniques have been developed to investigate the response properties of nonlinear systems. These techniques include: i) Markov methods based on the FPK equation or the Itô stochastic calculus, ii) Gaussian and non-Gaussian closure schemes (Ibrahim, 1985), iii) stochastic averaging methods (Roberts and Spanos, 1990; and Red-Horse and Spanos, 1992), iv) equivalent linearization methods developed originally by Caughey (1963) and by others (see Spanos, 1981), v) perturbation techniques (Crandall, 1963), vi) Volterra-Wiener functional expansion (Schetzen, 1980), vii) finite element methods, and viii) Monte Carlo simulation. These approaches have been applied to dynamic systems with various forms of nonlinearities. However, there can be no general rule about the suitability of any method for a particular nonlinear system. The first three methods have been extensively used in random parametric vibration problems and systems involving nonlinear coupling with internal resonance.

When the excitation is modeled by a white noise process, the response of the system constitutes a Markov process and the response transition probability density function is governed by the system FPK equation. The solution of the FPK equation has been obtained for a limited class of dynamical systems. In general, the derivation of the exact solution for the response probability density function of nonlinear systems is not a simple task. Ilin and Khasminskii (1964) and Kushner (1969) developed approximate techniques based on successive solutions of the system FPK equation. The FPK equation is split into a linear zero-order and a higher-order part containing the system nonlinearity. An iterative scheme is then established based on the fundamental solution. Caughey (1971, 1986) obtained closed form stationary solutions of some special cases of first- and second-order systems. Caughey and Ma (1982, 1983) constructed the stationary solution of a class of nonlinear oscillators subjected to white noise excitation. Under the assumptions that the system satisfies both Lipschitz and growth conditions a well behaved unique solution of the stationary FPK equation can be obtained. Additional necessary but not sufficient assumptions require that the potential energy and the system Hamiltonian possess continuous second-order derivatives. Caughey and Ma also indicated that if the probability density of a system is obtained, it may be possible to obtain the approximate non-stationary response by using perturbation techniques. The work of Caughey motivated others (Dimentberg, 1982; Yong and Lin 1987; Lin and Cai, 1988; Cai and Lin, 1988; Soize, 1991; and Moshchuk and Sinitsyn, 1991) to derive the stationary solution of dynamical systems described by a set of Itô equations with invariant measure (e.g. probability density). Lin and Cai (1988) split the drift and diffusion coefficients, in the FPK equation, into the circularity and potential probability flows, respectively. Soize (1991) and Moshchuk and Sinitsyn (1991) represented the system by a combination of Hamiltonian and non-Hamiltonian parts, such that the dissipation energy is proportional to the excitation energy. Di Paola and Falsone (1993) analyzed the random response of nonlinear systems driven by non-Gaussian delta-correlated processes. Musculino (1993) has reviewed the main results of the response of linear and nonlinear structural systems subjected to Gaussian and non-Gaussian filtered excitations. The

⑤ 摂動法[10)]

⑥ ボルテラ・ウイナー関数展開[11)]

⑦ 有限要素法

⑧ モンテカルロシミュレーション

これらの方法はさまざまな種類の非線形性をもつ動的システムに応用されてきた．しかしながら，ある特定の非線形系に対する方法の適切さについての一般的なルールはない．最初の3つの方法は，不規則パラメトリック振動問題や内部共振をもつ非線形連成をもつ系に広く使われている．入力が白色雑音過程でモデル化されているときに，系の応答はマルコフ過程で構成され，応答遷移確率密度関数は系のFPKの式に支配される．FPKの式の解は限られたクラスの動的システムに対して得られてきた．一般に，非線形系の応答確率密度関数の厳密解の導出は容易なことではない．Ilin と Khas'miniskii[12)] および Kushner[13)] は系のFPKの式の連続する解に基づく近似解法を開発した．FPKの式は線形0次の部と系の非線形性を含む高次部に分けられる．そこで，基本解をもとにした繰り返し法が確立された．Caughey[14),15)] は一次および二次系の特別な場合について解析的な定常解を求めた．Caughey と Ma[16),17)] は白色雑音入力を受ける非線形振動系の定常解を得た．系がリプシッツ条件と成長の条件を満足する条件のもとで，定常FPKの式の滑らかで一意的な解が得られる．付加的な必要であるが十分でない仮定はポテンシャルエネルギーと系のハミルトン過程が連続な2階微分をもつことを要求する．Caughey と Ma はまた系の定常密度が得られるならば摂動法を用いて近似的な非定常応答が得られることを指摘している．Caughey の研究はほかの研究者[18)-23)] が不変量（例えば確率密度）をもつ1組の伊藤型の式によって記述された動的システムの定常解を導く動機となった．Lin と Cai[20)] は FPK の式でドリフト係数と拡散係数をそれぞれ円形流れとポテンシャル確率流れに分けた．Soize[22)]，Moshchuk と Sinitsyn[23)] は系を吸収エネルギーが入力エネルギーに比例するように，ハミルトン部と非ハミルトン部の組み合わせで表した．Di Paola と Falsone[24)] は非正規デルタ相関過程で駆動される非線形系の不規則応答を解析した．Musculino[25)] は正規および非正規非白色入力を受ける線形と非線形系のおもな結果を調査した．次の2つの項で厳密解と近似解の特別な場合を示す．

不規則振動理論は工学的設計問題への応用において多くの困難さと議論に遭遇し，発展してきた．これらの困難さは，

① 不規則入力が白色雑音過程で近似されているときに，統計計算のルールは通常の計算のルールと異なる．例えば，関数 $B(t)$ が通常の滑らかな関数ならば，次の通常のルールに従う．

$$\left.\begin{aligned} & \mathrm{d}B^2(t) = 2B(t)\,\mathrm{d}B(t) \\ & \int_a^b B(t)\,\mathrm{d}B(t) = \frac{1}{2}[B^2(b) - B^2(a)] \end{aligned}\right\} \qquad (6.2.1)$$

一方，$B(t)$ がブラウン運動であれば，独立な増分で特徴づけられ，連続な解

next two subsections provide special cases for exact and approximate solutions.

The development of the theory of random vibration has encountered a number of difficulties and controversies in its applications to engineering design problems. These difficulties include:

1. When the random excitation is approximated by a white noise process, the rules of stochastic calculus are not the same as the rules of ordinary calculus. For example, if the function $B(t)$ is treated as an ordinary well behaved function, it obeys the following "*ordinary*" rules

$$\begin{cases} dB^2(t) = 2B(t)\,dB(t) \\ \int_a^b B(t)\,dB(t) = \frac{1}{2}[B^2(b) - B^2(a)] \end{cases} \tag{6.2.1}$$

On the other hand, if $B(t)$ is a Brownian motion, which is characterized by independent increments and cannot be defined as a continuous analytic function, it will possess the following "*stochastic*" rules

$$\begin{cases} dB^2(t) = 2B(t)\,dB(t) + \sigma^2 dt \\ \int_a^b B(t)\,dB(t) = \frac{1}{2}[B^2(b) - B^2(a)] - \frac{1}{2}\sigma^2(b-a) \end{cases} \tag{6.2.2}$$

where σ^2 is a constant positive parameter.
The observed difference between the ordinary and stochastic rules is mainly due to the fact that the Brownian motion is not differentiable in the mean square sense, as it possesses continuous sample functions with unbounded variations, i. e.

$$\begin{cases} E[\{\Delta B(t_i)\}^2] = \sigma^2 \Delta t_i \quad \Delta t_i = |t_{i+1} - t_i| \\ \lim_{\Delta t \to \infty} E\left[\left\{\frac{B(t+\Delta t) - B(t)}{\Delta t}\right\}^2\right] = \infty \end{cases} \tag{6.2.3}$$

Accordingly, the white noise $W(t)$ is defined as the "formal" or the ordinary derivative of the Brownian motion process, i. e. $W(t) = dB(t)/dt$. A comprehensive engineering treatment of the stochastic calculus supported by numerous examples has been documented by Di Paola (1993).

2. The response of nonlinear systems to Gaussian excitation is non-Gaussian. This property results in problems of infinite coupling of response moment equations and in obtaining a closed-form solution of the probability density function. Closure schemes of the infinite coupled moment equations have been developed (see Ibrahim, 1985). However, in applying these closure techniques, precaution should be taken for preserving the moment properties and satisfying Schwartz's inequality.

3. The Fokker-Planck-Kolmogorov (FPK) equations of two identical systems in which one is excited by a physical white noise and the other is excited by a mathematical white noise are different if the excitation appears at the next-to-the-highest derivative (Gray and Caughey, 1965).

4. Numerical simulations and experimental results reveal new phenomena such as the widening effect associated with a shift of the response spectra as the excitation level increases (Mei and Wentz, 1982; Reinhall and Miles, 1989; Moyer, 1988; and Ibrahim et al., 1993), and on-off intermittency near the bifurcation point of parametrically excited systems (Ibrahim and Heinrich, 1988).

析関数で定義することができない．次のような統計的なルールをもつ．

$$\left.\begin{aligned} &\mathrm{d}B^2(t)=2B(t)\,\mathrm{d}B(t)+\sigma^2\mathrm{d}t \\ &\int_a^b B(t)\,\mathrm{d}B(t)=\frac{1}{2}[B^2(b)-B^2(a)]-\frac{1}{2}\sigma^2(b-a) \end{aligned}\right\} \qquad (6.2.2)$$

ここで，σ^2 は一定で正のパラメータである．

通常のルールと統計的なルールの間のこのような違いはおもにブラウン運動が次のような無限の変動をもつ連続的なサンプル関数をもつために，二乗平均の意味で微分不可能であるという事実による．

$$\left.\begin{aligned} &E[\{\Delta B(t_i)\}^2]=\sigma^2\Delta t_i \quad (\Delta t_i=|t_{i+1}-t_i|) \\ &\lim_{\Delta t\to\infty}E\left[\left\{\frac{B(t+\Delta t)-B(t)}{\Delta t}\right\}^2\right]=\infty \end{aligned}\right\} \qquad (6.2.3)$$

したがって，白色雑音 $W(t)$ はブラウン運動過程の“形式的な”あるいは通常の微分として定義される．すなわち，$W(t)=\mathrm{d}B(t)/\mathrm{d}t$ である．多くの例によって支持されている統計的計算の広い工学的な扱いは Di Paola[26] によって実証された．

② 正規入力を受ける非線形系の応答は非正規である．この特性によって，応答のモーメント方程式の無限連成の問題と確率密度関数の解析解を得ることになる無限に連成したモーメント方程式の打切り法が開発された[1]．しかしながら，これらの打切り法を適用するにあたって，モーメントの特性を残し，シュワルツの不等式を満足するように，注意が必要である．

③ 物理的な白色雑音と数学的な白色雑音入力を受ける 2 つの同じ系の FPK の式は，入力が最も高次の微分の近くに現れるならば，異なる[27]．

④ 数値シミュレーションおよび実験結果によって入力レベルが大きくなるにつれて，応答スペクトルがシフトすることによる拡幅効果[28)-31]，パラメトリック励振系の分岐点付近のオンオフ間欠性[32] のような新しい現象が示された．

6.2.1 フォッカー・プランク・コルモゴロフの式の厳密解

次のような二次非線形微分方程式で表される非線形系の確率密度関数に対する定常解が存在する．

$$\frac{\mathrm{d}^2q}{\mathrm{d}t^2}+\zeta\frac{\mathrm{d}q}{\mathrm{d}t}+\frac{\mathrm{d}\Pi(q)}{\mathrm{d}q}=\sigma\frac{\mathrm{d}B(t)}{\mathrm{d}t} \qquad (6.2.4)$$

ここで，q は系の応答座標，$\Pi(q)$ は傾きが復元力を与える非線形で滑らかな関数，ζ は減衰パラメータを表す．このタイプの非線形性は両端固定はりや吊ケーブルのような多くの構造要素にみられる．系（6.2.4）の FPK の式の定常解は，

$$p(q,\dot{q})=\frac{p_0}{\sqrt{2\pi D}}\exp\left\{-\frac{1}{D}[\Pi(q)]+\frac{1}{2}\dot{q}^2\right\} \qquad (6.2.5)$$

ここで，$D=\sigma^2/2\zeta$，ドットは時間 t に関する微分，p_0 は次のような正規化定数を表す．

6.2.1 Exact Solution of the Fokker-Planck-Kolmogorov Equation

i. There exists a stationary solution for the probability density function of nonlinear systems described by the second-order nonlinear differential equation:

$$\frac{d^2 q}{dt^2}+\zeta\frac{dq}{dt}+\frac{d\Pi(q)}{dq}=\sigma\frac{dB(t)}{dt} \tag{6.2.4}$$

where q is the system response coordinate, $\Pi(q)$ is a nonlinear smooth function whose gradient gives the restoring force and ζ is the damping parameter. This type of nonlinearity is encountered in many structural elements such as clamped-clamped beams and suspended cables. The stationary solution of the FPK equation of system (6.2.4) is

$$p(q,\dot{q})=\frac{p_0}{\sqrt{2\pi D}}\exp\left\{-\frac{1}{D}\left[\Pi(q)+\frac{1}{2}\dot{q}^2\right]\right\} \tag{6.2.5}$$

where $D=\sigma^2/2\zeta$, dot denotes differentiation with respect to time t, and p_0 is the normalized constant defined by

$$p_0=\frac{1}{\int_{-\infty}^{\infty}\exp\{-D^{-1}[\Pi(q)]\}dq} \tag{6.2.6}$$

ii. For nonlinear systems described by the Hamiltonian $H(\boldsymbol{q},\boldsymbol{h})$, where $\boldsymbol{q}$ and $\boldsymbol{h}$ are the generalized displacements and momenta of the system, respectively, the equations of motion are

$$\dot{q}_i=\frac{\partial H}{\partial h_i},\qquad \dot{h}_i=-\frac{\partial H}{\partial q_i}+F_{n,c}(\boldsymbol{q},\boldsymbol{h},W(t)) \tag{6.2.7}$$

where $F_{n,c}$ stands for nonconservative forces and $W(t)$ is a white noise process. For simplicity $F_{n,c}$ is taken in the form:

$$F_{n,c}=-c\frac{\partial H}{\partial h_i}+W(t) \tag{6.2.8}$$

where c is the viscous damping coefficient. It is also assumed that the excitation level is proportional to the damping force. Equations (6.2.7) can be written in terms of the Stratonovich differential equation

$$d\begin{Bmatrix}\boldsymbol{q}\\ \boldsymbol{h}\end{Bmatrix}=f(\boldsymbol{q},\boldsymbol{h})dt+\boldsymbol{G}d\boldsymbol{B}(t) \tag{6.2.9}$$

where the white noise is replaced by the formal derivative of the Brownian motion process $B(t)$, i.e. $W(t)=\sqrt{2D}dB(t)/dt$, $\sqrt{2D}$ is the mean square root of the excitation such that $B(t)$ has a unit variance, and

$$f(\boldsymbol{q},\boldsymbol{b})=\begin{Bmatrix}\left\{\dfrac{\partial H}{\partial h}\right\}\\ -\left\{\dfrac{\partial H}{\partial h}\right\}-c[S]\left\{\dfrac{\partial H}{\partial h}\right\}\end{Bmatrix},\quad \boldsymbol{S}=\begin{bmatrix}0&0\\0&1\end{bmatrix},\quad \boldsymbol{G}=\begin{bmatrix}\boldsymbol{0}&\boldsymbol{0}\\ \boldsymbol{0}&\boldsymbol{g}\end{bmatrix} \tag{6.2.10}$$

The diffusion matrix $[\sigma]$ takes the form

$$\boldsymbol{\sigma}=\begin{bmatrix}\boldsymbol{0}&\boldsymbol{0}\\ \boldsymbol{0}&2D\boldsymbol{S}\end{bmatrix} \tag{6.2.11}$$

It is assumed that the stochastic differential equations (6.2.9) possess a unique solution $\boldsymbol{q}$, $\boldsymbol{h}$, which constitutes a diffusive Markov process. In this case the transition probability density function $p(\boldsymbol{q},\boldsymbol{h},t)$ is governed by the FPK equation

$$\frac{\partial p(\boldsymbol{q},\boldsymbol{h},t)}{\partial t}=-\sum_{i=1}^{n}\left\{\frac{\partial(f_i p)}{\partial q_i}+\frac{\partial(f_i p)}{\partial h_i}\right\}+\frac{1}{2}\sum_{j=1}^{n}\sum_{i=1}^{n}\frac{\partial^2([\sigma]_{ji}p)}{\partial h_j\partial h_i} \tag{6.2.12}$$

The stationary solution, $p_s(H)$, of this equation is obtained by setting the left-hand side to zero. The solution is given by the Gibbs distribution:

$$p_0=\frac{1}{\int_{-\infty}^{\infty}\exp\{-D^{-1}[\Pi(q)]\}\mathrm{d}q} \tag{6.2.6}$$

ハミルトン演算子 $H(\boldsymbol{q}, \boldsymbol{h})$ で表される（ここで $\boldsymbol{q}$ および $\boldsymbol{h}$ はそれぞれ一般化変位および系のモーメントを表す）非線形系に対して，運動方程式は，

$$\dot{q}_i=\frac{\partial H}{\partial h_i},\quad \dot{h}_i=-\frac{\partial H}{\partial q_i}+F_{n,c}(\boldsymbol{q}, \boldsymbol{h}, W(t)) \tag{6.2.7}$$

ここで，$F_{n,c}$ は非保存力，$W(t)$ は白色雑音過程を表す．簡単のため，$F_{n,c}$ を次の形式で表す．

$$F_{n,c}=-c\frac{\partial H}{\partial h_i}+W(t) \tag{6.2.8}$$

ここで，c は粘性弾性係数を表す．また，入力レベルは減衰力に比例するものと仮定する．式（6.2.7）はストラトノビッチ微分方程式に関して記述することができる．

$$\mathrm{d}\begin{bmatrix}\boldsymbol{q}\\ \boldsymbol{h}\end{bmatrix}=f(\boldsymbol{q}, \boldsymbol{h})\mathrm{d}t+\boldsymbol{G}\mathrm{d}\boldsymbol{B}(t) \tag{6.2.9}$$

ここで，白色雑音をブラウン運動過程の形式的な微分で置き換える．すなわち，$W(t)=\sqrt{2D}\,\mathrm{d}B(t)/\mathrm{d}t$ であり，$\sqrt{2D}$ は $B(t)$ が単位分散をもつような入力の二乗平均平方根である．そして，

$$\{f(\boldsymbol{q}, \boldsymbol{b})\}=\begin{Bmatrix}\left\{\dfrac{\partial H}{\partial h}\right\}\\ -\left\{\dfrac{\partial H}{\partial h}\right\}-c[S]\left\{\dfrac{\partial H}{\partial h}\right\}\end{Bmatrix},\quad \boldsymbol{S}=\begin{bmatrix}0 & 0\\ 0 & 1\end{bmatrix},\quad \boldsymbol{G}=\begin{bmatrix}\boldsymbol{0} & \boldsymbol{0}\\ \boldsymbol{0} & \boldsymbol{g}\end{bmatrix} \tag{6.2.10}$$

拡散行列［σ］は次の形式になる．

$$\boldsymbol{\sigma}=\begin{bmatrix}\boldsymbol{0} & \boldsymbol{0}\\ \boldsymbol{0} & 2D\boldsymbol{S}\end{bmatrix} \tag{6.2.11}$$

確率微分方程式（6.2.9）が拡散マルコフ過程を構成する一意的な解 $\boldsymbol{q}, \boldsymbol{h}$ をもつと仮定する．この場合に，遷移確率密度関数 $p(\boldsymbol{q}, \boldsymbol{h}, t)$ が次の FPK の式に支配される．

$$\frac{\partial p(q, h, t)}{\partial t}=-\sum_{i=1}^{n}\left\{\frac{\partial(f_i p)}{\partial q_i}+\frac{\partial(f_i p)}{\partial h_i}\right\}+\frac{1}{2}\sum_{j=1}^{n}\sum_{i=1}^{n}\frac{\partial^2([\sigma]_{ji}p)}{\partial h_j\partial h_i} \tag{6.2.12}$$

この式の定常解 $p_s(H)$ は左辺を 0 とおくことによって得られる．解はギブス分布によって与えられる．

$$p_s(H)=p^*e^{-\frac{c}{D}H} \tag{6.2.13}$$

ここで，p^* は正の実数定数であり，正規化条件から決定される．

$$1=\int_0^{\infty}p^*\{e^{-\frac{c}{D}H}\}\mathrm{d}H \tag{6.2.14}$$

応答座標の K 番目のモーメントは

$$E[q_1^{k_1}, \cdots, h_n^{k_{2n}}]=\int_{-\infty}^{\infty}\cdots\int_{-\infty}^{\infty}(q_1^{k_1}, \cdots, h_n^{k_{2n}})p^*e^{-\frac{c}{D}H(q,h)}\mathrm{d}q_1\cdots\mathrm{d}q_n\mathrm{d}h_1\cdots\mathrm{d}h_n \tag{6.2.15}$$

$$p_s(H) = p^* e^{-\frac{c}{D}H} \tag{6.2.13}$$

where p^* is a positive real constant determined from the normalized condition

$$1 = \int_0^\infty p^* \{e^{-\frac{c}{D}H}\} \mathrm{d}H \tag{6.2.14}$$

The K-th joint moment of response coordinates is

$$E[q_1^{k_1}, \cdots, h_n^{k_{2n}}] = \int_{-\infty}^{\infty} \cdots \int_{-\infty}^{\infty} (q_1^{k_1}, \cdots, h_n^{k_{2n}}) p^* e^{-\frac{c}{D}H(q,h)} \mathrm{d}q_1 \cdots \mathrm{d}q_n \mathrm{d}h_1 \cdots \mathrm{d}h_n \tag{6.2.15}$$

where $K = \sum_{i=1}^{2n} k_i$.

According to a theorem developed by Caughey and Ma (1982) the stationary solution (6.2.13) of the FPK equation is well-behaved and unique.

The method of stochastic averaging has been extended to treat nonlinear systems subjected to arbitrary colored Gaussian excitations, which are modeled as the output of multidimensional linear filters to white Gaussian noise. Recently, Roy (1994) has used the method of averaging based on a perturbation theoretic approach of the FPK equation. For nearly Hamiltonian systems perturbed by parametric excitations of uncorrelated noises, Roy showed that the state probability density function is governed by a reduced equation which depends on the excitation parameters.

6.2.2 Closure Schemes

The previous subsection has shown that the stationary solution of the FPK equation exists only for limited class of nonlinear systems. Alternatively, one may generate a general first-order differential equation which describes the evolution of the response joint statistical moments. This equation can be generated from the FPK equation or the Ito stochastic calculus. Ibrahim (1985) has documented the application of the two methods by several examples. With reference to the FPK equation method the moment equation is derived by multiplying both sides of the FPK equation by $\Phi(\boldsymbol{X}) = X_1^{k_1} \cdots X_n^{k_n}$ and integrating by parts over the entire space $-\infty < \boldsymbol{X} < \infty$, i. e.

$$\begin{aligned}
\frac{\mathrm{d}m_{k_1k_2\cdots k_n}}{\mathrm{d}t} &= \int_{-\infty}^{\infty} \cdots \int_{-\infty}^{\infty} \Phi(\boldsymbol{X}) \frac{\partial p(\boldsymbol{X}, t)}{\partial t} \mathrm{d}X_1 \cdots \mathrm{d}X_n \\
&= \int_{-\infty}^{\infty} \cdots \int_{-\infty}^{\infty} \Phi(\boldsymbol{X}) \sum_{i=1}^{n} \frac{\partial \{f_i p(\boldsymbol{X}, t)\}}{\partial X_i} \mathrm{d}X_1 \cdots \mathrm{d}X_n \\
&\quad + \frac{1}{2} \int_{-\infty}^{\infty} \cdots \int_{-\infty}^{\infty} \Phi(\boldsymbol{X}) \sum_{i=1}^{n} \sum_{j=1}^{n} \frac{\partial^2 \{\sigma_{ij} p(\boldsymbol{X}, t)\}}{\partial X_i \partial X_j} \mathrm{d}X_1 \cdots \mathrm{d}X_n
\end{aligned} \tag{6.2.16}$$

where $m_{k_1k_2,\cdots,k_n} = E[X_1^{k_1} \cdots X_n^{k_n}]$, $E[\cdots]$ denotes expectation, f_i and σ_{ij} are the first and second moment increments evaluated from the system state equations as follows

$$\left.\begin{aligned}
f_i(\boldsymbol{X}, t) &= \lim_{\Delta t \to 0} \frac{1}{\Delta t} E[X_i(t+\Delta t) - X_i(t)] \\
\sigma_{ij}(\boldsymbol{X}, t) &= \lim_{\Delta t \to 0} \frac{1}{\Delta t} E[[X_i(t+\Delta t) - X_i(t)][X_j(t+\Delta t) - X_j(t)]]
\end{aligned}\right\} \tag{6.2.17}$$

This process results in a first order linear differential equation of the system response. For linear systems this equation is generally consistent. However, for nonlinear systems, this equation constitutes an infinite coupled set of differential equations of the form

$$\frac{\mathrm{d}m_{k_1k_2\cdots k_n}}{\mathrm{d}t} = \dot{m}_K = M_K(m_K, m_{K+1}, \cdots) \tag{6.2.18}$$

ここで，$K=\sum_{i=1}^{2n}k_i$ である．

Caughey と Ma[16] によって展開された理論により，FPK の式の定常解である式 (6.2.13) は滑らかで，一意的である．

白色正規雑音に対する多次元の出力としてモデル化された，任意の非白色正規入力を受ける非線形系を扱うために平均法が拡張された．最近，Roy[33] は FPK の式の摂動理論の方法をもとにした平均法を用いた．相関のない雑音のパラメトリック励振によってゆらぐハミルトン系に近い系に対して，Roy は状態確率密度関数が入力パラメータに依存する縮小された式に支配されることを示した．

6.2.2 打切り法

前項で FPK の式の定常解は限られたクラスの非線形系に対してのみ存在することを示した．その代わり，結合統計的モーメントの発展を記述する一般的な一次微分方程式をつくることができる．この方程式は FPK の式または伊藤型の統計計算からつくることができる．Ibrahim[1] は，いくつかの例によって 2 つの方法の応用について述べた．FPK の式の文献を用いて，FPK の式の両辺に $\Phi(\boldsymbol{X})=X_1^{k_1}\cdots X_n^{k_n}$ を乗じ，全体の空間 $-\infty<\boldsymbol{X}<\infty$ にわたって部分積分すると，モーメント方程式が得られる．すなわち，

$$\begin{aligned}\frac{\mathrm{d}m_{k_1k_2\cdots k_n}}{\mathrm{d}t}&=\int_{-\infty}^{\infty}\cdots\int_{-\infty}^{\infty}\Phi(\boldsymbol{X})\frac{\partial p(\boldsymbol{X},t)}{\partial t}\mathrm{d}X_1\cdots\mathrm{d}X_n\\&=\int_{-\infty}^{\infty}\cdots\int_{-\infty}^{\infty}\Phi(\boldsymbol{X})\sum_{i=1}^{n}\frac{\partial\{f_ip(\boldsymbol{X},t)\}}{\partial X_i}\mathrm{d}X_1\cdots\mathrm{d}X_n\\&\quad+\frac{1}{2}\int_{-\infty}^{\infty}\cdots\int_{-\infty}^{\infty}\Phi(\boldsymbol{X})\sum_{i=1}^{n}\sum_{j=1}^{n}\frac{\partial^2\{\sigma_{ij}p(\boldsymbol{X},t)\}}{\partial X_i\partial X_j}\mathrm{d}X_1\cdots\mathrm{d}X_n\end{aligned}\tag{6.2.16}$$

ここで，$m_{k_1k_2\cdots k_n}=E[X_1^{k_1}\cdots X_n^{k_n}]$，$E\{\cdots\}$ は期待値を表す．f_i および σ_{ij} は次のような系の状態方程式から評価される一次および二次モーメント増分を表す．

$$\left.\begin{aligned}f_i(\boldsymbol{X},t)&=\lim_{\Delta t\to 0}\frac{1}{\Delta t}E[X_i(t+\Delta t)-X_i(t)]\\\sigma_{ij}(\boldsymbol{X},t)&=\lim_{\Delta t\to 0}\frac{1}{\Delta t}E[[X_i(t+\Delta t)-X_i(t)][X_j(t+\Delta t)-X_j(t)]]\end{aligned}\right\}\tag{6.2.17}$$

このプロセスで系は応答の一次線形微分方程式に帰結する．線形系に対して方程式は一般に一貫している．しかしながら，非線形系に対して，この方程式は次の形式の無限連立微分方程式を構成する．

$$\frac{\mathrm{d}m_{k_1k_2\cdots k_n}}{\mathrm{d}t}=M_K(m_K,m_{K+1},\cdots)\tag{6.2.18}$$

K 次（ここで，$K=k_1+k_2+\cdots+k_n$）より高次のモーメントは K 次またはより低次のモーメントと置き換えられなければならない．これはキュムラント打切り法のひとつによってなされる．キュムラントは一次および二次がそれぞれ不規則過程の平均値お

The higher order moments of order greater than K, (where $K = k_1 + k_2 \cdots + k_n$), must be replaced by moments of order K and less. This can be achieved by using one of the cumulant-neglect schemes. A cumulant is a statistical parameter whose first and second orders are equivalent to the mean and variance of the process, respectively. If higher-order cumulants vanish, then the process is Gaussian, which is completely described in terms of the mean and variance. However, if higher-order cumulants do not vanish, then their values provide a measure of the deviation of the process from being Gaussian. Higher-order cumulants are related to corresponding order and lower order moments. Thus if third- and fourth-order cumulants are set to zero, one can express third- and forth-order moments in terms of second- and first-order moments, and the closure is said to be Gaussian. A first-order non-Gaussian closure is established if fifth- and sixth-order cumulants are set to zero, which implies that third- and fourth-order cumulants do not vanish, and fifth- and sixth-order moments are then expressed in terms of fourth- and lower-order moments. Cumulants up to eighth order are derived in terms of moments in Ibrahim (1985).

The closure schemes solutions can lead to erroneous results specially in problems dealing with stochastic parametric stability. For nonlinear coupled oscillators the non-Gaussian closure scheme usually gives reliable results (Ibrahim, et al., 1990, 93; Di Paola and Falsone, 1993; and Musculino, 1993).

6.3 Applications

6.3.1 Single Mode Random Excitation

A large portion of the published work on nonlinear random vibration deals with one mode excitation. This includes rods, beams, cables, simple pendulum, and liquid sloshing in moving containers. The random response of a clamped-clamped beam has been extensively examined within the frame work of one mode excitation. Nonlinear systems described by one mode excitation are usually modeled by the nonlinear differential equation

$$\ddot{q} + 2\zeta\omega_n\dot{q} + \omega_n^2 q + \varepsilon\Psi(q, \dot{q}, \ddot{q}) = \xi(t) \qquad (6.3.1)$$

where $\xi(t)$ is an external excitation and ψ may include nonlinear stiffness, damping, and inertia terms and ε is a small parameter.

a. Systems with Nonlinear Stiffness

i. Supported beams: The case of nonlinear stiffness has been extensively investigated. The equation of motion of the clamped-clamped beam is similar to equation (6.2.4) and is known as, Duffing's equation. The early study of single mode response under random excitation goes back to the work of Lyon et al. (1961). They considered $\xi(t)$ in equation (6.3.1), or $W(t)$ in equation (6.2.4), as a narrow band Gaussian process derived from a wide band excitation of a resonant filter centered at frequency ω_f

$$\frac{d^2\xi}{dt^2} + 2\zeta_f\omega_f\frac{d\xi}{dt} + \omega_f^2\xi = W(t) \qquad (6.3.2)$$

where $W(t)$ is a white noise. The results of Lyon et al. (1961) revealed multi-valued response characteristics which have the same general appearance as those for sinusoidal forcing except that the peaks are much sharper. The same

よび分散と等価である統計的パラメータである．高次のキュムラントがなければ，不規則過程は正規過程であり，平均値と分散で完全に記述される．しかしながら，高次のキュムラントが存在するならば，それらの値は正規過程からの変動の度合いを表す．高次のキュムラントは相当する次数および低次のモーメントに関係する．したがって，三次および四次のキュムラントは0に設定されれば，三次および四次のモーメントは一次および二次のモーメントに関して表すことができ，打切りは正規的といわれる．一次の非正規打切りは五次と六次のキュムラントを0と設定すれば確立される，このことは三次および四次のキュムラントが存在し，五次と六次のモーメントが四次およびそれより低次のモーメントで表されることを意味している．八次までのキュムラントはモーメントに関して導かれる[1]．

打切り法の解は，特に統計的パラメータの安定性を扱う問題において誤った結果に導く．非線形連成振動系に対して，非正規打切り法は通常信頼できる結果を与える[24),25),31),34]．

6.3 応　　　用

6.3.1 シングルモード不規則入力

これまでに発表された非線形不規則振動の大部分は，1つのモードの入力を扱っている．1つのモードの入力には，梁，ケーブル，単振り子，動く容器内の液体のスロッシングが含まれている．両端固定梁の不規則振動は1つのモードの入力の枠内で広範囲に検討されてきた．1つのモードの入力によって記述される非線形系は，通常非線形微分方程式によってモデル化される．

$$\ddot{q}+2\zeta\omega_n\dot{q}+\omega_n^2 q+\varepsilon\Psi(q,\dot{q},\ddot{q})=\xi(t) \tag{6.3.1}$$

ここで，$\xi(t)$ は外力であり，Ψ は非線形剛性，減衰，慣性項を含み，ε は微小パラメータを表す．

a. 非線形剛性をもつ系

1) 単純支持梁　非線形剛性の場合については広範囲に研究がなされてきた．両端支持梁の運動方程式は式（6.2.4）と同様であり，ダフィングの式として知られている．不規則入力のもとでのシングルモード応答の初期の研究はLyonら[35]までさかのぼる．Lyonらは中心周波数 ω_f の共振フィルタを通した広帯域入力から得られる狭帯域正規過程として式（6.3.1）における $\xi(t)$ または式（6.2.4）における $W(t)$ を考えた．

$$\frac{\mathrm{d}^2\xi}{\mathrm{d}t^2}+2\zeta_f\omega_f\frac{\mathrm{d}\xi}{\mathrm{d}t}+\omega_f^2\xi=W(t) \tag{6.3.2}$$

ここで，$W(t)$ は白色雑音である．Lyonらはピークが鋭いことを除いては，正弦波入力にみられるものと同様な一般的な現象である多価応答特性を明らかにした．同じ特徴がLennoxとKuak[36]によって認められた．彼らは微小であるが有限な帯域幅を

feature has been observed by Lennox and Kuak (1976). They used quasi-static method with small but finite bandwidth. However, their method does not allow one to investigate the influence of bandwidth. Fang and Dowell (1987) analyzed the response of a Duffing oscillator to a narrow band random excitation by numerical simulation. Their results showed that multi-valued mean square responses can occur for mono-level excitations having very narrow bandwidths. As the bandwidth increases, the multi-valued responses give way to single-valued responses. Similar results were obtained using different approaches, such as, averaging method (Davies and Rajan, 1988, Davies and Liu, 1990, 1992 ; Roberts and Spanos, 1986), stochastic linearization (Dimentberg, 1971 ; Iyengar, 1989 ; Roberts and Spanos, 1990 ; Roberts, 1991), probabilistic linearization technique (Iyengar, 1992), numerical simulation (Davies and Rajan, 1988 ; Davies and Liu, 1990, 1992 ; Iyengar, 1989, 1992), and experimental testing (Lyon et al., 1961). An alternative approach has been proposed by Davies and Nandlall (1986). They modeled the excitation as the response of a lightly-damped second-order filter to white noise. Thus the four-dimensional FPK equation can be written for the response. An approximate, time-dependent solution based on a Gaussian closure scheme was obtained from the four-dimensional FPK equation. The result was smoothed time histories for the mean square displacement and velocity. When plotted in a phase plane, the solution showed two stable attractors and a saddle point for the case in which the excitation had very narrow bandwidth, in a certain frequency range. This behavior is related to the well-known jump phenomenon. As the bandwidth of the excitation was increased, the phase plane was reduced to a single stable attractor (sink), indicating the elimination of the jump phenomenon.

The FPK equation for a Duffing oscillator subjected to filtered excitation has been solved numerically by Kapitaniak (1985) using the path-integral method. He found the stationary probability density function of the response process to be bimodal. Davies and Liu (1990) investigated the same system via the averaging method and numerical simulation. For narrow band-width excitation, they showed that the probability density function has multi local maxima with random jumps. For wider bandwidth excitation the probability density function exhibits only single local maxima. A similar result was obtained by Iyengar (1992) using numerical simulation. Koliopulos and Bishop (1993) studied the response statistics of nonlinear oscillators subjected to narrow band random noise based on a quasi-harmonic assumption. They showed that the method can easily incorporate the possible jumps of the system via the input-response amplitude curve. This curve defines critical input values which establish the region of possible jumps. In this case the probability density of the response amplitude exhibits two peaks.

Iyengar (1986, 1988) has presented a stochastic stability analysis of a nonlinear hardening-type oscillator subjected to narrow band random excitation. He showed that only one statistical moment is stable and, hence, the multi-valued predictions of the equivalent linearization analysis do not correspond to the real behavior of the system. Koliopulos and Langley (1993) improved the stability analysis for the same system. They showed that, when jumps between competing response states occur, the choice of an appropriate value for the kurtosis of the response is crucial for a reliable estimation of the local statistical moments and for a more accurate stochastic stability analysis than the equivalent linearization method. Furthermore, a modification is proposed which takes into account the influence of certain

もつ擬似静的な方法を用いた．しかし，この方法では帯域幅の影響を検討することができない．Fang と Dowell[37] は数値シミュレーションによって狭帯域不規則入力に対するダフィング振動系の応答を解析した．その結果，非常に狭い帯域幅をもつ単一レベル入力に対して多価二乗平均応答が起こりうることが示された．帯域幅が増加するにつれて多価応答は一価応答へ移る．同様の結果が異なった方法を使って得られた．平均法[38)-41)]，統計的線形化[6),42)-44)]，確率的等価線形化法[45]，数値シミュレーション[38)-40),43),45)]，実験[35] である．ほかの方法が Davies と Nandlall[46] によって提案された．彼らは白色雑音を低減衰二次フィルターに通した応答として入力をモデル化した．したがって，四次元 FPK の式で応答を記述することができ，正規打切り法に基づく近似的な時間依存解が四次元 FPK の式から得られた．

二乗平均変位および速度は滑らかな時刻歴となる．位相平面にプロットしたときに，解は 2 つの安定なアトラクタを示し，入力が非常に狭い帯域の場合に対して，ある周波数範囲で鞍点があることが示された．この挙動はよく知られている跳躍現象と関係している．入力の帯域幅が増加するにつれて，位相平面は 1 つの安定なアトラクタ（吸い込み）に縮小され，跳躍現象がなくなることを示している．

非白色雑音入力を受けるダフィング振動系の FPK の式は Kapitaniak[47] によって線積分を用いて数値的に解かれた．彼は応答過程の定常確率密度関数は双峰であることを明らかにした．Davies と Liu[39] は平均法と数値シミュレーションによって同じシステムについて研究した．狭帯域入力に対して，彼らは確率密度関数が不規則跳躍を伴う多くの極大値をもつことを示した．より広い帯域の入力に対して，確率密度関数は 1 つの極大値を示した．同様の結果が Iyengar[45] によって数値シミュレーションを用いて得られた．Koliopulos と Bishop[48] は擬似調和仮定に基づいて狭帯域不規則雑音入力を受ける非線形振動系の応答の統計量に関する研究をした．彼らはこの方法で，入力－応答振幅曲線によって系に起こりうる跳躍を容易に取り入れることができることを示した．この曲線は跳躍が起こりうる領域を表す臨界入力値を定義する．この場合，応答振幅の確率密度は 2 つのピークを示す．

Iyengar[49),50)] は狭帯域入力を受ける非線形漸硬型振動系の統計的安定解析を行った．Iyengar は 1 つの統計的モーメントのみが安定であり，したがって，等価線形解析の多価予測は系の実際の挙動に対応していないことを示した．Koliopulos と Langley[51] は同じ系に対する安定性解析を改良した．彼らは互いの応答間で跳躍が生じたときに，局部的な統計的モーメントの信頼できる推定と等価線形化法よりも正確な統計的安定性に対して応答の尖り度に対する適切な値を選ぶことが重要であることを示した．さらに，強非線形性の場合に対する変分方程式におけるある非線形項の影響を考慮する修正を提案した．

2)　ケーブル　吊ケーブルは数学および動力学において非常に価値がある．確定論的な研究が拡張された．線形なひもの応答の統計量は Lyon[52] によって解析され，非線形な扱いは Caughey[53] および Lyon[54] によって考えられた．Tagata[55] は非

nonlinear terms in the variational equation for the case of strong nonlinearities.
ii. Cables : Suspended cables are very rich in mathematics and dynamics. They received extensive deterministic studies. The response statistics of a linear string were analyzed by Lyon (1965), while the nonlinear treatment was considered by Caughey (1960) and Lyon (1960). Tagata (1978) examined the planar motion of a string with cubic nonlinearity excited by filtered white noise. He used a quasi-static averaging analysis together with the FPK equation and obtained conditions for existence of steady state responses. The analysis revealed multiple-valued solutions similar to those predicted by the deterministic nonlinear theory of the Duffing oscillator. The response probability density exhibits non-Gaussianity of large concave shape as estimated by digital simulation. Richard and Anand (1983) considered the planar response and stability of cables subjected to a narrow band random excitation. Tagata (1989) extended his previous work to investigate the concave shape generation mechanism. He indicated that the main reasons why the concave shape in the response probability density function is generated are the result of high frequency of some finite amplitudes which result in saturation phenomena and growth of the higher harmonic oscillations arising from the nonlinear stiffness. This is in addition to the jump phenomenon which takes place under narrow band excitation.

One should distinguish between the dynamics of cables and strings. A cable is a long continuum with non-zero sag when suspended at two ends, while a string is a special case of a cable with zero sag and large axial tension. Cables are usually applied under heavy loading such as suspended bridges, while strings are under light loading, such as in a violin. Irvine and Caughey (1974) showed that the natural frequencies of the symmetric in-plane modes are governed by a cable parameter λ involving its geometry and elasticity, i.e.,

$$\lambda^2 = \left(\frac{mgH}{F_x}\right)^2 \frac{H}{(F_x L/EA)} \tag{6.3.3}$$

where g is the gravitational acceleration, m is the cable mass per unit length, F_x is the horizontal component of cable tension, E is Young's modulus, L is the cable' s length in the static configuration, H is the span, and A is cable cross-section area. Note, for the string $L=H$. The parameter λ^2 represents the ratio of the cable geometry $(mgH/F_x)^2$ to the elasticity of the cable $(F_x L/EAH)$. The influence of nonlinearities on the cable normal modes and natural fre-quencies has shown considerable variation of the natural frequency due to induced stretching. The cable geometric nonlinearity may cause hardening or softening effects, according to the signs of nonlinearities. The non-linear in-plane free vibrations of the cable generally show hardening spring behavior for a taut string case and softening spring behavior for a cable with non-zero sag-to-span ratio. Rega (2004a, b) and Ibrahim (2004) presented three-part review paper dealing with modeling, methods of analysis, and deterministic and stochastic phenomena governing the nonlinear dynamics of suspended cables. It was reported that suspended cables may experience complex dynamics due to their overall flexibility under certain environmental conditions.

In the neighborhood of 2 : 1 internal resonance Chang et al. (1996) examined the random excitation of the first in-plane mode, which indirectly excites the first out-of-plane mode through non-linear coupling. Any non-trivial motion of the out-of-

白色雑音によって励起された三次の非線形性をもつひもの平面運動について検討した．Tagata は FPK の式とともに擬似静的平均解析を用いた．そして定常応答が存在する条件を求めた．解析からダフィング振動系の確定論的非線形理論によって予測された解と同様な多価解となることが明らかになった．応答の確率密度関数は，デジタルシミュレーションによって推定されたように大きな窪みのある非正規性を示す．Richard と Anand[56] は狭帯域不規則入力を受けるケーブルの平面応答と安定性を考えた．Tagata[57] は自身の以前の研究を発展させ，窪みの発生メカニズムを研究した．Tagata は応答確率密度関数における窪みが生じるおもな理由は，飽和現象と非線形剛性から生じる高調波振動の成長の結果となる有限の振幅の高い周波数の結果であることを示した．これは狭帯域入力のもとで生じる跳躍現象に付加される．

ケーブルとひもは区別しなければならない．ケーブルは両端で吊るされたときにたわみのある長い連続体であり，ひもはたわみがなく，大きい軸引張りを伴うケーブルの特別な場合である．ケーブルは吊橋のように重い荷重下で使われ，ひもはバイオリンのように軽い荷重下で使われる．Irvine と Caughey[58] は対称面内モードの固有振動数は幾何学と弾性を含むケーブルのパラメータ λ に支配されることを示した．すなわち，

$$\lambda^2 = \left(\frac{mgH}{F_x}\right)^2 \frac{H}{(F_x L/EA)} \tag{6.3.3}$$

ここで，g は重力加速度，m はケーブルの単位長さあたりの質量，F_x はケーブルの引張力の水平方向成分，E はヤング係数，L は静的形状における長さ，H はスパン，A はケーブルの断面積である．ひもに対しては $L=H$ である．パラメータ λ^2 はケーブルの幾何学 $(mgH/F_x)^2$ とケーブルの弾性 $(F_x L/EAH)$ の比である．非線形性がケーブルのノーマルモードおよび固有振動数に及ぼす影響は加えられた引張りによる固有振動数の大きな変動となって現れた．ケーブルの幾何学的非線形性は非線形性の符号によって漸硬あるいは漸軟をもたらす．ケーブルの非線形面内振動は，一般に強く張られたひもに対しては漸硬ばね特性，たるみとスパンの比が 0 でないケーブルに対しては漸軟ばね挙動を示す．Rega[59),60] および Ibrahim[61] はモデル化，解析法，吊ケーブルの非線形動力学を支配している決定論的および統計的現象を扱っている 3 部の調査論文を発表した．吊ケーブルはある環境条件下で全体の柔軟性による複雑な動的挙動をすることがある．

2:1 の内部共振の近傍で，Chang ら[62] は一次の面内モードの不規則励振を検討した．それは非線形連成を通して間接的に一次面外モードを励起する．面外モードの非自明な運動はおもに非線形連成による．それは内部共振の近くで重要となる．応答の統計量は正規および非正規打切り法とともに FPK の式を用いて推定された．モンテカルロシミュレーションは数値的な確証のために用いられた．内部共振条件から遠ざかると，応答は面内運動に支配されることが明らかにされ，非正規打切り法が数値シミュレーションとよく一致した．面外モードの統計的分岐は正規および非正規打切り，

plane mode is mainly due to this non-linear coupling, which becomes significant in the neighborhood of internal resonance. The response statistics were estimated by employing the *FPK* equation together with Gaussian and non-Gaussian closure schemes. Monte Carlo simulation was also used for numerical verifications. Away from the internal resonance condition, the response was found to be governed by the in-plane motion, and the non-Gaussian closure solution was in good agreement with numerical simulation results. The stochastic bifurcation of the out-of-plane mode was predicted by Gaussian and non-Gaussian closures, and by Monte Carlo simulation. The non-Gaussian closure was found to be valid over a limited region of excitation level. The on-off intermittency of the second mode was observed in the Monte Carlo simulation time history records in the neighborhood of stochastic bifurcation. This work was extended to cover three-mode interaction in the neighborhood of two simultaneous internal resonance conditions by Chang and Ibrahim (1997). The mixed mode interaction was found to take place within a limited range of internal detuning parameters, depending on the excitation power spectral density damping ratios. The Gaussian closure scheme failed to predict bounded solutions of mixed mode interaction. The non-Gaussian closure results were in good agreement with Monte Carlo simulation over a small range of excitation levels. It was found that the internal detuning and excitation levels are the two main parameters, which affect the autoparametric interaction among the three modes. Due the system's inherent nonlinearity, the response of the three modes was strongly non-Gaussian and the coupled modes experience irregular modulation. Ibrahim and Chang (1999) considered four-mode random excitation in the neighborhood of three simultaneous internal resonance conditions. The multi-mode interaction is considered among the first two in-plane modes and the first two out-of-plane modes. The equations of motion of the four modes are solved using Monte Carlo simulation for different cable and excitation parameters.

b. Systems with Nonlinear Inertia

Mechanical systems characterized by inertial nonlinearities include partially filled containers subjected to parametric random excitation (Ibrahim and Heinrich, 1988) or a cantilever beam excited parametrically by a filtered white noise (Ibrahim and Yoon, 1996). A cantilever beam subjected to a filtered white noise whose center frequency is close to twice the natural frequency of the first mode may be described by the differential equation

$$\ddot{q}_b + 2r\zeta_b\dot{q}_b + r^2 q_b - \varepsilon a\ddot{q}_f q_b + \varepsilon^2 b q_b(q_b\ddot{q}_b + \dot{q}_b^2) = 0 \tag{6.3.4}$$

$$\ddot{q}_f + 2\zeta_f\dot{q}_f + q_f = \sqrt{2D}\,\ddot{W}(\tau) \tag{6.3.5}$$

where q_b is the beam lateral deflection at the tip, r is the ratio of the first mode natural frequency to the filter center frequency, ζ_b and ζ_f are beam and filter damping ratios, a and b are constant parameters, and ε is a small parameter. The last expression in the beam equation (6.3.4) represents the inertial nonlinearity due to the axial drop of the beam while the coupled term with the filter acceleration is the parametric excitation term. Both Monte Carlo simulation and experimental testing revealed that in the neighborhood of a bifurcation point there exist two regions characterized by on-off intermittency. The following discussion is confined to the experimental observation near a bifurcation point.

Under a particular modal excitation, the excitation level is increased from a very low level at which the beam does not respond and remains dynamically stable

そしてモンテカルロシミュレーションによって予測された．非正規打切りは限られた入力レベルの範囲内で有効であることが明らかになった．モンテカルロシミュレーションの時刻歴において，二次モードのオンオフ間欠性は統計的分岐の近傍でみられた．この研究はChangとIbrahim[63]によって同時内部共振条件における3モード連成をカバーするように拡張された．混合モード連成は限られた内部離調率で発生し，入力のパワースペクトル密度，減衰比に依存する，限られた内部離調パラメータの範囲内で生じることが明らかにされた．正規打切り法では混合モード連成の有界な解の予測をすることができなかった．非正規打切りの結果は，入力レベルの小さい範囲でモンテカルロシミュレーションとよい一致を示した．内部離調および入力レベルは3つのモードの自己パラメトリック連成に影響するおもな2つのパラメータであることが明らかにされた．系が本来もっている非線形性のために，3つのモードの応答は強い非正規性となり，連成モードは不規則な偏重をもつ．IbrahimとChang[64]は3つの同時内部共振条件の付近における4つのモードの不規則入力を考えた．多くのモードの連成は最初の2つの面内モードと最初の2つの面外モードのなかで考えられた．4つのモードの運動方程式は異なるケーブルと入力パラメータに対してモンテカルロシミュレーションによって解かれた．

b.　非線形慣性をもつ系

慣性の非線形性によって特徴づけられる機械系には，パラメトリック不規則入力を受ける一部が満たされた容器[32]あるいは非白色雑音によるパラメトリックに加振された片持梁[65]が含まれる．中心振動数が一次モードの2倍に近い非白色雑音入力を受ける片持梁は微分方程式によって記述される．

$$\ddot{q}_b + 2r\zeta_b\dot{q}_b + r^2 q_s - \varepsilon\alpha\ddot{q}_f q_b + \varepsilon^2 b q_b(q_b\ddot{q}_b + \dot{q}_b^2) = 0 \tag{6.3.4}$$

$$\ddot{q}_f + 2\zeta_f\dot{q}_f + q_f = \sqrt{2D}\,\ddot{W}(\tau) \tag{6.3.5}$$

ここで，q_b ははりの先端の横方向変位，r は一次モードの固有振動数とフィルタの中心振動数の比，ζ_b および ζ_f はそれぞれはりおよびフィルタの減衰比，a および b は定数のパラメータ，ε は微小パラメータを表す．はりの式（6.3.4）における最後の項ははりの軸降下による慣性の非線形性を表し，フィルタの加速度との連成項はパラメトリック入力である．モンテカルロシミュレーションと実験によって，分岐点の近傍でオンオフ間欠性によって特徴づけられる2つの領域が存在することが示された．次の議論は分岐点の近傍の実験における測定に限定する．

特別なモード入力のもとで，はりが応答せず，人の手で与えられた擾乱でも動的に安定しているとても低いレベルから入力レベルが増加する．入力レベルが増加するにつれて，はりは入力レベルに依存する3つの異なる応答様式を示す．これらはゼロ運動，部分的に発展された運動および完全に発展された運動である．最初の様式によって定義される入力レベルにわたって，構造抵抗力が入力エネルギーに勝るため，はりは振動しない．第2の様式はゼロ運動の周期に続く間欠周期によって特徴づけられる．第3は梁の連続的な不規則振動を示す完全に発展した運動である．同様の応答

even with a given manual perturbation. As the excitation level increases the beam exhibits three different response regimes depending on the excitation level. These are zero motion, partially developed motion, and fully developed motion. Over the excitation level defined by the first regime, the beam does not oscillate because the structural resistance forces overcome the input energy. The second regime is characterized by intermittent periods of motion followed by periods of no motion. The third is fully developed random motion which exhibits continuous random oscillations of the beam. Similar response features were observed by Ibrahim and Heinrich (1988) for the case of liquid sloshing under parametric random excitation.

6.3.2 Multi-Mode Random Excitation

The case of multi-degree-of-freedom systems involves additional phenomena to those encountered in single-degree-of-freedom systems. These phenomena mainly owe their origin to the nonlinear modal interaction, which is only significant if the natural frequencies, ω_i, are commensurable, i.e., if they satisfy the internal resonance condition $\sum k_i\omega_i=0$, where k_i are integers. Under this condition, the mode which is directly excited interacts with other modes in the form of an energy exchange. This type of modal interaction is also referred to as autoparametric. In the absence of internal resonances, the response is dominated by only the directly excited modes. The energy sharing in the random vibration of nonlinearly coupled modes is believed to have been first addressed by Newland (1965). The random response of two degree-of-freedom systems with autoparametric coupling was examined by Ibrahim and Roberts (1976, 1977), Schmidt (1977a, b), Ibrahim and Heo (1986), Soundararajan and Ibrahim (1988), Li and Ibrahim (1989), Ibrahim et al. (1990), and Nayfeh and Serhan (1991). These authors considered different nonlinear coupled systems such as coupled beams, liquid free surface sloshing interacting with an elastic support, shallow arches, suspended cables, and hinged-clamped beams. For systems governed by quadratic nonlinearities it was found that the Gaussian closure scheme leads to non-stationary response statistics while the non-Gaussian closure gives a stationary response to a white noise excitation. Systems with cubic nonlinearity exhibit complex response characteristics in the neighborhood of the condition of internal resonance. It was reported that unbounded response statistics take place at certain regions above and below the perfectly tuned internal resonance. For regions well remote from the exact internal resonance condition the system experienced linear response behavior. These results were qualitatively verified experimentally by Roberts (1980), Ibrahim and Sullivan (1990), and Ibrahim et al., (1990). In some cases the experimental results revealed an uncertain region of excitation level over which the coupled mode may or may not interact with the directly excited mode. Ibrahim and Li (1988) and Li and Ibrahim (1990) considered the nonlinear interaction of a three degree-of-freedom structural system subjected to a wide-band random excitation. The non-linearity of this system resulted in different critical regions of internal resonance. The response statistics were predicted by using Gaussian and non-Gaussian closure schemes, and Monte Carlo simulation. While the non-Gaussian closure predicted multiple solutions in the neighborhood of an exact internal resonance, the Monte Carlo simulation yields only the branch of the stationary solution that corresponds to a zero set of initial conditions.

の特徴がパラメトリック不規則入力のもとでの液体のスロッシングの場合に対して Ibrahim と Heinrich[32] によって測定された．

6.3.2　多モード不規則入力

多自由度系の場合は 1 自由度系にみられる現象に付加された現象が生じる．これらの現象では，その原因がおもに非線形モード連成にある．このことは固有振動数 ω_i が通約できるならば，すなわち，固有振動数が内部共振条件 $\Sigma k_i\omega_i=0$ を満足する（ここで，k_i は整数である）場合に重要である．この条件のもとで，直接励振されたモードはエネルギー交換の形でほかのモードと連成する．このタイプのモード連成はまた，オートパラメトリックとよばれる．内部共振がなければ応答は直接励振されたモードによってのみ支配される．非線形の連成されたモードの不規則振動におけるエネルギーの分割は，Newland[66] によって最初に示されたとされている．オートパラメトリックな連成を伴う 2 自由度系の不規則応答は Ibrahim と Roberts[67),68]，Schmidt[69),70]，Ibrahim と Heo[71]，Soundararajan と Ibrahim[72]，Li と Ibrahim[73]，Ibrahim ら[34]，Nayfeh と Serhan[74] によって検討された．これらの著者らは連成はり，弾性サポートと相互に関係する液体自由表面スロッシング，浅いアーチ，吊ケーブル，ヒンジ-固定はりのような異なる非線形連成系を考えた．二次の非線形性に支配される系に対して，白色雑音入力を受ける場合に正規打切り法では非定常応答の統計量をもち，非正規打切り法では定常応答特性をもつことが明らかにされた．三次の非線形性をもつ系は，内部共振の条件の近傍で複雑な応答特性を示す．完全に調整された内部共振前後の領域で有界でない応答が報告された．正確な内部共振条件から十分離れた領域に対して，系は線形応答挙動を示す．これらの結果は Roberts[75]，Ibrahim と Sullivan[76]，Ibrahim ら[34] によって定量的に実験によって証明された．いくつかの場合に，実験結果では連成モードが直接に励起されたモードと干渉するかしないかの入力レベルの不確定な領域があることが示された．Ibrahim と Li[77]，Li と Ibrahim[78] は広帯域不規則入力を受ける 3 自由度構造系の非線形相互干渉について考えた．この系の非線形性は内部共振の異なる臨界領域をもつ．応答の統計量が正規および非正規打切り法およびモンテカルロシミュレーションを用いることによって予測された．非正規打切り法では正確な内部共振の近傍で多くの解が予測されたが，モンテカルロシミュレーションでは初期条件 0 に相当する定常解の分岐のみが生じた．

6.4　パラメータの不確定性をもつ機械系の設計

近代の機械設計や解析は，確定論的有限要素コードおよびマルチボディダイナミクス計算コードを基礎にしている．これらのコードのおもな目的は系の固有値，系の応答の統計量および破壊確率を推定することである．しかしながら，これらのコードは構造的なボルト結合におけるばらつきまたは不確定性を扱っていない．さらに，系の

6.4 Design of Mechanical Systems with Parameter Uncertainties

Modern mechanical design and analyses are based on deterministic finite element (FE) and multi-body dynamics computer codes. The main objectives of these codes are to estimate the system eigenvalues, system response statistics, and probability of failure. However, these codes do not address the scatter or uncertainty in structural bolted joints. In addition, the system's inherent geometric and material nonlinearities will result in difficulties in predicting the response under regular external loading. Deterministic single-point evaluation of the response may result in an over-designed and excessively conservative system without addressing the crucial aspect of parameter uncertainties. There are numerous classes of mechanical problems where the influence of scatter of structural parameters, initial and boundary conditions, model reduction, and algorithm performance dictate a stochastic approach (see, for example, Ibrahim, 1987 ; Schuëller, 1997 ; and Manohar and Ibrahim, 1999). In particular, the stochastic finite element method (FEM) is considered a powerful tool for structural mechanics analysis. Recently, fuzzy set theory has been combined with FE algorithms to analyze structural systems with uncertain parameters. Furthermore, some systems are very sensitive to small parameter variations and thus experience significant qualitative dynamic changes known as bifurcation. It is known that bifurcation takes place in certain nonlinear systems when the control parameter experiences small and slow variation.

The presence of parameter uncertainties in nonlinear systems adds a new dimension to an already complicated problem. Parameter uncertainties owe their origin to a number of sources, which include :

(i) randomness in material properties due to variations in material composition ;
(ii) randomness in structural dimensions due to manufacturing variations and thermal effects ;
(iii) randomness in boundary conditions due to preload and relaxation variations in mechanical joints ; and,
(iv) randomness of external excitations.

Generally, uncertainty is described as either parametric or non-parametric. Parametric uncertainty is due to variability in the value of input parameters, while non-parametric uncertainty includes all other sources, such as modeling errors, coarse finite element mesh fidelity, or un-modeled nonlinear effects.

Parameter uncertainties may cause sensitivity and variability of the response and eigenvalues of structural stochasticity (Ibrahim, 1987 ; Manohar and Ibrahim, 1999 ; and Pettit, 2004). The early developments relied on Monte Carlo simulation and later on first- and second-order perturbation methods to compute second-order moments of structure response. Furthermore, the general sources of uncertainty affecting the design and testing of aeroelastic structures were discussed. In particular, Pettit (2004) addressed a number of applications of uncertainty quantification to various aeroelastic problems such as flutter flight testing, prediction of limit-cycle oscillations (LCO), and design optimization with aeroelastic constraints. Different computational methodologies have been employed (Bae et

幾何学的および材料的な非線形性は，規則的な外力のもとでの応答の予測を困難にしている．応答の確定論的な1点の評価は，パラメータの不確定性の重要性を考慮することなく過剰な設計や非常に保守的な系となる．構造パラメータ，初期条件，境界条件，モデルの縮小，アルゴリズム性能のばらつきの影響が統計的なアプローチであることを示唆する多くのクラスの機械的な問題がある[79)-81)]．特に，確率論的有限要素法は構造の力学解析にとって強力なツールと考えられる．最近，ファジイ集合理論が不確定なパラメータをもつ構造系の解析のために，有限要素アルゴリズムと結合されてきた．さらに，いくつかの系は小さいパラメータ変動に非常に敏感であり，したがって，分岐として知られている重要な定量的で動的な変化を示す．制御パラメータが小さく，ゆっくりとした変動を示すときに，分岐がある特定の非線形系で生じることが知られている．

非線形系にパラメータの不確定性が存在することで，すでに複雑な問題に新しい領域が加わる．パラメータの不確定性は多くの原因にその原点を負っている．それには次のようなものが含まれている．

① 材料の構成の変動による材料特性の不規則性
② 製造の変動や熱の影響による構造物の大きさの不規則性
③ 機械的結合における予荷重やゆるみの変動による境界条件の不規則性
④ 外力の不規則性

一般に不確定性は，パラメトリックまたはノンパラメトリックとして記述される．パラメトリックな不確定性は入力のパラメータの値の変動によるもので，ノンパラメトリックな不確定性はほかのすべての原因（モデル化の誤差，粗い有限要素メッシュの忠実性，モデル化されない非線形効果）を含む．

パラメータの不確定性は構造物の応答や固有値の感度や変動の原因となる[79),81),82)]．初期の展開ではモンテカルロシミュレーションが使われ，後に構造物の応答の二次モーメントを計算するために，一次および二次の摂動法が使われた．さらに，空力弾性構造物の設計や試験に影響を与える不確定性の一般的な原因が議論された．特に，Pettit[82)] はフラッタ飛行試験，リミットサイクル振動の予測，空力弾性拘束をもつ設計の最適化のようなさまざまな空力弾性問題に不確定性の定量化の多くの応用を示した．パラメータ変動をもつ空力弾性構造物の不確定な応答を定量化するために異なる計算方法が用いられてきた[83),84)]．これらには有限要素法や摂動法が含まれている．

不規則場を有限要素解析に取り入れる主要な問題のひとつは，制限された物理的サポートをもつ抽象的な空間を扱うことである[85),86)]．これらの抽象的な空間上で定義される不規則変数の扱いは困難である．通常はこのような問題はモンテカルロシミュレーションまたは確率有限要素法で解かれる．モンテカルロシミュレーションは大きな数のサンプルのために，多くの計算時間を必要とし，おもにほかの方法の検証に用いられる．摂動法[87)-90)] およびノイマン展開法[89),91)] は材料特性における微小不規則変動に対して許容できる結果を与えることがわかった．これらの方法は精度上は同じで

al., 2004 ; and Beran et al., 2006) to quantify the uncertain response of aeroelastic structures with parametric variability. These methodologies include finite element and perturbation methods.

One of the major problems of incorporating the random field into finite element analyses is to deal with abstract spaces which have limited physical support (Ghanem and Spanos, 1991 ; and Kleiber et al., 1992). The difficulty involves the treatment of random variables defined on these abstract spaces. Usually the problem is solved through Monte Carlo simulation or stochastic finite element methods. Due to the large number of samples, which require high computational time, the Monte Carlo simulation is used mainly to verify other approaches. The perturbation (Cambou, 1975 ; Nakagiri and Hisada, 1982 ; Shinozuka and Yamazaki, 1988 ; and Liu et al., 1986) and Neumann expansion (Shinozuka and Yamazaki, 1988 ; and Yamazaki et al., 1988) methods proved acceptable results for small random variation in the material properties. It was found that these methods are comparable in accuracy, but the most efficient solution procedure is the perturbation finite element method, which requires a single simulation. However, perturbation method requires the system uncertainty to be small enough to guarantee convergence and accurate results.

The perturbation stochastic finite element method (SFEM) has been adopted by several researchers using the Karhunen-Loeve (K-L) expansion to discretize the random fields due to structure mechanical properties (Nieuwenhof and Coyette, 2002 ; Muscolino et al., 2000 ; and Cacciola and Muscolino, 2002). Jensen (1989) considered an extension of the deterministic finite element method to the space of random function. A Neumann dynamic SFEM of vibration for structures with stochastic parameters under random excitation was treated by Lei and Qiu (2000). The equation of motion was transformed into quasi-static equilibrium equation for the solution of displacement in time domain. The Neumann expansion method was applied to the equation for deriving the statistical solution of the dynamic response within the framework of Monte Carlo simulation. The K-L expansion has proven to be a powerful tool in modeling parameter uncertainties in the structural dynamics community. However, it has not been utilized in the randomness and variability of parameters in aeroelastic structures. The present work is an attempt to employ the K-L expansion to discretize the span-wise distribution of bending and torsion stiffness uncertainties of an aircraft wing.

The Karhunen-Loève (K-L) expansion establishes that a second-order random field can be expanded as a series involving a sequence of deterministic orthogonal functions with orthogonal random coefficients. The K-L theory can be applied to the responses of randomly excited vibrating systems with a view to performing decomposition in separate variable (time and space) form giving a modal analysis tool. An averaging operator involving time and ensemble averages was used by Bellizzi and Sampaio (2007). This averaging operator was applied in stationary cases as well as non-stationary (transient) ones. Bellizzi and Sampaio (2007) compared the K-L modes obtained from the displacement field, velocity field, and displacement-velocity field. Kumar and Burton (2007) employed the Karhunen-Loeve (K-L) method (known also as Proper Orthogonal Decomposition (POD)) to obtain reduced order dynamic models of nonlinear structural systems.

あるが，最も有効な解法はひとつのシミュレーションを必要とする摂動有限要素法であることが明らかになった．しかしながら，摂動法では収束と正確な結果を保証できるほど十分に系の不確定性が小さいことが必要である．

摂動確率有限要素法（SFEM）は，構造物の機械的特性による不規則場を離散化するために，Karhunen-Loève（K-L）展開を用いて何人かの研究者によって採用された[92)-94)]．Jensen[95)] は不規則関数の空間に確定論的有限要素法を拡張することを考えた．不規則入力のもとでの統計的パラメータをもつ構造物のための振動の Neumann 動的 SFEM が Lei と Qiu[96)] によって扱われた．運動方程式は時間領域での変位の解に対する擬似静的釣合い方程式に変換された．Neumann 展開法はモンテカルロシミュレーションの枠組内における動的応答の統計的解を導くための式に応用された．K-L 展開は構造物の動的な問題におけるモデル化のパラメータの不確定性において強力な方法であることが証明された．しかしながら，航空弾性構造物の不規則性や変動性においては利用されていない．現在の研究では，K-L 展開を航空機の翼の曲げやねじり剛性の不確定性のスパン方向の分布を離散化するために用いることを試みている．

K-L 展開によって，二次の不規則場は直交不規則係数をもつ確定論的直交関数の数列を含む級数として展開することができる．K-L 理論はモード解析ツールによって変数分離（時間と空間）型に分解するために，不規則振動入力を受ける振動系の応答に応用することができる．時間と母集団平均を含む平均演算子が Bellizzi と Sampaio[97)] によって用いられた．この平均演算子は定常の場合と非定常（過渡）の場合に応用された．Bellizzi と Sampaio は変位場，速度場および変位-速度場から得られた K-L モードを比較した．Kumar と Burton[98)] は K-L 法（適切な直交分解（POD）として知られている）を非線形構造系のオーダーの低い動的モデルを求めるために導入した．

構造物と材料の不確定性は空力弾性構造物のフラッタ特性に直接影響を与え，文献において注目されるようになった．それらはパネルとシェルのフラッタの研究で考慮された．Liaw と Yang[99),100)] はパラメータの不確定性がはじめに圧縮された積層板とシェルの構造信頼性と安定限界の低下に与える影響について定量化した．座屈解析に対して不確定性には弾性係数，厚さ，それぞれの積層板の繊維の方向，さらに幾何学的不完全性が含まれている．フラッタ解析に対して，密度，空気密度，面内荷重のようなさらなる不確定性が考慮された．Kuttenkeuler と Ringertze[101)] は構造不確定性に関して，フラッタの始まりの最適化の研究を有限要素解析と doublet-lattice 法を用いて行った．Lindsley ら[102),103)] は超音速流中に置かれた非線形パネルに対して弾性係数と境界条件の不確定性を考えた．確率論的応答分布はモンテカルロシミュレーションを用いて求められた．不確定性が LCO の決定論的点の近くで LCO の振幅に最も大きな非線形の影響を与えることが報告された．Poirion[104),105)] は構造物の質量と剛性演算子の不確定性が与えられた場合のフラッタの確率を解くために一次の摂動法を導入した．

Structural and material uncertainties have a direct impact on the flutter characteristics of aeroelastic structures and they have begun to attract some attention in the literature. They were considered in studying the flutter of panels and shells. Liaw and Yang (1991a, b) quantified the effect of parameter uncertainties on the reduction of the structural reliability and stability boundaries of initially compressed laminated plates and shells. For buckling analysis, the uncertainties were included in the modulus of elasticity, thickness, and fiber orientation of individual lamina, as well as geometric imperfections. For flutter analysis, further uncertainties such as mass density, air density, and in-plane load were also considered. Kuttenkeuler and Ringertz (1998) performed an optimization study of the onset of flutter, with respect to material and structural uncertainties using finite element analysis and the doublet-lattice method. Lindsley et al. (2002a, b) considered uncertainties in the modulus of elasticity and boundary conditions for a nonlinear panel in supersonic flow. The probabilistic response distributions were obtained using Monte Carlo simulation. It was reported that uncertainties have the greatest nonlinear influence on LCO amplitude near the deterministic point of LCO. Poirion (1995, 2000) employed a first-order perturbation method to solve for the probability of flutter given uncertainty in the structural mass and stiffness operators.

Civil engineers have been involved in studying the influence of uncertainties of structural properties, in particular damping, on the reliability analysis of flutter of a bridge girder and a flat plate was determined in few studies (see, e. g., Ostenfeld-Rosenthal, et al., 1992 ; Ge, et al., 2000 ; and Jakobsen and Tanaka, 2003). The prediction of the flutter wind speed was found to be associated with a number of uncertainties such that the critical wind speed can be treated as a stochastic variable. The probability of the bridge failure due to flutter was defined as the probability of the flutter speed exceeding the extreme wind speed at the bridge site for a given period of time. The probabilistic dynamic response of a wind-excited structure has been studied in terms of uncertain parameters such as wind velocity, lift and drag coefficients by Kareem (1988). The influence of uncertainty in these parameters was found to propagate in accordance with the functional relationships that relate them to the structural response. Note that while in aerospace structures, one is interested in estimating the onset flutter due to parameter uncertainty, civil engineers, on the other hand, focus on probabilistic reliability analysis to determine a probability of the bridge or a structure failure due to flutter for a given return period rather than stating a single critical wind speed.

6. 4. 1 Material Variability

Material uncertainty was considered for bending and torsion stiffness parameters of an aircraft cantilever wing by Castravete and Ibrahim (2008). The bending and torsion stiffness parameters are represented in the form,

$$EI_x(y) = \overline{EI}_x + \widetilde{EI}_x(y), \qquad GJ(y) = \overline{GJ} + \widetilde{GI}(y) \tag{6.4.1}$$

Where E is Young's modulus, G is the modulus of rigidity, I_x is the area moment of inertia of the wing cross-section about x-axis, J is the polar moment of inertia of the wing cross-section about z axis.

The mean values $\overline{EI}_x \gg 0$, and $\overline{GJ} \gg 0$ are assumed to be much larger than the root-mean-square of the random field variability represented by $\widetilde{EI}_x(y)$ and $\widetilde{GI}(y)$.

土木技術者は構造特性，特に減衰の不確定性が橋梁の梁のフラッタの信頼性解析に与える影響の研究に関わってきた．平板についての研究は少ない[106)-108)]．フラッタ風速の予測は，臨界風速が確率量として扱うことができるような多くの不確定性に関連していることが明らかにされた．フラッタによる橋梁の破壊確率は，フラッタ速度が与えられた期間に対する橋梁サイトにおける極大風速を越える確率であると定義される．Kareem[109)] は風に励振された構造物の確率論的動的応答を風速，揚力係数，抗力係数のような不確定パラメータに関して研究した．これらのパラメータの不確定性の影響は構造物の応答に関連づける関数的関係に従って伝達されることが明らかにされた．航空構造においてパラメータの不確定性によるフラッタ開始を推定することに関心がある者もいるが，一方で土木技術者は臨界風速を示すよりも与えられた再起期間に対するフラッタによる橋梁または構造物の破壊確率を決めるための確率論的信頼性解析に焦点を当てていることに注意せよ．

6.4.1　材料特性の変動

Castravete と Ibrahim[110)] によって，航空機の片持梁翼の曲げおよびねじり剛性パラメータに対して材料の不確定性が考慮された．曲げおよびねじり剛性パラメータは次のように表される．

$$EI_x(y) = \bar{E}\overleftarrow{I}_x + \hat{E}\check{I}_x(y), \qquad GJ(y) = \overleftarrow{G}\overleftarrow{J} + \hat{G}\check{I}(y) \tag{6.4.1}$$

ここで，E は縦弾性係数，G はせん断弾性係数，I_x は軸まわりの翼の断面二次モーメント，J は z 軸まわりの翼の断面極二次モーメントを表す．

平均値 $\bar{E}\overleftarrow{I}_x \gg 0$ および $\overleftarrow{G}\overleftarrow{J} \gg 0$ は $\hat{E}\check{I}_x(y)$ および $\hat{E}\check{J}(y)$ で表される不規則場変動の二乗平均平方根と比較して十分に大きいと仮定する．$\hat{G}\check{I}_x(y)$ および $\hat{E}\check{J}(y)$ は平均値 0 であり，標準偏差 σ_{EI_x} および σ_{GJ} は平均値より十分に小さい，すなわち，$\sigma_{EI_x}/\bar{E}\overleftarrow{I}_x \ll 1$ および $\sigma_{GJ}/\overleftarrow{G}\overleftarrow{J} \ll 1$ である正規分布であると仮定する．このことは，剛性パラメータ $EI_x(y)$ および $GJ(y)$ は正の不規則場を形成することを意味している．剛性パラメータが不規則関数 $\chi(y, \theta)$ で表されるものとする．ここで，θ は不規則事象の空間に属し，$y \in [-L/2, L/2]$ である．不規則場 $\chi(y, \theta)$ は打ち切られた K-L 展開で表すことができる[85)]．

$$\chi(y, \theta) = \bar{\chi}(y) + \sum_{n=1}^{N} \xi_n(\theta)\sqrt{\lambda_n} f_n(y) \tag{6.4.2}$$

ここで，$\bar{\chi}(y)$ は $\chi(y, \theta)$ の平均値，λ_n は式（6.4.3）および式（6.4.5b）で定義される不規則場の固有値，$f_n(y)$ は固有関数の集合，$\xi_n(\theta)$ は平均値が 0 で $E[\xi_n(\theta)\xi_m(\theta)] = \delta_{nm}$ である不規則変数の集合である．δ_{nm} はクロネッカーのデルタである．ここで λ_n は式（6.4.3）および式（6.4.4）における共分散演算子の固有値，$f_n(y)$ は次の積分方程式の解によって与えられる対応する固有関数である．

$$\int_{-L/2}^{L/2} C(y, y_1) f_n(y_1)\,\mathrm{d}y_1 = \lambda_n f_n(y) \tag{6.4.3}$$

Both $\widetilde{EI}_x(y)$ and $\widetilde{GI}(y)$ are assumed to be Gaussian distributed with zero mean and their standard deviations σ_{EI_x} and σ_{GJ} are much smaller than the corresponding mean value, i. e., $\sigma_{EI_x}/\overline{EI}_x \ll 1$, and $\sigma_{GJ}/\overline{GJ} \ll 1$. This implies that the stiffness parameters $EI_x(y)$ and $GJ(y)$ form positive-valued random fields. Let the stiffness parameters be represented by the random function $\chi(y, \theta)$, where θ is a parameter that belongs to the space of random events and $y \in [-L/2, L/2]$. The random field $\chi(y, \theta)$ can be expressed by the truncated K-L expansion (Ghanem and Spanos, 1991):

$$\chi(y, \theta) = \bar{\chi}(y) + \sum_{n=1}^{N} \xi_n(\theta)\sqrt{\lambda_n} f_n(y) \tag{6.4.2}$$

where $\chi(y)$ is the mean value of $\chi(y, \theta)$, λ_n are the eigenvalues of the random field as defined in equation (6.4.3) and (6.4.5b) below, $f_n(y)$ is a set of eigen-functions, and $\xi_n(\theta)$ is a set of random variables with zero mean and $E[\xi n(\theta)\xi_m(\theta)] = \delta_{nm}$, δ_{nm} is the Kronecker delta. Where λ_n are the eigenvalues of the covariance operators in equations (6.4.3) and (6.4.4), and $f_n(y)$ are the corresponding eigenfunctions by the solution of the integral equation

$$\int_{-L/2}^{L/2} C(y, y_1) f_n(y_1)\,\mathrm{d}y_1 = \lambda_n f_n(y) \tag{6.4.3}$$

where $C(y, y_1)$ is the covariance kernel of the random field $\chi(y, \theta)$.

Expansion (6.4.2) is mathematically well founded and is guaranteed to converge. The convergence and accuracy of the K-L expansion were proven by Huang et al. (2001) by comparing the second-order statistics of the simulated random process with that of the target process. It was shown that the factors affecting convergence are mainly the ratio of the length of the process over correlation parameter and the form of the covariance function. The K-L expansion has an advantage over the spectral analysis for highly correlated processes. For long stationary processes, the spectral method is generally more efficient as the K-L expansion method requires substantial computational effort to solve the integral equation. In addition, it is optimum in the sense that it minimizes the mean square error resulting from truncating the series at a finite number of terms. The bending and torsion stiffness parameters will be modeled by one-dimensional Gaussian random field models with bounded mean squares. Ghanem and Spanos (1991) and Loeve (1977) showed that for a Gaussian process the K-L expansion converges. The covariance kernel of the random field $\chi(y, \theta)$ may be assumed in the form:

$$C(y, y_1) = \sigma_\chi^2 e^{-|y-y_1|/l_{\text{cor}}} \tag{6.4.4}$$

where σ_χ^2 is the variance of the random field χ, such that $\sigma_\chi \ll \bar{\chi}(y)$ implying that $\chi(y, \theta)$ will always be positive, l_{cor} is correlation length such that $l_{\text{cor}} \to L$. For one-dimensional case, the eigenvalue problem (6.4.3) possesses the closed form analytical solution (Ghanem and Spanos, 1991)

$$f_n(y) = \frac{\cos(\omega_n y)}{\sqrt{L/2 + \sin(2\omega_n L/2)/(2\omega_n)}} \tag{6.4.5a}$$

$$\lambda_n = \frac{2\sigma_\chi^2/l_{\text{cor}}}{\omega_n^2 + 1/l_{\text{cor}}^2} \tag{6.4.5b}$$

where ω_n are the roots of the characteristic equation:

$$\left[\frac{1}{l_{\text{cor}}} - \omega\tan\left(\omega\frac{L}{2}\right)\right]\left[\omega + \frac{1}{l_{\text{cor}}}\tan\left(\omega\frac{L}{2}\right)\right] = 0 \tag{6.4.6}$$

ここで，$C(y, y_1)$ は不規則場 $\chi(y, \theta)$ の共分散核（kernel）を表す．

式(6.4.2)は数学的によく知られ，収束が保証されている．K-L 展開の収束と精度は，シミュレーションされた不規則過程の二次の統計量と目的過程の統計量を比較することによって Huang ら[111] によって証明された．収束に影響を与える要因は，おもに過程の長さと相関パラメータの比および共分散関数の形式であることが示された．K-L 展開は相関の強い過程に対するスペクトル解析に利点がある．長い定常過程に対して，K-L 展開が積分方程式を解くために長い計算時間を要するためにスペクトル法のほうが一般的に有効である．さらに，それは無限の項を打ち切ることによる二乗平均誤差を最小にするという意味で最適である．曲げおよびねじり剛性パラメータは有限の二乗平均をもつ一次元正規不規則場モデルによってモデル化される．Ghanem と Spanos[85] および Loeve[112] は正規過程に対して K-L 展開が収束することを示した．不規則場 $\chi(y, \theta)$ の共分散核は次の形式であると仮定する．

$$C(y, y_1) = \sigma_\chi^2 e^{-|y-y_1|/l_{\mathrm{cor}}} \tag{6.4.4}$$

ここで，σ_χ^2 は不規則場 χ の分散であり，$\sigma_\chi \ll \overline{\chi}(y)$ である．このことは，$\chi(y, \theta)$ は常に正であることを意味している．l_{cor} は $l_{\mathrm{cor}} \to L$ である相関長さを表す．一次元の場合，固有値問題（6.4.3）は解析解をもつ[85]．

$$f_n(y) = \frac{\cos(\omega_n y)}{\sqrt{L/2 + \sin(2\omega_n L/2)/2\omega_n}} \tag{6.4.5a}$$

$$\lambda_n = \frac{2\sigma_\chi^2/l_{\mathrm{cor}}}{\omega_n^2 + 1/l_{\mathrm{cor}}^2} \tag{6.4.5b}$$

ここで，ω_n は次の特性方程式の根である．

$$\left[\frac{1}{l_{\mathrm{cor}}} - \omega \tan\left(\omega\frac{L}{2}\right)\right]\left[\omega + \frac{1}{l_{\mathrm{cor}}}\tan\left(\omega\frac{L}{2}\right)\right] = 0 \tag{6.4.6}$$

式（6.4.5）を式（6.4.2）に代入すると，不規則場は次の形式となる．

$$\chi(y, \theta) = \overline{\chi}(y) + \sum_{n=1}^{N} 2\xi_n(\theta)\sigma_x \sqrt{\frac{\omega_n/l_{\mathrm{cor}}}{(\omega_n^2 + 1/l_{\mathrm{cor}}^2)[L\omega_n + \sin(2\omega_n L/2)]}} \cos(\omega_n y) \tag{6.4.7}$$

曲げ剛性に対して，不規則場 χ は平均値 $\overline{EI}_x$ および分散 $\sigma_{EI_x}^2$ をもつ $EI_x(y)$ によって定義される．ねじり剛性に対して，不規則場 χ は平均値 $\overline{GJ}$ および分散 σ_{GJ}^2 をもつ $GJ(y)$ によって定義される．簡単のため，両方のパラメータの相関がないと仮定する．基礎的な剛性の式 $\boldsymbol{K}^e$ は

$$\boldsymbol{K}^e = \boldsymbol{K}_0^e + \sum_{n=1}^{N} \boldsymbol{K}_{b,n}^e \xi_n(\theta) + \sum_{n=1}^{N} \boldsymbol{K}_{t,n}^e \xi_n(\theta) \tag{6.4.8}$$

ここで，

$$\begin{aligned}\boldsymbol{K}_0^e = {} & EI_z\int_{y_i}^{y_{i+1}} \boldsymbol{Y}_u'' \boldsymbol{Y}_u''^{\mathrm{T}} \mathrm{d}y + AE\int_{y_i}^{y_{i+1}} \boldsymbol{Y}_v' \boldsymbol{Y}_v'^{\mathrm{T}} \mathrm{d}y + \overline{EI}_x\int_{y_i}^{y_{i+1}} \boldsymbol{Y}_w'' \boldsymbol{Y}_w''^{\mathrm{T}} \mathrm{d}y \\ & + c\overline{GJ}\int_{y_i}^{y_{i+1}} \boldsymbol{Y}_\alpha' \boldsymbol{Y}_\alpha'^{\mathrm{T}} \mathrm{d}y \end{aligned} \tag{6.4.9a}$$

Introducing the expressions (6.4.5) into (6.4.2) the random field takes the form:

$$\chi(y,\theta)=\bar{\chi}(y)+\sum_{n=1}^{N}2\xi_n(\theta)\sigma_x\sqrt{\frac{\omega_n/l_{\text{cor}}}{(\omega_n^2+1/l_{\text{cor}}^2)\left[L\omega_n+\sin(2\omega_n L/2)\right]}}\cos(\omega_n y) \quad (6.4.7)$$

For bending stiffness, the random field χ is denoted by $EI_x(y)$ with mean value $\overline{EI}_x$ and variance $\sigma_{EI_x}^2$; and for torsion stiffness the random field χ is denoted by $GJ(y)$ with mean value $\overline{GJ}$ and variance σ_{GJ}^2. For simplicity, it is assumed that both parameters are uncorrelated. The elemental stiffness expression $\boldsymbol{K}^e$ is

$$\boldsymbol{K}^e(\theta)=\boldsymbol{K}_0^e+\sum_{n=1}^{N}\boldsymbol{K}_{b,n}^e\xi_n(\theta)+\sum_{n=1}^{N}\boldsymbol{K}_{t,n}^e\xi_n(\theta) \quad (6.4.8)$$

where

$$\boldsymbol{K}_0^e=EI_z\int_{y_i}^{y_{i+1}}\boldsymbol{Y}_u''\boldsymbol{Y}_u''^{\mathrm{T}}\mathrm{d}y+AE\int_{y_i}^{y_{i+1}}\boldsymbol{Y}_v'\boldsymbol{Y}_v'^{\mathrm{T}}\mathrm{d}y+\overline{EI}_x\int_{y_i}^{y_{i+1}}\boldsymbol{Y}_w''\boldsymbol{Y}_w''^{\mathrm{T}}\mathrm{d}y+c\overline{GJ}\int_{y_i}^{y_{i+1}}\boldsymbol{Y}_\alpha'\boldsymbol{Y}_\alpha'^{\mathrm{T}}\mathrm{d}y \quad (6.4.9a)$$

$$\boldsymbol{K}_{b,n}^e=\int_{y_i}^{y_{i+1}}2\xi_n(\theta)\sigma_{EI_x}\sqrt{\frac{\omega_n/l_{\text{cor}}}{(\omega_n^2+1/l_{\text{cor}}^2)\left[L\omega_n+\sin(2\omega_n L/2)\right]}}\cos(\omega_n y)\boldsymbol{Y}_w''\boldsymbol{Y}_w''^{\mathrm{T}}\mathrm{d}y \quad (6.4.9b)$$

$$\boldsymbol{K}_{t,n}^e=\int_{y_i}^{y_{i+1}}2\xi_n(\theta)\sigma_{GJ}\sqrt{\frac{\omega_n/l_{\text{cor}}}{(\omega_n^2+1/l_{\text{cor}}^2)\left[L\omega_n+\sin(2\omega_n L/2)\right]}}\cos(\omega_n y)\boldsymbol{Y}_\alpha''\boldsymbol{Y}_\alpha'^{\mathrm{T}}\mathrm{d}y \quad (6.4.9c)$$

Assembling the elemental matrices we obtain

$$\boldsymbol{M}\ddot{\boldsymbol{U}}(\theta)+\left[\boldsymbol{K}_0+\left(\sum_{n=1}^{N}\boldsymbol{K}_{b,n}\xi_n(\theta)\right)+\left(\sum_{n=1}^{N}\boldsymbol{K}_{t,n}\xi_n(\theta)\right)\right]\boldsymbol{U}(\theta)=\boldsymbol{F}_s(\boldsymbol{U}) \quad (6.4.10)$$

where $\boldsymbol{M}$ is a $(6n_S\times 6n_S)$ mass matrix represents the assembled elemental mass matrix $\boldsymbol{M}^e$, n_S is the number of points in the structural grid, $\boldsymbol{K}_0$ is a $(6n_S\times 6n_S)$ matrix representing the assembled elemental mean value of the stiffness matrix $\boldsymbol{K}_0^e$. $\boldsymbol{K}_{b,n}$ and $\boldsymbol{K}_{t,n}$ are $(6n_S\times 6n_S)$ matrices representing the assembled elemental bending $\boldsymbol{K}_{b,n}^e$, and torsion $\boldsymbol{K}_{t,n}^e$, random stiffness matrices, respectively. $\boldsymbol{F}_s(\boldsymbol{U},t,\theta)$ is a $(6n_S\times 1)$ vector representing the assembled elemental force vector $\boldsymbol{F}_s^e$, and $\boldsymbol{U}(t,\theta)$ is a $(6n_S\times 1)$ vector of the displacements of the points in the structural grid and represents the assembled elemental displacement vector $\boldsymbol{U}^e$.

Note that the left-hand side of equation (6.4.10) constitutes a set of stochastic second-order differential equations with random variable coefficients with Gaussian distribution. In the absence of aerodynamic forces, these equations are always stable, since the stiffness matrices are real positive definite. This is guaranteed by the fact that the uncertain components of the stiffness parameters are very small compared with their mean values as stated in the beginning of this section. Equation (6.4.10) constitutes the equations of motion of a wing involving stiffness uncertainties. A modal analysis of equation (6.4.10) is performed and gives:

$$\boldsymbol{K}_0\tilde{\boldsymbol{\Psi}}=\boldsymbol{M}\tilde{\boldsymbol{\Psi}}\tilde{\boldsymbol{\Lambda}} \quad (6.4.11)$$

where $\tilde{\boldsymbol{\Psi}}$ is an $\mathbb{N}\times\mathbb{N}$ eigenvector matrix where $\mathbb{N}$ is the number of degrees of freedom of the finite element model, and $\tilde{\boldsymbol{\Lambda}}$ is a $\mathbb{N}\times\mathbb{N}$ diagonal matrix of eigenvalues. Equation (6.4.10) will be solved using perturbation analysis. In order to develop the perturbation analysis, it is convenient to introduce the following coordinate transformation, which approximates the deformation of the beam:

$$\boldsymbol{U}(t,\theta)\cong\sum_{h=1}^{\tilde{N}}\Psi_k q_k=\boldsymbol{\Psi}\boldsymbol{q} \quad (6.4.12a)$$

where $\boldsymbol{\Psi}$ is a truncated form of $\tilde{\boldsymbol{\Psi}}$. For the present application, the method requires

$$\boldsymbol{K}_{b,n}^{e}=\int_{y_i}^{y_{i+1}}2\xi_n(\theta)\sigma_{EI_x}\sqrt{\frac{\omega_n/l_{\mathrm{cor}}}{(\omega_n^2+1/l_{\mathrm{cor}}^2)\,[L\omega_n+\sin(2\omega_nL/2)]}}\cos(\omega_n y)\,\boldsymbol{Y}_w''\boldsymbol{Y}_w''^{\mathrm{T}}\mathrm{d}y \tag{6.4.9b}$$

$$\boldsymbol{K}_{t,n}^{e}=\int_{y_i}^{y_{i+1}}2\xi_n(\theta)\sigma_{GJ}\sqrt{\frac{\omega_n/l_{\mathrm{cor}}}{(\omega_n^2+1/l_{\mathrm{cor}}^2)\,[L\omega_n+\sin(2\omega_nL/2)]}}\cos(\omega_n y)\,\boldsymbol{Y}_\alpha''\boldsymbol{Y}_\alpha''^{\mathrm{T}}\mathrm{d}y \tag{6.4.9c}$$

基礎行列を組み合わせると

$$\boldsymbol{M}\ddot{\boldsymbol{U}}(\theta)+\left[\boldsymbol{K}_0+\left(\sum_{n=1}^{N}\boldsymbol{K}_{b,n}\xi_n(\theta)\right)+\left(\sum_{n=1}^{N}\boldsymbol{K}_{t,n}\xi_n(\theta)\right)\right]\boldsymbol{U}(\theta)=\boldsymbol{F}_s(\boldsymbol{U}) \tag{6.4.10}$$

ここで，$\boldsymbol{M}$ は（$6n_s\times 6n_s$）の行列で組み合わせられた基礎質量行列 $\boldsymbol{M}^e$ を表す．n_s は構造物の格子における点の数，$\boldsymbol{K}_0$ は（$6n_s\times 6n_s$）の行列で剛性行列 $\boldsymbol{K}_0^e$ の組み合わせられた基礎平均値を表す．$\boldsymbol{K}_{b,n}$ および $\boldsymbol{K}_{t,n}$ は（$6n_s\times 6n_s$）の行列で，$\boldsymbol{K}_{b,n}^e$ および $\boldsymbol{K}_{t,n}^e$ それぞれ組み合わせられた基礎曲げおよび組み合わせられた基礎ねじり不規則剛性行列を表す．$\boldsymbol{F}_s(\boldsymbol{U},t,\theta)$ は（$6n_s\times 1$）のベクトルで，組み合わせられた基礎力ベクトル $\boldsymbol{F}_s^e$ を表す．そして，$\boldsymbol{U}(t,\theta)$ は構造物の格子における点の変位ベクトルであり，組み合わせられた基礎変位ベクトル $\boldsymbol{U}^e$ を表す．

式（6.4.10）の左辺が正規分布をもつ不規則変数係数からなる確率二次微分方程式であることに注意せよ．航空弾性学的な力がないために，これらの方程式は常に安定である．剛性行列は実数で正に限定されているからである．このことは，6.4 節のはじめに述べたように，剛性パラメータの不確定要素がその平均値と比較して非常に小さいという事実によって保証される．式（6.4.10）は剛性の不確定性を含む運動方程式を構成する．式（6.4.10）のモード解析が実行され，次式が得られる．

$$\boldsymbol{K}_0\tilde{\boldsymbol{\Psi}}=\boldsymbol{M}\tilde{\boldsymbol{\Psi}}\tilde{\boldsymbol{\Lambda}} \tag{6.4.11}$$

ここで，$\tilde{\boldsymbol{\Psi}}$ は $\mathbb{N}\times\mathbb{N}$ の固有ベクトル行列であり，$\mathbb{N}$ は有限要素モデルの自由度の数である．また，$\boldsymbol{\Lambda}$ は $\mathbb{N}\times\mathbb{N}$ の固有値の対角行列である．式（6.4.10）は摂動法を用いて解くことができる．摂動解析を展開するために次のような座標変換（これははりの変形を近似している）を導入すると便利である．

$$\boldsymbol{U}(t,\theta)\cong\sum_{n=1}^{N}\Psi_k q_k=\boldsymbol{\Psi}\boldsymbol{q} \tag{6.4.12a}$$

ここで，$\boldsymbol{\Psi}$ は $\tilde{\boldsymbol{\Psi}}$ の打切り形である．この応用に対しては，変位ベクトルが打ち切られたテイラー級数に展開できることが必要である．

$$\boldsymbol{U}(t,\theta)=\boldsymbol{\Psi}\left[\boldsymbol{q}_0(t)+\sum_{n=1}^{N}\frac{\partial\boldsymbol{q}}{\partial\xi_n}\bigg|_{\xi=0}\xi_n(\theta)+\frac{1}{2}\sum_{n=1}^{N}\sum_{m=1}^{N}\frac{\partial^2\boldsymbol{q}}{\partial\xi_n\partial\xi_m}\bigg|_{\xi=0}\xi_n(\theta)\xi_m(\theta)+\cdots\right] \tag{6.4.12b}$$

ここで，$\boldsymbol{\Psi}$ は最初の $\tilde{N}$ 個のモード形状ベクトルを含む $\mathbb{N}\times\tilde{N}$ の行列である．$\boldsymbol{q}$ は $\tilde{N}\times 1$ の一般化座標ベクトルである．そして，q_0 は q の平均値である．式（6.4.12b）を式（6.4.10）に代入し，両辺に前から $\boldsymbol{M}^{-1}\boldsymbol{\Psi}^{\mathrm{T}}$ を掛けて ξ の同じ次数の項を集めると，

displacement vector be expanded into the truncated Taylor series:

$$\boldsymbol{U}(t,\theta)=\boldsymbol{\Psi}\left[\boldsymbol{q}_0(t)+\sum_{n=1}^{N}\frac{\partial \boldsymbol{q}}{\partial \xi_n}\bigg|_{\xi=0}\xi_n(\theta)+\frac{1}{2}\sum_{n=1}^{N}\sum_{m=1}^{N}\frac{\partial^2 \boldsymbol{q}}{\partial \xi_n \partial \xi_m}\bigg|_{\xi=0}\xi_n(\theta)\xi_m(\theta)+\cdots\right] \tag{6.4.12b}$$

Note that $\boldsymbol{\Psi}$ is an $\mathbb{N}\times\tilde{N}$ matrix that includes first $\tilde{N}$ mode shape vector, $\boldsymbol{q}$ is an $\tilde{N}\times 1$ generalized coordinates vector, and $\boldsymbol{q}_0$ is the mean value of $\boldsymbol{q}$. Substituting equation (6.4.12b) into equation (6.4.10), pre-multiplying both sides by $\boldsymbol{M}^{-1}\boldsymbol{\Psi}^{\mathrm{T}}$ and collecting terms of the same power of ξ yields a set of perturbational equations of zero-order, first-order, second-order, and so on. For simplification sake, the analysis was restricted up to the first-order. The resulting perturbational equations were numerically integrated once using an adapted Hamming's fourth order predictor-corrector method. The numerical solutions were performed using the following values of the $\overline{EI_x}=10^6\ \mathrm{Nm}^2$; $EI_z=50\times 10^6\ \mathrm{Nm}^2$; $\overline{GJ}=1.5\times 10^6\ \mathrm{Nm}^2$; $EA=20\times 10^6\ \mathrm{N}$; $m=10\ \mathrm{kg/m}$; $I_0=15\ \mathrm{kgm}$ (wing mass moment of inertia about inertia axis per unit length); $\delta_3=0.15\ \mathrm{m}$; wing length $L=3\ \mathrm{m}$; wing chord $C=1\ \mathrm{m}$; angle of attack $\alpha_a=5°$; $L_C=0.16667\ \mathrm{m}$; and $l_{\mathrm{cor}}=L=3\ \mathrm{m}$. In order to obtain realistic results, the wing will be discretized using 9 elements for the wing structure and 610 elements for the lattice.

The response was obtained from perturbation method at various flow speeds and various bending and torsion stiffness uncertainty levels. The wing bending and torsion time history records are numerically estimated for airflow speed 120 m/s and angle of attack $\alpha=5°$, in the absence of uncertainty. The solutions are obtained for initial conditions $q_{\mathrm{ben}}(0)=-0.05$, $\dot{q}_{\mathrm{ben}}(0)=0.0$, $q_{\mathrm{tor}}(0)=0.01$, and $\dot{q}_{\mathrm{tor}}(0)=0.0$. It was found that the wing is stable under this airflow speed. In the presence of small level of bending stiffness uncertainty up to $\sigma_{EI_x}/\overline{EI_x}=0.09$ and zero torsion uncertainty, $\sigma_{GJ}/\overline{GJ}=0.0$, and under the same airflow speed the wing remains stable and both time history records and their variances decay with time.

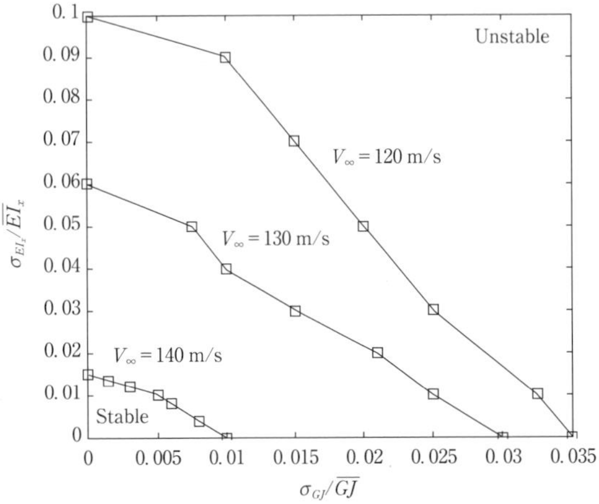

Fig. 1 Stability boundaries $\sigma_{EI_x}/\overline{EI_x}$ vs. $\sigma_{GJ}/\overline{GJ}$ at three different values of air flow speed (Castravete and Ibrahim, 2008)

0次，一次，二次などの1組の摂動式が得られる．得られた摂動式は適合ハミルトン四次予測修正子法を使って数値的に積分される．数値解では次の値を使った．$\overline{EI}=10^6\ \mathrm{Nm}^2$，$EI_z=50\times10^6\ \mathrm{Nm}^2$，$\overline{GJ}=1.5\times10^6\ \mathrm{Nm}^2$，$EA=20\times10^6\ \mathrm{N}$，$m=10\ \mathrm{kg/m}$，$I_0=15\ \mathrm{kgm}$（翼の単位長さあたりの慣性軸まわりの慣性モーメント），$\delta_3=0.15\ \mathrm{m}$，翼長 $L=3\ \mathrm{m}$，翼弦 $C=1\ \mathrm{m}$，迎え角 $\alpha_a=5°$，$L_C=0.16667\ \mathrm{m}$，$l_{\mathrm{cor}}=L=3\ \mathrm{m}$．現実的な結果を得るために，翼は翼構造に対して9要素，格子に対して610要素を使って分けられた．

摂動法によってさまざまな流速，曲げ剛性，ねじり剛性の不確定性のレベルに対する応答が得られた．翼曲げおよびねじりの時刻歴記録を不確定性なしで流速120 m/sおよび迎え角 $\alpha=5°$ に対して数値的に推定した．解は初期条件 $q_{\mathrm{ben}}(0)=-0.05$, $\dot{q}_{\mathrm{ben}}(0)=0.0$，$q_{\mathrm{tor}}(0)=0.01$，$\dot{q}_{\mathrm{tor}}(0)=0.0$ に対して求めた．この流速では翼は安定であることが明らかになった．同じ流速のもとで，$\sigma_{EI_x}/\overline{EI}_x=0.09$ までの小さいレベルの曲げ剛性の不確定性とねじり剛性の不確定性 $\sigma_{GJ}/\overline{GJ}$ が0の条件では翼は安定で，両方の時刻歴記録とその変動は時間とともに減少する．曲げ剛性の不確定性が臨界値 $\sigma_{EI_x}/\overline{EI}_x=0.1$ に近づくと，翼は不安定となり，0での釣合い状態を失い，航空動力学的な非線形性のために，リミットサイクル振動（LCOs）の形でフラッタの限界に近づく．曲げ剛性の不確定性が上記のレベルを上回ると翼の振動は制限なしに大きくなる．流速が増加すると，フラッタ境界は $\sigma_{EI_x}/\overline{EI}_x<0.1$ で定義される曲げ剛性の不確定性のより低い値で発生する．流速 V_∞ におけるフラッタ境界を曲げ剛性の不確定性の分散 $\sigma_{EI_x}/\overline{EI}_x$ に対して求めるために多くの数値解が得られた．曲げ剛性の不確定性がなく，ねじり剛性の不確定性が小さい範囲では，翼は $\sigma_{GJ}/\overline{GJ}=0.035$ までは安定である．$\sigma_{GJ}/\overline{GJ}=0.035$ のときに翼は流速120 m/sでフラッタを起こし，このレベル以上では

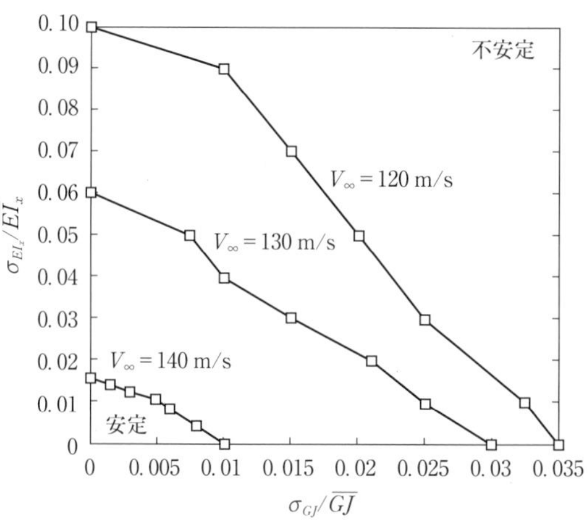

図6.1 安定境界3つの流速に対する $\sigma_{EI_x}/\overline{EI}_x$ と $\sigma_{GJ}/\overline{GJ}$ の関係[110)]

When the bending stiffness uncertainty reaches the critical value $\sigma_{EI}/\overline{EI}_x = 0.1$ the wing experiences instability, loses its zero equilibrium state and reaches the flutter boundary in the form of limit cycle oscillations (LCOs) due to aerodynamic nonlinearity. Above that level of bending stiffness uncertainty the wing oscillations grow without limit. As the air flow speed increases, the flutter boundary takes place for lower values of bending stiffness uncertainty defined by the bound $\sigma_{EI_x}/\overline{EI}_x < 0.1$. An extensive number of numerical solutions have been carried out for the purpose of establishing the flutter boundary on air flow speed, V_∞, versus the variance of bending stiffness uncertainty, $\sigma_{EI_x}/\overline{EI}_x$. In the absence of bending stiffness uncertainty, and over a small range of torsion stiffness uncertainty, the wing remains stable until $\sigma_{GJ}/\overline{GJ} = 0.035$, at which the wing experiences flutter for airflow speed 120 m/s, above that level the wing is unstable. It was found that the stable region in the presence of torsion stiffness uncertainty is smaller than the stable region in the presence of bending stiffness uncertainty. This demonstrates the significant influence of torsion stiffness uncertainty on the stability of the

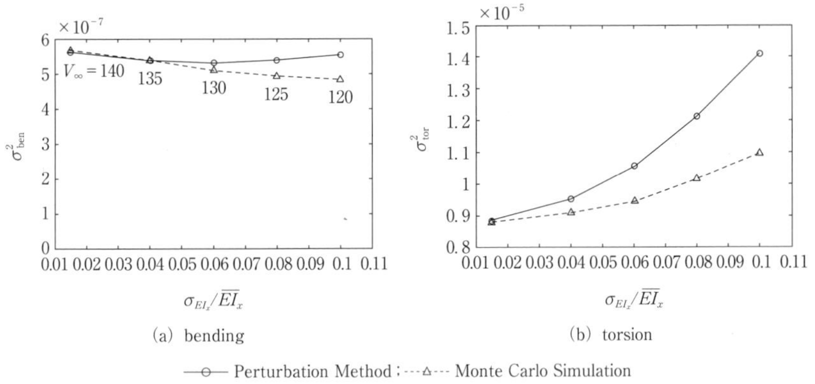

Fig. 2 Comparison of perturbation and Monte Carlo simulation response variances (Castravete and Ibrahim, 2008)

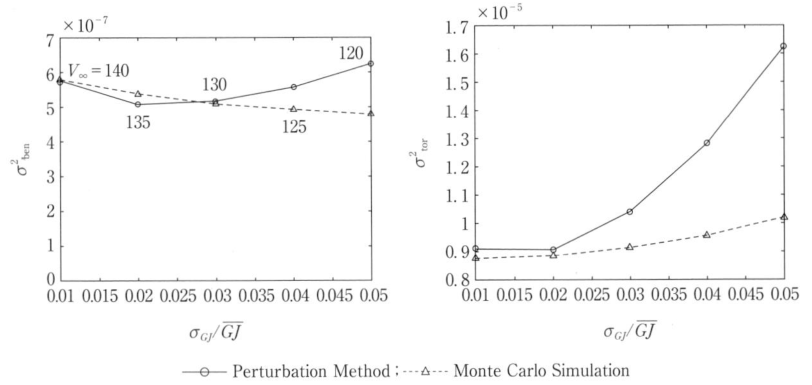

Fig. 3 Perturbation method convergence (Castravete and Ibrahim, 2008)

翼は不安定である．ねじり剛性の不確定性がある場合には，安定領域は曲げ剛性の不確定性がある場合の安定領域より小さいことが明らかになった．このことは，翼の安定性にねじり剛性の不確定性が大きな影響を及ぼしていることを示している．図 6.1 は曲げとねじりの不確定性が安定性に及ぼす影響を示しており，異なる流速における曲げとねじりが組み合わされた不確定性（$\sigma_{EI_x}/\overline{EI}_x - \sigma_{GJ}/\overline{GJ}$）に対する安定性限界を示している．

曲げ剛性の変動の小さい値に対してフラッタ境界を予測する摂動結果をモンテカルロシミュレーションで確認した．摂動法はフラッタ限界の予測においてとても精度がよく，曲げの不確定性があり，ねじりの不確定性がない場合のフラッタ限界を構築することを実証した．異なる流速の値に対して，曲げとねじりの不確定性が曲げの不確

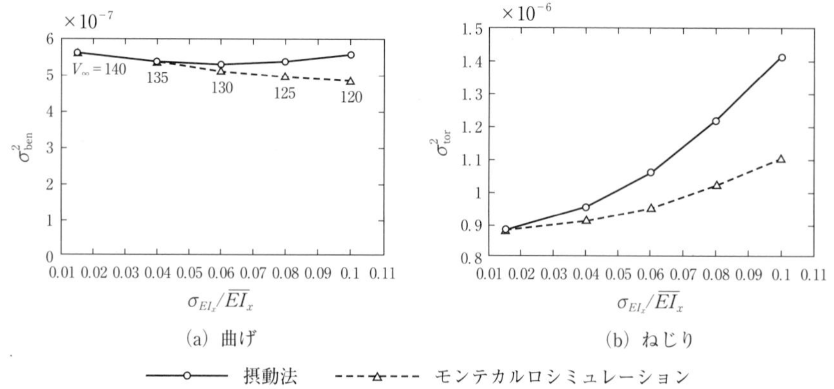

図 6.2 摂動法とモンテカルロシミュレーションによる応答の分散の比較[110)]

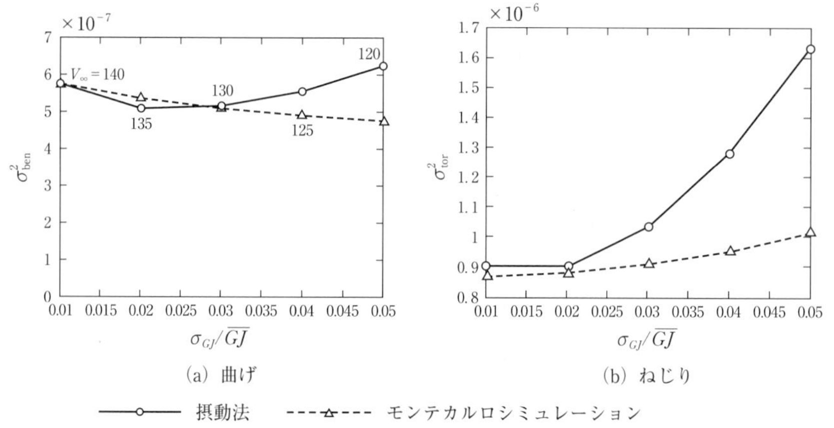

図 6.3 摂動法の収束[110)]

wing. Fig. 1 shows the influence of both bending and torsion uncertainties on the stability of the wing. Fig. 1 reveals the stability boundaries for the bending-torsion combination uncertainties ($\sigma_{EI}/\overline{EI}_x - \sigma_{GJ}/\overline{GJ}$) at different flow speeds.

The Monte Carlo simulation confirms the perturbation results in predicting the flutter boundary for low values of bending stiffness variance. It was demonstrated that the perturbation method is very accurate in the prediction of the flutter boundary and the establishment of stability boundaries in the presence of bending uncertainties and absence of torsion uncertainties. The dependence of bending and torsion variances on bending uncertainties is shown in Fig. 2 for different values of airflow speed. Fig. 3 shows the dependence of bending and torsion variances on the torsion stiffness uncertainty level for different values of airflow speed indicated on each curve. Both diagrams reveal the validity of the perturbation method for a low level of stiffness uncertainty.

6.4.2 Design Optimization

In engineering design it is important to optimize response quantities such as the displacement, stress, vibration frequencies and mode shapes against a given set of design parameters. The deterministic optimization (see, e. g., Adeli and Cheng, 1994 ; Arora et al., 1994 ; Coster and Stander, 1996 ; De Silva, 1981 ; and Chen, 1992) of structural behavior has been well developed for specified parameters and loading conditions. However, the design parameters may be uncertain because of complexity of structures, manufacture errors, inaccuracy in measurement, etc. If the design parameters are changed the design will no longer be optimal and may be unstable in response to these changes. Therefore, the concept of uncertainty plays an important role in the investigation of various engineering problems. Jozwiak (1985) studied structural reliability and optimization of structures with random parameters. The study considered an application of stochastic programming for solution of structural optimization problems involving free vibrations of structures with parameters described by random variables by converting the probabilistic problem into an equivalent deterministic one. Mu and Chen (1987) considered the optimal design of the random vibration absorbers with stiffness nonlinearity. They examined the optimization criteria for minimizing the mean square value of the main mass displacement response and for minimizing the mean square value of the main mass velocity response. The optimization was carried out using the hybrid penalty function method. Kazimierczyk (1989) presented optimal designs for a variety of continuous mechanical systems such as beams, plates and shells. The general, consistent methodology was illustrated by a case study connected with the optimization of the choice of measurement points on a randomly vibrating elastic beam.

Zhang and Ding (2008) proposed an optimized approach for dynamic response of mechanical system with uncertain parameters using convex method. The optimization problem for the uncertain system was transformed into the approximate deterministic optimization one. The method was developed based on the first-order Taylor expansion and thus it was limited to the cases where the uncertainties of the parameters are small. A structural optimization criterion for mechanical systems subject to random vibrations was developed by Morano (2008) based on a multi-objective approach whose objective function vector combines stochastic reliability performance and structural cost indices. The multi-

定性に依存することを図 6.2 に示す．図 6.3 はそれぞれの曲線で示された異なる流速の値に対して，曲げとねじりの変動がねじり剛性の不確定性に依存することを示す．どちらの図も，剛性の不確定性が小さい場合に対して摂動法が有効であることを示している．

6.4.2 設計の最適化

設計において，与えられた設計パラメータに対する変位，応力，振動周波数，モード形状のような応答量を最適化することは重要なことである．構造物の挙動の決定論的最適化[113)-117)] は，設定されたパラメータおよび荷重条件に対して十分に展開されてきた．しかしながら，設計パラメータは不確定である．なぜなら，構造物が複雑であり，製造誤差，測定が不正確なためである．設計パラメータが変更されれば設計はもはや最適ではなく，これらの変更に対する応答が不安定であることもある．したがって，不確定性の概念は，さまざまな工学上の問題の研究に大きな役割を果たす．Jozwiak[118)] は，不規則なパラメータをもつ構造物の構造信頼性および最適化の研究を行った．この研究では，確率的な問題を等価的な確定論問題に置き換えることによって，不規則変数で記述されるパラメータをもつ構造物の自由振動を含む構造物の最適化問題の解に対する確率プログラミングの応用を考慮している．Mu と Chen[119)] は剛性の非線形性をもつ不規則振動動吸振器の最適設計を考えた．Mu と Chen は主振動体の変位応答の二乗平均値を最小化し，主振動体の速度応答の二乗平均値を最小化するための最適化基準について検討した．最適化にはハイブリッドペナルティ関数法が使われた．Kazimierczyk[120)] は，梁，板，シェルのような種々の連続機械システムの最適設計を提案した．一般的で一貫した方法論は不規則振動する弾性はり上の測定点の選択の最適化に関するケーススタディによって示された．

Zhang と Ding[121)] は凸面法を用いて不確定パラメータをもつ機械システムの動的応答に対する最適化アプローチを提案した．不確定系に対する最適化問題は近似的な確定論的最適化問題に変換される．この方法は一次のテイラー展開をもとに展開され，したがってパラメータの不確定性が小さい場合に限定される．不規則振動を受ける機械システムに対する構造最適化基準は，Morano[122)] によって目的関数ベクトルが確率信頼性機能および構造物の経費の指標と結合される多目的法をもとに展開された．動吸振器の多目的最適設計は非定常加速度不規則過程によって，基礎が励振される多層建築構造に生じる構造物の応答を制御するために，典型的な耐震設計問題に対して数式化された．受動的動吸振器を用いた不規則荷重を受ける曲線をもつ連続構造物の応答抑制は，Yang ら[123)] によって有限要素法を用いて研究された．動吸振器が付加された連続した曲線をもつ構造物の設計の最適化のために有限要素のアルゴリズムが用いられた．異なるタイプの曲線のある梁の振動を効果的に抑制するために，展開された解析は動吸振器の最適設計変数を得るための逐次二次計画最適化アルゴリズムと組み合わせられた．

objective optimum design of a tuned mass damper was formulated for a typical seismic design problem, to control structural vibration induced on a multi-storey building structure excited by non-stationary base acceleration random process. The vibration suppression of curved continuous structures subjected to random loadings using a passive tuned mass damper was studied by Yang et al. (2009) using a finite element approach. The finite element algorithm was used for design optimization of continuous curved structures with the attached tuned mass damper. The developed analysis was combined with the sequential quadratic programming optimization algorithm to obtain the optimal design variables in the tuned mass dampers to efficiently suppress vibration of different types of curved beam.

6.4.3 Sensitivity Analysis

The study of sensitivity of reliability in random systems is important for design purposes and helps the designer to establish acceptable tolerances on structural system. In studying the stability of dynamic systems, it is desirable to find out the degree of the influence of parameter variations on stability and associated problems. One of the main problems that may affect a structure performance is its imperfection due to manufacturing errors, material inhomogeneities, etc. The sensitivity theory is a mathematical problem, which investigates the change in the system behavior due to parameter variations. The basic concepts of sensitivity theory are well documented in several books (see, e.g., Frank, 1978). The sensitivity problem can be stated by defining the actual system parameters represented by the vector, $\alpha=\{\alpha_1, \cdots, \alpha_n\}^{\mathrm{T}}$, which differ from the nominal value α_0 by a deviation $\Delta\alpha$. These parameters are related to a certain vector $\boldsymbol{x}$ can be taken as the system response vector

$$\dot{\boldsymbol{x}}=\boldsymbol{A}\boldsymbol{x} \tag{6.4.13}$$

Let $\boldsymbol{v}_i$ be the eigenvector associated with the eigenvalue λ_i, it follows that

$$\boldsymbol{A}\boldsymbol{v}_i=\lambda\boldsymbol{v}_i \tag{6.4.14}$$

Similarly, for the eigenvector $\boldsymbol{w}_j$ of the transposed system $\boldsymbol{A}^{\mathrm{T}}$ one can write

$$\boldsymbol{w}_j^{\mathrm{T}}\boldsymbol{A}=\lambda_j\boldsymbol{w}_k^{\mathrm{T}} \tag{6.4.15}$$

The relationship between the eigenvectors $\boldsymbol{v}_i$ and the adjoint eigenvectors $\boldsymbol{w}_j$ is

$$\boldsymbol{v}_i^{\mathrm{T}}\boldsymbol{w}_j=\boldsymbol{w}_j^{\mathrm{T}}\boldsymbol{v}_i=\delta_{ij} \tag{6.4.16}$$

where δ_{ij} stands for Kronecker's delta. Taking partial differentiation of equation (6.4.14) with respect to a parameter α gives

$$\frac{\partial\boldsymbol{A}}{\partial\alpha}\boldsymbol{v}_i+\boldsymbol{A}\frac{\partial\boldsymbol{v}_i}{\partial\alpha}=\frac{\partial\lambda_i}{\partial\alpha}\boldsymbol{v}_i+\lambda_i\frac{\partial\boldsymbol{v}_i}{\partial\alpha} \tag{6.4.17}$$

Pre-multiplying equation (6.4.17) by the transpose adjoint vector $\boldsymbol{w}_i^{\mathrm{T}}$, we write

$$\boldsymbol{w}_i^{\mathrm{T}}\frac{\partial\boldsymbol{A}}{\partial\alpha}\boldsymbol{v}_i+\boldsymbol{w}_i^{\mathrm{T}}\boldsymbol{A}\frac{\partial\boldsymbol{v}_i}{\partial\alpha}=\boldsymbol{w}_i^{\mathrm{T}}\frac{\partial\lambda_i}{\partial\alpha}\boldsymbol{v}_i+\boldsymbol{w}_i^{\mathrm{T}}\lambda_i\frac{\partial\boldsymbol{v}_i}{\partial\alpha} \tag{6.4.18}$$

Using equation (6.4.15) and $i=j$, the sensitivity of the eigenvalue λ_i with respect to a parameter α be expressed in the form

$$S_\alpha=\frac{\partial\lambda_i}{\partial\alpha}=\frac{\boldsymbol{w}_i^{\mathrm{T}}(\partial\boldsymbol{A}/\partial\alpha)\boldsymbol{v}_i}{\boldsymbol{w}_i^{\mathrm{T}}\boldsymbol{v}_i}, \qquad i=1, 2, \cdots, n \tag{6.4.19}$$

Generally, a unique relationship between the parameter vector and the response vector is assumed. However, it is not possible in real problems because they cannot be identified exactly. It is a common practice in sensitivity theory to define

6.4.3 感 度 解 析

不規則系における信頼性の感度の研究は設計目的に対して重要で，設計者に構造物の許容限界を構築する助けとなる．動的システムの安定性の研究において，パラメータの変動が信頼性や関連する問題に与える度合いを見出すことが望まれる．構造物の機能に影響を与えると考えられるひとつの主要な問題は，製造誤差，材料不均一性などによる不完全性である．感度理論は数学問題であり，パラメータ変動による系の挙動の変化を明らかにするものである．感度理論の基本的な概念はいくつかの本によく書かれている[124]．感度の問題はベクトル $\boldsymbol{\alpha}=\{\alpha_1, \cdots, \alpha_n\}^{\mathrm{T}}$ によって表される実際の系のパラメータを定義することによって記述することができる．このベクトルは公称の値 $\boldsymbol{\alpha}_0$ から偏差 $\Delta\boldsymbol{\alpha}$ だけ異なっている．これらのパラメータはあるベクトル $\boldsymbol{x}$ に関連し，系の応答ベクトルを形成する．

$$\dot{\boldsymbol{x}}=\boldsymbol{A}\boldsymbol{x} \tag{6.4.13}$$

$\boldsymbol{v}_i$ を固有値 λ_i に関する固有ベクトルとすると，次式のようになる．

$$\boldsymbol{A}\boldsymbol{v}_i=\lambda_i\boldsymbol{v}_i \tag{6.4.14}$$

同様に，転置システム行列 $\boldsymbol{A}^{\mathrm{T}}$ の固有ベクトル $\boldsymbol{v}_i$ に対して，随伴固有ベクトル $\boldsymbol{w}_j$ は

$$\boldsymbol{w}_j^{\mathrm{T}}\boldsymbol{A}=\lambda_j\boldsymbol{w}_k^{\mathrm{T}} \tag{6.4.15}$$

固有ベクトル $\boldsymbol{v}_i$ と随伴固有ベクトル $\boldsymbol{w}_j$ の関係は，

$$\boldsymbol{v}_i^{\mathrm{T}}\boldsymbol{w}_j=\boldsymbol{w}_j^{\mathrm{T}}\boldsymbol{v}_i=\delta_{ij} \tag{6.4.16}$$

ここで，δ_{ij} はクロネッカーのデルタである．式（6.4.14）をパラメータ α で偏微分すると，

$$\frac{\partial\boldsymbol{A}}{\partial\alpha}\boldsymbol{v}_i+\boldsymbol{A}\frac{\partial\boldsymbol{v}_i}{\partial\alpha}=\frac{\partial\lambda_i}{\partial\alpha}\boldsymbol{v}_i+\lambda_i\frac{\partial\boldsymbol{v}_i}{\partial\alpha} \tag{6.4.17}$$

式（6.4.17）に前から転置随伴ベクトル $\boldsymbol{w}_i^{\mathrm{T}}$ を掛けると，

$$\boldsymbol{w}_i^{\mathrm{T}}\frac{\partial\boldsymbol{A}}{\partial\alpha}\boldsymbol{v}_i+\boldsymbol{w}_i^{\mathrm{T}}\boldsymbol{A}\frac{\partial\boldsymbol{v}_i}{\partial\alpha}=\boldsymbol{w}_i^{\mathrm{T}}\frac{\partial\lambda_i}{\partial\alpha}\boldsymbol{v}_i+\boldsymbol{w}_i^{\mathrm{T}}\lambda_i\frac{\partial\boldsymbol{v}_i}{\partial\alpha} \tag{6.4.18}$$

式（6.4.15）を用いて $i=j$ とすると，パラメータ α に関する固有値 λ_i の感度は次のように表される．

$$S_\alpha=\frac{\partial\lambda_i}{\partial\alpha}=\frac{\boldsymbol{w}_i^{\mathrm{T}}(\partial\boldsymbol{A}/\partial\alpha)\boldsymbol{v}_i}{\boldsymbol{w}_i^{\mathrm{T}}\boldsymbol{v}_i}\quad(i=1, 2, \cdots, n) \tag{6.4.19}$$

一般に，パラメータベクトルと応答ベクトルの一意の関係を仮定する．しかしながら，現実の問題では不可能である．なぜならば，それらを正確に同定することができないからである．感度理論では感度関数 $\boldsymbol{S}$ を定義することが一般的である．$\boldsymbol{S}$ はパラメータの変動 $\Delta\boldsymbol{\alpha}$ の集合の要素とシステム関数 $\Delta\boldsymbol{x}$ のパラメータ指標誤差の集合の要素を次の線形関係で関連づける．

$$\Delta\boldsymbol{x}\approx\boldsymbol{S}(\boldsymbol{\alpha}_0)\Delta\boldsymbol{\alpha} \tag{6.4.20}$$

この関係は微小パラメータの変動，すなわち $\|\Delta\boldsymbol{\alpha}\|\ll\|\boldsymbol{\alpha}_0\|\cdot\boldsymbol{S}$ に対してのみ有効である．$\boldsymbol{S}$ は軌跡感度行列として知られている行列関数である．これは系の公称パラメー

a *sensitivity function*, $\boldsymbol{S}$, which relates the elements of the set of the parameter deviation, $\Delta\boldsymbol{\alpha}$, to the elements of the set of the parameter-induces errors of the system function, $\Delta\boldsymbol{x}$, by the linear relationship

$$\Delta\boldsymbol{x}\approx\boldsymbol{S}(\boldsymbol{\alpha}_0)\Delta\boldsymbol{\alpha} \tag{6.4.20}$$

This relation is valid only for small parameter variation, i.e., $\|\Delta\boldsymbol{\alpha}\|\ll\|\Delta\boldsymbol{\alpha}_0\|\cdot\boldsymbol{S}$. $\boldsymbol{S}$ is a matrix function known as the trajectory sensitivity matrix, which can be established either by a Taylor series expansion or by a partial differentiation of the state equation with respect to the system nominal parameters. The sensitivity of the eigenvalues to small changes in the system parameters as measured by the partial derivative, known as the eigenvalue sensitivity parameter

$$S_{\alpha_j}^{\lambda_j}=\left.\frac{\partial\lambda_j}{\partial\alpha_j}\right|_{\alpha_0} \tag{6.4.21}$$

The derivatives of the eigenvalues are very helpful in design optimization of structures under dynamic response restrictions. They have been extensively used in studying vibratory systems with symmetric mass, damping, and stiffness properties (see, e.g., Fox and Kapoor, 1968; and Kiefling, 1970) and in non-self-adjoint systems (Rogers, 1970; Plaut and Huseyin, 1973; and Rudisill, 1974).

Sensitivity analysis of some engineering applications has been reported in the literature. For example, Lund (1979) developed a method for calculate the sensitivity of critical speeds of a conservative rotor to changes in the design using a state vector-transfer matrix formulation. Fritzen and Nordman (1982) developed the eigenvalue and eigenvector derivatives for a general vibratory system (with non-symmetric system matrices) and used them in evaluating stability behavior due to parameter changes in rotor dynamics. Palazzolo, et al, (1983) presented a generalized receptance approach for eigensolution analysis of rotor dynamic system. This method has the advantage of accommodating system modifications of arbitrary magnitude and treats the modifications simultaneously. For the case of a spinning disc with a stationary load system, Chen and Bogy (1992) estimated the sensitivity of the disc natural frequencies with respect to small variations of mass, stiffness, damping, pitching and friction parameters. They found that adding a small (weak) transverse mass (spring) in the load system results in decreasing (increasing) the natural frequencies of the forward and backward traveling waves, but tends to increase (decrease) the natural frequency of the reflected wave. Addition of small damping will stabilize the forward and backward traveling waves, but tends to destabilize the reflected wave. On the other hand, the effect of the friction force between the sliding surfaces was found to destabilize the forward traveling wave but tends to stabilize the reflected and the backward traveling wave. Chen and Ku (1994) studied the stability of nonconservative elastic systems using eigenvalue sensitivity.

Yimin et al. (2003) numerically analyzed the sensitivity of reliability for the multi-degree-of-freedom nonlinear vibrations with random parameters and independent failure modes. They estimated the first four statistical moments of the response and the state function. Unknown distribution function of random state function was approximately determined by the standard normal distribution functions using Edgeworth series technique.

タに関するテイラー級数または状態変数の偏微分によって得ることができる．偏微分によって測定される系のパラメータの小さい変動に対する固有値の感度は，固有値感度パラメータとして知られ，

$$S_{\alpha_j}^{\lambda_j} = \left.\frac{\partial \lambda_j}{\partial \alpha_j}\right|_{\alpha_0} \tag{6.4.21}$$

固有値の微分は動的応答の制約下での構造物の設計最適化に大変役立つ．この微分は対称な質量，減衰，剛性特性をもつ振動系の研究[125),126)]および非自己随伴系[127)-129)]に広範囲に用いられている．

感度解析の工学的応用についてさまざまな報告がなされてきた．例えばLund[130)]は状態ベクトル伝達行列関数を用いて設計における変化に対する保存ロータの危険速度の感度を計算する方法を展開した．Fritzen と Nordman[131)]は一般の振動系（非対称システム行列をもつ）に対する固有値と固有ベクトルの微分を展開し，それをロータダイナミクスにおけるパラメータ変化による安定性挙動の評価に用いた．Palazzoloら[132)]はロータダイナミクス系の固有解解析に対する一般的なレセプタンス法を示した．この方法は任意の大きさの系の修正に適応させる利点があり，修正を同時に扱う．定常荷重系をもつ回転ディスクに対して，Chen と Bogy[133)]は質量，剛性，減衰，ピッチング，摩擦パラメータの小さな変動に関するディスクの固有振動数の感度を推定した．彼らは荷重系に小さな/弱い横方向質量/剛性を加えると前向きと後向き伝達波の固有振動数が低く/高くなるが，反射波の固有振動数が高く/低くなる傾向があることを見出した．小さい減衰を加えると前向きおよび後向き伝達波は安定化し，反射波を不安定化させる．一方で，すべり面間の摩擦力は前向き伝達波を不安定化させるが，反射波と後向き伝達波を安定化させることが明らかになった．Chen と Ku[134)]は固有値の感度を用いて非保存弾性系の安定性を研究した．

Yimin ら[135)]は不規則パラメータと独立した損傷モードをもつ多自由度非線形振動に対する信頼性の感度を解析した．彼らは応答と状態関数の最初の 4 つの統計的モーメントを推定した．不規則状態関数の未知分布関数は，エッジワース級数法を用いて基準正規分布関数によって近似的に決定された．

6.4.4　構造物の安全性

a.　背　　景

正規あるいは非正規不規則入力を受ける非線形構造物の信頼性では崩壊型と疲労型の両方の損傷を扱う．前者は系の応答の極大値の分布に関連し，後者は系の応答の異なるレベルの横断率に関連する．信頼性と疲労の問題はこの報告の範囲を超える．しかしながら，読者は Bogdanoff と Kozin[136)]，Bolotin[137)]，Sobczyk と Spencer[138)]および Clarkson[139)]による最近の調査を参照することができる．構造物の安全性問題の標準的な形は確率の積分によって表すことができる．

6.4.4 Structural Safety

a. Background

The reliability of nonlinear structures subjected to Gaussian/non-Gaussian random excitations deals with both catastrophic-type and fatigue-type failures. The former is related to the distribution of extreme values of the system response, and the latter is related to the crossing rates at different levels of the system response. The issues of reliability and fatigue are beyond the scope of this paper, however, the readers may consult Bogdanoff and Kozin (1985), Bolotin (1989), Sobczyk and Spencer (1992), and the recent review by Clarkson (1994). The standard form of the structural reliability problem may be expressed by the probability integral

$$P=\int_{g(x)\leq 0} p(\boldsymbol{x})\,\mathrm{d}\boldsymbol{x} \tag{6.4.22}$$

where $\boldsymbol{x}$ is the response state vector with probability density function $p(\boldsymbol{x})$, and $g(\boldsymbol{x})$ denotes a limit-state function that defines the event of interest as $g(\boldsymbol{x})\leq 0$. Let $s(t, \boldsymbol{x})$ represent a critical response quantity, e.g., the stress at a certain point of the structure, and $r(t, \boldsymbol{x})$ denote the corresponding safe threshold. The function

$$w(t, \boldsymbol{x})=r(t, \boldsymbol{x})-s(t, \boldsymbol{x}) \tag{6.4.23}$$

takes on a negative value whenever the response exceeds the safe threshold. To describe the excursion events during the interval $t\in[a, b]$ in terms of the reliability function (6.4.22), the interval $[a, b]$ is replaced by a set of discrete time points t_n for $n=0, 1, \cdots, N$, with $t_0=a$ and $t_N=b$. One may consider the approximate limit-state function

$$g(x)=\min_{n\in N} w_N(\boldsymbol{x}) \tag{6.4.24}$$

To evaluate $g(\boldsymbol{x})$ for any $\boldsymbol{x}$, the threshold $r(t_n, \boldsymbol{x})$ and the response $s(t_n, \boldsymbol{x})$ are calculated for all $n\in N$. Zhang and Der Kiureghian (1993) developed an algorithm to compute the response gradients which are needed in the first-order reliability method. A design point $\boldsymbol{x}^*$ on with minimum distance to the origin in the state space. This point is found by solving the nonlinear problem

$$\min\{f(\boldsymbol{x})g(\boldsymbol{x})=0\} \tag{6.4.25}$$

where $f(\boldsymbol{x})=(1/2)\boldsymbol{x}^{\mathrm{T}}\boldsymbol{x}$, where T denotes transpose. Subsequent to solution of the design point, the reliability index $\beta=\sqrt{\boldsymbol{x}^{\mathrm{T}}\boldsymbol{x}}$ is computed and the first-order approximation of the probability is given by $P\approx\Phi(-\beta)$, where $\Phi(.)$ is the standard normal cumulative probability. The solution of the design point will be obtained by using the algorithm outlined by Zhang and Der Kiureghian (1994) for the first-excursion limit-state in equation (6.4.24).

One may also estimate system reliability in terms of the probabilistic characteristics of the time at which the system response first exits from a safe domain. When failure is defined by the first exit of the response from a safe domain of operation, reliability is referred to as first-passage problem. The first-passage problem has been of great interest to engineers, statisticians, economists and political scientists. For structures whose response is described by a Markov's process, the mean value of the exit time is usually governed by a partial differential equation known as the Pontryagin-Vitt (P-V) equation (Pontryagin, et al., 1933). Exact solutions of the P-V equation have been obtained for only one-dimensional nonlinear systems (Feller, 1954). For two-dimensional diffusion processes, specific analytical solutions have been obtained by Franklin and Rodemich (1968). Kozin (1983) pointed out

$$P=\int_{g(x)\leq 0} p(\boldsymbol{x})\,\mathrm{d}\boldsymbol{x} \tag{6.4.22}$$

ここで，$\boldsymbol{x}$ は確率密度関数 $p(\boldsymbol{x})$ をもつ応答状態ベクトルであり，$g(\boldsymbol{x})$ は関心のある事象を $g(\boldsymbol{x})\leq 0$ で定義する極限状態関数を表す．$s(t, \boldsymbol{x})$ が限界応答量，例えば構造物のある点の応力を表すものとし，$r(t, \boldsymbol{x})$ は状態いき値に相当するものとすると，関数

$$w(t, \boldsymbol{x})=r(t, \boldsymbol{x})-s(t, \boldsymbol{x}) \tag{6.4.23}$$

は応答が安全限界を超えたときはいつでも負の値をとる．信頼性関数式（6.4.22）に関する期間 $t\in(a, b)$ の間の超過事象を記述するために，期間 $[a, b]$ は離散的な時刻 t_n（$n=0, 1, 2, \cdots, N$），$t_0=a$, $t_N=b$ によって置き換えられる．次のような近似極限状態関数を考えてもよい．

$$g(\boldsymbol{x})=\min_{n\in N} w_N(\boldsymbol{x}) \tag{6.4.24}$$

任意の $\boldsymbol{x}$ に対する $g(\boldsymbol{x})$ を評価するために，いき値 $r(t_n, \boldsymbol{x})$ および応答 $s(t_n, \boldsymbol{x})$ がすべての $n\in N$ に対して計算された．Zhang と Der Kiureghian[140] は一次信頼性法に必要とされる応答の傾きを計算するためのアルゴリズムを展開した．設計点 $\boldsymbol{x}^*$ は状態空間における原点からの最短距離にある．この点は非線形問題を解くことによって得られる．

$$\min\{f(\boldsymbol{x})g(\boldsymbol{x})=0\} \tag{6.4.25}$$

ここで，$f(\boldsymbol{x})=(1/2)\boldsymbol{x}^{\mathrm{T}}\boldsymbol{x}$ であり，^{T} は転置を表す．設計点の解の後に信頼性指標 $\beta=\sqrt{\boldsymbol{x}^{\mathrm{T}}\boldsymbol{x}}$ が計算され，確率の一次近似が $P\approx\Phi(-\beta)$ で与えられる．ここで，$\Phi(.)$ は基準正規分布関数である．設計点の解は式（6.4.24）に Zhang と Der Kiureghian[141] によって示された初通過極限状態に対するアルゴリズムを用いることによって得られる．

系の応答が最初に安全領域外へ出る時間の統計的特性に関する系の信頼性を推定することもできる．損傷を操作の安全領域から応答が最初に出ることと定義したときに，信頼性は初通過問題とよばれる．初通過問題は技術者，統計学者，経済学者，政治学者にとって大きな関心となっている．応答がマルコフ過程で記述される構造物に対して，超過時間の平均値は通常は Pontryagin-Vitt（P-V）方程式[142] として知られている偏微分方程式に支配される．P-V 方程式の厳密解は一次元非線形系に対してのみ得られている[143]．二次元過程に対して，特別な解析解が Franklin と Rodemich[144] によって得られている．Kozin[145] は Dynkin[146] による結果は特別な正確な結果を得るために用いることができることを指摘した．安全な操作の領域が閉じた領域であれば，ガラーキン法を用いて P-V 方程式を解くことができる．しかしながら，解析解が求まらないときには有限要素あるいは有限差分法に基づく数値アルゴリズムが Bergman と Heinrich[147] および Bergman と Spencer[148] によって用いられた．Sun と Hsu[149] は大きい減衰および強い非線形性をもつそれぞれ線形および非線形確率系に対する初通過時間確率を推定するための一般化セルマッピング法に基づく数値アルゴ

that a result due to Dynkin (1965) may be used to obtain specific exact results. It is possible to solve the P-V equation, if the domain of safe operation is a closed region, by using Galerkin's method. However, when an analytic solution is not possible, numerical algorithms based on finite element or finite difference methods were used by Bergman and Heinrich (1982) and Bergman and Spencer (1988). Sun and Hsu (1988) developed a numerical algorithm based on the generalized cell mapping method for estimating the first-passage time probability for linear and nonlinear stochastic systems with large damping and strong nonlinearity.

The first-passage problem was considered for dynamical systems whose response is modeled by a diffusion process. For single-degree-of-freedom systems described by a second-order differential equation, the method of stochastic averaging due to Stratonovich (1963) has extensively been used to solve for the first-passage problem. Roberts (1989) presented an assessment of the-state-of-knowledge dealing with the first-passage problem using the stochastic averaging method. Lennox and Frazer (1974) employed stochastic averaging for linear systems. The diffusion approach was also adopted for treating the first-passage problem of systems including such effects as (i) nonlinearities in both damping and stiffness (Roberts, 1978a, b), (ii) parametric random excitation (Cai and Lin, 1994), and (iii) non-stationary excitation (Solomos and Spanos, 1983). Cai and Lin (1994) analyzed the solution of the P-V equation for different singularities of the boundary conditions based on the work of Zhang and Kozin (1994).

Analytical results for the mean first-passage time and mean extreme value of diffusion processes can be obtained by using different versions of the asymptotic expansion technique as outlined by Khasminskii (1963a, b) and Bobrovsky and Schuss (1982). These methods are based on expanding the mean value of the exit time in a series. The solution can be obtained up to any order of approximation. The mathematical foundation of solving similar boundary-value problems was developed by Vishik and Lyusternik (1957, 1960). The first-order approximation leads to results identical to those obtained by the stochastic averaging method. Higher-order approximations improve the solution; however, in some cases they are difficult to obtain. It facilitates the analysis to cast the system equations of motion in terms of the Hamiltonian function as demonstrated by Hennig and Roberts (1986) and Moshchuk et al. (1995a). First- and second orders asymptotic expansions for two-dimensional systems were obtained by Moshchuk et al. (1995b, c). A brief background on asymptotic expansion of elliptic partial differential equations is given in the next subsection.

b. Mathematical Development of the First-Passage Problem

The first-passage problem defines the crossing of a critical response displacement above a safe threshold during the service life of the structure. Basically it deals with the solution and analysis of elliptic partial differential equations of the general form

$$L(T, x, \varepsilon) = 0 \tag{6.4.26}$$

Where x is a point in the domain $D \subset R^n$, $\varepsilon > 0$ is a small parameter, $T(x, \varepsilon)$ is the mean exit time and is the desired solution of this equation subject to zero boundary conditions, and L is a linear operator. The main problem is to determine the behavior of the solution as $\varepsilon \to 0$. A formal asymptotic solution of equation (6.4.26)

リズムを展開した.

応答が拡散過程でモデル化される動的システムに対する初通過問題が考えられた. 2階微分方程式で表される1自由度系に対して, Stratonovich[150] による確率平均の方法が初通過問題を解くために拡張して用いられた. Roberts[151] は統計的平均法を用いて初通過問題を扱っている研究の状況の評価を示した. Lennox と Fraser[152] は線形系に統計的平均を導入した. 拡散法はまた, ①減衰と剛性の両方の非線形性[153),154], ②パラメトリック不規則励振[155], ③非定常励振[156] のような影響を含む系の初通過問題を扱うために適用された. Cai と Lin[155] は, Zhang と Kozin[157] の研究に基づく境界条件の異なる特異性に対する P-V 方程式の解を解析した.

平均初通過時間および拡散過程の極値の解析結果は Khasminskii[158),159], Bobrovsky と Schuss[160] によって示された漸近展開法の異なる型によって得られる. これらの方法は, 級数における超過時間の平均値の展開に基づいている. 同様な境界値問題の数学的な基礎は Vishik と Lyustemik[161),162] によってつくられた. 一次近似は統計的平均法によって得られた結果と同一の結果を与える. 高次近似は解を改善する. しかしながら, 解を得ることが困難である場合がある. 高次近似は Henning と Roberts[163] および Moshchuk ら[164] によって証明されたようなハミルトン関数に関する系の運動方程式を計算することで解析を容易にする. 二次元系に対する一次および二次の漸近展開は Moshchuk ら[165),166] によって得られた. 楕円偏微分方程式の漸近展開についての簡単な背景を次項に記す.

b. 初通過問題の数学的展開

初通過問題は, 構造物の寿命の間に応答変位が安全いき値を超過することと定義される. 基本的に次の一般的な形をしている楕円偏微分方程式の解と解析を扱う.

$$L(T, x, \varepsilon)=0 \tag{6.4.26}$$

ここで, x は $D\subset R^n$ の領域の点であり, $\varepsilon>0$ は微小パラメータである. $T(x, \varepsilon)$ は平均超過時間であり, 0境界条件に従うこの式の求める解, L は線形演算子である. 主要な問題は $\varepsilon\to 0$ 解の挙動を決定することである. 式 (6.4.26) の形式的な漸近解は通常は次のように書くことができる.

$$T(x, \varepsilon)=\sum_{k=0}^{\infty}\varepsilon^k t_k(x) \tag{6.4.27}$$

最も簡単な場合 (これにはあまり関心がないが) は, 級数式 (6.4.27) が $x\in D$ のすべてに対して一様に有効な解で記述されるときである. 一般に, 級数式 (6.4.27) は Ilin[167] によって示されたように, この表記によって収束しないことが示された. しかしながら, 式 (6.4.27) は次のことを意味する.

$$T(x, \varepsilon)-\sum_{k=0}^{n-1}\varepsilon^k t_k(x)=O(\varepsilon^n) \quad (\varepsilon\to 0) \tag{6.4.28}$$

この場合, 解である (6.4.27) は漸近展開とよばれる. どこにも漸近展開 (6.4.27) が存在しない場合は, 特異摂動問題とよばれるクラスに属する. 特異摂動問題に対し

is usually written in the form

$$T(x, \varepsilon) = \sum_{k=0}^{\infty} \varepsilon^k t_k(x) \tag{6.4.27}$$

The simplest case, which is of little interest, is when series (6.4.27) describes the solution uniformly valid for all $x \in D$. Generally, no convergence of series (6.4.27) is implied by this notation as indicated by Ilin (1992). However, relation (6.4.27) means that

$$T(x, \varepsilon) - \sum_{k=0}^{n-1} \varepsilon^k t_k(x) = O(\varepsilon^n), \qquad \text{as } \varepsilon \to 0 \tag{6.4.28}$$

In this case solution (6.4.27) is called asymptotic expansion. Cases which include the non-existence of the asymptotic expansion (6.4.27) everywhere belong to a class referred to as singular perturbation problems. For singular perturbation problems, the solutions can behave in different ways as $\varepsilon \to 0$. This class of problems possesses solutions which admit asymptotic expansion of type (6.4.27) everywhere in D, except for a small neighborhood of a set of lower dimension. Denote this singular set by Γ. In the first-passage problem for a system close to Hamiltonian, the set Γ is the boundary ∂D so that its neighborhood is called the *boundary layer*. Accordingly, the series (6.4.27) is called the outer asymptotic expansion, which owes its origin to the problem of fluid dynamics in connection with flows past a solid boundary of a fluid with low viscosity. In this case, the series (6.4.27) is a valid asymptotic expansion of a solution of $T(x, \varepsilon)$ as $\varepsilon \to 0$ everywhere outside any sufficiently small fixed neighborhood of the set Γ.

Ilin (1992) explained that the rationale for finding the solution in the boundary layer is due to two principal reasons. The first is that the coefficients $t_k(x)$ of the series (6.4.27) are solutions of some auxiliary problems, which are generated from the original equation (6.4.26) after its expansion in a series of powers of ε. However, the corresponding boundary conditions for $t_k(x)$ are usually not so easy to satisfy. Without these conditions one cannot determine $t_k(x)$, and in order to do that one must know the behavior of the solution $T(x, \varepsilon)$ in the boundary layer. The second reason is that much of the most important and interesting information is often related to the behavior of the function on the boundary layer.

The asymptotics in the boundary layer owe their origin to L. Prandtl (1905) estimated them based on defining a new "*stretched*" coordinates $\xi = \xi(x, \varepsilon)$ in the boundary layer. In this case the asymptotic expansion for the solution takes the form

$$T(x, \varepsilon) = \sum_{i=0}^{\infty} \varepsilon^i t_i(x) + \sum_{i\sim 0}^{\infty} \mu_i(\varepsilon) g_i(\xi), \qquad \varepsilon \to 0 \tag{6.4.29}$$

where $\mu_i(\varepsilon)$ is a gauge sequence of functions, which is to be determined, and the functions $g_i(\xi)$ are called the boundary layer functions. The differential equations for the functions $g_i(\xi)$ are obtained from the original equation (6.4.26). The functions $g_i(\xi(x, \varepsilon)) \to 0$ if the distance between x and ∂D is much greater than $\sqrt{\varepsilon}$, so that inside D only expansion (6.4.27) is essential, but the second part in equation (6.4.29) is essential for finding the suitable boundary conditions for t_k.

When system (6.4.26) involves random perturbations modeled as a slow diffusion of particles in a deterministic flow field, the trajectories of the system may leave any bounded domain with probability one as indicated by Matkowsky and Schuss

て，$\varepsilon \to 0$ のときに解は異なる様式を示す．このクラスの問題は D においてどこでも，低い時限の集合の微小な近傍を除いて，式（6.4.27）の漸近展開を認める解をもつ．この特異集合を Γ とする．ハミルトン演算子に近い系に対する初通過問題において，集合 Γ は境界 ∂D であり，その近傍は境界層とよばれる．したがって，級数（6.4.27）は外側の漸近展開とよばれ，低い粘性をもつ個体境界を通る流れに関連する流体力学の問題に発端がある．この場合，級数（6.4.27）は集合 Γ の十分に小さい固定された近傍の外側のどこでも，$\varepsilon \to 0$ のときに $T(x, \varepsilon)$ の解の有効な漸近展開である．

Ilin[167] は境界層における解を見つけることに対する理論的根拠は 2 つの主要な理由によると説明した．第 1 の理由は級数（6.4.27）の係数 $t_k(x)$ はいくつかの補助的な問題の解であり，それは ε のべき級数に展開後のもとの式（6.4.26）から求められることである．しかしながら，$t_k(x)$ に対する対応する境界条件は通常は簡単には満足されない．これらの条件なしで，$t_k(x)$ を決定することはできない．そして，そうするためには境界層における解 $T(x, \varepsilon)$ の挙動を知らなければならない．2 番目の理由は最も重要で，関心のある情報はしばしば境界層における関数の挙動に関係することである．

境界層における漸近線はその原点が L にある．Prandtl[168] は境界層における新しい引っ張られた座標 $\xi = \xi(x, \varepsilon)$ を定義することに基づいて漸近線を推定した．この場合，解に対する漸近展開は次の形になる．

$$T(x, \varepsilon) = \sum_{i=0}^{\infty} \varepsilon^i t_i(x) + \sum_{i\sim 0}^{\infty} \mu_i(\varepsilon) g_i(\xi) \quad (\varepsilon \to 0) \tag{6.4.29}$$

ここで，$\mu_i(\varepsilon)$ は関数のゲージ数列であり，決定されなければならない．$g_i(\xi)$ は境界条件関数とよばれる．関数 $g_i(\xi)$ に対する微分方程式はもとの式（6.4.26）から得られる．x と ∂D の距離が $\sqrt{\varepsilon}$ より十分に大きければ関数 $g_i(\xi(x, \varepsilon)) \to 0$ である．したがって，展開（6.4.27）である D の内部は真性特異であるが，式（6.4.29）の第 2 項は t_k に対する適切な境界条件を見つけることに対して真性特異である．

系（6.4.26）が決定論的流れ場における粒子のゆっくりした拡散としてモデル化される不規則摂動を含むとき，Matkowsky と Schuss[169] によって示されたように，系の軌跡は確率が 1 である制限された領域を残す．この場合，摂動系の軌跡が最初に超過する領域の境界上の点の確率分布を考えなければならない．超過時間の期待値も同様に重要である．Nwankpa ら[170] は引きつけている領域からの動的系の平均初通過時間のことに安全測度という言葉を用いた．このタイプの問題を解くひとつの方法は，その解を特定の特異摂動楕円境界値問題と関連づけることである．Khasminskii[158),159] は高次の導関数において微小パラメータ ε をもつディリクレ楕円境界値問題の解の展開を見出した．$\varepsilon = 0$ のとき，得られた退化方程式は領域 D の内側にあるという特性をもつ．そして，Khasminskii[158),159] は平均超過時間の $\sqrt{\varepsilon}$ のべき乗の展開およびその確率分布を展開した．

雑音に励起された動的系の安定状態の引留領域からの脱出は数学者，物理学者，工

(1977). In this case one should be concerned with the probability distribution of the points on the boundary of the domain, where trajectories of the perturbed system first exit. Equally important is to determine the expected exit time. Nwankpa et al. (1993) used the term "security measure" to refer to the mean first-passage time of a dynamic system from its domain of attraction. One method of solving problems of this type is to relate their solution to the solution of certain singularly perturbed elliptic boundary value problems. Khasminskii (1963a, b) found an expansion of the solutions of the Dirichlet elliptic boundary value problem with a small parameter ε in the higher derivative. When $\varepsilon=0$ the resulting degenerate equation possesses characteristics which lie inside the domain D. Khasminskii (1963a, b) then developed the expansion in powers of $\sqrt{\varepsilon}$ of the mean exit time and its probability distribution.

The problem of noise-induced escape of a dynamical system from the domain of attraction of a stable state was extensively studied by mathematicians, physicists and engineers (see, e. g., Matkowsky and Schuss, 1976, 1977, 1982a, b ; Büttiker, 1989 ; Day, 1989 ; Hagan et al., 1987, 1989 ; Naeh et al., 1990 ; Durbin and Williams, 1992 ; and Pollak et al., 1994). Schuss and Matkowsky (1979) considered the exit time of a particle from a potential well as the result of white noise forces acting on it. Their method of analysis relates the mean exit time to its distribution to the solutions of certain singularly perturbed elliptic boundary value problems, which are solved asymptotically. For problems which do not possess a potential well, Matkowsky and Schuss (1982b) considered the exit distribution problem for cases when ∂Dis an unstable limit cycle. Naeh et al. (1990) constructed the stationary solution of the Fokker-Planck equation of a dynamical system driven by small white noise using a direct singular perturbation analysis based on Kramers' (1940) treatment of activated rate processes. The mathematical developments for the mean exit time have been implemented in chemical reactor problems. For multi-dimensional dynamic systems, Nwankpa et al. (1993) derived a closed-form expression for the mean first-passage time using asymptotic approximation. For two-dimensional systems, Bobrovsky and Zeitouni (1992) considered the exit measure from a domain f attraction of a stable equilibrium point in the presence of small noise.

c. Asymptotic Expansion of the First-Passage Mean-Time

The reliability of a structure to operate safely under random excitation is best measured by estimating the first passage of the exit mean time from a specified safe operating domain, i. e., $x=X_0$. The equation of motion of the structure is first written in the standard form of the Itô stochastic differential equation

$$\mathrm{d}\boldsymbol{X}(t)=\boldsymbol{f}(\boldsymbol{X},t)\,\mathrm{d}t+\boldsymbol{b}(\boldsymbol{X},t)\,\mathrm{d}\boldsymbol{B}(t), \qquad \boldsymbol{X}=\{x\ \dot{x}\}^{\hat{T}} \tag{6.4.30}$$

in some region D, with the boundary of $D:\partial D=\Gamma$. This boundary defines the critical level of the system response above which the system fails to operate satisfactorily. Here $\boldsymbol{B}(t)$ is a vector of the Brownian motion, and the functions $\boldsymbol{f}$ and $\boldsymbol{b}$ represent the drift and diffusion coefficients of the equation of motion both are assumed to be functions of the Markov vector $\boldsymbol{X}$. Superscript $\hat{T}$ denotes transpose. In this case the expected exit time T from the region D satisfies the following Pontryagin's partial differential equation (Pontyagin et al., 1933)

学者[169),171)-180)]によって研究された．Schuss と Matkowsky[181)]は白色雑音に励振された粒子の潜在的な井戸からの超過時間を考えた．この解析法は平均超過時間を特定の特異摂動楕円境界値問題の解に対する分布と関連づけている．この問題は漸近的に解かれている．潜在的な井戸をもたない問題に対して，Matkowsky と Schuss[173)]は ∂D が不安定なリミットサイクルの場合に対する超過分布問題を考えた．Naeh ら[178)]は活性化率過程の Kramers の扱い[182)]に基づく直接特異摂動解析を用いて，微小な白色雑音によって励起される動的系のフォッカー・プランクの式の定常解を考えた．平均超過時間に対する数学的展開は化学的反応炉問題についてなされた．Nwankpa ら[170)]は漸近近似を用いて平均初通過時間に対する解析解の級数を導いた．二次元系に対して，Bobrovsky と Zeitouni[183)]は微小な雑音がある場合の安定釣合い点の引留領域 f からの超過測度を考えた．

c.　初通過平均時間の漸近展開

不規則励振のもとで安全に操業するため，構造物の信頼性は規定された安全操作領域，例えば $x=X_0$ からの初通過超過平均時間を推定することによって最もよく測定される．構造物の運動方程式は境界 $D\,(\partial D=\Gamma)$ をもつある領域 D において，はじめに伊藤型確率微分方程式で書かれた．

$$\mathrm{d}\boldsymbol{X}(t)=\boldsymbol{f}(\boldsymbol{X},t)\,\mathrm{d}t+\boldsymbol{b}(\boldsymbol{X},t)\,\mathrm{d}\boldsymbol{B}(t),\qquad \boldsymbol{X}=\{x\ \ \dot{x}\}^{\mathrm{T}} \tag{6.4.30}$$

この境界は系が満足に操業することができない系の応答の限界レベルを定義する．ここで，$\boldsymbol{B}(t)$ はブラウン運動のベクトルであり，関数 $\boldsymbol{f}$ と $\boldsymbol{b}$ はそれぞれ運動方程式のドリフト係数および拡散係数を表す．いずれもマルコフベクトル $\boldsymbol{X}$ の関数であると仮定する．右肩文字 ^{T} は転置を表す．この場合，領域 D からの期待超過時間 T は次のポントリャーギンの微分方程式[142)]を満足する．

$$\boldsymbol{f}(\boldsymbol{X},t)\frac{\partial T}{\partial \boldsymbol{X}}+\frac{1}{2}\mathrm{Tr}\left\{\left[\frac{\partial}{\partial \boldsymbol{X}}\frac{\partial^{\mathrm{T}}}{\partial \boldsymbol{X}}T\right]\left[\boldsymbol{b}(\boldsymbol{X},t)\boldsymbol{v}\boldsymbol{b}^{\mathrm{T}}(\boldsymbol{X},t)\right]\right\}=L(T)=-1 \tag{6.4.31}$$

ここで，$L(.)$ は伊藤過程の生成演算子であり，領域 D からの超過時間を支配する．$\boldsymbol{v}$ はベクトル $\boldsymbol{B}(t)$ の強度行列である．式（6.4.31）の対応する境界条件は

$$T(\boldsymbol{X})|_{\Gamma}=0 \tag{6.4.32}$$

このことは Γ から出発する系の超過時間の期待値が 0 であることを意味する．ポントリャーギンの式（6.4.31）を解くために初通過平均時間の漸近近似法が用いられる．この場合，式（6.4.31）は摂動しない保存部と摂動部に分けられる．摂動部は微小パラメータ ε に関係する．対応する生成演算子 $L(.)$ は 2 つの演算子に分割される．すなわち，

$$L=L_{up}+\varepsilon L_p \tag{6.4.33}$$

ここで，最初の演算子 L_{up} は摂動しない系の運動の方向における導関数（リー導関数）を表し，2 番目の演算子 L_p は摂動によるものである．

超過平均時間 $T(X)$ に対する非線形系偏微分方程式の解を求めることは簡単なことではない．一次元の場合，式（6.4.31）は厳密解をもつ[143)]．わずかに摂動する保存

$$f(X,t)\frac{\partial T}{\partial X}+\frac{1}{2}\mathrm{Tr}\left\{\left[\frac{\partial}{\partial X}\frac{\partial^{\hat{T}}}{\partial X}T\right][b(X,t)vb^{\hat{T}}(X,t)]\right\}=L(T)=-1 \qquad (6.4.31)$$

where $L(.)$ is the generator of the Itô process which governs the expected value of the exit time from the region D, and v is the intensity matrix of the vector $\boldsymbol{B}(t)$. The corresponding boundary condition of equation (6.4.31) is

$$T(X)|_{\Gamma}=0 \qquad (6.4.32)$$

which means that the expected value of the exit time of the system starting from Γ is zero. The method of asymptotic approximation of the first passage mean time will be used to solve the Pontryagin equation (6.4.31). In this case equation (6.4.31) may be split into unperturbed conservative and perturbed parts. The perturbed parts will be associated with a small parameter ε. The corresponding generator $L(.)$ can be decomposed into two operators, i.e.,

$$L=K_{\mathrm{up}}+\varepsilon L_{\mathrm{p}} \qquad (6.4.33)$$

where the first operator L_{up} represents derivative in the direction of motion of the unperturbed system (Lie-derivative), and the second operator L_{p} is due to perturbations.

The solution of the partial differential equation for nonlinear systems for the exit mean time $T(X)$ is not a simple task. For one-dimensional case, equation (6.4.31) has an exact solution (Feller, 1954). For two-dimensional problems of slightly perturbed conservative systems, the averaging method due to Stratonovich (1963) and proven by Khasminskii (1963b, 1966) reduces the problem to one dimensional case. The method of asymptotic expansion developed by Khasminskii (1963a) has the advantage over the averaging method for two main reasons. The first is that the first-order expansion leads to a solution to the one obtained by the averaging method. The second is that higher order terms in the asymptotic expansion provide improved accuracy, especially for the contribution of all nonlinearities that both the first-order asymptotic expansion and averaging method failed to include (see, e.g., Moshchuk, et al., 1995b, c). The solution of the partial differential equation (6.4.31) can be split into two functions:

$$T(X)\approx T_n(X)+G_n(X) \qquad (6.4.34)$$

Physically, equation (6.3.34) implies that the mean exit time T consists of two parts. The first, $T_n(X)$, accounts for the averaged value of time taken by the trajectory in domain D, while the second, $G_n(X)$, stands for the influence of the boundary and is known as the boundary layer $T_n(X)$ with possibly a highersolution. The function $T_n(X)$ should satisfy the equation $L(T_n(X))=-1$ with possibly a higher degree of accuracy, while the function $G_n(X)$ should satisfy the homogeneous equation $L(G_n(X))=0$ and compensate for the residual in the boundary condition $T(Y)|_{\Gamma}=0$. Basically, the expected exit time is governed by the Pontryagin equation $L(T_n(X))=-1$; however, this equation will not satisfy the boundary condition by itself alone unless one introduces a function that will take into account the effect of the boundary condition. Adding the equations: $L(G_n(X))=0$, and $L(T_n(X))=-1$, gives $L(T_n(X)+G_n(X))=-1$. In this case one must match the boundary condition by choosing an appropriate function $G_n(X)$. For the function $T_n(X)$, the following asymptotic approximation is used

$$T_n(X)=\frac{1}{\varepsilon}T_0(X)+T_1(X)+\varepsilon T_2(X)+\cdots+\varepsilon^{n-1}T_n(X) \qquad (6.4.35)$$

系の二次元問題に対して，Stratonovich[150] により，Khasminskii[159),184] に証明された平均法によって問題を一次元の場合に縮小することができる．Khasminskii[158] によって展開された漸近展開法は2つのおもな理由で平均法を上回る利点がある．第1には，一次級数が平均法によって得られる級数に対する解に導くことである．第2に，漸近級数における高次項が特に一次漸近級数と平均法が含めることができないすべての非線形性に対して精度が改善されることがある[165),166]．偏微分方程式（6.4.31）の解は2つの関数に分かれる．

$$T(\boldsymbol{X}) \approx T_n(\boldsymbol{X}) + G_n(\boldsymbol{X}) \tag{6.4.34}$$

物理的に，式（6.4.34）は平均超過時間 T が2つの部分からなることを意味している．最初の $T_n(\boldsymbol{X})$ は領域 D における軌跡によってとられる時間の平均値であり，2番目は境界の影響を意味し，境界層解として知られている．関数 $T_n(\boldsymbol{X})$ は高い精度で式 $L(T_n(\boldsymbol{X}))=-1$ を満足する．一方，関数 $G_n(\boldsymbol{X})$ は同時式 $L(G_n(\boldsymbol{X}))=0$ を満足し，境界条件 $T(\boldsymbol{Y})|_\Gamma=0$ における残余を補償する．基本的に期待超過時間はポントリャーギンの式 $L(T_n(\boldsymbol{X}))=-1$ に支配される．しかしながら，境界条件の効果を考慮しなければ，この式はそれ自身による境界条件を満足しない．式 $L(G_n(\boldsymbol{X}))=0$ および $L(T_n(\boldsymbol{X}))=-1$ を加えると，$L(T_n(\boldsymbol{X})+G_n(\boldsymbol{X}))=-1$ を得る．この場合，適切な関数 $G_n(\boldsymbol{X})$ を選ぶことによって境界条件に適合させなければならない．$T_n(\boldsymbol{X})$ に対して，次の漸近近似が用いられる．

$$T(\boldsymbol{X}) = \frac{1}{\varepsilon} T_0(\boldsymbol{X}) + T_1(\boldsymbol{X}) + \varepsilon T_2(\boldsymbol{X}) + \cdots + e^{n-1} T_n(\boldsymbol{X}) \tag{6.4.35}$$

$\varepsilon \to 0$ のときに平均超過時間は ∞ になることがわかる．このことは，系が分布せずに応答が初期条件によって決まる閉軌道を離れないことを意味している．ほかの項および境界層部分を見出す手順は Moshchuk ら[166] に示されたような特別な扱いを必要とする．

6.5 ま と め

定数係数をもつ線形系の不規則振動理論は十分に展開されてきた．正規過程の入力に対する二乗平均応答はまた正規過程であり，入力のパワースペクトル密度に比例する．実際には系は線形でなく，入力は正規過程である必要はない．非線形不規則振動は機械系の設計段階で考慮されなければならない．いくつかの複雑な特性は非線形効果のためである．非線形不規則振動理論によって予測される特性は限られている．実験だけでなくシミュレーションも跳び移り，オンオフ間欠性や統計的カオスのようなほかの現象を求めるために重要である．これらの現象は1つおよび2つのモードの励振を表す．オンオフ間欠性は多入力および内部共振条件をもつ連成された系をもつ系で起きる．非白色雑音入力のもとで，非線形応答および両端支持はりの統計的分岐は1:1内部共振の近傍で研究された．二乗平均応答は二次モード応答の分岐が入力の大

It is seen that as $\varepsilon \to 0$ the mean exit time approaches ∞, which implies that the system is not disturbed and the response will never leave the closed orbit determined by the initial conditions. The procedure for finding other terms and the boundary layer part requires special treatment as outlined in Moshchuk et al. (1995c).

6.5 Conclusions

The theory of random vibration of linear dynamical systems with constant coefficients is well developed. Under Gaussian excitation the mean square response is also Gaussian and linearly proportional to the excitation power spectral density. In reality, the system is not linear and the excitation is not necessarily Gaussian. Nonlinear random vibration must be considered in the design stage of mechanical systems. Several complex characteristics owe their origin to nonlinear effects. The theory of nonlinear random vibration is limited in predicting these characteristics. Numerical simulations as well as experimental tests are important in exploring other phenomena such as snap-through, on-off intermittency and stochastic chaos. These phenomena have been revealed in single and two-mode excitations. The on-off intermittency takes place in systems with multiplicative excitation or with coupled systems possessing internal-resonance conditions. Under a filtered white-noise excitation, the nonlinear response and stochastic bifurcation of a clamped-clamped beam have been studied in the neighborhood of a 1 : 1 internal resonance. The mean-square responses show that the bifurcation of the second-mode response depends on the excitation level, system damping ratios, internal detuning parameter, and the damping ratio of the filter equation. The damping ratio of the filter equation is related to the bandwidth of the filtered excitation. The response bifurcation is examined at different excitation levels, detuning ratios, and damping ratios of the linear-filter equation. The range of two-mode interactions predicted by non-Gaussian closure is wider than that predicted by Gaussian closure. Monte Carlo simulation is found to be in good agreement with the analytical results in predicting the second mode bifurcation boundary. The effect of the damping ratio of the linear filter on the response statistics is found to reduce the interaction between the two modes.

The design of structural systems relies heavily on reliability theory and the influence of parameter uncertainties. Sensitivity analysis is very essential for design purposes and helps the designer to establish acceptable tolerances on structural system. The first passage of the mean exit time from a safe operation region has occupied significant amount of research in developing solutions of the Pontryagin equation for different singularities of the boundary conditions. The asymptotic expansion has been used to obtain approximate solution of the probability of the exit time from a safe domain. **〔Raouf A. Ibrahim〕**

References

Adeli, H. and Cheng, N. T., 1994, "Augmented Lagrangian genetic algorithm for structural optimization," *Journal of Aerospace Engineering* **7**, 104-118.

Arnold, L. and Wihstutz, V., Eds., 1986, *Liapunov Exponents*, Lecture Notes in Mathematics, Vol. 1186, Springer-Verlag, New York.

きさ，系の減衰比，内部離調パラメータおよびフィルタ方程式の減衰比に依存することを示している．フィルタ方程式の減衰比はフィルタをかけた入力の帯域幅に関係する．応答の分岐は異なる入力の大きさ，離調率および線形フィルタ方程式の減衰比について検討された．非正規打切り法で予測された2つのモード干渉の範囲は正規打切り法で予測されたものより広い．モンテカルロシミュレーションは2モード分岐境界を予測することにおいて解析結果とよく一致する．線形フィルタの減衰比が応答の統計量に与える影響は2つのモード間の干渉の縮小に現れることが明らかになった．

構造系の設計は信頼性理論およびパラメータの不確定性に非常に依存している．感度解析は設計目的に対して必須のものであり，設計者にとって構造系の許容レベルを確立する助けになる．安全操作領域からの初通過平均超過時間に対して，境界条件の異なる特異性に対するポントリャーギンの方程式の解を展開する非常に多くの研究がなされた．安全領域からの超過時間の確率の近似解を得るために漸近展開が用いられた．

〔**Raouf A. Ibrahim 著・青木　繁訳**〕

文　献

1) Ibrahim, R. A. : *Parametric Random Vibration*, John Wiley, 1985.
2) Kantorovich, L. V. and Krylov, V. I. : *Approximate Methods of Higher Analysis*, Nordhoff, 1958.
3) Arnold, L. and Wihstutz, V., eds. : *Liapunov Exponents*, Lecture Notes in Mathematics, Vol. 1186, Springer-Verlag, 1986.
4) Lin, Y. K. : *Probabilistic Theory of Structural Dynamics*, Krieger, 1967, 99-79.
5) Arnold, L. : *Stochastic Differential Equations*, John Wiley & Sons, 1974, 79-99.
6) Roberts, J. B. and Spanos, P-T. D. : *Random vibrations and statistical linearization*, John Wiley & Sons, 1990.
7) Red-Horse, J. R. and Spanos, P. D. : A Generalization to Stochastic Averaging in Random Vibration, *Int. J. Nonlin. Mech.*, **27**(1) (1992), 85-101.
8) Caughey, T. K : Equivalent linearization technique, *J. Acoust. Soc. Amer.*, **35** (1963), 1706-1711.
9) Spanos, P. D. : Stochastic linearization in structural dynamics, *Appl. Mech. Rev.*, **34** (1981), 1-8.
10) Crandall, S. H. : Perturbation technique for random vibration of nonlinear systems, *J. Acoust. Soc. Amer.*, **35**(11) (1963), 1700-1705.
11) Schetzen, M. : *The Volterra and Wiener Theories of Nonlinear Systems*, John Wiley, 1980.
12) Ilin, A. M. and Khas'miniskii, R. Z. : On equations of Brownian motion, *Theory Probab. Appl.*, **9** (1964), 421-444.
13) Kushner, H. J. : The cauchy problem for a class of degenerate parabolic equations and asymptotic properties of the related diffusion processes, *J. Diff. Equations*, **6**(2) (1969), 209-231.
14) Caughey, T. K. : Nonlinear theory of random vibrations, *Adv. Appl. Mech.*, **11** (1971), 209-253.
15) Caughey, T. K. : On the response of nonlinear oscillators to stochastic excitation,

Arora, J. S., Elwakeil, O. A., Chahande, A. I., and Hsieh, C. C., 1994, "Global optimization methods for engineering applications : A review," *Structural Optimization* **9**, 137–159.

Bae, H. R., Grandhi, R. V., Canfield, R. A., 2004, "An approximation approach for uncertainty quantification using evidence theory," *Reliability Engineering and System Safety* **86**, 215–235.

Bellizzi, S. and Sampaio, R., 2007, "Analysis of randomly vibrating systems using Karhunen–Loève expansion," Proceedings of the ASME International Design Engineering Technical Conferences and Computers and Information in Engineering Conference, DETC2007, Vol. 1 (B), pp. 1387–1396.

Beran, P. S., Pettit, C. L., and Millman, D. R., 2006, "Uncertainty quantification of limit-cycle oscillations," *Journal of Computational Physics* **217** (1), 217–247.

Bergman, L. A. and Heinrich, J. C., 1982, "On the reliability of the nonlinear oscillator and systems of coupled oscillators," *International Journal of Numerical Methods in Engineering* **18**, 1271–1295.

Bergman, L. A. and Spencer, B. F., 1988, "On the solution of several first-passage problems in nonlinear stochastic dynamics," In *Nonlinear Stochastic Dynamic Engineering Systems*, F. Ziegler and G. I. Schueller (eds.) pp. 479–492, Springer, Berlin.

Bobrovsky, B. Z. and Schuss, Z., 1982, "A singular perturbation method for the computation of the mean firstpassage time in a nonlinear filter," *SIAM Journal of Applied Mathematics* **42**, 174–187.

Bobrovsky, B. Z. and Zeitouni, O., 1992, "Some results on the problem of exit from a domain," *Stochastic Processes Applications* **41**, 241–256.

Bogdanoff, J. L. and Kozin, F., 1985, *Probabilistic Models of Cumulative Damage*, Wiley–Interscience, New York.

Bolotin, V. V., 1989, *Prediction of Service Life for Machines and Structures*, ASME Press, New York.

Büttiker, M., 1989, "Escape from an under-damped potential well," in *Dynamical Systems : Theory, Experiment, Simulation*, F. Moss and P. V. E. McClintock (eds.) Cambridge University Press, Cambridge, Great Britain.

Cacciola, P. and Muscolino, G., 2002, "Dynamic response of a rectangular beam with a known non-propagating crack of certain and uncertain depth," *Computers and Structures*, Vol. 80, Nos. 27–30, pp. 2387–2396.

Cai, G. Q. and Lin, Y. K., 1988, "On Exact Stationary Solutions of Equivalent Nonlinear Stochastic Systems," *Int. J. Nonlinear Mech.* **23** (4), 315–325.

Cai, G. Q. and Lin, Y. K., 1994, "On statistics of first-passage failure," *ASME Journal of Applied Mechanics* **61**, 93–99.

Cambou, B., 1975, "Application of first-order uncertainty analysis in the finite element method in linear elasticity," Proceedings of the 2nd International Conference on *Application of Statistics and Probability in Soil and Structural Engineering*, Aachen, Germany, Deutsche Gesellschaft für Grd-und Grundbau ev, Essen, FRG, pp. 67–87.

Castravete, C. and Ibrahim, R. A., 2008, "Effect of Stiffness Uncertainties on the Flutter of a Cantilever Wing," *AIAA Journal* **46** (4), 925–935.

Caughey, T. K., 1960, "Random Excitation of a Loaded Nonlinear String," *ASME J. Appl. Mech.* **27**, 575–578.

Caughey, T. K, 1963, "Equivalent Linearization Technique," *J. Acoust. Soc. Amer.* **35**, 1706–1711.

Caughey, T. K., 1971, "Nonlinear Theory of Random Vibrations," *Advances in Applied Mechanics* **11**, 209–253.

Caughey, T. K., 1986, "On the Response of Nonlinear Oscillators to Stochastic Excitation," *Probabilistic Engineering Mechanics* **1** (1), 2–4.

Caughey, T. K. and Ma, F., 1982, "The Steady State Response of a Class of Dynamical System to Stochastic Excitation," *ASME J. Appl. Mech.* **49**, 622–632.

Probabil. Eng. Mech., **1**(1) (1986), 2-4.
16) Caughey, T. K. and Ma, F. : The steady state response of a class of dynamical system to stochastic excitation, *ASME J. Appl. Mech.*, **49** (1982), 622-632.
17) Caughey, T. K. and Ma, F. : The exact steady state solution of a class of nonlinear stochastic systems, *Int. J. Nonlinear Mech.*, **17**(3) (1983), 137-142.
18) Dimentberg, M. F. : An exact solution to a certain non-linear random vibration problem, *Int. J. Non-lin. Mech.*, **17**(4) (1982), 231-236.
19) Yong, Y. and Lin, Y. K. : Exact stationary response solution for second order nonlinear systems under parametric and external white-noise excitations, *J. Appl. Mech.*, **54** (1987), 414-418.
20) Lin, Y. K. and Cai, G. Q. : Exact stationary response solution for second order nonlinear systems under parametric and external white-noise excitations : Part II, *ASME J. Appl. Mech.*, **55** (1988), 702-705.
21) Cai, G. Q. and Lin, Y. K. : On exact stationary solutions of equivalent nonlinear stochastic systems, *Int. J. Nonlinear Mech.*, **23**(4) (1988), 315-325.
22) Soize, C. : Exact stationary response of multi-dimensional nonlinear hamiltonian dynamical systems under parametric and external stochastic excitations, *J. Sound Vib.*, **149**(1) (1991), 1-24.
23) Moshchuk, N. K. and Sinitsyn, I. N. : On stationary distributions in nonlinear stochastic differential system, *Quarterly J. Inter. Appl. Math.*, **44**(4) (1991), 571-579.
24) Di Paola, M. and Falsone, G. : Stochastic dynamics of nonlinear systems driven by non-normal delta-correlated processes, *ASME J. Appl. Mech.*, **60** (1993), 141-148.
25) Muscolino, G. : Response of linear and nonlinear structural systems under Gaussian and non-Gaussian filtered input, Chapter 6 In *Dynamic Motion : Chaotic and Stochastic Behavior* (F. Casciati ed.), CISM Courses and Lectures, No. 340 (1993), 203-299, Springer-Verlag.
26) Di Paola, M. : Stochastic differential calculus, Chapter 2 in *Dynamic Motion : Chaotic and Stochastic Behavior* (F. Casciati ed.), CISM Courses and Lectures, No. 340, 29-92, Springer-Verlag, 1993.
27) Gray, A. H., Jr. and Caughey, T. K. : A controversy in problems involving random parametric excitation, *J. Math. Phys.*, **44** (1965), 288-295.
28) Mei, C. and Wentz, K. R. : Analytical and experimental nonlinear response of rectangular panels to acoustic excitation, *AIAA 23rd Structures, Struct. Dynam. Mater. Conf.* (1982), New Orleans, LA, 514-520.
29) Reinhall, P. G. and Miles, R. N. : Effect of damping and stiffness on the random vibration of nonlinear periodic plates, *J. Sound Vib.*, **132**(1) (1989), 33-42.
30) Moyer, E. T., Jr. : Time domain simulation of the response of geometrically nonlinear panels subjected to random loading, *Proc. 29th AIAA Structures, Struct. Dynam. Mater. Conf.* (1988), Paper, No. 88-2236, 210-218.
31) Ibrahim, R. A. *et al.* : Structural modal multifurcation with internal resonance, part II : Stochastic approach, *ASME J. Vib. Acoust.*, **115**(2) (1993), 193-201.
32) Ibrahim, R. A. and Heinrich, R. T. : Experimental investigation of liquid sloshing under parametric random excitation, *ASME J. Appl. Mech.*, **55** (1988), 467-473.
33) Roy, R. V. : Stochastic averaging of oscillators excited by colored Gaussian processes, *Int. J. Nonlin. Mech.*, **29**(4) (1994), 463-475.
34) Ibrahim, R. A. *et al.* : Random excitation of nonlinear coupled oscillators, *Nonlinear*

Caughey, T. K. and Ma, F., 1983, "The Exact Steady State Solution of a Class of Nonlinear Stochastic Systems," *Int. J. Nonlinear Mechanics* **17**(3), 137-142.

Chang, W. K., Ibrahim, R. A., and Afaneh, A. H., 1996, "Planar and non-planar non-linear dynamics of suspended cables under random in-plane loading, Part I: Single internal resonance," Int J Nonlin Mech **31**(6), 837-859.

Chang, W. K. and Ibrahim, R. A., 1997, "Multiple internal resonances in suspended cables under random in-plane loading," *Non-lin Dyn* **12**, 275-303.

Chen, L. W. and Ku, D. M., 1994, "Stability of nonconservative elastic systems using eigenvalue sensitivity," *ASME J Vibration and Acoustics* **116**(2), 168-172.

Chen, J. S. and Bogy, D. B., 1992, "Effect of load parameters on the natural frequencies and stability of a flexible spinning disk with a stationary load system," *ASME J. Appl Mech* **59**, 5230-5235.

Chen, T. Y., 1992, "Optimum design of structures with both natural frequency and frequency response constraints," *International Journal for Numerical Methods in Engineering* **33**, 1927-1940.

Clarkson, B. L., 1994, "Review of Sonic Fatigue Technology," NASA CR 4587, Langley Research Center, Hampton, Virginia.

Coster, J. E. and Stander, N., 1996, "Structural optimization using augmented Lagrangian methods with secant Hessian updating," *Structural Optimization* **12**, 113-119.

Crandall, S. H., 1963, "Perturbation Technique for Random Vibration of Nonlinear Systems," *J. Acoust. Soc. Amer.* **35**(11), 1700-1705.

Davies, H. G. and Liu, Q., 1990, "The Response Envelop Probability Density Function of a Duffing Oscillator with Random Narrow Band Excitation," *J. Sound Vib.* **139**, 1-8.

Davies, H. G. and Liu, Q., 1992, "On the Narrow Band Random Response Distribution Function of a Non-Linear Oscillator," *Int. J. Non-Linear Mech.* **27**(**5**), 805-816.

Davies, H. G., and Nandlall, D., 1986, "Phase Plane for Narrow Band Random Excitation of a Duffing Oscillator", *J. Sound Vib.* **104**(**2**), 277-283.

Davies, H. G., and Rajan, S., 1988, "Random Superharmonic and Subharmonic Response: Multiple Time Scaling of a Duffing Oscillator," *J. Sound Vib.* **126**(**2**), 195-208.

Day, M. V., 1989, "Boundary local time and small parameter exit problems with characteristic boundaries," *SIAM Journal of Mathematical Analysis* **20**, 222-248.

De Silva, C. W., 1981, "An algorithm for the optimal design of passive vibration controllers for flexible system," *Journal of Sound and Vibration* **75**, 495-502.

Dimentberg, M. F., 1971, "Oscillations of a System with Nonlinear Cubic Characteristics under Narrow Band Random Excitation," *Mechanics of Solids* **6**, 142-146.

Dimentberg, M. F., 1982, "An Exact Solution to a Certain Non-linear Random Vibration Problem," *International Journal of Non-linear Mechanics* **17**(4), 231-236.

Di Paola, M., 1993, "Stochastic Differential Calculus," Chapter 2 in *Dynamic Motion: Chaotic and Stochastic Behavior*, Edited by F. Casciati, CISM Courses and Lectures, No. 340, 29-92, Springer-Verlag, New York.

Di Paola, M., and Falsone, G., 1993, "Stochastic Dynamics of Nonlinear Systems Driven by Non-Normal Delta-Correlated Processes," *ASME Journal of Applied Mechanics* **60**, 141-148.

Durbin, J. and Williams, D., 1992, "The first-passage density of the Brownian motion process to a curved boundary," *Journal of Applied Probability* **29**, 291-304.

Dynkin, E. B., 1965, *Markov Processes*, Vols. 1 and 2, Springer, New York.

Fang, T. and Dowell, E. H., 1987, "Numerical Simulations of Jump Phenomena in Stable Duffing Systems", *Int. J. Non-Linear Mechanics*, **22**(**3**), 267-274.

Feller, W., 1954, "Diffusion processes in one-dimension," *Transactions of the American Mathematical*

Dynamics, **1**(1) (1990), 91-116.
35) Lyon, R. H. *et al.*: Response of hard-spring oscillator to narrow band excitation, *J. Acoust. Soc. Amer.*, **33** (1961), 1404-1411.
36) Lennox, W. C., and Kuak, Y. C.: Narrow band excitation of a nonlinear oscillator *ASME J. Appl. Mech.*, **43** (1976), 340-344.
37) Fang, T. and Dowell, E. H.: Numerical simulations of jump phenomena in stable duffing systems, *Int. J. Non-Lin. Mech.*, **22**(3) (1987), 267-274.
38) Davies, H. G. and Rajan, S.: Random superharmonic and subharmonic response: Multiple time scaling of a duffing oscillator, *J. Sound Vib.*, **126**(2) (1988), 195-208.
39) Davies, H. G. and Liu, Q.: The response envelop probability density function of a duffing oscillator with random narrow band excitation, *J. Sound Vib.*, **139** (1990), 1-8.
40) Davies, H. G. and Liu, Q.: On the narrow band random response distribution function of a non-linear oscillator, *Int. J. Non-Lin. Mech.*, **27**(5) (1992), 805-816.
41) Roberts, J. B. and Spanos, P-T. D.: Stochastic averaging: An approximate method of solving random vibration problems, *Intl. J. Nonlin. Mech.*, **21**(2) (1986), 111-134.
42) Dimentberg, M. F.: Oscillations of a system with nonlinear cubic characteristics under narrow band random excitation, *Mech. Solids*, **6** (1971), 142-146.
43) Iyengar, R. N.: Response of nonlinear systems to narrow band excitation, *Struct. Saf.*, **6** (1989), 177-185.
44) Roberts, J. B.: Multiple solutions generated by statistical linearization and their physical significance, *Int. J. Non-Linear Mech.*, **26** (1991), 945-959.
45) Iyengar, R. N.: Approximate analysis of nonlinear systems under narrow band random inputs, In *Nonlinear Stochastic Mechanics, IUTAM Symposium Turin* (N. Bellomo and F. Casciati eds.), Springer-Verlag, 1992.
46) Davies, H. G. and Nandlall, D.: Phase plane for narrow band random excitation of a Duffing oscillator, *J. Sound Vib.*, **104**(2) (1986), 277-283.
47) Kapitaniak, T.: Stochastic response with bifurcation to nonlinear Duffing's oscillators, *J. Sound Vib.*, **102**(3) (1985), 440-441.
48) Koliopulos, P. K. and Bishop, S. R.: Quasi-harmonic analysis of the behavior of hardening Duffing oscillator subjected to filtered white noise, *Nonlinear Dynamics*, **4** (1993), 279-288.
49) Iyengar, R. N.: Stochastic response and stability of the Duffing oscillator under narrow band excitation, *J. Sound Vib.*, **126** (1986), 255-263.
50) Iyengar, R. N.: Higher order linearization in non-linear random vibration, *Int. J. Non-Linear Mech.*, **23** (1988), 385-391.
51) Koliopulos, P. K. and Langley, R. S.: Improved stability analysis of the response of a Duffing oscillator under filtered white noise, *Int. J. Non-Linear Mech.*, **28**(2) (1993), 145-155.
52) Lyon, R. H.: Response of strings to random noise fields, *J. Acoust. Soc. Amer.*, **32** (1965), 391-398.
53) Caughey, T. K.: Random excitation of a loaded nonlinear string, *ASME J. Appl. Mech.*, **27** (1960), 575-578.
54) Lyon, R. H.: Response of a nonlinear string to random excitation, *J. Acoust. Soc. Amer.*, **28** (1960), 953-960.
55) Tagata, G.: Analysis of a randomly excited nonlinear stretching string, *J. Sound Vib.*, **58**(1) (1978), 95-107.

Society **77**, 1-31.

Fox, R. L. and Kapoor, M. P., 1968, "Rates of change of eigenvalues and eigenvectors," *AIAA Journal* **6**(12), 2426-2429.

Frank, P. M., 1978, *Introduction to System Sensitivity Theory*, Academic Press, New York.

Franklin, J. N. and Rodemich, E. R., 1968, "Numerical analysis of an elliptic-parabolic differential equation," *SIAM Journal of Numerical Analysis* **5**, 680-716.

Fritzen, C. P. and Nordman, R., 1982, "Influence of parameter changes to stability behavior of rotors," NASA Conference Publication 2250 : *Rotor Dynamic Instability Problems in High-Performance Turbo-machinery*, TAMU, 284-297.

Ge, Y. J., Xiang, H. F. and Tanaka, H., 2000, "Application of the reliability analysis model to bridge flutter under extreme winds," *Journal of Wind Engineering and Industrial Aerodynamics* **86**(2), 155-167.

Ghanem, G. G. and Spanos, P. D., 1991, Stochastic Finite Elements : A Spectral Approach, Springer-Verlag New York.

Gray, A. H., Jr. and Caughey, T. K., 1965, "A Controversy in Problems Involving Random Parametric Excitation," *J. Math. Phys.* **44**, 288-295.

Hagan, P. S., Doering, C. R. and Levermore, C. D., 1987, "Bistability driven by weakly colored Gaussian noise : The Fokker-Planck boundary layer and mean first-passage times," *Physics Review Letters* **59**, 2265-2267.

Hagan, P. S., Doering, C. R. and Levermore, C. D., 1989, "Mean exit times for particles driven by weakly colored noise," *SIAM Journal of Applied Mathematics* **49**, 1490-1513.

Hennig, K. and Roberts, J. B., 1986, "Averaging methods for randomly excited nonlinear oscillators," In Random Vibration : Status and Recent Development, I. Elishakoff and R. H. Lyon (eds.) pp. 149-161, Elsevier, Amsterdam.

Huang, S. P., Quek, S. T., and Phoon, K. K., 2001, "Convergence study of the truncated Karhunen-Loeve expansion for simulation of stochastic processes," *International Journal of Numerical Methods in Engineering* **52**, 1029-1043.

Ibrahim, R. A., 1985, *Parametric Random Vibration*, John Wiley, New York.

Ibrahim, R. A., 1987, "Structural dynamics with parameter uncertainties, part I : mechanics of contact and friction" *ASME Appl Mech Rev* **40**(3), 309-328.

Ibrahim, R. A., 2004, "Nonlinear Vibrations of Suspended Cables, Part III : Random Excitation and Interaction with Fluid Flow," *ASME Applied Mechanics Reviews* **57**(6), 515-549.

Ibrahim, R. A. and Chang, W. K., 1999, "Stochastic excitation of suspended cables involving three simultaneous internal resonances using Monte Carlo simulation," *Comp Meth in Appl Mech & Eng* **168**, 285-304.

Ibrahim, R. A. and Heinrich, 1988, "Experimental Investigation of Liquid Sloshing under Parametric Random Excitation," *ASME J. Appl. Mech.* **55**, 467-473.

Ibrahim, R. A. and Heo, H., 1986, "Autoparametric Vibration of Coupled Beams under Random Support Motion," *ASME J. Vibration, Acoustics, Stress, and Reliability in Design* **108**(4), 421-426.

Ibrahim, R. A., Lee, B. H.. and Afaneh, A. H., 1993 "Structural Modal Multifurcation with Internal Resonance, Part II : Stochastic Approach," *ASME J. Vib. Acoustics* **115**(2), 193-201.

Ibrahim, R. A. and Li, W., 1988, "Structural Modal Interaction with Combination Internal Resonance under Wide Band Random Excitation," *J. Sound Vib* **123**(2), 473-495.

Ibrahim, R. A. and Roberts, J. W., 1976 "Broad Band Random Excitation of a Two Degree-of-Freedom System with Autoparametric Coupling," *J. Sound Vib* **44**(3), pp. 335-348.

Ibrahim, R. A. and Roberts, J. W., 1977 "Stochastic Stability of the Stationary Response of a System

56) Richard, K. and Anand, G. V. : Non-linear resonance in string narrow-band random excitation, Part I : Planar resonance and stability, *J. Sound Vib.*, **86** (1983), 85-98.
57) Tagata, G. : Nonlinear string random vibration, *J. Sound Vib.*, **129** (3) (1989), 361-384.
58) Irvine, H. M. and Caughey, T. K. : The linear theory of free vibrations of a suspended cable, *Proc. Royal Soc.* (*London*), **A341** (1974), 299-315.
59) Rega, G. : Nonlinear vibrations of suspended cables-part I : Modeling and analysis, *ASME Appl. Mech. Rev.*, **57**(6) (2004a), 443-478.
60) Rega, G. : Nonlinear vibrations of suspended cables-part II : Deterministic phenomena, *ASME Appl. Mech. Rev.*, **57**(6) (2004b), 479-513.
61) Ibrahim, R. A. : Nonlinear vibrations of suspended cables, part III : Random excitation and interaction with fluid flow, *ASME Appl. Mech. Rev.*, **57**(6) (2004), 515-549.
62) Chang, W. K. *et al.* : Planar and non-planar non-linear dynamics of suspended cables under random in-plane loading, Part I : Single internal resonance, *Int. J. Non-Lin. Mech.*, **31**(6) (1996), 837-859.
63) Chang, W. K. and Ibrahim, R. A. : Multiple internal resonances in suspended cables under random in-plane loading, *Non-lin. Dyn.*, **12** (1997), 275-303.
64) Ibrahim, R. A. and Chang, W. K. : Stochastic excitation of suspended cables involving three simultaneous internal resonances using Monte Carlo simulation, *Comp. Meth. Appl. Mech. Eng.*, **168** (1999), 285-304.
65) Ibrahim, R. A. and Yoon, Y-J. : Response statistics of nonlinear systems to parametric filtered white noise, *American Mathematics Society, Fields Institute Communications*, **9** (1996), 105-129.
66) Newland, D. E. : Energy sharing in random vibration of nonlinearly coupled modes, *J. Inst. Math. Appl.*, **1**(3) (1965), 199-207.
67) Ibrahim, R. A. and Roberts, J. W. : Broad band random excitation of a two degree-of-freedom system with autoparametric coupling, *J. Sound Vib.*, **44**(3) (1976), 335-348.
68) Ibrahim, R. A. and Roberts, J. W. : Stochastic stability of the stationary response of a system with autoparametric coupling, *Zeitschrift fur Ang. Math. Mech.*, **57**(9) (1977), 643-649.
69) Schmidt, G. : Probability densities of parametrically excited random vibration, In *Stochastic Problems in Dynamics* (B. L. Clarkson ed.), pp. 197-213, Pitman, 1977a.
70) Schmidt, G. : Vibrating mechanical systems with random parametric excitation, In *Theoretical and Applied Mechanics* (W. T. Koiter ed.), pp. 439-450, North-Holland, 1977b.
71) Ibrahim, R. A. and Heo, H. : Autoparametric vibration of coupled beams under random support motion, *ASME J. Vib. Acoust. Stress Reliab. Des.*, **108**(4) (1986), 421-426.
72) Soundararajan, A. and Ibrahim, R. A. : Parametric and autoparametric vibrations of an elevated water tower, part III : Random response, *J. Sound Vib.*, **121**(3) (1988), 445-462.
73) Li, W. and Ibrahim, R. A. : Principal internal resonances in 3-DOF systems subjected to wide-band random excitation, *J. Sound Vib.*, **130**(2) (1989), 305-321.
74) Nayfeh, A. H., and Serhan, S. J. : Response moments of dynamic systems with modal interactions, *J. Sound Vib.*, **151**(2) (1991), 291-310.
75) Roberts, J. W. : Random excitation of a vibratory system with autoparametric

with Autoparametric Coupling," *Zeitschrift fur Ang. Math. und Mech.* **57**(9), 643-649.

Ibrahim, R. A. and Sullivan, D. G., 1990, "Experimental Investigation of Structural Autoparametric Interaction under Random Excitation," *AIAA Journal* **28**(2), 338-344.

Ibrahim, R. A. and Yoon, Y-J., 1996 "Response Statistics of Nonlinear Systems to Parametric Filtered White Noise," *American Mathematics Society, Fields Institute Communications* **9**, 105-129.

Ibrahim, R. A., Yoon, Y. J. and Evans, M. G., 1990 "Random Excitation of Nonlinear Coupled Oscillators," Nonlinear Dynamics **1**(1), 91-116, 1990.

Ilin, A. M., 1992, Matching of Asymptotic Expansion of Boundary Value Problems, American Mathematical Society, Providence, Rhode Island.

Ilin, A. M. and Khas'miniskii, R. Z., 1964, "On Equations of Brownian Motion," *Theory Probab. Appl.* **9**, pp. 421-444.

Irvine, H. M. and Caughey, T. K., 1974, "The linear theory of free vibrations of a suspended cable," Proc Royal Soc (London) **A341**, 299-315.

Iyengar, R. N., 1986, "Stochastic response and stability of the Duffing oscillator under narrow band excitation," *J. Sound Vib.*, **126**, 255-263.

Iyengar, R. N., 1988, "Higher Order Linearization in Non-Linear Random Vibration," *Int. J. Non-Linear Mech* **23**, 385-391.

Iyengar, R. N., 1989, "Response of Nonlinear Systems to Narrow Band Excitation", *Structural Safety* **6**, 177-185.

Iyengar, R. N., 1992, "Approximate Analysis of Nonlinear Systems under Narrow Band Random Inputs," *Nonlinear Stochastic Mechanics, IUTAM Symposium Turin*, N. Bellomo and F. Casciati (Editors), Springer-Verlag.

Jakobsen, J. B. and Tanaka, H., 2003, "Modeling uncertainties in prediction of aeroelastic bridge behavior," *Journal of Wind Engineering and Industrial Aerodynamics* **91**(12-15), 1485-1498.

Jensen, H. A., 1989, *Dynamic Response of Structures with Uncertain Parameters*, Ph. D. Dissertation, California Institute of Technology, Pasadena, California.

Joswiak, S., 1985, "Optimization of Vibrating Systems with Random Parameters," (in Polish) *Archiwum Inzynierii Ladowej* **31**(3), 307-316.

Kantorovich, L. V. and Krylov, V. I., 1958, *Approximate Methods of Higher Analysis*, Nordhoff, Netherlands.

Kapitaniak, T., 1985, "Stochastic Response with Bifurcation to Nonlinear Duffing's Oscillators," *J. Sound Vib.* **102**(3), 440-441.

Kareem, A., 1988, "Aerodynamic response of structures with parameter uncertainties," *Structural Safety* **5**(3), 205-225.

Kazimierczyk, P., 1989, "Optimal experiment design; vibrating beam under random loading," *European Journal of Mechanics, A/Solids* **8**(3), 161-184.

Khasminskii, R. Z., 1963a, "On diffusion processes with small parameter," *Izv. Akad. Nauk SSSR Ser. Mat.* **27**, 1281-1300.

Khasminskii, R. Z., 1963b, "The averaging principle for parabolic and elliptic differential equations and Markov Process with small diffusion," *Theory of Probability and Applications* 8, 121-140.

Khasminskii, R. Z., 1966, "A limit theorem for the solution of differential equations with random right-hand sides," *Theory of Probability and Applications* **11**, 390-405.

Kiefling, L. A., 1970, "Comment on 'The eigenvalue problem for structural systems with statistical properties," *AIAA Journal* **8**(7), 1371-1372.

Kleiber, M., Tran, D. H. and Hien, T. D., 1992, The Stochastic Finite Element Method, Chichester, John Wiley.

Koliopulos, P. K. and Bishop, S. R., 1993, "Quasi-Harmonic Analysis of the Behavior of Hardening interaction, *J. Sound Vib.*, **69**(1) (1980), 101-116.

76) Ibrahim, R. A. and Sullivan, D. G. : Experimental investigation of structural autoparametric interaction under random excitation, *AIAA Journal*, **28**(2) (1990), 338-344.

77) Ibrahim, R. A. and Li, W. : Structural modal interaction with combination internal resonance under wide band random excitation, *J. Sound Vib.*, **123**(2) (1988), 473-495.

78) Li, W. and Ibrahim, R. A. : Monte Carlo simulation of coupled nonlinear oscillators under random excitations, *ASME J. Appl. Mech.*, **57** (1990), 1097-1099.

79) Ibrahim, R. A. : Structural dynamics with parameter uncertainties, part I : Mechanics of contact and friction *ASME Appl. Mech. Rev.*, **40**(3) (1987), 309-328.

80) Schuëller, G. I. : State-of-the-art report on computational stochastic mechanics, *Probab. Eng. Mech. Spec. Issue*, **12**(4) (1997), 199-321.

81) Manohar, C. S. and Ibrahim, R. A. : Progress in structural dynamics with stochastic parameter variations : 1987-1998, *ASME Appl. Mech. Rev.*, **52**(5) (1999), 177-197.

82) Pettit, C. L. : Uncertainty quantification in aeroelasticity : Recent results and research challenges, *J. Aircraft*, **41**(5) (2004), 1217-1229.

83) Bae, H. R. *et al.* : An approximation approach for uncertainty quantification using evidence theory, *Reliab. Eng. Syst. Saf.*, **86** (2004), 215-235.

84) Beran, P. S. *et al.* : Uncertainty quantification of limit-cycle oscillations, *J. Computat. Phys.*, **217**(1) (2006), 217-247.

85) Ghanem, G. G. and Spanos, P. D. : *Stochastic Finite Elements : A Spectral Approach*, Springer-Verlag, 1991.

86) Kleiber, M. *et al.* : *The Stochastic Finite Element Method*, Chichester, 1992.

87) Cambou, B. : Application of first-order uncertainty analysis in the finite element method in linear elasticity, Proceedings of the 2nd International Conference on *Application of Statistics and Probability in Soil and Structural Engineering*, Aachen, Germany, Deutsche Gesellschaft für Grd-und Grundbau ev, Essen, FRG (1975), pp. 67-87.

88) Nakagiri, S. and Hisada, T. : Stochastic finite element method applied to structural analysis with uncertain parameters, Proceedings of the International Conference on *Finite Element Method* (1982), pp. 206-211.

89) Shinozuka, M. and Yamazaki, F. : Stochastic finite element analysis : an introduction, *Stochastic Structural Dynamics : Progress in Theory and Applications* (S. T. Ariaratnam *et al.* eds), Elsevier Applied Science, Chapter 14 (1988), pp. 241-291.

90) Liu, W. K. *et al.* : Probabilistic finite elements for nonlinear structural dynamics, *Comput. Meth. Appl. Mech. Eng.*, **56**(1) (1986), 61-81.

91) Yamazaki, F. *et al.* : Neumann expansion for stochastic finite element analysis, *J. Eng. Mech.*, **114**(8) (1988), 1335-1354.

92) Nieuwenhof, B. V. d. and Coyette, J.-P. : A perturbation stochastic finite element method for the time-harmonic analysis of structures with random mechanical properties, Proceedings of the 5th World Congress on Computational Mechanics (2002).

93) Muscolino, G. *et al.* : Improved dynamic analysis of structures with mechanical uncertainties under deterministic input, *Prob. Eng. Mech.*, **15** (2) (2000), 199-212.

94) Cacciola, P. and Muscolino, G. : Dynamic response of a rectangular beam with a

Duffing Oscillator Subjected to Filtered White Noise," *Nonlinear Dynamics 4*, 279-288.

Koliopulos, P. K. and Langley, R. S., 1993, "Improved Stability Analysis of the Response of a Duffing Oscillator under Filtered White Noise," *Int. J. Non-Linear Mech.* **28**(**2**), 145-155.

Kozin, F., 1983, "First-passage time : Some results," Proceedings of the International Workshop on Stochastic Structural Mechanics, Innsbruck, pp. 28-32.

Kramers, H. A., 1940, "Brownian motion in a field of force and the diffusion theory of chemical reactions," *Physica* **7**, 284-304.

Kumar, N. and Burton, T. D., 2007, "Use of random excitation to develop POD based reduced order models for nonlinear structural dynamics," Proceedings of the ASME International Design Engineering Technical Conferences and Computers and Information in Engineering Conference, DETC2007, Vol. 1(C), pp. 1627-1634.

Kushner, H. J. 1969, "The Cauchy Problem for a Class of Degenerate Parabolic Equations and Asymptotic Properties of the Related Diffusion Processes," *J. Diff. Equations* **6**(2), 209-231.

Kuttenkeuler, J. and Ringertz, U., 1998, "Aeroelastic tailoring considering uncertainties in material properties," *Structural Optimization* **15**(3-b), 157-162.

Lei, Z. and Qiu, C., 2000, "Neumann dynamic stochastic finite element method of vibration for structures with stochastic parameters to random excitation," *Computers and Structures*, Vol. 77, No. 6, pp. 651-657.

Lennox, W. C., and Fraser, D. A., 1974, "First-passage distribution for the envelope of a non-stationary narrow-band stochastic process," *ASME Journal of Applied Mechanics* **41**, 793-797.

Lennox, W. C., and Kuak, Y. C., 1976, "Narrow Band Excitation of a Nonlinear Oscillator" *ASME Journal of Applied Mechanics* **43**, 340-344.

Li, W. and Ibrahim, R. A., 1989, "Principal Internal Resonances in 3-DOF Systems Subjected to Wide-Band Random Excitation," *J. Sound Vib.* **130**(2), 305-321.

Li, W. and Ibrahim, R. A., 1990, "Monte Carlo Simulation of Coupled Nonlinear Oscillators under Random Excitations," *ASME J. Applied Mechanics* **57**, 1097-1099.

Liaw, D. G. and Yang, H. T. Y., 1991a, "Reliability of uncertain laminated shells due to buckling and supersonic flutter," *AIAA Journal* **29**(10), 1698-1708.

Liaw, D. G. and Yang, H. T. Y., 1991b, "Reliability of initially compressed uncertain laminated plates in supersonic flow," *AIAA Journal* **29**(6), 952-960.

Lin, Y. K. and Cai, G. Q., 1988, "Exact Stationary Response Solution for Second Order Nonlinear Systems under Parametric and External White-Noise Excitations : Part II," *ASME J. Appl. Mech.* **55**, 702-705.

Lindsley, N. J., Beran, P. S. and Pettit, C. L., 2002a, "Effects of uncertainty on the aerothermoelastic flutter boundary of a nonlinear plate," *AIAA Paper* 2002-5136.

Lindsley, N. J., Beran, P. S. and Pettit, C. L., 2002b, "Effects of uncertainty on nonlinear plate aeroelastic response," *AIAA Paper* 2002-1271.

Liu, W. K., Belytschko, T. and Mani, A., 1986, "Probabilistic finite elements for nonlinear structural dynamics," *Computer Methods in Applied Mechanics and Engineering* **56**(1), 61-81.

Loeve, M., 1977, Probability Theory, Springer-Verlag, Berlin.

Lund, J. W., 1979, "Sensitivity of the critical speeds of a rotor to changes in the design," *J Mech Design* **102**, 115-121.

Lyon, R. H., 1960, "Response of a Nonlinear String to Random Excitation," *J. Acoust. Soc. Amer.* **28**, 953-960.

Lyon, R. H., 1965, "Response of Strings to Random Noise Fields," *J. Acoust. Soc. Amer.* **32**, 391-398.

Lyon, R. H. and Heckl, M. and Hazelgrove, C. B., 1961, "Response of Hard-Spring Oscillator to Narrow Band Excitation," *The J. Acoustical Soc. Amer.*, **33**, 1404-1411.

known non-propagating crack of certain and uncertain depth, *Comput. Struct.*, **80** (2002), Nos. 27-30, 2387-2396.

95) Jensen, H. A. : *Dynamic Response of Structures with Uncertain Parameters*, Ph. D. Dissertation, California Institute of Technology, 1989.

96) Lei, Z. and Qiu, C. : Neumann dynamic stochastic finite element method of vibration for structures with stochastic parameters to random excitation, *Comput. Struct.*, **77**(6) (2000), 651-657.

97) Bellizzi, S. and Sampaio, R. : Analysis of randomly vibrating systems using Karhunen-Loève expansion, Proceedings of the ASME International Design Engineering Technical Conferences and Computers and Information in Engineering Conference, DETC2007, Vol. 1(B) (2007), pp. 1387-1396.

98) Kumar, N. and Burton, T. D. : Use of random excitation to develop POD based reduced order models for nonlinear structural dynamics, Proceedings of the ASME International Design Engineering Technical Conferences and Computers and Information in Engineering Conference, DETC2007, Vol. 1(C) (2007), pp. 1627-1634.

99) Liaw, D. G. and Yang, H. T. Y. : Reliability of uncertain laminated shells due to buckling and supersonic flutter, *AIAA Journal*, **29**(10) (1991a), 1698-1708.

100) Liaw, D. G. and Yang, H. T. Y. : Reliability of initially compressed uncertain laminated plates in supersonic flow, *AIAA Journal*, **29**(6) (1991b), 952-960.

101) Kuttenkeuler, J. and Ringertz, U. : Aeroelastic tailoring considering uncertainties in material properties, *Structural Optimization*, **15**(3-b) (1998), 157-162.

102) Lindsley, N. J. *et al.* : Effects of uncertainty on the aerothermoelastic flutter boundary of a nonlinear plate, AIAA Paper, 2002a, 2002-5136.

103) Lindsley, N. J. *et al.* : Effects of uncertainty on nonlinear plate aeroelastic response, AIAA Paper, 2002b, 2002-1271.

104) Poirion, F. : Impact of random uncertainty on aircraft aeroelastic stability, Proceedings of the 3rd International Conference on Stochastic Structural Dynamics, San Juan, PR. (1995)

105) Poirion, F. : On some stochastic methods applied to aeroservoelasticity, *Aerospace Science and Technology*, **4**(3) (2000), 201-214.

106) Ostenfeld-Rosenthal, P. *et al.* : Probabilistic flutter criteria for long span bridges, *J. Wind Eng. Ind. Aerodyn.*, **42**(1-3) (1992), 1265-1276.

107) Ge, Y. J. *et al.* : Application of the reliability analysis model to bridge flutter under extreme winds, *J. Wind Eng. Ind. Aerodyn.*, **86**(2) (2000), 155-167.

108) Jakobsen, J. B. and Tanaka, H. : Modeling uncertainties in prediction of aeroelastic bridge behavior, *J. Wind Eng. Ind. Aerodyn.*, **91**(12-15) (2003), 1485-1498.

109) Kareem, A. : Aerodynamic response of structures with parameter uncertainties, *Struct. Saf.*, **5**(3) (1988), 205-225.

110) Castravete, C. and Ibrahim, R. A. : Effect of stiffness uncertainties on the flutter of a cantilever wing, *AIAA Journal*, **46**(4) (2008), 925-935.

111) Huang, S. P. *et al.* : Convergence study of the truncated Karhunen-Loeve expansion for simulation of stochastic processes, *Int. J. Numer. Meth. Eng.*, **52** (2001), 1029-1043.

112) Loeve, M. : *Probability Theory*, Springer-Verlag, 1977.

113) Adeli, H. and Cheng, N. T. : Augmented Lagrangian genetic algorithm for structural optimization, *J. Aerospace Eng.*, **7** (1994), 104-118.

Manohar, C. S. and Ibrahim, R. A., 1999, "Progress in structural dynamics with stochastic parameter variations : 1987-98," *ASME Appl Mech Rev* **52**(5), 177-197.

Matkowsky, B. J. and Schuss, Z., 1976, "On the problem of exit," *Bulletin of the American Mathematical Society* **82**, 321-324.

Matkowsky, B. J. and Schuss, Z., 1977, "The exit problem for randomly perturbed dynamical systems," *SIAM Journal of Applied Mathematics* **33**, 365-382.

Matkowsky, B. J. and Schuss, Z., 1982a, "A singular perturbation approach to the computation of the mean firstpassage time to a nonlinear filter," *SIAM Journal of Applied Mathematics* **42**, 174-187.

Matkowsky, B. J. and Schuss, Z., 1982b, "Diffusion across characteristic boundaries," *SIAM Journal of Applied Mathematics* **42**, 822-834.

Mei, C. and Wentz, K. R., 1982, "Analytical and experimental nonlinear response of rectangular panels to acoustic excitation," *AIAA 23rd Structures, Structural Dynamics and Materials Conference*, New Orleans, LA, 514-520.

Morano, G. C., 2008, "Reliability based multi-objective optimization for design of structures subject to random vibrations," *Journal of Zhejiang University SCIENCE A* **9**(1), 15-25.

Moshchuk, N. K. and Sinitsyn, I. N., 1991, "On Stationary Distributions in Nonlinear Stochastic Differential System," *Quarterly J. Inter. Appl. Math.* **44**(4), 571-579.

Moschchuk, N. K., Ibrahim, R. A. and Khasminskii, R. Z., 1995a, "Response statistics of ocean structures to nonlinear hydrodynamic loading, Part I : Gaussian ocean waves," *Journal of Sound and Vibration* **184**(4), 681-701.

Moschchuk, N. K., Ibrahim, R. A., Khasminskii, R. Z. and Chow, P. L., 1995b, "Asymptotic expansion of ship capsizing in random sea waves, I : First-order approximation," *International Journal of Nonlinear Mechanics* **30**(5), 727-740.

Moschchuk, N. K., Ibrahim, R. A., Khasminskii, R. Z. and Chow, P. L., 1995c, "Asymptotic expansion of ship capsizing in random sea waves, II : Second-order approximation," *International Journal of Nonlinear Mechanics* **30**(5), 741-757.

Moyer, E. T., Jr., 1988, "Time Domain Simulation of the Response of Geometrically Nonlinear Panels Subjected to Random Loading," Proc. 29th AIAA *Structures, Structural Dynamics and Materials Conference*, Paper No. 88-2236, 210-218.

Mu, Z. and Chen, S. Q., 1987, "Optimal design of linear and nonlinear random vibration absorbers for damped system," Proceedings ASME 11th Biennial Conference on Mechanical Vibration and Noise, Design Engineering Division (Publication) DE, Vol. 8, pp. 11-17. (CODEN : AMEDEH).

Muscolino, G., 1993, "Response of Linear and Nonlinear Structural Systems under Gaussian and Non-Gaussian Filtered Input," Chapter 6 in *Dynamic Motion : Chaotic and Stochastic Behavior*, F. Casciati (ed), CISM Courses and Lectures, No. 340, 203-299, Springer-Verlag, New York.

Muscolino, G., Ricciardi, G., and Impollonia, N., 2000, "Improved dynamic analysis of structures with mechanical uncertainties under deterministic input," *Probabilistic Engineering Mechanics*, Vol. 15, No. 2, pp. 199-212.

Naeh, T., Klosek, M. M., Matkowsky, B. J. and Schuss, Z., 1990, "A direct approach to the exit problem," *SIAM Journal of Applied Mathematics* **50**, 595-627.

Nakagiri, S. and Hisada, T., 1982, "Stochastic finite element method applied to structural analysis with uncertain parameters," Proceedings of the International Conference on Finite Element Method, pp. 206-211.

Nayfeh, A. H., and Serhan, S. J., 1991, "Response Moments of Dynamic Systems with Modal Interactions," *J. Sound Vib.* **151**(2), 291-310.

Newland , D. E., 1965, "Energy Sharing in Random Vibration of Nonlinearly Coupled Modes," *J. Inst. Math. Appl.* **1**(3), 199-207.

114) Arora, J. S. *et al.*: Global optimization methods for engineering applications: A review, *Structural Optimization*, **9** (1994), 137–159.
115) Coster, J. E. and Stander, N.: Structural optimization using augmented Lagrangian methods with secant Hessian updating, *Structural Optimization*, **12** (1996), 113–119.
116) De Silva, C. W.: An algorithm for the optimal design of passive vibration controllers for flexible system, *J. Sound Vib.*, **75** (1981), 495–502.
117) Chen, T. Y.: Optimum design of structures with both natural frequency and frequency response constraints, *Int. J. Numer. Meth. Eng.*, **33** (1992), 1927–1940.
118) Joswiak, S.: Optimization of vibrating systems with random parameters, (in Polish) *Archiwum Inzynierii Ladowej*, **31**(3) (1985), 307–316.
119) Mu, Z. and Chen, S. Q.: Optimal design of linear and nonlinear random vibration absorbers for damped system, Proceedings ASME 11th Biennial Conference on Mechanical Vibration and Noise, Design Engineering Division (Publication) DE, **8** (1987), pp. 11–17. (CODEN: AMEDEH).
120) Kazimierczyk, P.: Optimal experiment design: Vibrating beam under random loading, *Eur. J. Mech., A/Solids*, **8**(3) (1989), 161–184.
121) Zhang, X. M. and Ding, H.: Design optimization for dynamic response of vibration mechanical system with uncertain parameters using convex model, *J. Sound Vib.*, **318** (2008), 406–415.
122) Morano, G. C.: Reliability based multi-objective optimization for design of structures subject to random vibrations, *J. Zhejiang University SCIENCE*, **A9**(1) (2008), 15–25.
123) Yang, F. *et al.*: Vibration suppression of non-uniform curved beams under random loading using optimal tuned mass damper, *J. Vib. Contr.*, **15**(2) (2009), 233–261.
124) Frank, P. M.: *Introduction to System Sensitivity Theory*, Academic Press, 1978.
125) Fox, R. L. and Kapoor, M. P.: Rates of change of eigenvalues and eigenvectors, *AIAA Journal*, **6**(12) (1968), 2426–2429.
126) Kiefling, L. A.: Comment on 'The eigenvalue problem for structural systems with statistical properties', *AIAA Journal*, **8**(7) (1970), 1371–1372.
127) Rogers, L. C.: Derivatives of eigenvalues and eigenvectors, *AIAA Journal*, **8**(5) (1970), 943–944.
128) Plaut, R. H. and Huseyin, K.: Derivatives of eigenvalues and eigenvectors in non-self-adjoint systems, *AIAA Journal*, **11**(2) (1973), 250–251.
129) Rudisill, C. S.: Derivatives of eigenvalues and eigenvectors for general matrix, *AIAA Journal*, **12**(5) (1974), 721–722.
130) Lund, J. W.: Sensitivity of the critical speeds of a rotor to changes in the design, *J. Mech. Des.*, **102** (1979), 115–121.
131) Fritzen, C. P. and Nordman, R.: Influence of parameter changes to stability behavior of rotors, NASA Conference Publication 2250: *Rotor Dynamic Instability Problems in High-Performance Turbo-machinery*, 1982, TAMU, 284–297.
132) Pallazolo, A. B. *et al.*: Eigensolution re-analysis of rotor dynamic systems by the generalized receptance method, *J. Eng. Power*, **105** (1983), 543–550.
133) Chen, J. S. and Bogy, D. B.: Effect of load parameters on the natural frequencies and stability of a flexible spinning disk with a stationary load system, *ASME J. Appl. Mech.*, **59** (1992), 5230–5235.
134) Chen, L. W. and Ku, D. M.: Stability of nonconservative elastic systems using eigenvalue sensitivity, *ASME J. Vib. Acoust.*, **116**(2) (1994), 168–172.

Nieuwenhof, B. V. d. and Coyette, J.-P., 2002, "A perturbation stochastic finite element method for the timeharmonic analysis of structures with random mechanical properties," Proceedings of the 5th World Congress on Computational Mechanics.

Nwankpa, C. O., Shahidehpour, S. M., and Scuss, Z., 1993, "A generalized approach to the mean first-passage time of a dynamic power-system," *International Journal of Systems Science* **24**, 2097-2115.

Ostenfeld-Rosenthal, P., Madsen, H. O. and Larsen, A., 1992, "Probabilistic flutter criteria for long span bridges," *Journal of Wind Engineering and Industrial Aerodynamics* **42**(1-3), 1265-1276.

Pallazolo, A. B., Wang, P. O. and Pilkey, W. D., 1983, "Eigensolution re-analysis of rotor dynamic systems by the generalized receptance method," *J Engineering Power* **105**, 543-550.

Pettit, C. L., 2004, "Uncertainty quantification in aeroelasticity : Recent results and research challenges," *Journal of Aircraft* **41**(5), 1217-1229.

Plaut, R. H. and Huseyin, K., 1973, "Derivatives of eigenvalues and eigenvectors in non-self-adjoint systems," *AIAA Journal* **11**(2), 250-251.

Poirion, F., 1995, "Impact of random uncertainty on aircraft aeroelastic stability," Proceedings of the 3rd International Conference on Stochastic Structural Dynamics, San Juan, PR.

Poirion, F., 2000, "On some stochastic methods applied to aeroservoelasticity," *Aerospace Science and Technology* **4**(3), pp. 201-214.

Pollak, E., Berezhkovskii, A. M. and Scuss, Z., 1994, "Activated rate-processes : A relation between Hamiltonian and stochastic theories," *Journal of Chemistry and Physics* **100**, 334-339.

Pontryagin, L. S., Andronov, A. A. and Vitt, A. A., 1933, "On statistical consideration of dynamical systems," *Journal of Experimental and Theoretical Physics* **3**, 165-180.

Prandtl, L., 1905, "Über Flussigkeitsbewegung bei sehr kleiner Reibung," Proceedings of the International Congress of Mathematics, Leipzig, p. 484.

Red-Horse, J. R. and Spanos, P. D., 1992, "A Generalization to Stochastic Averaging in Random Vibration," *Int. J. Nonlinear Mech.* **27**(1), 85-101.

Rega, G., 2004a, "Nonlinear vibrations of suspended cables-part I : modeling and analysis," ASME *Applied Mechanics Review* **57**(6), 443-478.

Rega, Ga., 2004b, "Nonlinear vibrations of suspended cables-part II : deterministic phenomena," ASME *Applied Mechanics Review* **57**(6), 479-513.

Reinhall, P. G. and Miles, R. N., (1989), "Effect of damping and stiffness on the random vibration of nonlinear periodic plates," *J. Sound and Vibration* **132**(1), 33-42.

Richard, K. and Anand, G. V., 1983, "Non-linear resonance in string narrow-band random excitation, Part I : Planar resonance and stability," *J Sound Vib* **86**, 85-98.

Roberts, J. B., 1978a, "First-passage time for oscillations with nonlinear restoring forces," *Journal of Sound and Vibration* **56**, 71-86.

Roberts, J. B., 1978b, "First-passage time for oscillations with nonlinear damping," ASME Journal of Applied Mechanics **45**, 175-180.

Roberts, J. B., 1989, *Averaging Methods in Random Vibration*, Technical University of Denmark, Series R, No. 245, Lengby, Denmark.

Roberts, J. B., 1991, "Multiple Solutions Generated by Statistical Linearization and Their Physical Significance," *Int. J. Non-Linear Mech.* **26**, 945-959.

Roberts, J. B. and Spanos, P-T. D., 1986, "Stochastic Averaging : An Approximate Method of Solving Random Vibration Problems," *Intl. J. Non-linear Mech.* **21**(2), 111-134.

Roberts, J. B. and Spanos, P-T. D., 1990, "Random Vibrations and Statistical Linearization," John Wiley & Sons, New York.

Roberts, J. W., 1980, "Random Excitation of a Vibratory System with Autoparametric Interaction," *J.*

135) Yimin, Z. *et al.*：Sensitivity of reliability in nonlinear random systems with independent failure modes, (in Chinese) *Acta Mech. Sin.*, **35**(1) (2003), 117-120.
136) Bogdanoff, J. L. and Kozin, F.：*Probabilistic Models of Cumulative Damage*, Wiley-Interscience, 1985.
137) Bolotin, V. V.：*Prediction of Service Life for Machines and Structures*, ASME Press, 1989.
138) Sobczyk, K. and Spencer, B.：*Random Fatigue*, Academic Press, 1992.
139) Clarkson, B. L.：Review of sonic fatigue technology, *NASA CR*, 4587 (1994), Langley Research Center, Hampton, Virginia.
140) Zhang, Y. and Der Kiureghian, A.：Dynamic response sensitivity of inelastic structures, *Comput. Meth. Appl. Mech. Eng.*, **108** (1993), 23-36.
141) Zhang, Y. and Der Kiureghian, A.：First-excursion probability of uncertain structures, *Probab. Eng. Mech.*, **9** (1994), 135-143.
142) Pontryagin, L. S. *et al.*：On statistical consideration of dynamical systems, *J. Exp. Theor. Phys.*, **3** (1933), 165-180.
143) Feller, W.：Diffusion processes in one-dimension, *Trans. Amer. Math. Soc.*, **77** (1954), 1-31.
144) Franklin, J. N. and Rodemich, E. R.：Numerical analysis of an elliptic-parabolic differential equation, *SIAM J. Numer. Anal.*, **5** (1968), 680-716.
145) Kozin, F.：First-passage time：Some results, Proceedings of the International Workshop on Stochastic Structural Mechanics, 1983, pp. 28-32.
146) Dynkin, E. B.：*Markov Processes*, Vols. 1 and 2, Springer, 1965.
147) Bergman, L. A. and Heinrich, J. C.：On the reliability of the nonlinear oscillator and systems of coupled oscillators, *Int. J. Numer. Meth. Eng.*, **18** (1982), 1271-1295.
148) Bergman, L. A. and Spencer, B. F.：On the solution of several first-passage problems in nonlinear stochastic dynamics, In *Nonlinear Stochastic Dynamic Engineering Systems* (F. Ziegler and G. I. Schueller eds.), pp. 479-492, Springer, 1988.
149) Sun, J. Q. and Hsu, C. S.：First-passage probability of nonlinear stochastic systems by generalized cell mapping method, *J. Sound Vib.*, **124** (1988), 233-248.
150) Stratonovich, R. L.：*Topics in the Theory of Random Noise*, Vol. I (1963), Gordon and Breach.
151) Roberts, J. B.：*Averaging Methods in Random Vibration*, Technical University of Denmark, Series R, No. 245 (1989).
152) Lennox, W. C., and Fraser, D. A.：First-passage distribution for the envelope of a non-stationary narrow-band stochastic process, *ASME J. Appl. Mech.*, **41** (1974), 793-797.
153) Roberts, J. B.：First-passage time for oscillations with nonlinear restoring forces, *J. Sound Vib.*, **56** (1978a), 71-86.
154) Roberts, J. B.：First-passage time for oscillations with nonlinear damping, *ASME J. Appl. Mech.*, **45** (1978b), 175-180.
155) Cai, G. Q. and Lin, Y. K.：On statistics of first-passage failure, *ASME J. Appl. Mech.*, **61** (1994), 93-99.
156) Solomos, G. P. and Spanos, P. D.：Structural reliability under evolutionary seismic excitation, *Soil Dynamics Earthquake Engineering*, **2** (1983), 110-116.
157) Zhang, W. Q. and Kozin, F.：On almost sure sample stability of nonlinear stochastic dynamic systems, *IEEE Trans. Autom. Contr.*, **39**(3) (1994), 560-565.

Sound Vib **69**(1), 101–116.

Rogers, L. C., 1970, "Derivatives of eigenvalues and eigenvectors," *AIAA Journal* **8**(5), 943–944.

Roy, R. V., 1994, "Stochastic Averaging of Oscillators Excited by Colored Gaussian Processes," *Int. J. Nonlinear Mech.* **29**(4), 463–475.

Rudisill, C. S., 1974, "Derivatives of eigenvalues and eigenvectors for general matrix," *AIAA Journal* **12**(5), 721–722.

Schetzen, M., 1980, *The Volterra and Wiener Theories of Nonlinear Systems*, John Wiley, New York.

Schmidt, G., 1977a, "Probability Densities of Parametrically Excited Random Vibration," in *Stochastic Problems in Dynamics*, Ed. B. L. Clarkson, 197–213, Pitman, London.

Schmidt, G., 1977b, "Vibrating Mechanical Systems with Random Parametric Excitation, in Theoretical and Applied Mechanics, Ed. W. T. Koiter, 439–450, North-Holland, Amsterdam.

Schuëller, G. I., 1997, "State-of-the-art report on computational stochastic mechanics," *Probab Eng Mech, Spec Issue* **12**(4), 199–321.

Schuss, Z. and Matkowsky, B. J., 1979, "A new approach to diffusion across potential barriers," *SIAM Journal of Applied Mathematics* **35**, 604–623.

Shinozuka, M. and Yamazaki, F., 1988, "Stochastic finite element analysis : an introduction," *Stochastic Structural Dynamics : Progress in Theory and Applications*, S. T. Ariaratnam, G. I. Schueller, and I. Elishakoff, I. (Editors), Elsevier Applied Science, London, Chapter 14, pp. 241–291.

Sobczyk, K. and Spencer, B., 1992, *Random Fatigue*, Academic Press, New York.

Soize, C., 1991, "Exact Stationary Response of Multi-Dimensional Nonlinear Hamiltonian Dynamical Systems under Parametric and External Stochastic Excitations," *J. Sound Vib.* **149**(1), 1–24.

Solomos, G. P. and Spanos, P. D., 1983, "Structural reliability under evolutionary seismic excitation," *Soil Dynamics Earthquake Engineering* **2**, 110–116.

Soundararajan, A. and Ibrahim, R. A., 1988, "Parametric and Autoparametric Vibrations of an Elevated Water Tower, Part III : Random Response," *J. Sound Vib.* **121**(3), 445–462.

Spanos, P. D., 1981, "Stochastic Linearization in Structural Dynamics," *Appl. Mech. Rev.* **34**, 1–8.

Stratonovich, R. L., 1963, *Topics in the Theory of Random Noise, Vol.I*, Gordon and Breach, New York.

Sun, J. Q. and Hsu, C. S., 1988, "First-passage probability of nonlinear stochastic systems by generalized cell mapping method," *Journal of Sound and Vibration* **124**, 233–248.

Tagata, G., 1978, "Analysis of a Randomly Excited Nonlinear Stretching String," *J. Sound Vib.* **58**(1), 95–107.

Tagata, G., 1989, "Nonlinear String Random Vibration," *J. Sound Vib.* **129**(3), 361–384.

Vishik, M. I. and Lyusternik, L. A., 1957, "Regular degeneration and boundary layer for linear differential equations containing a small parameter," *Uspekhi Mat. Nauk* **12**, 3–122.

Vishik, M. I. and Lyusternik, L. A., 1960, "Solution of some perturbation problems in the case of matrices and selfadjoint and non-self-adjoint differential equations," *Uspekhi Mat. Nauk* **15**, 3–20.

Yamazaki, F., Shinozuka, M. and Dasgupta, G., 1988, "Neumann expansion for stochastic finite element analysis," *Journal of Engineering Mechanics* **114**(8), 1335–1354.

Yang, F., Sedaghati, R., and Ismailzadeh, E, 2009, "Vibration Suppression of Non-uniform Curved Beams under Random Loading using Optimal Tuned Mass Damper," *Journal of Vibration and Control* **15**(2), 233–261.

Yimin, Z., Qiaoling, L., and Bangehun, W., 2003, "Sensitivity of reliability in nonlinear random systems with independent failure modes," (in Chinese) *Acta Mechanica Sinica* **35**(1), 117–120.

Yong, Y. and Lin, Y. K., 1987, "Exact Stationary Response Solution for Second Order Nonlinear Systems under Parametric and External White-Noise Excitations," *J. Appl. Mech.* **54**, 414–418.

Zhang, W. Q. and Kozin, F., 1994, "On almost sure sample stability of nonlinear stochastic dynamic

158) Khasminskii, R. Z. : On diffusion processes with small parameter, *Izv. Akad. Nauk SSSR Ser. Mat.*, **27** (1963a), 1281-1300.

159) Khasminskii, R. Z. : The averaging principle for parabolic and elliptic differential equations and Markov Process with small diffusion, *Theory Prob. Appl.*, **8** (1963b), 121-140.

160) Bobrovsky, B. Z. and Schuss, Z. : A singular perturbation method for the computation of the mean first-passage time in a nonlinear filter, *SIAM J. Appl. Math.*, **42** (1982), 174-187.

161) Vishik, M. I. and Lyusternik, L. A. : Regular degeneration and boundary layer for linear differential equations containing a small parameter, *Uspekhi Mat. Nauk*, **12** (1957), 3-122.

162) Vishik, M. I. and Lyusternik, L. A. : Solution of some perturbation problems in the case of matrices and self-adjoint and non-self-adjoint differential equations, *Uspekhi Mat. Nauk*, **15** (1960), 3-20.

163) Hennig, K. and Roberts, J. B. : Averaging methods for randomly excited nonlinear oscillators, In *Random Vibration : Status and Recent Development* (I. Elishakoff and R. H. Lyon eds.), pp. 149-161, Elsevier, 1986.

164) Moschchuk, N. K. *et al.* : Response statistics of ocean structures to nonlinear hydrodynamic loading, Part I : *Gaussian ocean waves, J. Sound Vib.*, **184**(4) (1995a), 681-701.

165) Moschchuk, N. K. *et al.* : Asymptotic expansion of ship capsizing in random sea waves, I : First-order approximation, *Int. J. Nonlin. Mech.*, **30**(5) (1995b), 727-740.

166) Moschchuk, N. K. *et al.* : Asymptotic expansion of ship capsizing in random sea waves, II : Second-order approximation, *Int. J. Nonlin. Mech.*, **30**(5) (1995c), 741-757.

167) Ilin, A. M. : *Matching of Asymptotic Expansion of Boundary Value Problems*, American Mathematical Society, 1992.

168) Prandtl, L. : Über Flussigkeitsbewegung bei sehr kleiner Reibung, Proceedings of the International Congress of Mathematics, Leipzig, (1905), p. 484.

169) Matkowsky, B. J. and Schuss, Z. : The exit problem for randomly perturbed dynamical systems, *SIAM J. Appl. Math.*, **33** (1977), 365-382.

170) Nwankpa, C. O. *et al.* : A generalized approach to the mean first-passage time of a dynamic power-system, *Int. J. Syst. Sci.*, **24** (1993), 2097-2115.

171) Matkowsky, B. J. and Schuss, Z. : On the problem of exit, *Bull. Am. Math. Soc.*, **82** (1976), 321-324.

172) Matkowsky, B. J. and Schuss, Z. : A singular perturbation approach to the computation of the mean first-passage time to a nonlinear filter, *SIAM J. Appl. Math.*, **42** (1982a), 174-187.

173) Matkowsky, B. J. and Schuss, Z. : Diffusion across characteristic boundaries, *SIAM J. Appl. Math.*, **42** (1982b), 822-834.

174) Büttiker, M. : Escape from an under-damped potential well, In *Dynamical Systems : Theory, Experiment, Simulation* (F. Moss and P. V. E. McClintock eds.), Cambridge University Press, 1989.

175) Day, M. V. : Boundary local time and small parameter exit problems with characteristic boundaries, *SIAM J. Math. Anal.*, **20** (1989), 222-248.

176) Hagan, P. S. *et al.* : Bistability driven by weakly colored Gaussian noise : The Fokker-

systems," *IEEE Transactions on Automatic Control* **39** (3), 560–565.

Zhang, X. M. and Ding, H., 2008, "Design optimization for dynamic response of vibration mechanical system with uncertain parameters using convex model," *Journal of Sound and Vibration* **318**, 406–415.

Zhang, Y., and Der Kiureghian A. (1993), "Dynamic Response sensitivity of inelastic structures," *Computer Methods in Applied Mechanics and Engineering* **108**, 23–36.

Zhang, Y., and Der Kiureghian A. (1994), "First-excursion Probability of Uncertain Structures," *Probabilistic Engineering Mechanics* **9**, 135–143.

Planck boundary layer and mean first-passage times, *Phys. Rev. Lett.*, **59** (1987), 2265-2267.

177) Hagan, P. S. *et al.*: Mean exit times for particles driven by weakly colored noise, *SIAM J. Appl. Math.*, **49** (1989), 1490-1513.

178) Naeh, T. *et al.*: A direct approach to the exit problem, *SIAM J. Appl. Math.*, **50** (1990), 595-627.

179) Durbin, J. and Williams, D.: The first-passage density of the Brownian motion process to a curved boundary, *J. Appl. Probab.*, **29** (1992), 291-304.

180) Pollak, E. *et al.*: Activated rate-processes: A relation between Hamiltonian and stochastic theories, *J. Chem. Phys.*, **100** (1994), 334-339.

181) Schuss, Z. and Matkowsky, B. J.: A new approach to diffusion across potential barriers, *SIAM J. Appl. Math.*, **35** (1979), 604-623.

182) Kramers, H. A.: Brownian motion in a field of force and the diffusion theory of chemical reactions, *Physica*, **7** (1940), 284-304.

183) Bobrovsky, B. Z. and Zeitouni, O.: Some results on the problem of exit from a domain, *Stoch. Proc. Appl.*, **41** (1992), 241-256.

184) Khasminskii, R. Z.: A limit theorem for the solution of differential equations with random right-hand sides, *Theory Prob. Appl.*, **11** (1966), 390-405.

7. 各種振動と応答解析

7.1 自由振動（残留振動）

自由振動（free vibration）のなかで，特に外力の作用が終了したあとに残る振動を残留振動（residual vibration）という．図 7.1 に示すように，残留振動は強制外力や強制変位による励振が終了した時点における系の状態を初期値とする自由振動であるので，通常は時間の経過とともに減衰する．しかし，位置決めを行うシステムでは運転の高速化あるいは高精度化の妨げとなるため，残留振動の発生をできるだけ抑えるような機械の運転が求められる．本節では，図 7.2(a) および同図（b）のような

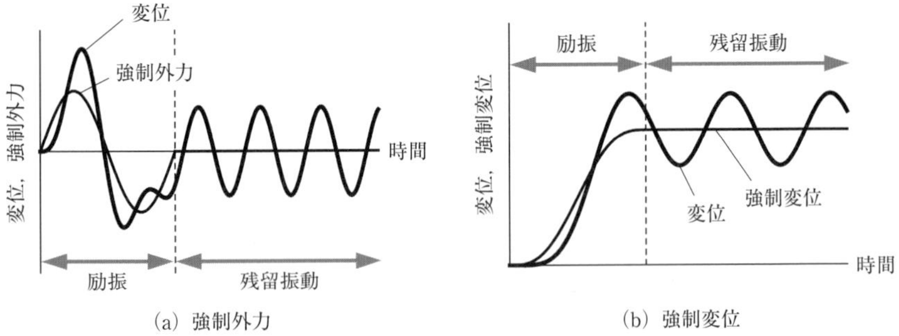

図 7.1 残留振動

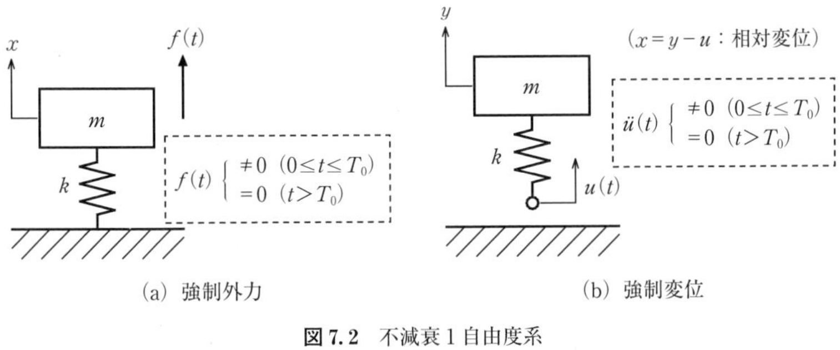

図 7.2 不減衰 1 自由度系

強制外力または強制変位が作用する不減衰1自由度系の最も基本的な例を用いて，残留振動の基本的な性質を述べる．

図7.2(a) のように時間 T_0 の間だけ外力 $f(t)$ が作用する系の運動を考える．運動方程式は次式で表される．

$$m\ddot{x}+kx=\begin{cases} f(t) & (0\leq t\leq T_0) \\ 0 & (t>T_0) \end{cases} \tag{7.1.1}$$

一方，図7.2(b) のように時間 T_0 の間だけ強制変位 $u(t)$ が作用する系の運動方程式は，x を基礎からの相対変位として次式で表される．

$$m\ddot{x}+kx=\begin{cases} -m\ddot{u}(t) & (0\leq t\leq T_0) \\ 0 & (t>T_0) \end{cases} \tag{7.1.2}$$

これらの式は，いずれも次のような形に変形できる．

$$\ddot{x}+\omega_n^2x=\begin{cases} \omega_n^2 p(t) & (0\leq t\leq T_0) \\ 0 & (t>T_0) \end{cases} \tag{7.1.3}$$

ここに，ω_n は系の固有角振動数 $\omega_n=\sqrt{k/m}$ であり，式 (7.1.1) においては $p(t)=f(t)/k$，式 (7.1.2) においては $p(t)=-\ddot{u}(t)/\omega_n^2$ とおいている．

外力が作用し始める時点において系は静止している（$x(0)=\dot{x}(0)=0$, $u(0)=\dot{u}(0)=0$）とする．この系の $0\leq t\leq T_0$ における運動は外力項 $p(t)$ によって決まる強制振動となり，その応答の $t=T_0$ における値によって $t>T_0$ の残留振動が決まる．

7.1.1　方形波外力

最初の例として，図7.3(a)のような方形波状の外力に対する応答を考える．これは，例えば図7.2(b) の系において基礎を一定加速度 $p_0\omega_n^2$ で時間 T_0 だけ下向きに加速する場合に相当する．このとき，$p(t)$ は次式で表される．

$$p(t)=\begin{cases} p_0 & (0\leq t\leq T_0) \\ 0 & (t>T_0) \end{cases} \tag{7.1.4}$$

図7.3(a) の外力は図7.3(b) および (c) の和で表されることを考慮して，重ね合わせの原理（principle of superposition）を用いて解を求める．静止している系に $t=0$ の時刻から一定の大きさ p_0 の外力（図7.3(b) の力）が作用するときの解は次式のようになる．

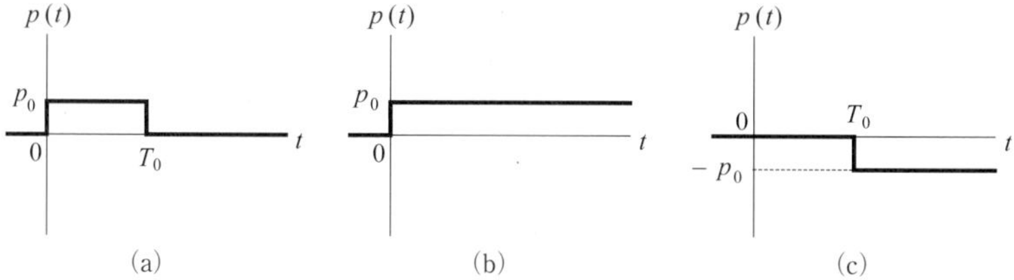

図7.3　方形波

$$x(t)=p_0(1-\cos\omega_n t) \quad (t\geq 0) \tag{7.1.5}$$

静止している系に $t=T_0$ の時刻から大きさ $-p_0$ の外力（図 7.3(c) の力）が作用するときの $t\geq T_0$ における解は，式（7.1.5）の p_0 を逆符号にして時間を T_0 だけ遅らせた次式で与えられる．

$$x(t)=-p_0\{1-\cos\omega_n(t-T_0)\} \quad (t\geq T_0) \tag{7.1.6}$$

図 7.3(a) の外力に対する応答は式（7.1.5）および式（7.1.6）の和で与えられるので，次式となる．

$$\begin{aligned} x(t)&=p_0\{-\cos\omega_n t+\cos\omega_n(t-T_0)\}\\ &=2p_0\sin\left(\pi\frac{T_0}{T_n}\right)\sin\omega_n\left(t-\frac{T_0}{2}\right) \quad (t\geq T_0) \end{aligned} \tag{7.1.7}$$

ここに，$T_n(=2\pi/\omega_n)$ は系の固有周期である．

式（7.1.7）より，図 7.4 に示す外力の作用時間 T_0 と残留振動の振幅の関係が求められる．図では横軸を系の固有周期 T_n で無次元化している．図中の太線は残留振動の振幅 X を p_0 で無次元化したものであり，左側の縦軸に対応している．一方，図中の細線は振幅を図 7.2(b) の系の基礎に生じる速度 $\dot{u}(T_0)$ と固有周期 T_n の積によって無次元化したものであり，右側の縦軸に対応している．図の太線より，外力の大きさ p_0 が一定の場合には T_0/T_n の増加とともに残留振動の大きさは周期的に変化し，T_0/T_n が整数値のときには振幅が 0 となることがわかる．したがって，外力の作用時間をこのような値に設定できる場合には，残留振動は発生しない．一方，細線の形をみると T_0/T_n の値が小さい領域で値が大きくなっていることから，基礎の速度の変化量 $\dot{u}(T_0)$ が同じであれば短い時間で加速するほうが大きな残留振動が生じうることがわかる．

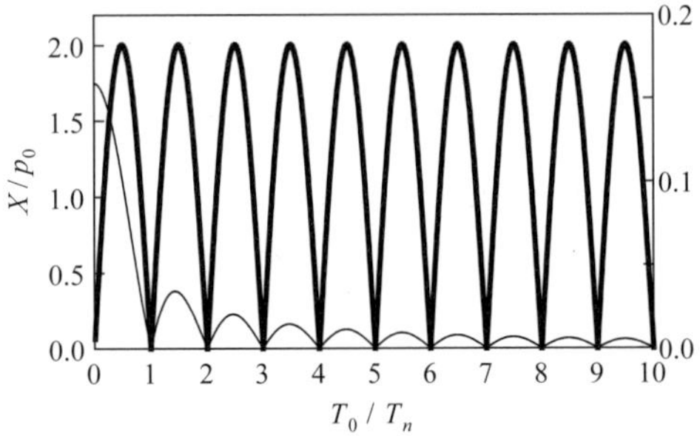

図 7.4 残留振動の振幅（方形波励振）[1)]

7.1.2 半正弦波外力

式（7.1.3）の外力項が図 7.5 のような半正弦波で表される場合の応答 $x(t)$ は，次式のように求められる．

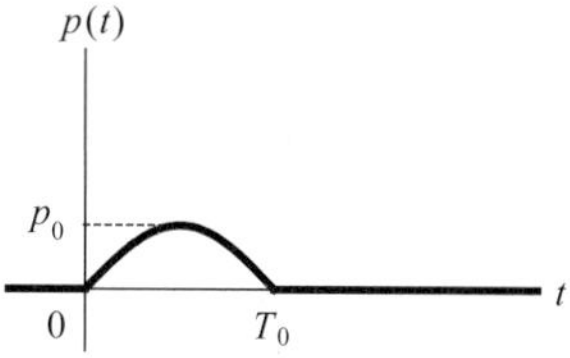

図 7.5　半正弦波

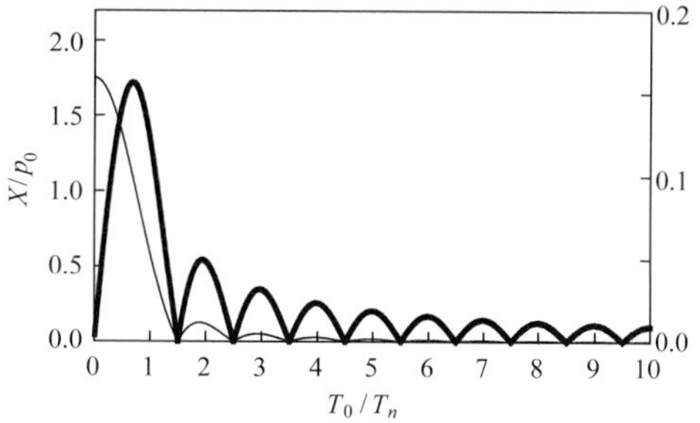

図 7.6　残留振動の振幅（半正弦波励振）[1)]

$$x(t)=\frac{(4T_0/T_n)\,p_0}{1-(2T_0/T_n)^2}\cos\left(\pi\frac{T_0}{T_n}\right)\sin\omega_n\left(t-\frac{T_0}{2}\right)\quad (t\geq T_0) \tag{7.1.8}$$

振幅は図 7.6 のようになり，$n\geq 1$ を満たす整数 n については $T_0/T_n=n+0.5$ のとき振幅が 0 になる．図 7.4 の方形波励振の場合とは異なり，太線（左側縦軸）で描かれた p_0 が一定の場合における応答は T_0/T_n の値が大きいほど小さくなる傾向を示す．また，細線（右側縦軸）について比較すると，図 7.4 の方形波励振よりも図 7.6 に示した半正弦波励振に対する応答のほうが広い範囲で振幅が小さくなっている．

7.1.3　矩形波外力

次に，図 7.7 の矩形波のように正と負の外力が順に作用する場合の応答を考える．図 7.7 の外力は，図 7.2(b) の系において基礎を一定時間だけ加速したあと，逆向きに同じ大きさの加速度を作用させて停止させる場合に相当する．応答は次式のように求められる．

$$x(t)=2p_0\left\{1-\cos\left(\pi\frac{T_0}{T_n}\right)\right\}\cos\omega_n\left(t-\frac{T_0}{2}\right)\quad (t\geq T_0) \tag{7.1.9}$$

式 (7.1.9) より，残留振動の振幅は図 7.8 のようになる．図中の細線では，振幅を図 7.2(b) の系の基礎に生じる変位 $u(T_0)$ によって無次元化しており，右側の縦

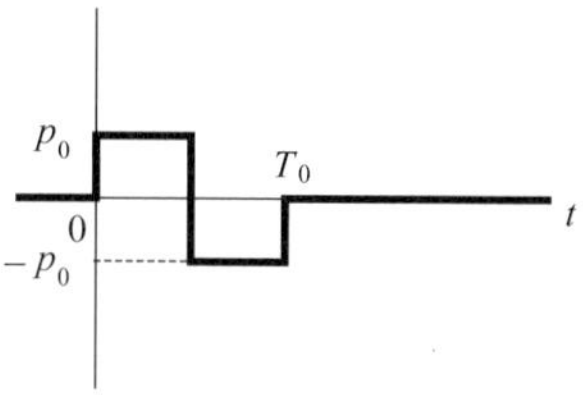

図 7.7　矩形波

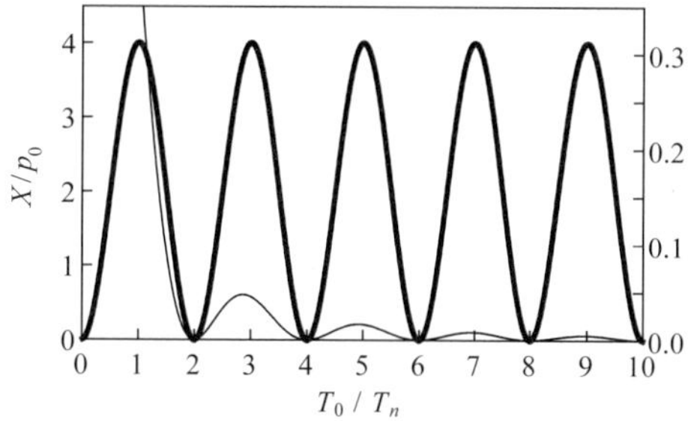

図 7.8　残留振動の振幅（矩形波励振）

軸に対応している．図 7.8 をみると，振幅が 0 となる $T_0/T_n=2n$ ($n=1, 2, 3, \cdots$) の点において曲線の傾きも 0 となっている．したがって，T_0/T_n がこのような点からわずかにずれた場合でも，残留振動は比較的小さく抑えられる．

7.1.4 正弦波外力

外力が図 7.9 のように 1 周期の正弦波で表される場合の応答は次式となる．

$$x(t)=\frac{2(T_0/T_n)p_0}{1-(T_0/T_n)^2}\sin\left(\pi\frac{T_0}{T_n}\right)\cos\omega_n\left(t-\frac{T_0}{2}\right)\quad(t\geq T_0)\tag{7.1.10}$$

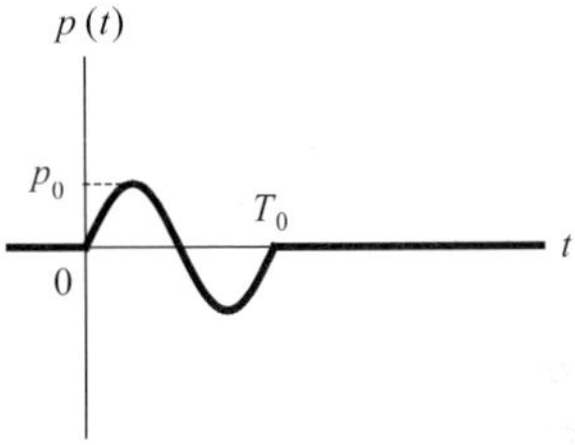

図 7.9 正弦波

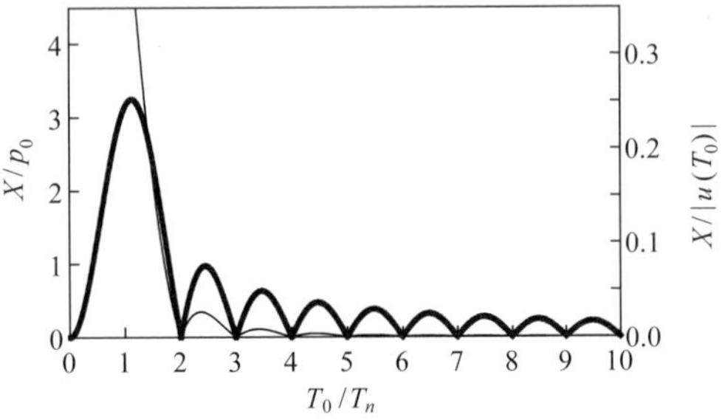

図 7.10 残留振動の振幅（正弦波励振）

式 (7.1.10) より，残留振動の振幅は図 7.10 のようになる．図 7.10 では，図 7.8 のように振幅が0となる $T_0/T_n=n$ ($n=2, 3, 4, \cdots$)の点における曲線の傾きは0となっていないが，広い範囲で図 7.8 よりも応答が小さい．特に T_0/T_n の値が変化しうる場合には，このように広い範囲で応答が小さくなるほうが望ましい．

〔森　博輝・佐藤勇一〕

文　献

1) Harris, C. M. and Crede, C. E. eds.: *Shock and Vibration Handbook*, Vol. 1, p. 8–24, McGraw-Hill, 1961.

7.2 強 制 振 動

系に外力が作用することによって起こる振動を強制振動（forced vibration）という．周期的な外力による強制振動において，外力が作用し始めてから十分な時間が経過したあと，外力と同じ振動数の成分のみが残った振動を定常応答（steady state response）あるいは定常振動（steady state vibration）という．これに対して，外力が作用し始めてからしばらくの間は，外力によって発生した自由振動の振動数成分が外力の振動数成分と共存しており，その大きさは時間の経過とともに減衰して小さくなる．このように，一時的に励起された振動数成分を含み，時間の経過とともに状態が変化する振動を過渡応答（transient response）あるいは過渡振動（transient vibration）という．ある時刻より先の外力の大きさが0となる場合は，それ以降に生じる過渡振動は自由振動成分のみからなる残留振動になる．本節では，いくつかの基本的な系を用いて強制振動における定常応答および過渡応答の特性を述べる．

7.2.1 定 常 応 答

a. 1自由度系

1) 外力による励振　図7.11に示すように，質量 m，剛性 k からなる1自由度不減衰系の質量に振幅 f，角振動数 ω の調和外力 $f\sin\omega t$ が作用するときの定常応答を求める．この系の運動方程式は次式となる．

$$m\ddot{x}+kx=f\sin\omega t \tag{7.2.1}$$

強制振動における定常応答の解は外力と同じ振動数成分をもつので，次のようにおける．

$$x=X\sin\omega t \tag{7.2.2}$$

ここで，振幅 X は未知量である．式（7.2.2）を式（7.2.1）に代入して整理すると，

$$X=\frac{f}{k-m\omega^2}=\frac{\delta}{1-(\omega/\omega_n)^2} \tag{7.2.3}$$

となる．ここに，

$$\omega_n=\sqrt{\frac{k}{m}},\qquad \delta=\frac{f}{k} \tag{7.2.4}$$

であり，ω_n は系の不減衰固有角振動数，δ は剛性 k のばねに外力の振幅 f と等しい大きさの一定力が作用したときの変位量（静たわみ（static deflection））を表している．

式（7.2.3）から得られる外力の角振動数 ω と振幅 X の関係を図7.12に示す．図

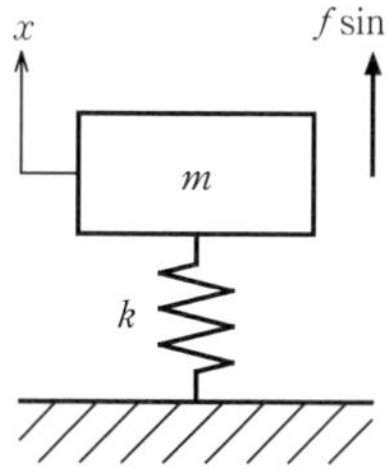

図7.11　1自由度不減衰系（外力励振）

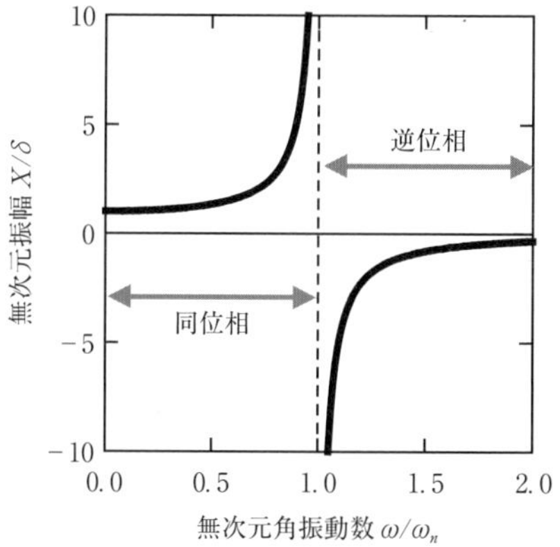

図7.12　応答曲線（外力励振）

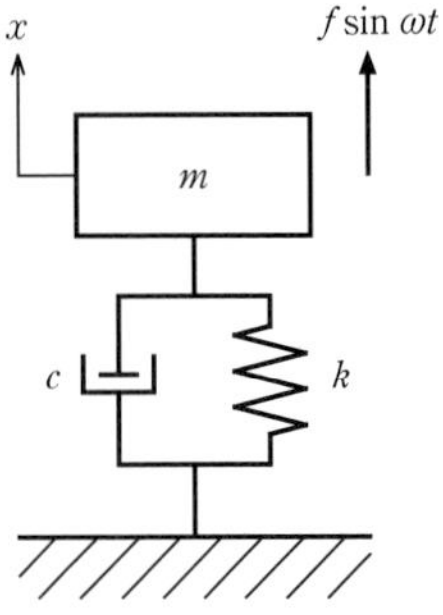

図 7.13 1 自由度減衰系（外力励振）

の横軸は外力の角振動数 ω を系の固有角振動数 ω_n で無次元化しており，縦軸は振幅 X を静たわみ δ で無次元化している．無次元角振動数 ω/ω_n が 1 に近いほど，X の絶対値は大きくなることがわかる．このように，外力の角振動数 ω が系の固有角振動数 ω_n に近いと系に大きな振動が起こる．このような現象を共振（resonance）という．また，$\omega<\omega_n$ の範囲では $X>0$ なので外力と変位は同位相，$\omega>\omega_n$ の範囲では $X<0$ なので外力と変位は逆位相になる．

次に，図 7.13 に示すように，質量 m，粘性減衰 c および剛性 k からなる 1 自由度減衰系の質量に調和外力 $f\sin\omega t$ が作用したときの定常応答を求める．この系の運動方程式は次式となる．

$$m\ddot{x}+c\dot{x}+kx=f\sin\omega t \tag{7.2.5}$$

定常応答解を，

$$x=X_1\sin\omega t+X_2\cos\omega t \tag{7.2.6}$$

とおき，運動方程式（7.2.5）に代入して整理すると，

$$\left.\begin{aligned} X_1&=\frac{1-(\omega/\omega_n)^2}{\{1-(\omega/\omega_n)^2\}^2+\{2\zeta(\omega/\omega_n)\}^2}\delta \\ X_2&=\frac{-2\zeta(\omega/\omega_n)}{\{1-(\omega/\omega_n)^2\}^2+\{2\zeta(\omega/\omega_n)\}^2}\delta \end{aligned}\right\} \tag{7.2.7}$$

となる．ここに，

$$\omega_n=\sqrt{\frac{k}{m}},\qquad \zeta=\frac{c}{c_c},\qquad c_c=2m\omega_n=2\sqrt{mk},\qquad \delta=\frac{f}{k} \tag{7.2.8}$$

である．式（7.2.6）の応答は次のように変形できる．

$$x=X\sin(\omega t-\phi) \tag{7.2.9}$$

式(7.2.9)の X は振幅を，ϕ は外力に対する変位の位相遅れ(phase lag)を表しており，次式で与えられる．

$$X=\sqrt{X_1^2+X_2^2}=\frac{\delta}{\sqrt{\{1-(\omega/\omega_n)^2\}^2+\{2\zeta(\omega/\omega_n)\}^2}} \tag{7.2.10}$$

$$\phi=\tan^{-1}\left(-\frac{X_2}{X_1}\right)=\tan^{-1}\left\{\frac{2\zeta(\omega/\omega_n)}{1-(\omega/\omega_n)^2}\right\} \tag{7.2.11}$$

図 7.14(a) および同図 (b) は，いくつかの減衰比 ζ について外力の角振動数 ω に対する振幅 X および位相遅れ ϕ の応答を示したものである．外力の角振動数 ω は系の固有角振動数 ω_n で，振幅 X は静たわみ δ で無次元化している．図 7.14(a) より，通常の機械システムにおける減衰比の範囲では $\omega=\omega_n$ 付近で振幅が最大となり，共振が起きることがわかる．振幅の最大値は減衰比 ζ が大きいほど減少しており，減衰比 ζ が $1/\sqrt{2}$ を超えると ω の増加に対して振幅は単調に減少するようになる．また，

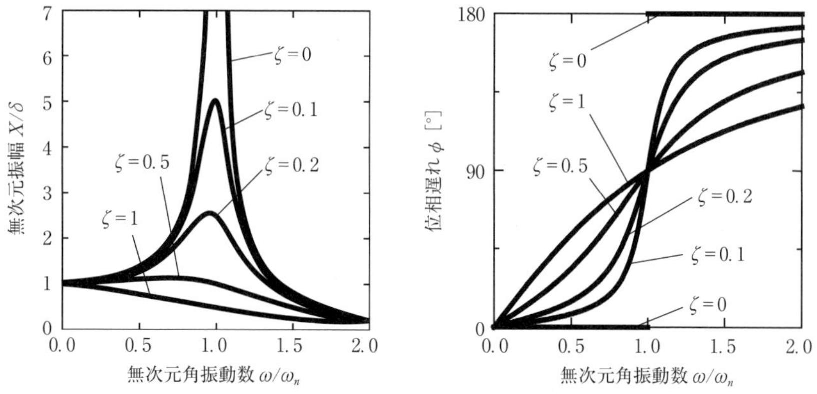

(a) 振幅　　(b) 位相遅れ

図 7.14　1 自由度減衰系の応答（外力励振）

図 7.14(b) より，位相遅れの範囲は $0° \leq \phi \leq 180°$ となり，減衰比 ζ が小さいほど $\omega=\omega_n$ 付近において同位相（0° 付近）から逆位相（180° 付近）へと急激に変化することがわかる．$\omega=\omega_n$ では減衰比の値によらず位相遅れは 90° となる．

振幅の応答曲線における共振点付近の先鋭度を表す指標として Q ファクター（Q-factor）がある．通常の減衰比の範囲では $\omega=\omega_n$ の付近で振幅は最大となるので，振幅 X の最大値は式（7.2.10）に $\omega=\omega_n$ を代入した次式を用いて近似的に表すことができる．

$$X_{\mathrm{max}} \approx \frac{\delta}{2\zeta} \tag{7.2.12}$$

これより，最大振幅と減衰比は近似的に逆比例の関係にあることがわかる．また，減衰比 ζ が小さいほど最大振幅 X_{max} が大きくなり，図 7.14(a) に示された応答曲線の先鋭度は増す．この先鋭度を示す次式の値を Q ファクターとよぶ．

$$Q=\frac{1}{2\zeta} \tag{7.2.13}$$

これは，式（7.2.12）で示される最大振幅を静たわみ δ で無次元化した X_{max}/δ と一致する．

減衰比が小さい場合には，図 7.14(a) の応答曲線を利用して減衰比を実験的に求めることができる．式（7.2.10）において，$\zeta \ll 1$ であることを考慮しながら $\omega/\omega_n=1-\zeta$ における振幅を求めると，近似的に次式が得られる．

$$X \approx \frac{\delta}{2\sqrt{2}\,\zeta} \tag{7.2.14}$$

同様に，$\omega/\omega_n=1+\zeta$ における振幅も式（7.2.14）のようになる．式（7.2.12）を用いて式（7.2.14）を書き換えると，

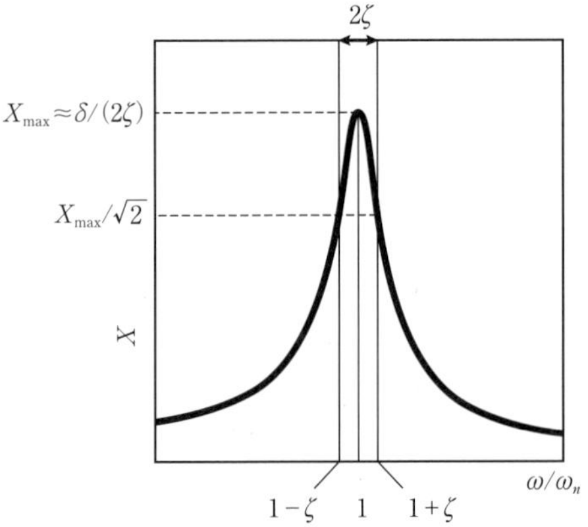

図 7.15 振幅と減衰比の関係

$$X \approx \frac{X_{max}}{\sqrt{2}} \tag{7.2.15}$$

となる．このような振幅と減衰比の関係は図 7.15 のように表される．したがって，調和外力に対する応答が実験的に得られていれば，図 7.15 のように最大振幅の $1/\sqrt{2}$ 倍の位置にある 2 点の間隔を測ることで減衰比を求めることができる．このような減衰比の同定方法をハーフパワー法（half power method）という．

2）変位励振 図 7.16 に示すように，質量 m および剛性 k からなる 1 自由度不減衰系の基礎が上下方向に $u(t)=a\sin\omega t$ で振動する場合の定常応答を求める．この系の運動方程式は次式となる．

$$m\ddot{x}+kx=ku(t) \quad \Rightarrow \quad m\ddot{x}+kx=ka\sin\omega t \tag{7.2.16}$$

式（7.2.16）は式（7.2.1）の外力の振幅 f が剛性と基礎の振幅の積 ka で与えられる場合であると考えることができる．したがって，式（7.2.16）の解を式（7.2.2）と同様に

$$x=X\sin\omega t \tag{7.2.17}$$

とおくと，振幅 X は式（7.2.3）中の f を ka に置き換えた次式で与えられる．

$$X=\frac{ka}{k-m\omega^2}=\frac{a}{1-(\omega/\omega_n)^2} \tag{7.2.18}$$

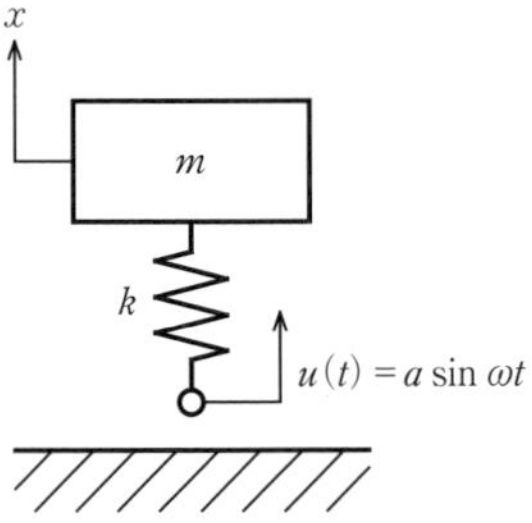

図 7.16 1 自由度不減衰系（変位励振）

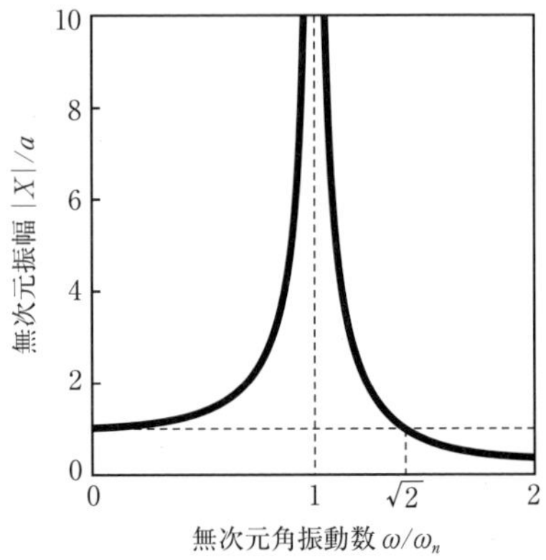

図 7.17 応答曲線（変位励振）

式（7.2.18）は調和外力に対する応答を表す式（7.2.3）の静たわみδを入力振幅aに置き換えた形になっている．したがって，入力振幅に対する出力振幅の比X/aは図7.12と同様になる．ここでは出力振幅の大きさがわかりやすいようにX/aの絶対値を無次元角振動数ω/ω_nに対して描くと，図7.17のようになる．図7.17のような定常応答における入力振幅と出力振幅の比を振動の伝達率（transmissibility）という．

図7.17より，$\omega/\omega_n>\sqrt{2}$の範囲であれば系の振動は基礎の振動より小さいことがわかる．したがって，系に伝達される振動を小さく抑えるためには，ω/ω_nをできるだけ大きな値に設定すればよい．通常の機械では，外力の角振動数ωを変更することは難しいので，系の固有角振動数ω_nを下げることが求められる．

b. 多自由度系

図7.18に示す2自由度不減衰系について，図のように一方の質量に対して調和外力が作用するときの定常応答を考える．この系の運動方程式は次式となる．

$$\begin{bmatrix} m_1 & 0 \\ 0 & m_2 \end{bmatrix}\begin{bmatrix} \ddot{x}_1 \\ \ddot{x}_2 \end{bmatrix}+\begin{bmatrix} k_1+k_2 & -k_2 \\ -k_2 & k_2 \end{bmatrix}\begin{bmatrix} x_1 \\ x_2 \end{bmatrix}=\begin{bmatrix} f\sin\omega t \\ 0 \end{bmatrix} \tag{7.2.19}$$

この系の定常振動解を次のように仮定する．

$$x_1=X_1\sin\omega t,\quad x_2=X_2\sin\omega t \tag{7.2.20}$$

ここで，振幅X_1およびX_2は未知量である．式（7.2.20）を式（7.2.19）に代入して整理すると，

$$\begin{bmatrix} k_1+k_2-m_1\omega^2 & -k_2 \\ -k_2 & k_2-m_2\omega^2 \end{bmatrix}\begin{bmatrix} X_1 \\ X_2 \end{bmatrix}=\begin{bmatrix} f \\ 0 \end{bmatrix} \tag{7.2.21}$$

となる．この方程式をX_1およびX_2について解くと，次式が得られる．

$$X_1=\frac{\delta\omega_1^2(\omega_2^2-\omega^2)}{(\omega_1^2-\omega^2)(\omega_2^2-\omega^2)-\mu(\omega_2\omega)^2},\quad X_2=\frac{\delta(\omega_1\omega_2)^2}{(\omega_1^2-\omega^2)(\omega_2^2-\omega^2)-\mu(\omega_2\omega)^2} \tag{7.2.22}$$

ここに，

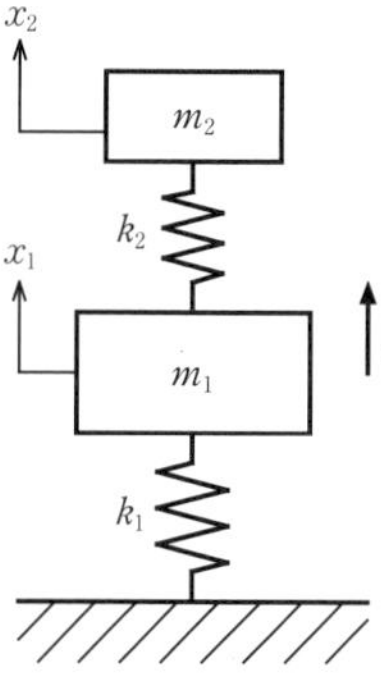

図7.18 2自由度不減衰系

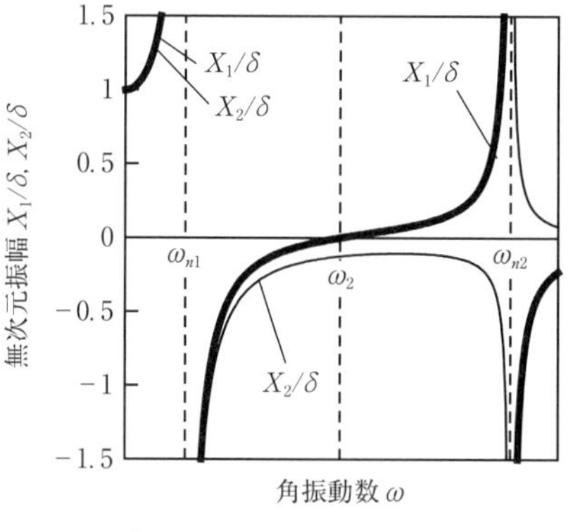

図7.19 2自由度不減衰系の応答曲線（外力励振）

$$\omega_1=\sqrt{\frac{k_1}{m_1}},\qquad \omega_2=\sqrt{\frac{k_2}{m_2}},\qquad \delta=\frac{f}{k_1},\qquad \mu=\frac{m_2}{m_1} \tag{7.2.23}$$

である．

式（7.2.22）より得られる振幅 X_1 および X_2 を外力の角振動数 ω に対して描くと図 7.19 のようになる．ただし，振幅は静たわみ δ で無次元化している．外力の角振動数 ω が系の一次および二次の固有角振動数 ω_{n1} および ω_{n2} に一致するときに共振が起きることがわかる．これは，式（7.2.22）の X_1 および X_2 の分母が 0 となることに対応している．また，外力の角振動数 ω が質量 m_2 および剛性 k_2 からなる 1 自由度系の固有角振動数 ω_2 に一致すると質量 m_1 の振幅 X_1 が 0 となる．この特性を利用した制振機器が動吸振器（dynamic absorber）である．

7.2.2 過渡応答

a. 周期的な外力に対する過渡応答

図 7.13 の 1 自由度減衰系に対して，静的平衡状態（static equilibrium state）から急に調和外力が作用するときの応答を考える．この系の運動方程式は次式となる．

$$m\ddot{x}+c\dot{x}+kx=f\sin\omega t \tag{7.2.24}$$

式（7.2.24）の一般解は，外力による定常振動解と自由振動解の重ね合わせで与えられるので，

$$x=X\sin(\omega t-\phi)+\tilde{X}e^{-\zeta\omega_n t}\sin(\omega_d t+\theta) \tag{7.2.25}$$

とおける．ここに，

$$\omega_n=\sqrt{\frac{k}{m}},\quad \omega_d=\sqrt{1-\zeta^2}\,\omega_n,\quad \zeta=\frac{c}{c_c},\quad c_c=2m\omega_n=2\sqrt{mk}$$

である．式（7.2.25）の右辺第 1 項は式（7.2.9）に示した外力による定常応答を表しており，振動の大きさは時間的に変化しない．一方，右辺第 2 項は自由振動解であり，$e^{-\zeta\omega_n t}$ を含むため振動は時間の経過とともに指数関数的に減衰する．この右辺第 2 項の存在によって過渡振動が現れる．また，第 1 項の振幅 X および位相遅れ ϕ は系の初期条件（initial condition）には依存せず，第 2 項の振幅 $\tilde{X}$ および初期位相 θ が初期条件を満足するように決定される．

上述のように系が初めに静止状態にあるときの初期条件は次式で与えられる．

$$x(0)=\dot{x}(0)=0 \tag{7.2.26}$$

式（7.2.25）を式（7.2.26）に代入すると，式（7.2.25）の $\tilde{X}$ と θ が決定できる．外力の角振動数の範囲ごとに具体的な応答を求めると，以下のようになる．

1）$\omega=\omega_d$ の場合　このとき，運動方程式は次式となる．

$$m\ddot{x}+c\dot{x}+kx=f\sin\omega_d t \tag{7.2.27}$$

式（7.2.25）において $\omega=\omega_d$ とおき，これを初期条件の式（7.2.26）に代入して整理すると，

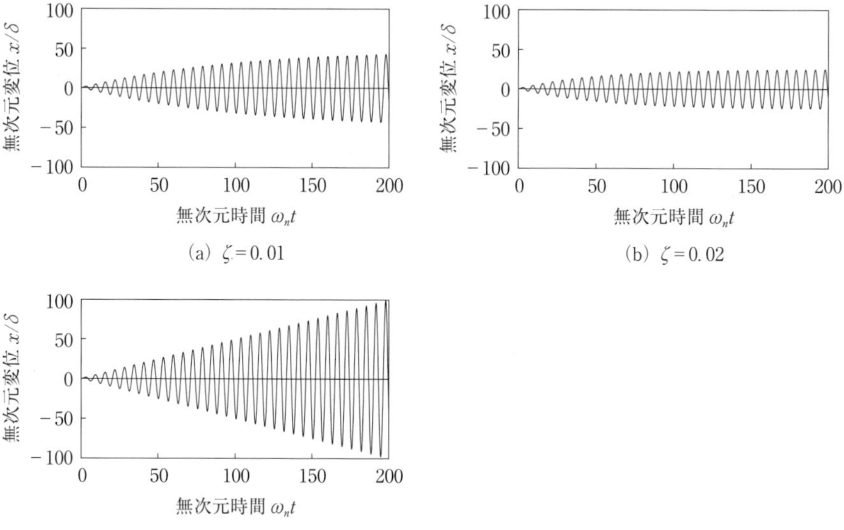

(a) $\zeta=0.01$　(b) $\zeta=0.02$　(c) $\zeta=0$

図 7.20　共振点近傍（ω/ω_d）における過渡応答[1)]

$$x=\frac{\delta}{4-3\zeta^2}\left\{(1+e^{-\zeta\omega_n t})\sin\omega_d t-\frac{2(1-e^{-\zeta\omega_n t})\sqrt{1-\zeta^2}}{\zeta}\cos\omega_d t\right\} \tag{7.2.28}$$

となる．ここに，δ は静たわみであり，$\delta=f/k$ で与えられる．例として，$\zeta=0.01$ の場合の応答を図 7.20(a) に示す．図の横軸は無次元時間 $\omega_n t$ を表しており，縦軸は静たわみ δ で無次元化した変位を表している．外力の振動数が固有振動数と一致しているので，応答には固有振動数成分のみが現れている．図に示すように，外力が作用し始めてしばらくの間は時間にほぼ比例して振幅が大きくなり，やがて増加の傾向が鈍って定常応答における一定振幅に漸近する．図 7.20(b) は減衰比が 2 倍の値である $\zeta=0.02$ のときの過渡応答を示したものである．図 7.20(a) と比べると，振動の時間的変化の様子は同じであるが，漸近する定常応答の振幅は半分になる．このような共振点近傍における振幅と減衰比の関係は式（7.2.12）あるいは式（7.2.13）に示されている．

なお，減衰がない場合（$c=0$ の場合）は $\omega_d=\omega_n$ であるので運動方程式が次式となる．

$$m\ddot{x}+kx=f\sin\omega_n t \tag{7.2.29}$$

これを，初期条件 $x(0)=\dot{x}(0)=0$ のもとで解くと次式の応答が得られる．

$$x=\frac{\delta(\sin\omega_n t-\omega_n t\cos\omega_n t)}{2} \tag{7.2.30}$$

式（7.2.30）の応答を図 7.20(c) に示す．図 7.20(a) および (b) とは異なり，振動は時間に比例して一定値に漸近することなく増加し続ける．

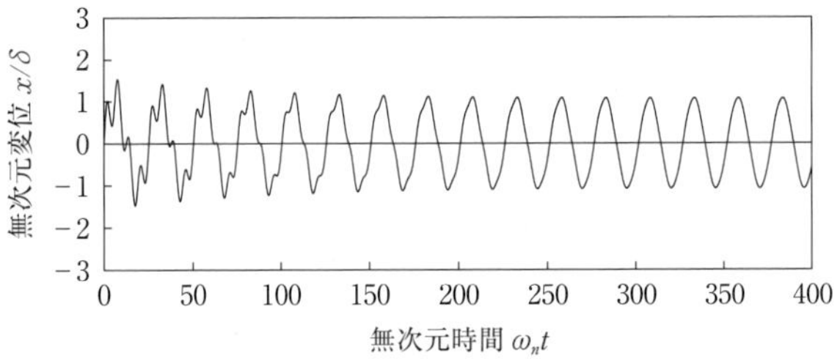

図 7.21 $\omega<\omega_d$ における過渡応答（$\omega/\omega_n=0.25$, $\zeta=0.01$）
（佐藤[1] を一部改変）

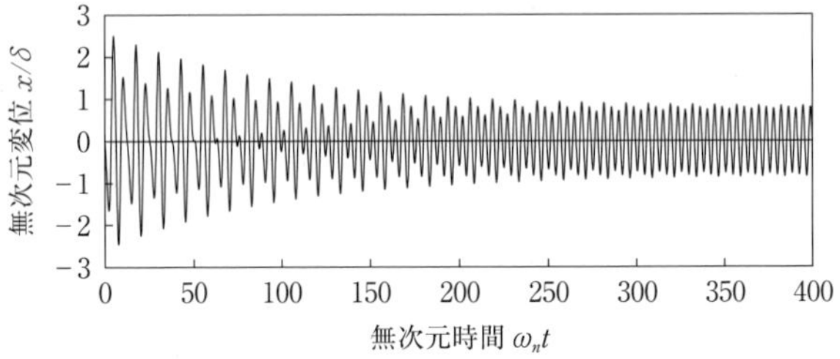

図 7.22 $\omega>\omega_d$ における過渡応答（$\omega/\omega_n=1.5$, $\zeta=0.01$）
（佐藤[1] を一部改変）

2）　$\omega<\omega_d$ の場合　　一般解は複雑な式となるので，ここでは過渡応答の一例のみを図 7.21 に示す．外力が作用し始めると減衰固有角振動数 ω_d の成分と外力の角振動数 ω の成分が励起されるが，ω_d の成分は時間の経過とともに減衰している．図のように，十分な時間が経過した後は ω_d の成分はほぼ消滅し，外力の角振動数 ω の成分のみが定常振動として残っている．

3）　$\omega>\omega_d$ の場合　　$\omega<\omega_d$ の場合と同様に一般解は複雑な式になるので，過渡応答の一例のみを図 7.22 に示す．図のように，時間の経過とともに減衰固有角振動数の振動成分は減衰しており，十分な時間が経過した後は外力の振動数成分のみからなる定常振動となる．

b.　非周期的な外力に対する過渡応答

1）　ステップ関数外力　　7.1 節における図 7.2(a) の不減衰 1 自由度系に対して，図 7.23 のようなステップ関数状の外力 $f(t)$ が作用した場合の応答を考える．ただし，系は外力の作用前（$t<0$）において静止状態にあったとする．図 7.23 の外力は 7.1 節における図 7.3(b) の $p(t)$ が $f(t)/k$ である場合に相当するので，応答は式（7.1.5）における p_0 を静たわみ $\delta=f_0/k$ に置き換えた次式で与えられる．

$$x=\delta(1-\cos\omega_n t)\quad (t\geq 0) \tag{7.2.31}$$

この応答は図 7.24 のようになり，減衰がない場合には $x=\delta$ まわりの調和振動になる．

2）　方形波外力　　図 7.2(a) の不減衰 1 自由度系に対して図 7.25 のような方形

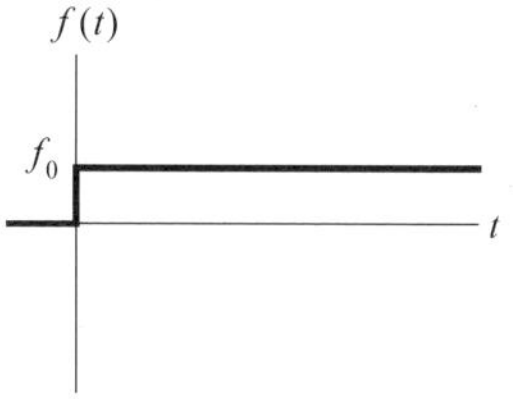

図 7.23　ステップ関数

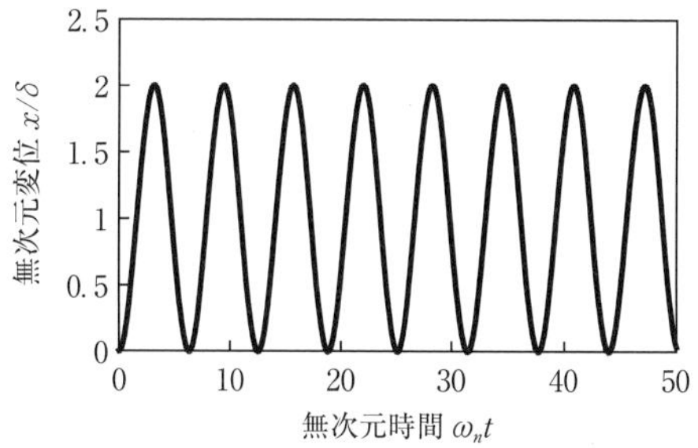

図 7.24　ステップ関数に対する応答

波状の外力 $f(t)$ が作用したときの応答を考える．上述のステップ関数の場合と同様に，図 7.25 の外力は 7.1 節における図 7.3(a) の $p(t)$ が $f(t)/k$ である場合に相当する．したがって，$0\leq t\leq T_0$ および $t>T_0$ における応答はそれぞれ式(7.1.5)および式(7.1.7)における p_0 を静たわみ $\delta=f_0/k$ に置き換えた次式で与えられる．

$$x(t)=\delta(1-\cos\omega_n t) \qquad (0\leq t\leq T_0) \qquad (7.2.32)$$

$$x(t)=\delta\{-\cos\omega_n t+\cos\omega_n(t-T_0)\}$$
$$=2\delta\sin\left(\pi\frac{T_0}{T_n}\right)\sin\omega_n\left(t-\frac{T_0}{2}\right) \qquad (t>T_0) \qquad (7.2.33)$$

なお，7.1 節で示したように，T_0 の値によって最終的な応答の振幅は変化する．一例として $T_0=2.2T_n$ のときの応答を求めると図 7.26 のようになる．

3)　一般的な外力　前述の方形波外力に関する結果から，一般的な外力に対する図 7.2(a) の系の応答を求めることができる．まず，図 7.27 に示すように，ごく短い時間 $\Delta\tau$ だけ作用する外力(撃力)に対する応答を考える．そのためには，式(7.2.33)における T_0 を $\Delta\tau$ に置き換えればよい．$\Delta\tau$ が微小であれば

$$\sin\left(\pi\frac{\Delta\tau}{T_n}\right)\approx\pi\frac{\Delta\tau}{T_n},\quad \sin\omega_n\left(t-\frac{\Delta\tau}{2}\right)\approx\sin\omega_n t$$

と考えてよいので，応答は次式のようになる．

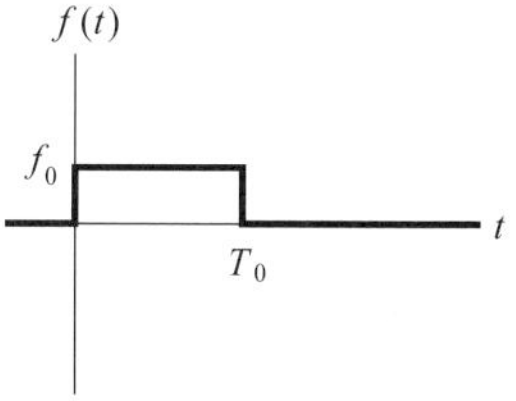

図 7.25　方形波

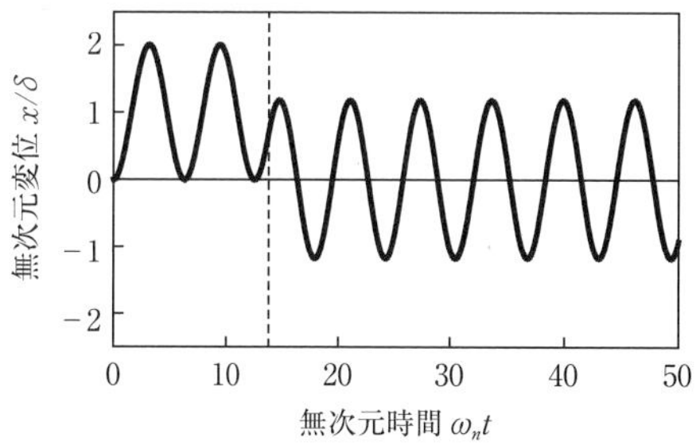

図 7.26　方形波に対する応答

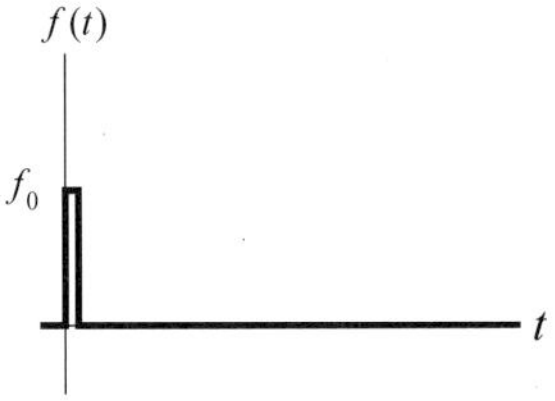

図 7.27　撃力

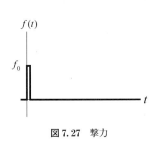

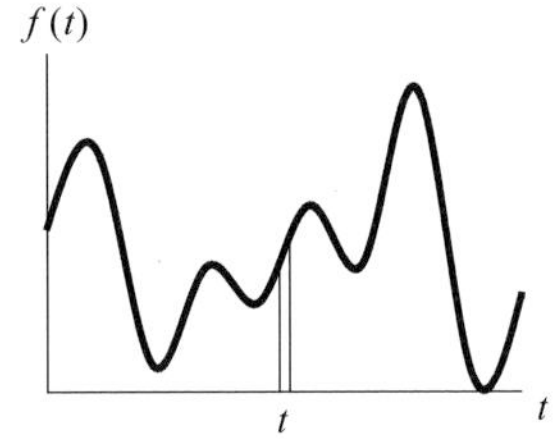

図 7.28　非周期的な外力

$$x(t) \approx 2\delta\pi\frac{\Delta\tau}{T_n}\sin\omega_n t = \frac{f_0\Delta\tau}{m\omega_n}\sin\omega_n t \tag{7.2.34}$$

ここに，$\omega_n = \sqrt{k/m} = 2\pi/T_n$ である．式（7.2.34）を用いて，図 7.28 に示すような一般的な外力が作用したときの応答を求める．式（7.2.34）を考慮すれば，時刻 $t=0$ において微小な時間 $\mathrm{d}\tau$ の間だけ作用する撃力 $f(0)$ により生じる変位の時刻 t における値は次式で表される．

$$x(t) = \frac{f(0)\,\mathrm{d}\tau}{m\omega_n}\sin\omega_n t \tag{7.2.35}$$

時刻 $t=\tau$ において作用する撃力 $f(\tau)$ により生じる変位の時刻 t における値は，式(7.2.35) の $f(0)$ を $f(\tau)$ に置き換えたうえで時間を τ だけ遅らせた次式で与えられる．

$$x(t) = \frac{f(\tau)\,\mathrm{d}\tau}{m\omega_n}\sin\omega_n(t-\tau) \tag{7.2.36}$$

一般的な外力 $f(t)$ に対する応答は，撃力に対する応答である式（7.2.36）を τ について時刻 t まで積分して得られるので，

$$x(t) = \int_0^t \frac{f(\tau)}{m\omega_n}\sin\omega_n(t-\tau)\,\mathrm{d}\tau \tag{7.2.37}$$

となる．これが静止状態にある図 7.2(a) の系に一般的な外力 $f(t)$ が作用したときの応答を示す式である．系の初期状態を静止状態に限定しない場合は，式（7.2.37）の右辺に $t=0$ における初期条件 $x(0)$，$\dot{x}(0)$ による自由振動解を加えた次式となる．

$$x(t) = \int_0^t \frac{f(\tau)}{m\omega_n}\sin\omega_n(t-\tau)\,\mathrm{d}\tau + \frac{\dot{x}(0)}{\omega_n}\sin\omega_n t + x(0)\cos\omega_n t \tag{7.2.38}$$

〔森　博輝・佐藤勇一〕

文　献

1）佐藤勇一：振動の学び方，オーム社，2007.

7.3　自　励　振　動

通常，周期外力のような振動的な外力による励振がない系では，何らかの外乱に

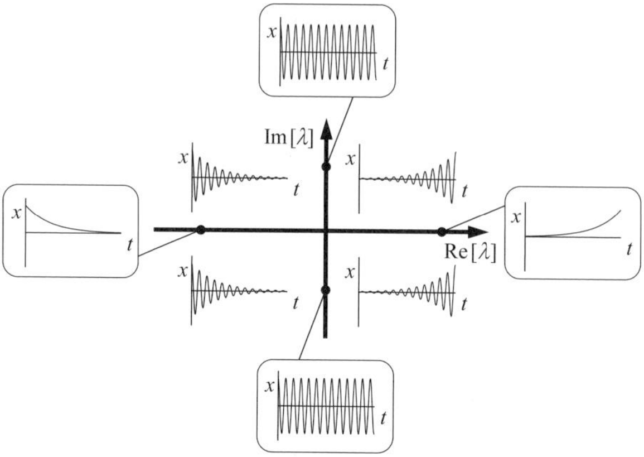

図 7.29 特性根 λ と運動の関係[1)]

よって平衡点まわりに生じた自由振動は粘性減衰や摩擦の効果によってエネルギーを失い，時間とともに小さくなる．しかし，系の特性によっては，系自身の運動によって非振動的エネルギーが振動的エネルギーに変換され，外乱などで生じた小さな振動が大きな振動に成長することがある．このような現象は自励振動（self-excited vibration）とよばれ，その発生の有無は平衡点まわりで線形化された系の安定性（stability）により判別される．一般に，系に外乱を与えた後の運動がしだいに減衰し，やがて平衡状態へと戻る特性を安定（stable）とよび，そのような特性をもつ系を安定な系という．これに対して，系に外乱を与えた後の運動がしだいに大きくなる特性を不安定（unstable）とよび，そのような特性をもつ系を不安定な系という．自励振動の発生原因となる系の不安定性の原因としては，負減衰（negative damping），係数行列の非対称性，時間遅れ（time lag），係数励振（parametric excitation）があげられる．

一般の機械システムでは自励振動が発生しない設計が求められるので，発生後の自励振動の特性よりも振動発生の有無が最大の関心事である場合が多い．したがって，解析においては線形系の特性根（characteristic root）による安定判別が重要となる．特性根を複素平面上の点を用いて表現すると，特性根と運動の関係は図 7.29 のようになり，特性根の実部が正であれば時間の経過とともに運動が大きくなるので系は不安定となる．ここでは，上記の自励振動の中から負減衰（負性抵抗）および係数行列の非対称性に起因する自励振動を取り上げ，それぞれ基本的な系を対象として振動の発生条件について述べる．

7.3.1 負減衰（負性抵抗）による自励振動

図 7.30 に示すように，質量 m，減衰 c および剛性 k からなる 1 自由度系を考える．

この系の運動方程式は次式で表される．

$$m\ddot{x}+c\dot{x}+kx=0 \tag{7.3.1}$$

運動方程式の解を，

$$x=Xe^{\lambda t} \tag{7.3.2}$$

とおき，これを式（7.3.1）に代入して得られる特性方程式を特性根 λ について解くと，λ は一般に次式のような共役複素数の形で求められる．

$$\lambda=-\zeta\omega_n \pm i\omega_d \tag{7.3.3}$$

したがって，変位 x は次式のように表すことができる．

$$x=Ae^{-\zeta\omega_n t}\sin(\omega_d t+\phi) \tag{7.3.4}$$

ここに，

$$\omega_n=\sqrt{\frac{k}{m}},\quad \omega_d=\sqrt{1-\zeta^2}\,\omega_n,\quad \zeta=\frac{c}{c_c}\quad c_c=2m\omega_n=2\sqrt{mk},\quad \delta=\frac{f}{k} \tag{7.3.5}$$

である．式（7.3.1）における係数 c は，$c\dot{x}$ の項によって系のエネルギーが散逸される場合には正の値となるが，系の特性によっては負の値となる場合がある．これら2つの場合において，平衡状態 $x=0$ にある系が外乱を受けると次のような振動が起きる．

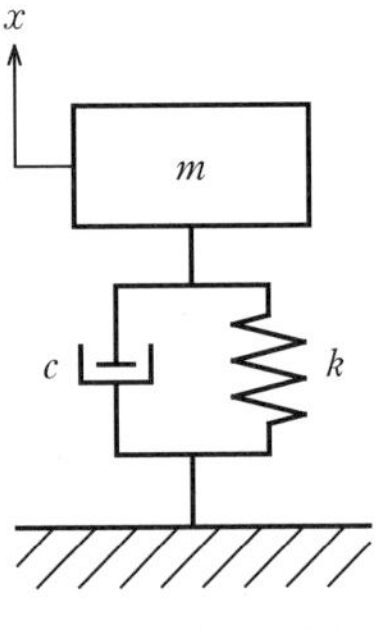

図 7.30 1自由度減衰系

まず，$c>0$ の場合の振動を図 7.31(a) に示す．この場合には $\zeta>0$ であるので式（7.3.4）における $e^{-\zeta\omega_n t}$ の項が時間とともに単調に減少する．このとき，図のように変位 x は振動的な挙動を示しながら減衰するので，系は安定である．次に，$c<0$ の場合の振動を図 7.31(b) に示す．この場合には $\zeta<0$ であり，式（7.3.4）における $e^{-\zeta\omega_n t}$ の項は時間とともに単調に増加する．このとき，変位 x の振動振幅は時間とともに増加するので，系は不安定である．以上のように，式(7.3.1)の系では速度 $\dot{x}$ の係数 c が負である場合に式（7.3.3）の特性根の実部 $\mathrm{Re}[\lambda]=-\zeta\omega_n$ が正となり，上記のような自励振動が起こる．これを負減衰（あるいは負性抵抗）による自励

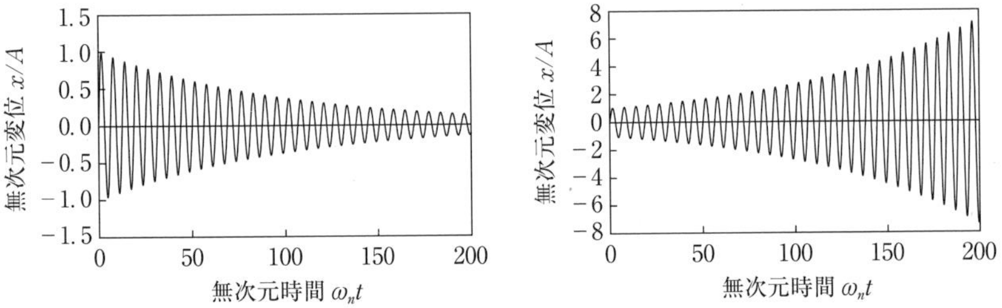

(a) $c>0$ の場合　　(b) $c<0$ の場合

図 7.31 c の値と応答の関係

振動という．

7.3.2 係数行列の非対称性による自励振動

多自由度系に特有の自励振動として，係数行列の非対称性に起因する自励振動がある．例として，運動方程式が次式のように表される2自由度系について，剛性行列の非対称性に起因する自励振動が起きる条件を考える．

$$\begin{bmatrix} m & 0 \\ 0 & m \end{bmatrix}\begin{bmatrix} \ddot{x} \\ \ddot{y} \end{bmatrix}+\begin{bmatrix} k_{xx} & k_{xy} \\ k_{yx} & k_{yy} \end{bmatrix}\begin{bmatrix} x \\ y \end{bmatrix}=\begin{bmatrix} 0 \\ 0 \end{bmatrix} \tag{7.3.6}$$

ただし，$k_{xx}>0$，$k_{yy}>0$ とする．式（7.3.6）の剛性行列の非対角成分は，次式により対称な成分 k_s と非対称な成分 k_a に分解することができる．

$$k_s=\frac{k_{xy}+k_{yx}}{2}, \qquad k_a=\frac{k_{xy}-k_{yx}}{2} \tag{7.3.7}$$

式（7.3.7）を用いると，式（7.3.6）は次のように表される．

$$\begin{bmatrix} m & 0 \\ 0 & m \end{bmatrix}\begin{bmatrix} \ddot{x} \\ \ddot{y} \end{bmatrix}+\begin{bmatrix} k_{xx} & k_s+k_a \\ k_s-k_a & k_{yy} \end{bmatrix}\begin{bmatrix} x \\ y \end{bmatrix}=\begin{bmatrix} 0 \\ 0 \end{bmatrix} \tag{7.3.8}$$

解を $x=Xe^{\lambda t}$，$y=Ye^{\lambda t}$ とおいて式（7.3.8）に代入すると，次の特性方程式が得られる．

$$m^2\lambda^4+m(k_{xx}+k_{yy})\lambda^2+k_{xx}k_{yy}-k_s^2+k_a^2=0 \tag{7.3.9}$$

式（7.3.6）の解の応答は λ によって決まるが，式（7.3.9）を直接 λ について解くのは煩雑を伴う．λ の定性的な特徴は λ^2 から知ることができるので，式（7.3.9）を λ^2 について解くと，

$$\lambda^2=\frac{-(k_{xx}+k_{yy})\pm\sqrt{D}}{2m} \tag{7.3.10}$$

となる．ここに，

$$\begin{aligned} D&=(k_{xx}+k_{yy})^2-4(k_{xx}k_{yy}-k_s^2+k_a^2) \\ &=(k_{xx}-k_{yy})^2+4(k_s^2-k_a^2) \end{aligned} \tag{7.3.11}$$

である．解の応答は剛性行列を構成する k_{xx}, k_{yy}, k_s および k_a の値によって定性的に変化し，以下に示すように $D<0$ のときはフラッタ（flutter）型不安定，$D>0$ のときはダイバージェンス（divergence）型不安定あるいは調和振動の応答を示す．

1）$4(k_{xx}k_{yy}-k_s^2+k_a^2)>(k_{xx}+k_{yy})^2>0$ の場合（$D<0$ の場合）　このとき，式（7.3.10）より求められる λ^2 は共役複素数となる．これを図7.32に示すように λ_a^2, λ_b^2 と表すと，おのおのから2つずつ求められる合計4つの λ は $\lambda=\sigma\pm i\omega$, $-\sigma\pm i\omega$ $(\sigma>0)$ のように表される2組の共役複素数となる．したがって，そのうちの1組については λ の実部が必ず正となる．この特性根に対応して，系は振動しながら発散するフラッタ型の不安定性を示す．

また，式（7.3.11）は次のように書き換えることができる．

$$D=(k_{xx}-k_{yy})^2+4k_{xy}k_{yx} \tag{7.3.12}$$

これより，$D<0$ であるためには $k_{xy}k_{yx}<0$ でなければならない．したがって，式(7.3.6)

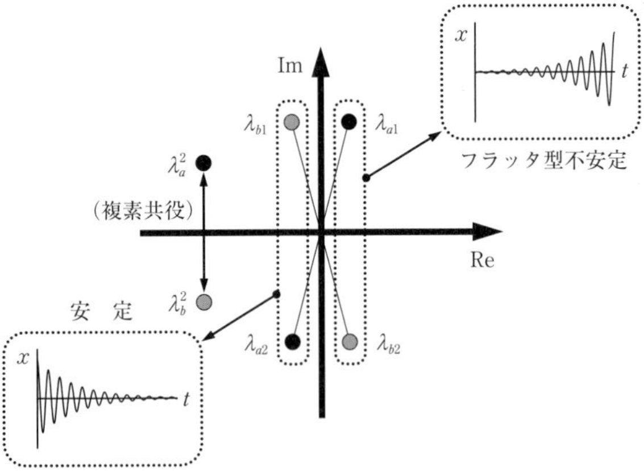

図 7.32　特性根 λ（λ^2 が複素数のとき）[1]

における剛性行列の非対角成分 k_{xy}, k_{yx} が異符号であることがフラッタ型の不安定振動の発生条件であり，剛性行列が対称である場合にはこのような振動は生じない．

2)　$(k_{xx}+k_{yy})^2>0>4(k_{xx}k_{yy}-k_s^2+k_a^2)$ の場合　　このとき，式（7.3.10）より求められる λ^2 は正および負の実数となるので，特性根 λ として $\lambda=\pm\sigma$, $\pm i\omega$（$\sigma>0$）のように符号のみが異なる実数および純虚数が 1 組ずつ求められる．そのうち，純虚数の根に対応する運動は角振動数 ω の調和振動となる．通常，実際にはこの振動は系内に存在する減衰や摩擦の効果によって時間の経過とともに減衰するので，安定となる．負の実数根についても，非振動的に平衡位置に戻る運動であるので安定である．しかしながら，正の実数根に対応する運動は非振動的に発散する．したがって，系はダイバージェンス型不安定性を示す．

3)　$(k_{xx}+k_{yy})^2>4(k_{xx}k_{yy}-k_s^2+k_a^2)>0$ の場合　　このとき，式（7.3.10）より求

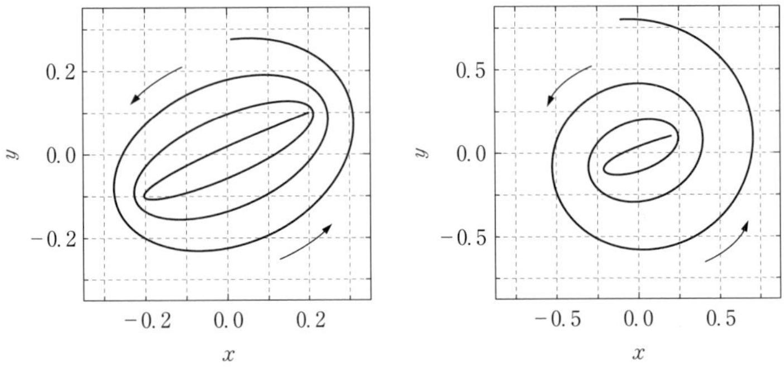

(a)　$k/K=0.1$　　　(b)　$k/K=0.2$

図 7.33　剛性行列の非対称性に起因する発散[1]

められる2つの λ^2 はいずれも負の実数となる．したがって λ の値は $\lambda=\pm i\omega_1,\ \pm i\omega_2$ のように表される純虚数となり，応答は角振動数 ω_1, ω_2 の2つの調和振動が重ね合わされたものとなる．上述の調和振動と同様に，この振動も通常は減衰や摩擦の影響によりやがて消えるので系は安定となる．

具体例として，次式で表される系の応答を考える．剛性行列の非対角成分が異符号であるので，この系はフラッタ型の不安定振動の発生条件を満たしている．

$$\begin{bmatrix} m & 0 \\ 0 & m \end{bmatrix}\begin{bmatrix} \ddot{x} \\ \ddot{y} \end{bmatrix}+\begin{bmatrix} K & k \\ -k & K \end{bmatrix}\begin{bmatrix} x \\ y \end{bmatrix}=\begin{bmatrix} 0 \\ 0 \end{bmatrix} \tag{7.3.13}$$

初期変位が $x(0)=0.2,\ y(0)=0.1$ であり，初期速度が $\dot{x}(0)=\dot{y}(0)=0$ の場合について，無次元時間 $\omega_n t$ が0から20までの運動軌跡を描くと，図7.33のようになる．ただし，$\omega_n=\sqrt{K/m}$ である．図に示すように，変位は螺旋を描きながら発散する．図7.33(a)と（b）の比較から，非対角成分 k の値が大きいほど変位の増加が早く，不安定度が高いことがわかる．

〔森　博輝・佐藤勇一〕

文　献

1）　佐藤勇一：振動の学び方，オーム社，2007.

7.4　不規則振動とカオス

図7.34に示す系（粘性減衰系の強制振動）の運動方程式は，

$$m\ddot{x}+c\dot{x}+kx=f\sin\omega t \tag{7.4.1}$$

と表すことができる．

この定常振動の解は，7.2節に示したように

$$x(t)=X\sin(\omega t-\varphi) \tag{7.4.2}$$

と表すことができる．このように，振動波形が時間関数として表すことができる系の応答は確定量である．一方，砂利道を走行する自動車の振動，地震による建物の揺れ，海上を航行する船舶の挙動などには再現性がなく，系の応答を確定量として求めることができない振動がある．このような，応答を確定量として求めることができない振動を不規則振動（random vibration）という．

外力が波浪，地震，風などの場合，その振動波形は時間ともに不規則に変動し，同一の波形は現れない．すなわち，再現性がなく確定量とはならない．このような不規則に変動する外力は数式で時間関数として表現できないため，系の応答も明確な数式で表すことはできない．そのため不規則振動の特徴を捉えるためには統計的な処理をする必要がある．不規則振動の特徴は統計量で表さ

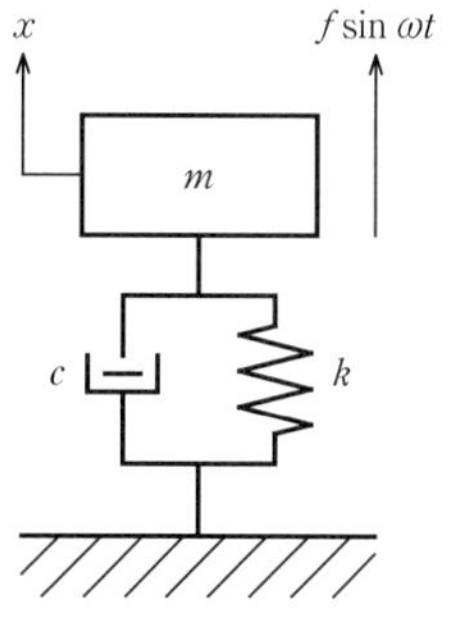

図7.34　1自由度粘性減衰系の強制振動

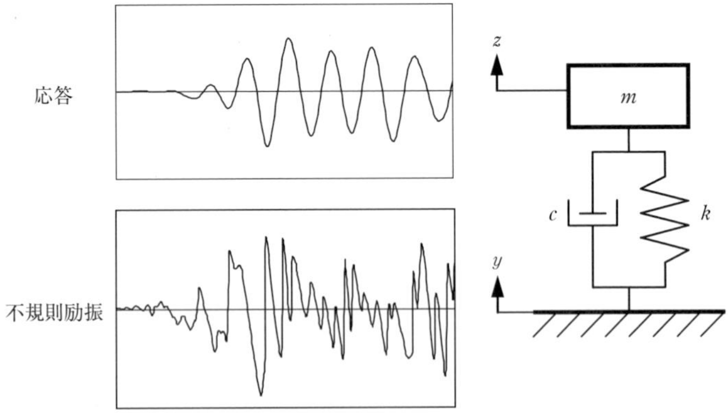

図 7.35 不規則励振と応答

れ，確率量という．

図 7.35 は不規則励振と系の応答の関係を示すものである．不規則振動の一例として，設置面の y が不規則に上下する場合の応答波形 z の時刻歴を示している．励振が不規則に変動するため，その応答も不規則変動している．

不規則振動のシミュレーションでは，モンテカルロシミュレーション（Monte Carlo simulation）が用いられる．方法としては，多くの疑似不規則入力をつくり，その応答の標本関数から統計量を求めるものである．このシミュレーションは設計された構造物の実証試験として用いられている．

実際には，多数の疑似不規則入力それぞれに対して応答を数値計算し，時刻歴応答を求め統計処理を行う．その結果として不規則振動の応答の特性を捉えることができる．この応答の数値計算では，疑似不規則入力を確定励振として扱うので，通常の数値計算であるルンゲ・クッタ法などを用いることができる．現在では多量の計算をパソコンで行うことが可能となったため，数値計算によってシミュレーションを行うことが多くなっている．

7.4.1 カ オ ス

不規則振動においては，初期条件や系のパラメータにノイズなどの不確定な変動量があることにより，応答が確定量として表すことができない．しかし，初期条件や系のパラメータが確定量の場合でも，運動方程式がもつ非線形なメカニズムにより，応答に不規則な変動が現れることがある．系に非線形性がある場合，外力の励振振動数と異なる振動数の振動が起こることが知られている．さらに，系の非線形性が強い場合には，外力波形とまったく異なる不規則な振動波形が生じる．この振動をカオス（chaos）といい，初期条件と運動方程式が確定量であるにもかかわらず不規則な振動波形となる．

7.4.2　カオスの特徴

不規則振動とカオスは振動波形やパワースペクトルを調べても特徴的な違いを捉えることは難しい．カオスの特徴として，初期値鋭敏性があることが知られている．カオスの応答は初期値に敏感に依存する．例としてダフィング系（$\ddot{x}+c\dot{x}-x+x^3=\gamma\cos\omega t$）において，初期値が（位置，速度）= (0, 0)，(0.000001, 0）の場合について，数値積分により時刻歴応答を求めたものをそれぞれ図 7.36 に示す．

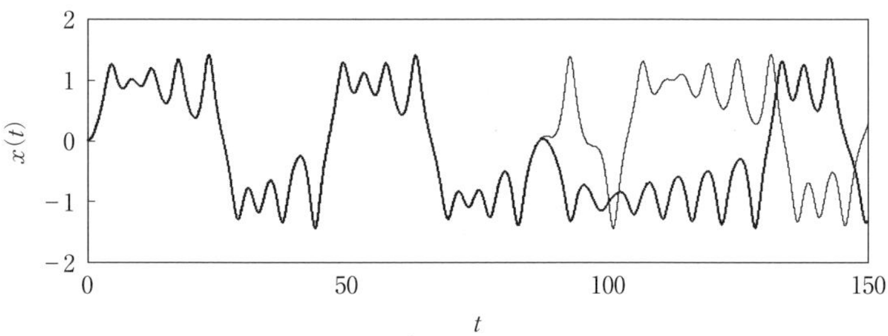

図 7.36　カオスの時刻歴応答（$c=0.12$, $\gamma=0.17$, $\omega=1.11$）

初期値がわずかに異なるこれら 2 つの振動波形は，時刻 88 付近まではほぼ一致している．しかし，それ以降ではまったく異なったものとなっている．この性質は初期値鋭敏性（sensitive dependence on initial conditions）といい，「バタフライ効果」として知られている．

カオスでは，この初期値鋭敏性の性質のため初期条件のわずかな差が拡大し，時刻歴応答が長期的にみるとノイズのような不規則な振動となる．このため，長期的な応答の予測が原理的に不可能となっている．このようにカオスは不規則な振動波形となるため，実際の振動波形の不規則な挙動の原因がノイズによるものか，系の非線形性によるものかを判断する必要が出てくる．この判断法として，リアプノフ指数を計算する方法[1)]がある．

7.4.3　不規則振動の応答解析

不規則振動は，同一の条件で振動波形を計測し統計的に処理する必要がある．この計測したすべての振動波形を母集団という．そのうちのひとつの振動波形を標本関数という．このような時間とともに変動する不規則振動の数学的モデルを確率過程という．励振が確率過程のとき，系の応答も確率過程となる．

不規則振動の応答解析では，平均値，二乗平均値，確率密度関数，自己相関関数，パワースペクトル密度関数などを求める．応答は，初期条件と運動方程式によって決定する．初期条件，入力，系のパラメータのひとつでも不規則で再現性がない場合，応答は確定量とならないことがわかる．したがって不規則振動の原因は以下のような

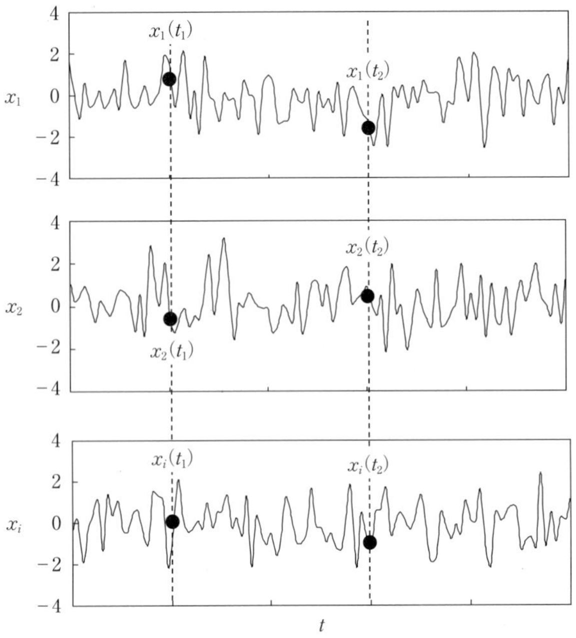

図 7.37 振動波形の母集団と標本関数

ものがある．

- 不規則初期値：初期条件が不確定
- 不規則外力：入力が時間とともに不規則に変動する
- 不確定構造：系のパラメータが不確定
- 不規則パラメトリック励振：系のパラメータが時間とともに不規則に変動する

図 7.37 に振動波形を示す．応答解析では，母集団の時刻 t_1 における変位 $x_i(t_1)$ に注目する．

$x_i(t_1)$ を x_i として表すと，x_i は不規則な変数となる．この変数は明確な時間の関数として表すことができない．このため統計量で表す必要がある．一般に，x_i の統計的な特徴を捉えるためによく用いられるものは平均値もしくは期待値である．標本関数が n 個ある場合には次のように計算する．

$$E[x_i] = \frac{\sum_{i=1}^{n} x_i}{n} \tag{7.4.3}$$

また，振動の大きさを表す量としては，次式で計算する二乗平均値がある．

$$E[x_i^2] = \frac{\sum_{i=1}^{n} x_i^2}{n} \tag{7.4.4}$$

一方，次式で表される平均値のまわりの二乗平均値は分散という．

$$\mathrm{Var}[x_i]=E[\{x_i-E[x_i]\}^2]$$
$$=\frac{\sum_{i=1}^{n}\{x_i-E[x_i]\}^2}{n} \tag{7.4.5}$$

この式（7.4.5）を展開することにより，次式が得られる．

$$\mathrm{Var}[x_i]=E[x_i^2]-(E[x_i])^2 \tag{7.4.6}$$

式（7.4.6）から，分散は二乗平均から平均値の二乗を引いて得られることがわかる．平均値が0の場合，二乗平均と分散は等しくなる．分散の平方根をとったものは標準偏差という．分散とともに x_i のばらつきの大きさを表している．

$$\sigma_{x_i}=\sqrt{\mathrm{Var}[x_i]} \tag{7.4.7}$$

平均値に対しての相対的なばらつきを表すものとして変動係数がある．

$$\nu_{x_i}=\frac{\sigma_{x_i}}{E[x_i]} \tag{7.4.8}$$

7.4.4 確率密度関数

標準関数の総数 n が多い場合を考える．x_i を等間隔 Δx_i の区間に分割し，その区間内の x_i の個数（頻度）を求める．その結果を区間に対して表すと図7.38に示すようなヒストグラムが得られる．

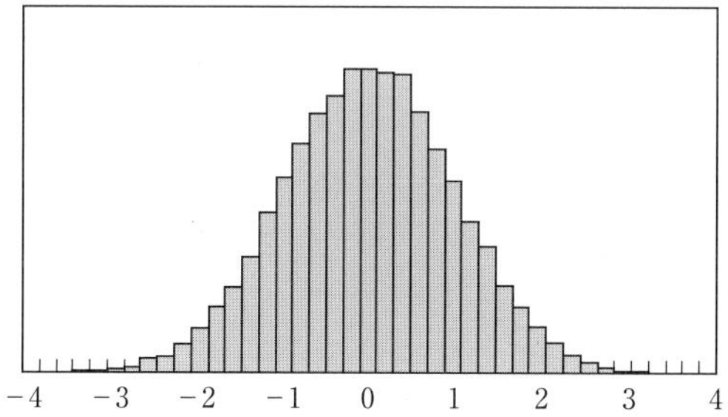

図7.38 ヒストグラム

頻度を n で割ると，その区間に x_i が入る確率が得られる．区間の数を m とし，ある区間に x_i が入る確率を P_j とすると，

$$\sum_{j=1}^{m}P_j=1 \tag{7.4.9}$$

n を大きくし，Δx_i を小さくすると，ヒストグラムは曲線に近づく．この場合の頻度を n で割って得られる曲線を確率密度関数という．確率密度関数を $p(x_i)$ で表すと

$$\int_{-\infty}^{\infty}p(x_i)\,\mathrm{d}x_i=1 \tag{7.4.10}$$

となる．

確率密度関数を用いると期待値は

$$E[x_i] = \int_{-\infty}^{\infty} x_i p(x_i)\,\mathrm{d}x_i \tag{7.4.11}$$

二乗平均値は

$$E[x_i^2] = \int_{-\infty}^{\infty} x_i^2 p(x_i)\,\mathrm{d}x_i \tag{7.4.12}$$

となる．また，x_i がある特定の値 y よりも小さくなる確率は次式で表される．

$$F(y) = \int_{-\infty}^{y} p(x_i)\,\mathrm{d}x_i \tag{7.4.13}$$

$F(y)$ を確率分布関数という．

7.4.5 正 規 分 布

確率密度関数として，次式で表される正規分布（normal distribution）がある．

$$p(x_i) = \frac{1}{\sqrt{2\pi}\,\sigma_{x_i}} \exp\left[-\frac{(x_i - E[x_i])^2}{2\sigma_{x_i}^2}\right] \tag{7.4.14}$$

この分布はガウス分布ともいう，図 7.39 に示すように平均値（$E[x_i]=0$）に関して対象な形をしている．

$$z = \frac{x_i - E[x_i]}{\sigma_{x_i}} \tag{7.4.15}$$

とおくと，

$$p(z) = \frac{1}{\sqrt{2\pi}} \exp\left(-\frac{z^2}{2}\right) \tag{7.4.16}$$

上式は期待値＝0，標準偏差＝1 の正規分布を表し，標準正規分布という．この分布に対する確率分布関数は

$$F(y) = \int_{-\infty}^{y} p(z)\,\mathrm{d}z \tag{7.4.17}$$

となる．

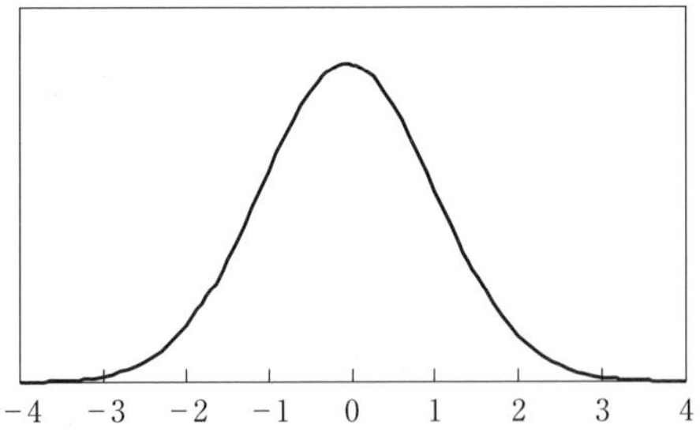

図 7.39 ガウス分布

7.4.6 定常過程とエルゴード過程

どの時刻における統計量についても，x_i の平均値および二乗平均値が等しいとき，x_i は定常過程という．厳密には高次の平均値まで等しくなければ定常過程といえないが，実用上は二乗平均値まででよいものとして扱うことが多い．

次に，ひとつの標本関数の時間軸方向の統計量を考える．この場合の平均値は次式のように表される．

$$E[x(t)] = \lim_{T\to\infty} \frac{1}{T}\int_0^T x(t)\,\mathrm{d}t \tag{7.4.18}$$

二乗平均値は

$$E[\{x(t)\}^2] = \lim_{T\to\infty} \frac{1}{T}\int_0^T \{x(t)\}^2 \mathrm{d}t \tag{7.4.19}$$

で表される．ここで

$$E[x_i]=E[x(t)],\qquad E[x_i^2]=E[\{x(t)\}^2] \tag{7.4.20}$$

のように，母集団に関する統計量とひとつの標準関数の時間軸に関する統計量が等しいとき，この不規則振動はエルゴード過程（ergodic process）という．エルゴード過程であれば多数の波形を記録する必要はなく，ひとつの波形を長時間測定することによって不規則振動の統計的な特徴を知ることができる．実用上はエルゴード過程であると仮定して，時間軸方向の統計量を求めている．

7.4.7　自己相関関数とパワースペクトル密度関数

不規則振動の特徴を捉えるためには，振動に含まれている振動数成分を求める必要がある．そのためにフーリエ変換や自己相関関数およびパワースペクトル密度関数などがある．これらを図 7.40 に示す代表的な標準関数（a）白色雑音，（b）正弦波，（c）広帯域不規則過程，（d）狭帯域不規則過程で求める．

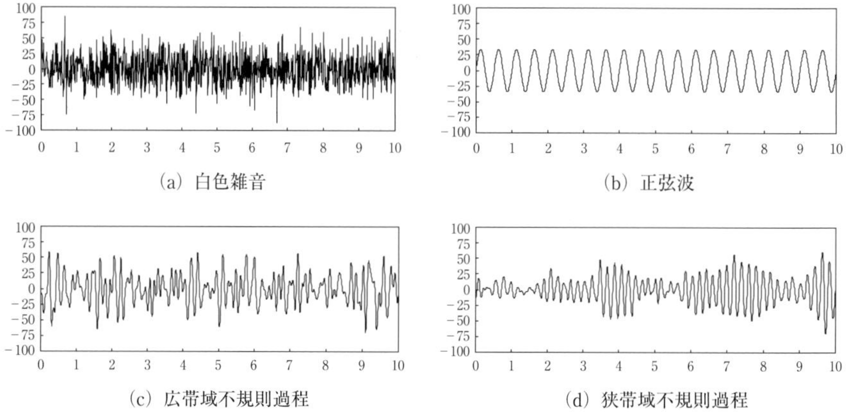

図 7.40　代表的な標準関数

7.4.8　フーリエ級数とフーリエ変換

周期が T の関数 $x(t)$ は，異なる周期の正弦波と余弦波を重ね合わせて表すことができ，次のように級数に展開することができる．

$$x(t)=\frac{a_0}{2}+\sum_{n=1}^{\infty}\left(a_n\cos\frac{2\pi n}{T}t+b_n\sin\frac{2\pi n}{T}t\right) \tag{7.4.21}$$

ここで，

$$a_n=\frac{2}{T}\int_{-T/2}^{T/2}x(t)\cos\frac{2\pi n}{T}t\mathrm{d}t \quad (n=0,1,2,\cdots) \tag{7.4.22}$$

$$b_n=\frac{2}{T}\int_{-T/2}^{T/2}x(t)\sin\frac{2\pi n}{T}t\mathrm{d}t \quad (n=1,2,\cdots) \tag{7.4.23}$$

式（7.4.21）の無限級数をフーリエ級数という．式（7.4.22），（7.4.23）は関数 $x(t)$ に対するフーリエ係数という．式（7.4.21）にオイラーの公式を用いると，

$$e^{iu} = \cos u + i \sin u \tag{7.4.24}$$

$$e^{-iu} = \cos u - i \sin u \tag{7.4.25}$$

ここで，i は虚数単位である．ここで，

$$\cos u = \frac{e^{iu} + e^{-iu}}{2} \tag{7.4.26}$$

$$\sin u = \frac{e^{iu} - e^{-iu}}{2i} \tag{7.4.27}$$

と表すことができ，$u = \left(\frac{2\pi n}{T}\right)t$ であるから，式（7.4.21）は

$$x(t) = \sum_{n=-\infty}^{\infty} c_n e^{i(2\pi n/T)t} \tag{7.4.28}$$

と表せる．c_n は式（7.4.22），（7.4.23）より

$$c_n = \frac{2}{T}\int_{-T/2}^{T/2} x(t)\, e^{-i(2\pi n/T)t} \mathrm{d}t \tag{7.4.29}$$

である．フーリエ級数は，周期関数 $x(t)$ をその振動数の整数倍の振動数の三角関数に展開したものである．

7.4.9　フーリエ変換

式（7.4.21）にオイラーの公式を用いて2つの積分を定義する．

$$X(\omega) = \int_{-\infty}^{\infty} x(t)\, e^{-i\omega t} \mathrm{d}t \tag{7.4.30}$$

$$x(t) = \frac{1}{2\pi}\int_{-\infty}^{\infty} X(\omega)\, e^{i\omega t} \mathrm{d}\omega \tag{7.4.31}$$

式（7.4.30）はフーリエ変換，式（7.4.31）は逆フーリエ変換という．フーリエ変換は関数を時間領域から周波数領域の関数に変換するものである．また，式（7.4.21）の係数 a_n, b_n に乱数を与えて不規則な標準関数をつくり，不規則振動の解析に用いられる．

$x(t)$ が離散データである場合，式（7.4.30），（7.4.31）は次のようになる．N 個のデータがあるとすると

$$X(k\Delta\omega) = \Delta t \sum_{m=0}^{N-1} x(m\Delta t)\, e^{-2\pi(km/N)i} \quad (k = 0, 1, 2, \cdots, N-1) \tag{7.4.32}$$

$$x(m\Delta t) = \frac{\Delta t}{2\pi} \sum_{k=0}^{N-1} X(k\Delta\omega)\, e^{2\pi(km/N)i} \quad (m = 0, 1, 2, \cdots, N-1) \tag{7.4.33}$$

と表すことができる．式（7.4.32）を離散フーリエ変換，式（7.4.33）を逆離散フーリエ変換という．

7.4.10　自己相関関数

時刻 t_1 における振幅 $x_i(t_1)$ と時刻 t_2 における振幅 $x_i(t_2)$ の積の平均値は次式となる．

$$R(t_1, t_2) = E[x_i(t_1)x_i(t_2)] = \frac{\sum_{i=1}^{n} x_i(t_1)x_i(t_2)}{n} \tag{7.4.34}$$

$R(t_1, t_2)$ を自己相関関数という．式（7.4.34）のように自己相関関数は時刻 t_1 と t_2 との振幅の関係を表している．定常過程では，時間差 $\tau = t_2 - t_1$ のみの関数となる．エルゴード過程では自己相関関数は

$$\phi(\tau) = \lim_{T\to\infty} \frac{1}{T}\int_{-T/2}^{T/2} x(t)x(t+\tau)\,\mathrm{d}t \tag{7.4.35}$$

となる．式（7.4.35）で $\tau = 0$ のときは，

$$R(0) = \lim_{T\to\infty} \frac{1}{T}\int_{-T/2}^{T/2} \{x(t)\}^2\mathrm{d}t \tag{7.4.36}$$

となり，二乗平均値となる．自己相関関数は偶関数であり

$$R(\tau) \leq R(0) \tag{7.4.37}$$

である．

図 7.41 は，標準関数（a）～（d）の自己相関関数を示したものである．（a）の白色雑音は時間を少しずらすとすぐに 0 になる．（b）の正弦波の自己相関関数はもとの波形と同じ周期で増減を繰り返す．しかし，位相の情報は失われている．（c），（d）は時間のずれとともに値が減衰している．その減衰量は（c）の広帯域不規則過程のほうが（d）の狭帯域不規則過程よりも大きくなることがわかる．

7.4.11　パワースペクトル密度関数

自己相関関数のフーリエ変換は次式のようになる．

$$S(\omega) = \frac{1}{2\pi}\int_{-\infty}^{\infty} R(\tau)e^{-i\omega\tau}\mathrm{d}\tau \tag{7.4.38}$$

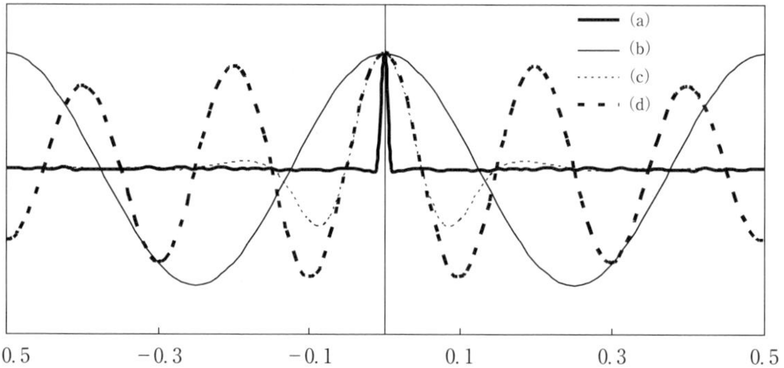

図 7.41　自己相関関数

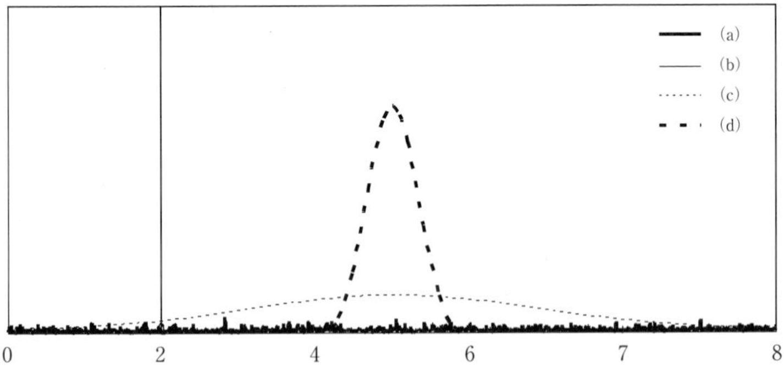

図 7.42 パワースペクトル密度関数

その逆変換は

$$R(\tau)=\int_{-\infty}^{\infty}S(\omega)e^{i\omega t}\mathrm{d}\omega \tag{7.4.39}$$

である．

$S(\omega)$ はパワースペクトル密度関数という．不規則振動の周波数成分を表している．自己相関関数 $R(\tau)$ は偶関数であるため，$S(\omega)$ も偶関数である．式（7.4.39）で $\tau=0$ のときは，

$$R(0)=E[x_i^2]=\int_{-\infty}^{\infty}S(\omega)\mathrm{d}\omega \tag{7.4.40}$$

$S(\omega)\geq 0$ であるから，周波数軸と $S(\omega)$ が囲む面積が二乗平均値となる．

$S(\omega)$ と $R(\tau)$ はフーリエ変換の対となっている．これをウィーナー・ヒンチンの関係式という．一般に振動数は正であるから，$G(\omega)=2S(\omega)$ と定義すると，式(7.4.38)と（7.4.39）は $R(\tau)$ が偶関数であることから，次のように表すことができる．

$$G(\omega)=\frac{2}{\pi}\int_{0}^{\infty}R(\tau)\cos\omega\tau\mathrm{d}\tau \tag{7.4.41}$$

$$R(\tau)=\int_{0}^{\infty}G(\omega)\cos\omega\tau\mathrm{d}\omega \tag{7.4.42}$$

図 7.42 は，標準関数（a)～(d）のパワースペクトル密度関数を示したものである．(a）の白色雑音は特定の振動数成分をもたないため，ピークが現れない．(b）の正弦波は 2 Hz の単一振動数成分であるため，2 Hz のところにのみ値をもつ．(c）の広帯域不規則過程は，5 Hz を中心として滑らかな幅広い振動数成分をもつ．振動波形はこのように，多くの振動数成分を含むため，凹凸の激しい波形となる．(d）の狭帯域不規則過程は，5 Hz を中心として比較的狭い幅の振動数成分をもつ．このように特定の振動数成分を多く含むため，波形は滑らかで規則性が強いものとなる．

〔**長嶺拓夫・佐藤勇一**〕

7.5　時刻歴応答解析

エンジンを始動する，車がくぼみを通過するなど状態が変化するとき，振動が起こる．系に外力が作用すると系は応答する．応答が開始されてから定常状態にいたるまでの過渡的な系の振動を過渡振動（transient vibration）という．系に作用する外力としては，短時間だけ作用するインパルス力，階段状のステップ荷重および周期的な外力，非周期的な外力などがある．

インパルス力やステップ荷重のように，短時間作用してその後一定値をとるような場合，一般には減衰があるので，過渡振動は時間とともに振幅が小さくなり，いずれ静止する．しかし，減衰がないときには過渡振動は継続する．このような短時間の外力による応答では，系の固有振動数が励起される．

継続的に周期外力が加わる場合，振動を開始してからしばらくは自由振動と強制振動が混在する．しかし，時間の経過とともに減衰により自由振動成分が消滅する．このような場合，自由振動成分と強制振動成分のある間の振動を過渡振動という．減衰がない場合には，自由振動成分と強制振動成分で振動が続く．系の減衰により通常は時間が十分経過すると強制振動成分だけになり，これを定常振動という．継続的に非周期的な外力が加わる場合，減衰があっても振動が励起され続けるため，系の応答は定常状態にならない．

現在では，運動方程式を導出することができれば，比較的簡単に数値積分を行い系の時刻歴応答を計算することができる．また，数値解析法もさまざまなものが研究されている．しかし，系の応答を解析的に求めることは基本的な特性を捉えるために重要なことである．

7.5.1　ラプラス変換法による解析的方法

系の過渡応答は複雑な振動波形となる．この応答を初期条件と運動方程式から解析的に求めることは，一般に計算が大変である．ラプラス変換を用いると，この種の問題を解くのに比較的便利である．運動方程式（微分方程式）をラプラス変換により代数方程式に変換し，代数演算により解を求めラプラス逆変換でもとに戻せば求める解が得られる．

関数 $f(t)$ に対して次の積分変換によって得られる関数 $F(s)$ を $f(t)$ のラプラス変換という．

$$F(s) = L[f(t)] = \int_0^\infty f(t)e^{-st}\mathrm{d}t \tag{7.5.1}$$

ラプラス変換に関するおもな公式と，おもな関数のラプラス変換を表 7.1，7.2 にそれぞれ示す．

$F(s)$ から $f(t)$ を得る変換をラプラス逆変換といい，次の複素積分で定義する．

表 7.1 ラプラス変換に関するおもな公式

線形性	$L[af(t)]=aF(s)$
微　分	$L\left[\dfrac{d^nf(t)}{dt^n}\right]=s^nF(s)-s^{n-1}f(0)-s^{n-2}f'(0)-\cdots-f^{(n-1)}(0)$
積　分	$L\left[\int_0^t\cdots\int_0^t f(\tau)\,\mathrm{d}\tau\right]=\dfrac{1}{s^n}F(s)$
畳み込み積分	$L\left[\int_0^t f(\tau)g(t-\tau)\,\mathrm{d}\tau\right]=F(s)G(s)$

表 7.2 ラプラス変換表

	$f(t)$	$F(s)$
(1)	$\delta(t)$	1
(2)	a	$\dfrac{a}{s}$
(3)	e^{at}	$\dfrac{1}{s-a}$
(4)	$\dfrac{1}{(n-1)!}t^{n-1}e^{-at}$	$\dfrac{1}{(s+a)^n}$
(5)	$\sin(\omega t+\phi)$	$\dfrac{s\sin\phi+\omega\cos\phi}{s^2+\omega^2}$
(6)	$\cos(\omega t+\phi)$	$\dfrac{s\cos\phi-\omega\sin\phi}{s^2+\omega^2}$
(7)	$e^{-at}\sin(\omega t+\phi)$	$\dfrac{(\sin\phi)(s+a)+(\cos\phi)\omega}{(s+a)^2+\omega^2}$
(8)	$\dfrac{1}{\omega_d}e^{-\zeta\omega_n t}\sin\omega_d t$ $\omega_d=\omega_n\sqrt{1-\zeta^2}$	$\dfrac{1}{s^2+2\zeta\omega_n s+\omega_n^2}$

$$f(t)=L^{-1}[F(s)]=\frac{1}{2\pi i}\int_{c-i\infty}^{c+i\infty}F(s)e^{st}\mathrm{d}s \tag{7.5.2}$$

式 (7.5.2) はブロムウィッチ積分という複素積分で，その積分を行うには複素関数論の知識を必要とする．このため実際にラプラス逆変換を行うときは，この計算を直接行わず，部分分数展開と表 7.2 のラプラス変換表を用いると便利である．

a. 1 自由度粘性減衰系の自由振動

運動方程式 $m\ddot{x}+c\dot{x}+kx=0$ をラプラス変換すると

$$m\{s^2X(s)-sx(0)-\dot{x}(0)\}+c\{sX(s)-x(0)\}+kX(s)=0 \tag{7.5.3}$$

初期条件を $t=0$ で $x=x_0$，$\dot{x}=v_0$ とすると

$$(s^2+2\zeta\omega_n s+\omega_n^2)X(s)-sx_0-2\zeta\omega_n x_0-v_0=0 \tag{7.5.4}$$

これを $X(s)$ について解いて

$$X(s)=\frac{sx_0+2\zeta\omega_n x_0+v_0}{s^2+2\zeta\omega_n s+\omega_n^2} \tag{7.5.5}$$

ここで，$\zeta<1$ の場合について解くと

$$X(s)=\frac{sx_0+2\zeta\omega_n x_0+v_0}{(s+\zeta\omega_n-\sqrt{1-\zeta^2}\,\omega_n i)(s+\zeta\omega_n+\sqrt{1-\zeta^2}\,\omega_n i)} \tag{7.5.6}$$

$$X(s)=\frac{x_0/2+(\zeta\omega_n x_0+v_0)/(2\sqrt{1-\zeta^2}\,\omega_n i)}{s+\zeta\omega_n-\sqrt{1-\zeta^2}\,\omega_n i}+\frac{x_0/2+(\zeta\omega_n x_0+v_0)/(2\sqrt{1-\zeta^2}\,\omega_n i)}{s+\zeta\omega_n+\sqrt{1-\zeta^2}\,\omega_n i} \tag{7.5.7}$$

表 7.2 の (3) より時間関数にラプラス逆変換して

$$\begin{aligned}x(t)&=\left(\frac{x_0}{2}+\frac{\zeta\omega_n x_0+v_0}{2\sqrt{1-\zeta^2}\,\omega_n i}\right)e^{(-\zeta+i\sqrt{1-\zeta^2})\omega_n t}+\left(\frac{x_0}{2}-\frac{\zeta\omega_n x_0+v_0}{2\sqrt{1-\zeta^2}\,\omega_n i}\right)e^{(-\zeta-i\sqrt{1-\zeta^2})\omega_n t}\\&=e^{-\zeta\omega_n t}\left(x_0\cos\sqrt{1-\zeta^2}\,\omega_n t+\frac{\zeta\omega_n x_0+v_0}{\sqrt{1-\zeta^2}\,\omega_n}\sin\sqrt{1-\zeta^2}\,\omega_n t\right)\end{aligned} \tag{7.5.8}$$

を得る．

b. 単位インパルス力による応答

ごく短い時間 Δt に，大きい衝撃力 $I/\Delta t$ が働いたときの系の応答を求める．I はインパルスで，短い時間に働いた力積に相当する．このときの運動方程式は単位インパルス関数 $\delta(t)$ を用いて

$$m\ddot{x}+c\dot{x}+kx=I\delta(t) \tag{7.5.9}$$

と表せる．初期条件を $t=0$ で $x=0$，$\dot{x}=0$ として式 (7.5.9) をラプラス変換すれば

$$(ms^2+cs+k)X(s)=I \tag{7.5.10}$$

これを $X(s)$ について解いて

$$X(s)=\frac{I/m}{s^2+2\zeta\omega_n s+\omega_n^2}=\frac{I/m}{(s+\zeta\omega_n)^2+\omega_d^2} \tag{7.5.11}$$

表 7.2 の (7) より時間関数にラプラス逆変換して

$$x(t)=\frac{I}{\sqrt{mk(1-\zeta^2)}}e^{-\zeta\omega_n t}\sin\omega_d t \tag{7.5.12}$$

を得る．

7.5.2 逐次数値積分法

運動方程式と初期条件が得られている場合，パソコンなどを用いて初期条件から数値積分を行うことにより，系の時刻歴応答を比較的簡単に計算することができる．ここでは基本となる 1 階の常微分方程式を対象とする．いま，系は 1 階の微分方程式で表されているとする．

$$\dot{x}(t)=F(x(t),t) \tag{7.5.13}$$

初期条件から Δt だけ時間を経た $t_{i+1}=t_i+\Delta t$ の関数 $x(t_i+\Delta t)$ は

$$x(t_i+\Delta t)=x(t_i)+\int_{t_i}^{t_i+\Delta t}F(t)\,\mathrm{d}t \tag{7.5.14}$$

と表せるので，これを近似的に計算することにより，解を求める．

a. オイラー法

1階の常微分方程式の数値解析として，最も基本的な方法がオイラー法である．$x(t)$ のテイラー級数展開を第2項までで近似し，初期条件から逐次 Δt 後の $x(t+\Delta t)$ を計算する方法である．Δt が十分小さければ，現時点での関数の導関数（傾き）を利用し増分を求め，それを現時刻の関数値に加えることでよい近似を与える．すなわち，

$$x(t_{i+1})\fallingdotseq x(t_i)+\dot{x}(t_i)\Delta t \tag{7.5.15}$$

として式（7.5.14）を近似し計算を行う．これは関数 $x(t)$ が

$$x(t+\Delta t)=x(t)+\Delta t\dot{x}(t)+\frac{\Delta t^2}{2!}\ddot{x}(t)+\cdots \tag{7.5.16}$$

とテイラー級数展開できるので，その一次微分項までを用いて線形近似し時刻 t より Δt だけ進んだ値を現時刻の関数で近似している．オイラー法の誤差は時間刻み Δt にほぼ比例する．

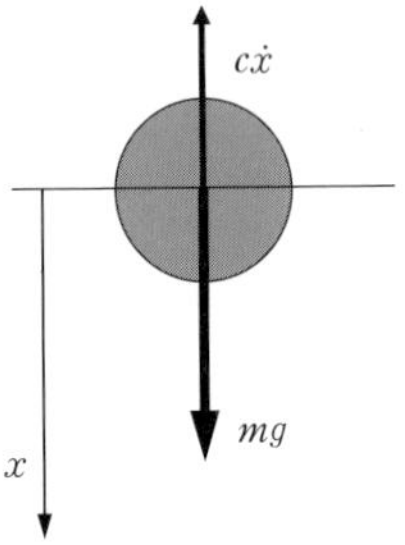

図 7.43　落下する物体に働く力

簡単な例を示す．例えば，空気中を落下する物体が，速度に比例する抵抗を受けるとき（図 7.43），落下する物体の速度の時間変化を運動方程式の数値積分により求める．ただし，時刻 $t=0$ のときの速さは $v=0$ とする．

運動方程式は

$$m\ddot{x}=mg-c\dot{x} \tag{7.5.17}$$

となる．

$v(t)=\dot{x}(t)$ として置き換えると

$$\frac{\mathrm{d}v}{\mathrm{d}t}=g-\frac{c}{m}v \tag{7.5.18}$$

$$v(t_{i+1})=v(t_i)+\int_{t_i}^{t_{i+1}}\left(g-\frac{c}{m}v\right)\mathrm{d}t \tag{7.5.19}$$

積分をオイラー法で近似すると

$$v(t_{i+1})=v(t_i)+\left(g-\frac{c}{m}v(t_i)\right)\Delta t \tag{7.5.20}$$

となる．初期条件を用いてはじめの計算は

$$v(t_1)=v(t_0)+\left(g-\frac{c}{m}v(t_0)\right)\Delta t \tag{7.5.21}$$

となる．時刻 $t=0$ のときの速さ $v(t_0)=0$ と時間刻み Δt を代入すると $v(t_1)$ が計算できる．次に $v(t_1)$ を用いて計算しこれを繰り返すことにより，$v(t_2)$, $v(t_3)$, …, $v(t_n)$

を求めることができる．適切な時間刻み間隔 Δt を用いることで時刻歴応答を求めることができる．

2 階の常微分方程式となる運動方程式

$$m\ddot{x} = -c\dot{x} - kx + f(t) \tag{7.5.22}$$

の数値積分は，次のように行う．初期条件として現時刻における関数 $x(t)$, $\dot{x}(t)$ の値が与えられているとする．現時刻の加速度 $\ddot{x}(t)$ を計算する．

$$\ddot{x}(t_i) = \frac{1}{m}\{-c\dot{x}(t_i) - kx(t_i) + f(t_i)\} \tag{7.5.23}$$

時刻 $t_{i+1} = t_i + \Delta t$ の速度 $\dot{x}(t_{i+1})$ を計算する．

$$\dot{x}(t_{i+1}) = \dot{x}(t_i) + \ddot{x}(t_i)\Delta t \tag{7.5.24}$$

時刻 $t_{i+1} = t_i + \Delta t$ の変位 $x(t_{i+1})$ を計算する．

$$x(t_{i+1}) = x(t_i) + \dot{x}(t_i)\Delta t$$

終了時刻になったら計算を終える．そうでない場合，時刻を Δt 進めて逐次計算する．

b. ホイン法

オイラー法よりも精度よく計算する方法は，区間 $[t_i, t_i + \Delta t]$ 内での $\dot{x}(t)$ を，その区間の両端での関数の導関数（傾き $\dot{x}(t_i)$ と $\dot{x}(t_i + \Delta t)$）の平均値を用いる方法である．この台形則を用いた方法をホイン法という．修正オイラー法ともいわれるもので，まず時刻 t_{i+1} の予測値 $x_p(t_{i+1})$ をオイラー法で求める必要がある．

$$x_p(t_{i+1}) = x(t_i) + \dot{x}(t_i)\Delta t \tag{7.5.25}$$

求めた $x_p(t_{i+1})$ に対する勾配 $\dot{x}_p(t_{i+1})$ を計算する．そして両端の傾き $\dot{x}(t_i)$, $\dot{x}_p(t_{i+1})$ の平均値を用いて再度計算を行う．

$$x(t_{i+1}) = x(t_i) + \frac{1}{2}\Delta t\{\dot{x}(t_i) + \dot{x}_p(t_{i+1})\} \tag{7.5.26}$$

これは，オイラー法による近似値を台形公式によって修正したものである．これを適当な時間刻み Δt 間隔で $i = 1, 2, 3, \cdots$ として逐次計算し時刻歴応答を求めることができる．ホイン法の誤差は時間刻み Δt の 2 乗にほぼ比例する．

c. ルンゲ・クッタ法

オイラー法などよりも計算が複雑になるが，精度の高い数値計算法としてルンゲ・クッタ法がある．通常ルンゲ・クッタ法といえば四次のルンゲ・クッタ法を指すことが多い．時刻 t_i, $t_i + \Delta t$ での値を四次のルンゲ・クッタ法では次のようにして求める．

$$x(t_{i+1}) = x(t_i) + \frac{1}{6}\Delta t(k_1 + 2k_2 + 2k_3 + k_4) \tag{7.5.27}$$

ここで，k_1, k_2, k_3, k_4 は次のようにして計算する．

$$k_1 = \dot{x}(x(t_i), t_i) \tag{7.5.28}$$

$$k_2 = \dot{x}\left(x(t_i) + \frac{1}{2}\Delta t\, k_1, t_i + \frac{1}{2}\Delta t\right) \tag{7.5.29}$$

$$k_3 = \dot{x}\left(x(t_i) + \frac{1}{2}\Delta t\, k_2,\ t_i + \frac{1}{2}\Delta t\right) \tag{7.5.30}$$

$$k_4 = \dot{x}(x(t_i) + \Delta t\, k_3,\ t_i + \Delta t) \tag{7.5.31}$$

これらを逐次計算することにより，時刻歴応答を求めることができる．四次のルンゲ・クッタ法の誤差は時間刻み Δt の 4 乗にほぼ比例する．　〔**長嶺拓夫・佐藤勇一**〕

文　献

1)　高安秀樹編著：フラクタル科学，朝倉書店，1987.

8. 剛体多体系動力学の数値解析法

8.1 剛体多体系の運動方程式

8.1.1 ニュートン・オイラー方程式

図8.1に示すように，剛体 i の重心位置に固定されたボディ座標系（O^i-$X^iY^iZ^i$）の原点の位置を表すベクトルを $\boldsymbol{R}=[R_x\ R_y\ R_z]^{\mathrm{T}}$，ボディ座標系の姿勢を表すための回転座標を θ とする．このとき，ボディ上の任意点 P の位置ベクトルは

$$\boldsymbol{r}=\boldsymbol{R}+\boldsymbol{A}\boldsymbol{u}' \tag{8.1.1}$$

と表される．ここで，$\boldsymbol{A}$ はボディ座標系の姿勢行列であり，オイラー角やオイラーパラメータなどの回転座標 $\boldsymbol{\theta}$ の関数で与えられる．$\boldsymbol{u}'=[u'_x\ u'_y\ u'_z]^{\mathrm{T}}$ はボディ座標系からみた剛体の任意点Pの位置を表すベクトルである．一方，$\boldsymbol{u}'$ を慣性座標系（O-XYZ）で表すと座標変換行列 $\boldsymbol{A}$ を介して

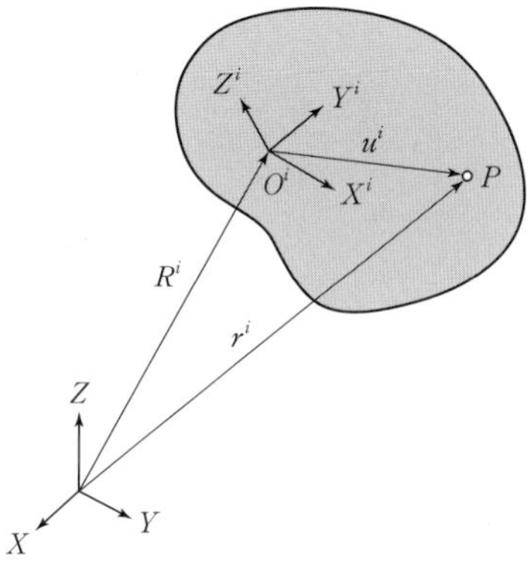

図 8.1　剛体の位置，速度ベクトル

$$\boldsymbol{u}=\boldsymbol{A}\boldsymbol{u}' \tag{8.1.2}$$

となる．また，ボディ座標系原点位置の速度ベクトルを $\boldsymbol{V}=\mathrm{d}\boldsymbol{R}/\mathrm{d}t=[V_x\ V_y\ V_z]^{\mathrm{T}}$，ボディ座標系で表した剛体の角速度ベクトルを $\boldsymbol{\omega}'=[\omega'_x\ \omega'_y\ \omega'_z]^{\mathrm{T}}$ とすると，ニュートン・オイラー方程式より剛体の運動方程式は次式で表される．

$$\begin{bmatrix} m\boldsymbol{I}_{3\times3} & \boldsymbol{0} \\ \boldsymbol{0} & \boldsymbol{J}' \end{bmatrix}\begin{bmatrix} \dot{\boldsymbol{V}} \\ \dot{\boldsymbol{\omega}}' \end{bmatrix}=\begin{bmatrix} \boldsymbol{F} \\ -\boldsymbol{\omega}'\times(\boldsymbol{J}'\boldsymbol{\omega}')+\boldsymbol{N}' \end{bmatrix} \tag{8.1.3}$$

ここで，m は剛体の質量および $\boldsymbol{F}=[F_x\ F_y\ F_z]^{\mathrm{T}}$ はボディ座標系原点に作用する作用力ベクトルである．また，$\boldsymbol{J}'$ は剛体の慣性テンソルであり，

$$\boldsymbol{J}'=\int_m \tilde{\boldsymbol{u}}'^{\mathrm{T}}\tilde{\boldsymbol{u}}'\mathrm{d}m=\begin{bmatrix} J_{xx} & J_{xy} & J_{xz} \\ J_{xy} & J_{yy} & J_{yz} \\ J_{xz} & J_{yz} & J_{zz} \end{bmatrix} \tag{8.1.4}$$

と与えられる．ここで，$\tilde{\boldsymbol{u}}'$ はベクトル $\boldsymbol{u}'$ の交代行列を表す．また，$\boldsymbol{N}'=[N'_x\ N'_y\ N'_z]^{\mathrm{T}}$

はボディ座標系の各軸まわりの作用トルクベクトルである．ボディ座標系の角速度ベクトル $\boldsymbol{\omega}'$ は回転座標の時間微分 $\dot{\boldsymbol{\Theta}}$ を用いて

$$\boldsymbol{\omega}' = \boldsymbol{G}'\dot{\boldsymbol{\Theta}} \tag{8.1.5}$$

となる．また，慣性座標系で表した角速度ベクトルは $\boldsymbol{\omega} = \boldsymbol{A}\boldsymbol{\omega}'$ または

$$\boldsymbol{\omega} = \boldsymbol{G}\dot{\boldsymbol{\Theta}} \tag{8.1.6}$$

と表される．ここで，代表的なオイラー角およびオイラーパラメータに対する $\boldsymbol{G}$ 行列および $\boldsymbol{G}'$ 行列を表 8.1 にまとめる．以上から式（8.1.3）は速度ベクトル $\boldsymbol{v} = [\boldsymbol{V}^{\mathrm{T}} \ \bar{\boldsymbol{\omega}}^{\mathrm{T}}]^{\mathrm{T}}$ に関して

$$\boldsymbol{M}\dot{\boldsymbol{v}} = \boldsymbol{Q} \tag{8.1.7}$$

と記述できる．

剛体の一般化座標ベクトルを

$$\boldsymbol{q} = [\boldsymbol{R}^{\mathrm{T}} \ \boldsymbol{\Theta}^{\mathrm{T}}]^{\mathrm{T}} \tag{8.1.8}$$

とすると，$\dot{\boldsymbol{R}} = \boldsymbol{V}$ および $\dot{\boldsymbol{\Theta}} = \boldsymbol{W}\bar{\boldsymbol{\omega}}$ より次式が得られる．

$$\dot{\boldsymbol{q}} = \boldsymbol{H}\boldsymbol{v} \tag{8.1.9}$$

ここで

$$\boldsymbol{H} = \begin{bmatrix} \boldsymbol{I}_{3\times3} & \boldsymbol{0} \\ \boldsymbol{0} & \boldsymbol{W} \end{bmatrix} \tag{8.1.10}$$

であり，オイラー角またはオイラーパラメータに対する $\boldsymbol{W}$ 行列を表 8.1 に示す．また，$\boldsymbol{I}_{3\times3}$ は 3 行 3 列の単位行列である．

以上から，変数ベクトルを

$$\boldsymbol{y} = [\boldsymbol{q}^{\mathrm{T}} \ \boldsymbol{v}^{\mathrm{T}}]^{\mathrm{T}} \tag{8.1.11}$$

と定義すれば，式（8.1.7）および式（8.1.9）は $\boldsymbol{y}$ に関する 1 階の常微分方程式に帰

表 8.1 オイラー角とオイラーパラメータ

	Z-X-Z 型オイラー角	Z-X-Y 型オイラー角	オイラーパラメータ
	$\boldsymbol{\Theta} = [\phi\ \theta\ \psi]^{\mathrm{T}}$	$\boldsymbol{\Theta} = [\psi\ \phi\ \theta]^{\mathrm{T}}$	$\boldsymbol{\Theta} = [\theta_0\ \theta_1\ \theta_2\ \theta_3]^{\mathrm{T}}$
$\boldsymbol{G}'$	$\begin{bmatrix} s\theta s\psi & c\psi & 0 \\ s\theta c\psi & -s\psi & 0 \\ c\theta & 0 & 1 \end{bmatrix}$	$\begin{bmatrix} -c\phi s\theta & c\theta & 0 \\ s\phi & 0 & 1 \\ c\phi c\theta & s\theta & 0 \end{bmatrix}$	$2\begin{bmatrix} -\theta_1 & \theta_0 & \theta_3 & -\theta_2 \\ -\theta_2 & -\theta_3 & \theta_0 & \theta_1 \\ -\theta_3 & \theta_2 & -\theta_1 & \theta_0 \end{bmatrix}$
$\boldsymbol{G}$	$\begin{bmatrix} 0 & c\phi & s\theta s\phi \\ 0 & s\phi & -s\theta c\phi \\ 1 & 0 & c\theta \end{bmatrix}$	$\begin{bmatrix} 0 & c\psi & -s\psi c\phi \\ 0 & s\psi & c\psi c\phi \\ 1 & 0 & s\phi \end{bmatrix}$	$2\begin{bmatrix} -\theta_1 & \theta_0 & -\theta_3 & \theta_2 \\ -\theta_2 & \theta_3 & \theta_0 & -\theta_1 \\ -\theta_3 & -\theta_2 & \theta_1 & \theta_0 \end{bmatrix}$
$\boldsymbol{W}$	$\boldsymbol{G}'^{-1}$	$\boldsymbol{G}'^{-1}$	$(1/4)\boldsymbol{G}'^{\mathrm{T}}$
$\boldsymbol{A}$	$\boldsymbol{A}_z(\phi)\boldsymbol{A}_x(\theta)\boldsymbol{A}_z(\psi)$	$\boldsymbol{A}_z(\psi)\boldsymbol{A}_x(\phi)\boldsymbol{A}_y(\theta)$	$\boldsymbol{A} = \dfrac{1}{4}\boldsymbol{G}\boldsymbol{G}'^{\mathrm{T}}$

① $c\theta = \cos\theta$，$s\theta = \sin\theta$

② $\boldsymbol{A}_x(\theta)$ なる表記は θ に関する x 軸まわりの回転行列を表す．

③ オイラーパラメータを用いた場合 $\boldsymbol{\Theta}^{\mathrm{T}}\boldsymbol{\Theta} - 1 = 0$ なる正規化条件を必要とする．

着できる．すなわち，

$$\dot{\boldsymbol{y}}=\boldsymbol{F}(\boldsymbol{y},t) \tag{8.1.12}$$

ここで，

$$\boldsymbol{F}(\boldsymbol{y},t)=\begin{bmatrix}\boldsymbol{Hv}\\ \boldsymbol{M}^{-1}\boldsymbol{Q}\end{bmatrix} \tag{8.1.13}$$

である．

8.1.2　一般化ニュートン・オイラー方程式

式（8.1.3）によって与えられるニュートン・オイラー方程式は一般化回転ベクトル $\boldsymbol{\Theta}$ を用いて記述することも可能であり，行列形式で表すと次式となる．

$$\begin{bmatrix} m\boldsymbol{I}_{3\times3} & \boldsymbol{0}\\ \boldsymbol{0} & \boldsymbol{G}'^{\mathrm{T}}\boldsymbol{J}'\boldsymbol{G}'\end{bmatrix}\begin{bmatrix}\ddot{\boldsymbol{R}}\\ \ddot{\boldsymbol{\Theta}}\end{bmatrix}=\begin{bmatrix}\boldsymbol{F}\\ \boldsymbol{G}'^{\mathrm{T}}(-\boldsymbol{\omega}'\times(\boldsymbol{J}'\boldsymbol{\omega}')-\boldsymbol{J}'\dot{\boldsymbol{G}}'\dot{\boldsymbol{\Theta}}+\boldsymbol{N}')\end{bmatrix} \tag{8.1.14}$$

式（8.1.14）の運動方程式を一般化ニュートン・オイラー方程式とよび，剛体の一般化座標 $\boldsymbol{q}=[\boldsymbol{R}^{\mathrm{T}}\ \ \boldsymbol{\Theta}^{\mathrm{T}}]^{\mathrm{T}}$ に対して

$$\boldsymbol{M}\ddot{\boldsymbol{q}}=\boldsymbol{Q} \tag{8.1.15}$$

と記述できる．ここで，$\boldsymbol{M}$ を一般化質量行列，$\boldsymbol{Q}$ を一般化力とよぶ．また，式（8.1.15）の $\boldsymbol{M}$ は式（8.1.3）の場合と異なり，一定値とならず剛体の一般化回転座標 θ の関数になることに注意が必要である．また，速度ベクトルを

$$\boldsymbol{v}=[\dot{\boldsymbol{R}}^{\mathrm{T}}\ \ \dot{\boldsymbol{\Theta}}^{\mathrm{T}}]^{\mathrm{T}} \tag{8.1.16}$$

とおけば，

$$\dot{\boldsymbol{q}}=\boldsymbol{v} \tag{8.1.17}$$

が成立するため，式（8.1.9）の $\boldsymbol{H}$ 行列は単位行列となる．以上から，式（8.1.15）および式（8.1.17）を用いて $\dot{\boldsymbol{y}}=\boldsymbol{F}(\boldsymbol{y},t)$ なる1階の常微分方程式が導出できる．1階の常微分方程式はルンゲ・クッタ法，アダムスの予測子・修正子法，ギヤ法などの数値積分法を用いて求解できる[1)-4)]．

8.1.3　剛体多体系の運動方程式

a.　拘束方程式（ジョイント拘束）

図8.2に示すように，機械システムはさまざまなジョイント拘束や力要素，接触を介して結合された多数の剛体で構成されている[5)-9)]．ボディ間の運動学的な拘束関係やアクチュエータなどでボディを駆動したことによって与えられる運動軌跡は，次式のような拘束方程式として一般化座標 $\boldsymbol{q}$ および時間 t に関する非線形代数方程式で記述できる．すなわち，

$$\boldsymbol{C}(\boldsymbol{q},t)=\boldsymbol{0} \tag{8.1.18}$$

ここで，式（8.1.18）のように拘束方程式が一般化座標 $\boldsymbol{q}$ に関して位置レベルで記述できるとき，このような拘束をホロノミック拘束（holonomic constraints）とよぶ．また，n 個の剛体より構成される系の一般化座標 $\boldsymbol{q}$ は，i 番目の剛体の一般化座標を

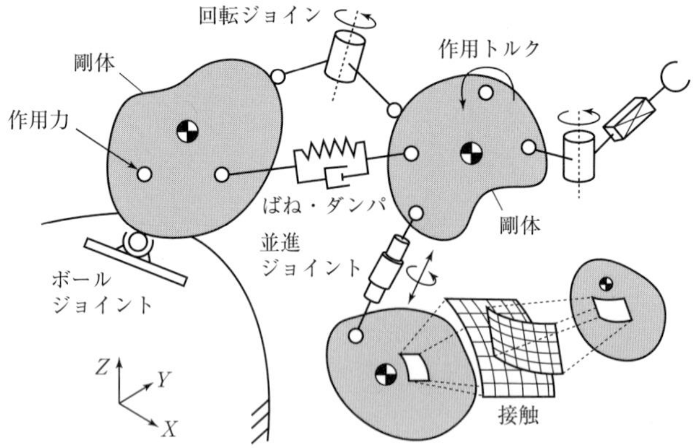

図 8.2　剛体多体系

$\boldsymbol{q}^i$ とすると，

$$\boldsymbol{q}=[\boldsymbol{q}^{1^{\mathrm{T}}}\ \cdots\ \boldsymbol{q}^{i^{\mathrm{T}}}\ \cdots\ \boldsymbol{q}^{n^{\mathrm{T}}}]^{\mathrm{T}} \tag{8.1.19}$$

のように表される．

ジョイント拘束は，2つの剛体，剛体 i および剛体 j 間の拘束定義点 P の位置ベクトル $\boldsymbol{r}_P^i$ および $\boldsymbol{r}_P^j$，さらにジョイント軸の方向を規定する任意ベクトル $\boldsymbol{v}^i$ および $\boldsymbol{v}^j$ を用いて，以下の関係式の組合せにより記述できる．

$$\left.\begin{aligned}\boldsymbol{C}_s(\boldsymbol{r}_P^i, \boldsymbol{r}_P^j, \boldsymbol{c})&=\boldsymbol{r}_P^i-\boldsymbol{r}_P^j-\boldsymbol{c}=\boldsymbol{0}\\ \boldsymbol{C}_{p1}(\boldsymbol{v}^i, \boldsymbol{v}^j)&=\boldsymbol{v}^{i^{\mathrm{T}}}\boldsymbol{v}^j=\boldsymbol{0}\\ \boldsymbol{C}_{p2}(\boldsymbol{v}^i, \boldsymbol{r}_P^i, \boldsymbol{r}_P^j)&=\boldsymbol{v}^{i^{\mathrm{T}}}(\boldsymbol{r}_P^i-\boldsymbol{r}_P^j)=\boldsymbol{0}\end{aligned}\right\} \tag{8.1.20}$$

図 8.3 に示すように，$\boldsymbol{C}_s=\boldsymbol{0}$ は，剛体 i および剛体 j にそれぞれ定義された拘束定

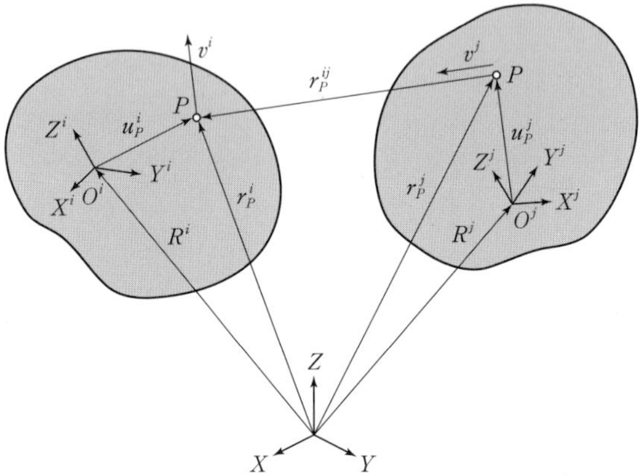

図 8.3　ジョイント拘束のモデル化

義点 P を結ぶ相対変位ベクトルがある一定のベクトル $\boldsymbol{c}$ と一致することを示しており，$\boldsymbol{c}=\boldsymbol{0}$ であれば，2 つの剛体が点 P において位置を共有する条件を表す．また，$\boldsymbol{C}_{p1}=\boldsymbol{0}$ は剛体 i および剛体 j で定義された任意の方向ベクトル $\boldsymbol{v}^i$ および $\boldsymbol{v}^j$ が直交することを意味し，その結果，$\boldsymbol{v}^i$ および $\boldsymbol{v}^j$ と直交する軸まわりの 2 剛体間の相対回転自由度が拘束される．一方，$\boldsymbol{C}_{p2}=\boldsymbol{0}$ は 2 つの剛体上の任意点 P 間の相対位置ベクトル $\boldsymbol{r}_P^{ij}=\boldsymbol{r}_P^i-\boldsymbol{r}_P^j$ と $\boldsymbol{v}^i$ が直交することを意味するため，相対位置ベクトル $\boldsymbol{r}_P^{ij}$ および $\boldsymbol{v}^j$ と直交する軸まわりの 2 剛体間の相対回転自由度が拘束される．これら 3 組の拘束方程式は各種のジョイント拘束を定義するうえでの基本となる拘束方程式であり，その

表 8.2 対偶の種類と拘束方程式

名称	図記号	拘束方程式	自由度
球対偶	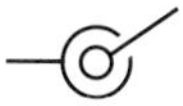	$\boldsymbol{C}_{\mathrm{SPH}}(\boldsymbol{q}^i,\boldsymbol{q}^j)=\boldsymbol{C}_s(\boldsymbol{r}_P^i,\boldsymbol{r}_P^j,\boldsymbol{0})=\boldsymbol{0}$ 点 P は球対偶が定義される剛体 i および剛体 j 上の点.	3
回転対偶	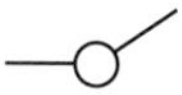	$\boldsymbol{C}_{\mathrm{REV}}(\boldsymbol{q}^i,\boldsymbol{q}^j)=\begin{bmatrix}\boldsymbol{C}_s(\boldsymbol{r}_P^i,\boldsymbol{r}_P^j,\boldsymbol{0})\\ \boldsymbol{C}_{p1}(\boldsymbol{v}_1^i,\boldsymbol{v}^j)\\ \boldsymbol{C}_{p1}(\boldsymbol{v}_2^i,\boldsymbol{v}^j)\end{bmatrix}=0$ 点 P は回転対偶が定義される剛体 i および剛体 j 上の点を表し，$\boldsymbol{v}^i$ および $\boldsymbol{v}^j$ は回転軸の方向を表すベクトル．また，$\boldsymbol{v}^i\perp\boldsymbol{v}_1^i\perp\boldsymbol{v}_2^i$.	1
自在継手	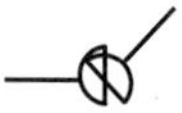	$\boldsymbol{C}_{\mathrm{UNV}}(\boldsymbol{q}^i,\boldsymbol{q}^j)=\begin{bmatrix}\boldsymbol{C}_s(\boldsymbol{r}_P^i,\boldsymbol{r}_P^j,\boldsymbol{0})\\ \boldsymbol{C}_{p1}(\boldsymbol{h}^i,\boldsymbol{h}^j)\end{bmatrix}=\boldsymbol{0}$ 点 P は自在継手が定義される剛体 i および剛体 j 上の点を表し，$\boldsymbol{h}^i$ および $\boldsymbol{h}^j$ は直交する 2 つの回転軸の方向を表すベクトル.	2
円筒対偶		$\boldsymbol{C}_{\mathrm{CYL}}(\boldsymbol{q}^i,\boldsymbol{q}^j)=\begin{bmatrix}\boldsymbol{C}_{p1}(\boldsymbol{v}_1^i,\boldsymbol{v}^j)\\ \boldsymbol{C}_{p1}(\boldsymbol{v}_2^i,\boldsymbol{v}^j)\\ \boldsymbol{C}_{p2}(\boldsymbol{v}_1^i,\boldsymbol{r}_P^i,\boldsymbol{r}_P^j)\\ \boldsymbol{C}_{p2}(\boldsymbol{v}_2^i,\boldsymbol{r}_P^i,\boldsymbol{r}_P^j)\end{bmatrix}=\boldsymbol{0}$ 点 P は円筒対偶の並進軸上の点を表し，$\boldsymbol{v}^i$ および $\boldsymbol{v}^j$ はそれぞれ，剛体 i および剛体 j で定義された並進軸の方向を表すベクトル．また，$\boldsymbol{v}^i\perp\boldsymbol{v}_1^i\perp\boldsymbol{v}_2^i$.	2
直進対偶	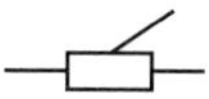	$\boldsymbol{C}_{\mathrm{PRS}}(\boldsymbol{q}^i,\boldsymbol{q}^j)=\begin{bmatrix}\boldsymbol{C}_{p1}(\boldsymbol{v}_1^i,\boldsymbol{v}^j)\\ \boldsymbol{C}_{p1}(\boldsymbol{v}_2^i,\boldsymbol{v}^j)\\ \boldsymbol{C}_{p1}(\boldsymbol{h}^i,\boldsymbol{h}^j)\\ \boldsymbol{C}_{p2}(\boldsymbol{v}_1^i,\boldsymbol{r}_P^i,\boldsymbol{r}_P^j)\\ \boldsymbol{C}_{p2}(\boldsymbol{v}_2^i,\boldsymbol{r}_P^i,\boldsymbol{r}_P^j)\end{bmatrix}=\boldsymbol{0}$ 点 P は直進対偶の並進軸上の点を表し，$\boldsymbol{v}^i$ および $\boldsymbol{v}^j$ はそれぞれ，剛体 i および剛体 j で定義された並進軸の方向を表すベクトル．また，$\boldsymbol{v}^i\perp\boldsymbol{v}_1^i\perp\boldsymbol{v}_2^i$. $\boldsymbol{h}^i$ および $\boldsymbol{h}^j$ は並進軸と直交する 2 つのベクトルであり，並進軸まわりの回転を拘束.	1

組み合わせから表8.2に示すような,球対偶（ボールジョイント),回転対偶（回転ジョイント),自在継手（ユニバーサルジョイント),円筒対偶（シリンドリカルジョイント),直進対偶（プリズマティックジョイント）の拘束方程式を導出することができる.

b. ラグランジュ未定乗数法

式（8.1.18）の拘束方程式を付帯した剛体多体系の変分運動方程式はダランベールの原理を用いれば次式で与えられる.

$$\delta \boldsymbol{q}^{\mathrm{T}}(\boldsymbol{M}\ddot{\boldsymbol{q}}+\boldsymbol{C}_q^{\mathrm{T}}\boldsymbol{\lambda}-\boldsymbol{Q})=0 \tag{8.1.21}$$

ここで，$\boldsymbol{C}_q$ は拘束式 $\boldsymbol{C}(\boldsymbol{q},t)$ の一般座標 $\boldsymbol{q}$ に関する偏微分 $\boldsymbol{C}_q=\partial \boldsymbol{C}/\partial \boldsymbol{q}$ を表し，拘束ヤコビ行列とよばれる．また，$\boldsymbol{\lambda}$ はラグランジュ未定乗数ベクトルであり，$\boldsymbol{Q}_c=-\boldsymbol{C}_q^{\mathrm{T}}\boldsymbol{\lambda}$ を一般化拘束力（generalized constraint forces）とよぶ．このように，拘束方程式の数だけラグランジュ未定乗数なる未知変数を導入することによって拘束系の運動を取り扱う方法をラグランジュの未定乗数法という．以上から，拘束条件付の運動方程式は一般化座標 $\boldsymbol{q}$ およびラグランジュ未定乗数 $\boldsymbol{\lambda}$ を変数として以下のように導出される.

$$\left.\begin{array}{c}\boldsymbol{M}\ddot{\boldsymbol{q}}+\boldsymbol{C}_q^{\mathrm{T}}\boldsymbol{\lambda}=\boldsymbol{Q}\\ \boldsymbol{C}(\boldsymbol{q},t)=0\end{array}\right\} \tag{8.1.22}$$

上式は微分方程式と代数方程式が混在しているため微分代数方程式または単にDAE（differential-algebraic equations）とよばれる．一方，式（8.1.22）を何度か時間微分していけば，最終的に常微分方程式で記述することができ，そのために必要な微分回数は微分代数方程式のインデックスまたは指数とよばれる.

そこで，式（8.1.22）の代数方程式である拘束方程式を2階時間微分することにより次式を得る.

$$\left.\begin{array}{c}\boldsymbol{M}\ddot{\boldsymbol{q}}+\boldsymbol{C}_q^{\mathrm{T}}\boldsymbol{\lambda}=\boldsymbol{Q}\\ \boldsymbol{C}_q\ddot{\boldsymbol{q}}=\boldsymbol{Q}_d\end{array}\right\} \tag{8.1.23}$$

ここで，$\ddot{\boldsymbol{C}}(\boldsymbol{q},\dot{\boldsymbol{q}},\ddot{\boldsymbol{q}},t)=\boldsymbol{C}_q\ddot{\boldsymbol{q}}-\boldsymbol{Q}_d=\boldsymbol{0}$ であり，$\boldsymbol{Q}_d(\boldsymbol{q},\dot{\boldsymbol{q}},t)$ は速度の2乗で表される非線形加速度項をまとめたベクトルである．式（8.1.23）の第1式をもう一度時間微分すれば，変数 $\boldsymbol{q}$ および $\boldsymbol{\lambda}$ に関する微分方程式となるため，式（8.1.23）で表される微分代数方程式のインデックスは1である．式(8.1.23)から $\ddot{\boldsymbol{q}}$ を消去し,ラグランジュ未定乗数 $\boldsymbol{\lambda}$ について解けば,

$$\boldsymbol{\lambda}=(\boldsymbol{C}_q\boldsymbol{M}^{-1}\boldsymbol{C}_q^{\mathrm{T}})^{-1}(\boldsymbol{C}_q\boldsymbol{M}^{-1}\boldsymbol{Q}-\boldsymbol{Q}_d) \tag{8.1.24}$$

を得る．さらに，上式を式（8.1.23）の第1式に再代入すれば，一般化座標 $\boldsymbol{q}$ に関する運動方程式が常微分方程式で記述できる．すなわち,

$$\boldsymbol{M}\ddot{\boldsymbol{q}}=\boldsymbol{Q}^{*} \tag{8.1.25}$$

ここで,

$$\boldsymbol{Q}^{*}=\boldsymbol{Q}+\boldsymbol{C}_q^{\mathrm{T}}(\boldsymbol{C}_q\boldsymbol{M}^{-1}\boldsymbol{C}_q^{\mathrm{T}})^{-1}(\boldsymbol{Q}_d-\boldsymbol{C}_q\boldsymbol{M}^{-1}\boldsymbol{Q}) \tag{8.1.26}$$

式（8.1.25）と $\dot{\boldsymbol{q}}=\boldsymbol{v}$ から，変数 $\boldsymbol{y}=[\boldsymbol{q}^{\mathrm{T}}\ \boldsymbol{v}^{\mathrm{T}}]^{\mathrm{T}}$ に関する1階の常微分方程式

$$\dot{\boldsymbol{y}}=\boldsymbol{F}(\boldsymbol{y},t) \tag{8.1.27}$$

を得る．一方，式（8.1.25）を直接数値積分することで求まる $\boldsymbol{q}$ および $\dot{\boldsymbol{q}}$ は，数値積分誤差により必ずしも位置レベルおよび速度レベルの拘束方程式（$\boldsymbol{C}(\boldsymbol{q}, t)=\boldsymbol{0}$ および $\dot{\boldsymbol{C}}(\boldsymbol{q}, \dot{\boldsymbol{q}}, t)=\boldsymbol{0}$）を満足するとは限らないことに注意が必要である．そのため，インデックスの低減を行って微分代数方程式を求解する場合には数値積分で求めた解が拘束条件式を満足していることを確認する必要があり，その誤差が設定した許容値より大きい場合は適宜，誤差を修正しなければならない．

8.1.4 独立な一般化座標に関する剛体多体系の運動方程式

式（8.1.25）に示す常微分方程式はすべての剛体の一般化座標 q に関する運動方程式であるが，拘束条件が課されたとき，それに対応してシステムの自由度が減少する．そのため，システムの独立な自由度に関する運動方程式を導出し，それを数値積分により求解するほうが自然であるという考え方もある．そこで，拘束によって消去される自由度を従属座標 $\boldsymbol{q}_{\mathrm{d}}$，独立な自由度を独立座標 $\boldsymbol{q}_{\mathrm{i}}$ と定義し，一般化座標を以下のように分離する[10)]．

$$\boldsymbol{q}=[\boldsymbol{q}_{\mathrm{d}}^{\mathrm{T}}\ \boldsymbol{q}_{\mathrm{i}}^{\mathrm{T}}]^{\mathrm{T}} \tag{8.1.28}$$

拘束方程式（8.1.18）が満足されるとき，その変分から

$$\delta\boldsymbol{C}=\boldsymbol{C}_{\boldsymbol{q}_{\mathrm{d}}}\delta\boldsymbol{q}_{\mathrm{d}}+\boldsymbol{C}_{\boldsymbol{q}_{\mathrm{i}}}\delta\boldsymbol{q}_{\mathrm{i}}=\boldsymbol{0} \tag{8.1.29}$$

を得る．上式から，一般化座標の変分と独立座標の変分の関係が次式で表される．

$$\delta\boldsymbol{q}=\begin{bmatrix}\delta\boldsymbol{q}_{\mathrm{d}}\\ \delta\boldsymbol{q}_{\mathrm{i}}\end{bmatrix}=\begin{bmatrix}-\boldsymbol{C}_{\boldsymbol{q}_{\mathrm{d}}}^{-1}\boldsymbol{C}_{\boldsymbol{q}_{\mathrm{i}}}\\ \boldsymbol{I}\end{bmatrix}\delta\boldsymbol{q}_{\mathrm{i}}=\boldsymbol{B}\delta\boldsymbol{q}_{\mathrm{i}} \tag{8.1.30}$$

ここで，式（8.1.18）に冗長な拘束が存在せず，また独立座標の選択が適切であれば $|\boldsymbol{C}_{\boldsymbol{q}_{\mathrm{d}}}|\neq 0$ である．$\boldsymbol{B}$ 行列は一般化速度 $\dot{\boldsymbol{q}}$ と独立な一般化速度 $\dot{\boldsymbol{q}}_{\mathrm{i}}$ を関係づける行列でもあるため，速度変換行列とよばれる．さらに，拘束方程式の 2 階の時間微分から次式を得る．

$$\ddot{\boldsymbol{q}}=\begin{bmatrix}\ddot{\boldsymbol{q}}_{\mathrm{d}}\\ \ddot{\boldsymbol{q}}_{\mathrm{i}}\end{bmatrix}=\begin{bmatrix}-\boldsymbol{C}_{\boldsymbol{q}_{\mathrm{d}}}^{-1}\boldsymbol{C}_{\boldsymbol{q}_{\mathrm{i}}}\\ \boldsymbol{I}\end{bmatrix}\ddot{\boldsymbol{q}}_{\mathrm{i}}+\begin{bmatrix}\boldsymbol{C}_{\boldsymbol{q}_{\mathrm{d}}}^{-1}\boldsymbol{Q}_{\mathrm{d}}\\ \boldsymbol{0}\end{bmatrix}=\boldsymbol{B}\ddot{\boldsymbol{q}}_{\mathrm{i}}+\boldsymbol{\gamma} \tag{8.1.31}$$

ここで，$\boldsymbol{I}$ および $\boldsymbol{0}$ はそれぞれ $\boldsymbol{q}_{\mathrm{i}}$ のベクトルの大きさに対応した単位行列およびゼロベクトルである．式 (8.1.30) および式 (8.1.31) を式 (8.1.21) に代入して整理すれば，独立座標 $\boldsymbol{q}_{\mathrm{i}}$ に関する運動方程式が

$$\hat{\boldsymbol{M}}\ddot{\boldsymbol{q}}_{\mathrm{i}}=\hat{\boldsymbol{Q}} \tag{8.1.32}$$

のように求まる．ここで，独立座標 $\boldsymbol{q}_{\mathrm{i}}$ に関する一般化質量行列 $\hat{\boldsymbol{M}}$ および一般化力 $\hat{\boldsymbol{Q}}$ は次式で表される．

$$\hat{\boldsymbol{M}}=\boldsymbol{B}^{\mathrm{T}}\boldsymbol{M}\boldsymbol{B}, \qquad \hat{\boldsymbol{Q}}=\boldsymbol{B}^{\mathrm{T}}(\boldsymbol{Q}-\boldsymbol{M}\boldsymbol{\gamma}) \tag{8.1.33}$$

また，式（8.1.33）の一般化質量行列 $\boldsymbol{M}$，一般化力ベクトル $\boldsymbol{Q}$ および拘束ヤコビ行列 $\boldsymbol{C}_q$ は一般化座標 $\boldsymbol{q}$ を式（8.1.28）のように並べた各成分に対応するため，それぞれ

$$\boldsymbol{M}=\begin{bmatrix}\boldsymbol{M}_{\rm dd} & \boldsymbol{M}_{\rm di}\\ \boldsymbol{M}_{\rm id} & \boldsymbol{M}_{\rm ii}\end{bmatrix},\ \ \boldsymbol{Q}=\begin{bmatrix}\boldsymbol{Q}_{\rm ad}\\ \boldsymbol{Q}_{\rm ai}\end{bmatrix},\ \ \boldsymbol{C}_{\boldsymbol{q}}^{\rm T}=\begin{bmatrix}\boldsymbol{C}_{\boldsymbol{q}_{\rm d}}^{\rm T}\\ \boldsymbol{C}_{\boldsymbol{q}_{\rm i}}^{\rm T}\end{bmatrix} \tag{8.1.34}$$

のように表され，式（8.1.33）の $\hat{\boldsymbol{M}}$ および $\hat{\boldsymbol{Q}}$ を陽に示すと次式で与えられる．

$$\left.\begin{aligned}\hat{\boldsymbol{M}}&=\boldsymbol{M}_{\rm ii}-\boldsymbol{M}_{\rm id}\boldsymbol{C}_{\boldsymbol{q}_{\rm d}}^{-1}\boldsymbol{C}_{\boldsymbol{q}_{\rm i}}-\boldsymbol{C}_{\boldsymbol{q}_{\rm i}}^{\rm T}\boldsymbol{C}_{\boldsymbol{q}_{\rm d}}^{-\rm T}(\boldsymbol{M}_{\rm di}-\boldsymbol{M}_{\rm dd}\boldsymbol{C}_{\boldsymbol{q}_{\rm d}}^{-1}\boldsymbol{C}_{\boldsymbol{q}_{\rm i}})\\ \hat{\boldsymbol{Q}}&=\boldsymbol{Q}_{\rm ai}-\boldsymbol{M}_{\rm id}\boldsymbol{C}_{\boldsymbol{q}_{\rm d}}^{-1}\boldsymbol{Q}_{\rm d}-\boldsymbol{C}_{\boldsymbol{q}_{\rm i}}^{\rm T}\boldsymbol{C}_{\boldsymbol{q}_{\rm d}}^{-\rm T}(\boldsymbol{Q}_{\rm ad}-\boldsymbol{M}_{\rm dd}\boldsymbol{C}_{\boldsymbol{q}_{\rm d}}^{-1}\boldsymbol{Q}_{\rm d})\end{aligned}\right\} \tag{8.1.35}$$

また，ラグランジュ未定乗数は

$$\boldsymbol{B}^{\rm T}\boldsymbol{C}_{\boldsymbol{q}}^{\rm T}=-\boldsymbol{C}_{\boldsymbol{q}_{\rm i}}^{\rm T}\boldsymbol{C}_{\boldsymbol{q}_{\rm d}}^{-\rm T}\boldsymbol{C}_{\boldsymbol{q}_{\rm d}}^{\rm T}+\boldsymbol{C}_{\boldsymbol{q}_{\rm i}}^{\rm T}=\boldsymbol{0} \tag{8.1.36}$$

なる関係により運動方程式中から自動的に消去されていることに注目されたい．すなわち，拘束ヤコビ行列 $\boldsymbol{C}_{\boldsymbol{q}}$ と速度変換行列 $\boldsymbol{B}$ の間に $\boldsymbol{C}_{\boldsymbol{q}}\boldsymbol{B}=\boldsymbol{0}$ なる関係が常に成立することから，速度変換行列 $\boldsymbol{B}$ は拘束ヤコビ行列 $\boldsymbol{C}_{\boldsymbol{q}}$ のゼロ空間（null space）であると理解できる．言い換えれば，剛体多体系の独立座標は速度変換行列 $\boldsymbol{B}$ が拘束ヤコビ行列 $\boldsymbol{C}_{\boldsymbol{q}}$ のゼロ空間となるように選択されなければならない．

式（8.1.32）は式（8.1.25）と同様，2 階の常微分方程式で表されるため，変数 $\boldsymbol{y}_{\rm i}=[\boldsymbol{q}_{\rm i}^{\rm T}\ \ \boldsymbol{v}_{\rm i}^{\rm T}]^{\rm T}$ に関する 1 階の常微分方程式

$$\dot{\boldsymbol{y}}_{\rm i}=\boldsymbol{F}_{\rm i}(\boldsymbol{y}_{\rm i},t) \tag{8.1.37}$$

に帰着できる．ただし，$\dot{\boldsymbol{q}}_{\rm i}=\boldsymbol{v}_{\rm i}$ である．この場合，全一般化座標 $\boldsymbol{q}$ を用いた支配方程式（8.1.27）と異なり，システムの自由度に対応した最小の変数に関して運動が記述されるため，数値積分する際には最小の変数および方程式を取り扱えばよい特徴がある．一方，$\hat{\boldsymbol{M}}$ および $\hat{\boldsymbol{Q}}$ は従属座標 $\boldsymbol{q}_{\rm d}$ およびその速度 $\dot{\boldsymbol{q}}_{\rm d}$ の関数でもあるため，毎時，数値積分から求まる独立座標 $\boldsymbol{q}_{\rm i}$ およびその速度 $\dot{\boldsymbol{q}}_{\rm i}$ から，拘束方程式（$\boldsymbol{C}(\boldsymbol{q},t)=\boldsymbol{0}$）およびその速度方程式（$\dot{\boldsymbol{C}}(\boldsymbol{q},\dot{\boldsymbol{q}},t)=\boldsymbol{0}$）を用いて従属座標 $\boldsymbol{q}_{\rm d}$ およびその速度 $\dot{\boldsymbol{q}}_{\rm d}$ を求める必要がある．

また，複雑な剛体多体系に対しては，初期状態で決定した独立座標に対して，従属座標に関する拘束ヤコビ行列 $\boldsymbol{C}_{\boldsymbol{q}_{\rm d}}$ が特異に近づき，$\boldsymbol{B}$ 行列が悪条件となることがある．そこで，$\boldsymbol{C}_{\boldsymbol{q}_{\rm d}}$ の条件数を監視して，条件数があるいき値より大きくなった場合には，独立座標を再選択する必要がある．また，全一般化座標 $\boldsymbol{q}$ から適切な独立座標 $\boldsymbol{q}_{\rm i}$ を選択する方法として，拘束ヤコビ行列の LU 分解[10) や QR 分解[11)，特異値分解[12) を用いた方法が提案されている．

8.2 微分代数型運動方程式の数値解法

8.2.1 インデックス低減による運動方程式

本節では，常微分方程式に関する運動方程式を解析的に導出せず，インデックスを 1 に低減した微分代数方程式から変数 $\boldsymbol{y}=[\boldsymbol{q}^{\rm T}\ \ \boldsymbol{v}^{\rm T}]^{\rm T}$ に関する 1 階の常微分方程式を導いて求解する方法について解説する．すなわち，式（8.1.23）に示したインデックス 1 の拘束条件付の運動方程式を行列形式で表せば次式となる．

$$\begin{bmatrix} \boldsymbol{M} & \boldsymbol{C}_q^{\mathrm{T}} \\ \boldsymbol{C}_q & \boldsymbol{0} \end{bmatrix} \begin{bmatrix} \ddot{\boldsymbol{q}} \\ \boldsymbol{\lambda} \end{bmatrix} = \begin{bmatrix} \boldsymbol{Q} \\ \boldsymbol{Q}_{\mathrm{d}} \end{bmatrix} \tag{8.2.1}$$

つまり，上式は一般化加速度 $\ddot{\boldsymbol{q}}$ およびラグランジュ未定乗数 $\boldsymbol{\lambda}$ に関して線形な方程式である．上式を $\ddot{\boldsymbol{q}}$ および $\boldsymbol{\lambda}$ について数値的に解き，求めた $\ddot{\boldsymbol{q}}$ と $\dot{\boldsymbol{q}}=\boldsymbol{v}$ なる関係から，変数 $\boldsymbol{y}=[\boldsymbol{q}^{\mathrm{T}}\ \ \boldsymbol{v}^{\mathrm{T}}]^{\mathrm{T}}$ に関する 1 階の常微分方程式

$$\dot{\boldsymbol{y}}=\boldsymbol{F}(\boldsymbol{y}, t) \tag{8.2.2}$$

を得ることができる．上式は式（8.1.25）に対する 1 階の常微分方程式（8.1.27）と理論上は同じ方程式となる．つまり，数値積分法としては常微分方程式に対する解法が適用できる．一般に式（8.2.1）の係数行列は疎行列であることから，疎行列に対するソルバを用いて解かれることが多い．また，求まった $\ddot{\boldsymbol{q}}$ は拘束方程式の加速度レベルを満足するため，理論上は $\ddot{\boldsymbol{q}}$ の積分により決定する $\dot{\boldsymbol{q}}$ および $\boldsymbol{q}$ は速度および位置レベルの拘束方程式を満足する．しかしながら，数値積分の誤差により拘束誤差が累積し，解が発散することもある．そこで，拘束条件を付帯した剛体多体系の数値解析を行うためには，式（8.2.2）の数値積分より求まる解の拘束誤差を適切に抑制および修正するアルゴリズムが必要となる．代表的な方法として，バウムガルテの拘束安定化法，幾何学的射影法，一般化座標分割法などがあり，本節ではそれらについて解説する．

8.2.2 バウムガルテの拘束安定化法

インデックス 1 の微分代数方程式では加速度レベルの拘束方程式

$$\ddot{\boldsymbol{C}}(\boldsymbol{q}, \dot{\boldsymbol{q}}, \ddot{\boldsymbol{q}}, t)=\boldsymbol{C}_q\ddot{\boldsymbol{q}}-\boldsymbol{Q}_{\mathrm{d}}=\boldsymbol{0} \tag{8.2.3}$$

と運動方程式（$\boldsymbol{M}\ddot{\boldsymbol{q}}+\boldsymbol{C}_q^{\mathrm{T}}\boldsymbol{\lambda}=\boldsymbol{Q}$）から一般化加速度 $\ddot{\boldsymbol{q}}$ を求め，数値積分により解 $\boldsymbol{q}$ および $\dot{\boldsymbol{q}}$ を求める．これは，$\ddot{\boldsymbol{C}}=\boldsymbol{0}$ なる方程式を積分することにより速度レベルの拘束方程式 $\dot{\boldsymbol{C}}=\boldsymbol{0}$ および位置レベルの拘束方程式 $\boldsymbol{C}=\boldsymbol{0}$ を満足させる解を得ていると解釈できる．一方，$\ddot{\boldsymbol{C}}=\boldsymbol{0}$ は $\boldsymbol{C}$ に関する 2 階の常微分方程式であり，任意の 0 でない初期条件に対してその解は常に発散する．つまり，拘束方程式に誤差 $\boldsymbol{C}=\varepsilon_1$ および $\dot{\boldsymbol{C}}=\varepsilon_2$ が発生すると，その誤差は収束せず時間とともに増大することになり，位置および速度レベルの拘束方程式を満足しない．そこで，加速度レベルの拘束方程式を係数 α および β を用いて

$$\ddot{\boldsymbol{C}}+2\alpha\dot{\boldsymbol{C}}+\beta^2\boldsymbol{C}=0 \quad (\alpha>0,\ \beta>0) \tag{8.2.4}$$

と定義する．この方程式は $\boldsymbol{C}$ に関して安定であるため，任意の 0 でない初期条件（誤差）に対してその解，つまり誤差は 0 に収束する．このように，加速度方程式に位置および速度レベルの安定化項を追加して拘束誤差を抑制する方法をバウムガルテの拘束安定化法（Baumgarte's constraint stabilization method）とよぶ[13]．すなわち，インデックス 1 の微分代数方程式の加速度項を次式のように修正して $\ddot{\boldsymbol{q}}$ を求める．

$$\begin{bmatrix} \boldsymbol{M} & \boldsymbol{C}_q^{\mathrm{T}} \\ \boldsymbol{C}_q & 0 \end{bmatrix} \begin{bmatrix} \ddot{\boldsymbol{q}} \\ \boldsymbol{\lambda} \end{bmatrix} = \begin{bmatrix} \boldsymbol{Q} \\ \boldsymbol{Q}_{\mathrm{d}}-2\alpha\dot{\boldsymbol{C}}-\beta^2\boldsymbol{C} \end{bmatrix} \tag{8.2.5}$$

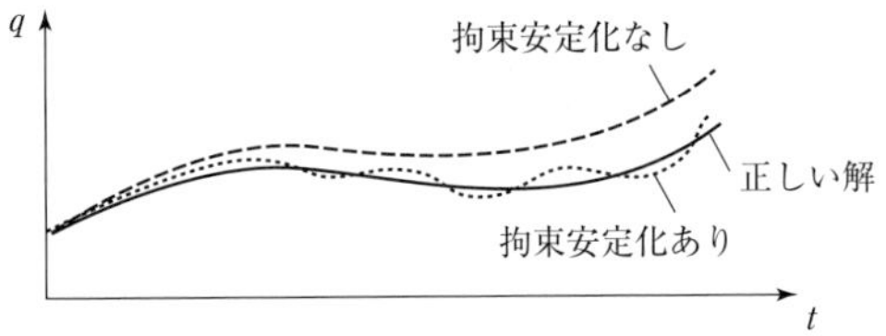

図 8.4 バウムガルテの拘束安定化法の概念図

表 8.3 バウムガルテの拘束安定化法のアルゴリズム

1.	拘束方程式を満足した初期値 $\boldsymbol{q}_0$ および $\dot{\boldsymbol{q}}_0$ を決定する．
2.	式（8.2.5）を構築し，$\ddot{\boldsymbol{q}}_n$ について解く．
3.	$\boldsymbol{y}_n=[\boldsymbol{q}_n^{\mathrm{T}}\ \boldsymbol{v}_n^{\mathrm{T}}]^{\mathrm{T}}$ に対して $\dot{\boldsymbol{y}}_n=\boldsymbol{F}(\boldsymbol{y}_n, t_n)$ を評価する．
4.	$\dot{\boldsymbol{y}}_n$ を数値積分し，時刻 t_{n+1} での $\boldsymbol{y}_{n+1}$ を求める．
5.	求まった $\boldsymbol{y}_{n+1}$（$\boldsymbol{q}_{n+1}$ および $\dot{\boldsymbol{q}}_{n+1}$）を保存する．
6.	時刻を更新し，ステップ 2 に戻る．

係数 α および β は式（8.2.4）の $\boldsymbol{C}$ に関する 2 階の微分方程式が安定となるように選択され，臨界減衰に相当する $\alpha=\beta$ とすることにより誤差を最も早く減衰できるとされている．ただし，ほとんどの場合，拘束方程式は一般化座標 $\boldsymbol{q}$ に関する非線形方程式として定義されるため，拘束方程式が $\boldsymbol{q}$ に関して線形で表される特殊な場合を除き，拘束安定化によって常に誤差が抑制できるとは限らないことに注意が必要である．また，係数 α および β を大きくしすぎると運動方程式がスティフとなり，数値積分で細かな時間刻みが必要となるなど，計算効率が低下する場合がある．そのため，安定化係数は拘束誤差の抑制および数値積分効率の両面から適切に選択する必要がある．図 8.4 にバウムガルテの拘束安定化法を用いた拘束誤差抑制の概念図を示し，表 8.3 にその計算アルゴリズムを示す．

8.2.3 幾何学的射影法

バウムガルテの拘束安定化法では，加速度方程式に安定化項を追加することによって，数値積分による位置および速度レベルの拘束方程式の誤差を抑制したが，常に拘束誤差が抑制されるわけではない．また，安定化係数の値は取り扱う問題に依存するところが大きく，解の誤差管理が難しいという問題もある．そこで，数値積分から求まった解 $\boldsymbol{q}$ および $\dot{\boldsymbol{q}}$ が $\boldsymbol{C}=\boldsymbol{0}$ および $\dot{\boldsymbol{C}}=\boldsymbol{0}$ を厳密に満足するように解の修正を行うことが望まれる．

インデックス 1 の微分代数方程式（8.2.1）より求まる加速度 $\ddot{\boldsymbol{q}}$ を直接，数値積分することによって $\boldsymbol{q}^*$ および $\dot{\boldsymbol{q}}^*$ が求まったとする．$\boldsymbol{q}^*$ および $\dot{\boldsymbol{q}}^*$ は積分誤差により拘束方程式 $\boldsymbol{C}(\boldsymbol{q}, t)=\boldsymbol{0}$ および $\dot{\boldsymbol{C}}(\boldsymbol{q}, \dot{\boldsymbol{q}}, t)=\boldsymbol{0}$ を必ずしも満足するとは限らない．そこで，位置レベルについては，$\boldsymbol{q}=\boldsymbol{q}^*+\Delta\boldsymbol{q}$ なる補正量 $\Delta\boldsymbol{q}$ を求めて，解が拘束方程式を常に満足するように補正を行う．しかしながら，拘束方程式の数は一般化座標の数より少

ないため，拘束方程式 $\boldsymbol{C}(\Delta\boldsymbol{q},\ t)=0$ を $\Delta\boldsymbol{q}$ について解くことができない．そこで，以下のような誤差関数

$$V=\frac{1}{2}\Delta\boldsymbol{q}^{\mathrm{T}}\Delta\boldsymbol{q}+\boldsymbol{C}^{\mathrm{T}}\boldsymbol{\eta} \tag{8.2.6}$$

が最小となるような $\Delta\boldsymbol{q}$ を決定する[14]．ここで，$\boldsymbol{\eta}$ は $\boldsymbol{C}(\boldsymbol{q},\ t)=\boldsymbol{0}$ に対して導入されたラグランジュ未定乗数である．$\partial V/\partial\boldsymbol{q}=0$ および $\boldsymbol{C}(\boldsymbol{q}^{*}+\Delta\boldsymbol{q})=\boldsymbol{0}$ なる条件から

$$\left.\begin{aligned}&\Delta\boldsymbol{q}+\boldsymbol{C}_{\boldsymbol{q}}^{\mathrm{T}}\boldsymbol{\eta}=\boldsymbol{0}\\&\boldsymbol{C}(\boldsymbol{q}^{*}+\Delta\boldsymbol{q},\ t)=\boldsymbol{0}\end{aligned}\right\} \tag{8.2.7}$$

を得る．上式は $\Delta\boldsymbol{q}$ に関する非線形方程式であるため，以下のような繰り返し計算を行うことによって求解する．

$$\boldsymbol{q}^{(k+1)}=\boldsymbol{q}^{(k)}+\Delta\boldsymbol{q}^{(k)} \tag{8.2.8}$$

および

$$\Delta\boldsymbol{q}^{(k)}=-\boldsymbol{C}_{\boldsymbol{q}}^{+(k)}\boldsymbol{C}^{(k)} \tag{8.2.9}$$

ここで，上付きの k は繰り返しのステップ数を示す．上式の $\boldsymbol{C}_{\boldsymbol{q}}^{+}$ は

$$\boldsymbol{C}_{\boldsymbol{q}}^{+}=\boldsymbol{C}_{\boldsymbol{q}}^{\mathrm{T}}(\boldsymbol{C}_{\boldsymbol{q}}\boldsymbol{C}_{\boldsymbol{q}}^{\mathrm{T}})^{-1} \tag{8.2.10}$$

と与えられ，$\boldsymbol{C}_{\boldsymbol{q}}^{+}$ は $\boldsymbol{C}_{\boldsymbol{q}}$ の擬似逆行列とよばれる．以上から，式(8.2.8)および式(8.2.9)を用いて，$\boldsymbol{C}(\boldsymbol{q},\ t)=\boldsymbol{0}$ を満足するような一般化座標 $\boldsymbol{q}$ を求め，拘束方程式に対する位置レベルの誤差修正を行う．

一方，速度レベルについても同様に

$$\left.\begin{aligned}&\Delta\dot{\boldsymbol{q}}+\boldsymbol{C}_{\boldsymbol{q}}^{\mathrm{T}}\boldsymbol{\eta}=\boldsymbol{0}\\&\dot{\boldsymbol{C}}(\dot{\boldsymbol{q}}^{*}+\Delta\dot{\boldsymbol{q}},\ t)=\boldsymbol{0}\end{aligned}\right\} \tag{8.2.11}$$

から

$$\dot{\boldsymbol{q}}^{(k+1)}=\dot{\boldsymbol{q}}^{(k)}+\Delta\dot{\boldsymbol{q}}^{(k)} \tag{8.2.12}$$

および

$$\Delta\dot{\boldsymbol{q}}^{(k)}=-\boldsymbol{C}_{\boldsymbol{q}}^{+(k)}\dot{\boldsymbol{C}}^{(k)} \tag{8.2.13}$$

を用いて $\dot{\boldsymbol{C}}(\boldsymbol{q},\ \dot{\boldsymbol{q}},\ t)=\boldsymbol{0}$ を満足する一般化速度 $\dot{\boldsymbol{q}}$ を求め，速度レベルの拘束方程式に対する誤差修正を行う．速度レベルでは拘束方程式は一般化速度 $\dot{\boldsymbol{q}}$ に関して線形であるため，$\boldsymbol{q}$ が位置レベルの拘束式を満足していれば，一度の更新で正しい解を得ることができる．本手法は図8.5に示すように，数値積分により求まった $\boldsymbol{q}^{*}$ および $\dot{\boldsymbol{q}}^{*}$ を拘束多様体（constraint manifold）に幾何学的に射影することにより拘束誤差を修正し，常に拘束条件を満足させていることから，幾何学的射影法（geometric projection method）とよばれている．本手法を用いた計算アルゴリズムを表8.4に示す．

また，式（8.2.6）の第1項では，一般化座標を構成する並進や回転に対する誤

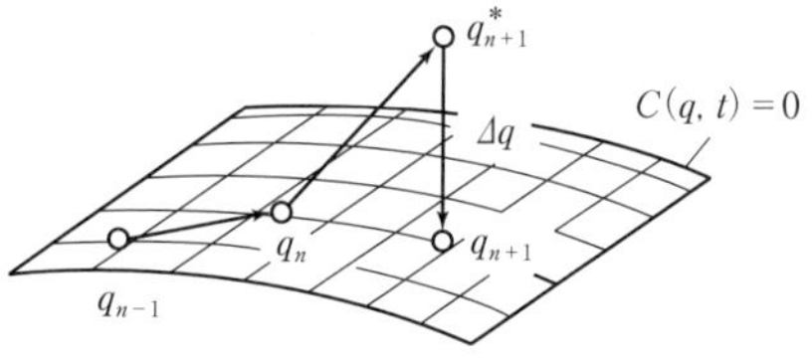

図8.5　幾何学的射影法の概念図

表 8.4 幾何学的射影法のアルゴリズム

1.	拘束方程式を満足した初期値 $\boldsymbol{q}_0$ および $\dot{\boldsymbol{q}}_0$ を決定する.
2.	式 (8.2.1) を構築し, $\ddot{\boldsymbol{q}}_n$ について解く.
3.	$\boldsymbol{y}_n=[\boldsymbol{q}_n^{\mathrm{T}}\ \boldsymbol{v}_n^{\mathrm{T}}]^{\mathrm{T}}$ に対して $\dot{\boldsymbol{y}}_n=\boldsymbol{F}(\boldsymbol{y}_n, t_n)$ を評価する.
4.	$\dot{\boldsymbol{y}}_n$ を数値積分し, 時刻 t_{n+1} での $\boldsymbol{y}_{n+1}$ を求める.
5.	$\boldsymbol{y}_{n+1}$ から $\boldsymbol{q}_{n+1}^*$ および $\dot{\boldsymbol{q}}_{n+1}^*$ を決定する.
6.	$\lvert\boldsymbol{C}(\boldsymbol{q}_{n+1}^*, t_{n+1})\rvert<\varepsilon$ であれば $\boldsymbol{q}_{n+1}=\boldsymbol{q}_{n+1}^*$ とし, ステップ 8 に移動する. 誤差が大きければ, 式 (8.2.8), (8.2.9) の繰り返し計算により $\boldsymbol{q}_{n+1}$ を決定, 保存する.
7.	$\lvert\dot{\boldsymbol{C}}(\boldsymbol{q}_{n+1}, \dot{\boldsymbol{q}}_{n+1}^*, t_{n+1})\rvert<\varepsilon$ であれば $\dot{\boldsymbol{q}}_{n+1}=\dot{\boldsymbol{q}}_{n+1}^*$ として, ステップ 8 に移動する. 誤差が大きければ, 式 (8.2.12), (8.2.13) から $\dot{\boldsymbol{q}}_{n+1}$ を決定, 保存する.
8.	時刻を更新し, ステップ 2 に戻る.

差の重み付けは等しい. しかしながら, 実際には慣性質量が大きい一般化座標ほど慣性力が大きくなり, 拘束条件から逸脱しやすいと考えられる. そこで, 式 (8.2.6) によって定義した誤差関数を質量行列 $\boldsymbol{M}$ を用いて重み付けする方法も提案されている[15]. すなわち, 誤差関数を次式のように修正する.

$$V=\frac{1}{2}\Delta\boldsymbol{q}^{\mathrm{T}}\boldsymbol{M}\Delta\boldsymbol{q}+\boldsymbol{C}^{\mathrm{T}}\boldsymbol{\eta} \tag{8.2.14}$$

この場合, 式 (8.2.10) の $\boldsymbol{C}_{\boldsymbol{q}}^{+}$ は

$$\boldsymbol{C}_{\boldsymbol{q}}^{+}=\boldsymbol{M}^{-1}\boldsymbol{C}_{\boldsymbol{q}}^{\mathrm{T}}(\boldsymbol{C}_{\boldsymbol{q}}\boldsymbol{M}^{-1}\boldsymbol{C}_{\boldsymbol{q}}^{\mathrm{T}})^{-1} \tag{8.2.15}$$

のように変更され, 式 (8.2.8) および式 (8.2.12) なる更新により拘束誤差の修正が行われる.

8.2.4 一般化座標分割法

幾何学的射影法では式 (8.2.1) の求解によって求まる全一般加速度 $\ddot{\boldsymbol{q}}$ を直接積分したが, 8.1.4 項で示したように式 (8.2.1) は理論上, 独立座標 $\boldsymbol{q}_{\mathrm{i}}$ に関する常微分方程式に帰着できる. 一方, 独立座標 $\boldsymbol{q}_{\mathrm{i}}$ に関する運動方程式 (8.1.32) は最小の変数に対して記述されるため, 少ないメモリ容量で数値計算が可能となるが, 式 (8.1.33) で与えられる縮約した一般化質量行列および一般化力ベクトルを毎ステップ評価しなければならなく, 大規模な問題を取り扱う場合, 計算負荷が大きくなる欠点もある.

そこで, 式 (8.2.1) を $\ddot{\boldsymbol{q}}$ について数値的に解き, 次式のように独立加速度 $\ddot{\boldsymbol{q}}_{\mathrm{i}}$ および従属加速度 $\ddot{\boldsymbol{q}}_{\mathrm{d}}$ に分割する.

$$\ddot{\boldsymbol{q}}=[\ddot{\boldsymbol{q}}_{\mathrm{d}}^{\mathrm{T}}\ \ddot{\boldsymbol{q}}_{\mathrm{i}}^{\mathrm{T}}]^{\mathrm{T}} \tag{8.2.16}$$

上式から, 独立加速度 $\ddot{\boldsymbol{q}}_{\mathrm{i}}$ のみを取り出すことにより, 変数 $\boldsymbol{y}_{\mathrm{i}}=[\boldsymbol{q}_{\mathrm{i}}^{\mathrm{T}}\ \boldsymbol{v}_{\mathrm{i}}^{\mathrm{T}}]^{\mathrm{T}}$ に関して式 (8.1.37) と等価な 1 階の常微分方程式

$$\dot{\boldsymbol{y}}_{\mathrm{i}}=\boldsymbol{F}_{\mathrm{i}}(\boldsymbol{y}_{\mathrm{i}}, t) \tag{8.2.17}$$

を得る. ただし, $\dot{\boldsymbol{q}}_{\mathrm{i}}=\boldsymbol{v}_{\mathrm{i}}$ である. 上式を数値積分することにより, 独立座標 $\boldsymbol{q}_{\mathrm{i}}$ およびその速度 $\dot{\boldsymbol{q}}_{\mathrm{i}}$ を求める. 一方, 従属座標は拘束方程式を $\boldsymbol{q}_{\mathrm{d}}$ およびその速度 $\dot{\boldsymbol{q}}_{\mathrm{d}}$ について解くことにより求める. つまり, $\boldsymbol{q}_{\mathrm{d}}$ は $\boldsymbol{C}(\boldsymbol{q}_{\mathrm{d}})=\boldsymbol{0}$ の求解により, $\dot{\boldsymbol{q}}_{\mathrm{d}}$ は

表 8.5　一般化座標分割法のアルゴリズム

1. 拘束方程式を満足した初期値 $\boldsymbol{q}_0$ および $\dot{\boldsymbol{q}}_0$ を決定する．
2. 初期値 $\boldsymbol{q}_0$ に対する拘束ヤコビ行列から独立座標 $\boldsymbol{q}_{\mathrm{i}}$ および従属座標 $\boldsymbol{q}_{\mathrm{d}}$ を決定する．
3. 式（8.2.1）を構築し，$\ddot{\boldsymbol{q}}_n$ について解く．
4. $\boldsymbol{y}_{\mathrm{i},n}=[\boldsymbol{q}_{\mathrm{i},n}^{\mathrm{T}}\ \boldsymbol{v}_{\mathrm{i},n}^{\mathrm{T}}]^{\mathrm{T}}$ に対して $\dot{\boldsymbol{y}}_{\mathrm{i},n}=\boldsymbol{F}(\boldsymbol{y}_{\mathrm{i},n}, t_n)$ を評価する．
5. $\dot{\boldsymbol{y}}_{\mathrm{i},n}$ を数値積分し，時刻 t_{n+1} での $\boldsymbol{y}_{\mathrm{i},n+1}$ を求める．
6. $\boldsymbol{y}_{\mathrm{i},n+1}$ から $\boldsymbol{q}_{\mathrm{i},n+1}$ および $\dot{\boldsymbol{q}}_{\mathrm{i},n+1}$ を決定する．
7. $\boldsymbol{C}(\boldsymbol{q}_{\mathrm{d},n+1}, t_{n+1})=\boldsymbol{0}$ を求解し，従属座標 $\boldsymbol{q}_{\mathrm{d},n+1}$ を求める．
8. $\boldsymbol{C}_{\boldsymbol{q}_{\mathrm{d}}}\dot{\boldsymbol{q}}_{\mathrm{d},n+1}=-(\boldsymbol{C}_{\boldsymbol{q}_{\mathrm{i}}}\dot{\boldsymbol{q}}_{\mathrm{i}}+\boldsymbol{C}_t)_{n+1}$ より従属速度 $\dot{\boldsymbol{q}}_{\mathrm{d},n+1}$ を求める．
9. $\boldsymbol{q}_{n+1}$ および $\dot{\boldsymbol{q}}_{n+1}$ を保存する．
10. $\boldsymbol{C}_{\boldsymbol{q}_{\mathrm{d}}}(\boldsymbol{q}_{\mathrm{d},n+1})$ の条件数がいき値より小さければステップ 11 へ移動する．条件数がいき値より大きければ，新しい独立座標 $\boldsymbol{q}_{\mathrm{i}}$ を決定する．
11. 時刻を更新し，ステップ 3 に戻る．

$$\boldsymbol{C}_{\boldsymbol{q}_{\mathrm{d}}}\dot{\boldsymbol{q}}_{\mathrm{d}}=-(\boldsymbol{C}_{\boldsymbol{q}_{\mathrm{i}}}\dot{\boldsymbol{q}}_{\mathrm{i}}+\boldsymbol{C}_t) \tag{8.2.18}$$

の求解により決定できる．ここで，$\boldsymbol{C}_t=\partial\boldsymbol{C}/\partial t$ である．本手法では，独立変数に関する運動方程式を陽に導出することなく，数値的に独立変数に関する常微分方程式を導いていると解釈できる．このように独立加速度のみを数値積分して解を求め，従属変数を拘束方程式から求める手法を一般化座標分割法とよぶ[10]．また，式（8.1.32）は一般化座標分割法の運動方程式部分を解析的に導出したものとみなすことができる．

従属座標を決定するためには $\boldsymbol{C}(\boldsymbol{q}_{\mathrm{d}})=\boldsymbol{0}$ を繰り返し計算により求める必要があるため，従属座標は前ステップから外挿するなどして，適切な初期値を与えることで繰り返し計算の収束性を上げる工夫がされる．また，独立変数の選択は拘束ヤコビ行列の LU 分解[10] や QR 分解[11]，特異値分解[12] などを用いて数値的に行われ，$\boldsymbol{C}_{\boldsymbol{q}_{\mathrm{d}}}$ の条件数があるいき値よりも大きくなった場合には，適宜，独立座標が変更される．一般化座標分割法を用いた計算アルゴリズムを表 8.5 に示す．

8.3　微分代数型運動方程式の直接数値積分

前節では微分代数方程式のインデックスを 1 に低減して変数 $\boldsymbol{y}=[\boldsymbol{q}^{\mathrm{T}}\ \boldsymbol{v}^{\mathrm{T}}]^{\mathrm{T}}$ に関する 1 階の常微分方程式を導いて求解を行った．本節では，インデックス 2 および 3 の微分代数方程式を直接数値積分する方法について解説する．

8.3.1　BDF 法による直接数値積分法

インデックス 3 の微分代数型の運動方程式は，変数 $\boldsymbol{y}=[\boldsymbol{q}^{\mathrm{T}}\ \boldsymbol{v}^{\mathrm{T}}\ \boldsymbol{\lambda}^{\mathrm{T}}]^{\mathrm{T}}$ に関して次式で表される．

$$\left.\begin{aligned}&\dot{\boldsymbol{q}}=\boldsymbol{v}\\&\boldsymbol{M}(\boldsymbol{q})\dot{\boldsymbol{v}}+\boldsymbol{C}_{\boldsymbol{q}}^{\mathrm{T}}(\boldsymbol{q})\boldsymbol{\lambda}=\boldsymbol{Q}(\boldsymbol{q},\boldsymbol{v},t)\\&\boldsymbol{C}(\boldsymbol{q},t)=\boldsymbol{0}\end{aligned}\right\} \tag{8.3.1}$$

表 8.6 BDF の係数

k	b_0	a_0	a_1	a_2	a_3	a_4	a_5	a_6
1	1	1	-1					
2	$\frac{2}{3}$	1	$-\frac{4}{3}$	$\frac{1}{3}$				
3	$\frac{6}{11}$	1	$-\frac{18}{11}$	$\frac{9}{11}$	$-\frac{2}{11}$			
4	$\frac{12}{25}$	1	$-\frac{48}{25}$	$\frac{36}{25}$	$-\frac{16}{25}$	$\frac{3}{25}$		
5	$\frac{60}{137}$	1	$-\frac{300}{137}$	$\frac{300}{137}$	$-\frac{200}{137}$	$\frac{75}{137}$	$-\frac{12}{137}$	
6	$\frac{60}{147}$	1	$-\frac{360}{147}$	$\frac{450}{147}$	$-\frac{400}{147}$	$\frac{225}{147}$	$-\frac{72}{147}$	$\frac{10}{147}$

微分代数方程式を直接数値積分する方法として，スティフな系に対して安定な BDF（backward differentiation formulae）法[16]が用いられることが多い．BDF は，ニュートンの後退差分を用いて $\boldsymbol{q}$ および $\boldsymbol{v}$ を近似し，その微分から現在の $\dot{\boldsymbol{q}}$ および $\dot{\boldsymbol{v}}$ を過去の $\boldsymbol{q}$ および $\boldsymbol{v}$ を用いて表す手法である．つまり，k 段の公式は以下のように与えられる．

$$\dot{\boldsymbol{q}}_n = \frac{1}{hb_0}\sum_{i=0}^{k} a_i \boldsymbol{q}_{n-i} \qquad \dot{\boldsymbol{v}}_n = \frac{1}{hb_0}\sum_{i=0}^{k} a_i \boldsymbol{v}_{n-i} \tag{8.3.2}$$

ここで，6 段までの係数 a_i および b_0 を表 8.6 に示す．

式（8.3.2）を用いて離散化すると，式（8.3.1）は次式で表される．

$$\left.\begin{aligned} &\frac{1}{hb_0}\sum_{i=0}^{k} a_i \boldsymbol{q}_{n-i} - \boldsymbol{v}_n = \boldsymbol{0} \\ &\frac{1}{hb_0}\boldsymbol{M}(\boldsymbol{q}_n)\sum_{i=0}^{k} a_i \boldsymbol{v}_{n-i} + \boldsymbol{C}_{\boldsymbol{q}}^{\mathrm{T}}(\boldsymbol{q}_n)\boldsymbol{\lambda}_n - \boldsymbol{Q}(\boldsymbol{q}_n, \boldsymbol{v}_n, t_n) = \boldsymbol{0} \\ &\boldsymbol{C}(\boldsymbol{q}_n, t_n) = \boldsymbol{0} \end{aligned}\right\} \tag{8.3.3}$$

上式は変数 $\boldsymbol{y}_n = [\boldsymbol{q}_n^{\mathrm{T}}\ \boldsymbol{v}_n^{\mathrm{T}}\ \boldsymbol{\lambda}_n^{\mathrm{T}}]^{\mathrm{T}}$ に関する非線形方程式

$$\boldsymbol{q}(\boldsymbol{y}_n, t_n) = \boldsymbol{0} \tag{8.3.4}$$

であり，繰り返し計算により毎ステップ，式（8.3.4）を $\boldsymbol{y}_n$ について解くことで逐次解を求める．このような BDF を用いた微分代数方程式の汎用ソルバに DASSL[17] がある．インデックス 3 の微分代数型の運動方程式では，BDF を用いても安定性および収束性が悪いため，インデックスを低減して求解されることが多い．ただし，その場合には，8.2.3 項で示した幾何学的射影法などを用いて拘束多様体に解を落とし込んで拘束誤差の累積を抑制する必要がある．

8.3.2 GGL 法による安定化 DAE の直接数値積分法

式（8.3.1）に示すインデックス 3 の DAE に速度レベルの拘束方程式が満足され

るようにラグランジュ未定乗数 $\boldsymbol{\mu}$ を新たに導入すると次式のようになる.

$$\left.\begin{aligned}&\dot{\boldsymbol{q}}+\boldsymbol{C}_{\boldsymbol{q}}^{\mathrm{T}}(\boldsymbol{q})\boldsymbol{\mu}=\boldsymbol{v}\\&\boldsymbol{M}(\boldsymbol{q})\dot{\boldsymbol{v}}+\boldsymbol{C}_{\boldsymbol{q}}^{\mathrm{T}}(\boldsymbol{q})\boldsymbol{\lambda}=\boldsymbol{Q}(\boldsymbol{q},\boldsymbol{v},t)\\&\boldsymbol{C}(\boldsymbol{q},t)=\boldsymbol{0}\\&\dot{\boldsymbol{C}}(\boldsymbol{q},\boldsymbol{v},t)=\boldsymbol{0}\end{aligned}\right\}\tag{8.3.5}$$

上式はインデックス2の微分代数方程式となり，本式を用いて求解する方法はGGL（Gear-Gupta-Leimkuler）法[18] とよばれている．GGL 法では，ラグランジュ未定乗数変数 $\boldsymbol{\mu}$ が新たに導入されるため変数の数は増えるが，速度レベルの拘束が満足されるように式（8.3.5）の第1式により支配方程式を安定化しているため，式(8.2.1)を直接求解する場合と比較して数値的にロバストであることが知られている．式（8.3.5）を BDF により直接積分すると，支配方程式は次式で表される．

$$\left.\begin{aligned}&\frac{1}{hb_0}\sum_{i=0}^{k}a_i\boldsymbol{q}_{n-i}+\boldsymbol{C}_{\boldsymbol{q}}^{\mathrm{T}}(\boldsymbol{q}_n)\boldsymbol{\mu}_n-\boldsymbol{v}_n=\boldsymbol{0}\\&\frac{1}{hb_0}\boldsymbol{M}(\boldsymbol{q}_n)\sum_{i=0}^{k}a_i\boldsymbol{v}_{n-i}+\boldsymbol{C}_{\boldsymbol{q}}^{\mathrm{T}}(\boldsymbol{q}_n)\boldsymbol{\lambda}_n-\boldsymbol{Q}(\boldsymbol{q}_n,\boldsymbol{v}_n,t_n)=\boldsymbol{0}\\&\boldsymbol{C}(\boldsymbol{q}_n,t_n)=\boldsymbol{0}\\&\boldsymbol{C}_{\boldsymbol{q}}(\boldsymbol{q}_n,t_n)\boldsymbol{v}_n+\boldsymbol{C}_t(\boldsymbol{q}_n,t_n)=\boldsymbol{0}\end{aligned}\right\}\tag{8.3.6}$$

上式は変数 $\boldsymbol{y}_n=[\boldsymbol{q}_n^{\mathrm{T}}\ \ \boldsymbol{v}_n^{\mathrm{T}}\ \ \boldsymbol{\lambda}_n^{\mathrm{T}}\ \ \boldsymbol{\mu}_n^{\mathrm{T}}]^{\mathrm{T}}$ に関する非線形方程式

$$\boldsymbol{h}(y_n,t_n)=\boldsymbol{0}\tag{8.3.7}$$

であり，繰り返し計算により毎ステップ，式（8.3.7）を $\boldsymbol{y}_n$ について解くことで逐次解を求める．

8.3.3 HHT 法による直接数値積分法

BDF は多段法であることから，接触など時間的に不連続な応答を求める場合には細かな時間刻みを必要とする．そこで，単段法の陰的ルンゲ・クッタ法[4] や有限要素法の動的解析で広く用いられているニューマーク β 法に基づく HHT（Hilber-Hughes-Taylor）法[19] が近年，微分代数方程式に適用されている．陰的ルンゲ・クッタ法は高次公式を用いれば高精度な解を得ることができるが，大規模問題を取り扱う場合，ルンゲ・クッタ公式の段数（ステージ数）に応じて支配方程式の数も増大するため，計算効率が低下し，大規模な問題を解析する際にはあまり利用されていない．一方，HHT 法は二次精度を保ちながら，スティフな系に対する高次モードを抑制できる特徴を有し，また，2階の常微分方程式に適用できるため，支配方程式および変数の数が BDF を適用する場合に比べて少なくなる利点がある．

インデックス3の微分代数方程式は次式で表される．

$$\left.\begin{aligned}&\boldsymbol{M}(\boldsymbol{q})\ddot{\boldsymbol{q}}+\boldsymbol{C}_{\boldsymbol{q}}^{\mathrm{T}}(\boldsymbol{q})\boldsymbol{\lambda}=\boldsymbol{Q}(\boldsymbol{q},\dot{\boldsymbol{q}},t)\\&\boldsymbol{C}(\boldsymbol{q},t)=\boldsymbol{0}\end{aligned}\right\}\tag{8.3.8}$$

HHT 法により時刻 $t=t_{n+1}$ において上式を離散化すると次式を得る[20]．

$$\left.\begin{aligned}&\boldsymbol{M}(\boldsymbol{q}_{n+1})\ddot{\boldsymbol{q}}_{n+1}+(1+\alpha)(\boldsymbol{C}_{\boldsymbol{q}}^{\mathrm{T}}\boldsymbol{\lambda}-\boldsymbol{Q})_{n+1}-\alpha(\boldsymbol{C}_{\boldsymbol{q}}^{\mathrm{T}}\boldsymbol{\lambda}-\boldsymbol{Q})_{n}=\boldsymbol{0}\\&\boldsymbol{C}(\boldsymbol{q}_{n+1},t_{n+1})=\boldsymbol{0}\end{aligned}\right\}\tag{8.3.9}$$

また，HHT 法の積分公式は次式で与えられる．

$$\left.\begin{aligned}&\boldsymbol{q}_{n+1}=\boldsymbol{q}_n+h\dot{\boldsymbol{q}}_n+\frac{h^2}{2}\{(1-2\beta)\ddot{\boldsymbol{q}}_n+2\beta\ddot{\boldsymbol{q}}_{n+1}\}\\&\dot{\boldsymbol{q}}_{n+1}=\dot{\boldsymbol{q}}_n+h\{(1-\gamma)\ddot{\boldsymbol{q}}_n+\gamma\ddot{\boldsymbol{q}}_{n+1}\}\end{aligned}\right\}\tag{8.3.10}$$

ここで，h は時間刻み幅，係数 β および γ はそれぞれ次式で与えられる．

$$\beta=\frac{(1-\alpha)^2}{4},\qquad \gamma=\frac{1-2\alpha}{2},\qquad \alpha\in\left[-\frac{1}{3}\quad 0\right]\tag{8.3.11}$$

$\alpha=0$ の場合は台形則（trapezoidal rule）となる．式（8.3.10）を式（8.3.9）に代入すれば，$\ddot{\boldsymbol{q}}_{n+1}$ および $\boldsymbol{\lambda}_{n+1}$ に関する非線形方程式

$$\boldsymbol{d}(\ddot{\boldsymbol{q}}_{n+1},\boldsymbol{\lambda}_{n+1},t_{n+1})=\boldsymbol{0}\tag{8.3.12}$$

を得る．上式を繰り返し計算により毎ステップ，$\ddot{\boldsymbol{q}}_{n+1}$ および $\boldsymbol{\lambda}_{n+1}$ について解き，式（8.3.10）に再代入することで解 $\boldsymbol{q}_{n+1}$ および $\dot{\boldsymbol{q}}_{n+1}$ を求める．または $\ddot{\boldsymbol{q}}_{n+1}$ の $\ddot{\boldsymbol{q}}_n$ からの加速度増分 $\Delta\ddot{\boldsymbol{q}}$ を用いて，

$$\left.\begin{aligned}&\boldsymbol{q}_{n+1}=\boldsymbol{q}_n+h\dot{\boldsymbol{q}}_n+\frac{h^2}{2}\ddot{\boldsymbol{q}}_n+\beta h^2\Delta\ddot{\boldsymbol{q}}\\&\dot{\boldsymbol{q}}_{n+1}=\dot{\boldsymbol{q}}_n+h\ddot{\boldsymbol{q}}_n+h\gamma\Delta\ddot{\boldsymbol{q}}\\&\ddot{\boldsymbol{q}}_{n+1}=\ddot{\boldsymbol{q}}_n+\Delta\ddot{\boldsymbol{q}}\end{aligned}\right\}\tag{8.3.13}$$

と表され，式（8.3.12）を加速度増分 $\Delta\ddot{\boldsymbol{q}}$ に関して解くこともある．また，HHT 法の数値減衰特性を改善する方法として一般化 α 法[21] があり，一般化 α 法の DAE への適用も進められている[22]．

8.4 ペナルティ法

8.4.1 定　式　化

ジョイント拘束によって結合された剛体多体系の運動を取り扱う場合，その運動と同時に決定する拘束力は拘束方程式の数に対応したラグランジュ未定乗数を導入することによって定義した．その結果，運動方程式は微分代数方程式によって記述され，8.2 節および 8.3 節で示した手法を用いてその数値解を求めることができる．一方，位置，速度および加速レベルの拘束方程式が次式のような誤差を有していると仮定すると

$$\boldsymbol{C}(\boldsymbol{q},t)=\varepsilon_1,\quad \dot{\boldsymbol{C}}(\boldsymbol{q},\dot{\boldsymbol{q}},t)=\varepsilon_2,\quad \ddot{\boldsymbol{C}}(\boldsymbol{q},\dot{\boldsymbol{q}},\ddot{\boldsymbol{q}},t)=\varepsilon_3\tag{8.4.1}$$

これら拘束方程式の誤差にペナルティを与え，誤差の大きさに応じた力を系に作用させることで拘束条件を満足させる方法がある．すなわち，

$$\boldsymbol{F}_p=-\boldsymbol{\alpha}\ddot{\boldsymbol{C}}-\boldsymbol{\beta}\dot{\boldsymbol{C}}-\boldsymbol{\gamma}\boldsymbol{C}\tag{8.4.2}$$

なる作用力 $\boldsymbol{F}_p$ を考える．式（8.4.1）の拘束方程式がすべて満足されているときは $\boldsymbol{F}_p=\boldsymbol{0}$ であり，系に対しては，見かけ上，外力として定義される．ここで，$\boldsymbol{\alpha}=\mathrm{diag}(\alpha_i)$，

$\boldsymbol{\beta}=\mathrm{diag}(\beta_i)$ および $\boldsymbol{\gamma}=\mathrm{diag}(\gamma_i)$ をペナルティ係数とよぶ．また，式（8.4.2）は $\boldsymbol{C}$ およびその微分によって記述されているため，以下のように書き直し，ペナルティ係数の選択に対する見通しをよくする．

$$\boldsymbol{F}_p=-\boldsymbol{\alpha}(\ddot{\boldsymbol{C}}+2\boldsymbol{\Omega\mu}\dot{\boldsymbol{C}}+\boldsymbol{\Omega}^2\boldsymbol{C}) \tag{8.4.3}$$

ここで，$\boldsymbol{\Omega}=\mathrm{diag}(\Omega_i)$ および $\boldsymbol{\mu}=\mathrm{diag}(\mu_i)$ である．式（8.4.1）のような誤差が発生した際にはその誤差に抵抗するする力 $\boldsymbol{F}_p$ が作用するため，その仮想仕事を考えると

$$\delta W_p=\delta\boldsymbol{C}^{\mathrm{T}}\boldsymbol{F}_p=\delta\boldsymbol{q}^{\mathrm{T}}\boldsymbol{Q}_p \tag{8.4.4}$$

となり，一般化力 $\boldsymbol{Q}_p$ が次式で求まる．

$$\boldsymbol{Q}_p=-\boldsymbol{C}_{\boldsymbol{q}}^{\mathrm{T}}\boldsymbol{\alpha}(\ddot{\boldsymbol{C}}+2\boldsymbol{\Omega\mu}\dot{\boldsymbol{C}}+\boldsymbol{\Omega}^2\boldsymbol{C}) \tag{8.4.5}$$

上式を拘束条件が課されていない運動方程式 $\boldsymbol{M}\ddot{\boldsymbol{q}}=\boldsymbol{Q}$ の右辺に加え，さらに $\ddot{\boldsymbol{C}}=\boldsymbol{C}_{\boldsymbol{q}}\ddot{\boldsymbol{q}}-\boldsymbol{Q}_d=\boldsymbol{0}$ なる関係を用いて整理すれば，ペナルティ項を含む運動方程式は次式で表される．

$$(\boldsymbol{M}+\boldsymbol{C}_{\boldsymbol{q}}^{\mathrm{T}}\boldsymbol{\alpha}\boldsymbol{C}_{\boldsymbol{q}})\ddot{\boldsymbol{q}}+\boldsymbol{C}_{\boldsymbol{q}}^{\mathrm{T}}\boldsymbol{\alpha}(-\boldsymbol{Q}_d+2\boldsymbol{\Omega\mu}\dot{\boldsymbol{C}}+\boldsymbol{\Omega}^2\boldsymbol{C})=\boldsymbol{Q} \tag{8.4.6}$$

このように，拘束力をラグランジュ未定乗数などの未知数として扱わず，拘束誤差に対する抵抗力を与えて拘束条件を満足させる方法をペナルティ法とよぶ．この場合，支配方程式は $\ddot{\boldsymbol{q}}$ に関する 2 階の常微分方程式であるため，8.2 節および 8.3 節で示した微分代数方程式に対する特別な数値解法を必要としない点に特徴がある．すなわち，式（8.4.6）および $\dot{\boldsymbol{q}}=\boldsymbol{v}$ なる関係から，変数 $\boldsymbol{y}=[\boldsymbol{q}^{\mathrm{T}}\ \ \boldsymbol{v}^{\mathrm{T}}]^{\mathrm{T}}$ に関して 1 階の常微分方程式

$$\dot{\boldsymbol{y}}=\boldsymbol{F}(\boldsymbol{y},t) \tag{8.4.7}$$

を得ることができる．

また，式（8.4.6）をラグランジュ未定乗数法による運動方程式（$\boldsymbol{M}\ddot{\boldsymbol{q}}+\boldsymbol{C}_{\boldsymbol{q}}^{\mathrm{T}}\boldsymbol{\lambda}=\boldsymbol{Q}$）と比較すると，ラグランジュ未定乗数がペナルティ項

$$\boldsymbol{\lambda}_p=\boldsymbol{\alpha}(\ddot{\boldsymbol{C}}+2\boldsymbol{\Omega\mu}\dot{\boldsymbol{C}}+\boldsymbol{\Omega}^2\boldsymbol{C}) \tag{8.4.8}$$

に対応していることがわかる．つまり，適切なペナルティ係数を設定すれば，拘束条件を満足させるための見かけ上の拘束力（$\boldsymbol{Q}_{cp}=-\boldsymbol{C}_{\boldsymbol{q}}^{\mathrm{T}}\boldsymbol{\lambda}_p$）が作用することによって，剛体多体系の拘束条件が満足される．一方，ペナルティ法は，拘束誤差の関数で定義した抵抗力を系に作用させていることになるため，ペナルティ係数を大きくしすぎると，ペナルティ力によって高周波の振動が発生し，その結果，運動方程式がスティフになり，計算効率が悪化することがある．そのため，定式化および求解は簡便である一方，ペナルティ係数を拘束誤差の抑制および計算速度の観点から適切に選択する必要があり，それらは一般に取り扱う問題に依存する．また，ペナルティ法では，ラグランジュ未定乗数法では解を得ることができない冗長拘束や機構の特異配置に対しても解を得ることができる特徴を有する[23]．表 8.7 にペナルティ法を用いた計算アルゴリズムを示す．

表 8.7 ペナルティ法のアルゴリズム

1.	拘束方程式を満足した初期値 $\boldsymbol{q}_0$ および $\dot{\boldsymbol{q}}_0$ を決定する．
2.	式（8.4.6）から $\ddot{\boldsymbol{q}}_n$ を求める．
3.	$\boldsymbol{y}_n=[\boldsymbol{q}_n^{\mathrm{T}}\ \boldsymbol{v}_n^{\mathrm{T}}]^{\mathrm{T}}$ に対して $\dot{\boldsymbol{y}}_n=\boldsymbol{F}(\boldsymbol{y}_n,t_n)$ を評価する．
4.	$\dot{\boldsymbol{y}}_n$ を数値積分し，時刻 t_{n+1} での $\boldsymbol{y}_{n+1}$ を求める．
5.	求まった $\boldsymbol{y}_{n+1}$（$\boldsymbol{q}_{n+1}$ および $\dot{\boldsymbol{q}}_{n+1}$）を保存する．
6.	時刻を更新し，ステップ 2 に戻る．

8.4.2 拡大ラグランジアン法

ペナルティ法では拘束力を定義するラグランジュ未定乗数を式（8.4.8）のように近似しているため，ペナルティ係数が小さい場合に拘束条件を正しく満足しないことがある．一方，過大なペナルティ係数を使用すると運動方程式がスティフになり，数値積分効率が低下する．そこで，式（8.4.6）で与えられる方程式を次式のように修正する方法が拡大ラグランジアン法（augmented Lagrangian method）として提案されている[24]．

$$\boldsymbol{M}\ddot{\boldsymbol{q}}+\boldsymbol{C}_{\boldsymbol{q}}^{\mathrm{T}}\boldsymbol{\alpha}(\ddot{\boldsymbol{C}}+2\boldsymbol{\Omega}\boldsymbol{\mu}\dot{\boldsymbol{C}}+\boldsymbol{\Omega}^2\boldsymbol{C})+\boldsymbol{C}_{\boldsymbol{q}}^{\mathrm{T}}\boldsymbol{\lambda}^*=\boldsymbol{Q} \tag{8.4.9}$$

すなわち，ペナルティ項だけでは不足している拘束力をラグランジュ未定乗数 $\boldsymbol{\lambda}^*$ を導入することで補完する．そこで，

$$\boldsymbol{\lambda}^{*(k+1)}=\boldsymbol{\lambda}^{*(k)}+\boldsymbol{\alpha}(\ddot{\boldsymbol{C}}+2\boldsymbol{\Omega}\boldsymbol{\mu}\dot{\boldsymbol{C}}+\boldsymbol{\Omega}^2\boldsymbol{C})^{(k+1)} \tag{8.4.10}$$

なる更新則を式（8.4.9）に代入して整理すれば，

$$(\boldsymbol{M}+\boldsymbol{C}_{\boldsymbol{q}}^{\mathrm{T}}\boldsymbol{\alpha}\boldsymbol{C}_{\boldsymbol{q}})\ddot{\boldsymbol{q}}^{(k+1)}=\boldsymbol{M}\ddot{\boldsymbol{q}}^{(k)}-\boldsymbol{C}_{\boldsymbol{q}}^{\mathrm{T}}\boldsymbol{\alpha}(-\boldsymbol{Q}_d+2\boldsymbol{\Omega}\boldsymbol{\mu}\dot{\boldsymbol{C}}+\boldsymbol{\Omega}^2\boldsymbol{C}) \tag{8.4.11}$$

を得る[24]．その結果，式（8.4.11）から $\ddot{\boldsymbol{q}}^{(k+1)}$ を求め，これをトレランス ε に対して $|\ddot{\boldsymbol{q}}^{(k+1)}-\ddot{\boldsymbol{q}}^{(k)}|<\varepsilon$ が満足するまで繰り返す．また同時に，各ステップの $\ddot{\boldsymbol{q}}^{(k+1)}$ から式（8.4.10）の $\boldsymbol{\lambda}^{*(k+1)}$ が求まる．本手法では，ペナルティ法を基礎とした定式化であるにもかかわらず，拘束誤差を管理，抑制できるだけでなく，ペナルティ係数に大きな値を設定する必要がないため，運動方程式が過度にスティフになることを回避できる

表 8.8 拡大ラグランジアン法のアルゴリズム

1.	拘束方程式を満足した初期値 $\boldsymbol{q}_0$ および $\dot{\boldsymbol{q}}_0$ を決定する．
2.	式（8.4.11）の繰り返し計算により $\ddot{q}_n$ を求める．
3.	$\boldsymbol{y}_n=[\boldsymbol{q}_n^{\mathrm{T}}\ \boldsymbol{v}_n^{\mathrm{T}}]^{\mathrm{T}}$ に対して $\dot{\boldsymbol{y}}_n=\boldsymbol{F}(\boldsymbol{y}_n,t_n)$ を評価する．
4.	$\dot{\boldsymbol{y}}_n$ を数値積分し，時刻 t_{n+1} での y_{n+1} を求める．
5.	求まった $\boldsymbol{y}_{n+1}$（$\boldsymbol{q}_{n+1}$ および $\dot{\boldsymbol{q}}_{n+1}$）を保存する．
6.	時刻を更新し，ステップ 2 に戻る．

点に特徴がある．表 8.8 に拡大ラグランジアン法を用いた計算アルゴリズムを示す．

〔**杉山博之**〕

文　献

1) 日本機械学会編：数値積分法の基礎と応用，コロナ社，2003.
2) Ascher, U. M. and Petzold, L. R.: *Computer Methods for Ordinary Differential Equations and Differential Algebraic Equations*, Society of Industrial and Applied Mathematic, 1998.
3) Hairer, E. and Wanner, G.: *Solving Ordinary Differential Equations I: Non-Stiff Problems*, Springer-Verlag, 1996.
4) Hairer, E. and Wanner, G.: *Solving Ordinary Differential Equations II: Stiff and Differential-Algebraic Problems*, Springer-Verlag, 1996.
5) Nikravesh, P. E.: *Computer-Aided Analysis of Mechanical Systems*, Prentice-Hall, 1988.
6) Haug, E. J.: *Computer Aided Kinematics and Dynamics of Mechanical Systems*, Allyn and Bacon, 1989.
7) Shabana, A. A.: *Dynamics of Multibody Systems*, Cambridge University Press, 2005.
8) Shabana, A. A. *et al.*: *Railroad Vehicle Dynamics: Computational Approach*, CRC Press, 2007.
9) Eich-Soellner, E. and Führer, C.: *Numerical Methods in Multibody Dynamics*, B. G. Teubner, 1998.
10) Wehage, H. M. and Haug, E. J.: Generalized coordinate partitioning for dimension reduction in analysis of constrained dynamic systems, *ASME J. Mech. Des.*, **104** (1982), 247-255.
11) Kin, S. S. and Vanderploeg, M. J.: QR decomposition for state space representation of constrained mechanical dynamic systems, *ASME J. Mech. Transm. Autom. Des.*, **108** (1986), 183-188.
12) Mani, N. K. *et al.*: Application of singular value decomposition for analysis of mechanical system dynamics, *ASME J. Mech. Transm. Autom. Des.*, **107** (1985), 82-87.
13) Baumgarte, J. W.: Stabilization of constraints and integrals of motion in dynamic systems, *Comput. Meth. Appl. Mech. Eng.*, **1** (1972), 1-16.
14) Yoon, S. *et al.*: Geometric elimination of constraint violations in numerical simulation of lagrangian equations, *ASME J. Mech. Des.*, **116** (1994), 1058-1064.
15) Blajer, W.: Elimination of constraint violation and accuracy aspects in numerical simulation of multibody systems, *Multibody System Dynamics*, **7** (2002), 265-284.
16) Gear, C. W.: *Numerical Initial Value Problems in Ordinary Differential Equations*, Prentice-Hall, 1971.
17) Petzold, L. R.: A Description of DASSL: A differential/algebraic system solver, Proceeding of IMACS World Congress, 1982, Montreal, Canada.
18) Gear, C. W. *et al.*: Automatic integration of euler-lagrange equations with constraints, *J. Comput. Appl. Math.*, **12-13** (1985), 77-90.
19) Hilber, H. M. *et al.*: Improved numerical dissipation for time integration algorithms in structural dynamics, *Earthquake Engineering and Structural Dynamic*, **5** (1977), 265-284.
20) Negrut, D. *et al.*: On an implementation of the Hilber-Hughes-Taylor method in the context of index-3 differential-algebraic equations of multibody dynamics, *ASME J. Comput. Nonlin. Dynam.*, **2** (2007), 73-85.
21) Chung, J., and Hulbert, G. M.: A time integration algorithm for structural dynamics with improved numerical dissipation: The generalized-α method, *ASME J. Appl.*

Mech., **60** (1993), 371-375.

22) Arnold, M.: The genralized-α method in industrial multibody system simulation, *Proceedings of ECCOMAS Thematic Conference on Multibody Dynamics*, Warsaw, Poland, 2009.

23) de Jalón, J.G. and Bayo, E.: *Kinematic and Dynamic Simulation of Multibody Systems*: *The Real-Time Challenge*, Springer-Verlag, 1994.

24) Bayo, E., and Avello, A.: Singularity-free augmented lagrangian algorithms for constrained multibody dynamics, *Nonlin. Dynam.*, **5** (1994), 209-231.

9. 複雑な振動系の数値解析法

9.1 理論モード解析

9.1.1 固有振動数と固有モード

多自由度系の例として図 9.1 のような 3 自由度系を考える．この系の運動方程式を行列形式で表すと

$$[M]\{\ddot{x}\}+[C]\{\dot{x}\}+[K]\{x\}=\{f\} \tag{9.1.1}$$

ここで

$$[M]=\begin{bmatrix} m_1 & 0 & 0 \\ 0 & m_2 & 0 \\ 0 & 0 & m_3 \end{bmatrix}, \quad [C]=\begin{bmatrix} C_1+C_2 & -C_2 & 0 \\ -C_2 & C_2+C_3 & -C_3 \\ 0 & -C_3 & C_3+C_4 \end{bmatrix}$$

$$[K]=\begin{bmatrix} k_1+k_2 & -k_2 & 0 \\ -k_2 & k_2+k_3 & -k_3 \\ 0 & -k_3 & k_3+k_4 \end{bmatrix}, \quad \{x\}=\begin{Bmatrix} x_1 \\ x_2 \\ x_3 \end{Bmatrix}, \quad \{f\}=\begin{Bmatrix} f_1 \\ f_2 \\ f_3 \end{Bmatrix}$$

と表される．$[M]$, $[C]$ および $[K]$ をそれぞれ質量行列，減衰行列および剛性行列とよび，また $\{x\}$ と $\{f\}$ をそれぞれ変位ベクトル，力ベクトルとよぶ．

いま減衰がなく外力が働かない場合を考え，$C_i=0$ $(i=1\sim4)$, $f_i=0$ $(i=1\sim3)$ とおく．さらに簡単のため，$m_1=m_2=m_3=m$, $k_1=k_2=k_3=k_4=k$ とおくと，式 (9.1.1) は次式となる．

$$\begin{bmatrix} m & 0 & 0 \\ 0 & m & 0 \\ 0 & 0 & m \end{bmatrix}\begin{Bmatrix} \ddot{x}_1 \\ \ddot{x}_2 \\ \ddot{x}_3 \end{Bmatrix}+\begin{bmatrix} 2k & -k & 0 \\ -k & 2k & -k \\ 0 & -k & 2k \end{bmatrix}\begin{Bmatrix} x_1 \\ x_2 \\ x_3 \end{Bmatrix}=\begin{Bmatrix} 0 \\ 0 \\ 0 \end{Bmatrix} \tag{9.1.2}$$

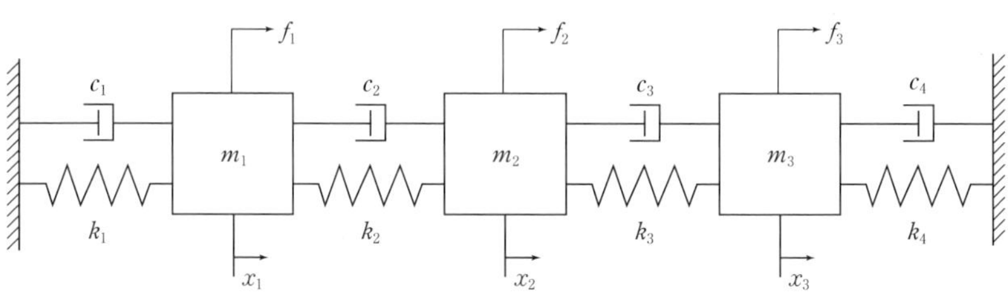

図 9.1 3 自由度系の例

質点 m_i ($i=1\sim3$) が同一の角振動数 Ω で振動するとすれば，$j=\sqrt{-1}$（虚数単位）とおいて

$$x_1=X_1e^{j\Omega t},\qquad x_2=X_2e^{j\Omega t},\qquad x_3=X_3e^{j\Omega t} \tag{9.1.3}$$

と表せ，式 (9.1.3) を式 (9.1.2) に代入すれば次式のようになる．

$$\left(\begin{bmatrix} 2k & -k & 0 \\ -k & 2k & -k \\ 0 & -k & 2k \end{bmatrix} - \Omega^2 \begin{bmatrix} m & 0 & 0 \\ 0 & m & 0 \\ 0 & 0 & m \end{bmatrix}\right)\begin{Bmatrix} X_1 \\ X_2 \\ X_3 \end{Bmatrix} = \begin{Bmatrix} 0 \\ 0 \\ 0 \end{Bmatrix} \tag{9.1.4}$$

$X_1\sim X_3$ のすべてが 0 とならないための条件より，式 (9.1.4) の係数行列式が 0 となり，この行列式を展開すると

$$m^3\Omega^6-6km^2\Omega^4+10k^2m\Omega^2-4k^3=0 \tag{9.1.5}$$

と表される．一般に式 (9.1.5) のような関係式を振動数方程式または特性方程式とよぶ．この根を求めると小さい順に

$$\Omega^2=(2-\sqrt{2})\frac{k}{m},\qquad 2\frac{k}{m},\qquad (2+\sqrt{2})\frac{k}{m} \tag{9.1.6}$$

となる．このような Ω_i ($i=1\sim3$) を固有角振動数とよぶ．式 (9.1.4) の係数行列式を 0 とおいたことにより，式 (9.1.4) の 3 つの同次方程式は同一の関係式を表すことになり，したがって X_i ($i=1\sim3$) の絶対的な値を決めることはできず，相互の比が決まるのみである．いま式 (9.1.6) の Ω_i^2 を式 (9.1.4) に代入して振幅比を求めると次式を得る．

$$\left(\frac{X_2}{X_1}\right)_i=\frac{2k-m\Omega_i^2}{k},\qquad \left(\frac{X_3}{X_1}\right)_i=\frac{(k-m\Omega_i^2)(3k-m\Omega_i^2)}{k^2} \tag{9.1.7}$$

これらの振幅比は一般に系が Ω_i ($i=1\sim3$) の固有角振動数で振動するときの固有の振動の形を表すので，これらを振動の固有モードとよぶ．いま例として考えた系について，仮に $X_1=1$ とおいて固有モードを視覚的に表すと，それぞれの Ω_i ($i=1\sim3$) について図 9.2 のようになる．一般に多自由度系では自由度の数に等しい固有モードが存在する．固有モードは固有振動数の小さい順に一次モード，二次モード，…，n 次モードとよぶのが慣例であり，一次の固有モードを特に基本モードとよぶ．

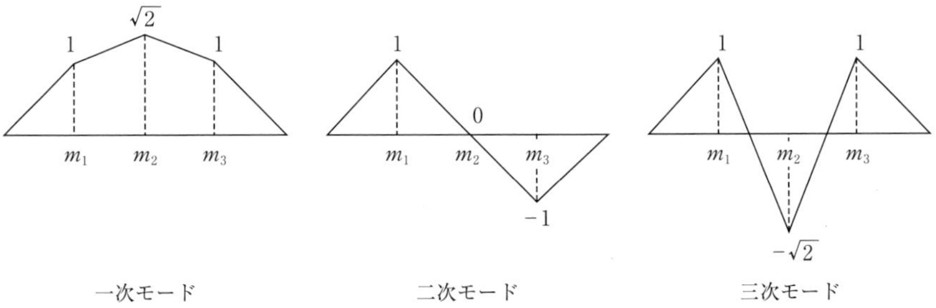

図 9.2 3 自由度系の固有モードの例

図 9.2 の例について固有モード形を表す固有ベクトル $\{\phi_i\}$ を変位ベクトルの形で表すと

$$\{\phi_1\}=\begin{Bmatrix}1\\ \sqrt{2}\\ 1\end{Bmatrix},\qquad \{\phi_2\}=\begin{Bmatrix}1\\ 0\\ -1\end{Bmatrix},\qquad \{\phi_3\}=\begin{Bmatrix}1\\ -\sqrt{2}\\ 1\end{Bmatrix} \tag{9.1.8}$$

となる．固有ベクトルを低次モードから順に横に並べた行列を固有モード行列または単にモード行列とよぶ．図 9.2 の例では，モード行列は

$$[\phi]=[\phi_1\ \ \phi_2\ \ \phi_3]=\begin{bmatrix}1 & 1 & 1\\ \sqrt{2} & 0 & -\sqrt{2}\\ 1 & -1 & 1\end{bmatrix} \tag{9.1.9}$$

と表される．なお前にも述べたように固有モードは振幅の比のみが決まるだけであるから，式（9.1.9）の表示は一意的なものでないことに注意を要する．なおそのために正規化が行われ，9.1.3 項に示すように質量行列に関して正規化することが最も一般的に用いられている．

9.1.2　固有値計算法

9.1.3 項で述べるように，モード解析の最大の特長と利点は運動方程式をモードごとの独立な方程式として非連成化できることであり，これにより固有振動の重ね合わせによって動的応答を容易に求めることが可能になる．しかし，そのためにはまず多自由度系の固有値（固有振動数）を求めることが必要となる．

一般に線形代数でいう行列の固有値問題とは，n 次実行列［A］が与えられたとき，$[A]\{X\}=\lambda\{X\}$ を満す数 λ（一般に複素数）と $\{X\}$ を決定することであり，ここではこれを標準固有値問題とよぶことにする．これに対し，多自由度系の振動が関係する問題では，不減衰系については $\lambda=\Omega^2$（Ω：固有角振動数）とおくと，一般に

$$[K]\{X\}=\lambda[M]\{X\} \tag{9.1.10}$$

と表される．また減衰行列［C］を考慮する場合には，式（9.1.3）のような形の解の代わりに

$$\{x\}=e^{\mu t}\{Z\} \tag{9.1.11}$$

を式（9.1.1）に代入し，$\{f\}=0$ とおけば

$$\mu^2[M]\{Z\}+\mu[C]\{Z\}+[K]\{Z\}=0 \tag{9.1.12}$$

と表され，この場合の固有値 μ は一般に複素数となる．そこでここでは，与えられた 2 つの正方行列［M］，［K］に対して式（9.1.10）を満すような数 λ と $\mathbf{0}$ でないベクトル $\{X\}$ を求める問題を，標準固有値問題に対して MK 型の固有値問題，さらに［C］も考慮した式（9.1.12）を満すような数 μ と $\mathbf{0}$ でない複素ベクトル $\{Z\}$ を求める問題を MCK 型の固有値問題とよぶことにする[1)]．ここで，一般に構造物の振動問題については質量行列［M］は対称かつ正定であると考えてよい．この場合には，［M］を

下記のように上三角行列［U］を用いてコレスキー分解することが可能である[1].

$$[M]=[U]^{\mathrm{T}}[U] \qquad (\mathrm{T}：転置を表す) \tag{9.1.13}$$

上式を用いると式（9.1.10）は

$$[A]\{Y\}=\lambda\{Y\} \quad ([A]=[U]^{-\mathrm{T}}[K][U]^{-1},\ \{Y\}=[U]\{X\}) \tag{9.1.14}$$

あるいは

$$[A']\{Y\}=\frac{1}{\lambda}\{Y\} \quad ([A']=[U][K]^{-1}[U]^{\mathrm{T}}) \tag{9.1.15}$$

と表され，［A］，［A'］とも対称行列の標準固有値問題に帰着させることができる．

以上のような固有値計算ライブラリーは通常の計算機使用環境では非常によく整備されており，一般利用者にとって大きな負担にはならない[1]．そこで個々の固有値計算法の詳細なアルゴリズムについてはここでは触れず，それぞれの形式の固有値問題に対してどのような計算法が適しているかの指針だけを以下に示す．

文献1によれば，MK 型，MCK 型の固有値問題を解くには大きく

・ 直接に解く
・ 標準型の問題に変換して解く

の2つに分けられ，MK 型の問題を直接に解く方法としては

・ 一般化ヤコビ法
・ サブスペース法
・ デターミナントサーチ法
・ スツルム法（二分法）
・ 共役勾配法（CG 法）

などがあり，MCK 型の問題を直接に解く方法としては

・ ランチョス法

などがある．

一方，標準固有値問題の解法は線形代数の分野でよく調べられており，

・ 小規模の問題を手軽に解くにはヤコビ法[1)-3)]
・ 中規模の問題を能率よく解くにはハウスホルダー法[1)-3)]
・ 大規模な問題には逆反復法または同時反復法[1)-3)]

が適当といわれている[1]．

一方，特に大規模な MCK 型固有値問題に関してはほかに有力な方法が少ないので，標準型の問題に変換して三重対角行列を求め，さらに二分法を適用して固有値を計算するランチョス法[1),4)]が適切であるといわれている[1]．

なお，以上の固有値計算法の具体的アルゴリズムを知りたい読者は文献1～5を参照されたい．

9.1.3 モード座標による運動方程式の非連成化

式(9.1.10)に示す MK 型の固有値問題を考え，通常の安定な構造振動問題では［M］

と［K］は一般に対称行列となるので，この関係を用いてまず固有モードの（広義の）直交性を示す．いま r 次と l 次の固有モードに関して

$$\left.\begin{aligned}\lambda_r[M]\{\phi_r\}&=[K]\{\phi_r\}\\ \lambda_l[M]\{\phi_l\}&=[K]\{\phi_l\}\end{aligned}\right\}\qquad(9.1.16)$$

の関係が成立するから，上の第1式に前から $\{\phi_l\}^{\mathrm{T}}$ を掛け，第2式を転置したものに後から $\{\phi_r\}$ を掛ければ，［M］と［K］の対称性を利用することにより

$$\left.\begin{aligned}\lambda_r\{\phi_l\}^{\mathrm{T}}[M]\{\phi_r\}&=\{\phi_l\}^{\mathrm{T}}[K]\{\phi_r\}\\ \lambda_l\{\phi_l\}^{\mathrm{T}}[M]\{\phi_r\}&=\{\phi_l\}^{\mathrm{T}}[K]\{\phi_r\}\end{aligned}\right\}\qquad(9.1.17)$$

と表される．上の第1，2式の辺々の差をとることにより

$$(\lambda_r-\lambda_l)\{\phi_l\}^{\mathrm{T}}[M]\{\phi_r\}=0\qquad(9.1.18)$$

となり，$\lambda_r\neq\lambda_l$ と考えてよいから

$$\{\phi_l\}^{\mathrm{T}}[M]\{\phi_r\}=0,\qquad\{\phi_l\}^{\mathrm{T}}[K]\{\phi_r\}=0\quad(r\neq l)\qquad(9.1.19)$$

の関係が成立する．式（9.1.19）のような関係を広義の直交性あるいは共役直交性とよび，一般に，固有モードが［M］と［K］に関して直交している[1)]，と表現する．

前にも述べたように，固有モードは振動の振幅の比のみを規定するものであるから値そのものには意味がないが，値が一意的に求まるような拘束条件を別に付加するほうが解析上都合のよいことが多い．そのような条件として最も普通に用いられるのが，［$\boldsymbol{I}$］を単位行列として

$$[\phi]^{\mathrm{T}}[M][\phi]=[\boldsymbol{I}]\equiv\begin{bmatrix}1 & & 0\\ & 1 & \\ 0 & & \ddots\ 1\end{bmatrix}\qquad(9.1.20)$$

と設定することであり，この場合には式（9.1.10）からも導けるように，固有値 λ_1～λ_n を用いて

$$[\phi]^{\mathrm{T}}[K][\phi]=\begin{bmatrix}\lambda_1 & & 0\\ & \lambda_2 & \\ 0 & & \ddots\ \lambda_n\end{bmatrix}\equiv[\boldsymbol{\lambda}]\qquad(9.1.21)$$

のような簡潔に対角化された形で表すことができる．このように設定された固有モードを正規モード（normal mode）とよび，これからつくるモード行列を正規モード行列という[6)]．

以上示したように，固有モードに広義の直交性があることを利用し，固有モードを一般化座標として用いる方法をモード解析とよぶ．式（9.1.1）のような一般的な運動方程式を考えるとき，実際の空間における物理座標 $\{x\}$ に対して，固有モードにより形成される一般化座標 $\{\xi\}$ をモード座標または主座標とよび，特に正規モードを用いるものを正規座標という[6)]．いま式（9.1.1）の $\{x\}$ を正規モード行列［ϕ］を用いて

$$\{x\}=[\phi]\{\xi\}\qquad(9.1.22)$$

と表し，式（9.1.1）に代入し左から［ϕ］^{T} を掛けると

$$[\phi]^{\mathrm{T}}[M][\phi]\{\ddot{\xi}\}+[\phi]^{\mathrm{T}}[C][\phi]\{\dot{\xi}\}+[\phi]^{\mathrm{T}}[K][\phi]\{\xi\}=[\phi]^{\mathrm{T}}\{f\} \tag{9.1.23}$$

となるが，式（9.1.20），（9.1.21）の関係より次式が成立する．

$$[\boldsymbol{I}]\{\ddot{\xi}\}+[\phi]^{\mathrm{T}}[C][\phi]\{\dot{\xi}\}+[\boldsymbol{\lambda}]\{\xi\}=[\phi]^{\mathrm{T}}\{f\} \tag{9.1.24}$$

ここで

$$[\phi]^{\mathrm{T}}\{f\}=\{g_1(t), g_2(t), \cdots, g_n(t)\}^{\mathrm{T}} \tag{9.1.25}$$

と表し，減衰行列［C］を考えない場合には，式（9.1.23）は

$$\ddot{\xi}_1+\lambda_1\xi_1=g_1(t), \qquad \ddot{\xi}_2+\lambda_2\xi_2=g_2(t), \qquad \cdots, \qquad \ddot{\xi}_n+\lambda_n\xi_n=g_n(t) \tag{9.1.26}$$

のようにモード座標ごとに独立した，いわゆる非連成化された方程式群で表される．したがって個々の式を別々に解けばよいことになり，解析が非常に簡略化される．このようにして求めた$\{\xi\}$を式（9.1.22）に代入すれば，最終的に得たい物理座標$\{x\}$に関する解が求まることになる．

一方，振動解析においては質量，剛性に加えて減衰を考慮することが不可欠である．しかし，モード解析において減衰の取り扱い方はそれほど単純ではない．そもそも現実の系を考えるとき，減衰行列［C］を理論的に定める一般的な方法はほとんどの場合存在しないといってもよい[6)]．この困難さに対する現実的な対処法としては，いわゆる実験モード解析によりモード減衰比ζ_i（$i=1\sim n$）を同定し，式（9.1.26）のそれぞれに$2\zeta_i\Omega_i\dot{\xi}_i$を加えて解析を行う方法がよく用いられる．あるいは，減衰行列［C］が構成できる特別な場合には以下に示すような簡便的な方法が用いられることもある．すなわち，式（9.1.1）の左から［ϕ］^{T}を掛けると，式（9.1.20），（9.1.21）の関係があるから

$$[\phi]^{\mathrm{T}}[C][\phi]=[\gamma_{il}] \quad (i, l=1\sim n) \tag{9.1.27}$$

とおけば，

$$\ddot{\xi}_i+\sum_{l=1}^{n}\gamma_{il}\dot{\xi}_i+\lambda_i\xi_i=g_i(t) \quad (i=1\sim n) \tag{9.1.28}$$

となる．上式は一般には非連成化されていないから，モード解析を行う利点はほとんどない．しかし実際の系においては式（9.1.27）の非対角項が対角項に比して微小とみなせる場合も多く，その場合には近似的解法となるが，$r_{il}\fallingdotseq 0$（$i\neq l$）とおけば式（9.1.28）は非連成化されるから解析は簡略となる．

一方，例えば後述する有限要素法による分布定数系の離散化手法を用いる場合，減衰行列［C］の構成法として「比例減衰」の方法がよく用いられる[6)]．これはαとβを比例定数として

$$[C]=\alpha[M]+\beta[K] \tag{9.1.29}$$

とおく方法である．この仮定に基づく構成法ははっきりとした理論的根拠があるわけではないが，［C］がきわめて簡単に作成できる点で便利であり，全体に比較的小さい減衰がほぼ均一に分布している多くの場合には，実用的に比較的よい結果を与えることが知られており，広く用いられている[6)]．この場合，式（9.1.12）に式（9.1.29）を代入すれば

$$\{(\mu^2+\alpha\mu)[M]+(\beta\mu+1)[K]\}\{Z\}=0 \tag{9.1.30}$$

となり，ここで

$$\gamma^2=-\frac{\mu^2+\alpha\mu}{\beta\mu+1} \tag{9.1.31}$$

とおけば，式（9.1.30）は

$$[K]\{Z\}=\gamma^2[M]\{Z\} \tag{9.1.32}$$

となって式（9.1.10）と同一形となり，当然 $\Omega_i^2=\gamma_i^2$（$i=1\sim n$）となる．これは比例減衰の場合の固有モードが不減衰固有モードと一致することを示しており，物理座標から主座標への座標変換として式（9.1.22）を使ってよいことを示している．以上をまとめると，比例減衰を仮定すれば運動方程式を非連成化することができ，i 次モードのモード減衰比 ζ_i は

$$\zeta_i=\frac{\alpha/\Omega_i+\beta\Omega_i}{2} \tag{9.1.33}$$

と表される[6]．なお，比例定数 α と β は通常実験より定める．

9.2　固有値の近似解法

9.2.1　レイリー・リッツ法

例として，図 9.3 に示すような変断面片持はりを考え，たわみ変位を $w(x)$ とすると，この分布定数系の固有値問題の支配方程式は

$$\frac{\mathrm{d}^2}{\mathrm{d}x^2}\left[EI(x)\frac{\mathrm{d}^2w(x)}{\mathrm{d}x^2}\right]=\lambda m(x)w(x)\quad(\lambda=\Omega^2) \tag{9.2.1}$$

境界条件は

$$\left.\begin{aligned}&x=0\text{ で，}\quad w(0)=0,\quad \left.\frac{\mathrm{d}w}{\mathrm{d}x}\right|_{x=0}=0\\&x=l\text{ で，}\quad \left.EI(x)\frac{\mathrm{d}^2w}{\mathrm{d}x^2}\right|_{x=l}=0,\quad \left.\frac{\mathrm{d}}{\mathrm{d}x}\left(EI(x)\frac{\mathrm{d}^2w}{\mathrm{d}x^2}\right)\right|_{x=l}=0\end{aligned}\right\} \tag{9.2.2}$$

と表される[7]．ただし，Ω を固有角振動数，$EI(x)$ をはりの曲げ剛性，$m(x)$ を単位長さあたりの質量とする．いま L_1 を微分演算子として

$$L_1=\frac{\mathrm{d}^2}{\mathrm{d}x^2}\left[EI(x)\frac{\mathrm{d}^2}{\mathrm{d}x^2}\right] \tag{9.2.3}$$

とすれば，式（9.2.1）は

$$L_1w(x)=\lambda m(x)w(x) \tag{9.2.4}$$

と表される．同様にして，いま一般に L を領域 Σ で定義される三次元微分演算子と仮定し，$\boldsymbol{x}$ を（x, y, z）とすれば，いわゆる微分固有値問題は一般に次式

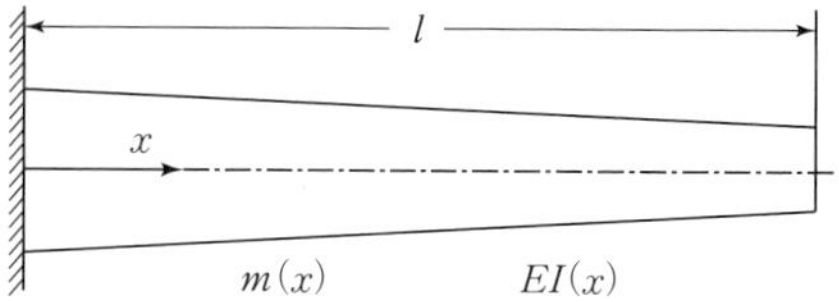

図 9.3　変断面片持はり

のように表せる[7].

$$Lw(\boldsymbol{x}) = \lambda m(\boldsymbol{x}) w(\boldsymbol{x}) \tag{9.2.5}$$

ここで $w(\boldsymbol{x})$ を上式の左から掛け，領域 Σ で積分すると

$$\lambda \equiv R(w) = \frac{\int_\Sigma wLw\mathrm{d}\sigma}{\int_\Sigma mw^2\mathrm{d}\sigma} \tag{9.2.6}$$

のような形に変形できる．一般に上に示すような $R(w)$ をレイリー商とよぶ．

ここでいま図 9.3 の具体例について考え，

$$2\bar{U} \equiv \int_0^l wL_1w\mathrm{d}x = \int_0^l w\frac{\mathrm{d}^2}{\mathrm{d}x^2}\left[EI(x)\frac{\mathrm{d}^2w(x)}{\mathrm{d}x^2}\right]\mathrm{d}x \tag{9.2.7}$$

と表し，式 (9.2.7) に 2 回部分積分を適用して式 (9.2.2) の境界条件を考慮すると

$$\bar{U} = \frac{1}{2}\int_0^l EI(x)\left(\frac{\mathrm{d}^2w(x)}{\mathrm{d}x^2}\right)^2\mathrm{d}x \tag{9.2.8}$$

と変形できる．また

$$\int_0^l m(x)w^2\mathrm{d}x \equiv 2\bar{T} \tag{9.2.9}$$

と表すと，系のたわみ関数 W を

$$W = w\sin\Omega t \tag{9.2.10}$$

とおいたときの，この系のポテンシャルエネギー U と運動エネルギー T は

$$U = \bar{U}\sin^2\Omega t, \qquad T = \Omega^2\bar{T}\cos^2\Omega t \tag{9.2.11}$$

と表されるから，$T_{\max} = U_{\max}$ の関係より

$$\Omega^2 = \lambda \equiv R(w) = \frac{\bar{U}(w)}{\bar{T}(w)} \tag{9.2.12}$$

と表される．$\bar{U}$ と $\bar{T}$ を用いて表した式 (9.2.12) もまた一般にレイリー商とよび，レイリー・リッツ法においてはこの形式のほうが利用価値が高い．ほとんどの系について式 (9.2.6) の形式は一般に式 (9.2.12) の形式に変換することができ，このような系を自己随伴系とよぶ[7]．この定義の詳細は割愛するが，物理的には安定な構造振動系ではほとんどの場合このような性質があると考えてよく，また 9.1.2 項で述べた離散系の固有値問題において，剛性行列 [K] と質量行列 [M] が対称になることに対応する．

ここで式 (9.2.6) の形式のレイリー商を考える場合には，幾何学的境界条件と力学的（あるいは自然）境界条件の両方を満す試行関数（ここでは比較関数 (comparison function)[7] とよぶ）を式 (9.2.6) に代入したとき，一方式 (9.2.12) の形式のレイリー商を考える場合には，幾何学的境界条件を満す試行関数（ここでは許容関数 (admissible function)[7] とよぶ）を式 (9.2.12) に代入して求めた値 Ω は系の真の固有角振動数 Ω_{tr} に等しいか，またはそれよりも常に高くなることが知られている[8),9)]．これをレイリーの原理とよぶ．また試行関数の真のたわみ関数からの微小なずれに対

して，レイリー商から求められる振動数と真の振動数との差は高次の微小量となることが示されている．なお実用的な観点から，境界条件を満す試行関数としては静たわみ関数がよく用いられる．

これに対し，レイリーの方法の拡張であるリッツの方法は高次モードの振動数まで系統的に求めることが可能であり，また基本固有振動の計算精度も改善される．ここでは，少なくても幾何学的境界条件を満す許容関数を用いる式（9.2.12）のような形式のレイリー商の場合について考える．リッツの方法ではたわみ関数 w を多くの線形独立で完備な許容関数 w_i の線形結合で表す[7]．すなわち c_i を係数として

$$w=\sum_{i=1}^{n} c_i w_i \tag{9.2.13}$$

なる形を仮定し，

$$\lambda \equiv \Omega^2=\frac{\bar{U}\left(\sum_{i=1}^{n} c_i w_i\right)}{\bar{T}\left(\sum_{i=1}^{n} c_i w_i\right)} \quad \rightarrow \quad \min \tag{9.2.14}$$

になるように c_i を求める．式（9.2.14）の必要条件は

$$\frac{\partial(\Omega^2)}{\partial c_j}=\frac{1}{\bar{T}}\left[\frac{\partial \bar{U}}{\partial c_j}-\frac{\bar{U}}{\bar{T}}\frac{\partial \bar{T}}{\partial c_j}\right]=0 \quad (j=1\sim n) \tag{9.2.15}$$

であり，これより

$$\frac{\partial \bar{I}}{\partial c_j}=0 \quad \left(j=1\sim n,\ \bar{I}=\bar{U}-\tilde{\Omega}^2\bar{T},\ \tilde{\Omega}^2=\min\left(\frac{\bar{U}}{\bar{T}}\right)\right) \tag{9.2.16}$$

なる n 個の方程式が得られる．ここで，線形自由振動系の運動エネルギーとポテンシャルエネルギーの表示式を考慮するならば，一般に

$$\frac{\partial \bar{T}}{\partial c_j}=\sum_{i=1}^{n} m_{ij} c_i, \qquad \frac{\partial \bar{U}}{\partial c_j}=\sum_{i=1}^{n} k_{ij} c_i \tag{9.2.17}$$

と表すことができる．m_{ij} と k_{ij} は各許容関数 w_i と w_j を用いて計算される定数であり，一般に安定な系においては $m_{ij}=m_{ji}$，$k_{ij}=k_{ji}$ なる対称関係がある．式（9.2.17）を用いると，式（9.2.16）は

$$\sum_{i=1}^{n}(k_{ij}-\tilde{\Omega}^2 m_{ij})c_i=0 \quad (j=1\sim n) \tag{9.2.18}$$

と表され，すべての c_i が 0 とならないためには係数行列式が 0 とならなければならない．すなわち

$$|[k_{ij}]-\tilde{\Omega}^2[m_{ij}]|=0 \tag{9.2.19}$$

上式を解けば，一般に n 個の正の実根 $\tilde{\Omega}_k$（$k=1\sim n$）が求められる．それらがすべて異なっていると仮定して

$$\tilde{\Omega}_1<\tilde{\Omega}_2<\tilde{\Omega}_3\cdots<\tilde{\Omega}_n \tag{9.2.20}$$

とすれば，$\tilde{\Omega}_1$ が基本固有角振動数の近似値となり，$\tilde{\Omega}_k$ が k 次モードの近似値となる．また式（9.2.18）の同次連立方程式よりそれぞれの $\tilde{\Omega}_k$ に対応して係数の組［1，c_2/c_1，

$c_3/c_1, \cdots, c_n/c_1]^{(k)}$ が n 組求まる．この係数の各組が式（9.2.13）の関係を介して各固有モードの近似的な振動の形を規定する．式（9.2.13）で仮定する w_i $(i=1\sim n)$ としては，三角関数，多項式あるいは固有関数系などがよく用いられる．リッツの方法で求められた近似値は各モードの真の振動数に等しいかまたはそれよりも高くなるが，n を増すにつれその精度はよくなる[10]．一般に固有振動数だけを求めるのであれば，リッツの方法は後述する有限要素法によるよりは比較的精度のよい解を手軽に求められることが知られている．

9.2.2 ガラーキン法

ガラーキン法は重み付き残差法のなかのひとつの方法であり，かつ固有値問題にのみ適用されるものではなくもっと広い範疇の問題をカバーするものではあるが，ここでは L_1 を一次元微分演算子として

$$L_1 w(x) = \lambda m(x) w(x) \tag{9.2.21}$$

のような微分固有値問題への適用法について述べる[7]．ここで演算子 L_1 は一般に自己随伴でなくてもよい点が上述のレイリー・リッツ法と異なる．

いま，式（9.2.21）の固有値問題のすべての境界条件を満足する独立で完備な比較関数 ϕ_i $(i=1\sim n)$ を用いて $w(x)$ が次式で近似できるものと仮定する．

$$w(x) \cong w^{(n)}(x) = \sum_{i=1}^{n} a_i \phi_i(x) \tag{9.2.22}$$

$w^{(n)}(x)$ は近似であるから，式（9.2.21）に代入したとき

$$R(w^{(n)}, x) = L_1 w^{(n)} - \lambda^{(n)} m w^{(n)} \tag{9.2.23}$$

の残差が残る．ガラーキン法は，試行関数と同じ ϕ_j を重みとして

$$\int_0^l \phi_j \left(\sum_{i=1}^{n} a_i L_1 \phi_i - \lambda^{(n)} \sum_{i=1}^{n} a_i m \phi_i \right) \mathrm{d}x = \sum_{i=1}^{n} (k_{ij} - \lambda^{(n)} m_{ij}) a_i = 0 \quad (j=1\sim n) \tag{9.2.24}$$

ここで

$$k_{ij} = \int_0^l \phi_j L_1 \phi_i \mathrm{d}x, \qquad m_{ij} = \int_0^l \phi_j m \phi_i \mathrm{d}x \qquad (i, j=1\sim n)$$

とおき，すべてが 0 でない a_i をもつように $\lambda^{(n)}$ を決めてやる方法である．すなわち，式（9.2.24）の同次連立方程式において a_i のすべてが 0 にならないための条件としてその係数行列式を 0 とおくと

$$|[k_{ij}] - \lambda^{(n)} [m_{ij}]| = 0 \tag{9.2.25}$$

が得られる．上式を解けば固有値 λ の近似値 $\lambda^{(n)}$ が n 個求められる．ここで $[m_{ij}]$ は対称行列であるが，L_1 が自己随伴でない場合には $[k_{ij}]$ は一般に非対称行列となることに注意を要する．

以上のような場合としては，固体摩擦接触部を有するような系を微小振動系でモデル化した場合や，構造と流体の連成系などにおいていわゆるフラッタ振動現象が生ずるような例があげられ，非対称剛性行列 $[k_{ij}]$ をもつような系は自励振動系となる

可能性があることに注意されたい．一方，もし演算子 L_1 が自己随伴である場合には，ガラーキン法による解はレイリー・リッツ法とはまったく異なった観点から導かれたものではあるが，行列 $[m_{ij}]$ と $[k_{ij}]$ が同一となることからレイリー・リッツ法と等価となる．

9.2.3 振動数合成法

固有振動数の近似的推定法として，レイリーの原理を基礎におき，いろいろな復原要素と慣性要素によって構成されている複雑な振動系を仮想的にいくつかの単純な振動系に分解し，それらの孤立系の振動数をある様式に従って合成することによりもとの複合系の基本固有振動数を推定する方法がある．レイリーの方法が基本振動数の上界を与えるのに対し，これらの方法は下界を与える方法であり，2つの方法を併用すれば推定近似解の誤差の評価が可能となる．振動数合成法には Southwell が理論的裏付けを行った質量の合成法ならびにポテンシャルエネルギーの合成法[9),11)-14)]，および直列結合形合成法[15),16)]の3つがあるが，これらの理論的推論は多くの円板を付けた回転軸の最低次の危険速度を推定する有名なダンカレイの実験公式[11)]に端を発したものである．

a. サウスウェルの方法（質量の合成法）

復原要素がただひとつで慣性要素が複数個存在するような複合系で，そのレイリー商が同じたわみ関数 Φ を用いて

$$\Omega^2=\frac{\bar{U}(\Phi)}{\bar{T}_1(\Phi)+\bar{T}_2(\Phi)+\cdots+\bar{T}_n(\Phi)} \tag{9.2.26}$$

と表される場合には

$$\frac{1}{\Omega^2}\leqq\frac{1}{\Omega_1^2}+\frac{1}{\Omega_2^2}+\cdots+\frac{1}{\Omega_n^2} \tag{9.2.27}$$

なる関係が成立する[9),12)]．ここで Ω_i は復原要素と i 番目の慣性要素とからなる孤立系の真の固有角振動数であって，それぞれの孤立系の真のたわみ関数を Φ_i とおくとレイリーの原理より

$$\frac{\bar{T}_i(\Phi)}{\bar{U}(\Phi)}\leqq\frac{\bar{T}_i(\Phi_i)}{\bar{U}(\Phi_i)}=\frac{1}{\Omega_i^2} \tag{9.2.28}$$

なる関係が成立するから，この i に関する総和をとれば式（9.2.27）が導かれる．式（9.2.27）の右辺の逆数の平方根が固有角振動数の下界を与える．多くの円板を付けた回転軸の最低次の危険速度は，はりの曲げ振動数に一致し，

$$\Omega_{cr}^2=\frac{\displaystyle\int_0^l EI(\mathrm{d}^2w/\mathrm{d}x^2)^2\mathrm{d}x}{\displaystyle\int_0^l \rho Aw^2\mathrm{d}x+\textstyle\sum_{i=2}^n M_i[w_{x=l_i}]^2} \tag{9.2.29}$$

と表されるから質量の合成法が適用でき，式（9.2.27）が成立する．上式で ρA, EI

はそれぞれ回転軸の単位長さあたりの質量と曲げ剛性，Ω_i（$i=2\sim n$）は質量 M_i の円板と質量のない復原はりとからなる孤立系の振動数を表す．ここで得られる関係式がダンカレイの実験公式[11]といわれるものである．

b. サウスウェルの方法（ポテンシャルエネルギーの合成法）

復原要素が複数個存在するのに対し，慣性要素がひとつしかないような複合系で，レイリー商が同じたわみ関数を用いて

$$\Omega^2=\frac{\bar{U}_1(\Phi)+\bar{U}_2(\Phi)+\cdots+\bar{U}_n(\Phi)}{\bar{T}(\Phi)} \tag{9.2.30}$$

のように表される場合には

$$\Omega^2 \geqq \Omega_1^2+\Omega_2^2+\cdots+\Omega_n^2 \tag{9.2.31}$$

なる関係がある[9),12)]．ここで Ω_i は慣性要素と i 番目の復原要素とからなる孤立系の真の固有角振動数であって，それぞれの系の真のたわみ関数を Φ_i とおくとレイリーの原理より

$$\frac{\bar{U}_i(\Phi)}{\bar{T}(\Phi)} \geqq \frac{\bar{U}_i(\Phi_i)}{\bar{T}(\Phi_i)}=\Omega_i^2 \tag{9.2.32}$$

なる関係が成立するから，この i に関する総和をとれば式（9.2.31）が導かれる．

代表的な例として，回転する均一円板の振動を考える[13),14)]．円板の曲げ剛性および遠心力による復原効果を考慮すれば，レイリー商は

$$\Omega^2=\frac{\bar{U}_1(w)+\bar{U}_2(w)}{\bar{T}(w)} \tag{9.2.33}$$

と表される．ここで

$$\left.\begin{aligned}
\bar{U}_1(w)&=\frac{1}{2}\int_0^{2\pi}\int_0^R D\left[\left(\frac{\partial^2 w}{\partial r^2}+\frac{1}{r}\frac{\partial w}{\partial r}+\frac{1}{r^2}\frac{\partial^2 w}{\partial \theta^2}\right)^2-2(1-\nu)\frac{\partial^2 w}{\partial r^2}\right.\\
&\qquad\left.\times\left(\frac{1}{r}\frac{\partial w}{\partial r}+\frac{1}{r^2}\frac{\partial^2 w}{\partial \theta^2}\right)+2(1-\nu)\left\{\frac{\partial}{\partial r}\left(\frac{1}{r}\frac{\partial w}{\partial \theta}\right)\right\}^2\right] r\mathrm{d}\theta\mathrm{d}r\\
\bar{U}_2(w)&=\frac{1}{2}\int_0^{2\pi}\int_0^R h\left\{P\left(\frac{\partial w}{\partial r}\right)^2+Q\left(\frac{\partial w}{r\partial \theta}\right)^2\right\} r\mathrm{d}\theta\mathrm{d}r\\
\bar{T}(w)&=\frac{1}{2}\int_0^{2\pi}\int_0^R \rho h w^2 r\mathrm{d}\theta\mathrm{d}r
\end{aligned}\right\} \tag{9.2.34}$$

上式の r, θ は半径方向と円周方向座標，D は円板の曲げ剛性，ν はポアソン比，R, ρ, h はそれぞれ円板の半径，密度，板厚を表す．また P, Q は遠心力によって生ずる半径方向および円周方向面内応力である．回転しない円板あるいは曲げ剛性が無視できる回転円板の固有角振動数 Ω_1, Ω_2 は比較的容易に求められるから，それらを式（9.2.31）の様式に従って合成すればよい．文献 13 によれば，節直径が 2 本で節円がない振動モードを考え，

$E=2.00\times10^2$ [GPa],　$\rho=7.8\times10^3$ [kg/m^3],　$h=0.02$ [m],

$R=0.6$ [m],　円板角速度 $\omega=100\pi$ [rad/s]

とおいて Ω_1, Ω_2 を計算すると，$\Omega_1^2=2.16485\times10^4\pi^2$, $\Omega_2^2=2.37500\times10^4\pi^2$ となるから，

これらを合成すると

$$\Omega \geqq \sqrt{\Omega_1^2 + \Omega_2^2} = 213.07\pi$$

一方，$w_R = (1 + \beta r^2/R^2)(r/R)^2 \cos 2\theta$ とおき，式（9.2.12）のレイリー商を計算し，それが極小となるように β を定めてやると，レイリーの原理に基づく近似解 Ω_R は 213.74π となる．したがって真の Ω_{tr} 値は

$$213.07\pi \leqq \Omega_{tr} \leqq 213.74\pi$$

となり，いずれの近似値を用いても誤差はたかだか 0.3% であって精度は非常に高い．

c.　直列結合型振動数合成法[15),16)]

ポテンシャルエネルギーが複数項よりなり，かつそれぞれの復原要素にそれぞれのたわみ関数が対応して，運動エネルギーがそれらのたわみ関数の直和の汎関数として表しうる場合，すなわちレイリー商が

$$\Omega^2 = \frac{\bar{U}_1(\Phi_1) + \bar{U}_2(\Phi_2) + \cdots + \bar{U}_n(\Phi_n)}{\bar{T}(\Phi)} \quad (\Phi = \Phi_1 + \Phi_2 + \cdots + \Phi_n) \tag{9.2.35}$$

と表される複合系については，それぞれの孤立系の固有角振動数を Ω_i として

$$\frac{1}{\Omega^2} \leqq \frac{1}{\Omega_1^2} + \frac{1}{\Omega_2^2} + \cdots + \frac{1}{\Omega_n^2} \tag{9.2.36}$$

なる関係が成立する[15)]．上式は厳密に成立するが，右辺の逆数の平方根が真の振動数のよい近似値であるためには，レイリーの原理に加えてさらに Φ_i（$i = 1 \sim n$）の形状が例えば互いに直交しないという意味において類似していることを必要とする[15)]．典型的な適用例として図 9.4 に示すような比較的厚肉な弾性支持片持梁を考える．このような系は弾性地盤上にある建築物の簡易モデルと考えることができる[12)]．いま w_t, w_r, w_f, w_s をそれぞれ支持部の並進と回転，また梁の曲げ変形とせん断変形による変

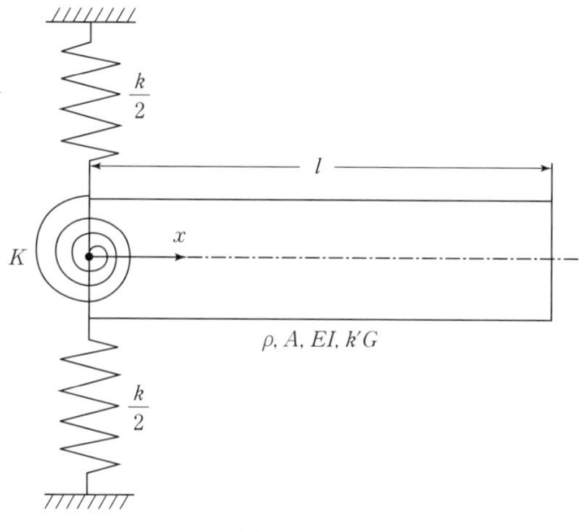

図 9.4　弾性支持された厚肉片持梁

位とすれば，レイリー商は

$$\Omega^2=\frac{kc_t^2+Kc_r^2+EI\int_0^l(\mathrm{d}^2w_f/\mathrm{d}x^2)^2\mathrm{d}x+k'GA\int_0^l(\mathrm{d}w_s/\mathrm{d}x)^2\mathrm{d}x}{\rho A\int_0^l(w_t+w_r+w_f+w_s)^2\mathrm{d}x} \tag{9.2.37}$$

と表される．ここで c_t, c_r はそれぞれ並進ばね k の伸び振幅と回転ばね K の回転角振幅である．いま

$$w_t=c_t,\qquad w_r=c_rx,\qquad w_f=c_f\left(1-\cos\frac{\pi}{2l}x\right),\qquad w_s=c_s\sin\frac{\pi}{2l}x$$

とおいてレイリー法でそれぞれの孤立系の振動数を求めると

$$\Omega_t^2=\frac{k}{\rho Al},\qquad \Omega_r^2=\frac{3K}{\rho Al^3},\qquad \Omega_f^2=\frac{\pi^5}{16(3\pi-8)}\frac{EI}{\rho Al^4},\qquad \Omega_s^2=\frac{\pi^2}{4}\frac{k'G}{\rho l^2} \tag{9.2.38}$$

となるから，$kl^3/EI=13.4$，$Kl/EI=4.47$，$k'GAl^2/EI=115$ とおいて，式（9.2.36）の様式で合成して近似解を求めると $\Omega\approx2.10\sqrt{EI/\rho A}/l^2$ となり，正解は $\Omega_{tr}=2.16\sqrt{EI/\rho A}/l^2$ であるから誤差は 2.6% となる．

d. 組合せ合成法[15]

上記の振動数合成法（9.2.3 項 a.～c.）を 1 自由度系モデルとのアナロジーで考察すると，レイリー商の形において復原要素と慣性要素が複雑に絡み合っていても，それぞれの孤立系に分離して識別できる場合には，a.～c. の方法を適宜組み合わせることにより，さらに複雑な振動系についてもその基本振動数の下界を求めることができる．この統合化された方法をここでは組合せ合成法とよぶことにするが，その詳細については文献 15, 16 を参照されたい．

9.3 分布定数系の離散化手法と振動解析法

9.3.1 解析手法の評価と選択

一般にかなり複雑な振動系であっても，ばね，質量およびダッシュポットのような線形要素であらかじめモデル化されている系については，最終的には数値解法によるとしても，9.1 節で述べた理論モード解析法により振動解析は比較的容易に行える．これに対し，連続体あるいは無限領域を含むような複雑な分布定数系については解析的な解が求められることはまれであるから，一般に離散化近似することにより数値解析を行うことがほとんどの場合不可欠といっても過言ではない．

いま例として図 9.5(a) に示す二次元領域における境界値問題を考えてみよう[17]．一般に問題は領域 Σ 内（あるいは外）で成立する微分方程式と境界 Γ 上の境界条件によって規定される．これらの問題を数値的に解く方法として現在広く知られている方法としては，図 9.5(b) に示す有限差分法（FDM と略称），図 9.5(c) に示す有限要素法（FEM と略称）および図 9.5(d) に示す境界要素法（BEM と略称）をあげる

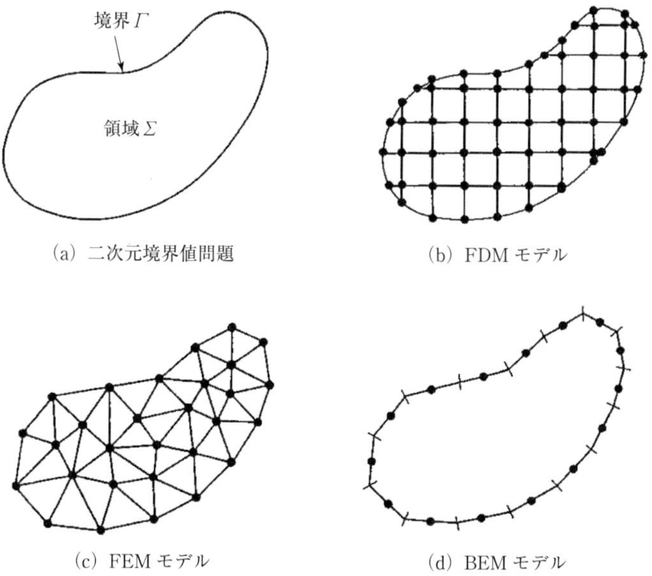

図 9.5　二次元境界値問題と各種解析手法の概念図

ことができる．いずれの方法も何らかの変換法則に従って離散化して連立一次代数方程式を誘導し，これを解く．歴史的には FDM が最も古くから利用されだした数値計算法であって，図 9.5(b) のように領域を適当な格子（不等間隔でもよいが等間隔のほうが扱いやすい）に分け，微分方程式を差分近似し，差分格子点の諸量に関する連立一次方程式に帰着させて解く方法である．一方，FEM は図 9.5(c) のように多数の有限要素（必ずしも三角形である必要はない）に分割し，要素の各接合点，いわゆる節点での変数値に関する連立方程式に帰着させて解くものである．この方法は航空機構造解析の精密化に端を発し，1950〜1960 年に基礎が固められ，その後の 30 年間で目覚しい発展を遂げ，構造解析ばかりでなくあらゆる分野で適用されるようになった数値解法であり，現在でも数値解析法の中心的存在となっている．これに対し，図 9.5(d) に概念図を示す境界のみを要素分割する BEM は，第 3 の数値解析手法として台頭してきたものであるが，FDM や FEM の不得意な分野をカバーするという意味からいっても最近飛躍的な発展を遂げている．

離散化された連立方程式への変換法則として，FDM は上述のように差分近似によるが，FEM においてはエネルギー積分のようないわゆる汎関数を定義して変分原理に基づいて離散化を行い，連立一次方程式を得る．この離散化は領域全体を考える必要があり，図 9.5(c) のように分割した個々の部分領域の関係式を加え合わせて領域全体の関係式を得る．一方 BEM においては，もとの微分方程式をガウス・グリーンの公式として知られる積分定理によって境界上の積分方程式に変換し，次にこの積分方程式を離散化して最終的な連立一次方程式を得る．ここでBEMでは境界のみを離散化すればよいので，考える空間の次元がFDM，FEMに比べて一次元下がっていることに注意すべきであり，この点がBEMの利点のひとつでもある．

これらの離散化要素としては，扱う問題の次元およびFDM，FEMあるいはBEM手法の違いに対応して適宜一次元要素，二次元要素ならびに三次元要素が用いられるが，関数の連続性あるいは一価性の観点から，要素の種類としては一定要素，線形要素あるいは高次要素などが考案され実用化されている[17]．これらについては特にFEM

表 9.1 FEMとBEMの特徴の比較

	有限要素法	境界要素法	備　考
基礎となる原理・式など	変分原理など	積分定理など	重み付き残差表示によれば統一的に考えることができる
用いる離散化要素	領域要素	境界要素	非同次問題ではBEMでも領域を分割する
要素分割	領域だけを要素分割	境界だけを要素分割	
要素の次元	問題の次元と同じ	問題の次元より一次元低い	
要素数または節点数	多い	少ない	
マトリックス	対称マトリックス	非対称マトリックス	領域分割法を用いればBEMでもバンド状になる
	0成分が多いバンド状（疎行列）	0でない成分が全体に広がる（密行列）	
	マトリックスの次数が高い	マトリックスの次数が低い	
その他の特徴	データ準備の手間が大きい	データ準備が楽である	
	領域内部を離散化するため，複雑な構造系についても領域内全体の状況が把握できる	無限領域，特異亀裂応力問題などが扱いやすい	
	領域内の例えば応力分布状態などを把握することが得意である	境界を離散化するため，境界が関係する接触問題などの解析が容易である 領域内部についての物理量の分布状態を詳しく求めることは不得意である 特定点の値の計算精度は高い 基本解が求めにくい	

の研究によっていろいろな要素が考案されており，これらの成果がBEMの離散化にも取り入れられるようになってきている．以下9.3.2項で特に有限要素法と境界要素法についてやや詳細な説明を行うが，いずれもマトリックスを基調として解析する手法であることを考慮して，その長所と短所を含めた特徴の比較を表9.1に示す[17]．

以上に概略を示したFDM，FEMあるいはBEMは空間的広がりをもつ，例えば平板状あるいは三次元構造物のような系に適用するのが一般的である．一方，9.3.2項c.に示す伝達マトリックス法は，梁やタワーなどのような一次元的に展開する骨組構造物などの解析を得意とし，計算のアルゴリズムもシンプルであり，その意味で手軽に数値解析を実行することができるが，FEMに例えばNASTRANやANSYSなどの汎用ソフトウェアが完備されているのに対して，そのような利点はない．

9.3.2 数値解析手法

a. 有限要素法

いま一般的な観点から三次元弾性問題を考え，三次元領域を適当に領域要素に分け，任意の要素を e_m ($m=1\sim M$) とする．動力学有限要素法問題においては，最も一般的な変分原理は次に示すハミルトンの原理である[18]．

$$\delta\int_{t_0}^{t_1}(T-U)\,\mathrm{d}t+\int_{t_0}^{t_1}\delta W\mathrm{d}t=0 \tag{9.3.1}$$

ここで δ は変分記号，T と U は系全体の運動エネルギーとポテンシャルエネルギー，また δW は一般に非保存力 $\boldsymbol{f}$ がなす仮想仕事を表す．全領域が M 個の領域要素に分けられているものとすれば

$$T=\sum_{m=1}^{M}T_m,\qquad U=\sum_{m=1}^{M}U_m,\qquad \delta W=\sum_{m=1}^{M}\delta W_m \tag{9.3.2}$$

と表すことができるから，式 (9.3.1) は

$$\sum_{m=1}^{M}\left[\delta\int_{t_0}^{t_1}(T_m-U_m)\,\mathrm{d}t+\int_{t_0}^{t_1}\delta W_m\mathrm{d}t\right]=0 \tag{9.3.3}$$

となる．いま $\{\Delta_i(t)\}_{e_m}$ を領域要素 e_m の節点 i ($i=1\sim n$) の変位を縦に並べたいわゆる節点変位ベクトル，$\{u(x,y,z,t)\}$ を要素内の点 (x,y,z) の変位を縦に並べたベクトルとして

$$\{u(x,y,z,t)\}=\sum_{i=1}^{n}[N_i(x,y,z)]\{\Delta_i\}_{e_m}=[N(x,y,z)]\{\Delta\}_{e_m} \tag{9.3.4}$$

のように表せるものと考える．$[N_i(x,y,z)]$ は位置 (x,y,z) の関数行列であり，節点 i で1，ほかのすべての節点で0になる性質を有する．$[N(x,y,z)]$ は $[N_i]$ を横に並べた行列であり，これを形状関数とよぶ[6]．式 (9.3.4) から歪み $\{\varepsilon\}$ を求めると，一般に

$$\{\varepsilon\}=[B]\{\Delta\}_{e_m} \tag{9.3.5}$$

と表せる．一方，応力 $\{\sigma\}$ と歪みの関係を表す行列を $[D]$ とすれば

$$\{\sigma\}=[D]\{\varepsilon\}=[D][B]\{\Delta\}_{e_m} \tag{9.3.6}$$

となる．ここで，要素 e_m の運動エネルギー T_m，ポテンシャルエネルギー U_m，外力のなす仮想仕事 δW_m は，ρ を密度，$\{f\}$ を外力ベクトルとして

$$\left.\begin{aligned} T_m &= \frac{\rho}{2}\int_{e_m}\{\dot{u}\}^{\mathrm{T}}\{\dot{u}\}\mathrm{d}V \\ U_m &= \frac{1}{2}\int_{e_m}\{\varepsilon\}^{\mathrm{T}}\{\sigma\}\mathrm{d}V \\ \delta W_m &= \int_{e_m}\delta\{u\}^{\mathrm{T}}\{f\}\mathrm{d}V \end{aligned}\right\} \tag{9.3.7}$$

と表されるから，式 (9.3.7) に式 (9.3.4) ～ (9.3.6) を代入すると次式のように表せる．

$$\left.\begin{aligned} T_m &= \frac{1}{2}\{\dot{\varDelta}\}_{e_m}^{\mathrm{T}}\left(\rho\int_{e_m}[N]^{\mathrm{T}}[N]\mathrm{d}V\right)\{\dot{\varDelta}\}_{e_m} \\ U_m &= \frac{1}{2}\{\varDelta\}_{e_m}^{\mathrm{T}}\left(\int_{e_m}[B]^{\mathrm{T}}[D][B]\mathrm{d}V\right)\{\varDelta\}_{e_m} \\ \delta W_m &= \delta\{\varDelta\}_{e_m}^{\mathrm{T}}\left(\int_{e_m}[N]^{\mathrm{T}}\{f\}\mathrm{d}V\right) \end{aligned}\right\} \tag{9.3.8}$$

各要素では各節点に質量が集中し，内部には質量がないとする．このように各節点に離散化した質量を質量行列 $[M]_{e_m}$ で表す．また節点どうしはばねで互いに結合されているとし，それらをまとめたものを剛性行列 $[K]_{e_m}$ で表す．さらに分布外力を離散化し，節点に集中させた節点力ベクトルを $\{F\}_{e_m}$ と表す．これより要素ごとの運動エネルギー T_m，ポテンシャルエネルギー V_m および外力のなす仮想仕事 δW_m は次のように表すことができる．

$$\left.\begin{aligned} T_m &= \frac{1}{2}\{\dot{\varDelta}\}_{e_m}^{\mathrm{T}}[M]_{e_m}\{\dot{\varDelta}\}_{e_m} \\ U_m &= \frac{1}{2}\{\varDelta\}_{e_m}^{\mathrm{T}}[K]_{e_m}\{\varDelta\}_{e_m} \\ \delta W_m &= \delta\{\varDelta\}_{e_m}^{\mathrm{T}}\{F\}_{e_m} \end{aligned}\right\} \tag{9.3.9}$$

式（9.3.8）と式（9.3.9）を比較して次式を得る．

$$\left.\begin{aligned} [M]_{e_m} &= \rho\int_{e_m}[N]^{\mathrm{T}}[N]\mathrm{d}V \\ [K]_{e_m} &= \int_{e_m}[B]^{\mathrm{T}}[D][B]\mathrm{d}V \\ \{F\}_{e_m} &= \int_{e_m}[N]^{\mathrm{T}}\{f\}\mathrm{d}V \end{aligned}\right\} \tag{9.3.10}$$

上記のように，形状関数［N］はリッツ法のように対象とする構造系全領域にわたって仮定するものではなく，各要素ごとに仮定するものであるから，行列やベクトルの積分の際には各要素ごとに積分すればよいのが有限要素法の特徴である．ここでは式（9.3.10）の $[M]_{e_m}$ と $[K]_{e_m}$ を導く際に，同一の形状関数［$N(x, y, z)$］を用い，両者を一貫したエネルギー原理に基づいて作成していることから，この場合の質量行列を分布質量行列（コンシステント質量マトリックス[19]）とよぶ．しかし，必ずしも両者

に同一の形状関数を用いる必要はなく，例えば $[M]_{e_m}$ が対角行列となるように形状関数を選ぶならば，差分法のような離散化計算法において普通に行われているように連続質量を物理的に各点に集中させることができ，これを集中質量行列という．

いま式（9.3.9）を式（9.3.3）に代入して，いわゆる変分法におけるオイラーの方程式を求めれば

$$\sum_{m=1}^{M}\left([M]_{e_m}\{\ddot{\Delta}\}_{e_m}+[K]_{e_m}\{\Delta\}_{e_m}-\{F\}_{e_m}\right)=0 \qquad (9.3.11)$$

と表される．有限要素法では一般に上式中の要素ごとの要素特性行列とベクトルを作成した後に，式（9.3.11）の総和規則に従ってそれらを全体の自由度のうち該当する自由度に足し込むことによって全部を重ね合わせて，系全体の特性行列とベクトルを作成して最終的な支配方程式を得る．各要素特性の作成にあたっては計算に都合がよいように各要素ごとに定義した局所座標系を設け，それにより求められた要素特性を系全体に共通な全体座標系に変換した後に重ね合せを行う．

なお，分布質量行例を用い，要素どうしの境界において適合条件を満足する適合要素を用いる限り，有限要素法はレイリー・リッツの方法を一般化したものとみなすことができる[6)]．またここでは一般的な観点から三次元的な系を仮定して説明したが，歪みベクトル $\{\varepsilon\}$，応力ベクトル $\{\sigma\}$ として，それぞれ棒，梁，板あるいは殻などに対応して定義されたものを用いれば，同様の定式化のプロセスを用いて支配方程式を導くことができる．なお，領域要素の種類あるいは形状関数のとり方などについては有限要素法では現在までに非常によく研究されているが，個々の構造物を想定したときの具体的な手法については，特にツィエンキーヴィッツの著書である文献 19 に詳しく記述してあるので参照されたい．

b. 境界要素法

ここでは定常振動問題で工学的応用分野の広いヘルムホルツ方程式の境界要素解析法について説明する．ヘルムホルツ方程式に基づけば，定常振動している電磁波，音波，水面波などの波動問題を扱うことができ，これらは無限媒体を対象とすることも多いことから，境界要素法を適用するのが適切な問題であるといえる．

電磁波，音波，圧力波などの波動方程式は一般に次式で表される．

$$\nabla^2 u(\boldsymbol{x},t)-\frac{1}{c^2}\frac{\partial^2 u(\boldsymbol{x},t)}{\partial t^2}=0 \qquad (9.3.12)$$

ここで $u(\boldsymbol{x},t)$ は時刻 t での媒質中の点 $\boldsymbol{x}$ におけるスカラーポテンシャルを表し，定数 c は波の伝幡速度である．いま u が角振動数 ω の調和関数

$$u(\boldsymbol{x},t)=\tilde{u}(\boldsymbol{x})e^{j\omega t} \qquad (9.3.13)$$

で表される場合には，式（9.3.12）は次のヘルムホルツ方程式となる．

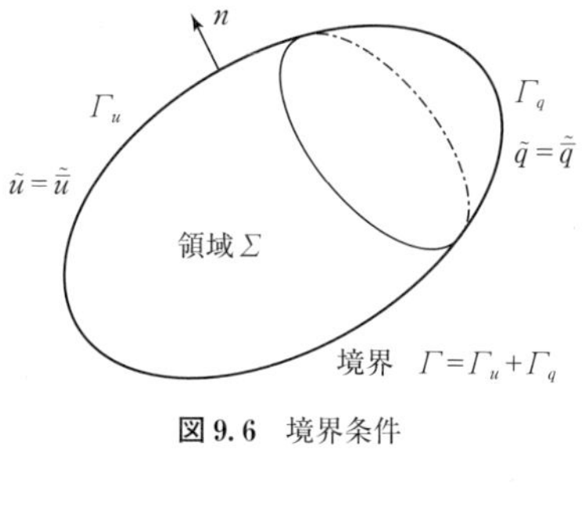

図 9.6 境界条件

$$\nabla^2\tilde{u}(\boldsymbol{x})+k^2\tilde{u}(\boldsymbol{x})=0 \qquad (\boldsymbol{x}\in\Sigma) \tag{9.3.14}$$

ここで k は波数であり，次式で与えられる．

$$k=\frac{\omega}{c} \tag{9.3.15}$$

一方，境界条件は図 9.6 に示すように境界 Γ 上で次式で与えられるものとする．

$$\tilde{u}(\boldsymbol{x})=\bar{\tilde{u}}(\boldsymbol{x}) \quad (\boldsymbol{x}\in\Gamma_u), \qquad \tilde{q}(\boldsymbol{x})=\frac{\partial\tilde{u}(\boldsymbol{x})}{\partial n}=\bar{\tilde{q}}(\boldsymbol{x}) \quad (\boldsymbol{x}\in\Gamma_q) \tag{9.3.16}$$

ただし，$\partial(\cdot)/\partial n$ は境界の外向き法線方向微分を表す．

ここで境界要素法の近似解法を定式化するためにガラーキン法と同じく重み付き残差法を適用する．いま，重み関数として無限媒体において次式

$$\nabla^2\tilde{u}^*(\boldsymbol{x},\boldsymbol{y})+k^2\tilde{u}^*(\boldsymbol{x},\boldsymbol{y})+\delta(\boldsymbol{x}-\boldsymbol{y})=0 \tag{9.3.17}$$

を満足する基本解 $\tilde{u}^*(\boldsymbol{x},\boldsymbol{y})$ を用いると

$$\int_\Sigma\{\nabla^2\tilde{u}(\boldsymbol{x})+k^2\tilde{u}(\boldsymbol{x})\}\tilde{u}^*(\boldsymbol{x},\boldsymbol{y})\,\mathrm{d}\Sigma(\boldsymbol{x})=0 \tag{9.3.18}$$

ただし，$\boldsymbol{x}$ と $\boldsymbol{y}$ はそれぞれ観測点とソース点を表す場の点であり，$\delta(\boldsymbol{x}-\boldsymbol{y})$ はディラックのデルタ関数である．式 (9.3.17) を満足する基本解は，二次元および三次元問題に対して次式で与えられる[20]．

$$\left.\begin{aligned}
\text{二次元：}\quad &\tilde{u}^*(\boldsymbol{x},\boldsymbol{y})=-\frac{j}{4}H_0^{(2)}(kr)\\
&\tilde{q}^*(\boldsymbol{x},\boldsymbol{y})\equiv\frac{\partial\tilde{u}^*(\boldsymbol{x},\boldsymbol{y})}{\partial n(\boldsymbol{x})}=-\frac{k}{4}H_1^{(2)}(kr)\frac{\partial r}{\partial n}
\end{aligned}\right\} \tag{9.3.19}$$

$$\left.\begin{aligned}
\text{三次元：}\quad &\tilde{u}^*(\boldsymbol{x},\boldsymbol{y})=-\frac{1}{4\pi r}\exp(-jkr)\\
&\tilde{q}^*(\boldsymbol{x},\boldsymbol{y})=-\frac{1+jkr}{4\pi r^2}\frac{\partial r}{\partial n}\exp(-jkr)
\end{aligned}\right\} \tag{9.3.20}$$

ここで，$r=|\boldsymbol{x}-\boldsymbol{y}|$ は観測点とソース点との間の距離を表し，$H_0^{(2)}$ と $H_1^{(2)}$ はそれぞれ 0 次と一次の第 2 種のハンケル関数である．いま式 (9.3.18) に次のグリーンの公式の第 2 形式[21]

$$\int_\Sigma(w\nabla^2u-u\nabla^2w)\,\mathrm{d}\Sigma=\int_\Gamma(w\nabla u-u\nabla w)\cdot\boldsymbol{n}\,\mathrm{d}\Gamma \tag{9.3.21}$$

を適用すると

$$\begin{aligned}
&\int_\Sigma\tilde{u}(\boldsymbol{x})\{\nabla^2\tilde{u}^*(\boldsymbol{x},\boldsymbol{y})+k^2\tilde{u}^*(\boldsymbol{x},\boldsymbol{y})\}\,\mathrm{d}\Sigma(\boldsymbol{x})\\
&\quad+\int_\Gamma\{\tilde{u}^*(\boldsymbol{x},\boldsymbol{y})\tilde{q}(\boldsymbol{x})-\tilde{u}(\boldsymbol{x})\tilde{q}^*(\boldsymbol{x},\boldsymbol{y})\}\,\mathrm{d}\Gamma(\boldsymbol{x})=0
\end{aligned} \tag{9.3.22}$$

となるから，上式に式 (9.3.17) を用いると，次の（境界）積分方程式が得られる．

$$c(\boldsymbol{y})\tilde{u}(\boldsymbol{y})+\int_\Gamma\tilde{q}^*(\boldsymbol{x},\boldsymbol{y})\tilde{u}(\boldsymbol{x})\,\mathrm{d}\Gamma(\boldsymbol{x})-\int_\Gamma\tilde{u}^*(\boldsymbol{x},\boldsymbol{y})\tilde{q}(\boldsymbol{x})\,\mathrm{d}\Gamma(\boldsymbol{x})=0 \tag{9.3.23}$$

ただし，係数 $c(\boldsymbol{y})$ は次のように与えられる．

$$c(\boldsymbol{y})=\begin{cases}1 & \boldsymbol{y}\in\Sigma\\ \dfrac{1}{2} & \boldsymbol{y}\in\Gamma(\text{点 }\boldsymbol{y}\text{ で }\Gamma\text{ が滑らかなとき})\end{cases} \tag{9.3.24}$$

ここで離散化手法[20]により，式（9.3.23）を境界上の節点値 $\tilde{u}$ と $\tilde{q}$ に関する連立一次方程式に変換すると次のように表せる．

$$[H]\{\tilde{u}\}=[G]\{\tilde{q}\} \tag{9.3.25}$$

ここで係数行列［H］と［G］は一般に0でない要素が全体に広がる行列で，基本解 $\tilde{u}^*$ と $\tilde{q}^*$ から計算できる．$\{\tilde{u}\}$ と $\{\tilde{q}\}$ はそれぞれ節点値 $\tilde{u}$ と $\tilde{q}$ からなる列ベクトルを表す．式（9.3.25）に境界条件（9.3.16）を適用すれば境界上のすべての未知節点量を求めることができる．

一方，領域 Σ 内部の点における $\tilde{u}$ の値は，上で求めた境界上のすべての節点値と式（9.3.23）において $c(\boldsymbol{y})=1$ とおいた次式を用いて計算することができる．

$$\tilde{u}(\boldsymbol{y})=-\int_\Gamma \tilde{q}^*(\boldsymbol{x},\boldsymbol{y})\tilde{u}(\boldsymbol{x})\,\mathrm{d}\Gamma(\boldsymbol{x})+\int_\Gamma \tilde{u}^*(\boldsymbol{x},\boldsymbol{y})\tilde{q}(\boldsymbol{x})\,\mathrm{d}\Gamma(\boldsymbol{x}) \tag{9.3.26}$$

以上のプロセスからも推察できるように，境界要素法においては一般に領域内の点 $\boldsymbol{y}$ における解 $\tilde{u}(\boldsymbol{y})$ を比較的精度よく求めうるといえるが，領域 Σ 内のすべての点を網羅的に求めるのはあまり得意ではない．

ここで特に音響問題に適用することを考えると，上記の定式化において $\tilde{u}$ を音圧 p, $\tilde{q}$ を流束 $q=\partial p/\partial \boldsymbol{n}$ とおけばよく，境界上の外向き法線方向粒子速度を v とすれば，媒質の密度を ρ として境界 Γ_v 上での境界条件は次のように表すことができる．

$$q=-j\omega\rho v \qquad (j:\text{虚数単位}) \tag{9.3.27}$$

一方，境界の一部が吸音特性をもつ場合には，境界条件として複素音響インピーダンス

$$z=\frac{p}{v} \tag{9.3.28}$$

が与えられる．境界 Γ を，複素音響インピーダンス z が既知の境界 Γ_z と，それ以外の境界 Γ_v, Γ_p とに分けて考えると次式が成立する．

$$\begin{aligned}c(\boldsymbol{y})p(\boldsymbol{y})&+\int_{\Gamma_p} q^*(\boldsymbol{x},\boldsymbol{y})p(\boldsymbol{x})\,\mathrm{d}\Gamma(\boldsymbol{x})+\int_{\Gamma_v} j\omega\rho p^*(\boldsymbol{x},\boldsymbol{y})v(\boldsymbol{x})\,\mathrm{d}\Gamma(\boldsymbol{x})\\&+\int_{\Gamma_z}\frac{j\omega\rho}{z}p^*(\boldsymbol{x},\boldsymbol{y})p(\boldsymbol{x})\,\mathrm{d}\Gamma(\boldsymbol{x})=0\end{aligned} \tag{9.3.29}$$

境界 Γ を境界要素により離散化すると[20]，境界積分方程式（9.3.29）は境界上の音圧 p と粒子速度 v に関する次のような連立一次方程式となる．

$$[H]\{p\}=[G]\{v\} \tag{9.3.30}$$

上式に境界条件を適用し，未知量をまとめて列ベクトル $\{X\}$ で表せば次のように書くことができる．

$$[A]\{X\}=\{B\} \tag{9.3.31}$$

ただし $\{B\}$ は既知量を成分とするベクトルである．式（9.3.31）を解けば未知節点量

$\{X\}$が求まる．領域内部における音圧 $p(\boldsymbol{y})$ $(\boldsymbol{y}\in\Sigma)$ は式（9.3.29）において $c(\boldsymbol{y})=1$ とおいた次式より求めることができる．

$$p(\boldsymbol{y})=-\int_{\Gamma_p}q^*(\boldsymbol{x},\boldsymbol{y})p(\boldsymbol{x})\,\mathrm{d}\Gamma(\boldsymbol{x})-\int_{\Gamma_v}j\omega\rho p^*(\boldsymbol{x},\boldsymbol{y})v(\boldsymbol{x})\,\mathrm{d}\Gamma(\boldsymbol{x})$$
$$-\int_{\Gamma_z}\frac{j\omega\rho}{z}p^*(\boldsymbol{x},\boldsymbol{y})p(\boldsymbol{x})\,\mathrm{d}\Gamma(\boldsymbol{x}) \tag{9.3.32}$$

c. 伝達マトリックス法

これまで説明してきた有限差分法，有限要素法あるいは境界要素法の対象とする構造物は一般的には三次元あるいは二次元物体/領域を考えていた．すなわち空間的にある広がりをもつ領域を考えていた．これに対し，平面骨組構造，すなわちはりやタワーなどのような一次元的に展開する構造物の解析を手軽に行う方法に伝達マトリックス法がある．この方法は，通常は線形弾性の系をいくつかの要素に分割して各要素間の特性をマトリックス表示し，これらのマトリックスの掛け算を行って最終的に系全体としての特性を表すマトリックスを求め，両端の境界条件を用いて系の振動特性を求める方法である．本方法は必ずしもいわゆる分布定数系を離散化する手法として開発されたわけではなく，はじめから質量，ばね，ダッシュポットなどの離散的要素でモデル化されている構造系を取り扱う場合にも便利な手法であるが，ここでははりなどの連続系を対象として説明する．

図 9.7 は弾性はりの曲げ振動を例にとったときの伝達マトリックス法の概念図を示す．対象とする弾性系をいくつかの基本要素に分解したとき，その基本要素の両端の物理状態を規定する量は広い意味での内力とそれに対応する変位（内力と変位の積がエネルギーの次元になるように選ばれる）である．この状態量ベクトル $\boldsymbol{z}_i$ は，例えば薄肉はりの曲げ振動系では次のように表される．

$$\left.\boldsymbol{z}_i=\begin{bmatrix}u\\ \psi\\ M\\ V\end{bmatrix}\quad\begin{array}{l}u：\text{たわみ変位}\\ \psi：\text{傾き角}\\ M：\text{曲げモーメント}\\ V：\text{せん断力}\end{array}\right\} \tag{9.3.33}$$

分割点 $i-1$ 点での状態量は基本要素の特性を介して i 点での状態量に伝達されるが，線形系ならばこの関係は一般に次式の形で表示できる．

$$\begin{bmatrix}\xi_1\\ \xi_2\\ \vdots\\ \xi_m\end{bmatrix}_i=\begin{bmatrix}t_{11}&t_{12}&\cdots&t_{1m}\\ t_{21}&t_{22}&\cdots&t_{2m}\\ \vdots&\vdots&&\\ t_{m1}&t_{m2}&\cdots&t_{mm}\end{bmatrix}\begin{bmatrix}\xi_1\\ \xi_2\\ \vdots\\ \xi_m\end{bmatrix}_{i-1} \tag{9.3.34}$$

あるいは

$$\boldsymbol{z}_i=\boldsymbol{T}_i\boldsymbol{z}_{i-1} \tag{9.3.35}$$

ここで

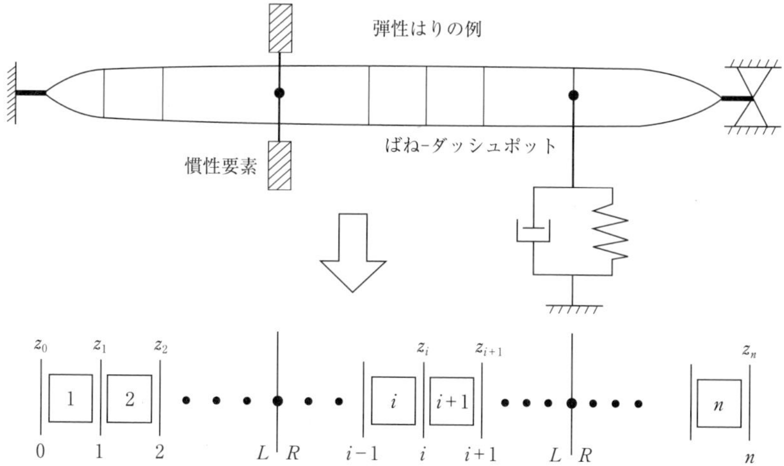

図 9.7　伝達マトリックス法の概念図

$$\boldsymbol{T}_i = \begin{bmatrix} t_{11} & t_{12} & \cdots & t_{1m} \\ t_{21} & t_{22} & \cdots & t_{2m} \\ \vdots & \vdots & & \\ t_{m1} & t_{m2} & \cdots & t_{mm} \end{bmatrix} \tag{9.3.36}$$

は正方マトリックスであり，$i-1$ 点の状態量を i 点に伝達する伝達マトリックスとよばれる．一般に連続体を対象とする場合，式（9.3.34）の各要素 t_{ij} は静的な特性のみから導出する場合と，動的な特性も考慮に入れたうえで導出する場合とで形は異なり，振動を問題とする場合には前者のケースでは近似的に慣性要素を分割して各点に配置しなければならない．このように静的剛性要素と慣性要素の交互の連結として近似する場合，あるいは図 9.7 に示すように質点および慣性モーメント要素，あるいはばね-ダッシュポット系のような離散要素が挿入されている場合には，伝達マトリックスは格間マトリックスと格点マトリックスとに分けられる．すなわち，格間マトリックスは基本要素が有限の長さをもつ連続体の両端 $i-1$ 点と i 点間の状態ベクトルを結びつけるもので

$$\boldsymbol{z}_i = \boldsymbol{F}_i \boldsymbol{z}_{i-1} \tag{9.3.37}$$

のように表現できる．一方，格点マトリックスは長さをもたない離散要素が基本要素となるときの i 点の左側と右側の伝達特性を表すもので，左側を $\boldsymbol{L}$，右側を $\boldsymbol{R}$ の記号で示すと

$$\boldsymbol{z}_i^{\mathrm{R}} = \boldsymbol{P}_i \boldsymbol{z}_i^{\mathrm{L}} \tag{9.3.38}$$

のように表現できる[22]．

いま図 9.7 の系を質量をもたないはり要素と慣性要素からなる離散要素の連結系で近似することを考え，状態ベクトルを

$$\boldsymbol{z}=\begin{bmatrix}-u\\ \psi\\ M\\ V\end{bmatrix} \tag{9.3.39}$$

とおくと，長さ l，曲げ剛性 EI の一様はり要素の格間マトリックスを用いて

$$\begin{bmatrix}-u\\ \psi\\ M\\ V\end{bmatrix}_i=\begin{bmatrix}1 & l & \dfrac{l^2}{2EI} & \dfrac{l^3}{6EI}\\ 0 & 1 & \dfrac{l}{EI} & \dfrac{l^2}{2EI}\\ 0 & 0 & 1 & l\\ 0 & 0 & 0 & 1\end{bmatrix}\begin{bmatrix}-u\\ \psi\\ M\\ V\end{bmatrix}_{i-1} \tag{9.3.40}$$

となる[22]．ここで u ではなく $-u$ としたのは，伝達マトリックスの各式の符号が正となり，かつマトリックスがクロスシメントリック（cross-symmetric）になって解析上便利であるからである．一方，はりの質量と慣性モーメントを離散化して配置するように近似モデル化すると，その格点マトリックス $\boldsymbol{P}_i$ は

$$\begin{bmatrix}-u\\ \psi\\ M\\ V\end{bmatrix}_i^{\mathrm{R}}=\begin{bmatrix}1 & 0 & 0 & 0\\ 0 & 1 & 0 & 0\\ 0 & I_d\lambda^2 & 1 & 0\\ -m_d\lambda^2 & 0 & 0 & 1\end{bmatrix}_i\begin{bmatrix}-u\\ \psi\\ M\\ V\end{bmatrix}_i^{\mathrm{L}} \tag{9.3.41}$$

と表せる[23]．ここで m_d，I_d は離散化要素質量とその慣性モーメントであり，また λ は次のように与えられる．

$$\begin{cases}\text{自由振動解析（減衰なし）の場合}:\lambda=j\Omega\\ \text{自由振動解析（減衰あり）の場合}:\lambda=\lambda_r+j\lambda_i\\ \text{強制振動解析の場合}\qquad\qquad\quad:\lambda=j\omega\end{cases}$$

なお，Ω は固有角振動数，ω は強制励振角振動数，また λ_r は減衰の大きさ，λ_i は減衰固有角振動数を表す．

一方，図 9.7 に示すようにばね-ダッシュポット要素が付加されている場合のその点の格点伝達マトリックスは次のように表せる[23]．

$$\begin{bmatrix}-u\\ \psi\\ M\\ V\end{bmatrix}_i^{\mathrm{R}}=\begin{bmatrix}1 & 0 & 0 & 0\\ 0 & 1 & 0 & 0\\ 0 & 0 & 1 & 0\\ -(k+c\lambda) & 0 & 0 & 1\end{bmatrix}_i\begin{bmatrix}-u\\ \psi\\ M\\ V\end{bmatrix}_i^{\mathrm{L}} \tag{9.3.42}$$

この場合，状態量は一般に複素数となる．

伝達マトリックスの表示法として，自由振動解析の場合には式（9.3.34）の形式で取り扱えるが，強制振動の場合には $f_1\sim f_m$ を一般化力による強制項として次のように表す必要がある．

$$\begin{bmatrix} \xi_1 \\ \xi_2 \\ \vdots \\ \xi_m \\ \hdashline 1 \end{bmatrix}_i = \left[\begin{array}{cccc:c} t_{11} & t_{12} & \cdots & t_{1m} & f_1 \\ t_{21} & t_{22} & \cdots & t_{2m} & f_2 \\ \vdots & \vdots & & & \\ t_{m1} & t_{m2} & \cdots & t_{mm} & f_m \\ \hdashline 0 & 0 & \cdots & 0 & 1 \end{array}\right] \begin{bmatrix} \xi_1 \\ \xi_2 \\ \vdots \\ \xi_m \\ \hdashline 1 \end{bmatrix}_{i-1} \tag{9.3.43}$$

なお，図 9.7 のはりの例において，これまでは静解析から求まる格間伝達マトリックスと離散点での格点伝達マトリックスの交互の連結系として離散化近似する方法について述べたが，分布定数系のままで一様パラメータをもつ格間マトリックスを導出して近似モデルを求め，伝達マトリックス法を適用することもできる．ちなみに密度 ρ，曲げ剛性 EI，長さ l のはりの基本要素について格間伝達マトリックス $\boldsymbol{F}_i$ を求めると次のようになる[23]．

$$\boldsymbol{F}_i = \begin{bmatrix} C_0 & lC_1 & \dfrac{l^2}{EI}C_2 & \dfrac{l^3}{EI}C_3 \\ \dfrac{\Lambda^4}{l}C_3 & C_0 & \dfrac{l}{EI}C_1 & \dfrac{l^2}{EI}C_2 \\ \dfrac{EI\Lambda^4}{l^2} & \dfrac{EI\Lambda^4}{l} & C_0 & lC_1 \\ \dfrac{EI\Lambda^4}{l^3} & \dfrac{EI\Lambda^4}{l^2} & \dfrac{\Lambda^4}{l} & C_0 \end{bmatrix} \tag{9.3.44}$$

ここで

$$\Lambda^4 = \frac{-\rho A l^4 \lambda^2}{EI}, \qquad C_0 = \frac{\cosh\Lambda + \cos\Lambda}{2}, \qquad C_1 = \frac{\sinh\Lambda + \sin\Lambda}{2\Lambda},$$

$$C_2 = \frac{\cosh\Lambda - \cos\Lambda}{2\Lambda^2}, \qquad C_3 = \frac{\sinh\Lambda - \sin\Lambda}{2\Lambda^3}$$

以上のようにして伝達マトリックスが求められると，各要素ごとの伝達方程式は

$$\boldsymbol{z}_1 = \boldsymbol{T}_1\boldsymbol{z}_0, \qquad \boldsymbol{z}_2 = \boldsymbol{T}_2\boldsymbol{z}_1, \qquad \cdots, \qquad \boldsymbol{z}_n = \boldsymbol{T}_n\boldsymbol{z}_{n-1} \tag{9.3.45}$$

と表されるから，これらを結合することにより

$$\boldsymbol{z}_n = \boldsymbol{T}\boldsymbol{z}_0 \quad (\boldsymbol{T} = \boldsymbol{T}_n\boldsymbol{T}_{n-1}\cdots\boldsymbol{T}_2\boldsymbol{T}_1) \tag{9.3.46}$$

なる関係が求まる．式 (9.3.46) に両端での境界条件を適用すれば解を求めることができることになるが，一般に状態量の個数 m は常に偶数であり，両端における境界条件によって，それぞれの境界で m 個のうちの半分はすでに 0 と規定されているという性質がある[22]．この性質を利用して，例えば式 (9.3.46) で右端（n 点）の状態ベクトルのうち 0 が入っている行のみを抜き出し，伝達方程式を構成し直すと，左端(0 点）の未知量のみを含む未知量の数に等しい連立方程式が得られるから，これを解けば左端における境界状態量がすべて定まることになる．この量を用いて式 (9.3.46) の関係を適用すれば，構造系中の任意点における状態量ベクトルの値を見出すことができることになる．

以上が伝達マトリックス法の基本的コンセプトであるが，演算方法の詳細については文献 22 を参照されたい．

なお，伝達マトリックス法は分岐系，合流系あるいは多層系などにも拡張されてよく研究されている[22]．また，以上のいわゆる伝達マトリックス法の計算上の難点を克服するために，さらにリファインされた伝達影響係数法[24-26]も提案されている．

〔遠藤　満〕

文　献

1）戸川隼人：有限要素法による振動解析，pp. 82, 84, 90, 95, 170，サイエンス社，1975.
2）山本哲朗：数値解析入門，pp. 102, 106, 112，サイエンス社，2003.
3）森　正武：数値解析，pp. 90, 95, 107，共立出版，1973.
4）矢川元基，青山裕司：有限要素固有値解析－大規模並列計算手法－，p. 34，森北出版，2001.
5）Meirovitch, L.：*Computational Methods in Structural Dynamics*, p. 110, SIJTHOFF & NOORDHOFF, 1980.
6）長松昭男：モード解析，pp. 57, 59, 64, 66, 167, 168，培風館，1985.
7）Meirovitch, L.：*Principles and Technics of Vibrations*, pp. 379, 385, 522, 546, Prentice-Hall, 1997.
8）Rayleigh, J. W. S.：*Theory of Sound*, p. 109, Dover Publications, 1945.
9）Temple, G. and Bickley, W. G.：*Rayleigh's Principle and Its Applications to Engineering*, pp. 5, 115, Oxford University Press, 1933.
10）Tong, K. N.：*Theory of Mechanical Vibration*, p. 274, John Wiley & Sons, 1960.
11）Dunkerley, S.：On the whirling and vibrations of shaft, *Phil. Trans. Roy. Soc. Londen, Ser. A*, **185**（1894）, Part 1, 279.
12）Jacobsen, L. S. and Ayre, R. S.：*Engineering Vibrations*, p. 112, McGraw-Hill, 1958.
13）Lamb, H. and Southwell, R. V.：The vibrations of a spinning disk, *Proc. Roy. Soc. London*, **99**（1921）, 272.
14）Southwell, R. V.：On the free transverse vibrations of a uniform circular disk clamped at its centre；and on the effects of rotation, *Proc. Roy. Soc. London*, **101**（1922）, 133.
15）Endo, M. and Taniguchi, O.：An extension of the Southwell-Dunkerley methods for synthesizing frequencies, part I：Principles, *J. Sound Vib.*, **49**(4)（1976）, 501.
16）Endo, M. and Taniguchi, O.：An extension of the Southwell-Dunkerley methods for synthesizing frequecies, part II：Applications, *J. Sound Vib.*, **49**(4)（1976）, 517.
17）神谷紀生：有限要素法と境界要素法，pp. 11, 17, 115，サイエンス社，1982.
18）Love, A. E. H.：*A Treatise on the Mathematical Theory of Elasticity*, p. 166, Dover Publications, 1944.
19）O. C. ツィエンキーヴィッツ著，吉識雅夫，山田嘉昭監訳：マトリックス有限要素法，p. 326，培風館，1971.
20）田中正隆ほか：境界要素法，p. 113，培風館，1991.
21）Pipes, L. A.：*Applied Mathematics for Engineers and Physicists*, p. 389, McGraw-Hill, 1946.
22）Pestel, E. C. and Leckie, F. A.：*Matrix Methods in Elastromechanics*, p. 51, McGraw-Hill, 1963.
23）谷口　修ほか編：振動工学ハンドブック，p. 214，養賢堂，1976.

24)　末岡淳男ほか：パーソナルコンピュータによる振動解析ー伝達影響係数法の提案ー，日本機械学会論文集 C 編，**52**(484) (1986)，3090.

25)　井上卓見ほか：伝達影響係数法による二次元，三次元樹状構造物の線形強制振動解析，日本機械学会論文集 C 編，**60**(572) (1994)，1159.

26)　井上卓見，末岡淳男：伝達影響係数法を利用した逐次積分法による非線形振動系の時刻歴応答解析，日本機械学会論文集 C 編，**65**(630) (1999)，433.

10. 非線形系の振動解析法

10.1 弱非線形系に対する解析的手法[1)-4)]

非線形振動系では，ごく少数の例外を除いて厳密解を解析的に求めることができない．したがって，非線形振動系の解析には，通常は近似解法が用いられる．本節では，非線形性の影響が小さな弱非線形系向きの近似解法である摂動法，多重尺度法，平均法および調和バランス法（等価線形化法）について概説する．

基礎式として，次のような 1 自由度弱非線形系を取り扱う．

$$\ddot{x} + \omega_0^2 x = \varepsilon f(x, \dot{x}) \tag{10.1.1}$$

または，

$$\ddot{x} + \omega_0^2 x = \varepsilon f(x, \dot{x}, \Omega t) \tag{10.1.2}$$

ここに，x は無次元化された状態変数，ε は非線形性の強さを表す微小な無次元パラメータ，f は x, $\dot{x}$ および時間 t に関する滑らかな非線形関数，ω_0 は $\varepsilon=0$ とおいた線形系の固有角振動数および "$\cdot$" $= \mathrm{d}/\mathrm{d}t$ である．式（10.1.1）のように f が t を陽に含まない系を自律系，式（10.1.2）のように t を陽に含む系を非自律系とよぶ．非自律系の場合には，Ω は周期的な強制外力，強制変位または係数励振の角振動数を表し，f は Ωt に関して周期 2π と仮定する．

また，具体例としてダフィング方程式：

自律系の場合：$\ddot{x} + \omega_0^2 x = -\varepsilon\alpha\omega_0^2 x^3$ $(\alpha = \pm 1)$ (10.1.3)

非自律系の場合：$\ddot{x} + \omega_0^2 x = \varepsilon(\delta\omega_0^2 \cos\Omega t - 2\zeta\omega_0\dot{x} - \alpha\omega_0^2 x^3)$ $(\alpha = \pm 1)$ (10.1.4)

およびファンデルポール方程式：

自律系の場合：$\ddot{x} + \omega_0^2 x = \varepsilon\omega_0(1 - x^2)\dot{x}$ (10.1.5)

非自律系の場合：$\ddot{x} + \omega_0^2 x = \varepsilon\{\delta\omega_0^2 \cos\Omega t + \omega_0(1 - x^2)\dot{x}\}$ (10.1.6)

を取り扱う．ここに，δ および ζ は，それぞれ強制外力および粘性減衰の大きさを代表する無次元パラメータである．また，ダフィング方程式において，$\alpha=1$ のときを漸硬ばね，$\alpha=-1$ のときを漸軟ばねとよぶ．

10.1.1 摂　動　法

摂動法では，求めるべき解 x を時間 t と微小パラメータ ε の関数とみなして，次のように微小パラメータ ε に関するべき級数に展開する．

$$x = x_0 + \varepsilon x_1 + \varepsilon^2 x_2 + \cdots \tag{10.1.7}$$

ここに，$x_0, x_1, x_2, \cdots$は時間tのみの関数である．式(10.1.7)の展開を摂動展開とよぶ．

a.　自律系の場合

まず，自律系のダフィング方程式（10.1.3）について考える．この系の非線形自由振動の基本角振動数（非線形固有角振動数）をωとし，その周期が2πとなるように無次元時間$\tau = \omega t$を導入すると，式（10.1.3）は次のようになる．

$$\omega^2 x'' + \omega_0^2 x = -\varepsilon\alpha\omega_0^2 x^3 \tag{10.1.8}$$

ここに，“$'$”$= \mathrm{d}/\mathrm{d}\tau$である．

非線形固有角振動数ωは線形固有角振動数ω_0とはわずかに異なる未知数であり，しかも微小パラメータεの関数でもある．そこで，ω^2を次のような微小パラメータεのべき級数に展開する．

$$\omega^2 = \omega_0^2 + \varepsilon\sigma_1 + \varepsilon^2\sigma_2 + \cdots \tag{10.1.9}$$

さらに，式（10.1.7）および式（10.1.9）を式（10.1.8）に代入し，εの同べきの項を等置すると次式を得る．

$$\varepsilon^0 : x_0'' + x_0 = 0 \tag{10.1.10a}$$

$$\varepsilon^1 : x_1'' + x_1 = -\frac{\sigma_1}{\omega_0^2} x_0'' - \alpha x_0^3 \tag{10.1.10b}$$

$$\varepsilon^2 : x_2'' + x_2 = -\frac{\sigma_2}{\omega_0^2} x_0'' - \frac{\sigma_1}{\omega_0^2} x_1'' - 3\alpha x_0^2 x_1 \tag{10.1.10c}$$

$$\vdots$$

さて，初期条件$x(0) = a, \dot{x}(0) = 0$を満足する近似解を求めるものとして，式(10.1.7)右辺の各次数成分に対する初期条件を次のように定める．

$$x_0(0) = a, \quad x_k(0) = 0, \quad x_0'(0) = x_k'(0) = 0 \qquad (k = 1, 2, 3, \cdots) \tag{10.1.11}$$

このとき，この初期条件を満たす式（10.1.10a）の解は，次のようになる．

$$x_0 = a\cos\tau \tag{10.1.12}$$

これを式（10.1.10b）の右辺に代入すると，次式を得る．

$$x_1'' + x_1 = \left(\frac{\sigma_1}{\omega_0^2} - \frac{3\alpha a^2}{4}\right) a\cos\tau - \frac{\alpha a^3}{4}\cos 3\tau \tag{10.1.13}$$

式（10.1.13）の右辺には，系の固有角振動数と同じ角振動数の強制外力項（$\cos\tau$の項）が存在するので，その特解には$\tau\sin\tau$に比例する項（共振解）が現れる．このように，時間経過とともに振幅が増大する項を永年項とよぶ．ところが，式（10.1.8）は力学的エネルギー保存則が成立する保存系であるから，永年項が現れるのは不合理である．永年項の出現を防ぐには，式（10.1.13）右辺の$\cos\tau$の係数を0とおけばよい．このような永年項消去の条件および式（10.1.9）から，ω^2とa^2との間の関係が次のようにε^1のオーダーで求められる．

$$\sigma_1 = \frac{3\alpha a^2}{4}\omega_0^2 \quad \Rightarrow \quad \omega^2 = \left(1 + \varepsilon\frac{3\alpha a^2}{4}\right)\omega_0^2 \tag{10.1.14}$$

さらに，式（10.1.11）の初期条件および式（10.1.14）を満足する式（10.1.13）の解を求めると，

$$x_1 = \frac{\alpha a^3}{32}(-\cos\tau + \cos 3\tau) \tag{10.1.15}$$

よって，x および ω^2 ともに ε^1 のオーダーの近似解は，次式のようになる．

$$x = \left(1 - \varepsilon\frac{\alpha a^2}{32}\right)a\cos\omega t + \varepsilon\frac{\alpha a^3}{32}\cos 3\omega t, \qquad \omega = \sqrt{1 + \varepsilon\frac{3\alpha a^2}{4}}\,\omega_0 \tag{10.1.16}$$

この手続きを進めて ε^2 のオーダーの近似解を求めるには，式（10.1.12)，(10.1.14)，(10.1.15) を式 (10.1.10c) の右辺に代入し，永年項消去の条件から σ_2 を決定した後に，初期条件を満足する x_2 を求めればよい．同様にしてさらに高次の近似解も順次求めることが可能であるが，その手続きは次数が高くなるにつれて急速に煩雑になる．

次に，自律系のファンデルポール方程式（10.1.5）について考える．この系では，$|x|<1$ のとき負の減衰であるので解は振動的に成長し，$|x|>1$ のとき正の減衰となるので解の成長は抑制され，最終的にはリミットサイクルとよばれる定常周期振動に漸近する．このような振動を非線形自励振動という．そこで，リミットサイクルの基本角振動数を ω として，その周期が 2π となるように無次元時間 $\tau=\omega t$ を導入すると，式（10.1.5）は次のようになる．

$$\omega^2 x'' + \omega_0^2 x = \varepsilon\omega\omega_0(1 - x^2)x' \tag{10.1.17}$$

リミットサイクルの基本角振動数 ω は線形固有角振動数 ω_0 とはわずかに異なる未知数であり，しかも微小パラメータ ε の関数でもある．そこで，式（10.1.17）には ω および ω^2 の項があるので，これらを次のような微小パラメータ ε のべき級数に展開する．

$$\left.\begin{aligned}\omega &= \omega_0 + \varepsilon\omega_1 + \varepsilon^2\omega_2 + \cdots \\ \omega^2 &= \omega_0^2 + 2\varepsilon\omega_0\omega_1 + \varepsilon^2(\omega_1^2 + 2\omega_0\omega_2) + \cdots\end{aligned}\right\} \tag{10.1.18}$$

さらに，式（10.1.7）および式（10.1.18）を式（10.1.17）に代入し，ε の同べきの項を等置すると次式を得る．

$$\varepsilon^0 : x_0'' + x_0 = 0 \tag{10.1.19a}$$

$$\varepsilon^1 : x_1'' + x_1 = (1 - x_0^2)x_0' - 2\frac{\omega_1}{\omega_0}x_0'' \tag{10.1.19b}$$

$$\vdots$$

さて，各次数成分に対する初期条件をダフィング方程式と同様に式（10.1.11）とする．このとき，初期条件を満たす式（10.1.19a）の解は式（10.1.12）で与えられる．これを式（10.1.19b）の右辺に代入して整理すると，次式を得る．

$$x_1'' + x_1 = 2\frac{\omega_1}{\omega_0}a\cos\tau + \left(\frac{a^2}{4} - 1\right)a\sin\tau + \frac{a^3}{4}\sin 3\tau \tag{10.1.20}$$

したがって，永年項消去の条件から，a および ω_1 が次のように求められる．

$$a = 2, \qquad \omega_1 = 0 \tag{10.1.21}$$

さらに，初期条件式および式（10.1.21）を満足する式（10.1.20）の解を求めると，

$$x_1=\frac{3}{4}\sin\tau-\frac{1}{4}\sin 3\tau \tag{10.1.22}$$

よって，x および ω がともに ε^1 のオーダーの近似解は，次式のようになる．

$$x=2\cos\omega_0 t+\varepsilon\frac{1}{4}(3\sin\omega_0 t-\sin 3\omega_0 t) \tag{10.1.23}$$

このように，ファンデルポール方程式の場合，ε^1 のオーダーまでには ω に非線形性の影響は現れない．ただし，導出過程は省略するが $\omega_2=-\omega_0/16$ となり，ε^2 以上のオーダーには現れる．

なお，解 x だけでなく角振動数 ω をも ε のべきに展開しないと，摂動法系統の解法では永年項が現れない解を求めることはできない．ところが，x の展開に関しては式（10.1.7）のように一意に定められるが，ω の展開に関しては式（10.1.9）あるいは式（10.1.18）のようにある程度の任意性がある．しかも，この展開の設定法により，得られる近似解の特性が定量的のみならず定性的にも左右されることが多い．この問題は，次に述べる非自律系の場合にも同様に現れる．したがって，摂動法系統の手法を用いる場合には，この問題に注意しなければならない．

b.　非自律系の主共振

まず，非自律系のダフィング方程式（10.1.4）を取り扱い，$\Omega\approx\omega_0$ の主共振領域の解を求める．解の周期が 2π となるように無次元時間 $\tau=\Omega t$ を導入すると，式(10.1.4)は次のようになる．

$$\Omega^2 x''+\omega_0^2 x=\varepsilon(\delta\omega_0^2\cos\tau-2\zeta\omega_0\Omega x'-\alpha\omega_0^2 x^3) \tag{10.1.24}$$

ここに，“′”＝d/dτ である．また，主共振領域での Ω^2 と ω_0^2 との間の差を，離調率 σ を用いて次のように表す．

$$\Omega^2=\omega_0^2+\varepsilon\sigma \tag{10.1.25}$$

式（10.1.7），(10.1.25）を式（10.1.24）に代入し，ε の同べきの項を等置すると次式を得る．

$$\varepsilon^0 : x_0''+x_0=0 \tag{10.1.26a}$$

$$\varepsilon^1 : x_1''+x_1=\delta\cos\tau-\frac{\sigma}{\omega_0^2}x_0''-\frac{2\zeta\Omega}{\omega_0}x_0'-\alpha x_0^3 \tag{10.1.26b}$$

$$\vdots$$

式（10.1.26a）の一般解は次のように表される．

$$x_0=a\cos(\tau+\theta) \tag{10.1.27}$$

式（10.1.27）を式（10.1.26b）の右辺に代入して整理すると，次式を得る．

$$\left.\begin{aligned} x_1''+x_1=&\left\{\delta\cos\theta+\left(\frac{\sigma}{\omega_0^2}-\frac{3\alpha a^2}{4}\right)a\right\}\cos(\tau+\theta)\\ &+\left(\delta\sin\theta+\frac{2\zeta\Omega a}{\omega_0}\right)\sin(\tau+\theta)-\frac{\alpha a^3}{4}\cos 3(\tau+\theta)\end{aligned}\right\} \tag{10.1.28}$$

式（10.1.28）の右辺には $\cos(\tau+\theta)$ および $\sin(\tau+\theta)$ の項が存在するので，自律系

の場合と同様に永年項が現れる．これを防ぐためには，$\cos(\tau+\theta)$ および $\sin(\tau+\theta)$ の係数をともに0とおけばよい．すなわち，

$$\left.\begin{aligned}&\delta\cos\theta+\left(\frac{\sigma}{\omega_0^2}-\frac{3\alpha a^2}{4}\right)a=0\\&\delta\sin\theta+\frac{2\zeta\Omega a}{\omega_0}=0\end{aligned}\right\}\qquad(10.1.29)$$

式（10.1.25），（10.1.29）から，外力の角振動数 Ω と振幅 a および位相角 θ との間の関係を表す関係式，すなわち周波数応答関数が次のように求められる．

$$\left.\begin{aligned}&\left\{\left(\frac{\nu^2-1}{\varepsilon}-\frac{3\alpha a^2}{4}\right)^2+(2\zeta\nu)^2\right\}a^2=\delta^2\\&\theta=\tan^{-1}\left\{\frac{2\zeta\nu}{(\nu^2-1)/\varepsilon-3\alpha a^2/4}\right\},\qquad \nu=\frac{\Omega}{\omega_0}\end{aligned}\right\}\qquad(10.1.30)$$

同様の手続きにより，さらに高次の近似解を順次求めることが可能である．ただし，自律系の場合と同様に，その手続きはかなり煩雑である．

次に，非自律系のファンデルポール方程式（10.1.6）を取り扱い，$\Omega\approx\omega_0$ の主共振領域の解を求める．解の周期が 2π となるように無次元時間 $\tau=\Omega t$ を導入すると，式（10.1.6）は次のようになる．

$$\Omega^2x''+\omega_0^2x=\varepsilon\{\delta\omega_0^2\cos\tau+\omega_0\Omega(1-x^2)x'\}\qquad(10.1.31)$$

式（10.1.7），（10.1.25）を式（10.1.31）に代入し，ε の同べきの項を等置すると次式を得る．

$$\varepsilon^0: x_0''+x_0=0\qquad(10.1.32\text{a})$$

$$\varepsilon^1: x_1''+x_1=\delta\cos\tau-\frac{\sigma}{\omega_0^2}x_0''+\frac{\Omega}{\omega_0}(1-x_0^2)x_0'\qquad(10.1.32\text{b})$$

$$\vdots$$

式（10.1.32a）の一般解は式（10.1.27）で与えられる．この一般解を式（10.1.32b）の右辺に代入して整理すると，次式を得る．

$$\left.\begin{aligned}x_1''+x_1=&\left(\frac{\sigma a}{\omega_0^2}+\delta\cos\theta\right)\cos(\tau+\theta)\\&+\left\{\frac{\Omega}{\omega_0}\left(\frac{a^2}{4}-1\right)a+\sigma\sin\theta\right\}\sin(\tau+\theta)+\frac{\Omega a^3}{4\omega_0}\sin3(\tau+\theta)\end{aligned}\right\}\qquad(10.1.33)$$

よって，永年項消去の条件および式（10.1.25）から，周波数応答関数が次のように求められる．

$$\left.\begin{aligned}&\left\{\left(\frac{\nu^2-1}{\varepsilon}\right)^2+\nu^2\left(\frac{a^2}{4}-1\right)^2\right\}a^2=\delta^2\\&\theta=\tan^{-1}\left\{\frac{\varepsilon\nu}{\nu^2-1}\left(\frac{a^2}{4}-1\right)\right\},\qquad \nu=\frac{\Omega}{\omega_0}\end{aligned}\right\}\qquad(10.1.34)$$

c. 非自律系の副次的な共振現象

非線形系では，主共振領域とは異なる振動数領域において副次的な共振現象が発生

することがある．ここでは，次のような大きな外力が作用するダフィング方程式を対象として，副次的共振現象の取り扱いについて説明する．

$$\ddot{x}+\omega_0^2 x=-\varepsilon(2\zeta\omega_0\dot{x}+\alpha\omega_0^2 x^3)+\delta\omega_0^2\cos\Omega t \tag{10.1.35}$$

まず，式（10.1.35）において，$\varepsilon=0$ のときの特解が $u=\{\delta\omega_0^2/(\omega_0^2-\Omega^2)\}\cos\Omega t$ であることに注目して，次のような変数変換を導入する．

$$x=y+u,\qquad u=U\cos\Omega t,\qquad U=\frac{\omega_0^2}{\omega_0^2-\Omega^2}\delta \tag{10.1.36}$$

式（10.1.36）を式（10.1.35）に代入し，さらに $\tau=\Omega t$, "$'$" $=\mathrm{d}/\mathrm{d}\tau$ とすると次式を得る．

$$\Omega^2 y''+\omega_0^2 y=-\varepsilon\{2\zeta\omega_0\Omega(y'+u')+\alpha\omega_0^2(y+u)^3\} \tag{10.1.37}$$

こうすると，右辺は ε^1 のオーダーの微小量となるので，摂動法が適用できる．

ここで，$\Omega\approx(p/q)\omega_0$ $(p,\ q=1,\ 2,\ 3,\ \cdots,\ p\neq q)$ の振動数領域の解を求めるため，y の摂動展開および離調率を次式で定義する．

$$\left.\begin{aligned}&y=y_0+\varepsilon y_1+\varepsilon^2 y_2+\cdots\\&\Omega^2=\left(\frac{p}{q}\right)^2(\omega_0^2+\varepsilon\sigma)\end{aligned}\right\} \tag{10.1.38}$$

式（10.1.38）を式（10.1.37）に代入して，同べきの項を等値すると，

$$\varepsilon^0: y_0''+\left(\frac{q}{p}\right)^2 y_0=0 \tag{10.1.39a}$$

$$\varepsilon^1: y_1''+\left(\frac{q}{p}\right)^2 y_1=-\frac{\sigma}{\omega_0^2}y_0''-\left(\frac{q}{p}\right)^2\left\{\frac{2\zeta\Omega}{\omega_0}(y_0'+u')+\alpha(y_0+u)^3\right\} \tag{10.1.39b}$$

式（10.1.39a）の一般解は次式のように表される．

$$y_0=a\cos\frac{q(\tau+\theta)}{p} \tag{10.1.40}$$

次に，式（10.1.39b）の右辺に式（10.1.36）の u および式（10.1.40）を代入して整理すると，$(p,\ q)=(3,\ 1)$ のとき，次のような永年項の原因となる項が現れる．

$$\left\{\frac{\sigma}{\omega_0^2}-\frac{3\alpha(a^2+2U^2)}{4}-\frac{3\alpha aU}{4}\cos\theta\right\}a\cos\frac{\tau+\theta}{3}+\left(2\zeta\frac{\Omega}{3\omega_0}-\frac{3\alpha aU}{4}\sin\theta\right)a\sin\frac{\tau+\theta}{3}$$

したがって，永年項消去の条件から，y に関する周波数応答関数が次のように求められる．

$$\left.\begin{aligned}&\left\{\frac{\nu^2-1}{\varepsilon}-\frac{3\alpha(a^2+2U^2)}{4}\right\}^2+(2\zeta\nu)^2=\left(\frac{3\alpha aU}{4}\right)^2\\&\theta=\tan^{-1}\left\{\frac{2\zeta\nu}{(\nu^2-1)/\varepsilon-3\alpha(a^2+2U^2)/4}\right\},\qquad \nu=\frac{\Omega}{3\omega_0}\end{aligned}\right\} \tag{10.1.41}$$

簡単のため $\zeta=0$ の場合を考えると，式（10.1.41）の第 1 式は次のようになる．

$$\Omega=3\omega_0\sqrt{1+\varepsilon\frac{3\alpha}{4}\left\{\left(\frac{2a+U}{2}\right)^2+\frac{3U^2}{4}\right\}} \tag{10.1.42}$$

よって，式（10.1.37）の解は漸硬ばね（$\alpha=1$）のとき $\Omega>3\omega_0$ の領域に，漸軟ばね（$\alpha=-1$）のとき $\Omega<3\omega_0$ の領域に存在する．また，その角振動数は $\Omega/3\approx\omega_0$ となり線

形固有角振動数にほぼ等しい．このような共振を1/3次分数調波共振とよぶ．

一方，$(p, q)=(1, 3)$ のときにも，同様の手続きにより導かれる永年項消去の条件から，y に関する周波数応答関数が次のように求められる．

$$\left.\begin{aligned}&\left[\left\{\frac{\nu^2-1}{\varepsilon}-\frac{3\alpha a(a^2+2U^2)}{4}\right\}^2+(2\zeta\nu)^2\right]a^2=\left(\frac{\alpha U^3}{4}\right)^2\\&\theta=\frac{1}{3}\tan^{-1}\left\{\frac{2\zeta\nu}{(\nu^2-1)/\varepsilon-3\alpha a(a^2+2U^2)/4}\right\},\qquad \nu=\frac{3\Omega}{\omega_n}\end{aligned}\right\}\tag{10.1.43}$$

式（10.1.43）の解 a には，$\alpha=1$ のときには $\Omega>\omega_0/3$ の領域で，$\alpha=-1$ のときには $\Omega<\omega_0/3$ の近傍で大きな値となるものが存在する．このような共振を3次高調波共振とよぶ．

上記のような摂動法によると，式（10.1.35）の系において永年項消去の条件から $a\neq0$ の周波数応答が求められるのは，1/3次分数調波共振と3次高調波共振のみである．しかしながら，系パラメータしだいではほかの次数の分数調波共振や高調波共振が発生することが，高精度の解析により知られている．このように，定量的のみならず定性的にも不十分な結果を与える可能性のあることが，摂動法系統の解法に共通する欠点である．

10.1.2 多重尺度法

多重尺度法は摂動法を一般化したものであり，周期解だけではなく過渡応答や振動数の異なる複数の外力が作用する系で発生する結合共振などをも解析できるという特長を有している．ただし，基本概念は摂動法と同様なので，展開の設定に関しては摂動法と同様の問題点も共有している．

多重尺度法では，解を次のような多数の時間スケール T_j の関数と考える．

$$T_j=\varepsilon^j t\quad(j=0, 1, 2, \cdots)\tag{10.1.44}$$

また，T_j を用いて解 x を次のように展開する．

$$x=x_0(T_0, T_1, \cdots)+\varepsilon x_1(T_0, T_1, \cdots)+\varepsilon^2 x_2(T_0, T_1, \cdots)+\cdots\tag{10.1.45}$$

このように，多重尺度法では，$x_0, x_1, x_2, \cdots$ を多数の時間 T_j の関数であると考える．さらに，時間 t に関する時間微分公式は，次式のようになる．

$$\left.\begin{aligned}&\frac{\mathrm{d}}{\mathrm{d}t}=D_0+\varepsilon D_1+\varepsilon^2 D_2+\cdots\\&\frac{\mathrm{d}^2}{\mathrm{d}t^2}=D_0^2+2\varepsilon D_0 D_1+\varepsilon^2(D_1^2+2D_0D_2)+\cdots\end{aligned}\right\}\tag{10.1.46}$$

ここに，$D_j=\partial/\partial T_j$ である．

a. 自律系の場合

多重尺度法の適用に際し，式（10.1.45）右辺の各次数成分に対する $T_j=0$ $(t=0)$ のときの初期条件を次のように定める．

$$x_0=a_0,\quad x_k=0,\quad D_0x_0=D_0x_k=0\qquad(k=1, 2, 3, \cdots)\tag{10.1.47}$$

まず，自律系のダフィング方程式（10.1.3）を取り扱う．式（10.1.45），（10.1.46）を式（10.1.3）に代入し，ε の同べきの項を等置すると，次式を得る．

$$\varepsilon^0 : D_0^2 x_0 + \omega_0^2 x_0 = 0 \tag{10.1.48a}$$

$$\varepsilon^1 : D_0^2 x_1 + \omega_0^2 x_1 = -2D_0 D_1 x_0 - \alpha\omega_0^2 x_0^3 \tag{10.1.48b}$$

$$\vdots$$

式（10.1.48a）の一般解は，複素形式で次のように書き表すことができる．

$$x_0 = A(T_1, T_2, \cdots)\exp(i\omega_0 T_0) + \text{cc.} \tag{10.1.49}$$

ここに，$i=\sqrt{-1}$ であり，cc. は前項の複素共役関数を表す．また，$D_0 = \partial/\partial T_0$ であるから，複素振幅 A は T_0 を除く T_j の関数となる．この x_0 を式（10.1.48b）の右辺に代入して整理すると，次式を得る．

$$D_0^2 x_1 + \omega_0^2 x_1 = -\omega_0(2iD_1 A + 3\alpha\omega_0 A^2\bar{A})\exp(i\omega_0 T_0) - \alpha\omega_0^2 A^3 \exp(3i\omega_0 T_0) + \text{cc.} \tag{10.1.50}$$

摂動法の場合と同様に，式（10.1.50）の特解に永年項が出現しないための条件は，$\exp(i\omega_0 T_0)$ および $\exp(-i\omega_0 T_0)$ の係数がともに 0 であることである．すなわち，

$$\left.\begin{aligned} 2iD_1 A + 3\alpha\omega_0 A^2\bar{A} = 0 \\ 2iD_1\bar{A} - 3\alpha\omega_0 A\bar{A}^2 = 0 \end{aligned}\right\} \tag{10.1.51}$$

ここで，最も基本的な近似を考えて $A, \bar{A}$ は T_1 のみの関数であるものとみなし，

$$A = \frac{1}{2}ae^{i\theta}, \qquad \bar{A} = \frac{1}{2}ae^{-i\theta} \tag{10.1.52}$$

のように表す．ただし，a および θ は T_1 の実関数である．式（10.1.52）を式（10.1.51）に代入して整理すると次式を得る．

$$\left.\begin{aligned} \frac{\mathrm{d}a}{\mathrm{d}T_1} &= 0 \\ \frac{\mathrm{d}\theta}{\mathrm{d}T_1} &= \frac{3}{8}\alpha a^2\omega_0 \end{aligned}\right\} \tag{10.1.53}$$

第 1 式から $a = a_0$ は定数となる．また，$T_1 = 0$ で $\theta = \theta_0$ として第 2 式を積分すると，

$$\theta = \frac{3}{8}\alpha a_0^2\omega_0 T_1 + \theta_0 \tag{10.1.54}$$

となり，式（10.1.47），（10.1.49），（10.1.52），（10.1.54）から，

$$x_0 = a_0\cos\left(\omega_0 T_0 + \frac{3}{8}\alpha a_0^2\omega_0 T_1\right) \qquad \theta_0 = 0 \tag{10.1.55}$$

を得る．このとき，式（10.1.50）から，初期条件を満たす解 x_1 が次のように求められる．

$$x_1 = -\frac{\alpha a_0^3}{32}\cos\left(\omega_0 T_0 + \frac{3}{8}\alpha a_0^2\omega_0 T_1\right) + \frac{\alpha a_0^3}{32}\cos 3\left(\omega_0 T_0 + \frac{3}{8}\alpha a_0^2\omega_0 T_1\right) \tag{10.1.56}$$

結局，式（10.1.44），（10.1.45），（10.1.55），（10.1.56）から，ε^1 のオーダーの近似解として次式を得る．

$$x = \left(1 - \varepsilon\frac{\alpha a_0^2}{32}\right)a_0\cos\omega t + \varepsilon\frac{\alpha a_0^3}{32}\cos 3\omega t, \qquad \omega = \left(1 + \varepsilon\frac{3}{8}\alpha a_0^2\right)\omega_0 \tag{10.1.57}$$

同様の手順により，さらに高次の近似解を順次求めることができる．

次に，自律系のファンデルポール方程式（10.1.5）に多重尺度法を適用する．式（10.1.45），（10.1.46）を式（10.1.5）に代入し，ε の同べきの項を等置すると，次式を得る．

$$\varepsilon^0 : D_0^2 x_0 + \omega_0^2 x_0 = 0 \tag{10.1.58a}$$

$$\varepsilon^1 : D_0^2 x_1 + \omega_0^2 x_1 = -2D_0 D_1 x_0 + \omega_0 (1 - x_0^2) D_0 x_0 \tag{10.1.58b}$$

$$\vdots$$

式（10.1.58a）の一般解は式（10.1.49）で与えられるので，これを式（10.1.58b）の右辺に代入して整理すると，次式を得る．

$$D_0^2 x_1 + \omega_0^2 x_1 = i\omega_0 \{-2D_1 A + \omega_0 A (1 - A\bar{A})\} \exp(i\omega_0 T_0) - i\omega_0^2 A^3 \exp(3i\omega_0 T_0) + \mathrm{cc.} \tag{10.1.59}$$

したがって，永年項消去の条件は，次式のようになる．

$$\left.\begin{aligned} 2D_1 A - \omega_0 A (1 - A\bar{A}) = 0 \\ 2D_1 \bar{A} - \omega_0 \bar{A} (1 - A\bar{A}) = 0 \end{aligned}\right\} \tag{10.1.60}$$

ここで，$A, \bar{A}$ を式（10.1.52）のように仮定し，式（10.1.60）に代入して整理すると次式を得る．

$$\left.\begin{aligned} \frac{\mathrm{d}a}{\mathrm{d}T_1} &= -\frac{\omega_0}{2}\left(\frac{1}{4}a^2 - 1\right)a \\ \frac{\mathrm{d}\theta}{\mathrm{d}T_1} &= 0 \end{aligned}\right\} \tag{10.1.61}$$

第 2 式から $\theta = \theta_0$ は定数となる．また，$T_1 = 0$ で $a = a_0$ として第 1 式を積分すると，

$$a = \frac{2}{\sqrt{1 + (4/a_0^2 - 1)\exp(-\omega_0 T_1)}} \tag{10.1.62}$$

となり，式（10.1.47），（10.1.49），（10.1.52），（10.1.62）から，

$$x_0 = a \cos \omega_0 T_0, \qquad \theta_0 = 0 \tag{10.1.63}$$

を得る．式(10.1.62)から，$t \to \infty$ のとき $a \to 2$ であることがわかる．さらに，式(10.1.59)から，初期条件を満たす解 x_1 が次のように求められる．

$$x_1 = \frac{3a^3}{32} \sin \omega_0 T_0 - \frac{a^3}{32} \sin 3\omega_0 T_0 \tag{10.1.64}$$

結局，式（10.1.44），（10.1.45），（10.1.62）～（10.1.64）から，ε^1 のオーダーの近似解（過渡応答解）として次式を得る．

$$\left.\begin{aligned} x &= a \cos \omega_0 t + \varepsilon \frac{a^3}{32}(3 \sin \omega_0 t - \sin 3\omega_0 t) \\ a &= \frac{2}{\sqrt{1 + (4/a_0^2 - 1)\exp(-\varepsilon\omega_0 t)}} \end{aligned}\right\} \tag{10.1.65}$$

一方，定常応答解については，式（10.1.61）において $\mathrm{d}a/\mathrm{d}T_1 = 0$ とおいた式から，$a = 2$ が求められる．以下，同様の手順により，さらに高次の近似解を順次求めることができる．

b.　非自律系の主共振

まず，非自律系のダフィング方程式（10.1.4）に多重尺度法を適用する．主共振領域（$\Omega \approx \omega_0$）における近似解を求めるために，摂動法の場合と同様に式（10.1.25）で定義される離調率 σ を導入し，式（10.1.4）を次のように書き換える．

$$\ddot{x} + \Omega^2 x = \varepsilon(\delta\omega_0^2 \cos \Omega t - 2\zeta\omega_0 \dot{x} + \sigma x - \alpha\omega_0^2 x^3) \qquad (10.1.66)$$

さらに，式（10.1.45），（10.1.46）を式（10.1.66）に代入して ε の同べきの項を等置すると，

$$\varepsilon^0 : D_0^2 x_0 + \Omega^2 x_0 = 0 \qquad (10.1.67a)$$

$$\varepsilon^1 : D_0^2 x_1 + \Omega^2 x_1 = \delta\omega_0^2 \cos \Omega T_0 - 2D_0 D_1 x_0 - 2\zeta\omega_0 D_0 x_0 + \sigma x_0 - \alpha\omega_0^2 x_0^3 \qquad (10.1.67b)$$

$$\vdots$$

式（10.1.67a）の一般解は，次式で与えられる．

$$x_0 = A(T_1, T_2, \cdots) \exp(i\Omega T_0) + \mathrm{cc.} \qquad (10.1.68)$$

式（10.1.68）を式（10.1.67b）の右辺に代入して整理すると，次式を得る．

$$\begin{aligned} D_0^2 x_1 + \Omega^2 x_1 = &-\left\{2i\Omega D_1 A + 2i\zeta\omega_0 \Omega A - \sigma A + 3\alpha\omega_0^2 A^2 \bar{A} - \frac{1}{2}\delta\omega_0^2\right\} \exp(i\Omega T_0) \\ &- \omega_0^2 A^3 \exp(3i\Omega T_0) + \mathrm{cc.} \end{aligned} \qquad (10.1.69)$$

式（10.1.69）の特解に永年項が現れないための条件は，$\exp(i\Omega T_0)$ および $\exp(-i\Omega T_0)$ の係数がともに 0 であることである．すなわち，

$$\left.\begin{aligned} 2i\Omega D_1 A + 2i\zeta\omega_0 \Omega A - \sigma A + 3\alpha\omega_0^2 A^2 \bar{A} - \frac{1}{2}\delta\omega_0^2 = 0 \\ 2i\Omega D_1 \bar{A} + 2i\zeta\omega_0 \Omega \bar{A} + \sigma \bar{A} - 3\alpha\omega_0^2 \bar{A}^2 A + \frac{1}{2}\delta\omega_0^2 = 0 \end{aligned}\right\} \qquad (10.1.70)$$

自律系の場合と同様に，A, $\bar{A}$ は T_1 のみの関数であるとみなして式（10.1.52）のように表し，式（10.1.70）に代入して整理すると次式を得る．

$$\left.\begin{aligned} \frac{\mathrm{d}a}{\mathrm{d}T_1} &= -\zeta\omega_0 a - \frac{\delta\omega_0^2}{2\Omega} \sin\theta \\ \frac{\mathrm{d}\theta}{\mathrm{d}T_1} &= -\frac{\sigma}{2\Omega} + \frac{3\alpha\omega_0^2}{8\Omega} a^2 - \frac{\delta\omega_0^2}{2\Omega a} \cos\theta \end{aligned}\right\} \qquad (10.1.71)$$

式（10.1.71）の解 $a(T_1) = a(\varepsilon t)$, $\theta(T_1) = \theta(\varepsilon t)$ が求められると，式（10.1.52），（10.1.68）から，過渡応答解 x_0 は次のように表すことができる．

$$x_0 = a \cos(\Omega t + \theta) \qquad (10.1.72)$$

一方，定常応答解は式（10.1.71）において $\mathrm{d}a/\mathrm{d}T_1 = 0$，$\mathrm{d}\theta/\mathrm{d}T_1 = 0$ とおくことから求められ，その結果は摂動法の式（10.1.30）と一致する．以下，同様の手順により，高次の近似解を順次求めることが可能である．

次に，非自律系のファンデルポール方程式（10.1.6）を取り扱う．主共振領域（$\Omega \approx \omega_0$）における近似解を求めるために，式（10.1.25）で定義される離調率 σ を導入し，式（10.1.6）を次のように書き換える．

$$\ddot{x}+\Omega^2 x=\varepsilon\{\delta\omega_0^2\cos\Omega t+\omega_0(1-x^2)\dot{x}+\sigma x\} \qquad (10.1.73)$$

さらに，式（10.1.45），(10.1.46）を式（10.1.73）に代入して ε の同べきの項を等置すると，

$$\varepsilon^0 : D_0^2 x_0+\Omega^2 x_0=0 \qquad (10.1.74\text{a})$$

$$\varepsilon^1 : D_0^2 x_1+\Omega^2 x_1=\delta\omega_0^2\cos\Omega T_0+\omega_0(1-x_0^2)D_0x_0-2D_0D_1x_0+\sigma x_0 \qquad (10.1.74\text{b})$$

$$\vdots$$

式（10.1.74a）の一般解は式（10.1.68）で与えられる．これを式（10.1.74b）の右辺に代入して整理すると，次式を得る．

$$D_0^2x_1+\Omega^2x_1=-\left\{2i\Omega D_1A-\sigma A-i\omega_0\Omega A(1-A\bar{A})-\frac{\delta\omega_0^2}{2}\right\}\exp(i\Omega T_0)$$
$$-i\omega_0\Omega A^3\exp(3i\Omega T_0)+\text{cc.} \qquad (10.1.75)$$

したがって，永年項消去の条件は，次式のようになる．

$$\left.\begin{aligned}&2i\Omega D_1A-\sigma A-i\omega_0\Omega A(1-A\bar{A})-\frac{\delta\omega_0^2}{2}=0\\&2i\Omega D_1\bar{A}+\sigma\bar{A}-i\omega_0\Omega\bar{A}(1-A\bar{A})+\frac{\delta\omega_0^2}{2}=0\end{aligned}\right\} \qquad (10.1.76)$$

$A, \bar{A}$ を式（10.1.52）のように表し，式（10.1.76）に代入して整理すると次式を得る．

$$\left.\begin{aligned}&\frac{\mathrm{d}a}{\mathrm{d}T_1}=-\frac{\omega_0}{2}\left(\frac{a^2}{4}-1\right)a-\frac{\delta\omega_0^2}{2\Omega}\sin\theta\\&\frac{\mathrm{d}\theta}{\mathrm{d}T_1}=-\frac{\sigma}{2\Omega}-\frac{\delta\omega_0^2}{2\Omega a}\cos\theta\end{aligned}\right\} \qquad (10.1.77)$$

式(10.1.77)の解 $a(T_1)=a(\varepsilon t)$，$\theta(T_1)=\theta(\varepsilon t)$ が求められると，式(10.1.52)，(10.1.68)から，過渡応答解 x_0 は式（10.1.72）のように表すことができる．一方，定常応答解は式（10.1.77）において $\mathrm{d}a/\mathrm{d}T_1=0$，$\mathrm{d}\theta/\mathrm{d}T_1=0$ とおくことから求められ，その結果は摂動法の式（10.1.34）と一致する．以下，同様の手順により，高次の近似解を順次求めることが可能である．

10.1.3 平　均　法

平均法は $\varepsilon=0$ とおいた線形系の解を母解とし，さらにその振幅と位相がゆっくりと変化する時間関数（徐変関数）であることを利用して1周期の間で平均化操作を施す方法である．平均法では，周期解だけでなく過渡応答や概周期解をも解析することができる．

a. 自律系の場合

自律系の式（10.1.1）に平均法を適用する．$\varepsilon=0$ とおいた線形系の厳密解は，次式で与えられる．

$$x=a\cos\tau, \qquad \dot{x}=-a\omega_0\sin\tau, \qquad \tau=\omega_0 t+\theta \qquad (10.1.78)$$

ここに，a および θ は定数である．平均法では式（10.1.78）を $\varepsilon\neq 0$ の非線形系に対

する母解とし，さらに a および θ を時間 t の関数であると考える．このとき，式(10.1.78)の第1式を t について微分すると，次のようになる．

$$\dot{x}=\dot{a}\cos\tau-a(\omega_0+\dot{\theta})\sin\tau \tag{10.1.79}$$

これと式（10.1.78）の第2式とを比較すると，次の関係が求められる．

$$\dot{a}\cos\tau-a\dot{\theta}\sin\tau=0 \tag{10.1.80}$$

一方，式（10.1.78）の第2式を t について微分すると次式を得る．

$$\ddot{x}=-\omega_0\{\dot{a}\sin\tau+a(\omega_0+\dot{\theta})\cos\tau\} \tag{10.1.81}$$

式（10.1.78）および式（10.1.81）を式（10.1.1）に代入したものと式（10.1.80）とから，$\dot{a}$ および $\dot{\theta}$ を求めると次のようになる．

$$\left.\begin{aligned}\dot{a}&=-\frac{\varepsilon}{\omega_0}f(a\cos\tau,\ -a\omega_0\sin\tau)\sin\tau\\ \dot{\theta}&=-\frac{\varepsilon}{\omega_0 a}f(a\cos\tau,\ -a\omega_0\sin\tau)\cos\tau\end{aligned}\right\} \tag{10.1.82}$$

このように，$\dot{a}$ および $\dot{\theta}$ は微小（ε のオーダー）であるので，a および θ は時間とともにゆっくりと変化する関数であると考えられる．そこで，1周期（τ に関して 2π）の間で a および θ は定数であるとみなして式（10.1.82）の両辺に対して平均化操作を施すと，

$$\left.\begin{aligned}\dot{\tilde{a}}&=-\frac{\varepsilon}{2\pi\omega_0}\int_0^{2\pi}f(\tilde{a}\cos\tau,\ -\tilde{a}\omega_0\sin\tau)\sin\tau\,\mathrm{d}\tau\\ \dot{\tilde{\theta}}&=-\frac{\varepsilon}{2\pi\omega_0\tilde{a}}\int_0^{2\pi}f(\tilde{a}\cos\tau,\ -\tilde{a}\omega_0\sin\tau)\cos\tau\,\mathrm{d}\tau\end{aligned}\right\} \tag{10.1.83}$$

が求められる．ここに，"~"は平均化処理が施された変数を示し，式（10.1.83）右辺の積分処理においては定数とみなす．式（10.1.83）を式（10.1.82）の平均化方程式とよぶ．

式(10.1.83)から $\tilde{a}(t)$ および $\tilde{\theta}(t)$ が求められると，過渡応答の近似解は $x=\tilde{a}\cos(\omega_0 t+\tilde{\theta})$ のように求められる．一方，周期解に対する $\tilde{a}$ および $\tilde{\theta}$ は，式（10.1.83）において $\dot{\tilde{a}}=0$，$\dot{\tilde{\theta}}=0$ とおいた式から求められる．

具体例として，まず自律系のダフィング方程式（10.1.3）を取り扱う．このとき，平均化方程式（10.1.83）は次のようになる．

$$\left.\begin{aligned}\dot{\tilde{a}}&=0\\ \dot{\tilde{\theta}}&=\varepsilon\frac{3}{8}\alpha\tilde{a}^2\omega_0\end{aligned}\right\} \tag{10.1.84}$$

第1式から $\tilde{a}$ は一定値であることがわかる．さらに，$t=0$ で $\tilde{\theta}=0$ として式（10.1.84）の第2式を積分することにより，平均法による近似解が次式のように求められる．

$$x=\tilde{a}\cos\omega t,\qquad \omega=\left(1+\varepsilon\frac{3}{8}\alpha\tilde{a}^2\right)\omega_0 \tag{10.1.85}$$

次に，自律系のファンデルポール方程式（10.1.5）を取り扱う．このとき，平均化方程式は次のように求められる．

$$\left.\begin{aligned}\dot{\tilde{a}}&=-\varepsilon\frac{\omega_0}{2}\left(\frac{\tilde{a}^2}{4}-1\right)\tilde{a}\\ \dot{\tilde{\theta}}&=0\end{aligned}\right\}\tag{10.1.86}$$

さらに，$t=0$ のとき $\tilde{a}=\tilde{a}_0$，$\tilde{\theta}=0$ として式（10.1.86）を積分することにより，平均法による近似解が次式のように求められる．

$$x=\tilde{a}\cos\omega_0 t,\qquad \tilde{a}=\frac{2}{\sqrt{1+(4/\tilde{a}_0^2-1)\exp(-\varepsilon\omega_0 t)}}\tag{10.1.87}$$

式（10.1.87）から，$t\to\infty$ のとき $\tilde{a}\to 2$ であることがわかる．

b. 非自律系の主共振

非自律系の式（10.1.2）を対象として，$\Omega\approx\omega_n$ の主共振領域の解を平均法によって求める．その母解を次のように仮定する．

$$x=a\cos\tau,\qquad \dot{x}=-a\Omega\sin\tau,\qquad \tau=\Omega t+\theta\tag{10.1.88}$$

以下の解析手順は，自律系の場合とほぼ同様である．まず，式（10.1.88）の第 1 式を t について微分した式と第 2 式との比較により，式（10.1.80）を得る．次に，式（10.1.88）の第 2 式を t について微分すると，

$$\ddot{x}=-\dot{a}\Omega\sin\tau-a\Omega(\Omega+\dot{\theta})\cos\tau\tag{10.1.89}$$

式（10.1.88）および式（10.1.89）を式（10.1.2）に代入した式と式（10.1.80）とから，$\dot{a}$ および $\dot{\theta}$ が次のように求められる．

$$\left.\begin{aligned}\dot{a}&=-\frac{1}{\Omega}\{\varepsilon f(a\cos\tau,\ -a\Omega\sin\tau,\ \tau-\theta)+(\Omega^2-\omega_0^2)a\cos\tau\}\sin\tau\\ \dot{\theta}&=-\frac{1}{\Omega a}\{\varepsilon f(a\cos\tau,\ -a\Omega\sin\tau,\ \tau-\theta)+(\Omega^2-\omega_0^2)a\cos\tau\}\cos\tau\end{aligned}\right\}\tag{10.1.90}$$

$\Omega\approx\omega_n$ の主共振領域では，式（10.1.90）の右辺，したがって $\dot{a}$ および $\dot{\theta}$ が微小であるので，自律系の場合と同様の平均化処理を施すと，次のような平均化方程式が求められる．

$$\left.\begin{aligned}\dot{\tilde{a}}&=-\frac{\varepsilon}{2\pi\Omega}\int_0^{2\pi}f(\tilde{a}\cos\tau,\ -\tilde{a}\Omega\sin\tau,\ \tau-\tilde{\theta})\sin\tau\,\mathrm{d}\tau\\ \dot{\tilde{\theta}}&=-\frac{1}{2\pi\Omega\tilde{a}}\left\{\varepsilon\int_0^{2\pi}f(\tilde{a}\cos\tau,\ -\tilde{a}\Omega\sin\tau,\ \tau-\tilde{\theta})\cos\tau\,\mathrm{d}\tau+(\Omega^2-\omega_0^2)\pi\tilde{a}\right\}\end{aligned}\right\}\tag{10.1.91}$$

式（10.1.91）から $\tilde{a}(t)$ および $\tilde{\theta}(t)$ が求められると，過渡応答は $x=\tilde{a}\cos(\Omega t+\tilde{\theta})$ のように求められる．一方，定常応答に対する $\tilde{a}$ および $\tilde{\theta}$ は，式（10.1.91）において $\dot{\tilde{a}}=0$，$\dot{\tilde{\theta}}=0$ とおくことにより求められる．

具体例として，まず非自律系のダフィング方程式（10.1.4）を取り扱う．このとき，平均化方程式（10.1.91）は次のようになる．

$$\left.\begin{aligned}\dot{\tilde{a}}&=-\frac{\varepsilon}{2\Omega}(\delta\omega_0^2\sin\tilde{\theta}+2\zeta\omega_0\Omega\tilde{a})\\ \dot{\tilde{\theta}}&=-\frac{\varepsilon}{2\Omega\tilde{a}}\left\{\frac{\Omega^2-\omega_0^2}{\varepsilon}\tilde{a}+\omega_0^2\left(\delta\cos\tilde{\theta}-\frac{3}{4}\tilde{a}^3\right)\right\}\end{aligned}\right\}\tag{10.1.92}$$

定常応答に対する $\tilde{a}$ および $\tilde{\theta}$ の周波数応答関数は，式（10.1.92）で $\dot{\tilde{a}}=0$, $\dot{\tilde{\theta}}=0$ とおいた式から求められる．その結果は，$\tilde{a}=a$, $\tilde{\theta}=\theta$ とみなすと摂動法の解である式（10.1.30）と一致する．

次に，非自律系のファンデルポール方程式（10.1.6）を取り扱う．このとき，平均化方程式は次のように求められる．

$$\left.\begin{aligned}\dot{\tilde{a}}&=-\varepsilon\left\{\frac{\omega_0}{2}\left(\frac{\tilde{a}^2}{4}-1\right)\tilde{a}+\frac{\delta\omega_0^2}{2\Omega}\sin\tilde{\theta}\right\}\\ \dot{\tilde{\theta}}&=-\varepsilon\left\{\frac{(\Omega^2-\omega_0^2)}{2\varepsilon\Omega}+\frac{\delta\omega_0^2}{2\Omega\tilde{a}}\cos\tilde{\theta}\right\}\end{aligned}\right\} \tag{10.1.93}$$

定常応答に対する $\tilde{a}$ および $\tilde{\theta}$ の周波数応答関数は，式（10.1.93）で $\dot{\tilde{a}}=0$, $\dot{\tilde{\theta}}=0$ とおいた式から求められる．その結果は，$\tilde{a}=a$, $\tilde{\theta}=\theta$ とみなすと摂動法の解である式（10.1.34）と一致する．

10.1.4　1 項近似の調和バランス法（記述関数法）

調和バランス法はガレルキン法を基盤とする方法であり，かなり広範な系に対して近似解近傍における厳密解の存在条件や厳密解への収束性が確立されている．その意味では，数学的基礎付けの明確な手法であるといえる．また，計算手続きに規則性があるので，計算機利用による高精度近似解の計算が比較的容易であることなどの特長も有している．ただし，調和バランス法では，原則として定常周期解しか求めることができない．本項では，ほかの解法との比較のために，最も基本的な 1 項近似について説明する．なお，1 項近似の調和バランス法は，非線形制御でよく利用される記述関数法と本質的には同一である．

自律系の式（10.1.1）および非自律系の式（10.1.2）を適用対象とする．自律系に対しては ω を未知の角振動数として，1 項近似解を次のように仮定する．

$$x=a\cos\tau,\qquad \tau=\omega t+\theta \tag{10.1.94}$$

一方，非自律系の場合には，f と同一周期の定常周期解を求めるものとして，その 1 項近似を次式のように仮定する．

$$x=a\cos\tau,\qquad \tau=\Omega t+\theta \tag{10.1.95}$$

ここに，a, θ は定数である．この x および $\dot{x}$ を式（10.1.1）および式（10.1.2）の右辺に代入すると，$f(x,\dot{x})$ および $f(x,\dot{x},\tau-\theta)$ はともに τ に関して 2π 周期となるので，フーリエ級数に展開できる．その一次項のみを残して定数項および高次項を省略したものを $\hat{f}(\tau)$ とし，次式のように表す．

$$\hat{f}(\tau)=g^1(a,\theta)\cos\tau+h^1(a,\theta)\sin\tau \tag{10.1.96}$$

ここに，一次のフーリエ係数 $g^1(a,\theta)$ および $h^1(a,\theta)$ は，ともに a, θ の関数になる．なお，$\theta=0$ のときの $g^1(a,0)$ および $h^1(a,0)$ を用いて定義される複素関数

$$N(a)=\frac{g^1(a,0)+ih^1(a,0)}{a} \tag{10.1.97}$$

を記述関数または等価伝達関数とよぶ．また，これを用いて定常周期解を求める手法が記述関数法である．ただし，複素化されていることを除けば，その具体的な計算手順は以下の調和バランス法とまったく同等である．

調和バランス法では，式（10.1.94），(10.1.95）のような周期解を式（10.1.1），(10.1.2）の代わりに次式から求める．

$$\ddot{x}+\omega_0^2 x=\varepsilon\hat{f}(\tau) \tag{10.1.98}$$

式(10.1.98)に式(10.1.94)～(10.1.96)を代入して $\cos\tau$, $\sin\tau$ の係数を等置すると，a および θ を決定する関係式が次のように求められる．

自律系の場合：$(\omega_0^2-\omega^2)a=\varepsilon g^1(a,\theta),\qquad h^1(a,\theta)=0$　(10.1.99)

非自律系の場合：$(\omega_0^2-\Omega^2)a=\varepsilon g^1(a,\theta),\qquad h^1(a,\theta)=0$　(10.1.100)

a. 自律系の場合

具体例として，まず，自律系のダフィング方程式（10.1.3）を取り扱う．このとき，式（10.1.99）の第1式は次のようになる．

$$\omega_0^2-\omega^2=-\varepsilon\frac{3}{4}\alpha a^2\omega_0^2 \;\Rightarrow\; \omega=\sqrt{1+\varepsilon\frac{3\alpha a^2}{4}}\,\omega_0 \tag{10.1.101}$$

一方,式（10.1.99）の第2式は恒等的に成立する．すなわち,θ は任意の値でよい（初期条件から定められる）ので，ここでは $\theta=0$ とする．したがって，式（10.1.3）の1項近似解は次のようになる．

$$x=a\cos\omega t,\qquad \omega=\sqrt{1+\varepsilon\frac{3\alpha a^2}{4}}\,\omega_0 \tag{10.1.102}$$

次に,自律系のファンデルポール方程式(10.1.5)を取り扱う．このとき,式(10.1.99)は次のようになる．

$$\left.\begin{aligned}&\omega_0^2-\omega^2=0 \;\Rightarrow\; \omega=\omega_0\\&\left(1-\frac{a^2}{4}\right)a=0 \;\Rightarrow\; a=2\end{aligned}\right\} \tag{10.1.103}$$

この場合にも θ は任意の値でよい（初期条件から定められる）ので，ここでは $\theta=0$ とする．したがって，式（10.1.3）の1項近似解は次のようになる．

$$x=2\cos\omega_0 t \tag{10.1.104}$$

b. 非自律系の場合

具体例として，まず，非自律系のダフィング方程式（10.1.4）を取り扱う．このとき，式（10.1.100）は次のようになる．

$$\left.\begin{aligned}&\delta\cos\theta+\left(\frac{\Omega^2-\omega_0^2}{\varepsilon\omega_0^2}-\frac{3\alpha a^2}{4}\right)a=0\\&\delta\sin\theta+\frac{2\zeta\Omega a}{\omega_0}=0\end{aligned}\right\} \tag{10.1.105}$$

これから a および θ の周波数応答関数が求められ，その結果は摂動法の解である式(10.1.30）と一致する．

次に，非自律系のファンデルポール方程式（10.1.6）を取り扱う．このとき，式（10.1.100）は次のようになる．

$$\left.\begin{aligned} &\frac{\Omega^2-\omega_0^2}{\varepsilon\omega_0^2}a+\delta\cos\theta=0 \\ &\frac{\Omega}{\omega_0}\left(\frac{a^2}{4}-1\right)a+\delta\sin\theta=0 \end{aligned}\right\} \qquad (10.1.106)$$

これから a および θ の周波数応答関数が求められ，その結果は摂動法の解である式（10.1.34）と一致する．

10.2　大規模強非線形系に対する数値解析的手法

機械システムは一般に大きな自由度を有しており，しかもガタや摩擦力が作用している系が多い．ガタや摩擦力は不連続な非線形性の代表例であり，これらが作用する系では弱非線形性の仮定が成立しなくなる．したがって，実際の機械設計に利用できる有意な解析結果を得るためには，大規模な強非線形系に対して高精度の近似解を能率よく求めることのできる解析法が必要となる．さらに，非線形振動を対象とする場合，単に数値シミュレーション結果を得るだけでは不十分で，不安定解をも含む複雑な周波数応答の全容を解明するとともに,得られた解の安定判別をも行う必要がある．多自由度強非線形系に対してこのような解析が可能な解法は，現在のところ多項近似の調和バランス法とシューティング法の2つに限られる．本節では，これら2つの解析法の概要について説明する．

一方，系の自由度が増加すると計算時間やメモリ量が爆発的に増大し，調和バランス法とシューティング法をもってしても現実的な解析が困難になることが多い．そこで，局所的に強い非線形性を有する大規模自由度系に対する非常に有効な低次元化法を紹介する．

調和バランス法，シューティング法ともに，自律系の場合には，次のような n 元連立非線形常微分方程式を基礎式とする．

$$\dot{\boldsymbol{x}}=\boldsymbol{X}(\boldsymbol{x}) \qquad (10.2.1)$$

ここに，$\boldsymbol{x}$ および $\boldsymbol{X}$ は n 次元実ベクトルである．また，$\boldsymbol{X}$ およびヤコビ行列

$$\boldsymbol{A}(\boldsymbol{x})=\frac{\partial\boldsymbol{X}(\boldsymbol{x})}{\partial\boldsymbol{x}}=\begin{bmatrix}\dfrac{\partial X_1}{\partial x_1} & \cdots & \dfrac{\partial X_1}{\partial x_n}\\ \vdots & & \vdots \\ \dfrac{\partial X_n}{\partial x_1} & \cdots & \dfrac{\partial X_n}{\partial x_n}\end{bmatrix},\qquad \boldsymbol{X}=\begin{bmatrix}X_1\\ \vdots\\ X_n\end{bmatrix},\qquad \boldsymbol{x}=\begin{bmatrix}x_1\\ \vdots\\ x_n\end{bmatrix} \qquad (10.2.2)$$

は $\boldsymbol{x}$ に関して十分に滑らかであり，式（10.2.1）には t について周期 $T=2\pi/\omega$ の周期解が存在するものと仮定する．ただし，T および ω は未知数である．

一方，非自律系の場合には，次のような n 元連立非線形常微分方程式を基礎式と

する．

$$\dot{\boldsymbol{x}}=\boldsymbol{X}(t,\boldsymbol{x}) \tag{10.2.3}$$

ここに，$\boldsymbol{x}$ および $\boldsymbol{X}$ は n 次元実ベクトルであり，$\boldsymbol{X}$ は t について周期 $T=2\pi/\Omega$ であるものとする．さらに，$\boldsymbol{X}$ およびヤコビ行列 $\boldsymbol{A}(t,\boldsymbol{x})=\partial\boldsymbol{X}(t,\boldsymbol{x})/\partial\boldsymbol{x}$ は t および $\boldsymbol{x}$ に関して十分に滑らかであり，式（10.2.3）には t について周期 $T=2\tilde{m}\pi/\Omega$（$\tilde{m}$ は正整数で，$\tilde{m}\geq 2$ のとき $1/\tilde{m}$ 次分数調波振動に対応する）の周期解が存在するものと仮定する．ただし，T および Ω は既知である．

10.2.1 多項近似の調和バランス法[5)]

調和バランス法は，アルゴリズムの規則性が高いので計算機の利用に適しており，多自由度系や強非線形系に対しても任意の精度で周期解を求めることが可能である．

a. 自律系の場合

解の周期を 2π とするために $\tau=\omega t$ を導入すると，式（10.2.1）は，

$$\boldsymbol{x}'=\frac{1}{\omega}\boldsymbol{X}(\boldsymbol{x}) \tag{10.2.4}$$

のように書き直すことができる．式（10.2.4）の 2π 周期の解はフーリエ級数に展開できるので，その近似解を N 次までの有限フーリエ級数で仮定し，次のように表す．

$$\boldsymbol{x}=\frac{\boldsymbol{a}^0}{2}+\sum_{m=1}^{N}(\boldsymbol{a}^m\cos m\tau+\boldsymbol{b}^m\sin m\tau) \tag{10.2.5}$$

一方，この近似解を代入した $\boldsymbol{X}(\boldsymbol{x})$ およびヤコビ行列 $\boldsymbol{A}(\boldsymbol{x})$ もまた τ について 2π 周期の関数となるので，それぞれ次のようなフーリエ級数に展開できる．

$$\boldsymbol{X}(\boldsymbol{x})=\frac{\boldsymbol{c}^0}{2}+\sum_{m=1}^{\infty}(\boldsymbol{c}^m\cos m\tau+\boldsymbol{d}^m\sin m\tau) \tag{10.2.6}$$

$$\boldsymbol{A}(\boldsymbol{x})=\frac{\boldsymbol{C}^0}{2}+\sum_{m=1}^{\infty}(\boldsymbol{C}^m\cos m\tau+\boldsymbol{D}^m\sin m\tau) \tag{10.2.7}$$

これらの係数 $\boldsymbol{c}^0,\boldsymbol{c}^m,\boldsymbol{d}^m$ および $\boldsymbol{C}^0,\boldsymbol{C}^m,\boldsymbol{D}^m$ は，いずれも $\boldsymbol{a}^0,\boldsymbol{a}^m,\boldsymbol{b}^m$ の非線形関数となる．

次に，式（10.2.5），(10.2.6）を式（10.2.4）に代入し，同じ次数のフーリエ係数を等置して整理すると，次式が求められる．

$$\boldsymbol{R}=\omega\boldsymbol{U}\boldsymbol{Q} \tag{10.2.8}$$

ここに，$\boldsymbol{Q}$ および $\boldsymbol{R}$ は $(2N+1)n$ 次元ベクトル，$\boldsymbol{U}$ は $(2N+1)n$ 次のブロック対角行列であり，それぞれ次式で定義される．ただし，$\boldsymbol{0}_n$ は n 次零行列，$\boldsymbol{I}_n$ は n 次単位行列，Diag［…］はブロック対角行列である．また，本項では左上添字 t は転置を示す．

$$\left.\begin{aligned}
&\boldsymbol{Q}={}^{\mathrm{t}}({}^{\mathrm{t}}\boldsymbol{a}^0,{}^{\mathrm{t}}\boldsymbol{a}^1,{}^{\mathrm{t}}\boldsymbol{b}^1,{}^{\mathrm{t}}\boldsymbol{a}^2,{}^{\mathrm{t}}\boldsymbol{b}^2,\cdots,{}^{\mathrm{t}}\boldsymbol{a}^N,{}^{\mathrm{t}}\boldsymbol{b}^N)\\
&\boldsymbol{R}={}^{\mathrm{t}}({}^{\mathrm{t}}\boldsymbol{c}^0,{}^{\mathrm{t}}\boldsymbol{c}^1,{}^{\mathrm{t}}\boldsymbol{d}^1,{}^{\mathrm{t}}\boldsymbol{c}^2,{}^{\mathrm{t}}\boldsymbol{d}^2,\cdots,{}^{\mathrm{t}}\boldsymbol{c}^N,{}^{\mathrm{t}}\boldsymbol{d}^N)\\
&\boldsymbol{U}=\mathrm{Diag}\,[\boldsymbol{0}_n,\boldsymbol{U}^1,\boldsymbol{U}^2,\cdots,\boldsymbol{U}^N]\\
&\boldsymbol{U}^m=\begin{bmatrix}\boldsymbol{0}_n & m\boldsymbol{I}_n\\ -m\boldsymbol{I}_n & \boldsymbol{0}_n\end{bmatrix}\quad(m=1,2,\cdots,N)
\end{aligned}\right\} \tag{10.2.9}$$

このように，調和バランス法では，式（10.2.5）のような近似解を求める問題は，式（10.2.8）を満足する $\boldsymbol{Q}$ および基本角振動数 ω を求める問題に帰着される．ただし，未知数が $(2N+1)n+1$ 個であるにもかかわらず式（10.2.8）は $(2N+1)n$ 元の方程式であり，このままでは解を求めることができない．そこで，自律系の場合には解の位相に任意性がある（時間の原点を自由に選べる）ことに着目して，この位相を適当に拘束するものとし，次のような $\boldsymbol{Q}$ に対する拘束条件式を1本付加する．

$$g(\boldsymbol{Q})=0 \tag{10.2.10}$$

その具体例としては，恒等的に0でない成分のうち，いずれか1つを0に拘束することなどが考えられる．

式(10.2.8)および式(10.2.10)を満足する $\boldsymbol{Q}$ および ω の求解法として，通常はニュートン法が利用される．いま，k 回目の逐次近似計算に関する物理量に下添字 k を付すものとし，近似値を $\boldsymbol{Q}_k$, ω_k, その修正値を $\Delta\boldsymbol{Q}_k$, $\Delta\omega_k$ とすれば，修正値の計算式は次のようになる．

$$\begin{bmatrix} \boldsymbol{G}_k+\boldsymbol{H}_k-\omega_k\boldsymbol{U} & -\boldsymbol{R}_k/\omega_k \\ \partial g(\boldsymbol{Q}_k)/\partial\boldsymbol{Q} & 0 \end{bmatrix}\begin{bmatrix} \Delta\boldsymbol{Q}_k \\ \Delta\omega_k \end{bmatrix}=\begin{bmatrix} \omega_k\boldsymbol{U}\boldsymbol{Q}_k-\boldsymbol{R}_k \\ -g(\boldsymbol{Q}_k) \end{bmatrix} \tag{10.2.11}$$

ここに，$\boldsymbol{G}_k, \boldsymbol{H}_k$ は $(2N+1)n$ 次正方行列であり，次式で定義される．

$$\left.\begin{aligned} \boldsymbol{G}_k&=\frac{1}{2}\begin{bmatrix} \boldsymbol{0}_n & \boldsymbol{C}_k^1 & \boldsymbol{D}_k^1 & \boldsymbol{C}_k^2 & \boldsymbol{D}_k^2 & \cdots & \boldsymbol{C}_k^N & \boldsymbol{D}_k^N \\ \boldsymbol{0}_n & \boldsymbol{C}_k^2 & \boldsymbol{D}_k^2 & \boldsymbol{C}_k^3 & \boldsymbol{D}_k^3 & \cdots & \boldsymbol{C}_k^{N+1} & \boldsymbol{D}_k^{N+1} \\ \boldsymbol{0}_n & \boldsymbol{D}_k^2 & -\boldsymbol{C}_k^2 & \boldsymbol{D}_k^3 & -\boldsymbol{C}_k^3 & \cdots & \boldsymbol{D}_k^{N+1} & -\boldsymbol{C}_k^{N+1} \\ \boldsymbol{0}_n & \boldsymbol{C}_k^3 & \boldsymbol{D}_k^3 & \boldsymbol{C}_k^4 & \boldsymbol{D}_k^4 & \cdots & \boldsymbol{C}_k^{N+2} & \boldsymbol{D}_k^{N+2} \\ \boldsymbol{0}_n & \boldsymbol{D}_k^3 & -\boldsymbol{C}_k^3 & \boldsymbol{D}_k^4 & -\boldsymbol{C}_k^4 & \cdots & \boldsymbol{D}_k^{N+2} & -\boldsymbol{C}_k^{N+2} \\ \vdots & \vdots & \vdots & \vdots & \vdots & \ddots & \vdots & \\ \boldsymbol{0}_n & \boldsymbol{C}_k^{N+1} & \boldsymbol{D}_k^{N+1} & \boldsymbol{C}_k^{N+2} & \boldsymbol{D}_k^{N+2} & \cdots & \boldsymbol{C}_k^{2N} & \boldsymbol{D}_k^{2N} \\ \boldsymbol{0}_n & \boldsymbol{D}_k^{N+1} & -\boldsymbol{C}_k^{N+1} & \boldsymbol{D}_k^{N+2} & -\boldsymbol{C}_k^{N+2} & \cdots & \boldsymbol{D}_k^{2N} & -\boldsymbol{C}_k^{2N} \end{bmatrix} \\ \boldsymbol{H}_k&=\frac{1}{2}\begin{bmatrix} \boldsymbol{C}_k^0 & \boldsymbol{C}_k^1 & \boldsymbol{D}_k^1 & \boldsymbol{C}_k^2 & \boldsymbol{D}_k^2 & \cdots & \boldsymbol{C}_k^N & \boldsymbol{D}_k^N \\ \boldsymbol{C}_k^1 & \boldsymbol{C}_k^0 & \boldsymbol{0}_n & \boldsymbol{C}_k^1 & \boldsymbol{D}_k^1 & \cdots & \boldsymbol{C}_k^{N-1} & \boldsymbol{D}_k^{N-1} \\ \boldsymbol{D}_k^1 & \boldsymbol{0}_n & \boldsymbol{C}_k^0 & -\boldsymbol{D}_k^1 & \boldsymbol{C}_k^1 & \cdots & -\boldsymbol{D}_k^{N-1} & \boldsymbol{C}_k^{N-1} \\ \boldsymbol{C}_k^2 & \boldsymbol{C}_k^1 & -\boldsymbol{D}_k^1 & \boldsymbol{C}_k^0 & \boldsymbol{0}_n & \cdots & \boldsymbol{C}_k^{N-2} & \boldsymbol{D}_k^{N-2} \\ \boldsymbol{D}_k^2 & \boldsymbol{D}_k^1 & \boldsymbol{C}_k^1 & \boldsymbol{0}_n & \boldsymbol{C}_k^0 & \cdots & -\boldsymbol{D}_k^{N-2} & \boldsymbol{C}_k^{N-2} \\ \vdots & \vdots & \vdots & \vdots & \vdots & \ddots & \vdots & \vdots \\ \boldsymbol{C}_k^N & \boldsymbol{C}_k^{N-1} & -\boldsymbol{D}_k^{N-1} & \boldsymbol{C}_k^{N-2} & -\boldsymbol{D}_k^{N-2} & \cdots & \boldsymbol{C}_k^0 & \boldsymbol{0}_n \\ \boldsymbol{D}_k^N & \boldsymbol{D}_k^{N-1} & \boldsymbol{C}_k^{N-1} & \boldsymbol{D}_k^{N-2} & \boldsymbol{C}_k^{N-2} & \cdots & \boldsymbol{0}_n & \boldsymbol{C}_k^0 \end{bmatrix} \end{aligned}\right\} \tag{10.2.12}$$

式（10.2.11）中の $\boldsymbol{R}_k, \boldsymbol{G}_k, \boldsymbol{H}_k$ の要素はいずれも $\boldsymbol{Q}_k$ の関数である．しかも，式（10.2.6），（10.2.7），（10.2.9），（10.2.12）に示すように $\boldsymbol{X}(\boldsymbol{x})$ およびヤコビ行列 $\boldsymbol{A}(\boldsymbol{x})$ のフーリエ係数として高精度かつ能率的に求められるので，ニュートン法の収束性のよさを活用できる．また，式（10.2.11）は $\Delta\boldsymbol{Q}_k$ および $\Delta\omega_k$ に関する $(2N+1)n+1$ 元連立線形代数方程式であるから，$\Delta\boldsymbol{Q}_k$ および $\Delta\omega_k$ は数値的に求められる．したがって，式

(10.2.11) および

$$\left.\begin{aligned}\boldsymbol{Q}_{k+1}&=\boldsymbol{Q}_k+\Delta\boldsymbol{Q}_k\\ \omega_{k+1}&=\omega_k+\Delta\omega_k\end{aligned}\right\} \tag{10.2.13}$$

の反復計算を，$\|\Delta\boldsymbol{Q}_k\|+|\Delta\omega_k|$ が必要な程度に微小となるまで繰り返すことによって，周期解のフーリエ係数 $\boldsymbol{Q}$ および基本角振動数 ω が逐次近似計算される．

なお，機械システムでは奇数次のみのフーリエ級数に展開できる奇数次解が比較的頻繁に発生する．奇数次解は奇数次のフーリエ係数のみを計算すればよいので，逐次近似式の次元を $(2N+1)n+1$ から約半分の $(N+1)n+1$ に低減できる．

b. 非自律系の場合

解の周期を 2π とするために無次元時間 $\tau=\Omega t/\tilde{m}=\tilde{\Omega}t\,(\tilde{\Omega}=\Omega/\tilde{m})$ を導入すると，式(10.2.3) は次のように書き直すことができる．

$$\boldsymbol{x}'=\frac{1}{\tilde{\Omega}}\boldsymbol{X}(\tau,\boldsymbol{x}),\qquad \tilde{\Omega}=\frac{\Omega}{\tilde{m}} \tag{10.2.14}$$

式 (10.2.14) の 2π 周期の解を式 (10.2.5) のように仮定すると，自律系の場合とほぼ同様の手続きにより，フーリエ係数の逐次近似計算式が次のように求められる．

$$\left.\begin{aligned}&[\boldsymbol{G}_k+\boldsymbol{H}_k-\tilde{\Omega}\boldsymbol{U}]\Delta\boldsymbol{Q}_k=\tilde{\Omega}\boldsymbol{U}\boldsymbol{Q}_k-\boldsymbol{R}_k\\ &\boldsymbol{Q}_{k+1}=\boldsymbol{Q}_k+\Delta\boldsymbol{Q}_k\end{aligned}\right\} \tag{10.2.15}$$

このように，非自律系の場合には周期解の基本角振動数 $\tilde{\Omega}$ は既知であるので，自律系に対するアルゴリズムから未知の基本角振動数に関する逐次近似の手続きをすべて除去できる．

10.2.2 シューティング法[4)]

シューティング法は，直接数値積分法とニュートン法とを併用して，周期解の初期値を効率的に求める手法である．

a. 自律系の場合

シューティング法では，式 (10.2.1) に加えて，次のような変分方程式をも同時に取り扱う．

$$\dot{\boldsymbol{\Psi}}=\boldsymbol{A}(\boldsymbol{x})\boldsymbol{\Psi},\qquad \boldsymbol{A}(\boldsymbol{x})=\frac{\partial\boldsymbol{X}(\boldsymbol{x})}{\partial\boldsymbol{x}} \tag{10.2.16}$$

ここに，$\boldsymbol{A}(\boldsymbol{x})$ および $\boldsymbol{\Psi}$ は n 次正方行列である．

いま，$t=0$ のときの初期値を $\boldsymbol{x}^0$ とする式 (10.2.1) の解を $\boldsymbol{x}(t,\boldsymbol{x}^0)$ で表すものとすれば，$\boldsymbol{x}(t,\boldsymbol{x}^0)$ は次式を満足する．

$$\boldsymbol{x}(0,\boldsymbol{x}^0)=\boldsymbol{x}^0 \tag{10.2.17}$$

$$\boldsymbol{x}(t,\boldsymbol{x}^0)=\boldsymbol{x}^0+\int_0^t\boldsymbol{X}\{\boldsymbol{x}(\tau,\boldsymbol{x}^0)\}\mathrm{d}\tau \tag{10.2.18}$$

この $\boldsymbol{x}(t,\boldsymbol{x}^0)$ が周期 T の周期解であれば $\boldsymbol{x}(T,\boldsymbol{x}^0)=\boldsymbol{x}^0$ となるので，式 (10.2.18) で $t=T$ とおくことにより次式を得る．

$$\int_0^T \boldsymbol{X}\{\boldsymbol{x}(\tau, \boldsymbol{x}^0)\}\mathrm{d}\tau = \boldsymbol{0} \tag{10.2.19}$$

よって，式（10.2.1）の周期解 $\boldsymbol{x}(t, \boldsymbol{x}^0)$ を求める問題は，式（10.2.19）を満足する初期値 $\boldsymbol{x}^0$ および未知の周期 T を求める問題に帰着される．ただし，未知数が $n+1$ 個であるにもかかわらず，式（10.2.19）は n 元の連立方程式であり，このままでは解を求めることができない．そこで，自律系の場合には解の位相に任意性がある（時間の原点を自由に選べる）ことに着目して，この位相を適当に拘束するものとし，次のような初期値 $\boldsymbol{x}^0$ に対する拘束条件式を1本付加する．

$$g(\boldsymbol{x}^0) = 0 \tag{10.2.20}$$

その具体例としては，恒等的に0でない成分のうち，いずれか1つを0に拘束することなどが考えられる．

式（10.2.19）および式（10.2.20）を満足する $\boldsymbol{x}^0$ および T の求解法として，通常はニュートン法が利用される．いま，k 回目の逐次近似計算に関する物理量に下添字 k を付すものとし，近似値を $\boldsymbol{x}_k^0$, T_k，その修正値を $\Delta\boldsymbol{x}_k^0$, ΔT_k とすれば，修正値の計算式は次のようになる．

$$\left.\begin{array}{l}\begin{bmatrix}\boldsymbol{\Psi}_k - \boldsymbol{I}_n & \boldsymbol{X}(\boldsymbol{x}_k^1) \\ \partial g(\boldsymbol{x}_k^0)/\partial\boldsymbol{x}^0 & 0\end{bmatrix}\begin{bmatrix}\Delta\boldsymbol{x}_k^0 \\ \Delta T_k\end{bmatrix} = \begin{bmatrix}\boldsymbol{x}_k^0 - \boldsymbol{x}_k^1 \\ -g(\boldsymbol{x}_k^0)\end{bmatrix} \\ \boldsymbol{\Psi}_k = \boldsymbol{\Psi}(T_k, \boldsymbol{I}_n), \qquad \boldsymbol{x}_k^1 = \boldsymbol{x}(T_k, \boldsymbol{x}_k^0)\end{array}\right\} \tag{10.2.21}$$

ここに，$\boldsymbol{\Psi}(t, \boldsymbol{I}_n)$ は $\boldsymbol{I}_n$ を初期値とする式（10.2.16）の基本解行列（状態遷移行列）を表す．$\boldsymbol{x}_k^1$ および $\boldsymbol{\Psi}(T_k, \boldsymbol{I}_n)$ は，それぞれ式（10.2.1）および式（10.2.16）から数値積分により計算される．

式（10.2.21）は $\Delta\boldsymbol{x}_k^0$ および ΔT_k に関する $n+1$ 元連立線形代数方程式であるから，数値的に解くことができる．したがって，式（10.2.21）および

$$\left.\begin{array}{l}\boldsymbol{x}_{k+1}^0 = \boldsymbol{x}_k^0 + \Delta\boldsymbol{x}_k^0 \\ T_{k+1} = T_k + \Delta T_k\end{array}\right\} \tag{10.2.22}$$

を $\|\Delta\boldsymbol{x}_k^0\| + |\Delta T_k|$ が微小となるまで反復計算することにより，周期解の初期値 $\boldsymbol{x}^0$ とその周期 T が求められる．

b.　非自律系の場合

非自律周期系を対象とする場合には，周期解の周期 T は既知であるので，自律系に対するアルゴリズムから未知周期に関する逐次近似の手続きはすべて除去できる．ただし，その点を除けば計算手続きは自律系の場合と同様であり，初期値 $\boldsymbol{x}^0$ の逐次近似式は次のようになる．

$$\left.\begin{array}{l}[\boldsymbol{\Psi}_k - \boldsymbol{I}_n]\Delta\boldsymbol{x}_k^0 = \boldsymbol{x}_k^0 - \boldsymbol{x}_k^1 \\ \boldsymbol{x}_{k+1}^0 = \boldsymbol{x}_k^0 + \Delta\boldsymbol{x}_k^0\end{array}\right\} \tag{10.2.23}$$

c.　不連続系の取り扱い[6)]

断片線形系やクーロン摩擦が作用する系のように，基礎式あるいは変分方程式が不連続性を有する系（不連続系とよぶ）にシューティング法を適用する場合には，不連

続点の前後で基本解行列の取り扱いに注意が必要である．以下，自律系の場合に対して説明する．

いま，p 番目不連続点の時刻を t_p とし，$t=t_{p-1}^+=t_{p-1}+\varepsilon$ と $t=t_p^-=t_p-\varepsilon$ の間を区間 p とよぶ．また，区間 p における基礎式およびその変分方程式を次式で表す．

$$\dot{\boldsymbol{x}}_p=\boldsymbol{X}_p(\boldsymbol{x}_p) \tag{10.2.24}$$

$$\dot{\boldsymbol{\Psi}}_p=\boldsymbol{A}_p(\boldsymbol{x}_p)\boldsymbol{\Psi}_p, \qquad \boldsymbol{A}_p(\boldsymbol{x}_p)=\frac{\partial \boldsymbol{X}_p(\boldsymbol{x}_p)}{\partial \boldsymbol{x}_p} \tag{10.2.25}$$

また，p 番目の不連続点の条件式が次式で与えられるものとする．

$$\left.\begin{aligned} &q_p(\hat{\boldsymbol{x}}_p, \hat{\boldsymbol{X}}_p)=0\\ &\hat{\boldsymbol{x}}_p=\boldsymbol{x}_p(t_p^-)=\boldsymbol{x}_{p+1}(t_p^+)\\ &\hat{\boldsymbol{X}}_p=\dot{\boldsymbol{x}}_p(t_p^-)=\boldsymbol{X}_p(\hat{\boldsymbol{x}}_p) \end{aligned}\right\} \tag{10.2.26}$$

このとき，不連続点の時刻 t_p 直前の基本解行列 $\boldsymbol{\Psi}(t_p^-)$ と直後の基本解行列 $\boldsymbol{\Psi}(t_p^+)$ との間で，次の関係が成立する．

$$\left.\begin{aligned} &\boldsymbol{\Psi}(t_p^+)=\left[\boldsymbol{I}_n+\frac{\{\boldsymbol{X}_{p+1}(\hat{\boldsymbol{x}}_p)-\boldsymbol{X}_p(\hat{\boldsymbol{x}}_p)\}\hat{\boldsymbol{Q}}_p}{\hat{\boldsymbol{Q}}_p\hat{\boldsymbol{X}}_p}\right]\boldsymbol{\Psi}(t_p^-)\\ &\hat{\boldsymbol{Q}}_p=\frac{\partial q_p(\hat{\boldsymbol{x}}_p, \hat{\boldsymbol{X}}_p)}{\partial \hat{\boldsymbol{x}}_p}+\frac{\partial q_p(\hat{\boldsymbol{x}}_p, \hat{\boldsymbol{X}}_p)}{\partial \hat{\boldsymbol{X}}_p}\boldsymbol{A}_p(\hat{\boldsymbol{x}}_p) \end{aligned}\right\} \tag{10.2.27}$$

よって，式（10.2.24），（10.2.25）の数値積分過程で不連続点の時刻 t_p および $\hat{\boldsymbol{x}}_p$, $\hat{\boldsymbol{X}}_p$, $\boldsymbol{\Psi}(t_p^-)$ などを高精度で求めた後に，式（10.2.27）により $\boldsymbol{\Psi}(t_p^+)$ を求めればよい．

非自律系の場合には，式（10.2.27）は次のように変更される．

$$\left.\begin{aligned} &\boldsymbol{\Psi}(t_p^+)=\left[\boldsymbol{I}_n+\frac{\{\boldsymbol{X}_{p+1}(t_p, \hat{\boldsymbol{x}}_p)-\boldsymbol{X}_p(t_p, \hat{\boldsymbol{x}}_p)\}\hat{\boldsymbol{Q}}_p}{\hat{R}_p}\right]\boldsymbol{\Psi}(t_p^-)\\ &\hat{R}_p=\frac{\partial q_p(t_p, \hat{\boldsymbol{x}}_p, \hat{\boldsymbol{X}}_p)}{\partial \hat{\boldsymbol{X}}_p}\hat{\dot{\boldsymbol{X}}}_p+\hat{\boldsymbol{Q}}_p\hat{\boldsymbol{X}}_p, \quad \hat{\boldsymbol{Q}}_p=\frac{\partial q_p(\hat{\boldsymbol{x}}_p, \hat{\boldsymbol{X}}_p)}{\partial \hat{\boldsymbol{x}}_p}+\frac{\partial q_p(\hat{\boldsymbol{x}}_p, \hat{\boldsymbol{X}}_p)}{\partial \hat{\boldsymbol{X}}_p}\boldsymbol{A}_p(t_p, \hat{\boldsymbol{x}}_p)\\ &\hat{\boldsymbol{X}}_p=\boldsymbol{X}_p(t_p, \hat{\boldsymbol{x}}_p), \quad \hat{\dot{\boldsymbol{X}}}_p=\frac{\partial \boldsymbol{X}_p(t_p, \hat{\boldsymbol{x}}_p)}{\partial t} \end{aligned}\right\} \tag{10.2.28}$$

10.2.3　低次元化法[7)]

前項までに示した調和バランス法やシューティング法を，そのまま大規模非線形系に適用して高精度の解析を行おうとすると，計算時間やメモリ量が爆発的に増大し，現実的な解析が困難になることがある．そこで本項では，実際の機械システムによくみられる局所的に強い非線形性を有する大規模自由度系を対象として取り扱い，そのような系に対して非常に有効な低次元化法を紹介する．この低次元化法は，線形節点の状態量をモード座標に変換した後に，非線形性の影響の大きな少数のモード座標のみを残し，それ以外のモード座標については適切な近似を施して消去するというものであり，非線形性の影響の大きなモード座標を適切に抽出することによって，高精度の低次元モデルを構成することが可能である．

a. 基 礎 式

次のような局所的に強い非線形性を有する多自由度振動系を対象とする.

$$\left.\begin{array}{l}\begin{bmatrix}\boldsymbol{M}_{11} & \boldsymbol{0}\\ \boldsymbol{0} & \boldsymbol{M}_{22}\end{bmatrix}\begin{bmatrix}\ddot{\boldsymbol{y}}_1\\ \ddot{\boldsymbol{y}}_2\end{bmatrix}+\begin{bmatrix}\boldsymbol{C}_{11} & \boldsymbol{C}_{12}\\ \boldsymbol{C}_{12}^{\mathrm{T}} & \boldsymbol{C}_{22}\end{bmatrix}\begin{bmatrix}\dot{\boldsymbol{y}}_1\\ \dot{\boldsymbol{y}}_2\end{bmatrix}+\begin{bmatrix}\boldsymbol{K}_{11} & \boldsymbol{K}_{12}\\ \boldsymbol{K}_{12}^{\mathrm{T}} & \boldsymbol{K}_{22}\end{bmatrix}\begin{bmatrix}\boldsymbol{y}_1\\ \boldsymbol{y}_2\end{bmatrix}+\begin{bmatrix}\boldsymbol{0}\\ \boldsymbol{g}_2\end{bmatrix}=\begin{bmatrix}\boldsymbol{f}_1\\ \boldsymbol{f}_2\end{bmatrix}\\ \boldsymbol{y}_1, \boldsymbol{f}_1=\boldsymbol{f}_1(\Omega t):(n_1\times 1), \quad \boldsymbol{y}_2, \boldsymbol{g}_2=\boldsymbol{g}_2(\boldsymbol{y}_2, \dot{\boldsymbol{y}}_2), \quad \boldsymbol{f}_2=\boldsymbol{f}_2(\Omega t):(n_2\times 1)\\ \boldsymbol{M}_{11}, \boldsymbol{C}_{11}, \boldsymbol{K}_{11}:(n_1\times n_1), \quad \boldsymbol{M}_{22}, \boldsymbol{C}_{22}, \boldsymbol{K}_{22}:(n_2\times n_2), \quad \boldsymbol{C}_{12}, \boldsymbol{K}_{12}:(n_1\times n_2)\end{array}\right\} \tag{10.2.29}$$

ここに，$\boldsymbol{y}_1$ は非線形力がまったく作用しない系内の大部分の節点（以下，線形節点とよぶ）の状態量をまとめた n_1 次元実ベクトル，$\boldsymbol{y}_2$ は非線形力が作用する $\boldsymbol{y}_1$ 以外のごく少数の節点（以下，非線形節点とよぶ）の状態量をまとめた n_2 次元実ベクトル（ただし，$n_2 \ll n_1$）である．質量行列 $\boldsymbol{M}_{11}$ $(=\boldsymbol{M}_{11}^{\mathrm{T}})$ および剛性行列 $\boldsymbol{K}_{11}$ $(=\boldsymbol{K}_{11}^{\mathrm{T}})$ は正定で，減衰行列 $\boldsymbol{C}_{11}$ $(=\alpha_1\boldsymbol{M}_{11}+\beta_1\boldsymbol{K}_{11})$ および $\boldsymbol{C}_{12}$ $(=\beta_1\boldsymbol{K}_{12})$ は比例減衰であると仮定する．また，非線形節点に作用する非線形力の特性を表す n_2 次元実ベクトル $\boldsymbol{g}_2$ は $\boldsymbol{y}_2$ および $\dot{\boldsymbol{y}}_2$ に関する任意の非線形関数であり，$\boldsymbol{f}_1, \boldsymbol{f}_2$ は周期 $2\pi/\Omega$ の調和強制外力とする．なお，本項では右上添字 T は転置を示す．

b. モード方程式の導出

実拘束モードを求めるために，式 (10.2.29) の上半分の式において減衰項を省略し，$\boldsymbol{y}_2=\boldsymbol{0}$ とおいた線形系の不減衰自由振動を考える．

$$\boldsymbol{M}_{11}\ddot{\boldsymbol{y}}_1+\boldsymbol{K}_{11}\boldsymbol{y}_1=\boldsymbol{0} \tag{10.2.30}$$

式 (10.2.30) から求められる実固有ペアを $(\omega_{i,1}^2, \boldsymbol{r}_{i,1}; i=1, 2, \cdots, n_1)$ とする．ただし，固有値 $\omega_{i,1}^2$ はすべて相異なり，対応する固有ベクトル（実拘束モード）$\boldsymbol{r}_{i,1}$ は $\boldsymbol{M}_{11}$ を介して $\boldsymbol{r}_{i,1}^{\mathrm{T}}\boldsymbol{M}_{11}\boldsymbol{r}_{i,1}=1$ のように正規化されているものとする．

この実拘束モードおよび対応するモード座標のなかで，全系の非線形特性に大きな影響を与えるのはその一部であると考えられる．そこで，影響が大きい n_{1a} 本のモードと影響の小さい n_{1b} 本のモードに分離し，それらをまとめたモード行列 $\boldsymbol{R}_{1a}(n_1\times n_{1a})$ および $\boldsymbol{R}_{1b}(n_1\times n_{1b})$ を構成する．さらに，対応するモード座標をそれぞれ $\boldsymbol{\xi}_{1a}$ $(n_{1a}\times 1)$ および $\boldsymbol{\xi}_{1b}(n_{1b}\times 1)$ として，次のような変数変換を導入する．

$$\left.\boldsymbol{y}_1=[\boldsymbol{R}_{1a}\ \boldsymbol{R}_{1b}]\begin{bmatrix}\boldsymbol{\xi}_{1a}\\ \boldsymbol{\xi}_{1b}\end{bmatrix}, \quad \begin{array}{l}\boldsymbol{R}_{1a}=[\boldsymbol{r}_{1,1a}\ \ \boldsymbol{r}_{2,1a}\ \ \cdots\ \ \boldsymbol{r}_{n_{1a},1a}]\\ \boldsymbol{R}_{1b}=[\boldsymbol{r}_{1,1b}\ \ \boldsymbol{r}_{2,1b}\ \ \cdots\ \ \boldsymbol{r}_{n_{1b},1b}]\end{array}\right\} \tag{10.2.31}$$

ただし，$n_1=n_{1a}+n_{1b}$ および $n_{1a} \ll n_{1b}$ である．$\boldsymbol{\xi}_{1a}$ と $\boldsymbol{\xi}_{1b}$ の分離法については後述する．

式 (10.2.31) を式 (10.2.29) に代入して上半分に対して左から $[\boldsymbol{R}_{1a}\ \ \boldsymbol{R}_{1b}]^{\mathrm{T}}$ を乗じ，さらに外力の周期が 2π となるように無次元時間 $\tau=\Omega t$ を導入すると，次式を得る．

$$\Omega^2\boldsymbol{\xi}_{1a}''+\Omega\boldsymbol{\Lambda}_{1a}\boldsymbol{\xi}_{1a}'+\boldsymbol{\Omega}_{1a}^2\boldsymbol{\xi}_{1a}+\beta_1\Omega\boldsymbol{\Phi}_{12a}\boldsymbol{y}_2'+\boldsymbol{\Phi}_{12a}\boldsymbol{y}_2=\boldsymbol{\eta}_{1a} \tag{10.2.32a}$$

$$\Omega^2\boldsymbol{\xi}_{1b}''+\Omega\boldsymbol{\Lambda}_{1b}\boldsymbol{\xi}_{1b}'+\boldsymbol{\Omega}_{1b}^2\boldsymbol{\xi}_{1b}+\beta_1\Omega\boldsymbol{\Phi}_{12b}\boldsymbol{y}_2'+\boldsymbol{\Phi}_{12b}\boldsymbol{y}_2=\boldsymbol{\eta}_{1b} \tag{10.2.32b}$$

$$\Omega^2\boldsymbol{M}_{22}\boldsymbol{y}_2''+\Omega\boldsymbol{C}_{22}\boldsymbol{y}_2'+\boldsymbol{K}_{22}\boldsymbol{y}_2+\beta_1\Omega\boldsymbol{\Phi}_{12a}^{\mathrm{T}}\boldsymbol{\xi}_{1a}'+\boldsymbol{\Phi}_{12a}^{\mathrm{T}}\boldsymbol{\xi}_{1a}+\beta_1\Omega\boldsymbol{\Phi}_{12b}^{\mathrm{T}}\boldsymbol{\xi}_{1b}'+\boldsymbol{\Phi}_{12b}^{\mathrm{T}}\boldsymbol{\xi}_{1b}+\boldsymbol{g}_2=\boldsymbol{f}_2 \tag{10.2.32c}$$

ここに，$\boldsymbol{C}_{11}=\alpha_1\boldsymbol{M}_{11}+\beta_1\boldsymbol{K}_{11}$ および $\boldsymbol{C}_{12}=\beta_1\boldsymbol{K}_{12}$ であることを考慮すると，

$$\left.\begin{array}{ll}\boldsymbol{\Lambda}_{1a}=\mathrm{diag}\,[\lambda_{1,1a}\ \ \lambda_{2,1a}\ \cdots\ \lambda_{n_{1a},1a}], & \boldsymbol{\Omega}_{1a}^2=\mathrm{diag}\,[\omega_{1,1a}^2\ \ \omega_{2,1a}^2\ \cdots\ \omega_{n_{1a},1a}^2] \\ \boldsymbol{\Phi}_{12a}=\boldsymbol{R}_{1a}^{\mathrm{T}}\boldsymbol{K}_{12},\quad \boldsymbol{\eta}_{1a}=\boldsymbol{R}_{1a}^{\mathrm{T}}\boldsymbol{f}_1, & \lambda_{i,1a}=\alpha_1+\beta_1\omega_{i,1a}^2\end{array}\right\}\quad(10.2.33\mathrm{a})$$

$$\left.\begin{array}{ll}\boldsymbol{\Lambda}_{1b}=\mathrm{diag}\,[\lambda_{1,1b}\ \ \lambda_{2,1b}\ \cdots\ \lambda_{n_{1b},1b}], & \boldsymbol{\Omega}_{1b}^2=\mathrm{diag}\,[\omega_{1,1b}^2\ \ \omega_{2,1b}^2\ \cdots\ \omega_{n_{1b},1b}^2] \\ \boldsymbol{\Phi}_{12b}=\boldsymbol{R}_{1b}^{\mathrm{T}}\boldsymbol{K}_{12},\quad \boldsymbol{\eta}_{1b}=\boldsymbol{R}_{1b}^{\mathrm{T}}\boldsymbol{f}_1, & \lambda_{i,1b}=\alpha_1+\beta_1\omega_{i,1b}^2\end{array}\right\}\quad(10.2.33\mathrm{b})$$

となる.線形節点を互いに独立な複数の部分構造に分離できる場合には,実固有ペアを次元の小さな部分構造ごとに求めることにより,計算能率を向上させることができる.

c. モード方程式の低次元化

上記のように,$\boldsymbol{\xi}_{1b}$ は非線形性の影響が小さいモード座標である.しかしながら,これを単に無視することによって低次元化を行うと解の精度が悪化する.そこで,以下に示すように $\boldsymbol{\xi}_{1b}$ を適切に近似し,その影響を適切に取り込んだうえで消去する.

一般に,系の非線形性が小さいときには,解に含まれる高調波成分の振幅は基本波成分の振幅に比べて非常に小さい.この性質を利用して,式(10.2.32b)の $\boldsymbol{\xi}_{1b}$ および $\boldsymbol{y}_2$ については 2π 周期の基本波成分のみを考慮して $\boldsymbol{\xi}_{1b}''=-\boldsymbol{\xi}_{1b}$ および $\boldsymbol{y}_2''=-\boldsymbol{y}_2$ のように近似する.さらに,仮定により $\boldsymbol{\eta}_{1b}''=-\boldsymbol{\eta}_{1b}$ であるので,式(10.2.32b)から次の関係が求められる.

$$\left.\begin{array}{l}\begin{bmatrix}\boldsymbol{\xi}_{1b}\\ \boldsymbol{\xi}_{1b}'\end{bmatrix}=\begin{bmatrix}\boldsymbol{P}_{1b} & \boldsymbol{Q}_{1b}\\ -\boldsymbol{Q}_{1b} & \boldsymbol{P}_{1b}\end{bmatrix}\begin{bmatrix}\boldsymbol{y}_2\\ \boldsymbol{y}_2'\end{bmatrix}+\begin{bmatrix}\boldsymbol{U}_{1b} & \boldsymbol{V}_{1b}\\ -\boldsymbol{V}_{1b} & \boldsymbol{U}_{1b}\end{bmatrix}\begin{bmatrix}\boldsymbol{\eta}_{1b}\\ \boldsymbol{\eta}_{1b}'\end{bmatrix} \\ \boldsymbol{P}_{1b}=\mathrm{diag}\,[p_{1,1b},p_{2,1b},\cdots,p_{n_{b1},1b}]\boldsymbol{\Phi}_{12b},\qquad \boldsymbol{U}_{1b}=\mathrm{diag}\,[u_{1,1b},u_{2,1b},\cdots,u_{n_{b1},1b}] \\ \boldsymbol{Q}_{1b}=\mathrm{diag}\,[q_{1,1b},q_{2,1b},\cdots,q_{n_{b1},1b}]\boldsymbol{\Phi}_{12b},\qquad \boldsymbol{V}_{1b}=\mathrm{diag}\,[v_{1,1b},v_{2,1b},\cdots,v_{n_{b1},1b}] \\ p_{i,1b}=-\dfrac{(\omega_{i,1b}^2-\Omega^2)+\beta_1\Omega^2\lambda_{i,1b}}{(\omega_{i,1b}^2-\Omega^2)^2+(\Omega\lambda_{i,1b})^2},\qquad u_{i,1b}=\dfrac{\omega_{i,1b}^2-\Omega^2}{(\omega_{i,1b}^2-\Omega^2)^2+(\Omega\lambda_{i,1b})^2} \\ q_{i,1b}=\dfrac{\Omega(\alpha_1+\beta_1\Omega^2)}{(\omega_{i,1b}^2-\Omega^2)^2+(\Omega\lambda_{i,1b})^2},\qquad v_{i,1b}=-\dfrac{\Omega\lambda_{i,1b}}{(\omega_{i,1b}^2-\Omega^2)^2+(\Omega\lambda_{i,1b})^2}\end{array}\right\}\quad(10.2.34)$$

線形系の定常周期解に対しては,式(10.2.34)の関係は厳密に成立する.そこで以下では,非線形特性の影響の小さな $\boldsymbol{\xi}_{1b}$ および $\boldsymbol{\xi}_{1b}'$ については式(10.2.34)で近似する.

さて,式(10.2.34)の関係を利用して式(10.2.32b)および式(10.2.32c)から $\boldsymbol{\xi}_{1b}$ および $\boldsymbol{\xi}_{1b}'$ を消去したうえで両式を統合し,さらに式(10.2.32a)をもひとまとめにすると,最終的に次のような低次元化方程式が導出される.

$$\left.\begin{array}{l}\Omega^2\boldsymbol{M}\boldsymbol{\xi}''+\Omega\boldsymbol{C}\boldsymbol{\xi}'+\boldsymbol{K}\boldsymbol{\xi}+\boldsymbol{g}=\boldsymbol{f} \\ \boldsymbol{\xi}=\begin{bmatrix}\boldsymbol{\xi}_{1a}\\ \boldsymbol{y}_2\end{bmatrix},\qquad \boldsymbol{g}=\begin{bmatrix}\boldsymbol{0}\\ \boldsymbol{g}_2\end{bmatrix},\quad \boldsymbol{f}=\begin{bmatrix}\boldsymbol{\eta}_{1a}\\ \boldsymbol{f}_2+\boldsymbol{Q}_{1b}^{\mathrm{T}}\boldsymbol{\eta}_{1b}'+\boldsymbol{P}_{1b}^{\mathrm{T}}\boldsymbol{\eta}_{1b}\end{bmatrix} \\ \boldsymbol{M}=\begin{bmatrix}\boldsymbol{I}_{n_{1a}} & \boldsymbol{0}\\ \boldsymbol{0} & \boldsymbol{M}_{22}+\tilde{\boldsymbol{M}}_{22}\end{bmatrix},\quad \boldsymbol{C}=\begin{bmatrix}\boldsymbol{\Lambda}_{1a} & \beta_1\boldsymbol{\Phi}_{12a}\\ \beta_1\boldsymbol{\Phi}_{12a}^{\mathrm{T}} & \boldsymbol{C}_{22}+\tilde{\boldsymbol{C}}_{22}\end{bmatrix},\quad \boldsymbol{K}=\begin{bmatrix}\boldsymbol{\Omega}_{1a}^2 & \boldsymbol{\Phi}_{12a}\\ \boldsymbol{\Phi}_{12a}^{\mathrm{T}} & \boldsymbol{K}_{22}+\tilde{\boldsymbol{K}}_{22}\end{bmatrix} \\ \tilde{\boldsymbol{M}}_{22}=\sum_{i=1}^{n_{1b}}\tilde{\boldsymbol{M}}_{i,22},\quad \tilde{\boldsymbol{C}}_{22}=\sum_{i=1}^{n_{1b}}\tilde{\boldsymbol{C}}_{i,22},\quad \tilde{\boldsymbol{K}}_{22}=\sum_{i=1}^{n_{1b}}\tilde{\boldsymbol{K}}_{i,22}:(n_2\times n_2) \\ \tilde{\boldsymbol{M}}_{i,22}=m_{i,1b}\boldsymbol{W}_{i,1b},\quad \tilde{\boldsymbol{C}}_{i,22}=c_{i,1b}\boldsymbol{W}_{i,1b},\quad \tilde{\boldsymbol{K}}_{i,22}=k_{i,1b}\boldsymbol{W}_{i,1b},\quad \boldsymbol{W}_{i,1b}=\boldsymbol{K}_{12}^{\mathrm{T}}\boldsymbol{r}_{i,1b}\boldsymbol{r}_{i,1b}^{\mathrm{T}}\boldsymbol{K}_{12} \\ m_{i,1b}=p_{i,1b}^2+q_{i,1b}^2,\quad c_{i,1b}=\beta_1p_{i,1b}+\dfrac{1}{\Omega}q_{i,1b},\quad k_{i,1b}=\Omega^2m_{i,1b}+p_{i,1b}-\beta_1\Omega q_{i,1b}\end{array}\right\}\quad(10.2.35)$$

式(10.2.35)は $n_{1a}+n_2$ 元に低次元化されている．解の精度に対する影響の大きなモード座標 $\boldsymbol{\xi}_{1a}$ を適切に選択することにより（選択法については後述），式（10.2.35）から高精度の解が求められる．

ところで，式（10.2.35）において非線形節点の状態量は物理座標のまま残されているので，上記の低次元化が非線形力 $\boldsymbol{g}_2$ の計算精度に及ぼす影響は小さい．また，非線形節点をも含む全系の線形固有モードを利用する通常のガレルキン法の場合には，非線形力 $\boldsymbol{g}_2$ は採用された全モード座標の関数となるのでその計算が煩雑になることが多いのに対して，本低次元化法ではもとのとおり非線形節点の状態量のみの関数である．これも本低次元化法の特長のひとつである．

なお,自重のような一定外力を含む外力が作用する場合や分数調波振動についても，わずかな変更を加えるだけで上記と同様の取り扱いが可能であるが[7]，その詳細は省略する．

d.　モード座標 $\boldsymbol{\xi}_{1a}$ の選択法

式（10.2.35）で $n_{1b}=n_1$（$n_{1a}=0$）とすると，全モードに対して $\tilde{\boldsymbol{M}}_{i,22}$, $\tilde{\boldsymbol{C}}_{i,22}$ および $\tilde{\boldsymbol{K}}_{i,22}$ が定義される．これらは線形節点のモード座標を式（10.2.34）で近似したときの非線形節点に及ぼす線形節点のモード別の影響を表している．一般に，これらの要素の絶対値が大きなモードはその影響が強くなり，式（10.2.34）の近似の精度を悪化させる．それゆえ，このようなモードは $\boldsymbol{\xi}_{1b}$ に含めるべきではない．このことから，$\tilde{\boldsymbol{M}}_{i,22}$, $\tilde{\boldsymbol{C}}_{i,22}$ および $\tilde{\boldsymbol{K}}_{i,22}$ の要素の絶対値が大きなモードを $\boldsymbol{\xi}_{1a}$ として抽出するという基準が考えられる．

一方，式（10.2.34）から $\Omega\approx\omega_{i,1}$ のとき $\tilde{\boldsymbol{M}}_{i,22}$, $\tilde{\boldsymbol{C}}_{i,22}$ および $\tilde{\boldsymbol{K}}_{i,22}$ の要素の絶対値が大きくなることがわかる．したがって，上記の基準を満足させるためには，$\omega_{i,1}$ が Ω に近いものから順に必要な本数のモードを $\boldsymbol{\xi}_{1a}$ として抽出すればよいといえる．

この方法は非常に簡便ではあるが，確実ではないので，抽出されたモードのなかに計算精度に及ぼす影響の小さなモードが含まれている可能性がある．さらに問題なのは，抽出すべきモード本数の設定法である．計算精度の観点からは多いほうが安全であるが，計算コストの面からは少ないほうが有利である．しかしながら，影響の小さなモードや最適なモード本数を，計算に先立って事前に評価することは非常に困難である．

そこで，次善の策として，系の周波数特性を調べるために外力の角振動数 Ω を徐々に変化させながら定常周期解を計算する場合を想定して，モード座標 $\boldsymbol{\xi}_{1a}$ の適切かつ実用的な抽出法について検討する．このような場合には，Ω の変化に対応して解の特性（共振の有無など）が変化するので，抽出すべきモード本数も変化する．ただし，外力の角振動数 Ω が近いときには必要なモード本数も大きくは変わらないであろう．そこで，Ω を徐々に変化させながら行う計算の何回目かごとに，抽出するモード本数をそれまでよりも何本か増加させて（その抽出法は上記の方法による），低次元化方程式から定常周期解 $\boldsymbol{\xi}_{1a}$, $\boldsymbol{\xi}'_{1a}$, $\boldsymbol{y}_2$, $\boldsymbol{y}'_2$ を計算する．この $\boldsymbol{y}_2$, $\boldsymbol{y}'_2$ を用いると，式（10.2.34）

において下添字1bをすべて1aに変えた式から，$\boldsymbol{\xi}_{1a}$, $\boldsymbol{\xi}'_{1a}$の近似値$\hat{\boldsymbol{\xi}}_{1a}$, $\hat{\boldsymbol{\xi}}'_{1a}$が求められる．そこで，両者間のモード別の相対誤差を，

$$\delta_i = \frac{\|\xi_{i,1a} - \hat{\xi}_{i,1a}\|}{\|\xi_{i,1a}\|} + \frac{\|\xi'_{i,1a} - \hat{\xi}'_{i,1a}\|}{\|\xi'_{i,1a}\|} \tag{10.2.36}$$

で定義する．ここに，$\|*\|$は周期関数$*$のノルムであり，次式で定義される．

$$\|*\| = \sqrt{\frac{1}{\pi}\int_0^{2\pi} *^2 \mathrm{d}\tau} \tag{10.2.37}$$

このδ_iが小さなモードについては，式（10.2.34）の近似が高精度であることを意味しているので，$\boldsymbol{\xi}_{1b}$に移すことが可能である．このようにして，$\boldsymbol{\xi}_{1a}$のなかからδ_iが基準値δよりも大きなモードのみを選択的に抽出し，そのモードを利用してΩの変化に対する次の何回かの計算を行えばよい．このような選択法により，解の特性の変化に対応してモード本数を変化させながら，比較的少ない本数で効率的な計算が可能となる．

e. 数値計算例

図10.1に示すような直線状はり構造物を対象として，本低次元化法の有効性を検証する．この解析モデルは，全長9 m，外径0.3 m，内径0.25 mの鋼製一様中空軸の両端および左端から6 mの位置を非線形要素によって基礎に支持したものである．基礎支持点を左端から右端にかけて非線形節点j（=1, 2, 3）とよぶ．自重を考慮しないとき軸は水平であり，その状態からの非線形節点jの横変位をy_j，角変位をθ_jとする．両端の非線形要素の特性は同一で，並進に関する粘性減衰と漸硬型非線形ばねとから構成されており，その非線形復元力g_jは次式で与えられるものとした．

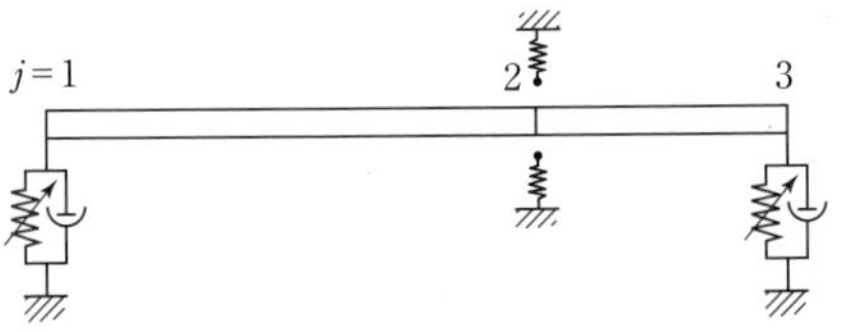

図10.1 解析モデル

$$\left.\begin{aligned} &g_j = c\dot{y}_j + k_1 y_j + k_3 y_j^3 \quad (j=1, 3) \\ &c = 10^3\ \mathrm{Ns/m}, \quad k_1 = 10^7\ \mathrm{N/m}, \quad k_3 = 10^{11}\ \mathrm{N/m^3} \end{aligned}\right\} \tag{10.2.38}$$

また，強い非線形特性の代表として，非線形節点2の基礎支持要素の復元力g_2は，次のような並進に関する断片線形ばね特性（ガタ）であるとした．

$$\left.\begin{aligned} &g_2 = 0 &&: (|y_2| \leq \Delta) \\ &g_2 = K\{y_2 - \Delta \mathrm{sgn}(y_2)\} &&: (|y_2| > \Delta) \\ &K = 10^7\ \mathrm{N/m}, \quad \Delta = 0.005\ \mathrm{m} \end{aligned}\right\} \tag{10.2.39}$$

一様軸は密度7.86×10^3 kg/m^3，縦弾性係数2.06×10^{11} Pa，横弾性係数7.92×10^{10} Pa，断面形状係数0.886の一様線形梁とみなして全体を30の要素に等分割し，各要素は両端に等分した等価集中円板を質量のない線形梁で結合する集中系としてモデル化した．したがって，このモデルの自由度は，線形節点が56，非線形節点が6の

計 62 である．また，軸の比例減衰係数は $\alpha=3.0, \beta=10^{-5}$ とおいた．

外力については，非線形節点 2 に一定加重と調和外力の和 $10^4(1+\cos \Omega t)$ (N) が横方向に作用するものとした．さらに，一様軸に対しては自重を考慮するとともに，単位長さあたり $10\cos\Omega t$ [N/m] の分布調和外力が横方向に作用するものとした．

本解析モデルの定常周期振動の周波数応答を，シューティング法により求めた．得られた解の安定判別は次節で述べる手法により行った．数値積分には RKG 法を利用し，その時間刻みは $2\pi/1024$ とした．

図 10.2 および図 10.3 に，外力と同じ基本周期をもつ定常周期振動（以下，基本調波振動とよぶ）の周波数応答と安定判別の結果を示す．これらは断片線形ばね特性をもつ非線形節点 2 における変位の変動成分のノルムを描いたものであり，図中の実線は安定解，破線は不安定解を表す．また，○印はサドルノード分岐点，□印は周期倍分岐点，△印はホップ分岐点を示している．

図 10.2 は低次元化を行わない $n_{1b}=0$ のときの結果であり，図示の振動数範囲内に一次と二次の主共振が現れている．また，それらの高調波共振がわずかに発生していること，一次の主共振の応答曲線にガタの影響が明瞭に現れていること，二次の主共振領域全体が周期

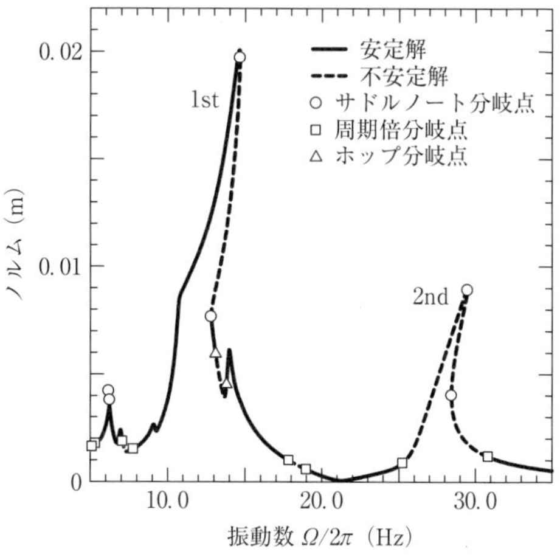

図 10.2 基本調波振動の周波数応答（低次元化なし，$n_{1b}=0$）

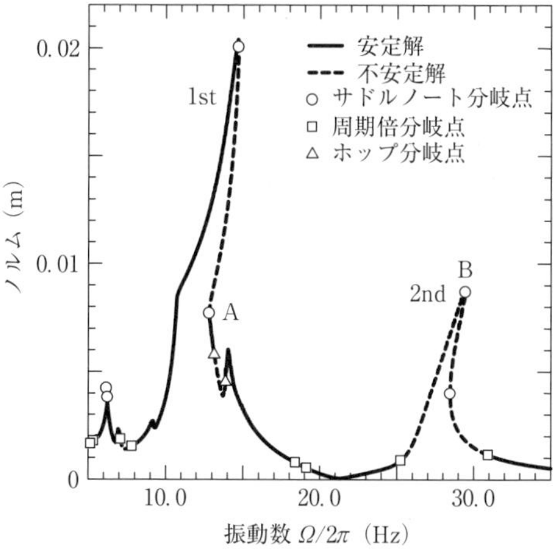

図 10.3 基本調波振動の周波数応答（モード座標数調整，$\delta=0.1$）

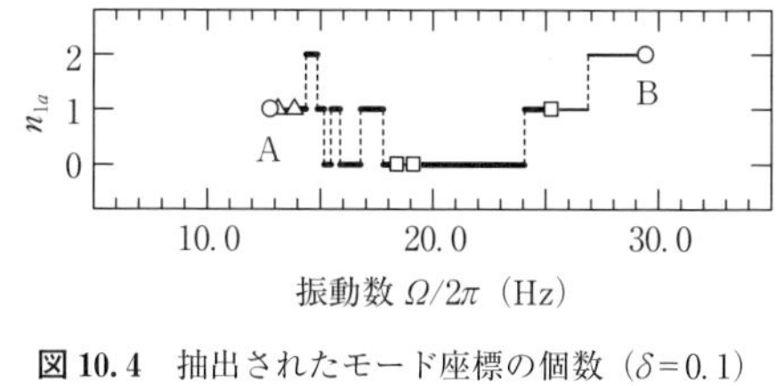

図 10.4 抽出されたモード座標の個数（$\delta=0.1$）

倍分岐によって不安定化していること，モード間の連成に起因するホップ分岐が現れていることなどが特徴的である．

一方，図 10.3 はモード別相対誤差 δ_i の基準値を $\delta=0.1$ に設定して本低次元化法を適用し，$\delta_i \geq \delta$ のモード座標を $\boldsymbol{\xi}_{1a}$ として抽出したときの結果である．また，その際に抽出されたモード座標の本数を図 10.4 に示す．図 10.4 の太線は安定解に，細線は不安定解に対応している．重なりを避けるため，図 10.4 には図 10.3 中の A 点と B 点で示したサドルノード分岐点間の抽出個数のみを示したが，$\delta=0.1$ のときには抽出されたモード座標の本数は図示の振動数の全領域において最大 2 個であった．

図 10.2 と図 10.3 とを比較すると，非線形特性への影響が大きなごく少数のモード座標を抽出するだけで，周波数応答および安定判別ともに低次元化を行わないときとほぼ一致する結果が得られていることがわかる．また，図 10.3 および図 10.4 によると，主共振あるいは高調波共振が成長している領域で，抽出されるモード座標の個数が多くなっているが，これは共振状態において非線形性の影響が強く現れることに対応している．

基本調波振動の周期倍分岐点からは，基本周期が外力の周期の 2 倍である 1/2 次分数調波振動が分岐して発生する．さらに，ホップ分岐点に挟まれた不安定領域では，概周期振動が発生する．結果の表示は省略するが，分数調波振動の定常周期解だけでなく，過渡応答や概周期振動に関しても，本低次元化法で得られた低次元モデルにより，十分に高精度の結果が得られることを確認している．

以上のことから，非線形特性への影響の小さなモード座標に対する式 (10.2.34) の近似とそれに基づく非線形特性への影響の大きなモードの選択法および低次元化法は，断片線形系のように強い非線形性を有する場合をも含めて，定常周期振動の解析に対して適切に機能していることがわかる．

10.3 安 定 判 別[8),9)]

非線形系の振動特性を定量的かつ定性的に理解するには，単に解を求めるだけではなく，得られた解の安定性を判別することが重要である．特に，安定・不安定境界では解の性質が大きく変化する分岐現象が生じるので，安定判別を行うことは非線形振動現象の定性的理解にとって不可欠である．ところが，前節までに示した手法によると安定解・不安定解の区別なく求められるので，得られた解の安定性を判別するための手法が別途必要となる．そこで本節では，おもに周期解を対象として，代表的な安定判別法について説明する．

10.3.1 基 礎 式

まず，自律系の n 元連立常微分方程式を考える．

$$\dot{\boldsymbol{y}}=\boldsymbol{Y}(\boldsymbol{y}) \tag{10.3.1}$$

式（10.3.1）において，$\boldsymbol{Y}(\boldsymbol{a})=\boldsymbol{0}$ を満足する点 $\boldsymbol{a}$ を平衡点という．そこで，$\boldsymbol{y}=\boldsymbol{a}+\boldsymbol{x}$ のように変数変換し，$\boldsymbol{X}(\boldsymbol{x})=\boldsymbol{Y}(\boldsymbol{a}+\boldsymbol{x})$ とおくと，次式を得る．

$$\dot{\boldsymbol{x}}=\boldsymbol{X}(\boldsymbol{x}) \tag{10.3.2}$$

このとき，$\boldsymbol{X}(\boldsymbol{0})=\boldsymbol{Y}(\boldsymbol{a})=\boldsymbol{0}$ なので，式（10.3.2）では原点 $\boldsymbol{x}=\boldsymbol{0}$ が平衡点となる．

一方，式（10.3.1）が t について周期 T の周期解 $\boldsymbol{\psi}(t)$ ［$=\boldsymbol{\psi}(t+T)$］をもつとする．このとき，$\boldsymbol{y}=\boldsymbol{\psi}(t)+\boldsymbol{x}$ のように座標変換し，$\boldsymbol{X}(t,\boldsymbol{x})=\boldsymbol{Y}(\boldsymbol{\psi}(t)+\boldsymbol{x})-\boldsymbol{Y}(\boldsymbol{\psi}(t))$ とおくと，次式を得る．

$$\dot{\boldsymbol{x}}=\boldsymbol{X}(t,\boldsymbol{x})\,[=\boldsymbol{X}(t+T,\boldsymbol{x})] \tag{10.3.3}$$

式（10.3.3）において，すべての t に対して $\boldsymbol{X}(t,\boldsymbol{0})=\boldsymbol{0}$ なので，原点 $\boldsymbol{x}=\boldsymbol{0}$ が平衡点となる．なお，この場合には，もとの方程式（10.3.1）が自律系であるにもかかわらず，座標変換を行った後の式（10.3.3）は非自律周期系になりうることに注意が必要である．

次に，非自律周期系の n 元連立常微分方程式を考える．

$$\dot{\boldsymbol{y}}=\boldsymbol{Y}(t,\boldsymbol{y})\,[=\boldsymbol{Y}(t+T,\boldsymbol{y})] \tag{10.3.4}$$

式(10.3.4)の t について周期 T の周期解を $\boldsymbol{\psi}(t)\,[=\boldsymbol{\psi}(t+T)]$ とする．いま，$\boldsymbol{y}=\boldsymbol{\psi}(t)+\boldsymbol{x}$ のように座標変換し，$\boldsymbol{X}(t,\boldsymbol{x})=\boldsymbol{Y}(t,\boldsymbol{\psi}(t)+\boldsymbol{x})-\boldsymbol{Y}(t,\boldsymbol{\psi}(t))$ とおくと，式（10.3.3）が求められる．この場合にも，すべての t に対して $\boldsymbol{X}(t,\boldsymbol{0})=\boldsymbol{0}$ なので，原点 $\boldsymbol{x}=\boldsymbol{0}$ が平衡点となる．

式（10.3.2）および式（10.3.3）はいずれも $\boldsymbol{x}=\boldsymbol{0}$ を解としてもつ．これを零解とよぶ．式(10.3.1)の平衡点 $\boldsymbol{a}$ または周期解 $\boldsymbol{\psi}(t)$，あるいは式(10.3.4)の周期解 $\boldsymbol{\psi}(t)$ の安定性は，式（10.3.2）および式（10.3.3）の零解（平衡点）の安定性に帰着される．そこで以下では，式（10.3.2）および式（10.3.3）の零解（平衡点）の安定性について検討する．ただし，式（10.3.2）の $\boldsymbol{X}(\boldsymbol{x})$ は $\boldsymbol{x}$ について，式（10.3.3）の $\boldsymbol{X}(t,\boldsymbol{x})$ は t および $\boldsymbol{x}$ について連続であるものとする．

10.3.2 安定性の定義

零解の安定性の定義は数学的に細かく分類されて詳細に検討されているが[9]，工学的には次の2つの定義を理解しておけばほぼ十分である．

(1) $t=t_0$ のときの初期値が $\boldsymbol{x}_0$ である式（10.3.3）の解を $\boldsymbol{\phi}(t,t_0,\boldsymbol{x}_0)$ とする．t_0 および任意の正の実数 ε に対してある正の実数 $\delta(t_0,\varepsilon)$ が存在し，$\|\boldsymbol{x}_0\|<\delta$ ならばすべての $t\geq t_0$ に対して $\|\boldsymbol{\phi}(t,t_0,\boldsymbol{x}_0)\|<\varepsilon$ を満足するとき，式（10.3.3）の零解は（リアプノフの意味で）安定である．安定でないとき，零解は不安定である．

(2) 式（10.3.3）の零解が安定であり，しかも t_0 に対してある正の実数 $\delta_0(t_0)$ が存在し，$\|\boldsymbol{x}_0\|<\delta_0$ に対して $t\to\infty$ のとき $\boldsymbol{\phi}(t,t_0,\boldsymbol{x}_0)\to\boldsymbol{0}$ であれば，式（10.3.3）の零解は漸近安定である．

つまり，平衡点のある近傍から出発したすべての解がいつまでも平衡点の近傍にとどまり続ければ零解（平衡点）は安定，さらに時間経過とともに平衡点に限りなく近づくと漸近安定である．なお，自律系の式（10.3.2）の場合には，t_0 のとり方に任意性がある（時間の原点をどこにでも移動することができる）ので，上記の安定性の定義から t_0 に関する条件を取り除くことができる．このように，安定および漸近安定の定義から t_0 に関する条件を取り除くことができるとき，一様安定または一様漸近安定という．また，ε および δ の大きさに制限がなく，任意の初期値に対して安定あるいは漸近安定であるとき，大域的に安定あるいは大域的に漸近安定であるという．

式（10.3.2）の具体例として，まず，次のような $n=2$ の系を考える．

$$\left.\begin{aligned}\dot{x}_1 &= x_2\\ \dot{x}_2 &= -x_1\end{aligned}\right\} \tag{10.3.5}$$

この第 1 式および第 2 式にそれぞれ x_1 および x_2 を乗じて辺々加えると $x_1\dot{x}_1+x_2\dot{x}_2=0$ となり，x_1, x_2 の初期値を x_{10}, x_{20} として積分すると次式を得る．

$$x_1^2+x_2^2=x_{10}^2+x_{20}^2 \tag{10.3.6}$$

すなわち，式（10.3.5）のすべての解軌道は，初期条件によって定まる半径 $\sqrt{x_{10}^2+x_{20}^2}$ の円を描く．したがって，$\sqrt{x_{10}^2+x_{20}^2}<\varepsilon=\delta$ と考えると上記(1)の条件を満足するので，式(10.3.5)の零解は安定であるといえる．また，ε および δ の大きさに制限はないので，大域的に安定である．ただし，漸近安定ではない．

一方，

$$\left.\begin{aligned}\dot{x}_1 &= -x_1\\ \dot{x}_2 &= -x_2\end{aligned}\right\} \tag{10.3.7}$$

の系を考えると，一般解は $x_1=x_{10}e^{-t}$, $x_2=x_{20}e^{-t}$ で与えられる．したがって，$\sqrt{x_{10}^2+x_{20}^2}<\varepsilon=\delta$ と考えると上記(1)の条件を満足するので，式（10.3.7）の零解は安定であり，しかも $t\to\infty$ のとき $x_1\to 0$, $x_2\to 0$ であるから漸近安定である．さらに，ε および δ の大きさに制限はないので，大域的に漸近安定である

以下，零解（平衡点）の安定性を判別するいくつかの代表的な方法について説明する．

10.3.3 自律系の場合

自律系の式（10.3.2）を平衡点の近傍でテイラー展開すると，次式を得る．

$$\dot{\boldsymbol{x}}=\boldsymbol{A}\boldsymbol{x}+o(\|\boldsymbol{x}\|^2),\quad \boldsymbol{A}=\left.\frac{\partial \boldsymbol{X}(\boldsymbol{x})}{\partial \boldsymbol{x}}\right|_{\boldsymbol{x}=\boldsymbol{0}} \tag{10.3.8}$$

ここに，$o(\|\boldsymbol{x}\|^2)$ は $\boldsymbol{x}$ の二次以上の項を表す．さらに，$\boldsymbol{x}$ の高次の項 $o(\|\boldsymbol{x}\|^2)$ を省略すると，

$$\dot{\boldsymbol{x}}=\boldsymbol{A}\boldsymbol{x} \tag{10.3.9}$$

となる．式（10.3.8）および式（10.3.9）の係数行列 $\boldsymbol{A}$ は平衡点 $\boldsymbol{x}=\boldsymbol{0}$ に関するヤコビ行列であり，いまの場合は定数行列となる．また，式（10.3.9）を式（10.3.2）の変分方程式とよぶ．

式（10.3.9）は定数係数の線形常微分方程式であり，$t=0$ のときの初期値が $\boldsymbol{x}_0$ で

ある解は次式で与えられる．

$$\boldsymbol{x} = \exp(t\boldsymbol{A})\boldsymbol{x}_0 \tag{10.3.10}$$

ここに，$\exp(t\boldsymbol{A})$ は次のような無限級数行列によって定義される n 次正方行列である．

$$\exp(t\boldsymbol{A}) = \boldsymbol{I}_n + \sum_{k=1}^{\infty} \frac{(t\boldsymbol{A})^k}{k!} \tag{10.3.11}$$

式（10.3.11）の右辺は絶対一様収束するので，項別微分が可能である．したがって，

$$\frac{\mathrm{d}}{\mathrm{d}t}\exp(t\boldsymbol{A}) = \boldsymbol{A}\sum_{k=1}^{\infty}\frac{(t\boldsymbol{A})^{k-1}}{(k-1)!} = \boldsymbol{A}\left\{\boldsymbol{I}_n + \sum_{k=1}^{\infty}\frac{(t\boldsymbol{A})^k}{k!}\right\} = \boldsymbol{A}\exp(t\boldsymbol{A}) \tag{10.3.12}$$

となる．この関係から，式（10.3.10）が式（10.3.9）を満足することがわかる．

ヤコビ行列 $\boldsymbol{A}$ の固有値を λ_i $(i=1, 2, \cdots, n)$ とする．この λ_i を特性根とよぶ．また，n 個の λ_i の実部がすべて 0 でないとき，$\boldsymbol{x}=\boldsymbol{0}$ を双曲型の平衡点とよぶ．双曲型の平衡点に関しては，次のような重要な性質が成立する．

（1） 式（10.3.2）の平衡点が双曲型であるとき，その安定性は式（10.3.9）の平衡点（零解）の安定性と一致する．したがって，非線形常微分方程式（10.3.2）の平衡点の安定性は，対応する変分方程式（10.3.9）の平衡点の安定性から判別できる．

（2） 式（10.3.9）の平衡点（零解）の安定性は，特性根 λ_i によって判別できる．すなわち，λ_i の実部がすべて負であれば，式（10.3.10）からわかるように任意の初期値 $\boldsymbol{x}_0$ に対して $t\to\infty$ のとき $\|\exp(t\boldsymbol{A})\boldsymbol{x}_0\|\to 0$ であるので，式（10.3.9）の平衡点は大域的に漸近安定である．一方，λ_i の中に実部が正のものが 1 個でもあれば，$t\to\infty$ のとき $\|\exp(t\boldsymbol{A})\boldsymbol{x}_0\|\to\infty$ となる初期値 $\boldsymbol{x}_0$ が平衡点の近傍に必ず存在するので，式（10.3.9）の平衡点は不安定である．これら以外で，λ_i の最大実部が 0 であれば式（10.3.9）の平衡点は通常は大域的に安定である（漸近安定ではない）．ただし，この場合の平衡点は双曲型ではないので，式（10.3.2）の平衡点の安定性に関しては不明であり，その安定判別には中心多様体定理などを用いたより高度な解析が必要となる．

ここで注意すべきなのは，非線形常微分方程式（10.3.2）の平衡点に関しては，平衡点近傍の解の挙動に基づく局所的な安定性を考えたものであるので，任意の初期値に対する大域的な安定性を保証するものではないということである．大域的な安定性を議論できる方法としてはリアプノフの方法があるが，これについては 10.3.5 項で述べる．

また，系がパラメータを含み，特性根 λ_i がそのパラメータの関数となるとき，λ_i の実部が 0 になるパラメータ値を境にして式（10.3.2），（10.3.9）の解の性質が大きく変化する．このような現象を解の分岐といい，分岐が発生するパラメータ値を分岐点とよぶ．

式（10.3.9）の具体例として，次のような $n=2$ の系を対象に，平衡点（零解）の安定性について検討する．

$$\dot{\boldsymbol{x}}=\boldsymbol{A}\boldsymbol{x} \quad \rightarrow \quad \begin{bmatrix}\dot{x}_1\\ \dot{x}_2\end{bmatrix}=\begin{bmatrix}a_{11} & a_{12}\\ a_{21} & a_{22}\end{bmatrix}\begin{bmatrix}x_1\\ x_2\end{bmatrix} \tag{10.3.13}$$

ヤコビ行列 $\boldsymbol{A}$ の固有値は，次のような特性方程式の根として求められる．

$$\left.\begin{aligned}&\det[\boldsymbol{A}-\lambda\boldsymbol{I}]=\lambda^2-(a_{11}+a_{22})\lambda+(a_{11}a_{22}-a_{21}a_{12})=\lambda^2-p\lambda+q=0\\ &p=\mathrm{tr}\,\boldsymbol{A}=a_{11}+a_{22},\quad q=\det\boldsymbol{A}=a_{11}a_{22}-a_{21}a_{12}\end{aligned}\right\} \tag{10.3.14}$$

したがって，

$$\lambda_{1,2}=\frac{p\pm\sqrt{p^2-4q}}{2} \tag{10.3.15}$$

となり，式（10.3.13）の一般解は，次式で与えられる．

$$\boldsymbol{x}=\boldsymbol{\alpha}_1e^{\lambda_1t}+\boldsymbol{\alpha}_2e^{\lambda_2t} \tag{10.3.16}$$

ここに，$\boldsymbol{\alpha}_1, \boldsymbol{\alpha}_2$ は初期条件から決まる定数ベクトルである．

式（10.3.15）から，$p<0\wedge q>0$ のとき λ_1 および λ_2 の実部はともに負となるので平衡点は漸近安定，$p=0\wedge q>0$ または $p<0\wedge q=0$ のとき λ_1 および λ_2 の最大実部が 0 になるので平衡点は安定，これ以外の場合は λ_1 および λ_2 の実部のうちの少なくとも 1 個は正になるので平衡点は不安定である．また，λ_1 と λ_2 が互いに共役な複素根となる $p^2<4q$（ただし，$p=0$ を除く）のときの平衡点を渦状点，λ_1 と λ_2 が互いに共役な純虚数となる $p=0\wedge q>0$ のときの平衡点を渦心点，λ_1 と λ_2 がともに正またはともに負の実根となる $p^2\geq 4q\wedge q>0$ のときの平衡点を結節点，λ_1 と λ_2 が 1 個ずつ正負の実根となる $q<0$ のときの平衡点を鞍形点とよぶ．さらに，鞍形点と結節点との境界の $q=0$ で生じる分岐をサドルノード分岐点，安定な渦状点と不安定な渦状点の境界である渦心点で生じる分岐をホップ分岐点とよぶ．

上記の方法は，多重尺度法や平均法で得られた周期解の安定判別に利用することができる．10.1.2 項および 10.1.3 項で示したように，多重尺度法や平均法では，振幅 a と位相角 θ に関する自律系の微分方程式が求められる．それらをまとめて次式のように表す．

$$\left.\begin{aligned}\dot{a}&=F(a,\theta)\\ \dot{\theta}&=G(a,\theta)\end{aligned}\right\} \tag{10.3.17}$$

周期解に対する a, θ は $F(a,\theta)=G(a,\theta)=0$ から求められる．つまり，周期解は式（10.3.17）の平衡点に相当する．得られた周期解を a_0, θ_0，その微小な変分を x_1, x_2 とする．さらに，$a=a_0+x_1$, $\theta=\theta_0+x_2$ として式（10.3.17）に代入すると，x_1, x_2 に関する一次近似は次式となる．

$$\left.\begin{aligned}\dot{x}_1&=\frac{\partial F(a_0,\theta_0)}{\partial a}x_1+\frac{\partial F(a_0,\theta_0)}{\partial\theta}x_2\\ \dot{x}_2&=\frac{\partial G(a_0,\theta_0)}{\partial a}x_1+\frac{\partial G(a_0,\theta_0)}{\partial\theta}x_2\end{aligned}\right\} \tag{10.3.18}$$

したがって，ヤコビ行列 $\boldsymbol{A}$ は次のようになる．

$$\boldsymbol{A}=\begin{bmatrix}\dfrac{\partial F(a_0,\theta_0)}{\partial a} & \dfrac{\partial F(a_0,\theta_0)}{\partial\theta}\\ \dfrac{\partial G(a_0,\theta_0)}{\partial a} & \dfrac{\partial G(a_0,\theta_0)}{\partial\theta}\end{bmatrix} \tag{10.3.19}$$

この $\boldsymbol{A}$ の固有値から，上記の手順で周期解の安定性を判別することができる．

特別な場合として，式（10.1.61）や式（10.1.86）のように式（10.3.17）の F が a のみの関数 $F(a)$ で $G(a,\theta)=0$ となることがある．そのような場合には $\mathrm{d}F(a_0)/\mathrm{d}a<0$ ならば周期解は漸近安定，そうでなければ一般に不安定と判別できる．例えば，自律系のファンデルポール方程式に対する式（10.1.61）の場合には，

$$F(a)=\frac{\omega_0}{2}a\left(1-\frac{1}{4}a^2\right),\qquad \frac{\mathrm{d}F(a)}{\mathrm{d}a}=\frac{\omega_0}{2}\left(1-\frac{3}{4}a^2\right) \tag{10.3.20}$$

であるので，$a_0=2$ および $\mathrm{d}F(a_0)/\mathrm{d}a=-\omega_0<0$ となる．したがって，ファンデルポール方程式の周期解（リミットサイクル）は漸近安定である．

10.3.4 非自律周期系の場合

式（10.3.3）の零解の安定性から，それぞれ式（10.3.1）および式（10.3.4）の周期解 $\boldsymbol{\psi}(t)$ の安定性を判別する．

式（10.3.3）を平衡点（零解）の近傍でテイラー展開すると，次式を得る．

$$\dot{\boldsymbol{x}}=\boldsymbol{A}(t)\boldsymbol{x}+o(\|\boldsymbol{x}\|^2),\qquad \boldsymbol{A}(t)=\left.\frac{\partial \boldsymbol{X}(t,\boldsymbol{x})}{\partial \boldsymbol{x}}\right|_{\boldsymbol{x}=\boldsymbol{0}}=\left.\frac{\partial \boldsymbol{Y}(t,\boldsymbol{y})}{\partial \boldsymbol{y}}\right|_{\boldsymbol{y}=\boldsymbol{\psi}(t)} \tag{10.3.21}$$

さらに，$\boldsymbol{x}$ の高次の項 $o(\|\boldsymbol{x}\|^2)$ を省略すると，式（10.3.3）の変分方程式は次のようになる．

$$\dot{\boldsymbol{x}}=\boldsymbol{A}(t)\boldsymbol{x} \tag{10.3.22}$$

このとき，式（10.3.21）および式（10.3.22）の係数行列 $\boldsymbol{A}(t)$ は t に関して周期 T となる．

式（10.3.3）の零解（平衡点）の安定性に関しては，式（10.3.22）の零解が漸近安定であれば式（10.3.3）の零解もまた漸近安定であり，式（10.3.22）の零解が不安定であれば式（10.3.3）の零解もまた不安定であることが知られている．したがって，漸近安定と不安定の境界を除いて，式（10.3.3）の零解の安定性を式（10.3.22）の零解の安定性から判別することができる．

式（10.3.22）は周期係数型連立線形常微分方程式であるので，その零解の安定性解析にはフロ－ケの定理を利用することができる．以下にその概要を示す．

a. フローケの定理

式(10.3.22)の任意の基本解行列(後述)を $\boldsymbol{\Phi}(t)$ とする．フローケの定理によると，$\boldsymbol{\Phi}(t)$ は t に関して周期 T で連続な n 次正方正則行列 $\boldsymbol{P}(t)$ と n 次正方定数行列 $\boldsymbol{B}$ により，次のように表すことができる．

$$\boldsymbol{\Phi}(t)=\boldsymbol{P}(t)\exp(t\boldsymbol{B}),\qquad \boldsymbol{P}(t+T)=\boldsymbol{P}(t) \tag{10.3.23}$$

さらに，周期関数行列 $\boldsymbol{P}(t)$ と定数行列 $\boldsymbol{B}$ を用いると，変換 $\boldsymbol{x}=\boldsymbol{P}(t)\boldsymbol{z}$ により，式 (10.3.22) は次のような定数係数の線形連立常微分方程式に変換できる．

$$\dot{\boldsymbol{z}}=\boldsymbol{B}\boldsymbol{z} \tag{10.3.24}$$

ところで，式 (10.3.22) は線形常微分方程式であるから，n 個の独立な基本解 $\boldsymbol{\phi}_j(t)$ $(j=1, \cdots, n)$ が存在する．これらをひとまとめにした正則な n 次正方行列

$$\boldsymbol{\Phi}(t)=[\boldsymbol{\phi}_1(t), \boldsymbol{\phi}_2(t), \cdots, \boldsymbol{\phi}_n(t)] \tag{10.3.25}$$

を基本解行列とよぶ．また，基本解行列のなかで $t=0$ のときの初期値が単位行列 $\boldsymbol{I}_n$ であるものを特に $\boldsymbol{\Psi}(t)$ で表すと，式 (10.3.23) から $\boldsymbol{\Psi}(0)=\boldsymbol{P}(0)=\boldsymbol{P}(T)=\boldsymbol{I}_n$ であるので，

$$\boldsymbol{\Psi}(T)=\boldsymbol{P}(T)\exp(T\boldsymbol{B})=\boldsymbol{P}(0)\exp(T\boldsymbol{B})=\exp(T\boldsymbol{B}) \tag{10.3.26}$$

が成立する．式 (10.3.22) の一般解は基本解の線形結合で表されるので，$\boldsymbol{c}$ を n 次元定数ベクトルとすれば $\boldsymbol{x}(t)=\boldsymbol{\Psi}(t)\boldsymbol{c}$ となる．したがって，$t=0$ のときの初期値を $\boldsymbol{x}_0$ とする式 (10.3.22) の解 $\boldsymbol{x}(t, \boldsymbol{x}_0)$ は次のように表される．

$$\boldsymbol{x}(t, \boldsymbol{x}_0)=\boldsymbol{\Psi}(t)\boldsymbol{x}_0 \tag{10.3.27}$$

すなわち，$\boldsymbol{\Psi}(t)$ は初期値 $\boldsymbol{x}_0$ から時刻 t のときの解 $\boldsymbol{x}(t, \boldsymbol{x}_0)$ への写像を表す行列であることがわかる．そこで，$\boldsymbol{\Psi}(t)$ を状態遷移行列とよぶ．

b. 安定判別

式 (10.3.22) の $\boldsymbol{x}$ と式 (10.3.24) の $\boldsymbol{z}$ の間には $\boldsymbol{x}=\boldsymbol{P}(t)\boldsymbol{z}$ の関係があり，$\boldsymbol{P}(t)$ は連続な周期関数行列であるから，式 (10.3.22) の零解の安定性は式 (10.3.24) の零解の安定性と完全に対応している．さらに，式 (10.3.24) は定数係数の線形常微分方程式であるから，10.3.3 項で述べた自律系の場合とまったく同様に，その零解の安定性は係数行列 $\boldsymbol{B}$ の固有値 μ_j により判別できる．この μ_j を特性指数とよぶ．

一方，$\boldsymbol{\Psi}(T)$ の固有値を σ_j とすれば，式 (10.3.26) の関係から，σ_j と μ_j との間に次の関係が成立する．

$$\sigma_j=\exp(\mu_j T) \quad \Leftrightarrow \quad \mu_j=\frac{\ln \sigma_j}{T} \qquad (j=1, \cdots, n) \tag{10.3.28}$$

したがって，σ_j によっても式 (10.3.24) の零解の安定性を判別することができる．この σ_j を特性乗数とよぶ．ただし，式 (10.3.28) から σ_j は一意に定まるのに対して，μ_j は虚部が $2l\pi/T$ (l：整数) の不定性を有することがわかる．そこで，

$$|\mathrm{Im}\,\mu| \leq \frac{\pi}{T} \tag{10.3.29}$$

の範囲内に n 個存在する $(\ln \sigma_j)/T$ の主値を特に μ_j^0 とおいて主特性指数とよぶことにすれば，ほかの特性指数 μ_j^l と主特性指数 μ_j^0 との間に次の関係が成立する．

$$\mu_j^l=\mu_j^0+\frac{i2l\pi}{T} \qquad (j=1, \cdots, n, \quad l=0, \pm 1, \pm 2, \cdots, \pm \infty) \tag{10.3.30}$$

したがって，n 個の主特性指数 μ_j^0 ですべての特性指数 μ_j^l を代表させることができる．ただし，特性乗数 σ_j のなかに負の実数が存在するとすれば，その個数は必ず偶数な

ので，対応する主特性指数の虚部については，半数を $i\pi/T$，残りの半数を $-i\pi/T$ にとるものと規約する．

以上により，式（10.3.22）の零解（平衡点）の安定性は，主特性指数 μ_j^0（特性乗数 σ_j）を用いて次のように判別できる．すなわち，μ_j^0 の実部がすべて負（σ_j の絶対値がすべて 1 より小）であれば式（10.3.22）の零解は大域的に漸近安定である．一方，μ_j^0 のなかに実部が正のもの（σ_j のなかに絶対値が 1 より大のもの）が 1 個でもあれば式（10.3.22）の零解は不安定である．これら以外で，μ_j^0 の最大実部が 0（σ_j の最大絶対値が 1）であれば式（10.3.22）の零解は通常は大域的に安定である（ただし，漸近安定ではない）．

式（10.3.22）の零解が漸近安定であれば非自律周期系の式（10.3.4）の周期解 $\boldsymbol{\psi}(t)$ もまた漸近安定であり，前者が不安定であれば後者もまた不安定である．ただし，式（10.3.22）の零解が安定ではあるが漸近安定でない場合には，式（10.3.4）の周期解 $\boldsymbol{\psi}(t)$ の安定判別にはより高度な解析が必要である．

一方，自律系の式（10.3.1）の周期解 $\boldsymbol{\psi}(t)$ の安定判別に関しては，次のような注意が必要である．まず，$\boldsymbol{\psi}(t)$ は式（10.3.1）の解であるから，次式が成立する．

$$\dot{\boldsymbol{\psi}}(t)=\boldsymbol{Y}(\boldsymbol{\psi}(t)) \tag{10.3.31}$$

この両辺を t に関して微分すると，

$$\ddot{\boldsymbol{\psi}}(t)=\left.\frac{\partial \boldsymbol{Y}(\boldsymbol{y})}{\partial \boldsymbol{y}}\right|_{\boldsymbol{y}=\boldsymbol{\psi}(t)}\dot{\boldsymbol{\psi}}(t)=\boldsymbol{A}(t)\dot{\boldsymbol{\psi}}(t) \tag{10.3.32}$$

となるので，$\dot{\boldsymbol{\psi}}(t)$ は変分方程式（10.3.22）の解である．したがって，式（10.3.27）の関係および $\dot{\boldsymbol{\psi}}(t)$ は t について周期 T であることを考慮すると，

$$\dot{\boldsymbol{\psi}}(0)=\dot{\boldsymbol{\psi}}(T)=\boldsymbol{\Psi}(T)\dot{\boldsymbol{\psi}}(0) \quad \rightarrow \quad [\boldsymbol{\Psi}(T)-\boldsymbol{I}_n]\dot{\boldsymbol{\psi}}(0)=\boldsymbol{0} \tag{10.3.33}$$

さらに，$\dot{\boldsymbol{\psi}}(0)\neq\boldsymbol{0}$ であるから，

$$\det[\boldsymbol{\Psi}(T)-\boldsymbol{I}_n]=0 \tag{10.3.34}$$

が成立するので，$\boldsymbol{\Psi}(T)$の固有値（特性乗数 σ_j）の少なくとも 1 個は 1 になる（または主特性指数 μ_j^0 の少なくとも 1 個が 0 になる）．したがって，自律系の周期解 $\boldsymbol{\psi}(t)$ の安定判別に関しては，残りの $n-1$ 個に対して上記と同様の判定基準を適用すればよい．

c. 特性指数および特性乗数の数値解法

式（10.3.22）は周期係数型連立線形常微分方程式であるので，特性指数および特性乗数を解析的に求めることは困難であり，通常は数値解法に頼らざるをえない．しかも，系の規模が増大するにつれて数値解法の難度は非常に高くなる．そこで，大規模強非線形系を対象とする多項近似の調和バランス法（10.2.1 項）およびシューティング法（10.2.2 項）に適した解法を以下に示す．

まず，多項近似の調和バランス法では，自律系の式（10.2.11）または非自律系の式（10.2.15）から周期解が逐次近似計算された後に，その係数行列 $\boldsymbol{G}_k+\boldsymbol{H}_k-\omega_k\boldsymbol{U}$（自律系の場合）または $\boldsymbol{G}_k+\boldsymbol{H}_k-\Omega\boldsymbol{U}$（非自律系の場合）の固有値として特性指数が求め

られる．この場合，近似解に対して仮定するフーリエ級数の最高次数 N を十分大きくとると，次の条件を満足する主特性指数 μ_j^0 が n 個存在するようになる（$T=2\pi$ となるように無次元時間を導入していることに注意）．

$$\mathrm{Im}\,|\mu_j^0| \leq \frac{1}{2} \tag{10.3.35}$$

しかも，この主特性指数 μ_j^0 が最も高精度であるので，μ_j^0 を用いて安定判別を行えばよい．

次に，シューティング法では，自律系の逐次近似式（10.2.21）および非自律系の逐次近似式（10.2.23）の係数行列中に現れる $\boldsymbol{\Psi}_k$ は，変分方程式（10.3.22）の状態遷移行列 $\boldsymbol{\Psi}(T)$ を意味する．したがって，その逐次近似計算が収束した時点における $\boldsymbol{\Psi}_k$ の固有値として特性乗数 σ_j が求められる．

10.3.5 リアプノフの方法

具体的な解を求めることなく，与えられた微分方程式から直接その平衡点の安定判別を行うことができるのがリアプノフの方法（リアプノフの直接法あるいはリアプノフの第2法ともいう）である．この方法によると，安定条件が成立する初期値の範囲や大域的な安定性についても議論することができる．本項では，自律系の場合と非自律系の場合に分けて，その基本的な考え方について説明する．

a. 自律系の場合

自律系に対するリアプノフの方法では，$\boldsymbol{x}$ に関する実数値のスカラー関数 $V(\boldsymbol{x})$ を考える．この関数 $V(\boldsymbol{x})$ は次の性質を満たすものとする．

$$V(\boldsymbol{x})>0 \quad (\boldsymbol{x}\neq\boldsymbol{0}), \qquad V(\boldsymbol{0})=0 \tag{10.3.36}$$

このとき，$V(\boldsymbol{x})$ は正定値関数であるという．また，関数 $V(\boldsymbol{x})$ およびその $\boldsymbol{x}$ に関する偏導関数 $\partial V(\boldsymbol{x})/\partial\boldsymbol{x}$ は，原点（$\boldsymbol{x}=\boldsymbol{0}$）を含む $\boldsymbol{x}$ の開領域 D で連続であるものとする．このとき，式（10.3.2）の解に沿った $V(\boldsymbol{x})$ の t に関する微分は，次式のようになる．

$$\dot{V}(\boldsymbol{x})=\frac{\partial V(\boldsymbol{x})}{\partial\boldsymbol{x}}\dot{\boldsymbol{x}}=\frac{\partial V(\boldsymbol{x})}{\partial\boldsymbol{x}}\boldsymbol{X}(\boldsymbol{x}) \tag{10.3.37}$$

さらに，領域 D で $\dot{V}(\boldsymbol{x})\leq 0$ であるとき，$V(\boldsymbol{x})$ をリアプノフ関数とよぶ．

このリアプノフ関数を用いると，平衡点（原点）の安定性に関して次の2つの定理が成立する．

(1) 領域 D においてリアプノフ関数 $V(\boldsymbol{x})$ が存在すれば，平衡点は安定である．

(2) 領域 D においてリアプノフ関数 $V(\boldsymbol{x})$ が存在し，$-\dot{V}(\boldsymbol{x})$ が正定値関数であれば，平衡点は漸近安定である．

さらに，$\|\boldsymbol{x}\|<\infty$ の領域でリアプノフ関数 $V(\boldsymbol{x})$ が定義され，$\|\boldsymbol{x}\|\to\infty$ のとき $V(\boldsymbol{x})\to\infty$ であれば，これらの定理は大域的に（$\boldsymbol{x}$ 全体で）成立する．すなわち，(1) の場合には大域的に安定であり，(2) の場合には大域的に漸近安定である．

この定理の意味を幾何学的に考えてみる（厳密な証明ではない）．そのため，c を正の定数として，領域 D の内部で $V(\boldsymbol{x})=c$ であるような等高線を想定する．この等高線は原点を囲む閉曲線になる．(1) の場合には領域 D で $\dot{V}(\boldsymbol{x})\leq 0$ であるから，この等高線上における式（10.3.2）の解は，$V(\boldsymbol{x})$ が小さくなる方向（閉曲線の内部）に向かうか等高線上を移動する．したがって，解は領域 D の内部に留まり続けるので平衡点は安定である．(2) の場合には原点を除く領域 D の内部で $\dot{V}(\boldsymbol{x})<0$ であるから，どんなに小さな c を考えても解は常に閉曲線の内部に向かう．したがって，解は原点に収束するので，平衡点は漸近安定である．

このように，リアプノフの方法によれば，微分方程式の解を求めることなく，平衡点の安定性を厳密に判別することができるので，非常に強力な安定判別法であるといえる．ただし，リアプノフ関数の求め方が発見的手法によらざるをえないこと，およびリアプノフ関数の存在が安定であることの十分条件（必要十分条件ではない）なので，リアプノフ関数がみつからないからといって不安定とはいえないことに注意を要する．

具体例として，次のような減衰を有する漸硬型ダフィング方程式の平衡点の安定性について考える．

$$\ddot{x}+2\zeta\omega_0\dot{x}+\omega_0^2(x+x^3)=0 \quad \Rightarrow \quad \begin{bmatrix}\dot{x}_1\\ \dot{x}_2\end{bmatrix}=\begin{bmatrix}x_2\\ -2\zeta\omega_0 x_2-\omega_0^2(x_1+x_1^3)\end{bmatrix} \qquad (10.3.38)$$

ここで，リアプノフ関数の候補として，式（10.3.38）で $\zeta=0$ とした不減衰系の力学的エネルギーを考え，次式を仮定する．

$$V(x_1, x_2)=\omega_0^2\left(\frac{1}{2}x_1^2+\frac{1}{4}x_1^4\right)+\frac{1}{2}x_2^2 \qquad (10.3.39)$$

この $V(x_1, x_2)$ は明らかに正定値関数である．さらに，式(10.3.38)の解に沿った $V(x_1, x_2)$ の t に関する微分を考えると，

$$\dot{V}(x_1, x_2)=\omega_0^2(x_1+x_1^3)\dot{x}_1+x_2\dot{x}_2=-2\zeta\omega_0 x_2^2<0 \quad (x_2\neq 0) \qquad (10.3.40)$$

が成立する．したがって，(2) の条件を満足するので，式（10.3.38）の平衡点は漸近安定である．しかも，$\sqrt{x_1^2+x_2^2}<\infty$ の領域で $V(x_1, x_2)$ は定義され，$\sqrt{x_1^2+x_2^2}\to\infty$ のとき $V(x_1, x_2)\to\infty$ であるから，平衡点は大域的に漸近安定である．

このように，力学に立脚した自律系の問題では，力学的エネルギーをリアプノフ関数の候補とするとうまくいくことが多い．これは，「保存系の平衡点が安定である条件は，その平衡点でポテンシャルエネルギーが極小値を取ることである」という力学の基本的性質にリアプノフの方法は立脚しているためである．

b.　非自律系の場合

非自律系に対するリアプノフの方法では，t および $\boldsymbol{x}$ に関する実数値のスカラー関数 $V(t, \boldsymbol{x})$ を考える．また，$a(\boldsymbol{x})$ が式（10.3.36）の意味における正定値関数であるものとして，関数 $V(t, \boldsymbol{x})$ は $0\leq t<\infty$ に対して次の性質を満たすものとする．

$$V(t, \boldsymbol{x})\geq a(\boldsymbol{x}) \quad (\boldsymbol{x}\neq\boldsymbol{0}), \qquad V(t, \boldsymbol{0})=0 \qquad (10.3.41)$$

このとき，$V(t, \boldsymbol{x})$ は正定値関数であるという．また，関数 $V(t, \boldsymbol{x})$ およびその $t, \boldsymbol{x}$ に関する偏導関数 $\partial V(t, \boldsymbol{x})/\partial t$，$\partial V(t, \boldsymbol{x})/\partial \boldsymbol{x}$ は，$0 \leq t < \infty$ および原点（$\boldsymbol{x}=\boldsymbol{0}$）を含む近傍からなる t と $\boldsymbol{x}$ の開領域 D で連続であるものとする．このとき，式（10.3.3）の解に沿った $V(t, \boldsymbol{x})$ の t に関する微分は，次式のようになる．

$$\dot{V}(t, \boldsymbol{x}) = \frac{\partial V(t, \boldsymbol{x})}{\partial t} + \frac{\partial V(t, \boldsymbol{x})}{\partial \boldsymbol{x}}\dot{\boldsymbol{x}} = \frac{\partial V(t, \boldsymbol{x})}{\partial t} + \frac{\partial V(t, \boldsymbol{x})}{\partial \boldsymbol{x}}\boldsymbol{X}(t, \boldsymbol{x}) \qquad (10.3.42)$$

さらに，領域 D で $\dot{V}(t, \boldsymbol{x}) \leq 0$ であるとき，$\dot{V}(t, \boldsymbol{x})$ をリアプノフ関数とよぶ．

このリアプノフ関数を用いると，自律系の場合と同様に，平衡点（原点）の安定性に関して次の定理が成立する．

(1) 領域 D においてリアプノフ関数 $V(t, \boldsymbol{x})$ が存在すれば，平衡点は安定である．

(2) 領域 D において $-\dot{V}(t, \boldsymbol{x})$ が式（10.3.41）の意味における正定値関数であり，$|\boldsymbol{X}(t, \boldsymbol{x})| \leq L$ のような正の実数 L が存在すれば，平衡点は漸近安定である．

さらに，大域的な安定性に関しては，次の定理が成立する．

(3) $0 \leq t < \infty$ および $\|\boldsymbol{x}\| < \infty$ の領域において，$V(t, \boldsymbol{x})$ が $a(\boldsymbol{x}) \leq V(t, \boldsymbol{x}) \leq b(\boldsymbol{x})$（ただし，$a(\boldsymbol{x})$，$b(\boldsymbol{x})$ は式（10.3.36）の意味における正定値関数であり，$\|\boldsymbol{x}\| \to \infty$ のとき $a(\boldsymbol{x}) \to \infty$）を満足し，$-\dot{V}(t, \boldsymbol{x})$ が式（10.3.41）の意味における正定値関数であれば，平衡点は大域的に一様漸近安定である．

具体例として，次のような非自律系の平衡点の安定性について考える．

$$\dot{\boldsymbol{x}} = \boldsymbol{A}\boldsymbol{x} + \boldsymbol{f}(t, \boldsymbol{x}), \quad \boldsymbol{f}(t, \boldsymbol{x}) = o(\|\boldsymbol{x}\|), \quad \boldsymbol{f}(t, \boldsymbol{0}) = \boldsymbol{0} \qquad (10.3.43)$$

ここに，n 次の係数行列 $\boldsymbol{A}$ の固有値 λ_p（$p=1, \cdots, n$）はすべて相異なり，実部はすべて負であるとする．このとき，適当な変数変換 $\boldsymbol{x} = \boldsymbol{P}\boldsymbol{y}$ により，式（10.3.43）を次のように変換できる．

$$\left.\begin{aligned} &\dot{\boldsymbol{y}} = \boldsymbol{B}\boldsymbol{y} + \boldsymbol{g}(t, \boldsymbol{y}) \\ &\boldsymbol{B} = \boldsymbol{P}^{-1}\boldsymbol{A}\boldsymbol{P} = \mathrm{diag}\,[\lambda_1, \cdots, \lambda_n] \\ &\boldsymbol{g}(t, \boldsymbol{y}) = \boldsymbol{P}^{-1}\boldsymbol{f}(t, \boldsymbol{P}\boldsymbol{y}) = o(\|\boldsymbol{y}\|), \qquad \boldsymbol{g}(t, \boldsymbol{0}) = \boldsymbol{0} \end{aligned}\right\} \qquad (10.3.44)$$

この場合の $\boldsymbol{y}$ は一般には複素数値関数となる．ここで，リアプノフ関数の候補として，次のような正定値関数を仮定する．

$$V(\boldsymbol{y}) = \bar{\boldsymbol{y}}^{\mathrm{T}}\boldsymbol{y} = \sum_{p=1}^{n} |y_p|^2 = \|\boldsymbol{y}\|^2 \geq 0 \quad (\boldsymbol{y} \neq \boldsymbol{0}), \qquad V(\boldsymbol{0}) = 0 \qquad (10.3.45)$$

さらに，式（10.3.44）の解に沿った $V(\boldsymbol{y})$ の t に関する微分を考えると，次式を得る．

$$\begin{aligned} \dot{V}(\boldsymbol{y}) &= \dot{\bar{\boldsymbol{y}}}^{\mathrm{T}}\boldsymbol{y} + \bar{\boldsymbol{y}}^{\mathrm{T}}\dot{\boldsymbol{y}} = \{\bar{\boldsymbol{y}}^{\mathrm{T}}\bar{\boldsymbol{B}}^{\mathrm{T}} + \bar{\boldsymbol{g}}(t, \bar{\boldsymbol{y}})^{\mathrm{T}}\}\boldsymbol{y} + \bar{\boldsymbol{y}}^{\mathrm{T}}\{\boldsymbol{B}\boldsymbol{y} + \boldsymbol{g}(t, \boldsymbol{y})\} \\ &= \bar{\boldsymbol{y}}^{\mathrm{T}}(\boldsymbol{B} + \bar{\boldsymbol{B}})\boldsymbol{y} + \bar{\boldsymbol{g}}^{\mathrm{T}}(t, \bar{\boldsymbol{y}})^{\mathrm{T}}\boldsymbol{y} + \bar{\boldsymbol{y}}^{\mathrm{T}}\boldsymbol{g}(t, \boldsymbol{y}) \\ &= 2\sum_{p=1}^{n} \mathrm{Re}\,(\lambda_p)\,|y_p|^2 + o(\|\boldsymbol{y}\|^2) \end{aligned} \qquad (10.3.46)$$

したがって，平衡点（原点）の十分近傍では，次式が成立する．

$$\dot{V}(\boldsymbol{y}) \leq -\alpha\sum_{p=1}^{n} |y_p|^2 = -\alpha V(\boldsymbol{y}) \leq 0, \qquad \max_{1 \leq p \leq n} \mathrm{Re}(\lambda_p) < -\frac{\alpha}{2} < 0 \qquad (10.3.47)$$

また，平衡点（原点）の十分近傍で $\|\boldsymbol{B}\boldsymbol{y}+\boldsymbol{g}(t,\ \boldsymbol{y})\| \leq L$ のような正の実数 L が存在することもほぼ自明である．したがって，(2) の条件を満足するので，式（10.3.44）および式（10.3.43）の平衡点は漸近安定である．なお，漸近安定性については，$t=t_0$ のとき $\boldsymbol{y}=\boldsymbol{y}_0$ とすれば，式（10.3.47）から次式が成立することからもいえる．

$$V(\boldsymbol{y}) \leq V(\boldsymbol{y}_0)e^{-\alpha(t-t_0)} \quad \Rightarrow \quad \|\boldsymbol{y}\|^2 \leq \|\boldsymbol{y}_0\|^2 e^{-\alpha(t-t_0)} \quad \Rightarrow \quad \lim_{t\to\infty}\|\boldsymbol{y}\|=0 \qquad (10.3.48)$$

〔近藤孝広〕

文 献

1) Hayashi, C.：*Nonlinear Oscillations in Physical Systems*, McGraw-Hill, 1964.
2) Nayfeh, A. H. and Mook, D. T.：*Nonlinear Oscillations*, John Wiley & Sons, 1979.
3) 谷口　修編：振動工学ハンドブック，養賢堂，1976.
4) 日本機械学会編：機械工学便覧 基礎編 α2 機械力学，丸善，2004.
5) 近藤孝広ほか：非線形系の定常振動の高次近似解法と安定判別法について，日本機械学会論文集 C 編，**51**（466）（1985），1180-1188.
6) 近藤孝広ほか：自己同期現象を利用した推進装置（第 1 報，シューティング法による基本性能の解析と実験的検証），日本機械学会論文集 C 編，**71**（712）（2005），3351-3358.
7) 近藤孝広ほか：大規模非線形系に対する高性能振動解析手法の開発（非線形支持された直線状はり構造物の曲げ振動への適用），日本機械学会論文集 C 編，**74**（747）（2008），2626-2633.
8) 吉沢太郎：微分方程式入門，朝倉書店，1967.
9) 山本　稔：常微分方程式の安定性，実教出版，1979.

11. 振 動 計 測 法

実働する機械の状態を把握するためには，その振動の動特性を計測する必要がある．本章では，おもな振動センサーとその分析手法について概説する．

11.1 振動計測の位置付けと方法

振動を定量的に捉えるためには，一般に変位，速度，加速度の3つの物理量が使用される．各物理量は微分または積分することで相互に変換することが可能である．

- 変位（単位：m）
- 速度（単位：m/s）
- 加速度（単位：m/s^2）

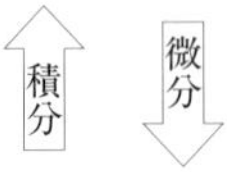

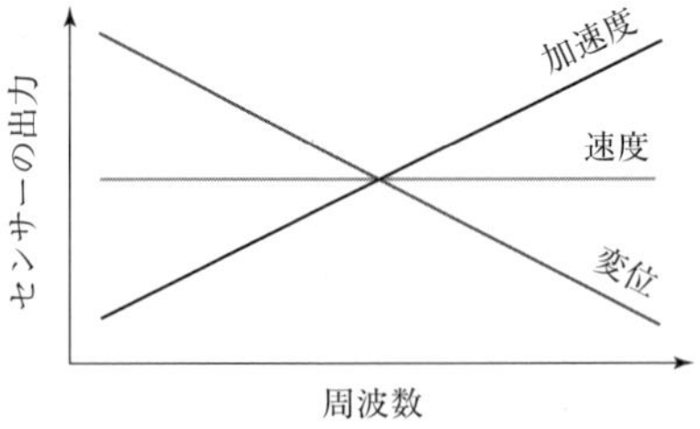

図 11.1 周波数に対する変位，速度，加速度の相対的関係

速度が周波数に対して一定である場合，変位ならびに加速度の周波数に対するセンサー出力の特性をグラフ（両対数）にすると，図 11.1 のように表される．このグラフからは，次のことを読みとることができる．周波数の低い範囲で感度が高いのは変位であるが，周波数が上がるにつれて速度へ，また加速度へと移っていく．このことから，周波数の低い場合は変位で，周波数が高い場合には加速度で測定したほうが，感度的に有利である．設備診断などでは，数百 Hz までは変位・速度で，それ以上の周波数では加速度で測定する．また，精度よく振動を検出するための適切なセンサーを選択するためには，対象物の質量，振動の大きさ，周波数範囲，測定環境などを考慮する必要がある．

また，センサーには，接触式と非接触式のタイプがある．接触式振動センサーとして従来から圧電式加速度センサーが広く用いられている．圧電式加速度センサーは，サイズモ系の原理を利用したセンサーで，振動加速度に比例した電気信号を出力する．振動体に影響を与えない非接触式センサーとしては静電容量式センサー，渦電流式センサー，光学式センサーなどがある．光学式センサーとしては三角測量方式によるものやレーザードップラ方式によるものなどが知られている．近年電子部品や機械部品の小型化・軽量化に伴い，対象物の動作・振動・構造解析用の検出器としてレーザードップラシフトを応用したレーザードップラ振動計（Laser Doppler Vibrometer：LDV）が広く使われるようになっており，特に MEMS（Micro Electrical Mechanical Systems）関連の検出・解析ツールとして不可欠なツールとなってきている．

11.2　各種加速度センシング

振動計測において加速度によるセンシングは，最も一般的な方法として，厳密な精度を要求される計測機器から単純な衝撃検出まで幅広く用いられている．

11.2.1　種　　類

一般的に加速度センサーは接触式タイプであり，種類としては従来から圧電式が多く用いられてきたが，近年は MEMS 技術を使った半導体式も小型化，コストの面でメリットがあり，採用が進んでいる．圧電式，半導体式とも 1 軸から 3 軸までの検出が可能なセンサーが用意されている．圧電式加速度センサーは，サイズモ系の原理を利用したセンサーで，電荷出力型とプリアンプ内蔵型（電圧出力）とがある．一方，半導体式加速度センサーはシリコン半導体の製造技術によって形成されたはり構造によって支えられた微小な可動部の加速度発生時の変位を静電容量の変化として検出するタイプが代表的なものとしてあげられる．

11.2.2　性　　能

代表的な圧電式加速度センサーの仕様を表 11.1 に示す．

11.2.3　特　　徴

圧電式加速度センサーは，計測が比較的簡単，システムが安価に実現可能，安定性が高い，経年変化が少ないなどの多くの長所があるが，接触式のため，質量効果，接触共振などに注意する必要がある．質量効果とは，測定を行うために取り付けたセンサーの質量により測定対象体の固有振動数が影響を受けることをいう．物体の固有振動数は物体の質量により変化するため，センサーを取り付けると，センサーの質量が物体に付加され固有振動数が小さくなる．したがって，測定対象体の質量に比べセンサーの質量が十分に小さくないと固有振動数を変化させることになり測定誤差となる．図 11.2 のように被測定物の質量を M，センサーの質量を m，測定系の固有振動数を f_e とすると固有振動数は Δf_e だけ減少する．センサーの質量としては被測定物の質量の 1/50 が目安になり，測定誤差は 1% 以内となる．なお，ここでいう質量は測定対象全体の質量ではなく，センサーを取り付ける部分の構造体の質量となり，思ったより軽い場合があるので注意が必要である．

表 11.1 代表的な圧電式加速度センサーのおもな仕様[1)]

特長	小型・軽量	小型・汎用	小型	汎用	汎用・高感度	小型・高温対応
外観						
感度	0.16 pC/(m/s^2) ±2 dB	0.3 pC/(m/s^2) ±2 dB	1.2 pC/(m/s^2) ±2 dB	5 pC/(m/s^2) ±2 dB	10 pC/(m/s^2) ±2 dB	0.31 pC/(m/s^2) ±1 dB
静電容量	700 pF ±20%	500 pF ±20%	750 pF ±20%	3500 pF ±20%	3500 pF ±20%	340 pF
共振周波数	約 40 kHz	約 60 kHz	約 40 kHz	約 30 kHz	約 25 kHz	約 50 kHz
周波数範囲	f_c~10 kHz ±0.5 dB f_c~20 kHz ±3 dB	f_C~10 kHz ±0.5 dB f_c~20 kHz ±3 dB	f_c~6 kHz ±0.5 dB f_c~15 kHz ±3 dB	f_c~5 kHz ±0.5 dB f_c~12 kHz ±3 dB	f_c~5 kHz ±0.5 dB f_c~10 kHz ±3 dB	f_c~10 kHz ±0.5 dB f_c~20 kHz ±3 dB
横方向感度	5%以下	5% 以下	5% 以下	5% 以下	5% 以下	5% 以下
最大使用加速度	10000 m/s^2	50000 m/s^2	20000 m/s^2	8000 m/s^2	5000 m/s^2	22600 m/s^2
耐衝撃性	100000 m/s^2	100000 m/s^2	30000 m/s^2	16000 m/s^2	10000 m/s^2	98000 m/s^2
使用温度範囲	−20~+160℃	−20~+160℃	−20~+160℃	−20~+160℃	−20~+160℃	−70~+260℃
絶縁抵抗	10000 MΩ 以上	10000 MΩ 以上	10000 MΩ 以上	10000 MΩ 以上	10000 MΩ 以上	1000 GΩ 以上
質量	0.6 g	2 g	12 g	25 g	42 g	約 2 g
外径寸法	ϕ6.5 ×3.7 H	7 Hex ×10 H	12 Hex ×16 H	14 Hex ×23.5 H	17 Hex ×32 H	7.9 Hex ×8.4 H

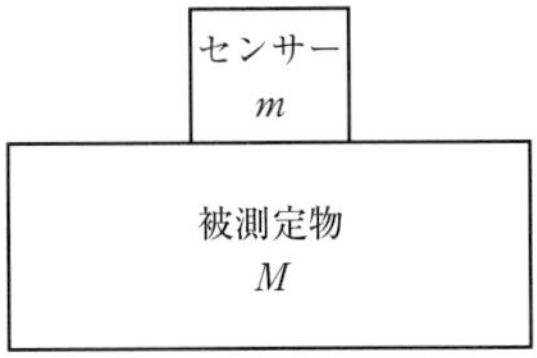

M：被測定物の質量
m：センサーの質量
f_e：被測定物自体の固有振動数
Δf_e：f_e と実測定での固有振動数との差

$$\Delta f_e = f_e\left(1 - \sqrt{\frac{M}{M+m}}\right)$$

図 11.2 質量効果

11.2.4 動作原理

水晶の単結晶やチタン酸バリウムは，力を受けるとその表面に電荷が発生する．これが圧電効果であり，この効果を生じる材料を圧電材料（圧電素子）とよぶ．圧電型加速度センサーは，圧電素子をサイズモ系のばねとして用い同時に機械電気変換素子として用いたセンサーである．圧電型加速度センサーは，圧電素子への力の加わり方の違いにより，圧縮型とシェア型（せん断型）の2種類に大別される．図11.3にそれぞれの構造図を示す．圧縮型は，センサーのベースとおもりの間に圧電素子を挟み込んだ構造となっている．シェア型は，ベースに垂直に立てられたポストとおもりの間に圧電素子を固定した構造となっている．なお，従来は圧縮型が使われていたが，最近では，ベース歪みや急激な温度変化の影響が少ないシェア型が普及している．

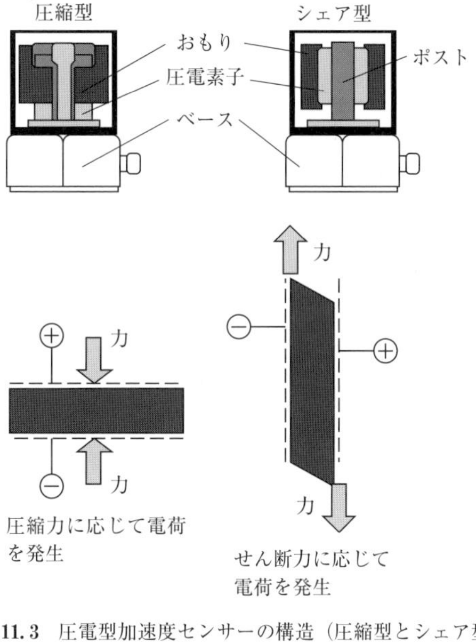

図 11.3 圧電型加速度センサーの構造（圧縮型とシェア型）

11.2.5 使用法

加速度センサーによる振動計測は，アンプで増幅したセンサーの信号をオシロスコープやFFTアナライザなどの波形表示・周波数分析装置またはデータロガなどの波形記録装置に入力して行う．電荷出力型の圧電式加速度センサーの信号増幅には専用のチャージアンプが必要となるが，プリアンプ内蔵型は定電流駆動タイプ（Constant Current Line Drive：CCLD）センサーともよばれ，最近の分析装置や記録装置にはCCLD用アンプを内蔵することにより外部アンプなしでセンサーを直結できるものが多くなっている．さらに，センサー固有の情報を内部に組み込んだTEDS（Transducer

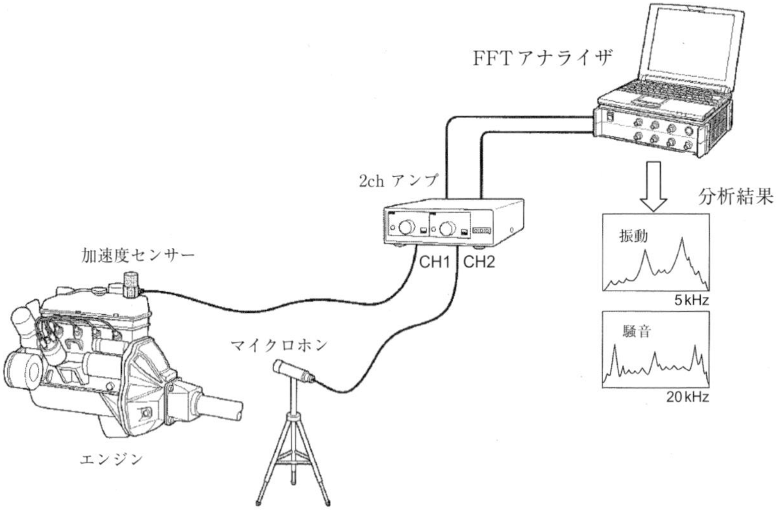

図 11.4 エンジンの振動と騒音の同時測定例

Electric Data Sheet）センサーとよばれるスマートセンサーの出現により，対応するアンプや分析装置と組み合わせることで現場での計測時間短縮や入力ミスなどのヒューマンエラーの低減に貢献しつつある．図 11.4 に圧電式加速度センサーとマイクロホンを使ってエンジンの振動と騒音の同時測定を行った例を示す．

11.2.6 校 正 法

加速度センサーの校正方法は基準加速度センサーとの比較による二次校正とレーザー干渉式振動測定値を基準とする一次校正の 2 種類の校正法が行われている．両方式とも加速度センサーを加振器により仕様周波数範囲で振動させ基準値での校正を行う．二次校正は基準加速度センサーと校正する加速度センサーを治具で一体化させて加振する back to back とよばれる方法であり，一次校正よりも装置構成が容易であることから一般的な校正方法として行われている．また，測定現場でセンサーの動作や感度値を確認することのできる簡便な感度校正器として図 11.5 に示すような周波数固定の基準振動源（周波数 159.2 Hz，基準加速度 10 m/s^2）も用いられている．

図 11.5 簡易感度校正器の例[1)]

11.3 各種速度センシング

11.3.1 種　　類

振動計測における速度によるセンシングとしては接触タイプでは動電式速度センサー，非接触タイプのレーザードップラ式があげられる．

11.3.2 性　　能

動電式は周波数範囲 1 kHz 以下であり，ダイナミックレンジはレーザードップラ方式よりも狭い．レーザードップラ式の振動速度センサーの仕様例を表 11.2 に示す．

11.3.3 特　　徴

動電式は計測が比較的簡単，システムが安価に実現可能などの優位点があるが，接触式のため，質量効果，接触共振に注意する必要がある．それに対して，レーザードップラ式は多くの長所を備えている．おもな特徴を以下に述べる．

1) 非接触式　対象物にレーザー光を照射するのみでの振動検出が可能な非接触式である．

2) 空間分解能が高い　レーザー光を使用していることからレンズを使用して光学機器によって集光することが可能であり，比較的簡単に高い空間分解能を得ることが可能である．ここでいう空間分解能とは，一定の面積上の挙動を座標として捉えた

表 11.2 レーザードップラ式速度センサーの仕様（例）[2)]

検波復調方式	光ヘテロダイン検波による速度復調	
光源	He-Ne レーザー（波長 632.8 nm）	
射出光出力	1 mW 以下（クラス 2 JIS C 6802 規格準拠）	
測定距離	100 mm～5 m	
レーザースポット	20 μm 以下（最短測定距離において）	
計測周波数範囲	1 Hz～3 MHz	1 Hz～200 kHz
速度レンジ	0.01 m/s/V（最大 0.1 m/s） 0.1 m/s/V（最大 1 m/s） 1 m/s/V（最大 10 m/s）	0.001 m/s/V（最大 0.01 m/s） 0.01 m/s/V（最大 0.1 m/s） 0.05 m/s/V（最大 0.5 m/s）
速度出力	アナログ ±10 V（DC オフセット ±20 mV 以内）	
最小速度分解能	0.3 μm/s（0.01 m/s/V レンジ LPF：1 MHz，1 kHz にて）	0.05 μm/s（0.001 m/s/V レンジ 1 kHz にて）
ローパスフィルタ	100 kHz，1 MHz，OFF	20kHz，100 kHz，OFF
ハイパスフィルタ	10 Hz，100 Hz，OFF	
出力インピーダンス	50 Ω（最低入力インピーダンス 100 KΩ 以上）	
モニター出力	アナログ 0～10 V（出力インピーダンス 50 Ω）	

場合どこまで細分化して測定できるかということであり，どこまで微細なターゲットを測定できるかということである．変位センサーには，静電容量方式や渦電流方式による非接触タイプもあるが，いずれも検出器端面の面積以下に検出面積を小さくすることはできない．レーザードップラ振動計の場合，最短計測距離で 20 μm 以下，さらに専用対物レンズを装着した場合最小で約 ϕ3 μm のビームスポット径を得ることができる．

3) 広いダイナミックレンジ　レーザードップラ振動計のダイナミックレンジは，非接触検出器の静電容量や渦電流センサー，三角測量式のレーザー変位計と比較した場合，圧倒的に広い．レーザードップラ振動計は速度出力が基本となるため単純な比較は難しいが，レーザードップラ振動計は高周波域において変位換算すると 0.01 nm の変位分解能をもつ．直接変位復調を行うフリンジカウント変位計ユニットの使用で 5 nm の分解能を得ることができる．

11.3.4 動作原理

動電式速度センサーは，円筒型ケースの中心可動部おもりに固定されたコイルにより内周部に磁気回路が形成され，振動によりおもりが磁気回路中で磁束を切る方向に動作するときに振動速度に比例した起電力が発生するという原理を用いて機械量を電気量に変換する．次に，レーザードップラ式の動作原理[3] を以下に記す．

ある一定の周波数成分をもつ発音物体が移動すると音波の周波数が変化して聞こえる．この現象をドップラ効果とよぶ．放射した波の周波数と反射して戻ってきた波の周波数の間には次の関係が成り立つ．

○　物体が近づいてくる場合　→　放射周波数＜反射周波数
○　物体が遠ざかる場合　→　放射周波数＞反射周波数
○　放射周波数と反射周波数の差は，物体の移動速度に比例し，速度の上昇に伴い周波数の差は大きくなる．

レーザードップラ振動計はこの原理を応用している．原理図を図 11.6 に示す．レーザー光を移動するターゲットに照射すると，ターゲットからの反射光の周波数はドップラ効果によって照射光の周波数からシフト（変移）する．このときのシフト量は，シフトした周波数を f_D，ターゲットの速度を V，照射光の波長を λ，照射光を当てる方向とターゲットの移動方向とのなす角度を θ とすると，以下の（11.3.1）式が成り立つ．

$$f_D = |f' - f| = \frac{2V}{\lambda}\cos\theta \qquad (11.3.1)$$

ここで，レーザーの照射光の周波数を f_0 とすると，反射光のもつ周波数は $f_0 + f_D$ となる．レーザードップラ振動計で使用

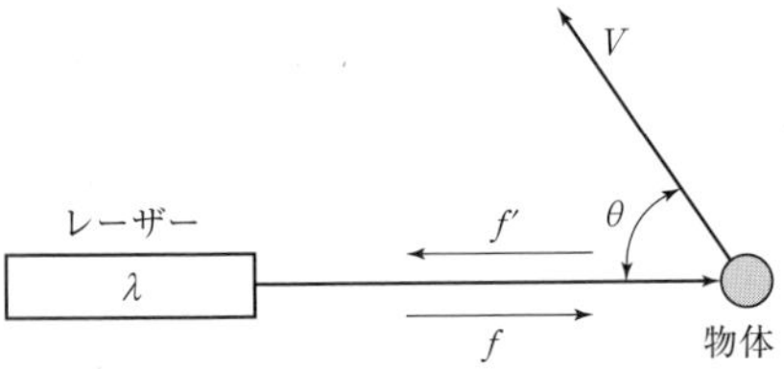

図 11.6　ドップラシフトの原理図

されるレーザー光の波長 λ はきわめて安定しているため，ドップラ周波数 f_D とターゲットの移動速度 V は比例関係にある．またレーザードップラ振動計ではレーザーを照射する方向とターゲットの移動方向とのなす角度 θ は通常 0 度と設定するため（入射光に対する反射光の平行成分のみを検出：面外振動），ドップラ周波数 f_D を測定することでターゲットのもつ照射方向の移動速度を求めることが可能である．ただし，レーザー光そのものの周波数はきわめて高く，直接測定することが困難なため，通常ドップラ周波数 f_D の検出は，照射光（f_0）と反射光（f_0+f_D）とを干渉させて検出する[3]．

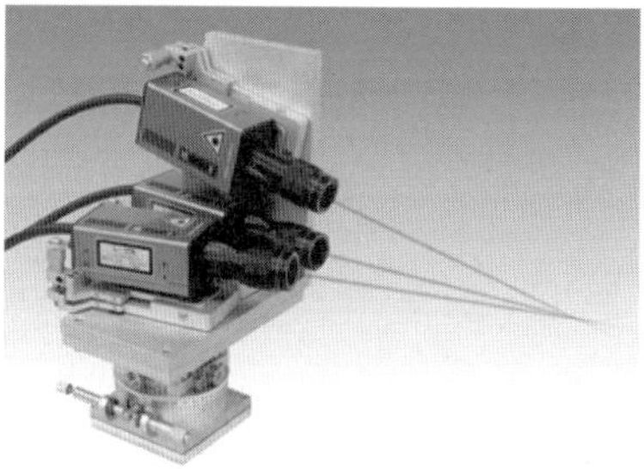

図 11.7　三次元振動計のセンサー部

レーザードップラ振動計は，レーザー光を照射する光学ヘッド部と反射光からのドップラ周波数を処理する変換部から構成され，変換部からの信号は対象物体の移動速度に比例した電圧信号となる．この時間軸信号を FFT アナライザなどに入力することによって振動速度および振動加速度・変位をも求めることも可能である．またその信号を周波数分析することによって対象物体の挙動を解析することが可能である．

レーザードップラ振動計はその構成上，一次元検出と三次元検出とに分類できる．一次元センサーは，1 軸のセンサーヘッドを使い，レーザー光に垂直な面の振動速度を検出する．それに対して三次元検出センサーは，1 軸のセンサーヘッドを 3 台使い 3 ビームのレーザー光から得られる信号をベクトル演算処理することで対象物体の X・Y・Z 方向の振動速度ならびに振動方向を同時に測定することが可能である．三次元振動計の光学ヘッド部の構成写真を図 11.7 に示す．

11.3.5　使　用　法

レーザードップラ振動計は，接触式センサーが取り付けられないまたは微小なワークの振動検出に幅広く使われている．具体的な例としては，CD/DVD/BD 用の光ピックアップの動特性，超音波ツールの挙動計測，MEMS センサーの共振特性などがある．使用上の注意点は以下である．

① センサーヘッドをターゲットに正対させる必要がある
② レーザービームの反射光量を確保する必要がある
③ ターゲット上の油・水の影響を受ける

11.3.6　校　正　法

レーザードップラ振動計は周波数帯域が広いため，特に 10 kHz 以上の高周波数域での実振動測定による校正を行うことは困難である．そこでレーザー波長が高安定であることから，校正された周波数信号発生器によるドップラ信号相当の擬似信号をレーザードップラ振動計の信号復調回路に入力し，出力を校正する方法が一般的に用いられている．

11.4　各種変位センシング

一般に，周波数の低い場合は変位センシングによる振動測定が感度的に有利であるため，数百 Hz までは変位センサーが比較的多く用いられる．

11.4.1　種　　類

変位によるセンシングとしては非接触式の静電容量式センサー，渦電流式センサー，光学式センサーなどがあげられる．光学式センサーとしては三角測量式とレーザー干渉式によるものがよく使われている．

11.4.2　性　　能

以下に代表的な静電容量式変位センサーとレーザー干渉式変位センサーの仕様例を表 11.3 と表 11.4 に示す．

11.4.3　特　　徴

a.　静電容量式変位センサー

静電容量式センサーは，高分解能と優れた直線性および高い出力安定性により，各

表 11.3　静電容量式センサーの仕様例[4)]

測定範囲	0～0.1 mm	0～0.2 mm	0～0.5 mm	0～1.0 mm	0～2.0 mm	0～5.0 mm
分解能	0.1 μm	0.1 μm	0.1 μm	0.1 μm	1.0 μm	1.0 μm
直線性	±0.15%/fs					
外　径	φ3 mm	φ6 mm	φ8 mm	φ10 mm	φ20 mm	φ40 mm

表 11.4　レーザー干渉式センサーの仕様例[5)]

レンジ	最大測定範囲	アナログ最小分解能	デジタル分解能
1 μm/V	±10 μm	0.3 nm	0.155 nm
5 μm/V	±50 μm	1.5 nm	
10 μm/V	±100 μm	3 nm	
100 μm/V	±1 mm	30 nm	
2 mm/V	±20 mm	618 nm	
0.1 m/V	±1.0 m	30 μm	0.618 nm
0.5 m/V	±5.0 m	154 μm	2.5 nm

種変位計測や位置制御などに利用されている．しかし，静電容量式センサーは，渦電流式のセンサーに比べて使用環境の影響を受けやすい欠点をもっている．よってその使用にあたっては静電容量式センサーの特徴を十分理解しておくことが必要となる．優位点として非接触検出であること，導体であればすべて同一の校正状態で使用可能，高精度・高安定性，ギャップゼロ至近から測定可能，DC まで測定可能などがあげられる．また，注意点としては測定対象との導通が必要，測定対象表面上の油・水などの影響を受けるなどである．

b.　渦電流式変位センサー

渦電流式センサーの優位点は非接触検出，すべての金属での測定が可能，測定対象表面の水・油の影響を受けない，高温での使用が可能，DC まで測定可能などがあげられる．また，注意点としては測定必要面積が比較的大きいことである．

c.　三角測量方式変位センサー

三角測量方式センサーの優位点は非接触検出，比較的長距離測定が可能，高い空間分解能があり微小物体の測定が可能，DC からの測定可能などがあげられる．また，注意点としては油やホコリなど光学系の汚れに弱い，拡散反射がほとんどない透明体や鏡面体の測定には不向きなことである．

d.　レーザー干渉式

レーザー干渉式の優位点は，非接触検出，非常に変位計測分解能が高い，長距離測定が可能，高い空間分解能があり微小物体の測定が可能，DC から 100 kHz までの広帯域測定が可能などがあげられるが，注意点としては油やほこりなど光学系の汚れに弱いことである．

11.4.4　動 作 原 理

a.　静電容量式変位センサー

センサーと対象測定物によって形成されるコンデンサの静電容量から，ギャップ（変位）を測定する．したがって，測定対象は導体に制限される．図 11.8 に原理図を示す．静電容量 C は，導体の対向面積 S とギャップ D の関数となり，センサーと対向導体（測定対象）が平行平板であるとき原理図の関係式が成り立つ．ここで面積 S が一定とすれば，ギャップ D は静電容量 C に反比例する．したがって，静電容量 C が測定できれば，ギャップ D を求めることができる．

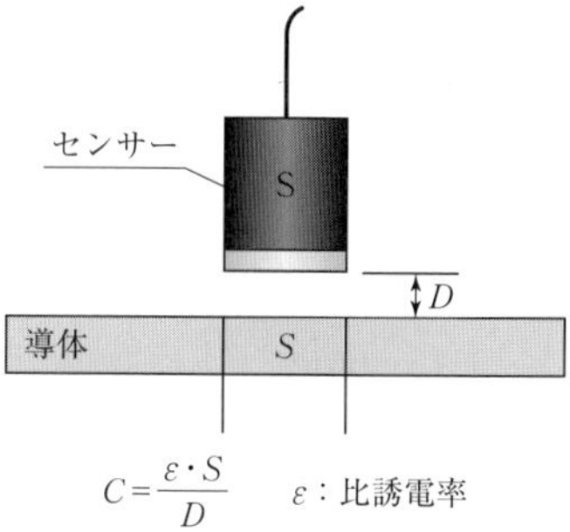

図 11.8　静電容量式センサーの原理図

b.　渦電流式変位センサー

渦電流効果を利用したもので，測定対象は金属に制限される．センサー部のコイルのインダクタンス L と変換部のコンデンサ C により LC

共振回路を形成し，この回路を水晶発振子により共振状態とする．この高周波電流を流したコイルに対象となる金属を近づけるとコイルで発生する交流磁界により金属内に渦電流が流れる．この渦電流の強さは，到達する磁力線の強度，すなわちコイルと対象物との距離に依存するため，渦電流の強度によってインダクタンス L が変化する．この結果，共振回路の端子電圧に変化が生じ，その変化は距離の関数となるため，この信号を検波することにより測定対象までのギャップを求めることができる．

c. 三角測量式変位センサー

投光ビームを測定面に対して垂直に投光し，反射光のなかの拡散反射光を受光する方式である．対象物の位置が変わると拡散反射光の受光位置が移動する．したがって，その受光位置を検出することで変位検出を行うことができる．図 11.9 に原理図を示す．

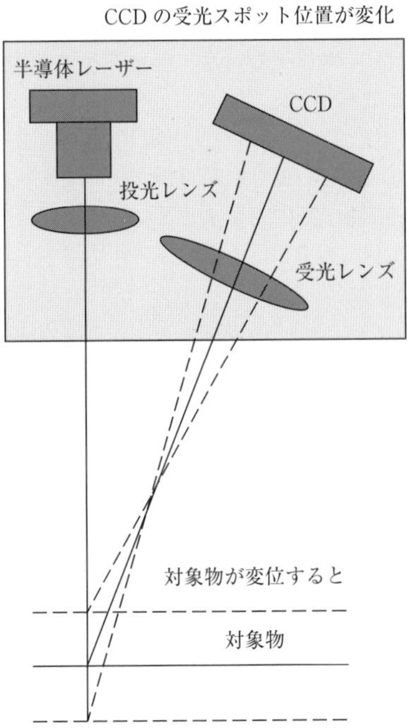

図 11.9 三角測量式センサーの原理図

d. レーザー干渉方式変位センサー

光源から照射されたレーザービームは，ビームスプリッタを介して被測定物に当てられる入射ビームと機器内部で戻される参照ビームとの 2 系統に分けられる．測定対象より返ってくる反射ビームは被測定物のもつ振動速度に応じてドップラシフトを起こしており，音響光学変調器（AOM）で

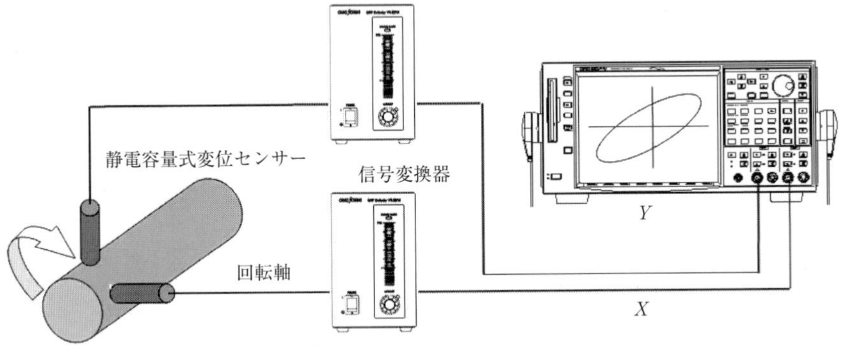

図 11.10 回転体の軸ぶれ計測
軸振動や偏心をオシロスコープを用いて観察することができる．

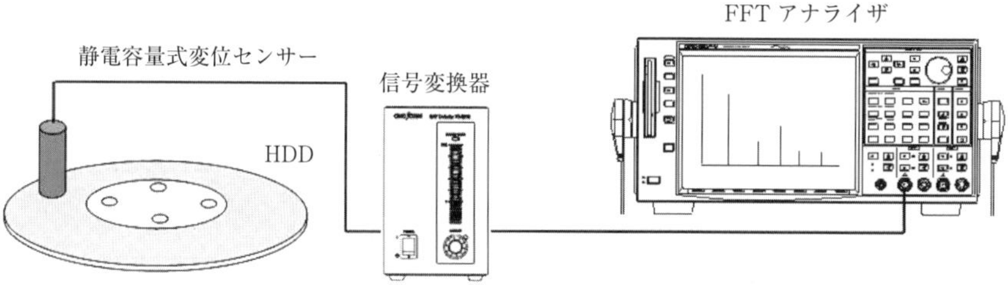

図 11.11　面振れ計測

FFT アナライザを用いて振動変位の分析を行うことができる．非接触方式はハードディスクドライブのスピンドルやディスクのランアウトを解決するためのダイナミックな測定を提供する．

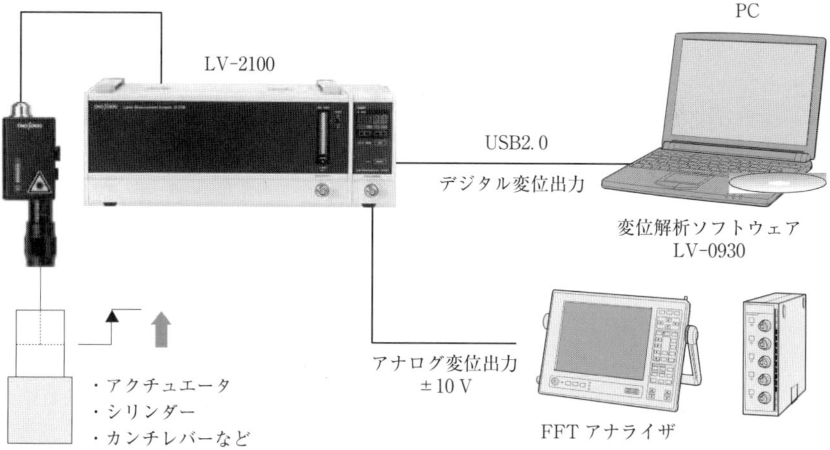

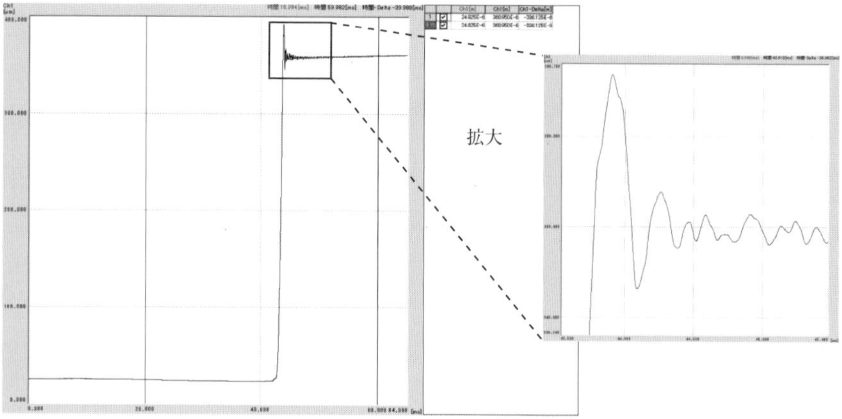

図 11.12　シリンダーなどの飛び出し量の計測例

あらかじめ周波数シフトを与えられた参照ビームと干渉させることによりビート周波数が得られる．このビート信号（ドップラシフトした周波数）をカウントすることで変位を測定できる．

11.4.5 使 用 法

静電容量式変位センサーの使用例を示す．図 11.10 は回転体の軸振れ計測，図 11.11 は面振れ計測であり，HDD の開発や製品検査の分野で多用されている．

レーザー干渉式変位センサーによる直線変位を伴いながらの振動変位の測定例を図 11.12 に示す．アクチュエータやシリンダーの飛び出し量，圧電素子，リレー（電磁継電器）など，伸長や移動変位と停止時に発生する過渡振動変位を，デジタル演算処理によりナノメータ（nm）の分解能で計測ができる．

11.4.6 校 正 法

変位センサーの校正方法はレーザー干渉式振動測定値を基準とする一次校正法が行われている．また，DC 変位の簡便な校正には基準となるダイアルゲージやブロックゲージによる二次校正も一般的な校正方法として行われている．

11.5 計測データ処理とシステム化

本節では，センサーからの一次処理のためのフィルタの基本的知識と振動信号の分析手法について述べる．分析手法としては，「機械屋のオシロスコープ」ともよばれ振動計測に必須なツールであるフーリエ変換器（FFT アナライザ）と最近注目されている時間周波数分析について，機械系の学生・研究者や企業の技術者が計測現場で実践活用できるように，すなわち，最適な条件で測定できかつ測定結果を正しく理解できるように，基礎的な知識，計測ノウハウや使用上注意すべき点などをわかりやすく概説する．

11.5.1 FFT アナライザの基本構成

FFT アナライザの基本構成図は図 11.13 となる．以下，主要な部分について解説する．

図にもあるように，A/D コンバータまではアナログ信号処理で，それ以降はすべてデジタル信号処理となっており，前節で説明した振動センサーを入力してリアルタイムに分析・表示している．

入力部の①はプリアンプ内蔵型センサー用電源回路で，定電流駆動タイプ（CCLD）のセンサーを直結することができる．②の AC/DC 部は入力結合切り替えで，DC 結合は信号をそのまま伝達して，AC 結合は信号の DC 成分も含め低周波域の信号をカットして伝達するハイパスフィルタ（カットオフ周波数は 0.5 Hz 程度）である．通常

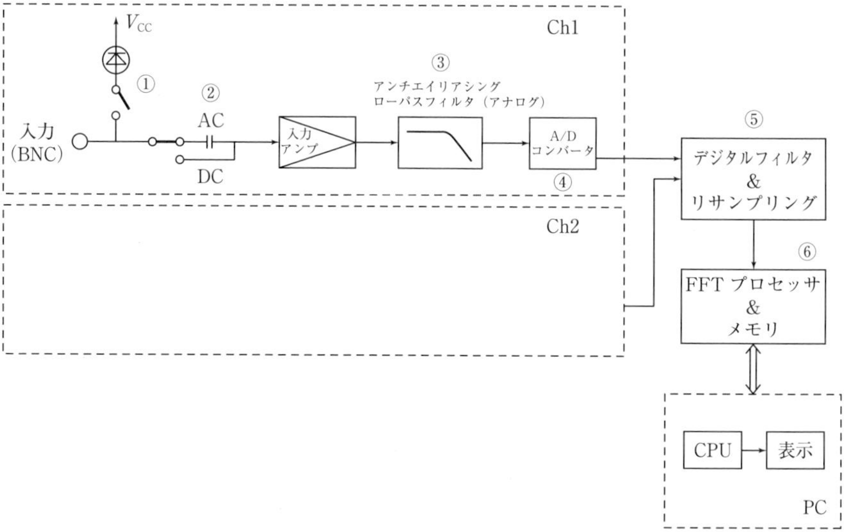

図 11.13 FFT アナライザの基本構成図

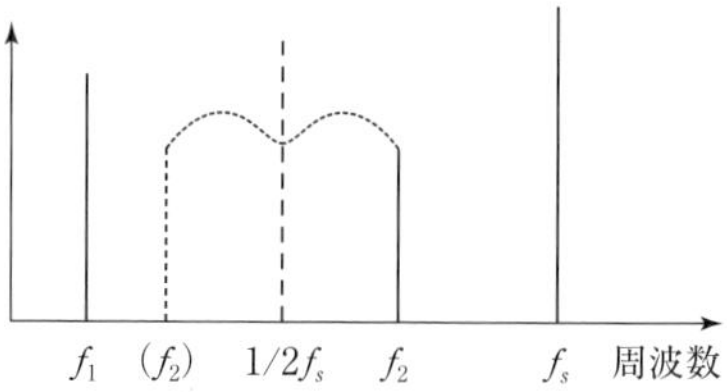

図 11.14 エイリアシング現象（周波数 f_2 が折り返されている）

の音響振動計測では AC 結合で使うが，1 Hz 以下の低振動特性を計測したい場合は DC 結合がよい．

入力されたアナログ信号が周波数帯域 f_{max} (Hz) まで含む場合，④の A/D コンバータはサンプリング周波数 $2f_{max}$ (Hz) 以上で標本化（サンプル）しなければならない（サンプリング定理）．これに違反してサンプルすると，図 11.14 のように本来存在しない信号成分が分析結果のスペクトルに折り返されて現れてしまう．この現象をエイリアシング（折り返し）現象とよび，この誤差は後処理では絶対に除去できない．これを避けるために，サンプリング周波数 f_s の 1/2 以上の帯域をカットする③のアンチエイリアシングローパスフィルタと⑤のリサンプリング用デジタルフィルタを具備して，分析周波数レンジに連動してフィルタがかかるようになっている．

11.5.2 FFT アナライザの基本原理

FFT アナライザの基本機能は，加速度ピックアップなどの振動センサーから得られる時間軸領域の時刻歴データを図 11.13 にある④の A/D コンバータでデジタルデータに変換後に，FFT プロセッサにより周波数領域データ（パワースペクトルや周波数応答関数など）に変換する，すなわち周波数分析することである．

フーリエ級数展開やフーリエ変換に関する基本的な説明は 1.3 節などを参照してほしいが，具体的には⑥の FFT プロセッサが FFT アルゴリズムにより式（11.5.1）に示す離散フーリエ変換（以下 DFT）を高速に実行する．

$$X(k\Delta f)=\sum_{i=0}^{N-1}x(i\Delta t)\exp\left(\frac{-j2\pi ik}{N}\right) \tag{11.5.1}$$

ここで，$x(i\Delta t)$ は，Δt 秒のサンプリング周期（サンプリング周波数 f_s の逆数）で N 点すなわち $T(=N\Delta t)$ 秒間だけサンプルしたデータである．また，$X(k\Delta f)$ は，複素フーリエスペクトルとよばれ，$x(i\Delta t)$ を周期 T 秒の周期信号と見なして基本周波数 $\Delta f(=1/T)$ およびその整数倍の周波数の余弦波と正弦波との合成波形とした場合の係数を表す．さらに，逆離散フーリエ変換（IDFT）は，

$$x(i\Delta t)=\frac{1}{N}\sum_{k=0}^{N-1}X(k\Delta f)\exp\left(\frac{j2\pi ik}{N}\right) \tag{11.5.2}$$

と表すことができる．FFT アルゴリズムの詳細は省略するが，データ点数 N は，アルゴリズムの都合上 2 のべき乗（例えば，$2048=2^{11}$）の値を採用している．なお，式（11.5.1）（DFT の定義式）に $1/N$ の係数をつける場合があるが，これはスケーリングの問題だけであって本質的ではない．

FFT アナライザを使ってアナログ信号をデジタルフーリエ分析するときには，下記の制限が生じることに注意すべきである．

① データを $\Delta t(=1/f_s)$ でサンプリングしている

② 積分する時間長 T は有限である

まず，①の問題は，前述したエイリアシング現象である．通常は分析したい入力信号の周波数帯域はわからないので，この誤差を回避するために，サンプリング周波数 f_s に連動してその $1/2f_s$ 以上の帯域を強制的にカットするアンチエイリアシングローパスフィルタが自動的にかかるようになっている．そのため，通常は FFT アナライザのユーザはこの誤差を気にする必要はほとんどない．しかし，時刻列波形も情報としてモニターする場合には，（ローパスフィルタを通す前のすべての周波数帯域を含む）もとの波形と違った波形が表示される点には留意すべきである．特にハンマリングを使った振動試験などにおける力波形をモニターする場合はこの点を認識したほうが間違いが少ない．②の問題は，時間窓による漏れ誤差と周波数軸上における分解能誤差の問題である．これについては後述する．

11.5.3 時刻歴波形と周波数スペクトルとの関係

FFT アナライザの中心となる機能は，この DFT を利用して複雑な振動波形などの時間領域データを周波数領域のデータに変換することであるが，この周波数分析の概念を図 11.15 に示す．この周波数分析結果から振動の様子を把握するわけであるが，そもそももとの時間波形にその同じ情報が含まれているはずである．そこで，本項では，時間軸データと周波数スペクトルと関係を表す基本的なパラメータ（時間窓長や

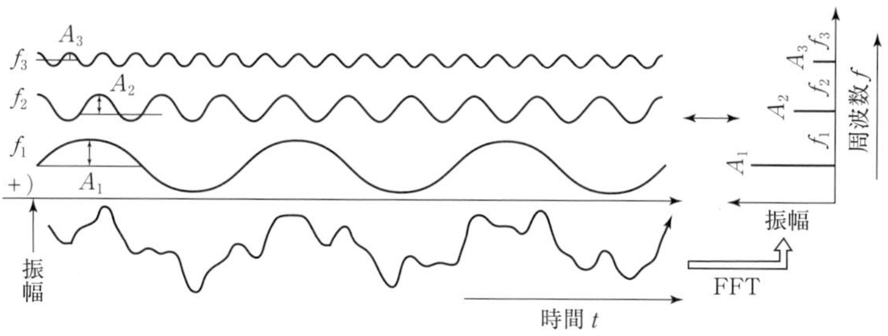

図 11.15　周波数分析の概念図

周波数分解能など）について説明する．

サンプリング周波数 f_s を決めると，時間軸分解能 $\Delta t(=1/f_s)$ とサンプリング定理により（またはDFTの周期性により）分析可能な周波数の上限 $f_{\max}(=1/2f_s)$ の2つのパラメータが自動的に決定される．この $f_{\max}$ はナイキスト周波数とよばれ，サンプリング周波数の1/2である．実際のFFTアナライザでは，アンチエイリアシングフィルタとの関係もあり，分析できる周波数レンジ（f_{range}）は実用上 $f_{\max}$ より小さめの範囲としている．すなわち

$$f_{\text{range}}=\frac{f_s}{2.56} \tag{11.5.3}$$

の関係となる．また，有限フーリエ変換の制限である時間長を T（これを一般的にFFTの時間窓長とよぶ）と決めると，サンプリング点数 N が決まる．

$$N=\frac{T}{\Delta t}=Tf_s \tag{11.5.4}$$

次に，分析する周波数分解能 Δf は，どうなるのか考えてみる．DFTの性質により，サンプリング周波数 f_s とサンプリング点数 N との関係は，

$$\Delta f=\frac{f_s}{N}=\frac{1}{T} \tag{11.5.5}$$

分析可能な周波数レンジ f_{range} での分析ライン数 L は，式（11.5.3）と同様に

$$L=\frac{N}{2.56} \tag{11.5.6}$$

通常のFFTアナライザにおいては，ユーザは周波数レンジ f_{range} とFFTサンプリング点数 N を設定することになるが，ほかのパラメータはこれらの関係式により自動的に決定される．以下，周波数分解能 Δf に関して注意する点を述べる．式(11.5.5)にあるように，Δf は時間窓長 T の逆数である，すなわち取り込む時間窓長よりも長い周期の信号は分析できない．また，通常スペクトルは，DFTの時間窓 T ごとでの平均データとして求められるので，時間的に変動する信号のスペクトル値も T 秒ごとにしか計算されない．これは，瞬時スペクトル分析の時間分解能は，T であるこ

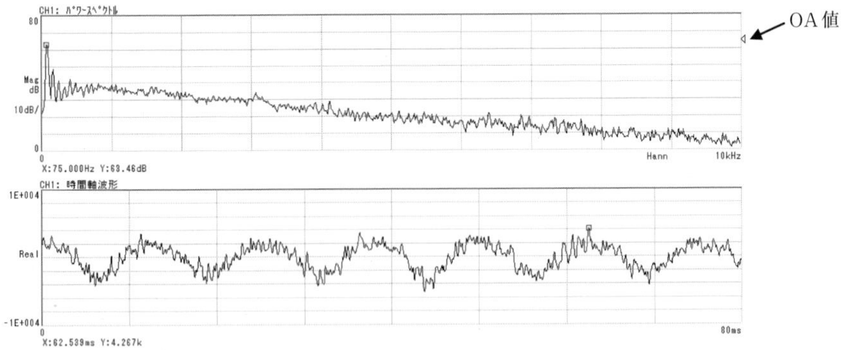

図 11.16　ファンの騒音測定事例（上：スペクトル，下：時間波形）

とを意味する．しかし，原理的に $\Delta f \cdot T = 1$ なので，時間と周波数両方の分解能を同時に上げることはできない．これを克服するため，次項で述べるウェーブレット変換のような時間周波数分析なども提案されている．図 11.16 に時間波形（下段）とそのスペクトル（上段）の例を示す．

11.5.4　信号の大きさとパワースペクトル

式（11.5.1）における $X(k)$ は，振幅と位相情報をもつ複素数であるが，通常は，信号成分の大きさを扱うことが多いので，振幅成分だけに着目した以下のパワースペクトルがよく用いられる（式では，Δf は省略する）．

$$P(k) = |X(k)|^2 = (XR_k)^2 + (XI_k)^2 \quad (k = 0 \sim N/2.56) \tag{11.5.7}$$

このパワースペクトルは，各周波数成分（$k\Delta f$）における時間信号のパワー（すなわち信号の強さ，または大きさ）を表しており，1 チャンネル振動騒音分析において基

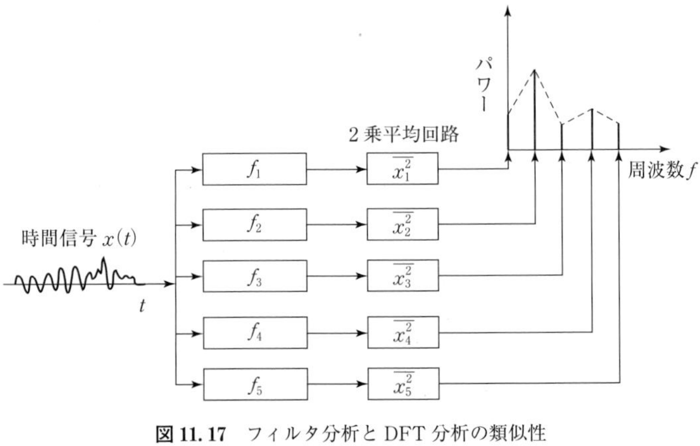

図 11.17　フィルタ分析と DFT 分析の類似性

本となる関数である．ここに信号のパワーは，必ずしも物理量のパワー（電力や仕事率など）と関連づけているのでなく，単に入力信号量の2乗（べき乗，power）の次元をもった量という意味である．これをアナログフィルタ方式のスペクトル分析にたとえると，バンド幅がΔfの非常に急峻な分析ライン数Lのフィルタ群に時間信号$x(t)$を同時に通過させその実効値を求めることと等価である（図11.17参照）．

図11.16におけるパワースペクトル表示の右端の△マーク点はオーバオール値(OA値)とよばれ，各周波数成分(DC成分＋Lライン)のパワー和である．一般にOA値(すなわちパワースペクトルの周波数軸上での積分値）は，信号$x(t)$の2乗平均値と等しくなる（パーセバルの公式）ので，パワースペクトルのOA値を求めることにより，信号全体の実効値（rms）を求めることができる．

$$rms=\sqrt{\overline{x^2}}=\sqrt{\text{OA 値}} \tag{11.5.8}$$

ここで注意することは，パワースペクトル（OA値も含む）の物理単位はV^2であること，振動加速度であれば$(m/s^2)^2$の物理量であるということである．リニア値に変換（平方根をとる）して，m/s^2単位として読み取ることもちろん可能であるが，OA値（あるいは部分OA値）を算出するときは，$(m/s^2)^2$の次元で加算しなければならない．

振動波形の振幅値の読み方としては，一般に実効値（または2乗平均値），ピーク値（片振幅値），ピーク・ピーク値（両振幅値）などがよく使われる．いままで述べたように，FFTアナライザで基本的に求められる数値は実効値で，ピーク値（$\sqrt{2}$実効値）とピーク・ピーク値（$2\sqrt{2}$実効値）は実効値から算出している．複雑な時間信号においては，数学的に定義できるのは，実効値だけである．パワースペクトルの各バンド値は，狭帯域の信号となっている（正弦波に近い波形となる）ので，上記の計算で近似できるが，OA値は実効値だけが物理的に意味がある．一部の振動計では，求めた実効値を$\sqrt{2}$倍した値を等価ピーク値とよんで表示しているので，注意すべきである．ピーク値（またはピーク・ピーク値）がよく使われる場合は，低周波数が卓越した機械振動（特にそれを変位で読みたい場合）でよく使われる．これは，変位の領域では正弦波が卓越したような信号となり，時間波形との関連がわかりやすくなるためである．

加えて注意するべきは，スペクトルをピーク値で読んだとしても，時間波形のピーク値とは通常は一致しなくて小さめになることである．この理由は，時間波形のピーク値はある測定時間の最大瞬時ピーク値で，スペクトルのピーク値は，ある平均時間での実効値（2乗平均値の平方根）の$\sqrt{2}$倍した値であるからである．したがって，振幅変調のない定常的な正弦波形以外は一致しない．

振動の表現方法として，変位，速度，加速度があり，11.1節に述べたようにこれらは微積分の関係にある．いま，変位，速度，加速度を$x(t)$，$v(t)$，$a(t)$とすると，

$$x(t)=X\sin(\omega t) \tag{11.5.9}$$

$$v(t)=X\omega\cos(\omega t)=X\omega\sin(\omega t+\pi/2) \tag{11.5.10}$$

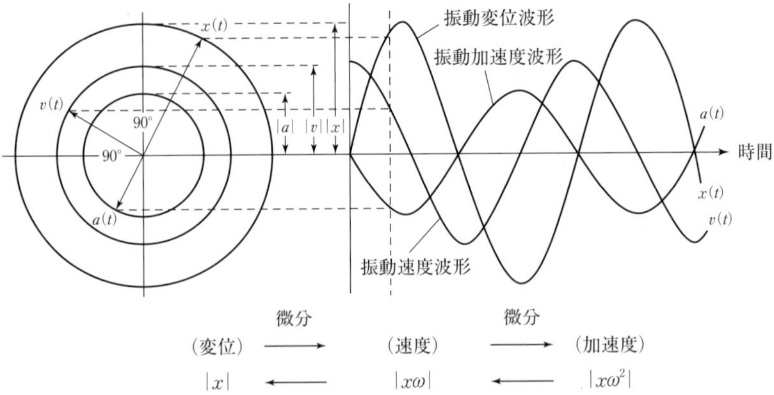

図 11.18 振動の変位，速度，加速度と微積分

$$a(t) = -X\omega^2 \sin(\omega t) = X\omega^2 \sin(\omega t + \pi) \tag{11.5.11}$$

となり，正弦波と見なせる信号を微積分した振幅は，上式にあるように角周波数 ω（$=2\pi f$）の乗除算で計算することができる（図 11.18 参照）．これをスペクトルの周波数微積分機能とよび，加速度スペクトル（$\mathrm{m/s^2}$）から演算により変位（μm）量として読み取ることのできる単位換算機能も有している．ここで注意することは，パワースペクトルの微積分演算ではパワー値となっているから，この例（加速度→変位）では ω^2 でなく ω^4 で除算していることである．

11.5.5 信号の種類とパワースペクトル

日本工業規格 JIS B 0153：2001（機械振動・衝撃用語）附属書 C によると，振動センサーから得られる時間信号は，確定信号（deterministic signal）と不規則信号（random signal）に大きく分類できる[6]が，ここでは，時間波形の形状やそのスペクトル特性などから，周期信号，ランダム信号，過渡信号の 3 種類に分類する．

周期信号は，その周期の逆数を基本周波数とするライン(線)スペクトルとなるので，ある周波数幅 Δf で分析する通常のパワースペクトル（以下 APS）で評価する．それに対して，ランダム信号は周期性がなくそのスペクトルは連続となるので，Δf によってスペクトルの値が違ってくるという不都合が生じる．そこで求められた APS の値を単位周波数（1 Hz）あたりで規格化したパワースペクトル密度関数（以下 PSD）で評価するのが一般的である（注意：一般に PSD とパワースペクトル（APS）は同義語とする場合が多いが，FFT アナライザでは明確に区別している．また上記の JIS でも区別されている）．

エネルギーが有限である過渡信号に対しては，エネルギースペクトル密度関数（以下 ESD）が評価に用いられる．通常の PSD は DFT の積分時間 T で平均しているので，時間窓長 T に依存しないエネルギー値にするため，ESD は PSD に T を乗じること

表 11.5 信号の種類と評価のためのスペクトルとの関係

	周期信号	ランダム信号	過渡信号
時間信号の持続	無限	無限	有限
パワー	有限	有限	有限
エネルギー	無限	無限	有限
スペクトルの形	線スペクトル	連続スペクトル	連続スペクトル
スペクトル評価関数	パワースペクトル	パワースペクトル密度	エネルギースペクトル密度
上記の単位	EU^2rms	EU^2rms/Hz	EU^2rms・s/Hz
計算方法	$P(f)$	$P(F)/df$	$(P(F)/df)\cdot T$
オーバオール	$\Sigma P(f)\cdot H_f$	$\Sigma P(f)\cdot H_f$	$(\Sigma P(f)\cdot H_f)\cdot T$
オーバオールの単位	EU^2rms	EU^2rms	EU^2rms・s
適したウインドウ	フラットトップ	ハニング	レクタンギュラ

(注) 1) df は等価ノイズ帯域幅 2) H_f はウインドウ補正ファクタ 3) T は時間窓の長さ

により求められる．

次項で述べるウィンドウの種類も含めて，いままで説明した信号の種類と評価スペクトルの関係を表 11.5 にまとめに．

11.5.6 時間窓と漏れ誤差（リーケッジ誤差）

前述したように，DFT 演算は実信号から有限時間長 T で切り取り，それが繰り返される時間波形とみなして処理するので，T が入力信号周期の整数倍であるときは繰り返し波形が連続的となり正しいスペクトルが得られる．しかし，そうでない場合は繰り返し点前後で波形が不連続となって波形に歪みが生じたことになり，スペクトルにその周波数を中心として広がり（サイドローブとよぶ）が生じてしまう．その結果，スペクトルのピーク（メインローブとよぶ）パワーは正しい場合と比較して減少し，その分だけのパワーが両側に漏れた形となる．このように実信号から有限時間長 T だけ切りとることを時間窓（ウィンドウ）をかけるといい，スペクトルの広がりを漏れ誤差（リーケッジ誤差）という．このような誤差は，大きなパワーの周波数成分が近傍にある小さなピークを隠して実用上大きな問題となる．

FFT アナライザでは，漏れ誤差を少なくするように各種のウィンドウ関数が採用されており，表 11.6 にある 3 種類が代表的なものである．この表の等価ノイズバンド幅が前述したパワースペクトルの実際のフィルタバンド幅に相当する．またウィンドウのレベル確度は，フィルタ群の最悪リップル値で，例えばハニングウィンドウでは約 1.42 dB 小さくなる（図 11.19 参照）．ウィンドウをかけることにより，もとの信号のパワーに比べて減少するが，実際の FFT アナライザでは，ピーク値（各スペクトルラインでの値）およびオーバオール値（全体のパワー）を自動的に補正計算して表示している．

表 11.6 FFT アナライザで使用される代表的な時間窓[8)]

種　類	等価ノイズバンド幅	レベル確度	用　途
レクタンギュラ(長方形)	$1.0 \cdot \Delta f$	−3.9 dB	おもにインパルス状信号，あるいは時間窓に同期した信号
ハニング	$1.5 \cdot \Delta f$	−1.42 dB	最も一般向けで，おもに騒音，振動などのランダム性信号
フラットトップ	$3.16 \cdot \Delta f$	±0.1 dB	周期的信号

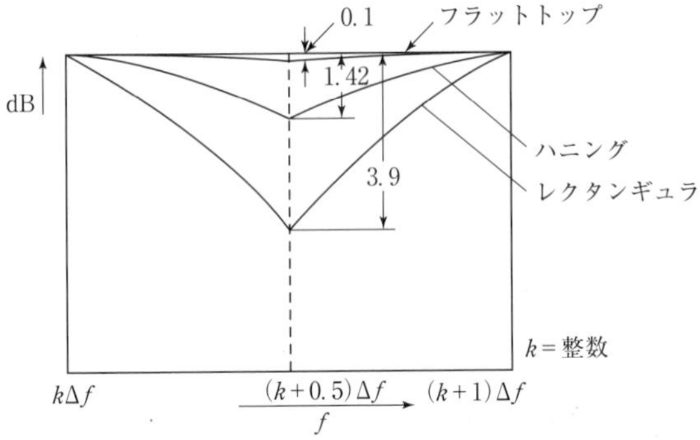

図 11.19 ウィンドウの種類によるレベル確度の違い[7)]

11.5.7 ウェーブレット変換によるデータ処理

おもな周波数分析手法であるフーリエ変換による周波数スペクトル分析では，基底に使われる三角関数が時間領域で無限の広がりをもつため分析対象とする信号の時間的情報が失われてしまう．つまり，分析対象の信号が定常であることを仮定しているので，通常のフーリエ変換によるスペクトルは，時間的に特性が変化するシステムの同定や信号の分析に利用することはできない．

この欠点を補うため，つまり非定常な信号の周波数スペクトル分析を行うための分析手法がいろいろと提案され，これらを総じて時間周波数分析（Time-frequency Analysis, Time-frequency representation：TFR）とよぶ[8),9)]．TFR は線形変換，二乗変換および非線形変換に大別でき，よく使われる代表的な方法に短時間フーリエ変換（Short Time Fourier Transform：STFT）とウェーブレット変換（Wavelet Transform：WT）がある．これらは，ともに線形変換である（それらを二乗した TFR は二乗変換）．

短時間フーリエ変換 $ST(t, \omega)$ は，分析対象の信号を $x(t)$ とすれば次式で与えられる[10),11)]．

$$ST(t, \omega) = \int_{-\infty}^{\infty} h(\tau - t) x(\tau) e^{-j\omega\tau} \mathrm{d}\tau \qquad (11.5.12)$$

ここに，$h(t)$ は分析窓（FFT における時間窓）とよばれる関数で有限の時間範囲でのみ特定の値をもつ．このように，STFT は分析窓の開始時刻 t を次々に変えながら（移動させながら）フーリエ変換（FFT）を行うことによって得られる周波数スペクトルである．分析窓 $h(t)$ の時間長は常に一定であるから，周波数分解能（分析窓の時間長の逆数）もすべての周波数で一定となり，周波数分解能をよくするためには分析窓の時間長を長くしなければならなく，逆に時間分解能が低下することになる．このように，STFT に限らず，TFR では周波数分解能 $\Delta\omega$ と時間分解能 Δt の積がある値以上になるという不確定性原理が成り立つ．

$$\Delta\omega\Delta t \geq \frac{1}{2} \tag{11.5.13}$$

また，分析窓 $h(t)$ として用いられる関数は，FFT の場合と同様で「方形窓」「ハニング窓」「ブラックマン・ハリス窓」などがある．なお，短時間フーリエスペクトルを二乗して得られるスペクトル（$|ST(t, \omega)|^2$）をスペクトログラムとよぶ．

ウェーブレット変換 $WT(a, b)$ は，分析対象の信号を $x(t)$ とすれば次式で与えられる．

$$WT(a, b) = \frac{1}{\sqrt{a}}\int_{-\infty}^{\infty} x(t) \cdot g^*\left(\frac{t-b}{a}\right)\mathrm{d}t \tag{11.5.14}$$

ここに，上付き添え字＊は共役複素を表し，ウェーブレット変換によって得られるスペクトルの二乗 $|WT(a, b)|^2$ をスケーログラムとよぶ．上式の $g(x)$ はマザーウェーブレットあるいはアナライジングウェーブレットとよばれる関数で，分析の目的によっていろいろな種類が提案されている．また，a はスケールパラメータ，b は時間シフトパラメータとよばれる．

式（11.5.14）からわかるように，ウェーブレット変換はマザーウェーブレットの時間長をスケールパラメータ a，分析時刻を時間シフトパラメータ b で調整（スケールトランスレート）して，TFR を求める方法である．つまり，低い周波数（a が大）では時間長が長いマザーウェーブレットが使われるため，時間分解能が低い代わりに周波数分解能が高くなる．一方，高い周波数（a が小）では時間長が短いマザーウェーブレットが使われるため，時間分解能が高い代わりに周波数分解能が低くなる．すなわち，ウェーブレット変換によるスペクトルは定 Q の定比フィルターバンクによる分析に対応する．これに対し，先に述べたように，STFT は時間分解能と周波数分解能は常に一定である．この様子を模式的に図 11.20 に示した．

マザーウェーブレットにはこれまでいろいろな種類が提案されていて[12)]，おもなものに以下がある．

（1） ガボール関数（図 11.21）：

$$g(x) = \frac{1}{2\sqrt{\pi}\,\sigma} e^{-\frac{x^2}{\sigma^2}} e^{j\omega x} \tag{11.5.15}$$

ここに，σ は適当に定めた実数である．この関数は周波数の局在性がよく，スケールパラメータの逆数 $1/a$ が周波数に対応するので，マザーウェーブレッ

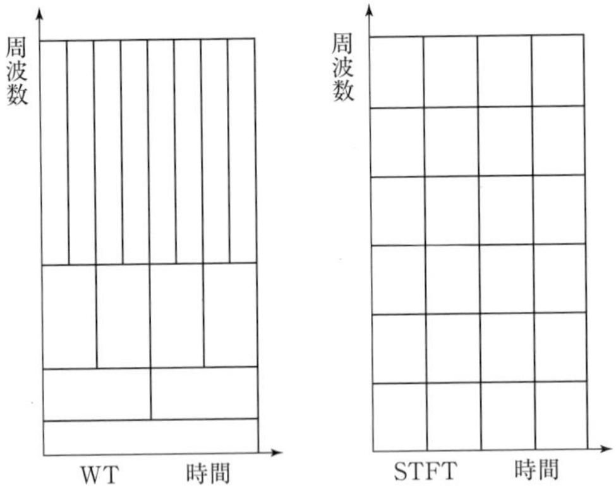

図 11.20 ウェーブレット変換（WT）と短時間フーリエ変換（STFT）の時間および周波数分解能

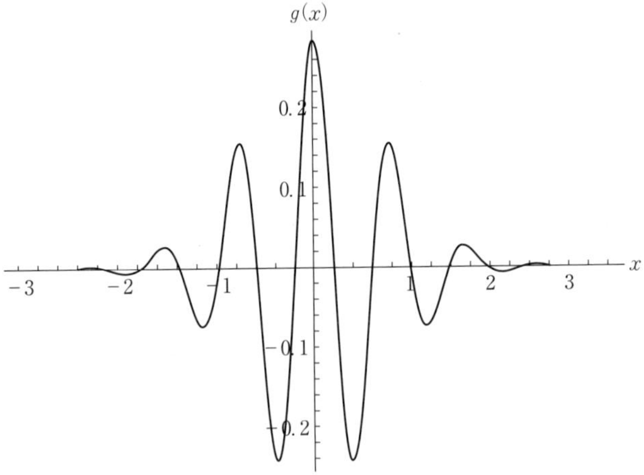

図 11.21 ガボール関数（にしたときの実部）

トとしてよく使われる．

(2) メキシカンハット（図 11.22）：

$$g(x)=(1-2x^2)e^{-x^2} \tag{11.5.16}$$

(3) フレンチハット：

$$g(x)=\begin{cases} 1 & -1\leq x<1 \\ -\dfrac{1}{2} & -3\leq x<-1,\ \text{または}\ 1\leq x<3 \\ 0 & \text{それ以外} \end{cases} \tag{11.5.17}$$

これは，メキシカンハットの滑らかさを犠牲にして，簡単に計算できるよう

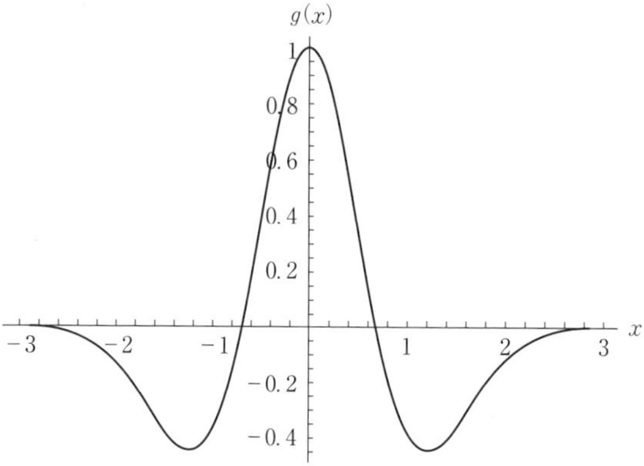

図 11.22 メキシカンハット

にしたマザーウェーブレットである.

(4) Daubechies：1988 年に Daubechies によって提案されたマザーウェーブレットで，番号付けられた一連の関数（値）として与えられる.

実際にウェーブレット変換する場合，これらのマザーウェーブレットのうちのどれを選択すべきかは重要な課題であるが，それらを決定するような一般的な基準は存在しない．分析対象とする信号の特性（特徴）に合わせて最適なものを選ぶ必要があるが，分析対象とする信号の特性（特徴）について予備的な知見（情報）がない場合（初めて WT を求める場合）は，最も安定したガボール関数をマザーウェーブレットとした WT を求めるのがよい.

例として，時間的に少しずつ重なり合った 3 つの正弦波を以下のように合成した信号の STFT と WT の分析結果を図 11.23 に示す.

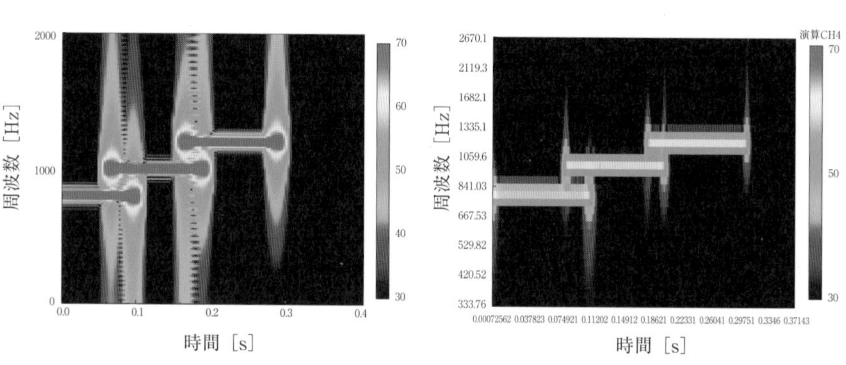

図 11.23 時間的に重なった 3 つの正弦波（800, 1000, 1200 Hz）の STFT と WT の列

周波数 800 Hz　　継続時間 0～110 ms
周波数 1000 Hz　　継続時間 80～210 ms
周波数 1200 Hz　　継続時間 190～310 ms

STFT も WT も, 3 つの正弦波が時間的にも周波数的にもきれいに分離されていて, 各信号の立上りと立下り時に, 正弦波の周波数とは異なる成分が現れている. これは, 各信号の立上りや立下り時の過渡的な状態によるもので, 周波数スペクトルの正確な時間変化を反映しているといえる.

以上のように TFR は, FFT 分析による周波数スペクトルでは捉え難かった過渡的な信号の周波数スペクトルの変化を求めることができる. ここで取り上げた STFT と WT 以外にも多くの方法が提案されているが, 分析対象とする信号の特性（特徴）によってはまったく役立たない（分析結果が周波数スペクトルの時間変化を表したものとして解釈できない）場合もありえる. したがって, TFR では分析対象とする信号の特性（特徴）を十分に考慮して, 最適な分析手法を選択することが重要となる.

11.5.8 フィルタリング

a. アナログフィルタ

1 次フィルタの伝達関数 $T(s)$ の一般形は

$$T(s)=\frac{as+b\omega_0}{s+\omega_0} \tag{11.5.18}$$

と表せる. $s=j\omega$ ($\omega=2\pi f$, f: 周波数) とおくと

$$T(j\omega)=\frac{b\omega_0^2+a\omega^2}{\omega_0^2+\omega^2}+j\frac{(a-b)\omega_0\omega}{\omega_0^2+\omega^2} \tag{11.5.19}$$

式 (11.5.18) で $a=0$, $b=1$ とすると, $T(j\omega)$ はローパスフィルタ（以下 LPF）を表す式となる. 実数部を横軸, 虚数部を縦軸とするベクトル軌跡を描くと, 図

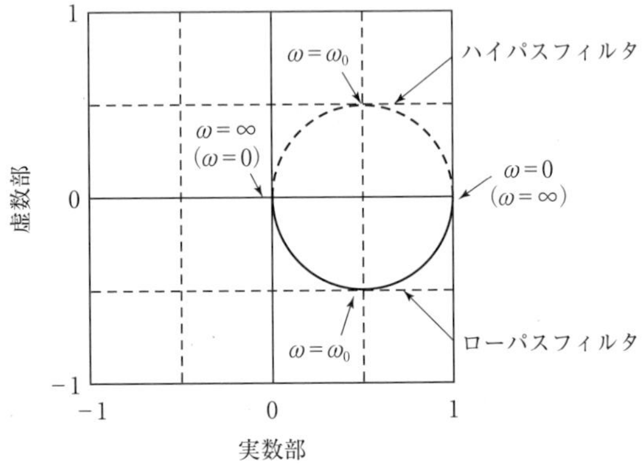

図 11.24　一次フィルタのベクトル軌跡（実線：LPF, 点線：HPF）
ω の値に関して, HPF は（　）となる.

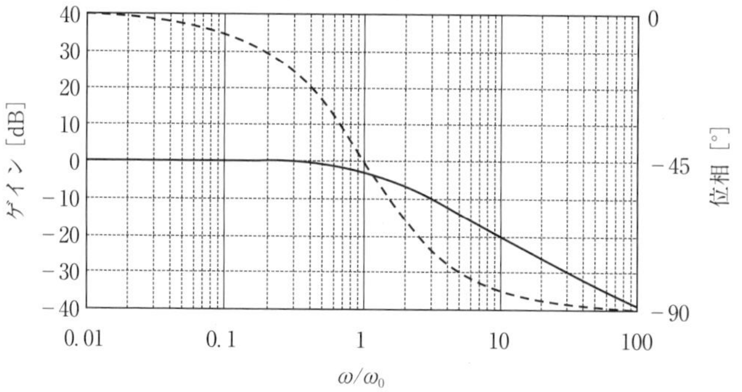

図 11.25　1 次ローパスフィルタのボード線図（実線：ゲイン，点線：位相）

11.24 のように第 4 象限での半円（実線）となる．また，実数部を T_R，虚数部を T_I とすると

$$\text{ゲイン}: \sqrt{T_R^2 + T_I^2}$$
$$\text{位相}: \tan^{-1}(T_I / T_R)$$

となり，そのボード線図は図 11.25 である．横軸（周波数軸）は ω_0 で規格化された周波数となっており，横軸が 1（$\omega=\omega_0$）までが通過帯域，それ以上の周波数が減衰帯域の LPF の特性を表している．この ω_0 に相当する周波数をフィルタのカットオフ周波数とよび，このときのゲインが約 −3 dB，位相が −45° であることがわかる．

式（11.5.18）で $a=1$，$b=0$ とすると，$T(j\omega)$ はハイパスフィルタ（以下 HPF）を表す式となる．同様にそのベクトル軌跡は図 11.24（点線）で半円（第 1 象限）となる．また，ボード線図は図 11.26 となり，そのゲイン特性から HPF であることがわかる．

1 次フィルタの電気回路は抵抗 R とコンデンサ C で実現でき（図 11.27），その積 RC は時定数とよばれ上述の ω_0（カットオフ周波数）の逆数の関係となる．(a) の

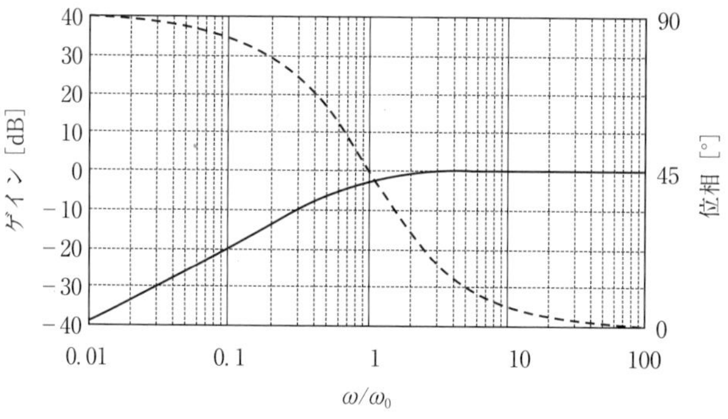

図 11.26　一次ハイパスフィルタのボード線図（実線：ゲイン，点線：位相）

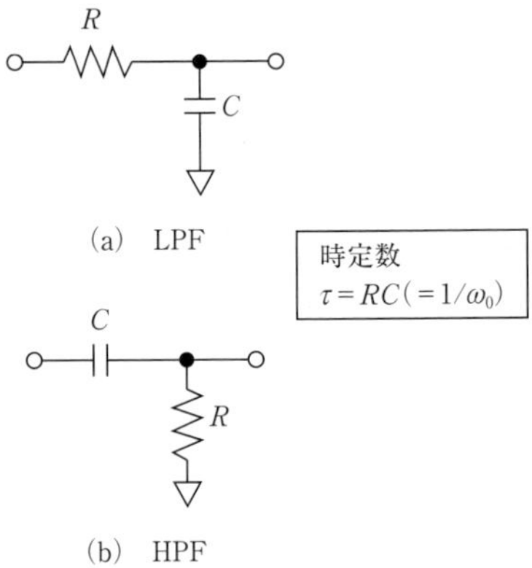

図 11.27 一次フィルタのアナログ回路

表 11.7 二次フィルタ（一般形）の係数と種類

a	b	c	フィルタの種類
0	0	1	ローパス（LP）
1	0	0	ハイパス（HP）
0	1	0	バンドパス（BP）
1	0	1	バンド阻止（BE）
1	−1	1	オールパス（AP）

LPF は信号の高周波のノイズ除去などに一般的に用いられ，(b) の HPF は FFT アナライザなどで入力部の AC 結合として利用されている．

一次と同様に二次フィルタ伝達関数の一般形は，

$$T(s) = \frac{as^2 + bs + c\omega_0^2}{s^2 + (\omega_0/Q)s + \omega_0^2} \tag{11.5.20}$$

$s = j\omega$ とおくと

$$T(j\omega) = \frac{a\omega^4 + \{b(\omega_0/Q) - c\omega_0^2 - a\omega_0^2\}\omega^2 + c\omega_0^4}{\omega^4 + \{(\omega_0/Q)^2 - 2\omega_0^2\}\omega^2 + \omega_0^4} + j\frac{\{a(\omega_0/Q) - b\}\omega^3 + \{b\omega_0^2 - c(\omega_0^3/Q)\}\omega}{\omega^4 + \{(\omega_0/Q)^2 - 2\omega_0^2\}\omega^2 + \omega_0^4} \tag{11.5.21}$$

で表される．Q は Quality factor（Q 値）とよばれる係数で大きいほど急峻な特性になる．

式（11.5.20）における a, b, c の値によりいろいろな種類の 2 次フィルタが設計で

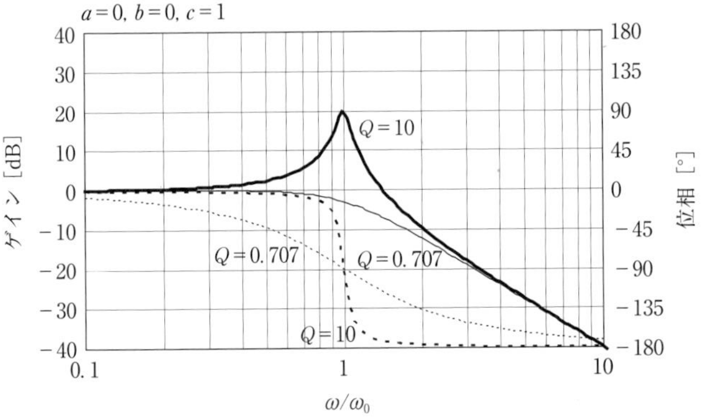

図 11.28 二次ローパスフィルタのボード線図（実線：ゲイン，点線：位相）

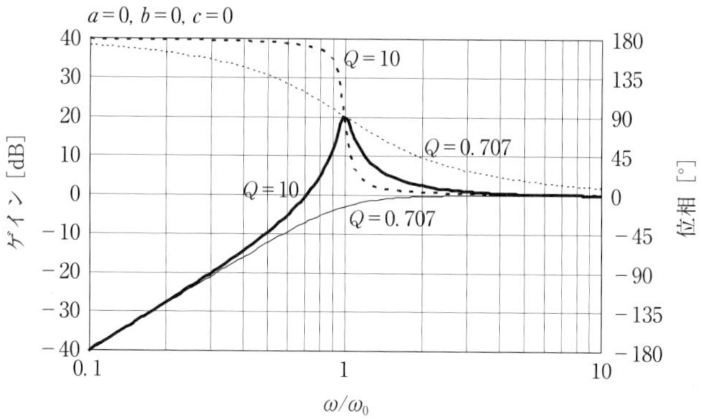

図 11.29 二次ハイパスフィルタのボード線図（実線：ゲイン，点線：位相）

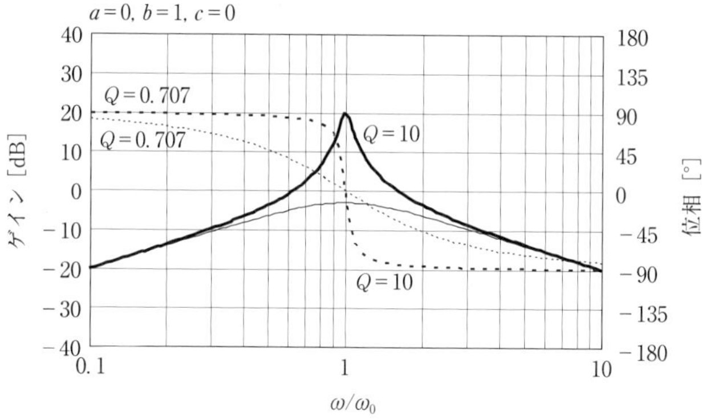

図 11.30 二次バンドパスフィルタのボード線図（実線：ゲイン，点線：位相）

きる（表 11.7 参照）．代表的なフィルタ（ローパス，ハイパス，バンドパス）のボード線図を図 11.28～11.30 に示す（実線がゲインで点線が位相）．ここで，$Q=10$ を太線，$Q=0.707$ を細線で示した．

一般に，高次のアナログフィルタは，これらの 2 次および 1 次フィルタの組み合わせで構成することができる．

加速度 PU などの振動センサーからのアナログ信号の一次処理用として，これらのローパスやハイパスフィルタがよく用いられる．フィルタを通すとゲインだけでなく，その位相特性も影響を受けることに注意すべきである．また，高次のローパスフィルタとして FFT アナライザなどには，アンチエイリアシングローパスフィルタとして利用されている．

b. デジタルフィルタ

デジタルフィルタは，その特性から大きく IIR（Infinite Impulse Response）フィルタと FIR（Finite Impulse Response）フィルタとに分けられる．IIR フィルタは，原理的にはインパルス応答が無限となるフィルタだが，現実にはデジタルのビット長が有限のため，無限に続くことはない．また IIR フィルタは，通常は前述したアナログフィルタから s-z 変換してその係数を求める．

s-z 変換の方法としては，インパルス応答がアナログと同じように設計するインパルスに着目した変換方法（インパルス応答不変法）もあるが，時間領域に着目しているため折り返しが発生する．多くの場合フィルタは周波数領域に着目するので，アナログフィルタからの変換には双一次 z 変換法が使われる．

双一次 z 変換では，アナログ領域（s 平面）では無限大まである周波数領域をサンプリング周波数の 1/2（ナイキスト周波数）のデジタル領域（z 平面）に変換するため非線形な関係となり歪んだ形で変換される．このため，フィルタで最も重要なカットオフ周波数（ω_0）が，もととなるアナログフィルタと変換したデジタルフィルタとで異なってしまう．カットオフ周波数に比べてサンプリング周波数が十分大きくない場合，カットオフ周波数とナイキスト周波数とが近くなるためこの歪みは大きくなる．この歪みを避けるため，あらかじめ変換するアナログフィルタのカットオフ周波数をずらすプリワーピングとよばれる手法を使ってから z 変換する．そのためほかの部分は歪みがあるがカットオフ周波数はずれない．得られた IIR フィルタは，通過域にリップルがあるチェビシェフフィルタではリップルの周波数が，減衰域に 0 点をもつエリプティックフィルタなどでは 0 点の周波数がアナログフィルタと異なってくる

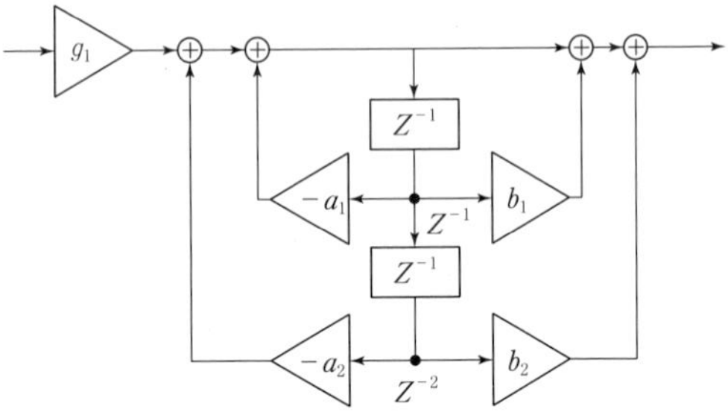

図 11.31 IIR フィルタ（二次）の構成例

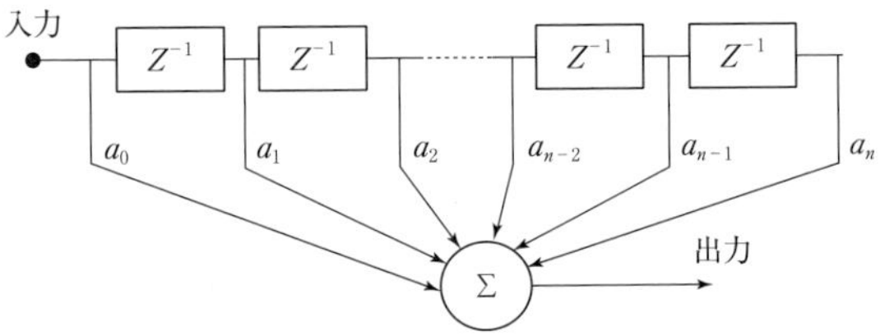

図 11.32 FIR フィルタの構成例

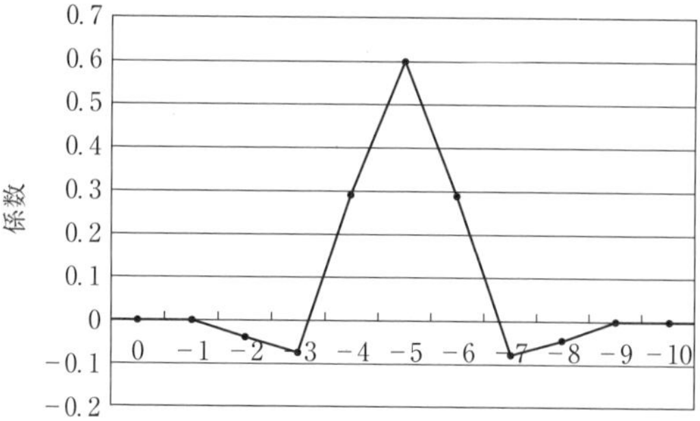

図 11.33　FIR フィルタの係数例（LPF）

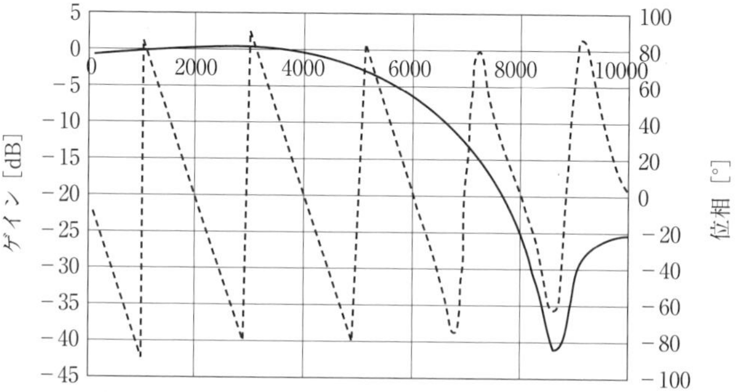

図 11.34　FIR フィルタのボード線図（LPF）（実線：ゲイン，点線：位相）

が，リップルの量や減衰域の減衰量は維持される．2 次の IIR フィルタの代表的な構成図を図 11.31 に示す．

IIR のデジタルフィルタは，FFT アナライザでのアンチエイリアシングローパスフィルタや音響計測で多用される 1/*N* オクターブバンドフィルタに利用されている．

FIR フィルタは，インパルス応答が有限時間で収束するフィルタで，通常は図 11.32 のような出力信号の帰還がなく入力信号だけの積和演算で処理されるので，極をもたず安定性が保証される．このフィルタの最大の長所は，ほかのフィルタと比べて位相歪みがなく完全な直線位相フィルタを実現できることである．IIR フィルタと比較しての短所は，急峻な特性を得るためには，タップ数を多くする必要があるため演算パワーが要求されることである．図 11.33 にローパスフィルタの係数例，図 11.34 にそれを使った FIR フィルタの特性（実線がゲイン，点線が位相）を示す．直線位相をわかりやすくするため，横軸（周波数軸）をリニア表示としている．

〔**今泉八郎**〕

文　献

1) 小野測器カタログ「振動・アナログ処理システム NP/AU シリーズ」.
2) 小野測器カタログ「レーザドップラ式非接触振動計 LV シリーズ」.
3) Drain, L. E. : *The Laser Doppler Technique*, pp. 76–84, John Wiley & Sans, 1980.
4) 小野測器カタログ「非接触厚さ計・変位計（静電容量式）VE/VT/CL シリーズ」.
5) 小野測器カタログ「レーザー干渉変位計 LV-2100A」
6) JIS B 0153 : 2001 機械振動・衝撃用語.
7) 城戸健一：ディジタルフーリエ解析（1），コロナ社，2007.
8) Cohen, L. : Time-frequency distributions-a review, *Proceedings of the IEEE*, **77**（7）, p. 941（1989）.
9) Hlawatsch, F. and Boudreaux-Bartels, G. F. : Linear and quadratic time-frequency signal representations, *IEEE SP Magazine*, p. 21（April 1992）.
10) 山口昌哉ほか：ウェーブレット信号の新しい表現，数理科学，354（1992），5.
11) 金井　浩, 竹内伸直：ウィグナー分布とウェーブレット変換, JAS ジャーナル, **10**（1994）, 12.
12) 榊原　進：ウェーブレットビギナーズガイド，東京電機大学出版，1995.

12. 振動試験法

12.1　振動試験の目的と方法

振動試験にはさまざまな目的があるが，ここでは機械構造物のモード特性同定（13.2節参照）を目的として，すなわち実験モード解析のひとつの過程としての周波数応答関数の測定について述べる．

図 12.1 のように，周波数応答関数 $H(\omega)$ をもつ構造物に，1 つの入力 $f(t)$ と 1 つの出力 $x(t)$ がある場合を考える．この系が定係数線形系であれば，その入出力関係は

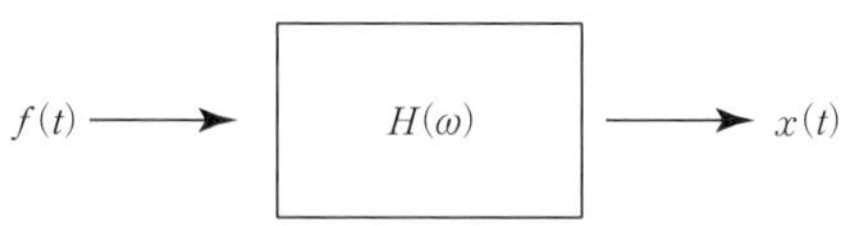

図 12.1　1 入力 1 出力系

$$X(\omega)=H(\omega)\cdot F(\omega) \tag{12.1.1}$$

ただし，$X(\omega)$ は $x(t)$ の，また $F(\omega)$ は $f(t)$ のそれぞれフーリエ変換である．したがって，$f(t)$ と $x(t)$ が与えられれば，周波数応答関数は次式で計算できる．

$$H(\omega)=\frac{X(\omega)}{F(\omega)} \tag{12.1.2}$$

このようにして周波数応答関数を求めるために，加振器を用いて 1 つの点を 1 方向に加振したときの加振力 $f(t)$ と，そのときの，ある点の振動応答 $x(t)$ を測定するのが本章で説明する振動試験である．なお，振動応答は，変位だけではなく，速度，加速度として測定されることも多いが，得られる周波数応答関数は等価である．

12.2　高速フーリエ変換による周波数応答関数の算出

一般には，測定値 $f(t)$ や $x(t)$ には何らかのノイズが含まれているので，式 (12.1.2) の $H(\omega)$ はその影響をそのまま受けてしまう．そこで，$x(t)$ のみがノイズを伴っていると仮定し，そのノイズの影響が最小になるように最小二乗法を用いて周波数応答関数を推定すると

$$H(\omega)=\frac{G_{fx}(\omega)}{G_{ff}(\omega)} \tag{12.2.1}$$

となる．ただし，$G_{fx}(\omega)$ は $f(t)$ と $x(t)$ のクロススペクトル，$G_{ff}(\omega)$ は $f(t)$ のパワー

スペクトルである．ここで，出力に対する入力の寄与度を表す関連度関数 $r^2(\omega)$ は

$$r^2(\omega)=\frac{|G_{fx}(\omega)|^2}{G_{ff}(\omega)\cdot G_{xx}(\omega)} \qquad (12.2.2)$$

であり，理想的な1入力1出力系の場合には1である．また，入力と出力が完全に無相関であれば0になる．現実の1入力1出力系では0と1の間の値をとるが，関連度関数が1より小さくなる原因としては，

① 測定値にノイズが混入している
② 系が線形でない
③ スペクトルに漏れ誤差を生じている

などが考えられる．

以下の節では，関連度関数を極力1にすることを中心に，対象となる機械系の性格に合わせて，より正しい周波数応答関数を測定するための最適な加振方法や計測方法を述べる．

12.3 各種の加振方法

12.3.1 加振方法の種類

加振方法は，外見的な特徴から，図12.2のように正弦波加振法，不規則波加振法，打撃加振法の3種に区別されることが多い．

このうち正弦波加振法は，最も基本的な加振方法であり，原理も単純である．すなわち，周波数 ω の正弦波で構造物を加振し，そのときの加振力 $F(\omega)$ と振動応答 $X(\omega)$ を測定すれば，式(12.1.2)によって周波数 ω における周波数応答 $H(\omega)$ が求められる．そこで，ω を少しずつ変化させてこの計測を繰り返すことによって，必要な周波数範囲における周波数応答関数が得られる．

実際には，$F(\omega)$，$X(\omega)$ を求めるためにFFT装置（AD変換器とパソコンの組み合わせを含む）を用いるのが一般的であり，その場合には，式（12.1.2）の代わりに式（12.2.1）を利用するのが普通である．

不規則波加振法では，広帯域の周波数成分をもつ不規則波で構造物を加振し，そのときの加振力のパワースペクトルおよび加振力と振動応答のクロススペクトルを求めて，式（12.2.1）で周波数応答関数を計算する．

また，打撃加振法の場合には，力変換器付きのハンマーで打撃することによって構造物にインパルスを与える．インパルスも広帯域の周波数成分をもっているので，やはり式（12.2.1）によって周波数応答関数を計算することができる．

各種の加振方法の概要は以上であるが，実際には，例えば不規則波加振法とされているもののなかにも，性格的には正弦波に近い波形を使用するものやインパルスに近い波形を使用するものなども含まれているので，この分類だけでは不十分である．そこで，種々の加振波形をその性格から分類すれば図12.3のようになる．以下，これ

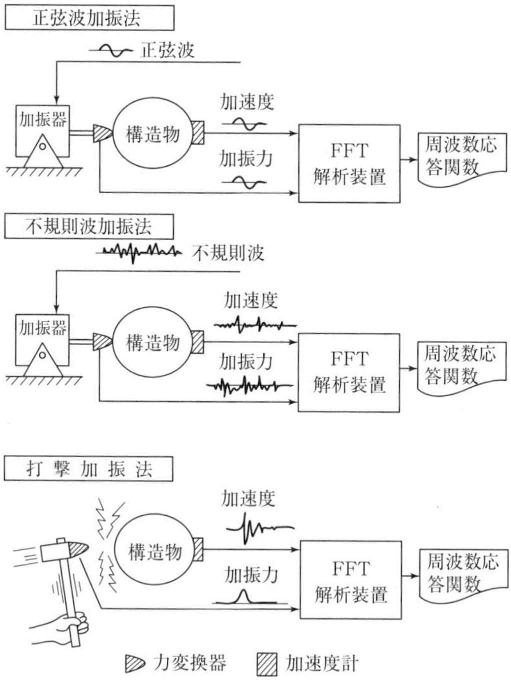

図 12.2　加振方法の種類

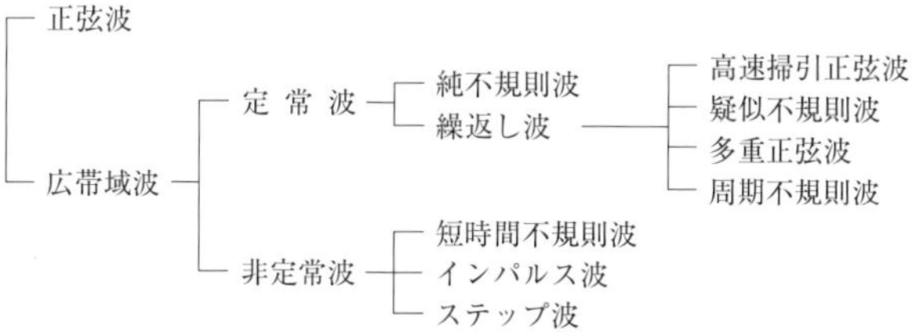

図 12.3　加振波形の分類

らの波形の特徴を説明する．

12.3.2　加振波形の特徴

a.　正　弦　波

正弦波加振法は古典的な方法ではあるが，以下のような利点もあり，目的によっては今でも用いられることがある．

(1)　ほかの波形の場合に比べ，大きな加振エネルギを構造物に与えることができる．同じ加振器であれば，より大きな構造物の実験が可能になるので，特に大型構造物の場合に有利である.

また,同じ構造物に対しては,より小さな加振器や力変換器を使うことができるので,それらが構造物に与える影響を最小にし,周波数応答関数の測定誤差を小さくすることができる.さらに,機械類の実働状態に近い振幅での実験が比較的容易であり,振幅依存性なども調べやすい.

(2) 不釣合いおもりを回転させるなどして大きな起振力を発生する機械式起振器を使用できる.したがって,船舶,橋梁,ビルディング,原子炉などの大規模構造物のモード解析も可能になる.

(3) 正弦波は,波高率(ピーク値とRMS値の比)が最小である.このため,信号処理系のダイナミックレンジを最大限に活用することができ,ノイズの影響を軽減できる.

(4) ほかの波形の場合に問題となる漏れ誤差(11.5.6項参照)の発生,周波数分解能の制約などがない.

(5) 周波数応答関数の計測のためには,周波数を連続的に,あるいは階段状に掃引することになるが,その掃引速度や周波数間隔は,全周波数範囲にわたって一定である必要はない.例えば,共振点や反共振点近傍のように振幅や位相の変化が急なところでは掃引速度を遅く(あるいは周波数間隔を狭く),そのほかのところでは,掃引速度を速く(あるいは間隔を広く)することにより,データの質を落とさずに計測時間を短くすることができる.また,広い周波数範囲での計測の場合には,対数的に等間隔に掃引することにより,全体のデータ量を増やすことなく,一般に重要性の高い低次モードにおける周波数分解能を高くすることも可能である.

以上のように多くの利点をもつ正弦波加振法であるが,測定に要する時間が長くなることが最大の欠点であり,大規模構造物以外ではあまり使われていない.この欠点は,多点同時計測を行うことである程度改善できる.

b. 純不規則波(図12.4(a))

白色雑音ともよばれるものであり,ガウス性不規則信号とみなすことができる.したがって,純不規則波で加振を行い,十分な平均化を行って周波数応答関数を求めれば,構造物に振幅依存性があっても,それを線形系に近似した結果を得ることができる.

また,構造物にガタのような非線形性がある場合には加振周波数の整数倍の高調波が現れることがある.この結果,広帯域加振時の応答波形の1つの周波数成分には,その周波数の加振力に由来する成分(線形応答)のほかに,そのほかの周波数の加振力に由来する高調波成分(非線形応答)も同時に含まれることになり,正しい周波数応答関数は得られない.

しかしながら,純不規則波では振幅も位相も不規則であるので,応答波形の1つの周波数成分に含まれる非線形応答成分は線形応答成分とは無相関になり,周波数応答

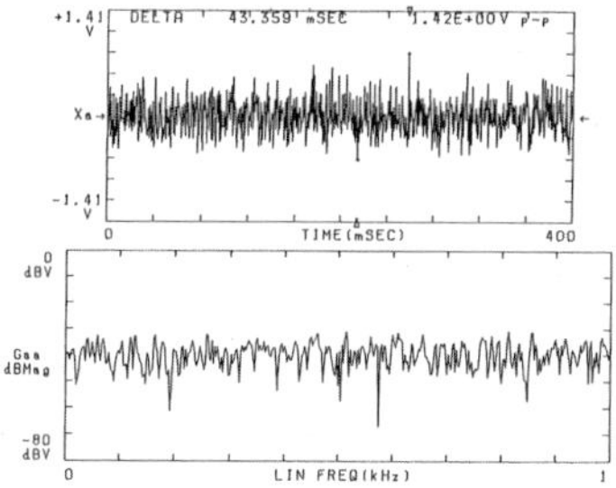

(a)　純不規則波

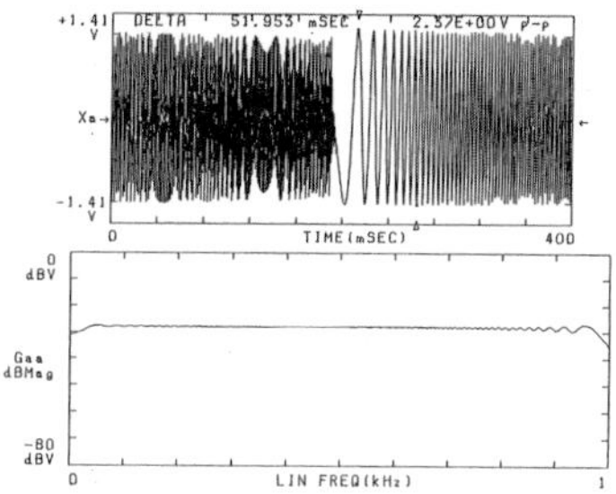

(b)　高速掃引正弦波

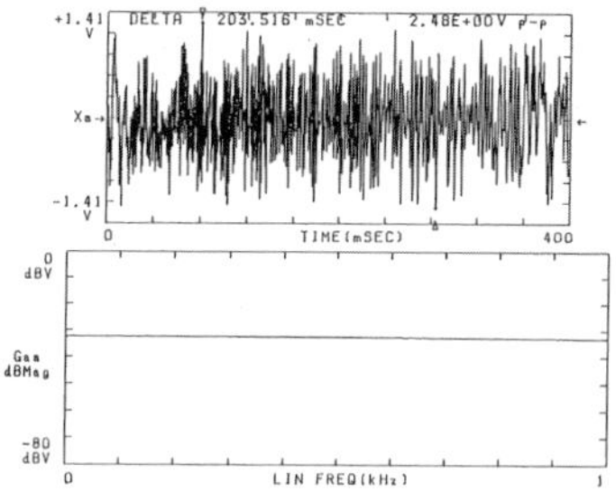

(c)　多重正弦波

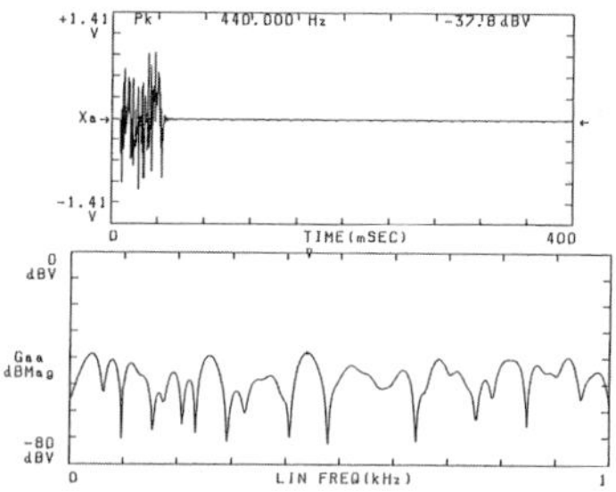

(d)　短時間不規則波

図 12.4　各種の加振波形（上：時間波形，下：スペクトル）

関数計算の際の平均化処理によって軽減される．この結果，構造物からガタのような非線形性の影響を取り除いた状態での周波数応答関数を推定することができる．

以上のように，純不規則波を用いて周波数応答関数を測定すると，構造物のもつ各種の非線形性の影響を受けにくくなるという優れた点があるが，反面，FFT 装置を用いてクロススペクトルやパワースペクトルを求める際に漏れ誤差を生ずる，という大きな欠点ももっている．これは，純不規則波が周期性をもたないためであり，ハニング窓などの窓関数を用いても本質的な解決にはならない．

漏れ誤差は，スペクトル上では，1つの周波数成分が近傍の周波数に漏れ出してしまう現象であるから，スペクトルが鋭いピークをもつほど，その影響が大きくなる．つまり，構造物の減衰が小さいほど応答波形のスペクトルの漏れ誤差が大きくなり，周波数応答関数の共振点の高さが低くなってしまう．また，同じ減衰をもつ場合には，周波数応答関数の周波数分解能が低くなれば，すなわち，観測時間が短くなれば，それだけ漏れ誤差が大きくなる．

図 12.5 は，減衰の小さい構造物を各種の波形で加振したときの結果であり，関連度関数（上）と周波数応答関数の大きさ（下）を示している．純不規則波の結果 (a) をみると，反共振点はもちろんのこと，共振点においても関連度関数が低下しており，データの信頼性が失われていることがわかる．また，共振点の振幅もほかと比べて小

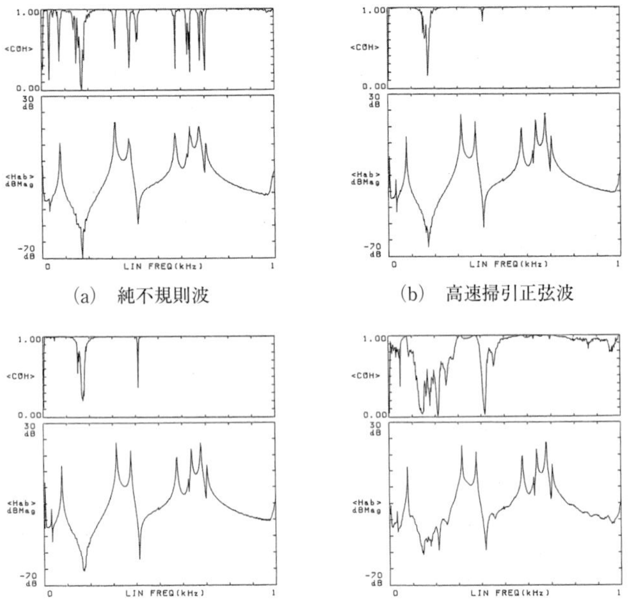

(a) 純不規則波　(b) 高速掃引正弦波

(c) 多重正弦波　(d) 短時間不規則波

図 12.5 減衰の小さい構造物の加振実験結果

さくなっており，減衰を過大に評価してしまう可能性が高い．

これらは漏れ誤差によるものであるので，この影響を軽減するためには，ズーム処理あるいはサンプリングデータ数の増加によって周波数分解能を十分に高めることが必要になる．

なお，純不規則波は波高率が大きく，スペクトルの振幅も常に変化しているので外乱の影響を受けやすい．このため，平均回数を多くしてこれを防止することも必要である．また，波高率をなるべく小さくし，加振エネルギーも十分なものとするためには，加振周波数に合わせて帯域制限した純不規則波を用いることが望ましい．

c. 高速掃引正弦波（図 12.4(b)），**擬似不規則波，多重正弦波**（図 12.4(c)）

高速掃引正弦波は，必要な周波数帯域の下限から上限まで連続的に，かつ，FFT 装置の時間窓長さを周期として正弦波を掃引したものである（実際の波形生成にはさまざまな方法[1]がある）．波形を音にすれば，「チューチュー」と鳥や虫の鳴き声のように聞こえるので，チャープ波ともよばれる．

疑似不規則波は，振幅一定，位相不規則のスペクトルを逆フーリエ変換して得た波形と考えることができる．実際には，シフトレジスターを用い，繰り返し周期を FFT 装置の時間窓長さに一致させて発生させた M 系列信号を用いることが多い．また，多重正弦波は，これとほぼ同等の波形であるが，スペクトルの位相を適当に調整

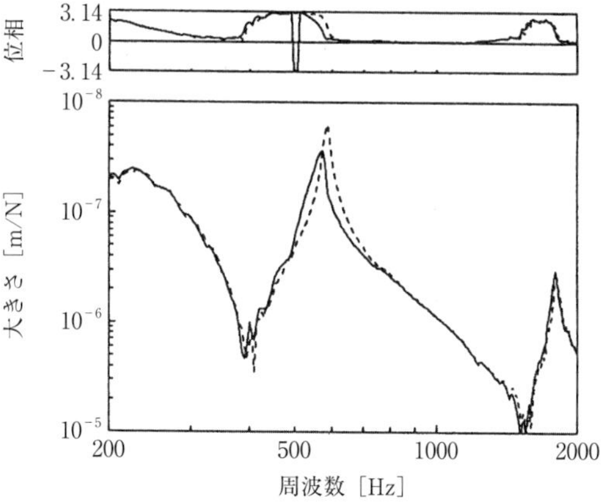

図 12.6 摺動部を含む構造物の加振実験結果（実線：多重正弦波，破線：短時間不規則波）

することによって，時間波形の波高率がなるべく小さくなるように工夫したものである．

これらの波形[2]は，ほぼ同様の性格をもっており，その繰返し周期が FFT 装置の時間窓長さに一致しているために漏れ誤差が発生しないことが最大の特長である．ただし，波高率の大小や時間波形上での周波数成分の分布状態などに差があり，構造物の特性によって，少しずつ異なった効果を与える．

図 12.5(b)，(c) は，高速掃引正弦波，多重正弦波によって計測したものであり，関連度の低下も少なく，よい結果が得られている．

これらの波形の欠点としては，純不規則波と異なり完全な繰返し波であるため，構造物の振幅依存性，あるいは，ガタのような非線形性のために発生する高調波歪みの影響などを取り除けないことがあげられる．

図 12.6 は，摺動部を含む構造物の周波数応答関数であり，実線が高速掃引正弦波，破線が後述の短時間不規則波で加振した結果である．前者は，非線形系に特有の周波数応答を示しているが，後者は，線形系に近い結果であり，2 つの加振方法の差が明らかである．

d. 周期不規則波[3]

これは，擬似不規則波の欠点，すなわち，ガタなどの非線形性の影響を受けやすいことを改善した波形である．擬似不規則波が連続して同じ周期波形を出力しながら平均化処理を行うのに対し，周期不規則波の場合はデータを取り込むごとに次々と異なった擬似不規則波を出力するので，非線形性に由来する高調波歪みの影響を減少させることができる．したがって，純不規則波と擬似不規則波の長所を併せ持っていることになる．ただし，異なる擬似不規則波を発生するたびに，構造物が定常状態になるのを待つ必要があり，計測時間が長くなることが欠点である．

e. 短時間不規則波[4]（図 12.4(d)）

短時間不規則波（バーストランダム波）は，FFT 装置の時間窓内で純不規則波を部分的に発生させたものである．このため，データの最初と最後が 0 になり，純不規則波の優れた性格を保ったまま，その欠点である漏れ誤差を減少させることができるので適用範囲が広い．ただし，減衰の小さい構造物の場合には，その応答が FFT 装置の時間窓内で十分減衰するように不規則波の発生時間を短くする必要があるので，波高率が大きくなるとともに加振エネルギーが小さくなり，SN 比の低下を招く．

図 12.5(d) はこの例であり，共振点での関連度は純不規則波に比べて改善されているが，加振エネルギーが小さくなり相対的に雑音が増えたために，反共振点での関連度が低下している．

なお，応答が時間窓内で十分に減衰するか否かは，構造物の減衰の大小だけでなく，加振器本体およびその電力増幅器の特性に依存するところも大きい．これは，加振力が 0 になった後の構造物の自由振動に対して加振器がダンパーとして作用するからである．

さらに，加振力が 0 になった後の構造物の自由振動を能動的に制振することも考えられる[5]．すなわち，加振器をアクティブ制振器として用いればよい．制御方法は，構造物の減衰を大きくすればよいのであるから，制御力を加振点の振動速度に比例させた直接速度フィードバック法を使うのが簡単である．

この方法により，軽減衰構造物であっても漏れ誤差の影響を受けず，かつ，雑音の影響も少ない周波数応答関数の測定が可能になる．

f. インパルス波[6]

インパルス波による加振は，力変換器付きハンマーで構造物を打撃することで簡単に実現できる．この方法，すなわち打撃加振法は，加振器の取り付けが不要であり，計測時間も短いので，トラブルシューティングをはじめとする現場計測にはきわめて重宝である．

反面，波高率が極端に大きいため，測定時の SN 比が小さくなって外乱の影響を受けやすく，また，構造物の非線形性を無視できなくなる場合が多くなるなどの欠点もあり，精度的には不利な面が多い．このため，計測時には，12.5 節に述べる点に十分な注意を払う必要がある．

g. ステップ波

ステップ加振法は，低い固有振動数をもった大型構造物に適した手法で，基本的には，土木建築構造物において引き綱法などとよばれている自由振動実験と同じものである．すなわち，図 12.7 のようにワイヤと油圧ジャッキなどを利用して構造物に初期変位を与え，この変位を急激に解放することによって生ずる自由振動から振動特性を求めようとするものである．加振力は図 12.8(a)，そのスペクトルは図 12.8(b) のようになり，特に低周波域に大きな加振力が得られる．

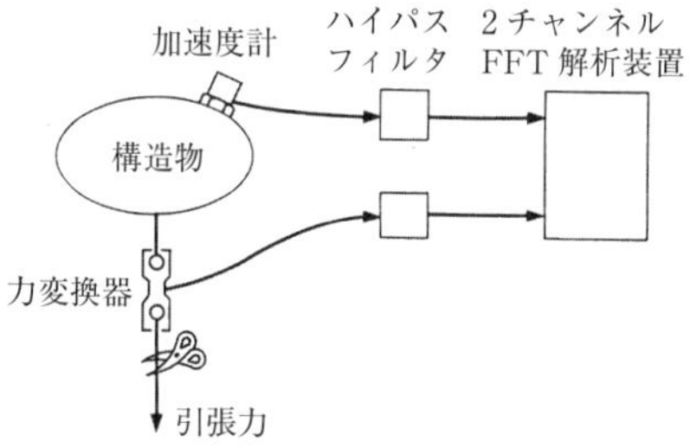

図 12.7　ステップ関数とスペクトル

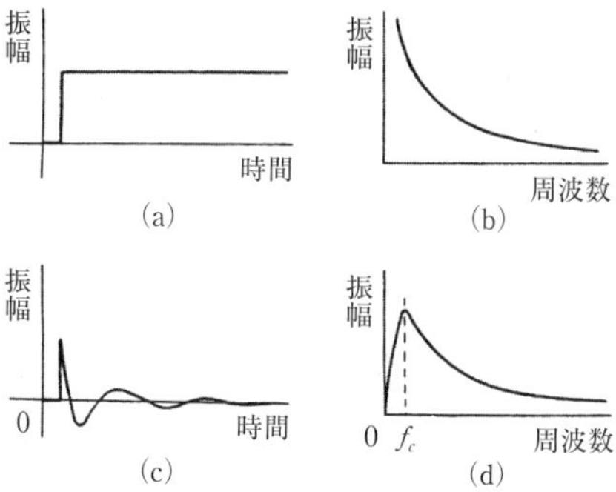

図 12.8　ステップ加振法

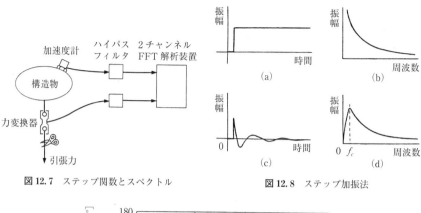

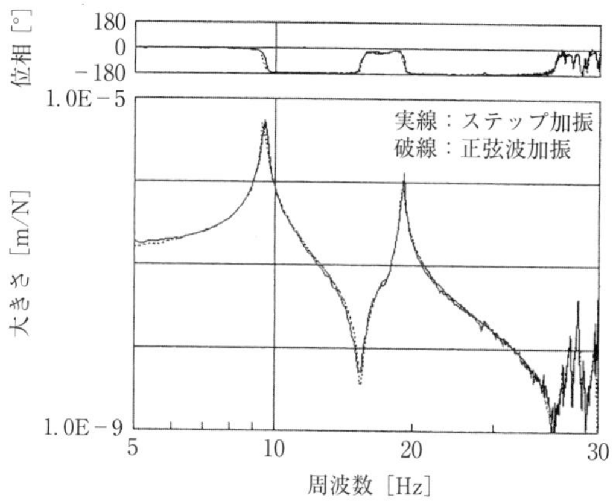

図 12.9　ステップ加振法と正弦波加振法の比較

また，加振器を取り付ける必要がなく，しかも打撃加振法に比べ加振方向や加振力の制御が容易で再現性も高いので，非常に小さな，剛性の低い構造物の低次モードの加振にも適用できる．

なお，ステップ波のスペクトルを FFT 演算で求めようとすると漏れ誤差が非常に大きくなるので，何らかの対策が必要である．これにはいくつかの方法があるが，図 12.7 に示すように高域通過フィルタを用いて時間波形の形状を変化させる方法[7] が最も簡単である．すなわち，加振力波形が図 12.8(c) のようになり，漏れ誤差を発生させることなく図 12.8(d) のように高域通過フィルタのカットオフ周波数 f_c 以上の帯域で正しいスペクトルが得られる．

図 12.9 は，実験用の橋梁をステップ加振法で計測した結果と正弦波加振法による結果を比較したもの[7] である．両者はよく一致しており，ステップ加振法で十分な精度が得られることがわかる．

この加振法の欠点としては，打撃加振法同様，波高率が高く構造物の非線形性の影響を受けやすいことがあげられる．

12.3.3 加振波形のまとめ

以上，各種の加振波形の特徴を説明したが，そのうち，一般的によく利用されるものは，(1) 純不規則波，(2) 短時間不規則波，(3) 高速掃引正弦波，疑似不規則波，多重正弦波などの繰返し波，(4) インパルス波（打撃加振法）の 4 種である．それらの使い分けを単純に整理すれば，図 12.10 のようになる．

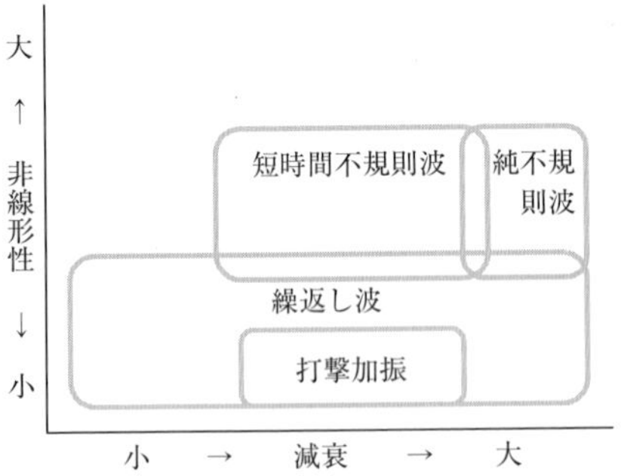

図 12.10 代表的加振方法の適用範囲

すなわち，非線形性が無視できる程度に小さければ，減衰の大小にかかわらず繰返し波を使用すればよい．非線形性が無視できなければ，短時間不規則波あるいは純不規則波を使用する．打撃加振法は，減衰の大小，非線形性の影響を受けやすく，精度の高い周波数応答関数が得られる範囲は狭いが，そのことを承知したうえであれば，より広い範囲で手軽な測定方法として使うことができる．

12.4 加振器の選択と取付け方法

前述の各種の加振方法のうち，打撃加振法，ステップ波加振法以外は，すべて加振器を対象物に固定して加振を行うことになる．そこで，本節では，加振器の種類および加振器取り付け時に注意すべき点を説明する．

12.4.1 加振器の種類

加振器には多くの種類があるが，モード解析で使われるおもなものは，機械式，油圧式，動電形，圧電形の 4 種である．これらの加振力と周波数の範囲は，おおよそ図 12.11 のように分布している．また，それぞれの特徴は次のとおりである．

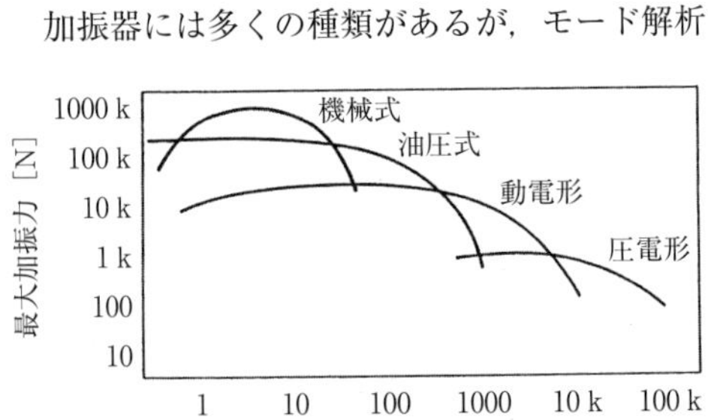

図 12.11 各種の加振器の特性

a. 機械式

モータで不釣合いおもりを回転させるなどして起振力を発生するので，大出力が得られるが，正弦波しか発生できない，起振力が周波数の二乗に比例して変化するなどの欠点をもつ．

b.　油圧式

大出力，大変位にもかかわらず，加振器本体（アクチュエータ部）は非常にコンパクトであることや，静的な予荷重を与えられることが特長である．欠点としては，取扱いにやや面倒な点があること，波形歪みが大きいことなどがある．

c.　動電形

最も一般的な加振器で，加振周波数帯域や加振力の選択の幅が広く，制御も容易で使いやすい．したがって，市販品にも数多くの種類があり，なかには大振幅が得られる低周波域専用のものや，圧電形と組み合わせることによって加振帯域を広げたものなどもある．

動電形加振器駆動用の電力増幅器には，その出力インピーダンスの大小により電圧形と電流形の 2 種類がある．加振力の周波数特性などに違いがあり，一般には電圧形（出力インピーダンス：小）が使われている．

d.　圧電形

チタン酸バリウムなどの圧電効果を利用して加振を行うもので，利用範囲は高周波数域に限られ，加振力も小さいものが多い．

12.4.2　加振器の取付け方法

加振器を構造物に取り付けるときの基本的な注意点は，構造物の 1 点（加振点）に 1 方向（加振方向）に力を与え，それ以外の力はいっさい作用させないことである．このために次のような工夫が必要になる．

まず，原則として，加振器と構造物とは別々に支持することが望ましい．図 12.12 (a)，(b) に加振器の支持方法[8] を示す．図 (b) の方法は，構造物が定盤などに固定されている場合にも使えるが，図(a)に比べ低周波数域での加振力は小さくなる．図(c)は不適切な支持方法の例であり，「1 点だけに力を与える」ことが満足されていない．

また，図 12.13 に示すように，一般の構造物は 1 方向に加振されても，それ以外の方向にも変位や回転角を生ずる．このとき，力変換器や加振器は，その慣性によって，

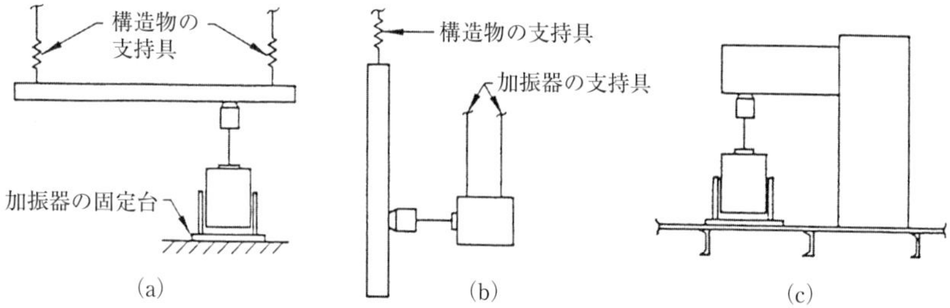

図 12.12　加振器の支持方法[8]

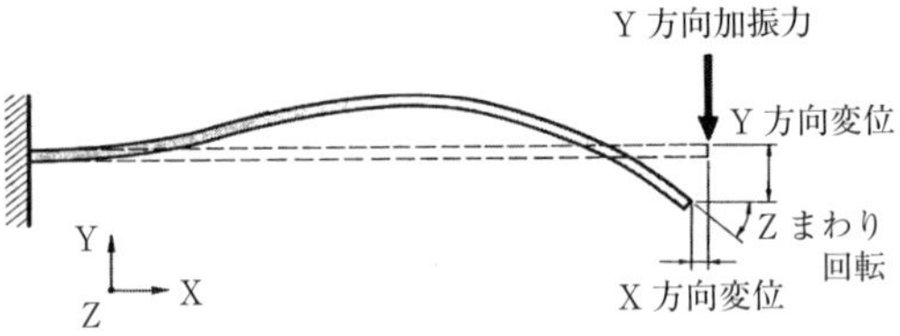

図 12.13　片持梁の振動モード

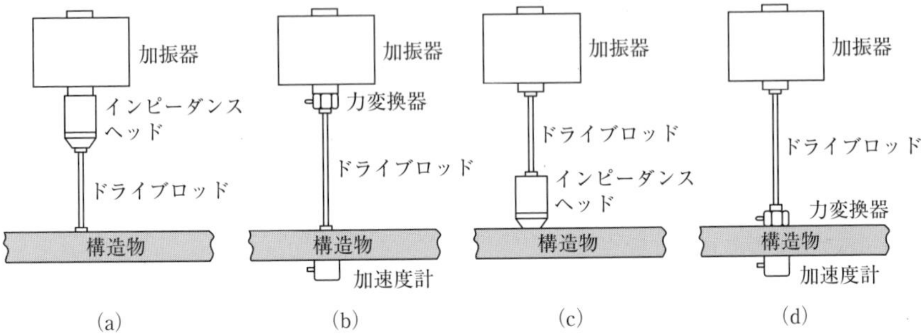

図 12.14　加振器，変換器，駆動棒の組み合せ[8)]

それらの変位や回転角を拘束することになるので，結局，加振方向以外の力が構造物に作用してしまうことになる．

これを避けるためには，加振器と構造物の間に曲げ剛性の低い棒（駆動棒）を置けばよい．図 12.14 は，加振器，変換器，駆動棒の組み合せを示しているが，このうち，図（a）と図（b）は不適切な例であり，構造物に駆動棒の質量が直接作用してしまうこと（図（a）と図（b）），加速度が駆動棒を介して計測されること（図（a））のために，正しい周波数応答関数は得られない．

したがって，図（c）あるいは図（d）が正しい方法であり，実用的にはどちらも同じであるが，しいていえば，図（c）はインピーダンスヘッドの回転慣性が大きくなりがちな点に，やや問題がある[8)]．

さて，ここで用いる駆動棒の寸法や材質の選択にも，それなりの注意は必要である．具体的な設計方法も発表されている[9),10)]ので，これに従って最適な設計を行えばそれにこしたことはないが，実用上は，種々の駆動棒のなかから，経験的にあるいは試行錯誤的に適当なものを選択して使えば十分であろう．図 12.15 に駆動棒の一例を示す．

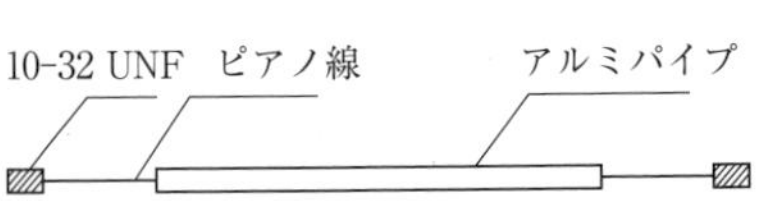

図 12.15　駆動棒の一例

なお，使用する力変換器やインピーダンスヘッドに関して重要なことは，力検出素子の先端，すなわち構造物に取り付ける部分の質量が小さいことである．この質量の存在により，測定される加振力は真の値とは異なったものとなり，固有振動数などに誤差を生じてしまうからである．特に，対象物の質量が小さいときには，取り付けに用いるねじなどの質量もなるべく小さくなるように工夫すべきである．

12.4.3　加振点の選択

加振点の選択も周波数応答関数の精度に大きな影響を与える要素であり，次のような注意が必要である．これらは打撃加振法の場合も同じである．

(1)　加振点は，どのモードにおいても，なるべく振幅の大きい点であることが望ましい．これは，すべてのモードを十分な振幅で励振する必要があるからであり，少なくともいずれかのモードの節であってはならない．したがって，構造物に自由端があるときは，多くの場合は，そこを加振点にすればよいことになる．ただし，例外もあり，また，複雑な形状の場合には，最適な点が明らかでないことも多いので，打撃試験で予備実験を行い，その結果をもとに加振点を決めるなどの慎重さが必要であろう．

しかしながら，どのような構造物の場合にもすべてのモードを十分に励振できる場所が必ず存在するとは限らない．むしろ，複雑な構造物では，そのような加振点を見出せないことのほうが多いかもしれない．

そのような場合に効果を発揮するのが，多点同時加振法である．これは2つ以上の点を同時に加振する方法であり，1つの加振点が，たまたまあるモードの節になって，そのモードを励振できなくても，ほかの加振点では正常に励振が行われるので，すべてのモードを，より均一に励振することができる．なお，多点同時加振法では，加振波形は互いに無相関であることが要求されるので，通常，複数の独立の信号源から発生された純不規則波や短時間不規則波が用いられる．

(2)　加振点近傍の剛性が全体に比べ極端に小さくなっていてはならない．これは，次のような理由による．すなわち，周波数応答関数は，13章の式（13.2.5）あるいは式（13.2.7）のようにモードの重ね合せとして表現されているので，加振点近傍に局部的な振動モードがあり，しかもその剛性が特に低い（＝コンプライアンスが特に高い）ときには，周波数応答関数がほとんどこのモードだけで表現されてしまい，本来必要な構造物全体のモードがこれに埋もれてしまうからである．

12.5　打撃加振時の注意点

打撃加振は，手軽に実施できる半面，精度の面では不利な点が多いことはすでに述べた．そこで，ここでは，なるべく高い精度を得るためのおもな注意点について説明する．

12.5.1 加振スペクトルの調整

ハンマーで構造物を打撃したとき，加振力はハーフサインパルスあるいはバーサインパルスと似た形状のインパルスとなる．図 12.16 のハーフサインパルスとそのスペクトルの関係からわかるように，実験目的に適した加振力スペクトルを得るためには，インパルスの幅と高さを適当な大きさに調整しなければならない．

まず，インパルスの高さについては，手持ちのハンマーの場合には，ハンマーを振る速度やハンマーに付加する質量を変更すればよい．ただし，1 つのハンマーで調節できる範囲は限られているから，実際には，頭部の質量の異なる数種類のハンマーのなかから適当なものを選ぶことになる．十分な加振力が必要なことはいうまでもないが，逆に，構造物の等価質量に比べ重すぎるハンマーを用いると，2 度叩きを起こしやすくなるなどの弊害が生ずる．2 度叩きが起きるのは，ほとんどの場合，実験者の“腕”が悪いのではなく，ハンマーの選択に問題があるからである．

次に，インパルスの幅については，スペクトルの振幅が 0 になる最低の周波数（図 12.16 の↓印）が，測定しようとする周波数域より十分高くなるように，力変換器先端のチップの硬度を変更すればよい．

しかしながら，不必要に固いチップを用いてインパルスの幅を狭くしすぎることは好ましくない．この理由は，図 12.17 から明らかである．例えば，100 Hz 程度以下の周波数範囲で計測しようとするとき，スペクトルをみる限りその範囲の加振力レベルは，どちらの場合もほとんど同じであり，したがって，いずれのチップを用いてもよいようにみえる．

ところが，時間波形をみると，2 つのインパルスのピークの高さはまったく異なっている．すなわち，軟質プラスチックのチップの代わりに，硬質プラスチックのチップを使用すると，同じ加振力を得るのに，インパルスの高さが 10 倍ほどに高くなってしまい，その分だけ FFT 装置の入力部や，その前段の増幅器，フィルタなどのアナログ部のフルスケールを大きくする必要が生ずる．この結果，計測系の限られたダ

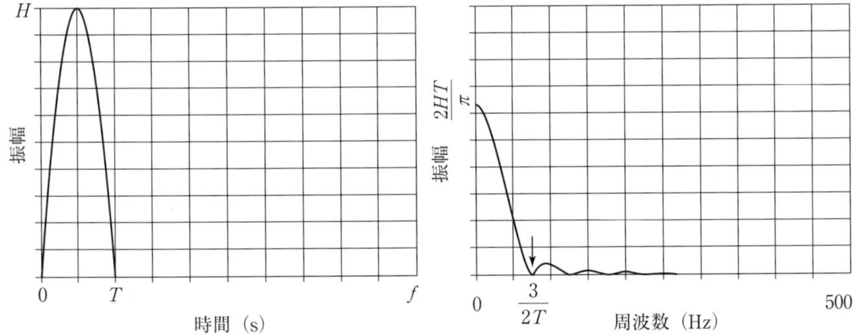

図 12.16 ハーフサインパルス（左）とそのスペクトル（右）

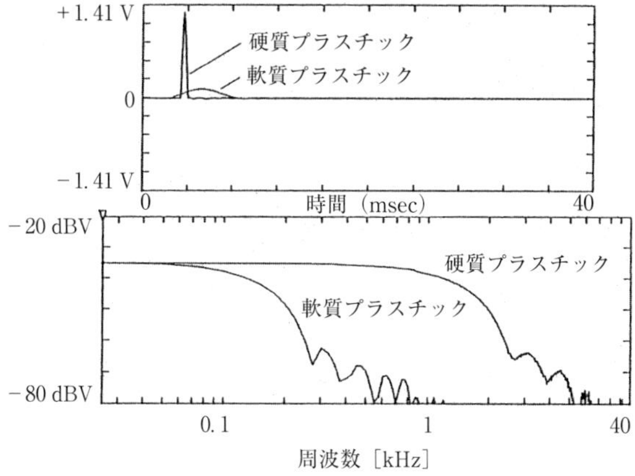

図 12.17　実際のインパルス（上）とそのスペクトル（下）

イナミックレンジを実質的にさらに狭めてしまうことになる．

また，FFT 装置では，アンチエイリアシングフィルタを通過した後の波形をモニタするのが普通なので，インパルスは，高周波成分が除去されることにより，モニタ画面上にはずっと小さい振幅の波形となって現れる．このため，測定者は不用意にアナログ部のフルスケールを小さく設定しすぎ，過大入力を起こさせがちである．

困ったことには，力変換器から増幅器，フィルタ類にいたる，すべてのアナログ部での過大入力を常にチェックすることは不可能に近いし，また，もしモニタ画面上の波形だけをみていたのでは，図 12.18 のように過大入力はわからなくなってしまうものなのである．

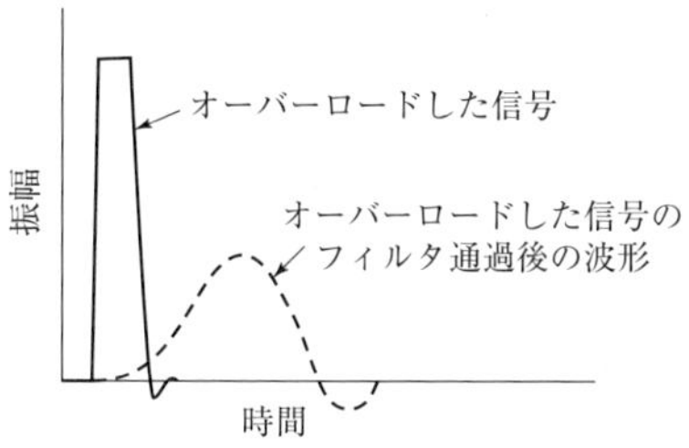

図 12.18　過大入力を起こしたインパルス[11)]

12.5.2　窓　関　数

通常の打撃加振時には，原則として窓関数を使用しない．しかしながら，減衰の小さい構造物の測定の際には，図 12.19(a) のように，FFT 装置の時間窓内で応答が減衰しきらず，漏れ誤差を生ずることがあるので，指数関数窓を用いてこれを防ぐことも行われる．

図 12.19(b) に指数関数窓（破線）と，これを使用したときの応答波形とを示す．また図 12.20 には，図 12.19(a)，(b) それぞれの波形のスペクトルを示す．この窓関数は，減衰の大きい構造物に適用すれば雑音の減少にも役立つが，いずれにしても得られた周波数応答関数には，実際の減衰だけでなく窓関数による見かけの減衰が足し

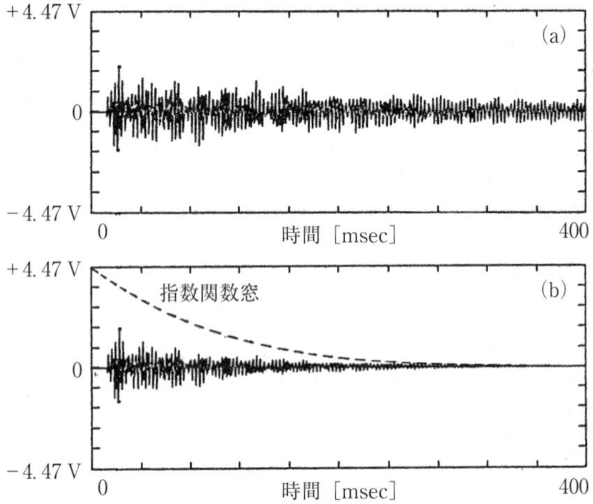

図 12.19　応答波形と指数関数窓

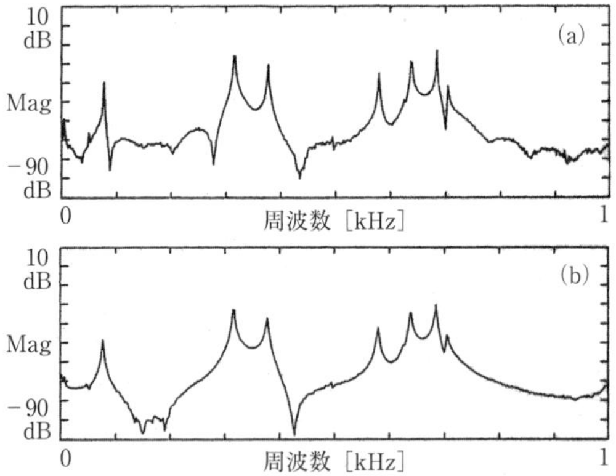

図 12.20　指数関数窓によるスペクトルの改善

合わされていることに注意しなければならない．

具体的には，用いた指数関数窓を $w=\exp(-\alpha t)$，周波数応答関数を曲線適合して得られた固有振動数を Ω_m，減衰係数比を ζ_m，真の（窓関数を用いない）固有振動数を Ω_t とすれば，真の減衰係数比 ζ_t は，

$$\zeta_t=\frac{\zeta_m\Omega_m}{\Omega_t}-\frac{\alpha}{\Omega_t}\fallingdotseq\zeta_m-\frac{\alpha}{\Omega_m} \tag{12.5.1}$$

である．

また，加振波形は波高率が高いため，万一雑音が重畳したときにはその影響を受けやすい．そこで，図 12.21(b) のように，インパルスの近傍だけを残し，ほかを 0 と

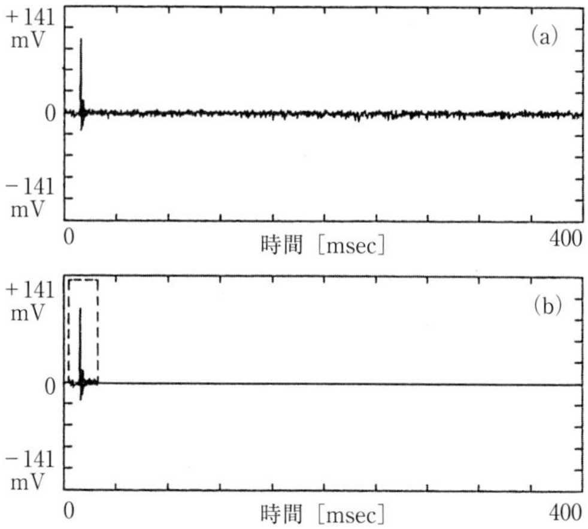

図 12.21 加振力波形と窓関数

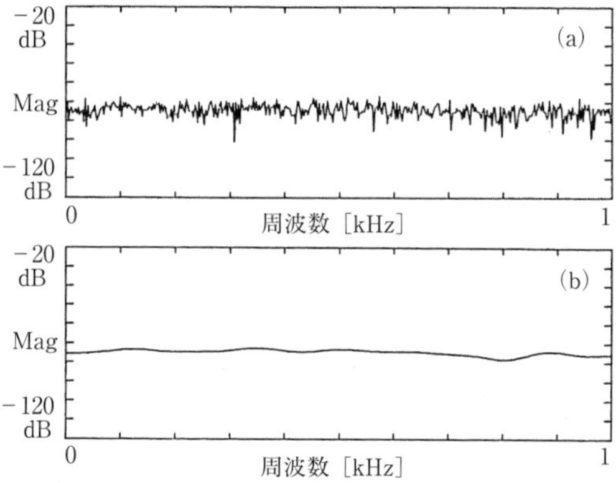

図 12.22 窓関数による加振力スペクトルの改善

するような窓関数を用いれば，図 12.22(b) のように，雑音の影響を減少させることができる．ただし，加振力の信号レベルは十分に高いことが普通であり，このような対策が必要になるケースはまれである．

12.6 測定系の校正

使用する加振器，変換器，解析装置などが決まった後，実験の前に必ず実行しなければならないことのひとつが測定系の校正である．一般に，校正作業はやっかいなものであり，加速度計や力変換器の場合も単独での校正はその例に漏れないが，周波数応答関数計測のためには両者の比を調べるだけでよく，非常に簡単に実施することができる．

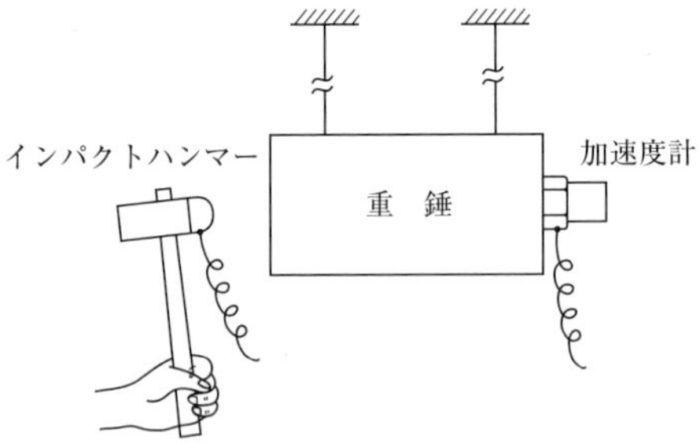

図 12.23　測定系の校正

図 12.23 にその方法を示す．すなわち，既知の質量をもつ重錘を細い糸などで自由境界状態に支持し，実験に使用する加振器と力変換器，あるいは，打撃ハンマーなどを用いて加振する．同じく実験に使用する振動計で応答を計測し，周波数応答関数を求める．これをイナータンス（加速度／力）で表示すれば，振幅は一定値となり，その値は質量の逆数となるはずである．そこで，これを実際の質量と比較することにより，ここで用いた力変換器，加速度計，増幅器，フィルタ，FFT 装置などすべてを含めた校正ができることになる．　〔**白井正明**〕

文　献

1）Kitayoshi, H. *et al.*：DSP synthesized signal source for analog testing stimulus and new test method, Proc. of 1985 IEEE Int. Test Conf., pp. 825–834.
2）Schoukens, J. *et al.*：Survey of excitation signals for FFT based signal analyzers, *IEEE Transactions on Instrumentation and Measurement*, **37**(3)（1988）, 342–352.
3）Brown, D. *et al.*：Survey of excitation techniques applicable to the testing of automotive stuructures, SAE paper, No. 770029,（1977）.
4）Olsen, N.：Burst random excitation, *Sound and Vibration*, **17**(11)（1983）, 20–23.
5）白井正明ほか：実験モード解析のための加振方法（第２報，速度フィードバックバースト不規則波加振法の提案），日本機械学会論文集Ｃ編，**58**(553)（1992），2615–2618.
6）Corelli, D. and Brown. D. L.：Impact testing considerations, *Proc. 2nd Int. Modal Anal. Conf.*（1984）, pp. 735–742.
7）白井正明ほか：ステップ加振法と部分構造合成法による橋りょう用動吸振器の効果予測，日本機械学会論文集Ｃ編，**50**(452)（1984），737–743.
8）Vibration and shock－Experimental determination of mechanical mobility－Part 1：Basic definitions and transducers, ISO 7926/1, 1986.
9）Mitchel, L. and Eliott, K.：A method for designing stingers for use in mobility testing, *Proc. 2nd. Int. Modal Analysis Conf.*（1984）, pp. 872–876.
10）Hieber, G. M.：Non-toxic stingers, *Proc. 6th. Int. Modal Analysis Conf.*（1988）, pp. 1371–1379.
11）Brown, D. L.：Grinding dynamics, PhD. Thesis, University of Cincinati（1976）.

13. 実験的同定法とそれに基づく振動解析

13.1 振動応答の周波数分析

振動応答の時間波形をみると，一見複雑な波形をしており，その波形だけからどのような成分，性質のものであるかを判断することは難しいことが多い．このような場合，振動波形の性質を調べるためには，周波数領域で観察することが必要である．最も一般的な周波数分析法は，高速フーリエ変換に基づく方法であり，複素フーリエ変換を用いて各種の波形観察を行うことができる．

13.1.1 複素フーリエ変換

a. 定　　義

連続関数 $x(t)\,(0 \leq t < \infty)$ のフーリエ変換は，以下のように与えられる（j は虚数単位）．

$$X(f) = \int_0^{\infty} x(t) e^{-j2\pi ft} \mathrm{d}t \tag{13.1.1}$$

ここで，$X(f)$ は周波数 f を変数としたフーリエスペクトルであり複素関数である．さらに，$X(f)$ を逆フーリエ変換することにより，もとの時間波形 $x(t)$ を得ることができる．

$$x(t) = \int_{-\infty}^{\infty} X(f) e^{j2\pi ft} \mathrm{d}f \tag{13.1.2}$$

すなわち，式（13.1.1）は $x(t)$ のフーリエ変換，式（13.1.2）は $X(f_k)$ の逆フーリエ変換を表しており，これらをフーリエ変換の対とよぶ．

振動計測の場合は，有限時間長（測定時間長 T），ならびに離散時間データ（サンプリング時間間隔 Δt，サンプリング周波数 $f_s = 1/\Delta t$）を対象とするため，上式を以下のように離散化する．

$$X(f_k) = \sum_{i=0}^{N-1} x(t_i) \exp(-j2\pi f_k \cdot t_i) \cdot \Delta t \tag{13.1.3}$$

$$x(t_i) = \sum_{k=0}^{N-1} X(f_k) \exp(j2\pi f_k \cdot t_i) \cdot \Delta f \tag{13.1.4}$$

ここで，N はデータ点数であり，$t_i = \Delta t \cdot i$, $f_k = \Delta f \cdot k\,(i, k = 0, \cdots, N-1)$．また，周波数間隔 Δf は基本周波数であり，測定時間長 T から次のように得られる．

$$\Delta f = \frac{1}{T} = \frac{1}{N \cdot \Delta t} \tag{13.1.5}$$

ここで，観察できる周波数の上限は，基本周波数の $N/2$ 倍（もしくは，サンプリング周波数 f_s の 1/2）の周波数までであり，これをナイキスト周波数という（ナイキストの定理）．すなわち，

$$f_{\max} = \Delta f \cdot \frac{N}{2} = \frac{1}{2\Delta t} \tag{13.1.6}$$

以上より，周波数解像度を上げるためには，Δf を小さく，すなわち測定時間長 T を大きく取る必要があり，高い周波数まで観察するためには，サンプリング時間間隔 Δt を小さく，すなわちサンプリング周波数 f_s を大きくする必要がある．

また，式（13.1.5）より，

$$2\pi f_k t_i = 2\pi (\Delta f \cdot k)(\Delta t \cdot i) = \frac{2\pi ki}{N} \tag{13.1.7}$$

の関係があるので，式（13.1.3），(13.1.4) は以下のように書き換えられる．

$$X(f_k) = \sum_{i=0}^{N-1} x(t_i) \exp\left(-j\frac{2\pi ki}{N}\right) \cdot \Delta t \tag{13.1.8}$$

$$x(t_i) = \sum_{i=0}^{N-1} X(f_k) \exp\left(j\frac{2\pi ki}{N}\right) \cdot \Delta f \tag{13.1.9}$$

このようにフーリエスペクトルは，もとの信号を基本周波数 Δf とその整数倍の周波数成分 $f_k = \Delta f \cdot k$ に分解し，その重ね合わせでもとの成分を表現している．この関係を概念的に示したのが図 13.1 である．

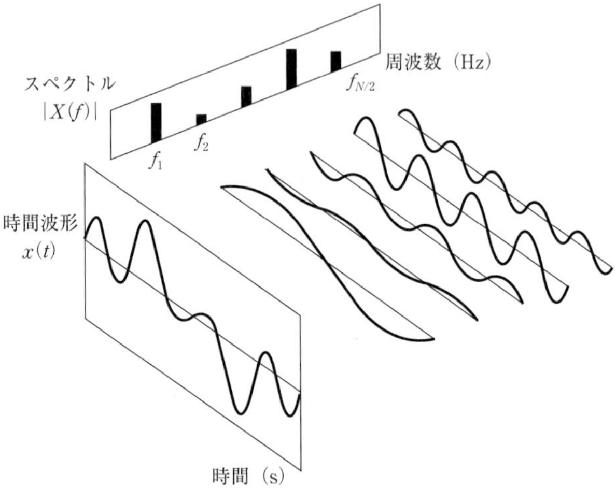

図 13.1 時間波形とフーリエスペクトルの関係（概念図）

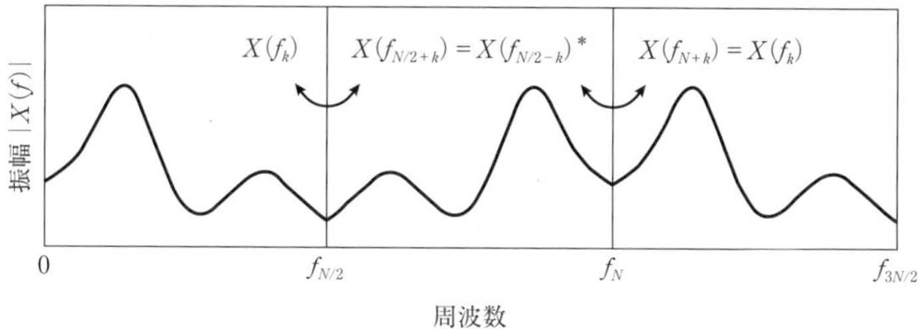

図 13.2 フーリエスペクトルにおける折り返し（エイリアシング）
$f_{N/2}$＝ナイキスト周波数

b. 折り返し

ここで，

$$X(f_{N-k})=\sum_{i=0}^{N-1}x(t_i)\exp\left(-j\frac{2\pi(N-k)i}{N}\right)\cdot\Delta t$$
$$=\sum_{i=0}^{N-1}x(t_i)\exp\left(j\frac{2\pi ki}{N}\right)\cdot\Delta t \qquad (13.1.10)$$

すなわち，

$$X(f_{N-k})=X(f_k)^* \qquad (13.1.11)$$

ただし，X^* は X の複素共役を表す．さらに $k\to N/2+k$ とすれば，

$$X(f_{N/2-k})=X(f_{N/2+k})^* \qquad (13.1.12)$$

であることから，ナイキスト周波数を境に互いに複素共役の関係になっていることがわかる（図 13.2）．

c. 調和振動のフーリエスペクトル

また，周波数 f_k の成分を含む時間波形を以下のように考えると，

$$x(t)=a_k\cos 2\pi f_k t+b_k\sin 2\pi f_k t \qquad (13.1.13)$$

整理して，

$$x(t)=a_k\frac{e^{j2\pi f_k t}+e^{-j2\pi f_k t}}{2}+b_k\frac{e^{j2\pi f_k t}-e^{-j2\pi f_k t}}{2j}$$
$$=\frac{a_k-b_kj}{2}e^{j2\pi f_k t}+\frac{a_k+b_kj}{2}e^{-j2\pi f_k t} \qquad (13.1.14)$$

すなわち，式（13.1.9）と比較することにより，

$$X(f_k)=\frac{a_k-b_kj}{2}\cdot\frac{1}{\Delta f}$$
$$X(-f_k)=X(f_{N-k})=\frac{a_k+b_kj}{2}\cdot\frac{1}{\Delta f} \qquad (13.1.15)$$

となる．

d. エイリアシング

式（13.1.12）の関係から，ナイキスト周波数以上の周波数成分（$f_{N/2+1}\sim f_N$）は，

折り返しによりナイキスト周波数以下の成分（f_0～$f_{N/2-1}$）として観察されてしまうことがわかる．すなわち，元信号にナイキスト周波数以上の周波数成分が含まれていると，ナイキスト周波数以下の擬似的なスペクトルとして観察されてしまう．

さらに観測する波形が，サンプリング周波数$f_s(=f_N)$よりも高い周波数成分（f_{N+1}～$f_{N+N/2}$）を含んでいるとすると，

$$f_{N+k'}=f_N+f_{k'}=\Delta f\cdot(N+k') \tag{13.1.16}$$

と表して，

$$\begin{aligned}x(t_i)&=\exp\left(j\frac{2\pi ki}{N}\right)=\exp\left(-j\frac{2\pi(N+k')i}{N}\right)\\&=\exp\left(j\frac{2\pi k'i}{N}\right)\end{aligned} \tag{13.1.17}$$

すなわち周波数$f_{N+k'}$の成分は，周波数$f_{k'}$のスペクトル成分として観察されてしまう．

$$X(f_{k'})=X(f_{N+k'}) \tag{13.1.18}$$

これらを一般化して表せば，

$$X(f_k)=X(f_{N+k})=X(f_{2N+k})=\cdots \qquad \left(0\leq k\leq\frac{N}{2}\right) \tag{13.1.19}$$

$$X(f_{N/2-k})=X(f_{N/2+k})^*=X(f_{3N/2+k})^*=\cdots \quad \left(0<k<\frac{N}{2}\right) \tag{13.1.20}$$

このように高い周波数成分がナイキスト周波数以下の周波数成分として観察されてしまうことを折り返し（エイリアシング）という．

13.1.2 パワースペクトル

フーリエスペクトル$X(f)$は複素数であり，振幅だけでなく位相の情報を含んでいる．これに対してスペクトルの振幅情報を表すものとしてパワースペクトルがあり，以下のように定義される．

$$G_{XX}(f)=\frac{1}{T}|X(f)|^2 \tag{13.1.21}$$

ここにTは測定時間長であり，パワースペクトルは振幅の2乗の時間平均になっている．

ここで，時間波形の二乗平均を求めてみると，

$$\begin{aligned}\frac{1}{N}\sum_{i=0}^{N-1}\{x(t_i)\}^2&=\frac{1}{N}\sum_{i=0}^{N-1}\left\{\sum_{k=0}^{N-1}X(f_k)\exp\left(j\frac{2\pi ki}{N}\right)\Delta f\right\}\left\{\sum_{l=0}^{N-1}X(f_l)\exp\left(j\frac{2\pi li}{N}\right)\Delta f\right\}\\&=\frac{1}{N}\sum_{k=0}^{N-1}\sum_{l=0}^{N-1}\sum_{i=0}^{N-1}X(f_k)\exp\left(j\frac{2\pi ki}{N}\right)\cdot X(f_l)\exp\left(j\frac{2\pi li}{N}\right)(\Delta f)^2\end{aligned} \tag{13.1.22}$$

ここで，指数関数の直交性より，各kに対して$l=N-k$の時のみ値をもつ．すなわち，

$$\sum_{l=0}^{N-1}\sum_{i=0}^{N-1}\exp\left(j\frac{2\pi ki}{N}\right)\exp\left(j\frac{2\pi li}{N}\right)=\sum_{i=0}^{N-1}\exp\left(j\frac{2\pi ki}{N}\right)\exp\left(j\frac{2\pi(N-k)i}{N}\right)=N \tag{13.1.23}$$

に注意すると，

$$\frac{1}{N}\sum_{i=0}^{N-1}\{x(t_i)\}^2=\sum_{k=0}^{N-1}|X(f_k)|^2(\Delta f)^2=\sum_{k=0}^{N-1}G_{XX}(f_k)\cdot\Delta f \qquad (13.1.24)$$

これより，パワースペクトルの面積は時間波形の二乗平均（パワー）に等しいことがわかる．このように，パワースペクトル $G_{XX}(f_k)$ は，単位周波数あたりの波形パワーを表すことから，パワースペクトル密度関数ともよばれている．

振動波形の計測を繰返し平均化するためには，第 i 回目の計測値のフーリエスペクトルを $G_{XX}^{(i)}(f)$ として，n 回計測を繰り返したとすると，

$$\overline{G_{XX}}(f)=\frac{1}{n}\sum_{i=1}^{n}G_{XX}^{(i)}(f) \qquad (13.1.25)$$

により，平均パワーを求めることができる．

13.1.3　オクターブ分析

オクターブ（octave）とは，音楽における 8 度音程を意味する言葉であり，周波数比が 2:1 となる関係をいう．すなわち，

$$\frac{f_2}{f_1}=\frac{f_3}{f_2}=\cdots=\frac{f_{i+1}}{f_i}=2 \qquad (13.1.26)$$

これらの周波数を中心周波数とする，バンドパスフィルタにより各々の帯域ごとの音圧レベルを求めることをオクターブ分析という．

また，さらに 1 オクターブを分割して，周波数比を $2^{1/n}$ としたものを $1/n$ オクターブ分析という．最も一般的なのが 1/3 オクターブ分析であり，中心周波数は以下の関係を満足する．

$$\frac{f_2}{f_1}=\frac{f_3}{f_2}=\cdots=\frac{f_{i+1}}{f_i}=2^{1/3}=1.259\cdots \qquad (13.1.27)$$

これらの分析法は，人間の聴覚がある音の周波数の 2 倍（2^m 倍）の周波数成分をもつ音を同種類の音として認識し，音の高低を周波数比としてとらえていることに対応している．

FFT に基づく周波数分析は，周波数間隔が一定であるのに対し，オクターブ分析においては，その間隔が比として一定である．これは，人間の可聴域に対応する比較的広帯域の周波数特性を分析する騒音分析などを行うのに適している．〔**吉村卓也**〕

13.2　振動試験データからのモード特性同定[1),2)]

機械構造物の振動に対してなんらかの対策を施す必要があるとき，まず振動特性をなんらかの方法で把握し，振動現象を理解することが重要である．振動特性を把握する方法として，系の動特性を数学モデルで表し，振動実験データなどからこれを決定することを動特性の同定という．

13.2.1 モード特性同定法の分類

a. 同定法の分類

現在までに開発されているモード特性同定法のおもなものを分類すると図13.3のようになる．実験によって得られた周波数応答関数は，逆フーリエ変換を施すことにより，単位衝撃応答関数に変換することができる．すなわちモード特性同定法は，周波数領域法と時間領域法に分けることができる．ただし，逆フーリエ変換の際に留意すべき点は，有限の周波数成分しか含んでいないための打切り誤差が時間領域データに混入してしまうことである（時間領域漏れ誤差）．

また同定法を対象とする自由度数によって分類すると，1自由度法（Single Degree of Freedom Method：SDOF）と，多自由度法（Multiple Degrees of Freedom Method：MDOF）に分けられる．1自由度法とは，1つの周波数応答関数に含まれる1つの固有モードのみに着目して，これを同定する方法である．すなわち，各共振峰を互いに独立した1自由度系の共振峰であるとみなして，各固有モードのモード特性を独立に決定する．一方，多自由度法は，異なる固有モードどうしの影響を考慮しながら，複数の固有モードのモード特性を同時に同定する方法である．同定精度としては多自由度法のほうが優れているが，1自由度法は簡便にモード特性を得ることができるので，近似法として，また多自由度法の初期値を求めるための方法として用いら

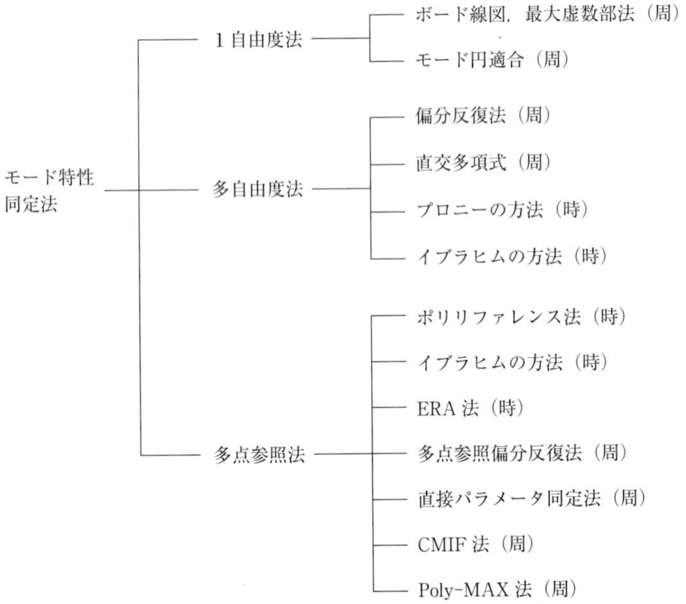

図13.3 モード特性同定法の分類
（周）は周波数領域法を，（時）は時間領域法を示す．

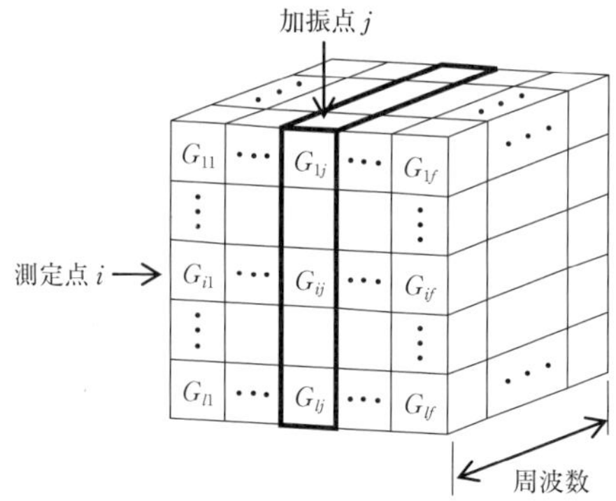

図 13.4　周波数応答関数の行列

れている．

さて，構造物上の複数の周波数応答関数から，固有振動数，モード減衰比，固有モードなどのモード特性を求めることを考えたとき，固有振動数，モード減衰比は，加振点や応答点が変わっても変化しないが，固有モードは，各点における振幅比を表すものであり，加振点や応答点により変化する．よって，前者を全体項（global parameter），後者を局所項（local parameter）とよんで区別する．

同定法を，同時に参照する周波数応答関数の数で分類すると，1 個の周波数応答関数のみを参照してモード特性を求める単点ごとの方法と，複数の周波数応答関数を同時に参照する多点参照法に分けられる．単点ごとの方法によっても，複数の周波数応答関数に対して繰り返し同定計算を行うことにより，系全体のモード特性を得ることはできるが，本来，系固有の値であるはずの全体項が，測定誤差や同定誤差のために周波数応答関数ごとに異なる値として得られてしまう．そこで，複数の周波数応答関数を同時に参照することにより，全体項の精度を高めるとともに，一貫したモード特性を得ようとするのが多点参照法である．

図 13.4 は複数の周波数応答関数を行列として並べたものであり，i が応答点，j が加振点に対応している．図において，単点ごとの方法は，個々の周波数応答関数 G_{ij} ごとに同定する．多点参照法は，1 つの加振点に対応した複数個の周波数応答関数 G_{ij}($i=1, \cdots, l$) を，1 列分と同時に参照する．加振点が複数個ある場合には，複数列分の周波数応答関数を同時に参照する，多点加振に対応した多点参照法も開発されている．すなわち，多点参照法は，図 13.4 の 1 列に含まれるか，もしくは複数の列に含まれるすべての周波数応答関数を同時に参照して，モード特性を同定する方法である．

b.　周波数応答関数の定式化

モード特性同定法の説明のために，周波数応答関数の定式化を行う．減衰の種類は，粘性減衰のほかにヒステリシス減衰も用いられるが，ここでは最も一般的な一般粘性減衰を用いる．

N 自由度，一般粘性減衰系のコンプライアンス（変位/力）を表す周波数応答関数を行列で $[\overline{\boldsymbol{G}}(\omega)]$ と表せば

$$[\overline{\boldsymbol{G}}(\omega)]=\sum_{r=1}^{N}\left[\frac{\alpha_r\{\overline{\boldsymbol{\phi}_r}\}\{\overline{\boldsymbol{\phi}_r}\}^{\mathrm{T}}}{j\omega-s_r}+\frac{\alpha_r^*\{\overline{\boldsymbol{\phi}_r^*}\}\{\overline{\boldsymbol{\phi}_r^*}\}^{\mathrm{T}}}{j\omega-s_r^*}\right] \tag{13.2.1}$$

ここで，$*$ は複素共役を表し，s_r は固有値で

$$s_r=-\sigma_r+j\omega_{\mathrm{d}r} \tag{13.2.2}$$

また，σ_r はモード減衰率［rad/s］，$\omega_{\mathrm{d}r}$ は減衰固有角振動数［rad/s］，$\{\overline{\boldsymbol{\phi}_r}\}$ は固有モード（N 次元），α_r はモード係数である．ここで，行列 $[\overline{\boldsymbol{G}}(\omega)]$ は $N\times N$ の行列で，(i, j) 成分は，点 i を測定点，点 j を加振点とした周波数応答関数を表す．

実際の構造物では，N はきわめて大きいと考えられるが，解析の対象周波数範囲にある固有モード数 n はそれに比べて非常に小さく（$n\ll N$），また測定点および加振点の数も同様に限られている．そこで測定点を l 個とし，固有モードベクトルのうちこの l 個の要素のみを並べたものを $\{\boldsymbol{\phi}_r\}$，そのうちの f 個を加振点に選んだとして，それらを並べたベクトルを $\{\boldsymbol{\phi}_r\}_f$ と表せば，測定可能な l 行 f 列の周波数応答関数行列 $[\boldsymbol{G}(\omega)]$ は次のように表される．

$$[\boldsymbol{G}(\omega)]=\sum_{r=1}^{n}\left[\frac{\alpha_r\{\boldsymbol{\phi}_r\}\{\boldsymbol{\phi}_r\}_f^{\mathrm{T}}}{j\omega-s_r}+\frac{\alpha_r^*\{\boldsymbol{\phi}_r^*\}\{\boldsymbol{\phi}_r^*\}_f^{\mathrm{T}}}{j\omega-s_r^*}\right] \tag{13.2.3}$$

これが，図 13.4 の周波数応答関数行列に相当する．

また 1 点で加振を行い，多点で測定を行う場合には，測定される周波数応答関数は 1 列のみになり，周波数応答関数は，スカラーである $\alpha_r\phi_{rj}$（j は加振点番号）を改めて α_r とおくことにより，以下のように表される．

$$\{\boldsymbol{G}(\omega)\}=\sum_{r=1}^{n}\left[\frac{\alpha_r\{\boldsymbol{\phi}_r\}}{j\omega-s_r}+\frac{\alpha_r^*\{\boldsymbol{\phi}_r^*\}}{j\omega-s_r^*}\right] \tag{13.2.4}$$

さらに，ただ 1 つの周波数応答関数のみを用いる単点参照の場合，分子はスカラーになり，加振点を j，応答点を i として，$G_{ij}(\omega)$ は次式のように表される．

$$G_{ij}(\omega)=\sum_{r=1}^{n}\left\{\frac{\alpha_r}{j\omega-s_r}+\frac{\alpha_r^*}{j\omega-s_r^*}\right\} \tag{13.2.5}$$

ここで，a_r は留数（residue）であり，式（13.2.3）との対応において

$$a_r=\alpha_r\phi_{ri}\phi_{rj} \tag{13.2.6}$$

である．

比例粘性減衰における周波数応答関数は，1 自由度系のコンプライアンスに似た次式で表すことが可能である．

$$G_{ij}(\omega)=\sum_{r=1}^{n}\frac{1/K_r}{1-(\omega/\Omega_r)^2+2j\zeta_r(\omega/\Omega_r)} \tag{13.2.7}$$

ただし Ω_r, ζ_r, K_r は，それぞれ不減衰固有角振動数［rad/s］，モード減衰比，等価剛性を表し，次式の関係が成り立つ．

$$\left.\begin{aligned} \Omega_r &= \sqrt{\sigma_r^2+\omega_{\mathrm{d}r}^2} \\ \zeta_r &= \frac{\sigma_r}{\Omega_r} \\ \frac{1}{K_r} &= -\frac{2V_r\sqrt{1-\zeta_r^2}}{\Omega_r} \end{aligned}\right\} \tag{13.2.8}$$

次に，解析対象角振動数の範囲を $\omega_a \leq \omega \leq \omega_b$ とし，この範囲外に存在する固有モードの影響の補正方法について考える．式（13.2.7）において $\Omega_r \ll \omega$ とすれば，r 次の成分 $G_{ij}^{(r)}(\omega)$ は

$$G_{ij}^{(r)}(\omega) \cong \lim_{\Omega_r/\omega \to 0} \frac{-1/K_r}{(\omega/\Omega_r)^2\{1-(\Omega_r/\omega)^2-2j\zeta_r(\Omega_r/\omega)\}} \tag{13.2.9}$$

等価質量を M_r とすれば，$\Omega_r^2 = K_r/M_r$ より

$$G_{ij}^{(r)}(\omega) \cong \lim_{\Omega_r/\omega \to 0} \frac{-1/M_r\omega^2}{1-(\Omega_r/\omega)^2-2j\zeta_r(\Omega_r/\omega)} = -\frac{1}{M_r\omega^2} = \frac{Y_{ij}}{\omega^2} \tag{13.2.10}$$

また，$\Omega_r \gg \omega$ とすれば

$$G_{ij}^{(r)}(\omega) \cong \lim_{\omega/\Omega_r \to 0} \frac{1/K_r}{1-(\omega/\Omega_r)^2+2j\zeta_r(\omega/\Omega_r)} = \frac{1}{K_r} = Z_{ij} \tag{13.2.11}$$

ここで Y_{ij}/ω^2 は，対象振動数範囲よりも低次に存在する固有モード（$\Omega_r < \omega_a$）の補正項であり，$1/Y_{ij}$ は質量と同じ次元を示すので剰余質量（residual mass）とよばれる．また，Z_{ij} は，対象振動数範囲より高次に存在する固有モード（$\Omega_r > \omega_b$）の補正項であり，$1/Z_{ij}$ は高次モードの影響をまとめて 1 個のばねで近似したもので，剰余剛性（residual stiffness）とよばれる．

このように剰余項を加えることにより，式（13.2.7）の周波数応答関数は次のように書き換えられる．

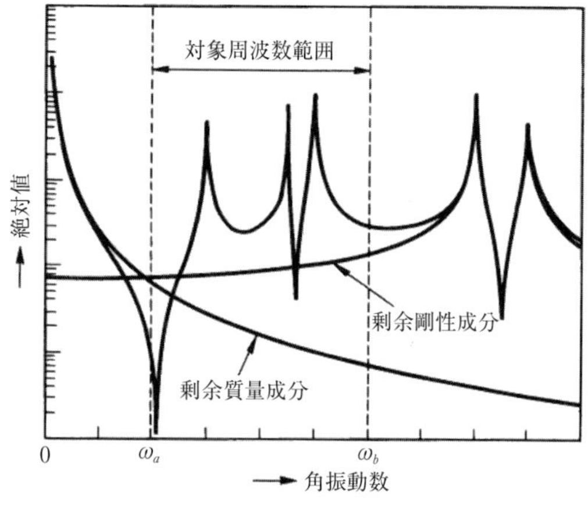

図 13.5 同定対象周波数範囲外の固有モードの影響

$$G_{ij}(\omega)=\sum_{r=1}^{n}\frac{1/K_r}{1-(\omega/\Omega_r)^2+2j\zeta_r(\omega/\Omega_r)}+\frac{Y_{ij}}{\omega^2}+Z_{ij} \tag{13.2.12}$$

同様に，式（13.2.3）の右辺には［Y］/ω^2，［Z］を，式（13.2.4）の右辺には$\{Y\}/\omega^2$，$\{Z\}$を加えることにより，対象振動数範囲外の固有モードの影響を補正できる．これらの剰余質量と剰余剛性の影響を示したのが図13.5である．

c.　単位衝撃応答関数の定式化

単位衝撃応答は，周波数応答関数を逆フーリエ変換して求める．なお，一般には単位衝撃応答関数で，剰余項を考慮したモデル化は行わない．

13.2.2　多自由度法

ここでは計測された1つの周波数応答関数を用いて，そのなかに含まれる複数の固有モードを同時に固定する単点参照の多自由度法について，偏分反復法（differential iteration method）で説明する．多自由度法は，複数の固有モードのモード特性を同時に考慮して同定するので，近接した固有モードがある場合や，比較的減衰の大きな固有モードなど，固有モード間の連成を無視しえない場合に有効な方法である．

a.　線形項と非線形項

一般粘性減衰系を仮定すると，点iと点jの間の周波数応答関数$G_{ij}(\omega)$は次のように表された[1)]．

$$G_{ij}(\omega)=\sum_{r=1}^{n}\left\{\frac{U_r+jV_r}{\sigma_r+j(\omega-\omega_{dr})}+\frac{U_r-jV_r}{\sigma_r+j(\omega-\omega_{dr})}\right\}+\frac{Y}{\omega^2}+Z \tag{13.2.13}$$

ここで，nは固有モード数，σ_r，ω_{dr}はそれぞれモード減衰率［rad/s］，減衰固有角振動数［rad/s］であり，U_r+jV_rは留数，Y，Zは剰余質量項，剰余剛性項である．上式をみると，$G_{ij}(\omega)$は，U_r，V_r，Y，Zに関して線形であるが，σ_r，ω_{dr}に関してはこれらが分母にあることから非線形である．そこで前者を線形項，後者を非線形項とよぶ．なお，すでに述べたように前者は測定点や加振点ごとに異なる局所項であり，後者は測定点や加振点によって変化することはない全体項である．

最小二乗法の適用にあたり，未知パラメータが線形項のみであれば，線形の最小二乗法によって解くことができる．線形最小二乗法（linear least squares method）は，繰り返し計算を必要とせず，連立方程式（正規方程式）を解くことにより解が得られるので，非常に簡便な方法である．ところが，周波数応答関数を構成するモード特性は，上述のように本質的に非線形項を含む．したがって現実には，これを非線形最小二乗法として反復計算により解く，あるいは何らかの方法で未知パラメータを線形化して最小二乗法を適用するなど，さまざまな方法がとられている．すなわち，モード特性同定において難しいのは，非線形項の決定方法であり，すべてのモード特性同定は，これをどのように精度よく定めるかという点で工夫を凝らしているといってよい．

b.　偏分反復法

周波数応答関数の測定値がまったく誤差を含まずモデルの仮定が正しいならば，理論式の曲線はすべてのデータに完全に当てはまるはずであるが，実際には測定データにはなんらかの誤差が混入するため，理論式の曲線が測定データに完全に適合することはありえない．そこで系の同定を行うには，測定データと理論式によって構成される曲線の間の誤差が最も小さくなるように，理論式に含まれるパラメータを決定する．このための周波数領域における最小二乗法が偏分反復法である．ここで，モード特性には非線形項を含むため，非線形の最小二乗問題となる．偏分反復法ではモード特性の初期値を与え，周波数応答関数を初期値のモード特性のまわりでテイラー展開することにより非線形項を線形化し，モード特性の変更量を求める．

式（13.2.13）は複素数であるが，未知数はすべて実数である．そこで，$G_{ij}(\omega)$ を実部と虚部に分けて，実変数による最小二乗法で解く．

$$\left.\begin{aligned} G^R(\omega_k) &= \sum_{r=1}^{n}\left\{\frac{U_r\sigma_r + V_r(\omega_k-\omega_{\mathrm{d}r})}{\sigma_r^2+(\omega_k-\omega_{\mathrm{d}r})^2}+\frac{U_r\sigma_r - V_r(\omega_k-\omega_{\mathrm{d}r})}{\sigma_r^2+(\omega_k+\omega_{\mathrm{d}r})^2}\right\}+\frac{Y}{\omega^2}+Z \\ G^I(\omega_k) &= \sum_{r=1}^{n}\left\{\frac{-U_r(\omega_k-\omega_{\mathrm{d}r})+V_r\sigma_r}{\sigma_r^2+(\omega_k-\omega_{\mathrm{d}r})^2}-\frac{U_r(\omega_k+\omega_{\mathrm{d}r})+V_r\sigma_r}{\sigma_r^2+(\omega_k+\omega_{\mathrm{d}r})^2}\right\} \end{aligned}\right\} \tag{13.2.14}$$

これに対応する実験によって測定された周波数応答関数を $E^R(\omega_k)+jE^I(\omega_k)$ と表し（$k=1, \cdots, m$），m 個のデータが得られたとすれば，m 個のデータに関する誤差の二乗和 λ は次のように表される．

$$\lambda=\sum_{k=1}^{m}[\{E^R(\omega_k)-G^R(\omega_k)\}^2+\{E^I(\omega_k)-G^I(\omega_k)\}^2]\,W(\omega_k) \tag{13.2.15}$$

ここに，$W(\omega_k)$ は重み関数である．さらに，上式は

$$\left.\begin{aligned} \boldsymbol{E} &= \{E^R(\omega_1), \cdots, E^R(\omega_m), E^I(\omega_1), \cdots, E^I(\omega_m)\}^{\mathrm{T}} \\ \boldsymbol{G} &= \{G^R(\omega_1), \cdots, G^R(\omega_m), G^I(\omega_1), \cdots, G^I(\omega_m)\}^{\mathrm{T}} \\ \boldsymbol{W} &= \mathrm{diag}\{W(\omega_1), \cdots, W(\omega_m), W(\omega_1), \cdots, W(\omega_m)\} \end{aligned}\right\} \tag{13.2.16}$$

とおくことにより，次式のように書き換えられる．

$$\lambda=\{\boldsymbol{E}-\boldsymbol{G}\}^{\mathrm{T}}W\{\boldsymbol{E}-\boldsymbol{G}\} \tag{13.2.17}$$

未知数のモード特性は，σ_r, $\omega_{\mathrm{d}r}$, U_r, $V_r (r=1, \cdots, n)$, Y, Z の合計 $4n+2$ 個であり，これらをすべて並べた未知ベクトルを $\boldsymbol{a}$ とすれば，$\boldsymbol{G}$ は $\boldsymbol{a}$ の関数であり $\boldsymbol{G}=\boldsymbol{G}(\boldsymbol{a})$．誤差関数 λ を最小にする $\boldsymbol{a}$ を求めるために，式（13.2.17）において λ をモード特性 a_j で偏微分し，0 とおけば次式を得る．

$$\begin{aligned} \frac{\partial\lambda}{\partial a_j} &= -\left\{\frac{\partial\boldsymbol{G}}{\partial a_j}\right\}^{\mathrm{T}}\boldsymbol{W}\{\boldsymbol{E}-\boldsymbol{G}\}-\{\boldsymbol{E}-\boldsymbol{G}\}^{\mathrm{T}}\boldsymbol{W}\left\{\frac{\partial\boldsymbol{G}}{\partial a_j}\right\} \\ &= -2\left\{\frac{\partial\boldsymbol{G}}{\partial a_j}\right\}^{\mathrm{T}}\boldsymbol{W}\{\boldsymbol{E}-\boldsymbol{G}\}=0 \end{aligned} \tag{13.2.18}$$

これを，すべての $a_j (j=1, \cdots, 4n+2)$ について偏微分し，それらを並べてベクトルで $\{\partial\lambda/\partial\boldsymbol{a}\}$ と表すと，

$$\left\{\frac{\partial\lambda}{\partial\boldsymbol{a}}\right\}=-2\left[\frac{\partial\boldsymbol{G}}{\partial\boldsymbol{a}}\right]^{\mathrm{T}}\boldsymbol{W}\{\boldsymbol{E}-\boldsymbol{G}\}=0 \tag{13.2.19}$$

ここに，$[\partial \boldsymbol{G}/\partial \boldsymbol{a}]$ は $2m$ 行 $4n+2$ 列のヤコビ行列で，i 行 j 列の成分が $\partial G_i/\partial a_j$ によって表される．初期値のモード特性ベクトルを $\boldsymbol{a}_0$ とすると，$\boldsymbol{a}_0$ の近傍においては式(13.2.19) が成立しているとする．すなわち

$$\boldsymbol{a}=\boldsymbol{a}_0+\delta\boldsymbol{a} \tag{13.2.20}$$

において，式 (13.2.19) が成立すると考える．$\boldsymbol{G}(\boldsymbol{a})$ を $\boldsymbol{a}_0$ においてテイラー展開し，1 次の項までとれば

$$\boldsymbol{G}(\boldsymbol{a})=\boldsymbol{G}(\boldsymbol{a}_0)+\left[\frac{\partial \boldsymbol{G}}{\partial \boldsymbol{a}}\right]\delta\boldsymbol{a} \tag{13.2.21}$$

これを式 (13.2.19) に代入すると

$$\left[\frac{\partial \boldsymbol{G}}{\partial \boldsymbol{a}}\right]^{\mathrm{T}}\boldsymbol{W}\left\{\boldsymbol{E}-\boldsymbol{G}(\boldsymbol{a}_0)-\left[\frac{\partial \boldsymbol{G}}{\partial \boldsymbol{a}}\right]\delta\boldsymbol{a}\right\}=0 \tag{13.2.22}$$

これより次式を得る．

$$\boldsymbol{b}=\boldsymbol{A}\delta\boldsymbol{a} \tag{13.2.23}$$

$$\left.\begin{aligned}\boldsymbol{A}&=\left[\frac{\partial \boldsymbol{G}}{\partial \boldsymbol{a}}\right]^{\mathrm{T}}\boldsymbol{W}\left[\frac{\partial \boldsymbol{G}}{\partial \boldsymbol{a}}\right]\\ \boldsymbol{b}&=\left[\frac{\partial \boldsymbol{G}}{\partial \boldsymbol{a}}\right]^{\mathrm{T}}\boldsymbol{W}\{\boldsymbol{E}-\boldsymbol{G}(\boldsymbol{a}_0)\}\end{aligned}\right\} \tag{13.2.24}$$

式 (13.2.23) は $\delta\boldsymbol{a}$ に関する連立方程式（正規方程式）であり，これを解くことにより，初期値のモード特性 $\boldsymbol{a}_0$ に対する変更量 $\delta\boldsymbol{a}$ が求められる．

ただしこの変更量は，周波数応答関数をモード特性の初期値においてテイラー展開し，線形近似によって求めたものであり，得られたモード特性は必ずしも誤差関数を最小にするものとはなっていない．そこで，得られたモード特性 $\boldsymbol{a}$ を新たに初期値 $\boldsymbol{a}_0$ として，さらに計算を繰り返し，誤差関数が最小値に収束するまでこの計算を繰り返す．このような反復計算によりモード特性を得るのが，偏分反復法である．

c. 線形直接法

仮に何らかの方法で非線形項が決定されれば，線形項については線形の最小二乗法により定めることができる．すなわち，非線形項を既知のものとして与えれば，ほかの未知パラメータは，線形問題として最小二乗法により解くことができる．この線形項の決定方法を線形直接法という．

以下では，周波数領域において一般粘性減衰を仮定した線形直接法について述べる．ある 1 つの周波数応答関数があり，非線形項が何らかの方法により得られたとする．このとき式 (13.2.13) に含まれる線形項 U_r, $V_r (r=1, \cdots, n)$, Y, Z を最小二乗法により決定する．

未知数である線形項のモード特性 U_r, $V_r (r=1, \cdots, n)$, Y, Z をすべて並べた $(2n+2)$ 次元実ベクトルを $\boldsymbol{a}_L$ とする．非線形項はすでになんらかの方法により定まっているので，周波数応答関数ベクトル $\boldsymbol{G}$ は $\boldsymbol{a}_L$ の関数とみなすことができる．式 (13.2.17) の誤差関数 λ を $\boldsymbol{a}_L$ で微分して 0 とおくことにより，式 (13.2.19) に類似した次式が

得られる．

$$\left\{\frac{\partial\lambda}{\partial \boldsymbol{a}_L}\right\}=-2\left[\frac{\partial \boldsymbol{G}}{\partial \boldsymbol{a}_L}\right]^{\mathrm{T}}\boldsymbol{W}\{\boldsymbol{E}-\boldsymbol{G}\}=0 \tag{13.2.25}$$

ここで，線形項についての偏微分 $\partial \boldsymbol{G}_i/\partial \boldsymbol{a}_{Lj}$ について考えると，そのなかに $\boldsymbol{a}_L$ は含まれない．すなわち

$$\boldsymbol{G}=\left[\frac{\partial \boldsymbol{G}}{\partial \boldsymbol{a}_L}\right]\boldsymbol{a}_L \tag{13.2.26}$$

と書ける．これを式（13.2.25）に代入すると

$$\left[\frac{\partial \boldsymbol{G}}{\partial \boldsymbol{a}_L}\right]^{\mathrm{T}}\boldsymbol{W}\boldsymbol{E}=\left[\frac{\partial \boldsymbol{G}}{\partial \boldsymbol{a}_L}\right]^{\mathrm{T}}\boldsymbol{W}\left[\frac{\partial \boldsymbol{G}}{\partial \boldsymbol{a}_L}\right]\boldsymbol{a}_L \tag{13.2.27}$$

これは，未知ベクトル $\boldsymbol{a}_L$ に関する $2n+2$ 元の連立方程式（正規方程式）であり容易に解ける．しかし計算の技巧上の問題としては，解を求めるにあたり，式（13.2.27）のような正規方程式を実際に解くよりも，ヤコビ行列の QR 分解を行ったほうが，計算時間および精度上有利であることが知られている．

このように線形直接法は，繰返し計算を必要とせず容易に解を得ることができる．この方法は周波数領域だけでなく，時間領域においても同様に行うことができる．多くのモード特性同定法においては，モード特性の非線形項を求めるために固有値解析などを利用しているが，線形項については線形直接法を用いて決定することが多い．偏分反復法では非線形項（固有振動数とモード減衰比）の初期値のみを与え，線形項（U_r, V_r, Y, Z）は線形直接法で求めることが多い．　　〔**吉村卓也**〕

文　献

1）　長松昭男：モード解析，培風館，1985.
2）　吉村卓也：モード解析ハンドブック，p. 68，コロナ社，2000.

13.3　振動試験データからの剛体特性同定

剛体特性（質量特性ともいう）とは，質量，質量中心位置，慣性テンソル（慣性モーメントと慣性乗積を成分とするテンソル）の総計 10 個のパラメータである．慣性テンソルを求めることを換言すれば，主慣性モーメントの値と，その主軸の向き（方向余弦ベクトル）を得ることである．

航空機，宇宙機，船舶，自動車，オートバイさらには鉄道などの高速移動または運動する機械の設計や免振装置を必要とする動力機械の設計においては，必要な精度でその機械や部品ごとの剛体特性を把握することが肝要である．クレーンなどの重機械やコンテナなどについても剛体特性，特に基本的には重心位置の把握は必須である．このように多岐にわたる分野で基礎データとして剛体特性の一部またはすべてのパラメータの十分な精度での把握が要望されている．それは，所望の高性能な運動の実現

や，十分な免振・除振性能の実現，運用時の社会的安全性確保などのためである．

今日ではCADモデルが設計上で利用可能となってきており，そのモデルについては剛体特性の計算が可能である．しかし，すべての機械設計でコンピュータCADモデルを利用している状況ではなく，かつ，実際の製造物とCADモデルの間でまったく差異がないと保証はできない．また，多数の部品で構成される機械の全体系やサブシステム系には，コムブッシュ，各種ハーネス，ボルト，位置決めのずれなど，CADモデルでは表現できない多数の部品や不確定要因が含まれることから，実際に現物の対象物を計測して剛体特性を精度よく計測して確認したいとする技術的要望が強い．

本節では，この技術要求にこたえるための手法について以下に解説する．

13.3.1　台上試験法

台上試験法には，素朴に同定のための角変位運動の回転軸まわりの慣性モーメントだけを同定する単機能タイプと，すべての剛体特性を同時に同定できる全機能タイプ，そして，その中間的位置づけとなる中間機能タイプ（例えば，質量中心位置はあらかじめ何らかの方法で求めて，その質量中心位置を正確に装置の特定の位置にセッティングして6成分からなる慣性テンソルを同定する方法）に分類できる．

a.　単機能タイプ

図13.6に示す装置例は米国のInertia Dynamics社の製品であり，図はゴルフクラブヘッドの慣性モーメント計測の様子を示している．

図13.6　ゴルフクラブヘッドの慣性モーメント計測の装置例（Inertia Dynamics社ウェブサイトより）

計測対象物を回転軸上に固定して回転駆動運動をすることで，求めるべき慣性モーメントをJ，装置の駆動力（トルク）Tと角加速度$\dot{\omega}$との関係式

$$J\dot{\omega} = T \implies J = \frac{T}{\dot{\omega}} \qquad (13.3.1)$$

によって求める．

質量中心を通る1つの線分まわりの慣性モーメントを計測したい場合には，質量中心位置をあらかじめ別の手段で明らかにしておく必要がある．そのうえで，計測用装置の回転軸にぴったりとその質量中心と線分を一致させて被測定物を設置して装置を動かすこと，または平行する2本の線分まわりの慣性モーメントを計測し，質量の値をも使って慣性モーメントの並行軸の定理を利用して求めることが基本的実施方法である．

受動的な装置としては，装置回転軸を回転ばねで支持することで，自由角運動振動を起こさせて，その共振振動数から算出するものもある．回転ばねのねじり剛性定数をk，

図 13.7 台上試験システムの例（オートマックス（株）ウェブサイトより）

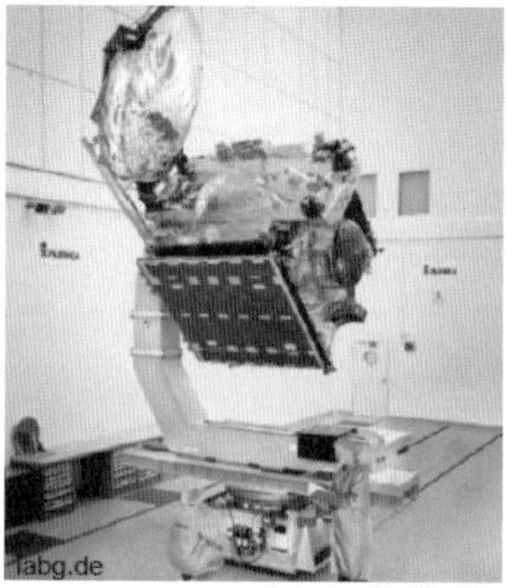

図 13.8 台上試験システムの例（IABG 社ウェブサイトより）

図 13.9 車両クラスの台上試験システムの例（(株) 鷺宮製作所ウェブサイトより）

装置の回転軸と計測対象物を取り付けるためのジグ（台）自体の慣性モーメントを既知値の J_b，計測対象物の未知の慣性モーメントを J，共振振動数を f[Hz] とすると，

$$f=\frac{1}{2\pi}\sqrt{\frac{k}{J+J_b}} \quad \Longrightarrow \quad J=\frac{k}{(2\pi f)^2}-J_b \tag{13.3.2}$$

から J を求めることができる．図 13.7 はこの原理による装置例（日本のオートマックス(株)）である．機構の工夫によって車両のピッチおよびロール軸まわりの慣性モーメントを同定できる．

図 13.8 は衛星のスピン軸まわりの慣性モーメント計測用大型装置の例（ドイツ IABG 社）である．摩擦抵抗低減を追求した空気軸受など精密・高性能なコンポーネント構成によるメカ構造で高精度計測をめざした装置である．図 13.9 は乗用車クラスの質量中心位置とローリング軸まわりの慣性モーメント計測を行う装置例である（(株) 鷺宮製作所）．

b. フル機能タイプ

図 13.10 が一例である．原理は単機能タイプのものと基本的には同じであるが，能

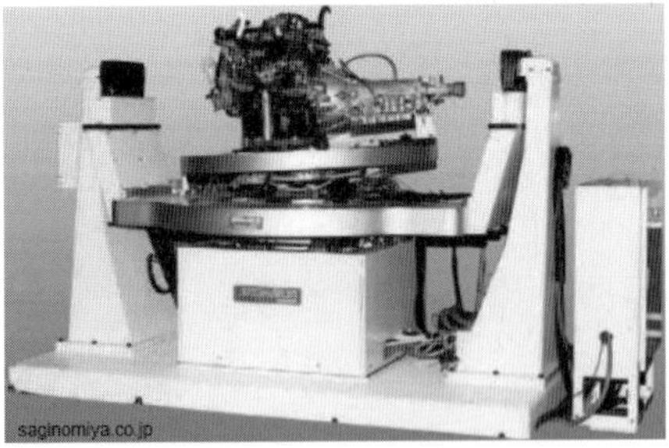

図 13.10 台上試験システムの例（(株) 鷺宮製作所ウェブサイトより）

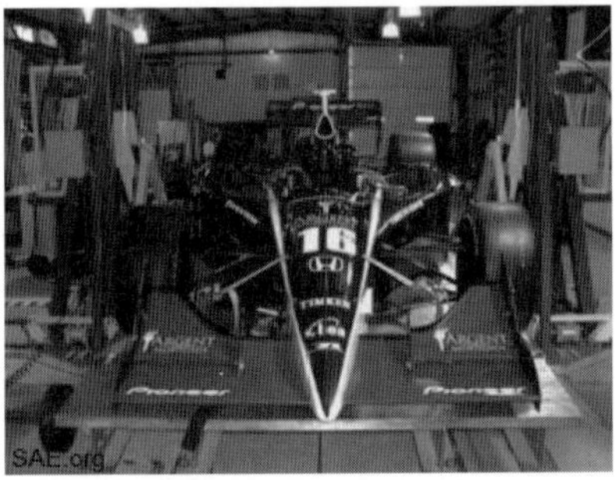

図 13.11 台上試験システムの例（SAE ウェブサイトより）

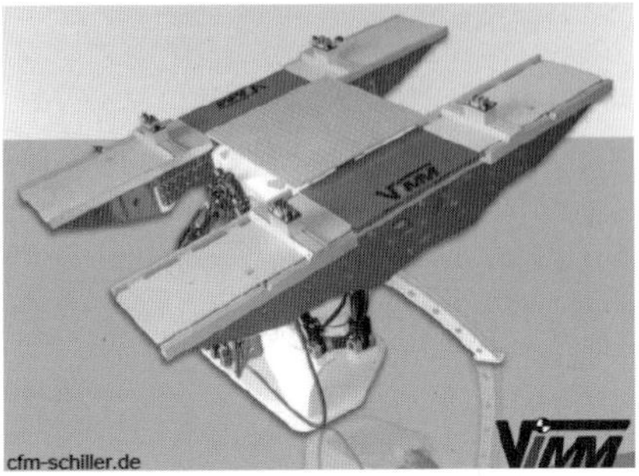

図 13.12 台上試験システムの例（CFM Schiller ウェブサイトより）

動駆動振り子台が二重に設置されていて，図から推察できるように，親振り子台上の子振り子の姿勢を何通りかに変化させて能動駆動することで，その状況の駆動力と振り子運動応答をセンシングすることで，慣性楕円体理論に基づいて慣性テンソルを同定するものである．駆動部分に6軸力センサーが配置されており，質量，重心位置，慣性モーメントを同定することができる．装置のメカの精度を追求して計測精度を得る努力がなされている．図13.11と図13.12も類似の同定装置の例である．

13.3.2 振 り 子 法

慣性モーメント同定の原始的方法として振り子法がある．これは，現在でも多くの企業現場で使われている素朴な方法である．素朴ではあるが，手間がかかり，計測作業者の技量に大きく左右され，一般的にはあまり精度が高くない同定方法といえる．しかし，特別な装置を購入する必要がなく，いわゆる設備投資の経費はあまりかからない“各自の手作業”で対処できる同定法なので使われている．

図13.13に，ある程度実用性も考慮した構成での原理の概略図を示す．計測対象物を載せるための円板形状の台を，その円板台の中心点（質量中心）から半径 a の円周上で120°ずつ離れた位置で天井から細いワイヤで水平姿勢に吊るす．3本のワイヤは平行（すなわち鉛直線となる）となるようにする．長さはすべて同一で h とする．ワイヤの張力 T は計測できるようにしておくとよい．台に何も搭載していない状態で3本のワイヤにかかる張力は同一となり，台の質量を m_p とすると当然

$T=(1/3)m_p g$ である．

被測定物体を，その質量中心位置が台の中心鉛直線（図では一点鎖線）上に一致するように設置する．被測定物体の質量中心はあらかじめ別の方法で計測しておく必要がある．現実的にはこの質量中心位置を一致させて設置することがかなり難しい．そこで，その素朴な解決策としては，被測定物を台の上に載せた後，複数の小さなダミー質量（分銅ブロック）を台上の適切な位置に置くことで，3本のワイヤにかかる張力が同一となるようにして，まずは被測定物と分銅を合わせたものを“被測定物”とみなしてその質量中心位置を台の中心鉛直線に一致させて慣性モーメントを計測し，後処理で分銅の分を差し引くことで本来の被測定物の値を求める方法をとる．

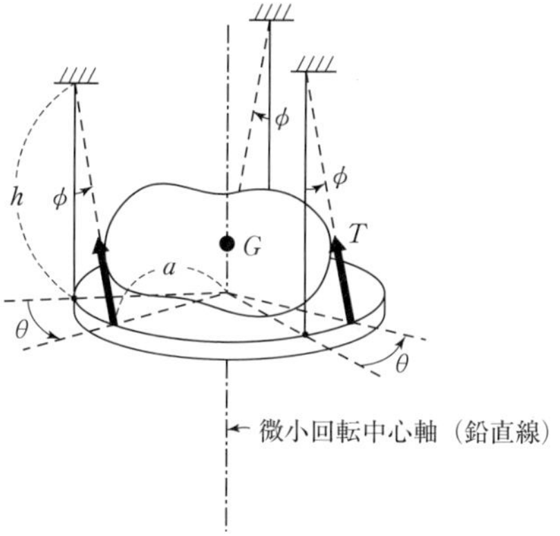

図 13.13　振り子法の原理的構成図

さて，測定原理である．静的釣合い状態から円板台を鉛直線まわりに微小角 ϕ だけねじる．そこで，手を離せば，当然円板はもとの釣合い位置に戻るように回転して，鉛直軸まわりに微小回転振動する．この振動数を計測することで，ワイヤーでつりさげられている物体の鉛直回転中心線まわりの慣性モーメントを計算することができる．

図 13.14 のように，微小角 ϕ だけねじると復元力はそれぞれのワイヤに関して

$$\frac{1}{3}(m+m_p)g\sin\phi \qquad (13.3.3)$$

である．そこで，3本のワイヤ合計では

$$(m+m_p)g\sin\phi \qquad (13.3.4)$$

である．ここで，m が円板台上に載せられた本来の被測定物体の質量である．

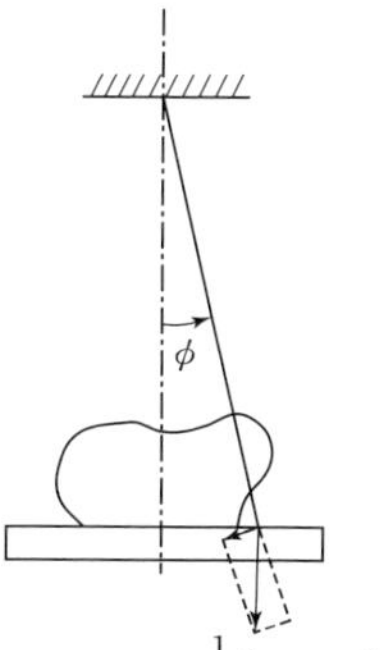

図 13.14　1本のワイヤに発生するねじり振動復元力

図 13.13 で示す幾何学関係より，ワイヤの傾き角 ϕ と円板の水平回転角 θ には

$$h\phi \simeq a\theta \implies \phi \simeq \frac{a\theta}{h} \qquad (13.3.5)$$

の関係が成り立つ．そこで，式（13.3.4）と式（13.3.5）を式（13.3.1）に代入して，ϕ が微小角（$\phi \ll 1$ rad）と条件付けすると，このねじり振動についての運動方程式は

$$J\ddot{\phi}=\frac{a^2}{h}(m+m_p)g\phi \qquad (13.3.6)$$

と表現できる．ここで，J はこのねじり振動についての慣性モーメントである．この共振振動数 f[Hz] は

$$f=\frac{1}{2\pi}\sqrt{\frac{a^2(m+m_p)g}{hJ}} \tag{13.3.7}$$

であるから，慣性モーメント J は

$$J=\frac{a^2(m+m_p)g}{(2\pi f)^2h} \tag{13.3.8}$$

の式で共振振動数から求められる．

まず，台自体について，その質量を計測し，振り子法で慣性モーメントを求める．次に被測定物の質量と質量中心位置を計測したうえで，台の上に載せて振り子法を実施する．台と被測定物の合算慣性モーメントから台の値を差し引くことで目的の慣性モーメントを得る．

13.3.3 実験モード解析の同定慣性項成分を利用する方法

1970年代は，大型コンピュータ（メインフレーム）やワークステーションタイプのコンピュータに加えてパソコンも登場したように，コンピュータの性能向上と普及が広がり，計測機器分野でもCPUを搭載した多チャンネルFFT装置が開発され，実験モード解析の実用的研究や利用が活発化した．

実験モード解析の本来の基本的利用目的は，構造物の動特性を振動試験データ（通常は周波数応答関数）から同定し，共振振動数，モード減衰比および共振モードを求め，共振モードについてはコンピュータ画面でアニメーションとして可視化することなどで，機械の設計支援を行おうとすることである．

振動試験対象物をできるだけ柔軟に支持して振動試験を行うと，その境界条件は疑

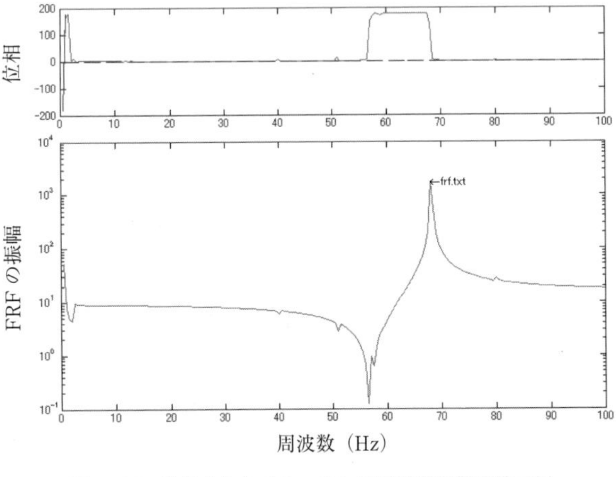

図 13.15 計測されたイナータンス周波数応答関数の例

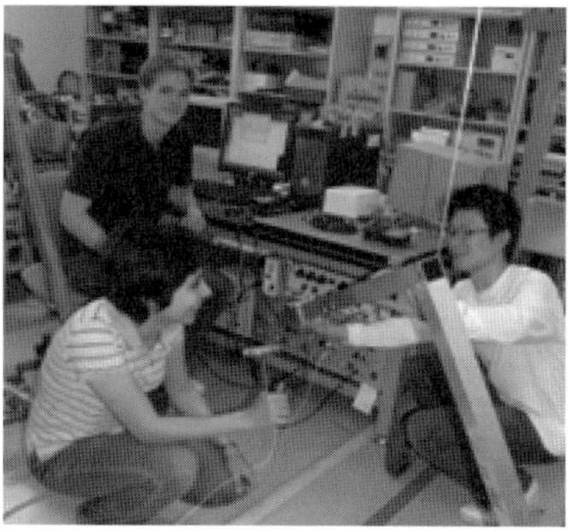

図 13.16　モード解析のための打撃振動試験実施風景例

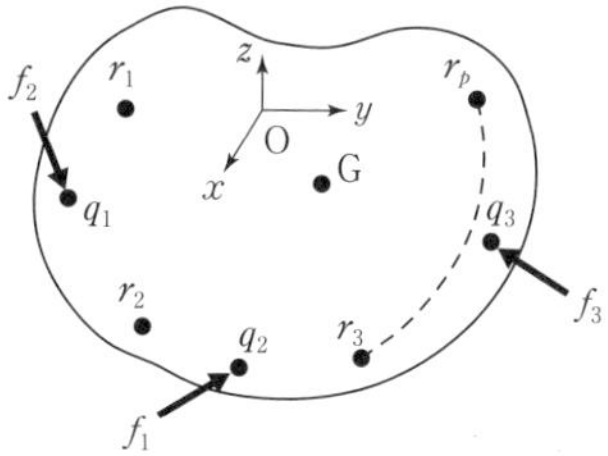

図 13.17　実験モード解析法による同定理論説明のための図

似的に周辺自由状態とみなせるとすると，その最も低周波数帯域は，いわゆる“慣性項”が支配的な周波数応答関数となる．周波数応答関数を横軸周波数，縦軸をイナータンス（加速度応答/加振力）の振幅で考えれば，その振幅は水平なグラフとして表現される（図 13.15 が一例）．これにより慣性の大きさが逆算できる．実際の試験対象物は体積を有し，振動応答計測点は対象物体上に点在させる．そこで，この低い周波数帯域では対象物が剛体として弾性変形を伴わずに揺れる応答と仮定して剛体特性を求める手段が考えられた．著者の知る範囲では文献 1 がその分野の国際会議で発表された初期の論文であると思われる．続いて多くの発展的研究発表がなされた[2),3)]．図 13.16 に実験モード解析の打撃試験実施風景例を示す．

同定原理は次のとおりである．図 13.17 に示すように対象物体上に r_1～r_p までの p 箇所のイナータンス測定点を設定する．理論的には $p=3$ でよい．しかし，不可避の測定誤差の処理の関係から最小二乗法を適用するために通常は $p=4$ ないし 5 とする．また，加振力は単点に与え，その位置を点 q と表すこととする．ただし，加振位置や向きを最低 3 通り変えてイナータンスを計測する必要があるので，図においては q_1～q_3 を描いている．

対象物体上には座標系を設定する．本説明では最も標準的な O-xyz 直角座標系を設定し，測定点と加振点の座標は明らかにしておく．以下の解説ではそれらの座標を (x_p, y_p, z_p)，ベクトル表現で $\boldsymbol{r}_p=(x_p, y_p, z_p)^{\mathrm{T}}$ のように表すこととする．

1 番から p 番までの任意の測定点 $i(i=1～p)$ についてのイナータンス $h_{ia}(\omega)$ は，モード解析の理論によって，減衰を比例粘性減衰と仮定する近似式としては

$$h_{iq}(\omega)=A_{iq}+\sum_{k=1}^{n}\frac{-\omega^2 R_{iq}^{(k)}}{1-\left(\dfrac{\omega}{\Omega_k}\right)^2+2j\zeta_k\left(\dfrac{\omega}{\Omega_k}\right)}-\omega^2 Z_{iq} \tag{13.3.9}$$

一般粘性減衰と仮定すれば

$$h_{iq}(\omega)=A_{iq}+\sum_{k=1}^{n}\left\{\frac{-\omega^2 R_{iq}^{(k)}}{j\omega d_k+e_k}+\frac{-\omega^2 \bar{R}_{iq}^{(k)}}{j\omega \bar{d}_k+\bar{e}_k}\right\}-\omega^2 Z_{iq} \tag{13.3.10}$$

と表せる．ここで，j は虚数単位，右辺第 1 項が A_{iq} が慣性質量項，第 2 項が振動試験で得られたイナータンス周波数応答関数のなかで，カーブフィッティングする周波数帯域内に現れた共振峰に対応する共振次数成分である．これらの式では n 個の共振峰があることを意味している．最後の第 3 項はその帯域より高い周波数に存在する共振峰の影響を一括近似表現する項（剰余項）である．Ω_k は第 k 次の不減衰固有角振動数．ζ_k は第 k 次モード減衰比，d_k と e_k はそれぞれ第 k 次固有振動のモード質量とモード剛性である．分子の R_{iq} などは留数（residue）であり，固有モードのその測定点に対応する成分と加振点成分の積である．$\bar{R}_{iq}$ の変数頭上記号のバーは，複素共役を表す．

実験モード解析による剛体特性同定の基本は，振動試験で得られたイナータンス周波数応答関数に最適一致するようにカーブフィッティングして得られた慣性質量項 A_{iq}（定数として得られる）を使って，剛体特性を同定することである．

対象物が剛体として，慣性質量項 A_{iq} のイナータンス運動をすると考えると，物体上に設置した座標系原点位置の加速度ベクトル $\boldsymbol{\delta}_O=(\boldsymbol{a}_O^{\mathrm{T}},\dot{\omega}_O^{\mathrm{T}})^{\mathrm{T}}=(a_{Ox}, a_{Oy}, a_{Oz}, \dot{\omega}_x\dot{\omega}_y, \dot{\omega}_z)^{\mathrm{T}}$ と測定点 r_i での並進加速度応答 $\boldsymbol{a}_i=(a_{ix}, a_{iy}, a_{iz})^{\mathrm{T}}$ の関係は

$$\boldsymbol{a}_i=\boldsymbol{a}_O+\dot{\boldsymbol{\omega}}_O\times\boldsymbol{r}_p=\begin{bmatrix}1&0&0&0&z_i&-y_i\\0&1&0&-z_i&0&x_i\\0&0&1&y_i&-x_i&0\end{bmatrix}\begin{bmatrix}a_{Ox}\\a_{Oy}\\a_{Oz}\\\dot{\omega}_x\\\dot{\omega}_y\\\dot{\omega}_z\end{bmatrix}=\boldsymbol{B}_i\boldsymbol{\delta}_O \tag{13.3.11}$$

の式で表される．加振力が加わって発生する加速であるから，瞬間的な挙動であり，この方程式のように線形近似できる．左辺には振動試験で得られたイナータンスデータが代入され，測定点 r_1 から r_p 番までについて総合して最小二乗処理すれば原点のイナータンスが得られる．すなわち，

$$\begin{bmatrix}\boldsymbol{a}_1\\\boldsymbol{a}_2\\\vdots\\\boldsymbol{a}_p\end{bmatrix}=\begin{bmatrix}\boldsymbol{B}_1\\\boldsymbol{B}_2\\\vdots\\\boldsymbol{B}_p\end{bmatrix}\boldsymbol{\delta}_O$$

$$\Downarrow$$

$$\boldsymbol{\delta}_O=\left(\begin{bmatrix}\boldsymbol{B}_1\\\boldsymbol{B}_2\\\vdots\\\boldsymbol{B}_p\end{bmatrix}^{\mathrm{T}}\begin{bmatrix}\boldsymbol{B}_1\\\boldsymbol{B}_2\\\vdots\\\boldsymbol{B}_p\end{bmatrix}\right)^{-1}\begin{bmatrix}\boldsymbol{B}_1\\\boldsymbol{B}_2\\\vdots\\\boldsymbol{B}_p\end{bmatrix}^{\mathrm{T}}\begin{bmatrix}\boldsymbol{a}_1\\\boldsymbol{a}_2\\\vdots\\\boldsymbol{a}_p\end{bmatrix} \tag{13.3.12}$$

の演算で得られる．

さて，対象物体の質量中心座標は未知であるが $\boldsymbol{r}_{\mathrm{G}}=(x_{\mathrm{G}}, y_{\mathrm{G}}, z_{\mathrm{G}})^{\mathrm{T}}$ とベクトル表現する．質量は m とする．すると，原点についての物体の剛体質量行列 $\boldsymbol{M}_{\mathrm{rigid}}$ は

$$
\begin{aligned}
\boldsymbol{M}_{\mathrm{rigid}} &= \begin{bmatrix} m\boldsymbol{I}_{(3\times3)} & m(\boldsymbol{r}_{\mathrm{G}}\times\boldsymbol{I}_{(3\times3)})^{\mathrm{T}} \\ m\boldsymbol{r}_{\mathrm{G}}\times\boldsymbol{I}_{(3\times3)} & m(\boldsymbol{r}_{\mathrm{G}}\times\boldsymbol{I}_{(3\times3)})^{\mathrm{T}}(\boldsymbol{r}_{\mathrm{G}}\times\boldsymbol{I}_{(3\times3)}) \end{bmatrix} \\
&= \begin{bmatrix} m & 0 & 0 & 0 & mz_{\mathrm{G}} & -my_{\mathrm{G}} \\ 0 & m & 0 & -mz_{\mathrm{G}} & 0 & mx_{\mathrm{G}} \\ 0 & 0 & m & my_{\mathrm{G}} & -mx_{\mathrm{G}} & 0 \\ 0 & -mz_{\mathrm{G}} & my_{\mathrm{G}} & m(y_{\mathrm{G}}^2+x_{\mathrm{G}}^2) & -mx_{\mathrm{G}}y_{\mathrm{G}} & -mx_{\mathrm{G}}z_{\mathrm{G}} \\ mz_{\mathrm{G}} & 0 & -mx_{\mathrm{G}} & -mx_{\mathrm{G}}y_{\mathrm{G}} & m(x_{\mathrm{G}}^2+z_{\mathrm{G}}^2) & -my_{\mathrm{G}}z_{\mathrm{G}} \\ -my_{\mathrm{G}} & mx_{\mathrm{G}} & 0 & -mx_{\mathrm{G}}z_{\mathrm{G}} & -my_{\mathrm{G}}z_{\mathrm{G}} & m(x_{\mathrm{G}}^2+y_{\mathrm{G}}^2) \end{bmatrix} \\
&= \begin{bmatrix} m & 0 & 0 & 0 & mz_{\mathrm{G}} & -my_{\mathrm{G}} \\ 0 & m & 0 & -mz_{\mathrm{G}} & 0 & mx_{\mathrm{G}} \\ 0 & 0 & m & my_{\mathrm{G}} & -mx_{\mathrm{G}} & 0 \\ 0 & -mz_{\mathrm{G}} & my_{\mathrm{G}} & J_{xx} & -J_{xy} & -J_{xz} \\ mz_{\mathrm{G}} & 0 & -mx_{\mathrm{G}} & -J_{yx} & J_{yy} & -J_{yz} \\ -my_{\mathrm{G}} & mx_{\mathrm{G}} & 0 & -J_{zx} & -J_{zy} & J_{zz} \end{bmatrix} \\
&= \begin{bmatrix} v_1 & 0 & 0 & 0 & v_4 & -v_3 \\ 0 & v_1 & 0 & -v_4 & 0 & v_2 \\ 0 & 0 & v_1 & v_3 & -v_2 & 0 \\ 0 & -v_4 & v_3 & v_5 & -v_8 & -v_9 \\ v_4 & 0 & -v_2 & -v_8 & v_6 & -v_{10} \\ -v_3 & v_2 & 0 & -v_9 & -v_{10} & v_7 \end{bmatrix}
\end{aligned} \tag{13.3.13}
$$

と $v_1 \sim v_{10}$ の 10 個の未知数パラメータで表現できる特徴をもった成分構成となる．$\boldsymbol{I}_{(3\times3)}$ は 3 行 3 列の単位行列である．質量行列の 3 行 3 列成分から 6 行 6 列成分までの 3 行 3 列部分行列は“慣性テンソル”であり，例えば J_{xx} は x 軸まわりの慣性モーメント，J_{yx} は x 軸と y 軸まわりの慣性連成度を表す慣性乗積である．

振動試験ではイナータンスを求めているので，単位力を与えたとみなすことができる．そこで，加振方向を示す方向余弦ベクトルを $\boldsymbol{n}=(n_x, n_y, n_z)^t$ とすれば，それ自体が加振力ベクトルを表している．その加振力が原点に与える等価加振力ベクトル $\boldsymbol{f}_O$ は

$$
\boldsymbol{f}_O = \begin{bmatrix} \boldsymbol{n} \\ \boldsymbol{r}_p \times \boldsymbol{n} \end{bmatrix} = \begin{bmatrix} n_x \\ n_y \\ n_z \\ n_z y_p - n_y z_p \\ n_x z_p - n_z x_p \\ n_y x_p - n_x y_p \end{bmatrix} \tag{13.3.14}
$$

と表される．したがって，運動方程式は

$$\boldsymbol{M}_{\mathrm{rigid}}\boldsymbol{\delta}_O=\boldsymbol{f}_O \tag{13.3.15}$$

と構成できる．$\boldsymbol{f}_O$ と $\boldsymbol{\delta}_O$ は振動試験でのイナータンスデータから上述の演算によって得られる．質量行列中の同定すべき未知数は 10 個であるので，加振の向きや加振点位置を 3 通り以上変えて振動試験を実施し，それらについての式（13.3.15）を連立させて

$$\boldsymbol{A}(\boldsymbol{\delta}_O)\begin{bmatrix} v_1 \\ v_2 \\ \vdots \\ v_{10} \end{bmatrix}=\boldsymbol{f}_O$$

$$\Downarrow$$

$$\begin{bmatrix} v_1 \\ v_2 \\ \vdots \\ v_{10} \end{bmatrix}=(\boldsymbol{A}(\boldsymbol{a}_O)^{\mathrm{T}}\boldsymbol{A}(\boldsymbol{a}_O))^{-1}\boldsymbol{A}(\boldsymbol{a}_O)^{\mathrm{T}}\boldsymbol{f}_O \tag{13.3.16}$$

の線形最小二乗法（または重み付け最小二乗法）によって v_1～v_{10} の 10 個の未知数パラメータを決定し，式(13.3.13)中の成分関係から，剛体特性を同定することができる．

なお，同定精度の向上を図るために，ここで求まった質量中心位置座標に原点が一致するように座標系を平行移動して，同じ同定解析をもう一度繰り返すとよい．

この方法では 10% 程度の誤差を覚悟しなければならない．特に振動試験が打撃試験の場合には計測 FRF の精度が試験実施者の技量に大きく左右されるので，誤差のばらつきが大きくなることが懸念される．おもな誤差原因は

(1) 疑似周辺自由条件と完全自由境界条件の差異による周波数応答関数に乗るバイアス誤差

(2) 打撃試験では加振の不安定性（打撃点の位置と方向のばらつき）による誤差

(3) 測定位置誤差やセンサー感度誤差，試験対象物の弾性変形振動成分の重畳などによる偏差誤差

(4) 実験モード解析のカーブフィッティングアルゴリズム上で生じる誤差

と考えられる．

13.3.4 精密モデル化した柔軟支持条件での同定法

従来は，空気軸受や超高精度なセンサーと高精度加工部品の組み上げによるメカの高精度化に基づく優れたハードウェアを追求することで非常に高価で高精度な台上試験装置による同定法を実現，または，振り子法や簡便な実験モード解析による方法などの精度としては 10% 程度の誤差を許容しなければならない同定手法であったが，ここで紹介する方法は，同定作業は簡単，短時間そして高精度同定を実現したものである[4)]．

実験モード解析において疑似周辺自由条件と近似して，柔軟支持状態の影響を無視

していた点を柔軟弾性支持条件として明示的にモデル化することによって，高精度化を実現している．ハードウェア構成は単純でありながら，同定アルゴリズムを工夫することによって，非常に短時間（約1分）で，手間いらずで，同定誤差1%未満の高精度同定を実現した方法である．ここでは本同定法の第1開発者のKloepperの理論導出を一部簡略化して示す．

a.　精密モデル化柔軟弾性支持条件での定常加振応答参照法

本同定法[4),5)]による重量約20〜100 kgまでの被測定物を同定できる同定装置として試作されたシステムの柔軟弾性支持装置部分を図13.18に示す．

測定対象物を載せる測定台の4隅に回転不釣合いアクチュエータおよび互いに直交する3方向の加速度を計測するための加速度センサーが取り付けられており，コンピュータ制御で，アクチュエータをそれぞれ任意の指定回転数で駆動し，その加振に伴う測定台の微小振動をセンサーで計測してコンピュータに取り込み非線形最適化法で同定を行う．

図13.18　システム試作機（2009年）（オートマックス（株））

同定理論を解説する．図13.19に示すように諸パラメータ表記を定義する．空間固定直角座標系の座標軸基底ベクトル $\boldsymbol{e}_1$, $\boldsymbol{e}_2$, $\boldsymbol{e}_3$ と原点Oを定義し，測定台をつりさげる弾性ストリング s 本の固定位置を $b_1, b_2, \cdots, b_s$ と表し，その位置ベクトルを空間固定座標系で $\boldsymbol{b}_1, \boldsymbol{b}_2, \cdots, \boldsymbol{b}_s$ と表す．弾性ストリングのばね定数と自然長をそれぞれ $k_1, k_2, \cdots, k_s$ と $l_1, l_2, \cdots, l_s$ と表す．重力方向の基底ベクトルは $\boldsymbol{n}_g$ とする．

測定台についてはその上に物体直角座標系を設定し，その原点を $\tilde{\mathrm{O}}$，基底ベクトルを $\tilde{\boldsymbol{e}}_1, \tilde{\boldsymbol{e}}_2, \tilde{\boldsymbol{e}}_3$ で表す．その物体座標系表示で，測定台（アクチュエータと振動応答センサーも含む）の重心位置ベクトルを $\tilde{\boldsymbol{G}}_p$，慣性テンソルを $\tilde{\boldsymbol{J}}_p$ と表す．弾性ストリングの取り付け位置ベクトルは $\tilde{\boldsymbol{b}}_1, \tilde{\boldsymbol{b}}_2, \cdots, \tilde{\boldsymbol{b}}_s$ とする．回転不釣合いアクチュエータは q 個取り付けられていると

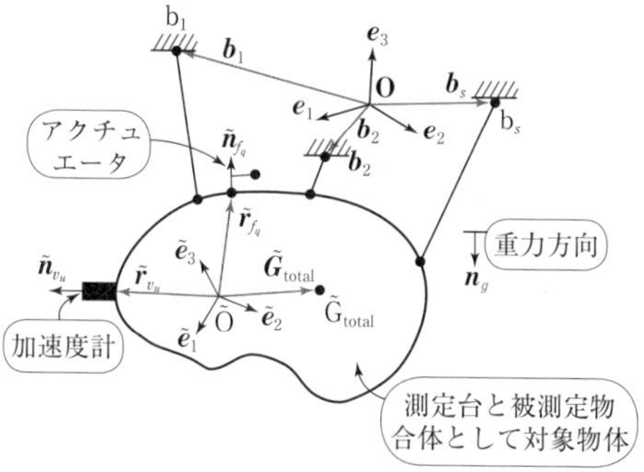

図13.19　同定理論のための座標系などのパラメータ設定

して，その取り付け位置ベクトルを物体直角座標系で $\tilde{\boldsymbol{r}}_{f_1}, \tilde{\boldsymbol{r}}_{f_2}, \cdots, \tilde{\boldsymbol{r}}_{f_q}$ その回転軸方向を示す単位ベクトルを $\tilde{\boldsymbol{n}}_{f_1}, \tilde{\boldsymbol{n}}_{f_2}, \cdots, \tilde{\boldsymbol{n}}_{f_q}$ と表す．測定台の振動応答を計測するための加速度センサー u 個の取り付け位置ベクトルは $\tilde{\boldsymbol{r}}_{v_1}, \tilde{\boldsymbol{r}}_{v_2}, \cdots, \tilde{\boldsymbol{r}}_{v_u}$ その測定方向を示す単位ベクトルを $\tilde{\boldsymbol{n}}_{v_1}, \tilde{\boldsymbol{n}}_{v_2}, \cdots, \tilde{\boldsymbol{n}}_{v_u}$ と表す．

測定台の上に載せられた被測定物の重心位置座標は物体直角座標系の位置ベクトルで $\tilde{\boldsymbol{G}}_a$，慣性テンソルを $\tilde{\boldsymbol{J}}_a$ と表す．測定台と搭載された被測定物の合体の重心位置座標は物体直角座標系の位置ベクトルで $\tilde{\boldsymbol{G}}_{\text{total}}$，慣性テンソルを $\tilde{\boldsymbol{J}}_{\text{total}}$ と表す．

物体直角座標系原点 Õ の空間固定座標系での位置ベクトルは $\boldsymbol{r}_{\tilde{O}}$ と表す．物体直角座標系の座標から空間固定座標系の座標に変換する変換行列を $\boldsymbol{R}(\theta_1, \theta_2, \theta_3)$ と表す．具体的にこの行列はオイラーの変換則で

$$\boldsymbol{R}(\theta_1, \theta_2, \theta_3)=\begin{bmatrix}1 & 0 & 0\\ 0 & \cos\theta_1 & -\sin\theta_1\\ 0 & \sin\theta_1 & \cos\theta_1\end{bmatrix}\begin{bmatrix}\cos\theta_2 & 0 & \sin\theta_2\\ 0 & 1 & 0\\ -\sin\theta_2 & 0 & \cos\theta_2\end{bmatrix}\begin{bmatrix}\cos\theta_3 & -\sin\theta_3 & 0\\ \sin\theta_3 & \cos\theta_3 & 0\\ 0 & 0 & 1\end{bmatrix} \quad (13.3.17)$$

と構成される．

図 13.20 が同定アルゴリズムのフローチャートである．この柔軟弾性支持された剛体系が，そこに取り付けられた 1 つのアクチュエータの一定回転角速度 ω での不釣合い加振力によって微小振動させられているときの運動方程式を考える．柔軟弾性支持ストリングと環境空気による減衰は微小で省略できて，静的釣合い位置と姿勢状態からの微小振動の剛体運動表現点として選定した剛体中の 1 点の 6 自由度微小変位振幅を $\boldsymbol{\delta}$ と表せば，物体座標系で剛体の振動の運動方程式は

$$(\tilde{\boldsymbol{K}}-\omega^2\tilde{\boldsymbol{M}})\tilde{\boldsymbol{\delta}}e^{j\omega t}=\tilde{\boldsymbol{f}}e^{j\omega t} \quad (13.3.18)$$

と表せる．ここで，説明の便宜上剛体運動表現点は物体直角座標系原点としよう．$\tilde{\boldsymbol{f}}$ はアクチュエータによる加振力ベクトルの振幅である．質量行列 $\tilde{\boldsymbol{M}}$ は測定台の質量行列 $\tilde{\boldsymbol{M}}_p$ と被測定物の質量行列 $\tilde{\boldsymbol{M}}_a$ の合算の行列である．すなわち，$\tilde{\boldsymbol{M}}=\tilde{\boldsymbol{M}}_p+\tilde{\boldsymbol{M}}_a$ である．なお，測定台自体の質量行列はあらかじめそれ単体で計測（キャリブレーション）しておき，既知の定数行列とすることができる．

振動応答変位振幅ベクトル $\tilde{\boldsymbol{\delta}}$ の 6 自由度成分を第 1 成分から順に物体座標系の x 軸方向並進変位，y 軸方向並進変位，z 軸方向並進変位，x 軸まわり角変位，y 軸まわり角変位，z 軸まわり角変位順とすると，それらに対応した質量行列の成分構成は

$$\tilde{\boldsymbol{M}}=\begin{bmatrix}v_1 & 0 & 0 & 0 & v_4 & -v_3\\ 0 & v_1 & 0 & -v_4 & 0 & v_2\\ 0 & 0 & v_1 & v_3 & -v_2 & 0\\ 0 & -v_4 & v_3 & v_5 & v_8 & v_9\\ v_4 & 0 & -v_2 & v_8 & v_6 & v_{10}\\ -v_3 & v_2 & 0 & v_9 & v_{10} & v_7\end{bmatrix} \quad (13.3.19)$$

なる．本同定法の目標は，この質量行列の成分 $v_1, v_2, \cdots, v_{10}$ を高精度に同定することである．式 (13.3.18) には，この同定すべき質量行列以外に，アクチュエータの加

振力ベクトルと質量行列に依存して決定される剛性行列がある．弾性ストリングの静的釣合い位置までの伸びは，剛体の質量や弾性ストリングの取り付け位置に関する関数となるから，剛性行列も同定プロセスのなかで同定していく．

まず，第 q 番の回転不釣合いアクチュエータの回転で発生する遠心力による加振力ベクトルを求める．その回転角速度を ω_q，不釣合い質量を m_q，不釣合い質量の回転半径を r_q，ベクトル $\tilde{\boldsymbol{n}}_{cq_0}$ を基準時刻 $t=0$ のときの物体直角座標系上で設定した不釣合い質量による遠心力方向を示す単位ベクトルとして物体直角座標系上でそれは

$$r_q m_q \omega_q^2 \{\tilde{\boldsymbol{n}}_{cq_0} \cos \omega t + (\tilde{\boldsymbol{n}}_{f_q} \times \tilde{\boldsymbol{n}}_{cq_0}) \sin \omega t\} \tag{13.3.20}$$

と表せるので，cos 成分加振力と sin 成分加振力が同時に作用する一般化を考えれば，その振幅ベクトル $\tilde{\boldsymbol{f}}_q$ は

$$\tilde{\boldsymbol{f}}_q = r_q m_q \omega_q^2 \{\tilde{\boldsymbol{n}}_{cq_0} + j(\tilde{\boldsymbol{n}}_{f_q} \times \tilde{\boldsymbol{n}}_{cq_0})\} \tag{13.3.21}$$

と表現できる．当然，このベクトルはアクチュエータの回転軸向きを表す単位ベクトル $\tilde{\boldsymbol{n}}_{f_q}$ に垂直でアクチュエータ位置に作用する．そこで，物体の運動表現点（物体直角座標系原点）に作用する加振力 $\tilde{\boldsymbol{f}}_{q,\,\mathrm{centro}}$ へ等価変換すると

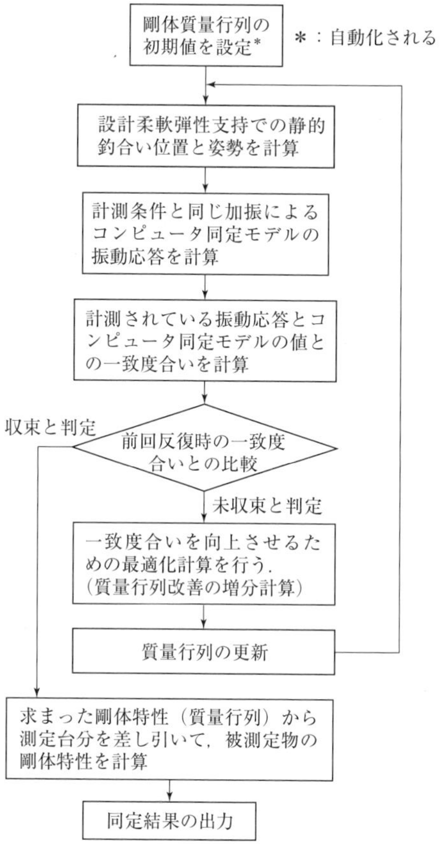

図 13.20　精密モデル化柔軟弾性支持条件での定常加振応答参照法アルゴリズム

$$\tilde{\boldsymbol{f}}_{q,\,\mathrm{centro}} = r_q m_q \omega_q^2 \begin{bmatrix} \{\tilde{\boldsymbol{n}}_{cq_0} + j(\tilde{\boldsymbol{n}}_{f_q} \times \tilde{\boldsymbol{n}}_{cq_0})\} \\ \tilde{\boldsymbol{r}}_{f_q} \times \{\tilde{\boldsymbol{n}}_{cq_0} + j(\tilde{\boldsymbol{n}}_{f_q} \times \tilde{\boldsymbol{n}}_{cq_0})\} \end{bmatrix} \tag{13.3.22}$$

と表現できる．

遠心力に基づく加振力に加えて，その不釣合い質量には常に重力加速度が一定向き（鉛直下向き）に作用しており，不釣合い質量はアクチュエータの回転軸まわりに回転半径 r_q で回転しているので，この重力 $m_q g \boldsymbol{n}_g$ もアクチュエータの回転軸を通して物体を振動させる動的な力のモーメントを発生している．その力のモーメントベクトルは物体座標系上で任意の時刻において

$$r_q m_q g\{\tilde{\boldsymbol{n}}_{cq_0}+j(\tilde{\boldsymbol{n}}_{f_q}\times\tilde{\boldsymbol{n}}_{cq_0})\}\times\tilde{\boldsymbol{n}}_g \quad\Rightarrow\quad -r_q m_q g\tilde{\boldsymbol{n}}_g\times\{\tilde{\boldsymbol{n}}_{cq_0}+j(\tilde{\boldsymbol{n}}_{f_q}\times\tilde{\boldsymbol{n}}_{cq_0})\} \tag{13.3.23}$$

と表現できる．ここで，$\tilde{\boldsymbol{n}}_g$ は物体直角座標系での重力加速度方向を示す単位ベクトルである．すなわち，$\tilde{\boldsymbol{n}}_g=\boldsymbol{R}(\theta_1,\theta_2,\theta_3)^{\mathrm{T}}\boldsymbol{n}_g$ である．剛体運動表現点を物体座標系原点としているので，その点に関する加振力ベクトルに等価変換すると

$$\tilde{\boldsymbol{f}}_{q,\,\mathrm{gravity}}=r_q m_q g\begin{bmatrix}0\\-\tilde{\boldsymbol{n}}_g\times\{\tilde{\boldsymbol{n}}_{cq_0}+j(\tilde{\boldsymbol{n}}_{f_q}\times\tilde{\boldsymbol{n}}_{cq_0})\}\end{bmatrix} \tag{13.3.24}$$

と表現できる．したがって，q 番のアクチュエータによる加振力ベクトルは

$$\tilde{\boldsymbol{f}}_q=\tilde{\boldsymbol{f}}_{q,\,\mathrm{centro}}+\tilde{\boldsymbol{f}}_{q,\,\mathrm{gravity}}=r_q m_q\omega_q^2\begin{bmatrix}\{\tilde{\boldsymbol{n}}_{cq_0}+j(\tilde{\boldsymbol{n}}_{f_q}\times\tilde{\boldsymbol{n}}_{cq_0})\}\\\left(\tilde{\boldsymbol{r}}_{f_q}-\dfrac{g}{\omega_q^2}\tilde{\boldsymbol{n}}_g\right)\times\{\tilde{\boldsymbol{n}}_{cq_0}+j(\tilde{\boldsymbol{n}}_{f_q}\times\tilde{\boldsymbol{n}}_{cq_0})\}\end{bmatrix} \tag{13.3.25}$$

と物体直角座標系上で表現できる．

次に，剛性行列を求める必要がある．静的釣合い状態では懸架ばねが蓄える歪みエネルギー E_s とつりさげられている剛体構造物の位置エネルギー E_p の総和が最小となる原理（最小ポテンシャルエネルギー原理）に基づいて非線形最適化問題で求める．

弾性ストリング s 番の測定台固定位置は空間固定座標系で

$$\boldsymbol{r}_{\bar{\mathrm{O}}}+\boldsymbol{R}(\theta_1,\theta_2,\theta_3)\tilde{\boldsymbol{b}}_s \tag{13.3.26}$$

と表せる．そこで，このときのばねの伸びは $|\boldsymbol{r}_{\bar{\mathrm{O}}}+\boldsymbol{R}(\theta_1,\theta_2,\theta_3)\tilde{\boldsymbol{b}}_s-\boldsymbol{b}_s|-l_s$ であり，蓄えられる歪みエネルギーは

$$\frac{1}{2}k_s(|\boldsymbol{r}_{\bar{\mathrm{O}}}+\boldsymbol{R}(\theta_1,\theta_2,\theta_3)\tilde{\boldsymbol{b}}_s-\boldsymbol{b}_s|-l_s)^2 \tag{13.3.27}$$

である．したがって，すべての弾性ストリングの歪みエネルギー E_s は

$$E_s=\frac{1}{2}\sum_{i=1}^{s}k_i\Big(|\boldsymbol{r}_{\bar{\mathrm{O}}}+\boldsymbol{R}(\theta_1,\theta_2,\theta_3)\tilde{\boldsymbol{b}}_i-\boldsymbol{b}_i|-l_i\Big)^2 \tag{13.3.28}$$

となる．つりさげられている剛体構造物（測定台と被測定物の合体系）の位置エネルギーは

$$E_p=-(m_p+m_a)g(\boldsymbol{r}_{\bar{\mathrm{O}}}+\boldsymbol{R}(\theta_1,\theta_2,\theta_3)\tilde{\boldsymbol{G}}_{\mathrm{total}})^{\mathrm{T}}\boldsymbol{n}_g \tag{13.3.29}$$

である．ここで，m_p は測定台（アクチュエータ，センサーなども含む）の質量，m_a は測定台に載せられた被測定物体の質量である．ここでは簡単のために弾性ストリングの質量は無視した問題の導出である．実用的にそれが無視できないようであれば弾性ストリング（機構）の質量中心の変化と質量から位置エネルギーの変化を計算して上述の全ポテンシャルエネルギー式に追加すればよい．以上より，$\boldsymbol{r}_{\bar{\mathrm{O}}}$ と $\theta_1,\theta_2,\theta_3$ を決定する最適化問題は

$$\text{Minimize}:E_s+E_p \tag{13.3.30}$$

と表されるので，非線形最適化問題として解けばよい．

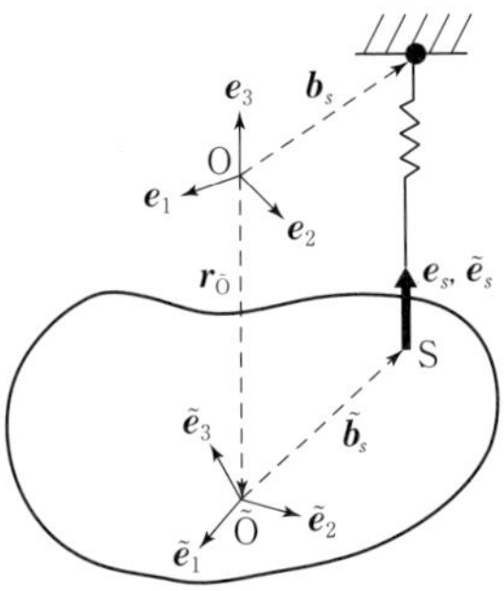

図 13.21 弾性ストリング s 番起因の剛性行列導出解説図

その結果として $\boldsymbol{r}_{\bar{O}}$ と $\theta_1, \theta_2, \theta_3$ が求められたら，弾性ストリング s 番の復元力に起因する剛性行列成分 $\tilde{\boldsymbol{K}}_s$ は次のように計算できる．図 13.21 の静的釣合い状態でのパラメータを参照して，そこにさらに物体座標系表示で，静的釣合い状態位置からのストリング取り付け点 S の微小変位ベクトルを $\tilde{\boldsymbol{\delta}}_s$，弾性ストリング s 番の向きを示す単位ベクトルを空間座標系で $\boldsymbol{e}_s$ と表せば

$$\boldsymbol{e}_s = \frac{\boldsymbol{b}_s - (\boldsymbol{r}_{\bar{O}} + \boldsymbol{R}(\theta_1, \theta_2, \theta_3)\tilde{\boldsymbol{b}}_s)}{|\boldsymbol{b}_s - (\boldsymbol{r}_{\bar{O}} + \boldsymbol{R}(\theta_1, \theta_2, \theta_3)\tilde{\boldsymbol{b}}_s)|} \tag{13.3.31}$$

で計算でき，物体座標系上での $\tilde{\boldsymbol{e}}_s$ は

$$\begin{aligned}\tilde{\boldsymbol{e}}_s &= \boldsymbol{R}(\theta_1, \theta_2, \theta_3)^{\mathrm{T}}\boldsymbol{e}_s \\ &= \frac{\boldsymbol{R}(\theta_1, \theta_2, \theta_3)^{\mathrm{T}}\boldsymbol{b}_s - (\boldsymbol{R}(\theta_1, \theta_2, \theta_3)^{\mathrm{T}}\boldsymbol{r}_{\bar{O}} + \tilde{\boldsymbol{b}}_s)}{|\boldsymbol{R}(\theta_1, \theta_2, \theta_3)^{\mathrm{T}}\boldsymbol{b}_s - (\boldsymbol{R}(\theta_1, \theta_2, \theta_3)^{\mathrm{T}}\boldsymbol{r}_{\bar{O}} + \tilde{\boldsymbol{b}}_s)|}\end{aligned} \tag{13.3.32}$$

と計算できる．物体座標系表示で，静的釣合い状態位置からの物体座標系原点となる剛体の点の微小変位の 6 自由度ベクトルを $\tilde{\boldsymbol{\delta}}_{\bar{O}}$ とすると弾性ストリング取り付け位置の変位 $\tilde{\boldsymbol{\delta}}_s$ は

$$\tilde{\boldsymbol{\delta}}_s = [\boldsymbol{I} - \tilde{\boldsymbol{b}}_s \times \boldsymbol{I}]\tilde{\boldsymbol{\delta}}_{\bar{O}} \tag{13.3.33}$$

となる．したがって，その微小変位で発生するばね力ベクトル $\tilde{\boldsymbol{k}}_s$ は

$$\tilde{\boldsymbol{k}}_s = -k_s(\tilde{\boldsymbol{e}}_s^{\mathrm{T}}\tilde{\boldsymbol{\delta}}_s)\tilde{\boldsymbol{e}}_s = -k_s\tilde{\boldsymbol{e}}_s\tilde{\boldsymbol{e}}_s^{\mathrm{T}}\tilde{\boldsymbol{\delta}}_s = -k_s\tilde{\boldsymbol{e}}_s\tilde{\boldsymbol{e}}_s^{\mathrm{T}}[\boldsymbol{I} - \tilde{\boldsymbol{b}}_s \times \boldsymbol{I}]\tilde{\boldsymbol{\delta}}_{\bar{O}} \tag{13.3.34}$$

となる．この力を物体座標系原点での等価力ベクトル $\tilde{\boldsymbol{f}}_{\bar{O}}$ へ変換する式は

$$\tilde{\boldsymbol{f}}_{\bar{O}} = [\boldsymbol{I} - \tilde{\boldsymbol{b}}_s \times \boldsymbol{I}]^{\mathrm{T}}\tilde{\boldsymbol{k}}_s \tag{13.3.35}$$

となるから，弾性ストリングの伸びによる復元力による剛性成分は

$$\tilde{\boldsymbol{K}}_{s,\,\mathrm{elastic}} = k_s[\boldsymbol{I} - \tilde{\boldsymbol{b}}_s \times \boldsymbol{I}]^{\mathrm{T}}\tilde{\boldsymbol{e}}_s\tilde{\boldsymbol{e}}_s^{\mathrm{T}}[\boldsymbol{I} - \tilde{\boldsymbol{b}}_s \times \boldsymbol{I}] \tag{13.3.36}$$

となる．

式（13.3.36）の成分に加えて次の 2 種類の復元力が発生することによる剛性成分も考慮する必要がある．第 1 の成分は，弾性ストリングの横揺れとなるように剛体が釣合い位置からずれるともとに戻ろうとする幾何学的復元力である．この剛性行列成分は物体座標系上で次のように導出される．変位 $\tilde{\boldsymbol{\delta}}_s$ の弾性ストリングスの伸縮と直角な方向成分 $\tilde{\boldsymbol{\delta}}_{s\perp}$ は

$$\tilde{\boldsymbol{\delta}}_{s\perp} = (\boldsymbol{I} - \tilde{\boldsymbol{e}}_s\tilde{\boldsymbol{e}}_s^{\mathrm{T}})\tilde{\boldsymbol{\delta}}_s \tag{13.3.37}$$

と表せる．弾性ストリングの長さは静的釣合い状態位置で $|\boldsymbol{R}(\theta_1, \theta_2, \theta_3)^{\mathrm{T}}\boldsymbol{b}_s - (\boldsymbol{R}(\theta_1, \theta_2, \theta_3)^{\mathrm{T}}\boldsymbol{r}_{\bar{O}} + \tilde{\boldsymbol{b}}_s)|$ であるから，この変位とストリングの長さベクトルと角変位ベクトル $\boldsymbol{\Theta}$ の関係式は

$$\{\boldsymbol{R}(\theta_1, \theta_2, \theta_3)^{\mathrm{T}}\boldsymbol{b}_s - (\boldsymbol{R}(\theta_1, \theta_2, \theta_3)^{\mathrm{T}}\boldsymbol{r}_{\bar{O}} + \tilde{\boldsymbol{b}}_s)\} \times \boldsymbol{\Theta} = \tilde{\boldsymbol{\delta}}_{s\perp} \tag{13.3.38}$$

と表せる．張力ベクトル $\boldsymbol{t}_s$ は

$$\boldsymbol{t}_s = k_s(|\boldsymbol{R}(\theta_1, \theta_2, \theta_3)^{\mathrm{T}}\boldsymbol{b}_s - (\boldsymbol{R}(\theta_1, \theta_2, \theta_3)^{\mathrm{T}}\boldsymbol{r}_{\bar{O}} + \tilde{\boldsymbol{b}}_s)| - l_s)\tilde{\boldsymbol{e}}_s \tag{13.3.39}$$

である．そこで，変位 $\tilde{\boldsymbol{\delta}}_{s\perp}$ の発生による張力 $\boldsymbol{t}_s$ の向きが少し変化したことによる復元力 $\Delta\boldsymbol{f}_s$ は，式（13.3.23），（13.3.35）および式（13.3.37）を考慮して

$$\Delta\boldsymbol{f}_s = -\boldsymbol{t}_s \times \boldsymbol{\Theta}$$

$$= -k_s(|\boldsymbol{R}(\theta_1, \theta_2, \theta_3)^{\mathrm{T}}\boldsymbol{b}_s - (\boldsymbol{R}(\theta_1, \theta_2, \theta_3)^{\mathrm{T}}\boldsymbol{r}_{\bar{\mathrm{O}}} + \tilde{\boldsymbol{b}}_s)| - l_s)$$

$$\frac{\boldsymbol{R}(\theta_1, \theta_2, \theta_3)^{\mathrm{T}}\boldsymbol{b}_s - (\boldsymbol{R}(\theta_1, \theta_2, \theta_3)^{\mathrm{T}}\boldsymbol{r}_{\bar{\mathrm{O}}} + \tilde{\boldsymbol{b}}_s)}{|\boldsymbol{R}(\theta_1, \theta_2, \theta_3)^{\mathrm{T}}\boldsymbol{b}_s - (\boldsymbol{R}(\theta_1, \theta_2, \theta_3)^{\mathrm{T}}\boldsymbol{r}_{\bar{\mathrm{O}}} + \tilde{\boldsymbol{b}}_s)|} \times \boldsymbol{\theta} \qquad (13.3.40)$$

$$= -k_s\left\{1 - \frac{l_s}{|\boldsymbol{R}(\theta_1, \theta_2, \theta_3)^{\mathrm{T}}\boldsymbol{b}_s - (\boldsymbol{R}(\theta_1, \theta_2, \theta_3)^{\mathrm{T}}\boldsymbol{r}_{\bar{\mathrm{O}}} + \tilde{\boldsymbol{b}}_s)|}\right\}(\boldsymbol{I} - \tilde{\boldsymbol{e}}_s\tilde{\boldsymbol{e}}_s^{\mathrm{T}})[\boldsymbol{I} - \tilde{\boldsymbol{b}}_s \times \boldsymbol{I}]\tilde{\boldsymbol{\delta}}_{\bar{\mathrm{O}}}$$

したがって，物体座標系原点での剛性行列 $\tilde{\boldsymbol{K}}_{s,\,\mathrm{geo}}$ は

$$\tilde{\boldsymbol{K}}_{s,\,\mathrm{geo}} = -[\boldsymbol{I} - \tilde{\boldsymbol{b}}_s \times \boldsymbol{I}]^{\mathrm{T}}\Delta\boldsymbol{f}_s$$

$$= k_s\left\{1 - \frac{l_s}{|\boldsymbol{R}(\theta_1, \theta_2, \theta_3)^{\mathrm{T}}\boldsymbol{b}_s - (\boldsymbol{R}(\theta_1, \theta_2, \theta_3)^{\mathrm{T}}\boldsymbol{r}_{\bar{\mathrm{O}}} + \tilde{\boldsymbol{b}}_s)|}\right\}[\boldsymbol{I} - \tilde{\boldsymbol{b}}_s \times \boldsymbol{I}]^{\mathrm{T}}(\boldsymbol{I} - \tilde{\boldsymbol{e}}_s\tilde{\boldsymbol{e}}_s^{\mathrm{T}})[\boldsymbol{I} - \tilde{\boldsymbol{b}}_s \times \boldsymbol{I}] \qquad (13.3.41)$$

と導出される．

第2の成分は，剛体の微小変位によって，静的釣合い位置では重力と弾性ストリングの張力でバランスとれていた力のモーメントが崩れて発生する復元モーメント力による剛性成分 $\tilde{\boldsymbol{K}}_{s,\,\mathrm{grav}}$ である．これは次のように得られる．

静的釣合い位置からの剛体の微小変位は物体座標系表示で $\tilde{\boldsymbol{\delta}}_{\bar{\mathrm{O}}}$，弾性ストリングスの変位は式（13.3.33）で表現されている．そこで，その物体固定の座標系原点に関する重力と弾性ストリングスの張力の総和としての力のモーメントベクトル $\boldsymbol{\phi}$ を計算すれば

$$\begin{aligned}
\boldsymbol{\phi} &= mg(\tilde{\boldsymbol{G}}_{\mathrm{total}} + [\boldsymbol{0} - \tilde{\boldsymbol{G}}_{\mathrm{total}} \times \boldsymbol{I}]\tilde{\boldsymbol{\delta}}_{\bar{\mathrm{O}}}) \times \tilde{\boldsymbol{n}}_g \\
&\quad + \sum_{i=1}^{s}(\tilde{\boldsymbol{b}}_i + [\boldsymbol{0} - \tilde{\boldsymbol{b}}_i \times \boldsymbol{I}]\tilde{\boldsymbol{\delta}}_{\bar{\mathrm{O}}}) \times \tilde{\boldsymbol{t}}_i \\
&= mg([\boldsymbol{0} - \tilde{\boldsymbol{G}}_{\mathrm{total}} \times \boldsymbol{I}]\tilde{\boldsymbol{\delta}}_{\bar{\mathrm{O}}}) \times \tilde{\boldsymbol{n}}_g \\
&\quad + \sum_{i=1}^{s}\{[\boldsymbol{0} - \tilde{\boldsymbol{b}}_i \times \boldsymbol{I}]\tilde{\boldsymbol{\delta}}_{\bar{\mathrm{O}}}) \times \tilde{\boldsymbol{t}}_i \qquad (13.3.42) \\
&= [-mg(\tilde{\boldsymbol{n}}_g \times \boldsymbol{I})(-\tilde{\boldsymbol{G}}_{\mathrm{total}} \times \boldsymbol{I}) \\
&\quad - \sum_{i=1}^{s}k_i(|\boldsymbol{R}(\theta_1, \theta_2, \theta_3)^{\mathrm{T}}\boldsymbol{b}_i - (\boldsymbol{R}(\theta_1, \theta_2, \theta_3)^{\mathrm{T}}\boldsymbol{r}_{\bar{\mathrm{O}}} + \tilde{\boldsymbol{b}}_i)| - l_s)(\tilde{\boldsymbol{e}}_i \times \boldsymbol{I})(-\tilde{\boldsymbol{b}}_i \times \boldsymbol{I})]\tilde{\boldsymbol{\delta}}_{\bar{\mathrm{O}}}
\end{aligned}$$

となる．したがって，

$$\tilde{\boldsymbol{K}}_{s,\,grav} = \begin{bmatrix} \boldsymbol{0} & \boldsymbol{0} \\ \boldsymbol{0} & \boldsymbol{\Phi} \end{bmatrix} \qquad (13.3.43)$$

である．ここで，$\boldsymbol{0}$ は 3×3 のゼロ行列であり，

$$\begin{aligned}
\boldsymbol{\Phi} &= -mg(\tilde{\boldsymbol{n}}_g \times \boldsymbol{I})(-\tilde{\boldsymbol{G}}_{\mathrm{total}} \times \boldsymbol{I}) \\
&\quad - \sum_{i=1}^{s}[k_i(|\boldsymbol{R}(\theta_1, \theta_2, \theta_3)^{\mathrm{T}}\boldsymbol{b}_i - (\boldsymbol{R}(\theta_1, \theta_2, \theta_3)^{\mathrm{T}}\boldsymbol{r}_{\bar{O}} + \tilde{\boldsymbol{b}}_i)| - l_s)(\tilde{\boldsymbol{e}}_i \times \boldsymbol{I})(-\tilde{\boldsymbol{b}}_i \times \boldsymbol{I})] \qquad (13.3.44)
\end{aligned}$$

である．

以上より，すべてを加算すれば剛性行列 $\tilde{\boldsymbol{K}}$ が得られる．すなわち，

$$\tilde{\boldsymbol{K}} = \sum_{i=1}^{s}(\tilde{\boldsymbol{K}}_{i,\,\mathrm{elastic}} + \tilde{\boldsymbol{K}}_{i,\,\mathrm{geo}} + \tilde{\boldsymbol{K}}_{i,\,\mathrm{grav}}) \qquad (13.3.45)$$

で得られる.

以上のアルゴリズムに基づいて，同定は次のように行う．弾性ストリングで懸架された剛体のサスペンション固有角振動数（6 個存在）の最高振動数の約 2 倍程度の，互いにわずかに異なる少なくとも 3 通りの角振動数で回転不釣合いアクチュエータを駆動して剛体を加振する．それをここでは，z 通りの角振動数 ω_i（$i=1\sim z$）で表すことにする．同定理論モデル（これを反復解析で高精度に更新していくのである）については，角振動数 ω_i での定常加振での振動応答（剛体上の運動座標系原点の 6 自由度運動として）の運動方程式は式（13.3.18）から

$$(\tilde{\boldsymbol{K}}-\omega_i^2\tilde{\boldsymbol{M}})\tilde{\boldsymbol{\delta}}_{\bar{\mathrm{O}}}(\omega_i)=\tilde{\boldsymbol{f}}(\omega_i) \qquad (13.3.46)$$

であるから，それを解いて，$\tilde{\boldsymbol{\delta}}_{\bar{\mathrm{O}}}(\omega_i)$ が同定理論モデルの応答 $\tilde{\boldsymbol{\delta}}_{\bar{\mathrm{O}},\mathrm{model}}(\omega_i)$ として求まる．一方，計測によって得られる応答は，剛体上の複数個所に設置したセンサー（加速度計など）で計測された変位から，幾何学の知識で剛体上の物体座標系原点の変位を計算で求めることができている（式（13.3.12））．それを $\tilde{\boldsymbol{\delta}}_{\bar{\mathrm{O}},\mathrm{measure}}(\omega_i)$ とする．これらは符号付き（位相付き）の 6 成分からなるが，現実的条件を考えると厳密に位相情報まで照らし合わせることは回転アクチュエータの性質上容易ではないので，振動応答の振幅 $|\tilde{\boldsymbol{\delta}}_{\bar{\mathrm{O}},\mathrm{model}}(\omega_i)|$ が $|\tilde{\boldsymbol{\delta}}_{\bar{\mathrm{O}},\mathrm{measure}}(\omega_i)|$ に最適に一致するように，剛性行列と質量行列を上述の理論に従って反復解析で更新していき，収束した時点での質量行列から剛体特性を求める．すなわち，

$$\mathrm{Minimize}:\gamma=\sum_{i=1}^{z}\left(|\tilde{\boldsymbol{\delta}}_{\bar{\mathrm{O}},\mathrm{model}}(\omega_i)|-|\tilde{\boldsymbol{\delta}}_{\bar{\mathrm{O}},\mathrm{measure}}(\omega_i)|\right)^2 \qquad (13.3.47)$$

の最適化を適当な非線形最適化法で実行する.

b. 柔軟弾性支持精密モデル化システムによる自由振動固有振動数参照法

図 13.22 が本手法[6] の研究開発上最初にシステム化装置として試作されたものの外観である（R. Kloepper, 2010 年）．この同定法における柔軟弾性支持の力学モデルは前述の回転アクチュエータによる方法と同じである．その方法では回転アクチュエータでの加振力に対する測定対象構造物の振動振幅を計測して，強制振動応答のフィッティングで同定を実現するものであったが，本方法は境界条件を変更することで変化する共振振動数のみを観測して同定する方法である.

図 13.22 自由振動による固有振動数参照法のシステム化試作機（2010 年）

引張ばねと引張剛性が高く細いストリングでつくる柔軟弾性懸架手法による境界条件をメカトロ的に 3 通り（以上）に変化させて，それぞれの境界条件時における柔軟弾性支持されている計測対象構造物を剛体としたばね支持剛体系の共振周波数を計測する．境界条件の変化によって固有振動数は変化するので，理論的には

3通りの境界条件下での共振周波数から剛体特性をすべて同定できるが，実際の計測の誤差を考慮して4通り程度で同定することがよい．

柔軟弾性支持条件の変化方法としては，柔軟な支持部材の取り付け位置（固定支持系側でも柔軟被支持構造物側でもよい）を変化させる方法，柔軟弾性係数（ばね定数）を変化させる方法，柔軟被支持構造物側に既知の剛体特性の小物体（分銅のようなもの）を付加する方法などが実用的である．

境界条件の変更ではなく，それと等価な方法として，計測台上の既知の位置に既知の質量（分銅のようなもの）を設置し，その位置の移動や質量の変更などで，3通り以上の状態を実現してそれぞれの場合の共振振動数を計測して，それがフィッティングするように理論的力学モデルを最適化することなどの手法でも本同定法を実現できる．

〔**大熊政明**〕

文　献

1) Okubo, N. and Furukawa, T.：Measurement of rigid body modes for dynamic design, Proceedings of the 2nd IMAC, pp. 545-549, 1983.
2) Butsuen, T. and Okuma, M.：Application of direct system identification method for engine rigid body mount system, SAE Paper, No. 860551, 1986.
3) Okuma, M. and Shi, Q.：Identification of the principal rigid body modes under free-free boundary condition, *Trans. ASME J. Vib. Acoust*, **119** (3) (1997), 341-345.
4) Kloepper, R.：A measurement system for rigid body properties enabled by gravity-dependent suspension modeling, phD. dissertation, Tokyo Institute of Technology, 2009.
5) Kloepper, R. and Okuma, M.：Experimental identification of rigid body inertia properties using single-rotor unbalance excitation, Proceedings of IMechE, Part K：Journal of Multi-Body Dynamics, 223 (K4), pp. 293-308, 2009.
6) 特許「剛体特性同定装置及び剛体特性同定方法」，特願 2010-156100.

13.4　特性行列同定法による方法

この同定法[1),2)] の本来の目的は，周辺自由境界条件を基本境界条件としての同定対象構造物の振動試験で得られる1点加振多点応答計測の周波数応答関数（Frequency Response Function：FRF）を入力データとして，その応答計測点自由度数と同じ自由度の多自由度離散モデルとしての振動の運動方程式（周波数領域）である

$$\{-\omega^2\boldsymbol{M}+j\omega\boldsymbol{C}+(\boldsymbol{K}+j\boldsymbol{D})\}\boldsymbol{x}(\omega)=\boldsymbol{f}(\omega) \tag{13.4.1}$$

で計算される振動応答が振動試験からの入力データに最適一致するように左辺係数行列の質量行列 $\boldsymbol{M}$，減衰行列（粘性減衰行列 $\boldsymbol{C}$，構造減衰行列 $\boldsymbol{D}$）および剛性行列 $\boldsymbol{K}$ の最適値を同定することである．式（13.4.1）において j は虚数単位，$\boldsymbol{x}(\omega)$ は多点の FRF 応答点自由度を成分とする変位ベクトルである．すなわち，この変位ベクトルが振動試験で得た FRF に一致するように最適化解析するのである．$\boldsymbol{f}(\omega)$ は加振力ベクトルを表し，加振力ベクトル $\boldsymbol{f}(\omega)$ は，振動試験のときの単点の加振点自由度

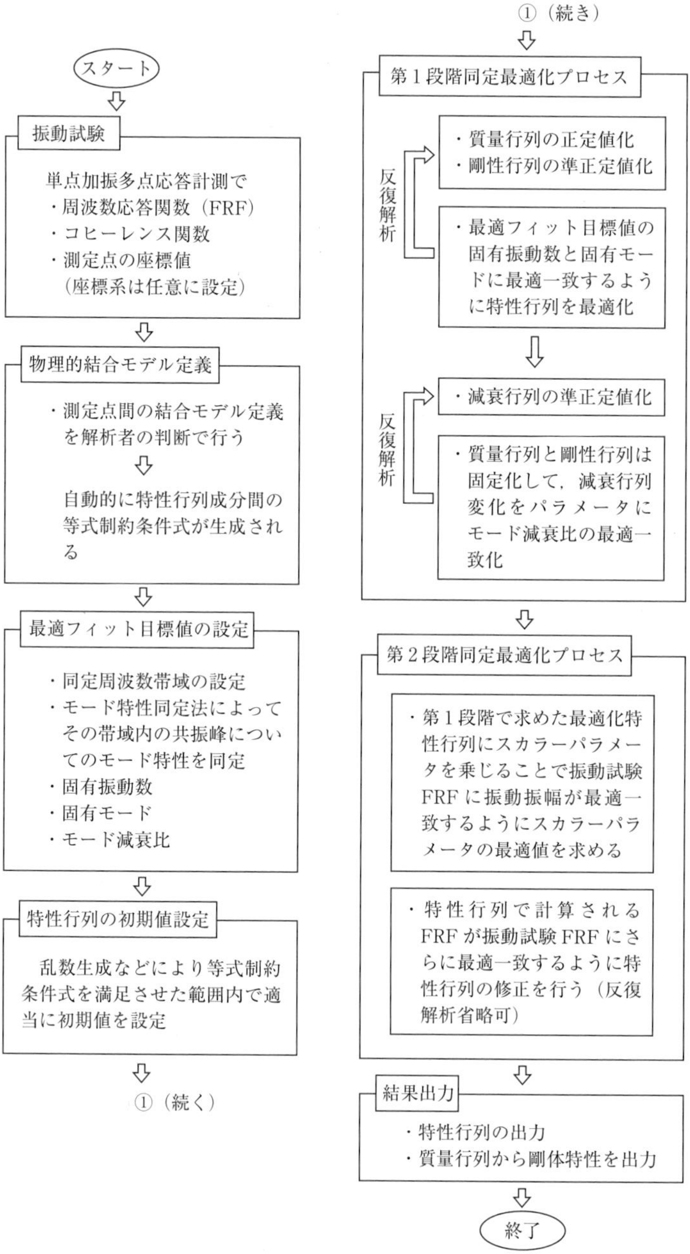

図 13.23 実験的特性行列同定法アルゴリズムのフローチャート

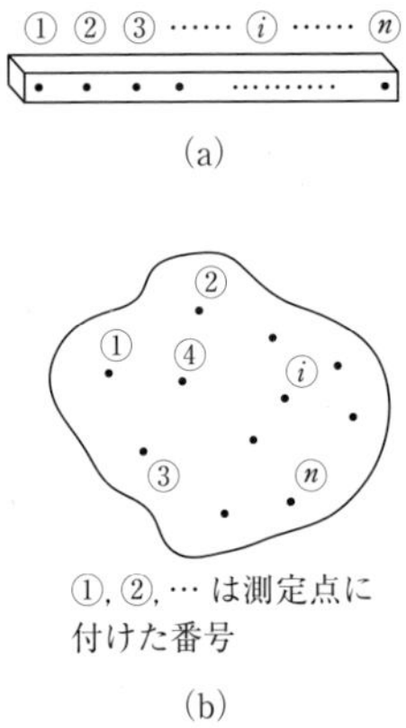

図 13.24 物理的結合モデル定義方法の例

に対応した成分だけが1でほかのすべての成分は0とする．なお，構造減衰行列 $\boldsymbol{D}$ は多くの場合省略される．

この方法のアルゴリズムの概略は下記のとおりである．剛体特性同定の観点としては周辺自由境界条件下（現実の地上実験では柔軟弾性支持による擬似的に作り出した周辺自由境界条件）での対象物の同定においては，得られた質量行列 $\boldsymbol{M}$ から簡単な演算によって剛体特性のすべてのパラメータが得られるのである．この方法の特長は，1点加振多点応答計測の FRF の1セットのデータだけから，かつ，弾性変形する構造振動系として計測された一次，二次，… の共振峰を含む周波数帯域の FRF データを使って剛体特性パラメータのすべてを一気に同定できることである．

図 13.23 に本同定法アルゴリズムのフローチャートを示し，それに沿って理論の概説を行う．まず，「振動試験」を実施する．同定対象物は標準的には周辺自由境界条件に設置して，単点加振多点応答の FRF と，それらに対応するコヒーレンス関数を取得する．加振点自己応答 FRF も必須である．座標系（基本は O－xyz 直角座標系）を任意に設定して測定点座標も求めておく．

「物理的結合モデル定義」の段階では，測定点間の物理的な結合のモデル化を行う．例えば，図 13.24(a) に示す単純なビーム構造物であれば，測定点 1-2, 2-3, 3-4, 4-5, … と単純に直列の結合モデル定義が妥当で，だれでも同じようなモデル定義となるであろう．同図（b）の模式図構造のように複雑な三次元構造物が対象の場合には定義者の違いによって結合定義は異なる可能性がでる（有限要素法のモデル化要素分割と同様）．この結合モデル定義によって同定すべき特性行列 $\boldsymbol{M}, \boldsymbol{C}, \boldsymbol{D}, \boldsymbol{K}$ の中で値が0となる成分位置を自動的に決定することができる．そこで，同定すべき成分はそれ以外の非ゼロ成分となる可能性のある行列成分だけとなる．

力学的に妥当な特性行列を同定（最適解探索）するわけであるから，各特性行列の非ゼロ成分間に関する制約条件式を力学に基づいて作り出す．質量行列に関する制約条件式の導出は，任意の自由度で表現された質量行列と座標系原点で表現する構造物の剛体質量行列 $\boldsymbol{M}_{\text{rigid}}$ の関係式を使う．どのような構造物に関してもその剛体質量行列は

$$\boldsymbol{M}_{\text{rigid}} = \begin{bmatrix} m & & & \text{sym.} & & \\ 0 & m & & & & \\ 0 & 0 & m & & & \\ 0 & -c & b & I_{xx} & & \\ c & 0 & -a & I_{yx} & I_{yy} & \\ -b & a & 0 & I_{zx} & I_{zy} & I_{zz} \end{bmatrix} \qquad (13.4.2)$$

の同一パターンとなる．ここで，m は構造物の質量，右下 3 行 3 列部分は慣性テンソル（慣性モーメントと慣性乗積からなる）であり，$a=mx_G$, $b=my_G$, $c=mz_G$ である．(x_G, y_G, z_G) は構造物の質量中心座標である．

座標系原点位置での質点の 6 自由度微小運動（並進 3 自由度と回転 3 自由度）で構造物の任意の位置の測定点の剛体的運動を表現するための関係式は，例えば，座標系原点位置での質点微小運動を $[\Delta x_o, \Delta y_o, \Delta z_o, \Delta\omega_x o, \Delta\omega_y o, \Delta\omega_z o]^T$ と表し，測定点 i 番の座標を (x_i, y_i, z_i) として，並進変位を $[\Delta x_i, \Delta y_i, \Delta z_i]^T$ とベクトル表現すると

$$\begin{bmatrix} \Delta x_i \\ \Delta y_i \\ \Delta z_i \end{bmatrix} = \begin{bmatrix} 1 & 0 & 0 & 0 & z_i & -y_i \\ 0 & 1 & 0 & -z_i & 0 & x_i \\ 0 & 0 & 1 & y_i & -x_i & 0 \end{bmatrix} \begin{bmatrix} \Delta x_O \\ \Delta y_O \\ \Delta z_O \\ \Delta\omega_x o \\ \Delta\omega_y o \\ \Delta\omega_z o \end{bmatrix} \tag{13.4.3}$$

の関係式が成立する．この式の右辺係数行列に基づいて，同定すべき特性行列の測定点自由度に一致した自由度の行列を $\boldsymbol{\psi}$ と表し，次式の左辺の演算をすると剛体質量行列が得られる．

$$\boldsymbol{\psi}^t \boldsymbol{M} \boldsymbol{\psi} = \boldsymbol{M}_{\mathrm{rigid}} \tag{13.4.4}$$

変換行列 $\boldsymbol{\psi}$ の構成は

$$\boldsymbol{\psi} = \begin{bmatrix} 1 & 0 & 0 & 0 & z_1 & -y_1 \\ 0 & 1 & 0 & -z_1 & 0 & x_1 \\ 0 & 0 & 1 & y_1 & -x_1 & 0 \\ 1 & 0 & 0 & 0 & z_2 & -y_2 \\ 0 & 1 & 0 & -z_2 & 0 & x_2 \\ 0 & 0 & 1 & y_2 & -x_2 & 0 \\ \vdots & \vdots & \vdots & \vdots & \vdots & \vdots \\ 1 & 0 & 0 & 0 & z_i & -y_i \\ 0 & 1 & 0 & -z_i & 0 & x_i \\ 0 & 0 & 1 & y_i & -x_i & 0 \\ \vdots & \vdots & \vdots & \vdots & \vdots & \vdots \end{bmatrix} \tag{13.4.5}$$

のようになる．

そこで，同定対象構造物の質量はまだこの段階では未知であるが，式（13.4.4）の右辺第 1 行第 1 列対角成分と第 2 行第 2 列対角成分に対応する左辺展開式を求めて両辺除算すると，左辺に関する 2 つの展開式の除算結果の数式が 0（右辺の除算が 0 だから）の等式制約条件 1 本をつくりだすことができる．同様に，右辺第 1 行第 1 列成分と第 3 行第 3 列成分に対応する左辺展開式の除算によって，もう 1 本の等式制約条件をつくることができる．右辺第 2 行第 1 列成分は常に 0 であるのでそれに対応する左辺展開式が 0 となる等式制約条件式ができる．このようにして式（13.4.4）から

11 本の制約条件式をつくりだすことができる.

剛性行列 $\boldsymbol{K}$ に関する制約条件式は,「構造物が剛体変位するときは構造物全体は一定歪み状態でその値は 0 である」の力学原理により

$$\boldsymbol{K\psi}=\boldsymbol{0} \tag{13.4.6}$$

が成立するので,この式から「左辺展開式＝0」の複数の等式制約条件式を自動的につくりだすことができる.なお,式 (13.4.6) の右辺 $\boldsymbol{0}$ はゼロ行列である.減衰行列に関する制約条件は剛性行列に関する制約条件式導出方法と同じに実行できる.

次に,「最適フィット目標値の設定」では,振動試験で得られている FRF で最適フィットすべき周波数帯域の設定(一次から三次共振周波数まで含む帯域設定が推薦される)を行う.この設定に従って,その帯域内に現れている共振峰に関する固有振動数,固有モード,モード減衰比を実験モード解析手法で自動的に同定する.

「特性行列の初期値設定」では,同定法は数学的には一種の非線形最適化問題の解法であり反復計算とならざるをえず,初期値が必要なために,等式制約条件を満足させながら初期値特性行列の非ゼロ成分を適当に設定する.乱数利用が可能である.

「第 1 段階同定最適化プロセス」では,初期値の特性行列から下記の力学的性質の妥当性と振動試験 FRF から求めた固有振動数,固有モード,モード減衰比を精度よく表すように特性行列を最適化する.質量行列については正定値行列(どのような変位でも慣性の値は正),すなわち特性行列の自由度に一致したゼロベクトル以外の任意のベクトル $\boldsymbol{x}$ に対して,

$$\boldsymbol{x}^{\mathrm{T}}\boldsymbol{Mx}>0 \tag{13.4.7}$$

を満足させること.剛性行列と減衰行列については力学的に準正定値行列(剛体運動変位の場合に 0,それ以外の変形を伴う場合は必ず正の値)でなければならないことから

$$\begin{aligned}\boldsymbol{x}^{\mathrm{T}}\boldsymbol{Kx}&\geq 0\\ \boldsymbol{x}^{\mathrm{T}}\boldsymbol{Cx}&\geq 0\\ \boldsymbol{x}^{\mathrm{T}}\boldsymbol{Dx}&\geq 0\end{aligned} \tag{13.4.8}$$

を満足させることを実行する.そして,先の段階で設定された等式制約条件に加えてこの正定値および準正定値制約条件を満足させながら,

$$(\boldsymbol{K}-\lambda\boldsymbol{M})\boldsymbol{\phi}=0 \tag{13.4.9}$$

の固有値問題から得られる固有振動数(不減衰固有振動数)と固有モード(ノーマルモード)が目標値(最適フィット目標値設定のところで得ている)に一致するように最適化解析を実行する.この最適化が達成されたら,得られた質量行列と剛性行列をいったん固定化して,減衰行列の最適化(同定)に進む.

$$\begin{bmatrix}\boldsymbol{C} & \boldsymbol{M}\\ \boldsymbol{M} & \boldsymbol{0}\end{bmatrix}\begin{bmatrix}\dot{\boldsymbol{x}}\\ \ddot{\boldsymbol{x}}\end{bmatrix}+\begin{bmatrix}\boldsymbol{K}+j\boldsymbol{D} & \boldsymbol{0}\\ \boldsymbol{0} & -\boldsymbol{M}\end{bmatrix}\begin{bmatrix}\boldsymbol{x}\\ \dot{\boldsymbol{x}}\end{bmatrix}=\begin{bmatrix}\boldsymbol{0}\\ \boldsymbol{0}\end{bmatrix} \tag{13.4.10}$$

から計算される減衰比が最適フィット目標値に一致するように,減衰行列に関してすべての制約条件を課しながら最適化解析を行う.

この第1段階で得られた特性行列では同定周波数帯域内 FRF に存在している共振峰に関する固有振動数，固有モード，モード減衰比について最適一致させることができているが，周波数応答関数の振幅については一致させていない．そこで，「第2段階同定最適化プロセス」では，第1段階で得られている特性行列をいったん固定化して実数のスカラーパラメータ α を設定して

$$\alpha\{-\omega^2\boldsymbol{M}+j\omega\boldsymbol{C}+(\boldsymbol{K}+j\boldsymbol{D})\}\boldsymbol{x}(\omega)=\boldsymbol{f}(\omega) \tag{13.4.11}$$

で計算される周波数応答関数が振動試験 FRF に最適一致するようにパラメータ α を決定する．その値を特性行列に乗じて特性行列を更新する．この結果でほぼ振動試験 FRF と最適一致する FRF を出力できる特性行列が得られたことになり，実用上，場合によっては次の最適化処理は省略してもよいが，本来的には上述のすべての制約条件満足化を維持しながら同定周波数帯域について振動試験 FRF と同定理論モデルの FRF の差の二乗ノルムを最小化する次の式の最適化を実施する．

$$\text{Minimize}:\gamma=\sum_{i=1}^{q}\|\boldsymbol{h}_e(\omega_i)-\{-\omega_i^2\boldsymbol{M}+j\omega_i\boldsymbol{C}+(\boldsymbol{K}+j\boldsymbol{D})\}^{-1}\boldsymbol{f}(\omega_i)\|^2 \tag{13.4.12}$$

ここで，q は同定周波数帯域内 FRF のサンプリング周波数点数，$\boldsymbol{h}_e(\omega)$ は振動試験で得られているすべての測定点自由度についての FRF を並べた列ベクトルである．

剛体特性は得られた質量行列から測定点座標値を利用して式（13.4.4）の左辺演算を実行することで剛体質量行列を導出し，その剛体質量行列の成分からすべてを同時に求めることができる．なお，実用上では，この結果から得られた質量中心位置を剛体運動表現点として再び式（13.4.4）の演算を行って，その結果の剛体特性を解とするのがよい．$\boldsymbol{\psi}$ は剛体表現点の微小角変位の仮定で線形近似化した剛体運動表現点と構造物中の任意の位置の測定点変位の関係を表現する行列であるから，このような反復計算で多少の精度向上を得る．〔**大熊政明**〕

文　献

1) 大熊政明ほか：実験的特性行列同定法の開発（開発理論と基礎的検証），日本機械学会論文集C編，**63** (616) (1997), 93-100.
2) 林　禎ほか：実車シャシーへの実験的特性行列同定法の適用，日本機械学会論文集C編，**65** (631) (1999), 895-901.

13.5 構造変更予測手法

構造変更手法は，基本的に次の2種類に区分できる（表 13.1）．

(1) 構造変更方法を与えて，解析効率を追求して動特性を十分な精度で予測解析する方法

(2) 目標動特性を与えて，それを実現する構造変更の諸元を導き出す解析をする方法

第1の分類の方法は，例えばもとの構造物に付加構造物を結合することを考えた

表 13.1 構造変更の基本区分

種　類	変更目標パラメータ	設計変数
固有特性	固有振動数 モード減衰比 固有モード形 その他	寸法，材料定数， トポロジー（位相）， 付加構造の種類（剛性，質量，減衰）， 数，位置，配置， 変更箇所の数，位置， 組み合わせなど
応答特性	振幅 応力・歪み 伝達力 放射騒音（音圧，エネルギー） その他	

場合に動的固有特性や動的応答挙動がどのように変化するかを，解析速度，必要コンピュータメモリ，部分的構造変更の繰り返し解析上での効率化を追求しながら適切な実用的精度で予測解析ができる方法である．この種類の最も基礎的な構造変更手法のひとつは，理論モード解析に基づく 1970 年代の SDM（Structural Dynamic Modification）法であろう．1970 年代以前から研究されていた部分構造合成法もこの類に含めることができるであろう．第 2 の分類の方法は，例えばもとの構造物の動的固有特性や動的応答挙動に対して，ある好ましい（希望の）目標値特性や挙動へ改良するためには元構造物の寸法やトポロジー（位相）をどのように変更したらよいかを解析する方法である．この方法を最適設計法という．この種類の最も基礎的な手法のひとつは，やはり理論モード解析に基づく寸法最適化による固有振動数感度解析法であろう．セルオートマトン法によるトポロジー(位相)最適化などもこの類に含まれる．

13.5.1 有限要素エネルギーレイリー商感度

有限要素法で固有値問題を解けば固有振動数 f_i と固有モード $\boldsymbol{\phi}_i$ が求まる．ここで添え字 i は次数を表し，$i=1, 2, 3, \cdots$ と適当な次数まで解析する．その結果を使って，固有モードの値を変位振幅とみなして容易に各有限要素がその変形状態でもつ歪みエネルギー $E_{\mathrm{strain},j}$ を計算でき，同じ固有モードに $2\pi f_i$ を乗じて速度振幅モードとみなして運動エネルギー $E_{\mathrm{kinetic},j}$ を計算できる．ここで，j は有限要素番号を表す．$\boldsymbol{K}_j$ と $\boldsymbol{M}_j$ はその有限要素単独の剛性行列と質量行列とし，$\boldsymbol{\phi}_{ji}$ を有限要素 j 番を構成する節点自由度に対応する固有モード成分だけを抜き出した部分的固有モードとして

$$E_{\mathrm{strain},j}=\frac{1}{2}\boldsymbol{\phi}_{ji}^{\mathrm{T}}\boldsymbol{K}_j\boldsymbol{\phi}_{ji}$$

$$E_{\mathrm{kinetic},j}=\frac{(2\pi f_i)^2}{2}\boldsymbol{\phi}_{ji}^{\mathrm{T}}\boldsymbol{M}_j\boldsymbol{\phi}_{ji} \tag{13.5.1}$$

と両エネルギーは計算でき，各有限要素についてのエネルギーレイリー商感度は

$$\frac{E_{\mathrm{strain},j}}{E_{\mathrm{kinetic},j}} \tag{13.5.2}$$

で求まる．このレイリー商をすべての有限要素について計算して，それらの値が1より大か小かで構造物の図画上にその度合を階層色などの手法で表現すると，固有振動数を高めるためには剛性を増加させるとよい場所，軽量化（質量減少）させるとよい場所を示唆できる．

13.5.2　SDM

実験モード解析によって振動試験で得られた周波数応答関数から同定されたモード特性を使って，その試験対象物に付加質量や付加剛性を取り付けたり，逆に対象物のある一部分のところの質量を削除した場合などの比較的小規模な構造変更を行う場合に変化する固有振動数と固有モードを予測解析する手法として1970年代末期に提案されたものが実験モード解析SDM（Structural Dynamic Modification）法[1]である．

実験モード解析の振動試験対象物である元構造物の剛性行列と質量行列を，説明の便宜上，$\boldsymbol{K}_{\mathrm{org}}$ と $\boldsymbol{M}_{\mathrm{org}}$ と表して本手法の基本を概説する．振動試験で得た周波数応答関数に実験モード解析の曲線適合（モード特性同定法）を実施して一次から p 次（$i=1\sim p$）までの不減衰固有角振動数 Ω_i，質量行列について正規化したと理論づけした固有モード（実数固有モード）$\boldsymbol{\phi}_i$，モード減衰比 ζ_i を得ているとする．

付加質量や付加剛性を与える構造変更構造部分はもとの構造物の大きさに比べて小さく，もとの構造物の表面部分に加えられると仮定して，その変更領域内について振動試験で適切な数の測定点が配置されており，固有モード $\boldsymbol{\phi}_i$ に対応する成分が存在しているとする．また減衰については無視して不減衰系での簡易解析で予測解析をする．付加質量分の質量行列は自由度を元構造物の $\boldsymbol{M}_{\mathrm{org}}$ と一致させた形式で $\Delta\boldsymbol{M}$，付加剛性についての剛性行列も同様に $\Delta\boldsymbol{K}$ とする．構造変更後の周波数領域での自由振動の運動方程式は変位振幅ベクトルを $\boldsymbol{x}$ とすれば

$$\{(\boldsymbol{K}_{\mathrm{org}}+\Delta\boldsymbol{K})-\omega^2(\boldsymbol{M}_{\mathrm{org}}+\Delta\boldsymbol{M})\}\boldsymbol{x}=\boldsymbol{0} \tag{13.5.3}$$

となる．この手法では，この変位振幅ベクトルをもとの構造物について得られている固有モードの線形結合で十分精度よく近似表現できると仮定して

$$\boldsymbol{x}=\eta_1\boldsymbol{\phi}_1+\eta_2\boldsymbol{\phi}_2+\cdots+\eta_p\boldsymbol{\phi}_p=\boldsymbol{\Phi}\boldsymbol{\eta} \tag{13.5.4}$$

で表すのである．これを式（13.5.3）に代入して，両辺に左側から $\boldsymbol{\Phi}^{\mathrm{T}}$ を乗じると

$$\{(\boldsymbol{\Omega}_i^2+\boldsymbol{\Phi}^{\mathrm{T}}\Delta\boldsymbol{K}\boldsymbol{\Phi})-\omega^2(\boldsymbol{I}+\boldsymbol{\Phi}^{\mathrm{T}}\Delta\boldsymbol{M}\boldsymbol{\Phi})\}\boldsymbol{\eta}=\boldsymbol{0} \tag{13.5.5}$$

となる．ここで，$\boldsymbol{\Omega}_i$ はもとの構造物について得ている固有角振動数の二乗を対角成分に並べた対角行列である．本手法のおもな演算としては $\boldsymbol{\Phi}^{\mathrm{T}}\Delta\boldsymbol{K}\boldsymbol{\Phi}$ と $\boldsymbol{\Phi}^{\mathrm{T}}\Delta\boldsymbol{M}\boldsymbol{\Phi}$ を計算するだけでよく．運動方程式の自由度は p と採用モード数のみの小さなものとなる．そこで，固有値問題のコンピュータ解析の負担はほとんどない．求められた固有モード $\boldsymbol{\eta}$ を式（13.5.4）に代入すれば物理座標上での固有モードを得る．

13.5.3　固有角振動数感度

固有値問題方程式から寸法や材料定数を設計変数として固有角振動数と固有モード

の変化の感度（一次線形近似化）が得られる．これはモード解析の感度解析[2]とよばれている．

n 自由度の振動系モデルの固有値問題を第 i 次の固有角振動数と固有モードに関して記すと

$$(\boldsymbol{K}-\Omega_i^2\boldsymbol{M})\boldsymbol{\phi}_i=0 \tag{13.5.6}$$

である．固有モードは質量行列に関して正規化された大きさとする．構造物のある位置の板厚などの１つのスカラー設計変数 α で偏微分すれば

$$(\boldsymbol{K}-\Omega_i^2\boldsymbol{M})\frac{\partial\boldsymbol{\phi}_i}{\partial\alpha}+\left(\frac{\partial\boldsymbol{K}}{\partial\alpha}-\Omega_i^2\frac{\partial\boldsymbol{M}}{\partial\alpha}\right)\boldsymbol{\phi}_i-2\Omega_i\frac{\partial\Omega_i}{\partial\alpha}\boldsymbol{M}\boldsymbol{\phi}_i=\boldsymbol{0} \tag{13.5.7}$$

であるから，両辺左側から $\boldsymbol{\phi}_i^{\mathrm{T}}$ を乗じて式（13.5.6）の成立を考慮すると

$$\frac{\partial\Omega_i}{\partial\alpha}=\frac{\boldsymbol{\phi}_i^{\mathrm{T}}\left(\dfrac{\partial\boldsymbol{K}}{\partial\alpha}-\Omega_i^2\dfrac{\partial\boldsymbol{M}}{\partial\alpha}\right)\boldsymbol{\phi}_i}{2\Omega_i} \tag{13.5.8}$$

で固有角振動数感度が得られる．実際の数値解析では差分感度を計算して用いる場合も多い．

一般的にほとんどの場合，固有角振動数感度を使っての構造変更（一種の最適設計）で採用できる固有角振動数の次数の数はそれほど多くはなく，一方で構造設計変数は要素厚さなど比較的数が多い．すなわち，構造変更の設計変数増分計算の方程式

$$\Delta\boldsymbol{\Omega}=\boldsymbol{A}\Delta\boldsymbol{\alpha} \tag{13.5.9}$$

は決定すべき設計変数増分の数（列ベクトル $\Delta\boldsymbol{\alpha}$ の自由度）のほうが方程式数（列ベクトル $\Delta\boldsymbol{\Omega}$ の自由度）より多くなる．そこで，設計変数の増分二乗ノルムを最小とする解を得るのが１つの解法であり，擬似最小二乗法で実現できる[3]．すなわち，

$$\Delta\boldsymbol{\alpha}=\boldsymbol{A}^{\mathrm{T}}(\boldsymbol{A}\boldsymbol{A}^{\mathrm{T}})^{-1}\Delta\boldsymbol{\Omega} \tag{13.5.10}$$

13.5.4　トポロジー構造変更手法

構造形状のトポロジー（位相）を変化させて最適設計形状を求める一連の手法がコ

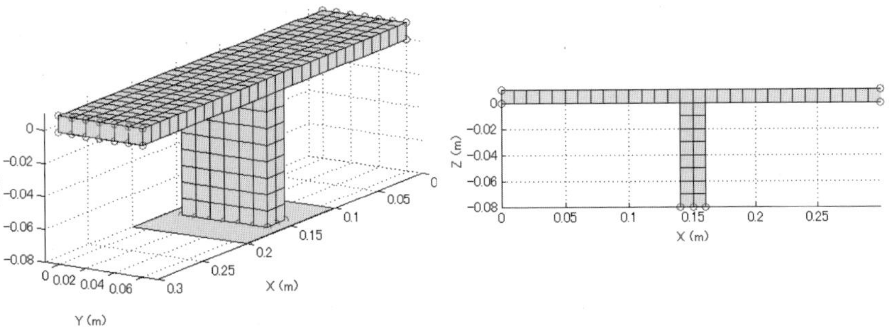

図 13.25　トポロジー構造変更手法の基礎的橋構造モデルの初期構造

ンピュータの発達によって1990年代後半頃から現実的に可能となり多くの研究が行われている[4)-11)].

ここでは一例として，Kimらの手法開発研究での基礎的解析例[10)]を示す．図13.25が立方体ソリッド要素でモデル化された初期有限要素モデルである．

この構造物の一次から四次までの固有振動数とモード形は図13.26に示すとおりである．中央に固定地盤から伸びて橋げたを支えている橋脚部分を必要最小限に成長さ

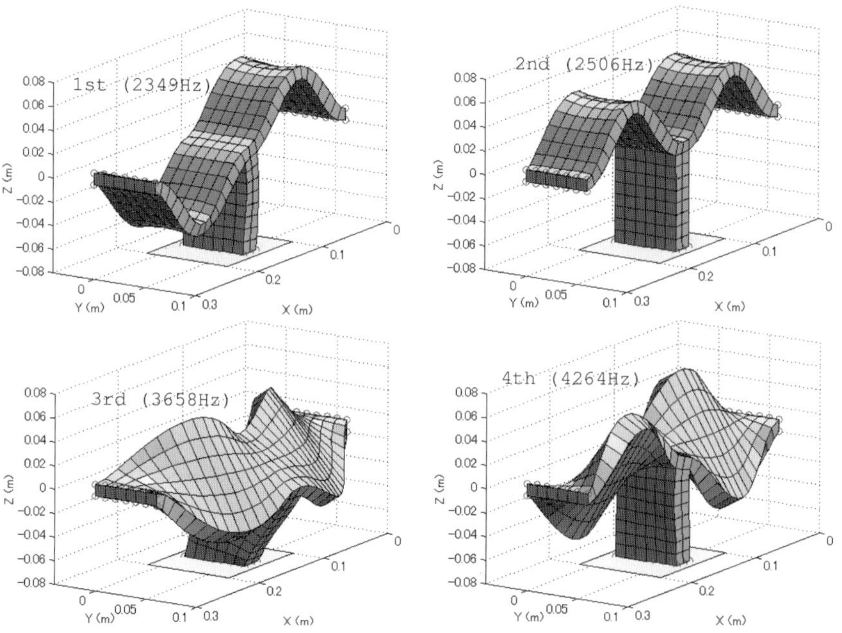

図13.26 初期構造の動特性

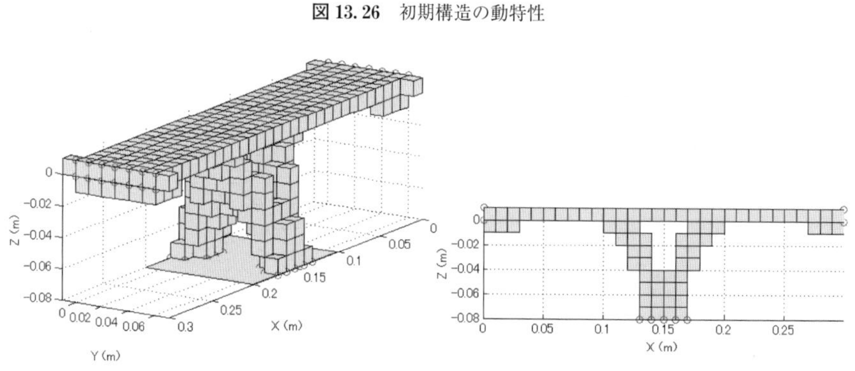

図13.27 構造変更によって最適化されたモデル橋脚

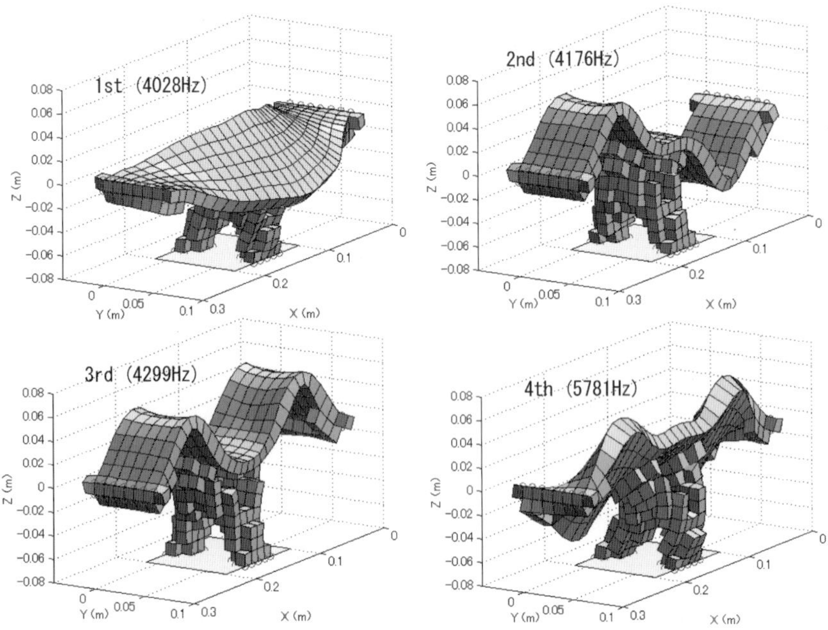

図 13.28 構造変更後の動特性
一次固有振動数が目標の 4000 Hz に達している.

せる構造変更を施すことで一次固有振動数を 4000 Hz まで上昇させることを考える. 一次固有モードに関して各立方体要素の有限要素エネルギーレイリー商感度を計算して金ら[10] の提案アルゴリズムで各要素部分の局所的構造変更の繰返し計算によって橋脚部分は成長して図 13.27 のようなトポロジー構造となり, その形状構造での固有振動数は図 13.28 に示すように目標を達成する. 〔大熊政明〕

文 献

1) Formenti, D. and Welaratna, S.: Rates of change of eigenvalues and eigenvectors, *SAE paper*, 811043, 1981.
2) Fox, R. L. and Kapoor, M. P.: Rates of change of eigenvalues and eigenvectors, *AIAA Journal*, **6**(1), 1968.
3) 大熊政明ほか：動特性を考慮した構造物の最適化方法（第1報, 擬似最小自乗法と部分構造合成法の導入）, 日本機械学会論文集 C 編, **54** (504) (1988), 1753-1761.
4) Ma, Z.-D. *et al.*: Topological design for vibrating structures, *Comput. Meth. Appl. Mech. Eng.*, **121** (1) (1995), 259-280.
5) Xie, Y. M. and Steven, G. P.: A simple approach to structural frequency optimization, Comput. Struct., **53** (6) (1994), 1487-1491.
6) Xie, Y. M. and Steven, G. P.: Evolutionary structural optimization for dynamic

problems, *Comput. Struct.*, **58** (6) (1996), 1067-1073.

7) Proos, K. A. *et al.*：Multicriterion evolutionary structural optimization using the global criterion methods, *AIAA Journal*, **39** (10) (2001), 2006-2012.

8) Yang, X. Y. *et al.*：Topology optimization for frequencies using an evolutionary method, *J. Struct. Eng.*, **125** (12) (1999), 1432-1438.

9) 金　祐永ほか：三次元構造物の自動最適化のための生長変形法の開発（第１報，基本アルゴリズムの開発と静力学最適化の基礎検討），日本計算工学会論文集，**5** (2003), No. 20020019, 25-31.

10) 金　祐永ほか：三次元構造物の自動最適化のための生長変形法の開発（第２報　動力学最適化の基本アルゴリズムの開発と基礎検討），日本計算工学会・論文集，http://save.k.u-tokyo.ac.jp/jsces/，2003.

11) Jeon, J.-Y. and Okuma, M.：An optimum embossment of rectangular section in panel to minimize noise power, *Trans. ASME J. Acoust. Vib.*, **130**, 021012-1～7, 2008.

14. 機構制御技術

14.1 運 動 の 計 画

14.1.1 質点の運動

機械を構成する物体が，その大きさに比べて十分広い範囲の運動を行うとき，物体の質量中心を代表点とし，これに全質量を集中させたと考え，質点として扱って運動を表現することができる．

a. 質点の位置，変位，速度および加速度

空間内の質点の位置は，任意にとった座標系における位置ベクトルで表され，質点の変位は位置ベクトルの差 $\Delta\boldsymbol{p}=\boldsymbol{p}'-\boldsymbol{p}$ で表される．位置ベクトル $\boldsymbol{p}$ の時間関数がその質点の運動を表す（図 14.1）．

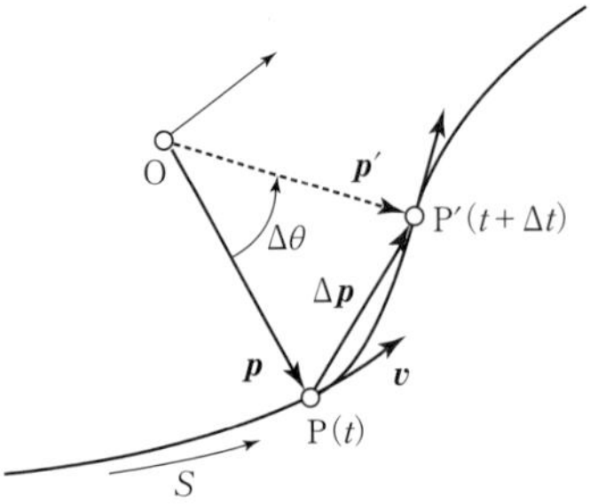

図 14.1　質点の変位と速度

時間 Δt 内の質点の変位を $\Delta\boldsymbol{p}$ とするとき，次式のベクトル量 $\boldsymbol{v}$ を質点の速度という．

$$\boldsymbol{v}=\lim_{\Delta t\to 0}\frac{\Delta\boldsymbol{p}}{\Delta t}=\frac{\mathrm{d}\boldsymbol{p}}{\mathrm{d}t} \tag{14.1.1}$$

時間 Δt 内の速度の変化を $\Delta\boldsymbol{v}$ とするとき，次式のベクトル量 $\boldsymbol{a}$ を質点の加速度という．

$$\boldsymbol{a}=\lim_{\Delta t\to 0}\frac{\Delta\boldsymbol{v}}{\Delta t}=\frac{\mathrm{d}\boldsymbol{v}}{\mathrm{d}t} \tag{14.1.2}$$

さらに，加速度の時間変化率を加加速度，ジャークまたは躍動という．

b. 各座標系における質点の運動の表示

ユークリッド空間の直交座標は，直線座標と曲線座標に分けられる．直交直線座標は直角座標ともいう．直交曲線座標には，円柱座標と極座標がある．ここでは，質点の運動をこれらの座標系で表現する．

1) 直角座標　質点から直角座標系 O-xyz の各座標軸に下ろした垂線の位置 p_x, p_y および p_z によってその位置を表す（図 14.2）．x, y, z の各軸方向の単位ベクトルを $\boldsymbol{i}$, $\boldsymbol{j}, \boldsymbol{k}$ とするとき，質点 P の位置ベクトル $\boldsymbol{p}$ は次式で表される．

$$\boldsymbol{p}=[p_x\ p_y\ p_z]^{\mathrm{T}}=p_x\boldsymbol{i}+p_y\boldsymbol{j}+p_z\boldsymbol{k} \tag{14.1.3}$$

速度 $\boldsymbol{v}$ および加速度 $\boldsymbol{a}$ は上式を時間で微分することで，次のように表される．

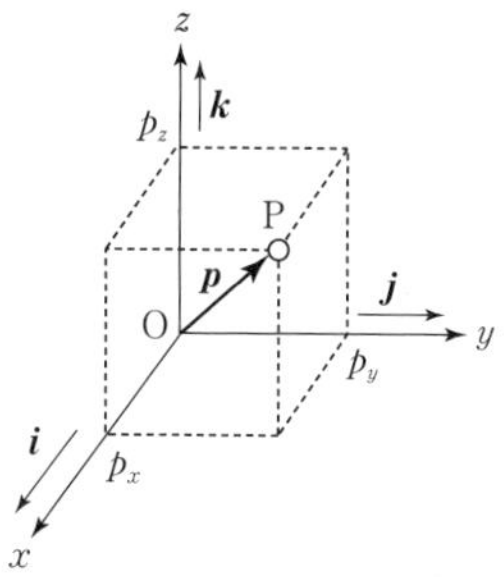

図 14.2 直角座標系

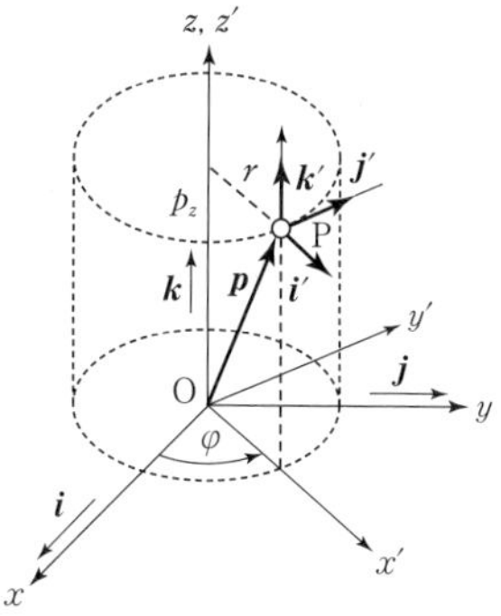

図 14.3 円柱座標系

$$\boldsymbol{v} = [v_x \ \ v_y \ \ v_z]^{\mathrm{T}} = v_x\boldsymbol{i} + v_y\boldsymbol{j} + v_z\boldsymbol{k} \tag{14.1.4}$$

$$\boldsymbol{a} = [a_x \ \ a_y \ \ a_z]^{\mathrm{T}} = a_x\boldsymbol{i} + a_y\boldsymbol{j} + a_z\boldsymbol{k} \tag{14.1.5}$$

2) 円柱座標 質点から xy 平面に正射影したベクトルの大きさ r と x 軸からの角 φ および z 座標 p_z によって質点の位置を表す（図 14.3）．すなわち，質点を通り z 軸を中心軸とする円柱を考え，その点における円柱面法線，円周方向接線および母線に各座標軸が平行で O を原点とする直角座標系 O-$x'y'z'$ を設定し，その各座標軸方向の単位ベクトルを $\boldsymbol{i}', \boldsymbol{j}', \boldsymbol{k}'$ とするとき，質点の位置を円柱座標で表すと次式のようになる．

$$\boldsymbol{p} = [p_x \ \ p_y \ \ p_z]^{\mathrm{T}} = r\boldsymbol{i}' + 0\boldsymbol{j}' + p_z\boldsymbol{k}' \tag{14.1.6}$$

ここで，

$$\boldsymbol{i}' = \cos\varphi\boldsymbol{i} + \sin\varphi\boldsymbol{j}, \qquad \boldsymbol{j}' = -\sin\varphi\boldsymbol{i} + \cos\varphi\boldsymbol{j}, \qquad \boldsymbol{k}' = \boldsymbol{k} \tag{14.1.7}$$

であるから，

$$\boldsymbol{p} = r\boldsymbol{i}' + 0\boldsymbol{j}' + p_z\boldsymbol{k}' = (r\cos\varphi)\boldsymbol{i} + (r\sin\varphi)\boldsymbol{j} + p_z\boldsymbol{k} \tag{14.1.8}$$

となる．また，

$$\frac{\mathrm{d}\boldsymbol{i}'}{\mathrm{d}t} = \boldsymbol{j}'\dot{\varphi}, \qquad \frac{\mathrm{d}\boldsymbol{j}'}{\mathrm{d}t} = -\boldsymbol{i}'\dot{\varphi}, \qquad \frac{\mathrm{d}\boldsymbol{k}'}{\mathrm{d}t} = 0 \tag{14.1.9}$$

であるから，質点の速度の円柱座標系での表示は次式となる．

$$\boldsymbol{v} = \frac{\mathrm{d}\boldsymbol{p}}{\mathrm{d}t} = \dot{r}\boldsymbol{i}' + r\dot{\varphi}\boldsymbol{j}' + \dot{p}_z\boldsymbol{k}' \tag{14.1.10}$$

さらに，加速度も同様にして，次式となる．

$$\boldsymbol{a} = \frac{\mathrm{d}v}{\mathrm{d}t} = (\ddot{r} - r\dot{\varphi}^2)\boldsymbol{i}' + (2\dot{r}\dot{\varphi} + r\ddot{\varphi})\boldsymbol{j}' + \ddot{p}_z\boldsymbol{k}' \tag{14.1.11}$$

3) 極座標 質点の位置ベクトルの大きさ r, z 軸とのなす角 θ および位置ベクトルの xy 平面への正射影と x 軸のなす角 φ によって質点の位置を表す（図 14.4）．質点を通り点 O を中心とする球面を考え，その点における球面の法線と経度線および

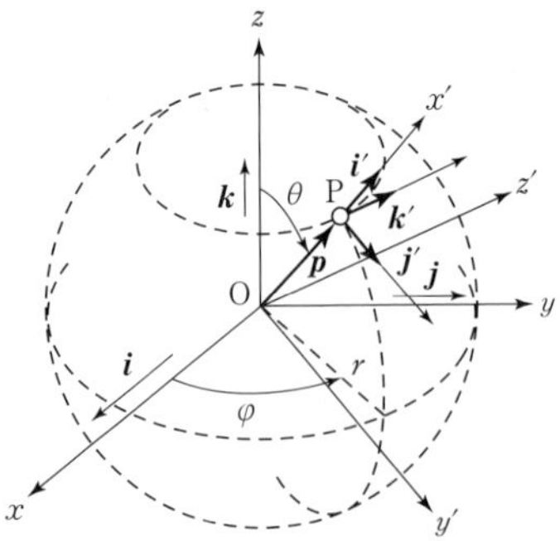

図 14.4　極座標系

緯度線に沿う接線に平行で O を原点とする直角座標系 O-$x'y'z'$ を設定し，これの各座標軸方向の単位ベクトルを $\boldsymbol{i}', \boldsymbol{j}', \boldsymbol{k}'$ とする．このとき，質点の位置は次式により与えられる．

$$\boldsymbol{p} = [p_x\ p_y\ p_z]^{\mathrm{T}} = r\boldsymbol{i}' + 0\boldsymbol{j}' + 0\boldsymbol{k}' \qquad (14.1.12)$$

ここで，

$$\left.\begin{aligned}\boldsymbol{i}' &= \sin\theta\cos\varphi\boldsymbol{i} + \sin\theta\sin\varphi\boldsymbol{j} + \cos\theta\boldsymbol{k}\\ \boldsymbol{j}' &= \cos\theta\cos\varphi\boldsymbol{i} + \cos\theta\sin\varphi\boldsymbol{j} - \sin\theta\boldsymbol{k}\\ \boldsymbol{k}' &= -\sin\varphi\boldsymbol{i} + \cos\varphi\boldsymbol{j}\end{aligned}\right\} \qquad (14.1.13)$$

であるから，

$$\boldsymbol{p} = r\sin\theta\cos\varphi\boldsymbol{i} + r\sin\theta\sin\varphi\boldsymbol{j} + r\cos\theta\boldsymbol{k} \qquad (14.1.14)$$

となる．また，

$$\frac{\mathrm{d}\boldsymbol{i}'}{\mathrm{d}t} = \dot{\theta}\boldsymbol{j}' + \sin\theta\dot{\varphi}\boldsymbol{k}',\quad \frac{\mathrm{d}\boldsymbol{j}'}{\mathrm{d}t} = -\dot{\theta}\boldsymbol{i}' + \cos\theta\dot{\varphi}\boldsymbol{k}',\quad \frac{\mathrm{d}\boldsymbol{k}'}{\mathrm{d}t} = -\dot{\varphi}\sin\theta\boldsymbol{i}' - \dot{\varphi}\cos\theta\boldsymbol{j}' \qquad (14.1.15)$$

であるから，質点の速度の極座標系での表示は次式となる．

$$\boldsymbol{v} = \frac{\mathrm{d}\boldsymbol{p}}{\mathrm{d}t} = \dot{r}\boldsymbol{i}' + r\dot{\theta}\boldsymbol{j}' + \dot{\varphi}\sin\theta\boldsymbol{k}' \qquad (14.1.16)$$

さらに，加速度も同様にして，次式となる．

$$\boldsymbol{a} = \frac{\mathrm{d}v}{\mathrm{d}t} = (\ddot{r} - r\dot{\theta}^2 - r\dot{\varphi}^2\sin^2\theta)\boldsymbol{i}' + (2\dot{r}\dot{\theta} + r\ddot{\theta} - r\dot{\varphi}^2\sin\theta\cos\theta)\boldsymbol{j}'$$
$$+ (2\dot{r}\dot{\varphi}\sin\theta + 2r\dot{\theta}\dot{\varphi}\cos\theta + r\ddot{\varphi}\sin\theta)\boldsymbol{k}' \qquad (14.1.17)$$

c. 相対運動

質点の運動は，基準軸から測られた座標を用いて記述される．この基準座標系が運動空間内に固定されている場合，この座標系を静止座標系といい，この座標系からみた運動を絶対運動という．運動空間内に固定されていない座標系を動座標系といい，絶対運動から動座標系の（絶対）運動を差し引いて，動座標系からみた運動を相対運動という．

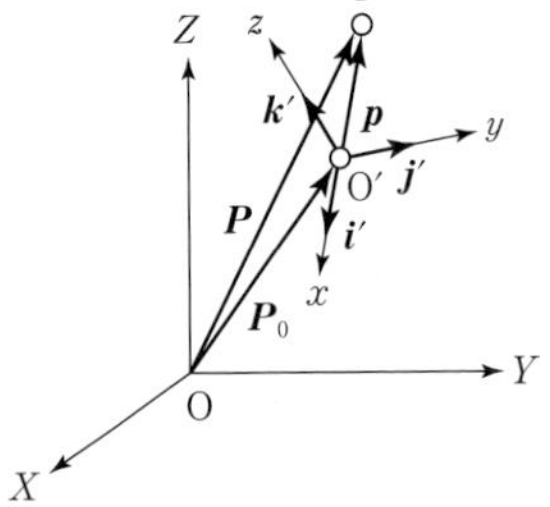

図 14.5　静止座標系と動座標系

質点 P の静止座標系 O-XYZ における位置ベクトルを $\boldsymbol{P} = [P_X\ P_Y\ P_Z]^{\mathrm{T}}$，動座標系 O′-$xyz$ における位置ベクトルを $\boldsymbol{p} = [p_x\ p_y\ p_z]^{\mathrm{T}}$ とし，動座標系 O′-xyz の各座標軸方向の単位ベクトルの静止座標系上での表現を $\boldsymbol{i}', \boldsymbol{j}', \boldsymbol{k}'$ とする（図 14.5）．次の 3×3 行列［R］を考えるとき，

$$[R] = [\boldsymbol{i}'\ \boldsymbol{j}'\ \boldsymbol{k}'] \qquad (14.1.18)$$

であり，点 P の動座標系原点 O′ に対する相対位置ベクトルは

$$\boldsymbol{P}_{\mathrm{rel}} = [R]\boldsymbol{p} \tag{14.1.19}$$

で表される．ここで，行列 $[R]$ は一般に原点が一致した2つの座標系の間において，一方の座標系で表されたベクトルを他方の座標系で表すために用いられ，回転行列という．詳細は次節にて説明する．点Pの絶対位置 $\boldsymbol{P}$ は，動座標系の原点の位置ベクトル $\boldsymbol{P}_0$ と相対位置ベクトル $\boldsymbol{P}_{\mathrm{rel}}$ の和として，次式で表される．

$$\boldsymbol{P} = \boldsymbol{P}_0 + \boldsymbol{P}_{\mathrm{rel}} = \boldsymbol{P}_0 + [R]\boldsymbol{p} \tag{14.1.20}$$

点Pの静止系からみた速度は，上式を時間で微分して次式のように表される．

$$\dot{\boldsymbol{P}} = \dot{\boldsymbol{P}}_0 + \dot{\boldsymbol{P}}_{\mathrm{rel}} = \dot{\boldsymbol{P}}_0 + [\dot{R}]\boldsymbol{p} + [R]\dot{\boldsymbol{p}} \tag{14.1.21}$$

ここで，上式の右辺第2項を次式のように表すとき，

$$[\dot{R}]\boldsymbol{p} = [\dot{R}][R]^{\mathrm{T}}\boldsymbol{P}_{\mathrm{rel}} = [\Omega]\boldsymbol{P}_{\mathrm{rel}} \tag{14.1.22}$$

行列 $[\Omega] = [\dot{R}][R]^{\mathrm{T}}$ は反対称行列である．これを

$$[\Omega] = \begin{bmatrix} 0 & -\omega_Z & \omega_Y \\ \omega_Z & 0 & -\omega_X \\ -\omega_Y & \omega_X & 0 \end{bmatrix} \tag{14.1.23}$$

のように表すとき，点Pの速度は次式のように表すことができる．なお，$\boldsymbol{\omega} = [\omega_X\ \omega_Y\ \omega_Z]^{\mathrm{T}}$ を角速度ベクトルという（詳しくは次節にて説明する）．

$$\dot{\boldsymbol{P}} = \dot{\boldsymbol{P}}_0 + \boldsymbol{\omega} \times \boldsymbol{P}_{\mathrm{rel}} + [R]\dot{\boldsymbol{p}} \tag{14.1.24}$$

加速度については，上式をさらに時間で微分して，次式を得る．

$$\ddot{\boldsymbol{P}} = \ddot{\boldsymbol{P}}_0 + \dot{\boldsymbol{\omega}} \times \boldsymbol{P}_{\mathrm{rel}} + \boldsymbol{\omega} \times \dot{\boldsymbol{P}}_{\mathrm{rel}} + [\dot{R}]\dot{\boldsymbol{p}} + [R]\ddot{\boldsymbol{p}} \tag{14.1.25}$$

ここで，

$$\boldsymbol{\omega} \times \dot{\boldsymbol{P}}_{\mathrm{rel}} = \boldsymbol{\omega} \times (\boldsymbol{\omega} \times \boldsymbol{P}_{\mathrm{rel}} + [R]\dot{\boldsymbol{p}}) = \boldsymbol{\omega} \times (\boldsymbol{\omega} \times \boldsymbol{P}_{\mathrm{rel}}) + \boldsymbol{\omega} \times [R]\dot{\boldsymbol{p}} \tag{14.1.26}$$

$$[\dot{R}]\dot{\boldsymbol{p}} = [\Omega][R]\dot{\boldsymbol{p}} \tag{14.1.27}$$

であり，

$$[R]\dot{\boldsymbol{p}} = \boldsymbol{v}_{\mathrm{rel}} \tag{14.1.28}$$

とおけば，

$$\boldsymbol{\omega} \times \dot{\boldsymbol{P}}_{\mathrm{rel}} = \boldsymbol{\omega} \times (\boldsymbol{\omega} \times \boldsymbol{P}_{\mathrm{rel}}) + \boldsymbol{\omega} \times \boldsymbol{v}_{\mathrm{rel}} \tag{14.1.29}$$

$$[\dot{R}]\dot{\boldsymbol{p}} = [\Omega]v_{\mathrm{rel}} = \boldsymbol{\omega} \times \boldsymbol{v}_{\mathrm{rel}} \tag{14.1.30}$$

である．さらに，

$$[R]\ddot{\boldsymbol{p}} = \boldsymbol{a}_{\mathrm{rel}} \tag{14.1.31}$$

とおけば，式（14.1.25）は次式のように表される．

$$\ddot{\boldsymbol{P}} = \ddot{\boldsymbol{P}}_0 + \dot{\boldsymbol{\omega}} \times \boldsymbol{P}_{\mathrm{rel}} + \boldsymbol{\omega} \times (\boldsymbol{\omega} \times \boldsymbol{P}_{\mathrm{rel}}) + 2\boldsymbol{\omega} \times \boldsymbol{v}_{\mathrm{rel}} + \boldsymbol{a}_{\mathrm{rel}} \tag{14.1.32}$$

上式において，右辺第1項から第3項は運搬加速度，第4項は相対速度ベクトルが向きを変えることによって生じるコリオリの加速度，第5項は相対加速度を表している．

14.1.2 剛体の運動

複数の質点の集合を質点系といい，無数の質点からなり，質点間の相対変位が不変の質点系を剛体という．

a. 剛体の自由度

三次元空間内での剛体の位置は，剛体上の3点の位置（座標）によって一意に定まる．合計9個の座標から点間の距離が一定の拘束条件3つを引いた6が剛体の位置を決定するのに必要な独立変数の数であり，これを剛体の自由度あるいは剛体の運動の自由度という．3点の位置の代わりに，剛体上の1点の位置と基準座標系に対する3つの姿勢角によって剛体の位置を表示することもできる．このような剛体の位置をポーズという．

b. 剛体の変位

剛体の任意の変位は，姿勢を変えない並進と姿勢を変える回転の合成で表される．剛体上の点の位置または並進変位は，質点の場合と同様に，点の位置ベクトルで表現できるが，剛体の姿勢または回転変位には複数の表現方法がある．

三次元空間において1つの変位（並進変位と回転変位）が与えられたとき，回転変位については，後述のとおり，回転軸の方向と回転角は一意に定まる．しかしこの変位を表す並進変位と回転変位の組は無数に存在する．例えば，並進方向または回転軸の位置を適当に選ぶことによってそれらの方向を互いに一致させ，剛体の変位を1つの軸に沿ったらせん運動として表すことができる．

c. 剛体の姿勢と回転行列

1) 回転行列　図14.6に示すように，原点Oおよびoが一致した2つの座標系O-XYZとo-xyzを考える．便宜上，O-XYZを静止座標系，o-xyzを動座標系とする．図14.7に示すように運動する剛体上に固定された点Pの位置を動座標系上で$\boldsymbol{p}=[p_x\ p_y\ p_z]^T$と表し，これを静止座標系上で表したものを$\boldsymbol{P}=[P_X\ P_Y\ P_Z]^{\mathrm{T}}$とする．$\boldsymbol{p}$と$\boldsymbol{P}$の関係は，(3×3) 行列 $[R]$ を用いて次のように表される．

$$\boldsymbol{P}=[R]\boldsymbol{p} \tag{14.1.33}$$

この行列 $[R]$ を回転行列という．静止座標系で表したx, y, z軸方向の単位ベクトル

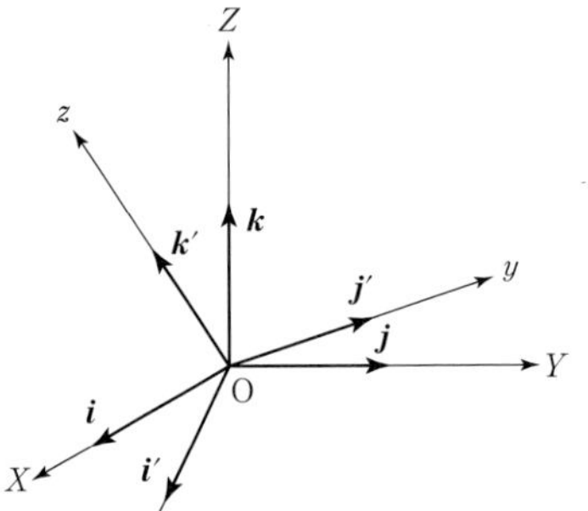

図14.6　静止座標系O-XYZおよび動座標系o-xyz

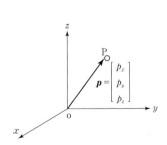

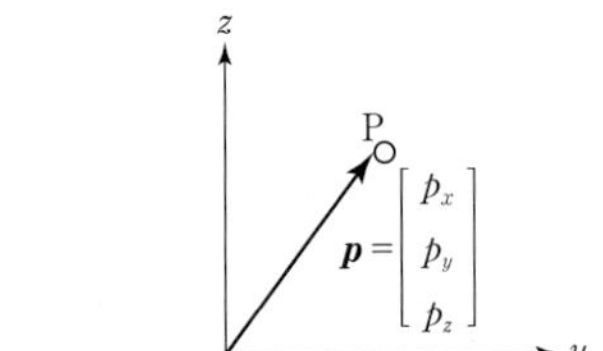

図14.7　動座標系o-xyz上の点Pの位置

表 14.1　回転行列の性質

逆行列	転置行列
列ベクトル	変換前の座標系の各軸方向の単位ベクトルを変換後の座標系で記述したもの
行ベクトル	変換後の座標系の各軸方向の単位ベクトルを変換前の座標系で記述したもの
行列式	1

$\boldsymbol{i}', \boldsymbol{j}', \boldsymbol{k}'$ を用い，回転行列 $[R]$ は

$$[R]=[\boldsymbol{i}' \ \boldsymbol{j}' \ \boldsymbol{k}'] \tag{14.1.34}$$

と表される．回転行列 $[R]$ の列ベクトルは式 (14.1.34) のとおり，動座標系の各軸方向の単位ベクトルを静止座標系で表現したものであり，行ベクトルは逆に静止座標系の各軸方向の単位ベクトル $\boldsymbol{i}, \boldsymbol{j}, \boldsymbol{k}$ を動座標系で表現したものである．

回転行列 $[R]$ は直交行列であり，

$$[R]^{-1}=[R]^{\mathrm{T}} \tag{14.1.35}$$

の性質を有する．回転行列 $[R]$ の性質を表 14.1 にまとめる．

2)　2 つの姿勢の関係　3 つの座標系 O-XYZ，o_a-$x_a y_a z_a$ および o_b-$x_b y_b z_b$ の原点を一致させた場合について考える．座標系 o_a-$x_a y_a z_a$ の各座標軸方向の単位ベクトルを O-XYZ 座標系で表したものを $\boldsymbol{a}_x$, $\boldsymbol{a}_y$, $\boldsymbol{a}_z$ とする．同様に，o_b-$x_b y_b z_b$ のそれらを $\boldsymbol{b}_x$, $\boldsymbol{b}_y$, $\boldsymbol{b}_z$ とする．点 O を通る軸 e のまわりに回転することで剛体上に固定された座標系が o_a-$x_a y_a z_a$ から o_b-$x_b y_b z_b$ に移ったと考える．その回転軸 e 方向の単位ベクトルを $\boldsymbol{e}$ で表すとき，

$$\boldsymbol{d}=\boldsymbol{a}_x\times\boldsymbol{b}_x+\boldsymbol{a}_y\times\boldsymbol{b}_y+\boldsymbol{a}_z\times\boldsymbol{b}_z \tag{14.1.36}$$

として，回転軸 $\boldsymbol{e}$ は次式により求められる．

$$\boldsymbol{e}=\frac{\boldsymbol{d}}{|\boldsymbol{d}|} \tag{14.1.37}$$

この軸まわりの回転角 ϕ は，次式により求めることができる．

$$\left.\begin{aligned}\cos\phi&=\frac{\boldsymbol{a}_x\cdot\boldsymbol{b}_x+\boldsymbol{a}_y\cdot\boldsymbol{b}_y+\boldsymbol{a}_z\cdot\boldsymbol{b}_z-1}{2}\\ \sin\phi&=\frac{(\boldsymbol{a}_x\times\boldsymbol{b}_x+\boldsymbol{a}_y\times\boldsymbol{b}_y+\boldsymbol{a}_z\times\boldsymbol{b}_z)\cdot\boldsymbol{e}}{2}\end{aligned}\right\} \tag{14.1.38}$$

3)　任意の軸まわりの回転行列　軸 $\boldsymbol{e}=[e_X \ e_Y \ e_Z]^{\mathrm{T}}$ のまわりに角 ϕ だけ回転させる行列 $[R]$ は，$\boldsymbol{a}_X=[1 \ 0 \ 0]^{\mathrm{T}}$, $\boldsymbol{a}_Y=[0 \ 1 \ 0]^{\mathrm{T}}$, $\boldsymbol{a}_Z=[0 \ 0 \ 1]^{\mathrm{T}}$ の 3 つのベクトルを $\boldsymbol{e}$ のまわりに角 ϕ だけ回転させて得られるベクトルをそれぞれ $\boldsymbol{b}_X$, $\boldsymbol{b}_Y$ および $\boldsymbol{b}_Z$ とすると，次式で表される．

$$[R]=[\boldsymbol{b}_X \ \boldsymbol{b}_Y \ \boldsymbol{b}_Z] \tag{14.1.39}$$

なお，$\boldsymbol{b}_X$, $\boldsymbol{b}_Y$ および $\boldsymbol{b}_Z$ は次のように表される．

$$\boldsymbol{b}_X=\begin{bmatrix}\cos\phi+e_X^2(1-\cos\phi)\\ e_Xe_Y(1-\cos\phi)+e_Z\sin\phi\\ e_Xe_Z(1-\cos\phi)-e_Y\sin\phi\end{bmatrix},\quad \boldsymbol{b}_Y=\begin{bmatrix}e_Xe_Y(1-\cos\phi)-e_Z\sin\phi\\ \cos\phi+e_Y^2(1-\cos\phi)\\ e_Ye_Z(1-\cos\phi)+e_X\sin\phi\end{bmatrix},$$
$$\boldsymbol{b}_Z=\begin{bmatrix}e_Xe_Z(1-\cos\phi)+e_Y\sin\phi\\ e_Ye_Z(1-\cos\phi)-e_X\sin\phi\\ \cos\phi+e_Z^2(1-\cos\phi)\end{bmatrix}\qquad(14.1.40)$$

d. 剛体の運動：座標変換行列

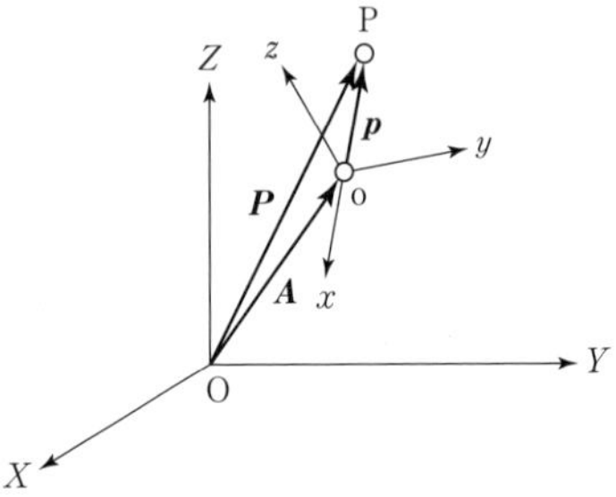

図 14.8 原点の位置が異なる 2 つの座標系の関係

図 14.8 に示すように，静止座標系 O-XYZ に対して位置ベクトル $\boldsymbol{A}$ の位置に原点のある動座標系 o-xyz 上の点 P の静止座標系上の位置ベクトル $\boldsymbol{P}$ は

$$\boldsymbol{P}=\boldsymbol{A}+[R]\boldsymbol{p}\qquad(14.1.41)$$

として表すことができる．この式は

$$\begin{bmatrix}1\\ \boldsymbol{P}\end{bmatrix}=\begin{bmatrix}1 & 0\quad 0\quad 0\\ \boldsymbol{A} & [R]\end{bmatrix}\begin{bmatrix}1\\ \boldsymbol{p}\end{bmatrix}=[T]\begin{bmatrix}1\\ \boldsymbol{p}\end{bmatrix}\qquad(14.1.42)$$

のようにも表すことができる．この式における 4×4 行列［T］を座標変換行列とよぶ．なお，式中の［R］は 3×3 回転行列である．

式（14.1.42）の逆の関係は次式のようになる．

$$\begin{bmatrix}1\\ \boldsymbol{p}\end{bmatrix}=[T]^{-1}\begin{bmatrix}1\\ \boldsymbol{P}\end{bmatrix}=\begin{bmatrix}1 & 0\quad 0\quad 0\\ -[R]^{\mathrm{T}}\boldsymbol{A} & [R]^{\mathrm{T}}\end{bmatrix}\begin{bmatrix}1\\ \boldsymbol{P}\end{bmatrix}\qquad(14.1.43)$$

e. 剛体の速度

1) 角速度　式（14.1.33）の両辺を時間で微分し，整理すると次式を得る．

$$\dot{\boldsymbol{P}}=[\dot{R}][R]^{\mathrm{T}}\boldsymbol{P}\qquad(14.1.44)$$

ここで行列［$\dot{R}$］［R］^{T} は反対称行列であり，これを

$$[\dot{R}][R]^{\mathrm{T}}=[\Omega]=\begin{bmatrix}0 & -\omega_Z & \omega_Y\\ \omega_Z & 0 & -\omega_X\\ -\omega_Y & \omega_X & 0\end{bmatrix}\qquad(14.1.45)$$

のように表すとき，式（14.1.44）は

$$\dot{\boldsymbol{P}}=[\dot{R}][R]^{\mathrm{T}}\boldsymbol{P}=\boldsymbol{\omega}\times\boldsymbol{P}=[\Omega]\boldsymbol{P}\qquad(14.1.46)$$

となる．ここで，$\boldsymbol{\omega}=[\omega_X\ \omega_Y\ \omega_Z]^{\mathrm{T}}$ とするとき，この $\boldsymbol{\omega}$ を剛体の角速度ベクトルという．

2) 速度　式（14.1.42）の両辺を時間で微分すると次式を得る．

$$\frac{\mathrm{d}}{\mathrm{d}t}\begin{bmatrix}1\\ \boldsymbol{P}\end{bmatrix}=\frac{\mathrm{d}[T]}{\mathrm{d}t}\begin{bmatrix}1\\ \boldsymbol{p}\end{bmatrix}=\frac{\mathrm{d}[T]}{\mathrm{d}t}[T]^{-1}\begin{bmatrix}1\\ \boldsymbol{P}\end{bmatrix}\qquad(14.1.47)$$

ここで，

$$\frac{\mathrm{d}[T]}{\mathrm{d}t}[T]^{-1}=[V]=\begin{bmatrix} 0 & 0 & 0 & 0 \\ \dot{\boldsymbol{A}}-[\Omega]\boldsymbol{A} & & [\Omega] & \end{bmatrix} \qquad (14.1.48)$$

である．このとき，式 (14.1.47) より次式を得る．

$$\begin{bmatrix} 0 \\ \dot{\boldsymbol{P}} \end{bmatrix}=[V]\begin{bmatrix} 1 \\ \boldsymbol{P} \end{bmatrix} \qquad (14.1.49)$$

式 (14.1.49) より，座標系 O-XYZ 上で位置 $\boldsymbol{P}$ にある点の速度は行列 $[V]$ を用いて求めることができる．なお，式 (14.1.48) の $\dot{\boldsymbol{A}}-[\Omega]\boldsymbol{A}$ は，図 14.9 に示すように座標系 O-XYZ の原点に一致する動座標系上の点の O-XYZ 座標系上で表現した速度である．

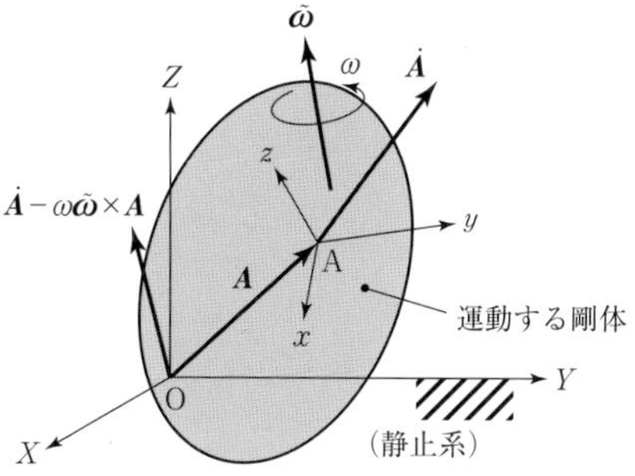

図 14.9 剛体上の点 O と点 A の速度

3) 相対速度 図 14.10 に示すように，動座標系 o_1-$x_1y_1z_1$ をもつ剛体 1 が静止座標系 O-XYZ に対して $[T_{0,1}]$ のポーズにあり，動座標系 o_2-$x_2y_2z_2$ をもつもうひとつの剛体 2 が剛体 1 に対して $[T_{1,2}]$ のポーズにあるものとする．このとき，次の関係が成り立つ．

$$\begin{bmatrix} 1 \\ X \\ Y \\ Z \end{bmatrix}=[T_{0,1}]\begin{bmatrix} 1 \\ x_1 \\ y_1 \\ z_1 \end{bmatrix}, \quad \begin{bmatrix} 1 \\ x_1 \\ y_1 \\ z_1 \end{bmatrix}=[T_{1,2}]\begin{bmatrix} 1 \\ x_2 \\ y_2 \\ z_2 \end{bmatrix}, \quad \begin{bmatrix} 1 \\ X \\ Y \\ Z \end{bmatrix}=[T_{0,1}][T_{1,2}]\begin{bmatrix} 1 \\ x_2 \\ y_2 \\ z_2 \end{bmatrix} \qquad (14.1.50)$$

上式を時間で微分すれば，剛体 2 上の点 P ($\boldsymbol{p}=[p_{x,2}\ \ p_{y,2}\ \ p_{z,2}]^T$) の静止座標系上でみた速度 $\dot{\boldsymbol{P}}$ は次式により求められる．

$$\begin{bmatrix} 0 \\ \dot{\boldsymbol{P}} \end{bmatrix}=\begin{bmatrix} 0 \\ \dot{P}_X \\ \dot{P}_Y \\ \dot{P}_Z \end{bmatrix}=[V_{0,1}]+[T_{0,1}][V_{1,2}][T_{0,1}]^{-1}\begin{bmatrix} 1 \\ \boldsymbol{P} \end{bmatrix}$$

$$=[V_{0,2}]\begin{bmatrix} 1 \\ \boldsymbol{P} \end{bmatrix} \qquad (14.1.51)$$

ここで，$[V_{0,1}]$ は動座標系 o_1-$x_1y_1z_1$ の静止座標系 O-XYZ に対する相対速度を表す行列であり，$[T_{0,1}][V_{1,2}][T_{0,1}]^{-1}$ は動座標系 o_2-$x_2y_2z_2$ の動座標系 o_1-$x_1y_1z_1$ に対する相対速度を静止座標系 O-XYZ 上で表す行列である．

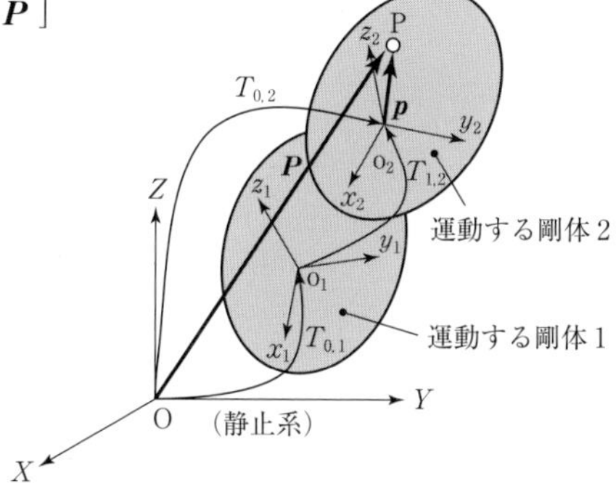

図 14.10 3 つの剛体の相対運動

動座標系あるいは剛体の数が 3 つ以

上の場合も，同様に相対速度の和の形で速度を求めることができる．

f. 剛体の加速度

1) 加速度　式（14.1.47）の両辺を時間で微分し，$\mathrm{d}[V]/\mathrm{d}t=[A]$ とすると次式を得る．

$$\frac{\mathrm{d}^2}{\mathrm{d}t^2}\begin{bmatrix}1\\ \boldsymbol{P}\end{bmatrix}=([\mathrm{A}]+[V][V]\begin{bmatrix}1\\ \boldsymbol{P}\end{bmatrix} \tag{14.1.52}$$

なお，

$$[A]=\begin{bmatrix}0 & 0\ 0\ 0\\ \ddot{\boldsymbol{A}}-[\dot{\Omega}]\boldsymbol{A}-[\Omega]\dot{\boldsymbol{A}} & [\dot{\Omega}]\end{bmatrix} \tag{14.1.53}$$

$$[V][V]=\begin{bmatrix}0 & 0\ 0\ 0\\ [\Omega]\dot{\boldsymbol{A}}-[\Omega]([\Omega]\boldsymbol{A}) & [\Omega][\Omega]\end{bmatrix} \tag{14.1.54}$$

であり，$[\dot{\Omega}]$ は角加速度を表す反対称行列である．

上式により，点 A の位置，速度および加速度，剛体の角速度および角加速度をもとに任意の点 P の加速度を求めることができる．

2) 相対加速度　式（14.1.51）の両辺を時間で微分すると次式を得る．

$$\frac{\mathrm{d}^2}{\mathrm{d}t^2}\begin{bmatrix}1\\ \boldsymbol{P}\end{bmatrix}=\frac{\mathrm{d}[V_{0,2}]}{\mathrm{d}t}\begin{bmatrix}1\\ \boldsymbol{P}\end{bmatrix}+[V_{0,2}]\frac{\mathrm{d}}{\mathrm{d}t}\begin{bmatrix}1\\ \boldsymbol{P}\end{bmatrix}=\left(\frac{\mathrm{d}[V_{0,2}]}{\mathrm{d}t}+[V_{0,2}][V_{0,2}]\right)\begin{bmatrix}1\\ \boldsymbol{P}\end{bmatrix} \tag{14.1.55}$$

ここで，

$$\frac{\mathrm{d}[V_{0,2}]}{\mathrm{d}t}=\frac{\mathrm{d}[V_{0,1}]}{\mathrm{d}t}+[T_{0,1}]\frac{\mathrm{d}[V_{1,2}]}{\mathrm{d}t}[T_{0,1}]^{-1}+[V_{0,1}][T_{0,1}][V_{1,2}][T_{0,1}]^{-1}$$
$$-[T_{0,1}][V_{1,2}][T_{0,1}]^{-1}[V_{0,1}] \tag{14.1.56}$$

である．上式において，右辺第 1 項が剛体 1 の静止系に対する相対加速度，第 2 項が剛体 2 の剛体 1 に対する相対加速度，第 3 および第 4 項は剛体 1 の静止系に対する相対運動（速度）と剛体 2 の剛体 1 に対する相対運動（速度）の効果によって生じる加速度である．式（14.1.55）の右辺第 2 項は，剛体 2 の静止系に対する運動（速度）による向心加速度である．

14.1.3 運動の生成

剛体の運動は，その位置の時間変化により表される．それが厳密に与えられる場合もあるが，そうでない場合も多い．後者については，複数の通過点を指定し，その間を滑らかな関数で表現し，変位，速度および加速度が全域にわたって連続となるように運動が決定される．

a. 経路と軌道

運動空間内における質点位置の時間的変化の軌跡を経路といい，変位や速度を時間の関数として表したグラフを軌道という（図 14.11）．

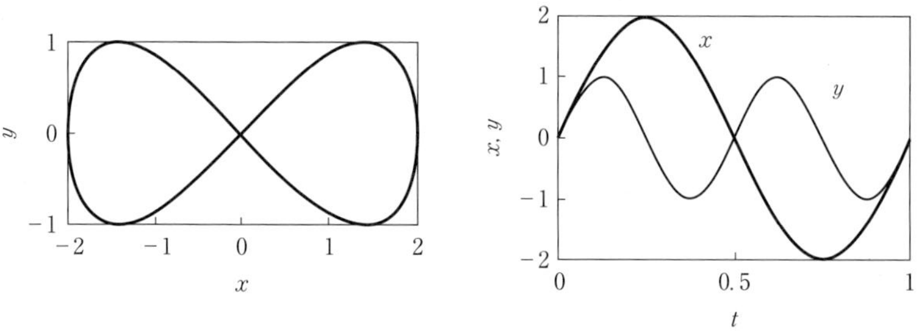

(a) 経路　　(b) 軌道

図 14.11　経路と軌道

b.　補間による運動生成

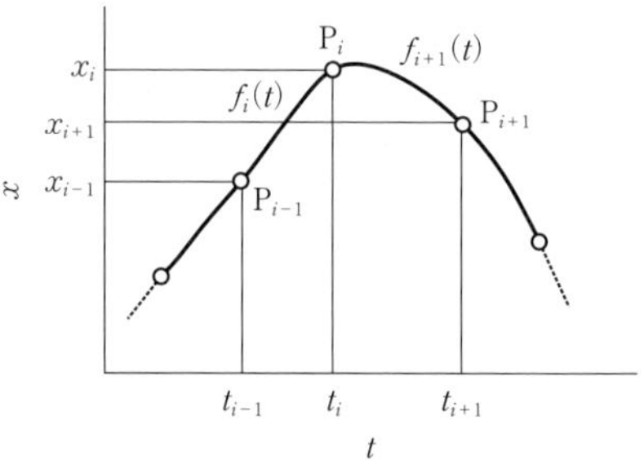

図 14.12　補間による軌道生成

指定された通過点の間を結ぶために使われる関数を補間関数という．補間関数には，いろいろな種類があるが，最も単純なのは，多項式関数である．多項式関数による補間のイメージを図 14.12 に示す．ここでは，剛体の位置の軌道を補間によって表現する．通過点 P_{i-1} および P_i における位置，速度および加速度をそれぞれ p_{i-1}, $\dot{p}_{i-1}$, $\ddot{p}_{i-1}$ および p_i, $\dot{p}_i$, $\ddot{p}_i$ とする．点 P_{i-1} を通過する時刻 t_{i-1}, この点の位置，速度および加速度はそれ以前の条件によって決まっており，点 P_i を通過する時刻とこの点の位置は与えられるものとする．補間関数を $f_i(t)\,(t_{i-1}\leq t\leq t_i)$ と表すとき，点 P_{i-1} における位置，速度，加速度に関する連続条件と P_i における位置の条件から次式が成り立つ必要がある．

$$\left.\begin{array}{lll} f_i(t_{i-1})=p_{i-1}, & \dot{f}_i(t_{i-1})=\dot{p}_{i-1}, & \ddot{f}_i(t_{i-1})=\ddot{p}_{i-1} \\ f_i(t_i)=p_i & & \end{array}\right\} \tag{14.1.57}$$

4 つの条件式があるので，補間関数として多項式を用いる場合には，三次以上の関数である必要がある．次式のように三次関数を用いる場合，

$$f_i(t)=a_{0,i}+a_{1,i}t+a_{2,i}t^2+a_{3,i}t^3 \tag{14.1.58}$$

式（14.1.57）は次式のように表される．

$$\begin{bmatrix} 1 & t_{i-1} & t_{i-1}^2 & t_{i-1}^3 \\ 0 & 1 & 2t_{i-1} & 3t_{i-1}^2 \\ 0 & 0 & 2 & 6t_{i-1} \\ 1 & t_i & t_i^2 & t_i^3 \end{bmatrix}\begin{bmatrix} a_{0,i} \\ a_{1,i} \\ a_{2,i} \\ a_{3,i} \end{bmatrix}=\begin{bmatrix} p_{i-1} \\ \dot{p}_{i-1} \\ \ddot{p}_{i-1} \\ p_i \end{bmatrix} \tag{14.1.59}$$

上式に所与の条件（t_{i-1}, t_i, p_{i-1}, $\dot{p}_{i-1}$, $\ddot{p}_{i-1}$, p_i）を代入することで，式（14.1.58）の補間関数が決定される．この手順を $i=1$ から順に適用することで，加速度まで連続な

運動軌道を生成することができる.

ここでは，変位1成分に関する軌道生成を例にあげたが，位置ベクトルであっても同様の手順で生成することができる.

c. 標準運動曲線

剛体（質点も同様）の運動は多くの場合，停止状態から加速，減速を経て，再び停止状態に戻る運動が組み合わされて構成される．このような運動は，図 14.13 に示すように経過時間が正規（無次元）時間1（$0 \leq T \leq 1$），変位が正規（無次元）変位1（$0 \leq S \leq 1$）の標準的で単純な運動曲線を時間軸および変位軸に適当に伸縮させて組み合わせることで作成することができる．このような標準的な運動曲線は，カム装置の運動曲線に用いられており，カム曲線ともよばれ，用途に応じて使い分けられている.

上記のような運動曲線は，運動の開始時刻（$T=0$）と終了時刻（$T=1$）における境界条件により，次の3つに分類されている.

(1) 両停留曲線:開始時刻（$T=0$）と終了時刻（$T=1$）において加速度が0である.

(2) 片停留曲線：開始時刻（$T=0$）か終了時刻（$T=1$）のいずれかにおいて加速度が0である.

(3) 無停留曲線:開始時刻（$T=0$）と終了時刻（$T=1$）において加速度は0でない.

これらの曲線の加速度の変化の例を図 14.14 に示す．標準運動曲線の変位，速度および加速度をそれぞれ S, V, A と表す．多項式関数を用いた両停留運動曲線として，次式の五次曲線がある.

$$\left.\begin{aligned} S(T) &= 10T^3 - 15T^4 + 6T^5 \\ V(T) &= 30T^2 - 60T^3 + 30T^4 \\ A(T) &= 60T - 180T^2 + 120T^3 \end{aligned}\right\} \tag{14.1.60}$$

実際の剛体の変位，速度および加速度は，この曲線が適用される区間の開始・終了時刻およびこれらの時刻での変位をそれぞれ t_{i-1}, t_i および x_{i-1}, x_i とするとき，次式のように表される.

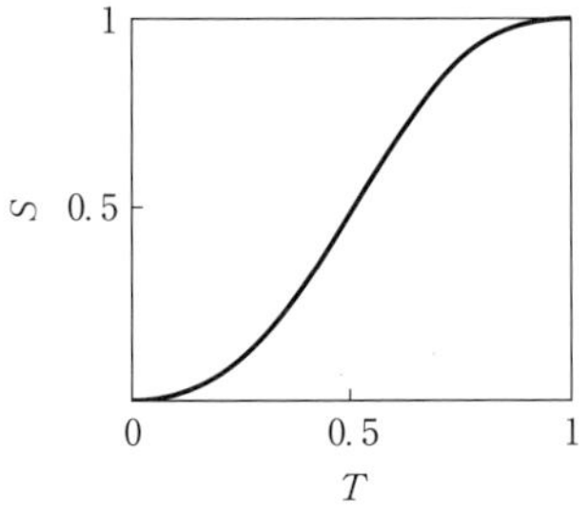

図 14.13 標準運動曲線（変位曲線）

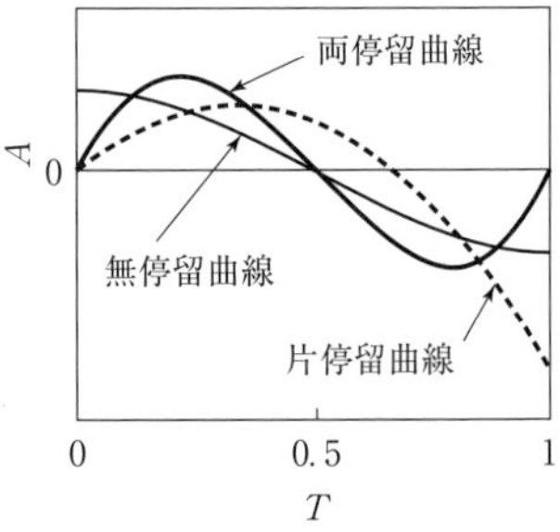

図 14.14 標準運動曲線の加速度の変化

$$\left.\begin{aligned} x(t) &= x_{i-1} + (x_i - x_{i-1})S(T) \\ \dot{x}(t) &= \frac{x_i - x_{i-1}}{t_i - t_{i-1}} V(T) \\ \ddot{x}(t) &= \frac{x_i - x_{i-1}}{(t_i - t_{i-1})^2} A(T) \\ T &= \frac{t - t_{i-1}}{t_i - t_{i-1}} \end{aligned}\right\} \qquad (14.1.61)$$

〔武田行生〕

14.2　機構システム理論

14.2.1　機構，対偶および節

機構は，機械において運動の変換や力の伝達をになう物体（剛体）系をモデル化したものであり，物体のモデルとしての節（リンク）と物体間の相対運動を可能とする連結部分のモデルとしての対偶からなる．図 14.15 に平面 4 節リンク機構を示す．これは，4 つの節を隣接する節同士が相対的に回転運動可能となるように回転対偶によって連結し，1 つの節 DA を静止系に固定した機構であり，4 つの回転対偶の軸はすべて平行である．例えば，節 AB の DA に対する回転運動を入力，節 CD の AB に対する揺動運動を出力とすれば，この量的な関係は各節の長さ a, b, c および d によって決定される．このように機構の量的な関係を決定する幾何学的諸量を機構定数という．また図 14.15 の機構では，隣接する節の間の角度は変化するが，例えば図中の θ を決定すればすべての角度が決定され機構の形状が決定される．このように機構の形状を決定するのに必要な独立変数の数を機構の自由度という．この機構の自由度は 1 である．

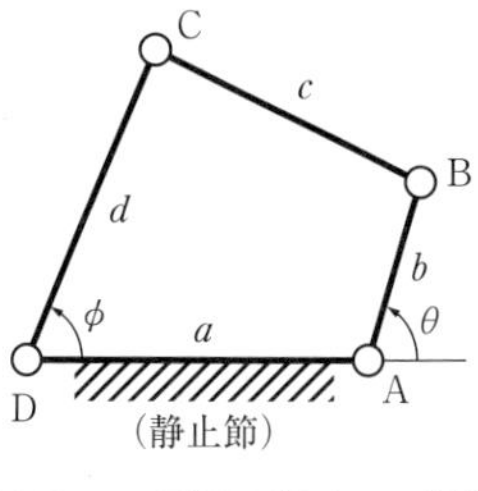

図 14.15　平面 4 節リンク機構

対偶は，連結される節の上に形成された幾何学形状である対偶素の対であり，対偶素が面接触を行う対偶を低次対偶，点あるいは線による接触を行う対偶を高次対偶という．低次対偶には図 14.16 に示す 6 つがある．例えば，同図（d）の円筒対偶を構成する対偶素は同一径の円柱面と円筒面であり，これらを接触させることで，共有する 1 つの軸まわりの回転運動と直進運動が 2 つの節の間で可能となる．高次対偶には，円柱面と円筒面をそれぞれ対偶素とする円柱・円筒対偶，円柱面と平面をそれぞれ対偶素とする円柱・平面対偶などがある[1)]．

節は，節と節との連結に用いられる対偶素の数により，図 14.17 に示すように，n 対偶素節（n は対偶素の数）とよばれる．節は必ずしも剛体である必要はなく，ベルトやワイヤなどの可撓体，空気や油などの流体も節として考える．

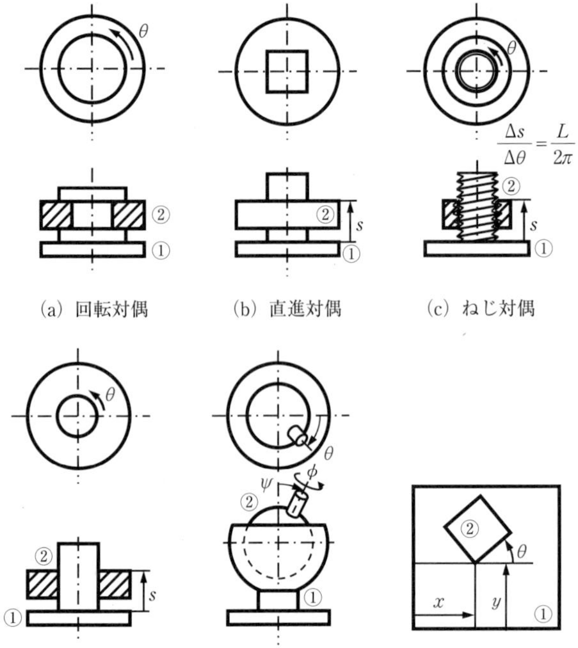

(a) 回転対偶　(b) 直進対偶　(c) ねじ対偶

(d) 円筒対偶　(e) 球対偶　(f) 平面対偶

図 14.16　低次対偶の種類

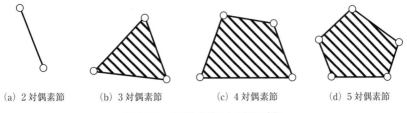

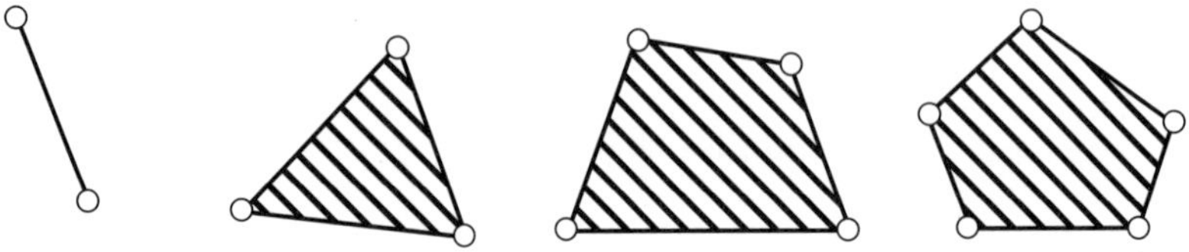

(a) 2 対偶素節　(b) 3 対偶素節　(c) 4 対偶素節　(d) 5 対偶素節

図 14.17　対偶素の数による節の呼称

14.2.2　機構の種類

機構は,節が運動する空間,対偶および節の種類,機構の自由度(詳しくは後述する),節によって構成される閉回路の有無などにより分類され，特定の名称が付けられている.

節の運動空間によって分類した機構の例を図 14.18 に示す．同図（a）のスライダクランク機構では，ベース（静止系）とクランク，クランクと連接棒，連接棒とスライダは，互いに平行な軸をもつ回転対偶で連結されており，スライダとベースはこれらの回転軸に垂直な平面内の直線を軸としてもつ直進対偶で連結されている．このように，すべての節の運動が1つの平面に平行な平面内に限定されている機構を平面機構という．同図（b）は，4つの節が互いに回転対偶で連結され，かつこれらの軸がすべて1点で交差する機構である．この機構では，すべての節の運動がこの交差点を中心とした球面上に限定される．このような機構を球面機構という．同図（c）の機構は，回転対偶，球対偶，球対偶，回転対偶の順序で節が連結されており，機構を構成する節は特定の平面や球面上を運動することなく三次元空間内で運動する．このような機構を空間機構という．

図 14.18 に示したように，すべての対偶が低次対偶である機構をリンク機構という．また，ベルトのように可撓体を含む機構を可撓体機構という．高次対偶を含む機構には，カム機構や歯車機構がある．

機構の自由度が1の機構を1自由度機構，2以上の機構を多自由度機構という．1自由度機構では，多くの場合，入力は等速度，出力は不等速である．1自由度機構の適用例を図 14.19 に示す．同図（a）は角変位 θ を入力として，角変位 ϕ を出力とするもので，関数創成機構という．同図（b）は回転対偶 A を1回転させたときに中間節 BC 上の特定の点 P が描く経路（これを中間節曲線という）を出力とするもので，経路創成機構という．

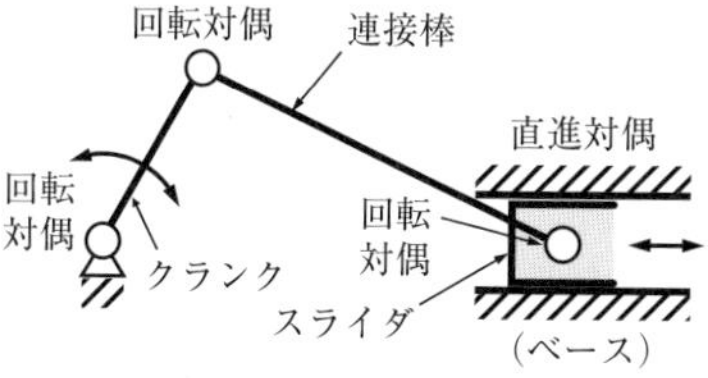

（a）平面機構（スライダクランク機構）

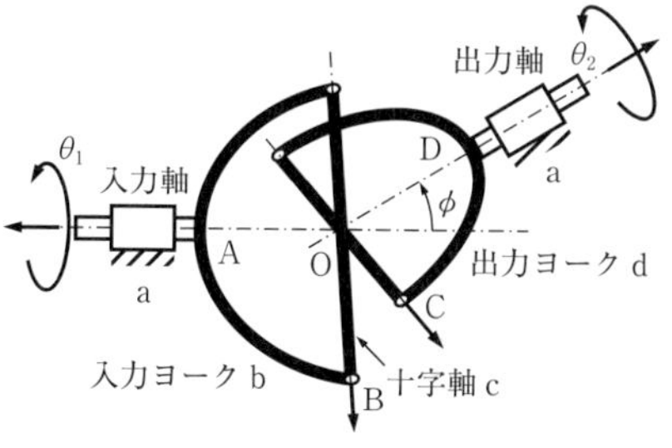

（b）球面機構（フックジョイント）

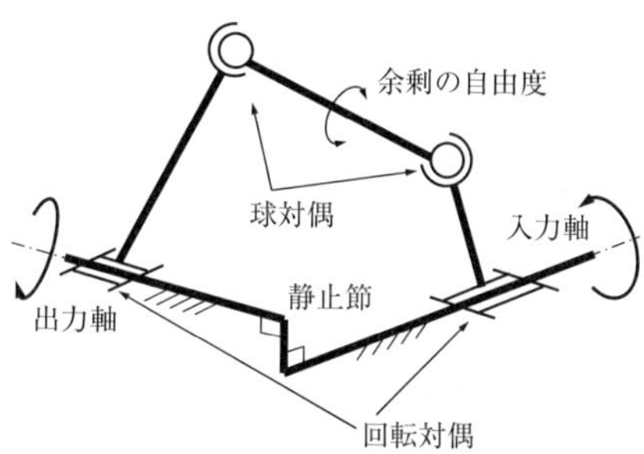

（c）空間機構（RSSR 機構）

図 14.18 節の運動空間による機構の分類

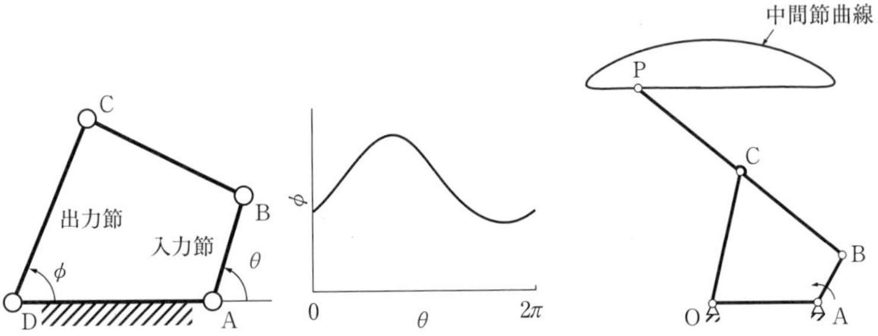

(a) 関数創成機構　　(b) 経路創成機構

図 14.19　1 自由度機構（例：平面 4 節リンク機構）の適用例

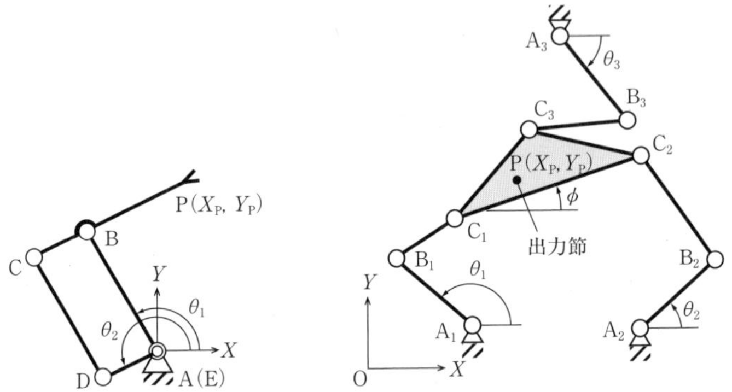

(a) 平面平行クランク機構（2 自由度）　　(b) 平面 3 自由度機構

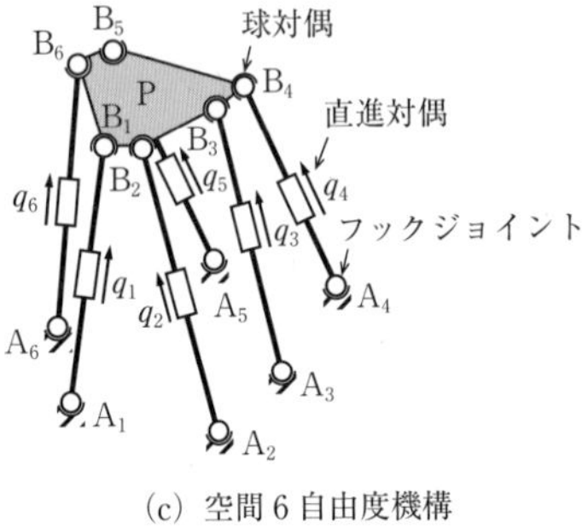

(c) 空間 6 自由度機構

図 14.20　閉ループ多自由度機構の例

図 14.15 では 4 つの節が 1 つの閉回路を構成しているが，このように機構を構成する節が閉回路を構成する機構を閉ループ機構という．これに対し，機構を構成する節による閉回路がない機構を開ループ機構あるいはシリアル機構という．これらの機構

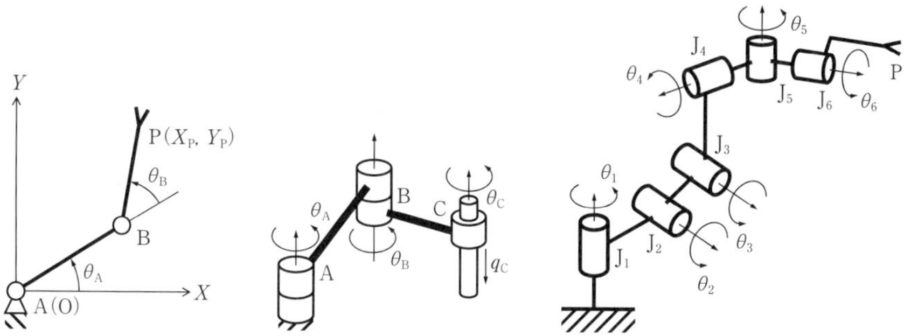

(a) 平面 2 自由度機構　　(b) 空間 4 自由度機構　　(c) 空間 6 自由度機構

図 14.21 開ループ多自由度機構の例

の例を図 14.20 および図 14.21 に示す．図中の θ, q は入力変位を表すが，図 14.20 の機構の場合には，ほかの対偶に入力変位を設定することもできる．

図 14.22 は 7 つの回転対偶を有する空間開ループ機構である．この機構の自由度は 7 であり，三次元空間内における剛体の自由度の 6 よりも大きい．すなわち，ロボットの手先が与えられた位置・姿勢に到達する際の対偶変位は一意に定まらない．このように機構の自由度が剛体の自由度よりも大きい機構を冗長機構という．

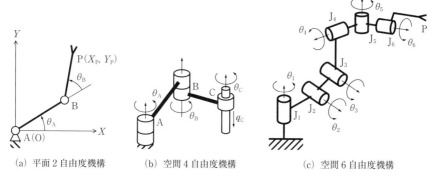

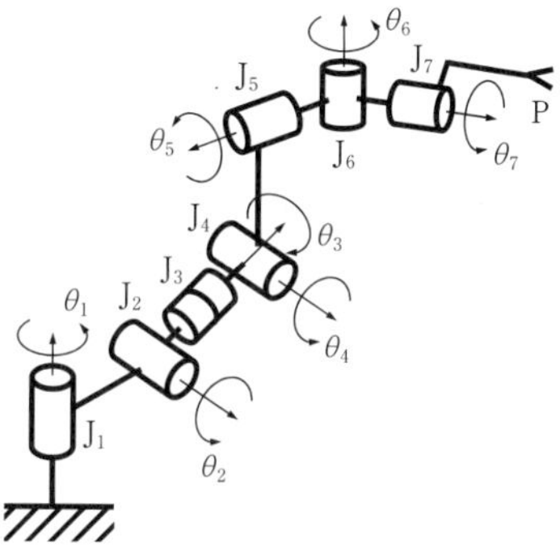

図 14.22 冗長機構の例（空間 7 自由度機構）

14.2.3 機構の設計（総合）手順

機構の設計（総合）は次の手順で行われる．

(1) 形式の総合：与えられた機構の設計条件を満足するように，リンク機構，カム機構，歯車機構，可撓体機構などのなかから適切な機構の形式（種類）を選ぶ．

(2) 数の総合：機構の設計仕様における自由度の条件から，節および対偶の数，各節の対偶素数および各対偶の自由度を決定する．

(3) 構造の総合：数の総合で得られた結果をもとにして，適用可能なすべての機構の具体的構造，すなわち用いられる具体的な対偶の種類と配列および静止節の位置の組み合わせを明らかにする．

(4) 量の総合：設計仕様における量的な条件から，機構定数を決定する．

14.2.4　機構の構造と自由度

a.　機構の自由度の式

機構の自由度とは，上述のとおり，機構のすべての節の相対位置を決定するために必要な独立変数の数であり，特別な場合を除き，機構を駆動するアクチュエータ（1 自由度）の数に等しい．

機構の自由度は，特殊な場合を除き，次のグリューブラー（Grübler）の式に基づいて求めることができる．

$$F = d(N-1) - \sum_{i=1}^{J}(d - f_i) \qquad (14.2.1)$$

ここで，d は運動空間の自由度であり，空間機構の場合は 6，平面・球面機構の場合は 3 である．N は節の数（静止節を含む），J は対偶の数，f_i は対偶 $i(i=1, 2, \cdots, J)$ の自由度である．式（14.2.1）は次のように書くこともできる．

$$F = d(N-J-1) + \sum_{i=1}^{J} f_i = \sum_{i=1}^{J} f_i - Ld \qquad (14.2.2)$$

ここで，L は機構内に存在する独立な閉ループの数である．

b.　機構の自由度の計算における注意点

1)　余剰の自由度　図 14.18(c) の機構の自由度は，式（14.2.1）より 2 である．この機構の応用例として，静止節上の 2 つの回転対偶の間での運動の伝達（関数創成）を考えると，中間節上の 2 つの球対偶を結ぶ軸まわりの回転運動はこの入出力関係に無関係である．すなわち，実際にはこの機構は 1 自由度の機構として使われる．このように，機構の入出力関係に無関係で局所的に存在する自由度を余剰の自由度という．

2)　過拘束機構　式（14.2.1）において $d=6$ として機構の自由度を求めると 0 あるいは負値であっても，特殊な寸法関係であったり，機構形状の対称性などのために運動可能な機構が多く存在する．このような機構を過拘束機構という．過拘束機構の例を図 14.23 に示す．これは交差角が等しく 2 本の回転軸をもつ 2 つの節を回転軸が平行である 2 つの連鎖で連結して得られる空間 6 節リンク機構である．式（14.2.1）によりこの機構の自由度を計算すれば 0 であるが，この機構は，実際には，点 P が図示した直線上を運動することができる 1 自由度機構である．

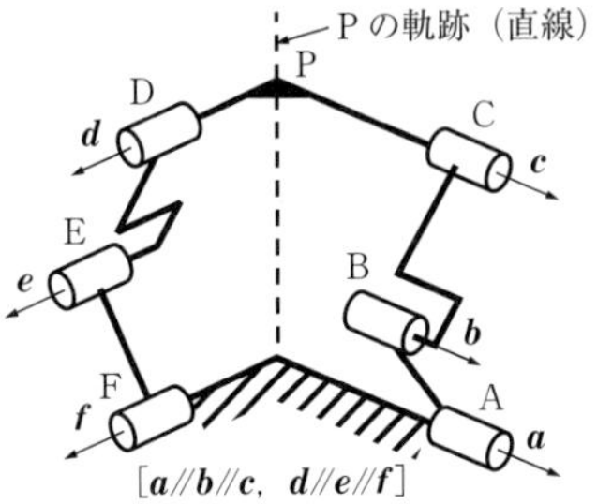

図 14.23　過拘束機構の例

14.2.5　機構の変位解析

a.　平面リンク機構の変位解析

図 14.24 の平面 4 節リンク機構を例にとって説明する．この機構において，θ が入力変位，ϕ が出力変位であるとする．原点 O から点 A，B および C を経由して再び点

Oに戻る閉回路を考えると，これは，相対位置ベクトル$\boldsymbol{B}_{\mathrm{A}}=\boldsymbol{B}-\boldsymbol{A}$, $\boldsymbol{C}_{\mathrm{B}}=\boldsymbol{C}-\boldsymbol{B}$, $\boldsymbol{D}_{\mathrm{C}}=\boldsymbol{D}-\boldsymbol{C}$を用いて，次のベクトル方程式で表される．

$$\boldsymbol{A}+\boldsymbol{B}_{\mathrm{A}}+\boldsymbol{C}_{\mathrm{B}}+\boldsymbol{D}_{\mathrm{C}}=\boldsymbol{0} \qquad (14.2.3)$$

このような式を閉回路方程式という．これは二元連立方程式であり，これを解くことでθとϕの関係が求められるが，三角関数を含む非線形な式であるので，次のように機構の幾何学的特徴に基づいて式を導出して解くほうが簡便かつ誤りが生じにくい．

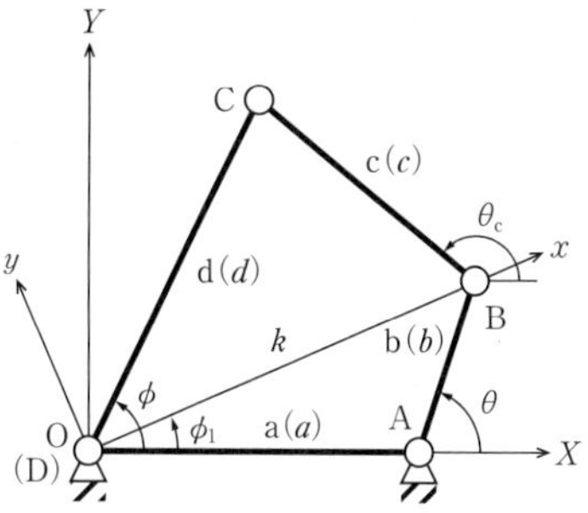

図 14.24 平面4節リンク機構

対偶変位θが与えられた状態を考えると，点Bの位置は既知である．一方，点Cの位置が求められれば対偶変位ϕは容易に求めることができる．ここで，三角形OBCを考えると，OBは運動平面に固定され，BCおよびCOは機構定数であるから既知である．すなわち，点Cは点Oを中心とする半径dの円と点Bを中心とする半径cの円の交点である．したがって，図中のO-xy座標系での点Cの座標を（$x_{\mathrm{C}}, y_{\mathrm{C}}$）とし，$\overline{\mathrm{OB}}=k$と表せば，次式

$$x_{\mathrm{C}}^2+y_{\mathrm{C}}^2=d^2, \qquad (x_{\mathrm{C}}-k)^2+y_{\mathrm{C}}^2=c^2 \qquad (14.2.4)$$

を解くことにより，

$$x_{\mathrm{C}}=\frac{d^2-c^2+k^2}{2k}, \qquad y_{\mathrm{C}}=\pm\sqrt{d^2-y_{\mathrm{C}}^2} \qquad (14.2.5)$$

を得る．この変位解析には2つの解がある．図14.24に示した機構形状はそれらのうちの複合の＋側である．いったん機構を組み立てると一方の解側でのみ運動可能であるので，上式の複合の選択により2つの解を判別していずれかの解を採用する．この結果をもとにして角ϕは次式により求めることができる．

$$\cos\phi=\frac{x_{\mathrm{C}}\sin\phi_1-y_{\mathrm{C}}\sin\phi_1}{d}, \qquad \sin\phi=\frac{x_{\mathrm{C}}\sin\phi_1+y_{\mathrm{C}}\sin\phi_1}{d} \qquad (14.2.6)$$

以上のように，平面リンク機構では，既知の条件をもとに定まる三角形について成立する幾何学的条件に基づいて解析式を導出して解くことを順次行うことにより変位解析が行える場合が多い．

b. 空間リンク機構の変位解析

1) DHパラメータとこれによる座標変換行列　対偶で連結された2つの節$i-1$とiが共有する対偶軸（対偶iの軸とよぶ）と対偶$i+1$の軸の関係について考える．節$i-1$上に対偶iの軸をz_{i-1}とする座標系O_{i-1}-$x_{i-1}y_{i-1}z_{i-1}$を設置する．この座標系に対し，対偶$i+1$の軸を表す直線は，図14.25に示す4つのパラメータa_i, d_i, α_i, θ_iで表すことができる．そして，対偶iと対偶$i+1$の軸の共通垂線をx_i軸，対偶$i+1$の軸をz_i軸とする座標系O_i-$x_iy_iz_i$を節i上に設定する．このように定めた4つのパラメータをDHパラメータとよぶ．

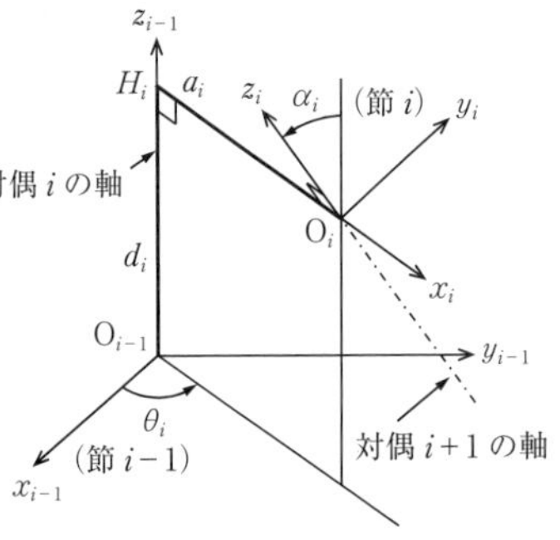

図 14.25 DH パラメータ

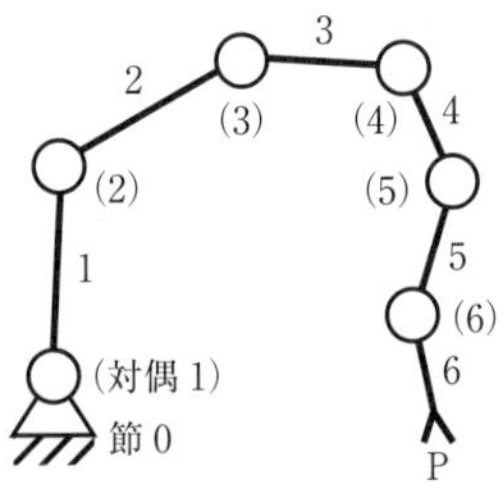

図 14.26 6 自由度開ループ機構

座標系 O_{i-1}-$x_{i-1}y_{i-1}z_{i-1}$ と O_i-$x_iy_iz_i$ の間の座標変換行列 $[T_{i-1,i}]$ は次式となる.

$$[T_{i-1,i}]=\begin{bmatrix} 1 & 0 & 0 & 0 \\ a_i\cos\theta_i & \cos\theta_i & -\sin\theta_i\cos\alpha_i & \sin\theta_i\sin\alpha_i \\ a_i\sin\theta_i & \sin\theta_i & \cos\theta_i\cos\alpha_i & -\cos\theta_i\sin\alpha_i \\ d_i & 0 & \sin\alpha_i & \cos\alpha_i \end{bmatrix} \tag{14.2.7}$$

対偶 i が回転対偶のときは θ_i, 直進対偶のときは d_i が対偶の変位を表すパラメータである. ねじ対偶のときは, θ_i をパラメータとして d_i を θ_i の関数として定める. そのほかのパラメータは機構定数である.

2) 開ループ機構の変位解析　図 14.26 に示すように 6 つの対偶が直列に連結した開ループ機構を取り上げる. 静止節を 0 とし, 順次先端に向かって 1, 2, …, 6 と番号を付ける. 対偶についても静止節側から 1, 2, …, 6 と番号を付ける. 静止座標系からみた節 6 の位置・姿勢（ポーズ）を表す行列 $[T_{0,6}]$ は

$$[T_{0,6}]=[T_{0,1}][T_{1,2}][T_{2,3}][T_{3,4}][T_{4,5}][T_{5,6}] \tag{14.2.8}$$

で与えられる. 節 6 の座標系で表した点の位置ベクトルを $\boldsymbol{p}_6$, その点を静止座標系で表した位置ベクトルを $\boldsymbol{p}_{0,6}$ とすると,

$$\begin{bmatrix} 1 \\ \boldsymbol{p}_{0,6} \end{bmatrix}=[T_{0,6}]\begin{bmatrix} 1 \\ \boldsymbol{p}_6 \end{bmatrix} \tag{14.2.9}$$

の関係を得る.

すべての対偶の変位に対して, すべての節の静止座標系からみたポーズを式 (14.2.9) などで計算できる. この計算を順変位解析という. 一方, 先端の節（エンドエフェクタ）のポーズを与え, それに対応する対偶変位を計算することを逆変位解析という.

3) 閉ループ機構の変位解析　自由度 1 の対偶 7 つで構成される 1 自由度の単ループ空間機構を図 14.27 に示す. 単ループ機構において, 静止節上の一方の対偶から出発し, 連鎖に沿い, 他方の静止節上の対偶を経由し, 静止節上の出発した対偶に

戻る経路を考える．このとき，次の関係が成り立つ．

$$[T_{0,1}][T_{1,2}][T_{2,3}][T_{3,4}][T_{4,5}][T_{5,6}][T_{6,0}]=[E_4] \tag{14.2.10}$$

ここで，$[E_4]$ は 4×4 の単位行列である．このように，単ループ機構では，ループを一巡してもとに戻ると最初と同じ状態とならなければならないが，これを表した式が変位に関する閉回路方程式である．式 (14.2.10) に入力あるいは出力の変位を与えてすべての対偶の変位，あるいはすべての節のポーズを求めることを単ループ機構の変位解析という．この問題は開ループ機構の逆変位解析と本質的に同じである．

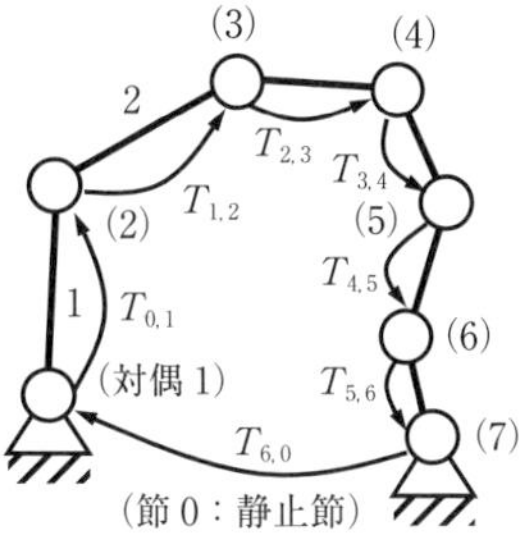

図 14.27 単ループ空間機構

14.2.6 機構の速度・加速度解析とヤコビ行列

a. 平面リンク機構の速度・加速度解析

1) 閉ループ機構 図 14.24 に示した平面 4 節リンク機構を取り上げる．節 b の角速度 $\dot{\theta}$ に対する節 c および d の角速度 $\dot{\theta}_c$ および $\dot{\phi}$ を求める．変位に関する閉回路方程式（式 (14.2.3)）を時間で微分し，$\dot{\boldsymbol{A}}=\boldsymbol{0}$ を代入すれば，次式を得る．

$$\dot{\boldsymbol{B}}_A+\dot{\boldsymbol{C}}_B+\dot{\boldsymbol{D}}_C=\boldsymbol{0} \tag{14.2.11}$$

$\dot{\boldsymbol{B}}_A=\boldsymbol{M}_B\dot{\theta}$, $\dot{\boldsymbol{C}}_B=\boldsymbol{M}_C\dot{\theta}_c$, $\dot{\boldsymbol{D}}_C=\boldsymbol{M}_D\dot{\phi}$ のように表せば，

$$\boldsymbol{M}_B=\begin{bmatrix}-(Y_B-Y_A)\\X_B-X_A\end{bmatrix},\quad \boldsymbol{M}_C=\begin{bmatrix}-(Y_C-Y_B)\\X_C-X_B\end{bmatrix},\quad \boldsymbol{M}_D=\begin{bmatrix}-(Y_D-Y_C)\\X_D-X_C\end{bmatrix}$$

であり，式 (14.2.11) を整理すれば次式を得る．

$$[\boldsymbol{M}_C\ \ \boldsymbol{M}_D]\begin{bmatrix}\dot{\theta}_c\\\dot{\phi}\end{bmatrix}=-\boldsymbol{M}_B\dot{\theta} \tag{14.2.12}$$

これが速度の解析式である．

次に加速度解析について考える．上式をさらに時間で微分して整理すれば，次の加速度の解析式を得る．

$$[\boldsymbol{M}_C\ \ \boldsymbol{M}_D]\begin{bmatrix}\ddot{\theta}_c\\\ddot{\phi}\end{bmatrix}=-\boldsymbol{M}_B\ddot{\theta}+\boldsymbol{B}_A\dot{\theta}^2+\boldsymbol{C}_B\dot{\theta}_c^2+\boldsymbol{D}_C\dot{\phi}^2 \tag{14.2.13}$$

2) 開ループ機構 図 14.28 の 2 リンク開ループ機構について，速度の入出力関係式を求める．点 P の位置ベクトル $\boldsymbol{P}$ は

$$\boldsymbol{P}=\boldsymbol{B}_A+\boldsymbol{P}_B \tag{14.2.14}$$

であり，これを時間で微分して整理すれば，次式を得る．

$$\dot{\boldsymbol{P}}=[\boldsymbol{M}_A\ \ \boldsymbol{M}_B]\begin{bmatrix}\dot{\theta}_A\\\dot{\theta}_B\end{bmatrix}=[J]\dot{\boldsymbol{\theta}} \tag{14.2.15}$$

ここで，

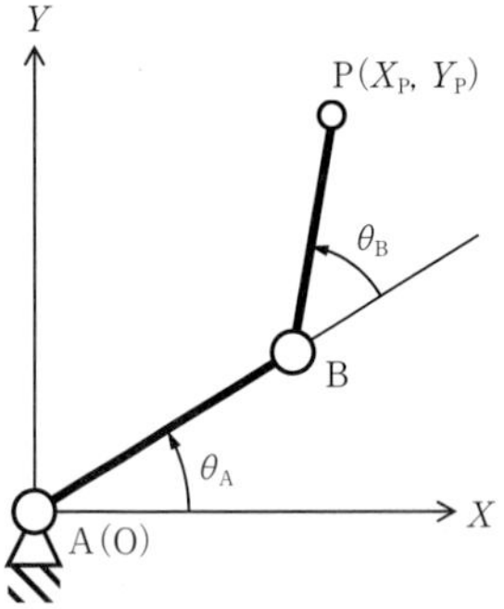

図 14.28　2リンク開ループ機構

$$\boldsymbol{M}_A=\begin{bmatrix}-(Y_P-Y_A)\\X_P-X_A\end{bmatrix},\quad \boldsymbol{M}_B=\begin{bmatrix}-(Y_P-Y_B)\\X_P-X_B\end{bmatrix}$$

である．式（14.2.15）における 2×2 行列 $[J]$ は入力速度を出力速度に変換する行列で，ヤコビ行列とよび，ロボット工学の分野では単なる速度解析のみならず特異点などロボット機構の運動特性の評価などにも用いられる．ヤコビ行列のランク（階数）はロボット機構の先端がもつ独立な運動方向成分（可動空間の座標軸）数を表す．

式（14.2.15）を時間で微分すれば，次式の加速度解析式を得る．

$$\ddot{\boldsymbol{P}}=[J]\ddot{\boldsymbol{\theta}}+[\dot{J}]\dot{\boldsymbol{\theta}}=[J]\ddot{\boldsymbol{\theta}}-\boldsymbol{P}\dot{\theta}_A^2-\boldsymbol{P}_B(\dot{\theta}_B^2+2\dot{\theta}_A\dot{\theta}_B) \tag{14.2.16}$$

b. 空間リンク機構の速度解析

1) 開ループ機構　式（14.2.9）の両辺を時間で微分すれば，式（14.2.8）および式（14.1.51）より，6 自由度開ループ機構の速度の関係式は次式のように表される．

$$\begin{aligned}\begin{bmatrix}1\\\dot{\boldsymbol{p}}_{0,6}\end{bmatrix}=&([\dot{T}_{0,1}][T_{0,1}]^{-1}+[T_{0,1}][\dot{T}_{1,2}][T_{1,2}]^{-1}[T_{0,1}]^{-1}\\&+[T_{0,2}][\dot{T}_{2,3}][T_{2,3}]^{-1}[T_{0,2}]^{-1}+[T_{0,3}][\dot{T}_{3,4}][T_{3,4}]^{-1}[T_{0,3}]^{-1}\\&+[T_{0,4}][\dot{T}_{4,5}][T_{4,5}]^{-1}[T_{0,4}]^{-1}+[T_{0,5}][\dot{T}_{5,6}][T_{5,6}]^{-1}[T_{0,5}]^{-1})\begin{bmatrix}1\\\boldsymbol{p}_{0,6}\end{bmatrix}\end{aligned} \tag{14.2.17}$$

ここで，$\boldsymbol{\omega}_{0,6}$ および $\boldsymbol{v}_{0,6}$ をそれぞれ静止座標系からみた節 6（エンドエフェクタ）の角速度および並進速度を表す三次元ベクトルとし，節 6 の速度を六次元ベクトルにより次式のように表す．

$$\boldsymbol{V}_{0,6}=\begin{bmatrix}\boldsymbol{\omega}_{0,6}\\\boldsymbol{v}_{0,6}\end{bmatrix}=\begin{bmatrix}\omega_X\\\omega_Y\\\omega_Z\\v_X\\v_Y\\v_Z\end{bmatrix} \tag{14.2.18}$$

そして，各対偶についてその対偶軸の位置と方向を表す六次元ベクトル $\boldsymbol{M}_i$ を次のように表す．

$$\text{回転対偶の場合：}\boldsymbol{M}_i=\begin{bmatrix}\boldsymbol{s}_{0,i-1}\\\boldsymbol{s}_{0,i-1}\times(\boldsymbol{p}_{0,6}-\boldsymbol{p}_{0,i-1})\end{bmatrix} \tag{14.2.19}$$

$$\text{直進対偶の場合：}\boldsymbol{M}_i=\begin{bmatrix}\boldsymbol{0}\\\boldsymbol{s}_{0,i-1}\end{bmatrix} \tag{14.2.20}$$

なお，$\boldsymbol{s}_{0,i-1}$ は対偶 i の回転軸（z_{i-1} 軸）方向を静止座標系で表した単位ベクトル，$\boldsymbol{p}_{0,i-1}$ は点 O_{i-1} の静止座標系で表した位置ベクトルをそれぞれ表す．これらの六次元ベクトル $\boldsymbol{M}_i$ を用いて式（14.2.17）を整理し，対偶速度を一般に $\dot{q}_i$ と表せば，次の速度の入出力関係式を得る．

$$\boldsymbol{V}_{0,6}=\begin{bmatrix}\boldsymbol{\omega}_{0,6}\\ \boldsymbol{v}_{0,6}\end{bmatrix}=\sum_{i=1}^{6}\boldsymbol{M}_i\dot{q}_i \tag{14.2.21}$$

上式は 6×6 行列［$J_{0,6}$］を用いて次式のように書くこともできる．

$$\boldsymbol{V}_{0,6}=[J_{0,6}]\dot{\boldsymbol{q}} \tag{14.2.22}$$

$$[J_{0,6}]=[\boldsymbol{M}_1\ \boldsymbol{M}_2\ \boldsymbol{M}_3\ \boldsymbol{M}_4\ \boldsymbol{M}_5\ \boldsymbol{M}_6] \tag{14.2.23}$$

この行列［$J_{0,6}$］がヤコビ行列である．

2) 閉ループ機構　式（14.2.10）を時間で微分すれば，単ループ機構の速度の閉回路方程式として，次式を得る．

$$\begin{aligned}&[\dot{T}_{0,1}][T_{0,1}]^{-1}+[T_{0,1}][\dot{T}_{1,2}][T_{1,2}]^{-1}[T_{0,1}]^{-1}+[T_{0,2}][\dot{T}_{2,3}][T_{2,3}]^{-1}[T_{0,2}]^{-1}\\ &\quad+[T_{0,3}][\dot{T}_{3,4}][T_{3,4}]^{-1}[T_{0,3}]^{-1}+[T_{0,4}][\dot{T}_{4,5}][T_{4,5}]^{-1}[T_{0,4}]^{-1}\\ &\quad+[T_{0,5}][\dot{T}_{5,6}][T_{5,6}]^{-1}[T_{0,5}]^{-1}+[T_{6,0}]^{-1}[\dot{T}_{6,0}]=0\end{aligned} \tag{14.2.24}$$

開ループ機構の場合と同様にして，上式は次式となる．

$$\sum_{i=1}^{7}\boldsymbol{M}_i\dot{q}_i=\boldsymbol{0} \tag{14.2.25}$$

なお，

$$\text{回転対偶の場合：}\boldsymbol{M}_i=\begin{bmatrix}\boldsymbol{s}_{0,i-1}\\ -\boldsymbol{s}_{0,i-1}\times\boldsymbol{p}_{0,i-1})\end{bmatrix}$$

$$\text{直進対偶の場合：}\boldsymbol{M}_i=\begin{bmatrix}\boldsymbol{0}\\ \boldsymbol{s}_{0,i-1}\end{bmatrix}$$

である．$\dot{q}_1$ を入力速度とするとき，式（14.2.25）は

$$[\boldsymbol{M}_2\ \boldsymbol{M}_3\ \cdots\ \boldsymbol{M}_7]\begin{bmatrix}\dot{q}_2\\ \dot{q}_3\\ \vdots\\ \dot{q}_7\end{bmatrix}=-\boldsymbol{M}_1\dot{q}_1 \tag{14.2.26}$$

と表すことができる．左辺の係数行列の行列式≠0 のとき，入力速度に対するすべての対偶速度を求めることができる．

〔武田行生〕

文　献

1）日本機械学会編：機構学ー機械の仕組みと運動ー（JSME テキストシリーズ），2007.

14.3 運動制御

14.3.1 ロボットの運動学問題

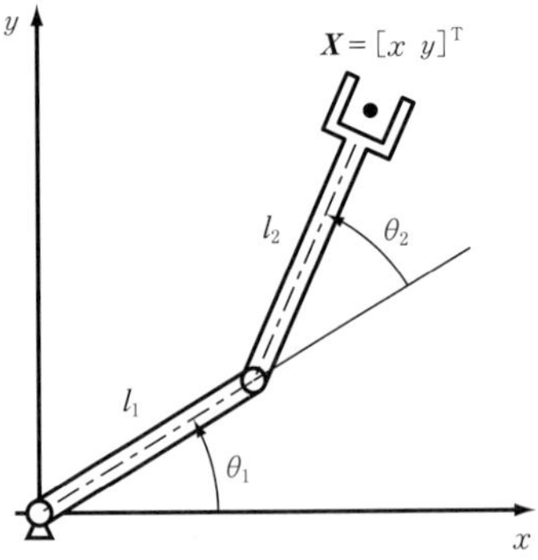

図 14.29 平面2リンクマニピュレータ

ここでは，ロボットの手先を所望の位置へもっていくための関節角度を求める問題を考えよう．図 14.29 の平面2リンクマニピュレータを考える．ある関節角度 $\boldsymbol{\Theta}=[\theta_1\ \theta_2]^{\mathrm{T}}$ のときの手先座標 $\boldsymbol{X}=[x\ y]^{\mathrm{T}}$ は

$$\begin{cases} x=l_1\cos\theta_1+l_2\cos(\theta_1+\theta_2) \\ y=l_1\sin\theta_1+l_2\sin(\theta_1+\theta_2) \end{cases} \tag{14.3.1}$$

で得られる．θ_1, θ_2 を与えて x, y を得ること（順運動学問題）は容易であるが，x, y を与えて θ_1, θ_2 を求めることは，式（14.3.1）の非線形方程式の解を得る問題であり容易ではない．これを逆運動学問題という．この解を求める方法として，次のニュートン・ラプソン法が有用である．

いま，$\boldsymbol{X}^r$ を目標の手先位置とし，これを実現する関節角度を $\boldsymbol{\Theta}^r$ とする．また，適当な初期角度 $\boldsymbol{\Theta}^0$ を設定し，そのときの手先位置を $\boldsymbol{X}^0$ とする．関節が微小量 $\Delta\boldsymbol{\Theta}=[\Delta\theta_1\ \Delta\theta_2]^{\mathrm{T}}$ だけ回転し，それに伴って手先位置が $\Delta\boldsymbol{X}=[\Delta x\ \Delta y]^{\mathrm{T}}$ だけ移動したとする．このとき，式（14.3.1）を $\boldsymbol{\Theta}^0$ のまわりでテイラー展開し，二次以上の微小量を無視することで

$$\Delta\boldsymbol{X}=[J](\boldsymbol{\Theta}^0)\Delta\boldsymbol{\Theta} \tag{14.3.2}$$

$$J(\boldsymbol{\Theta}^0)=\begin{bmatrix} -l_1\sin\theta_1^0-l_2\sin(\theta_1^0+\theta_2^0) & -l_2\sin(\theta_1^0+\theta_2^0) \\ l_1\cos\theta_1^0-l_2\cos(\theta_1^0+\theta_2^0) & l_2\cos(\theta_1^0+\theta_2^0) \end{bmatrix} \tag{14.3.3}$$

が得られる．ここで，[J] は

$$J(\boldsymbol{\Theta}^0)=\left.\begin{bmatrix} \dfrac{\partial x}{\partial\theta_1} & \dfrac{\partial x}{\partial\theta_2} \\ \dfrac{\partial y}{\partial\theta_1} & \dfrac{\partial y}{\partial\theta_2} \end{bmatrix}\right|_{\boldsymbol{\Theta}=\boldsymbol{\Theta}^0} \tag{14.3.4}$$

で定義される行列で，ヤコビ行列とよばれる．$\Delta\boldsymbol{X}$ を目標位置 $\boldsymbol{X}^r$ と現在の位置 $\boldsymbol{X}^0$ の差，$\Delta\boldsymbol{\Theta}$ を $\boldsymbol{\Theta}^r$ と $\boldsymbol{\Theta}^0$ の差とすることで，式（14.3.2）は

$$\boldsymbol{X}^r-\boldsymbol{X}^0=[J](\boldsymbol{\Theta}^0)(\boldsymbol{\Theta}^r-\boldsymbol{\Theta}_0) \tag{14.3.5}$$

と書き直すことができ，これより，

$$\boldsymbol{\Theta}^r=\boldsymbol{\Theta}^0+[J]^{-1}(\boldsymbol{\Theta}^0)(\boldsymbol{X}^r-\boldsymbol{X}^0) \tag{14.3.6}$$

を得る．しかし，実際には式（14.3.2）は $\boldsymbol{\Theta}=\boldsymbol{\Theta}^0$ まわりでの近似式であるため，式（14.3.6）を

$$\boldsymbol{\Theta}^{i+1}=\boldsymbol{\Theta}^{i}+\delta J^{-1}(\boldsymbol{\Theta}^{i})(\boldsymbol{X}^{r}-\boldsymbol{X}^{i}) \tag{14.3.7}$$

として，繰返し計算によって $\boldsymbol{\Theta}^{i}\to\boldsymbol{\Theta}^{r}$ $(i\to\infty)$ とする．これにより，目標の手先位置 $\boldsymbol{X}^{r}$ を実現する関節角度 $\boldsymbol{\Theta}^{r}$ が得られる．ただし，δ は十分小さな定数である．

14.3.2 冗長系の逆運動学問題

上述の平面2リンクマニピュレータでは制御量が手先の x, y 座標の2つ，入力が関節角度 θ_1, θ_2 の2つであり，制御量と入力数が等しい．これは非冗長系とよばれ，式（14.3.1）の未知数が2つ，式が2本であることと一致している．これに対し，入力数が制御量よりも多い場合，制御量に目標の値を実現する入力の解は無数に存在する．これを冗長系という．

図14.30に示す平面3リンクマニピュレータを例にとろう．手先の位置 $\boldsymbol{X}=[x\ \ y]^{\mathrm{T}}$ は

$$\begin{cases} x=l_1\cos\theta_1+l_2\cos(\theta_1+\theta_2)+l_3\cos(\theta_1+\theta_2+\theta_3) \\ y=l_1\sin\theta_1+l_2\sin(\theta_1+\theta_2)+l_3\sin(\theta_1+\theta_2+\theta_3) \end{cases} \tag{14.3.8}$$

で表され，入力を $\theta_1, \theta_2, \theta_3$ の3つ，制御量を x, y の2つとすると冗長系となる．この場合，式（14.3.4）に相当するヤコビ行列は

$$[J]=\begin{bmatrix} \dfrac{\partial x}{\partial\theta_1} & \dfrac{\partial x}{\partial\theta_2} & \dfrac{\partial x}{\partial\theta_3} \\ \dfrac{\partial y}{\partial\theta_1} & \dfrac{\partial y}{\partial\theta_2} & \dfrac{\partial y}{\partial\theta_3} \end{bmatrix}\in[R^{2\times3}] \tag{14.3.9}$$

となり，正方行列ではないためその逆行列が存在しない．そこで，式（14.3.6）のような計算を行うためには［J］の逆行列の代わりにその擬似逆行列

$$[J^{\#}]=[J]^{\mathrm{T}}([J][J]^{\mathrm{T}})^{-1} \tag{14.3.10}$$

を用いる．一般に，$\boldsymbol{\xi}\in[R^{m}]$, $\boldsymbol{\eta}\in[R^{n}]$, $[A]\in[R^{n\times m}]$ $(n<m)$ において，与えられた $\boldsymbol{\eta}$, $[A]$ に対して

$$\boldsymbol{\eta}=[A]\boldsymbol{\xi} \tag{14.3.11}$$

を満たす ξ の解は無数にあり，その一般解は

$$\boldsymbol{\xi}=[A^{\#}]\boldsymbol{\eta}+[\boldsymbol{\xi}_1^{\perp}\ \cdots\ \boldsymbol{\xi}_{m-n}^{\perp}]\boldsymbol{C} \tag{14.3.12}$$

で与えられる．ただし，$\boldsymbol{\xi}_i^{\perp}$ は

$$[A]\boldsymbol{\xi}_i^{\perp}=0 \tag{14.3.13}$$

を満たすベクトルで，$\boldsymbol{C}$ は任意の定数ベクトルである．$\boldsymbol{\xi}_i^{\perp}$ は $m-n$ 次元の空間を張る基底で与えられる．これは，逆運動学の解が $m-n$ だけの自由度をもっていることに一致し，さらに，得られる解は入力値の初期値に依存して変化する．

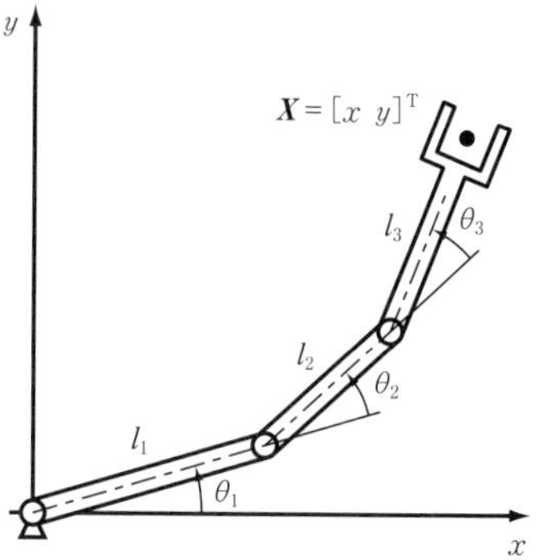

図 14.30 平面3リンクマニピュレータ

図14.31は目標の手先位置に対して，2つの

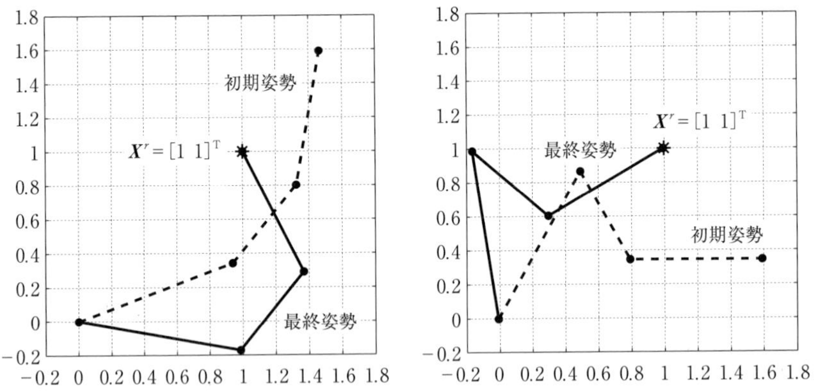

図 14.31 平面 3 リンクマニピュレータの逆運動学解

初期値からの収束解を求めた結果である．このような冗長自由度を用いて，障害物回避や可操作性の最大化などの最適化計算に関する研究が数多くなされている．また，ここでは二次元平面内を動くマニピュレータの運動学を示したが，三次元空間を動くマニピュレータに対しては，座標変換行列を用いるほうが扱いやすい[1]．

14.3.3 特異姿勢

前述の内容では，$[J]^{-1}$ や $[J^{\#}]$ を用いた．しかし，J が正方行列であっても正則ではないために逆行列が存在しない場合や，$[J][J]^{\mathrm{T}}$ が正則ではないために逆行列が存在せず，そのために擬似逆行列が存在しない場合がある．このときを特異姿勢（あるいは特異点）という．

ヤコビ行列の物理的な意味と特異姿勢について詳しくみてみよう．式 (14.3.2) と式 (14.3.4) から

$$\begin{bmatrix} \Delta x \\ \Delta y \end{bmatrix} = \begin{bmatrix} \dfrac{\partial x}{\partial \theta_1} \\ \dfrac{\partial y}{\partial \theta_1} \end{bmatrix} \Delta\theta_1 + \begin{bmatrix} \dfrac{\partial x}{\partial \theta_2} \\ \dfrac{\partial y}{\partial \theta_2} \end{bmatrix} \Delta\theta_2 \tag{14.3.14}$$

と書ける．これを図で表そう．図 14.32 のように，θ_1 が変化することで手先は $[\partial x/\partial\theta_1 \ \partial y/\partial\theta_1]^{\mathrm{T}}$ の方向に変化し，θ_2 が変化することで $[\partial x/\partial\theta_2 \ \partial y/\partial\theta_2]^{\mathrm{T}}$ の方向に変化すると表せる．結果として，手先の変化は 2 つのベクトルの線形和で表され，$\Delta \boldsymbol{X}$ は二次元空間を張る．一方，特異姿勢では

$$\operatorname{rank} J = 1 < 2 \tag{14.3.15}$$

となる．これは $[\partial x/\partial\theta_1 \ \partial y/\partial\theta_1]^{\mathrm{T}}$ と $[\partial x/\partial\theta_2 \ \partial y/\partial\theta_2]^{\mathrm{T}}$ が従属，すなわち，図 14.33 のように平行であることを意味している．これにより，手先は二次元空間内のあるひとつの方向にしか動けなくなる．このように，特異姿勢は n 個の制御量が独立に制

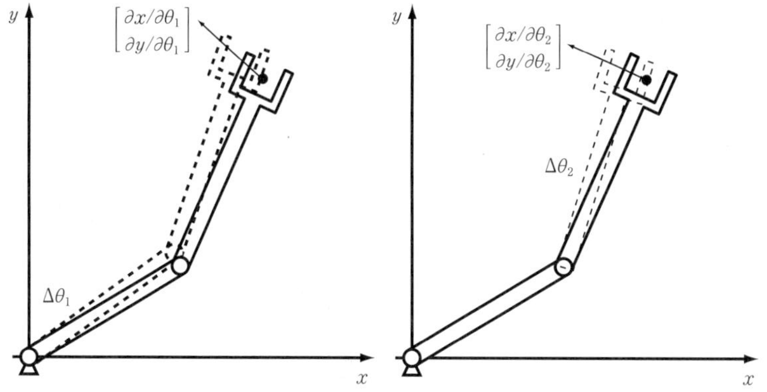

図 14.32　ヤコビ行列の列ベクトルとその表現

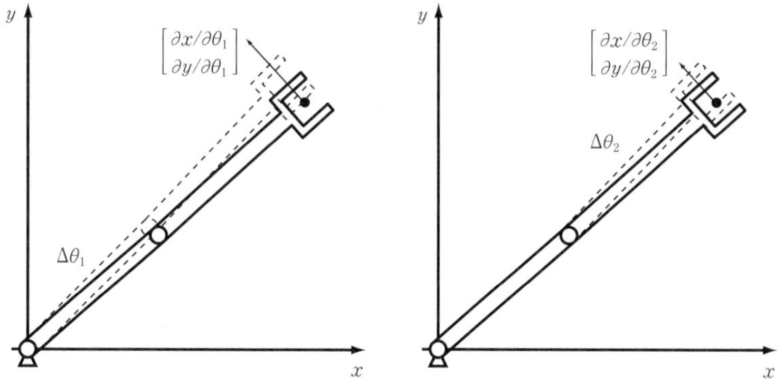

図 14.33　特異姿勢におけるヤコビ行列の列ベクトル

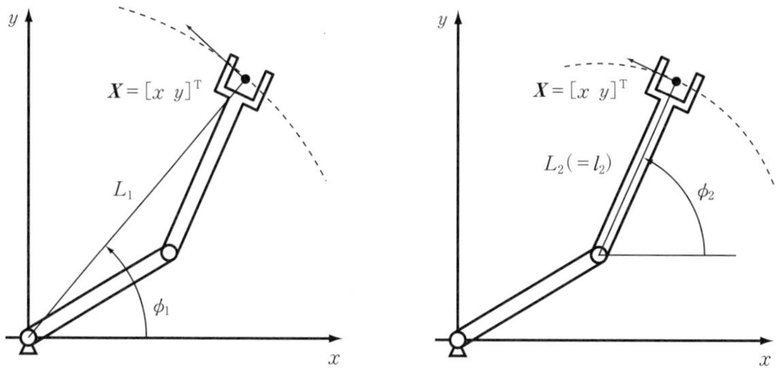

図 14.34　ヤコビ行列のほかの表現方法

御できなくなり，従属な関係をもつ姿勢である．特異姿勢では逆行列（あるいは擬似逆行列）が計算できないため，一般の逆問題における対処法[2]を利用することでさまざまな方法が提案されている．

また，この考え方を用いるとヤコビ行列は図 14.34 のパラメータを用いて

$$[J]=\begin{bmatrix} -L_1\sin\phi_1 & -L_2\sin\phi_2 \\ L_1\cos\phi_1 & L_2\cos\phi_2 \end{bmatrix} \tag{14.3.16}$$

とも表され，これは

$$-L_1\sin\phi_1=-\sqrt{x^2+y^2}\frac{y}{\sqrt{x^2+y^2}}=-l_1\sin\theta_1-l\sin(\theta_1+\theta_2) \tag{14.3.17}$$

$$L_1\sin\phi_1=\sqrt{x^2+y^2}\frac{x}{\sqrt{x^2+y^2}}=l_1\cos\theta_1+l\cos(\theta_1+\theta_2) \tag{14.3.18}$$

$$-L_2\sin\phi_2=-l_2\frac{l_2\sin(\theta_1+\theta_2)}{l_2}=-l_2\sin(\theta_1+\theta_2) \tag{14.3.19}$$

$$L_2\cos\phi_2=l_2\frac{l_2\cos(\theta_1+\theta_2)}{l_2}=l_2\cos(\theta_1+\theta_2) \tag{14.3.20}$$

となるので，式（14.3.3）とも一致する． 〔**岡田昌史**〕

文　献

1）岡田昌史：システム制御の基礎と応用ーメカトロニクス系制御のためにー，数理工学社，2007.
2）武者利光監修，岡本良夫：逆問題とその解き方，オーム社，1992.

14.4　力　　制　　御

14.4.1　手先発生力と関節トルク

一般に，ロボットでは図 14.35 のように手先で所望の力を発生させたい場合が多い．

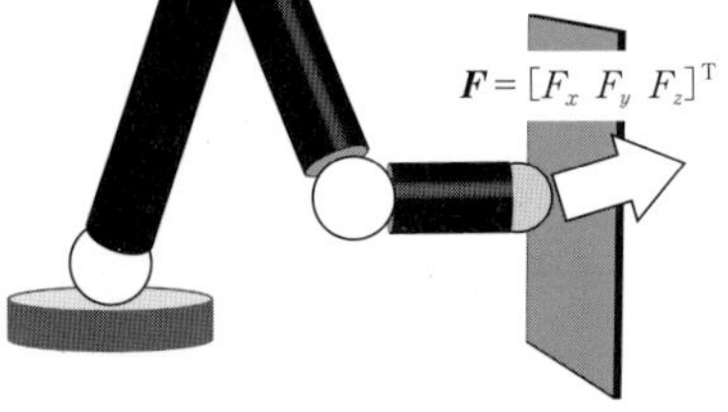

図 14.35　手先での力の発生

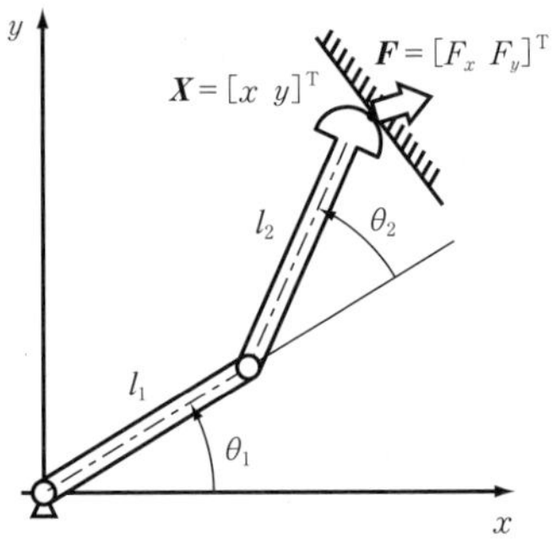

図 14.36　平面 2 リンクマニピュレータの手先力の発生

目標の力を発生させるために関節はどのくらいのトルクを発生すればよいのかを計算してみよう．図 14.29 の平面 2 リンクマニピュレータが図 14.36 のようにある関節角度 $\boldsymbol{\Theta}$ のとき，手先に力 $\boldsymbol{F}=[F_x\ F_y]^{\mathrm{T}}$ を発生させるために関節トルク $\boldsymbol{\tau}=[\tau_1\ \tau_2]^{\mathrm{T}}$ を発生しているとする．このとき，仮想的に関節が微小量 $\Delta\boldsymbol{\Theta}$ だけ回転し，それに伴って手先位置が $\Delta\boldsymbol{X}$ だけ移動したとすると，関節トルクがする仕事と手先力がする仕事は等しいので，

$$\Delta\boldsymbol{\Theta}^{\mathrm{T}}\boldsymbol{\tau}=\Delta\boldsymbol{X}^{\mathrm{T}}\boldsymbol{F} \tag{14.4.1}$$

が成り立つ．これを仮想仕事の原理という．これに式（14.3.2）を用いると

$$\Delta\boldsymbol{\Theta}^{\mathrm{T}}\boldsymbol{\tau}=\Delta\boldsymbol{\Theta}^{\mathrm{T}}J^{\mathrm{T}}\boldsymbol{F} \tag{14.4.2}$$

が導かれ，$\Delta\boldsymbol{\Theta}$ は任意であることから

$$\boldsymbol{\tau}=[J]^{\mathrm{T}}\boldsymbol{F} \tag{14.4.3}$$

が得られる．これより，手先力 $\boldsymbol{F}$ を実現する関節トルク $\boldsymbol{\tau}$ が求められる．

14.4.2 コンプライアンス制御

上で求めたトルクと力の関係を利用して，手先の柔らかさ（コンプライアンス）を仮想的に関節トルクで実現してみよう．いま，図 14.37 のように手先の仮想的なばねを関節の仮想的なばね（比例制御）

$$\boldsymbol{\tau}=[K_\theta]\Delta\boldsymbol{\Theta} \tag{14.4.4}$$

で実現する方法を考えよう．ただし，一般に多次元空間でのばね定数は次元と同じ大きさの行列で与えられる．図 14.37 は二次元であるため，手先のばね定数 $[K_x]$ は

$$[K_x]=\begin{bmatrix} k_{xx} & k_{xy} \\ k_{xy} & k_{yy} \end{bmatrix} \tag{14.4.5}$$

の構造をもち，これは楕円を意味している．$[K_x]$を

$$[K_x]=USV^{\mathrm{T}} \tag{14.4.6}$$

$$=[u_1\ \ u_2]\begin{bmatrix} s_1 & 0 \\ 0 & s_2 \end{bmatrix}\begin{bmatrix} v_1^{\mathrm{T}} \\ v_2^{\mathrm{T}} \end{bmatrix}\quad (s_1 \geq s_2 \geq 0) \tag{14.4.7}$$

と特異値分解すると，$[K_x]$ は正定対称行列（固有値が正の対称行列）であることから $U=V$ が成り立ち，これは長軸を u_1，短軸を u_2，その軸長さをそれぞれ $1/\sqrt{s_1}$，$1/\sqrt{s_2}$ とする楕円を意味していることから，これをコンプライアンス楕円体とよぶ．また，達成されるばねの復元力 $\boldsymbol{F}$ は

$$\boldsymbol{F}=[K_x]\Delta\boldsymbol{X} \tag{14.4.8}$$

で与えられるので，式（14.3.2），(14.4.1)，(14.4.4)，(14.4.8) から

$$\Delta\boldsymbol{\Theta}^{\mathrm{T}}K_\theta\Delta\boldsymbol{\Theta}=\Delta\boldsymbol{\Theta}^{\mathrm{T}}[J]^{\mathrm{T}}[K_x][J]\Delta\boldsymbol{\Theta} \tag{14.4.9}$$

が導かれ，$\Delta\boldsymbol{\Theta}$ は任意なので

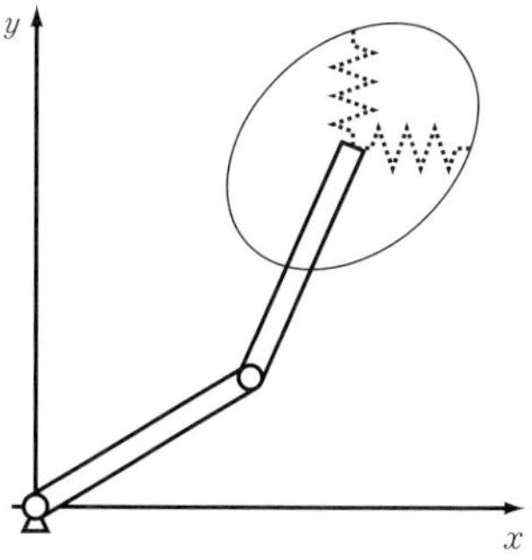

図 14.37　手先での柔らかさ

$$[K_\theta]=[J]^{\mathrm{T}}[K_x][J] \quad (14.4.10)$$

が得られる．これにより，手先での柔らかさ（ばね定数）$[K_x]$ を実現するための関節の柔らかさ $[K_\theta]$ が得られる．ただし，$[J]$ はある姿勢の瞬間でのヤコビ行列であるため，大変形に対応するためには $[J]$ を関節の回転に合わせて時々刻々と変化させる必要がある．

〔岡田昌史〕

14.5 モータの駆動

14.5.1 H ブリッジによる電圧制御

モータを駆動する場合，図 14.38 にある H ブリッジが用いられることが多い．同図の FET は外部電圧（ゲート）によってドレインとソースを短絡させるスイッチの役割を果たすもので，同図の a と d の FET をオン，b と c をオフにすることでモータは正転し，逆の場合に逆転する．また，正転の場合に a, d を図 14.39 に表すようにある一定時間 T の間に何 % をオンにするかの比率（Duty 比）を変化させることで仮想的な電圧を作り出す．一般に，T は 0.1 msec 程度であるが，短くすれば回転のむらがなくなるものの，モータのインダクタンスの影響で目標の電圧を施すことができなくなるだけでなく，FET の同期制御が難しくなる．特に，a と b（あるいは c と d）の両方がオンになる瞬間があれば，+VDD, GND 間はショートされ，FET に大きな電流が流れることで FET の破損が引き起こされる．

14.5.2 電圧制御と電流制御

上で述べた方法は，モータに加える電圧を制御するための回路であるが，モータの発生トルク τ はモータに流れる電流 i を用いて

$$\tau=K_A i \quad (14.5.1)$$

で表されるので，力制御を行うためにはモータに流れる電流を制御する必要がある．なお，K_A はトルク定数であり，モータ内部の磁界強度，コイルの巻き数などによって決まる定数である．一方，電流と電圧 V の間にはモータの内部抵抗を $R[\Omega]$，イン

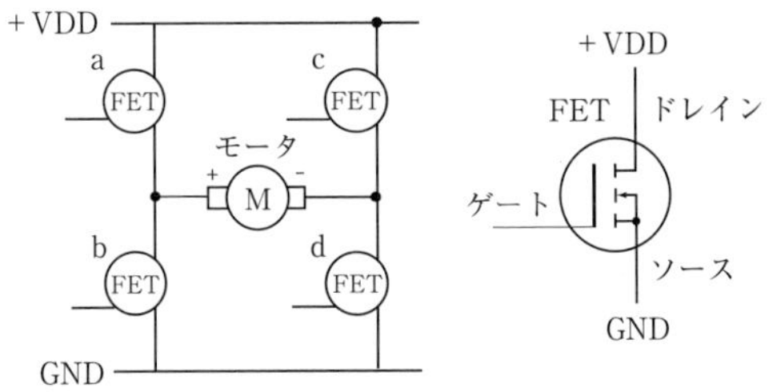

図 14.38 H ブリッジと FET

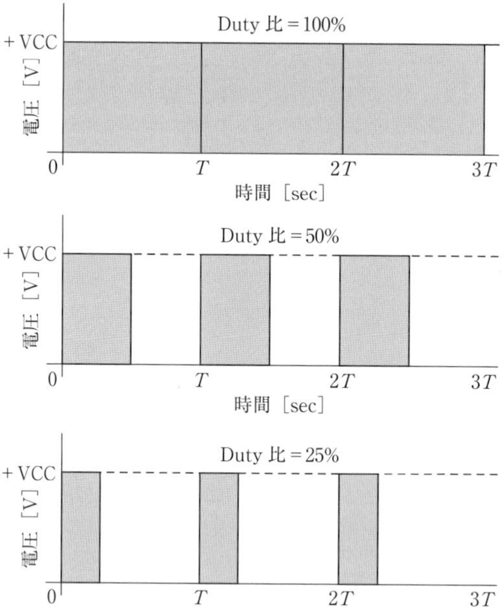

図 14.39 Duty 比による仮想的な電圧

ダクタンスを L[H]，モータの回転角を θ とすると

$$V=Ri+L\frac{\mathrm{d}i}{\mathrm{d}t}+K_V\frac{\mathrm{d}\theta}{\mathrm{d}t} \tag{14.5.2}$$

の関係がある．なお，K_V は逆起電力定数でその値は K_A に等しい．しかし，これらのパラメータの正確な値を知ることは困難であるため，電流を制御するためには電流センサーを用いた図 14.40 のフィードバック系を構成するのが一般的である．なお，図中のフィードバック系はモータの動特性を打ち消すために短いサンプリングタイムであることが要求されるので，アナログ回路や FPGA を用いて，モータドライバに実装することが望ましい．さらに，このフィードバック系は式（14.5.1）のもとに利用されるが，実際には減速器のギアの影響により，モータの出力トルクと関節の出力トルクは厳密には一致していない．誤差のないトルク制御を行うためには，トルクセンサーによって関節の出力トルクを計測し，フィードバック系を構成する必要がある．

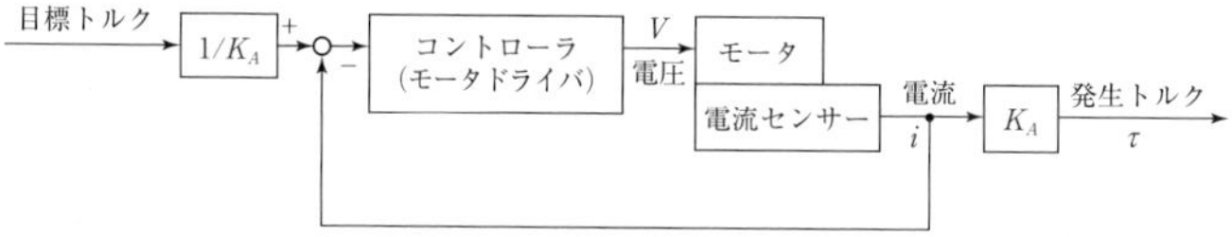

図 14.40 電流制御のフィードバック系

〔**岡田昌史**〕

15. 制振制御技術

15.1 受動的制振制御

15.1.1 制振と振動絶縁

対象とする機械や構造物の振動を抑えることを制振という．機械や構造物と基礎の間で互いに振動が伝わりにくくすることは振動絶縁とよばれる．建築や土木などの分野では，振動絶縁による地震動の影響軽減を免震というときがある．オイルダンパなどの減衰要素は物体間の相対運動に対して抵抗力を発生させ，機械エネルギーを熱エネルギーとして消散させるから，制振制御の手段はアクチュエータを用いる能動的な方法に限定されない．ばねやダンパなどの受動要素，制振材料の使用，振動解析に基づく構造設計など，常套的な手段で所定の制振効果が得られる場合も多い．減衰には相対速度に比例した抵抗力となる粘性減衰やクーロン摩擦のような固体摩擦，内部減衰，構造減衰などがあるが，制振において典型的な減衰モデルは本節で用いる速度比例型の粘性減衰である．

a. 力加振と制振

図 15.1 の質量 m，減衰 c，ばね k からなる線形 1 自由度振動系に角振動数 ω の調和外力 $f_0=F_0\sin\omega t$ が作用するとき，定常応答の変位振幅は次式で与えられる．

$$\frac{X}{X_{\mathrm{st}}}=\frac{1}{\sqrt{(1-\lambda^2)^2+4\zeta^2\lambda^2}} \tag{15.1.1}$$

ここで，$\lambda=\omega/\omega_{\mathrm{n}}$（振動数比），$X_{\mathrm{st}}=F_0/k$（静的変位），$\omega_{\mathrm{n}}=\sqrt{k/m}$（固有角振動数），$\zeta=c/(2\sqrt{mk})$（減衰比）であり，$X/X_{\mathrm{st}}$ は振幅を静的変位との比で示す振幅倍率になっている．減衰係数 c が臨界減衰係数 $c_{\mathrm{c}}=2\sqrt{mk}$ より大きくなると系の自由応答は振動性を失う．減衰比は両者の比として $\zeta=c/c_{\mathrm{c}}$ で定義される．

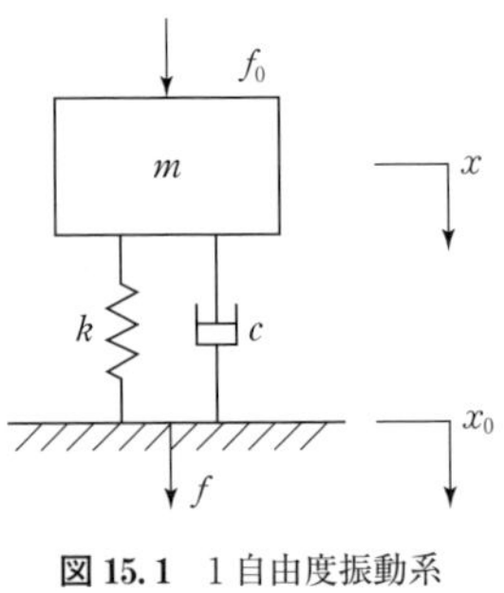

図 15.1 1 自由度振動系

ばねとダンパにより基礎に作用する伝達力 f の振幅を F とするとき，力の伝達率は，

$$T_f=\frac{F}{F_0}=\sqrt{\frac{1+4\zeta^2\lambda^2}{(1-\lambda^2)^2+4\zeta^2\lambda^2}} \tag{15.1.2}$$

となる．図 15.1 の線形 1 自由度系は制振対象の基本形

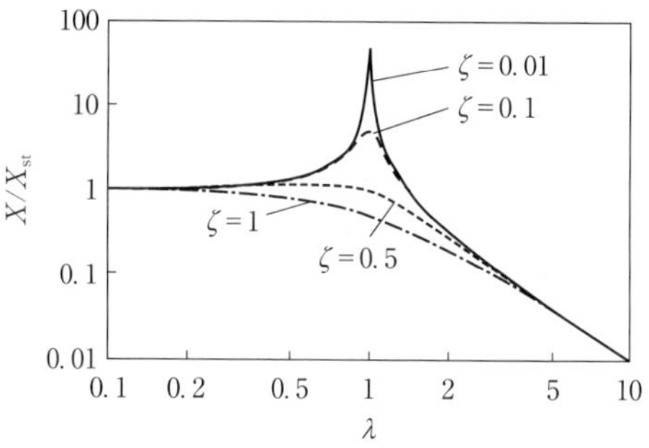

図 15.2 1 自由度振動系の変位振幅曲線

に過ぎないが，実際にこのような簡単なモデルに帰着される例も少なくない．

式（15.1.1）の変位振幅を図 15.2 に示す．通常なら，質量 m は対象の機械や構造物に相当するから，受動的制振の多くは，ばね定数 k と減衰係数 c の設定により変位や伝達力を小さくするという方法である．図 15.2 のように，$\lambda \ll 1$ の帯域では静的変位と変位振幅がほぼ等しいが，減衰比 ζ が不足している場合，加振振動数が固有振動数に近く $\lambda \cong 1$ となると共振により振幅がかなり大きくなる．振幅 X は $\lambda \ll 1$ なら静的変位 $X_{st}=F_0/k$ にほぼ等しいから，ばね定数 k をできるだけ大きくすれば変位を小さくできる．式（15.1.1）により共振で振幅比が極大となる振動数は $\lambda=\sqrt{1-\zeta^2}$ である．共振時の振幅比を共振倍率というが，いまの変位振幅 X/X_{st} については $1/(2\zeta\sqrt{1-\zeta^2})$ である．減衰比 ζ が小さいときは $\lambda=1$ で共振が起きるとみなせて，共振倍率は $1/(2\zeta)$，最大振幅は $F_0\sqrt{m}/(ck^{3/2})$ と近似される．振動数が高く，$\lambda \gg 1$ となると変位振幅 X は $F_0/(m\omega^2)$ に近づき，k と c の影響はわずかである．

ばね定数 k を大きくすれば共振点付近までの帯域で変位が小さくなるのは当然だが，設計上の制約があり，c が不足すれば k が大きくても共振により振幅が大きくなる．共振現象の緩和は受動的制振の主要目的の 1 つであるが，このような関係から減衰付加が代表的な手段である．材料の減衰比は材質によるが，金属材料なら 0.001～0.005 程度であり，鋼構造物や建物については 0.01～0.05 程度の減衰比が多く，振動障害が発生すると対策として減衰力を強くする技術が必要とされることになる．

図 15.1 の粘性減衰が作用する 1 自由度系について，減衰特性を損失係数 η で表現すると $\eta=2\zeta$ であり，自由応答において隣り合う振幅比の自然対数で定義される対数減衰率 δ については $\delta=2\pi\zeta$ となる．減衰比が小さい場合の共振曲線で，共振倍率と比して応答倍率が $1/\sqrt{2}$ となる 2 点の角振動数差（半値幅）を ΔQ とすると，Q 係数は $Q=1/(2\Delta Q) \cong 1/(2\zeta)$ となる．半値幅の測定によって減衰比を求める方法は半パワー法とよばれる．

b. 変位加振と振動絶縁

図 15.3 に示す系において，基礎の変位 $x_0=X_0 \sin \omega t$ に対する上部質量の変位伝達率は

$$T_d=\frac{X}{X_0}=\sqrt{\frac{1+4\zeta^2\lambda^2}{(1-\lambda^2)^2+4\zeta^2\lambda^2}} \qquad (15.1.3)$$

となり，力の伝達率の式（15.1.2）と同じ式になる．

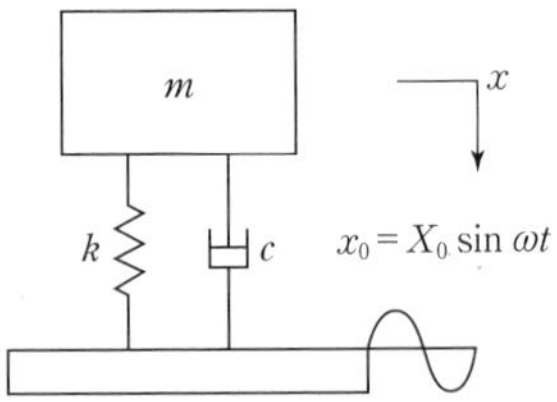

図 15.3　変位加振を受ける 1 自由度系

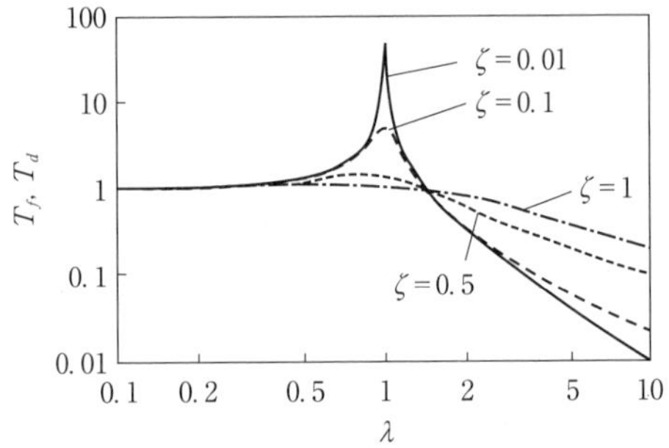

図 15.4　1 自由度系の力の伝達率

式 (15.1.3) の伝達率を図 15.4 に示す．図 15.4 の伝達率は，$\lambda \ll 1$ なら $T_d \cong 1$ であり，$\lambda \cong 1$ で極大となり，$\lambda=\sqrt{2}$ で 1 になり，$\lambda \gg 1$ では伝達率は λ^2 に反比例して低下する．このことから，運転領域での λ を $\sqrt{2}$ より大きくすると伝達率を 1 より小さくできる．ばね定数 k をなるべく小さくすると，同じ加振振動数について λ が大きくなり振動絶縁の効果が生じる．伝達率の極大値は ζ に反比例するが，$\lambda>\sqrt{2}$ では逆に伝達率が ζ に比例して増加するようになる．変位加振において一般的な振動絶縁の方法は，ばね定数 k を小さくして，加振力の振動数より系の固有振動数が低くなるようにする一方，ダンパの減衰係数も小さくして伝達率を下げるようにする．ただし，ζ を小さくしすぎると機械の回転数を運転領域まで上げたり，停止のために下げるときなど，$\lambda \cong 1$ の共振点を通過するなどして設定値より低い振動数で加振されて大きな振幅が生じるため，トレードオフを考慮して設定しなければならない．

15.1.2　減衰機構要素による制振

a.　ダ　ン　パ

制振や振動絶縁を実現するには，前項で示したようにばね定数や減衰係数などに所定の力学的な特性を与える必要がある．相対速度の逆方向に減衰力を発生させて力学的エネルギーを消散させる機構がダンパであり，次のようなものがある．

1)　オイルフィルムダンパ　　粘性液体の膜に作用するせん断力を制動力とする減衰器をオイルフィルムダンパ，あるいはスクィーズフィルムダンパといい，直動型や回転型が実用的に用いられている．一般に低粘度の流体によると速度比例の粘性減衰力が得られる．通常のオイルフィルムダンパでは油膜厚さがきわめて薄いので非定常流れの影響は生じない．

2)　オイルダンパ　　オイルフィルムダンパは摩擦抵抗を減衰力とするが，オイルダンパはピストン前後の圧力差により圧力抵抗を生じさせ，低粘度の流体により強い抵抗力を発生できる利点がある．ピストンに作用する抵抗力は圧力抵抗と摩擦抵抗の和であるが，摩擦抵抗は小さく無視できる．圧力抵抗は入口損失，動圧抵抗，摩擦損失の和とピストン面積の積となる．

摩擦抵抗は速度比例の粘性抵抗と速度二乗型の動圧抵抗からなるが，レイノルズ数が大きいと流路内の流れが乱流になり，粘性抵抗も速度二乗型抵抗となる．粘性抵抗が相対的に大きいダンパを粘性オイルダンパ，動圧抵抗が支配的なダンパは動圧オイルダンパという．粘性オイルダンパは粘度変化による減衰力の温度依存性が高く，環境の温度変化や発熱量の大きい用途では，オリフィスに調節弁を設けて線形ダンパに近い特性をもたせた動圧ダンパが用いられる．オイルダンパの内部には流速が高い部分が生じるため，動作流体の質量と比して質量効果が強く，取り付けにより系の固有振動数が低下することがある．

3)　空気ダンパ　空気ダンパはオイルダンパと同じ基本構造で空気を動作流体としている．空気の質量効果は無視できるが，粘性が低いため流路を狭くする必要があり，同時に高い形状精度が要求される．空気の圧縮性により必然的にばね効果も生じる．しかも，ダンパ全体としての減衰係数とばね定数に著しい周波数依存性がある．

① 粘性空気ダンパ：流路で生じる圧力損失により速度比例の抵抗力が発生するが，力学モデルは減衰要素とばね要素を直列に組み合わせたマックスウェルモデルとすると周波数依存性を表現できる．空気の粘性係数は温度による影響はほとんど受けないので，減衰特性とばね特性の温度依存性はわずかである．

② 動圧空気ダンパ：オリフィスで静圧が動圧に変換されることで抵抗力が発生する．動圧空気ダンパは非線形ダンパであり，空気の質量流量が圧力の非線形関数になることから，減衰係数はピストンの振動数と振幅の関数となる．

4)　磁気ダンパ　導体が磁場のなかで運動すると電磁誘導により渦電流が発生して，磁場との相互作用で制動力を生じる．厳密な速度比例型となり，機械的な接触がなく，温度依存性が少ない，真空中でも使えるなどの利点があるが，希土類磁石を用いても減衰力が弱く，高価になりやすい．減衰力を強くするために，往復運動をボールねじによって回転運動に変えて相対変位を拡大する機構，複数の磁石を交互に磁極を反転させて配置する方法などがある．

5)　摩擦ダンパ　固体摩擦によると簡単な構造で強い減衰力が得られる．温度変化の影響も受けにくい．減衰力は基本的には速度によらないクーロン摩擦であるため，振動系の静止位置がすれることが問題になりやすい．面圧を調整することで，粘性減衰に近い速度依存型の減衰力を発生させるダンパも考案されている．

6)　インパクトダンパ　鋼球などの単一質量が容器の側壁に衝突するときの衝撃力で振動を抑制する．安価で温度依存性が低いなどの利点があるが，その反面，衝突時の騒音や容器の損傷が問題となる傾向もある．

7)　粉粒体ダンパ　インパクトダンパの単一質量に代えて，多数の粒子と容器，粒子間の衝突と摩擦によることで問題点を解消しようとするものである．移動体の振動方向，容器の寸法，粒子の材質と大きさ，充填率，振動の振幅や振動数によって効果が大きく変動するので，製作前のシミュレーションや実験が重要である．

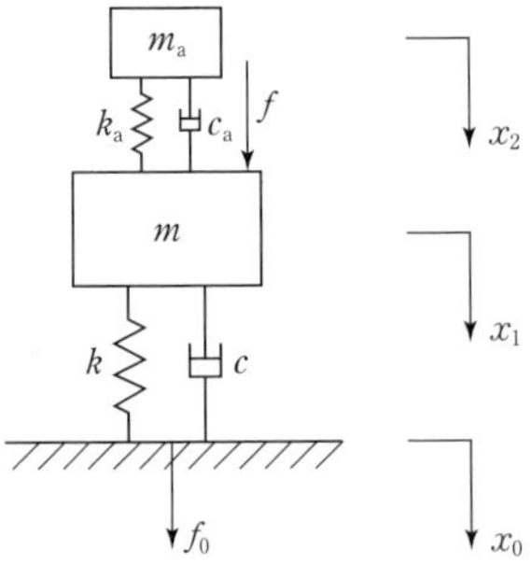

図 15.5 2自由度振動系

b. 動吸振器

1) 非減衰型動吸振器　図 15.1 の振動系を制振するためにはダンパの減衰係数 c を大きくすればよいが，現実にはダンパの取り付けが困難な機械や構造物などもある．図 15.5 のように，質量 m_a，減衰係数 c_a，ばね定数 k_a の振動系を付加して 2 自由度系とすると所定の制振効果が生じる場合があり，このような付加系は動吸振器（dynamic vibration absorber）や同調質量ダンパ（tuned mass damper）などとよばれる．

図 15.5 の 2 自由度振動系で，主振動系の減衰が不足している場合を想定して，ここでは $c=0$ と仮定する．調和外力を $f_0=F_0 \sin \omega t$ とすると，主振動系の定常応答は変位振幅の無次元化により次のようになる．

$$\frac{X}{X_{st}}=\sqrt{\frac{(\lambda^2-\lambda_a^2)^2+(2\zeta\lambda)^2}{[(\lambda^2-1)(\lambda^2-\lambda_a^2)-\mu\lambda^2\lambda_z^2]^2+(2\zeta\lambda)^2[(1+\mu)\lambda^2-1]^2}} \qquad (15.1.4)$$

ここで，$X_{st}=F_0/k$，$\lambda=\omega/\Omega$，$\lambda_a=\omega_a/\Omega$，$\mu=m_a/m$，$\zeta=c_a/(2m_a\Omega)$，$\Omega=\sqrt{k/m}$，$\omega_a=\sqrt{k_a/m_a}$ である．外力の振動数が一定の場合には，動吸振器を非減衰型として（$c_a=0$ すなわち $\zeta=0$），動吸振器の固有振動数を加振振動数に一致させると（$\omega_a=\omega$），式(15.1.4) の伝達率が 0 となり，計算上は主系の振幅を 0 にできる．外力が正弦波状で周期が一定なら，図 15.5 のように反共振の利用で主振動系の振幅を小さくできる．

2) 粘性減衰型動吸振器

(1) 定点理論：　反共振型動吸振器は，加振力が正弦波状であっても振動数が変化すると反共振を維持できるとは限らず，共振が励起される場合もある．粘性減衰型動吸振器は，粘性減衰 c_a により反共振点の両側にある共振点の高さを抑えるもので，調和励振における振動数変化や共振点付近の周波数成分を含む不規則励振に対応できる．

動吸振器の減衰係数 c が変化するとき，主系の振幅変位の周波数応答曲線は 2 つの定点 P, Q を通る．定点の高さは最大伝達率の下限になるため，標準的な設定では，ばね定数の調整により 2 つの定点で伝達率を一致させる．ばね定数 k を変化させるとき，点 P, Q の伝達率はトレードオフ関係にあり，両点の高さを揃えると最大値が最小化される．この条件で動吸振器の固有振動数を決める方法は定点理論とよばれることがある．

$$\frac{\omega_a}{\Omega}=\frac{1}{1+\mu} \qquad (15.1.5)$$

減衰係数は共振曲線が定点 P, Q の付近で極大となる条件から決める．定点 P, Q で極大となる c_a の値はわずかに相違するだけであり，両者の平均値をとると減衰比は，

$$\zeta=\sqrt{\frac{3\mu}{8(1+\mu)^3}} \qquad (15.1.6)$$

となる（図 15.6, 15.7 の実線）．なお，ここでの減衰比 ζ は動吸振器の解析でよく用いられるが，付加系を図 15.3 のような 1 自由度振動系とみなしたときの減衰比とは無次元化の定義により相違している．式（15.1.6）を減衰比とするとき，左右の共振点は定点から少し離れていて，高さも相違している．したがって，式（15.1.5），（15.1.6）は共振倍率最小化の厳密解ではなく，右側の共振点が左側よりわずかに高くなるが，実用上は共振倍率が定点の高さ

$$\frac{X}{X_{st}}=\sqrt{1+\frac{2}{\mu}} \qquad (15.1.7)$$

に一致するとみなしてよい．

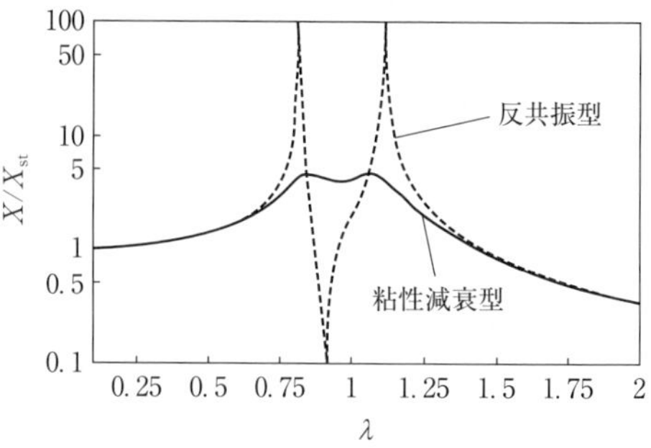

図 15.6 反共振型動吸振器と粘性減衰型動吸振器

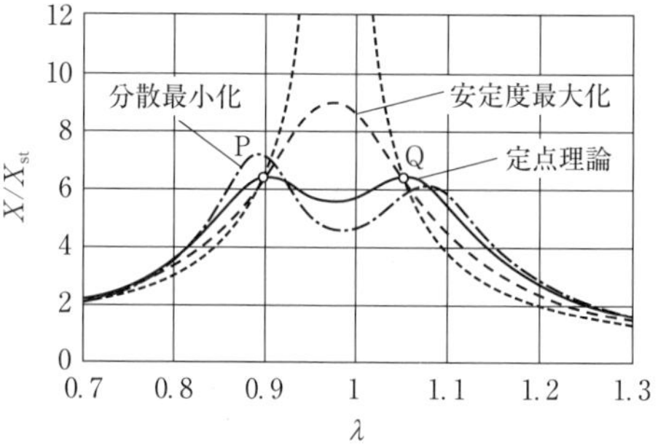

図 15.7 粘性減衰型動吸振器の基本的な設計

（2） 不規則励振における分散最小化： 加振力が一定のパワースペクトル密度の白色雑音とするとき，主系変位の二乗平均 $E[x^2]$ を最小化する調整方法が知られている．最適な同調比は代数的な計算により

$$\frac{\omega_a}{\Omega}=\frac{1}{1+\mu}\sqrt{1+\frac{\mu}{2}} \qquad (15.1.8)$$

減衰比は

$$\zeta=\frac{1}{4}\sqrt{\frac{\mu(4+3\mu)}{(1+\mu)^3}} \qquad (15.1.9)$$

となり，定点理論より減衰比が小さくなり，変位応答曲線は反共振の谷がやや深くなる一方，共振点がやや高くなるが，それ以外に大きな違いはない（図 15.7 の一点鎖線）．

（3） 安定度最大化： 線形系の安定度は複素平面における特性根と虚軸の距離 Λ であり，適当な定数 C をとるとき指数関数 $\pm Ce^{-\Lambda t}$ が自由応答の上下限となる性質がある．前述（2）の動吸振器を，安定度を最大化する規範のもとで調整すると，最適な同調比は定点理論と変わらず，減衰比は

$$\zeta=\sqrt{\frac{\mu}{(1+\mu)^3}} \qquad (15.1.10)$$

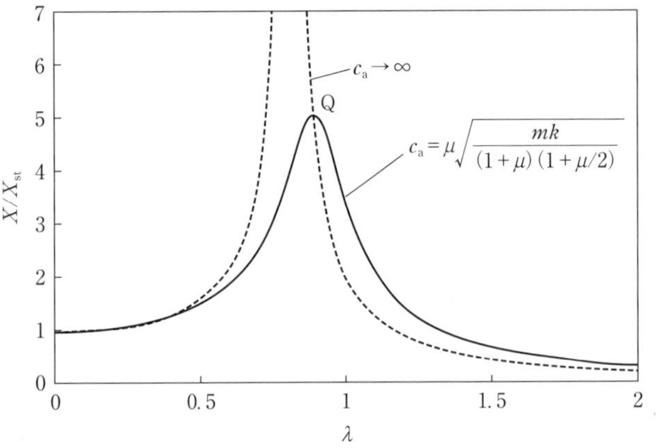

図 15.8 フードダンパ

となり，定点による調整と比べると約 1.6 倍になる．共振点は 1 つになり，定点理論設計より最大振幅倍率は増加する（図 15.7 の破線）．安定度を最大にすることは過渡応答の速やかな収束を意味するが，定点理論によるときと過渡応答に極端な差は生じない．減衰係数 c_a の増大に伴い動吸振器の相対変位は減少傾向となり，設定上の長所となる場合がある．

3） フードダンパ　フードダンパは質量と粘性減衰からなり，動吸振器からばねを除いた構造である．変位応答の定点 Q は（図 15.8）

$$\frac{\omega}{\Omega}=\sqrt{\frac{2}{2+\mu}} \tag{15.1.11}$$

$$\frac{X}{X_{st}}=1+\frac{2}{\mu} \tag{15.1.12}$$

の位置にあり，応答曲線がこの点で極大となる減衰係数は

$$c_a=\mu\sqrt{\frac{mk}{(1+\mu)(1+\mu/2)}} \tag{15.1.13}$$

である．フードダンパの制振性能は動吸振器より低いが，場合により設計が困難となる付加系のばねが不用となる点が長所である．

15.1.3 制振材料による制振

a. 粘弾性体

弾性と流動性を併せ持つ物質は粘弾性体とよばれる．粘弾性体の変形は弾性的な現象だけではなく，応力が変形速度に依存する粘性的な挙動としての側面があり，荷重（応力）と変位（歪み）の間にヒステリシスが生じて，力学的エネルギーが熱として消散する．減衰材として使用される物質のほとんどは粘弾性体であり，高分子やゴム

などのエラストマーなどがその代表的なものである．荷重に対する変位や歪みの遅延として生じる減衰力は温度や周波数に依存するため，特性の把握が重要である．最近では，シリコーンゴムに気泡を入れてより大変形に耐えるようにしたものや，ゲル状態のままで耐衝撃性が高く，極低温状態で使用できるもの，ゴムにフィラーなどの補強物を混入した複合材料として高強度としたものなど種々の材料がある．

b.　制 振 鋼 板

通常の鋼板に減衰能の高い樹脂を貼りつけて制振性能を高めたものを制振鋼板という．制振鋼板には，制振の表面に樹脂を貼りつけただけの非拘束型の鋼板と，2 枚の鋼板の間に樹脂を挟み込んだ拘束型がある．非拘束型は，鋼板の曲げによる樹脂層の伸縮変形によりエネルギー消散を行うものであり，制振性能を高めるには樹脂層を厚くしなければならない．それに対して，拘束型は樹脂層のせん断変形によりエネルギーを消散させるため，樹脂層が薄くてもエネルギー消散性能を高くすることができる．制振鋼板の使用にあたっては，樹脂の損失係数が温度によって大きく変化するため，使用温度に適した制振鋼板を選定しなければならない．広い温度範囲で大きな損失係数を維持する高分子材料も開発されてきている．

c.　制 振 合 金

内部摩擦の大きい合金が制振のために使われる．制振合金は，内部摩擦の発生機構の違いにより，強磁性型，複合型，双晶型，転位型に分類される．その種類によって，制振合金の減衰能の温度依存性，周波数依存性および振幅依存性が異なり用途に応じて使い分けられる．

d.　複 合 材 料

複合材料は母材とそれを強化する強化材からなる．広い意味では上の制振鋼板も制振合金も複合材料とみなせる．制振材料としてよく用いられる繊維強化型複合材料では，プラスチックなどの母材に，ガラス繊維や炭素繊維を強化材として加えて，軽量で高強度の材料を得ている．繊維強化型複合材料は，繊維の方向には強いが直交方向には弱いため，配向角を変えて多層積層した積層板が一般に用いられる．混合する母材と強化剤の材料特性から一方向性材および積層板の弾性係数と減衰性能を計算する方法が提案されている．

e.　機能性流体

機能性流体とは，工学的に応用可能な機能を発揮する流体の総称であり，制振には MR 流体や ER 流体が用いられる．MR 流体は，強磁性体の微粒子を界面活性剤により機械油，シリコーン油に分散させたものである．磁場を作用させることにより，速度に比例した抵抗力が発生するようになり，みかけ上の液体の粘性が変化する．このことを利用して可変減衰のオイルダンパがつくられている．同様に，外部電場をかけることで，みかけ上の粘度特性が変化する ER 流体もあるが，分散させる粒子の沈殿や，印加電圧が高圧になることが問題であり，ダンパとしてよりむしろクラッチやブレーキとして使われる．

〔**西原　修**〕

15.2 回転体のバランシング

15.2.1 剛性ロータの不釣合い

a. 静不釣合いと動不釣合い

図 15.9(a) に示すように，軸中心線上の図心 S がロータ重心 G から ε だけずれている状態を静不釣合いとよび，$U=m\varepsilon$ を不釣合い，ε を質量偏心という．回転軸には遠心力 F が作用する．静不釣合い U は，同図 (b) に示すように半径 r の位置に取り付けられた小さなおもり Δm と等価である．

$$\text{静不釣合い：} U=m\varepsilon=\Delta mr \quad [\mathrm{kg \cdot m}] \tag{15.2.1}$$

一方，重心 G は図心 S に一致しているが，図 15.10(a) に示すように，円板の重心慣性主軸が回転軸に対して τ だけ傾いている状態を動不釣合いという．その傾きを直す方向にモーメント M が作用する．同図 (b) に示すように，動不釣合いは円板を挟んだ距離 a の位置に存在する逆相の 2 つの静不釣合いと等価である．

$$\text{動不釣合い：} (I_p-I_d)\tau=\Delta mra \quad [\mathrm{kg \cdot m^2}] \tag{15.2.2}$$

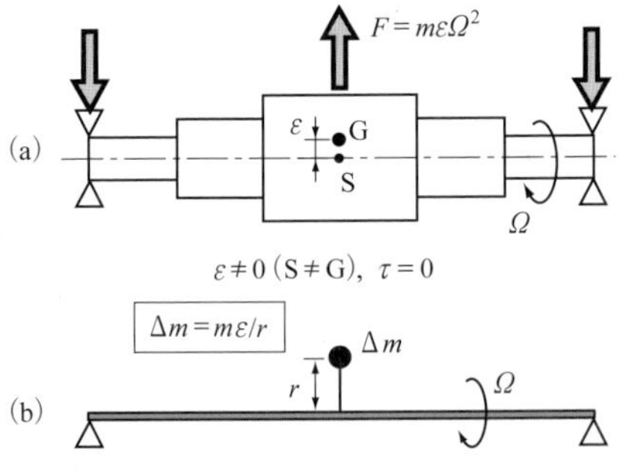

図 15.9 静不釣合い

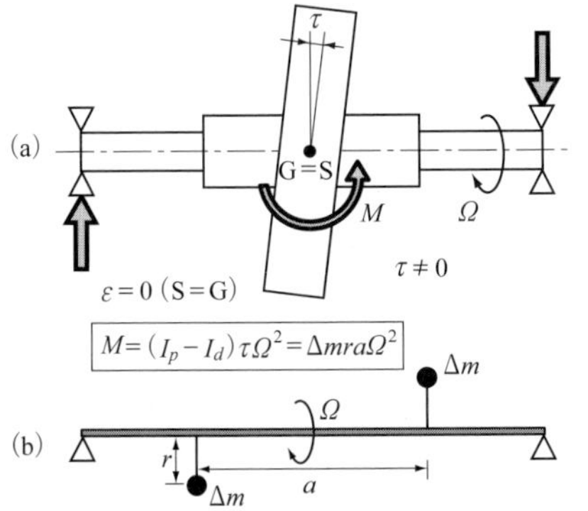

図 15.10 動不釣合いと偶不釣合い

この逆相ペアの静不釣合いを偶不釣合いという．

これらの不釣合いが存在すると回転中に軸受に反力が伝わり，床振動などを励起するので除去しなければならない．この不釣合い除去作業をバランスシングという．実際の剛性ロータは静不釣合いと動不釣合いが混在し，結局 2 か所（2 面という）の静不釣合いに集約される．ロータ軸の左右 2 面の位置を指定し，その面での等価な静不釣合いを検出する釣合い試験機が後述の剛体バランサである．

b. 剛性ロータのバランサ[1)]

回転機ロータは製造過程で各部品ごとに剛体としてのバランスをとる．また，ケーシングに挿入する前に最終的に組み立てロータとしての剛体軸バランスをとる．剛性ロータのバランサ（ダイナミックバランサという）として，図 15.11 に示す 2 種類が市販されている．

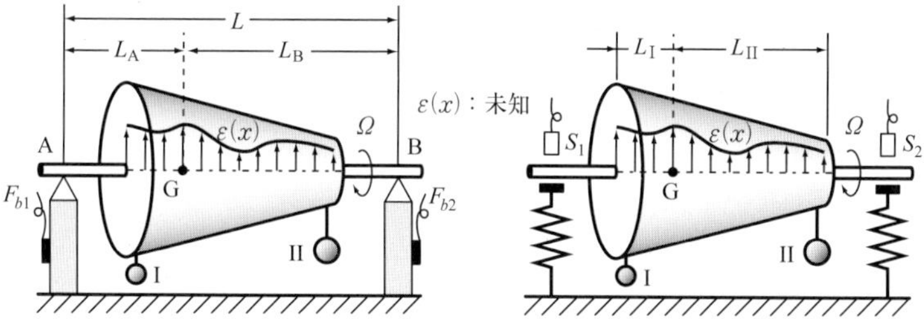

(a) ハードタイプ　　(b) ソフトタイプ

図 15.11　動釣合い試験器（ダイナミックバランサ）

① ハードタイプ：剛支持軸受で剛体軸を支承，回転させるもので，軸受反力 F_{b1} と F_{b2} を計測して残留不釣合いに換算する方法である．

② ソフトタイプ：軟支持軸受で剛体軸を支承，回転中に発生した軸受不釣合い振動 S_1 と S_2 を計測して残留不釣合いに換算する方法である．

ロータの両端付近に I と II と記す面が修正面で，バランサの指示に従いこの面に修正おもりを付けたり，その反対側を削って 2 面バランスを行う．

c.　剛性ロータの許容残留不釣合い

残留不釣合いの許容値は図 15.12 に示すように ISO 1940[2)] によって規定されている．横軸は運転回転数 N [rpm = r/min]，縦軸は許容残留質量偏心 ε（専門用語としては比不釣合い ε_{per} という）[μm]，パラメータはバランスの品質を示すグレード G で下記にて計算する値である．

$$G = \frac{\varepsilon}{1000} 2\pi \frac{N}{60} = \frac{\varepsilon N}{9550} \quad [\mathrm{mm \cdot rad/s}] \tag{15.2.3}$$

例えば，$\varepsilon = 10\ \mu$m，$N = 6000$ rpm のバランス品質グレード G は次式より 6.3 である．

$$G = \frac{10}{1000} \times 2\pi \times \frac{6000}{60} = 6.28 \approx 6.3$$

バランス後のロータの残留不釣合いのチェックは，以前は図 15.11 に示す修正面位置 I と II で行っていたが，現在では実機の軸受位置 A, B 面で行うことが推奨されている．例えば，同図 (a) で全質量 $m = 3600$ kg, $N = 3000$ rpm, $L = 2400$ ($L_A = 1500$, $L_B = 900$) mm の蒸気タービンロータの左右 A, B 面での許容不釣合い量は次のように求まる．

不釣合い品質グレード：$G = 2.5$（図 15.12 に例示）→ 比不釣合い $\varepsilon_{per} = 8$ [μm]

許容不釣合い量：$U_{per} = m\varepsilon_{per} = 28.6 \times 10^3$ [g・mm]

左右 AB 面換算：$U_{perA} = \dfrac{U_{per} L_B}{L} = 10.7 \times 10^3$, $U_{perB} = \dfrac{U_{per} L_A}{L} = 17.9 \times 10^3$ [g・mm]

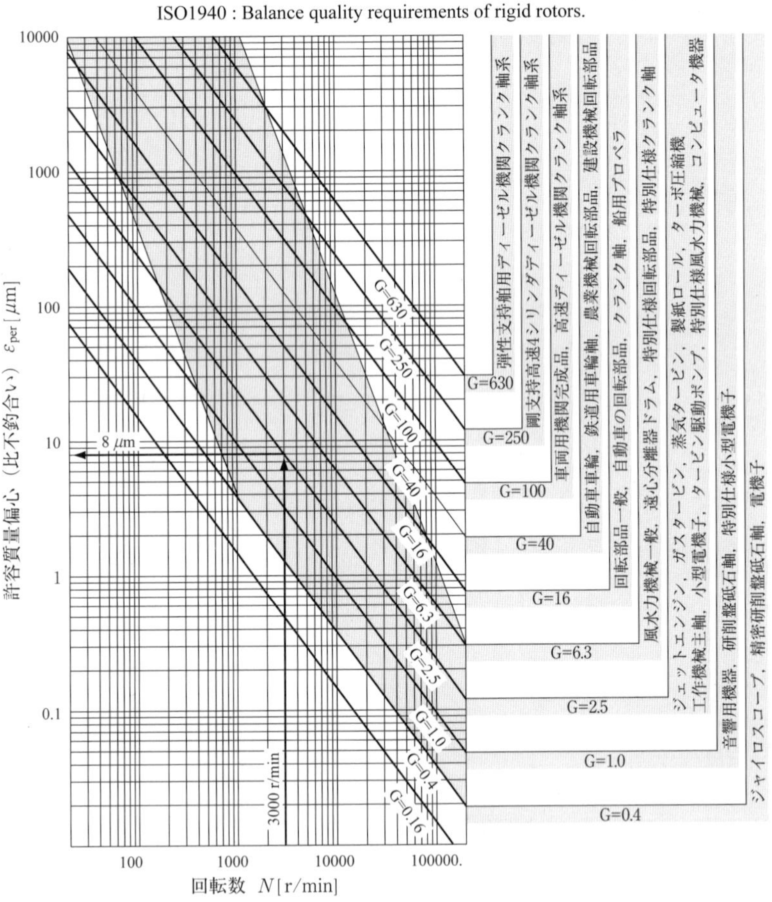

図 15.12 許容不釣合い（ISO 1940 : 2003）

15.2.2 フィールドバランスの基礎（モード円 1 面バランス）[3),4)]

剛体バランスをとっても，実機の高速回転状態では曲げモードも介在し，フィールドでの再バランスが必要な場合が多々ある．そのためには図 15.13 に示すように，ロータの一部にマークを付けて回転パルスを発生させる．これを角度基準マークとしてロータ振動波形を見比べ，パルスからみた振動ピークの位相差を検出する．そして，振動ベクトル（複素振幅＝振幅∠位相）を複素平面に描いたナイキスト線図の例が図 15.14 である．このナイキスト線図をバランス現場ではモード円とよび，これを駆使したバランスがフィールドバランスの考え方の基礎を与える．

a. 線 形 関 係

回転マークからみてロータ位相 θ に偏心 ε があるときの不釣合いベクトル $\boldsymbol{U}=$

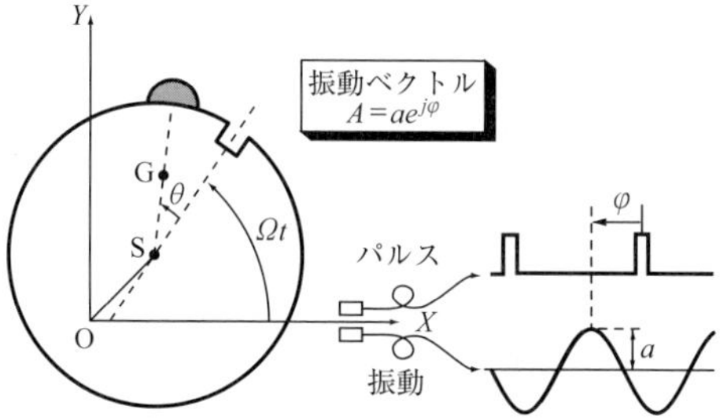

図 15.13　不釣合い振動

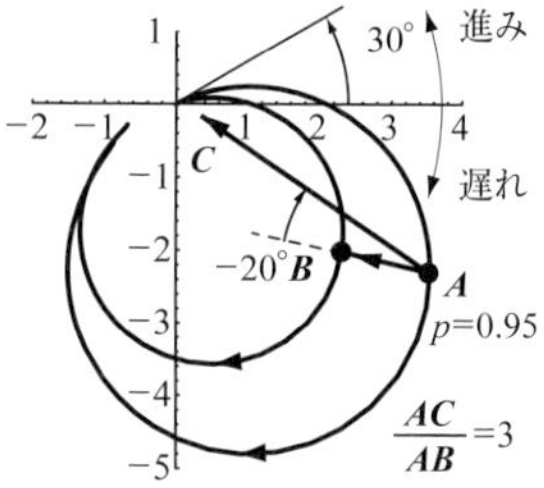

図 15.14　モード円バランス

$m\varepsilon e^{j\theta}$ と，このときの振動ベクトル $\boldsymbol{A}=ae^{j\varphi}$ との間には線形関係が成立する．

$$\boldsymbol{A}=\alpha\boldsymbol{U} \quad \Leftrightarrow \quad ae^{j\varphi}=\alpha r\Delta me^{j\theta} \tag{15.2.4}$$

この係数 α を影響係数といい．回転数によって変わる複素数値である．複素数域で線形関係とは，「(1) 不釣合いを k 倍すれば振動振幅も k 倍になり，(2) 不釣り合い位相が θ 度ずれれば振動位相も θ 度ずれる」とうことである．

バランス作業の状況としては，「振動 A は計測可能．不釣合いベクトルから振動ベクトルまでの影響係数 α は不明．不釣合い偏心の大きさ ε とロータ位相 θ を同定したい」ということである．

b.　影響係数の同定

そこで，まず影響係数の測定にとりかかる．そのために既知の試しおもり Δm_t を半径 r，ロータ位相 θ_t のところに付けて回転させ，ある回転数 Ω で振動ベクトル $\boldsymbol{B}$ 測定する．

$$\boldsymbol{B}=\alpha(U+r\Delta m_t e^{j\theta_t}) \Leftrightarrow \alpha=\frac{\boldsymbol{B}-\boldsymbol{A}}{r\Delta m_t e^{j\theta_t}} \tag{15.2.5}$$

上式で，差 $\boldsymbol{B}-\boldsymbol{A}$ が効果ベクトルで，この効果ベクトルを単位不釣合いあたりに換算したものが影響係数 α である．

c.　修正おもり

最終的に半径 r に付けるべき修正おもり Δm_c とロータ位相 θ_c は，$-\boldsymbol{A}$ の振動を発生させるに等しい効果があればよいので，

$$-\boldsymbol{A}=\alpha r\Delta m_c e^{j\theta_c} \quad \Leftrightarrow \quad \Delta m_c e^{j\theta_c}=\Delta m_t e^{j\theta_t}\frac{-\boldsymbol{A}}{\boldsymbol{B}-\boldsymbol{A}}=\Delta m_t e^{j\theta_t}\times ge^{j\theta_a} \tag{15.2.6}$$

$$\text{ただし，}\quad \frac{-\boldsymbol{A}}{\boldsymbol{B}-\boldsymbol{A}}\equiv ge^{j\theta_a} \tag{15.2.7}$$

試しにつけたおもりを最終的にはどのように変更すればよいかと考えると

$$\Delta m_c=g\Delta m_t \qquad \theta_c=\theta_t+\theta_\alpha \tag{15.2.8}$$

上式は，$-\boldsymbol{A}$ の振動を発生させるために，試しおもりを g 倍し，ロータ位相を θ_a 度ずらせばよいとことを意味している．この複素数の算出は，危険速度に近いある回転数 1 点について計算すれば十分であるので，物差しと分度器があれば簡単にできる．

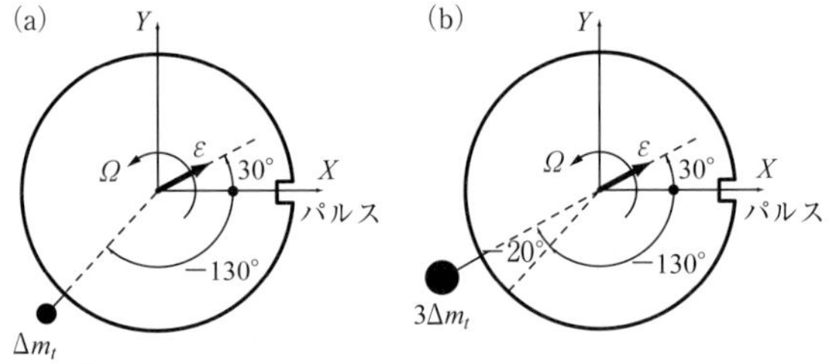

図 15.15 試しウェイト (a) と修正ウェイト (b)

[例 15.2.1] 図 15.14 で，固有振動数で除した無次元回転数 $p=0.95$ のときの振動ベクトルを $\boldsymbol{A}$ 点としよう．このように共振近くの回転数を選ぶ．同図 A 曲線の低速時のモード円の出方が 30° 方向にみえるのでこの方向に不釣合いがあると推定して，その逆の方向にねらって，図 15.15(a) に示すように半径 r の位相に Δm_t の試しおもりを $\theta_t=-130°$ に付けてみる．その結果，同じ回転数 $p=0.95$ において図 15.14 の $\boldsymbol{B}$ 点に振動ベクトルが移った．振動は小さくなっており，ロータ位相はよいが，おもりの大きさが不足している．

効果ベクトル $\boldsymbol{AB}$ が原点に向かう理想の効果ベクトル $\boldsymbol{AC}$ となるようにするには，大きさを $|\boldsymbol{AC}|/|\boldsymbol{AB}|$ 倍，ロータ位相をさらに∠BAC 度回せばよい．角度は，線分 **AB** から線分 **AC** をみて時計方向だから遅れ，すなわち負の値である．よって，この例では $g=|\boldsymbol{AC}|/|\boldsymbol{AB}|=3$ 倍，$\theta_a=-\angle\mathrm{BAC}=-20°$ と読みとれる．この倍率・位相算出は式 (15.2.7) の計算に相当する．

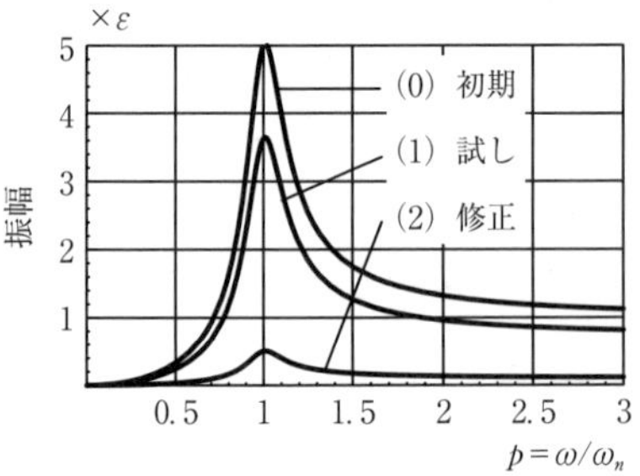

図 15.16 バランス作業過程の共振曲線

試しおもりをいったん外し，図 15.15(b) に示すように，修正おもりを $\Delta m_c=3\Delta m_t$，ロータ位相 $\theta_c=-130-20=-150°$ に取り付ければよい．このバランス作業過程を共振曲線で観察したものが図 15.16 である．

15.2.3 影響係数法バランス[5)-9)]

図 15.17 に示すようにバランス修正面を m 面，振動計測を n 箇所とする．この構成で，危険速度近くのある回転数において，初期振動ベクトル $\boldsymbol{A}$={振幅∠位相} を計測する．

$$\boldsymbol{A}\equiv[\boldsymbol{A}_1\ \boldsymbol{A}_2\ \cdots\ \boldsymbol{A}_n]^{\mathrm{T}} \tag{15.2.9}$$

次に，修正面 1 に試しおもり $\boldsymbol{W}_{t1}$={大きさ∠ロータ位相}を付加した shot 1 の振動 $\boldsymbol{B}_1$={振幅∠位相} を同じ回転数で計測する．

$$\boldsymbol{B}_1\equiv[\boldsymbol{B}_{11}\ \boldsymbol{B}_{21}\ \cdots\ \boldsymbol{B}_{n1}]^{\mathrm{T}} \tag{15.2.10}$$

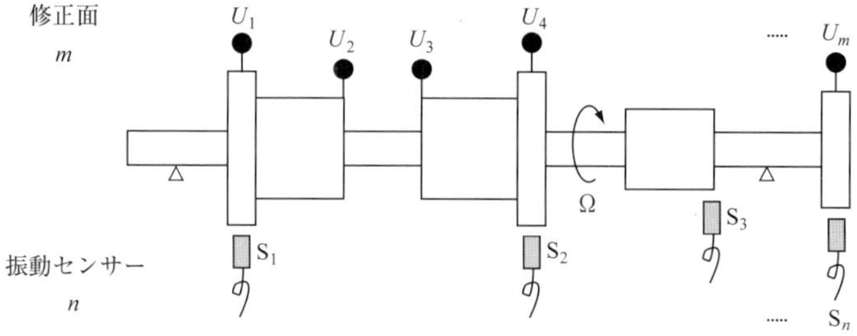

図 15.17　バランス修正面と振動計測点

よって，修正面 1 に試しおもり $\boldsymbol{W}_{t1}$ をつけたことによる振動変化，すなわち効果ベクトル $\Delta\boldsymbol{A}_1$ は

$$\Delta\boldsymbol{A}_1 \equiv \boldsymbol{B}_1 - \boldsymbol{A} = [\boldsymbol{B}_{11} - \boldsymbol{A}_1 \;\; \boldsymbol{B}_{21} - \boldsymbol{A}_2 \;\; \cdots \;\; \boldsymbol{B}_{n1} - \boldsymbol{A}_n]^{\mathrm{T}} \Rightarrow \boldsymbol{\alpha}_1 = \Delta\boldsymbol{A}_1 / \boldsymbol{W}_{t1} \qquad (15.2.11)$$

である．またこのように，単位おもりあたりに換算したものが影響係数 $\boldsymbol{\alpha}$ の 1 列目を与える列行列である．この手順を各修正面について順次繰り返し，すべての影響係数 $\boldsymbol{\alpha}_1 \;\; \boldsymbol{\alpha}_2 \;\; \cdots \;\; \boldsymbol{\alpha}_m$ を求める．釣合せとは，初期振動を打ち消すように各修正面に釣合せおもり $\boldsymbol{W}_{ci}$ を付ければよいので，次式である．

$$-\boldsymbol{A} = \boldsymbol{\alpha}\boldsymbol{W}_c \qquad (15.2.12)$$

ただし，$\boldsymbol{\alpha} \equiv [\boldsymbol{\alpha}_1 \;\; \boldsymbol{\alpha}_2 \;\; \cdots \;\; \boldsymbol{\alpha}_n] \equiv [\boldsymbol{\alpha}_{ij}]$ = 影響係数行列，$\boldsymbol{W}_c \equiv [\boldsymbol{W}_{c1} \;\; \boldsymbol{W}_{c2} \;\; \cdots \;\; W_{cm}]^{\mathrm{T}}$.

次に，式（15.2.12）の解き方について述べる．$n = m$ の場合，

$$\boldsymbol{W}_c = -\boldsymbol{\alpha}^{-1}\boldsymbol{A} \qquad (15.2.13)$$

$n > m$ の場合，最小二乗法より求める．

$$\boldsymbol{W}_c = -(\bar{\boldsymbol{\alpha}}^{\mathrm{T}}\boldsymbol{\alpha})^{-1}\bar{\boldsymbol{\alpha}}^{\mathrm{T}}\boldsymbol{A} \qquad (15.2.14)$$

$n < m$ の場合は，より慎重を期して測定回転数を増やし $n \geqq m$ にする．

また，修正おもりを，各修正面につけた試しおもりを何倍して何度進めるかという比 H_c で表したいときには，次のように

$$\boldsymbol{\alpha} \Rightarrow [\Delta\boldsymbol{A}_1 \;\; \Delta\boldsymbol{A}_2 \;\; \cdots \;\; \Delta\boldsymbol{A}_m], \qquad \boldsymbol{W}_c \Rightarrow \boldsymbol{H}_c \qquad (15.2.15)$$

と読み替えて，$\boldsymbol{W}_c = \mathrm{Diag}[\cdots \;\; \boldsymbol{W}_{tj} \;\; \cdots] H_c$ より修正おもりを決める．

影響係数法バランス法は複素数の逆行列演算が入るので現場での即応性に欠ける．一般にコンピュータ支援の自動バランスシステムとして実用化されている．

[例 15.2.2]　図 15.18 に示すロータで，修正面は #1～#3 の 3 面，振動計測は左右軸受 S_1, S_2 の 2 箇所とする．バランス前の共振曲線は図 15.19 の Before 曲線で，回転数 46 Hz と 63 Hz で複素振幅 μm∠° を計測した．初期振動 shot 0 から試しおもりおよび修正おもりをつけた shot 4 までの振動記録を表 15.1 に示す．

記録データに基づき，試しおもりに対する比で修正おもりを次式のように計算した．例えば式（15.2.15）の $\boldsymbol{\alpha}$ 行列で，(1,1) 要素 = 20∠68 − 34∠72 = 14∠−102，(2,1) 要素 = 64∠118 − 79∠107 = 20∠−109，(1,2) 要素 = 19∠72 − 34∠72 = 15∠−108 である．計算で仮定した不釣合いが完全に同定されている．影響係数法で得られた修正

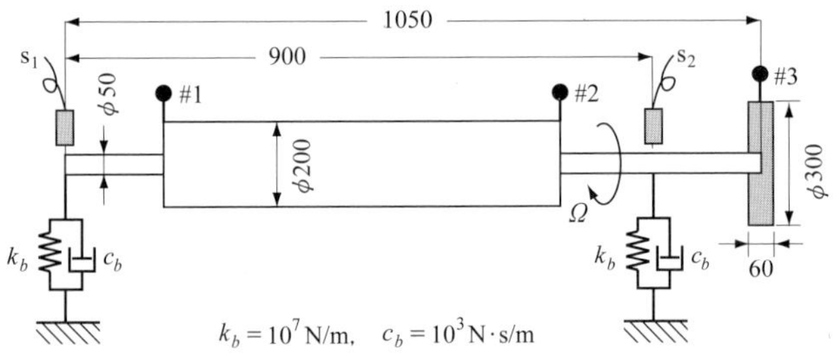

図 15.18 試験ロータ諸元

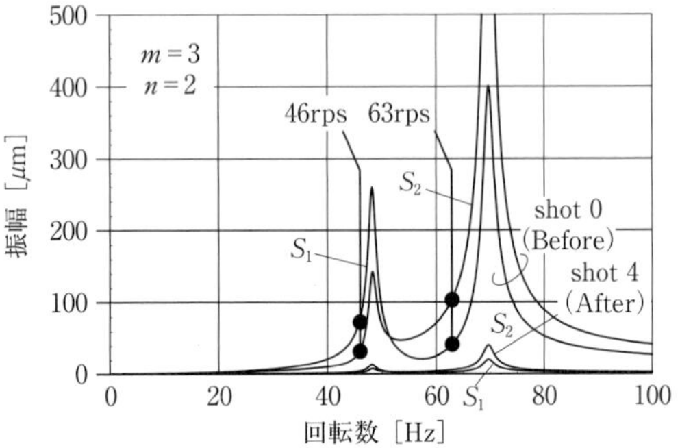

図 15.19 バランス過程における共振曲線

表 15.1 運転振動記録（μm∠°）

shot No	回転数	No 1. 軸受	No 2. 軸受	回転数	No 1. 軸受	No 2. 軸受
shot 0	バランス前の回転試験					
A	46 Hz	34∠72°	79∠107°	63 Hz	105∠−14°	41∠−171°
shot 1	修正面 #1 に試しおもり 5 g∠−90° 付加時の振動を計測					
$\boldsymbol{B}_1$	46 Hz	20∠68°	64∠118°	63 Hz	107∠−24°	40∠166°
shot 2	修正面 #2 に試しおもり 5 g∠−90° 付加時の振動を計測					
$\boldsymbol{B}_2$	46 Hz	19∠72°	55∠128°	63 Hz	103∠−11°	41∠−179°
shot 3	修正面 #3 に試しおもり 0.5 g∠−180° 付加時の振動を計測					
$\boldsymbol{B}_3$	46 Hz	34∠74°	81∠110°	63 Hz	108∠−14°	42∠−171°
shot 4	バランス確認回転試験 $\boldsymbol{W}_c$ = {−9.5 g, 9.5 g∠−90°, 9.5 g}←95% 解					

おもりの 95% 解の回転試験結果が shot 4 である.

$$-\begin{bmatrix} 34\angle 72^\circ \\ 79\angle 107^\circ \\ 105\angle -14^\circ \\ 41\angle -171^\circ \end{bmatrix} = \begin{bmatrix} 14\angle -103^\circ & 15\angle -108^\circ & 1\angle 158^\circ \\ 20\angle -109^\circ & 33\angle -107^\circ & 4\angle 163^\circ \\ 19\angle -100^\circ & 5\angle 90^\circ & 3\angle -7^\circ \\ 16\angle 85^\circ & 7\angle 94^\circ & 0.5\angle 151^\circ \end{bmatrix} \boldsymbol{H}_c \rightarrow \boldsymbol{H}_c = \begin{bmatrix} 2\angle -90^\circ \\ 2 \\ -20 \end{bmatrix}$$

$\rightarrow \boldsymbol{W}_c = \mathrm{Dia.}[5\angle -90°, 5\angle -90°, 0.5\angle -180°]\boldsymbol{H}_c = [-10\ \mathrm{g}, 10\ \mathrm{g}\angle -90°, 10\ \mathrm{g}] \rightarrow$ 図 15.19 の After 曲線参照

15.2.4　モードバランス法[6)]

各危険速度では 1 つの固有モードが卓越する．そのことを利用して，そのモードを誘発している不釣合いのみを除去する方法である．

モード別不釣合いは不釣合い分布とモードの内積で定義[3)] される．

$$\bar{U}^* = \int_0^L \mu(z)\vec{\varepsilon}(z)\phi(z)\,\mathrm{d}z \qquad (15.2.16)$$

ただし，$\mu(z)$ = 線密度，$\varepsilon(z)$ = 質量偏心分布，$\phi(z)$ = 固有モードである．

よって，例えば図 15.20 に示すように同相と逆相の修正おもり比を決めたとき，曲げ一次モード危険速度付近での振動は同相釣合せが有効である．同様の考えで，曲げ二次モードに対しては，一次モードに影響しないように，逆相の偶釣合せが推奨される．

実作業では，各モードに付加すべき修正おもりのペア比を，モード分離を考えてあらかじめ決めておく．定格回転数内に存在する危険速度モードに対し，順次一次，二次，…と回転数を上げながら，各モードごとに既定のペア比に従って影響係数をモード円 1 面バランスから調べ，修正おもりを確定していく方法である．

[例 15.2.3]　図 15.18 のロータにモードバランス（修正面は #1～#3 の 3 面）を適用して定格回転数 100 Hz まで，途中で振幅 100 μm を超えないように昇速することを試みる．このロータの予想固有モードが図 15.21 である．一次モードに対する釣合せおもり比を $\{1, 1, 1\}$ の同相にとる．二次モードに対する比を $\{h_1, 0, h_3\}$ とすると，

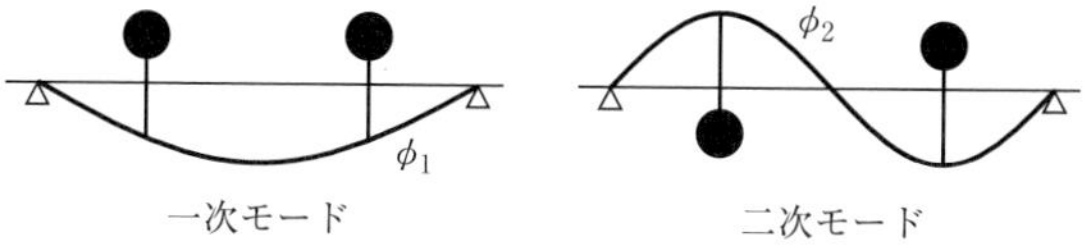

図 15.20　同相と逆相の修正おもり比

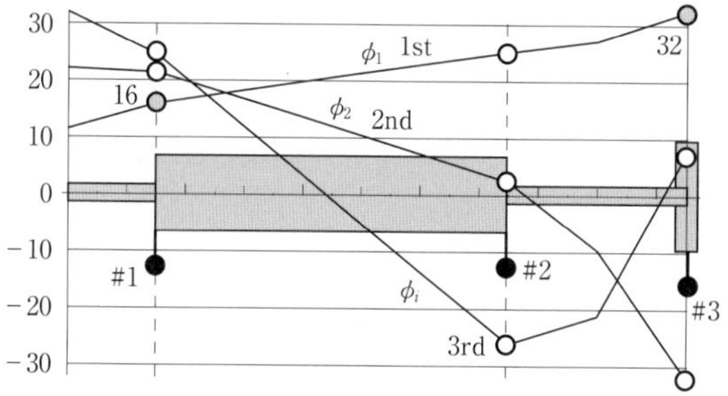

図 15.21　試験ロータの固有モード

一次モードに影響しないようにするために

$$16h_1 + 32h_3 = 0 \to h_1 = -2h_3 \to \text{二次モードの比} = \{2, 0, -1\}$$

の逆相とする．この準備のもとに回転を開始した．バランス過程の共振曲線を図15.22に示す．

初期振動 shot 0 と同相試しおもりを付けたときの shot 1 のポーラ円の比較を図15.23に示す．$\Omega = 46$ rps のベクトルの比較から，同相試しおもりを 0.8 倍，位相を回転方向に 34° 回せという解を得る．そこで，shot 2 では一次モード用修正おもり $W_{c1} = \{1, 1, 1\} \times 4$ g∠ −56° を付加し再回転，一次危険速度を通過，二次危険速度近くまで昇速した．

続く shot 3 では逆相試しおもりを追加した回転を行い，図15.24にて shot 2 とのポーラ円を $\Omega = 63$ rps で比較した．この比較から，逆相試しおもりを 7 倍，位相を回転方向に 1° 回せという解を得る．

よって，二次モード用修正おもり $W_{c2}\{2, 0, -1\} \times 7$ g∠ −179° を追加し，最終確認

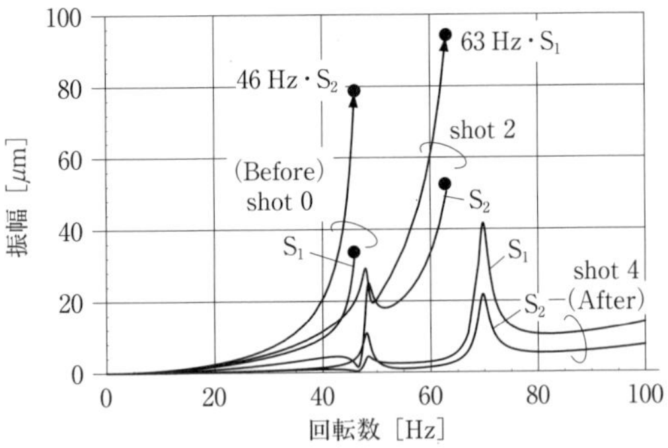

図 15.22 バランス過程の共振曲線

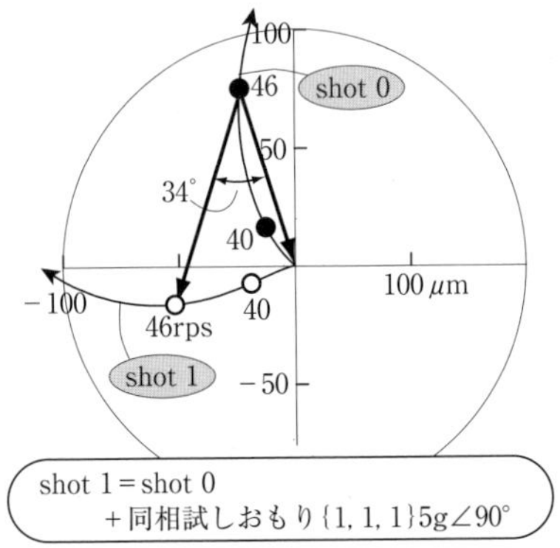

図 15.23 S_2 振動（第一次危険速度付近）

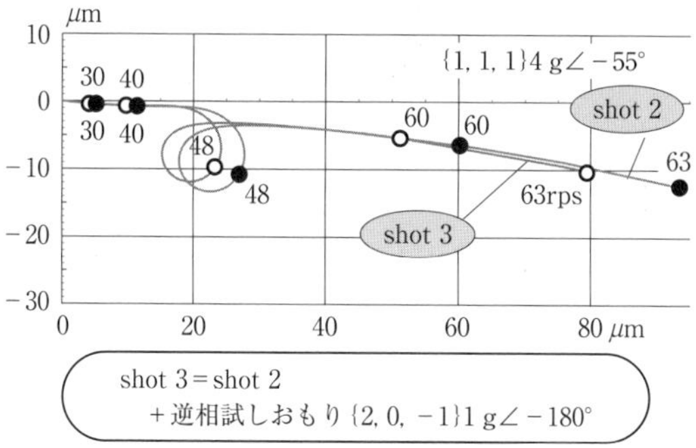

図 15.24　S_1 振動（第二次危険速度付近）

回転 shot 4 を行った．初期振動に対して，結局付けた修正おもりの合計は shot 2 と shot 4 の和だから

$$W_c = W_{c1} + W_{c2} = \{12.3\ \text{g}\angle -163°,\ 4\ \text{g}\angle -56°,\ 9.8\ \text{g}\angle -19°\}$$

［例 15.2.2］の場合とほぼ同じ修正おもり分布が得られた．

15.2.5　*n* 面法か，*n*+2 面法か[10),11)]

図 15.25 に示すような弾性ロータの n 次危険速度までに対するロータバランス法に関して，必要な修正面の数について次の 2 つの考え方がある．

a.　*n*　面　法

ある 1 つの危険速度近くで卓越する固有モードの振動を低減するには，1 つのアクション（1 修正面）で十分である．よって，n 次危険速度までの各モードの軸振動→0 にするには n 修正面でこと足りる．

b.　*n*+2　面　法

n 次危険速度までの各モードの軸振動→0 に加えて，軸受反力→0 になるようにする．このためには，剛性ロータのバランスも必要で，あと 2 個の修正面が必要となる．

弾性曲げモードの個数 n に剛体バランス用の 2 面を加えた $n+2$ 面法では，軸受反

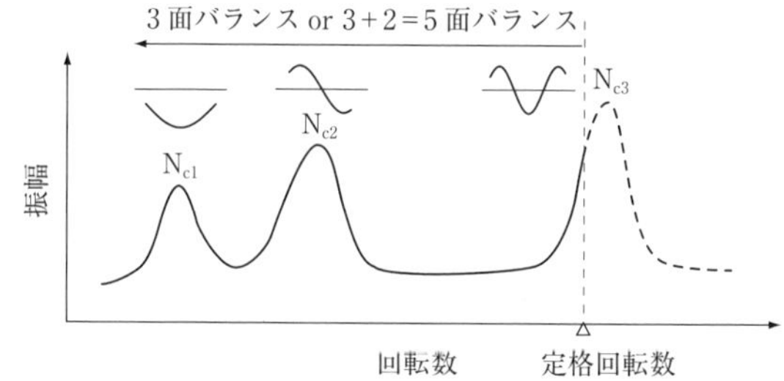

図 15.25　n または $n+2$ 面法バランス

力=0だから，ロータ不釣合い振動は基礎には伝搬しないことが特長である．家電・精密機器のように床振動に敏感な機械には向いている方法である．また，$n+2$ 面法では，例えば軸受のばね・減衰特性の状態が変化しても，釣合い状態は良好に維持されるのが特長である．すなわち，境界条件フリーだから，普遍的バランス法といえる．

［例 15.2.4］ 図 15.26 は空調用圧縮器ロータ[12]で．不釣合いとしてはロータリピストン部の偏肉 U のみとする．修正面としてはロータ下部 U_1 とモータ部両端 U_2, U_3 の計 3 面を用意する．振動計測可能な個所はモータ上部 S_1 とする．

① 従来の低速運転（50 Hz）では，図 15.27(a) に示すように U_2, U_3 を用いた剛体 2 面バランスであった．しかし，この方法では高速運転（90 Hz）で軸振動→大となった．

② そこで，$n=1$ の弾性モードを加味した 3 面バランスを適用した．3 面の試しおもり比が同図（b）で，s_1 振動で影響係数を求め，最終的に同図（c）の修正おもりが求まった．

2 面バランスと 3 面バランスについて，軸受振動振幅と軸受動荷重を比較したものが図 15.28 である．確かに 2 面バランスにより振動と軸受反力ともに低速回転では小さくなっているが，高速回転ではかえって悪くしている．3 面バランスの適用により

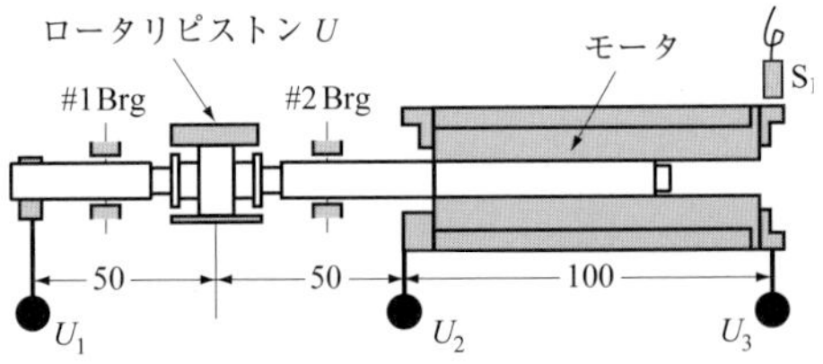

図 15.26 空調用圧縮器ロータ

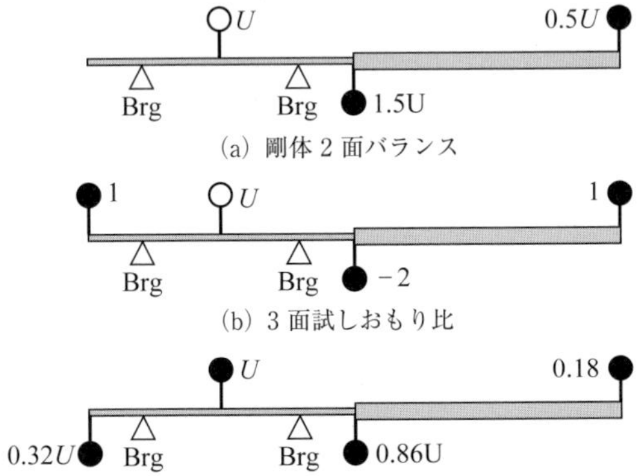

図 15.27 剛体 2 面バランスと弾性 3 面バランスの比較

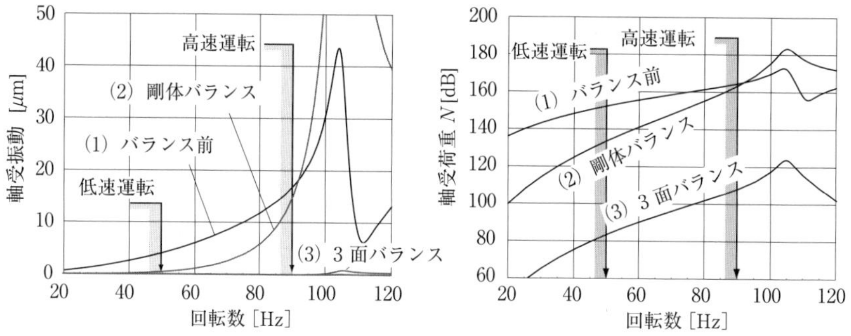

図 15.28 不釣合い軸受振動（#1）と軸受動荷重（#1）

低速・高速全域の回転で振動，軸受反力ともに小さくなっており，理想的であることがうなずける．

〔松下修己〕

文　献

1) 谷口　修編：振動工学ハンドブック，第 20 章，養賢堂，1976.
2) ISO 1940-1 : 2003, Balancing qualitity requirement for rotors in a constant (rigid) state-Part 1 Specification and verification of balance tolerance
3) ISO 11342 : 1998, Method and criteria for balancing of flexible rotors
4) 井上順吉，松下修己：機械力学 1—線形実践振動論—(機械工学基礎講座)，5.4 節，理工学社，2002.
5) 長松昭男ほか編：ダイナミクスハンドブック—運動・振動・制御，15.9 節，朝倉書店，1993.
6) 日本機械学会編：機会工学便覧基礎編 $\alpha 2$ 機械力学，17.6 節，丸善，2004.
7) 白木万博ほか：三菱重工技報，**17**(2) (1980)，120.
8) 神吉　博：学位論文「多軸受弾性ロータ系の振動とつり合わせに関する研究」(1976)
9) 塩幡宏規，藤沢二三夫：機械学会論文集，**45**(391) (1979), 988.
10) Kellenberger, W.: *Trans. ASME J. Eng. Ind.*, (1972), 548-559.
11) 三輪修三：機械学会論文集，**39**(318) (1973)，631-642.
12) 松下修己ほか：機械学会論文集，**58**(550) (1992)，162-167.

15.3　準能動的制振制御

まず，準能動制振（semi-active control）という言葉を考えてみる．能動的制振（active control）というのは，外から力を加えて制振することであり，受動的制振というのは，力を加えずに対象物のもつエネルギーをダンパなどで吸収して制振することである．準能動制振では，外からの力は加えず，ダンパの減衰係数やばね定数を変化させることによって，ダンパやばねから対象物に働く力を制御して，対象物に注入されるエネルギーを小さく，対象物から吸収するエネルギーを大きくして制振することである．したがって，その力は振動系の質量や基礎の動きに依存するので受動的制振（passive control）であるともいえる．

「能動制振は大きなエネルギーを必要とするが，準能動制振では小さなエネルギーですむ」という表現をよくみる．しかし，制振をするということは，制振対象のエネルギーを吸収することである．能動制振では，動きと逆方向の力を加えてエネルギーを吸収する．その力を発生させるのにエネルギーがいるわけである．その力が電磁力ならば，コイルに電流を流すときのエネルギーである．制振効率を上げようとすると，大きな力が必要となり，それに応じて，大きな電流が必要となる．すなわち，力を発生させるためのエネルギーと制振対象から吸収するエネルギーは別のものである．理論的には，効率よく小さなエネルギーで力を発生し，制振対象からエネルギーを回生すると，エネルギーは不要となりうる．一方，準能動制振で使用されるエネルギーは，例えば，ダンパの絞り径を変化させるなど，減衰係数を変化させるためのものであり，ほとんど無に等しい．

15.3.1 特性可変機構による制振

a. 制振と振動伝達の遮断

振動低減を考える場合には，まず，加振源と評価対象を明確にする必要がある．すなわち，加振源は力か基礎変位か，目標は対象物の振動か基礎に伝わる力かによって，機構および制御則は変わってくる．ここで用語の定義であるが，狭義では，力加振での振動を小さくすることを制振，力加振での基礎への伝達力を小さくすることを防振，基礎変位加振での振動を小さくすることを除振（免震）と称する．なお，対象物の振動を制するという意味で制振という場合もある．さらに，振動を制するという意味ですべてを制振ともいう．また，除振は精密機器などで基礎変位による微振動の伝達を防ぐ意味で用いられる場合が多く，免震は土木や建築の分野で地震による揺れを防ぐ意味で用いられる．

例えば，質量，ばね，ダンパからなる1自由度系において，狭義の制振では，ばねを硬く，減衰を大きくすればよい．このときは，制振対象物と基礎（地球）を剛に結合することになるので，力が働いても質量は動かなくなる．一方，防振，除振には，ばねを柔らかく，減衰を小さくすればよい．すなわち，対象物を基礎から切り離し，宙に浮かせるのである．したがって，1自由度系の準能動制振とは，地球に結合するか宙に浮かせるかを効率的に切り替えることである．

b. 可変減衰による制振

1） 1自由度系の制振　図15.29に示す1自由度振動系の運動方程式は

$$m\ddot{x} = -c(\dot{x}-\dot{x}_0) - k(x-x_0) + f \qquad (15.3.1)$$

となる．$f=Fe^{i\omega t}$, $x_0=X_0e^{i\omega t}$, $x=Xe^{i\omega t}$, $f_0=F_0e^{i\omega t}$ としたときの定常振動の振幅倍率（$|X/X_{st}|$, X_{st} は静変位 F/k，なお $X_0=0$）と変位の伝達率 X/X_0（$F=0$ とする）と力の伝達率 F_0/F（$x_0=0$ とする）を図15.30，15.31に示す．なお，両伝達率は同じグラフ

になる．横軸は加振振動数と固有振動数の比である．図 15.30 の共振現象は洗濯機の脱水時や自動車エンジンの起動時に現れる．これらでは，定常回転数は共振点より高域に設定されているが，起動時に共振点を通過する．そのときに大きくぶるぶると振動し，定常回転数に達すると静かになる．ここで，制振対象を洗濯器のドラムやエンジンの振動とすると減衰は大きくすればよい．しかし，目標を図 15.31 に示す床や車体への伝達力の低減とすると，共振点通過時には高減衰，高振動数領域に達すると低減衰にするのがよい．これが，一番単純な準能動的制御といえる．以上は，加振振動数がゆっくりと変動する場合である．しかし，道路の凹凸による振動などは，加振振動数はランダムである．その場合は別のアルゴリズムが必要である．

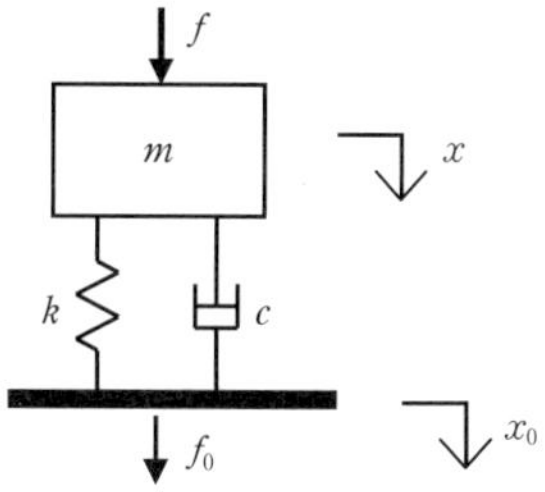

図 15.29 1 自由度の振動系

ここで，ダンパのエネルギー吸収について考える．式 (15.3.1) の第 2 項はダンパが質量に与える力であるが，これに $\dot{x}$ を乗じるとダンパが質量に及ぼすパワー $-c(\dot{x}-\dot{x}_0)\dot{x}$，さらに時間で積分するとダンパが質量から吸収するエネルギー $\int c(\dot{x}-\dot{x}_0)\dot{x}\,dt$ となる．これをみてわかるように，ダンパは質量のエネルギーを常時吸収しているわけではない．すなわち，$(\dot{x}-\dot{x}_0)\dot{x}$ が正のときにはエネルギーを吸収するが，負のときには注入している．したがって，$(\dot{x}-\dot{x}_0)\dot{x}$ が正のときにはダンパの減衰係数 c を大きな値 c_H にして大きくエネルギーを吸収し，負のときには小さな値 c_L として，エネルギーの注入を少なくする．このアルゴリズムを式で表すと

$$c=\begin{cases} c_H, & (\dot{x}-\dot{x}_0)\dot{x}\geq 0 \\ c_L, & (\dot{x}-\dot{x}_0)\dot{x}<0 \end{cases} \tag{15.3.2}$$

となる．これを図 15.32 に示す．この制御では，減衰係数は 1 周期に 4 回変化することになる．

これまで，基礎 x_0 が動くものとして，除振を議論してきた．しかし，力加振や基

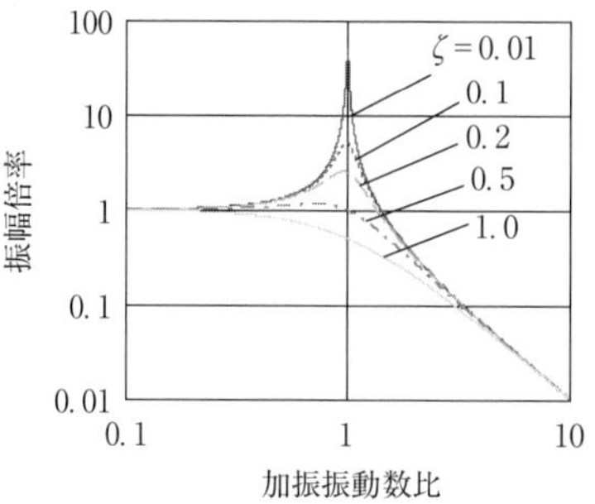

図 15.30 振幅倍率

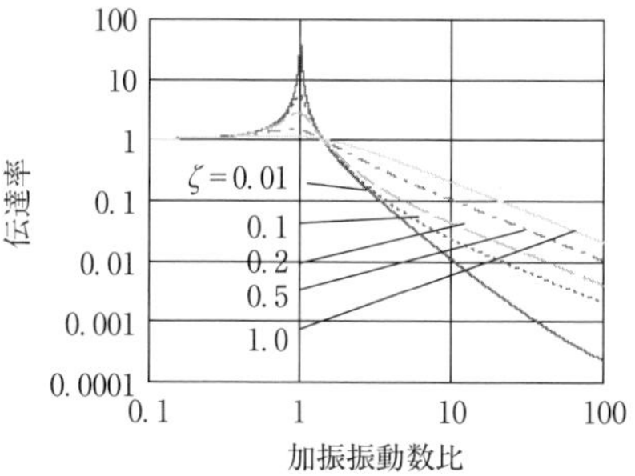

図 15.31 伝達率

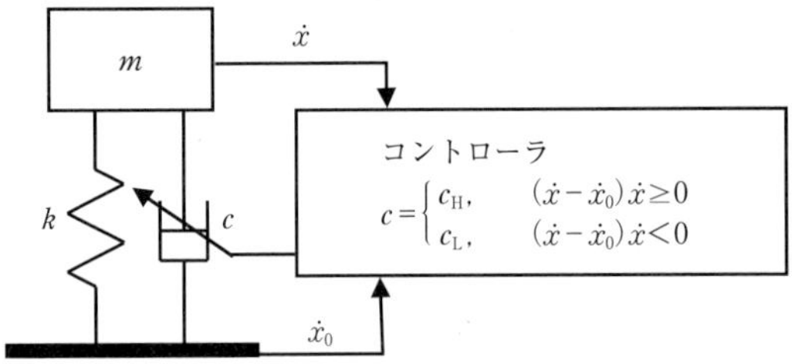

図 15.32 1 自由度系の準能動制振

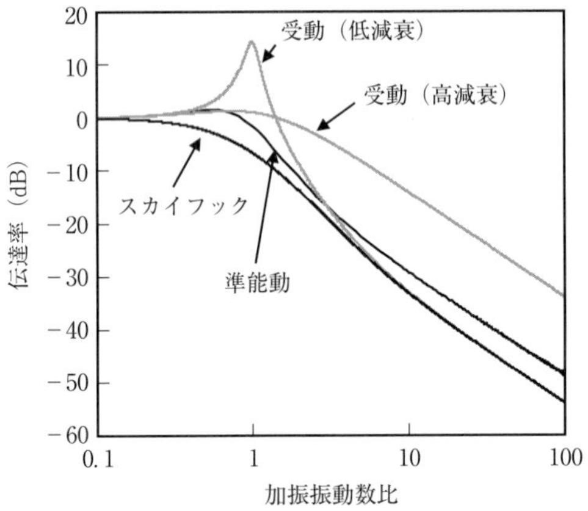

図 15.33 各種制振における 1 自由度系の伝達率

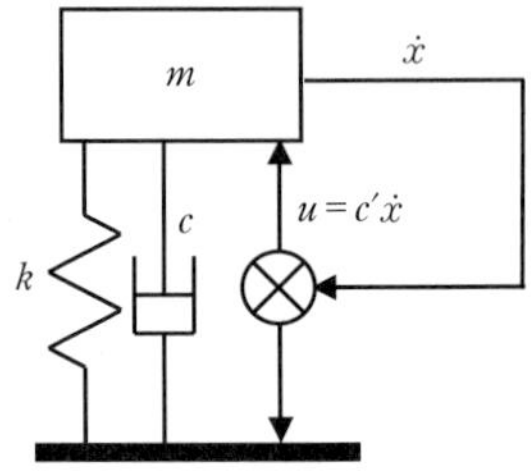

図 15.34 能動制振（スカイフック）

礎加振での残留振動など基礎が動かない場合にも，この制御は有効である．すなわち，式（15.3.2）で $\dot{x}_0=0$ とおくと，減衰係数は常時大きな値 c_H となり，よく制振される．

例として，図 15.32 の振動系で，$m=1$ kg, $k=1000$ N/m, $c_H=63.2$ kg/s,（$\zeta=1.0$），$c_L=6.32$ kg/s,（$\zeta=0.1$）として，基礎変位 x_0 を与えたときの変位の伝達率を図 15.33 に示す．なお，ここには，減衰を $c_H=63.2$ kg/s と $c_L=6.32$ kg/s に固定したときの伝達率および $c=6.32$ kg/s, $c'=63.2$ kg/s としたときの図 15.34 に示すスカイフックとよばれる能動制振の伝達率も示す．図 15.33 に示されるように，準能動制振によって，共振でのピークは低減され，高振動数域ではよく除振されている．能動制振に近い性能が得られている．

2）　2 自由度系の制振　　鉄道車両や自動車で準能動制振は使用されている．可変ダンパは台車（車軸）と車体の間に入れられるので，図 15.35 に示す 2 自由度系として考える必要がある．制振対象を車体としたときの制御則は 1 自由度の場合と同様に次のようになる．

$$c_2=\begin{cases} c_H, & (\dot{x}_2-\dot{x}_1)\dot{x}\geq 0 \\ c_L, & (\dot{x}_2-\dot{x}_1)\dot{x}<0 \end{cases} \tag{15.3.3}$$

この伝達率を図 15.36 に示す．ここで，$m_1=1$ kg，$m_2=5$ kg，$k_1=6170$ N/m，$k_2=2560$ N/m，$c_1=1.57$ kg/s，($\zeta_1=c_1/2\sqrt{m_1k_1}=0.01$)，$c_{2L}=22.6$ kg/s，($\zeta_{2L}=c_{2L}/2\sqrt{m_2k_2}=0.1$)，$c_{2H}=226$ kg/s，($\zeta_{2H}=c_{2H}/2\sqrt{m_2k_2}=1.0$) で，固有振動数は 3 Hz と 15 Hz である．共振ピークはほとんど消滅し，高振動数域においてもよく除振され，能動制振に近い性能が得られている．

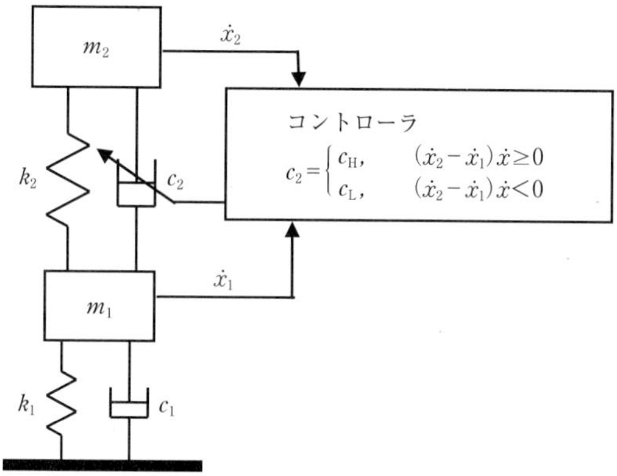

図 15.35 2 自由度系の準能動制振

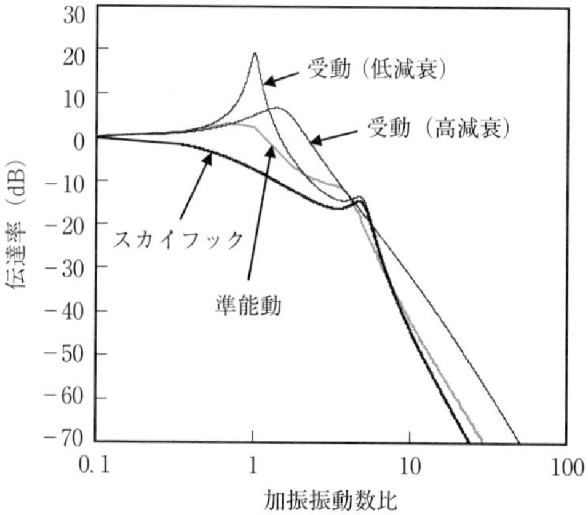

図 15.36 各種制振における 2 自由度系の伝達率

3) 実用化 準能動振動制御の長所としては，基本的に受動制振であるので，能動制振のように制御回路が故障しても，発散など振動が大きくなることはないという点があげられる．また，減衰係数を変化させるだけであるので，機構は簡単である．問題点としては，速度 $\dot{x}$, $\dot{x}_0$ を検出することにある．現実的に測定しやすいのは加速度である．これを積分して，速度を求めることができるが，そこにはノイズが積算される．また，基礎との相対速度は，相対変位を検出し，それを微分して求めることができる．しかし，ここでもノイズの問題は存在するが，実用においては，ローパスフィルター，ハイパスフィルターなどを用いてノイズを除去している．

この制御は，すでに新幹線や乗用車で実用化されている．新幹線では，横揺れ用はすでに実装されており，上下振動用の対策が研究されている[1]．乗用車においては，H^∞ 制御理論に基づく電子制御エアサスペンションや MR ダンパを用いた座席のサスペンションもある．また，建物の免震にも採用されている．1998 年竣工の鹿島静岡ビルではブレースと床を可変オイルダンパでつないでいる．

c. 可変剛性による制振

ばね定数を変化させて共振を回避することも可能である．ブレースを脱着することによって固有振動数を変化させる可変剛性の建物もある（鹿島技術研究所第 21 号館制御棟）．ここで大事なのは，ばねはエネルギーを保存するが消散させないということである．すなわち，ばねの保存エネルギーは $U=kx^2/2$ であるが，k を k' に変化させると，$U'=k'x^2/2$ となり，その差のエネルギー $U-U'$ をどこかで吸収（または注入）する必要がある．

実用的には，ばね定数を変化させることは困難であるが，上記のブレースの脱着以外に，複数のばねとダンパを組み合わせ，一部のダンパの減衰を大きな値と小さな値に切り替えることによって，結果的に支持系のばね定数を変化させる機構[2] が提案されている．

動吸振器で反共振点を使った制振というのがある．これは，減衰が小さいときには動吸振器の固有振動数で主系の振動が小さくなるという反共振点の特性を利用したものである．したがって，加振源が単一の調和振動数であるような場合は動吸振器の固有振動数が加振振動数に常に一致するようにばね定数を変動させる方法[3] である．しかし，減衰係数が小さいので，反共振点への追随に失敗し共振点と一致すると振動が非常に大きくなるという危険があり，あまり利用されていない． 〔松久　寛〕

文　献

1) 菅原能生ほか：軸ダンパと空気ばねの減衰制御を併用した車両の上下振動低減，鉄道総研報告，**22**(2)(2008)，17-22.

2) Liu, Y. *et al.*: Vibration control by a variable damping and stiffness system with magnetorheological dampers, *JSME International Journal*, Series C, **49**(2)(2006), 411-417.

3) 松久　寛ほか：片持ばり形動吸振器による弾性支持された剛体の準能動制振，機械学会

論文集C編，**57**(534)(1991)，460-465.

15.3.2　エネルギー回生による制振

減衰器は振動からエネルギーを吸収し，それを熱などの形態にして外界に破棄することによって，振動を減衰させるものである．この廃棄されているエネルギーを取り出すことができれば，エネルギーを回生しながら制振を行うことができる．振動からエネルギーを回生する際は，その扱いやすさから機械エネルギーを電気の形に変換することが多いため．本項でも，電気を用いる場合を中心に解説する．機械運動を電気に変換するおもなデバイスには，電磁アクチュエータと圧電素子が存在し，双方とも振動制御の分野では頻繁に用いられるものであるため，振動からエネルギーを回生する技術においてもよく利用される．この2つのデバイスについて，エネルギー回生による制振技術を説明する．

a.　電磁アクチュエータ

電磁誘導を利用したアクチュエータには，直流モータ，同期モータ，誘導モータなどさまざまなものがあるが，理論を簡略するために，直流モータを用いた場合について議論する．回転系の振動ならば，一般的な回転モータを用いればよいが，並進系の場合は，リニアモータを利用することになる．エネルギー回生による制振を行ううえで理想的なデバイスであるが，回転モータと比較すると，その質量に対して出力が小さく，大きな質量をもつ系に適用することは困難なことも想定されるため，図15.37に示すような，ボールねじと回転モータを組み合わせたアクチュエータ[1),2)]や，ラックピニオンと電動モータを組み合わせたもの[3)]を利用することも多い．

機械的な機構によって並進と回転運動の変換を行うため，バッククラッシュ，摩擦，ボールねじやピニオンなどの回転部の慣性モーメントなどが系の挙動に影響を与えることもあるが，それらの影響を無視して線形性を仮定すれば，速度 u と誘導電圧 v，コイル電流 i と出力 f の間には，それぞれ以下の関係がある．

$$v = -\phi u \tag{15.3.4}$$

$$f = \phi i \tag{15.3.5}$$

ここで，ϕ はアクチュエータ固有の定数である．エネルギー回生を行うために，モータコイルに電気的負荷（抵抗 R_{ext}）を取り付けることを考える．コイルの抵抗を R_{int} とすると，等価電気回路は図15.38のようになる．なお，コイルにはインダクタン

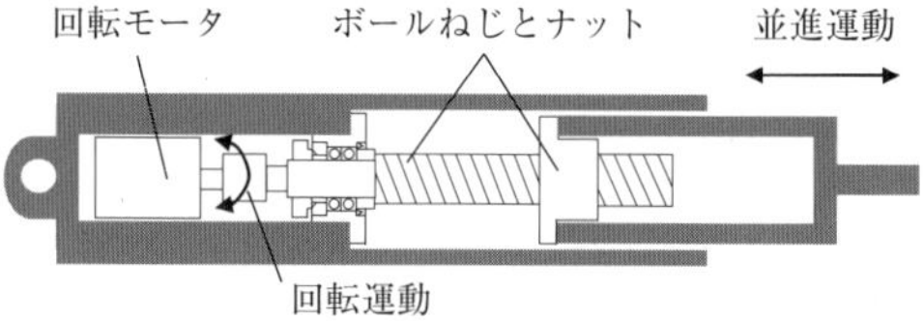

図15.37　電動アクチュエータ

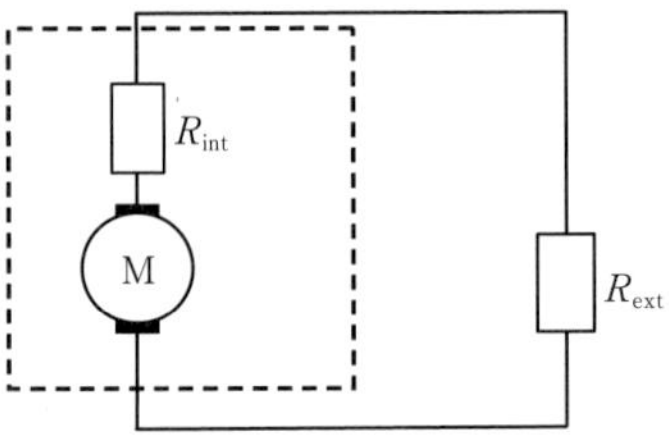

図 15.38 モータの等価電気回路

ス成分も含まれると考えることも多いが，直流モータにて低周波振動に適用することを想定すると，その影響は無視できるほど小さいと考えられるため，本項では無視することにした．

このときのモータの出力は以下のようになる．速度uに比例した減衰力を出しており，モータが粘性減衰器として機能していることがわかる．

$$f=-\frac{R_{\mathrm{int}}}{R_{\mathrm{int}}+R_{\mathrm{ext}}}\frac{\phi^2}{R_{\mathrm{int}}}u \qquad (15.3.6)$$

さて，R_{ext}で消費される電力が回生可能な電力と想定し，R_{int}とR_{ext}で消費される電力の和がアクチュエータによって系から吸収された総電力と考えると，回生効率αは以下の式で定義される．

$$\alpha=\frac{R_{\mathrm{ext}}}{R_{\mathrm{int}}+R_{\mathrm{ext}}} \qquad (15.3.7)$$

式（15.3.6）に代入すると，出力は以下の式によって表される．

$$f=-(1-\alpha)\frac{\phi^2}{R_{\mathrm{int}}}u \qquad (15.3.8)$$

回生効率を上げるほど，減衰力が低下することがわかる．アクチュエータが系から吸収する仕事率は，$-fu$で表されるため，回生できる電力P_rは以下の式によって表すこともできる．

$$P_r=\alpha(1-\alpha)\frac{\phi^2}{R_{\mathrm{int}}}u^2 \qquad (15.3.9)$$

効率αによって，uが変化しないと仮定すると，$\alpha=0.5$のとき，すなわちコイル抵抗と負荷抵抗の値が一致するときに最大の電力が回生される．

実際にエネルギーを回生する際は，整流回路を介してモータコイルをバッテリに接続することになる．バッテリは大容量コンデンサなどによって代用することも可能である．図 15.39 に代表的な電気回路を示す．順方向と逆方向の抵抗がそれぞれ 0 と∞になる理想的なダイオードを仮定し，バッテリの電圧をeとすると，モータの出力は誘導電圧がバッテリ電圧よりも大きいとき，すなわち，$\phi|u|>e$のときは

$$f=-\mathrm{sig}(u)\phi\left(\frac{\phi|u|-e}{R_{\mathrm{int}}}\right) \qquad (15.3.10)$$

となり，それに満たないとき，すなわち，$\phi|u|\leq e$のときは

$$f=0 \qquad (15.3.11)$$

となる．ここで，

$$\begin{cases}\mathrm{sig}(u)=1 & (u\geq 0)\\ \mathrm{sig}(u)=-1 & (u<0)\end{cases} \qquad (15.3.12)$$

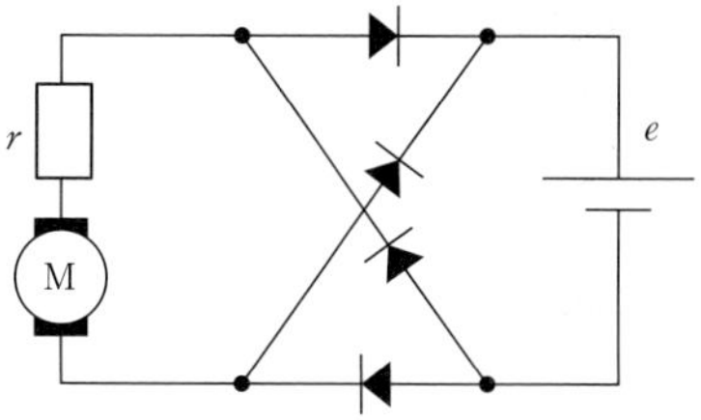

図 15.39　代表的な充電回路

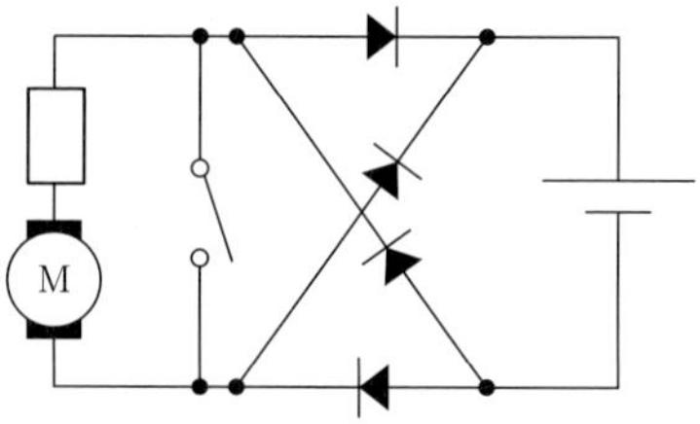

図 15.40　リレースイッチを入れた充電回路

なお，図 15.40 のようにリレースイッチを入れて，$\phi|u|\leq e$ のときに回路を短絡して減衰力を発生することも考えられる．この際は，式（15.3.13）で示される出力が得られる．エネルギーを回生することはできないが，減衰力を発生することはできるため，制振性能の悪化を防ぐことができる．

$$f=-\frac{\phi^2}{R_{\mathrm{int}}}u \tag{15.3.13}$$

さて，エネルギー回生は，誘導電圧がバッテリ電圧よりも大きいときのみ可能であるが，そのときに回生される電力 P は以下のように表される．

$$P=\left(\frac{\phi|u|-e}{r}\right)e \tag{15.3.14}$$

すでに述べたとおり，効率が 50% のとき，すなわちバッテリ電圧が誘導電圧の半分の値であるときが最も高い電力を回生できることがわかるが，実際の振動系では速度 u が時変であるため，バッテリ電圧を常にこの最適値に設定することは困難である．しかし，u の振幅と周期が一定となる定常状態を仮定すれば，一定電圧 e に対する回生電力を解析的に求めることができ，最適な電圧値を求めることは可能である．

本分野は盛んに研究が進められており，制振性能と回生電力の両立を果たすため，誘導電圧がバッテリ電圧よりも大きいときに回生したエネルギーの一部を使って，誘導電圧がバッテリ電圧にいたらないときにアクティブ振動制御を行い制振性能の向上を図るシステム[4]，回生したエネルギーをほかのアクチュエータに供給してアクティブ制御を行わせ系全体の制振性能を向上させるシステム[5]，自励振動を利用して振動を機械的に増幅させてから回生を行うシステム[6] などが提案されている．

b.　圧電アクチュエータ

スマート構造物（構造部材にアクチュエータ/センサーを組み込んで，構造物に筋肉/神経のような生命体に似た機能をもたせた構造）のアクチュエータ/センサーとして注目され，圧電アクチュエータは構造物振動の分野において代表的なデバイスとして認知されている．能動制御に用いられることも多いが，圧電素子に LR（インダクタンスと抵抗）回路を取り付け，受動的な減衰装置として用いるシャント技術[7] の研究も進んでいる．そのような背景から，電気抵抗で消費される電力を回生する試みも始まっており，パワーハーベスティング（Power harvesting）ということばで知られ

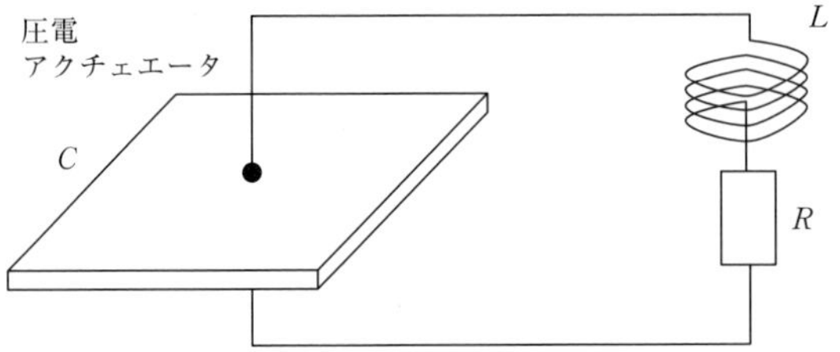

図 15.41 インダクタを入れた回路

ている[8].

圧電アクチュエータは変位に対して電圧を発生し，電荷に対して力を発生するデバイスである．線形性を仮定すれば，変位 x と電圧 v，電荷 q と出力 f の間には，それぞれ以下の関係がある．

$$v = dx \tag{15.3.15}$$

$$f = dq \tag{15.3.16}$$

ここで，d はアクチュエータ固有の係数である．電磁アクチュエータにおいて，コイルに電気抵抗があるように，圧電アクチュエータには電気容量がある．これを C とし，図 15.41 に示すように LR 回路を取り付けた場合を考えると電気系の方程式は以下のようになる．

$$dx = L\ddot{q} + R\dot{q} + \frac{q}{C} \tag{15.3.17}$$

右辺の LRC 回路を，構造物振動と共振するように設計すれば，圧電アクチュエータの変形に伴い多くの電流が流れる．電気抵抗の代わりにバッテリなどエネルギーを貯蓄する機能のある負荷を取り付ければ，エネルギー回生と制振を行うことができる．しかし，低周波振動を対象としたとき，LR 回路によって共振系をつくるためには，数十もしくは数百 H などの非常に大きなインダクタンスをもつインダクタが必要になる場合が多い．通常，このような大きな値をもつインダクタは存在しないため，オペアンプなどを利用して人工的に作成した電子インダクタなどを利用することになるが，アクティブな素子を使うことになり，消費電力を伴うことになる．回生電力がその消費電力を上回ればエネルギー回生が可能といえるが，一般的なシャント技術と同様に，どのように電気系を共振させるインダクタンスをつくり出すかに，今後の発展がかかっている．〔**中野公彦**〕

文　献

1) 岩田義明ほか：メカトロダンパによる免振システムのハイブリットコントロール，日本機械学会論文集 C 編，**63**(613)(1997)，2991-2995.
2) 檜尾幸司ほか：乗り心地向上を目指した自動車用電磁ダンパの非線形減衰力特性に関する研究，自動車技術会論文集，**35**(1)(2004)，167-172.

3)　中野公彦ほか：舶用減揺装置のセルフパワード・アクティブ制御，日本機械学会論文集 C 編，**65**(640)(1999)，4685-4691.
4)　原田秀行ほか：動電型エネルギ回生サスペンションの制御，日本機械学会論文集 C 編，**62**(604)(1996)，4513-4519.
5)　須田義大ほか：回生された振動エネルギーを利用するアクティブ制御に関する研究，日本機械学会論文集 C 編，**63**(613)(1997)，3038-3044.
6)　吉武　裕ほか：フラフープを用いた自励振動の制振と発電，日本機械学会論文集 C 編，**66**(646)(2000)，1785-1792.
7)　Hagood, N. W. and von Flotow, A.: Damping of structural vibrations with piezoeletric materials and passive electrical networks, *J. Sound Vib.*, **146**(2)(1991), 243-268.
8)　Sodano, H. A. *et al.*: A review of power harvesting from vibration using piezoelectric materials, *The Shock and Vibration Digest*, **36**(2004), 197-205.

15.4　能動的振動制御

能動的振動制御とは，アクチュエータを用いて，より積極的に振動を制御することであり，アクティブ振動制御ともよばれている.

15.4.1　機能による分類

能動的振動制御を機能から分類すると，受動的振動制御の場合と同様に制振制御，防振制御および除振制御の 3 つに大別される.

a.　制 振 制 御

制振制御とは，図 15.42(a) に示すように，対象に直接外力 f が加わったときに，これによって発生する対象自体の振動（例えば変位 x）に大きな減衰効果を与える制御のことをいう．例えば，建物の風による揺れの抑制を考えると，対象は建物であり，風が建物に与える風力が外力 f に，また，建物の揺れが対象自体の変位 x に相当し，制振制御問題となる．代表的な能動制振手法としては，対象（高層建物など）に付加した質量をアクチュエータにより駆動し，その反力により対象の振動を抑える

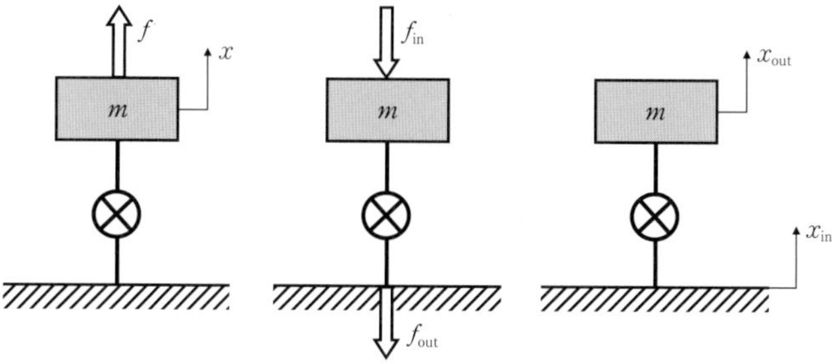

(a) 制振　　(b) 防振　　(c) 振動絶縁

図 15.42　能動的振動制御（アクティブ振動制御）の機能による分類

アクティブマスダンパ（Active Mass Damper：AMD）がある．AMD については，15.4.2 項において詳述する．また，上記の例では，建物自体が移動することはないが，柔軟アームをもつロボットや，クレーンシステムなどは，アームやクレーンの移動が前提となり，いかに振動を抑制しながら高速に動かすかが問題となる．前者をレギュレータ，後者をサーボとよぶ．

b. 防振制御

図 15.42(b) に示すように，対象に加わる外力 f_{in} により誘発される運動によって設置面に力 f_{out} が伝達される．防振制御とは，外力 f_{in} に対して，f_{out} をできるだけ小さく抑える制御のことをいう．例としては，回転機械の振動を床に伝わりにくくする制御などがある．

c. 振動絶縁制御（除振，免震）

振動絶縁制御とは，図 15.42(c) に示すように，対象の設置面の変位 x_{in}（あるいは速度 $\dot{x}_{\mathrm{in}}$，加速度 $\ddot{x}_{\mathrm{in}}$）を，対象に伝え難くする制御のことである．例えば，地震による振動を建物に伝わりにくくする免震，精密機器が床振動（常時微動）の影響を受けにくくする精密除振などがそれにあたる．

15.4.2 制御形態による分類

能動的振動制御をその形態により分類すると慣性力型能動制御，直接支持型能動制御，間接支持型能動制御の 3 つに大別される．

a. 慣性力型能動制御

慣性力型の振動制御とは，図 15.43 に示すように振動を制御したい対象に負荷質量を取り付け，アクチュエータで駆動する構造をもつ．負荷質量 m_a の変位を x_a とすると，制御対象には負荷質量の慣性力 $-m_a\ddot{x}_a$ が反力として加わるため，この反力を利用して対象の振動を制御する．慣性力型能動制御には，アクティブマスダンパ型とキャンセラ型の 2 つがある．

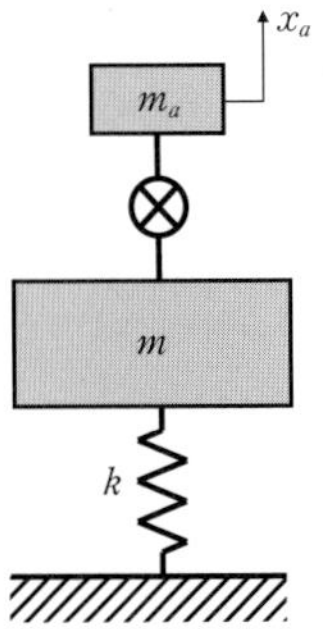

図 15.43 慣性力型能動制御

1) アクティブマスダンパ　アクティブマスダンパ（Active Mass Damper）は，建物の制振を目的として用いられることが多く，その頭文字をとって AMD とよばれている．AMD は建物の屋上などのスペースに可動質量を設置し，これを油圧アクチュエータなどで駆動することにより，建物自体に減衰（制振）効果を与えるものである．類似の構造をもつものとして，動吸振器の原理を用いた Tuned Mass Damper（TMD）がある．TMD は，アクチュエータを用いずに，負荷質量と対象を受動要素であるばねとダンパで結合し，これらのばね定数とダンパの減衰係数を調整することにより制振を行う．能動的手法である AMD と受動的手法である TMD を比較した場合，AMD には以下の 3 点の長所がある．

(1) TMD の場合，制振性能は対象の質量と負荷質量の比で決まってしまうが，AMD の場合，アクチュエータにより外部からエネルギーを供給できるため，原理的には TMD に比べより小さな質量で大きな制振効果を得ることができる．

(2) 制振対象が高層ビルのような多自由系の場合，TMD では一般に 1 つの振動モードにしか減衰をかけることができない．これに対し，AMD では複数の振動モードを同時に制振することが可能である．

(3) TMD は，対象の固有振動数が何らかの理由で変化した場合，その制振性能は著しく劣化するが，AMD は多少の固有振動数の変動に対して，制振性能が変化しにくいロバストな制御系が設計可能である．

また，短所としては，以下の 2 点があげられる．

(1) TMD と比較して構造が複雑なため，より頻繁にメンテナンスを行う必要がある．

(2) 高性能を出せる分，外部からのエネルギーの供給が必要である．

AMD か TMD かの選択にあたっては，実際の環境や仕様および上記の特徴を考慮して決める必要がある．また，TMD 構造に補助的にアクチュエータを取り付け AMD として機能させることもある．

2) キャンセラ 図 15.44(a) に示すようにテーブル上に運動する物体（ステージなど）が搭載された構造をもつ装置では，物体の運動によりテーブルが振動し，正常な動作を損なう場合がある．代表的な例としては，除振テーブル上に可動ステージが設置されている半導体露光装置などがある．この場合，同図 (b) に示すように，テーブル上に慣性力発生装置を装着し，物体の運動によりテーブルに与えられる力を内力としてキャンセルする．このため，本目的で使用される慣性力発生装置をキャンセラとよぶことがある．特に，運動物体とキャンセラの質量が等しい場合は，キャンセラに運動物体と逆の運動をさせることにより，物体からの反力をキャンセラによって完全に打ち消すことができ，これを“消振”とよぶことがある．これは物体反力を内力としてキャンセルし，外部への振動伝達を抑制できることから，理想的な防振手法とも考えられる．

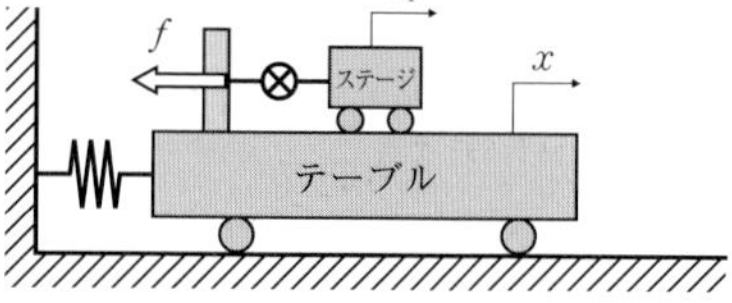

(a) テーブル上の搭載物の反力による振動

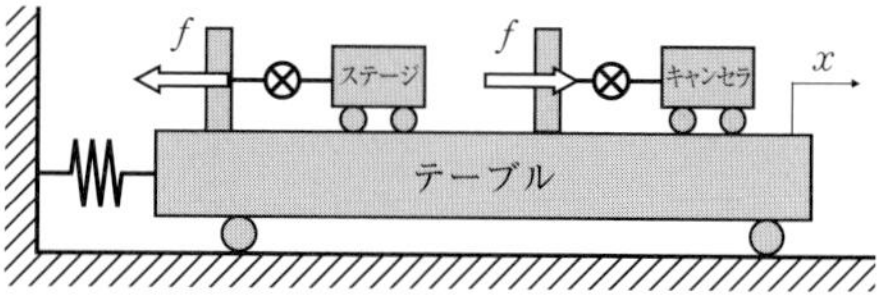

(b) キャンセラによる反力の相殺

図 15.44 キャンセラによる消振

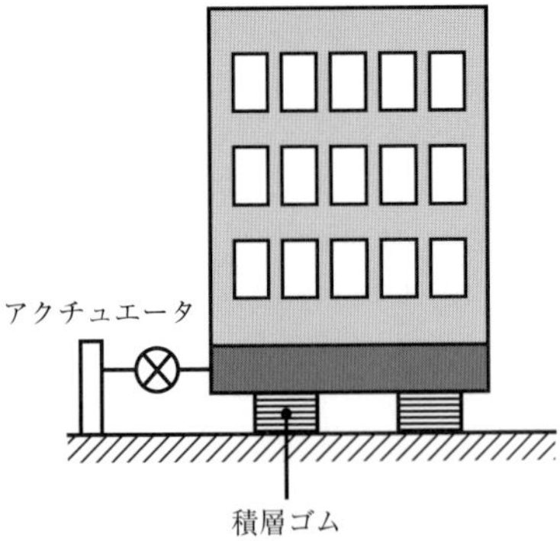

図 15.45 アクティブ免震（直接支持方式）

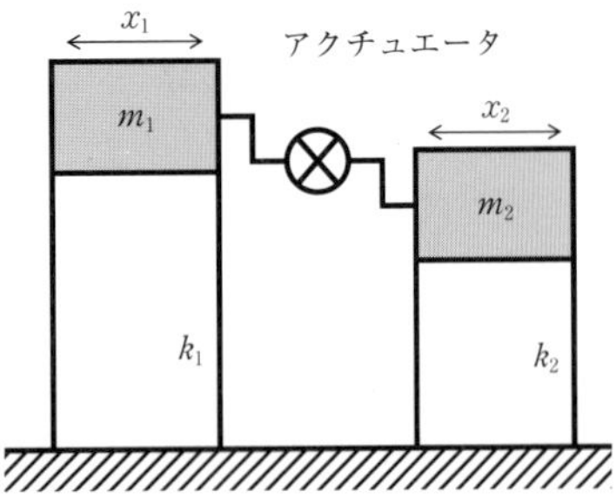

図 15.46 複数建物の同時制振（間接支持方式）

b. 直接支持型能動制御

直接支持型では，図 15.42 に示したように振動制御対象と設置面の間にアクチュエータを配置し，適切に駆動することにより，設置面からの外乱振動伝達の抑制（振動絶縁），あるいは対象への直接外乱による振動の抑制（制振）などを行う．代表的な適用例としては，精密機器を外部の振動環境から守る除振装置などがある．また，建造物を大地震から守る免震構造においても，図 15.45 のようにアクチュエータを用いより優れた免震性能を実現するアクティブ免震に関する研究も行われている．

直接支持型は，慣性力型に比較し，構造がシンプルなうえ，大きな力を発生できるという利点がある．しかし，反面，アクチュエータが制振対象の重力を支持しなければならない場合もあり，装置が大きくなる傾向にあり，また，アクチュエータの制御力が反力として設置面にも伝達する構造のため．周囲の装置を加振してしまう可能性がある．

c. 間接支持型能動制御

間接支持型とは，図 15.46 に示すように複数の制振対象が存在する場合，制振対象どうしをアクチュエータで結合し，適切に駆動することにより，複数対象を同時に制振する方式のことをいう[1]．代表的な例としては複数の高層建物をアクチュエータ内蔵のブリッジで結合し，制振する手法などが提案されている．

15.4.3 自由度と能動制御

能動振動制御系は，対象の自由度などに着目すると，1 自由度単軸系，多自由度単軸系，多自由度多軸系，の大きく 3 つに大別される．1 自由度単軸系は図 15.47(a) に示すように，1 自由度の対象をその軸方向に力を発生する 1 個のアクチュエータによって制御するものであり，最もシンプルなものである．多自由度単軸系とは，同図 (b) の高層建物の制振の例に示すように，対象は多自由度系であり複数の振動モードを有するが，それらが同一の軸方向にあるものである．この場合，理論的には能動

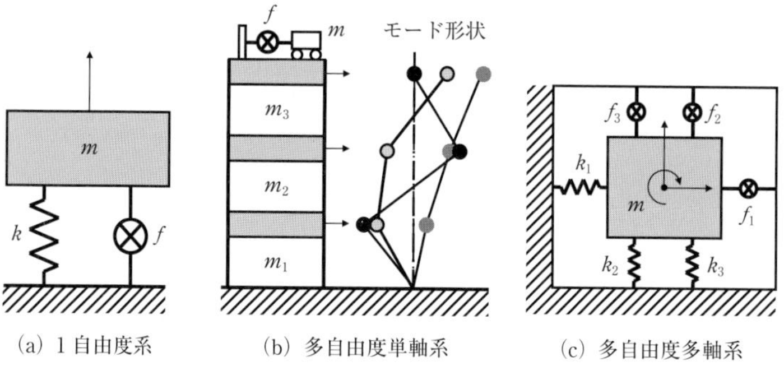

図 15.47　対象の自由度と能動制御

制御により1個のアクチュエータで同時に複数の振動モードを制御可能である．一方，多自由度多軸系（図 15.47(c)）とは，多自由度系であり，かつそれぞれの振動モードの卓越した成分が異なる軸を有するものである．この場合，有効に制御を行うためには複数のアクチュエータが必要となる．

15.4.4　振動制御の基礎

a.　極と振動特性（固有振動数，減衰）の関係

ここでは，制御系設計において重要な概念である極と，振動特性の基本である固有振動数および減衰比との関係について考える．例として，次の1自由度振動系を取り上げる．この系の運動方程式が次式で与えられるとすると，

$$m\ddot{x}+c\dot{x}+kx=f \tag{15.4.1}$$

この系の固有振動数 ω_n および減衰比 ζ は次式で与えられる．

$$\omega_n=\sqrt{\frac{k}{m}} \tag{15.4.2}$$

$$\zeta=\frac{c}{c_c}=\frac{c}{2\sqrt{mk}} \tag{15.4.3}$$

式（15.4.1）を式（15.4.2），（15.4.3）を用いて，固有振動数 ω_n および減衰比 ζ で表現すると，

$$\ddot{x}+2\zeta\omega_n\dot{x}+\omega_n^2x=\frac{1}{m}f \tag{15.4.4}$$

となる．式(15.4.4)より，外力 f から質量変位 x までの伝達関数は次式で与えられる．

$$G(s)=\frac{X(s)}{F(s)}=\frac{1/m}{s^2+2\zeta\omega_n s+\omega_n^2} \tag{15.4.5}$$

一方，極とは，伝達関数 $G(s)$ を，その分母多項式 $D(s)$ と分子多項式 $N(s)$ を用い

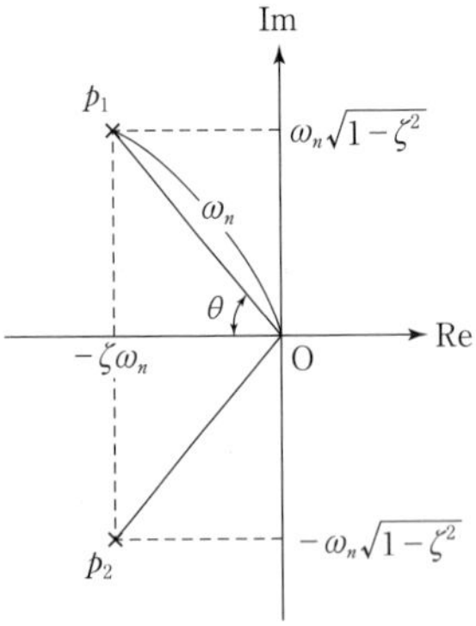

図 15.48 極と振動特性（固有振動数，減衰）の関係

$$G(s)=\frac{N(s)}{D(s)} \tag{15.4.6}$$

と表したときの，$D(s)=0$ の根のことである．極からシステムの安定性やおおよその応答特性がわかることから，制御対象や制御系の重要な指標として用いられている．$D(s)=0$ は特性方程式とよばれている．式（15.4.1）の系の特性方程式は式（15.4.5）より，

$$s^2+2\zeta\omega_n s+\omega_n^2=0 \tag{15.4.7}$$

であり，式（15.4.7）を解くことにより，この系の極 p_1, p_2 は次式で与えられる．

$$p_1=-\zeta\omega_n+\omega_n\sqrt{1-\zeta^2}\,i, \qquad p_2=-\zeta\omega_n-\omega_n\sqrt{1-\zeta^2}\,i \tag{15.4.8}$$

図 15.48 は，式（15.4.8）を複素平面上にプロットしたものであり，図より，次の関係が成り立つことが容易にわかる．

・固有振動数 ω_n は原点 O から極 p_1 および p_2 までの距離に等しい

$$\omega_n=|\mathrm{O}-p_1|=|\mathrm{O}-p_2| \tag{15.4.9}$$

・減衰比 ζ は実軸と線分 O-p_1 のなす角度 θ を用い次式で与えられる

$$\zeta=\cos\theta \tag{15.4.10}$$

以上より，振動特性の基本である固有振動数と減衰比は，制御系設計において重要な概念である極と密接な関係にあることがわかる．

上記は，1 自由度振動系を例にとって述べたが，多自由度振動系においても同様の性質がある．多自由度運動方程式にモード解析を適用することにより，一般に系に加えられる力から変位までの伝達関数は次式で与えられる．

$$G(s)=\frac{X(s)}{F(s)}=\sum_{i=1}^{n}\frac{K_i}{s^2+2\zeta_i\omega_i s+\omega_i^2} \tag{15.4.11}$$

ここで，ω_i および ζ_i はそれぞれ i 次振動モードの固有振動数と減衰比を表す．この系の極は，次式から得られる n 組の共役複素数根である．

$$s^2+2\zeta_i\omega_i s+\omega_i^2=0 \quad (i=1,2,\cdots,n) \tag{15.4.12}$$

したがって，それぞれの振動モードに関して，式（15.4.9）および式（15.4.10）の関係式が成り立つことがわかる．

b. 振動モード制御

複数のセンサーとアクチュエータを用いて振動を制御する，いわゆる多入力多出力系の振動制御の場合，モード解析により制御対象を振動モードに分解し，各振動モードごとにモード制御器を設計することにより，見通しのよい制御設計が可能である．以下，この手法について述べる．いま，n 個のアクチュエータ（多入力）をもつ n 自由度系の運動方程式を次式で与える．

$$[M]\{\ddot{x}\}+[C]\{\dot{x}\}+[K]\{x\}=\{f\} \tag{15.4.13}$$

ここで，$[M]$，$[C]$，$[K]$ は，それぞれ n 行 n 列の質量行列，減衰行列，剛性行列を，$\{x\}$ および $\{f\}$ は，それぞれ n 次（行）の変位ベクトルおよびアクチュエータ発生力ベクトルを表す．モード解析の手順に従い，変位ベクトル $\{x\}$ をモードベクトル $[\phi]$（n 行 n 列）を用いて次式で表す．

$$\{x\}=[\phi]\{\xi\} \tag{15.4.14}$$

式中，$\{\xi\}$ は n 次のモード座標ベクトルである．式(15.4.14)を式(15.4.13)に代入し，左から $[\phi]^{\mathrm{T}}$ をかけ，整理すると次式が得られる[2]．

$$\begin{Bmatrix}\ddot{\xi}_1\\ \ddot{\xi}_2\\ \vdots\\ \ddot{\xi}_n\end{Bmatrix}+\begin{bmatrix}2\zeta_1\omega_1 & & & 0\\ & 2\zeta_2\omega_2 & & \\ & & \ddots & \\ 0 & & & 2\zeta_n\omega_n\end{bmatrix}\begin{Bmatrix}\dot{\xi}_1\\ \dot{\xi}_2\\ \vdots\\ \dot{\xi}_n\end{Bmatrix}+\begin{bmatrix}\omega_1^2 & & & 0\\ & \omega_2^2 & & \\ & & \ddots & \\ 0 & & & \omega_n^2\end{bmatrix}\begin{Bmatrix}\xi_1\\ \xi_2\\ \vdots\\ \xi_n\end{Bmatrix}=\begin{Bmatrix}\tilde{f}_1\\ \tilde{f}_2\\ \vdots\\ \tilde{f}_n\end{Bmatrix} \tag{15.4.15}$$

ここで，ω_i，ζ_i は，それぞれ i 次振動モードの固有振動数と減衰比を示す．また，ξ_i および $\tilde{f}_i$ は，それぞれ $\{\xi\}$ および $[\phi]^{\mathrm{T}}\{f\}$ の i 行要素である．式（15.4.15）を展開すると，それぞれの振動モードに関して次式が得られる．

$$\ddot{\xi}_i+2\zeta_i\omega_i\dot{\xi}_i+\omega_i^2\xi_i=\tilde{f}_i \quad (i=1,\cdots,n) \tag{15.4.16}$$

振動モード制御では，モード解析によって分離された式（15.4.16）の各振動モードに対して，それぞれ独立に制御器を設計する．図15.49に振動モード制御系の構成を示す（図では，簡単のため，変位センサーを用い，アクチュエータ動特性は無視している）．振動モード制御器は一般に3つの部分から構成される．1つ目は，センサー出力変位 $\{x\}$ をモード座標 $\{\xi\}$ に変換する行列 $[\phi]^{-1}$，2つ目は，それぞれの振動モードを制御するモード制御器（modal controller）である．モード制御器の出力は各振動モードを制御するためのモード制御力 $\{\tilde{f}\}$ である．3つ目は，モード制御力 $\{\tilde{f}\}$ をアクチュエータ発生力 $\{f\}$ に変換する行列 $[\phi^{\mathrm{T}}]^{-1}=[\phi]^{-\mathrm{T}}$ である．それぞれの振動モードに対して個別に制御器を設計するため，見通しのよい設計およびきめ細かな制御系のチューニングが可能である．

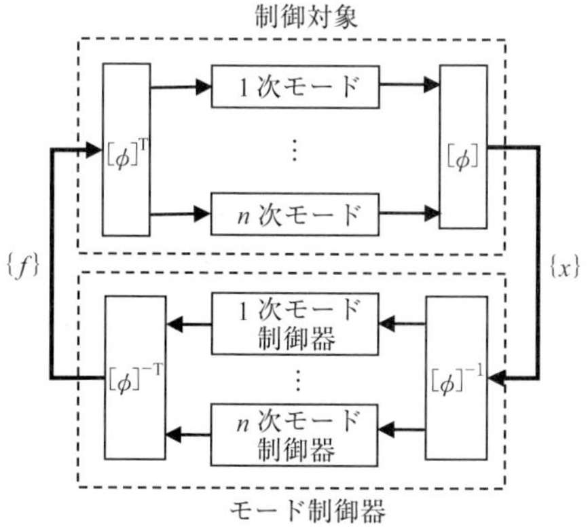

図15.49　振動モード制御のコンセプト

c.　代表的な能動振動制御手法

ここでは，2つの代表的な能動振動制御手法であるスカイフック系とDVFBを紹介するとともに，振動制御でしばしば問題となるスピルオーバ不安定について述べる．

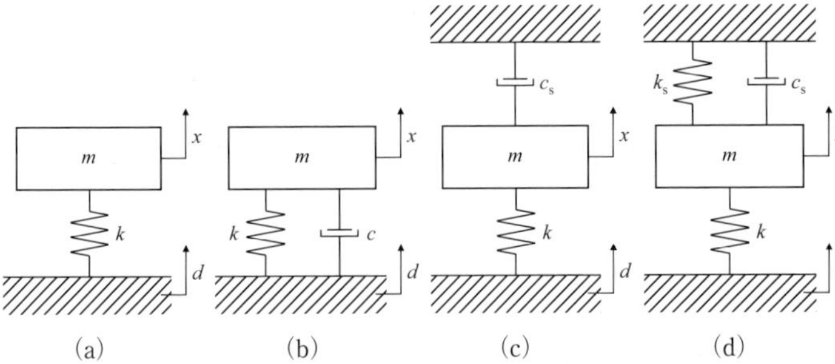

図 15.50 スカイフック系と振動絶縁

1) スカイフック制御による振動絶縁 ここでは，振動絶縁に有効なスカイフック制御について，伝達関数と周波数特性の関係から説明する．同図 15.50 は 4 種類の振動絶縁方法を示したものである．同図 (a) は，振動絶縁したい質量 m の対象をばね k で支持し床外乱変位 d が入力される場合を，同図 (b) は，(a) の系にばねと並列にダンパ c を取り付けた場合を示す．同図 (c) は床とは別に絶対静止空間上に固定された天井を考え，図 (a) の系に対して，この天井と質量を結ぶダンパ c_s を加えたものである．このダンパ c_s をスカイフックダンパとよぶ．同図 (d) は，(c) の系に天井と質量を結ぶばね k_s を追加したものを示す．このばね k_s をスカイフックスプリングとよぶことにする．

図 15.50(a)～(d) の運動方程式はそれぞれ次式で与えられる．

$$\text{(a)}\quad m\ddot{x}+kx=kd \tag{15.4.17}$$

$$\text{(b)}\quad m\ddot{x}+c\dot{x}+kx=c\dot{d}+kd \tag{15.4.18}$$

$$\text{(c)}\quad m\ddot{x}+c_s\dot{x}+kx=kd \tag{15.4.19}$$

$$\text{(d)}\quad m\ddot{x}+c_s\dot{x}+(k+k_s)x=kd \tag{15.4.20}$$

式 (15.4.17)～(15.4.20) をラプラス変換し，床変位 d から質量変位 x までの伝達関数を求めると，次式となる．

$$\text{(a)}\quad G(s)=\frac{X(s)}{D(s)}=\frac{k}{ms^2+k} \tag{15.4.21}$$

$$\text{(b)}\quad G(s)=\frac{X(s)}{D(s)}=\frac{cs+k}{ms^2+cs+k} \tag{15.4.22}$$

$$\text{(c)}\quad G(s)=\frac{X(s)}{D(s)}=\frac{k}{ms^2+c_s s+k} \tag{15.4.23}$$

$$\text{(d)}\quad G(s)=\frac{X(s)}{D(s)}=\frac{k}{ms^2+c_s s+(k+k_s)} \tag{15.4.24}$$

一方，伝達関数のゲインに関して一般に次の性質がある．

(1) 高周波数におけるゲインの傾き：$-20r$ dB/dec

r：(相対次数)＝(分母多項式の次数)－(分子多項式の次数)

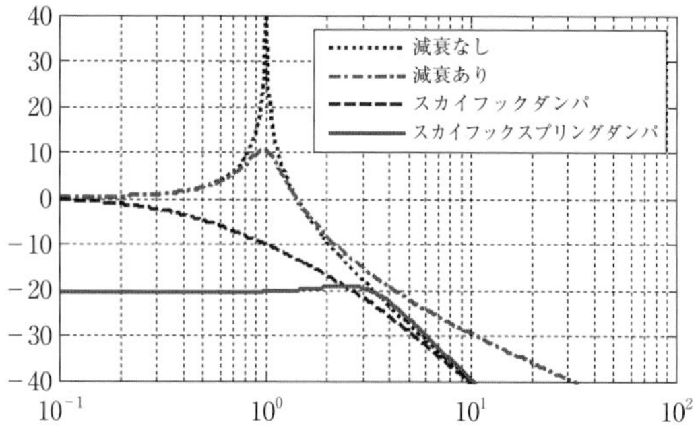

図 15.51　スカイフック系の周波数応答特性

(2)　低周波数におけるゲイン：$20\log_{10}\left|\lim_{s\to 0}G(s)\right|$ dB

この性質をもとに，図 (a)～(d) の高周波領域における傾きおよび低周波数におけるゲインを計算すると，次のようになる．

(a)　高周波傾き：−40 dB/dec,　　低周波ゲイン：0 dB

(b)　高周波傾き：−20 dB/dec,　　低周波ゲイン：0 dB

(c)　高周波傾き：−40 dB/dec,　　低周波ゲイン：0 dB

(d)　高周波傾き：−40 dB/dec,　　低周波ゲイン：$-20\log_{10}\dfrac{k}{k+k_s}$ dB<0

図 15.51 に式 (15.4.21)～(15.4.24) から求めた，(a)～(d) の系の周波数応答特性を示す．高周波域でのゲインの傾きに着目すると，上述したように，(a) の系では −40 dB/dec であった傾きが，共振ピーク抑制のためにダンパを挿入した (b) の系では −20 dB/dec となり，高周波域での振動絶縁性能が悪化していることがわかる．これに対し，スカイフックダンパを用いた (c) および (d) の系では，共振ピークを抑えつつ，(b) のような高周波域での振動絶縁性能の悪化もみられない．次に低周波域の振動絶縁性能に着目する．図 15.51 および上記の結果より，(a)～(c) の系では，0 dB となっており，いずれも低い振動数の外乱変位 d はそのまま対象に伝達されることがわかる．これに対し，(d) のスカイフックスプリングを用いた系では，0 dB 以下となっている．このことからスカイフックダンパとスカイフックスプリングを用いることによりすべての周波数において振動絶縁効果をもたせることができることがわかる．しかし，現実には絶対静止空間上に固定された天井は存在しないため，加速度センサーなどを用い絶対速度および絶対変位を推定しスカイフック系を構成する（図 15.52）．

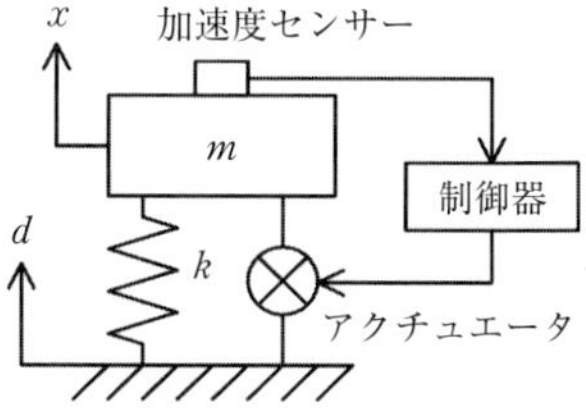

図 15.52　スカイフック系の実現

2)　DVFB による制振　　その構造のシンプルさと制振に対する有効性から，代表的な制振手法

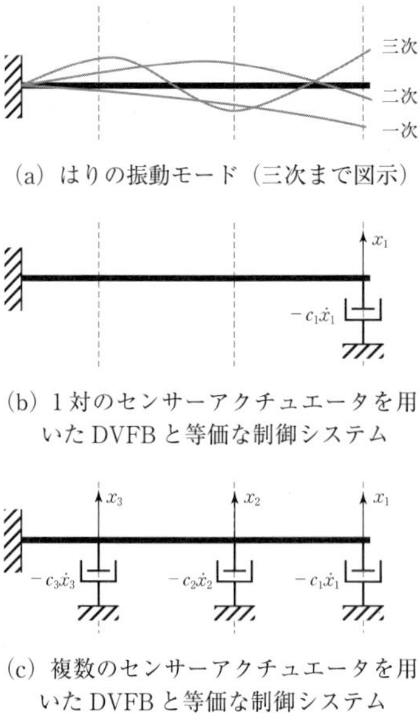

図 15.53 DVFBのコンセプト

のひとつとされているものにDVFB（Direct Velocity Feedback）がある．DVFBでは，センサーとアクチュエータを同じ位置に配置し（コロケーション（co-location）とよばれる），センサーから取得した速度情報vに基づき，

$$f=-k_c v \tag{15.4.25}$$

によって，制振対象に加えるべき力fを計算し，これをセンサーと同位置に配置されたアクチュエータを用いて制振対象に加える．DVFBの利点は，上述のようなシンプルな制御アルゴリズムであるため，制振対象の数学モデルを必要としないこと，さらに，すべての振動モードに減衰を付加することが可能であることがあげられる（ただし後者は，センサーおよびアクチュエータの位置が特定の振動モードの節に位置するような特殊なケースにおいては，その振動モードに関しては減衰を付加することができない）．

DVFBの原理について図15.53の弾性はりの制振を例に説明する．同図（a）は，片持はりとその振動モードを示す．はりは連続体であるためいくつもの振動モード（理論的には無数）が存在する．DVFBでは，速度を計測した位置に速度に比例した逆向きの力を与えるため，同図（b）に示すようにパッシブの減衰と等価な働きをする．このことから特定の振動モードを励起することなくすべての振動に減衰を与えられることが容易に理解できる．また，DVFBでは複数のアクチュエータを用いた制振も可能であり，同図（c）に，パッシブダンパを用いた等価な系を示す．アクチュエータを複数振動モードの腹などの適切な位置に配置することにより，より効果的な制振効果が期待できる．このようにDVFBでは，シンプルなアルゴリズムで制振が可能であるが，調整できるパラメータがk_cのみであるため，複数振動モードの同時制御などでは，それぞれの振動モードの制振特性を個別にチューニングするなどの細かな調整は苦手である．

3）　スピルオーバ不安定とその対策　振動制御の対象となる機械や構造物は，一般に多自由度系あるいは連続体で構成される無限自由度系であり，多数の固有振動数（振動モード）を有する．しかし，実際にはこれらの振動モードをすべて抑制する必要はなく，通常，周波数の低いいくつかの振動モードのみを抑制（制御）したい場合が多い．したがって，制御器は実際に制御したいこれらの振動モードの動特性を表す数学モデル（低次元化モデルとよばれる）を用いて設計するのが一般的である．図15.54に一般的な振動制御系のブロック図を示す．同図（a）は，対象とする低次振動モードを，低次振動モードモデルに基づいて設計した制御器で制御する理想的な制

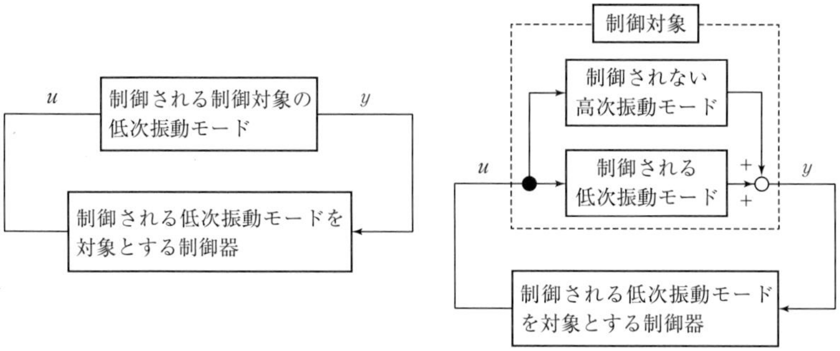

(a) 理想的な制御系　　(b) スピルオーバ不安定を引き起す制御系

図 15.54 スピルオーバ不安定

御系を示す．しかし，実際には，同図（b）に示すように観測量（制御対象出力）y にはおのずと制御しない高次振動モードの情報も含まれる．このため，低次元振動モードのための制御器の出力（操作量）u が高次振動モードの影響を受け，制御系が不安定となる場合がある．この振動制御に特有の不安定現象を，スピルオーバ不安定とよぶ．

スピルオーバ不安定の抑制に関する方策をいくつか以下に紹介する．

(i) モーダルフィルタ：制御対象のモード座標 $\{\xi\}$ を制御する低次振動モード座標 $\{\xi_{\mathrm{L}}\}$ および制御しない高次振動モード座標 $\{\xi_{\mathrm{H}}\}$ に分けると，式（15.4.14）より次式が得られる．

$$\{x\}=[\phi]\{\xi\}=[\phi_L \ \ \phi_H]\begin{Bmatrix}\xi_{\mathrm{L}}\\ \xi_{\mathrm{H}}\end{Bmatrix} \tag{15.4.26}$$

式（15.4.26）を変形することにより，$\{\xi_{\mathrm{L}}\}$ は次式で与えられる．

$$\{\xi_{\mathrm{L}}\}=[I \ \ 0][\phi]^{-1}\{x\} \tag{15.4.27}$$

ここで，$[I]$ は $\{\xi_{\mathrm{L}}\}$ と同じ次元をもつ単位行列を示す．式（15.4.27）は，モード座標 $[\phi]$ を用いることにより，観測量 $\{x\}$ から，制御しない高次振動モードの情報を取り除き，制御したい振動モード座標 $\{\xi_{\mathrm{L}}\}$ のみを分離できることを示しており，これをモーダルフィルタとよぶ．

一方，式（15.4.15）の運動方程式を，制御する低次振動モード座標 $\{\xi_{\mathrm{L}}\}$ および制御しない高次振動モード座標 $\{\xi_{\mathrm{H}}\}$ に分けて表現すると次式となる．

$$\begin{Bmatrix}\ddot{\xi}_{\mathrm{L}}\\ \ddot{\xi}_{\mathrm{H}}\end{Bmatrix}+\begin{bmatrix}2\zeta_{\mathrm{L}}\omega_{\mathrm{L}} & 0\\ 0 & 2\zeta_{\mathrm{H}}\omega_{\mathrm{H}}\end{bmatrix}\begin{Bmatrix}\dot{\xi}_{\mathrm{L}}\\ \dot{\xi}_{\mathrm{H}}\end{Bmatrix}+\begin{bmatrix}\omega_{\mathrm{L}}^2 & 0\\ 0 & \omega_{\mathrm{H}}^2\end{bmatrix}\begin{Bmatrix}\xi_{\mathrm{L}}\\ \xi_{\mathrm{H}}\end{Bmatrix}=\begin{Bmatrix}\tilde{f}_{\mathrm{L}}\\ \tilde{f}_{\mathrm{H}}\end{Bmatrix} \tag{15.4.28}$$

式（15.4.28）から制御する振動モード $\{\xi_{\mathrm{L}}\}$ に関する次式を取り出し，

$$\ddot{\xi}_{\mathrm{L}}+2\zeta_{\mathrm{L}}\omega_{\mathrm{L}}\dot{\xi}_{\mathrm{L}}+\omega_{\mathrm{L}}^2\xi_{\mathrm{L}}=\tilde{f}_{\mathrm{L}} \tag{15.4.29}$$

これを制御対象モデルとして制御器を設計する．モーダルフィルタにより観測量から高次振動モードの影響が除去されているので，スピルオーバ不安定を抑制することが可能である．モーダルフィルタでは，制御しない高次振動のモード座標$\{\xi_H\}$も推定してから，この影響を取り除くため，最低でも高次振動モードも含めた$\{\xi\}$の次数と等しい数のセンサーを必要とする．

(ii) ローパスフィルタの利用：前述したように制御しない振動モードは，通常，高次の振動モードであるため，高い周波数成分を通しにくいローパスフィルタを用いることにより，観測量から高次振動モードの影響を除去する（減衰させる）ことで，スピルオーバ不安定の抑制が可能である．このローパスフィルタを用いるスピルオーバ不安定抑制方法としては，次のような2つの方法がある．

① 制御器を設計後，センサー信号（観測量）の後にローパスフィルタを挿入する手法

② 制御器がローパスフィルタ特性をもつように，制御系設計時に考慮する手法

①は，最も簡単で実施例も多いが，制御器を設計後にローパスフィルタを挿入するため，ローパスフィルタの位相の遅れなどの影響により，制御系の閉ループ特性がフィルタ挿入前に比べて大幅に悪化する場合があり，注意が必要である．これに対して②の手法は，①よりは手間はかかるが，制御器の設計時にローパスフィルタの制御性能に与える影響があらかじめわかるため，信頼性の高い手法であるといえる．

15.4.5 制御理論の応用

本項では，振動制御にしばしば用いられる線形制御理論の概要を紹介する．

a. 状態方程式，出力方程式

振動制御の対象となる機械や構造物は運動方程式で表されるのが普通であるが，線形制御理論では状態方程式・出力方程式を用いるのが一般的である．このため，線形制御理論を用いる場合，運動方程式を状態方程式に変換する必要がある．以下に，よく用いられる一例を示す．m個のアクチュエータをもつ線形なn自由度系の運動方程式は，一般に次式で与えられる．

$$[M]\{\ddot{x}\}+[C]\{\dot{x}\}+[K]\{x\}=[H]\{f\} \tag{15.4.30}$$

ここで，左辺の行列およびベクトルは式（15.4.13）と同じであり，右辺の$\{f\}$はm次のアクチュエータ発生力ベクトル，$[H]$はn行m列のアクチュエータの配置に関連する行列である．運動方程式は2階の微分方程式であり，状態方程式は1階の微分方程式であるため，次の新しい変数ベクトルを導入する．

$$\left.\begin{aligned}\{x_1\}&=\{x\}\\ \{x_2\}&=\{\dot{x}_1\}\end{aligned}\right\} \tag{15.4.31}$$

式（15.4.30）を$\{\ddot{x}\}$について整理し，式（15.4.31）を適用すると，次式が得られる．

$$\{\dot{x}_2\}=-[M]^{-1}[K]\{x_1\}-[M]^{-1}[C]\{x_2\}+[M]^{-1}[H]\{f\} \tag{15.4.32}$$

式(15.4.31)の2本目および式(15.4.32)の1階の微分方程式をまとめることにより，式（15.4.30）の運動方程式と等価な次の状態方程式が得られる．

$$\begin{Bmatrix} \dot{x}_1 \\ \dot{x}_2 \end{Bmatrix} = \begin{bmatrix} 0 & I \\ -M^{-1}K & -M^{-1}C \end{bmatrix} \begin{Bmatrix} x_1 \\ x_2 \end{Bmatrix} + \begin{bmatrix} 0 \\ M^{-1}H \end{bmatrix} \{f\} \tag{15.4.33}$$

ここで，$\{x_1\ x_2\}^{\mathrm{T}}$ を状態変数とよぶ．出力方程式は観測したい量 $\{y\}$ によって，さまざまである．例えば，変位ベクトル $\{x\}$ を観測したければ，式（15.4.31）より，$\{x\}=\{x_1\}$ であるため，出力方程式は次式となる．

$$\{y\} = [I\ 0] \begin{Bmatrix} x_1 \\ x_2 \end{Bmatrix} \tag{15.4.34}$$

もし，速度ベクトル $\{\dot{x}\}$ を観測したければ，$\{\dot{x}\}=\{x_2\}$ より，出力方程式は，

$$\{y\} = [0\ I] \begin{Bmatrix} x_1 \\ x_2 \end{Bmatrix} \tag{15.4.35}$$

となる．さらに，加速度ベクトル $\{\ddot{x}\}$ をみたければ，$\{\ddot{x}\}=\{\dot{x}_2\}$ なので，式（15.4.33）より，出力方程式は次式となる．

$$\{y\} = [-M^{-1}K\ \ -M^{-1}C] \begin{Bmatrix} x_1 \\ x_2 \end{Bmatrix} + [M^{-1}H]\{f\} \tag{15.4.36}$$

上記の例では，アクチュエータの動特性は含まれていないが，アクチュエータの動特性を含めることもある．

b. 状態フィードバック制御

現代制御の基本である状態フィードバック制御とは，その名前のとおり，状態変数をフィードバックする手法で，制御対象のすべての状態量が計測可能であることが前提となる．いま，制御対象が次式で与えられているものとする（式（15.4.33）はその一例）．

$$\dot{x} = \boldsymbol{A}x + \boldsymbol{B}u \tag{15.4.37}$$

状態フィードバック制御では式（15.4.37）の制御対象のすべての状態量 x を計測し，次式により操作量 u を決定する．

$$u = -\boldsymbol{K}x \tag{15.4.38}$$

ここで，$\boldsymbol{K}$ を状態フィードバックゲイン行列とよぶ．式（15.4.37）および式（15.4.38）より，操作量 u を消去すると，状態フィードバック制御系（閉ループ制御系）の状態方程式は次式となる．

$$\dot{x} = (\boldsymbol{A} - \boldsymbol{B}\boldsymbol{K})x \tag{15.4.39}$$

この閉ループ制御系が望ましい特性をもつように状態フィードバックゲイン行列 $\boldsymbol{K}$ を定めることが，状態フィードバック制御器の設計を意味する．$\boldsymbol{K}$ の定め方にはいくつかの方法があるが，ここでは，代表的な手法である，極配置法および最適制御の 2 つの手法およびオブザーバについて紹介する．

1) 極配置法　極配置法では，設計者が望みの閉ループ制御系の極を設計パラメータとして設定し，これを実現するフィードバック制御器 $\boldsymbol{K}$ を導出する．閉ループ系の極は式（15.4.39）の $\boldsymbol{A}-\boldsymbol{B}\boldsymbol{K}$ の固有値に等しく．適切な状態フィードバックゲイン行列 $\boldsymbol{K}$ を選ぶことにより，任意の閉ループ極を実現できる．15.4.4 項で述べ

たように，極は振動の基本的な特性である固有振動数および減衰比と密接な関係がある．このため，振動制御においては，まず閉ループ系において実現したい固有振動数と減衰比を設定し，これらから閉ループ極を計算し，極配置法により状態フィードバックゲイン行列 $\boldsymbol{K}$ を求めるのが有効な手法となる．

2) 最適制御　最適制御では，フィードバック制御系を安定化しつつ，次式で与えられる評価関数 J を最小にする状態フィードバックゲイン行列 $\boldsymbol{K}$ を求める．

$$J=\int_0^{\infty}(\boldsymbol{x}^{\mathrm{T}}\boldsymbol{Q}\boldsymbol{x}+\boldsymbol{u}^{\mathrm{T}}\boldsymbol{R}\boldsymbol{u})\,\mathrm{d}t \tag{15.4.40}$$

ここで，式（15.4.40）右辺の $\boldsymbol{Q}$, $\boldsymbol{R}$ を重み行列といい，設計者が与えるパラメータである．$\boldsymbol{Q}$ は半正定行列，$\boldsymbol{R}$ は正定行列であり，$\boldsymbol{x}^{\mathrm{T}}\boldsymbol{Q}\boldsymbol{x}\geq 0$, $\boldsymbol{u}^{\mathrm{T}}\boldsymbol{R}\boldsymbol{u}>0$ が成り立つ．

いま，評価関数 J の物理的な意味を考えるため，J を次式のように J_1 と J_2 に分ける．

$$J=J_1+J_2$$
$$J_1=\int_0^{\infty}\boldsymbol{x}^{\mathrm{T}}\boldsymbol{Q}\boldsymbol{x}\,\mathrm{d}t,\qquad J_2=\int_0^{\infty}\boldsymbol{u}^{\mathrm{T}}\boldsymbol{R}\boldsymbol{u}\,\mathrm{d}t \tag{15.4.41}$$

いま，重み行列 $\boldsymbol{Q}$ を最も一般的な次の対角行列で与える．

$$\boldsymbol{Q}=\begin{bmatrix} q_1 & 0 & \cdots & 0 \\ 0 & q_2 & 0 & 0 \\ \vdots & 0 & \ddots & \vdots \\ 0 & \cdots & \cdots & q_n \end{bmatrix}\qquad (q_i\geq 0) \tag{15.4.42}$$

式（15.4.42）を式（15.4.41）に代入すると，J_1 は次式で与えられる．

$$J_1=\int_0^{\infty}[x_1\ x_2\ \cdots\ x_n]\begin{bmatrix} q_1 & & & 0 \\ & q_2 & & \\ & & \ddots & \\ 0 & & & q_n \end{bmatrix}\begin{bmatrix} x_1 \\ x_2 \\ \vdots \\ x_n \end{bmatrix}\mathrm{d}t$$
$$=\int_0^{\infty}q_1x_1^2\mathrm{d}t+\int_0^{\infty}q_2x_2^2\mathrm{d}t+\cdots+\int_0^{\infty}q_nx_n^2\mathrm{d}t=\sum_{i=1}^{n}\left(q_i\int_0^{\infty}x_i^2\mathrm{d}t\right) \tag{15.4.43}$$

式中の $\int_0^{\infty}x_i^2\mathrm{d}t$ は状態量 x_i の二乗積分値を表しており，すなわち，J_1 が小さいほど制御系が早く 0 に収束し，制御系の応答特性がよいことを意味している．また，特定の状態量 x_k の重み q_k を大きくすることにより，J_1 に占める状態量 x_k の影響が大きくなり，結果的にその状態量の収束を早めることができる．したがって，J_1 は制御性能を代表する指標と考えられる．

次に J_2 について考える．式（15.4.42）の重み行列 $\boldsymbol{Q}$ と同様に，重み行列 $\boldsymbol{R}$ を次の対角行列で与える．

$$\boldsymbol{R}=\begin{bmatrix} r_1 & 0 & \cdots & 0 \\ 0 & r_2 & 0 & 0 \\ \vdots & 0 & \ddots & \vdots \\ 0 & \cdots & \cdots & r_m \end{bmatrix}\qquad (r_i>0) \tag{15.4.44}$$

式（15.4.44）を式（15.4.41）に代入すると，J_2 は次式

$$J_2=\int_0^\infty r_1u_1^2\mathrm{d}t+\int_0^\infty r_2u_2^2\mathrm{d}t+\cdots+\int_0^\infty r_mu_m^2\mathrm{d}t=\sum_{i=1}^{m}\left(r_i\int_0^\infty u_i^2\mathrm{d}t\right) \tag{15.4.45}$$

で与えられる．式中の$\int_0^\infty u_i^2 dt$は入力の二乗積分値を表しており，J_2は制御に必要なエネルギーを代表する指標と考えることができる．したがって，評価関数$J=J_1+J_2$が小さい制御系とは，少ないエネルギーで高い制御性能をもつ制御系であることを意味している．

Jを最小にする安定化状態フィードバックゲイン行列$\boldsymbol{K}$は，次のリカッチ方程式，

$$\boldsymbol{PA}+\boldsymbol{A}^{\mathrm{T}}\boldsymbol{P}-\boldsymbol{PBR}^{-1}\boldsymbol{B}^{\mathrm{T}}\boldsymbol{P}+\boldsymbol{Q}=0 \tag{15.4.46}$$

の解$\boldsymbol{P}$を用いて，

$$\boldsymbol{K}=\boldsymbol{R}^{-1}\boldsymbol{B}^{\mathrm{T}}\boldsymbol{P} \tag{15.4.47}$$

で与えられる．

最適制御では，上述のように制御設計がシステマティックであり，適当な重み行列$\boldsymbol{Q}$および$\boldsymbol{R}$を与えるだけで，容易に制御対象を安定化する制御器が設計できるのが長所である．反面，制御パフォーマンスと重み行列の関係が明確ではないため，しばしば制御設計に際し多くの試行錯誤を必要とすることがある．

3）　オブザーバ　前述の極配置法，および最適制御は，いずれも状態フィードバック制御であるため，制御対象の状態量がすべて測れることが前提の制御手法である．しかし，実際のシステムでは，物理的な制約やコストの制約などのため，すべての状態量が計測できない場合も多い．このような場合，センサーによって計測した観測量から，オブザーバによって状態量を推定する手法が有効である．図15.55にオブザーバを用いた状態フィードバック制御系の一般的なブロック図を示す．オブザーバは制御対象への入力uと出力yから状態推定量$\hat{x}$を出力する．状態推定量$\hat{x}$を状態量xの代わりに用いることができるため，極配置法や最適制御で求めた状態フィードバックゲイン$\boldsymbol{K}$をそのまま利用できる．種々のオブザーバが提案されており，代表的なものとしては，制御対象と同じ次数をもつ同一次元オブザーバ，次数の最も低い最小次元オブザーバ，観測ノイズに強いカルマンフィルタなどがある．オブザーバの長所としては，すべての状態量を計測する必要がなく，少ないセンサーで制御系が構成できること，種々の手法で得られた状態フィードバックゲイン$\boldsymbol{K}$を使えること，などがあげられる．しかし，一般に完全状態フィードバックよりは制御パフォーマンスが劣る，あるいは，オブザーバの動特性は，状態推定にのみ利用され，外乱抑制特性などには生かされない，などの短所も存在する．

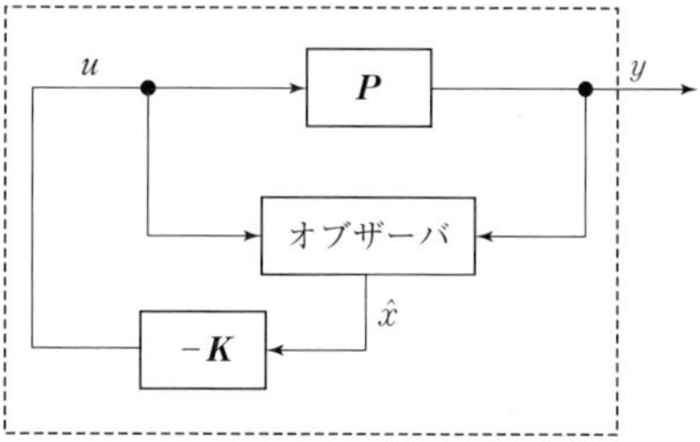

図15.55　オブザーバを併用した状態フィードバック制御系

c.　H^∞制御（H無限大制御）

ここでは，紙面の都合上，H^∞制御問題

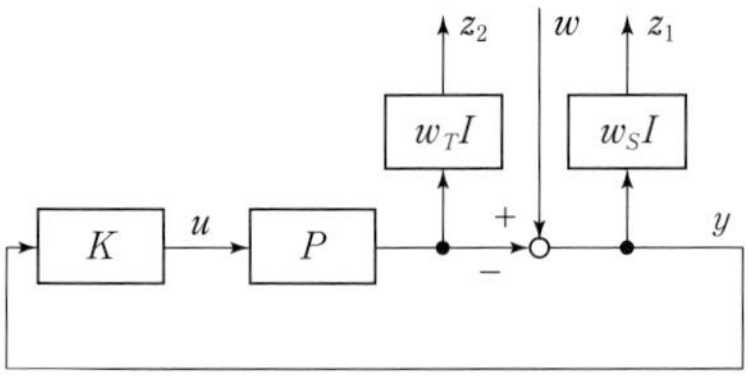

図 15.56 H^∞ 制御（混合感度問題）のブロック図

のなかでも代表的な混合感度問題の概要について述べる[3)]．図 15.56 に制御系のブロック図を示す．

図において，P は制御対象を，K は制御器を示す．このとき入力 w と出力 z_1 間の伝達関数は次式で与えられる．

$$w_S(I+PK)^{-1}=w_S S \qquad (15.4.48)$$

ここで，S は感度関数とよばれ，制御系の外乱抑制特性と密接な関係のある伝達関数であり，一般に絶対値が小さければ小さいほど外乱抑制特性に優れた制御系となる．式中の w_S は，重み関数である．また，入力 w と出力 z_2 間の伝達関数は次式で与えられる．

$$w_T(I+PK)^{-1}PK=w_T T \qquad (15.4.49)$$

ここで，T は相補感度関数とよばれ，制御系のロバスト安定性の指標として用いられることが多い．相補感度関数 T は小さいほどロバスト安定な制御系となり，制御対象の大きな変動に対しても制御系が不安定になり難くなる．w_T は，重み関数である．したがって，外乱に強く，かつロバスト安定な制御系にするためには，感度関数 S および相補感度関数 T をともに小さくする必要があるが，S と T の間には次の関係があり，両者をともに小さくするには限界がある．

$$S(j\omega)+T(j\omega)=I \qquad (15.4.50)$$

そこで，混合感度問題では，S と T からなる次式を満足するような安定化制御器 K を導く．

$$\left\| \begin{bmatrix} w_S S \\ w_T T \end{bmatrix} \right\|_\infty <1 \qquad (15.4.51)$$

ここで，$\| \ \|_\infty$ は，行列の H^∞ ノルムを表し，行列の大きさの指標である．適切な重み w_S および w_T を設定することにより，式（15.4.50）の制約のなかで，S と T がともに小さな制御系，すなわちロバスト安定で外乱抑制特性に優れた安定化制御器 K が設計される．

H^∞ 制御では，制御器設計のためのソフトウェアが充実しており，これらを利用することによりシステマティックにロバストな制御系が設計できる．また，出力フィードバックであるため，前述の状態フィードバック制御とは異なりオブザーバなどを必要としない．しかし，前述の最適制御と同様に重みの選択には試行錯誤が伴う．振動制御への多くの応用例が報告されている．

d. モデルマッチング

モデルマッチング（model matching）法とは，あらかじめ望みの閉ループ特性を与え，これを実現する制御器を設計する手法のことである．与えられた特性（伝達関数が一般的）を近似的に実現する手法と，厳密に実現する手法の 2 つに分類され，後者を exact model matching とよぶ．ここでは，exact model matching の範疇に属し，

2 自由度制御設計が可能で振動制御問題への適用例が多い Dual Model Matching（DMM）について，その概要を述べる[4]．

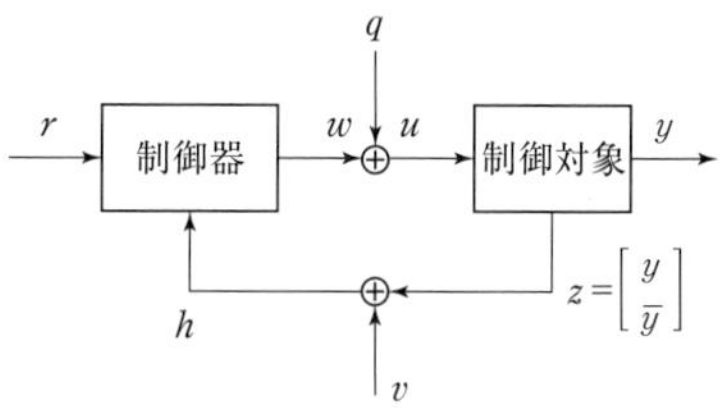

図 15.57　一般的な 2 自由度制御

図 15.57 は，一般的な 2 自由度制御系のブロック図を示す．同図において，r は目標値，y は制御量，z は観測量を示す（z は制御量 y とそれ以外の観測量 $\bar{y}$ からなるものとする）．また，q は外乱，v はノイズや対象の未知の動特性を代表する信号を表す．また，以下，$\boldsymbol{P}$ および $\boldsymbol{C}$ は，それぞれ制御対象および制御器の伝達関数を，W は閉ループ伝達関数を示す．また，$\boldsymbol{P}$，$\boldsymbol{C}$ および $\boldsymbol{W}$ の添字は入出力関係を示し，例えば，$\boldsymbol{W}_{qy}$ は q-y 間の閉ループ伝達関数を表す．

ここで，v から z までの閉ループ伝達関数を $\boldsymbol{W}_{vz}(s)$，r から y までの閉ループ伝達関数を $\boldsymbol{W}_{ry}$，について考える．同図より，$-\boldsymbol{W}_{vz}(s)$ は，15.4.5 項 c で述べたロバスト安定性の指標となる相補感度関数 T に等しく，また，式（15.4.50）の関係から，外乱抑制特性とも密接な関係がある．一方，$\boldsymbol{W}_{ry}(s)$ は目標値追従特性そのものを表す伝達関数であり，これらの事実から，$\boldsymbol{W}_{vz}(s)$ および $\boldsymbol{W}_{ry}(s)$ は，制御系の基本的な性質（ロバスト安定性，外乱抑制特性，目標値追従特性）を決める重要な閉ループ伝達関数であることがわかる．また，図 15.57 より，これらの伝達関数は，次式で表される．

$$\left.\begin{aligned}\boldsymbol{W}_{vz}(s) &= \boldsymbol{P}_{uz}(s)\boldsymbol{W}_{vu}(s)\\ \boldsymbol{W}_{ry}(s) &= \boldsymbol{P}_{uy}(s)\boldsymbol{W}_{ru}(s)\end{aligned}\right\} \tag{15.4.52}$$

式中，$\boldsymbol{P}_{uz}(s)$ および $\boldsymbol{P}_{uy}(s)$ は，あらかじめ決まっている制御対象の動特性であることから，前述の議論より，右辺の $\boldsymbol{W}_{vu}(s)$ および $\boldsymbol{W}_{ru}(s)$ が制御系の特性（ロバスト安定性，外乱抑制特性，目標値追従特性）を決める重要な閉ループ伝達関数であることがわかる．さらに，この $\boldsymbol{W}_{vu}(s)$ および $\boldsymbol{W}_{ru}(s)$ は，制御器の伝達関数を用い，次式で与えられる．

$$\left.\begin{aligned}\boldsymbol{W}_{vu}(s) &= \boldsymbol{W}_{qu}(s)\boldsymbol{C}_{hw}(s)\\ \boldsymbol{W}_{ru}(s) &= \boldsymbol{W}_{qu}(s)\boldsymbol{C}_{rw}(s)\end{aligned}\right\} \tag{15.4.53}$$

ここで，右辺の $\boldsymbol{C}_{hw}(s)$ および $\boldsymbol{C}_{rw}(s)$ は，それぞれ制御器の h から w，および r から w の伝達関数を表している．q および u は同じ次数のベクトルであるため，式（15.4.53）より次式が得られる．

$$\left.\begin{aligned}\boldsymbol{C}_{hw}(s) &= \boldsymbol{W}_{qu}(s)^{-1}\boldsymbol{W}_{vu}(s)\\ \boldsymbol{C}_{rw}(s) &= \boldsymbol{W}_{qu}(s)^{-1}\boldsymbol{W}_{ru}(s)\end{aligned}\right\} \tag{15.4.54}$$

ここで，式中の $\boldsymbol{W}_{qu}(s)$ は，前述の $\boldsymbol{W}_{vu}(s)$ を用いて次式で与えられる．

$$\boldsymbol{W}_{qu}(s) = \boldsymbol{I} + \boldsymbol{W}_{vu}(s)\boldsymbol{P}_{uz}(s) \tag{15.4.55}$$

式（15.4.54）および（15.4.55）から，閉ループ伝達関数 $\boldsymbol{W}_{vu}(s)$ および $\boldsymbol{W}_{ru}(s)$ を指定することにより，これらを実現する制御器の伝達関数［$\boldsymbol{C}_{hw}(s)$　$\boldsymbol{C}_{rw}(s)$］が計算

されることがわかる．前述したように $[\boldsymbol{W}_{ru}(s)\ \ \boldsymbol{W}_{vu}(s)]$ は，制御系の基本的な特性（ロバスト安定性，外乱抑制特性，目標値追従特性）を決める重要な閉ループ伝達関数であるため，これらを仕様を満足するように選定し，式（15.4.54）および式（15.4.55）から制御器を計算すればよい．$[\boldsymbol{W}_{ru}(s)\ \ \boldsymbol{W}_{vu}(s)]$ を dual model とよび，本手法のことを Dual Model Matching（DMM）とよぶ．$[\boldsymbol{W}_{ru}(s)\ \ \boldsymbol{W}_{vu}(s)]$ は，制御器 $[\boldsymbol{C}_{hw}(s)\ \ \boldsymbol{C}_{rw}(s)]$ がプロパーとなるための条件さえ満たしてさえいれば任意の伝達関数を設定できる．

極配置法では閉ループ系の望みの極を実現するが，これは閉ループ伝達関数の分母多項式を指定することと等価である．これに対し，DMM 法では，望みの閉ループ伝達関数（分母多項式と分子多項式）を実現するため，閉ループ極に加え，ゼロ点も調整でき，より高性能な制御系を設計可能である．また，出力フィードバックであるため，状態フィードバック制御のように全状態量を計測する必要はない．

15.4.6 能動振動制御の対象

能動制御が効果を発揮する対象は，多岐にわたる．建築構造物の振動制御では，AMD を用いた建物全体の制振，アクティブ免震装置を用いた建物全体の振動絶縁，さらには複数の建物をアクチュエータ付きの空中廊下で連結して制御する複数建物の同時制振などが行われている．また，建物全体ではなく床レベルでの能動制振や振動絶縁も行われている．また，宇宙構造物の制御に関する研究も行われている．

運輸機械の分野においても，自動車サスペンションの制御，鉄道車両の振動制御，船舶の振動制御に能動振動制御技術が応用されている．また，建設機械，産業機械の分野においても，クレーンの振れ止め，各種搬送装置やロボットアームの揺れ止めなどに能動振動制御技術が用いられている．

精密機器分野においても，半導体露光装置，電子顕微鏡，ハードディスクドライブなどでは振動問題がそのパフォーマンスを左右する大きな要因となっており，高度な能動振動制御技術が求められている．

15.4.7 能動振動制御用アクチュエータ

能動振動制御用のアクチュエータとしては，油圧アクチュエータ，空圧アクチュエータ，各種電動モータ，固体素子など多種多様である．

油圧アクチュエータは，出力が大きいため建築構造物や建設機械などの大型の対象の振動制御に適している．油圧アクチュエータの場合，アクチュエータ自体はコンパクト化が可能であるが，油圧源やアキュムレータなどの付帯施設が必要になる．空圧アクチュエータは，油圧アクチュエータほどの大出力ではないため，運輸機械や精密機器の振動制御に用いられることが多い．特に空圧設備があらかじめ備わっている施設などでは，容易に使用が可能である．また，振動絶縁制御に応用した場合，高周波数領域で空気の圧縮性による良好な振動絶縁性能を実現可能である．

一方，リニアモータやサーボモータなどの各種電動モータは，大型から小型まで広い制御対象に用いられている．油圧源や空圧源などの付帯的な設備が必要なく手軽に用いることができるのが特徴である．そのほか，ピエゾアクチュエータや磁歪素子などの固体素子は，その変位分解能の高さから，特に精密機器の振動制御に効果を発揮している[5]．

〔田川泰敬〕

文 献

1) 日本機械学会編：振動工学におけるコンピュータアナリシス，コロナ社，1987.
2) 永井正夫ほか：振動工学通論，産業図書，1995.
3) 野波健蔵ほか：MATLABによる制御系設計，東京電機大学出版局，1998.
4) Tagawa, Y. *et al.*: Characteristic transfer function matrix-based linear feedback control system analysis and synthesis, *Int. J. Cont.*, **82**(4)(2009), 585-602.
5) 梶原浩一ほか：ピエゾアクチュエータを用いた大型アクティブ微振動装置の半導体製造装置への適用，日本機械学会論文集C編，**63**(615)(1997), 3735-3742.

15.5 音響波動系の制御

15.5.1 構造振動の波動論とデジタルモデル基礎

近年，構造振動の解析および低減が重要な課題となってきている．構造振動を数学モデルで表す場合，振動モードの重畳による表現を用いるのが一般的である．これに対し，近年，振動現象を波動の観点から解析する試み[1]が増えてきている．本項では，構造振動の波動現象を計算機で扱うのに便利な伝達マトリックス法[2),3)]を紹介する．

まず，柔軟梁の進行波解を導出することから始める．せん断変形と回転慣性が無視できるものとすると，柔軟梁（オイラー・ベルヌーイ梁）の運動方程式は次のように記述される．

$$EI\frac{\partial^4\xi(x,t)}{\partial x^4}+\rho A\frac{\partial^2\xi(x,t)}{\partial t^2}=f(x,t) \tag{15.5.1}$$

ここで，上式の斉次方程式を考え，その解を $\xi(x,t)=\xi(x)e^{j\omega t}$ と変数分離すると，運動方程式は次式のようになる．

$$\frac{\mathrm{d}^4\xi(x)}{\mathrm{d}x^4}-k^4\xi(x)=0 \tag{15.5.2}$$

ただし，

$$k^4=\frac{\rho A\omega^2}{EI} \tag{15.5.3}$$

ここで，$E, I, \xi, A, \rho, \omega, j$ はおのおの縦弾性係数，断面二次モーメント，曲げ振動の変位，断面積，密度，角振動数，虚数単位を表す．すると，式（15.5.1）の一般解は次のように求まる．

$$-\xi(x)=c_1e^{-jkx}+c_2e^{-kx}+c_3e^{jkx}+c_4e^{kx} \tag{15.5.4}$$

ただし，c_1, c_2, c_3, c_4 はそれぞれ進行波振幅，プラス方向に減衰するニアフィールド振幅，後退波振幅，マイナス方向に減衰するニアフィールド振幅を表す．次に，曲げ振動の変位が求まると，材料力学の公式により，傾斜角 θ，曲げモーメント M，せん断力 Q が決定され，これらをマトリックス形式で整理すると次のようになる．

$$\boldsymbol{z}(x)=\boldsymbol{B}(x)\boldsymbol{c} \tag{15.5.5}$$

ただし，

$$\boldsymbol{z}(x)=\left[-\xi \ \ \theta \ \ \frac{M}{EI} \ \ \frac{Q}{EI}\right]^{\mathrm{T}} \tag{15.5.6}$$

$$\boldsymbol{B}(x)=\begin{bmatrix} e^{-jkx} & e^{-kx} & e^{jkx} & e^{kx} \\ -jke^{-jkx} & -ke^{-kx} & jke^{jkx} & ke^{kx} \\ -k^2e^{-jkx} & k^2e^{-kx} & -k^2e^{jkx} & k^2e^{kx} \\ jk^3e^{-jkx} & -k^3e^{-kx} & -jk^3e^{jkx} & k^3e^{kx} \end{bmatrix} \tag{15.5.7}$$

$$\boldsymbol{c}=[c_1 \ \ c_2 \ \ c_3 \ \ c_4]^{\mathrm{T}} \tag{15.5.8}$$

ここで，肩付きの T は転置を表す．次に，マトリックス $\boldsymbol{B}(x)$ はさらに次式のように展開される．

$$\boldsymbol{B}(x)=\boldsymbol{KD}(x) \tag{15.5.9}$$

ただし，

$$\boldsymbol{K}=\begin{bmatrix} 1 & 1 & 1 & 1 \\ -jk & -k & jk & k \\ -k^2 & k^2 & -k^2 & k^2 \\ jk^3 & -k^3 & -jk^3 & k^3 \end{bmatrix} \tag{15.5.10}$$

$$\boldsymbol{D}(x)=\begin{bmatrix} e^{-jkx} & 0 & 0 & 0 \\ 0 & e^{-kx} & 0 & 0 \\ 0 & 0 & e^{jkx} & 0 \\ 0 & 0 & 0 & e^{kx} \end{bmatrix} \tag{15.5.11}$$

次に，図 15.58 に示すように，基本要素として長さ l を考え，境界条件を $x=0$ で $\boldsymbol{z}(0)=\boldsymbol{z}_{i-1}$，$x=l$ で $\boldsymbol{z}(l)=\boldsymbol{z}_i$ とすると，式（15.5.5）および式（15.5.9）より次式を得る．

$$\boldsymbol{z}_i=\boldsymbol{KD}(l)\boldsymbol{c} \tag{15.5.12}$$

$$\boldsymbol{z}_{i-1}=\boldsymbol{KD}(0)\boldsymbol{c}=\boldsymbol{Kc} \tag{15.5.13}$$

したがって，式（15.5.13）より，$\boldsymbol{c}=\boldsymbol{K}^{-1}\boldsymbol{z}_{i-1}$ を式（15.5.12）に代入すると次のようになる．

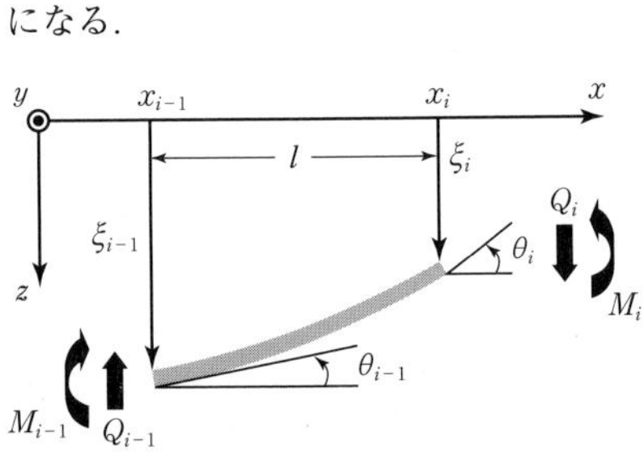

図 15.58 オイラー・ベルヌーイはりの座標系

$$\begin{aligned}\boldsymbol{z}_i&=\boldsymbol{KD}(l)\boldsymbol{K}^{-1}\boldsymbol{z}_{i-1}\\ &=\boldsymbol{T}(l)\boldsymbol{z}_{i-1}\end{aligned} \tag{15.5.14}$$

ここで，マトリックス $\boldsymbol{T}$ は次のように表される．

$$\boldsymbol{T}(l)=\begin{bmatrix} t_1 & t_4 & t_3 & t_2 \\ k^4t_2 & t_1 & t_4 & t_3 \\ k^4t_3 & k^4t_2 & t_1 & t_4 \\ k^4t_4 & k^4t_3 & k^4t_2 & t_1 \end{bmatrix} \tag{15.5.15}$$

ただし，

$$t_1=\frac{e^{-jkl}+e^{-kl}+e^{jkl}+e^{kl}}{4} \tag{15.5.16}$$

$$t_2=\frac{-je^{-jkl}-e^{-kl}+je^{jkl}+e^{kl}}{4k^3} \tag{15.5.17}$$

$$t_3=\frac{-e^{-jkl}+e^{-kl}-e^{jkl}+e^{kl}}{4k^2} \tag{15.5.18}$$

$$t_4=\frac{je^{-jkl}-e^{-kl}-je^{jkl}+e^{kl}}{4k} \tag{15.5.19}$$

式（15.5.14）より明らかなように，マトリックス $\boldsymbol{T}$ は状態ベクトル $\boldsymbol{z}$ における伝達マトリックスであることがわかる．次に波数マトリックス $\boldsymbol{K}$ を用いて状態ベクトル $\boldsymbol{z}$ の座標変換を行うと，波動ベクトル $\boldsymbol{w}$ を得る．すなわち，

$$\boldsymbol{z}(x)=\boldsymbol{K}\boldsymbol{w}(x) \tag{15.5.20}$$

ただし，

$$\boldsymbol{w}(x)=[w_1\ \ w_2\ \ w_3\ \ w_4]^{\mathrm{T}} \tag{15.5.21}$$

状態ベクトルの場合と同様に，波動ベクトルについても基本要素に対する境界条件を適用すると次のようになる．

$$\begin{aligned}\boldsymbol{w}_i&=\boldsymbol{K}^{-1}\boldsymbol{T}(l)\boldsymbol{K}\boldsymbol{w}_{i-1}\\&=\boldsymbol{D}(l)\boldsymbol{w}_{i-1}\end{aligned} \tag{15.5.22}$$

上式より明らかなように，マトリックス $\boldsymbol{D}$ は波動ベクトル $\boldsymbol{w}$ における伝達マトリックスであることがわかる．さらに式（15.5.11）より，波動ベクトルの要素である w_1 と w_3 は，おのおの進行波（$+x$ 方向に伝搬），および後退波（$-x$ 方向に伝搬），w_2 と w_4 はおのおの $x=0$，$x=l$ におけるニアフィールドを表していることがわかる．

次に，任意の境界条件を有する柔軟はりに N 個のせん断力が作用し，それぞれの境界をはりの左端から L, 1, 2, …, R とすると，はりの状態方程式は次式となる．

$$\boldsymbol{z}_{\mathrm{R}}=\boldsymbol{T}_{\mathrm{RL}}\boldsymbol{z}_{\mathrm{L}}+\sum_{p=1}^{N}\boldsymbol{T}_{\mathrm{R}p}\boldsymbol{f}_p \tag{15.5.23}$$

ただし，

$$\boldsymbol{f}_p=\left[0\ \ 0\ \ 0\ \ \frac{f_p}{EI}\right]^{\mathrm{T}} \tag{15.5.24}$$

ここで，状態ベクトル $\boldsymbol{z}_{\mathrm{a}}$ は節点 a における状態ベクトルを表し，伝達マトリックス $\boldsymbol{T}_{\mathrm{ab}}$ は節点 a, b 間の伝達マトリックスを示す．なお，本節においては理論展開の簡素化のため，せん断力型の外部入力が作用する場合のみを扱うが，伝達マトリックス法は曲げモーメント型の外部入力も扱えることをここに付記する．

次に，はりの左右両端（節点 L, R）における任意の境界条件は，式（15.5.6）で示される 4 つの状態量のうち 2 つを 0 とおくことで与えられる．そこで，はりの右端の i, j 番目の状態変数を 0 とし，はり左端の m, n 番目の状態変数 z_{L_m}, z_{L_n} を非ゼロ要素と

すると，式（15.5.23）におけるはり右端のゼロ要素は次のようになる．

$$0_i = {}_{\mathrm{RL}}t_{im}z_{\mathrm{L}_m} + {}_{\mathrm{RL}}t_{in}z_{\mathrm{L}_n} + \frac{\sum_{p=1}^{N} {}_{\mathrm{R}p}t_{i4}f_p}{EI} \tag{15.5.25}$$

$$0_j = {}_{\mathrm{RL}}t_{jm}z_{\mathrm{L}_m} + {}_{\mathrm{RL}}t_{jn}z_{\mathrm{L}_n} + \frac{\sum_{p=1}^{N} {}_{\mathrm{R}p}t_{j4}f_p}{EI} \tag{15.5.26}$$

ここで，0_i は i 番目のベクトル要素が 0 であることを意味し，${}_{ij}t_{kl}$ は伝達マトリックス $\boldsymbol{T}_{ij}$ の k 行 l 列要素を表す．すると，式（15.5.25），(15.5.26）より，はりの左端（節点 L）における状態ベクトル $\boldsymbol{z}_{\mathrm{L}}$ の非ゼロ要素は次のように求まる．

$$z_{\mathrm{L}_m} = -\frac{\left({}_{\mathrm{RL}}t_{jn}\sum_{p=1}^{N} {}_{\mathrm{R}p}t_{i4}f_p - {}_{\mathrm{RL}}t_{in}\sum_{p=1}^{N} {}_{\mathrm{R}p}t_{j4}f_p\right)}{EI\varDelta} \tag{15.5.27}$$

$$z_{\mathrm{L}_n} = -\frac{\left(-{}_{\mathrm{RL}}t_{jm}\sum_{p=1}^{N} {}_{\mathrm{R}p}t_{i4}f_p - {}_{\mathrm{RL}}t_{im}\sum_{p=1}^{N} {}_{\mathrm{R}p}t_{j4}f_p\right)}{EI\varDelta} \tag{15.5.28}$$

ただし，

$$\varDelta = {}_{\mathrm{RL}}t_{im}{}_{\mathrm{RL}}t_{jn} - {}_{\mathrm{RL}}t_{in}{}_{\mathrm{RL}}t_{jm} \tag{15.5.29}$$

式（15.5.27），(15.5.28）により初期状態ベクトル $\boldsymbol{z}_{\mathrm{L}}$ が求まったので，はりの任意点における状態ベクトルは，これを基準に求めることができる．例として，2 つの外力がはりに作用する場合を以下に示す．

この場合，対象モデルは図 15.59 のようになる．すると，式（15.5.27），(15.5.28）は次のようになる．

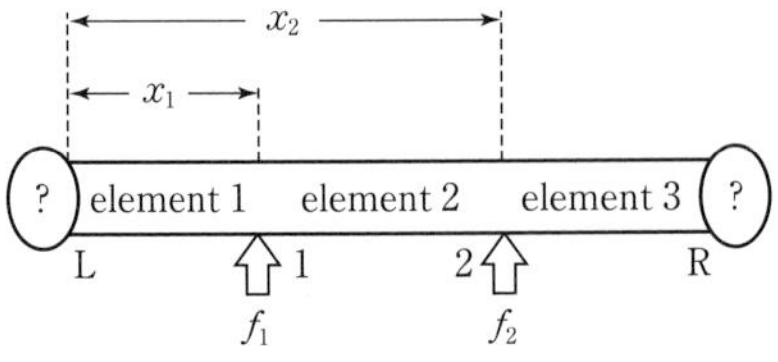

図 15.59　2 つの外力が作用するはりモデル

$$z_{\mathrm{L}_m} = -\frac{\alpha_{11}f_1 + \alpha_{12}f_2}{EI\varDelta} \tag{15.5.30}$$

$$z_{\mathrm{L}_n} = -\frac{\alpha_{21}f_1 + \alpha_{22}f_2}{EI\varDelta} \tag{15.5.31}$$

ただし，

$$\alpha_{11} = {}_{\mathrm{RL}}t_{in}\ {}_{\mathrm{R1}}t_{j4} - {}_{\mathrm{RL}}t_{jn}\ {}_{\mathrm{R1}}t_{i4} \tag{15.5.32}$$

$$\alpha_{12} = {}_{\mathrm{RL}}t_{in}\ {}_{\mathrm{R2}}t_{j4} - {}_{\mathrm{RL}}t_{jn}\ {}_{\mathrm{R1}}t_{i4} \tag{15.5.33}$$

$$\alpha_{21} = {}_{\mathrm{RL}}t_{jm}\ {}_{\mathrm{R1}}t_{i4} - {}_{\mathrm{RL}}t_{im}\ {}_{\mathrm{R1}}t_{j4} \tag{15.5.34}$$

$$\alpha_{22} = {}_{\mathrm{RL}}t_{jm}\ {}_{\mathrm{R2}}t_{i4} - {}_{\mathrm{RL}}t_{im}\ {}_{\mathrm{R2}}t_{j4} \tag{15.5.35}$$

次に，はり両端の境界と外力で分断された部材要素（element 1, element 2, element 3）における任意点での状態ベクトル $\boldsymbol{z}_{\mathrm{a}}$ は次のように表される．

$$\boldsymbol{z}_{\mathrm{a}} = \boldsymbol{T}_{\mathrm{aL}}\boldsymbol{z}_{\mathrm{L}} \qquad \text{(element 1)} \tag{15.5.36}$$

$$\boldsymbol{z}_{\mathrm{a}} = \boldsymbol{T}_{\mathrm{aL}}\boldsymbol{z}_{\mathrm{L}} + \boldsymbol{T}_{\mathrm{a1}}\boldsymbol{f}_1 \qquad \text{(element 2)} \tag{15.5.37}$$

$$\boldsymbol{z}_{\mathrm{a}} = \boldsymbol{T}_{\mathrm{aL}}\boldsymbol{z}_{\mathrm{L}} + \boldsymbol{T}_{\mathrm{a1}}\boldsymbol{f}_1 + \boldsymbol{T}_{\mathrm{a2}}\boldsymbol{f}_2 \qquad \text{(element 3)} \tag{15.5.38}$$

上式群に式（15.5.26）を適用することで，各部材要素における波動成分を計算することができる．

伝達マトリックス法の特長は，任意点において波動ベクトルと状態ベクトルを同時に扱えることにある．このことは構造振動の解析のみならず構造制御の観点からも，非常に重要である[4)]．
〔田中信雄・岩本宏之〕

文　献

1) 岩本宏之，田中信雄：柔軟はりにおける波動フィルタリング法に関する研究（ポイントセンサ群による波動フィルタの設計），日本機械学会論文集 C 編，**68**(675) (2002)，3246-3253.
2) Pestel, E. C. and Leckie, F. A.: *Matrix Method in Elastomechanics*, McGraw-Hill, 1963.
3) 田中信雄，菊島義弘：柔軟ばりの曲げ波制御に関する研究（アクティブ・シンク法の提案），日本機械学会論文集 C 編，**56**(522) (1990)，351-359.
4) 田中信雄，二宮拓朗：ABC 法による柔軟はりの無振動状態生成について，日本機械学会論文集 C 編，**69**(680) (2003)，850-857.

15.5.2　音響の波動論とデジタルモデル基礎

a.　音響の波動論

音響情報の伝搬は，基本的に波動として記述することが可能である．特に，空気中の音の伝搬は，大気圧の局所的な変化が疎密波として伝搬するものである．一般に，音声や音楽などを伝達するような可聴音圧程度であれば，この伝搬は線形であるとみなすことができ，以下に示す波動方程式を用いて表すことができる．

$$\frac{\partial^2 p}{\partial t^2} = c\left(\frac{\partial^2 p}{\partial x^2} + \frac{\partial^2 p}{\partial y^2} + \frac{\partial^2 p}{\partial z^2}\right) \tag{15.5.39}$$

ここで，p は座標（x, y, z）における時刻 t の音圧を表し，c は音速を表す．

波動方程式は，一般に，任意の座標位置および任意の時刻における音圧 p を解として与える方程式である．よって，これを解くことにより空間全体の音圧分布や伝搬特性を知ることができる．例えば，境界をもたない自由音場における解として，次式が知られている．

$$p = \frac{\exp\left(j2\pi f\{t - \sqrt{(x-x_0)^2 + (y-y_0)^2 + (z-z_0)^2}/c\}\right)}{4\pi\sqrt{(x-x_0)^2 + (y-y_0)^2 + (z-z_0)^2}} \tag{15.5.40}$$

ここで，（x_0, y_0, z_0）は音源位置座標であり，f は周波数である．しかし，一般の閉じた音響空間，例えば室内音場では，境界が存在する．つまり，波動方程式を解く際の境界条件の設定が大変複雑なものとなり，その解を解析的に解くことはほとんど困難である．したがって，有限要素法などを用いて数値解析的に解くことが多い．従来は，この有限要素法による数値解析は多大な演算量がかかることより，複雑な室内音場の解を求めることは大変困難であるとされていた．しかし，近年では，有限要素法における効率的な演算アルゴリズムの確立および高速なハードウェアの発達により，室内音場に対する波動方程式の解を直接求めることも可能になりつつある．その1つの例として，パーソナルコンピュータやワークステーションなどの画像処理を担当する高速演算ユニットである Graphics Processing Unit（GPU）を流用した「シリコンコンサートホール」という技術が提唱されている[1]．

b. 音響伝達系のデジタルモデル

前記のように，波動方程式の解として音響情報の伝達を記述・解析する際には，演算量の観点からみてまだ多くの困難さが存在する．よって従来より，空間内の「音源」と「受音点」の間の関係に着目して，これら 2 点間の伝達関数を用いたモデルがよく用いられる．また，この伝達関数による表現は，離散サンプル値によって効率的にパラメータ化することができるため，デジタル信号処理との相性がよい．以下では，このような離散サンプルに基づく音響系の伝達関数表現を，「(音響) デジタルモデル」とよぶことにする．以下に具体的な例を示す．

最も単純な音響伝達の例は，式（15.5.40）に示したような自由音場の場合である．この場合，伝達関数は音源からの距離のみに依存する．すなわち，伝達関数は，音圧が音源・受音点間距離に反比例して減衰する距離減衰特性と，その距離を音が伝搬するのに要する伝搬時間（時間原点を音発生時間と考えるならばこれは遅延時間に相当する）を表現するものでなくてはならない．一般に，デジタルモデルにおいては，その遅延位置に規格化されたインパルスを置く離散時間系列 $a(t)$（$t=0, 1, 2, \cdots$ は離散時間インデックス）を想定し，その z 変換したものを伝達関数 $A(z)$ と定義する．$A(z)$ は以下で与えられる．

$$A(z)=\sum_{\tau=0}^{\infty}a(t)z^{-t} \tag{15.5.41}$$

実際の室内音場は，壁面や障害物における多重反射により，上記のインパルスが多重に重ね合わされたものとなる．つまりその z 変換も重ね合わせとなり，より複雑な伝達関数として与えられる．一般に，実環境にて伝達関数を得るには，音源からパルス音を発生させたときに受音点で受信される信号（インパルス応答）を計測し，その z 変換を計算する．

この伝達関数表現を用いることの最大の利点は，受音点にて得られるべき音響信号が簡単に計算できることである．例えば，音源にて $s(t)$ という波が発生した場合，受音点での波はインパルス応答 $a(t)$ と $s(t)$ との畳み込み演算にて表される．また，時間領域での畳み込み演算が z 変換領域では積演算になることを利用すると，$s(t)$ の z 変換 $S(z)$ を用い，受音点での波の z 変換 $X(z)$ は以下で与えられる．

$$X(z)=A(z)S(z) \tag{15.5.42}$$

また，別の利点として，空間伝達の特性理解が容易であることもあげられる．一般に伝達関数 $A(z)$ が複素変数 z に関する複素関数であることに留意すると，$z=\exp(j2\pi f)$ である点における関数の値 $A(f)$ はその伝達系に関する複素周波数特性を与える．その絶対値 $|A(f)|$ を周波数振幅特性，その位相角 $\arg(A(f))$ を周波数位相特性とよぶ．これらの関係を用いて式（15.5.42）を書き直すと，

$$X(f) = A(f)S(f) = |A(f)|e^{j\arg(A(f))}S(f) \tag{15.5.43}$$

となり，これは受音点にて音源波形が $|A(f)|$ だけの振幅変形を受け，かつ $\arg(A(f))$ だけ位相変形を受けて観測されることを表している．

c.　デジタル音響システム

音響伝搬をデジタルモデル（伝達関数）を用いて考える場合，その受音信号に人工的なデジタルフィルタを継続接続することにより，所望の音源信号を抽出したり加工したりすることが可能となる．例えば，式（15.5.42）で表される受音信号 $X(z)$ に $G(z)$ という伝達関数を有するデジタルフィルタを接続する場合，その周波数振幅特性を $|G(f)| = 1/|A(f)|$ とするならば，周波数振幅歪みのない音源信号を取り出すことが可能となる（このような周波数振幅特性の補正をイコライジングという）．以降では，このようなデジタルフィルタまで含めた系をデジタル音響システムとよび，その具体例を用いて解説を行う．

近年のデジタル音響システムにおいては，一般に，周波数・位相特性のみならず，空間特性（方位に関する特性）も制御するため，複数受音点における信号に多チャネル・デジタルフィルタを継続接続する多チャネル信号処理が主流である．また，多チャネル信号処理は単一チャネル信号処理を包含していることより，本項においても多チャネル信号処理を用いて解説を行う．一般に，音響信号における多チャネル信号処理のことをマイクロホンアレイとよぶ．本解説では，以後，以下のような周波数領域信号モデルを考える（図 15.60 参照）．ここで，K 個のマイクロホン群で受音された観測信号はすべて，AD 変換および短時間離散フーリエ変換などを通じて，K チャネルの時間・周波数領域信号群（短時間離散フーリエ変換を時間軸方向へスライドさせて得られる離散周波数・離散時系列）へと変換されているものとする．

$$\boldsymbol{x}(f, t) = [x_1(f, t), \cdots, x_K(f, t)]^{\mathrm{T}} = \boldsymbol{A}(f)\boldsymbol{s}(f, t) + \boldsymbol{n}(f, t) \tag{15.5.44}$$

ここで，f は周波数インデックス，t は時間インデックス，$\boldsymbol{s}(f, t) = [s_1(f, t), \cdots, s_L(f, t)]^{\mathrm{T}}$ は L 個の音源から構成される音源信号ベクトル，$\boldsymbol{A}(f)$ は各音源・マイクロホン間における K 行 L 列の伝達関数行列，$\boldsymbol{n}(f, t) = [n_1(f, t), \cdots, n_K(f, t)]^{\mathrm{T}}$ は背景雑音などを表す加法雑音ベクトルである．

遅延和アレイ処理[2]においては，各マイクロホン観測信号に素子荷重係数 $\boldsymbol{g} = [g_1, \cdots,$

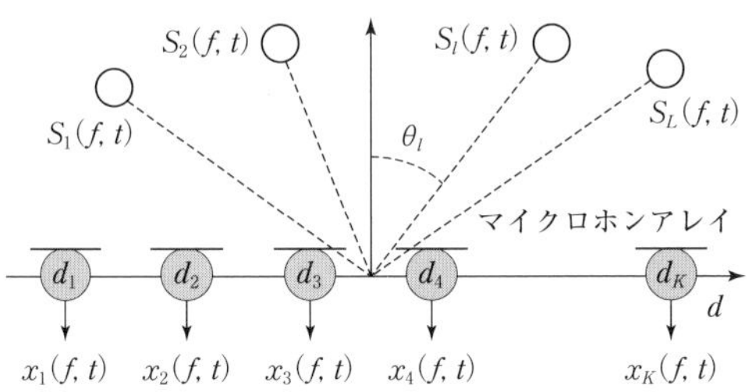

図 15.60　一次元多チャネル音響システムと方位の設定

$g_K]^{\mathrm{T}}$ を掛け，それらを総和することによってアレイ出力 $y^{(\mathrm{DS})}(f, t)$ を得る．この素子荷重係数は，各要素が該当チャネルにおけるデジタルフィルタの伝達関数を表している．本処理は，式（15.5.44）を用いると，以下のように書くことができる．

$$y^{(\mathrm{DS})}(f, t) = \boldsymbol{g}^{\mathrm{T}}\boldsymbol{A}(f)\boldsymbol{s}(f, t) + \boldsymbol{g}^{\mathrm{T}}\boldsymbol{n}(f, t) \quad (15.5.45)$$

ここで，本信号処理の物理的な挙動を理解するため，室内残響や回折，素子における利得・位相誤差，背景雑音を無視し，l 番目音源信号が方位 θ_l より到来すると仮定すると（図 15.60 参照），式（15.5.45）は以下のように書き直すことができる．

$$y^{(\mathrm{DS})}(f, t) = [\boldsymbol{g}^{\mathrm{T}}\boldsymbol{a}(f, \theta_1), \cdots, \boldsymbol{g}^{\mathrm{T}}\boldsymbol{a}(f, \theta_L)]\boldsymbol{s}(f, t) \quad (15.5.46)$$

ここで，$\boldsymbol{a}(f, \theta) = [\exp(j2\pi f d_1 \sin(\theta)/c), \cdots, \exp(j2\pi f d_K \sin(\theta)/c)]^{\mathrm{T}}$ は方位 θ に関する steering vector，d_k は素子座標，c は音速である．式（15.5.46）より，本アレイ出力は，各 θ_l 方位からの到来信号を $\boldsymbol{g}^{\mathrm{T}}\boldsymbol{a}(f, \theta_l)$ という重みで取り出していることがわかる．つまり，この $\boldsymbol{g}^{\mathrm{T}}\boldsymbol{a}(f, \theta)$ は本アレイにおける指向特性を表す．遅延和アレイにおいては，目的とする到来信号の方位（目的方位）にのみ大きな値をもち，そのほかの方位の利得を下げるように荷重係数を設計することが望ましい．この目的方位における利得をメインローブ，それ以外の方位の利得をサイドローブという．一般に，このメインローブの幅（ビーム幅）とサイドローブの大きさとの間にはトレードオフ関係があり，狭いビーム幅を達成させるとサイドローブは上昇し，サイドローブを減少させるとビーム幅は広がってしまうという問題がある．また，このビーム幅は，①アレイ開口長に反比例する，②同じ開口長をもつアレイにおいては周波数の低下とともに広がる（図 15.61 参照），という性質があり，特に低周波数帯域にエネルギーの多い音声信号に対しては，非常に大きな開口をもつアレイを設計する必要がある．

前述のとおり，遅延和アレイにおいては，狭いメインローブを保ったままサイドローブを十分に低くするためにアレイ規模を拡大せざるをえない．しかし到来雑音が素子数よりも少ない数の方向性雑音である場合には，その雑音の方位にのみ「適応的に」死角を向ければ，効率的な雑音抑圧を実現することが可能である．この場合，メイン

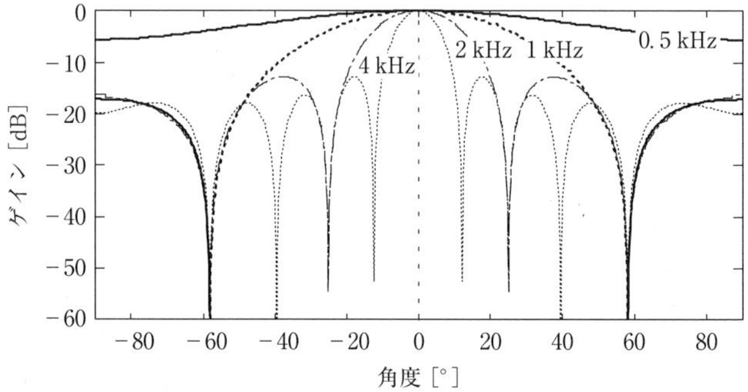

図 15.61 遅延和アレイによる指向特性例（配置形状は等間隔直線アレイ，素子数は 8，素子間隔は 5 cm）

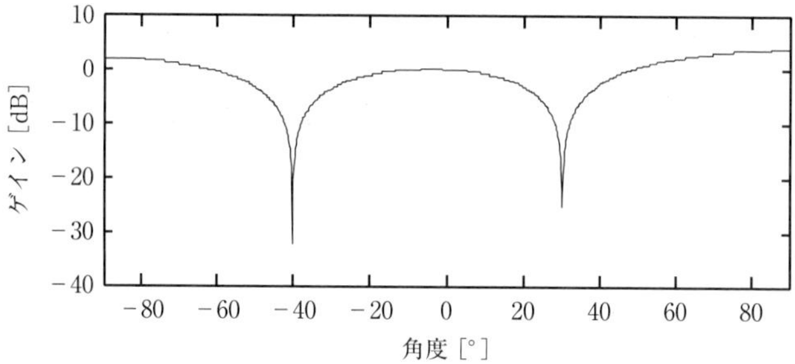

図 15.62 適応ビームフォーマによる 1 kHz の指向特性例（配置形状は等間隔直線アレイ，素子数は 3，素子間隔は 4 cm，目的音声方位は 0°，雑音方位は −40° および 30°）

ローブの幅を小さくする必要は必ずしもないので，アレイ開口は小さくてもよい．音声のような低周波数帯域にエネルギーの多い信号を対象とする場合，雑音に指向特性を適応化させる適応ビームフォーマ[3]は効果的な技術である．適応ビームフォーマにおけるアレイ係数 $\boldsymbol{g}(f)$（一般的に周波数の関数である）の最適化は，目的信号の到来方位に関する拘束条件のもとでアレイ出力を最小化することにより達成される．最も基本的な拘束条件は「目的方位 θ_d における利得 $\boldsymbol{g}(f)^T\boldsymbol{a}(f, \theta_d)$ を平坦に保つ」というものであり，これにより以下の最小化問題を解くことに帰着する．

$$\min_{\boldsymbol{g}(f)} \ \boldsymbol{g}(f)^H\boldsymbol{R}(f)\boldsymbol{g}(f)$$
$$\text{subject to } \ \boldsymbol{g}(f)^T\boldsymbol{a}(f, \theta_d) = 1 \qquad (15.5.47)$$

ここで，肩付きの H は共役転置，$\boldsymbol{R}(f)$ は以下で定義されるアレイ相関行列であり，$E[\ \ ]$ は期待値演算を表す．

$$\boldsymbol{R}(f) \equiv E[\boldsymbol{x}(f, t)\boldsymbol{x}(f, t)^H] + \epsilon\boldsymbol{I} \qquad (15.5.48)$$

ここで，$\epsilon\boldsymbol{I}$ は正則化のための微小対角行列である．図 15.62 に，適応ビームフォーマによる指向特性例を示す．本図より，雑音方位に鋭い死角が形成され，効率的に雑音抑圧を行っていることがうかがえる．〔猿渡　洋〕

文　献

1） 河田直樹ほか：CUDA と OpenGL を用いた 3 次元音響数値解析の GPGPU リアルタイム可視化—PMCC（Permeable Multi Cross-Section Contours）の提案と評価—，電子情報通信学会論文誌 A, **J94-A**(11) (2011), 854-861.
2） Johnson, D. and Dudgeon, D.：*Array Signal Processing：Concepts and Techniques*, Prentice-Hall, 1993.
3） Kaneda, Y. and Ohga, J.：Adaptive microphone-array system for noise reduction, *IEEE Trans. ASSP*, **34**(6) (1986), 1391-1400.

15.5.3 アルゴリズムと適応性

a. 能動騒音制御（ANC）

この世のものは何らかのエネルギー変換をすると一部が振動や音のエネルギーに変換される．故意に振動や音を発生させる場合を除いて，通常は不快な状態として認識されることが多く，これらをいかにして低減するのかに工学者や技術者は心をくだいている．変換された振動や音のエネルギーは媒体内を波動として伝播して，最終的には人間の感覚で評価される．特に不快な感覚となる音を通常は「騒音」という単語で置き換えているが，愁訴性であるために難しい点も多い．

波動現象である音を低減するために制御することを「騒音制御（noise control）」とよぶことがある．騒音制御では根本となる音源の対策，音のエネルギーを吸収する吸音そして音の伝播を遮断する遮音とがあり，適用対策に応じて使い分けている．これらを受動的騒音制御とよぶ．そしてこれらの吸音や遮音以外の方法として能動騒音制御（active noise control：ANC）とよばれる技術がある．これは音源とは別に設けた二次音源により騒音を制御することで低減をはかる技術である．ここではこの能動騒音技術について内容を紹介する．なお文献1でも技術を紹介している．

1) 歴史と原理　能動騒音制御は波の干渉を利用して騒音を低減する．その魁として参考文献に頻繁に登場するのがLeugの1936年に公告となった特許である．その発明の構成を図15.63に示す．同図（a）は排気ダクトや煙突のように，音源からの音響成分S_1がダクト内を一次元で伝播する成分を検知器Mで求めて，Lで示される二次音源から逆相となる音響波S_2を放射させて干渉させることにより開口部（右端）からの放射音圧を0とする構成である．同図（b）は同様に空間での音圧をMで検知して二次音源Lにより低減する構成である．同図（c）は音源Aからの同一位相面における波形信号を示していて，逆相の関係になっている．また同図（d）も空間での音圧を低減する構成を示している．特に同図（a）の構成をダクト開口部からの放射音低減，図（b），（d）の構成を特定空間音場制御と称することがある．

これらの構成で重要なのはLを駆動する制御器Vである．制御器Vは以下のような特性を有する必要がある．

① 検知器Mの信号から空間の伝達特性（反射）を考慮した信号の生成．

② 計算時間および二次音源の駆動遅れ時間を考慮した信号の生成．

③ 二次音源からの音響フィードバックの影響を最小とする信号の生成．

これらの課題を克服するために用いられる技術がデジタル制御技術である．能動制御は1980年代後半から90年代前半にかけて爆発的に進展した．これはまさしくデジタル制御技術の進展と歩を合わせている．デジタル制御については次の2）項でさらに解説する．そして現在はより一般的な製品適用ができるようにさらなる研究が積み重ねられている．これまでの研究内容を表15.2に整理してみた．なお文献3でも制御音場を中心に表に整理されている．

表15.2において，音源対策とは音源が有している音響パワーエネルギーを制御す

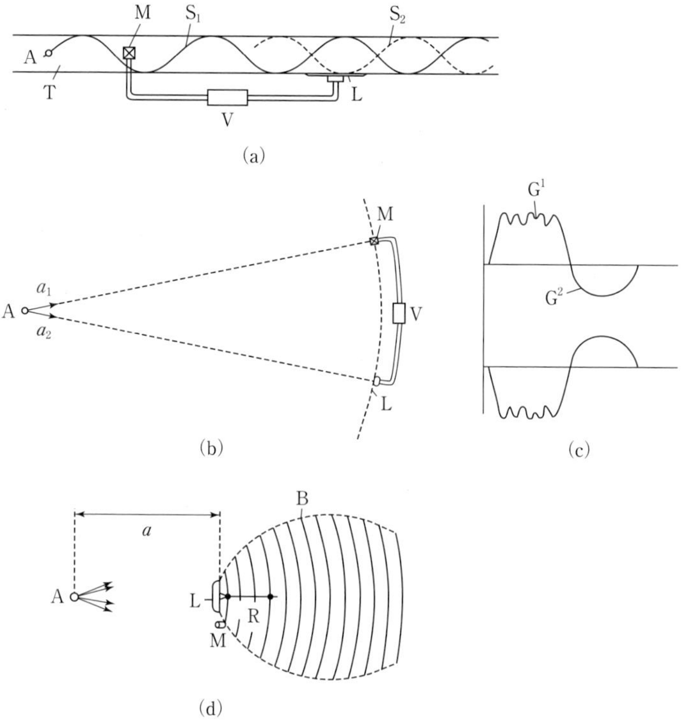

図 15.63 Leug による特許の発明図[2)]

る方式である[4)]．音の放射口対策とはダクトに代表されるように，開口部からの放射音を低減するものである．ただし開口部からの放射については，制御対象となる音の波長（周波数）により開口部から音の波頭が一様に伝播する場合（一次元）と，不均一な場合（二次元）とに分けられる．そして究極な構成として空間音（三次元）の制御がある．これにはLeugの特許で示されている特定空間音場制御の研究がある．基本的には三次元（空間）の音響制御は振幅と位相の制御が困難であるためにこの特定空間音場制御による方式により特定空間を制御することが多い．特定空間音場制御が特定の空間領域での騒音低減であることを利用した商品が，10年ほど前からイヤホンに適用されてきている．さらに遮音壁の上部に能動制御装置を取り付けてより高い遮音性能を有した防音壁が開発されている．

表15.2からもわかるように，音響制御においては音場の特性を十分に把握する必要がある．どのような周波数の音（波長）をどのような空間で制御するのかを把握して実行しなければならない．さらには，本来は音源対策などを十分に実行した後にそれでも残留する制御の難しい低周波数の成分を低減する，というのが能動制御の趣旨であるので，すべての騒音を何でも能動制御で低減するという設計指針では効果が得

表 15.2　能動騒音制御の制御対象による分類

制御対象	制御イメージ（黒塗りは音源，白塗りは二次制御音源，グレーは検知マイク）	制御音場		適用例		克服すべき課題
音源	一入力，一出力（複数二次制御音源を複数設置） 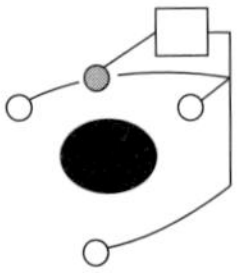	音響パワーエネルギー	音響パワーの制御，低周波数（周期音）	エンジン音		音源の形状（発生部位），性状（対象音の波長）との関係把握が必要
音の放射口	一入力，一出力 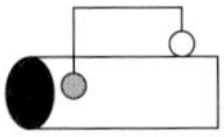	一次元音場	ダクトのような長大管の制御，低周波数	排気ダクト（マフラー）冷蔵庫の機械室音		実用化達成．
		二次元音場	ダクトのような長大管の制御，中周波数	空調ダクト		実用化達成．ハウリング対策が必要
空間音	多入力，多出力 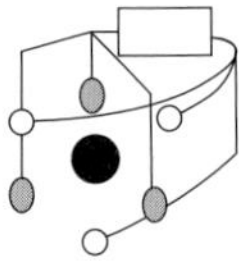	二次元音場	平面的な空間，窓のような開口部の制御，中周波数	研究段階		
		局所音場	局所的な空間の制御，中周波数	特定空間音場制御	航空機，自動車（特定位置）	実用化達成．簡易な制御方式が必要
				アクティブイヤホン	イヤホンに付随	実用化達成
		定在波音場	空間の制御，空間周波数で決定される特定の周波数（周期音）	自動車車室内の閉空間（こもり音）		低周波数を効率よく放射する二次音源
		回折音場	遮音壁を回折して形成される音場，低周波数	道路遮音壁		多チャンネル制御について研究進行中

られない．

2)　デジタル制御技術　　能動制御においては，音源とは別の二次音源を用いるために振幅および位相を正確に設定しないと逆に騒音が上昇することになる．デジタル制御技術ではこれらの正確な制御が可能であり，強力なツールとなった．さらには音響空間の特性がデジタル計測器で計測されるために計測結果との整合が可能であるというシステム構築上の利便性も無視できない．

デジタル制御技術は能動制御からの要求ではなく，本来は通信信号処理のための技術である．例えば通信信号に重畳した雑音を分離するための技術などに応用されている．また空間の特性が変化した場合もしくは二次音源特性が変化（劣化）した場合にも制御器が自ずから適応して，制御器に設定したフィルタ特性を変化させる適応信号処理技術の発展も重要である[5]．

そこでデジタル制御技術を中心として，音響制御の観点から能動騒音制御がどのような技術項目を有しているのかを，説明が容易な制御系であるダクト放射口のシステムについてまとめたのが表 15.3 である．

表 15.3 のような課題を有している能動騒音制御を，初期はアナログ回路で実現していた．しかしながら制御信号を生成するフィルタ回路の設計が困難であったために十分な実用にはいたらなかった．ところがデジタル制御技術の進展により正確なフィルタ回路の実現が可能となり，近年の発展につながった．さらに実際の製品への適用においてはより現実的な問題が発生する．表 15.3 にも示しているが，対象となる

表 15.3　能動騒音制御の技術課題（ダクト放射口の制御の場合）

技術項目	対象部位	問題点		克服法
騒音源成分の検知	・検知センサー ・構造体の音響伝達関数	1）対象騒音と相関のある信号の検知	流力音の自己雑音	・センサー形状 ・他の相関信号の利用 ・構造体の最適化
			伝播に伴う S/N 比低減	
		2）二次音源からの音響フィードバック		・複数マイクによる検知
		3）対象周波数と形成音場		・空間周波数の確認と構造体の変更
制御信号の生成	・制御器	1）所望のフィルター特性の実現	計算時間および制御出力までの時間遅れ	・遅れを考慮した長さの確保 ・周期音への特化
		2）フィルター特性の変化	音響特性，検知センサー，二次音源の変化	・適応信号処理
二次音源の出力	・二次音源	1）低周波数音の効率的な発生		・スピーカの f_0 周波数の低下
		2）音源からの音響波との正確な干渉		・二次音源から開口部までの距離の確保

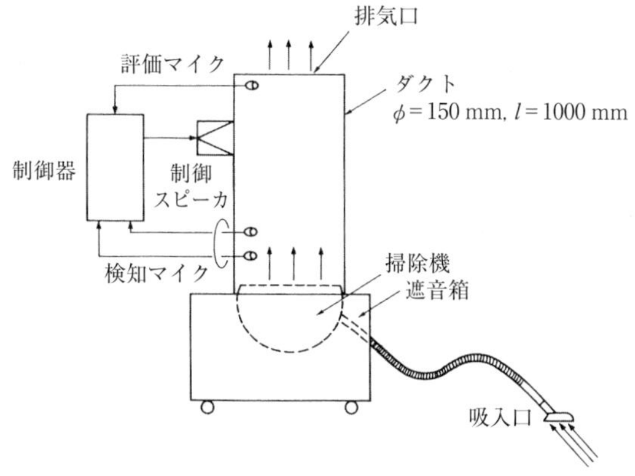

図 15.64　掃除機の排気音の低減に適用したシステム

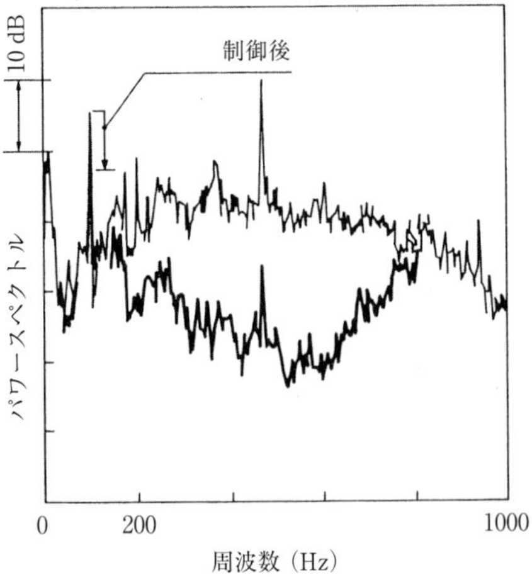

図 15.65 掃除機の排気音の制御効果（制御帯域 100～800 Hz）
細線：制御前，太線：制御後.

騒音源の検知は想像以上に困難な場合が多い．最初の原理検証のためには実験の容易なスピーカ音源を用いた騒音源モデル実験をする．そのモデル音源を現実の実音源に適用すると，実音源とスピーカ騒音源モデルとの対応が不十分であるために制御効果が得られないことがある．さらに二次音源の特性の把握も重要であり，S/N が足りないために制御効果の得られない場合もある．また経年変化や温度による特性変化も考慮する必要がある．

現実の適用における課題を克服したシステムを構築することで劇的な能動騒音制御の効果を得ることができる．その一例として図 15.64 で示される能動騒音制御のために設計された掃除機の，排気音を制御した結果を図 15.65 に示す[6)]．

3) 今後の予想　これまでのいわゆる受動的な騒音制御に加えて能動的な制御が加わることにより制御の幅が広がってきた．一次元で伝播する騒音源に対する制御システムの実用化については 40 年以上の歴史がある．近年ではさらに騒音制御の対象を広げた構成が考えられてきている．例をあげると表 15.2 で示されるイヤホンについては実用化がかなり進んできている．これは飛行機内の騒音の低減のためにスカイショッピングで販売されている．またポータブルプレイヤを聞くときの周囲の雑音を除去するためのイヤホンも販売されている．また自動車においても，運転車（同乗者）の耳のまわりの空間を静粛にする特定空間音場制御が適用されている．また，このシステムは，省エネのためにエンジンを右側気筒停止する時にアンバランスから発生する振動に起因する騒音を低減する時にも採用されている．

これまではデジタル制御素子が高価であったために適用が見送られた場合が多かった能動制御技術であるが，近年のデジタル制御素子やセンサーの低価格化および汎用化により多様な分野の技術と融合して発展することが期待される．　〔**鈴木成一郎**〕

文　献

1) 時田保夫監修：音の環境と制御技術（第 II 巻応用技術），フジ・テクノシステム，1999.
2) Leug, P.：1936 U. S. Patent No. 2043416.
3) 西村正治：アクティブノイズコントロールの現状，計測自動制御学会誌，**51**(12)(2012)，1105-1109.

4)　Hayashi, T. *et al.*：Active acoustic power control of a single primary and two secondary sources by the acoustic nodal point method, *J. Acoust. Soc. Jpn.* (E), **16**(4)(1995), 213-221.
5)　Widrow, B. and Stearns, S. D.：*Adaptive Signal Processing*, Prentice-Hall, 1985.
6)　鈴木成一郎：電気製品騒音の能動制御低減，精密工学会誌，**64**(5)(1998)，679-683.

b.　音源分離

複数の音源信号が混在して観測された場合に，そのなかに含まれる音源信号を同定する技術を音源分離とよぶ．特に，観測信号以外の情報を参照せずに音源を同定する技術は，ブラインド音源分離（Blind Source Separation：BSS）とよばれる．本技術により，高精度なハンズフリー通信や雑音に対してロバストな音声認識の実現が期待できる．近年，独立成分分析（Independent Component Analysis：ICA）[1] の観点から音源を分離する手法が多く検討されている[2)-4)]．ここでは，複数マイクロホンで受音することに加え，音源同士が統計的に独立であるという仮説を導入することで，マイクロホンと同じ個数の音源を分離することができる．ICA においては，各マイクロホンの位置・利得，音源方位，ダブルトーク区間などの事前推定が不要であることより，センサーネットワークやプラグイン動作での使用が可能である．

一般に，L 個の音源信号 $s_l(t)$（$l=1, \cdots, L$）が線形に混合して K 点で観測される場合，その観測信号 $x_k(t)$（$k=1, \cdots, K$）は，以下のように書くことができる．

$$\boldsymbol{x}(t)=\sum_{n=0}^{N-1}\boldsymbol{a}(n)\boldsymbol{s}(t-n)=\boldsymbol{A}(z)\boldsymbol{s}(t) \tag{15.5.49}$$

ここで，$\boldsymbol{s}(t)=[s_1(t), \cdots, s_L(t)]^{\mathrm{T}}$ は音源信号ベクトル，$\boldsymbol{x}(t)=[x_1(t), \cdots, x_K(t)]^{\mathrm{T}}$ はマイクロホンアレーにおける観測信号ベクトルである．また，$\boldsymbol{A}(z)$ は，音源-マイクロホン間における長さ N のインパルス応答 $\boldsymbol{a}(n)$ からなる伝達関数行列であり，以下のように与えられる．

$$\boldsymbol{A}(z)=\sum_{n=0}^{N-1}\boldsymbol{a}(n)z^{-n}=\left[\sum_{n=0}^{N-1}a_{kl}(n)z^{-n}\right]_{kl} \tag{15.5.50}$$

ここで z は単位遅延演算子であり，便宜上 $z^{-n}\cdot s(t)=s(t-n)$ と表記する．また，$[X]_{ij}$ は i 行 j 列要素に X を有する行列を表す．一般の小部屋での残響時間は約 300 ms といわれているので，インパルス応答 $a_{kl}(n)$ は実に数千タップの FIR フィルタに相当する．実環境において音響信号を取り扱うには，このような複雑な畳み込み混合問題を考えなければならない．

従来より，音響信号の分離のためにビームフォーマが用いられてきた．これは，複数のマイクロホンで得られた信号群を重み付き加算することによって，目的の信号を強調し不要な外乱・雑音を低減するものである．古くからさまざまなものが提案されているが，特に，固定の重み係数を用いる「遅延和型」[5)]や，雑音の空間分布に応じて適応的に重み係数を変化させる「適応型」[6)]などがよく用いられている．これらの手法は，比較的簡便な処理によって実現できるという利点がある．一方で，高精度な分離を達成するためには，多くの「音源に関する事前情報」(これはしばしば「教師情報」とよばれる) が必要とされる．例えば，遅延和型であれば音源の方位が必要であるし，適応型においても音源方位と雑音のみが観測される時間区間が必要とされる．これらは，目的音がいつ何時到来するかどうかわからない一般の音響信号応用において，大きな欠点となってしまう．

上記にあげたビームフォーマの欠点を解決するため，教師情報なしで音源を分離する手法が提案されている．これは「事前情報を知らない」という意味で，「ブラインド」音源分離とよばれる．古典的なものとしては，1980 年代より開発されてきたバイナリマスキング (時間-周波数マスキング) がよく知られている[7]．これは，音源信号の各周波数成分が時間軸であまり重ならないことを仮定するものであり，複数マイクロホン間において最も振幅強度の強いものを選択抽出することによって目的音を再構成する．簡便な演算にて音源を分離できるが，音源信号間に重なりが多い場合には大きく分離信号が歪んでしまうという問題があった．これを解決するため，近年，ICA に基づく BSS 技術が提案されている．本音源分離処理は，分離フィルタ行列 $\boldsymbol{W}(z)=\sum_{n=0}^{D-1}\boldsymbol{w}(n)z^{-n}$ を観測信号ベクトルに乗じることにより $\boldsymbol{y}(t)=\boldsymbol{W}(z)\boldsymbol{x}(t)$ という形で実行される (図 15.66 参照)．ここでは，線形時不変フィルタを用いるため，比較的，非線形歪みが少なく，良好な音質を保つことが可能である．

ICA に基づく BSS においては，「それぞれの音源信号は互いに統計的独立な信号である」と仮定して分離フィルタ行列の推定を行う．代表的な反復アルゴリズムとして以下がある[4]．

$$\boldsymbol{w}^{[j+1]}(n)=-\alpha\sum_{d=0}^{D-1}\text{off-diag}\langle\boldsymbol{\varphi}(\boldsymbol{y}^{[j]}(t))\boldsymbol{y}^{[j]}(t-n+d)^{\mathrm{T}}\rangle_t\cdot\boldsymbol{w}^{[j]}(d)+\boldsymbol{w}^{[j]}(n) \quad (15.5.51)$$

ここで，α はステップサイズパラメータ，$[j]$ は j 番目の反復を表すインデックス，$\langle\ \rangle_t$ は時間平均操作，off-diag$\boldsymbol{X}$ は行列 $\boldsymbol{X}$ の対角項が 0 の行列を表す．また，$\boldsymbol{\varphi}(\ )$ は適当な非線形関数であり，例えば $\boldsymbol{\varphi}(\boldsymbol{y}(t))=[\tanh(y_1(t)),\cdots,\tanh(y_L(t))]^{\mathrm{T}}$ で与えられる．式(15.5.51)のもつ意味を簡単に解説してみる．本式において肝要なのは，(高次の) 相関行列を計算している $\langle\boldsymbol{\varphi}(\boldsymbol{y}^{[j]}(t))\boldsymbol{y}^{[j]}(t-n+d)^{\mathrm{T}}\rangle_t$ 部である．式(15.5.51)においては，この部分が対角化すれば反復学習は終了する．まず非線形関数による影

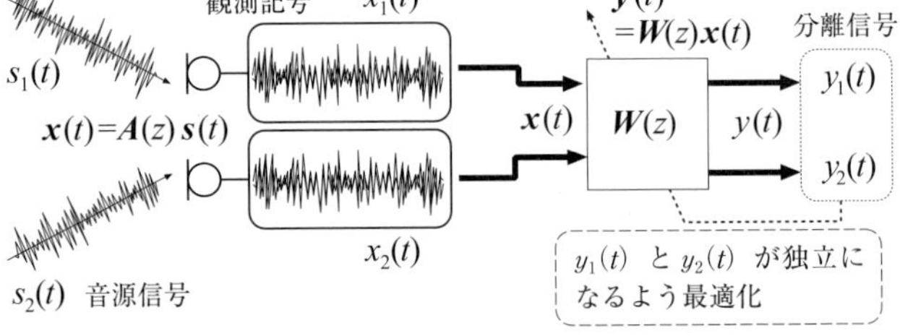

図 15.66 ICA における信号の流れ ($K=L=2$ の場合)

響を除いて考えれば，この行列における「対角項」は各音源信号の自己相関，「非対角項」は音源信号間の相互相関値に相当する．つまり，この部分の非対角項を 0 にすれば，各出力は無相関化される．また，非線形関数を付与することにより，信号の高次相関値も間接的に評価の対象となり，結果として出力は高次無相関化された信号，すなわち独立な成分へと帰着されるわけである．

実音響環境では非常に複雑な畳み込み型混合となるため，前述の基本アルゴリズム単体では十分な分離性能を得られない．そこで近年，さまざまな改良が加えられたものが多数提案されている．例えば，分離性能や収束速度を向上させるため，ICA とビームフォーマを反復学習中で切り替えるもの[8] などが提案されている． 〔**猿渡 洋**〕

文 献

1） Comon, P.：Independent component analysis, a new concept?, *Signal Processing*, **36** (1994), 287-314.

2） Parra, L. and Spence, C.：Convolutive blind separation of non-stationary sources, *IEEE Trans. Speech Audio Process.*, **8** (2000), 320-327.

3） Araki, S. *et al.*：The fundamental limitation of frequency domain blind source separation for convo-lutive mixtures of speech, *IEEE Trans. Speech Audio Process.*, **11** (2) (2003), 109-116.

4） Nishikawa, T. *et al.*：Blind source separation of acoustic signals based on multistage ICA combining frequency-domain ICA and time-domain ICA, *IEICE Trans. Fundamentals*, **E86-A** (4) (2003), 846-858.

5） Flanagan, J. L. *et al.*：Computer-steered microphone arrays for sound transduction in large rooms, *J. Acoust. Soc. Am.*, **78** (1985), 1508-1518.

6） Kaneda, Y. and Ohga, J.：Adaptive microphone-array system for noise reduction, *IEEE Trans. Acoust. Speech Signal Process.*, **ASSP-34** (1986), 1391-1400.

7） Lyon, R.：A computational model of binaural localization and separation, *Proc. ICASSP83*, (1983), 1148-1151.

8） Saruwatari, H. *et al.*：Blind source separation based on a fast-convergence algorithm combining ICA and beamforming, *IEEE Trans. Speech Audio Process.*, **14** (2) (2006), 666-678.

c. 構造振動の無反射制御による制振

従来の振動制御法の主流はモード解析法に基礎をおいたモード制御法である．しかしながら，当該手法は振動モードがすでに励起されていることを前提に展開されているので，非常に数多くの振動モードが問題となる場合，適用不能に陥る．むしろ，振動モードの生成メカニズムに踏み込んで，不確定な振動モードを励起させないという視点から，振動制御理論体系を構築することのほうがはるかに実利的であり，効果的であるといえる．ここで，振動モードの生成メカニズムは次のように仮定される．

構造物に注入された励振エネルギーは，まず進行波として境界まで伝播し，境界条件に応じてニアフィールドおよび反射波を生ずる．次に，進行波と反射波が干渉し合うことで定在波を生じ，この定在波と振動モードの形状が合致することで振動モードが励起される．ここで留意すべきは反射波の存在であり，それは励振エネルギーが境界外には伝達されず構造物内に停留することを意味し，それがモード励振の元凶となることである．換言すれば，何らかの手法によって反射波が除去されるならば，振動モードは励起されることはない．

本項では，図 15.59 のモデルを対象として，伝達マトリックス法をもとに，上記の点に着目したフィードフォワード型アクティブシンク法[1] を紹介する．

図 15.59 において，f_1 を制御力，f_2 を外乱力とすると，除去対象となる反射波は element 2 において $+x$ 方向に伝播する波である．式（15.5.20），（15.5.37）より，element 2 の任意点における進行波は以下のように記述される．

$$w_1=[1\ \ 0\ \ 0\ \ 0]\boldsymbol{K}^{-1}(\boldsymbol{T}_{aL}\boldsymbol{z}_L+\boldsymbol{T}_{a1}\boldsymbol{f}_1) \tag{15.5.52}$$

上式に，フィードフォワード制御形成 $f_1=Gf_2$ を代入し（ただし，G はアクティブシンク制御則），0 とおくことで，制御則が次のように求まる．

$$G=\frac{-\alpha_{12}\gamma_1-\alpha_{22}\gamma_2}{\alpha_{11}\gamma_1+\alpha_{21}\gamma_1+j\Delta} \tag{15.5.53}$$

ただし，

$$\gamma_1=k^3{}_{1L}t_{1m}+jk^2{}_{1L}t_{2m}-k_{1L}t_{3m}-j_{1L}t_{4m} \tag{15.5.54}$$

$$\gamma_2=k^3{}_{1L}t_{1n}+jk^2{}_{1L}t_{2n}-k_{1L}t_{3n}-j_{1L}t_{4n} \tag{15.5.55}$$

次に，数値解析により，当該手法の有用性を示す．梁の境界条件は自由･自由とし，寸法は 1105 mm × 45 mm × 1.5 mm，材質はジュラルミン（縦弾性係数 7.4×10^{10} N/m^2，密度 2770 kg/m^3）とする．また，構造減衰 0.005 を与えて計算を行う．図 15.67 は非制御時および制御時の駆動点コンプライアンスを示している．非制御時の場合，

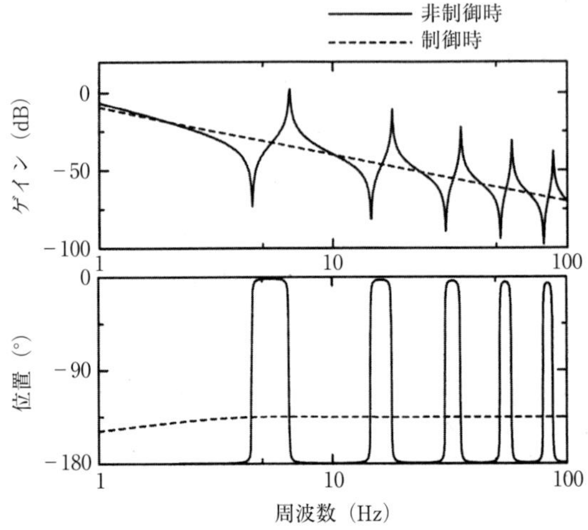

図 15.67 アクティブシンク法適用時および非適用時における自由・自由梁の駆動点コンプライアンス

100 Hz 以下の周波数帯域において 5 つの振動モードが存在していることがわかる．さらに，駆動点における特性なのでピーク（共振）とノッチ（反共振）が交互に現れている．これに対し，梁の左端にアクティブシンク法を適用した場合，すべてのピークとノッチが消滅し，コンプライアンス特性が漸近線に収束している．これは，モード励振の元凶となる反射波が除去されたことによって，すべての振動モードが不活性化されていることを示している．このとき，利得は − 30 dB/dec の勾配で単調に減少し，位相は，135° の遅れとなる．これは，半無限梁の駆動点コンプライアンス

$$\frac{\xi}{f} = -\frac{1+j}{EIk^3} \tag{15.5.56}$$

と一致する．

次に，変位分布の観点からアクティブシンク法の制御効果を評価する．図 15.68 は 1 次から 5 次までの波動包絡線（非制御時および制御時）を示している．非制御時の場合，定在波と振動モードの形状が合致することによって，振動モードが励起されている．また，このときの最大変位はそれぞれ 66.5 mm, 9.08 mm, 2.37 mm, 0.87 mm, 0.39 mm となっている．これに対し，制御時の場合，反射波が除去されたことによって定在波が消滅し，外乱点から制御点に向かって波動が流れ込んでいるのがわかる．このことからも，アクティブシンク法によって，有限はりに半無限梁の特性が移植されていることは明らかである．また，この場合の最大変位はそれぞれ 0.55 mm, 0.12 mm, 44.4 μm, 20.5 μm, 11.4 μm となっており，非制御時の 0.8%, 1.3%, 1.8%,

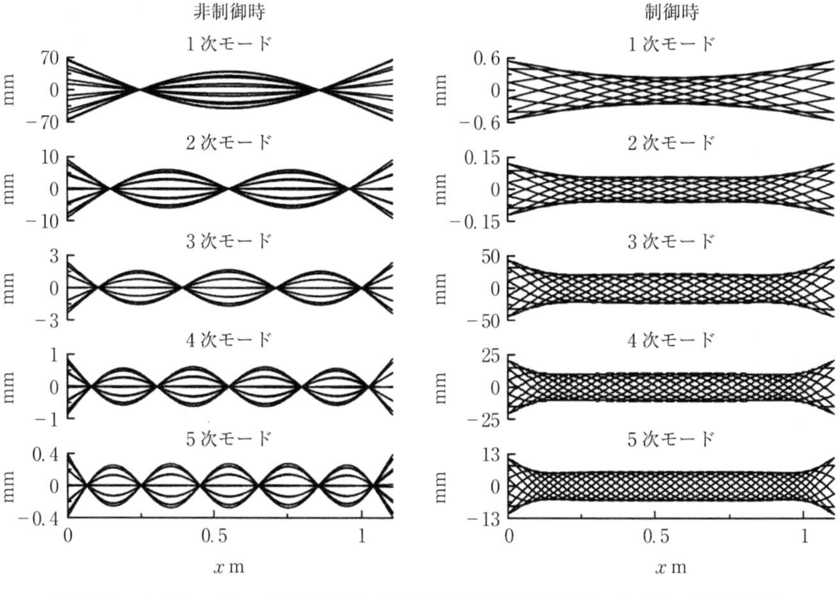

図 15.68　アクティブシンク法適用時および非適用時における自由・自由梁の波動包絡線

2.4%, 2.9% にまで抑制されている.

このように，構造振動の無反射制御は非常に大きな制御効果をもつ．本項では任意の境界条件を有するオイラー・ベルヌーイ梁を対象としたが，ばねマス系でモデル化された一次元構造物においても同様の手法が提案されている[2),3)]．今後，薄肉平板などの二次元構造物や三次元構造物への展開が期待される．〔田中信雄・岩本宏之〕

文　献

1) 田中信雄，菊島義弘：柔軟ばりの曲げ波制御に関する研究（アクティブ・シンク法の提案），日本機械学会論文集 C 編，**56**(522)(1990)，351-359.
2) 長瀬賢二，早川義一：インピーダンスマッチングによる層構造物の制振制御，**67**(658)(2001)，1814-1819.
3) 西郷完玄，田中信雄：波動吸収フィルタを用いたねじり振動制御，日本機械学会論文集 C 編，**71**(703)(2005)，852-858.

16. 振動利用技術

16.1 状態モニタリングと異常診断

機械を安全，効率的に稼働させる技術や構造物が健全な状態にあるかどうかを診断する技術は非常に重要な技術である．最近は特に，エレベータにおける死亡事故やプラントの大きな事故が起こり，技術に対する信頼が大きく揺らいでいるので，機械の状態を診断する技術は今後ますます重要になると考えられる．

機械の状態を診断（ヘルスモニタリング）するためには，大きく分けて図 16.1 に示すように 2 つの大きな技術（計測と診断）を必要とする．

16.1.1 計測技術

対象の状態を正確に判断するにはきちんとした計測が必要となる．一般に，機械や構造物の状態を測るためには，①振動（加速度計，AE センサー，マイクロホン）や軸受油の状態（油温計，成分分析，パーティクルカウンタ）を計測し，②得られた電気信号に含まれるノイズを除去し，計測データを補正（線形性，ゼロ点）することが必要となる．最近は，一度に多くの情報を得られることから画像計測が利用される機会も多いが，この場合には，輝度や画像のゆがみを補正した後に対象の位置や振動振

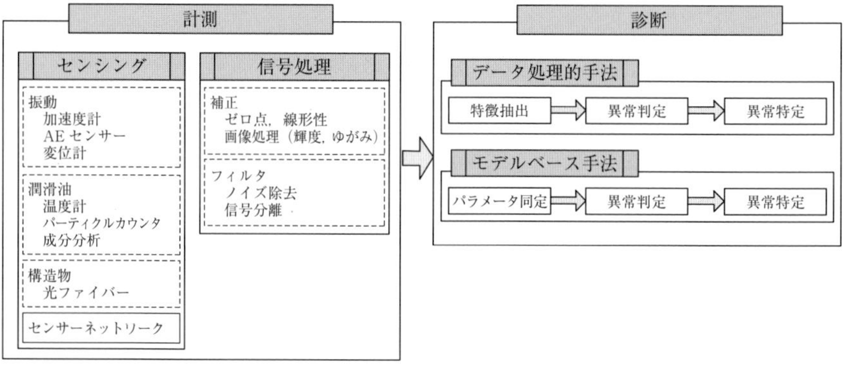

図 16.1 ヘルスモニタリングのフロー

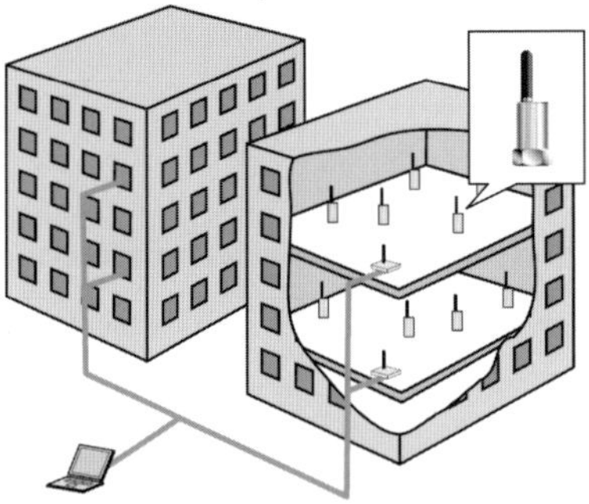

図 16.2　センサーネットワーク（新川電機（株）提供）

幅などを求めることになる．構造物（建物，航空機や船舶のボディなど）に対しては光ファイバーを埋め込むなどのスマートストラクチャ化に関する研究も多く行われ，近い将来，構造物自体がセンシング機能をもつようになると予想される．また，最近の動向として，センサーネットワーク用の機器が開発され，非常に広範囲に分散した対象の状態を1か所で把握することも可能になってきた．センサーネットワークの一例を図 16.2 に示す．

16.1.2　診断技術

計測したデータに基づいて診断を行う場合に，次の2つの手法が考えられる．

a.　データ処理的手法

ごく基本的な考え方としては，平均値や最大値，RMS 値などの統計的な値を求め，これが正常な場合と異なるかどうかで機械の異常を判別する．一般的には，機械の稼働状態を表す複数の「特徴量」を定義し，計測したデータから特徴量を求め，正常な場合と異常な場合との判別を行う．この方法で正常と異常を判別できるためには，特徴量をまとめた「特徴ベクトル」が正常時と異常時でそれぞれまとまった塊を形成していなければならない．

1)　特徴量の定義　特徴量の例としては，軸受の異常診断などに用いられてきた，分散，歪度（三次モーメントから求められる統計量）や尖度（四次モーメントから求められる統計量）があげられる．どのような特徴量を用いるかによって異常判別の精度が著しく変わってくるが，一般に万能な特徴量は存在しない．診断対象の機械において測定可能な箇所や測定可能な項目はかなりの制限（センサーが取り付け可能かどうかなど）を受け，また，異常の種類によって，その特徴がどの計測項目のどの部分に現れるかも異なる．よい診断を行おうとして多くの特徴量を用いると，特徴量間の相関が増し，また解析が困難となる．これを避けるために主成分分析を行って，より少ない個数の特徴量の組で対象の状態を記述する場合も多い．

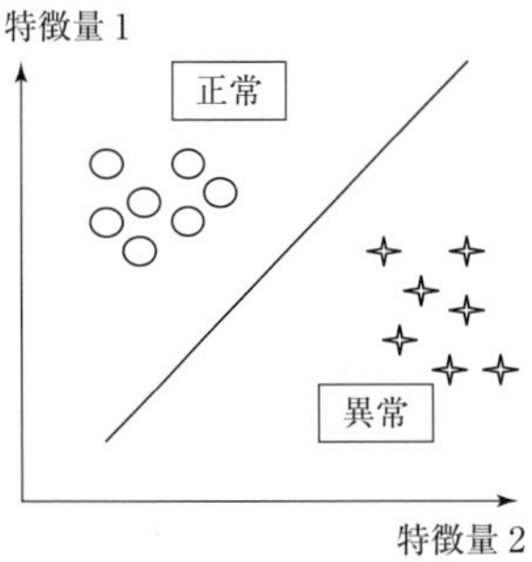

図 16.3　異常判別の例（線形分離可能な場合）

2)　異常の判別　最も単純な場合，例えば図 16.3 のように，2つの特徴量を座標軸に選びデータをプロットしたときに正常な場合と異常な場合が1本の直線で分離できる場合には，得られたデータがこの直線のどちら側にあるかによって正常と異常の判別ができる．しかし多くの場合，このような単純な方法で正常と異常を判別することは難しい．

このため，NN（ニューラルネットワーク）をはじめとするさまざまな学習アルゴリズムを駆使して，得られたデータのクラス分けを行う手法が用いられる（図 16.4 を参照）．学習アルゴリズムを用いた異常判別では，特徴量とクラスラベル（正常，異常 A，異常 B など）の対応付けが既知なデータ集合（学習データ集合）を用いて，この対応関係を近似するモデルを決定する．これを教師あり学習という．

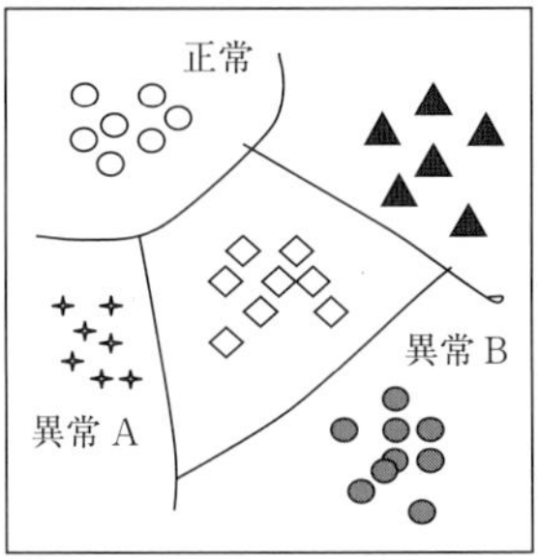

図 16.4 一般的な異常判別の例

学習を用いた判別がうまくいくかどうかは特徴量の選び方にも大きく依存するが，SVM（サポートベクターマシン）のように判別能力に優れた学習アルゴリズムを用いることによってこの部分の負担を軽減できる．一方，学習データ集合の取得には一般に多大なコストを要し，あらゆる状況を網羅したデータをあらかじめそろえることが事実上不可能な場合も多い．さらに，複雑なシステムでは判別アルゴリズムの設計時には予見できなかった新しい種類の異常が生じる可能性もある．増田ら[1]は，SVM に記憶時間の異なる 2 種類の SOM（自己組織化マップ）を組み合わせた適応的な判別アルゴリズムを提案している．このアルゴリズムでは，学習済みデータの分布と現在の観測データの分布をそれぞれ SOM で表現し，両者を照合することによって，未知な異常のクラスを検出する．この仕組みによれば，必要に応じて判別ルールを自動的に修正/追加していくことができ，データの分布の変化に適応した判別器を効率的に生成できる．

b. モデルベース手法

この手法では，最初に対象システムの数学的な記述（モデル化）が必要となる．単純な例として，1 自由度振動系を考えると，入力（外力 F）に対して出力（振動振幅 x）が規定されるモデルとなる．診断に際しては，システムの特性パラメータ（ばね定数 k または減衰係数 c）が損傷によって変化すると考え，このパラメータを同定することによって異常かどうかを判別することになる．同定するためには，外力 F と振動振幅 x の計測が必要となる．

パラメータ同定に関しては種々の方法が提案されているが，逆問題解析やカルマンフィルタを用いた方法，あるいは図 16.5 に示すように実際のシステムとモデルとの出力の差が最小となるようにモデルパラメータの値を決める方法がある．

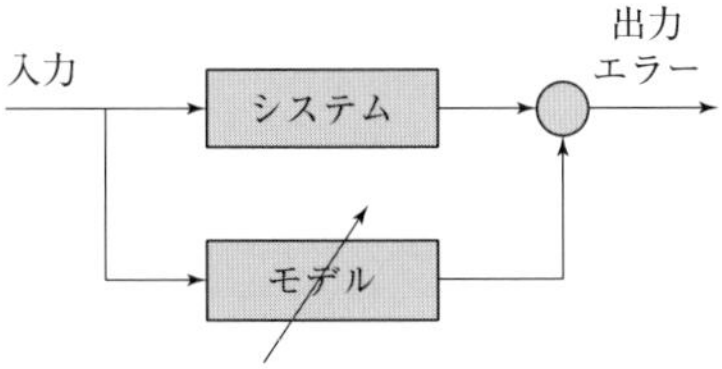

図 16.5 出力誤差に基づくモデルパラメータの同定

モデルベース手法の難点としては，対象と

なるシステムが複雑な場合には，モデルの構築そのものが困難になること，同定すべきパラメータの数が多くなり同定手法が高度になること（計算時間や計算資源が膨大になる），同定に必要なデータが計測できないといった点があげられる．一方で，異常の種類や箇所，程度が定量的に把握できるために，異常が生じた場合にその物理的な意味が明瞭となる利点も大きい．　〔**川合忠雄**〕

文　献

1）増田　新ほか：サポートベクトルマシンと自己組織化マップによる機械の異常診断，*Dyn. Des. Conf.*,（501）（2005），1-6.

16.2 超音波診断

16.2.1 超音波による機械診断

一般に，人の可聴周波数の上限である 20 kHz より高い周波数の音や振動を超音波とよんでいる．機械が動作時に発生する音のうち，超音波領域に特に注目して機械の健全性診断を行うことがある．超音波領域に特徴的な音を生じる場合があること，超音波周波数では放射音の指向性が高いために場所を特定しやすいことがなどその理由である．軸受けやボールベアリングの異常[1)]，圧縮気体の配管の漏れなどの検出のほか，送電線の放電の発見などに用いられる．周波数解析を行うか，20 kHz から数十 kHz の検出した超音波を図 16.6 のような構成で可聴音に周波数変換し人が耳で聴く．空中伝搬音を検出するには，空中超音波受波器にホーンやパラボラ反射鏡を付けて指向性を高めたものを使う．受波器には空中超音波センサーとして車載の後方障害物検出やロボットなどで広汎に用いられている圧電受波器[2)] が高感度であるが，共振特性のために帯域は制限される．広い周波数帯域の超音波を検出するには，計測用コンデンサマイクロホンのうち，1/4 インチ型，1/8 インチ型など高周波に対応できるものがあるが，感度は口径が小さいほど低下する．固体伝搬音の検出には接触型の圧電型または電磁型ピックアップが用いられる．

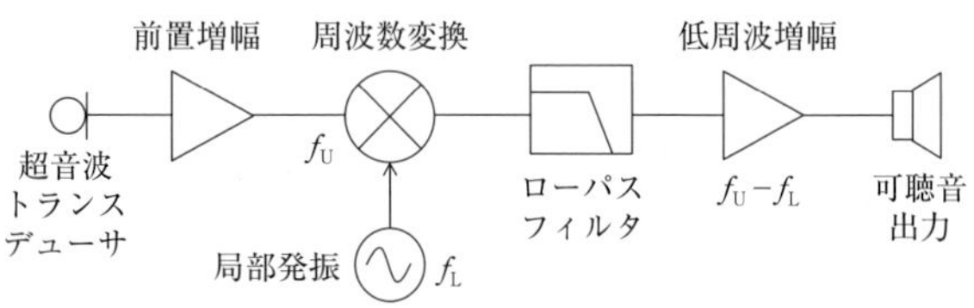

図 16.6　機械診断のための超音波モニタ装置の構成

16.2.2 騒音源探査

機械の発生音の音源探査は，プリンタなどの小型機械から自動車，新幹線や風車の

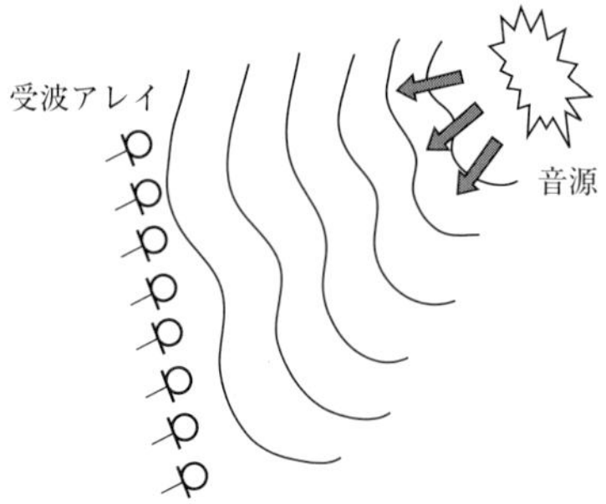

図 16.7 音響ホログラフィ法

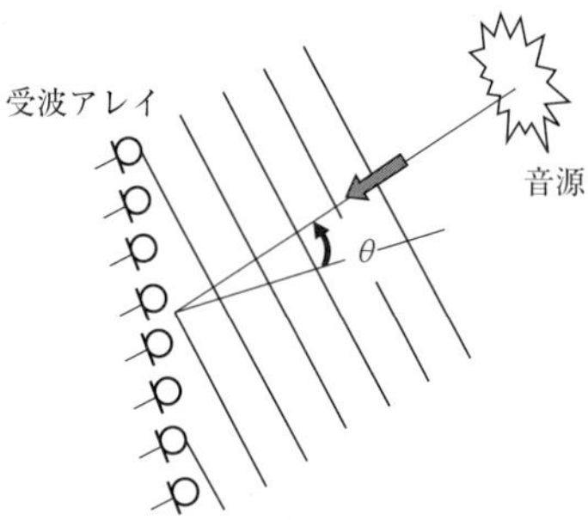

図 16.8 フェーズドアレイ法

ような大規模なものまでさまざまな場面で必要とされる．音源位置の特定には，2〜数個の比較的少数のマイクロホン出力を比較することで行う場合もあるが，二次元的に多数のマイクロホンを配列したマイクロホンアレイを用いることも多い．音圧の振幅と位相の空間分布情報から音源の分布や方向を推定する方法として，音響ホログラフィ法[1]とフェーズドアレイ法[3]がある．ホログラフィ法は，図 16.7 のように，測定面で記録された複素音圧（振幅と位相＝音のホログラム）から波動を逆伝搬させて音源での分布を推定する方法である．音源から離れた位置で測定する場合は失われる情報があるので，近距離で測定する近距離場音響ホログラフィの手法により精細な分布を求めることが行われている[4]．ホログラフィ法は測定面での十分なデータ量が必要であるが，1 本のマイクロホンを機械的に走査してデータを取得することも行われる．一方，フェーズドアレイ法では，図 16.8 のように，各マイクロホンで得られた音圧時間波形にマイクロホン位置に応じた遅れ（位相差）を与えたものをすべて加算した結果を，位相差を変えながら比較することで音波の到来方向を推定する．各マイクロホンの位相差とゲインの設定によりさまざま指向性を合成できる．これらの方法により得られた音源情報をカメラ映像に重ねて表示する装置がいくつか実用化されている．

16.2.3 超音波非破壊検査

金属部材などの亀裂検出などには数 MHz の超音波が広く用いられている．図 16.9 のように，パルス波を送信し，亀裂などからの反射波を検出する．このとき，送信から反射波を受信するまでの時間と超音波の伝搬速度から亀裂までの距離を算出する．これをパルスエコー法とよんでいる．固体中の縦波超音波の伝搬速度 c_{d} は E をヤング率，σ をポアソン比，ρ を密度として，

$$c_{\mathrm{d}}=\sqrt{\frac{(1-\sigma)E}{(1-2\sigma)(1+\sigma)\rho}} \qquad (16.2.1)$$

で与えられる．鉄やアルミニウムでは 6000 m/s 程度である．縦波以外に横波を利用

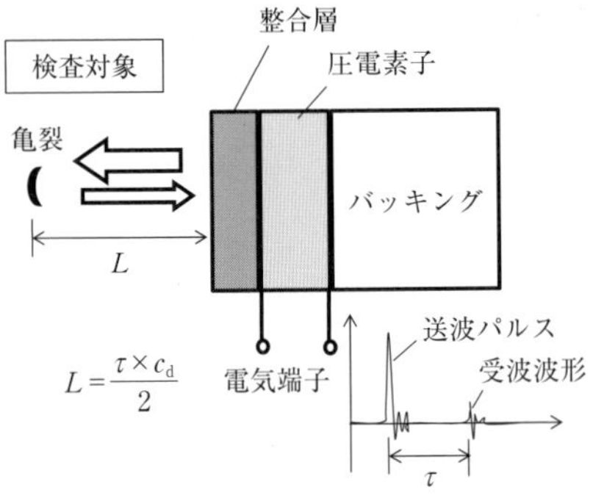

図 16.9 非破壊検査用圧電トランスデューサ

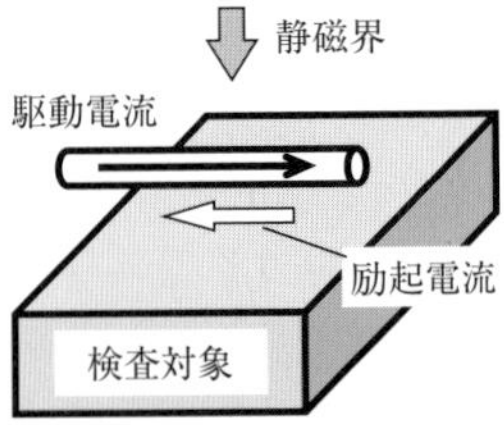

図 16.10 電磁型トランスデューサ（EMAT）

する場合もある．横波の伝搬速度 c_t は，

$$c_t = \sqrt{\frac{E}{2(1+\sigma)\rho}} \tag{16.2.2}$$

であり，縦波の半分程度の値である．

固体中への超音波の送信と受信には圧電トランスデューサが広く用いられている．圧電体は電圧を与えると応力が生じ，応力を与えると電圧が生じる材料であり，水晶や ZnO などのほか，チタン酸ジルコン酸鉛（PZT）などの圧電セラミックス，ポリフッ化ビニリデン（PDVF）などの圧電高分子材料がある[5]．このうち，PZT は高感度で，加工性も高いので，よく利用されている．図 16.9 のように圧電板の両面に電極を付け電圧を印加する．一般に，圧電板の厚さが半波長となる周波数で共振し感度が増大するが，パルス長を短くできなくなるので，図のように検査対象と反対側にバッキングとよばれる吸収層を設置する．また，検査対象と圧電素子の音響インピーダンスの整合をとるための層を挿入する．トランスデューサと検査対象の間に空気が存在すると超音波の伝送を阻害するので，水や油などを検査面に用いることがある．近年は多数のトランスデューサをアレイ化し，検査対象の映像化を行う装置が使われている．また，くさび型のトランスデューサを用いて斜めに超音波を入射することで，たわみ波や表面波を励振する方法もある．一方，検査対象が導電性を有する場合，検査対象表面の近傍に電流を流し，表面に流れる誘導電流との間に働く力で超音波を励振する電磁方式も利用される．図 16.10 はこれの原理を示したもので，非接触で検査を行える利点がある．反射波の検出も同様の構成で行うことができる．この電磁型トランスデューサは EMAT とよばれている．

半導体部品の微細パターンなどの検査には 100 MHz 以上の超音波が使われている．図 16.11 のように，圧電薄膜とサファイアなどの音響レンズからなるトランスデューサを用い，測定対象との間に音響結合用の水を介在させる．水の音速は約 1500 m/s であり，100 MHz の超音波の水中の波長は 15 μm である．より高い周波数を用いることで超音波の波長は光の波長に近づき，光学顕微鏡に近い空間分解能が得られる．これは超音波顕微鏡とよばれるが，光学像とは異なった情報をもった映像が得られる[6]．超音波の反射特性は音響インピーダンスによるので，弾性的な性質が反映されるからである．特に，図 16.11 にあるように，表面波として伝搬した後に放射される反射波と直接反射波との干渉から表面波速度を定量的に求めることができ，密度を別の方法で測定しておけば弾性定数を知ることができるという特徴がある．また，超音波の励振をパルス光により行う光音響顕微鏡は熱現象を介して超音波を非接触で発生させる方法であり，非破壊検査に利用される．

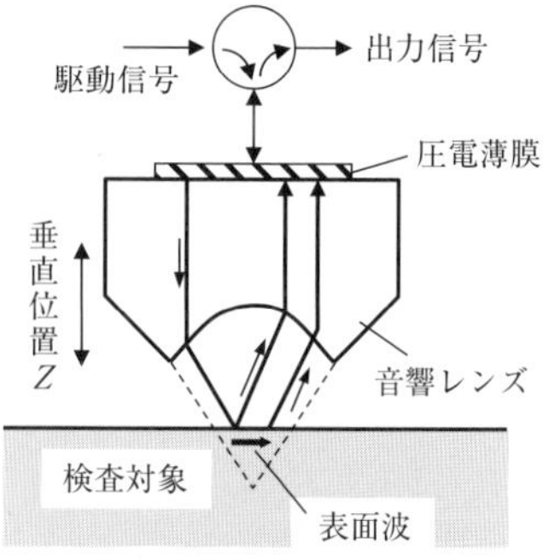

図 16.11 超音波顕微鏡の構成

16.2.4 超音波医用診断

超音波は光や電波の減衰が大きい体内にも伝搬するので，医用診断に利用されている．特にパルスエコー法による映像化装置は X 線による映像化に比べて画像の鮮明さは劣るものの，実時間性や，放射線被曝がないこと，装置が小型であることなどからいろいろな部位に広く利用されている．超音波の伝搬速度が小さいことを利用して，反射波の遅延時間から奥行き情報を得て，反射超音波の強度に応じた濃淡表示により二次元映像化する B モード像が一般的である[7]．100 素子以上の一次元アレイトランスデューサが送受波に用いられている．圧電素子を微細加工したトランスデューサが利用されるが，マイクロマシン技術による静電型トランスデューサも開発されている．アレイの一部を次々に駆動して横方向に位置走査する方式，フェーズドアレイ方式でビーム走査を行う方式などがある．このような電子走査は奥行き方向の焦点位置を動的に可変することにも利用されており，画像の鮮明化に貢献している．内臓や胎児の観察には数 MHz がおもに用いられる．内視鏡では 10 MHz 以上が用いられる．高周波化すれば短波長となって空間分解能は向上するが，伝搬減衰が増大するので深い部位は観察できない．超音波のドップラ効果により血流を可視化するドップラ装置は循環器の診断に欠かせないものとなっている（図 16.12）．血球からの後方散乱波のドップラ効果に応じて赤や青の色で流速を表示している．一方，反射波の高調波を検出す

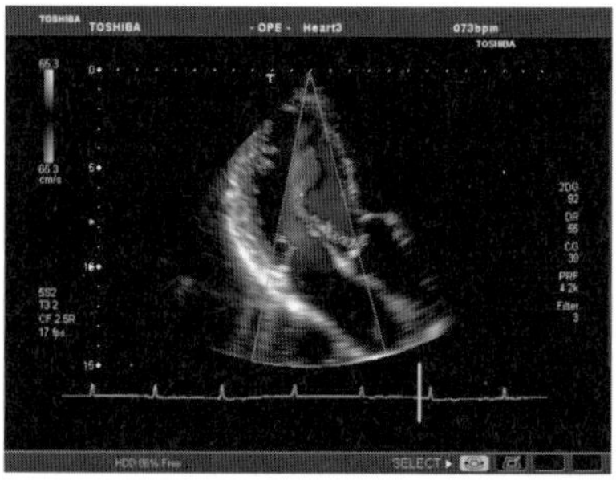

図 16.12 心臓の長軸断面のカラー・ドップラ画像（東芝メディカルシステムズ（株）提供）

ることで画像を改善したハーモニックイメージ[8)]や，トランスデューサを人体に押し付けたときの測定部位の歪み量計測や，計測とは別の超音波を照射して，その音響放射力による変位をパルスエコー法で求めて組織の硬さの情報を得るエラストグラフィなど，より高次な診断機能が付加されつつある．また，超音波の伝搬減衰による骨密度の推定は，骨粗しょう症の診断に役立てられている． **〔中村健太郎〕**

文　献

1) Kanai, H. *et al.*：Detection and discrimination of flaws in ball bearings by vibration analysis, *J. Acoust. Soc. Jpn.* (E), **7**(2) (1986), 121-131.
2) 鈴木陽一ほか：音響学入門（音響入門シリーズ・A-1），p. 156，コロナ社，2011.
3) 中村健太郎：音の可視化技術の展望．騒音制御，**35**(6) (2011)，413-416.
4) 佐藤利和：騒音源を解明する近距離場音響ホログラフィとその周辺技術，日本音響学会誌，**64**(7) (2008)，405-411.
5) 日本学術振興会弾性波素子技術第150委員会編：弾性波デバイス技術，第3章，オーム社，2004.
6) 中村僖良：超音波（日本音響学会音響工学講座8），pp. 106-115，コロナ社，2001.
7) 伊東正安，望月剛：超音波診断装置，第7章，コロナ社，2002.
8) 秋山いわきほか：超広帯域ティッシュハーモニックイメージング，日本音響学会誌，**63**(3) (2007)，150-156.

16.3　物体輸送，仕分けと整列処理

16.3.1　振動による輸送

搬送路を振動させて，部品などを移動させる方式を振動輸送という[1)]．振動方向や振動軌跡を図16.13のように制御することで，一方向へ物体を移動させることができる．この場合，被搬送物は微小なすべり運動を繰り返すか，跳躍運動を伴って搬送される．振動方向により搬送速度が変化するので，振動方向を最適化する必要がある．励振方法が複雑になるが，楕円軌跡が実現できれば，搬送効率は高くなる．表面を斜め方向のブラシ面とするなど，搬送路表面に方向性をもたせて搬送する方式もある．加振には回転モータとカムや偏心おもりの組み合わせ，電磁力，空気圧などが利用される．振動の周波数は数十Hzから数百Hz程度の低周波数である．

原材料などの粉体の搬送にも前述の低周波数の振動輸送方式が利用できるが，粒径の小さいものなど搬送が困難である場合，超音波周波数の振動が有効なことがある．図16.14は超音波振動による粉体搬送装置の例である[2)]．アクリル円筒に円環型圧電素子を接着し，円筒に超音波周波数の屈曲振動を励振する．圧電素子の電極配置

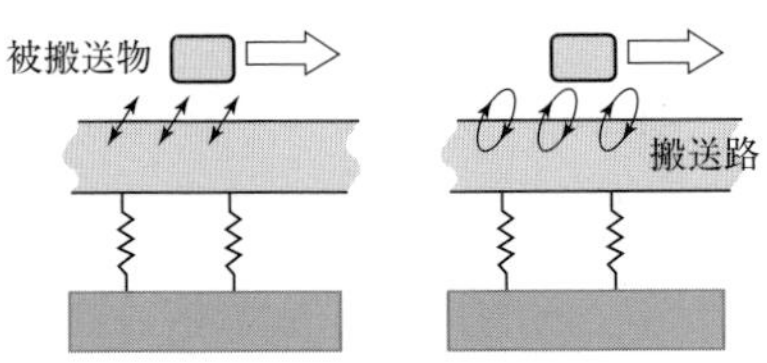

図16.13　振動輸送

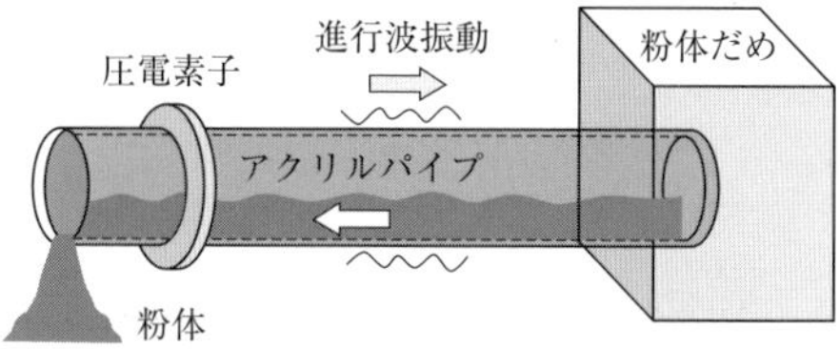

図 16.14　超音波振動による粉体搬送装置

と振動モードの選択により，円筒に伝搬する屈曲波は対称モードにも非対称モードにもなりうる．円筒の反対端は粉体だめに挿し込んであるため，この部分が屈曲振動の無反射終端として働き，反射波が生じずに進行波が得られる．なお，アクリル材は超音波振動に対して吸収減衰が大きいので，このことも進行波励振に寄与する．進行波が生じている場合は円筒内面に楕円振動軌跡が生成されるため，この振動により粉体が搬送される．楕円振動の回転方向は励振する振動の種類によるが, 図の例では進行波の伝搬方向と逆になっており, 粉体だめから粉体が搬出される．搬送効率の向上のためには円筒端部の形状を最適化する必要がある．

16.3.2　振動による整列

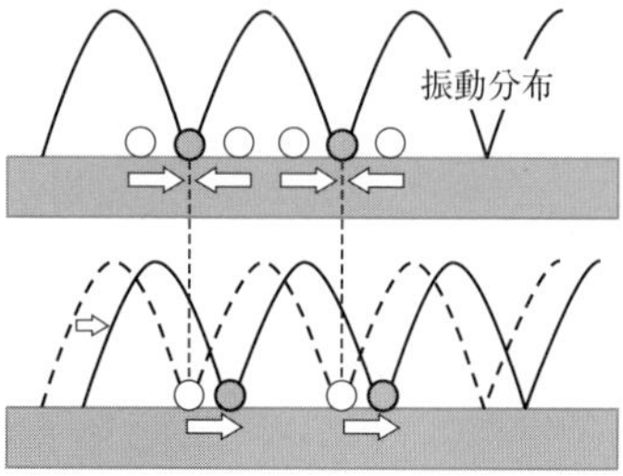

図 16.15　超音波定在波による物体の整列と搬送

古くは，たわみ振動する板の上など，振動の節に微小な粒子が集まることを利用して振動モードを可視化するクラドニの砂図がある．この現象を用いて超音波定在波により物体の整列や移動を行うことができる．図 16.15 のように定在波振動が生じている場合，振動体の上に置いた物体は最も近い振動の節に移動する．振動体の表面に幾何学的構造を設けなくとも振動の波長で決まる間隔（半波長）で物体を整列させることができる．駆動周波数をずらすなどして隣接する振動モードに切り替えると，定在波振動の節の位置がずれるため物体も新たな節の位置に移動する．

16.3.3　超音波による微小物体の非接触搬送

空中の超音波音場は媒質空気の振動あるいは圧力の交番的な変動であるが，この音場中に音響インピーダンスが空気と異なる固体や液体があると，その表面に定常的な力が作用する．これを音響放射力という[3]．例えば，定在波音場中に微小物体を入れると，音圧の腹から節に向かう力が小球に働く．この力により，図 16.16 のように，音圧の節の位置に波長に比べて小さい物体を浮揚させることができる．たわみ振動する円形振動板と反射板の間に励振された定在波の音圧の節に直径 2 mm のポリスチレン球が捕捉されている．

次に，微小物体を浮揚したまま横方向に移動させる方法について説明する．図

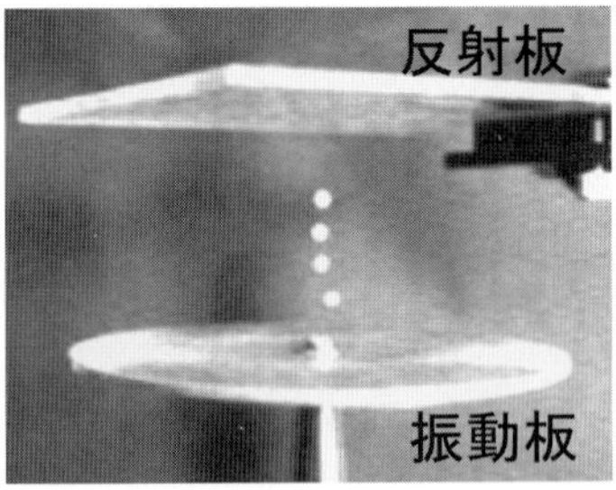

図 16.16 超音波定在波の節に浮揚する微小物体

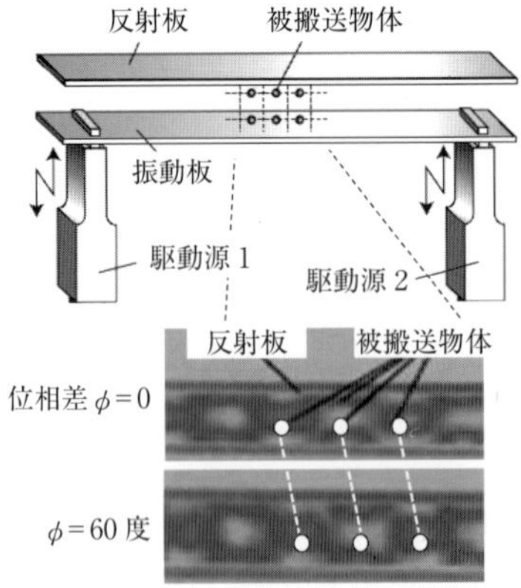

図 16.17 定在波を用いた微小物体のステップ搬送

16.17 のように 2 つの駆動源で矩形板にたわみ振動を励振し，反射板との間に定在波音場を生成すると，前述の例と同様に微小物体が浮揚する．この際，2 つの駆動源間の位相差を変えると，それに応じた距離だけ定在波音場分布も横方向に移動する．その結果，浮揚物体も横方向に同じだけ移動する[4]．このように駆動源の位相を少しずつ繰り返し切り替えることで，非接触で物体を横方向にステップ動作的に搬送することができる．駆動源の片方を吸収端として進行波振動を励振すると連続的な高速移動が可能となる[5]．

16.3.4 超音波による平板物体の非接触搬送

図 16.18 のように，超音波周波数（20〜100 kHz）でピストン振動する面の上に，同じ程度の大きさの平板を置くと，数十から数百 μm 浮上する[6]．超音波振動の振動振幅は 10 μm 以下であり，接触することなく浮いた状態になる．平板は音波が透過しないものなら材質を選ばない．重量を大きくすると浮上量は小さくなる．振動面

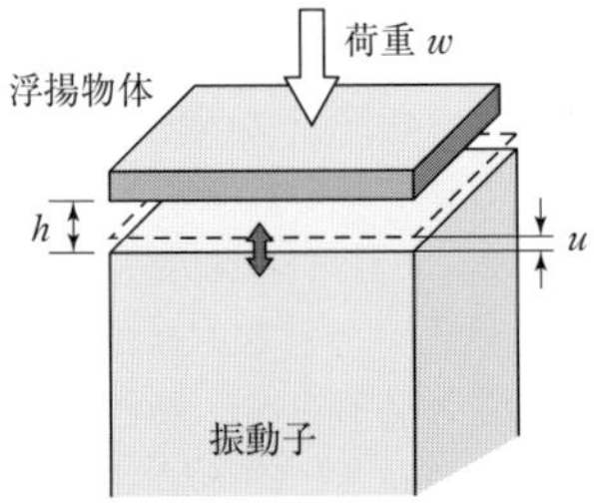

図 16.18 平板の超音波浮揚

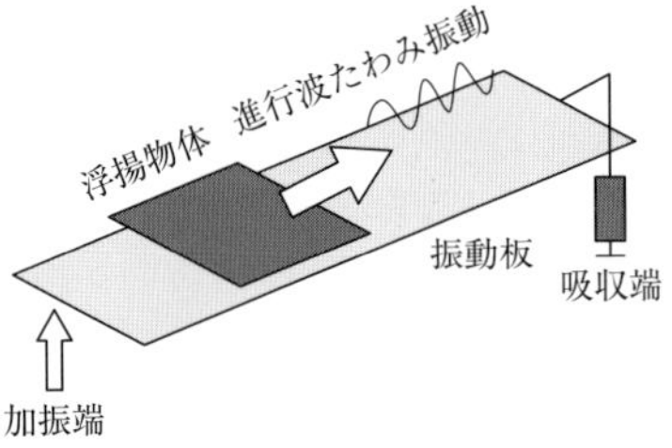

図 16.19 進行波振動による平板の非接触搬送

の振動振幅を u，浮上量を h とすれば，そのときこの平面が支える鉛直方向の荷重 w は次式で与えられる．

$$w=\frac{1+\gamma}{4}\rho c^2\frac{u^2}{h^2} \tag{16.3.1}$$

ρ, c, γ はそれぞれ空気の密度，音速，比熱比である．振動面が板に触れるとき，すなわち浮上量 h が振動振幅 u と等しくなる荷重を最大荷重とする．この値は，例えばハガキ大の振動面に対して 100 kgf 程度と計算されるが，実際には振動面や浮揚する板のたわみ変形により，これよりも小さい値で接触状態となる．

また，進行波振動を利用すれば，浮揚しながら非接触で平板を搬送することができる[7)]．半導体基板，ガラス板などの非接触搬送方式として期待される．図 16.19 のように振動板の片端から圧電超音波振動子によりたわみ振動を励振し，反対側は吸収端とすることで進行波振動を得る．こうすると平板が浮揚しながら進行波伝搬方向に移動する．振動板と浮揚した平板の間の進行波音場により，この空隙中の空気が流れることが平板の横方向運動の駆動力となる．振動の吸収は圧電振動子と電気的な終端抵抗により実現できる．　　**〔中村健太郎〕**

文　献

1) 横山恭男ほか：振動応用技術，第 5～6 章，工業調査会，1991.
2) 高野剛浩，富川義朗：減衰する屈曲進行波を利用した粉体移送デバイス，超音波エレクトロニクスの基礎と応用に関するシンポジウム論文集，OH5 (1996)，233-234.
3) 高木堅志郎ほか：超音波便覧，pp. 196-200，丸善，1999.
4) Koyama, D. *et al.*：Noncontact ultrasonic transportation of small objects over long distances in air using a bending vibrator and a reflector, *IEEE Trans. Ferroelect. Freq. Contr.*, **57**(5) (2010), 1152-1159.
5) Ito, Y. *et al.*：High-speed noncontact ultrasonic transport of small objects using acoustic traveling wave field, *Acoust. Sci. Tech.*, **31**(6) (2010), 420-422.
6) Hashimoto, Y. *et al.*：Acoustic levitation of planar objects using a longitudinal vibration mode, *J. Acoust. Soc. Jpn.* (E), **16**(3) (1995), 189-192.
7) Hashimoto, Y. *et al.*：Transporting objects without contact using flexural traveling waves, *J. Acoust. Soc. Am.*, **103**(6) (1998), 3230-3233.

16.4　加　　　　工

機械加工における振動，特に工具と工作物との間で発生する振動は，加工精度や加工効率を低下させるだけではなく，工具寿命や工具欠損あるいは作業者の安全性に著しい問題を生じさせる．そのため，工作機械の設計，振動要因の排除，加工条件の決定などさまざまな取り組みによって振動を抑制する努力がなされてきた．ところがこの振動を適切に制御しながら利用することによって工具寿命の改善が可能であったり難削材や脆性材料の加工が可能となったり加工面性状の向上に寄与することがわ

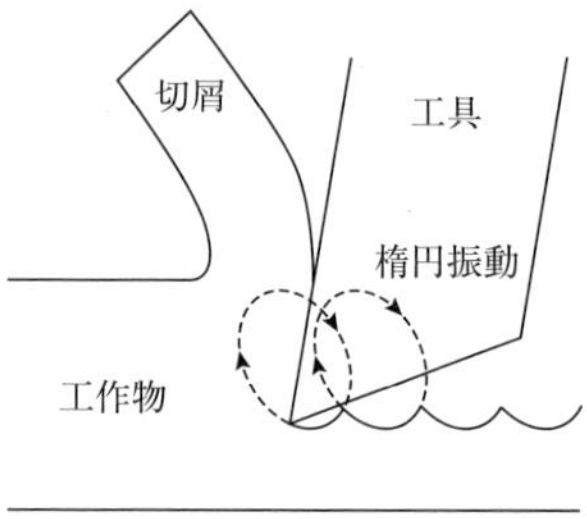

図 16.20　楕円振動切削の概念図

かってきた．このアイデアは1960年代にIsaevら[1)]やSkeltonら[2)]によって旋削加工に適用した報告がされているが，1980年代中盤から1990年代にかけてダイヤモンド工具がガラスやセラミックスに適用されたあたりから急速に研究が進展した[3),4)]．この振動援用加工は，工具先端に非常に小さな振幅で高い周波数の振動を与えながら加工を行うものである．その振幅は数 μm から 100 μm 程度，周波数は数 Hz から 60 kHz 程度が報告されているが，振幅 10 μm 前後，周波数 20 kHz の振動が一般的に多く適用されている．その周波数領域を捉えて超音波振動援用加工ともよばれる．振動発生機構は，ピエゾ素子や磁歪素子などが発生する振動エネルギーを効率よく増幅伝達するためのホーンと称する共鳴体に切削工具を取り付けられるようにしたものが一般的である．切削方向にのみ振動を与える1自由度システムと，さらにその垂直な方向にも振動を与えて楕円振動を実現する2自由度システムとが提案されている[5)]．楕円振動切削（図 16.20）は1990年代に提案され1自由度システムに比べて飛躍的に切削力を低減し，工具寿命を高めることが示された．振動援用加工は旋削加工のみならず，マシニングセンタにおける複雑な工具運動に適用されたほか[6)]，研削加工や研磨加工，さらには放電加工に適用してガラスのような脆性材料に微小で深い穴を加工した報告がある．この場合，切削加工と同様の効果に加えて，切屑の排出が格段に向上することが重要なポイントとなっている．このように振動援用加工の効果が広く認められてきており，現在では振動加工用の工具ホルダが発振器とともに製品化され，これを既存の工作機械に取り付けることによって振動援用加工機能を比較的容易に付加できる．さらに超音波振動援用加工が可能な工作機械がドイツ DMG 社をはじめとする工作機械メーカーから発表されている．このように振動を応用した加工技術は実用化の段階にある．　〔割澤伸一〕

文　献

1）Isaev, A. *et al.*：Ultrasonic vibration of a metal cutting tool, *Vest Mashinos*, **41** (1961).
2）Skelton, R. C.：Turning with an oscillating tool, *Int. J. Mach. Tool Des. Res.*, **8** (1968), 239–259.
3）Weber, H. *et al.*：Turning of machinable glass ceramics with an ultrasonically vibrated tool, *CIRP Ann.*, **33** (1984), 85–87.
4）Moriwaki, T. and Shamoto, E.：Ultraprecision turning of stainless steel by applying ultrasonic vibration, *CIRP Ann.*, **40** (1991), 559–562.
5）Moriwaki, T. and Shamoto, E.：Ultrasonic elliptical vibration cutting, *CIRP Ann.*, **44** (1995), 31–34.
6）Japitana, F. *et al.*：Highly efficient manufacture of groove with sharp corner on adjoining surfaces by 6-axis control ultrasonic vibration cutting, *Precision Eng.*, **29** (2005), 431–439.

16.5 解体（破壊と粉砕）

構造物や固体材料に，衝撃的な荷重を繰り返し加えることで，物体を破壊・粉砕することができる．物体に加えられた機械的エネルギーが，材料の原子-原子間あるいは分子-分子間の結合を切断するのに使われる．このとき，材料内に微視的なき裂や空孔，介在物，あるいは人為的につくられた巨視的なき裂が存在すると，破壊がき裂先端から少しずつ進むので，全断面を一気に切り離すときの理論的な破壊強度よりもはるかに小さな荷重で破壊・粉砕できる．工具を使って物体を破壊・粉砕するときの様子を，図 16.21 に示す．

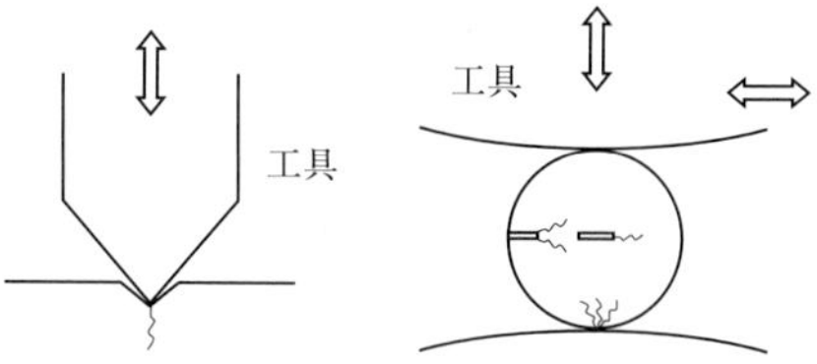

(a) 工具より大きなものの破壊　(b) 工具より小さなものの粉砕

図 16.21 物体の破壊と粉砕

まず，工具より大きなものに振動を加えて破壊する例を取り上げる．工事現場で岩石やコンクリート構造物を打ち砕くのに，ブレーカとよばれる振動工具が使われている．高圧の空気または油を工具に注入し，バルブの開閉とばねによってピストンを高速振動させる．ピストンの衝突エネルギーを利用して，工具先端に取り付けられたノミ（チゼル）で固体に繰り返し衝撃力を与える．チゼルの先端は，円錐状あるいはくさび状になっており，衝撃力を 1 か所に集中するようになっている．小形で持ち運びのできるハンドブレーカには，空気圧で駆動されるものが多い．一方，油圧ショベルのアタッチメントとして用いられる大形の油圧ブレーカは，車両本体の高圧な油圧で駆動される．図 16.22 に，ハンドブレーカと油圧ブレーカを示す．

次に，工具より小さなものを振動で粉砕する例を取り上げる．原料を細かく粉砕して利用することは，古くから行われてきた．細かくすることによって，表面積が大きくなり，抽出や吸収，溶解，反応，撹拌がしやすくなる．細かく粉砕して粉をつくる

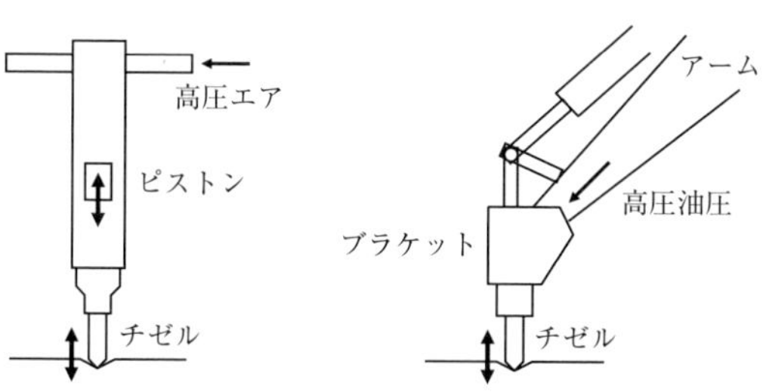

(a) ハンドブレーカ　(b) 油圧ブレーカ

図 16.22 ハンドブレーカと油圧ブレーカ

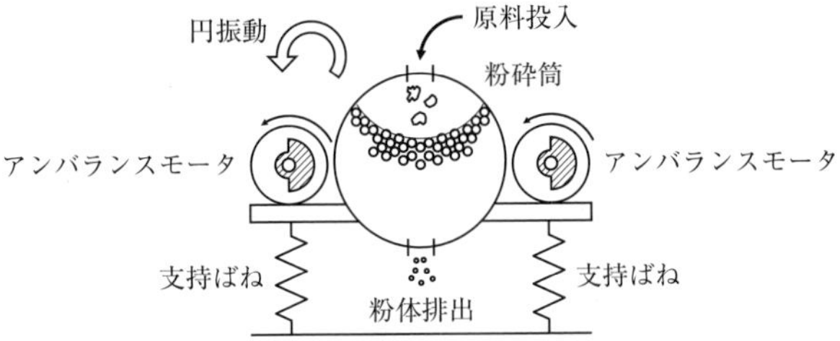

図 16.23 振動ミルの構成

道具として，古くは石臼や乳鉢が用いられていたが，近代の化学工業や食品，医薬・化粧品，電子材料，リサイクルなどの各種産業では，用途に応じて大量に処理することができるさまざまな種類のミルやクラッシャーとよばれる機械が使われている[1),2)].

振動によって塊状の原料を細かく粉砕する振動ミルの構成を図 16.23 に示す．振動ミルは，粉砕筒とよばれる円筒状の容器にボールやロッドなどの粉砕媒体を多数入れて，その容器を上下・左右に振動するものである．粉砕媒体の大きさや形状は，中砕のときは大きなボールやロッドが，微粉砕のときには小さなボールが，用途に応じて選ばれる．振動ミルは大きな振動加速度を与えることができ，また，粉砕媒体を容器の 80%前後まで充填することができるので，粉砕筒を単に回転させるだけの転動ボールミルに比べて，数倍から 10 数倍の作業速度が得られる．お茶や健康食品，木粉，電池材料などを短時間に微粉砕することが可能である．

容器が振動すると，なかに入れた媒体と媒体の間，あるいは媒体と容器壁との間で，激しい衝突や摩擦が生じる．この振動している容器に塊状の原料を投入すると，原料は衝撃や摩擦，せん断によって細かく粉砕される．粉砕後の粒度は，振動の大きさや駆動時間，媒体の寸法や形状に依存する．

振動源としては，アンバランスウエイトをもつモータ（アンバランスモータ）が用いられている．回転によってアンバランスウエイトに生じる遠心力を利用して，粉砕筒を円振動させている．遠心力の大きさ F は，アンバランス量（回転体質量 m × 偏心量 e）と回転の角速度 ω で決まる．

$$F = me\omega^2$$

この遠心力によって，粉砕筒は円振動する．多くの振動ミルでは，振動の大きさは 4～10 G 程度に設定されている．破砕筒の重心に遠心力が作用するように，モータや支持ばねが設置されている．

〔栗田　裕〕

文　献

1）　齋藤文良ほか：粉砕・分級と表面改質，エヌジーティー，p. 99，2001.
2）　伊藤　均ほか：先端粉砕技術と応用，エヌジーティー，p. 111，2005.

16.6　エネルギー変換機器

モバイル情報機器の普及に伴い，リチウムイオン電池，空気電池，燃料電池，マイクロエンジンなど，小型高密度な電源の研究が進んでいる．これらエネルギー源を内部に保持するもののほかに，太陽電池や温度差発電など，周囲環境のエネルギーを電力に変換する自然発電技術も各種研究・開発されている．これらは，人が日常生活で発生するエネルギー（100W 以上[1)]）や，ビルや自動車の運動エネルギー（300 W/m^3 との試算がある[2)]）を用いるもので，腕時計に内蔵された回転型発電機[3)]，生体や建物の微小振動を用いる圧電およびエレクトレット型発電機，靴内蔵の圧電および電磁誘導型発電機などがある．外部エネルギーの利用は一般にパワー密度が低いが，エネルギー密度は無限大とみなすことができる．現在は主に腕時計用に実用化されているが，今後は，あらゆる生活・自然環境にセンサーを配置するセンサーネットワーク用電源として有望である．本節では，代表的な振動発電機の形態である共振型と回転型を紹介する．

16.6.1　共振型発電機

振動を用いる発電機の最も単純な形態は，おもりをばねで支え，ケースを共振周波数で加振し，運動エネルギーを電力に変換するものである．代表的な構成を図 16.24～16.26 に示す[2)]．図 16.24 は，コイルの振動を用いる電磁誘導型，図 16.25 は圧電素子の歪みを用いる圧電型，図 16.26 は電極の隙間変化を用いる静電型である．図 16.26 では，C_1 にエレクトレットなどであらかじめ電荷を蓄えておき，C_2 の容量変化により電荷を移動する．また，電磁誘導型や静電型には，図 16.27 のように，平行板ばねなどによって，コイル-磁石間（または電極間）の距離を一定に保ち，重なり面積を変化させる型もある．平行移動にすると，コイル-磁石間距離を狭く保てるため，磁気効率を上げることができる．運

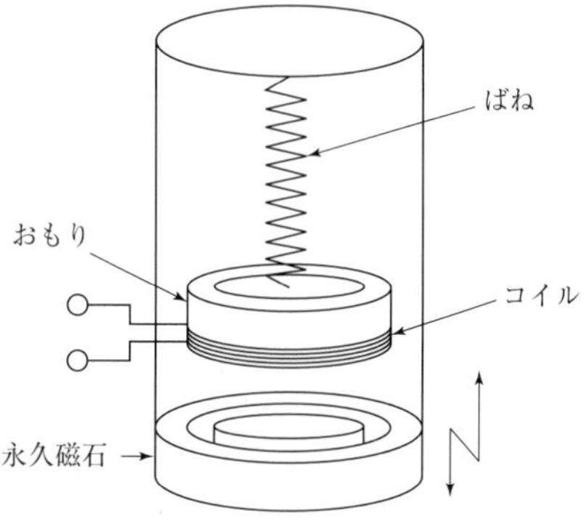

図 16.24　電磁誘導型発電機

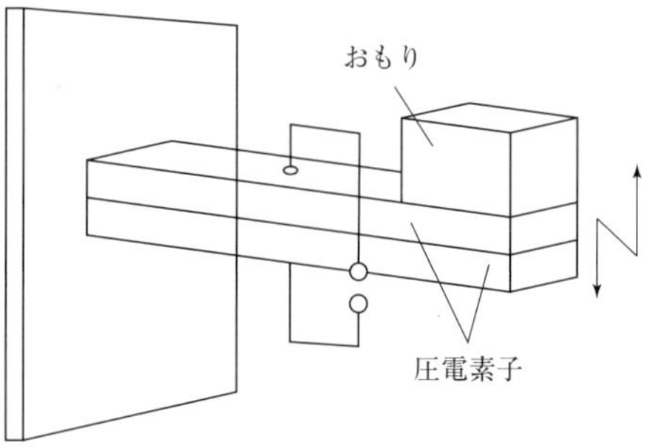

図 16.25　圧電型発電機

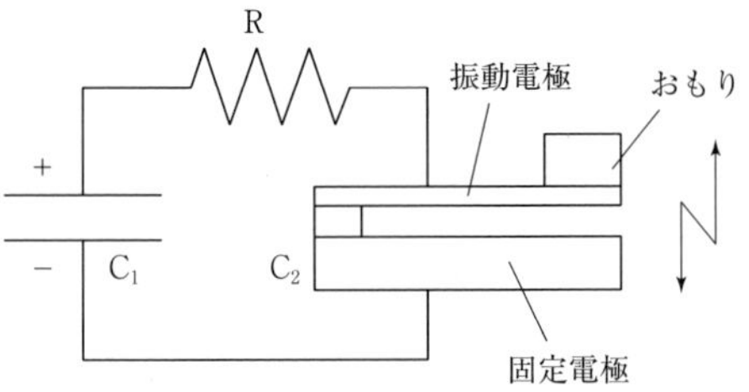

図 16.26　静電型発電機

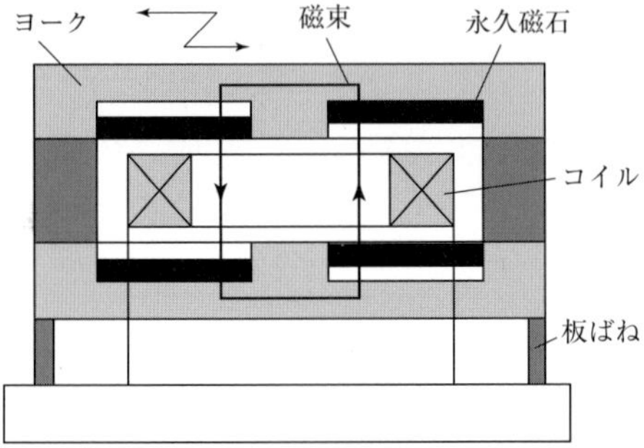

図 16.27　平行板ばねを用いる電磁誘導型発電機

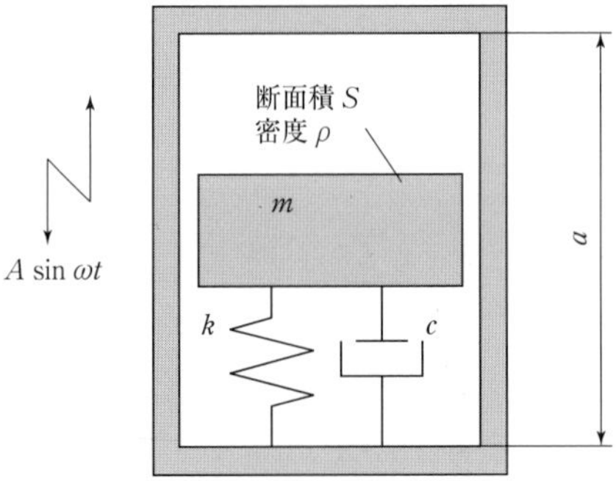

図 16.28　共振型発電機の力学モデル

動から電力への変換方式を比較すると，圧電型は構造が単純で高電圧の発生が可能，電磁誘導型は構造が複雑だがサイズが大きいとき高効率，静電型はシリコンプロセスによるマイクロ化が可能という利点がある．

図 16.24 の電磁誘導型を対象に，発電機の最適設計条件を求めてみる．発電機は図 16.28 の 1 自由度系でモデル化できる．機械的損失を無視すると，発電量は電磁誘導部に対応するダンパ c の消費エネルギーとなる．ケースに加わる振動変位を $A\sin\omega t$ として 1 周期あたりの発電量 W を求め，さらに発電機の寸法が与えられているとして，W の最大値を求めると次式となる．

$$W=\frac{\pi\rho AS\omega^2a^2}{8} \qquad (16.6.1)$$

ここで，ρ はおもりの密度，S はおもりの断面積，a はおもりの長さと可動スペースの和である．また図 16.28 のモデルで，m, c, k はそれぞれ次式で与えられる．

$$m=\frac{\rho Sa}{2},\quad c=2\rho SA\omega,\quad k=\frac{\rho Sa}{2}\omega^2 \qquad (16.6.2)$$

W を最大にする m は装置寸法とおもりの材料により一意に決まるが，c, k は入力の振幅 A と周波数 ω に依存することがわかる．人や機械の振動では一般に A と ω が変化するため，c と k を固定すると効率が低下する．これを回避するには，入力に応じて c, k すなわち発電機の機械インピーダンスを変化させればよい．この例として，コイル巻数により c を変化させるインピーダンス制御型発電機が研究されている[4)]．外観を図 16.29 に示す．基本構造は図 16.27 の平行移動型であり，コイルは 200 巻，400 巻，600 巻の 3 つに分割され，その組み合わせで 200〜1200 巻まで 200 巻ごとに巻数を変化させられるようになっている．コイル結線

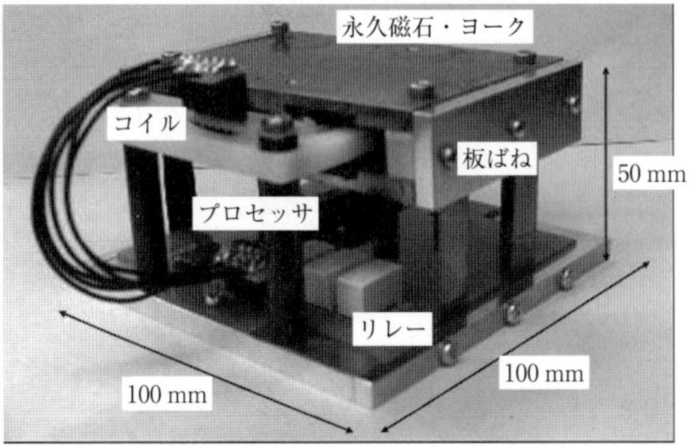

図 16.29 インピーダンス制御型振動発電機

状態は，マイコンで発電量をモニタし，最大になるようにリレーで切り替える．入力振動の周波数 6 Hz，振幅 5 mm のとき，出力 80 mW，効率 30% が得られている．これはリレーなどの消費電力 1.6 mW に比べ十分大きく，またFM送信機や小型のセンサー類を駆動可能な値である．

16.6.2 回転型発電機

入力振動として人の動きを使う場合，運動が間欠的であったり，周波数が 1 Hz 程度と低いため，ばねを用いた共振構造では効率が悪い．このため，腕時計用発電機では，回転型の振子構造を用いている．セイコーエプソンにより開発された発電機の外観を図 16.30 に示す．半円形の錘が回転自由に支持され，ギヤで増速し，永久磁石を回転させる．手首を反転させると重心が落下し，ポテンシャルエネルギーの変化が電気エネルギーに変換される．回転型なので増速機構が単純で，また任意の姿勢で使用できる．効率は 30% 程度である．

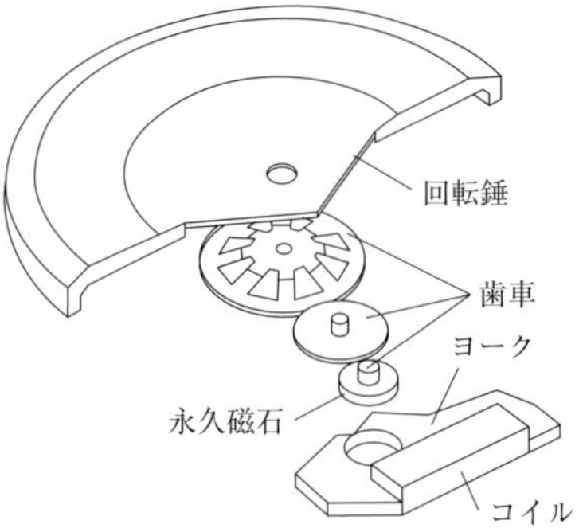

図 16.30 腕時計用の回転型発電機

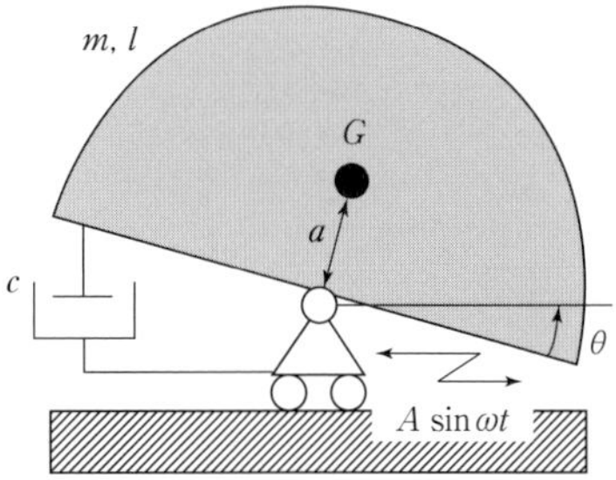

図 16.31 回転型発電機の力学モデル

一般に偏心のある回転体では，振動入力が微小のときは揺動するが，振幅と周波数が大きくなると，入力に同期した大車輪状の回転が発生する．このような同期回転を用いると，発電量を大幅に増大させることができる[5]．図 16.31 に回転型発電機の力学モデルを示す．支持点に $A\sin\omega t$ なる振動変位を与えた場合のおもりの運動方程式は以下である．

$$(ma^2+I)\ddot{\theta}+c\dot{\theta}+mga\sin\theta+maA\omega^2\sin\omega t\cos\theta=0 \qquad (16.6.3)$$

ここで，機構の機械的損失を無視しており，m と I は歯車列を考慮したおもりの等価質量と慣性モーメント，c は電気的ダンパ，a は回転中心と重心の距離である．

上述の大車輪状の運動は，式（16.6.3）の非線形に起因し，以下の条件で発生する．

$$2c<\omega Ama \quad \text{かつ} \quad |\dot{\theta}(0)|>\omega \qquad (16.6.4)$$

第 1 の式は入力振動の振幅と周波数が大きいことを，第 2 の式はおもりに初速度が必要なことを示している．このような同期回転は，フラフープや皿まわしにもみられる．同期回転時には，おもりは 1 周期で 2π rad 回転するのに対して，揺動時には 2π rad 以下である．つまり平均角速度は回転時のほうが大きくなり，また発電量は角速度の 2 乗に比例するので，発電量も大きくなる．この原理を用いて，腕時計用発電機を駆動すると，揺動時の数 μW に対して，数百 μW まで増大することが確認されている．

〔保坂　寛〕

文　献

1） 保坂　寛：携帯情報機器のための人力発電技術，マイクロメカトロニクス（日本時計学会誌），**47**(3)（2003），38-46.
2） Roundy, S. *et al.*：*Energy Scavenging for Wireless Sensor Networks with Special Focus on Vibrations*, Kluwer Academic Publishers, 2004.
3） 春日政雄：腕時計にみるマイクロエネルギー技術の最前線，マイクロメカトロニクス（日本時計学会誌），**44**(4)（2000），1-6.
4） 佐々木健ほか：インピーダンス制御型振動発電機の基本検討，精密工学会誌，**70**(10)（2004），1286-1290.
5） 香月義嗣ほか：自励回転型自動発電機の研究，マイクロメカトロニクス（日本時計学会誌），**48**(3)（2004），22-33.

索　　引

欧　文

AC 結合　364, 378
AMD　502

back to back　356
BDF 法　280
BEM　300
Blind Source Separation　533
BSS　533

CCLD　355, 364

Daubechies　375
DC 結合　364
Den Hartog の安定条件　142
DH パラメータ　459
doublet-lattice 法　185
DS 方程式　129
Dual Model Matching　517
Duty 比　470
DVFB　509

EMAT　544
ER 流体　479
ESD　370

FDM　300
FEM　90, 300
FFT アナライザ　364
FIR　380
FPK の式　165

GGL 法　281

HHT 法　281
H ブリッジ　470
H^∞ 制御　515

ICA　533
IDFT　366
IIR　379
IIR フィルタ　380
Independent Component Analysis　533

KAM の定理　122
Karhunen-Loève 展開　185
KdV 方程式　128
K-L 展開　185
KP 方程式　129

LDV　353

MCK 型の固有値問題　289
MK 型の固有値問題　289
M 系列信号　388
MR 流体　479

Newmark-β 法　108
noise control　528
N ソリトン解　131
$n+2$ 面法　489
n 面法　489

OA 値　369
Order-N Algorithm　77

PDVF　544
Pontryagin-Vitt(P-V) 方程式　203
PSD　370
PZT　544

Quality factor　378
Q 値　378
Q ファクター　239

Recursive-Formulation　78
rms 値　9
Routh-Hurwitz の安定判別条件　147
Runge-Kutta-Gill 法　108
SDM 法　436
STFT　372
s-z 変換　380

TEDS　356

U 字管　149

Wilson-θ 法　108
WT　372

ア　行

アクティブシンク制御則　536
アクティブシンク法　536
アクティブダンパ　3
アクティブマスダンパ　502
圧縮型　355
圧電　553
圧電アクチュエータ　499
圧電形　392
圧電効果　355
圧電式加速度センサー　352
圧電素子　497
アナライジングウェーブレット　373
アンチエイリアシングフィルタ　397
アンチエイリアシングローパスフィルタ　365, 379
安定　341
安定度最大化　477
安定判別　247, 340
アンバランスモータ　552

いき値　203
異常診断　539
位相　377, 438
位相遅れ　87, 88, 238
位相シフト　131
位相進み　87, 88
位相面軌道　85

位置　44, 45
位置エネルギー　83
一次校正　356
一次フィルタ　376
一次変換　12
一自由度系　83, 237, 554
一自由度法　406
一入力一出力系　384
一様安定　342
一様漸近安定　342
一定歪み　434
一般化座標　10, 268
一般化座標分割法　275
一般化ニュートン・オイラー方程式　269
一般粘性減衰　419
遺伝的アルゴリズム　3
伊藤型の式　165
陰解法　108
インダクタ　500
インデックス低減　274
インパクトダンパ　475
インパルス応答　380, 524
インパルス応答不変法　380
インパルス波　390
インピーダンスヘッド　394

ウィンドウ　371
ウェーブレット解析　5
ウェーブレット変換　368, 372
後向きふれまわり　8
渦電流効果　361
渦電流式センサー　352
渦電流式変位センサー　361
薄肉円筒の振動　103
打ち切り　93
腕時計　553
うなり　8
埋め込み次元　123
裏の表現　70
運動エネルギー　71, 83, 137
運動学　44
運動学的自由度　60, 62, 63
運動学的条件　149
運動学的物理量　44
運動曲線　452
運動空間の自由度　458
運動方程式　56
――の非連成化　290
運動補エネルギー　71
運動摩擦係数　118
運動量　64, 71
運動量保存の法則　66
運搬加速度　445

永久磁石　555
影響係数　13, 483
影響係数行列　485
影響係数法バランス　484
永年項　315
エイリアシング　9, 403
エイリアシング現象　365
エッジワース級数法　201
越流堰　147
エネルギー回生　497
エネルギースペクトル密度関数　370
エネルギー積分　135
エノン写像　122
エラストグラフィ　546
エリプティックフィルタ　380
エルゴード過程　257
エレクトレット　553
遠心ガバナ　2
遠心力　480
延性材料　114
円柱座標　442, 443
円筒殻　103
円筒対偶　271

オイラー角　48, 70, 77, 267
――の時間微分　53
オイラーの運動方程式　59, 68
オイラーの定理　47
オイラーの変換則　424
オイラーパラメータ　49, 50, 63, 70, 77, 267
――の時間微分　53
オイラー・ベルヌーイ梁　519
オイラー法　264
オイルダンパ　474
オイルフィルムダンパ　474
応答曲線　237
応力-歪み曲線　114
オクターブ分析　405
音の放射口対策　528
オーバオール値　369
オブザーバ　515
重み関数　411
重み付き残差法　296, 306

折り返し　403
折り返し現象　365
音響学　1
音響放射力　547
音響ホログラフィ法　543
音源対策　528
音源分離　533

カ　行

概周期解　324
概周期振動　8
回生効率　498
外積オペレータ　48
回転運動　59
回転行列　47, 445, 446
――の時間微分　52
回転公式　47
回転軸の危険速度　297
回転姿勢　44, 45, 47, 51
回転対偶　271
回転半径　10
回転マーク　482
界面波動現象　148
外乱抑制特性　516
開ループ機構　456
ガウスの消去法　77
カオス　119, 252
角運動量　64
角運動量保存の法則　67
角加速度　450
学習アルゴリズム　541
角周波数　370
角速度　44-46, 51, 448
角速度ベクトル　267, 445, 448
拡大ラグランジアン法　284
確定信号　370
角度基準マーク　482
確率過程　253
確率的等価線形化法　175
確率分布関数　256
確率密度関数　255
過減衰　7, 36
過拘束機構　458
渦状点　344
加振器　383, 392
渦心点　344
加振点　395
加振方法　384
仮想仕事　69

——の原理　10, 69, 469
仮想速度と拘束力の直交性　63, 70
仮想パワーの原理の裏の表現　63
仮想変位　69
加速度　352, 369, 442, 450
加速度計　385
可聴周波数　542
カットオフ周波数　377
過渡応答　237, 242, 324
過渡信号　370
過渡振動　8, 237, 261
カドムツェフ・ペトビアシュビリ方程式　129
可変剛性　496
可変ダンパ　495
ガボール関数　373
カム曲線　452
ガラーキン法　163, 296
カルマンフィルタ　515, 541
換算流速　144
関数創成機構　455
慣性行列　46, 59, 67
慣性系　56, 58
慣性項　419
慣性座標系　44, 56
慣性主軸　68
慣性乗積　59, 421
慣性テンソル　64, 68, 267, 421
慣性モーメント　10, 59, 497
慣性力　58, 69
完全弾性衝突　10
完全非弾性衝突　10
感度　9
感度解析　3, 438
感度関数　199, 516
感度理論　199
カントール集合　125
関連度関数　384

機械インピーダンス　554
機械加工　549
機械振動論　2
幾何学的射影法　275
幾何学的自由度　60, 62, 63
幾何ベクトル　45, 51, 56
幾何ベクトル時間微分　52
幾何ベクトル微積分　52
幾何ベクトル表現　46
危険速度　8, 201, 487
機構　453
——の自由度　453, 458
木構造　77-79
機構定数　453
擬座標　70
擬似逆行列　277, 465
擬似最小二乗法　438
擬似不規則波　388
記述関数法　327
規準関数　93
奇順列　13
起振器　386
気柱の振動　100
基底　46
軌道　450
気筒停止　532
機能性流体　479
基本解　346
基本解行列　333, 345
基本固有振動数　295, 297
基本周波数　366
基本モード　288
擬モーダルモデル　98, 99
逆位相　239
逆運動学問題　464
逆行列　15
逆散乱法　132
逆相　487
逆動力学解析　56
逆フーリエ変換　18, 401
逆変位解析　460
逆問題解析　541
逆離散フーリエ変換　19, 258, 366
ギャロッピング　140
キャンセラ　503
求心加速度　58
球対偶　271
キュムラント打切り法　171
境界座標　96
境界条件　118
境界条件関数　207
境界層　207
境界値問題　161, 300
境界要素法　300, 305
共振　7, 238, 243, 553
共振曲線　8
共振状態　136
強制外乱力　139
強制外力　232
強制振動　7, 236
強制変位　232
狭帯域　173
強非線形系　329
共分散演算子　187
共分散核　189
共役直交性　291
行列　10
極　35
極座標　442, 443
曲線座標　149
許容関数　294
許容残留不釣合い　481
許容質量偏心　482
許容不釣合い　482
近似解法　314

空間音の制御　529
空間機構　455
空間分解能　357
空気ダンパ　475
偶順列　13
空調用圧縮器ロータ　490
偶不釣合い　480
矩形波　235
駆動点コンプライアンス　536
駆動棒　394
組合せ合成法　300
鞍形点　344
クラック　109
クラドニの砂図　547
クリープ　117
グリューブラーの式　458
クロネッカーの記号　12
クーロン摩擦　333

迎角　140, 141
形状記憶合金　116
係数行列の非対称性　247, 249
係数励振　8, 247
係数励振振動　147
経路　450
経路創成機構　455
ゲイン　377
ケインの部分速度　70
ケインの方法　71
撃力　245
結節点　344
弦　112

──の振動　100
──の横振動　100
限界流速　142
減衰行列　90, 287
減衰係数　35
減衰振動系　85
減衰比　7, 35, 85, 87, 144, 505
減衰力　498

光学式センサー　352
効果ベクトル　483, 484
広義の直交性　291
工業振動学　2
工具寿命　549
高次対偶　453
向心加速度　450
剛性行列　90, 287
剛性ロータ　480
構造モデル　42
拘束型　117
拘束結合　79
拘束条件　72, 111
高速掃引正弦波　388
拘束トルク　59, 76
高速フーリエ変換　2
拘束方程式　269
拘束ヤコビ行列　272
拘束要素　77
拘束力　57, 59, 62, 76
剛体　44, 445
──の運動の自由度　446
──の自由度　446
広帯域　163
交替行列　137
剛体系　60
剛体質量行列　421
剛体特性　413
剛体特性同定　432
後退波　521
剛体バランス　482
高調波共振　320
合同変換　91, 92
抗力係数　140, 141
極配置法　513
コッホ曲線　125
固有振動数　7, 36, 287, 353, 505
固有値　15, 289, 293
固有値問題　91, 289
固有ベクトル　15, 289
固有モード　8, 93, 287
──の直交性　291
コリオリの加速度　56, 58, 445
コロケーション　510
混合感度問題　516
コンディションベースドメンテナンス　5
コンプライアンス　35, 469
コンプライアンス楕円体　469

サ　行

最小次元オブザーバ　515
サイズモ系　352, 355
最適制御　514
サイドローブ　371, 526
サイン・ゴルドン方程式　129
サインサークルマップ　121
サウスウェルの方法　297, 298
佐藤理論　131
サドルノード分岐　124
サドルノード分岐点　339
座標変換行列　46, 267
サポートベクターマシン　541
作用力　57, 69
皿まわし　556
散逸エネルギー　137
三角関数　17
三角測量式変位センサー　362
三角測量方式　352
三次元回転姿勢　47
3者の関係　45, 47
参照枠　44, 47, 52
三体問題　120
サンプリング周期　366
サンプリング周波数　365, 401
サンプリング定理　365
3面バランス　490
残留振動　232

シェア型　355
シェル　103
シェル振動　147
時間遅れ　247
時間周波数分析　368, 372
時間-周波数マスキング　534
時間積分法　107
時間微分の関係　53
時間窓　371
磁気ダンパ　475
軸受振動　491
軸受振動振幅　490
軸受反力　481
軸受動荷重　490, 491
自己アフィンフラクタル　127
指向特性　526
自己随伴　296
自己随伴系　294
自己相関関数　259
自己組織化マップ　541
自在継手　271
指数関数　16
指数関数窓　397
自然発電　553
実験的特性行列同定法　431
実験モード解析　9, 292, 419
実験モード解析 SDM　437
実拘束モード　335
実効値　369
質点　44
質点系　58
──の運動量　65
──の角運動量　66
質量行列　90, 287
質量減衰パラメータ　144
質量効果　353
質量特性　413
質量の合成法　297
質量比　144
質量偏心　480
シフトパラメータ　373
ジャイロモーメント　10
ジャーク　442
弱非線形系　314
シャント技術　499
周期係数型連立線形常微分方程式　345
周期信号　370
周期倍化分岐　124
周期倍分岐点　339
周期不規則波　389
重畳　91, 98
重心　480
自由振動　7, 85, 232
自由振動解　242
自由振動実験　390
修正おもり　483, 484
自由度　9, 50
柔軟梁　519
周波数応答関数　365, 383, 407

周波数応答関数行列　408
周波数微積分機能　370
重力ポテンシャル　149
主共振　8
主共振領域　317
縮小モーダルモデル　93
主座標　291
出力行列　90
出力係数　92
出力方程式　512
シューティング法　332
受動振動制御　9
受動的騒音制御　528
シュワルツの不等式　167
順運動学問題　464
準正定値行列　434
準定常　140
順動力学解析　56, 57
順動力学解析定式化　74
準能動制振　491
純不規則波　386
順変位解析　460
順列　13
ジョイント　62
ジョイント拘束　269
消振　503
状態遷移行列　333, 346
状態フィードバック制御　513
状態ベクトル　521
状態方程式　512
状態モニタリング　539
冗長機構　457
冗長系　465
常微分方程式　74
情報機器　553
剰余項　420
剰余剛性　409
剰余質量　409
初期値敏感性　120
除振　492, 502
初生段階　155
初通過問題　203
徐変関数　324
シリアル機構　456
シリコンコンサートホール　524
自律系　314
自励振動　7, 119, 135, 246, 499
自励振動系　296
磁歪素子　519
進行波　521, 535
進行波解　519
振動援用加工　550
振動試験　383
振動数合成法　297
振動数方程式　15, 288
振動制御　535
振動絶縁　472, 474
振動絶縁制御　502
振動体フィードバック　139
振動の伝達率　241
振動の表現方法　369
振動発電機　553
振動ミル　552
振動モード制御　506
振動輸送　546
振動翼理論　145
振幅依存性　106, 386
振幅倍率　492
シンプルノンホロノミック拘束　62, 63, 69
シンプルノンホロノミックな系　60-62
シンプルローテーション　47, 49
信頼性指標　203

随伴固有ベクトル　199
スカイフックスプリング　508, 509
スカイフック制御　508
スカイフックダンパ　508, 509
スケールパラメータ　373
スケーログラム　373
図心　480
ステップ加振法　390
ステップ関数　245
ステップ波　390
ストラトノビッチ微分方程式　169
ストレンジアトラクター　122
スピルオーバ不安定　510
スペクトログラム　373
スマート構造物　499
スマート材料　116
スマートストラクチャ　540
スロッシング　147

正規打切り法　175
正規座標　291
正規モード　291
正規モード行列　291
制御工学　2
正減衰　88
正弦波　236, 385
正弦波加振法　384
静止座標系　444
静止摩擦係数　118
制振　9, 472, 492
制振合金　479
制振鋼板　479
制振制御　501
脆性材料　114, 549
正則行列　15
静たわみ　237
成長段階　155
正定値行列　434
静的不釣合い　146
静電　553
静電容量式センサー　352
静電容量式変位センサー　360, 361
静不釣合い　480
整流回路　498
積層粘弾性部材　89
積分　93
節　453
接触共振　353
接触式振動センサー　352
絶対運動　444
摂動展開　315
摂動法　111, 156, 185, 314
セミアクティブ振動制御　9
セミアクティブダンパ　3
セルオートマトン法　436
セルマッピング法　205
遷移確率密度関数　169
漸化計算　80
漸近安定　341
線形関係　482
線形最小二乗法　410
線形節点　335
線形直接法　412
線形変換　372
漸硬ばね　177, 314
センサーネットワーク　540, 553
せん断型　355
漸軟ばね　177, 314
漸軟ばね特性　108

双一次 z 変換法　380
騒音制御　528
双曲型の平衡点　343
双曲線関数　17
掃除機の排気音を制御　532
双線形化法　131
増速　555
相対運動　444
相対加速度　445, 450
相対次数　508
相対速度　141, 449
相補感度関数　516
疎行列　302
測定系の校正　399
速度　44-46, 352, 369, 442, 448
速動伝搬速度　100
速度二乗型流体抵抗力　89
速度変換行列　273
塑性変形　114
ソフトタイプ　481
ソリトン　127
損失係数　116, 473
損失弾性率　116

タ　行

大域的安定　342
大域的漸近安定　342
帯域幅　163
ダイオード　498
対角行列　12, 91
対角要素　12
退化方程式　207
対偶　453
対偶素　453
対称行列　137
台上試験法　414
対数関数　17
対数減衰率　87, 473
代数ベクトル　45, 46, 56, 58
代数ベクトル表現　46
体積弾性率　146
ダイナミックバランサ　481
ダイナミックレンジ　358
ダイバージェンス型不安定　249
タイムベースドメンテナンス　5
楕円振動　550
ダクト放射口のシステム　531
打撃加振　395
打撃加振法　384, 390
打撃試験　9
多項近似の調和バランス法　330
多時間尺度の方法　155
多重尺度法　111, 320
多重正弦波　388
多自由度機構　455
多自由度系　90, 241
多自由度振動系　138
多自由度法　406
多点同時加振法　395
ダフィングの式　173
ダフィング方程式　314
ダミー質量　417
試しおもり　483
ダランベールの原理　9, 56, 69
単位衝撃応答関数　410
ダンカレイの実験公式　298
短時間不規則波　390
短時間フーリエスペクトル　373
短時間フーリエ変換　372
単振動　7
単振動系　83
弾性振動学　1
弾性連成　136
ダンパ　474
ダンピング材料　116
断片線形系　333
断片線形ばねモデル　107
断面形状梁　143

チェビシェフフィルタ　380
遅延和アレイ処理　525
力　46
力加振　472
力変換器　385
力要素　77
逐次二次計画　197
チタン酸ジルコン酸鉛　544
知的構造　116
チャージアンプ　355
チャープ波　388
中心振動数　179
超音波　542
超音波顕微鏡　545
超音波振動援用加工　550
超弾性　115
跳躍現象　8, 106, 175
超離散法　132
調和振動　7
調和バランス法　111, 327
直進対偶　271
直流モータ　497
直列結合型振動数合成法　299
貯蔵弾性率　116
直角座標　442
直交座標　101
直交性　91, 93
チルダ行列　48, 52
──の座標変換　52

釣合せ　8
吊ケーブル　175

低次元化法　334
低次対偶　453
定常応答　236, 237
定常振動　7, 236
定常振動解　242
定電流駆動　355
定電流駆動タイプ　364
定点理論　476
デイビー・スチュワートソン方程式　129
テイラー展開　141
適応信号処理技術　530
適応ビームフォーマ　527
デジタル音響システム　525
デジタル制御技術　530
デジタルフィルタ　365
デジタルモデル　524
電荷出力型　355
電気音響学　1
電磁アクチュエータ　497
電磁誘導　553
伝達影響係数法　312
伝達関数　376, 524
伝達マトリックス法　308, 519
伝達率　492
伝達力　136
転置行列　13
転動ボールミル　552
テント写像　121

同位相　239
同一次元オブザーバ　515
等価加振力ベクトル　421

等価換算　58
等価剛性　97
等価質量　85, 97
等価電気回路　497
等価伝達関数　328
等価粘性減衰係数　89
等価ノイズバンド幅　371
等価ピーク値　369
同期回転　556
動吸振器　3, 9, 242, 496
統計的線形化　175
統計的分岐　179
統計的リアプノフ関数　163
動座標系　444
同相　487
同調液体ダンパ　4
同調質量ダンパ　476
動釣合い試験器　481
動電形　392
動不釣合い　480
特異行列　14
特異姿勢　49, 50, 466
特性根　247, 343
特性指数　346
特性乗数　346
特性方程式　15, 35, 288, 506
特徴量　540
独立成分分析　533
戸田格子　128
ドップラ効果　358
トポロジー　438
トランスクリティカル分岐　124
トルク　46
トルク定数　470
ドロミオン　130

ナ　行

ナイキスト周波数　9, 367
ナイキスト線図　482
内積　93
内部共振　177
内部共振条件　181
内部系　97
内部離調　179
鳴き　119

ニアフィールド　519, 535
二階テンソル量　68
二次校正　356
二次フィルタ　378
二重振り子　111
二乗平均値　369
二乗変換　372
二度叩き　396
2 面バランス　490
入射流速　142
入力行列　90
ニュートン・オイラー方程式　267
ニュートンの運動方程式　58
ニュートンの第二法則　56
ニュートン・ラプソン法　464
ニュートン力学　56, 64
ニューラルネットワーク　3

粘性　116
粘性減衰　88
粘性減衰型動吸振器　476
粘性減衰器　498
粘性減衰系　106
粘性減衰定数　85
粘弾性　117
粘弾性体　478
燃料噴射弁　146

ノイズ　383
ノイマン展開法　185
能動振動制御　9
能動制御　499
能動騒音制御　528
ノンパラメトリック　183

ハ　行

バイナリマスキング　534
ハイパスフィルタ　377
ハイブリッドペナルティ関数法　197
ハウスドルフ次元　126
バウムガルテの拘束安定化法　275, 276
破壊　551
バーガース方程式　130
白色雑音　165
波高率　386
波数マトリックス　521
ハースト指数　127
バーストランダム波　390
パーセバルの公式　369
バタフライ効果　120, 253
バックラッシ　107
発振条件　136
バッテリ　498
波動ベクトル　521
波動包絡線　537
ハードタイプ　480
ハニングウィンドウ　371
ハニング窓　373
ばね定数　35, 83
ばね部質量　84
ハミルトン演算子　169
ハミルトンの原理　70, 71
ハーモニックイメージ　546
パラメータ同定　541
パラメータの不確定性　183
パラメータ励振　8
パラメトリック　183
バランシング　480
バランス品質グレード　481
梁　112
梁分布系　93
パワースペクトル　365, 370, 404
パワースペクトル密度関数　259, 370, 405
パワーハーベスティング　499
反射波　536
ハンズフリー　533
半正弦波　235
半値幅　473
ハンドブレーカ　551
反発係数　10
半パワー法　473
判別アルゴリズム　541
半無限梁　537
パンルベテスト　132

B モード像　545
ピエゾアクチュエータ　519
非回転座標系　65
比較関数　294, 296
光音響顕微鏡　545
引き綱法　390
ピーク値　369
ピーク・ピーク値　369
非減衰型動吸振器　476
非拘束型　117
非周期的な外力　244

非自律系　314
ヒステリシス減衰　89
ヒステリシス部材　89
歪みエネルギー　83
非正規打切り法　173
非接触式センサー　352
非線形減衰力　89
非線形固有角振動数　315
非線形シュレディンガー方程式　129
非線形性　386
非線形節点　335
非線形変換　372
ピッチフォーク分岐　124
非定常揚力　145
非定常流体力モーメント　145
比不釣合い　481
微分固有値問題　293, 296
微分代数型運動方程式　63, 74, 76
微分代数方程式　272
非保存力　88
評価関数　514
表現座標系　45, 51
標準固有値問題　289
標準偏差　255
比例減衰　292, 335
比例粘性減衰　419

ファイゲンバウム定数　124
ファジイ集合理論　183
不安定　341
ファンデルポール方程式　153, 314
フィードバック流体力　139
フィードバック力　95
フィードフォワード制御　95
フィールドバランス　482
フェーズドアレイ法　543
フォークトモデル　22
フォッカー・プランク・コルモゴロフの式　167
付加質量行列　138
不規則過程の母集団　159
不規則信号　370
不規則振動　251
不規則波加振法　384
不規則励振　477
複合材料　479
副次的な共振現象　318
複素固有値解析　146
複素振幅　482
複素弾性率　116
複素フーリエスペクトル　366
複素フーリエ変換　401
負減衰　7, 88, 135, 247
負性抵抗　7, 247
不足減衰　7, 36
不釣合い　8, 480
物理座標　95
フードダンパ　478
部分角速度　71
部分速度　71
ブラインド音源分離　533
ブラウン運動　165
フラクタル　125
ブラックマン・ハリス窓　373
フラッタ　185
フラッタ型不安定　249
フラッタ振動現象　296
フラッタ振動数　146
フラッタ速度　146
フラッタ特性行列式　146
フラフープ　556
ブランコ　151
プラントアセットマネジメント　5
プリアンプ内蔵型　355, 364
フーリエ級数　17, 258
フーリエ係数　17, 258
フーリエ変換　18, 258, 401
フーリエ変換器　364
振り子法　416
プリワーピング　380
フリンジカウント変位計　358
ブレーカ　551
ふれまわり　8
不連続系　333
フレンチハット　374
フローケの定理　345
ブロック線図　138
分岐現象　8, 340
分岐理論　124
粉砕　551
粉砕筒　552
粉砕媒体　552
分散　254
分散最小化　477
分数調波共振　319, 320
分布定数系　293, 300
平均演算子　185
平均化方程式　325
平均法　111, 171, 324
平行軸の定理　68
平衡点　341
並進運動　59
平板の振動　102
閉ループ機構　456
ベクトル　11
ベクトル軌跡　376
ベクトル量　45
ベッセル関数　102, 103
ペナルティ係数　283
ペナルティ法　282
ヘルスモニタリング　539
ベルヌーイシフト　121
ヘルムホルツ方程式　305
変位　352, 369
変位解析　458
変位加振　473
変位ベクトル　90
変位励振　240
変位連成　136
変換器　9
変形 KdV 方程式　128
片停留曲線　452
変動係数　255
偏分反復法　410
変分方程式　342

ポアンカレ断面　122
ホイン法　265
方形波　233, 245
方形窓　373
防振　9, 492
防振制御　502
棒の縦振動　100
棒のねじり振動　100
棒の横振動　94
母解　324
補間関数　451
ポーズ　446
保存量　131
ボックスカウント次元　126
ホップ分岐点　339
ポテンシャルエネルギー　71, 137
　──の合成法　298
ボード線図　36
ポリフッ化ビニリデン　544

ホロノミック拘束　62, 63, 69, 269
ホロノミックな系　60-63
ポントリャーギンの式　209, 211

マ　行

マイクロホンアレイ　525, 543
前向きふれまわり　8
膜の振動　101
曲げねじりフラッタ　144
マザーウェーブレット　373
摩擦減衰　89
摩擦ダンパ　475
マシュー方程式　152
窓関数　387
マルチフラクタル　127
マルチボディダイナミクス　3, 44
マンデルブロ集合　125

右手直交座標系　45
密行列　302
ミル　552

むだ時間　147
無停留曲線　452
無反射制御　535

メインローブ　371, 526
メキシカンハット　374
面外振動　359
免震　472, 492, 502

目標値追従特性　517
モーダルパラメータ　9
モーダルフィルタ　511
モーダルモデル　91
モデリング　96
モデルマッチング　516
モード円バランス　482
モード解析　3, 8, 291, 507
モード行列　289
モード減衰比　92, 292
モード剛性　92
モード合成座標　97
モード合成変換用モード　95
モード合成法　94
モード合成法モデル　97
モード座標　8, 92, 290, 291
モード質量　92
モード制御器　507
モード特性同定法　406
モードバランス法　487
モーメント方程式　167
漏れ誤差　371, 384, 387, 391, 397
モンテカルロシミュレーション　252

ヤ　行

ヤコビ行列　329, 461, 462, 464

油圧ブレーカ　551
有限差分法　300
有限変形　112
有限要素法　2, 90, 94, 300, 303
有効断面積　146
誘導電圧　497

陽解法　108
揺動　556
揚力係数　140, 141
余剰の自由度　458

ラ　行

ラグランジアン　71
ラグランジュの運動方程式　71, 72
ラグランジュの未定乗数　63, 72, 76
ラグランジュ未定乗数法　63, 272
ラックスペア　132
ラプラス変換　19
ランダム信号　370

リアプノフ関数　348
リアプノフ指数　163, 253
リアプノフ数　123
リアプノフの直接法　348
リカッチ方程式　515
力学的条件　148
リーケッジ誤差　371
離散系　109
離散フーリエ変換　19, 258
リスクベースドインスペクション　5
リスクベースドメンテナンス　5
離調率　317
リッツの方法　295
リー導関数　209
リミットサイクル　153, 316
留数　420
流体関連振動　119
流体減衰行列　138
流体抵抗力　89
流体力　141
流量係数　146
流力剛性行列　138
両端単純支持　93
両停留曲線　452
リー・ヨークの定理　123
リレースイッチ　499
理論モード解析　287
臨界減衰　7, 36
臨界減衰係数　35
臨界粘性減衰　85
臨界風速　187
リンク　453

ルンゲ・クッタ法　265

零解　341
　—— の安定性　341
励振力　135
励振力モデル　43
レイリー商　294
レイリー商感度　436
レイリーダンピング　92
レイリーの原理　294
レイリーの方法　295
レイリー・リッツ法　293
レーザー干渉式　361
レーザー干渉式変位センサー　362
レーザードップラ振動計　353
レーザードップラ方式　352
レスラーモデル　122
レベル確度　371
連成質量　97
連成力学　6
連続系　109
連続体系　93
連続フーリエ変換　18

ロジスティック写像　121
ロバスト安定　516
ローパスフィルタ　376
ローラン展開　132
ローレンツモデル　122

資　料　編

編集者略歴

金子成彦（かねこ しげひこ）

1954年　山口県に生まれる
1981年　東京大学大学院工学系研究科博士課程修了
現　在　東京大学大学院工学系研究科機械工学専攻 教授
工学博士

大熊政明（おおくま まさあき）

1956年　埼玉県に生まれる
1981年　東京工業大学大学院理工学研究科修士課程修了
1983年　同研究科博士課程中退
現　在　東京工業大学大学院理工学研究科機械宇宙システム専攻 教授
工学博士

機械力学ハンドブック
—動力学・振動・制御・解析—

定価はカバーに表示

2015年11月20日　初版第1刷

編集者　金　子　成　彦
　　　　大　熊　政　明
発行者　朝　倉　邦　造
発行所　株式会社　朝　倉　書　店
東京都新宿区新小川町 6-29
郵便番号　162-8707
電　話　03(3260)0141
FAX　03(3260)0180
http://www.asakura.co.jp

〈検印省略〉

印刷・製本　東国文化

ISBN 978-4-254-23140-3　C 3053

Printed in Korea